湖南万家丰科技有限公司

湖南万家丰科技有限公司成立于1997年，是国家定点农药生产企业，国家高新技术企业。

公司科研开发实力雄厚，致力于高效低毒农药的研究开发，已申报国家发明专利25项，独立研发出二十多个国家专利产品，其中保治达（18%咪鲜·松脂铜EC）因杀菌机理独特，防病治病增产效果显著，被国家科学技术部等四部委联合认定为"国家重点新产品"。

公司于2008年开展农作物病虫害专业化统防统治服务，其服务面积从08年的3000亩、发展到2014年的35万亩。公司专业化统防统治事业稳步发展，先后荣获湖南省农作物病虫害专业化统防统治"十佳服务组织"、"优秀服务组织"，全国农作物病虫害专业化统防统治"百强服务组织"、"示范组织"等荣誉称号。

公司主要产品：

除草剂： 10%氰氟草酯EW、10%双草醚SC、25克/升五氟磺草胺OD、
40%苄嘧·丙草胺WP

杀菌剂： 300克/升苯甲·丙环唑EC、32.5%苯甲·嘧菌酯SC、30%己唑醇SC、
18%咪鲜·松脂铜EC、450克/升咪鲜胺EW、480克/升丙硫菌唑SC、
25%咪鲜胺EC、18%松脂酸铜EC、20%乙酸铜WP

杀虫剂： 30%噻虫嗪SC、25%吡蚜酮WP、20%呋虫胺SC、15%茚虫威SC、20%乙螨
唑SC、1.8%阿维菌素EC、25%噻嗪·异丙威WP、5%啶虫脒EC、
25%丙溴·辛硫磷EC、26%辛硫·高氯氟EC、20%高氯·辛硫磷EC、

生长调节剂： 1.8%复硝酚钠AS、15%多效唑WP

厂址：湖南省沅江市竹莲工业园
电话：0737-2630228   邮编：413100

做农业现代化和社会主义新农村建设的践行者

湖南(益阳)金土地农业服务有限公司

GOLDREN LAND
金土地

公司简介：

公司成立于2008年12月，注册资本100万元，其中固定资产投资70.2万元，是益阳市最早从事农作物病虫害专业化统防统治的专业公司。现有员工25人，其中技术人员11人（高级职称3人、中级职称4人，技术员4人），管理人员14人。2014年，公司按照"提质扩面、跨越发展"的方针，与湖南省 农药十二五规划专业化统防统治重点支撑生产企业——湖南瑞泽农化有限公司实行战略整合，并与赫山帮禾农机专业合作社及桃江、汉寿、道县、沅江、宁乡、平江等多个县、市农民专业合作社组成联合体，按照公司+合作社+服务站+家庭农场+种粮大户的运营模式开展全程社会化服务。

公司即将升级更名为"湖南金土地农业科技有限公司"，注册资本由原来的100万元扩到500万元，服务范围除力推农作物病虫害专业化统防统治融合绿色防控外，还增加了农业机械社会化服务、土地流转服务，最终将服务涵盖主要农作物生产全过程。服务地域由原来的益阳市拓展到全省。

继往开来，新的公司将始终坚持"绿色植保、公共植保、科技创新"的服务理念，"立足赫山、面向全市、走向全省"，开展以农作物病虫害专业化统防统治融合绿色防控为主导的全程社会化服务，规范化、规模化稳步推进。

新时期，新起点。我们将把握历史机遇，做现代农业的践行者，矢志服务"三农"，同时实现自身的跨越发展。公司愿与各界人士精诚合作、携手并进，共创辉煌明天。

主要服务项目：

一、**水稻种植产业链全程服务**
肥料、种子整体配套及病虫害专业统防统治，农机作业及技术服务等
二、**土地流转**
核心基地建设、引导家庭农场及小型合作社组成联合社开展规模经营等
三、**其他业务**
粮食收购和加工、资金互助、技术培训及项目策划等

公司地址：益阳市笔架山乡政府旁
电　　话：18073751228
联系人：姚安平 13511131496
　　　　唐俊华 13974928487

长沙办事处：长沙市雨花区融科檀香山46栋2205室
电　　话：0731-84131096
联系人：周介群 13308441972
　　　　余雄波 13808403545

江苏常隆化工有限公司

公司简介

江苏常隆化工有限公司(江苏常隆农化有限公司)创建于上世纪70年代,是国家光气农药生产定点基地;国家级高新技术企业;中国农药生产和出口的骨干企业;是集科研、制造为一体的以光气为主要原料生产农药原药、制剂、农药中间体、化工中间体、精细化工产品以及聚氨酯材料的综合性大中型化工企业之一。

产品门类

产品门类涵盖杀虫剂、除草剂、杀菌剂。主要有酰胺类除草剂系列,磺酰脲类除草剂系列,脲类除草剂系列,氨基甲酸酯类杀虫剂系列,氯化烟酰胺类杀虫剂系列,拟除虫菊酯类杀虫剂,以及其他特异性杀虫剂。产品包括原药品种40余种、制剂60余种,具有农药"三证"的产品达120多个,农药原药年生产能力10万吨以上。公司氨基甲酸酯类产品品种齐全,是国内主要氨基甲酸酯类杀虫剂生产企业。率先在国内开发出酰胺类除草剂系列,氯化烟酰胺类杀虫剂系列,目前酰胺类除草剂、氯化烟酰胺类杀虫剂产量居国内前列。

荣誉及资质

1999年通过ISO9001:2008国际质量体系
2007年通过ISO14001:2004环境管理体系
2007年GB/T28001-2001职业健康安全管理体系
1997年被认定为江苏省高新技术企业
1999年认定为国家火炬计划重点高新技术企业
2000年被科技部认定为国家高技术研究发展计划成果产业化基地
2005年被评为江苏省百强高新技术企业
银行特级信用AAA级单位
江苏省重合同守信用企业
中国农药工业协会"AAA"级信用企业
2006年吡虫啉杀虫剂被评为"中国名牌产品"
2007年乙草胺除草剂被评为"中国名牌产品"
"天宁"牌农药1999年至2006年连续被评为江苏省名牌产品

厂址: 江苏省常州市新北区长江北路1229号 邮编: 213033 电话: 0519-85481165
传真: 0519-85481164 网址: http://www.jschanglong.com

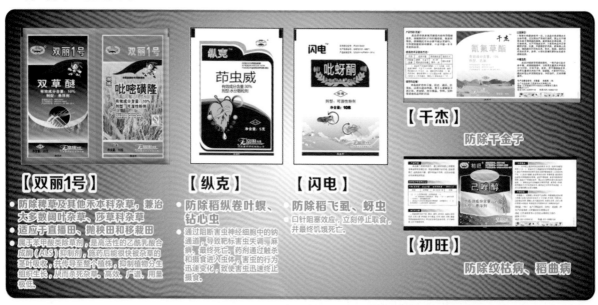

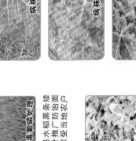

绿色植保知识与技术丛书　主编　汪建沃

农药应用技术手册

刘　毅　汪建沃　杨　彬　钟　伟　尹惠平　著

中南大学出版社
www.csupress.com.cn

图书在版编目(CIP)数据

农药应用技术手册/刘毅,汪建沃,杨彬,钟伟,尹惠平著.
—长沙:中南大学出版社,2014.7
ISBN 978 - 7 - 5487 - 1117 - 9

Ⅰ.农... Ⅱ.①刘...②汪...③杨...④钟...⑤尹...
Ⅲ.农药施用 - 技术手册 Ⅳ.S48 - 62

中国版本图书馆 CIP 数据核字(2014)第 147467 号

农药应用技术手册

刘 毅 汪建沃 杨 彬 钟 伟 尹惠平 著

□责任编辑	谢贵良	
□责任印制	易红卫	
□出版发行	中南大学出版社	
	社址:长沙市麓山南路	邮编:410083
	发行科电话:0731-88876770	传真:0731-88710482
□印　　装	长沙市宏发印刷有限公司	

□开　　本	787×1092 1/16	□印张 46.75	□字数 1316 千字		□插页 8
□版　　次	2014 年 10 月第 1 版		□2014 年 10 月第 1 次印刷		
□书　　号	ISBN 978 - 7 - 5487 - 1117 - 9				
□定　　价	138.00 元				

绿色植保知识与技术丛书

编 委 会

前　言

　　2013 年，我国粮食生产实现了"十连增"，农民增收实现了"十连快"，应该说，农业发展形势很好，为保持经济的持续健康发展奠定了坚实的基础。现在全世界都公认的一个不争的事实是中国用世界上十分之一的耕地生产了世界上四分之一的粮食，养活了世界上五分之一的人口。这应该说是改革的红利，科技的恩惠，也是中国农业、中国农村、中国农民创造的奇迹。

　　"立足国内，基本解决粮食的安全问题"，我们国家这个政策是坚定不移的。新形势下的国家粮食安全战略，就是坚持"以我为主，立足国内，确保产能，适度进口，科技支撑"。这 20 个字的核心是"立足国内"，正如习近平总书记讲的，"中国人的饭碗要牢牢地端在自己手中，而且我们的饭碗应该主要装中国粮。"

　　中国的农业能否健康和可持续发展？我们怎样才能实现中国农业强国梦？从未来看，我们的信心应该建立在这么几个方面：第一个是政策。中央高度重视粮食生产、粮食安全，我们有一套政策体系。第二个是科技。我们现在农业科技贡献率已经达到了 55%，还会进一步提高，特别是种业，我们把种子当成大事来抓。第三个是基础设施。现在我们的水浇地已经达到了 51%，农业耕种收综合机械化水平已经达到了 59%，虽然这在世界上不算先进，但能够帮助我们提高抗击自然灾害的保障能力。

　　除此之外，还有更重要的一点，就是要加大措施保护耕地，坚守耕地红线，"皮之不存，毛将焉附"。前面是政策、科技、设施三大支柱，再加上一个保护耕地红线，就是"筑牢三大支柱，坚守一条红线"，当然还有创新农业经营体系、培育新型农业经营主体、发展适度规模经营、实现科学种植、提高种粮效益。

　　我们国家人多、地少、水缺，我们需要用有限的资源解决十几亿人的吃饭问题，但是又不能过度消耗资源。实事求是讲，这是一个两难问题。随着我国人口的增长和生活水平的提高，我们农产品的消费需求也在刚性增长，农业资源的约束、环境的约束也在增加。应该说我们实现了"十连增"，解决了十几亿人吃饭的问题，这是个了不起的成就。另外一方面，我们也看到了农业资源环境严重透支，也需要喘口气。因此我们在农业发展中，既要满足供给和食物的需求，同时又要保护我们的环境，尽管是两难，但也要攻坚克难。

　　总之，农业可持续发展是个重要问题，也是我国农业发展的长期战略，所以我们要保护我们的田园，希望通过处理好产量、质量、生态安全的关系，能使我们的农业资源、环境永续利用，既能够满足当代人的需要，又能够为子孙后代留下良田沃土、碧水青山、蓝天白云。

　　中共中央十八届三中全会审议并通过了《中共中央关于全面深化改革若干重大问题的决定》，全会首次提出了"生态文明"概念，把环境保护上升到了文明高度。"建立系统完整的生态文明制度体系"，"实行资源有偿使用制度和生态补偿制度"等，意味着中国即将引入排污权交易等成熟模式，真正实现"用制度保护生态环境"。这是以往党和政府报告中从未出现过的，是这次全会的一大新的亮点，旨在建设美丽中国、推进生态文明。

时隔不久，中央农村工作会议于 2013 年 12 月 23 日至 24 日在北京举行。同年 12 月 23 日至 25 日，全国农业工作会议也在北京召开。中央农村工作会议于闭幕当日发布的会议公报 9 次提到食品安全，首次提出"四最措施"，即要用最严谨的标准、最严格的监管、最严厉的处罚、最严肃的问责，确保广大人民群众"舌尖上的安全"。由此可见中央对发展我国农业、确保粮食安全的决心。

中国要强大，农业必须强，植保更要有效。农业面临发展机遇，也面临新的挑战。这是我们对中央农村工作会议、全国农业工作会议最深、最大的感受。

中国人的事情得中国人自己办，中国人的梦想得中国人自己圆。世界上没有什么救世主，即使有，也不会真心实意救中国。

我们怎样才能实现"中国人的饭碗要牢牢地端在自己手中，而且我们的饭碗应该主要装中国粮"这一战略目标？同时又要实现确保广大人民群众"舌尖上的安全"愿景？十分重要的一点就是提高全民的绿色植保素质。为此，我们组织植保专家、农药专家、高校及企事业单位的行家里手编撰了这一套绿色植保丛书。目的就是为推广绿色防控、实现绿色植保提供全面的政策法规、专业技术服务。

这一套丛书包括《植保政策法规精选与注解》、《农药应用技术手册》、《绿色植保技术手册》3 个分册，可供农业科研、教学及农药研发、生产企业参考，也可供基层植保与农技推广人员、农药营销与经营人员、农业生产大户、家庭农场、统防统治专业化服务组织等使用，还可以作为各级植保部门及专业化服务组织的培训教材。

这一套丛书在编写中参考及引用了很多国内外的最新文献资料，因篇幅有限，没有一一列举。在此，谨对文献作者深表谢意！

这一套丛书的出版，得到了中国农药工业协会、农业部农药检定所、湖南农业大学、湖南省农业科学院、湖南省石油化学行业管理办公室、湖南化工职业技术学院、湖南省植保植检站、湖南省农药检定所、湖南省农药工业协会、湖南省昆虫学会等单位的领导、专家的关怀和支持，得到了作者所在单位、同事、朋友及家人的理解和支持，得到了为我国农药工业和植保事业做出积极贡献的湖南神隆超级稻丰产生化有限公司、湖南神隆海洋生物工程有限公司、湖南万家丰科技有限公司、湖南东永化工有限责任公司、湖南（益阳）金土地农业服务有限公司、广西田园生化股份有限公司、山东中农联合生物科技股份有限公司、江苏常隆化工有限公司、江苏富田农化有限公司、湖南丰茂植保机械有限公司等企业的鼎力合作和支持，得到了中南大学出版社的大力支持，借此出版机会深表谢意！特别感谢中南大学出版社谢贵良先生为丛书出版所付出的艰辛努力和辛勤劳动！

由于工作经验和知识水平的局限，书中难免有不妥之处，敬请广大读者和同行批评指正，不胜感激。

汪建沃

2014 年 6 月 8 日于长沙忧心斋

目　录

第一章　农药概论

第一节　农药的概念

1.1　农药绪论

众所周知，农药是科学技术进步的结晶，是工业文明的产物。农药的发展和推广应用是人类科学技术进步的发展史，也是人类社会工业的发展史，也是人类社会农业的发展史。长期以来，由于农药的不断发展和广泛应用，为消除农作物病虫草危害，保障农业稳定、高产、丰收、增效，以及解决全人类温饱问题作出了杰出贡献，确保了人类的健康和生活稳定。可以说，人类的进步，社会的发展，离不开农药。

1.2　农药的法律定义

在我们的生产和生活中，常常会用到或接触到农药，那么哪些才是农药？它是怎样定义的呢？农药的含义和范围，古代和近代有所不同，不同国家亦有所差异。古代主要是指天然的植物性、动物性、矿物性物质；近代主要是指人工合成的化工产品和生物制品。美国将农药与化学肥料一起合称为"农业化学品"，德国称为"植物保护剂"，法国称为"植物消毒剂"，日本称为"农乐"，其范围包括生物天敌。中国所用"农药"一词也源于日本。我国把农药定义为用于防治危害农林作物及其产品的害虫、病菌、杂草、螨类、线虫、鼠类等和调节植物生长的药剂，它还包括用以提高药效的辅助剂、增效剂等。而且农药的内容和含义也不是一成不变的。它随着农药的发展也在发生变化。

需要指出的是，对于农药的含义和范围，不同的时代、不同的国家和地区有所差异。如美国，早期将农药称之为"经济毒剂"（economicpoison），欧洲则称之为"农业化学品"（agrochemicals），还有的书刊将农药定义为"除化肥以外的一切农用化学品"。20世纪80年代以前，农药的定义和范围偏重于强调对有害生物的"杀死"，但20世纪80年代以来，农药的概念发生了很大变化。今天，我们并不注重"杀死"，而是更注重于"调节"。因此，有些国家将农药定义为"生物合理农药"（biorational pesticides）、"理想的环境化合物"（ideal environmental chemicals）、"生物调节剂"（bioregulators）、"抑虫剂"（insectistatics）、"抗虫剂"（anti-inectagents）、"环境和谐农药"（environment acceptable pesticides 或 environrnent friendly pesticides）等。尽管有不同的表达，但今后农药的内涵必然是"对靶标生物高效，对非靶标生物及环境安全"。

《中华人民共和国农药管理条例》把农药定义为：是指用于预防、消灭或者控制危害农业、林业的病、虫、草和其他有害生物以及有目的地调节植物、昆虫生长的化学合成物或者来源于生物、其他天然物质的一种物质或者几种物质的混合物及其制剂。

农药商品制剂是由原药和辅助剂组成的，通常称成药。原药中含有效成分和杂质。有效成分是具有生物活性的物质，含量越高活性越大；杂质是生产有效成分过程中的副产品。杂质越多农药商品质量越差。

1.3 农药与植保

化学防治的形成是人类在长期的农业生产过程中，与有害生物不断斗争的结果，从人工扑杀、物理防治、机械防除到采用农药防治，是人类防治有害生物技术的一大进步，是人类在不断总结防治经验，反复权衡各种防治方法利弊后作出的必然选择。在一定的社会、经济条件和生产力的需求下，化学防治法不失为一种最快捷、最方便、最为经济有效的手段。科学、合理、安全、有效地使用农药既能够快速防治有害生物，挽回作物产量损失，保障农产品数量，又能够保障农产品质量，从而保证人类对农产品的需求和人类健康。

农药怎么起作用？这要靠它的生物活性。所谓生物活性，即较少剂量就可以引起生物体较大的生理、病理反应。农药在杀伤有害生物的同时，往往也会对有益生物造成不良作用，如人、畜中毒，作物受到药害等。所以，要认识到农药的两面性，既有积极的一面，也有消极的一面。我们应通过研制和选用药效高、副作用小的农药品种，再加上优良的农药剂型、施药器械及不断提高的农药使用技术，发挥农药在农业生产上的积极作用，克服和减缓其消极作用，让农药为我们的生产、生活更好地服务。

植保防灾减灾，不仅关系到农产品的数量安全，也与农产品质量密切相关。近年来，随着经济发展和人民生活水平的提高，人们的消费观念正加速从吃得饱向吃得安全转变，农药残留超标等质量安全问题越来越引起社会广泛关注。最能够引起消费者共鸣的有几类事情，其中一个就是农产品的质量安全问题。进一步加快建设现代植保，转变传统的病虫害防治策略，大力推广绿色防控技术，从源头上降低农药使用风险，减少农药残留，促进绿色消费，已成为保障农产品质量安全和消费安全的迫切要求。

当前，中国正处于传统农业向现代农业转型的关键时期。植物保护作为农业防灾减灾的一项重要措施，是建设现代农业的重要组成部分，建设"科学植保、公共植保、绿色植保"的现代植保体系显得非常迫切、非常重要。农业部副部长余欣荣在全国农作物重大病虫防控高层论坛上强调，建设现代植保体系是确保国家粮食安全及主要农产品有效供给的重大举措，也是确保农产品质量安全的有效途径。

我国是农业病虫害发生危害严重的国家，每年农作物化学防治面积达到 60 多亿亩次，化学防治的贡献率达到 90% 以上。目前化学防治仍是最有效、最经济的方法，尤其是遇到突发性灾害时，尚无任何防治方法能替代化学农药。在今后相当长的时期，使用农药仍将是防治农作物病虫草鼠害的主要措施之一。农药是保护作物丰产稳产的重要农业投入品，但同时又是把"双刃剑"，如果选择的种类或使用不当，可能会伤及非靶标生物和有益生物，甚至伤及人类及其生存环境，容易造成农药残留、环境污染等问题。一方面农药是有毒物品，使用技术性强，要求高；另一方面由于农业病虫种类多，农药新品种、新剂型也多，一些农民对新农药缺乏了解，加之宣传、指导力度不够，因而用药不当，乃至盲目用药、违禁用药、滥用药的现象在一些地区时有发生。这不仅造成生产成本增加，还导致农产品中农药残留量超标，作物药害问题比较突出。因此，必须加强农药安全使用工作，做好安全用药培训，使农民了解安全用药知识，增强安全用药意识，提高用药水平，从源头上抓好农药残留污染的治理，保证农产品质量，保护农村环境。要保障农产品质量安全，关键是要趋利避害，加强农药的科学合理使用。

第二节　世界农药的发展概况

农药的使用可追溯到公元前 1500—公元前 1000 年，当时人们就通过焚烧植物来驱赶蝗虫，用硫磺熏蒸防治病虫害。但作为农药大规模发展的历史，大体上经历了 3 个历史时代。即天然药物时代，约 19 世纪 70 年代以前；无机化合物农药为主的无机药物时代，约 19 世纪 70 年代至 20 世纪 40 年代中期；有机合成农药的时代，自 20 世纪 40 年代中期至今。

2.1　天然药物时代

农药用于防治有害生物，可追溯到 1000 多年前的古希腊罗马时代。古希腊人荷马（Homer）在《荷马史诗》中记载了硫磺的熏蒸杀虫和防病功能。

公元前 7 至公元前 5 世纪，我国已有用嘉草、莽草、牡菊等植物杀虫的记载。早在 16 世纪，我国就已开始使用砷化物作杀虫剂。

早期人类在生产实践中认识到一些天然药物具有防治有害生物的作用。公元 1596 年，李时珍编写的《本草纲目》记载了 1892 种药品，其中有些就是用来防治害虫的，如矿物性的砒石、雄磺、雌磺、石灰和植物性的百部、藜芦、狼毒、苦参等等。在我国，植物性杀虫剂烟草、除虫菊、鱼藤、雷公藤、苦楝、川楝、百部等已有很久的应用历史。现在，除虫菊、鱼藤、苦楝素、烟碱等一批植物性杀虫剂仍在无公害农产品生产中使用。

在国外，人们在 17 世纪就发现用烟叶、除虫菊、松脂、鱼藤根等杀虫植物加工制剂作为农药使用的价值。1763 年，法国人用烟草和石灰粉防治蚜虫，这是世界上首次报道的杀虫剂。1800 年，美国人发现用除虫菊粉可杀灭虱、蚤，并于 1828 年将除虫菊花加工成防治卫生害虫的杀虫粉。

天然药物主要有 4 大特点：

一是纯天然物质。大多数农药或者纯天然产品或是从植物中经过简单的物理和化学加工而制成。

二是作用机理单一。大多数杀虫剂只有胃毒作用或触杀作用，大多数杀菌剂仅有保护作用，如硫磺、铜制剂等。

三是药效低、使用量较大，劳动强度大。

四是毒性低、残留微小，使用比较安全。大多数天然药物和无机农药来自于天然植物或矿物质，对大田作物、果树、蔬菜等农作物使用安全，基本上没有农药残留和环境污染，不会破坏农业生态，且不易诱发有害生物产生抗药性。目前，植物农药如印楝素、苦参碱，天然物质如矿物油、铜制剂等仍然在无公害农产品生产中发挥较好的作用。

2.2　无机合成农药时代

约自 19 世纪 70 年代至 20 世纪 40 年代中期，在这一时期，发展了一批人工合成的无机农药，包括氟、砷、硫、铜、汞、锌等元素的化合物。

19 世纪末，石灰硫磺合剂已在欧洲广泛用做杀菌剂。1800 年，法国化学家 P. M. A. Proust 在波尔多地区发现了用硫酸铜与石灰水混液防治葡萄霜霉病的效果，并从 1885 年起作为保护性杀菌剂广泛应用；直到 1897 年，经植物病理学家 Millardet 研究发现其强大的杀菌作用并被称为波尔多液，从而成为最早问世的名副其实的无机化学农药，这标志着世界第一个农药系统科学研究成果的产生。随后的砷酸铅、砷酸钙以及硫磺、烟碱的工业化生产，标志着农药已成为化学工业产品。

在无机杀虫剂中，砷酸钙、砷酸钠等曾被大量使用；1867 年，一种不纯的亚砷酸铜——

巴黎绿被应用。后来，由于巴黎绿的安全性较差，被效果更好的砷酸钙、砷酸铅所替代，并迅速推广应用于棉区和苹果种植园。在美国，亚砷酸铜用于控制科罗拉多甲虫的蔓延，并广泛使用，早在 1900 年就成为世界上第一种立法的农药。在无机杀虫剂中砷酸盐类因毒力最强、效果最好而备受欢迎，成为早期化学农药的佼佼者，也堪称"砷酸盐农药世纪"。无机类农药中，亚砷酸盐、硼酸盐、氯酸盐等被用做灭生性除草剂，亚砷酸、黄磷、磷化锌被用做杀鼠剂。

这一时期是使用无机除草剂的盛期，亚砷酸盐、硼酸盐、氯酸盐等被用做灭生性除草剂，虽然没有在农业上推广应用，但被广泛用于清理场地，在铁路、沟渠、边防等处，防除杂草及灌木。同时使用的无机杀鼠剂有亚砷酸、黄磷、硫酸铊、碳酸铜、磷化锌等。

在在这一时期，也有一些初级的有机农药问世，如德国在 1913 年把有机汞化合物用做种子处理剂，用做除草剂的二硝基邻甲酚及其盐 1932 年在法国获得专利，第一种二硫代氨基甲酸酯杀菌剂福美双以及杀鼠剂甘伏等也相继被人工生产。

由于无机杀虫剂用量大，当时滥生产、滥使用，不断出现问题，促使各国不得不立法加强农药管理。1905 年法国首先制定农药管理法，1910 年美国立法强制要求农药必须在农业部履行登记手续。

2.3 有机合成农药时代

1814 年，法国化学家 O. Zeidler 就合成了滴滴涕，直到 1939 年才由瑞士科学家 P. Huller 发现了滴滴涕的优良杀虫活性。正是这一发现，开创了人类有机合成农药及大规模使用广谱有机杀虫剂的新纪元。滴滴涕在控制 1944 年那不勒斯斑疹伤寒的大流行，以及后来防治虐蚊、阻止疟疾传播方面发挥了积极作用，一药显奇效，挽救了千百万人的生命。P. Huller 也因此于 1948 年获得了诺贝尔医学奖。

1925 年，英国首次合成了六六六。法国于 1942 年、英国与 1945 年相继发现了六六六的杀虫作用。六六六因杀虫谱广、持效期长、成本低廉而备受欢迎，在防治蝗虫、水稻螟虫等农业害虫方面具有极其重要的历史作用。

1945 年后，有机合成农药步入发展的快车道，如毒杀芬、氯丹、狄氏剂、艾氏剂等相继问世，陆续进入市场。第二次世界大战前后，出现了有机磷杀虫剂。德国化学家 G. Schrader 是有机磷农药的奠基人，他的研究成果奠定了有机磷杀虫剂的科学基础，先后研发了一系列有机磷神经毒剂。1944 年合成的对硫磷成为第一种大吨位的有机磷杀虫剂。而后又相继合成了一系列有机磷杀虫剂，如久效磷、甲拌磷、敌敌畏以及毒性较低的敌百虫、杀螟硫磷、乐果等等。

20 世纪 50 年代，瑞士嘉基公司首先研制了氨基甲酸酯类杀虫剂，美国碳化合物公司则成功开发出第一种氨基甲酸酯类杀虫剂实用品种甲奈威，此后陆续合成了速灭威、仲丁威、抗蚜威，还有一些高毒品种如涕灭威、克百威、灭多威等。与此同时，一些低毒化品种如丁硫克百威、硫双灭多威等也先后问世。

迅速发展的有机氯、有机磷和氨基甲酸酯类农药，成为当时并驾齐驱的三架马车。这一时期内还开发了专用杀螨剂，如三氯杀螨醇、三氯杀螨砜。仿生的沙蚕毒素类杀虫剂如杀螟丹、生物杀虫剂苏云金杆菌也同期进入实用化。杀菌剂在这一时期也得到较快发展，如福美铁、代森锌、五氯硝基苯、克菌丹以及有机磷杀菌剂稻瘟净、广谱杀菌剂百菌清相继人工合成成功。

据不完全统计，到 20 世纪 50 年代，化学家研究确立了 100 多种经典有机合成反应，Surrey 在 1954 年编撰的《Name Reactions》一书中共收编了 120 多种，到 1961 年又增补到了 127 种。这就使有机化学合成物的研究开发速度大大加快，也是有机合成农药快速发展的重要阶段。

20世纪60年代至70年代，一些内吸性的具有治疗作用的杀菌剂不断面世，如萎锈灵、苯菌灵等。1970年，我国沈阳化工研究院张少铭等研发了多菌灵，早于巴斯夫公司，并且首先实现了工业化生产。同时，农用抗生素系列也开发成功，如赤霉素、多抗霉素、灭瘟素等开始用于植物病害防治。

有机除草剂是20世纪40年代以后开发的，首先面世的是苯氧乙酸类除草剂，如2，4-滴、2甲4氯等，形成除草剂体系，它与有机氯、有机磷和氨基甲酸酯类杀虫剂一起进入商品应用阶段，标志着大规模农药工业的建立。

20世纪50年代以后，各种化学类型的有机除草剂发展迅速，增加了均三氮苯类的西玛津、取代脲类的灭草隆、酰胺类的敌稗、二苯醚类的除草醚、苯并噻二嗪酮类的灭草松、脲嘧啶类的除草定等等。这一时期，植物生长调节剂也新增了脱落酸、细胞分裂素、奈乙酸、抑芽丹、矮壮素等等。在杀鼠剂方面，首次开发成功缓效型杀鼠剂——敌害鼠，这是一种抗凝血性杀鼠剂，对人畜安全，在杀鼠剂开发应用历史上具有里程碑意义，代表品种还有香豆素类的杀鼠灵、茚满酮类的敌鼠、氯鼠酮等。

1973年，英国科学家艾里奥特开发出了第一种对光稳定的拟除虫菊酯杀虫剂——氯菊酯。其后又出现了一系列品种，如氰戊菊酯、氯氰菊酯、氯氟氰菊酯、高效氯氟氰菊酯等等。其中通过拆分技术生产的溴氰菊酯，药效要比氯菊酯高一个数量级，每公顷用药量仅需10～25克，持效期1周左右。之后又出现了兼治螨类、对鱼类毒性较低的氟氰菊酯、醚菊酯等。这些高效低毒的拟除虫菊酯杀虫剂代表着有机农药合成和生产的高技术水平。

在这一时期，有机合成农药的发展进入鼎盛期。不同化学结构、不同作用机理的高活性、高效新品种层出不穷，含氟、含杂环及手性化合物不断涌现，新型杀菌剂如十三吗啉、咪鲜胺、三唑酮、嘧菌酯等，磺酰脲类除草剂如苄嘧磺隆、绿磺隆、甲磺隆、苯磺隆等，有机磷除草剂如草甘膦，杂环类除草剂如百草枯，咪唑啉酮类除草剂如丁硫咪唑酮，芳氧苯氧丙烯酸酯类除草剂禾草灵、吡氟乙草灵等。杀鼠剂开发了第二代抗凝血剂新品种如溴敌隆、溴鼠灵等。非杀生性昆虫生长调节剂也有很大发展，最成功的当数能够抑制几丁质生物合成的苯甲酰脲类，代表品种有除虫脲、氟虫脲和噻嗪酮等，这类农药对非靶标生物毒性小，甚至无毒，而在抑制有害生物生长方面显示出独特的效果，受到市场的青睐。

在这一时期，环境保护已经开始受到人们的普遍关注。由于一些高毒、高残留农药而引起的环境污染问题的出现，从20世纪70年代开始，世界上许多国家陆续禁用滴滴涕、六六六等农药，建立了环境保护机构，加强对农药的管理。美国于1970年制定了环境保护法，并把农药登记审批工作由原来的农业部划归环境保护局管理。从此，人们开始把农药的研究开发目标转向高活性、高效、易降解、低残留、对环境友好、对有益生物影响小的方向。

随着新兴有机化学工业的发展，这个时期农药化合物的类型与品种都得到了飞速发展，使用农药的社会效益和经济效益日益显著，促进了有机农药的研发和生产。特别是近20年来，有机合成农药取得了举世瞩目的成绩，有机磷类杀虫剂如丙溴磷、丙硫磷、三唑磷、毒死蜱、乙酰甲胺磷、哒嗪硫磷等，氨基甲酸酯类杀虫剂如丙硫克百威，新抗生素类杀虫剂如阿维菌素、甲氨基阿维菌素、甲氨基阿维菌素苯甲酸盐等，新烟碱类杀虫剂如吡虫啉、噻虫胺、噻虫嗪等，昆虫脱皮激素类杀虫剂如抑食肼、米螨等。特别是近年来拟除虫菊酯类农药开发的含氟、含硅类品种，提高了杀虫活性，尤其是新开发的超高效杂环类杀虫剂，如含吡啶基团的噻唑烷、三唑类的唑蚜威、吡唑类的氟虫腈。新有机合成农药的发展极大地促进了有害生物化学防治事业的发展。

有机合成农药的主要特点：

一是作用对象多样化。一些杀虫剂兼具胃毒、触杀或者内吸等多种作用，表现为杀虫谱广、防治效果好、持效期长等特点；同样一些杀菌剂不仅有保护作用，而且还有内吸治疗作用；除草剂的一些品种对作物有较好的选择性，对不同种类的杂草有相应的除草剂。

二是使用剂量低，防治效果佳，使用成本低。

三是长期使用同一种有机合成农药，一方面容易使有害生物产生抗药性，另一方面对农产品质量、生态环境安全有一定的负面影响。

2.4 《寂静的春天》事件

提到有机合成农药，不得不提《寂静的春天》。

这本书引发了人们对化学农药的再认识、再评价；

这本书引发了人们对环境保护的思考；

这本书引发了全球对化学农药和环境的关注；

这本书引发了环境保护革命……

《寂静的春天》的作者是蕾切尔·卡逊女士，她是一位研究鱼类和野生资源的海洋生物学家。著作出版于1962年。

美国副总统阿尔·戈尔对这部著作曾经给予极高的评价：

"1992年，一个杰出美国人的组织推选《寂静的春天》为近50年来最具有影响的书。这些年来，贯穿着所有政治争论，这本书一直是对自我满足情绪的理性批评。它告诫我们，关注环境不仅是工业界和政府的事情，也是民众的分内之事。把我们的民主放在保护地球一边。渐渐地，甚至当政府不管的时候，消费者也会反对环境污染。降低食品中的农药含量目前正成为一种销售方式，正像它成为一种道德上的命令一样。政府必须行动起来，人民也要当机立断。我坚信，人民群众将不会再允许政府无所作为，或者做错事。

蕾切尔·卡逊的影响力已经超过了《寂静的春天》中所关心的那些事情。她将我们带回如下在现代文明中丧失到了令人震惊地步的基本观念：人类与自然环境的相互融合。本书犹如一道闪电，第一次使我们这个时代可加辩论的最重要的事情显现出来。在《寂静的春天》的最后几页，卡逊用罗伯特·福罗斯特的著名诗句为我们描述了'很少有人走过的道路'。一些人已经上路，但很少人像卡逊那样将世界领上这条路。她的作为、她揭示的真理、她唤醒的科学和研究，不仅是对限制使用杀虫剂的有力论证，也是对个体所能做出的不凡之举的有力证明。"

《寂静的春天》共有十七篇：

一、明天的寓言；

二、忍耐的义务；

三、死神的特效药；

四、地表水和地下海；

五、土壤的王国；

六、地球的绿色斗篷；

七、不必要的大破坏；

八、再也没有鸟儿歌唱；

九、死亡的河流；

十、从天而降的灾难；

十一、超过了波尔基业家族的梦想；

十二、人类的代价；

十三、通过一扇狭小的窗户；

十四、每四个中有一个；

十五、大自然在反抗；

十六、崩溃声隆隆；

十七、另外的道路。

作者在最后一篇中这样写道：

"现在，我们正站在两条道路的交叉口上。但是这两条道路完全不一样，更与人们所熟悉的罗伯特·福罗斯特的诗歌中的道路迥然不同。我们长期来一直行驶的这条道路使人容易错认为是一条舒适的、平坦的、超级公路，我们能在上面高速前进。实际上，在这条路的终点却有灾难在等待着。这条路的另一条岔路——一条'很少有人走边的'叉路——为我们提供了最后唯一的机会让我们保住我们的地球。

归根结底，要靠我们自己作出选择。如果在经历了长期忍受之后我们终于已坚信我们有'知道的权利'，如果我们由于认识提高而已断定我们正被要求去从事一个愚蠢而又吓人的冒险，那么有人叫我们用有毒的化学物质填满我们的世界，我们应该永远不再听取这些人的劝告；我们应当环顾四周，并且发现还有什么道路可使我们通行。

确实，需要有多种多样的变通办法来代替化学物质对昆虫的控制。在这些办法中，一些已经付诸应用并且取得了辉煌的成绩，另外一些正处于实验室试验的阶段，此外还有一些只不过作为一个设想存在于富于想象力的科学家的头脑之中，在等待时机投入试验。所有这些办法都有一个共同之处：它们都是生物学的解决办法。这些办法对昆虫进行控制是基于对话的有机体及其所依赖的整个生命世界结构的理解。在生物学广袤的领域中各种有代表性的专家——昆虫学家、病理学家、遗传学家、生理学家、生物化学家、生态学家——都正在将他们的知识和他们创造性灵感贡献给一个新兴科学——生物控制。"

对付有害生物，实现"生物控制"，当然是理想的。但现实是残酷的。

生物控制完全取代化学控制，过去没有做到，现在也没有做到，将来什么时候能够做到？我们不得而知。

我们也是环保主义者，也关注和关心环境保护；

我们并不反对蕾切尔·卡逊女士的观点；

我们是《寂静的春天》的忠实读者；

我们同样希望"在生物学广袤的领域中各种有代表性的专家——昆虫学家、病理学家、遗传学家、生理学家、生物化学家、生态学家——都正在将他们的知识和他们创造性灵感贡献给一个新兴科学——生物控制。"

但我们反对因一种观点、因一部著作就否定化学农药有功的一面，甚至全面否定农药的积极作用。这部完成于 20 世纪 60 年代的环保专著，是值得肯定的。我们应该客观、公正、科学地认识和对待农药。由于作者是一位生物学家，她没有对农药进行深入研究，对农药的认识和评价难免存在片面性，因此也难免有过于激烈之处，甚至存在偏见。更是由于当时的科学技术水平落后和农药品种的局限性，作者确实没有料想到科学技术水平会提升得如此快，更没有料想到农药品种发展如此神速。我们对作者给予充分肯定的同时，也应该批判性地提高对农药的全面认识。

为了达到生物控制完全取代化学控制的目的，采取"仇视农药"的态度是不可取的。至少在目前，甚至在今后相当长的时间，化学控制仍然起着举足轻重的作用。因此，我们要用科学的态度，客观、科学地对待农药。

第三节　中国农药的发展概况

中国使用药物防治农作物病虫害的历史悠久、源远流长。据史书记载，早在 3000 多年前，我们聪明的祖先就开始使用植物药剂治虫，2000 多年前就把汞、砷等用于植物保护。

公元前 7 至公元前 5 世纪，我国已有用嘉草、莽草、牡菊等植物杀虫的记载。北魏时期的重要种植著作《齐民要术》中记载了"以蒿艾箪盛之"或"蒿艾蔽窖埋之"，以"蒿艾"防虫的经验。在《本草纲目》、《天物开工》等古代自然科学著作中，都不乏植物性、动物性、矿物性药物杀虫、防病、灭鼠的记载。在 16 世纪，我国就有了防治象鼻虫的成功经验。这足以反映当时用药物防治农作物病虫害已经较为普遍。

但在历史上，比起指南针、火药、印刷术、造纸"四大发明"，我国农药生产和应用发展缓慢，在病虫害突发流行时显得束手无策。据记载，1927 年山东省发生大面积蝗灾，导致700 万人被迫背井离乡、流离失所、四处逃荒。无独有偶，1929 年微山湖地区再度爆发蝗灾，蝗虫迁飞经过沪杭铁路时遮天蔽日，导致火车都无法通过。这就是有名的"蝗虫挡道"。

我国是使用农药最早且历史悠久的国家之一，但我国农药工业的发展却落后世界发达国家，甚至落后世界较发达国家。中国农药工业发展大致可分为 4 个阶段。

3.1　创建初期

20 世纪 40 年代，中国仅有屈指可数的几家零星手工作坊，能生产少量的植物性农药和无机农药品种，如除虫菊、鱼藤酮的提取物、砒酸铅、砒酸钙、王铜、硫磺等。1943 年，重庆政府农林部设立了病虫药械制造实验厂，生产少量的砷酸钙、砷酸铅、砷酸铜等。到 20 世纪40 年代末，上海、北京、沈阳三地相继出现了小型农药厂。

3.2　创建时期

20 世纪 50 年代左右，是中国农药工业的创建时期。在这一时期，国家兴建了一批农药生产企业，产品主要以有机氯、有机磷杀虫剂为主。

1950 年，四川泸州化工厂新建滴滴涕车间，1951 年建成投产，年产量 1000 余吨。

华北农业科学研究所和上海病虫药械厂合作开发六六六成功，于 1951 年投产，这是中国有机合成农药初创起步的标志。其间浙江化工研究所开发的毒杀芬，在浙江、福建、安徽、江西等省陆续投产。

1952 年，沈阳化工厂、天津化工厂、大连化工厂等企业相继建成六六六、滴滴涕生产线，标志着我国有机合成农药工业的形成，但都以生产有机氯杀虫剂为主。到 1965 年，六六六产量达到 15 万吨，滴滴涕产量达到 8000 吨。其间上海联合化工厂和上海医工设计院合作，通过技术改造，成功实施了六六六的连续氯化工艺，降低了单耗，使产品中的有效杀虫成分丙体六六六含量由 12% 提高到 14%。

1950 年，北京农业大学胡秉方教授研发有机磷杀虫剂对硫磷成功。1956 年，建成我国第一个有机磷杀虫剂工厂——天津农药厂，这是我国有机磷农药生产的开端。

1958 年，上海信诚化工厂、上海农业机械厂成功投产高效、广谱、低毒的有机磷杀虫剂敌百虫，不久就成为我国农药的重要品种。这期间还发展了杀菌剂、除草剂和植物生长调节剂。1958 年，我国投产了代森锌、代森铵、福美双等有机氮杀菌剂，在华北、东北等地陆续投产了 2,4 - 滴，奈乙酸以及粮食熏蒸剂氯化苦、磷化铝，杀鼠剂磷化锌，杀菌剂胶体硫、多硫化钡等产品也相继投产。

在这一时期，我国农药工业产品以有机氯为主，在大田使用的农药剂型以粉剂、可湿性粉剂、乳油为主。农药品种有所增加，产量提高较快。到 20 世纪 60 年代末，中国农药工业已初具规模，但有机氯杀虫剂的比例大，无论是农药品种，还是农药产量，都满足不了我国农业生产的需要。

3.3　发展初期

20 世纪 60 年代至 80 年代初期，是中国农药工业的发展初期。在这一时期，中国农药工业得到巩固、发展，进一步夯实了基础。国家投资陆续扩建、新建了一批重要的农药骨干生产企业，如天津、上海、杭州、南通、青岛、苏州、重庆、荆州、邵阳、张店等农药厂，成为我国现代农药工业的基础。产品主要以有机氯、有机磷、氨基甲酸酯等杀虫剂为主。

在这一期间，经过技术改造，发展了一大批农药新产品、新剂型，如乐果、马拉硫磷、杀螟硫磷、甲奈威等高效、低毒的杀虫剂，稻瘟净、异稻瘟净、福美砷等杀菌剂，除草剂也得到了快速发展，2 甲 4 氯、敌稗、除草醚、草甘膦、绿麦隆、燕麦敌、西玛津、莠去津等相继问世。还有抗凝血性杀鼠剂，如敌鼠钠、杀鼠灵、氯鼠灵等，植物生长调节剂有赤霉素（920）、矮壮素、乙烯利、调节膦等，也相继生产使用。

在这一时期，农药科研取得了巨大进展，一批批农药科研成果的诞生，推进了农药工业的发展。中科院上海有机化学研究所梅斌夫等研发乙基大蒜素（402）成功，对甘薯黑斑病效果显著。上海农药研究所沈寅初等筛选研发农用抗菌素井冈霉素成功，对水稻纹枯病有特效，至今仍然是防治水稻纹枯病的主要药剂。它的投产，开创和推进了我国农用抗菌素行业的发展，对我国生物农药工业的形成和发展功不可没。1970 年，沈阳化工研究院张少铭等研发内吸性杀菌剂多菌灵成功，1973 年实现工业化生产，比国际农化巨头巴斯夫公司还要早 2年。多菌灵杀菌谱广，对多种植物的多种病害有效，而且毒性低，使用安全，是我国杀菌剂的重要品种。多菌灵的问世，促进了我国有机杀菌剂的科研和生产，此后一大批高效杀菌剂新品种陆续面世，如硫菌灵、甲基硫菌灵、甲霜灵、三唑酮、三唑醇、丙环唑等等。

在这一时期，农药制剂加工和农药助剂研发也得到相应发展，新开发了颗粒剂、油剂、固乳剂、胶悬剂、可溶性粉剂、胶囊剂、超低容量喷雾剂及各种复配农药制剂等等，并实现了产业化。南京钟山化工厂也发展成为我国农药加工助剂的最大生产基地，乳化剂产量约占全国产量的 50％。

在这一时期，我国农药科研和高等教育体系也已初步形成。除化学工业部直属的沈阳化工研究院外，在上海、江苏、浙江、湖南、四川、安徽、山东、广东、广西等省、市、自治区都建立了化工、农药研究院、所，开展了大量的农药研究与开发工作，特别是在开发专利过期产品上取得进展，仿制了许多农药新品种，取得了巨大成果。北京农业大学（现中国农业大学）、南开大学相继开设了农药学科专业，为国家培养了大批优秀的农药专业本科、硕士、博士等专业人才。特别值得一提的是，1962 年，南开大学校长杨石先教授受国务院总理周恩来委托，组建南开大学元素有机化学研究所，开展了有机磷、氟、硅、硼等化学及相关课题的农药研究，取得了一大批重大科研成果，为我国农药新品种研发和农药基础理论研究的发展，为培养农药学科的高层次专业人才作出了巨大贡献。

在这一时期，我国农药工业得到了巩固、发展和壮大。品种增多，产量扩大，质量提高，剂型增加，生产技术水平稳步提升，为农药工业今后的发展打下了扎实基础。但是在产品结构上存在很大缺陷，有机氯、有机磷、氨基甲酸酯杀虫剂所占比例仍然很高，年产量达 40 万吨，占杀虫剂总产量的 65％左右。

3.4　发展时期

20 世纪 80 年代至 20 世纪末，是中国农药工业的发展时期。进入 20 世纪八九十年代，中国农药工业进行了产品结构的首次大调整，集中发展了一大批高效、低毒的新品种。这是我国农药工业品种结构大调整的第一个里程碑，中国农药工业由此步入发展时期。

在这一时期，六六六、滴滴涕等有机氯杀虫剂由于长期大量使用，已经导致一些有害生物产生了严重的抗药性，药效下降，防治效果不好，同时在环境中的残留日益严重，致使农产品残留严重超标，还发生过多次因农药残留问题导致农产品出口受阻的案例。

1977 年，美国宣布六六六、滴滴涕禁止用于农业。此举引起了我们国家领导人及相关部门的高度重视，农药业内外人士对此也密切关注与关心。1978 年夏天，化学工业部在张家口市召开座谈会，著名农药专家、南开大学校长杨石先教授等化工、农药专家和学者出席会议。会议一致认为，我国必须加速高效、低毒、低残留农药新品种的研发与生产，加快取代、停产、禁用六六六、滴滴涕等有机氯杀虫剂的进程，以适应农业生产、保障人畜安全和保护环境的需要，维护国家在国际上的形象。专家在会上提出了发展农药新品种的相关建议，化学工业部领导予以高度重视，随即制定有关计划，安排具体实施，并 2 次组织有关领导、专家出国进行技术考察，了解世界各国的相关行动方案，了解各国取代杀虫剂、杀菌剂、除草剂的品种，以及相关中间体的研发等情况。随着生产的发展、技术的进步，国内农药工业已经有一定的品种、产量、技术基础和充分的组织准备。1983 年，由国务院副总理万里主持国务院会议，果断决定并宣布，自当年 4 月 1 日起，我国停止六六六、滴滴涕的生产和使用。我国与美国相比，农药工业要落后美国几十年，但作出停止生产和使用六六六、滴滴涕的决定比美国仅晚几年。由此可见，我国对世界发展负责的决心和勇气。

在这一时期，化学工业部和农药、氯碱行业雷厉风行，坚决贯彻执行国家决定，立即宣布实施方案。六六六仅保留沈阳化工厂、天津大沽化工厂生产林丹供出口，无效体综合利用生产五氯酚钠用于防治引起血吸虫病的丁螺，生产五氯酚用于枕木和木材防腐；滴滴涕仅保留天津化工厂供出口非洲等地用于防治疟蚊、扬州农药厂自用生产三氯杀螨醇，其余六六六、滴滴涕装置一律停产。国家计划委员会、国家经济委员会、化学工业部随即落实安排了农药高效新品种及氯碱行业氯平衡产品的技术改造、基建项目。国家投入资金达 10 亿元，技改、扩建及新建的取代品种包括有机磷杀虫剂甲胺磷、乙酰甲胺磷、杀螟硫磷、甲基对硫磷、乙基对硫磷、马拉硫磷、敌敌畏、敌百虫、辛硫磷、乐果、氧乐果、久效磷及中间体亚磷酸三甲酯等，氨基甲酸酯类杀虫剂异丙威、仲丁威、速灭威、抗蚜威、克百威、涕灭威等，以及相应配套的光气、中间体异氰酸酯、烷基酚等，此外还有氰戊菊酯、氯氰菊酯以及配套的中间体醚醛等。同时国家还用上亿美元进口缺口的农药生产急需原料、中间体以及农药新品种。

1984—1986 年，我国杀虫剂产量很快恢复性增长，达到 20 万吨左右，杀虫剂无论从品种上，还是从产量上，都可以较好地满足农业生产需要，比较顺利地解决了六六六、滴滴涕停止生产和使用问题。从此我国农业关于不再发展高毒高残留品种，杀虫剂产品中，高效、低残留品种的产量已占主导地位。

在这一时期，高毒、高残留被淘汰，替代产品不断开发，国家集中力量投产了几十个高效、低残留的农药品种，如丙溴磷、丙硫磷、三唑磷、毒死蜱等 20 多个有机磷杀虫剂，丁硫克百威、硫双灭多威、丙硫克百威等氨基甲酸酯类杀虫剂，以及胺菊酯、氯氰菊酯等一批拟除虫菊酯类农药等。除草剂品种发展也较快，如丁草胺、禾草丹和一些磺酰脲类高活性、低用量、杀草谱广的除草剂品种，在我国生产，并很快投入农业生产应用。

3.5　发展新时期

步入 21 世纪以来，中国农药工业进入发展新时期。由于国民经济和现代农业的迅速发展，极大地促进了中国农药工业的跨越式发展，农药行业趁着中国改革开放的春风，呈现出大调整、大发展的繁荣景象。

21 世纪以来，我国农药产品更加丰富，产品结构得到进一步优化。一大批高效、低毒、低残留的新品种踊跃问世，特别是除草剂得到迅速发展，品种增多，产量大幅增长，杀虫剂、杀菌剂、除草剂 3 大类产品的比例得到有效调整，更加适合农业生产的需要，农药行业与现代农业得到有效对接，生产技术水平、生产装备水平、产品质量水平得到稳步提高。国产农药出口量迅速增长，从 1994 年开始，出口额就已经超过进口额，农药行业成为石油化学行业为数不多的贸易顺差行业。

在这一期间，我国为了履行《关于在国际贸易中对某些危险化学品和农药采用事先知情同意程序的鹿特丹公约》（PIC 公约）及《关于持久性有机污染物的斯德哥尔摩公约》（POPs 公约），国家农业部、工业和信息化部等有关部门宣布，从 2007 年 1 月 1 日起，停止生产和使用甲胺磷、对硫磷、甲基对硫磷、久效磷及磷胺等有机磷杀虫剂。这些品种是 1983 年停止生产和使用六六六、滴滴涕时重点发展的高效杀虫剂，在农业生产的虫害防治中发挥了巨大作用、功不可没，但其急性毒性高，在使用过程中时有中毒事故发生，国际上也有禁用限用的要求。

在这一期间，新研发、投产的高效、低毒、低残留的取代品种就有数十种之多，如乙酰甲胺磷、三唑磷、毒死蜱、二嗪磷、硝基硫磷、杀虫单、杀虫双、杀螟丹、丁烯氟虫腈、吡虫啉、噻嗪酮、啶虫脒、高效氯氰菊酯、氯氟氰菊酯、溴氰菊酯、阿维菌素、甲氨基阿维菌素等等。尽管停产的高毒有机磷杀虫剂多达 30 万吨（折 100%，下同）左右，但农药工业已有充分的品种、产能准备，并没有影响我国农业生产用药，实施了平稳过渡。至此，我国农药工业产品中的高毒产品产量已下降到 5% 以下。这是我国农药工业优化品种结构调整的第二个里程碑。

在这一期间，除草剂和杀菌剂也得到了快速发展，新投产的除草剂品种有精喹禾灵、高效氟吡甲禾灵、二甲戊灵、草铵膦、烯草酮、二甲戊灵、异噁草松、烟嘧磺隆、苄嘧磺隆、吡嘧磺隆、单嘧磺隆、氟磺胺草醚、精噁唑禾草灵、噁草酮等，新投产的杀菌剂品种有丙环唑、苯醚甲环唑、戊唑醇、己唑醇、烯酰吗啉、氟吗啉、咪鲜胺、醚菌酯、嘧菌酯、嘧菌胺、氟硅唑等。杀虫剂、杀菌剂、除草剂 3 大类产品的实际产量比例达到 45∶13∶41（植物生长调节剂、杀鼠剂等约占 1），更加适应我国国情和农业生产的需要。

在这一期间，我国农药科研工作得到了长足发展。到 2000 年底，国家建成了南北 2 个农药创制工程中心，这标志着我国农药创制研究体系的基本形成，农药科研步入创制和仿制结合的轨道。国家农药创制南方中心以上海农药研究所、江苏农药研究所、湖南化工研究院、浙江化工研究院为依托，包括中国科学院上海有机所、华东理工大学等；国家农药创制北方中心以沈阳化工研究院、南开大学元素有机化学研究所为依托，包括中国农业大学。南北 2 个农药创制工程中心在短短的十多年时间里，创制出 30 多个拥有自主知识产权的、已取得登记的农药新品种。同时还开发了一大批高效新品种、一批先进的清洁生产工艺、配套的共性中间体以及高活性的新剂型。通过科技进步和技术创新，极大地提高了我国农药工业的整体水平，提高了企业的经济效益，增强了企业核心技术的国际竞争力，这也是我国农药科研和农药工业发展的一座里程碑。

在这一期间，我国农药工业产品结构调整取得重大突破，农药企业组织机构改造也取得了显著进展，涌现出一批大型企业集团，企业资产多元化。到目前，农药行业已有 30 多家上市公司，如海利化工、新安股份、沙隆达、南京红太阳、华星化工、威远生化、利尔化学、蓝丰生化、南通江山、长青化工、辉丰农化、诺普信等等。形成了农药板块，并时有良好表现，为投资人和股民创造收益。

第四节　中国农药的发展特点

中国农药工业从无到有、由小到大，经历了 60 余年的发展，目前已成为世界农药生产和应用大国，农药产量居世界第一，是世界主要的农药出口大国，每年出口的原药和制剂产品多达 300 余种，出口国家在 150 个以上。主要有如下特点。

4.1　起步晚，发展快

从 20 世纪 50 年代左右、中国农药工业的创建时期开始，中国农药工业已经 60 余年的发展。目前，全国共有国家农药定点生产企业 1800 余家，生产农药原药的企业达 600 余家。我国累计批准且在有效期的大田农药正式登记产品已突破 22000 个，登记的农药有效成分多达近 700 个，农药登记产品数量、农药登记有效成分数量、农药定点生产企业数量、农药生产量、农药使用量等都位居世界前列。

农药产量从新中国产量初期的只能生产 60 余吨硫酸铜，到"九五"末期的 2000 年，农药产量达到 64.8 万吨。"十五"末期的 2005 年，农药产量达到 103.9 万吨，首次突破"100 万吨"大关。"十一五"末期的 2010 年，农药产量达到 234.2 万吨，首次突破"200 万吨"大关。中国农药工业随着改革开放的进一步深入，不断刷新记录、创造奇迹。

农药出口量大幅增长。1994 年出口农药 6.09 万吨，出口额 1.52 亿美元，同年进口农药 3.2 万吨，进口额 1.37 亿美元，首次实现贸易顺差。到"九五"末期的 2000 年，农药出口量达到 16.16 万吨，出口额 4.64 亿美元。"十五"末期的 2005 年，农药出口量达到 42.8 万吨，出口额 14 亿美元。"十一五"末期的 2010 年，农药出口量达到 61.3 万吨，出口额 17.7 亿美元。2013 年，全国 335 家规模以上农药原药生产企业产量达到 319 万吨，农药出口量首次突破 100 万吨。中国农药的出口量和出口额同样不断刷新记录、创造奇迹。我国现在已是世界上最大的农药生产国和出口国。

4.2　两次调整，两次创业

中国农药工业经历了两次大调整，从而也完成了两次创业。

1983 年，我国果断决定并宣布，自当年 4 月 1 日起，我国停止六六六、滴滴涕的生产和使用。这是中国农药工业的第 1 次大调整。

国家农业部、工业和信息化部等有关部门宣布，从 2007 年 1 月 1 日起，停止生产和使用甲胺磷、对硫磷、甲基对硫磷、久效磷及磷胺等有机磷杀虫剂。这是中国农药工业的第 2 次大调整。

通过两次大调整，中国农药工业的产品结构更趋合理和优化。到目前，高毒农药产量下降到了 3% 以下。杀虫剂产量比例从 1983 年的 82% 下降至 2010 年的 31.9%。杀菌剂产量稳定增长，从 1990 年的 2.5 万吨，增长到 2010 年的 16.6 万吨，占农药总产量的 7.1%。除草剂迅速发展，从 1983 年的 2.1 万吨，增长到 2010 年的 105.5 万吨，占农药总产量的 45%。

通过两次调整，基本达到了"产品结构不断合理，农药生产持续稳定增长，农药出口大幅增加，产品质量显著提高，经济效益全面增长，技术进步落到实处，科技创新成绩巨大，推进产业升级"的目标。

第二章 农药基本常识

第一节 农药的分类

根据农药原料的来源及成分、农药的用途和作用方式、防治对象、化学结构等，农药的分类也多种多样。本书主要介绍 2 种常用和常见的分类方法。

1.1 按原料的来源及成分分类

1.1.1 无机农药

主要由天然矿物原料加工、制成的农药，又称之为矿物性农药，主要有砷酸钙、砷酸铅、磷化铝、石灰硫磺合剂、硫酸铜、波尔多液等。它们的有效成分都是无机化学物质。这一类农药作用比较单一，品种少，药效低，且易发生药害，所以目前绝大多数品种已被有机合成农药所代替，但波尔多液、石灰硫磺合剂等仍在广泛应用。由于这类农药易溶于水，因此容易使作物发生病害。

1.1.2 有机农药

主要指通过有机合成的方法而获得的一类农药，通常又可以根据其来源和性质分为植物性农药、矿物性农药、微生物农药等天然有机农药及人工合成有机农药。

1.1.2.1 天然有机农药

天然有机农药是来自于自然界的有机物，环境可容性好，一般对人毒性较低，是目前大力提倡使用的农药，可在生产无公害食品、绿色食品、有机食品中使用，如植物性农药、园艺喷洒油等。

1.1.2.2 人工合成有机农药

人工合成有机农药即人工合成的化学农药。其种类繁多，结构复杂，大都属高分子化合物；酸碱度多是中性，多数在强碱或强酸条件下易分解；有些宜现配现用、相互混合使用。

1.2 按用途和作用方式分类

按防治对象，可以分为杀虫剂、杀螨剂、杀菌剂、除草剂、杀鼠剂、杀软体动物剂、植物生长调节剂、杀线虫剂。

1.2.1 杀虫剂

杀虫剂用来防治农、林、草原、卫生、贮粮及畜牧等方面的害虫，品种较多，使用广泛。

1.2.1.1 胃毒剂

杀虫剂随食物一起被害虫吞食后，在肠液中溶解和被肠壁细胞吸收到致毒部位，引起害虫中毒死亡，这种作用称为胃毒作用。具有胃毒作用的药剂称为胃毒剂。这一类杀虫剂如乙酰甲胺磷、敌百虫等。

1.2.1.2　触杀剂

害虫接触杀虫剂后，药剂从体表进入体内，干扰害虫正常的生理代谢过程或破坏虫体某些组织，引起害虫中毒死亡，这种作用称为触杀作用。具有触杀作用的药剂称为触杀剂。这一类杀虫剂如马拉硫磷、氰戊菊酯等。

1.2.1.3　熏蒸剂

药剂本身气化挥发出来的气体，或药剂与其他物资作用后产生有毒气体，害虫经呼吸系统吸入有毒气体而中毒死亡，这种作用称为熏蒸作用。具有熏蒸作用的药剂称为熏蒸剂。这一类杀虫剂如溴甲烷、氯化苦等。

1.2.1.4　内吸剂

农药喷施于植物体上或水、土中之后，由于药剂的穿透性能和植物的吸收作用而进入植物体内，并随植物体内汁液传导至植株各个部位，使整个植物体汁液在一定时间内带毒，并对植物本身无害。当害虫刺吸了含毒的植物汁液后即中毒死亡，这种作用称为内吸作用。具有内吸作用的药剂称为内吸剂。内吸作用是对植物而言，对害虫来说实际上是胃毒作用。这一类药剂如克百威、乐果等。

1.2.1.5　驱避剂

有些药剂本身虽然没有毒力或毒效很低，但由于具有特殊气味或颜色，使用之后能使害虫忌避而逃离药剂所在处，从而不再正常危害，具有这种性能的药剂称为驱避剂。这一类药剂如香茅油、樟脑丸等。

1.2.1.6　拒食剂

有些农药能够影响害虫的取食，当害虫接触药剂后不再取食，或者减少取食量，导致害虫饥饿而死亡，具有这种性能的药剂称为拒食剂。

1.2.1.7　不育剂

有些农药施用后作用于昆虫的生殖系统，直接或间接影响昆虫生殖细胞的成熟、分裂或受精过程，能够有效破坏其生殖功能，使害虫失去生殖能力而造成不孕，具有这种性能的药剂称为不育剂。

1.2.1.8　引诱剂

有些药剂本身虽然没有毒力或毒效很低，但使用后可引诱害虫前来取食或引诱异性昆虫，具有这种性能的药剂称为引诱剂。这一类药剂有防治小麦黏虫常用的糖醋诱蛾等。

1.2.1.9　昆虫生长调节剂

有些药剂能够扰乱昆虫正常生长发育过程，影响害虫脱皮、变态或产生生理形态上的变化而形成畸形虫体，导致害虫生命力不强，甚至没有生命力，或者没有繁殖能力。还有一些药剂能够干扰昆虫内激素的合成和释放，从而影响昆虫的生长发育。具有这种调节性能的药剂称为昆虫生长调节剂。这一类药剂有灭幼脲、早熟素等。

1.2.2　杀螨剂

能够用来防治螨类危害的药剂叫杀螨剂。触杀性为主的杀螨剂如三唑锡、苯丁锡等，具有触杀、胃毒作用的杀螨剂如克螨特。在杀虫剂中，有不少品种具有兼治螨类的作用，如哒螨酮、阿维菌素等。

1.2.3　杀菌剂

对植物体内的真菌、细菌或病毒具有杀灭或抑制作用，可以预防和治疗作物的各种病害的药剂，统称为杀菌剂。根据化学成分来源和化学结构、按照作用方式和作用机制、按照使用方法等，杀菌剂的分类方法很多。本书主要介绍 3 种常用和常见的分类方法。

1.2.3.1 按照化学成分来源和化学结构分

(1)无机杀菌剂 指以天然矿物为原料的杀菌剂和人工合成的无机杀菌剂。这一类杀菌剂如硫酸铜、石硫合剂等。

(2)有机杀菌剂 指人工合成的有机杀菌剂。按其化学性质、化学结构等又可以分为多种类型：有机硫类杀菌剂、有机砷类杀菌剂、有机磷酸酯类杀菌剂、有机锡类杀菌剂、苯环类杀菌剂、杂环类杀菌剂等。

(3)生物杀菌剂 这一类杀菌剂包括农用抗生素类杀菌剂和植物源杀菌剂。农用抗生素类杀菌剂如井冈霉素、春雷霉素、农用链霉素等。植物源杀菌剂是指从植物中提取某些杀菌成分，保护作物免受病原菌侵害的一类药剂，如大蒜素。

1.2.3.2 按作用方式和作用机制分

(1)保护剂 在植物未感染病菌前使用，抑制病原孢子萌发，或杀死萌发的病原孢子，防治病原菌侵入植物体内，以保护植物免受病原菌侵染危害的杀菌剂，都属于保护性杀菌剂，如百菌清、代森锌等。

(2)治疗剂 在植物感病时或感病后使用，直接杀死已经侵入植物体内的病原菌的杀菌剂，都属于治疗性杀菌剂，如三唑酮、多菌灵等。

1.2.3.3 按使用方法分

(1)土壤处理剂 指通过喷施、浇灌、翻混等方法防治土壤传带的病害的一类药剂，如石灰、五氯硝基苯等。

(2)叶面喷洒剂 指通过喷雾、喷粉等方法将药剂喷洒于作物叶面以防治病害的一类杀菌剂，如甲基硫菌灵、三环唑等。

(3)种子处理剂 指用于处理种子的一类杀菌剂，主要防治种子传带的病害，或者土壤传带的病害，如抗菌剂乙基大蒜素(402)、咪鲜胺、福美双等。

1.2.4 除草剂

除草剂是指可使杂草彻底地或选择地发生枯死的药剂。除草剂又称除莠剂，用以消灭或抑制植物生长的一类物质。作用受除草剂、植物和环境条件三因素的影响。可广泛用于防治农田、果园、花卉苗圃、草原及非耕地、铁路线、河道、水库、仓库等地杂草、杂灌、杂树等有害植物。可以从化合物来源、杀灭方式、作用方式、施药部位等多方面分类。本书主要介绍 4 种常用和常见的分类方法。

1.2.4.1 按杀灭方式分

(1)选择性除草剂 这类除草剂只能杀死杂草而不伤害作物，对不同种类的苗木，抗性程度也不同，可以杀死杂草，而对苗木无害。甚至有些除草剂只能杀灭某一类杂草，如乙草胺、丁草胺、二氯喹啉酸等。

(2)灭生性除草剂 指在正常药量下能将杂草和作物没有选择性地全部杀死的一类除草剂。这类除草剂对所有植物都有毒性，只要接触绿色部分，不分苗木和杂草，都会受害或被杀死，主要在播种前、播种后出苗前、苗圃主副道上使用，如草甘膦、百草枯等。

1.2.4.2 按作用方式分

(1)触杀型除草剂 药剂与杂草组织(中、幼芽)接触即可发挥作用，只杀死与药剂接触的部分，起到局部的杀伤作用，植物体内不能传导。只能杀死杂草的地上部分，对杂草的地下部分或有地下茎的多年生深根性杂草，则效果较差，如除草醚、百草枯、灭草松等。

(2)内吸传导型除草剂 药剂被根系或叶片、芽鞘或茎部吸收后，传导到植物体内，使植物死亡，如草甘膦、扑草净等。

（3）内吸传导、触杀综合型除草剂　具有内吸传导、触杀型双重功能，如杀草胺等。

1.2.4.3　按使用方法分

（1）茎叶处理剂　将除草剂溶液兑水，以细小的雾滴均匀地喷洒在植株上。这种喷洒法使用的除草剂叫茎叶处理剂，如盖草能、草甘膦等。

（2）土壤处理剂　将除草剂均匀地喷洒到土壤上形在一定厚度的药层，当杂草种子的幼芽、幼苗及其根系被接触吸收而起到杀草作用。这种作用的除草剂叫土壤处理剂，如西玛津、扑草净、氟乐灵等，可采用喷雾法、浇洒法、毒土法施用。

（3）茎叶、土壤处理剂　可作茎叶处理，也可做土壤处理，如阿特拉津等。

1.2.4.4　按化学结构分

（1）无机化合物除草剂　由天然矿物原料组成，不含有碳素的化合物，如氯酸钾、硫酸铜等。

（2）有机化合物除草剂　主要由苯、醇、脂肪酸、有机胺等有机化合物的人工合成物质，如醚类除草剂果尔、均三氮苯类除草剂扑草净、取代脲类除草剂"除草剂1号"、苯氧乙酸类除草剂2甲4氯、吡啶类除草剂盖草能、二硝基苯胺类除草剂氟乐灵、酰胺类除草剂拉索、有机磷类除草剂草甘膦、酚类除草剂五氯酚钠等等。

1.2.5　杀鼠剂

指用于控制鼠害的一类农药。杀鼠剂进入鼠体后可在一定部位干扰或破坏体内正常的生理生化反应：作用于细胞酶时，可影响细胞代谢，使细胞窒息死亡，从而引起中枢神经系统、心脏、肝脏、肾脏的损坏而致死，如磷化锌；作用于血液系统时，可破坏血液中的凝血酶源，使凝血时间显著延长，或者损伤毛细血管，增加管壁的渗透性，引起内脏和皮下出血，导致内脏大出血而致死，如抗凝血杀鼠剂。狭义的杀鼠剂仅指具有毒杀作用的化学药剂，广义的杀鼠剂还包括能熏杀鼠类的熏蒸剂、防止鼠类损坏物品的驱鼠剂、使鼠类失去繁殖能力的不育剂、能提高其他化学药剂灭鼠效率的增效剂等。本书主要介绍3种常用和常见的分类方法。

1.2.5.1　按杀灭速度分

（1）速效性杀鼠剂或称急性单剂量杀鼠剂　这一类杀鼠剂作用快，鼠类取食后即可致死；缺点是毒性高，对人畜不安全，并可产生第2次中毒，鼠类取食一次后若不能致死，易产生拒食性，如磷化锌、安妥等。

（2）缓效性杀鼠剂或称慢性多剂量杀鼠剂　其特点是药剂在鼠体内排泄慢，鼠类连续取食数次，药剂蓄积到一定剂量方可使鼠中毒致死，对人畜危险性较小。如杀鼠灵、敌鼠钠、鼠得克、大隆等。

1.2.5.2　按作用方式分

（1）胃毒剂　取食进入消化系统使老鼠中毒致死的杀鼠剂。特点是用量低、适口性好、杀鼠效果好、对人畜安全，如杀鼠醚、氯鼠酮、溴敌隆等。

（2）熏蒸杀鼠剂　经呼吸系统吸入有毒气体而毒杀鼠类的药剂。这类杀鼠剂对施药人员防护条件及施药人员操作要求高、操作成本高，必须在密闭的环境条件下才能发挥作用，故难以大面积推广应用，如磷化铝、溴甲烷等。

（3）驱鼠剂和诱鼠剂　指驱赶或诱集而不直接毒杀鼠类的药剂。这类药剂持效期不长，效果不持久。

（4）不育剂　也称化学绝育剂，主要是通过药物作用使雌鼠不育而有效降低出生率，达到间接杀鼠防除鼠害的目的。雌鼠不育剂有多种甾体激素，雄鼠绝育剂有氯代丙二醇、呋喃且啶等，这类药物主要适用于草原、耕地、垃圾堆等场所。

一种好的杀鼠剂应具备以下条件：

（1）毒力适中。毒力一般用致死中量（LD_{50}）（毫克/千克）表示，在 1～50 毫克/千克之间较为适宜。

（2）适口性好。杀鼠剂同诱饵配成毒饵后，鼠一定要喜食，因为投下毒饵鼠主动取食才有杀鼠效果。

（3）作用速度要求适中。急性杀鼠剂在服毒后至少在 5 小时以后出现症状。

（4）没有耐药性和抗药性。

（5）稳定性要适中，保存期内要稳定，有利于毒饵的保存，但稳定性过强易引起环境污染或产生二次中毒。稳定性差配成毒饵不易保存，毒力很快降低。

（6）无二次中毒，不污染环境。

（7）有效的解毒剂。

（8）价格合理。

1.2.6 杀软体动物剂

指专门用于防治危害农、林、渔业等有害软体生物的农药。危害农作物的软体动物隶属于软体动物门、腹足纲，主要指蜗牛（俗称水牛儿、旱螺蛳）、蛞蝓（俗称鼻涕虫、蜒蚰）、田螺（俗称螺蛳）、福寿螺及钉螺等农业有害生物。

1922 年哈利尔报道硫酸铜处理水坑防治钉螺有效。1934 年吉明哈姆在南非开展用四聚乙醛饵剂防治蜗牛和蛞蝓试验。1938 年在美国出现蜗牛敌饵剂商品，同年试验发现 1.5%～2.5% 四聚乙醛 +5% 砷酸钙混合饵剂杀蜗牛效果好。20 世纪 50 年代初五氯酚钠开始用于杀钉螺，后期杀螺胺问世。60 年代又出现了丁蜗锡和蜗螺杀。之后杀软体动物剂发展缓慢。我国自 50 年代以来在用五氯酚钠治钉螺灭血吸虫病方面取得了巨大成就，在研究和开发新的灭钉螺剂方面也取得了一定成绩。

杀软体动物剂按物质类别分为无机和有机杀软体动物剂 2 类。

无机杀软体动物剂的代表品种有硫酸铜和砷酸钙，现已停用。

有机杀软体动物剂仅 10 来个品种，按化学结构分为下列几类：

（1）酚类，如五氯酚钠、杀螺胺等；

（2）吗啉类，如蜗螺杀；

（3）有机锡类，如丁蜗锡、三苯基乙酸锡等；

（4）沙蚕毒素类，如杀虫环、杀虫丁等；

（5）其他，如四聚乙醛、灭梭威、硫酸烟酰苯胺等。

目前生产上使用最多的是杀螺胺、四聚乙醛、灭梭威等 3 种有机杀软体动物剂。我国在这一类产品上比较落后，品种较少，而且老化。

1.2.7 杀线虫剂

指用于防治植物有害线虫的一类农药。它具有毒性高、用量大的特点，既有杀虫作用，又有灭生性的功能。常用品种如克百威、克线丹、涕灭威等。

线虫属于线形动物门线虫纲，体形微小，在显微镜下才能观察到。对植物有害的线虫约3000 种，大多生活在土壤中，也有的寄生在植物体内。线虫通过土壤或种子传播，能破坏植物的根系，或侵入地上部分的器官，影响农作物的生长发育，还间接地传播由其他微生物引起的病害，造成很大的经济损失。使用药剂防治线虫是现代农业普遍采用的有效方法，一般用于土壤处理或种子处理。杀线虫剂有挥发性和非挥发性两类，前者起熏蒸作用，后者起触杀作用。一般应具有较好的亲脂性和环境稳定性，能在土壤中以液态或气态扩散，从线虫表皮透入起毒杀作用。多数杀线虫剂对人畜有较高毒性，有些品种对作物有药害，故应特别注意安全使用。

杀线虫剂开始发展于20世纪40年代。大多数杀线虫剂是杀虫剂或杀菌剂、复合生物菌扩大应用而成。

常见的杀线虫剂分为4类：

（1）复合生物菌类　此类产品是最近兴起的最新型、最环保的生物治线剂，不仅对线虫有很好的抑制杀灭作用，而且对根结线虫病具有很好的防治效果。其主要作用机理是：生物菌丝能穿透虫卵及幼虫的表皮，使类脂层和几丁质崩解，虫卵及幼虫表皮及体细胞迅速萎缩脱水，进而死亡消解。该机理也确定了该类产品的使用时间可扩展至作物生长的各个阶段，但是对线虫的杀灭需要时间周期，不如化学药品那样速效。

（2）卤代烃类　指一些沸点低的气体或液体熏蒸剂，在土壤中施用，使线虫麻醉致死。施药后要经过一段安全间隔期，然后种植作物。此类药剂施药量大，要用特制的土壤注射器，应用比较麻烦。有些品种如二溴氯丙烷因有毒已被禁用，总的来说已渐趋淘汰。

（3）异硫氰酸酯类　指一些能在土壤中分解成异硫氰酸甲酯的土壤杀菌剂，以粉剂、液剂或颗粒剂施用，能使线虫体内某些疏基酶失去活性而中毒致死。

（4）有机磷和氨基甲酸酯类　某些品种兼有杀线虫作用，在土壤中施用，主要起触杀作用。

杀线虫剂在我国农药生产中虽只占很小比例，但在农业生产应用中十分重要。近年来我国成功推广使用的"克线宝"是日本硅酸盐菌与台湾诺卡氏放线菌结合的新型JT复合菌种，内含枯草芽孢杆菌、多黏类芽孢杆菌、固氮菌、木霉菌、酵母菌为主的10个属80余种菌，配以对驱避线虫和提高植株根系抗逆能力有独特功效的肽蛋白和稀土元素，并运用现代高科技的微生物提取及发酵技术将其组织成国内最新的微生物复合制剂。通过对土壤的净化处理和作物根系的强力调控，对作物土传病害的发生有着良好的抑制和防治作用，尤其对根结线虫、包囊线虫、茎线虫等土传寄生虫效果显著。

一是强力杀死线虫虫卵，对幼虫及成虫有极强的趋避和杀灭作用。JT菌群对线虫虫卵蛋白有很强的亲和力，其独特的菌丝能穿透虫卵表皮，使类脂层和几丁质崩解，虫卵表皮及体细胞迅速萎缩脱水，进而死亡消解。同时JT菌群的自身活动及代谢产物和肽蛋白使作物的根部生长环境优化，线虫的根部寄生环境彻底改变，对作物根部线虫幼虫及成虫趋避作用达到95%以上，并通过益生菌在土壤中的持续代谢活动杀死根结线虫。

二是改善作物根部微生态环境，活化土壤，固氮、解磷、解钾，提高肥料利用率，快速补充活性营养，促进植株根系旺盛。

三是激活根部受损细胞，快速恢复根系生理机能，提高作物抗逆能力，病害减少，促进植株正常生长。

四是诱导植物产生内源激素，提高植株光合作用，对种子的萌发与幼苗生长具有显著促进作用，使作物根壮、茎粗、叶绿，延缓植株衰老，促进早熟增产。

1.2.8　植物生长调节剂

植物生长调节剂，是用于调节植物生长发育的一类农药，包括人工合成的化合物和从生物中提取的天然植物激素。

植物生长调节剂是有机合成、微量分析、植物生理和生物化学以及现代农林园艺栽培等多种科学技术综合发展的产物。20世纪二三十年代，发现植物体内存在微量的天然植物激素如乙烯、3－吲哚乙酸和赤霉素等，具有控制生长发育的作用。到20世纪40年代，开始人工合成类似物的研究，陆续开发出2，4－D、胺鲜酯（DA－6），氯吡脲，复硝酚钠，α－萘乙酸、抑芽丹等，逐渐推广使用，形成农药的一个类别。特别是近 30 多年来人工合成的植物生长调节剂越来越多，但由于应用技术比较复杂，其发展不如杀虫剂、杀菌剂、除草剂迅速，应用规模也较小。但从农业现代化的需要来看，植物生长调节剂有很大的发展潜力，20 世纪 80 年代已有加速发展的趋势。中国从 20 世纪 50 年代起开始生产和应用植物生长调节剂。

对目标植物而言，植物生长调节剂是外源的非营养性化学物质，通常可在植物体内传导至作用部位，以很低的浓度就能促进或抑制其生命过程的某些环节，使之向符合人类需要的方向发展。每种植物生长调节剂都有特定的用途，而且应用技术要求相当严格，只有在特定的施用条件（包括外界因素）下才能对目标植物产生特定的功效。往往改变浓度就会得到相反的结果，例如在低浓度下有促进作用，而在高浓度下则变成抑制作用。植物生长调节剂有很多用途，因品种和目标植物而不同。例如：控制萌芽和休眠；促进生根；促进细胞伸长及分裂；控制侧芽或分蘖；控制株型，具有矮壮防倒伏功能；控制开花或雌雄性别，诱导无子果实；疏花疏果，控制落果；控制果的形或成熟期；增强抗逆性，可以抗病、抗旱、抗盐分、抗冻；增强吸收肥料能力；增加糖分或改变酸度；改进香味和色泽；促进胶乳或树脂分泌；脱叶或催枯，便于机械采收、保鲜等。某些植物生长调节剂以高浓度使用就成为除草剂，而某些除草剂在低浓度下也有生长调节作用。

植物激素是指植物体内天然存在的对植物生长、发育有显著作用的微量有机物质，也被称为植物天然激素或植物内源激素。它的存在可影响和有效调控植物的生长和发育，包括从细胞生长、分裂，到生根、发芽、开花、结实、成熟和脱落等一系列植物生命全过程。植物生长调节剂是人们在了解天然植物激素的结构和作用机制后，通过人工合成与植物激素具有类似生理和生物学效应的物质，在农业生产上使用，有效调节作物的生育过程，达到稳产增产、改善品质、增强作物抗逆性等目的。在使用上千万要注意用量要适宜，不能随意加大用量，不要随意混用等。

植物生长调节剂种类繁多，其结构、生理效应和用途各异，按作用方式可分为 3 类：

（1）生长抑制剂　具有抑制植物细胞生长而不抑制细胞分裂的作用，能使植物节间缩短、茎秆变粗、矮壮、株形紧奏、增强抗逆抗倒伏能力、增加分裂等，如矮壮素、多效唑等。

（2）生长促进剂　具有促进植物细胞分裂、根系发育和诱导植物器官发生的作用，多用于组织培养等，如赤霉素、爱多收、吲哚乙酸等。

（3）性诱变剂　具有调节植物性别，有利雌花产生的作用，多用于无性繁殖培育无籽果实等。

有些植物生长调节剂具有多种功效，常用的植物生长调节剂功效列举：

有速效性：胺鲜酯（DA - 6）、氯吡脲、复硝酚钠、芸苔素、赤霉素；

延长贮藏器官休眠：胺鲜酯（DA - 6）、氯吡脲、复硝酚钠、青鲜素、萘乙酸钠盐、萘乙酸甲酯；

打破休眠促进萌发：赤霉素、激动素、胺鲜酯（DA - 6）、氯吡脲、复硝酚钠、硫脲、氯乙醇、过氧化氢；

促进茎叶生长：赤霉素、胺鲜酯（DA - 6）、6 - 苄基氨基嘌呤、油菜素内酯、三十烷醇；

促进生根：吲哚丁酸、萘乙酸、2，4 - D、比久、多效唑、乙烯利、6 - 苄基氨基嘌呤；

抑制茎叶芽的生长：多效唑、优康唑、矮壮素、比久、皮克斯、三碘苯甲酸、青鲜素、粉绣宁；

促进花芽形成：乙烯利、比久、6 - 苄基氨基嘌呤、萘乙酸、2，4 - D、矮壮素；

抑制花芽形成：赤霉素、调节膦；

疏花疏果：萘乙酸、甲萘威、乙烯利、赤霉素、吲熟酯、6 - 苄基氨基嘌呤；

保花保果：2，4 - D、胺鲜酯(DA - 6)、氯吡脲、复硝酚钠、防落素、赤霉素、6 - 苄基氨基嘌呤；

延长花期：多效唑、矮壮素、乙烯利、比久；

诱导产生雌花：乙烯利、萘乙酸、吲哚乙酸、矮壮素；

诱导产生雄花：赤霉素；

切花保鲜：氨氧乙基乙烯基甘氨酸、氨氧乙酸、硝酸银、硫代硫酸银；

形成无籽果实：赤霉素、2，4 - D、防落素、萘乙酸、6 - 苄基氨基嘌呤；

促进果实成熟：胺鲜酯(DA - 6)、氯吡脲、复硝酚钠、乙烯利、比久；

延缓果实成熟：2，4 - D、赤霉素、比久，激动素、萘乙酸、6 - 苄基氨基嘌呤；

延缓衰老：6 - 苄基氨基嘌呤、赤霉素、2，4 - D、激动素；

提高氨基酸含量：多效唑、防落素、吲熟酯；

提高蛋白质含：防落素、西玛津、莠去津、萘乙酸；

提高含糖量：增甘膦、调节膦、皮克斯；

促进果实着色：胺鲜酯(DA - 6)、氯吡脲、复硝酚钠、比久、吲熟酯、多效唑；

增加脂肪含量：萘乙酸、青鲜素、整形素；

提高抗逆性：脱落酸、多效唑、比久、矮壮素。

第二节　农药的剂型

未经加工的农药一般称为原药，固体的原药称为原粉，液体的原药称为原油。现有的大多数农药为有机合成农药，除少数品种可溶于水能够直接喷洒外，其余大多数农药的原药因不溶于水或难溶于水，不能直接兑水使用。因此，必须进行加工，改善其物理性状，提高其分散性方可使用。经过加工的农药称为农药制剂。农药制剂中包括农药有效成分及各种助剂。经加工而成的农药制剂的形态简称剂型。

目前，农药剂型的剂型种类有 50 多种，农药剂型名称及通用代码见附录八。

本书重点介绍我国常见的 15 种农药剂型。

2.1　乳油(EC)

农药乳油是将较高浓度的有效成分溶解在溶剂中，加乳化剂调制而成的液体。一般用大量水稀释成稳定的乳状液后，用喷雾器散布。最近也进行低容量喷雾以至超低量喷雾。乳油的物理性状中，最重要的是乳化性。配成稀释液后，必须至少有 2 小时的乳化稳定性，还要求有良好的分散性。

乳油是一种发展十分成熟的农药剂型。一般来说，凡是液态或在有机溶剂中有足够溶解度的原药，都可以加工成乳油。但乳油是一种面临淘汰的剂型，因为乳油耗用大量对环境有害的有机溶剂。特别是芳香烃有机溶剂，要求禁用的呼声越来越高。乳油是我国农药市场的第一大剂型，我国的农药制剂产品目前仍然以乳油为主，在今后相当长的时间，这种局面不会发生根本改变。

众所周知，国家发展与改革委员会 2006 年第 4 号公告，"自 2006 年 7 月 1 日起，不再受理申请乳油农药企业的核准"；工业和信息化部《工原(2009)29 号》公告，"从 2009 年 8 月 1 日起停止颁发新申请的乳油产品农药生产批准证书"。业界称乳油被判了"死刑"。

从最近几年我国农药制剂的实际生产情况来看，制剂年产量约 200 万吨。其中乳油产量约占 50%，使用各类溶剂总量在 30 万吨左右，绝大部分是高挥发性芳香烃，如苯、甲苯、二甲苯等。乳油产品居所有剂型产品的首位，之所以成为"过街老鼠"，受到冷落，并不是乳油剂型不好,乳油问题的关键是溶剂。目前我国乳油所使用的溶剂主要是易挥发轻芳香烃溶剂,该溶剂具有毒性较高、易燃、半衰期长,对环境影响大等缺点。此外,在其他一些剂型中还使用较多的毒性较高或具有致癌性的溶剂,如甲醇、二甲基甲酰胺(DMF)等。如果用其他毒性较低、安全性较高的溶剂,乳油仍然是一种好的剂型。乳油产品本身没有过,全是溶剂惹的祸。乳油产品要从替罪羊中走出来,关键是要解决有毒有害溶剂问题。

据报道,美国1987年就开始对农药中惰性成分进行管理,将农药中惰性成分分为四组,要求企业使用安全的惰性成分;我国台湾地区1996年起对农药产品中有机溶剂加强管理,截至到2006年2月,对农药产品中使用的38种有机溶剂进行了限期禁用或限量管理;OECD调查报告称,其他一些国家和地区也先后出台了一些限制规定,更多的国家正在考虑出台相关管理规定。我国要解决乳油问题,必须从源头抓起,从根本上解决有毒有害溶剂问题。一是对目前在乳油生产中大量使用的二甲苯、甲苯、苯、甲醇、二甲基甲酰胺等有毒有害溶剂实施限制使用;二是组织开展各专题技术交流,鼓励企业与院所、高校合作开展技术合作、技术转让,对关联度大的技术难题设立科技专项予以扶持,扎扎实实做好有毒有害溶剂的替代工作。

欧美等发达国家先后颁布了某些乳油产品禁令,我国也正在大力推进乳油产品的削减和部分替代工作。除了大力开发、推广、使用环境友好型水乳剂、悬浮剂、悬浮乳剂等水基性剂型的制剂,压缩乳油的品种和产量外,开发易降解、毒性低、可再生和环境相容的绿色非芳烃乳油是降低乳油中芳烃溶剂用量的重要举措。乳油产品不可怕,关键是要淘汰和禁止使用可怕的溶剂。诚然,有些乳油类农药衍生出来的污染及农药残留问题,正威胁生态环境和人类健康,但只要我们很好地控制、利用好它,仍然可以进入市场的。一方面,我们要禁限用一批对社会环境有不良影响的乳油产品,而对国民经济发展起着重大作用的农药品种,则必须加强引导,科学、合理、安全的使用农药;另一方面也要加强政策和经济支撑,一手着力开发高效、低毒、低残留、符合社会发展的新农药,一手对乳油类农药产品进行技术创新,用其利,抑其弊。这才是我们对待乳油产品的科学态度。

由于历史的原因,乳油在一定的时期内仍将是我国农药制剂的主导剂型。对必须加工成乳油的农药,应尽量提高农药有效成分的含量,发展高浓度乳油制剂,不用或尽量少用有毒副作用的有机溶剂,尽可能避免传统乳油大量使用有机溶剂给环境带来的危害。

乳油的主要特点是:药效高,施用方便,性质较稳定。由于乳油的历史较长,具有成熟的加工技术,所以品种多,产量大,应用范围广,是目前中国乃至东南亚农药的一种主要剂型。乳油的有效成分含量一般在20%~90%之间。常见的品种有1.8%阿维菌素乳油、20%三唑酮乳油、20%异丙威乳油等。

2.2 可湿性粉剂(WP)

可湿性粉剂是农药的基本剂型之一,是由农药原药、惰性填料和一定量的助剂,按比例经充分混合粉碎后,达到一定粉粒细度的剂型。从形状上看,与粉剂无区别,但是由于加入了湿润剂、分散剂等助剂,加到水中后能被水湿润、分散、形成悬浮液,可喷洒施用。

加工成可湿性粉剂的农药原药,一般不溶于水,也不溶于有机溶剂,很难加工成乳油或者其他液体剂型。常用的杀菌剂、除草剂大多如此,可湿性粉剂的品种和数量都比较大,仅次于乳油。

与乳油相比,可湿性粉剂生产成本低,可用纸袋或塑料袋包装,储运方便、安全,包装材料比较容易处理;更重要的是,可湿性粉剂不使用溶剂和乳化剂,对植物较安全,不易产生药害,对环境安全,在果实套袋前使用,可避免有机溶剂对果面的刺激。

根据使用、药效、贮藏等多方面的要求,可湿性粉剂必须具有较好的润湿性、分散性、流动性及高的悬浮率和良好的低温、热贮稳定性。只有这样，可湿性粉剂加水稀释才可以较好地润湿、分散并经搅拌形成相对稳定的悬浮液供喷雾使用。一般而言，悬浮率不高的可湿性粉剂，不但药效差，而且往往容易引起作物药害。悬浮率的高低又与粉粒细度、润湿剂选择及用量有很大关系，粉粒细度越细、润湿剂选择对路及用量足，是保证可湿性粉剂悬浮率高的必要条件。可湿性粉剂经贮藏，悬浮率往往下降，尤其经高温悬浮率下降更快。如果在低温条件下贮藏，悬浮率下降速度才比较缓慢。另外可湿性粉剂在高硬度水质中，粉粒可能会发生团聚现象，不仅堵塞喷雾器喷头，还影响药效，因此，在配制药液时必须考虑水质对可湿性粉剂悬浮性能和药效的影响。

可湿性粉剂有如下优点：

(1)不溶于水的原药，都可加工成 WP，如需制成高浓度或喷雾使用，一般加工成可湿性粉剂；

(2)附着性强，漂移少，对环境污染轻；

(3)不含有机溶剂，环境相容性好，便于贮存、运输；

(4)生产成本低，生产技术、设备配套成熟；

(5)有效成分含量比粉剂高，加工中有一定的粉尘污染。

(6)研发新剂型的基础，如悬浮剂、可溶性粒剂等。

常用的品种有：10%吡虫啉可湿性粉剂、70%甲基硫菌灵可湿性粉剂、50%多菌灵可湿性粉剂、25%噻嗪酮可湿性粉剂等。

2.3 粉剂(DP)

它是过去常用农药剂型的一种。粉剂一般由农药有效成分和填料组成，也有由一种或几种农药原药和填料、助剂经混合、粉碎再混合至一定细度的粉状制剂。可直接使用，或添加适量填料和某些辅助剂稀释后使用。具有使用方便、药粒细、较能均匀分布、散布效率高、节省劳动力和加工费用较低的优点。特别适宜于供水困难地区和防治暴发性病虫害。一般不宜加水稀释，多用于喷粉和拌种。浓度较高的可用做毒饵和用于处理土壤。

粉剂的最大缺点是漂移污染环境，农药有效利用率低，药效期较短。

按粉剂粒度分为：一般粉剂、无漂移粉剂、超微粉剂、追踪粉剂、浮游粉剂等。

粉剂在粉粒细度、吐分性、流动性、稳定性等方面要求较高。由于粉剂容易漂移，在加工过程中，往往要加入抗漂移剂，如非离子表面活性剂、二乙二醇、二丙二醇、丙三醇、烷基磷酸酯类及大豆油、棉子油等植物油。

粉剂的品种越来越少，用量也越来越小。发展趋势向高浓度、复配、多规格方向发展。粉剂加工技术向高性能、密闭化、自动控制、清洁生产方向发展。

常见品种有：2%异丙威粉剂、0.6%残杀威粉剂等。

2.4 可溶性粉剂(SP)

它是农药的一种加工剂型。可溶性粉剂系指药物或与适量的辅料经粉碎、均匀混合制成的可溶于水的干燥粉末状制剂。有的还加入少量助溶剂或少量表面活性剂。使用时加水溶解即成水溶液，供喷雾使用。

由水溶性较大的农药原药，或水溶性较差的原药附加了亲水基，与水溶性无机盐和吸附剂等混合磨细后也可以制成水溶性粉剂。粉粒细度要求98%通过80目筛。其有效成分可溶于水，其填料能极细地均匀分散到水中。本剂型防治效果比可湿性粉剂高，使用方便，便于包装运输。但湿润展布性能比乳剂差。可溶性粉剂及可湿性粉剂均易被雨水冲刷而污染土壤和水体。故应选择雨后有几个晴天时对农田施药，以减少污染。

在水中不溶或分散性差、水溶液不稳定、挥发性大的药物不宜制成可溶性粉。

常见品种有：64%燕麦枯可溶性粉剂、68%草甘膦铵盐可溶性粉剂等。

2.5　水剂(AS)

凡能溶于水、在水中又不分解的农药，均可配制成水剂。水剂是农药原药的水溶液，药剂以离子或分子状态均匀分散在水中。药剂的浓度取决于原药的水溶解度，一般情况是其最大溶解度，使用时再兑水稀释。水剂与乳油相比，不需要有机溶剂，加适量表面活性剂即可喷雾使用，对环境的污染少，生产工艺简单，药效也很好，是以后应该发展的一个剂型。

水剂主要有农药原药和水组成，有的还加入少量的防腐剂、湿润剂、染色剂等。该制剂一个最大的特点就是以水作为溶剂，农药原药在水中有较高的溶解度，有的农药原药以盐的形式存在于水中。因此，凡是水溶性好和在水中稳定的农药原药均可加工成水剂。反之，水溶性不好和在水中不稳定的农药原药不可加工成水剂。

水剂产品的缺点：有些水剂产品长期贮存容易分解失效。

常见的品种有：30%草甘膦水剂、41%草甘膦异丙胺盐水剂、2%甲氨基阿维菌素苯甲酸盐水剂、40%水胺硫磷水剂等。

2.6　水乳剂(EW)

水乳剂是不溶于水的农药原药或农药原药溶于不溶于水的有机溶剂所得的液体分散于水中形成的一种热力学不稳定的分散体系，是将液体或与溶剂混合制得的液体农药原药以0.5～1.5微米的小液滴分散于水中的制剂，外观为乳白色牛奶状液体。水乳剂分为水包油型和油包水型2种，实际应用中为水包油型不透明乳状液。即油为分散相，水为连续相，农药有效成分在油相。水乳剂是对水稀释后喷雾使用的一种农药剂型，在加水稀释施用时和乳油类似，都是以极小的油珠均匀分散在水中形成相对稳定的乳状液，供喷雾使用。

一般来说，用于加工水乳剂的农药的水溶性希望在1000毫克/升以下。因制剂中含有大量的水，对水解不敏感的农药容易加工成化学上稳定的水乳剂。有机磷、氨基甲酸酯类等农药容易水解，但通过乳化剂、共乳化剂及其他助剂的选择，如能解决水解问题，也可加工成水乳剂。农药水乳剂中，乳化剂的作用是降低表面和界面张力，将油相分散乳化成微小油珠，悬于水相中，形成乳状液。乳化剂在油珠表面有序排列成膜，极性一端向水，非极性一端向油，依靠空间阻隔和静电效应，使油珠不能合并和长大，从而使乳状液稳定化。

水乳剂是用水部分或大部分替代乳油中有机溶剂而发展起来的一种新型水基化农药剂型。与乳油相比，减少了制剂中有机溶剂的用量，使用较少或接近乳油用量的表面活性剂，提高了生产、储运的安全性，降低了使用毒性和环境污染风险，是大力提倡发展的农药剂型。

水乳剂有7大优点：

(1)明显降低毒性和刺激性，无着火危险，无毒，对使用者安全；

(2)在一般情况下，可增强生物活性，提高药效，减少药害；

(3)物理和化学性质稳定，具有较高闪点，生产、运输、贮藏和使用时较为安全；

(4)为非危险物品，对生态环境无害，几乎没有异味产生；

(5)其稀释液在较长时间内也可以保持稳定；

(6)由于所喷洒的雾滴的粒径要比乳油产品的大，可以减少农药有效成分漂移；

(7)具有优良的倾倒性和低温稳定性。

常见的品种有：4.5%高效氯氰菊酯水乳剂、2.5%高效氯氟氰菊酯水乳剂等。

2.7　微乳剂(ME)

微乳剂又称为水基乳油、可溶乳油，是不溶于水的原药或原药溶于或不溶于水的有机溶剂所得到的液体分散于水中形成的一种农药剂型。它是一个自发形成的热力学稳定的分散体系。

微乳剂是借助表面活性剂的增溶作用，将液体或固体的农药均匀分散在水中形成的光学透明或半透明的分散体系。

微乳剂和水乳剂同属乳状液分散体系，只不过微乳剂分散液滴的粒径要比水乳剂的小得多，可见光可完全通过，人们所看到的微乳剂外观是透明的溶液。此外，微乳剂比水乳剂的分散度要高得多，从而可以与水以任何比例混溶，而且所配制的药液也接近真溶液。微乳剂也是乳油剂型的替代发展方向，具有较好的环境相容性。

微乳剂有5大优点：

(1)闪点高，不燃、不爆炸，生产、贮运和使用安全；

(2)不用或少用有机溶剂，对环境污染小，对生产者和使用者的毒害作用大为减轻，有利于生态环境质量的改善；

(3)乳状液的粒子超细微，比通常的乳油产品粒子要小很多，对植物和昆虫细胞有良好的渗透性，吸收利用率高，因此低剂量就有较好效果；

(4)水是微乳剂的主要组分，约20%～70%，安全、低价；

(5)生产和使用时异味较轻。

常见的品种有：10%高效苯醚菊酯微乳剂、5%氯氰菊酯微乳剂、30%乐杀螨微乳剂、8%氰戊菊酯微乳剂、5%高效氯氰菊酯微乳剂等。

2.8 水分散性粒剂(WG)

水分散性粒剂是颗粒剂中的一种，且有粒剂的性能，但也区别于一般的粒剂(如水中不崩解)，就是它能溶解在水中，或均匀分散在水中。在配制水分散性粒剂时，根据活性物的物化性质，作用机理及使用范围等要素，选用不同的方法和加工艺。总之，水分散性粒剂是在可湿性粉剂和悬浮剂的基础上发展起来的，所以配制水分散性粒剂的前期工作类似于可湿性粉剂和悬浮剂的加工。一般来说，水分散性粒剂由活性成分、湿润剂、分散剂、崩解剂、稳定剂、黏结剂及载体等组成。

水分散性粒剂是由瑞士汽巴－嘉基公司在20世纪80年代研试成功的新剂型，80年代中期以后销售量逐年增加。该剂型外观为颗粒，其中有效成分为60%～90%，将其放入水中搅动之后，犹如可湿性粉剂一样能均匀地溶解并分散在水中。因此，它具有可湿性粉剂和乳剂的特点。以剂型的物理性能分析，水分散性粒剂是当今农药剂型中最具有优越性和竞争力的一种新剂型。

水分散性粒剂除了具有一般粒剂的特点之外，还表现出了如下7大特点：

(1)没有粉尘飞扬，降低了对环境的污染，对作业者安全，并且可以使剧毒品种低毒化；

(2)与可湿性粉剂和悬浮剂相比，有效成分含量高，产品相对密度大，体积小，便于包装、贮存和运输；

(3)贮存稳定性和物理化学稳定性较好，特别是对在水中不稳定的农药，制成此剂型比悬浮剂要好；

(4)颗粒的崩解速度快，颗粒一触水会立即被湿润，并在沉入水下的过程中迅速崩解；

(5)颗粒在水中崩解后，很快分散成极小的微粒，崩解搅动后，经325目湿法过筛，筛上残留物不大于0.3%；

(6)悬浮稳定性较好，配制好的药液当天没用完，第二天经搅拌能重新悬浮起来，不影响药效；

(7)分散在液体中的颗粒只需稍加搅拌细小的微粒即能很好地分散在液体中，直到药液喷完能保持均匀性。

水分散性粒剂的制造方法很多,总的来说,可以分为两类:一类是"湿法",另一类是"干法"。所谓"湿法"就是将农药、助剂和辅助剂等,以水为介质,在砂磨机中研细,制成悬浮剂,然后进行造粒,其方法有喷雾干燥造粒、流动床干燥造粒、冷冻干燥造粒等;所谓"干法"就是将农药、助剂和辅助剂等一起用气流粉碎或超微粉碎制成可湿性粉剂,然后进行造粒,其方法有盘式造粒、挤压造粒、高速混合造粒、流动床造粒和压缩造粒等。

目前采用国际先进的超高速气流粉碎技术加工而成的水分散性粒剂,具有粉粒细微、溶解时崩解迅速分散均匀、附着力强、耐雨水冲刷等特点。

常见的品种有:70%吡虫啉水分散性粒剂、35%氯虫苯甲酰胺水分散性粒剂等。

2.9　颗粒剂(GR)

颗粒剂是由农药原药、载体和助剂加工而成的粒状制剂。农药颗粒剂是一种新的加工剂型。近年来,由于它具有方向性好、无粉尘飞扬、公害小、药效释放速度可控等优点,而取得迅速发展。杀虫剂、杀菌剂、除草剂、杀土壤线虫剂等在国外均有颗粒剂出售。因此农药颗粒剂已是农药的一种重要剂型了。

颗粒剂最早的大田试验是从1946年开始的,20世纪50年代初,在美国得到普遍应用,20世纪60年代初,日本开始大量使用。20世纪60年代后期由于环保科学的发展,为避免农药粉剂撒布时微粒漂移对环境和作物的污染,农药颗粒剂在全世界得到普遍的推广应用。我国颗粒剂的发展主要在20世纪70年代后期开始发展的。

颗粒剂的粒径范围一般在10～80目之间。按粒径大小分为微粒剂(50目以下)、粒剂(10～50目)、大粒剂(10目以上)。

颗粒剂按在水中的行为可以分为解体型颗粒剂和非解体型颗粒剂。二者虽然同是颗粒剂,但有明显的差别,解体型颗粒剂在遇水之后颗粒会迅速崩解,因而速效性较好,但持效性较差;非解体型颗粒剂遇水之后不崩解,颗粒仍保持原状,具有较好的缓释作用,持效性长。

颗粒剂之所以能成为一种常用的农药剂型是因为它有许多无与伦比的特点,颗粒剂有7大特点:

(1)施药时具有方向性,使撒布药剂能充分到达靶标生物而对天敌等有益生物安全;

(2)药粒不附着于植物的茎叶上,避免直接接触产生药害;

(3)施药时无粉尘飞扬,不污染环境;

(4)施药过程中可减少操作人员身体附着或吸入药量,避免中毒事故;

(5)使高毒农药低毒化,避免人畜中毒;

(6)可控制粒剂中有效成分的释放速度,延长持效期;

(7)使用方便,效率高。

颗粒剂用于撒施,具有使用方便、操作简单、安全、应用范围广及延长药效等优点。高毒农药颗粒剂往往用做土壤处理或拌种沟施。

常见的品种有:3%克百威颗粒剂、5%涕灭威颗粒剂等。

2.10　悬浮剂(SC)

悬浮剂是农药原药和载体及分散剂混合,利用湿法进行超微粉碎而成的黏稠可流动的悬浮体。它是由不溶或微溶于水的固体原药借助某些助剂,通过超微粉碎比较均匀地分散于水中,形成一种颗粒细小的高悬浮、能流动的稳定的液固态体系。悬浮剂通常是由有效成分、分散剂、增稠剂、抗沉淀剂、消泡剂、防冻剂和水等组成。有效成分的含量一般为5%～

50%。平均粒径一般为 3 微米左右。它是农药加工的一种新剂型。

悬浮剂是指将固体农药原药以 4 微米以下的微粒均匀分散于水中的制剂。由于悬浮剂没有像可湿性粉剂那样的粉尘飞扬问题，不易燃易爆，粒径小，生物活性高，比重较大，包装体积较小，相对其他农药剂型安全环保，因此，悬浮剂已成为水基化农药新剂型中吨位较大的农药品种。

悬浮剂有 7 大特点：

(1)无粉尘危害，对操作者和环境安全；

(2)以水为分散介质，没有由有机溶剂产生的易燃和药害问题；

(3)与可湿性粉剂相比，允许选用不同粒径的原药，以便使制剂的生物效果和物理稳定性达到最佳；

(4)液体悬浮剂在水中扩散良好，可直接制成喷雾液使用；

(5)比重大，包装体积小；

(6)悬浮剂的分散性和展着性都比较好，悬浮率高，黏附在植物体表面的能力比较强，耐雨水冲刷，因而药效较可湿性粉剂显著且也比较持久；

(7)具有粒子小、活性表面大、渗透力强、配药时无粉尘、成本低、药效高等特点；并兼有可湿性粉剂和乳油的优点，可被水湿润，加水稀释后悬浮性好。

近些年来，悬浮剂的发展在国际上得到了提速，农药悬浮剂的发展出现 5 大新趋势：

(1)悬浮剂含量尽可能朝着高浓度方向发展；

(2)新的原药品种开发的剂型都有悬浮剂的制剂形态；

(3)悬浮剂的发展表现出应用功能化的趋势，如用于种子处理的悬浮剂就有警戒色、有效成分包衣脱落率等要求；

(4)随着加工工艺的突破和应用技术的提高，悬浮剂制剂的药效已与乳油等传统制剂相当；

(5)技术进步使制备悬浮剂的原药理化性质范围得以放宽，传统概念上不能加工成悬浮剂的活性成分当今都可以加工成悬浮剂，如苯醚甲环唑、二甲戊灵、快灭灵等。

常见的品种有：5%氯虫苯甲酰胺悬浮剂、20%虫酰肼悬浮剂等。

2.11 悬乳剂(SE)

自 20 世纪 80 年代起，许多发达国家著名的农化公司如拜耳公司、赫司特公司、住友公司等相继开始针对几个理化和生物性能上彼此不相容的农药活性成分的组合，进行研究和开发工作，先后采用调整连续相黏度、两相密度匹配、胶体稳定剂、邻苯二甲酸酯类溶剂和聚合分散剂等方法来稳定一种悬乳液。直到 20 世纪 90 年代采用新技术、新工艺和使用新的表面活性剂，将上述不相容的农药活性成分组合成多相在水中分散，最终制得一种稳定的乳液分散体系的液体制剂。该制剂是一种包含多相多元农药活性成分组合的新剂型产品，便是所谓的悬乳剂。这种新剂型产品是一种能使各个农药活性成分处于最相宜的物理状态并保持其原有生物效能的稳定产品。这种产品具有的优点是：目前可包含多达 4 种生物上互补的农药活性成分，可提供更广谱性能的产品，可免除多种农药活性成分使用前桶混的麻烦，可降低产品的库存量，减少对作物的喷雾次数，节省时间和费用。

悬乳剂在国外，尤其是在欧美发达国家近几年来发展较快，已开发出一系列品种。在国内，自 20 世纪 90 年代起开始对悬乳剂进行了研究和开发，发展十分迅速，并取得了不小的进步。

悬乳剂是一种新的剂型产品，它允许最大可能地把几种不相容的农药活性成分组合成一种单一剂型。尤其是一种或几种水不溶的农药液体活性成分(或低熔点农药活性成分在溶剂中的混合物)与另一种或几种水不溶的农药固体活性成分,以水为介质,依靠表面活性剂加工成一种稳定的悬乳分散体系的液体制剂。目前最流行的是制备由两种不同农药活性成分(即一种不溶于水的农药液体活性成分和另一种不溶于水的农药固体活性成分)组合的悬乳剂。这种剂型一般由三相构成:一是固体状的分散悬浮颗粒,组成悬浮相;二是液体状乳化油滴,组成乳液相;三是水作为连续相。据此,乳液分散油相可以由不同形式的乳液相组成,既可以由不含农药活性成分(如只含矿物油或植物油类等)的乳液,也可以含农药活性成分的乳油或者水包油(微乳液和水乳液)的乳液,从而可制得各种形式的悬乳剂。如果有一种农药活性成分是水溶性的(如草甘膦水剂)加入到水相中,也可构成另一种混合型的悬乳剂。

悬乳剂是将多种不相容的农药活性成分进行有效的复配和组合,从而成为改善药效、扩大应用范围和延缓抗性的重要手段之一。悬乳剂也是热力学不稳定的非均相分散体系,除去具有悬浮剂和水乳剂剂型中各种不稳定现象,还存在着杂絮凝和增加乳液的聚结等问题。因此,在选用乳化剂和分散剂、加工制备技术和产业化放大技术等方面比悬浮剂和水乳剂要求更高和更难。但近年来国外农化公司在这方面的发展令人瞩目,应该引起国内同行的注意和重视,加快该剂型的开发和研究,使它成为我国农药加工的重要基本剂型。

近年来,我国登记的悬乳剂已有40%乙草胺·莠去津悬乳剂、48%乙草胺·莠去津悬乳剂、40%丁草胺·莠去津悬乳剂、48%丁草胺·莠去津悬乳剂、28%嗪草酮·乙草胺悬乳剂、40%氰草津·乙草胺悬乳剂、42%甲草·乙·莠悬乳剂、28%嗪·乙悬乳剂、20%螨醇·四螨悬乳剂等品种,而最大规模商品化的悬乳剂是40%乙草胺·莠去津悬乳剂、48%乙草胺·莠去津悬乳剂等品种,年产总量已达10000吨以上。

2.12　种衣剂(SD)

将干燥或湿润状态的种子,用含有黏结剂的农药组合物所包,使在种子外形成具有一定功能和包覆强度的保护层,这一过程称为种子包衣,包在种子外边的组合物质称之为种衣剂。种衣剂是在拌种剂和浸种剂基础上发展起来的,其最大优点是能在种子外面形成一层比较牢固的薄膜,因此得名种衣剂。

20世纪80年代,国外种衣剂已经广泛地应用于种子加工厂。世界各大农用化学品公司也积极开发适用于农户的产品,研制出了一批新型高效的种衣剂产品。

我国使用种子处理剂的历史较悠久,古代就有温汤泡种和药剂浸种,早在西汉年间的农书《农胜之书》中就有记载。20世纪50年代,我国开始推广浸种、拌种技术用于防治地下害虫,保护种子的正常生长发育。20世纪70年代末开始种衣剂的研究工作,20世纪80年代进入田间试验示范阶段,20世纪90年代逐步推广应用,成就了种衣剂发展的三个阶段:研究阶段、推广阶段和发展成熟阶段。1981年中国研制成功适用于我国牧草种子飞播的种子包衣技术。1983年,成功地研制了克百威和多菌灵组成的国内第一个种衣剂产品,主要用于玉米、小麦、棉花、水稻、大豆、蔬菜等作物上。并从1985年到1993年,国内建起了相应的多家新技术种衣剂厂,开发了适宜在不同地区,防治不同作物,不同病虫害的一系列化合物。

按适用作物分类:旱地作物种衣剂是指适用于旱地作物(含水稻旱育秧)的种衣剂;水田作物种衣剂是指适用于水田作物的种衣剂。

按形态分类:干粉型种衣剂指将活性成分及非活性成分经气流干法粉碎、混合,采用拌种式包衣;悬浮型种衣剂指将活性成分及部分非活性成分经湿法研磨后与其余成分混合而成的悬浮分散体系,采用雾化等方式包衣,该类种衣剂是目前主流类型;胶悬型种衣剂指将活性成分用适当溶剂及助剂溶解后与非活性成分混匀而成的胶悬分散体系。

按用途分类:物理型种衣剂含有大量填充材料及黏合剂等,但不含化学活性成分,主要用于油菜、烟草及蔬菜等小颗粒种子丸包衣;化学型种衣剂含有农药、肥料以及激素等化学活性物质,功效较全面,但相对较易发生药害,该类种衣剂是目前主流类型,也是今后薄膜种衣剂主要发展方向之一;生物型种衣剂含有对作物有效力的微生物或分泌物;特殊型种衣剂包括蓄水抗旱、逸氧、除草、pH调节等具有特殊用途的种衣剂;综合型种衣剂系上述4种种衣剂有效成分的综合应用。

按使用时间分类:现包型种衣剂指种子在播种前数小时或几天内用该类种衣剂包衣,等衣膜固化立即播种,包衣种子不宜储存;预包型种衣剂指种子用该类种衣剂包衣后可随时播种,也可以储存一定时间再播种。

按农药加工剂型分类,种衣剂可分为水悬浮剂、水乳剂、悬乳剂、干胶悬剂、微胶囊剂等5种剂型。

种衣剂的作用与特点:

(1)促使良种标准化、丸粒化、商品化,用种衣剂包衣后提高种子质量,使出苗齐、全、壮得到保障,同时节省种子,另外带有警戒色,杜绝了粮、种不分。

(2)综合防治病虫鸟、鼠害及缺素症。包衣种子播入土中,种衣在种子周围形成保护种子的屏障,使种子消毒和防治病原菌侵染,种衣剂含有的锰、锌、钼、硼等微量元素,可有效防治作物营养元素缺乏症。

(3)提高产量,促进生根发芽,刺激植株生长。

(4)在土壤中遇水膨胀透气而不被溶解,从而使种子正常发芽、使农药化肥缓慢释放,具有杀灭地下害虫,防治种子病菌,提高种子发芽率,减少种子使用量,改进作物品种。

(5)种衣剂紧贴种子,药力集中,利用率高,因而比喷雾、土壤处理、毒土等施药方法省药、省工、省种。

(6)种衣剂隐蔽使用,对大气、土壤无污染,不伤天敌,使用安全。

(7)种衣剂包覆种子后,农药一般不易迅速向周边扩散,又不受日晒雨淋和高温影响,故具有缓释作用,因而有效期长。

种衣剂有效成分主要有:咯菌腈、精甲霜灵、吡虫啉、苯醚甲环唑、多菌灵、福美双、克百威等。

2.13　烟剂(FU)

烟剂又称烟雾剂。它是将防治蔬菜病虫害的药剂与可燃性物质混合在一起,经燃烧,使农药汽化后冷凝成烟雾粒或直接把农药分散成烟雾粒的一种药剂。

烟剂能够防治棚室蔬菜多种病害,其效果一般可达到85%以上,比用同种可湿性杀菌剂喷雾防治效果提高10%以上,而且在使用时不用药械、水及辅助工具,只需用火柴引燃烟剂即可。在阴雨天或病害流行期间,使用烟剂防治效果更明显。

简要介绍烟剂在棚室中的使用方法如下:

(1)烟剂选择:在防治时应根据不同病害来选择适宜的烟剂。例如,在棚室定植前,可用百菌清烟剂进行前期预防。当棚室西红柿、黄瓜发生叶霉病时,可选用速克灵烟剂防治;如同时发生多种病害,则用复合烟剂防治。

(2)剂型及燃放点的确定:若棚室的空间较大,可采用有效成分含量高的烟剂,也可选用有效成分含量低的烟剂。使用有效成分含量低(3%、20%、10%)的烟剂时,燃放点可少些,一般每666.7平方米设置3~5个点即可;使用有效成分含量高的烟剂时,为防止燃放点附近因长时间高浓度烟雾熏蒸而造成药害,每666.7平方米燃放点可加设到5个以上。若棚室较矮小,宜选用有效成分含量低(10%、15%)的烟剂燃放点也应适当增加,一般每亩设置7~10个,以保证用药安全。低于1.2米的小棚,不宜使用烟剂,否则易造成药害。

(3)用药量:根据棚室空间大小、烟剂有效成分含量和蔬菜的不同生育期,确定用药数量。棚室高、跨度大，用药量应多，反之用药量应少。烟剂有效成分含量高、用药量少，反之则应增加用药量。在蔬菜生长的前期，由于幼苗生长柔嫩，易造成药害，用药量应酌情减少。

（4）燃放方法：使用烟剂前，要检查棚室薄膜，补好漏洞，并将棚室密闭严实，燃放时间一般在傍晚覆盖草苫之后。阴天、雪天傍晚燃放效果最好，这是因为在日光照射下，植物表层温度与烟雾颗粒相同，烟雾不易沉积而减弱药效。要将烟雾摆放均匀，按从里到外的顺序依次点燃。人员离开现场后，密闭棚室过夜。次日早晨通风后，人员方可进入温棚内操作。

（5）注意事项：在发病初期，只需燃放烟剂一次即可达到防治效果，病害发生较重时，一般应连续防治2~3次，施药间隔时间为5~7天。如果在两次使用烟剂的中间，选用另外一种杀菌剂进行常规喷雾防治则效果更佳；放烟前先关闭气窗，放烟后关闭门窗4小时以上。

烟剂的特点：

（1）农药有效成分的成烟率高，药效好；

（2）易点燃，点燃后燃烧发烟时间长，燃烧过程中不产生火焰，烟浓、有冲力，燃烧后残渣无余烬；

（3）不易自燃，生产、运输、贮存、使用较安全；

（4）对人畜毒性较低；

（5）产品吸潮性小；

（6）价格便宜，成本低；

（7）使用方便，操作简单。

2.14　缓释剂（BR）

农药是一类特殊的商品，其原药大多数需要加工成不同的剂型后才能被应用。因此，农药剂型的研究一直是农药开发应用的一个极为重要的环节。但常规农药剂型利用率只有20%~30%，而且存在有效成分释放速度快、药效持效时间短、生态污染严重等问题。为解决这些问题，人们对农药剂型提出了更高的科学要求。作为一种新兴技术，农药缓释技术可以有效地解决农药活性制剂释放速度快、有效作用时间短的问题，减少或避免农药的不良影响，以延长农药的使用寿命。

缓释技术是利用物理或化学手段，使农药贮存于农药的加工品种中，然后又使之缓慢地释放出来，该制剂就称为缓释剂。按农药有效成分的释放特性分类，农药缓释剂型可分为自由释放的常规型和控制释放剂型两大类。自由释放包括匀速释放和非匀速"S"曲线释放，匀速释放指的是农药活性成分在相同时间从缓释材料释放到环境中的浓度相同；非匀速"S"曲线释放指的是农药活性成分从缓释材料释放到环境中的速度随着时间的推移不断增加，到了最大值后又随着时间的推移不断减少，释放呈"S"型。缓释的技术有物理法和化学法，或者二者兼备。缓释和控释的原理是利用渗透、扩散、析出和解聚而实现。

农药缓释剂主要是根据病虫害发生规律、特点及环境条件，通过农药加工手段使农药按照需要的剂量、特定的时间持续稳定地释放，以达到经济、安全、有效地控制病虫害的目的。其主要优点为：

（1）药剂释放量和时间得到了控制，使施药到位、到时，原药的功效得到提高；

（2）有效降低了环境中光、空气、水和微生物对原药的分解，减少了挥发、流失的可能性，从而使残效期延长，用药量和用药次数减少；

（3）同时使高毒农药低毒化，降低了毒性，减少了农药的漂移，减轻了环境污染和对作物的药害；

（4）改善了药剂的物理性能，液体农药固型化，贮存、运输、使用和后处理都很简便。

缓释剂可以控制原药在适当长的时间内缓慢释放出来，属于发展迅速的新兴领域。缓释剂通常分为物理型和化学型两大类，物理型缓释剂主要依靠原药与高分子化合物之间的物理作用结合，化学型缓释剂则是利用原药与高分子化合物之间的化学反应结合。其中，物理型缓释剂目前发展速度比化学型缓释剂快。

物理型缓释制剂的形式各不相同，加工方法也不尽相同。根据其加工方法，大致分为4种。

(1)微胶囊缓释剂。微胶囊技术是一种用成膜材料把固体或液体包覆形成微小粒子的技术。包覆所得的微胶囊粒子大小一般在微米至毫米级范围，包在微胶囊内部的物质称为囊心，成膜材料称为壁材，壁材通常由天然或合成的高分子材料形成。研究表明，药物是通过溶解、渗透、扩散等过程透过胶囊壁而缓慢释放出来，可以使瞬间毒性降低，并延长释放周期。药物的释放速度可以通过改变囊壁的组成、壁厚、孔径等因素加以控制。1974年，美国的 Pennwalt 公司首先把微胶囊农药推向市场，从此缓释技术在农药界受到广泛关注。同时，我国也开始了农药微胶囊化技术的研究和应用，但直到20世纪80年代第1种微胶囊化农药——25%对硫磷微胶囊剂才问世。近年来，微胶囊剂得到了长远的发展。Schwartz 等以珍珠岩为核心，采用界面聚合法制备了聚氨酯微胶囊，并作为蚊蝇醚的缓释系统，药效显著。

由于利用微胶囊技术可以把固体、液体农药等活性物质包覆在囊壁材料中形成微小的囊状制剂，从而具有降低接触毒性和对人畜禽的毒性、延长药效、缓释及控制释放、减少污染、掩蔽气味、提高稳定性、减少防治次数和农药用量、经济、安全、防效好的特点。但该剂型也有缺点：一是作微胶囊壁材的高分子化合物不易降解，残留在环境中，会导致新的污染；二是微胶囊剂技术含量高，工艺繁琐、成本高。

(2)均一体缓释剂。均一体缓释剂是指在一定温度下，把原药均匀分散在高分子聚合物中，使二者混为一体，形成固溶体、分散体或凝胶体，然后按需加工成型制成缓释剂型。Fatima 等将乙基纤维素利用溶剂挥干法制备达草灭的缓释微球。研究表明，通过改变达草灭和乙基纤维素的配方比，可以控制达草灭的释放速率，充分发挥药效。此剂型不仅操作简单，而且药效长久，但同样也存在着一些明显缺点，比如：成型时有时需要高温处理，导致活性成分损失；初始释放速度较快，以后降至较低的恒定速度。

(3)包结型缓释剂。包结型农药缓释剂是指原药分子通过不同分子间相互作用，与其他化合物形成具有不同空间结构的新的分子化合物。β-环糊精与农药分子形成包结化物后，农药分子进入β-环糊精空腔内可以得到保护，增强分子稳定性，降低挥发性，从而提高了农药药效期和水溶性。有人采用液相法制备了联苯菊酯与β-环糊精包和比为1:1的包结化物，其是由联苯菊酯的苯环端从β-环糊精的较大端进入β-环糊精的空腔形成。此包结化物是靠疏水作用和分子间作用力结合形成的超分子结构，没有产生新的化学键。该包结化合物改变了被包物的理化性质，如挥发性、稳定性、溶解性、气味和颜色等，起到了保护和控制释放作用，从而提高了被包物的稳定性，延长了持效期，降低了毒性。

(4)吸附型缓释剂。吸附型缓释剂是将原药吸附于无机、有机等吸附性载体中，作为贮存体，如凹凸棒土、膨润土、海泡石、硅藻土、沸石、氧化铝、树脂等。黏土矿物内部可以进行离子交换作用，所以，其经常被用做吸附性载体，制成性能优良的缓释剂。Hermosin 等将除草剂2,4-D 吸附于有机改性黏土中，制备了吸附型农药缓释剂，有效地延长了除草剂的药效期，还减少了使用过程中农药的大量损失。含有有机和无机阳离子的黏土可以作为吸附载体，制成持效期长、化学稳定性好的缓释剂。吸附型缓释剂制备工艺简单、周期短、成本较低，但载药量有限，并且容易受周围环境影响变化，使其达不到真正控制释放的目的。

化学型农药缓释剂是在不破坏农药本身化学结构的条件下，农药自身包含的活性基团，通过自身缩聚或与高分子化合物之间采取共价键和离子键相结合而形成的农药剂型。由于化学型缓释剂中的农药是以分子状态与高分子化合物结合,能够达到真正的控制释放。按高分子与农药的不同化学结合方式分类,化学型缓释剂可分为4种类型。

（1）农药自身聚合或缩聚。例如,防污剂砷酸钠可以自身熔融脱水生成无机酸酐,可作为1种化学型缓释剂。

（2）农药与高分子化合物不通过连接剂直接结合。常用的高分子化合物主要有纤维素、海藻胶、淀粉和树皮。有人用道格拉斯冷杉树皮和牛皮纸木质素与2,4-二氯苯氧乙基氯直接结合反应,得到农药缓释剂,大大延长了药效期,减少了给药频率。

（3）农药与高分子化合物通过架桥剂间接结合。架桥剂通常是指连接农药与高分子化合物,起到桥梁作用的化学性质较活泼的物质。例如,Martin 等用氯乙酸作为交联剂,让萘乙酸与纤维素间接结合,制得了农药缓释剂,进行了释放动力学试验。研究发现,萘乙酸活性组分的释放速度是由介质环境的 pH 和高分子骨架的亲水性所决定的。

（4）农药与无机或有机化合物反应,生成络合物或分子化合物。有报道,通过共沉淀法,将草甘膦与镁铝水滑石和镁铝双金属氢氧化物反应,得到一种超分子结构的新物质作为农药缓释剂,达到缓慢释放的效果。Brunaa 等将 SEB 和 DDS 阴离子插入 OHTs 制得一种层状材料,再与特丁津络合形成一种特丁津-OHT 络合物,其作为缓释剂,使特丁津能够缓慢有效地释放,减少在使用过程中特丁津的流失。

农药缓释剂虽然有了一定程度的发展,但与该剂型的优点和功能相比,其发展速度是极不相称的,主要原因有3种:

一是缓释制剂有较高的技术难度,生产成本较高;

二是人们对农药剂型的认识和要求还未达到足够的高度;

三是对制剂方法、释放机理和质量检测等还处于早期研究阶段,技术不够成熟。尽管如此,缓释技术已引起越来越多有关农业领域专家的重视,并且正在形成一个崭新的研究领域。

为了加快我国缓释剂农药的研发速度,专家建议未来农药缓释剂的研究可以从几个方面进行:

（1）简化工艺,提高性能,降低成本;

（2）农药制剂由自由释放型向控制释放型、功能型方向转化,按照使用的剂量、时间和作用点严格控制释放;

（3）释放材料向环保方向发展。释放材料选用能够生物降解的天然高分子材料和部分的高分子合成材料,这些材料的残留物和分解物对环境友好无毒。

2.15　熏蒸剂（BR）

熏蒸剂又称熏蒸杀虫剂,是指在常温常压下容易成为蒸气并由蒸气毒杀害虫和害菌的化学药剂。蒸气一般通过害虫的呼吸系统或皮肤进入体内。用以防止潜伏在房舍、仓库、飞机、车、船中的各种害虫,农业上多用以熏杀种子、贮粮、果树、苗木的害虫,螨类和病菌,也可用做土壤消毒。杀虫时是以毒剂挥发出来的有毒气体混合在空气中,达到一定浓度,通过害虫的呼吸系统,进入组织内部,经过一定时间,引起中毒而致死。由于气体分子有很大的活动性,因此,物理性质上的渗透力和扩散力也大,能侵入到任何缝隙中,在最短时间内达到最高杀虫效果。在熏蒸过程中,往往因其他因子的影响而削弱熏蒸杀虫效果,这些因子包括熏蒸剂本身的理化性质如蒸气压力、渗透力、分子扩散力、浓度等,熏蒸室的密闭程度,熏蒸对象对毒气的吸着性即吸收和附着的性能,毒气在熏蒸空间的分布情况,熏蒸时间的长短,温度、湿度的高低以及二氧化碳和氧的含量等。

熏蒸剂是利用挥发时所产生的蒸气毒杀有害生物的一类农药。以气态分子进入有害生物体内而起毒杀作用，有异于气化的液体、固体或压缩气体等形式。使用剂量根据熏蒸场所空间体积计算，浓度根据熏蒸时间、熏蒸场所密闭程度、被熏蒸物的量和对熏蒸剂蒸气的吸附能力等确定。因此，熏蒸剂一般适宜在仓库、帐幕、房屋、车厢、船舱等能密闭或近于密闭的条件下施用，在被熏蒸物体大量集中的情况下，可以有效地消灭隐蔽的害虫或病菌。

熏蒸剂的蒸气一般是直接通过害虫的表皮或气门进入呼吸系统，从而渗透到血液使害虫中毒死亡。其杀虫作用一般认为在于对酶的化学作用。如溴甲烷能同硫氢基结合，使害虫体内的多种酶类产生渐逆和不可逆的抑制作用。磷化氢抑制动物的中枢神经，刺激肺部引起水肿，导致心脏肿胀综合征。磷化氢对昆虫的作用机理主要是抑制虫体内的细胞色素 C 氧化酶和过氧化氢酶的活性，使昆虫的呼吸链阻断窒息死亡及导致虫体内过氧化物等细胞毒素的积累死亡。三氯乙烷、二溴乙烷、四氯化碳等熏蒸剂主要是麻醉剂，二氧化碳则主要起窒息作用。

大多数熏蒸剂为液体，按化学组分可分为卤化物、氰化物、磷化物及其他。主要品种有溴甲烷、四氯化碳、氯化苦、1，2－二氯乙烷、氰化氢、丙烯腈、甲酸甲酯、环氧乙烷、萘和樟脑等。其中，溴甲烷、环氧乙烷、甲酸甲酯等沸点低，在常温下蒸气压很大，它们都有很好的杀虫、杀菌效果，是常用的熏蒸剂。只有当熏蒸剂在空气中的浓度大于害虫的致死浓度，才能起到毒杀作用。农业上用以熏蒸种子、果树、苗木等的害虫，也用于土壤消毒。熏蒸效果通常与温度成正相关，温度越高，效果越好。如果延长熏蒸处理时间，较低的浓度也可能获得较好的防治效果。当前主要有仓库熏蒸法、帐幕熏蒸法、减压熏蒸法和土壤熏蒸法这四种熏蒸方法。在农业上使用较多是仓库熏蒸和土壤熏蒸，仓库熏蒸用于作物收获后的处理，而土壤熏蒸是在作物种植前的处理。许多熏蒸剂对人、畜毒性很大，使用熏蒸剂时，使用时必须注意防护，严防中毒。

由于一些熏蒸剂的毒性、安全性或环保问题，现已禁用或即将淘汰。几十年来，虽然熏蒸剂的研究进展较慢，但是熏蒸剂是一种防治有害生物极为有效的手段，很难用其他方法替代。

第三节 农药助剂

农药助剂又称为农药辅助剂，是农药剂型的加工和使用中除农药有效成分外所使用的各种辅助物料的总称。虽然它是一类助剂，其本身一般没有生物活性，但是在剂型配方中或施药时是不可缺少的添加物。每种农药助剂都有特定的功能：有的起稀释原药的作用；有的可帮助原药均匀地分散在制剂中；有的可防止粒滴凝聚变大；有的可增加粒子的湿润性、黏附性或渗透性；有的可防止有效成分的分解；有的可增加施药的安全性，等等。总之，农药助剂的功能，不外乎改善农药的物理或化学性能，最大限度地发挥药效或有助于安全施药。农药助剂是随剂型加工和施药技术的进步而发展的。早期的无机农药很少使用助剂。自有机农药发展以后，各种助剂也随之发展起来。随着剂型的多样化和性能的提高，助剂也向多品种、系列化发展，以适应不同农药品种不同剂型加工的需要，并出现了专门的配方加工技术。

农药品种繁多，理化性质各不相同，剂型加工和使用要求也各不相同，因此，加工各种剂型农药产品所需的助剂种类和比例也就各不相同。农药助剂在农药杀虫剂、杀菌剂、除草剂等各个方面都有广泛而且重要的应用。目前创制一个新农药，从新农药的筛选到商品化，其费用往往高达数亿美元，且要经 10 年左右时间。而助剂的使用能够改善农药的特性，不断可以使开发的新农药制剂对环境更安全，使其在较低用药量下达到最佳效果，还可以将老产品改型、提质，使其在市场上保持活力。

一般而言,农药助剂本身没有什么生物活性,但助剂选用得当与否,对农药剂型的性能有很大影响,农药新剂型和应用新技术的开发和推广应用,常常离不开助剂的辅助作用。这是因为:

(1)绝大多数农药必须使用适应的助剂才能应用于田间;

(2)选用合适的助剂能够明显提高药效;

(3)与剂型相匹配的助剂能够满足某些应用技术的特殊性能要求;

(4)选择合适的助剂加工成适宜的剂型,可以有效降低农药对人畜的毒害。

农药助剂的主要作用:

(1)有助于农药有效成分的分散,包括分散剂、乳化剂、溶剂、载体、填料等;

(2)有助于发挥药效或延长药效,包括稳定剂、控制释放助剂、增效剂等。

(3)有助于防治对象接触或吸收农药有效成分,包括湿润剂、渗透剂、黏着剂等;

(4)增加安全性及使用方便,包括防漂移剂、安全剂、解毒剂、消泡剂、警戒色等。

助剂在农药制剂加工中十分重要,而且必不可少。本书介绍在剂型加工中 8 种常用的助剂。

3.1　填充剂

填充剂又称填料,在剂型加工中用于稀释原药的惰性固体填充物称为填料;能吸附或承载有效成分的填料称为载体。填料不仅起稀释作用,而且还能改善物理性能,有利于原药的粉碎和分散。填料的理化性质与制剂的稳定性有关,应选择使用。粉剂加工多采用中性无机矿物如陶土、高岭土、硅藻土、滑石粉等。浸渍法颗粒剂采用吸油性强的活性白土、膨润土等。包衣法颗粒剂采用非吸油性的粒状硅砂为载体。

3.2　分散剂

分散剂是一种在分子内同时具有亲油性和亲水性两种相反性质的界面活性剂。可均一分散那些难于溶解于液体的无机,有机颜料的固体颗粒,同时也能防止固体颗粒的沉降和凝聚,形成安定悬浮液所需的药剂。能防止分散体系中固体或液体粒子聚集、维持药液稳定、均匀地物质。

分散剂的性能要求有:

(1)使产品有良好流动性不结块;

(2)有一定润湿性和分散悬浮性;

(3)贮存稳定性和化学稳定性;

(4)制剂有良好的吸湿性,与其他剂型产品的相容性;

(5)适度起泡性;

(6)适应加工工艺性能。

分散剂的一般选择原则:

(1)分散能力强的表面活性剂;

(2)尽量选用高分子分散剂;

(3)化学结构相似或尽可能相似;

(4)分散能力是表面活性剂的重要结构特性,必须结合亲油或亲水的特性;

(5)分散剂的协同效应好;

(6)对非极性固体农药,宜选择非离子分散剂或弱极性离子分散剂;

(7)分散剂的掺合性好。

分散剂一般分为 2 种。一种为农药原液分散剂,是一种具有高黏度特性的物质,通过机械作用，可将熔融的农药分散成胶体颗粒剂，如废黏蜜浓缩物，纸浆废液浓缩物；另一种为农药制剂的分散剂，能防止粉剂絮结，使粉状农药在喷布时能很好地进行分散。

代表物质有：阴离子型分散剂如烷基萘磺酸盐、萘磺酸甲醛缩合物钠盐、烷基或芳烷基萘磺酸甲醛缩合物钠盐、烷基苯磺酸盐、有机磷酸酯、木质素磺酸钠等；非离子型分散剂如烷基酚聚氧乙烯醚、脂肪胺或者脂肪酰胺聚氧乙烯醚、脂肪酸聚氧乙烯醚、蓖麻油聚氧乙烯醚、EO－PO 嵌段共聚物等。

3.3　润湿剂和渗透剂

润湿剂是一类能够降低液固界面张力，增加含药液体对处理对象固体表面的接触，使其能润湿或者能加速润湿过程的物质。表面活性剂都由亲水基及亲油基组成，当与固体表面接触时，亲油基附着于固体表面，亲水基向外伸向液体中，使液体在固体表面形成连续相，这就是润湿作用的基本原理。

渗透剂是一类能够促进含药组分渗透到处理对象内部，或者是增强药液透过处理表面进入液体内部的能力的物质。渗透剂顾名思义是起渗透作用，也是具有固定的亲水及亲油基团，在溶液的表面能定向排列，并能使表面张力显著下降的物质。

代表物质：天然产物如皂素、亚硫酸纸浆废液；阴离子型如烷基硫酸盐、α－烯烃磺酸盐、二烷基丁二酸酯磺酸钠盐、脂肪酰胺 N－甲基牛磺酸钠盐、脂肪醇聚氧乙烯醚硫酸钠、烷基萘磺酸钠；非离子型如烷基酚聚氧乙烯醚、脂肪醇聚氧乙烯醚等。

3.4　黏着剂

黏着剂是指能增加农药对固体表面黏着性能的助剂。当药剂到达生物靶标表面后，能否在靶标表面持留是影响药剂防治效果的一个重要因素。一部分药剂可能由于与靶标表面的附着性能差，在某些外界条件的作用下，如雨水冲刷、露浸、风吹、机械力振动等，从靶标表面脱落而损失。在农药制剂中加入黏着剂可以增强药剂在靶标表面的持留能力，提高药剂的防治效果和残效期。在雨季施药，应用抗雨水冲刷性能强的助剂尤为必要。

我们在农药加工中，常在粉剂中加入适量黏度较大的矿物油，在液剂农药中加入适量的淀粉糊、明胶等。

3.5　稳定剂

稳定剂又称抗凝剂，指能防止及延缓农药制剂在贮运过程中有效成分分解或物理性能劣化的助剂。其主要功能是保持和增强产品性能稳定性，保证在有效期内各项性能指标符合要求。

稳定机理：以有机磷乳油为例，为消除原药纯度、杂质及副产物，溶剂性质及用量，乳化剂、分散剂的种类和用量，酸、碱性和 pH，水分等这些因素以及将这些因素减小到最低限度。

基本功能：分为物理稳定剂和化学稳定剂两类。前者如防结晶、抗絮凝、沉降、抗硬水和抗结块等；后者包括防分解剂、减活化剂、抗氧化剂、防紫外线辐射剂和耐酸碱剂。

代表物质：表面活性剂及以此为基础的稳定剂如有机磷酸酯类稳定剂、非离子型稳定剂、N－大豆油基－三亚甲基二胺；溶剂稳定剂如芳香烃类、醇、聚醇、醚和醇醚、酯以及其他；其他稳定剂如有机环氧化物等。

3.6　增效剂

指能明显增强农药活性而本身无或几乎无活性，抑制或弱化靶标内部的对农药活性物的解毒系统并能延缓药剂在防治对象内的代谢、加速或增加生物防效的物质。这类物质本身没有杀虫、杀菌、除草作用，但能够使农药杀虫、杀菌、除草效力显著提高。

作用机理：抑制或弱化靶标内部的对农药活性物的解毒系统并能延缓药剂在防治对象内的代谢、加速或增加生物防效。

基本功能：显著提高药剂的活性，降低用量和成本、减少环境污染。

代表物质：MDP 化合物如增效醚、环、砜、酯、醛、菊、散、特；烷基胺和酰胺类化合物如 SKF - 525A、Lilly18947、增效胺；丙炔醚和酯类如 RO - 5 - 8019；有机磷酸酯和氨基甲酸酯类；其他类型化合物如 DMC、FDMC 等。

3.7　溶剂

溶剂是指能溶解农药原药的助剂，多用于加工乳油类农药。

主要作用：

(1)溶解和稀释农药活性组分，调整制剂含量；

(2)增强和改善制剂加工性能；

(3)赋予制剂特殊性能，制备增效的或具特定性能的液化制剂。

性能要求：

(1)溶解能力好；

(2)与制剂其他组分的相容性好；

(3)挥发性始终，一般制剂闪点要求不低于 26.7℃；

(4)对植物无药害，对环境安全；

(5)对人、畜毒性低，低刺激性或无刺激性；

(6)能形成稳定的乳状液或悬浮液。

代表物质：各种芳烃类如苯、甲苯、二甲苯等；脂肪烃、脂环烃类如汽油、煤油、机油、柴油；醇类如甲醇、乙醇、丙醇；脂肪酸、酯类如蓖麻油甲酯、醋酸甲酯；酮类如环己酮、甲乙酮和丙酮；醚类如乙二醇醚、丙二醇醚；植物油如菜子油、棉子油等；其他类如吡咯烷酮、DMF、DMSO、乙腈、PEG 等。

3.8　乳化剂

能使原来不相溶的两相液体(如油与水)中的一相以极小的液珠分散在另一相液体中，形成透明或半透明乳油液的助剂，称为乳化剂。

基本性能：

(1)乳化性能好，使用农药品种多，用量较少；

(2)与原药、溶剂及其他组分有良好互溶性，在冬天较低温度时不分层或不析出结晶、沉淀；

(3)对水质、水温、稀释液的有效成分浓度，有较广泛的适应能力；

(4)黏度低，流动性好，闪点较高，生产管理和使用方便、安全；

(5)有两年和两年以上的有效期。

特征：

(1)品种齐全，性能完善，完全能满足农药科学和生产发展的要求；

(2)多功能、应用性广、适用农药品种多和应用技术条件变化能力强。

代表物质：非离子表面活性剂，烷基酚聚氧乙烯醚类如 OP 系列、NP 系列；卞基酚聚氧乙烯醚类如农乳 BP、农乳 BC；苯乙烯基酚聚氧乙烯醚类如农乳 600、农乳 BS、农乳 1601、农乳 1602、宁乳 32；蓖麻油聚氧乙烯醚类如 By 系列；其他类如农乳 200、S - 60、S - 80、T - 60、T - 80；阴离子表面活性剂，烷基苯磺酸盐类如农乳 500、烷基苯磺酸铵盐；阳离子表面活性剂；两性表面活性剂。

第四节　农药研发与发展趋势

农业的发展是一个逐步演进的动态过程，因此作为农业支持品的农药工业应该与时俱进，科技创新，积极开发高效、低毒、低残留、安全、经济、环境相容性好的现代农药。这就要求人们在不同的时期，采用当时的新技术来创制符合当时农业需要和环境要求的药剂，协助农业完成提高单位耕地增产的目的。

21 世纪，新农药的特点要环境相容性好、活性高、安全性好、市场潜力大等。新农药的研究开发也正是围绕着这几个方向发展的。

4.1　农药研发的新特点

4.1.1　亚洲国家的农药研发将迅速崛起

从 20 世纪 80 年代起，世界农药企业界开始出现兼并、重组。到 2002 年为止，已经形成了拜耳、巴斯夫、先正达、杜邦、陶氏益农、孟山都等 6 大超级公司，使世界农药行业的面貌发生了翻天覆地的变化，世界农药企业开始高度集中化。从新农药开发的角度来看，兼并重组为新农药创制做好了资金、技术和抗风险能力的准备。农药的创制从发达的欧美国家逐渐向东亚转移，代表国家是中国、韩国和日本。

4.1.2　农药形成新的品系

各类农药都将形成新的品系，杀虫剂包括新烟碱类、吡咯类酰肼类以及生物农药阿维菌素、多杀霉素等。杀菌剂主要是多唑类，包括苯醚甲环唑、戊唑醇等。除草剂包括草胺膦、草铵膦、酰尿类、酰胺类等。

4.1.3　仿生合成农药将越来越成为研发热点

从天然物质中寻找新农药的先导化合物并进行仿生合成，或通过对靶标有害生物特有的酶进行剖析，模拟合成能与其配伍或结构相似的化合物，作为新的化合物。这些开发途径既降低了研发成本，有可以提高研发效率。主要包括两类：一类是以天然源物质为先导进行的仿生合成，包括烟碱类的吡虫啉、烯啶虫胺、啶虫咪等。另一类是以害虫靶标为主仿生模拟合成新农药，代表是昆虫信息素。

4.1.4　生物农药研发长盛不衰

由于化学农药研发难度加大及其对环境的压力加大，人们不断地寻找新的生物物质，或从中提取新的农药先导物。因此，生物农药的研发将是人们越来越关注的重点。除虫菊及其衍生物、沙蚕毒素及其衍生物、阿维菌素及其衍生物等普遍受到关注，新的产品不断问世，如多杀霉素、依维菌素、白僵菌等。植物源农药的开发也成为人们关注的对象，印楝素、川楝素、茶皂素、苦参碱等为代表的对环境和作物安全、对靶标有害生物高效的植物农药会再度成为热点。

4.1.5　生物农药的化学改造将逐步兴起

对生物活性物质或有效结构化合物，通过化学手段进行结构改造以开发新化合物，从而开发出高效、安全的新农药。这种方法的成功率较高，越来越受到世界各国的重视。如默克公司从阿维菌素改造的 1400 多种化合物中进一步筛选，目前已有多个产品商品化；陶农科公司对多杀菌素进行结构改造，合成了数千种化合物，并成功开发一系列农药新品种；我国对虾蟹壳中的壳聚糖的研究取得了一定进展。

4.1.6　手性农药的合成越来越活跃

人的左、右手貌似相同，却不能重叠，而是互为镜像，这是最简单意义上的"手性"。化学物质的三维结构因碳原子连接的 4 个原子或基团在空间排布上可以以两种形式形成不同结构的对映体,而具有手性。手性是自然界中最重要的属性之一,同一化合物的两个对映体之间不仅具有不同的光学性质和物理化学物质质,甚至可能具有截然不同的生物活性。同样,农药也表现强烈的立体识别方面作用。有些合物一种对映体是高效的杀虫剂、杀螨剂、杀菌剂和除草剂,而另一种却是低效的,甚至无效或相反。在意识到必须注意药物不同的构型之后,手性药物的开发逐渐引起了人们的注意。同时,由于单一手性农药具有药效高、用药量省、三废少、对作物和环境生态更安全、相对成本更低和极具市场竞争力等优点,手性农药已成为 21 世界新农药研发的又一大热点。过去,人们只是把价值昂贵的农药(如菊酯类),采取拆分开不同的光学异构体,并把无效体转化为有效体;而迄今,世界上已有的 800 多种农药中,已有 170 多种已商品化的手性农药,另有 20 余种手性农药正在开发之中。其中,年销售额超过 1 亿美元的有 30 余种,超过 2500 万美元的有 60 余种;高活性对映体成分的手性农药年销售额超过 100 亿美元,纯手性对映体手性农药年销售额接近 30 亿,手性农药占全球市场的 35%。目前,手性农药主要有以下化合物:拟除虫菊酯类、有机磷类杀虫剂;三唑类、酰胺类杀菌剂;芳基苯氧基丙酸酯类、咪唑啉酮类、环己二酮类、酰胺类除草剂等。

4.1.7 基因工程推进生物农药的应用

将杀虫、抗菌的生物农药基因崁入作物种子中即培育出具有相应农药作用的转基因作物,如 Bt 棉、Bt 玉米、Bt 马铃薯等,孟山都公司的耐草甘膦玉米、油菜、棉花、大豆等,艾格福公司的耐草铵膦玉米、大豆、甜菜、棉花、水稻等,杜邦公司耐磺酰脲类大豆、棉花等,巴斯夫公司耐烯禾定玉米等。这些转基因作物的推广应用,在一定程度上降低了部分化学农药的使用量,但也促进了某些农药的发展,容易形成垄断经营,如草甘膦、草铵膦、溴苯晴等。

4.1.8 新的剂型加工技术和助剂研发长足发展

传统农药越来越受到指责和挑战,只有环境友好型农药才能经受住考验。农药剂型的开发研究除了将农药原药经过加工后便于流通和使用,同时还能满足不同施药技术对农药分散体系的要求。农药剂型与施药技术间有着密切联系,相互依赖又相互促进。由于环境压力与法规的严厉,农药剂型由传统的乳油、可湿性粉剂、粉剂、颗粒剂向水基化功能化的微乳剂、水乳剂、水悬浮剂发展。而且制剂的发展日益向环保、多样性方向发展,主要表现在:制剂技术与产品日益复杂化;混剂、原药与助剂多样性;持续法规压力和成本压力等。剂型也将朝着水基化、固体化、释控化、功能化的方向迅猛发展。

随着超高效环保型新农药的开发,农药使用剂量越来越少,任何保证农药的使用效果,农药剂型将起到十分重要的作用。剂型研发要 3 个方面改进:

(1)将使用有机溶剂的制剂水性好,降低毒性,减少对环境的危险性;

(2)将微小粉粒通过粒状化或水溶化外包处理实现颗粒化,防治粉尘吸入和漂移;

(3)通过研究控制药剂释放时间来改进施药方式。

在剂型研发中,助剂的表面活性至关重要,既要性能优良,又要毒性低、对环境安全。如有机硅表面活性剂、有机氟表面活性剂的应用会越来越广泛。新的助剂将不断涌现。

4.1.9 其他特点

从生物多样性的角度分析,农药创制开始从杀死向控制方向转化;新技术的应用推动农药的发展,如农药结构与活性的关系研究和高通量筛选等新技术加速了先导化合物的开发;企业与科研单位的研究交流对农药开发将产生巨大推动作用;深层次的国际化交流对农药开发来说必不可少等。

4.2 农药发展的趋势

4.2.1 技术的先进性

今后,在新农药的研究及开发上目标主要集中在环境相容性好、安全、活性高、市场大

等方面,利用传统的随机合成筛选和类同合成手段进行开发,主要包括以下几方面:

(1)虽然各种农药发展迅速,但是化学农药仍然是全球农药的主体。

(2)多种害虫的控制新方法、新概念不断涌现。例如害虫综合治理,生物多样性综合治理等。

(3)由于环境保护要求的日益增加,仿生环保型农药将成为开发主体。如以除虫菊素为先导化合物开发出一系列除虫菊酯和以沙蚕毒素为先导化合物开发出沙蚕毒素类杀虫剂。

(4)通过元素、结构与活性关系的研究,在农药分子中引进新元素已成为今后努力取得突破的手段之一,含氟和含杂环农药将成为主要研究方向。如含氟的氟氯氰菊酯的杀虫活性比不含氟的氯氰菊酯高一倍。其他元素的引进,如 Si、Sn 等取代某个关键部位的碳原子,其活性、选择性就会明显改变。

(5)杂环和立体异构化合物成为农药合成的热点。在现有的农药品种中,分子中含有手征性原子或碳碳双键的化合物越来越多,它们的光学或几何异构体之间的生物活性大多表现出较大差异,有的甚至一个是高效,而另一个是无效,例如:S-生物丙烯菊酯和溴氰菊酯,这方面的研究已成为热门,而且取得了较大成绩。

(6)结合清洁生产的要求,先进合成技术会不断涌现,如声化学合成、微波合成、氟碳相化学合成、水相/固相化学合成、室温离子液体合成等。

4.2.1　高效、低毒、安全、环保

在 21 世纪,超高效、低毒、安全、环保是农药发展的大趋势。一是要求新研发的化合物的生物活性要比过去高出几十倍,甚至几百倍,药效高,用量小;二是新研发的化合物毒性一般是低毒、微毒,甚至无毒,也没有慢性毒性和无致畸、致癌、致突变作用;三是新研发的化合物具有超高效、使用量低、无毒性、使用后能够快速降解、对环境无污染,同时要求选择性高,几乎所有化合物都具有独特的作用机制或作用方式,对靶标有害生物以外的作物、有益生物无活性,或者影响甚微,因此,在使用过程中对生态环境基本无污染和影响。

第三章　农药与环境

农药是消灭对人类和植物造成危害的病虫害的功能性化学品，在农牧业的增产、保收和保存以及人类传染病的预防和控制等方面都起着很大的作用。例如在日本，稻米产量由于大量使用化学农药，每公顷自 1945—1950 年的 3.2 吨提高到 1966—1968 年的 4.2 吨。又如在菲律宾、巴基斯坦和巴西的示范农场中，利用除莠剂使稻米增产约 46%。第二次世界大战期间，诺贝尔奖获得者默勒发明了滴滴涕，使虱子受到控制从而防止了欧洲斑疹伤寒病的传播。滴滴涕还能消灭蚊子，因而对防止疟疾和脑炎的传染也起到了重要作用。例如印度在 1952 年，疟疾发病率达 7500 万病例；使用滴滴涕控制后，到 1964 年就减少到 10 万病例。

随着化学工业的发展和农药使用范围的扩大，化学农药的数量和品种都在不断增加，现在世界上化学农药总产量以有效成分计超过 400 万吨。预计到 2020 年，世界农药的使用量在 500 万吨左右。农药是一类具有特殊性的功能性化学品，属于生物活性物质，因而有其利也有其害。由于长期地、大量地、不合理地使用农药，空气、水源、土壤和食物受到污染，毒物累积在牲畜和人体内引起中毒，造成农药公害问题。因此，如何客观地认识农药、如何公正地对待农药、如何科学地使用农药，极大地引起了人们的普遍关注。

第一节　一部著作的影响

农药对环境究竟有什么样的影响？农药又是怎样影响环境的？环保名著《寂静的春天》的出版，可谓一石激起千层浪，引发了世界环保革命。我们不妨把《死神的特效药》一章摘录如下：

现在每个人从胎儿未出生直到死亡，都必定要和危险的化学药品接触，这个现象在世界历史上还是第一次出现的。合成杀虫剂使用才不到二十年，就已经传遍动物界及非动物界，到处皆是。我们从大部分重要水系甚至地层下肉眼难见的地下水潜流中都已测到了这些药物。早在十数年前施用过化学药物的土壤里仍有余毒残存。它们普遍地侵入鱼类、鸟类、爬行类以及家畜和野生动物的躯体内，并潜存下来。科学家进行动物实验，也觉得要找个未受污染的实验物，是不大可能的。

在荒僻的山地湖泊的鱼类体内，在泥土中蠕行钻洞的蚯蚓体内，在鸟蛋里面都发现了这些药物；并且在人类本身中也发现了；现在这些药物贮存于绝大多数人体内，而无论其年龄之长幼。它们还出现在母亲的奶水里，而且可能出现在未出世的婴儿的细胞组织里。

这些现象之所以会产生，是由于生产具有杀虫性能的人造合成化学药物的工业突然兴起，飞速发展。这种工业是第二次世界大战的产儿。在化学战发展的过程中，人们发现了一些实验室造出的药物消灭昆虫有效。这一发现并非偶然：昆虫，作为人类死亡的"替罪羊"，一向是被广泛地用来试验化学药物的。

这种结果已汇成了一股看来仿佛源源不断的合成杀虫剂的溪流。作为人造产物——在实验室里巧妙地操作分子群，代换原子，改变它们的排列而产生——它们大大不同于战前的比较简单的无机物杀虫剂。以前的药物源于天然生成的矿物质和植物生成物——砷、铜、铝、锰、锌及其他元素的化合物；除虫菊来自干菊花、尼古丁硫酸盐来自烟草的某些同属，鱼藤酮来自东印度群岛的豆科植物。

这些新的合成杀虫剂的巨大生物学效能不同于他种药物。它们具有巨大的药力：不仅能毒害生物，而且能进入体内最要害的生理过程中，并常常使这些生理过程产生致命的恶变。这样一来，正如我们将会看到的情况一样，它们毁坏了的正好是保护身体免于受害的酶：它们阻碍了躯体借以获得能量的氧化作用过程；它们阻滞了各器官发挥正常的作用；还会在一定的细胞内产生缓慢且不可逆的变化，而这种变化就导致了恶性发展之结果。

然而，年年却都有杀伤力更强的新化学药物研制成功，并各有新的用途，这样就使得与这些物质的接触实际上已遍及全世界了。在美国，合成杀虫剂的生产从1940年的124259000磅猛增至1960年的637666000磅，比原来增加了5倍多。这些产品的批发总价值大大超过了2.5亿美元。但是从这种工业的计划及其远景看来，这一巨量的生产才仅仅是个开始。

因此，一本《杀虫药辑录》对我们大家来说是息息相关的了。如果我们要和这些药物亲密地生活在一起——吃的、喝的都有它们，连我们的骨髓里也吸收进了此类药物——那我们最好了解一下它们的性质和药力吧。

尽管第二次世界大战标志着杀虫剂由无机化学药物逐渐转为碳分子的奇观世界，但仍有几种旧原料继续使用。其中主要是砷——它仍然是多种除草剂、杀虫剂的基本成分。砷是一种高毒性无机物质，它在各种金属矿中含量很高，而在火山内、海洋内、泉水内含量都很小。砷与人的关系是多种多样的并有历史性的。由于许多砷的化食物无味，故早在波尔基亚家族时代之前一直到当今，它一直是被作为最通用的杀人剂。砷第一个被肯定为基本致癌物。这是将近两世纪之前由一位英国医师从烟囱的烟灰里作出的鉴定，它与癌有关。长时间以来，使全人类陷入慢性砷中毒的流行病也是有记载的。砷污染了的环境，已在马、牛、羊、猪、鹿、鱼、蜂这些动物中间造成疾病和死亡。尽管有这样的记录，砷的喷雾剂、粉剂还是广泛地使用着。在美国南部用砷喷雾剂的产棉乡里，作为一种专业的养蜂业几乎破产。长期使用砷粉剂的农民一直受着慢性砷中毒的折磨；牲畜也因人们使用含砷的田禾喷剂和除草剂而受到毒害。从兰莓（越橘之一种）地里飘来的砷粉剂散落在邻近的农场里，染污了溪水，致命地毒害了蜜蜂、奶牛，并使人类染上疾病。一位环境癌病方面的权威人士，美国防癌协会的 W·C·惠帕博士说："……在处理含砷物方面，要想采取比我国近年来的实际做法——完全漠视公众的健康状况——还更加漠视的态度，那简直是不可能的了。凡是看到过砷杀虫剂撒粉器、喷雾器怎样工作的人，一定会对那种马马虎虎地施用毒性物质深有所感，久久难忘。"

现代的杀虫剂致死性更强。其中大多数自然地属于两大类化学药物中的一类。滴滴涕所代表的其中一类就是著称的"氯化烃"；另一类由有机磷杀虫剂构成，是由略为熟悉的马拉硫磷和对硫磷（俗称1605）所代表的。它们都有一个共同点，如上所述，它们以碳原子为主要成分而构成——碳原子也是生命世界必不可少的"积木"——这样就被划为"有机物"了。为要了解它们，我们必须弄明白它们是由何物造成的，以及它们是怎样（这尽管与一切生物的基础化学相联系着）把自己转化到使它们成为致死剂的变体上去的。

这个基本元素——碳，是这样一种元素，它的原子有几乎是无限的能力：能彼此相互组合成链状、环状及各种别的构形；还能与他种物质的分子联结起来。的确如此，各类生物——从细菌到蓝色的大鲸，有着其难以置信的多样性，也主要是由于碳的这种能力。如同脂肪、碳水化合物、酶、维生素的分子一样，复杂的蛋白质分子正是以碳原子为基础的。同样，数量众多的非生物也如此，因为碳未必就是生命的象征。

某些有机化合物仅仅是碳与氢的化合物。这些化合物中最简单的就是甲烷，或曰沼气，它是在自然界由浸于水中的有机物质的细菌分解而形成的。甲烷若以适当的比例与空气混合，就变成了煤矿内可怕的"瓦斯气"。它有美观的简单结构：由一个碳原子——已依附着四个氢原子——组成。科学家们已发现可以取掉一个或全部的氢原子，而以其他元素来代替。例如，以一个氯原子来取代一个氧原子，我们便制出了氯代甲烷。

除去三个氢原子并用氯来取代，我们便得到麻醉剂氯仿（三氯甲烷）以氯原子取代所有的氢原子，结果得到的是四氯化碳——我们所熟悉的洗涤液。

用最简单的术语来讲，环绕着基本的甲烷分子的反复变化，说明了究竟什么是氯化烃。可是，这一说明对于烃的化学世界之真正复杂性，或对于有机化学家赖以造出无穷变幻的物质之操作仅给予微小的暗示。因为，它可不用只有一个碳原子的简单甲烷分子，而借助由许多碳原子组成的烃分子进行工作，它们排列成环状或链状（带有侧链或者支链），而紧附着这些侧、支链的又是这样的化学键：不仅仅是简单的氢原子或氯原子，还会是多种多样的原子团。只要外观上有点轻微变化，本物质的整个特性也就随之改变了；例如不仅碳原子上附着的什么元素至为重要，而且连附着的位置也是十分重要的。这样的精妙操作已经制成了一组具有真正非凡力量的毒剂。

滴滴涕是1874年首先由一位德国化学家合成的，但它作为一种杀虫剂的特性是直到1939年才发现的。紧接着滴滴涕又被赞誉为根绝由害虫传染之疾病的以及帮农民在一夜之间就可战胜田禾虫害的手段。其发现者，瑞士的保罗·穆勒曾获诺贝尔奖。现在滴滴涕是这样普通地使用着，在多数人心目中这种合成物倒像一种无害的家常用物。也许，滴滴涕的无害性的神话是以这样的事实为依据的：它的起先的用法之一，是在战时喷撒粉剂于成千上万的士兵、难民、俘虏身上，以灭虱子。人们普遍地这样认为：既然这么多人与滴滴涕极亲密地打过交道，而并未遭受直接的危害，这种药物必定是无害的了。这一可以理解的误会是基于这种事实而产生的——与别的氯化烃药物不同——呈粉状的滴滴涕不是那么容易地通过皮肤被吸收的。滴滴涕溶于油之后，如其往常一样，肯定是有毒的。如果吞咽了下去，它就通过消化道慢慢地被吸收了；还会通过肺部被吸收。它一旦进入体内，就大量地贮存在富于脂肪质的器官内（因滴滴涕本身是脂溶性的），如肾上腺、睾丸、甲状腺。相当多的一部分留存在肝、肾及包裹着肠子的肥大的、保护性的肠系膜的脂肪里。

滴滴涕的这种贮存过程是从它的可理解的最小吸入量开始的（它以残毒存在于多数食物中），一直达到相当高的贮量水平时方告停止。这些含脂的贮存所充任着生物学放大器的作用，以至于小到餐食的千万分之一的摄入量，可在体内积累到约百万分之十至百万分之十五的含量，增加了100余倍。此类供作参考的话，对化学家或药物学家来说是多么平平常常，但却是我们多数人所不熟悉的。百万分之一，听起来像是非常小的数量——也确是这样，但是，这样的物质效力却如此之大，以其微小药量就能引起体内的巨大变化。在动物实验中，发现百万分之三的药量能阻止心肌里一个主要的酶的活动，仅百万分之五就引起了肝细胞的坏死和瓦解，仅百万分之2.5的与滴滴涕极接近的药物狄氏剂和氯丹也有同样的效果。

这确实并不令人惊诧。在正常人体化学中就存在着这种小原因引起严重后果的情况。比如，小到1克的万分之二的这样少量的碘就可造成健康与疾病之差别。由于这些小量的杀虫剂可以点滴地贮存起来，但只能缓慢地排泄出去，所以肝脏与别的器官的慢性中毒及退化病变这一威胁是非常真切地存在着。

人体内可以贮存多少滴滴涕，科学家们尚无一致意见。美国食品与药物部的药物学主任阿诺德·李赫曼博士说："既没有这样一个最低标准——低于它滴滴涕就不再被吸收了，也没有这样一个最高标准——超过它吸收和储存就告终止了。"另一方面，美国公共卫生处的威兰德·海斯博士却力辩道：在每个人体内，会达到一个平衡点，超于此量的滴滴涕就被排泄了出来。就实际目的性而言，这两个谁为正确并不是特别重要的。对滴滴涕在人类中的贮存已作了详细调查，我们知道一般常人的贮量是潜在地有害的。据种种研究结果来看，从受毒（不可避免的饮食方面的除外）的个人，平均贮量为百万分之5.3到百万分之7.4。农业工人为百万分之17.1，而杀虫药工厂的工人竟高达百万分之648。可见已证实了的贮量范围是相当宽广的。并且，尤为要害的是这里最小的数据也是在可能开始损害肝脏及别的器官或组织的标准之上的。

滴滴涕及其同类的药剂的最险恶的特性之一是它们通过食物这一链条上的所有环节由一机体传至另一机体的方式。例如，在苜蓿地里撒了滴滴涕粉剂，而后用这样的苜蓿作为鸡食饲料，鸡所生的蛋就含有滴滴涕了。或者以干草为例，它含有百万分之7~8的滴滴涕残余，可能用来喂养奶牛，牛奶里的滴滴涕含量就会达到大约百万分之3，而在此牛奶制成的奶油里，滴滴涕含量就会增达65%。滴滴涕通过这样一个转移进程，本来含量极少，后来经过浓缩，逐渐增高。食品与药物部不允许洲际商业装运的牛奶含有杀虫剂残毒，但当今的农民发觉很难给奶牛弄到未受污染的草料。毒质还可能由母亲传到子女身上。杀虫剂残余已被粮药部的科学家们从人奶的取样试验中找了出来。这就意味着人奶哺育的婴孩，除他体内已集聚起来的毒性药物以外，还在接收着少量的却是经常性的补给。然而，这绝非该婴儿的第一次遇到中毒之险——有充分的理由相信，当他还在宫体内的时候就已经开始了。在实验动物体内，氯化烃药物自由跑穿过胎盘这一关卡。胎盘历来是母体内使胚胎与有害物质隔离的防护罩。虽然婴儿这样吸收的药量通常不大，却并非不重要，因为婴孩对于毒性比成人要敏感得多。这种情况还意味着：今天，一般常人几乎肯定地是以他第一次贮存此——与日俱增的药物重负而开始其生命的（从此以后就要求他的身体将此重担支撑下去了）。

所有这些事实——有害药物的贮存甚至是低标准的贮存，随之而来的积聚；以及各种程度的肝脏受损（正常饮食中也会轻易出现）的发生——使得粮药部的科学家们早在1950年就宣布"很可能一直低估了滴滴涕的潜在危险性"。医学史上还没有出现过这种类似的情况。终究其结果会怎么样，也还无人知晓。

氯丹——另一种氯化烃，具有滴滴涕所有这些令人讨厌的属性，还要加上几样它自身独特的属性。它的残毒能长久地存在在油里、在食物中，或在可能敷用它的东西之表面。它利用一切可采用的门路进入人体；可通过肌肤被吸收，可作为喷雾或者粉屑被吸入；当然如果将它的残余吞食了下去，就从消化道吸收了。如同一切别种氯化烃一样；氯丹的沉积物日积月累在体内积聚起来。一种食物含有百万分之二点五的氯丹，最终会导致实验动物脂肪内的氯丹贮量增至百万分之七十五。

像李赫曼博士这么有经验的药物学家，曾在1950年这样描述过氯丹："这是杀虫剂中毒性最强的药物之一，任何人摸了它都会中毒。"郊区居民并没有把这一警告放在心上，他们竟毫无顾忌地随意将氯丹渗入治理草坪的粉剂中。当时这郊区居民并没有马上发病，看来问题不大，但是毒素可长期潜存在人体内，过数月或数年以后才毫无规律地表现出来，到那时就不大可能查究出患病的起因了。但有时，死神也会很快地袭来。有一位受害者，偶而把一种25%的工业溶液洒到皮肤上，40分钟内显出了中毒症状，未能来得及医药救护就死去了。这种中毒是不可能提前发觉而通知医务人员及时抢救的。

　　七氯是氯丹的成分之一，作为一种独立的科技术语通行于市。它具有在脂肪里贮存的特殊能力。如果食物中的含量小到仅千万分之1，在体内就会出现含量可计的七氯了。它还有一种稀奇的本事，能起变化而成为一种化学性质不同的物质——称作环氧七氯。它在土壤里，及植物、动物的组织里都会起这种变化。对鸟类的试验表明由这一变化结果而来的环氧，比原来的药物毒性更强，而原来的药物之毒性已是氯丹的4倍。

　　远在1930年代中期，发现了一种特殊的烃——氯化萘。它会使受职业性药物危害的人患上肝炎病，也会患稀有的且几乎是无法医治之肝症。它们已引起了电业工人患病与死亡；而且最近以来在农业方面它们被认为是引起牛畜所患的一种神秘的往往致命的病症的根源。鉴于前例，与这组烃有裙带关系的三种杀虫剂都属于所有烃类药物中最剧毒者之列是无足为怪的。这些杀虫药就是狄氏剂（氧桥氯甲桥萘）、艾氏剂（氯甲桥萘）以及安德萘。

　　狄氏剂是为纪念一位德国化学家狄尔斯而命名的杀虫剂。当把它吞食下去时，其毒性约相当于滴滴涕的5倍，但当其溶液通过皮肤吸收之后，毒性就相当于滴滴涕的40倍了。它因使受害者发病快，并对神经系统有可怕的作用——使患者发生惊厥——而恶名远扬。这样中毒的人恢复得非常缓慢，足以表明其绵延的慢性药效。至于对其他的氯化烃，这些长期的药效严重损坏肝脏。狄氏剂残毒持续期漫长并有杀虫功用，因此就把它当作目前应用最广的杀虫剂之一，而不考虑其后果——施用后随之发生的对野生动物可怕的毁灭。在对鹌鹑和野鸡做试验时，证明了它的毒性约为滴滴涕的40~50倍。

　　狄氏剂怎样在体内进行贮存或分布？或者怎样排泄出去？我们这方面的知识有很大的空白点：因为科学家们发明杀虫药方面的创造才能早就超过了有关这些毒物如何伤害活的肌体的生物学知识。然而，有各种征象表明这些毒物长期贮存在人类体内——这儿，沉积物犹如一座正安眠的火山那样蛰伏着，单等身体汲取脂肪积蓄到生理重压时期，然后骤然迸发起来。我们所真正懂得的许多东西，都是通过"世界卫生组织"开展的抗疟运动的艰辛经历中才学到的。当疟疾防治工作中用狄氏剂取代了滴滴涕（因疟蚊已对滴滴涕有了抗药性），喷药人员中的中毒病例就开始出现了。病症的发作是剧烈的——从半数乃至全部（不同的工作程序，中毒病状各异）受害的人发生痉挛，且数人死亡。有些人自最后一次中毒以后过4个月才发生了惊厥。

　　艾氏剂是多少有点神秘的一种物质。因为尽管作为一种独立的实体而存在着，但它与狄氏剂却有着至交关系。当你把胡萝卜从一块用艾氏剂处理过的苗圃里拨出以后，发现它们含有狄氏剂的残毒。这种变化发生在活的机体组织内，也发生在土壤里。这种炼丹朱式的转化已导致了许多错误的报道，因为如果一个化学师知道已经施用了艾氏剂而要来化验它是否还存在时，他将会受骗，认为全部的艾氏剂余毒已经被驱除了。而余毒还在，不过它们是狄氏剂，这需要做不同的试验罢了。

　　像狄氏剂一样，艾氏剂也是极其有毒的。它引起肝脏和肾脏里退化的病变。若用阿司匹林药片那样大小的剂量，就足以杀死400多只鹌鹑。人类中毒的许多病例是留有记录的，其中大多数与工业管理有关。

　　艾氏剂同本组杀虫剂的多数药物一样，给未来投下一层威胁的阴影——不孕症之阴影。给野鸡喂食少得很的剂量，不足以毒死它们，尽管如此，却只生了很少的几个蛋，而且由这几个蛋孵出的幼雏很快就死去了。此种影响并不局限于飞禽。遭艾氏剂之毒害的老鼠，受孕率减少了，且其幼鼠也是病态的，活不久的。处理过的母狗所产的小崽3天内就死了。新的一代总是这样或看那样地因其亲体的中毒而遭难。没人知道是否也将在人类中看到同样的影响，可是这一药物已由飞机喷撒，遍及城郊地区和田野了。

　　安德萘是所有氯化烃药物中毒性最强的。虽然化学性能与狄氏剂有相当的密切关系，但其分子结构稍加曲变就使得它的毒性相当于狄氏剂的 5 倍。安德萘使得滴滴涕——所有杀虫剂的鼻祖——相形之下看来几乎是无害的了。它的毒性对于哺乳动物是滴滴涕时 15 倍，对于鱼类是滴滴涕的 20 倍，而对于一些鸟类，则大约是其 300 倍。

安德萘在使用的 10 年期间，已毒杀过巨量的鱼类，毒死了误入喷了药的果园的牛畜，毒染了井水，从而至少有一个州卫生部严厉警告说，粗率地使用安德萘正在危害着人的生命。

在一起最为悲惨的安德萘中毒事件中，没有什么明显的疏忽之处，曾尽了一番努力做些表面上认为妥帖的预防措施。有一位满周岁的美国小孩，父母带他到委内瑞拉居住下来。在他们所搬入的房子里发现有蟑螂，几天后就用含有安德萘的药剂喷打了一次。在一天上午 9 点左右开始打药之前，这个婴孩连同小小的家犬都被带到屋外。喷药之后将地板也进行了擦洗。在下午的时候婴孩及小狗又回到了房里。过了 1 个小时左右小狗发生了呕吐、惊厥而后死去了。就在当天晚上 10 点，这个婴孩也发生了呕吐，惊厥并且失去了知觉。自那次生命攸关的与安德萘的接触之后，这一正常健壮的孩子变得差不多像个木头人一样——看，看不见；听，听不见；动辄就发作肌肉痉挛；显然他完全与周围环境隔绝了。在纽约一家医院里治疗数月，也未能转变这种状况或者带来好转的希望。负责护理的医师报告说："会不会出现任何有益程度的康复，这是极难预料的事。"

第二大类杀虫剂——烷基和有机磷酸盐，属世界上最毒药物之列。伴随其使用而来的首要的、最明显的危险是，使得施用喷雾药剂的人，或者偶尔跟随风飘扬的药雾、跟覆盖有这种药剂的植物、跟已被抛掉的容器稍有接触的人急性地中毒。在佛罗里达州，2 个小孩发现了一只空袋子，就用它来修补一下秋千，其后不久 2 个孩子都死去了。他们的 3 个小伙伴也得病了。这个袋子曾用来装过一种杀虫药，叫做对硫磷（1605）——一种有机磷酸酯。试验证实了死亡正是对硫磷中毒所致。另外有一次，威斯康星州的两个小孩（堂兄弟俩），一个是在院子里玩耍，当时他的父亲正在给马铃薯喷射对硫磷药剂，药雾从毗连的田地里飘来，另一个跟着他父亲嬉戏地跑进谷仓，又把手在喷雾器具的喷嘴上放了一会儿。2 个孩子中毒了，就在同一天晚上死去。

这些杀虫药的来历有着某种讽刺意义。虽然一些药物本身——磷酸的有机酯——已经闻名多年，而它们的杀虫特性却一直保留到 20 世纪 30 年代晚期才被一位德国化学家格哈德·施雷德尔发现了。德国政府差不多当即就认可这些同类药物的价值：人类对人类自己的战争中新的、毁灭性的武器；而且有关研制这些药物的工作被宣布为秘密。有些药物就成了致命的神经错乱性毒气。还有些有亲密的同属结构的药物，成为杀虫剂。

有机磷杀虫剂以一种奇特的方式对活的机体起作用。它们有毁坏酶类的本事——这些酶在体内起着必要的功能作用。此类杀虫剂的目标是神经系统，而不管其受害者是昆虫或是热血动物。正常情况之下，一个神经脉冲借助叫做乙酰胆碱的"化学传导物"一条条神经地传过去；乙酰胆碱是一种履行必要的功能作用然后就消失了的物质。真的如此，这种物质的消失是这样的迅速，连医学研究人员（没有特殊处置办法的话）也不能够在人体毁掉它之前取样做试验。这种传导物质的短促性是身体的正常机能所必需的。如果这种乙酰胆碱当一次神经脉冲一通过，不立即被毁掉，脉冲就继续沿一根根神经掠过，而此时这种物质就以空前更加强化的方式尽力发挥其作用，使整个身体的运动变得不协调起来：很快就发生了震颤、肌肉痉挛、惊厥以至死亡。

这种偶发性已由身体作了应付之准备。一种叫胆碱酯酶的保护性酶，每当身体不再需要那传导物质时，就随即消灭它。借此种手段求得了精确的调节办法，身体也从未积聚达危险含量的乙酰胆碱。可是，与有机磷杀虫剂一接触，保护酶就被破坏了。当这种酶的含量被减少之时，传导物质的含量就积聚起来。在这一作用上，有机磷化合物同生物碱毒物蝇蕈碱

（发现于一种有毒的蘑菇——蝇蕈里面）相类似。

频频地受药物危害会降低胆碱脂酶的含量标准，直降到一个人已濒临急性中毒之边缘的时候，从这一边缘上外加一次十分轻微的危害，即可将他推下中毒之深渊。鉴于此因，认为对喷药操作人员及其他经常蒙受中毒之险的人做定期的血液检查是很重要的。

对硫磷是用途最广的有机磷酸酯之一。它也是药性最强、最危险的药物之一。与它一接触，蜜蜂就变得"狂乱地骚动、好战起来"，作出疯狂似的揩挠动作，0.5 小时之内就近乎死亡了。有位化学家，企图以尽可能直接的手段获悉对人类产生剧毒的剂量，他就吞服了极微的药量，约等于 0.212 克。紧接着如此迅疾地发生了瘫痪，以致他连事先预备在手边的解毒剂也未来及够着。他就这样死去了。据说，在芬兰对硫磷现在是人们最中意的自杀药物。近年关，加利福尼亚州有报道称每年平均发生 200 多宗意外的对硫磷中毒事故。在世界许多地方，对硫磷造成的死亡率是令人震惊的：1958 年在印度有 100 起致命的病例，叙利亚有 67起；在日本，每年平均有 336 人中毒致死。

可是，700 万磅左右的对硫磷如今被施用到美国的农田或菜园里——由手工操作的喷雾器、电动鼓风机、洒粉机、还有飞机来播施。照一位医学权威的说法，仅在加里福尼亚的农场里所用的药量就能"给 5～10 倍的全世界人口提供以致命的剂量"。

我们在少数情况下也可免遭这一药物的毒害，其中有一个原因就是对硫磷及其他的本类药物分解得相当快。故与氯化烃相比较，它们在庄稼上的残毒是相对短命的。然而，它们持续的时间已足以带来从只是严重中毒以至于致命的各样危害。在加里福尼亚的里弗赛德，采摘柑橘的 30 人中有 11 人得了重病，除 1 人外都不得不住院治疗，他们的症状是典型的对硫磷中毒。橘林是在大约 2 周半之前曾用对硫磷喷射过的。这些残毒已持续了 16～19 天之久了，仍弄得采橘人陷入干呕、半瞎、半昏迷的痛苦中。而这无论怎么说也并非其持续时日的纪录。早在 1 个月之前喷过的橘林里也发生了类似的事故，而且以标准剂量处理过 6 个月之后，柑橘的果皮里还发现有本药的残毒。

于在田野、果园、葡萄园里施用有机磷杀虫剂的全体工人所造成的极度危险，已使得使用这些药物的一些州里设立起许多实验室——这里医师们可以进行诊断，也有医疗方面的救助。甚至连医生们自己也会处在某些危险之中，除非在处理中毒患者时戴上橡皮手套。洗衣妇洗患者的衣物也同样会有危险——这些衣物上可能吸附有足以伤害她的对硫磷。

马拉硫磷是另一种有机磷酸酯，差不多与滴滴涕一样为公众所熟悉。它被园艺工广泛地应用着，还普遍地用于家户灭虫、喷射蚊虫方面，以及对昆虫进行总歼灭，如：佛罗里达州的一些社区用来喷打近 100 万英亩的土地，以消灭一种地中海果蝇。马拉硫磷被认为是此类药物中毒性最小的了，许多人也就臆断他们可以随意使用且无伤害之忧了。商业广告也在鼓励这种令人宽慰的态度。

声称马拉硫磷的"安全性"是基于相当危险的依据的，尽管直到这种药物已应用数年之后（往往有这种事）才发现了这一点。马拉硫磷的"安全"仅是因为哺乳动物的肝脏——具有非凡保护力的器官——使得它相对地无害罢了。其解毒作用是由肝脏的一种酶来完成的。然而，如果有什么东西毁坏了这样的酶或者干扰了它的活动，那么，遭马拉硫磷危害的人就要承受毒素的全力侵袭了。

对我们大家来说不幸的一点是，发生这种事的机会是屡见不鲜的。好几年前，有一组美国食品与药物部的科学家们发现：当把马拉硫磷与某种别的有机磷酸酯同时施用时，严重的中毒现象就产生了——直到所预言的严重毒性的 50 倍；这一预言是以两种药物的毒性加在一起为根据的。换言之，当这两种药物混合起来时，每一种化合物的致死剂量的 1%，就可产生致命的效果。

　　这一发现导致了对其他化合作用的试验。现在已知，通过混合的作用，毒性增大或"强化"了，许许多多对磷酸酯杀虫剂是非常危险的。毒性的强化看来发生在一种化合物毁坏了食管解除另一化合物之毒性的肝脏酶的时候。两种化合物双管齐下是没有必要的。中毒之险不仅对这周可能喷打一种虫药而下周另喷一种的人存在，而且对喷雾药品的用户也是存在的。一般的凉菜碗里会很容易地出现两种磷酸脂杀虫剂的混合，这在法定的许可限量之内的残毒会发生交互的作用。

　　化学药物这种危险的相互作用的全部内容目前知道的尚少，可是这些令人惊讶的新发现总是经常性地从科学实验室里涌出。其中之一就是这一发现：一种磷酸酯的毒性可由第二种药剂（它不一定是杀虫剂）来增强。比如，用一种增塑剂可能要比另一种杀虫剂产生更强烈的作用，而使马拉硫磷变得更加危险，这是因为它抑制了肝脏酶的功能——而正常情况下这种酶能把杀虫剂之"毒牙"拔除。

　　在正常的人类环境中，别的化学制品怎么样呢？特别是医用药物又如何呢？关于这方面所做的仅仅是个开始；但是已经知道某些有机磷酸酯（对硫磷和马拉硫磷）能增强某些用做肌肉松弛剂的药物的毒性，而有几种别的磷酸酯（还是包括马拉硫磷）显著地增长了巴比妥酸盐的安眠时间。

　　希腊神话中的女王米获，因一敌手夺去了她丈夫贾逊的爱情而大怒，就赠予新娘子一件具有魔力的长袍。新娘穿着这件长袍立遭暴死。这个间接致死物质现在在称为"内吸杀虫剂"的药物中找到了它的对应物。它是有着非凡特质的化工药物，这些特质被用来将植物或动物转变为一种米获长袍式的东西——使它们居然成了有毒的了。这样做，其目的是：杀死那些可能与它们接触的昆虫，特别是当它们吮吸植物之汁液或动物之血液时。

　　内吸杀虫剂，世界是一个难想象的奇异世界。它超出了格林兄弟的想象力——或许与查理·亚当斯的漫画世界极为近乎同类。它是个这样的世界，在这里童话中富于魅力的森林已变成了有毒的森林——这儿昆虫嘴嚼一片树叶或吮吸一株植物的津液就注定要死亡。它是这样一个世界，在这里跳蚤叮咬了狗，就会死去，因为狗的血液已被变为有毒的了；这里昆虫会死于它从未触犯过的植物所散发出来的水汽；这里蜜蜂会将有毒的花蜜带回至蜂房里，结果也必然酿出有毒的蜂蜜来。

　　昆虫学家的关于内部自生杀虫剂的梦幻终于得以证实了，这是在实用昆虫学领域的工人们觉察到，他们从大自然那儿能够领会到一点暗示：他们发现在含有硒酸钠的土壤里生长的麦子，曾免遭蚜虫及红蜘蛛的侵袭。硒，一种自然生成的元素，在世界许多地方的岩石及土壤里均有小量的发现，这样就成了第一种内吸杀虫剂。

　　使得一种杀虫剂成为全身毒性（内吸）药物的是这样一种能力——它渗透到一棵植物或一种动物的全部组织内并使之有毒。这一属性为氯化烃类的某些药物和有机磷类的其他一些药物所具有。这些药物大部分是用人工合成法产生出来的，也有由一定的自然生成物所产生的。然而，在实际应用中多数内吸杀虫药物是从有机磷类提取出来的，因为这样处理残毒的问题就有点不那么尖锐了。

　　内吸杀虫药还以别的迂回方式发生效用。此药若施用于种子——或者浸泡或与碳混合而涂盖一层，它们就把其效用扩展到下列植物的后代体内，且长出对蚜虫及其他吮吸类昆虫有毒的幼苗来。一些蔬菜如豌豆、菜豆、甜菜有时就是这样受到保护的。外面复有一层内吸杀虫剂的棉籽已在加里福尼亚州使用一段时间了。在这个州，1959年曾有25个农场工人在圣柔昆峡谷植棉时突然发病，是由于用手拿着处理过的种子口袋所致。

　　在英格兰，曾有人想知道当蜜蜂从内吸药剂处理过的植物上采了花蜜之后会发生什么样的情况。对此，曾在以一种叫做八甲磷的药物处理过的地区作了调查。尽管那些植物是在其花还未成形以前喷过药的，而后来生成的花蜜内却含有此种毒质。结果呢，如可以预测到的一样，这些蜂所酿之蜜也被八甲磷污染了。

动物的内吸毒剂的使用主要地集中在控制牛蛆方面。牛蛆是牲畜的一种破坏性寄生虫。为了在宿主的血液及组织里造成杀虫功效而又不致引起危及生命的毒性，必须十分小心才行。这个平衡关系是很微妙的，政府的兽医先生们业已发现：频繁的小剂量用药也能逐渐耗尽一个动物体内的保护性酶胆碱脂酶的供应。因此，若无预先告诫的话，多加一点儿很微小的剂量，便将引起中毒。

许多强有力的迹象表明，与我们的日常生活更为密切的新天地正在开辟出来。现在，你可以给你的狗吃上一粒丸药，据称此药将使得它的血被有毒而除去身上的跳蚤。在对牛畜的处理中所发现的危险情况也大概会出现在对狗的处理中。到目前，看来尚未有人提出过这样的建议——做人的内吸杀虫试验，它将使得我们（体内的毒性）能致死蚊子。也许这就是下一步的工作了。

至此，这一章里我们一直在研讨对昆虫之战所使用的致死药物。而我们同时进行的杂草之战又怎样呢？

要求得一种速效、容易的方法——以灭除不需要的草木——之愿望便导致产生了一大群不断增加着的化学药物，它们通称为除莠剂，或以不太正式的说法，叫做除草剂。关于这些药物是怎样使用及怎样误用的记述，将在第六章里讲到。而这里同我们有关的问题是，这些除草剂是否是毒药，以及它们的使用是否促成了对环境的毒染。

关于除草剂仅仅对草木植物有毒而对动物的生命不构成什么威胁的传说，已得到广泛的传播，可惜这并非真实。这些除草剂包罗了种类繁多的化工药物，它们除对植物有效外，对动物组织也起作用。这些药物在对于有机体的作用上差异甚大。有些是一般性的毒药；有些是新陈代谢的特效刺激剂，会引起体温致命地升高；有的药物（单独地或与别种药物一起）招致恶性瘤；有些则伤害生物种属的遗传质，引起基因（遗传因子）的变种。这样看来，除草剂如同杀虫剂一样，包括着一些十分危险的药物；粗心地使用这些药物——以为它们是"安全的"，就可能招致灾难性的后果。

尽管出自实验室内的川流不息的新药物竞相争先，而含砷化合物仍然大肆使用看，既用做杀虫剂（如前所述），也用做除草剂，这里它们通常以亚砷酸钠的化学形式出现。它们的应用史是不能令人安然于怀的。作为路旁使用的喷雾剂，它们已使不知多少个农民失去了奶牛，还杀死了无数野生动物；作为湖泊、水库的水中除草剂，它们已使公共水域不宜饮用，甚至也不宜于游泳了；作为施到马铃薯田里以毁掉藤蔓的喷雾药剂，它们已使得人类和非人类付出了生命的代价。

在英格兰，上述后一种用途约在1951年有了发展，这是由于缺少硫酸的结果。以前是用硫酸来烧掉土豆蔓的。（英国）农业部曾认为有必要对进入喷过含砷剂的农田之危险予以警告，可是这种警告牛畜是听不懂的（野兽及鸟类也听不懂——我们必须这样假定），有关牛畜的含砷喷剂中毒的报道单调地经常性地传来。当通过饮用砷染污了的水，死神也来到一位农妇头上的时候，一家主要的英国化学公司（在1959年）停止了生产含砷喷雾剂，而且回收了已在商贩手中的所供给的药物。此后不久，（英国）农业部宣布：因为对人和牛畜的高度危险性，在亚砷酸盐的使用方面将予以限制。在1961年，澳大利亚政府也宣布了类似的禁令。然而，在美国却没有这种限令来阻止这些毒物的使用。

某些"二硝基"化合物也被用做除草剂。它们被定为美国现用的这一类型的最危险的物质之一。二硝基酚是一种强烈的代谢兴奋剂。鉴于此种原因，它曾一度被用做减轻体重的药物，可是减重的剂量与需要起中毒或药杀作用的剂量之间的界限却是细微的——竟如此之细微，以致在这种减重药物最后停用之前已使几位病人死亡，还有许多人遭受了永久性的伤害。

有一种同属的药物——五氯苯酚，有时称为"五氯酚"，也是既用做杀虫剂，也用做除草剂的，它常常被喷撒在铁路沿线及荒芜地区。五氯酚对于从细菌到人类这样多种多样的有机体的毒性是极强的。像二硝基药物一样，它干扰着（往往是致命地干扰）体内的能源，以致于受害的机体近乎（简直是）在烧毁自己。它的恐怖的毒性在加里福尼亚州卫生局最近报告的致命惨祸中得到了具体说明。有一位油槽汽车司机，把柴油与五氯苯酚混合在一起，配制一种棉花落叶剂。当他正从油桶内汲出此浓缩药物之际，桶栓意外地倾落了回去。他就赤手伸了进去把桶拴复至原位。尽管他当即就洗净了手，还是得了急病，次日就死去了。

一些除草剂——诸如亚砷酸钠或者酚类药物——的后果大都昭然易见，而另外一些除草剂的效用却是格外地隐伏的。例如，当今驰名的红莓（一种蔓越橘）除草药氨基三唑，被定为相对的轻毒性药物。但是归根结蒂它的引起甲状腺恶性瘤的趋向，对于野生动物，恐怕也对人类都可能是大有深长意味的。

除草剂中还有一些药物划归为"致变物"，或曰能够改变基因——遗传之物质——的作用剂。辐射造成遗传性影响，使得我们大大吃了一惊。那么，对于我们在周围环境中广为散播的化学药物的同样作用，我们又怎么能掉以轻心呢？

在这一章中，一些高毒的有机氯、有机磷类农药受到了点名批评，虽然有以偏概全、以点带面之嫌，但书中所列举的实事是客观存在的，农药，特别是高毒、剧毒农药对人类健康、对环境的负面影响也是客观存在的。作者的这种实事求是的批评精神是值得肯定的，也是值得学习的。《寂静的春天》一书在1992年之所以成为近50年来最具有影响的书，是因为作者十分尖锐地指出了农药对人类生存、对环境所存在的问题，就像春天里的一声惊雷，打破了农药生产与农药使用"寂静的春天"，并在全球引起了人们对农药问题的普遍关注和高度重视。

一部好的著作可以影响几代人，可以流芳百世。《寂静的春天》正是这样的好作品。

第二节　农药对大气的影响

众所周知，当人们在地面或用航空器械在空中喷雾或喷粉施药时，农药都能直接进入大气。此外，农药还能从土壤表面、植物表面及水面蒸发等多种渠道进入大气。显而易见，航空施药以及气温较高时，进入大气的农药量是很大的。农药的挥发度越高，农药的挥发性越强，它进入大气的量也就越多。此外，在以喷粉形式施药时，一部分粉剂还能以微细分散悬浮体或气溶胶的形式进入大气，气流又可以不同程度的把农药蒸气、微细悬浮体或气溶胶带出相当远的距离。这就是某一地方即使从来没有使用农药，大气、水体、土壤甚至农作物也能检出微量农药的原因。

农药从土壤表面的蒸发较施药时蒸发要稍慢一些，因为在或大或小的程度上它能被土壤胶体部分滞留。即使是同一种农药，在组成不同的土壤表面的蒸发速度和蒸发量也各不相同，而且农药从土壤表面的蒸发速度和蒸发量还取决于温度湿度。有时在给定的温度或给定的湿度下蒸汽压小的物质比蒸汽压大的物质能够更快地从土壤表面蒸发。

呈水溶液状态的农药，从水面的蒸发服从溶质和溶剂挥发度的一般物理学定律。在水中难溶的物质可以随水蒸气一起挥发，其挥发度与其在温度条件下的分压成正比，即分压越大，挥发度越高，分压越小，挥发度越低。

农药从植物表面的蒸发与此相似，但必须指出：大多数农药容易渗透进入植物体内或叶内，这会使得其蒸发量急剧减少。

　　然而，通过各种途径进入大气的农药并非总是停留在大气中。它们的一部分会由于蒸气凝结重新进入土壤和水体，另外一部分则发生光化学分解，主要是被空气中的氧和臭氧所氧化。由于在大气中经常有相当数量的水蒸气，所以农药的蒸气除部分氧化外，还会发生水解反应。大多数农药在大气中因光化学氧化和水解而很快被破坏，只有滴滴涕一类稳定的农药、二烯合成农药及其他有机氯农药被破坏的速度十分缓慢。

　　必须强调说明，几乎所有有机化合物在大气中都易发生光化学分解，而汞、铅、砷等元素的化合物不能变为无毒化合物，而且它们还容易从大气中进入土壤和水体，造成各种生物体内的积累危险，并能经进食和饮水等途径进入人的食物链。这是十分危险的。

　　在农田作业过程中喷洒农药的细雾滴或粉尘，农药生产企业的"三废"排放，农药残留物和废弃物的挥发进入大气中，被空气中的微埃吸附或呈气溶胶及蒸气状态存在。空气中存在的微量农药随风飘散，可以扩散到很远的地方、更大的范围。

　　目前，我们在农业生产或卫生防疫中施用农药的方法主要是喷洒形式。无论是液状药剂还是粉状药剂，经过喷洒作业后，都可以形成大量的漂浮物，这些漂浮的微粒物体除了附着于植物的表面外，有相当的一部分会漂移和扩散到周围的大气中。它们有的被大气中的飘尘所吸附，有的则以气体或气溶胶的状态悬浮在空气中，成为空气中农药污染物的主要来源。如果采用航空喷洒、气雾弹和烟熏剂等方法施药，产生的农药漂浮物会更多，对大气的污染也就更严重。此外，农作物、土壤和水体中残留农药的挥发，农药废气包装物中剩余农药的挥发，农药生产企业废气的排放等都是导致农药污染大气的不可忽略的因素。

　　大气中存在的农药微粒可随大气层的运动而四处扩散，因而使污染区域不断扩大。某些农药可部分溶解于降雨和降雪中，所以在雨水和降雪中经常能够检测出微量的农药。据世界卫生组织报告，伦敦上空 1 吨空气中约含 10 微克滴滴涕。英国每年随雨水降落的农药总量多达 40 吨以上，在农药施用区域及附近的降雨中，农药含量高达 73 ~ 210 PPb（即 10 亿分之 1）。

　　一般而言，农药对大气造的污染程度取决于使用农药的对象和数量，一般情况下，大气中农药含量极微，大多数在 PPt 级（即万亿分之 1）。日本在 20 世纪大量使用六六六的时期，在农药喷洒区域的空气中，六六六的污染浓度也才有几十 PPt。由于气象因素的影响以及城市也经常使用杀虫剂防治卫生害虫，致使城市上空大气中也有一定程度的农药污染。据 1970 年的调查记载，日本东京地区空气中六六六甲体含量为 0.11 PPt，六六六丙体含量为 0.08 PPt，六六六丁体含量为 0.06 PPt。

　　气象因素对农药的大气污染影响是很大的。如上所述，大气中的农药微粒不仅可以被雨水和降雪溶解、冲洗而降落地面，而且可以随风飘散到很远的地方，即使远离农业中心，而从来没有使用过农药的南、北极地区，也难免遭受滴滴涕一类农药的污染。例如在终年冰冻不解的格陵兰地区，有人测算在 580 万平方公里的冰区里，每年由空气中沉降的滴滴涕约 65 万磅。居住在那里的爱斯基摩人，尽管从来没有见过更没有接触过滴滴涕一类的农药，但从他们体内仍然检出有微量的滴滴涕。

　　《寂静的春天》对"从天而降的灾难"这样描述：

　　在农田和森林上空喷药最初是小范围的，然而这种从空中撒药的范围一直在不断扩大，并且喷药量不断增加。这种喷药已变成了一种正如一个英国生态学家最近所称呼的——洒向地球表面的"骇人死雨"。我们对于这些毒物的态度已略有改变。如果这些毒药一旦装入标有死亡危险标记的容器里，我们间或使用也要倍加小心，知道只施用于那些要被杀死的对象，而不应让毒药碰到其他任何东西。但是，由于新的有机杀虫剂的增多，又由于第二次世界大战后大量飞机过剩，所有使用毒药的注意事项都被人们抛在脑后了。虽然现今的毒药的危险性超过了以往用过的任何毒药，但是现在的使用方法惊人。人们把含毒农药一古脑儿从天空中漫无目标地喷洒下来。在那些已经喷过药的地区，不仅是那些要消灭的昆虫和植物知道了这种毒物的厉害，而且其他生物——人类和非人类也都尝到了这种毒药的滋味。喷药不仅在森林和耕地上进行，而且乡镇和城市也无可幸免。

有些农药带有挥发性，在喷洒时可随风飘散，落在叶面上可随蒸腾气流逸向大气，在土壤表层时也可随日照蒸发到大气中，春季大风扬起裸露农田的浮土也带着残留的农药形成大气颗粒物，飘浮在空中。例如北京地区大气中就检测出挥发性的有机污染物70种；半挥发性的有机污染物60种，其中农药25种之多，包括艾氏剂、狄氏剂、滴滴涕、氯丹、硫丹，多氯联苯等。其他南方农业地区，因气温高，问题更为严重。

飘浮在大气中的农药可随风作长距离的迁移，由农村到城市，由农业区到非农业区，到无人区。或者通过呼吸影响人体或生物的健康；或者通过干湿沉降，落于地面，特别是污染不使用农药的地区，使得没有一片土地是净土，影响这一地区的生态系统。这可以解释一些无人区，某些生物体内为何也有农药残留，为什么会因此而有灭顶之灾。

由此可见，农药对大气的影响不可小视。

第三节　农药对水体的影响

农业面源污染导致了土地退化，在全世界不同程度退化的12亿公顷耕地中，约12%由农业面源污染引起。它是河流和湖泊的重要污染源，导致美国40%的河流和湖泊水质不合格。它是引起地表水氮、磷富营养化的主要因素，欧洲国家由农业面源污染排放的磷为地表水污染总负荷的24%～71%；中国的农业面源污染造成的水体氮、磷富营养化也显著超过来自城市的生活点源污染和工业点源污染。

农药对水体的污染：农药对水体的污染也是很普遍的。全世界生产了约150万吨滴滴涕，其中有100万吨左右仍残留在海水中。英美等发达国家中几乎所有河流都被有机氯杀虫剂污染了。据报告，在集中使用农药时期伦敦雨水中含滴滴涕70～400 PPt。

《寂静的春天》在"地表水和地下海"中这样写道：

在我们所有的自然资源中，水已变得异常珍贵，绝大部分地球表面为无边的大海所覆盖，然而，在这汪洋大海之中我们却感到缺水。看来很矛盾，岂不知地球上丰富水源的绝大部分由于含有大量海盐而不宜用于农业、工业及人类消耗，世界上这样多的人口正在体验或将面临淡水严重不足的威胁。人类忘记了自己的起源，又无视维持生存最起码的需要，这样水和其他资源也就一同变成了人类漠然不顾的受难者。

由杀虫剂所造成的水污染问题作为人类整个环境污染的一部分是能够被理解的。进入水系的污染物来源很多：有从反应堆、实验室和医院排出的放射性废物；有原子核爆炸的散落物；有从城镇排出的家庭废物；还有从工厂排出的化学废物等。现在，一种新的散落物也加入了这一污染物的行列，这就是使用于农田、果园、森林和原野里的化学喷洒物。在这个惊人的污染物大杂烩中，有许多化学药物再现并超越了放射性的危害效果，因为这些化学药物之间还存在着一些险恶的、很少为人所知的内部互相作用以及毒效的转换和叠加。

自从化学家们开始制造自然界从未存在过的物质以来，水净化的问题也变得复杂起来了：对水的使用者来说，危险正在不断增加。正如我们所知道的，这些合成化学药物的大量生产始于20世纪40年代。现在这种生产增加，以致使大量的化学污染物每天排入河流。当它们和家庭废物以及其他废物充分混合流入同一水体时，这些化学药物用污水净化工厂通常使用的分析方法有时候根本化验不出来。大多数的化学药物非常稳定，采用通常的处理过程无法使其分解。更为甚者是它们常常不能被辨认出来。在河流里，真正不可思议的是各种污染物相互化合而产生了新物质，卫生工程师只能失望地将这种新化合物的产生归因于"开玩笑"。马萨诸塞州工艺学院的卢佛·爱拉森教授在议会委员会前作证时认为预知这些化学药物的混合效果或识别由此产生的新有机物目前是不可能的。爱拉森教授说："我们还没有开始认识那是些什么东西。它们对人会有什么影响，我们也不知道。"

控制昆虫、啮齿类动物或杂草的各种化学药物的使用现正日益助长这些有机污染物的产生。其中有些有意地用于水体以消灭植物、昆虫幼虫或杂鱼。有些有机污染物来自森林，在森林中喷药可以保护一个州的 200～300 英亩土地免受虫灾。这种喷洒物或直接降落在河流里，或通过茂密的树木华盖滴落在森林底层，在那儿，它们加入了缓慢运动着的渗流水而开始其流向大海的漫长流程。这些污染物的大部分可能是几百万磅农药的水溶性残毒。这些农药原本是用于控制昆虫和啮齿类的，但借助于雨水，它们离开了地面而变成世界水体运动的一部分。

在我们的河流里，甚至在公共用水的地方，我们到处都可看到这些化学药物引人注目的形迹。例如，在实验室里，用从潘斯拉玛亚 1 个果园区取来的饮用水样在鱼身上作试验，由于水里含有很多杀虫剂，所以仅仅在 4 个小时之内，所有作实验的鱼都死了。灌溉过棉田的溪水即使在通过 1 个净化工厂之后，对鱼来说仍然是致命的。在阿拉巴马州田纳西河的 15 条河流里，由于来自田野的水流曾接触过氯化烃毒物而使河里的鱼全部死亡。其中两条支流是供给城市用水的水源。在使用杀虫剂的 1 个星期之后，放在河流下游的铁笼里的金鱼每天都有悬浮而死的。这足以证明水依然是有毒的。

这种污染在绝大部分情况下是无形的和觉察不到的，只有当成百成千的鱼死亡时，才使人得知情况；然而在更多的情况下这种污染根本就没有被发现。保护水的纯洁性的化学家们至今尚未对这些有机污染物进行过定期检测，也没有办法去清除它们。不管发现与否，杀虫剂确实客观存在着。杀虫剂当然随同地面上广泛使用的其他药物一起，进入许多河流，几乎是进入所有主要河系。

这些都不是无稽之谈。我们应该客观认识，科学解读，真正理解。

我们知道，地球上水的质量是巨大的，大大超过了动物的质量和植物的质量，甚至二者的总和。连深度为 15 厘米的土地耕作层的土壤质量也比水的质量少得多。

水是生命之源。水是地球上一切生灵必不可少的生存要素，是极大量的生物种如微生物、脊椎动物、无脊椎动物等的栖息场所。农药对水体的影响，波及范围之大，可想而知。

农药在喷洒过程中可以直接进入水体，也可以从大气、土壤或以动物和人的生命活动产物的形式进入水体。农药可以随降雨、降雪从大气中进入水体，也可以以液滴或固体微粒的形式直接沉降从大气中进入水体。除此之外，当对作物进行航空喷粉或喷雾施药防治有害生物时，农药还能被风吹入水体或被直接喷入水体。少量农药还可因淋溶作用从土壤浅表向深层移动而进入地下水。

为了正确理解农药在水体中的行为，我们有必要研究各种因素对它的直接或间接影响。如农药在水中的溶解度，水体的相互作用，光化学稳定性，底泥、动物、植物、微生物等对农药的吸收，以及温度、湿度和太阳辐射等气候条件都是直接或间接影响因素。农药在水体的稳定性最终都取决于这些因素。

农药在水中溶解度的不同，短期内农药在水中的浓度就可能达到这样或那样的不同程度。农药在水中的溶解度越高，它进入水中后能够达到的浓度也就越大，从而对水生植物和水生动物造成的危害和危险程度也就越大。残效期长、持久性农药造成的这种影响尤其突出，因为它们对生物的作用能够持续一段相当长的时间。影响农药在水中持久性的还有它随水蒸气逸出的挥发度。农药的蒸气压越高，它从水体挥发进入大气的量也就越大。

在大多数情况下，农药在水中的含量大大低于它们的溶解度。但随着水体情况和农药使用规模的不同，这一含量可在相当大的范围内波动。美国、英国、法国、德国、加拿大等国家的调查结果证实过这一点。必须指出的是，许多农药在水溶液中都容易水解，经水解变成低毒产物。而且当水温较高时，其水解速度会加快，如大多数磷酸酯类农药水解得特别迅速。除水解外，大多数农药在水溶液中还能发生光化学分解，以及在微生物的作用下也会分解。

尽管有机氯农药在水中的浓度很低，它们却能够在许多水生生物体内积累。有机氯农药在这些水生生物体内的浓度往往大大超过它在水体的浓度。这表明在一定的条件下，生物能从水中大量吸收有机氯农药及类似化合物，而且这种吸收的强度往往会随水温的升高而增大。

农药和其他化合物在水生生物体内的生物富集通常与它们在水中的含量成正比。随着农药和其他化合物在水体中浓度的改变，它们在水生生物体内的含量也会发生变化。但当农药在水中的含量降低到零时，它在水生生物体内的含量也会逐渐减少。由于生物机体的化学转化作用，经过一段时间的新陈代谢作用之后，所有农药几乎都可以从生物体内排出。

我们通过大量的调查研究发现，在水田中施用农药，几乎有90%左右落在农田里，随后与灌溉水或雨水冲刷流入江河、湖泊等水域，最终流入大海，在漫长的水体移动过程中，几乎所有的水域普遍都会受到污染。污染的主要来源有：

（1）农田在防治有害生物的施药过程中，药剂被雨水或排灌水带到江河、湖泊，或在水域中直接施用杀虫剂、除草剂等农药，清洗药械用水排入水域；

（2）农药生产企业排放的工业废水，流入水域；

（3）喷洒农药时，雾滴或粉尘随风漂移降落至水域；

（4）大气中残留的农药，随降雨或降雪降落至水域；

（5）农药生产企业排放的工业废气、废渣，经多种途径进入水域；

（6）农药在运输或储存过程中发生泄漏、破损等，多种农药进入水域。

水体是农药的主要污染场所。在20世纪普遍、大量使用有机氯、有机磷农药的国家和地区，发现大部分河流都有不同程度的农药污染现象。在我国，随着农业生产的快速发展，农药使用范围的扩大和农药使用量的急剧增加，水质的污染问题也日趋明显。业已发现，我国一些大河名川都不同程度地含有农药残留。黑龙江、松花江曾是东北产鱼的两条大河，由于农药的污染，鱼类产量急剧下降，如今较难吃到味道鲜美的江鱼了。

由于农用农药的品种、数量不同，各种环境水源受到农药污染的程度也不一样。据日本的调查资料证实，有机氯农药对水体污染的顺序为：河水 > 海水 > 自来水 > 地下水。天然水源中的农药经过自来水厂的净化处理之后，农药残留会大大降低。自来水中的农药含量通常仅为原始水源的10%左右，甚至更低。人们从自来水中摄入的有机氯农药是极微量的。每人每天的摄入量约为几十毫微克（毫微克＝1克/10亿）。而人体每天对农药的容许承受量为12.5微克/千克体重，如一个体重60千克的成年人，如果每天摄入750微克农药也不至于发生明显危害。由此可见，自来水中农药的残留量对人体的影响几乎是微不足道的。如果人们发现自己的饮用水源存在农药污染的潜在危险时，可以用适当的方法将水净化，如用活性炭吸附过滤，然后就可以放心饮用。

在农村，饮用水源往往受到不同程度的农药污染，因为农村是高频使用农药的场所。进入水域的农药存在的状态因农药本身的性质而异，不溶于水的农药如滴滴涕只能吸附在水中的悬浮颗粒上或泥粒上，能溶于水中的农药才能溶解于水中。对农村而言，水体的污染一般以河沟水、河水较严重，深井水则较轻。但农村水井多在田边地角，由于多使用杀虫剂、除草剂，因此井水污染较为普遍，这一点应该引起注意。

事实上，农村水体的污染在绝大多数情况下是无形的，因而也很难觉察得到，只有出现死鱼现象时，才会引起人们的警觉。但不管发现和警觉与否，农药对农村水体的污染是客观存在的事实。

如果有人对农药，特别是对杀虫剂造成的水体污染还持怀疑态度的话，就应该仔细读读早在 1960 年由美国渔业及野生物服务处引发的一份报告。这个服务处想经过科学研究，发现鱼类是否会像热血动物一样在其组织中贮存杀虫剂。第 1 批样品是取自美国西部森林地区的鱼类，在这些地方，为了控制云杉蛆虫而大面积地喷洒了有机氯杀虫剂。正如所料，经检测证实所有的鱼都含有有机氯杀虫剂滴滴涕。为了进一步探明原因，调查者进行了详细的对比调查。

后来当调查者们对距离最近的一个喷药区约 15 公里的一个遥远的小河湾进行对比调查时，得到了一个真正有意思的发现。这个河湾是在采第 1 批样品处的上游，并且中间间隔着一个高瀑布。据了解这个地方并没有喷过药，然而这里的鱼仍含有滴滴涕。这些化学药物是通过埋藏在地下的流水而达到遥远的河湾的呢？还是像飘尘似的在空中飘浮而降落在这个河湾的表面的呢？在另一次对比调查中，在一个产卵区的鱼体组织里仍然发现有滴滴涕，而该地的水来自一个深井。同样，那里也没有撒药。污染的唯一可能途径看来与地下水有关。

在整个水污染的问题中，再没有什么能比地下水大面积污染的威胁更使人感到不安。在水里增加杀虫剂而不想危及水的纯净，这在任何地方都是不可能的。造物主很难封闭和隔绝地下水域；而且她也从未在地球水的供给分配上这样做过。降落在地面的雨水通过土壤、岩石里的细孔及裂隙不断往下渗透，越来越深。直到最后达到岩石的所有细孔里都充满了水的这样一个地带，此地带是一个从山脚下起始、到山谷底沉没的黑暗的地下海洋。地下水总是在运动着，有时候速度很慢，一年也不超过 50 英尺；有时候速度比较快，每天几乎流过 1/10英里。它通过看不见的水线在漫游着，直到最后在某处地面以泉水形式出露，或者可能被引到一口井里。但是大部分情况下它归入小溪或河流。除直接落入河流的雨水和地表流水外，所有现在地球表面流动的水有一个时期都曾经是地下水。所以从一个非常真实和惊人的观点来看，地下水的污染也就是世界水体的污染。

既然地下水和地表水都已被杀虫剂和其他化学药物所污染，那么就存在着一种危险，即不仅有毒物而且还有致癌物质也正在进入公共用水。美国癌症研究所的 W·C·惠帕教授已经警告说："由使用已被污染的饮水而引起的致癌危险性，在可预见的未来将引人注目地增长。"并且实际上于 20 世纪 50 年代初在荷兰进行的一项研究已经为污染的水将会引起癌症危险这一观点提供了证据。以河水为饮水的城市比那些用像井水这样不易受污染影响的水源的城市的癌症死亡率要高一些。已明确确定在人体内致癌的环境物质——砷曾经 2 次被卷入历史性的事件中，在这 2 次事件中饮用已污染的水都引起了大面积癌症的发生。1 例的砷是来自开采矿山的矿渣堆，另 1 例的砷来自天然含有高含量砷的岩石。大量使用含砷杀虫剂可以使上述情况很容易地再度发生。在这些地区的土壤也变得有毒了。带着一部分砷的雨水进入小溪、河流和水库，同样也进入了无边无际的地下水的海洋。

不仅臭名昭著的有机氯农药对水体造成污染，几乎所有的农药都不同程度的对水体造成污染，甚至有些被视为发展前景光明的农药也对水体造成污染。如 20 世纪 80 年代一度十分流行的除草剂拉索，在土壤里生物降解的速度十分缓慢，会渗入到地下水，且光解也不完全，常常随降雨污染河流。据有关水质实验室检测的数据表明，雨水中拉索的浓度达到过 3.7 微克/升。另据美国农阿华州抽查 150 处公共饮用水源，检测结果表明高达 10% 的公共饮用水源含有拉索。

频繁地向邻近小溪和河流的农田使用农药，栖居水生生物的水体将被污染。漫不经心地将农药排放到水渠中，水生生态系统会受到伤害。使用农药期间，直接地反复喷洒和漂流物都可能造成水域内农药浓度升高，以致毒死某些水生生物。合成拟除虫菊酯特别对水中的无脊椎动物有毒。浮游动物，包括甲壳动物，是水生生态系统的重要一环，承上启下：它们从生物群和非生命物质开始，经过消化和排泄，再循环基本的营养物；同时本身又变成了其他鱼类的食物。如果水生生态系统中没有了它们，水生生态系统的结构和功能可能会有深刻的影响。为了加深大家的感性认识，我们特意制作图 3－1，用来描述农药与水体、农药渗透进入食物网的途径。

图 3－1

由此可见，农药对水体的影响和对水体的污染是无处不在的，无论是使用过农药的地方，还是没有使用过农药的地方，只是受到农药影响和农药污染的程度不同而已。无论是地表水，还是地下水，都要遭受农药的污染，这是一个极为严重的问题，人们没有理由不关心。

在这儿，我们再一次被提醒，在自然界没有任何孤立存在的东西。为了更清楚地了解我们赖以生存的地球受到农药的影响和污染是怎样发生的，我们很有必要也必须看一看地球的另一种基本资源——土壤。

第四节　农药对土壤的影响

我们要彻底了解农药对土壤的影响及其污染情况，实在有必要重新读一读环保名著《寂静的春天》。先读懂"土壤的王国"，才能搞清楚农药对土壤的影响和污染。

像补丁一样覆盖着大陆的土壤薄层控制着我们人类和大地上各种动物的生存。如我们所知，若没有土壤，陆地植物不能生长；而没有植物，动物就无法生活。

如果说我们以农业为基础的生活依然依赖于土壤的话，那么同样真实的是，土壤也依赖于生命；土壤本身的起源及其所保持的天然特性都与活的动、植物有亲密的关系。因为，土壤在一定程度上是生命的创造物，它产生于很久以前生物与非生物之间的奇异互相作用。当火山爆发出炽热的岩流时，当奔腾于陆地光秃秃的岩石上的水流磨损了甚至最坚硬花岗岩时，当冰霜严寒劈裂和破碎了岩石时，原始的成土物质就开始得到聚集。然后，生物开始了它们奇迹般的创造，一点一点地使这些无生气的物质变成了土壤。岩石的第一个覆盖物——地衣利用它们的酸性分泌物促进了岩石的风化作用，从而为其他生命造就了栖息的地方。藓类在原始土壤的微小空隙中坚持生长，这种土壤是借助于地衣的碎屑、微小昆虫的外壳和起源于大海的一系列动物的碎片所组成。

生命创造了土壤，而异常丰富多彩的生命物质也生存于土壤之中，否则，土壤就会成为一种死亡和贫瘠的东西了。正是土壤中无数有机体的存在和活动，才使土壤能给大地披上绿色的外衣。

土壤置身于无休止的循环之中，这使它总是处于持续变化的状态。当岩石遭受风化时，当有机物质腐烂时，当氮及其他气体随雨水从天而降时，新物质就不断被引进土壤中来了。同时，另外有一些物质被从土壤中取走了，它们是被生物因暂时需用而借走的。微妙的、非常重要的化学变化不断地发生在这样一个过程中，在此过程中，来自空气和水中的元素被转换为宜于植物利用的形式。在所有这些变化中，活的有机体总是积极的参与者。

没有哪些研究能比探知生存于黑暗的土壤王国中生物的巨大数量问题更为令人迷惑，同时也更易于被忽视的了。关于土壤有机体之间彼此制约的情况以及土壤有机体与地下环境、地上环境相制约的情况我们也还只知道一点点。土壤中最小的有机体可能也是最重要的有机体，是那些肉眼看不见的细菌和丝状真菌。它们有着庞大的天文学似的统计数字。一茶匙的表层土可以含有亿万个细菌。纵然这些细菌形体细微，但在 1 英亩肥沃土壤的 1 英尺厚的表土中，其细菌总重量可以达到 1000 磅之多。长得像长线似的放线菌其数目比细菌稍微少一些，然而因为它们形体较大，所以它们在一定数量土壤中的总重量仍和细菌差不多。被称之为藻类的微小绿色细胞体组成了土壤的极微小的植物生命。

细菌、真菌和藻类是使动、植物腐烂的主要原因，它们将动植物的残体还原为组成它们的无机质。假若没有这些微小的生物，像碳、氮这些化学元素通过土壤、空气以及生物组织的巨人循环运动是无法进行的。例如，若没有固氮细菌，虽然植物被含氮的空气"海洋"所包围，但它们仍将难以得到氮素。其他有机体产生了二氧化碳，并形成碳酸而促进了岩石的分解。土壤中还有其他的微生物在促成着多种多样的氧化和还原反应，通过这些反应使铁、锰和硫这样一些矿物质发生转移，并变成植物可吸收的状态。

另外，以惊人数量存在的还有微小的螨类和被称为跃尾虫的没有翅膀的原始昆虫。尽管它们很小，却在除掉枯枝败叶和促使森林地面碎屑慢慢转化为土壤的过程中起着重要的作用。其中一些小生物在完成它们任务中所具有的特征几乎是难以令人置信的。例如，有几种螨类甚至能够在掉下的枞树针叶里开始其生活，隐蔽在那儿，并消化掉针叶的内部组织。当螨虫完成了它们的演化阶段后，针叶就只留下一个空外壳了。在对付大量的落叶植物的枯枝败叶方面真正的令人惊异的工作是属于土壤里和森林地面上的一些小昆虫。它们浸软和消化了树叶，并促使分解的物质与表层土壤混合在一起。

除过这一大群非常微小但却不停地艰苦劳动着的生物外，当然还有许多较大的生物，土壤中的生命包括有从细菌到哺乳动物的全部生物。其中一些是黑暗地层中的永久居民，一些则在地下洞穴里冬眠或渡过它们生命循环中的一定阶段，还有一些只在它们的洞穴和上面世界之间自由来去。总而言之，土壤里这些居民活动的结果使土壤中充满了空气，并促进了水分在整个植物生长层的疏排和渗透。

在土壤里所有大个的居住者中，可能再没有比蚯蚓更为重要的了。查理斯·达尔文曾发表题为《蠕虫活动对作物肥土的形成以及蠕虫习性观察》一书。在这本书里，达尔文使全世界第一次了解到蚯蚓作为一种地质运力在运输土壤方面的基本作用——在我们面前展现了这样一幅图画：地表岩石正逐渐地按由蚯蚓从地下搬出的肥沃土壤所覆盖，在最良好的地区内每年被搬运的土壤量可达每英亩许多吨重。与此同时，含在叶子和草中的大量有机物质（6 个月中 1 平方米土地上产生 20 磅之多）被拖入土穴，并和土壤相混合。达尔文的计算表明，蚯蚓的苦役可以一寸一寸地加厚土壤层，并能在 10 年期间使原来的土层加厚一半。然而这并不是它们所做的一切；它们的洞穴使土壤充满空气，使土壤保持良好的排水条件，并促进植物的根系发展。蚯蚓的存在增加了土壤细菌的消化作用，并减少了土壤的腐败。有机体通过蚯蚓的消化管道而被分解，土壤借助于其排泄物变得更加肥沃。

然而。这个土壤综合体是由一个交织的生命之网所组成，在这儿一事物与另一事物通过某些方式相联系——生物依赖于土壤，而反过来只有当这个生命综合体繁荣兴旺时，土壤才能成为地球上一个生气勃勃的部分。

在这里，与我们有关的这样一个问题一直未引起足够重视：无论是作为"消毒剂"直接被施入土壤，还是由雨水带来（当雨水透过森林、果园和农田上茂密的枝叶时已受到致命的污染），总之，当有毒的化学药物披带进土壤居住者的世界时，那么对这些数量巨大、极为有益的土壤生物来说，将会有什么情况发生呢？例如，假设我们能够应用一种广谱杀虫剂来杀死穴居的损害庄稼的害虫幼体，难道我们有理由假设它同时不杀死那些有本领分解有机质的"好"虫子吗？或者，我们能够使用一种非专属性的杀菌剂而不伤害另一些以有益共生形式存在于许多树的根部并帮助树木从土壤中吸收养分的菌类吗？

土壤生态学这样一个极为重要的科研项目显然在很大程度上甚至已被科学家们所忽视，而管理人员几乎完全不理睬这一问题，对昆虫的化学控制看来一直是在这样一个假定的基础上进行的，即土壤真能忍受引人任何数量毒物的欺侮而不进行反抗。土壤世界的天然本性已经无人问津了。

通过已进行的少量研究，一幅关于杀虫剂对土壤影响的画面正在慢慢展开。这些研究结果并非总是一致的，这并不奇怪，因为土壤类型变化如此之大，以致于在一种类型土壤中导致毁坏的因素在另一种土壤中可能是无害的。轻质沙土就比腐殖土受损害远为严重。化学药剂的联合应用看来比单独使用危害大。且不谈这些结果的差异，有关化学药物危害的充分可靠的证据正在逐步积累，并在这方面引起许多科学家的不安。

在一些情况下，与生命世界休戚相关的一些化学转化过程已受到影响。将大气氮转化为可供植物利用形态的硝化作用就是一个例子。除莠剂 2，4－D 可以使硝化作用受到暂时中断。在佛罗里达州的几次实验中，高丙体六六六、七氯和 BHC（六氯联苯）施入土壤仅两星期之后，就减弱了土壤的硝化作用；六六六和滴滴涕在施用后的 1 年中都保持着严重的有害作用。在其他的实验中，六六六、艾氏剂、高丙林六六六、七氯和滴滴涕全都妨碍了固氮细菌形成豆科植物必需的根部结瘤。在菌类和更高级植物根系之间那种奇妙而又有益的关系已被严重地破坏了。

自然界达到其深远目的是依赖于生物数量间巧妙的平衡，但问题是有时这种巧妙的平衡被破坏了。当土壤中一些种类的生物由于使用杀虫剂而减少时，土壤中另一些种类的生物就出现爆发性的增长，从而搅乱了摄食关系。这样的变化能够很容易地变更土壤的新陈代谢活动，并影响到它的生产力。这些变化也意味着使从前受压抑的潜在有害生物从它们的自然控制力下得以逃脱，并上升到危害的地位。

在考虑土壤中杀虫剂时必须记住的一个非常重要的事情是它们非以月计而是以年计地盘

据在土壤中。艾氏剂在 4 年以后仍被发现，一部分为微量残留，更多部分转化为狄氏剂。在使用毒杀芬杀死白蚁 10 年以后，大量的毒杀芬仍保留在沙土中。六六六在土壤中至少能存在 11 年时间；七氯或更毒的衍生化学物至少存在 9 年。在使用氯丹 12 年后仍发现原来重量的 15% 残留于土壤中。

看来对杀虫剂多年的有节制使用仍会使其数量在土壤中增长到惊人的程度。由于氯化烃是顽固的和经久不变的，所以每次的施用都累积到了原来就持有的数量上。如果喷药是在反复进行的话，那么关于"1 英亩地使用 1 磅滴滴涕是无害的"老说法就是一句空话。在马铃薯地的土壤中发现含滴滴涕为每英亩 15 磅，谷物地土壤中含 19 磅。在一片被研究过的蔓越橘沼泽地中每亩含有滴滴涕 34.5 磅。取自苹果园里的土壤看来达到了污染的最高峰。在这儿，滴滴涕积累的速率与历年使用量亦步亦趋地增长着。甚至在一个季节里，由于果园里喷洒了四次或更多次滴滴涕，滴滴涕的残毒就可以达到每英亩 30 ~ 50 磅的高峰。假若连续喷洒多年，那么在树棵之间的区域每英亩会含有滴滴涕 26 ~ 60 磅，树下的土中则高达 113 磅。

砷提供了一个土壤确实能持久中毒的著名事例。虽然从 20 世纪 40 年代中期以来，砷作为一种用于烟草植物的喷撒剂已大部分为人造的有机合成杀虫剂所替代，但是由美国出产的烟草所做的香烟中的砷含量在 1932—1952 年间仍增长了 300% 以上。最近的研究已揭示出增加量为 600%。砷毒物学权威 H·S·赛特利博士说，虽然有机杀虫剂已大量地代替了砷，但是烟草植物仍继续汲取砷，这是因为栽种烟草的土壤现已完全被一种量大、不太溶解的毒物——砷酸铅的残留物所浸透。这种砷酸铅将持续地释放出可溶态的砷。根据赛特利博士所说，种植烟草的很大比例的土地的土壤已遭受"迭加的和几乎永久性的中毒"。生长在未曾使用过砷杀虫剂的麦德特拉那州东部的烟草已显示出砷含量没有如此增高的现象。

这样，我们就面临着第二个问题。我们不仅需要关心在土壤里发生了什么事，而且还要努力知道有多少杀虫剂从污染了的土壤被吸收到植物组织内。这在很大程度上取决于土壤、农作物的类型以及自然条件和杀虫剂的浓度。含有较多有机物的土壤比其他土壤释放的毒物量少一些。胡萝卜比当地土壤中还高。将来，在种植某些粮食作物之前，必需要对土壤中的杀虫剂进行分析，否则，即使没有被喷过药的谷物也可能从土壤里汲取足够多的杀虫剂而使其不宜于供应市场。

这种污染方面的问题没完没了，就连一个儿童食品厂的厂长也一直不愿意去买喷过有毒杀虫剂的水果和蔬菜。令人最恼火的化学药物是六六六，植物的根和块茎吸收了它以后，就带上一种霉臭的气味。加里福尼亚州土地上的甜薯两年前曾使用过六六六，现因含有六六六的残毒不得不丢掉。

有一年，一个公司在凯奥利那州南部签定合同要买它的全部甜薯，后来发现大面积土地被污染时，该公司被迫在公开市场上重新去购买甜薯，这一次经济损失很大。几年后，在许多州生长的多种水果和蔬菜也不得不抛弃。最令人烦恼的一些问题与花生有关。在南部的一些州里，花生常常与棉花轮作，而棉花地广泛施用六六六。其后生长在这种土壤上的花生就吸收了相当大量的杀虫剂。实际上，仅有一点点六六六就可嗅到它那无法瞒人的霉臭味。化学药物渗进了果核里而且无法除去。处理过程根本没有除去霉臭味，有时反而加强了它。对一位决心排除六六六残毒的经营者来说，他所能采用的唯一办法就是丢掉所有的用化学药物处理过的或生长在被化学药物污染的土壤上的农产品。

有时威胁针对着农作物本身——只要土壤中有杀虫剂的污染存在，这种威胁就始终存在。一些杀虫剂对象豆子、小麦、大麦、裸麦这些敏感的植物会产生影响，妨碍其根系发育，并抑制种子发芽。华盛顿和爱德华的酒花栽培者们的经验就是一例。在 1955 年春天，许多酒花栽培者承担了一个大规模计划去控制草莓根部的象鼻虫。这些象鼻虫的幼虫在草莓根部已经变得特别多。在农业专家及杀虫剂制造商的建议下，他们选择了七氯作为控制的药剂。在使用七氯后的一年期间，在用过药的园地里的葡萄树都枯萎了，并死掉了。在没有用七氯处理过的田地里没有发生什么意外，作物受损害的界限就在用药和未用药的田地交界的地方。于是花了很多钱又在山坡上重新种上了作物，但在第2年发现新长出的根仍然死了，4年以后的土壤中依然保留有七氯，而科学家无法预测土壤的毒性到底将持续多长时间，也提不出任何方法去改善这种状况。直迟至1959年3月联邦农业局才发现它自己在这个土壤处理问题上宣布七氯可对酿酒植畅施用的错误立场，并为时已晚地收回了这一表态。而与此同时，酒花的栽培者们则只好寻求在这场官司中能得到些什么赔偿。

杀虫剂在继续使用着，确实顽固的残毒继续在土壤中积累起来，这一点几乎是无疑的：我们正在向着烦恼前进。这是1960年在恩尔卡思大学集会时，一群专家在讨论土壤生态学中得到的一致意见。这些专家总结了使用像化学药物和放射性"如此有效的，但却为人了解甚少的工具"时所带来的危害："在人类方面所采取的一些不当处置可能引起土壤生产力毁灭的结果，而节肢动物却能安然无恙。"

20世纪50年代左右，西方世界是如此。我国的情况又怎么样？由于农药在其使用过程中，约有一半药剂落在土壤中。由于农药本身不易被阳光和微生物分解，对酸和热稳定，不易挥发且难溶于水，故残留时间很长，尤以对黏土和富于有机质的土壤残留性更大。以我国为例，虽然从1983年起已全面禁用有机氯农药，但以往累积的农药仍在继续起作用。据调查，滴滴涕的用量仅及六六六的10%，但因其高残留特性，在土壤中积累比六六六还多；有人估计我国目前土壤中积累的滴滴涕总贮量约8万吨，贮存的六六六约5.9万吨。这些累积的农药，还将在相当长的时间内发挥作用。

土壤是最重要的环境对象之一。它在地球上构成一个特殊的生物地质化学外壳，成为生物圈最重要的组成部分。在土壤中集中了大量及其多种多样的生物及它们代谢和死亡的产物。土壤连同栖息其中的生物一起，是各种各样有机化合物的万能生物吸附剂和"中和器"。这样，人类经济活动中产生的大多数废弃物都得以分解，而可作生物的生命活动所必需的碳及其他元素的来源。但是，各种具有很高生物活性的化合物在土壤中浓度过高时，就能对土壤中生物的生命活动产生不利的影响并在土壤中积累，这又反过来影响生物圈的自净能力。这虽然是矛盾，但这就是科学。因此，研究农药在土壤中的行为和它们对各种生物的影响，以及农药在土壤生物和其他因素影响下的新陈代谢过程，就具有十分重要的意义。

我们知道，农药在土壤中保留的时间较长，它在土壤中的行为主要受降解、迁移和吸附作用的影响。降解作用是农药在土壤中消失的主要途径，也是土壤净化功能的重要表现。土壤中的农药残留可以通过农药的挥发、径流、淋溶以及作物的吸收等，使农药从土壤转移到其他环境要素中去。吸附作用使一部分农药滞留在土壤中，并对土壤中农药的迁移和降解过程产生很大的影响。吸附作用是农药与土壤固相之间相互作用的主要过程，直接影响其他过程的发生。农药的分子结构、电荷特性和水溶能力是影响吸附的主要因素。对于土壤本身而言，影响吸附的主要因素是黏土矿物和有机质的含量、组成特征及铝、硅氧化物和它们水合物的含量。介质条件和土壤溶液的pH是影响吸附的重要因素。我们重点介绍一下农药在土壤中的吸附问题。

土壤是一个由无机胶体、有机胶体以及有机-无机胶体所组成的胶体体系，其具有较强的吸附性能。在酸性土壤下，土壤胶体带正电荷，在碱性条件下，则带负电荷。进入土壤的化学农药可以通过物理吸附、化学吸附、氢键结合和配位价键结合等形式吸附在土壤颗粒表面。农药被土壤吸附后，移动性和生理毒性随之发生变化。所以土壤对农药的吸附作用，在某种意义上就是土壤对农药的净化。但这种净化作用是有限度的，土壤胶体的种类和数量、胶体的阳离子组成、化学农药的物质成分和性质等都直接影响到土壤对农药的吸附能力。吸附能力越强，农药在土壤中的有效行越低，则净化效果越好。影响土壤吸附能力的主要因素有如下 4 点：

（1）土壤胶体。进入土壤的化学农药，在土壤中一般解离为有机阳离子，故为带负电荷的土壤胶体所吸附，其吸附容量往往与土壤有机胶体和无机胶体的阳离子吸附容量有关。据研究，不同的土壤胶体对农药的吸附能力是不一样的。一般情况是：有机胶体＞蛭石＞蒙脱石＞伊利石＞绿泥石＞高岭石。但有一些农药对土壤的吸附具有选择性，如高岭石对除草剂 2，4－D 的吸附能力要高于蒙脱石，杀草快和白草枯可被黏土矿物强烈吸附，而有机胶体对它们吸附能力较弱。

（2）胶体的阳离子组成。土壤胶体的阳离子组成，对农药的吸附交换也有影响。如钠饱和的蛭石对农药的吸附能力比钙饱和的要大。钾离子可将吸附在蛭石上的杀草快代换出98% 而吸附在蒙脱石的杀草快，仅能代换出44%。

（3）农药性质。农药本身的化学性质可直接影响土壤对它的吸附作用。土壤对不同分子结构的农药的吸附能力差别是很大的，如土壤对带有—NHR、—OCOR、—OH、—NHCOR、—NH 等官能团的农药吸附能力极强。此外，同一类型的农药，分子愈大，吸附能力愈强。在溶液中溶解度小的农药，土壤对其吸附力也愈大。

（4）土壤 pH。在不同酸碱度条件下农药解离成阳离子或有机阴离子，而被带负电荷或电正电荷的土壤胶体所吸附。例如：2，4－D 在 pH 3～4 的条件下离解成有机阴离子，而被带负电的土壤胶体所吸附；在 pH 6～7 的条件下则离解为有机阳离子，被带正电的土壤胶体所吸附。

最后，我们还应该看到这种土壤吸附净化作用也是不稳定的，农药既可被土粒吸附，又可释放到土壤中去，它们之间是相互平衡的。因此，土壤对农药的吸附作用只是在一定条件下缓冲解毒作用，而没有使化学农药得到降解。

土壤中的农药，在被土壤固相吸附的同时，还通过气体挥发和水的淋溶在土体中扩散迁移，因而导致大气、水和生物的污染。大量资料证明，不仅非常易挥发的农药，而且不易挥发的农药如有机氯都可以从土壤、水及植物表面大量挥发。对于低水溶性和持久性的化学农药来说，挥发是农药进入大气中的重要途径。农药在土壤中的挥发作用大小，主要决定于农药本身的溶解度和蒸气压，也与土壤的温度、湿度等有关。

农药除以气体形式扩散外，还能以水为介质进行迁移。其主要方式有两种：一是直接溶于水；二是被吸附于土壤固体细粒表面上随水分移动而进行机械迁移。一般来说，农药在吸附性能小的沙性土壤中容易移动，而在黏粒含量高或有机质含量多的土壤中则不易移动，大多积累于土壤表层30 厘米土层内。因此有的研究者指出，农药对地下水的污染是不大的，主要是由于土壤侵蚀，通过地表径流流入地面水体造成地表水体的污染。

农药在土壤中的降解，包括光化学降解、化学降解和微生物降解等。

光化学降解指土表面接受太阳辐射能和紫外线光谱等能流而引起农药的分解作用。农药分子吸收光能，使分子具有过剩的能量，而呈"激发状态"。这种过剩的能量可以通过荧光或热等形式释放出来，使化合物回到原来状态，但是这些能量也可产生光化学反应，使农药分子发生光分解、光氧化、光水解或光异构化。其中光分解反应是其中最重要的一种。由紫外线产生的能量足以使农药分子结构中碳－碳键和碳－氢键发生断裂，引起农药分子结构的转化，这可能是农药转化或消失的一个重要途径。但紫外光难于穿透土壤，因此光化学降解对落到土壤表面与土壤结合的农药的作用，可能是相当重要的，而对土表以下的农药的作用较小。

化学降解以水解和氧化最为重要。水解是最重要的反应过程之一。有人研究了有机磷水解反应，认为土壤 pH 和吸附是影响水解反应的重要因素。

土壤中微生物包括细菌、霉菌、放线菌等各种微生物对有机农药的降解起着重要的作用。土壤中的微生物能够通过各种生物化学作用参与分解土壤中的有机农药。由于微生物的菌属不同，破坏化学物质的机理和速度也不同，土壤中微生物对有机农药的生物化学作用主要有：脱氯作用、氧化还原作用、脱烷基作用、水解作用、环裂解作用等。土壤中微生物降解作用也受到土壤的 pH、有机物、温度、湿度、通气状况、代换吸附能力等因素影响。

农药在土壤中经生物降解和非生物降解作用的结果，化学结构发生明显地改变。有些剧毒农药，一经降解就失去了毒性；而另一些农药，虽然自身的毒性不大，但它的分解产物可能增加毒性，还有些农药，其本身和代谢产物都有较大的毒性。所以，在评价一种农药是否对环境有污染作用时，不仅要看药剂本身的毒性，而且还要注意降解产物是否有潜在危害性。

农药可以通过多种途径对土壤造成影响，甚至产生污染。可因直接施药影响和污染土壤，也可通过植物、动物和水间接影响和污染土壤，滴滴涕一类稳定的农药在果树树叶中积累，落叶归根后可长时间保持在土壤中，不过其数量已远远低于往植物上所施的药量，因为一部分农药已在植物体内代谢。

大多数土壤微生物能以不同的速度分解有机农药而转化为可以利用的碳源。在一系列的情况之下，高浓度农药能够抑制土壤微生物的生命活动，反过来微生物对农药也可以产生破坏作用。

稳定的农药能够在土壤中持久积累，属于此类化合物的，首推各种砷、硒、汞化合物、滴滴涕、二烯合成有机氯衍生物等化合物。应当指出，诸如砷化合物这类物质在土壤中含量的减少，往往只能靠植物的作用将它转移出去，且有机化合物的分子则几乎被完全破坏，分解成最简单的物质。

农药在土壤中的积累取决于它们在区域内使用的规模和农作物品种。例如，滴滴涕在冻原土壤中的含量非常低，而在广泛使用滴滴涕的果园或其他作物的土壤中，它的含量则要高得多。不仅土壤的组成影响农药在土壤中的含量，土壤中微生物和大型生物也在很大程度上影响农药在土壤中的保留时间。各种土壤微生物对农药在土壤中的持久性有很大的影响，农药常常是它们获得碳的来源，甚至化学性质非常稳定的农药也能被土壤微生物所分解。在许多情况下，这种分解不是立即开始的，而是要经过一定的时间，需要一定的过程，微生物获得了破坏该农药的能力才能进行。参与化合物在土壤中破坏过程的有各种各样的微生物，包括细菌、真菌和放线菌等。

我们不难理解，具有较高蒸气压的农药较容易从土壤表面蒸发，然后根据其结构不同，又能以不同速度发生光化学分解，即在太阳光照射下发生氧化反应。而且温度越高，农药的蒸发及其光化学分解也越快。对蒸发速度发生显著影响的还有地面上空的气流速度和土壤的组成。与此相应，土壤对某种农药的吸附能力越高，该农药从土壤中蒸发也就越慢。此外，土壤的吸附能力还在相同程度上影响农药往土壤深层的淋溶作用。不言而喻，农药的化学性质稳定，特别是其水解的难易，对农药在土壤中的持久性有着很大的影响。在大多数情况下，水解是导致农药分解成毒性较低的化合物的重要过程之一。所以对于容易水解的农药来说，土壤的湿度具有重要意义，一般而言，农药在湿润的土壤中容易水解。

温度对农药在土壤中保留时间的长短有显著影响：土壤温度越高，农药在水解、氧化等化学因素、土壤微生物及其他栖息者的影响下分解得也越快。农药随温度升高分解加快的程度还取决于农药本身的性质。但在所有情况下，土壤温度升高都能显著加快农药分解的过程。

　　农药在土壤中的破坏还可以在植物的影响下进行，植物能够从土壤中吸收某些物质，并把它们转变成最简单的产物或其他可与植物组成结合体的代谢产物。影响农药在土壤中分解的除植物区系以外，还有动物区系。

　　如前所述，化学品对水和水生生物有很大影响，然而我们必须看到化学品进入环境的途径之一是先进入土壤而后进入水体。

　　土壤污染了，土壤上所生长的作物和所结出的果实也会吸收化学品，人食该食品直接吸收化学品，或者人体皮肤和土壤的接触也能间接吸收化学品，从而也存在影响公众健康的风险，所以我们吃食物所摄取的某些农药似乎要比从饮用水所摄取的要多。

　　植物根吸收土壤化学品，继而在植物体内向上提升；植物的茎叶从周围空气中吸收其中所含化学品蒸汽；外部土壤降尘也会被污染含有化学品，它们落在植物的茎叶上，化学品保持在植物表皮或通过表皮渗透进入植物体内；有些蔬菜，如胡萝卜和水芹，含有含油细胞，化学品可在其中吸收和传播；有些农药或其降解物溶于或部分溶于水，可通过根部吸收，沉积于植物体内。

　　不同的植物吸收农药的能力不同，一般杂草吸收农药能力比作物能力强，有些杂草吸收农药的能力特别强，农药可以在杂草体内富集。有人做了一些实验，对于已被滴滴涕污染了的农田，种一茬杂草，滴滴涕含量可降低70%以上。其富集因子为1.46~7.98。用此方法可使为农药污染的农田修复。

　　我们用图3-2表述植物吸收农药的主要途径：

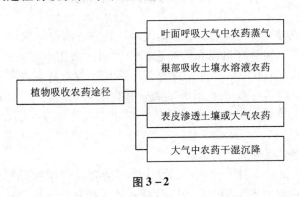

图3-2

　　综上所述，一种化学品的特性决定了它在土壤中的分布，它的降解速度及对环境的冲击。

　　化学品在土壤中，经微生物作用，可以迁移转化直到其归宿，影响这个过程的因素很多，包括土壤类型如黏土含量，pH和水含量等；化学品本身的物理化学特性如降解速度，土壤中气、固、液和吸附物间的分布，以及其他。甚至对于一种简单的植物物种，吸收也是多种多样的。植物根系可以吸收土壤水溶液中的化学品，土壤中固体颗粒也能吸附土壤水溶液中的化学品，双方展开竞争。有些化学品易蒸发，植物的叶子可以吸收空气中的化学品蒸气；而根又能吸收土壤中的化学品，再从叶面上蒸发出它。事情相当复杂，有些情况我们目前对此过程尚知之不详。

　　现在，我们把所知道的情况综合一下，用图3-3进行形象性解读。

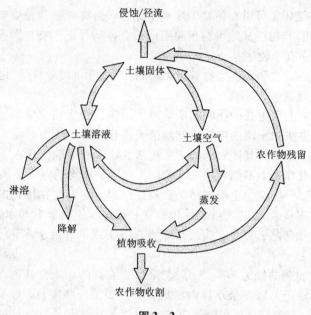

图 3-3

第五节　农药残留问题

现已被禁用的有机砷、汞等农药，由于其代谢产物砷、汞最终无法降解而残存于环境和植物体中。六六六、滴滴涕等有机氯农药和它们的代谢产物化学性质稳定，在农作物及环境中消解缓慢，同时容易在人和动物体脂肪中积累。因而虽然有机氯农药及其代谢物毒性并不高，但它们的残毒问题仍然存在。有机磷、氨基甲酸酯类农药化学性质不稳定，在施用后，容易受外界条件影响而分解。但有机磷和氨基甲酸酯类农药中存在着部分高毒和剧毒品种，如甲胺磷、对硫磷、涕灭威、克百威、水胺硫磷等，如果被施用于生长期较短、连续采收的蔬菜，则很难避免因残留量超标而导致人畜中毒。

另外，一部分农药虽然本身毒性较低，但其生产杂质或代谢物残毒较高，如二硫代氨基甲酸酯类杀菌剂生产过程中产生的杂质及其代谢物乙撑硫脲属致癌物，三氯杀螨醇中的杂质滴滴涕，丁硫克百威、丙硫克百威的主要代谢物克百威和 3 - 羟基克百威等。

农药的内吸性、挥发性、水溶性、吸附性直接影响其在植物、大气、水、土壤等周围环境中的残留。

温度、光照、降雨量、土壤酸碱度及有机质含量、植被情况、微生物等环境因素也在不同程度上影响着农药的降解速度，影响农药残留。

残留在土壤中的农药主要有 3 个来源：

（1）防治有害生物时，直接向土壤施药；

（2）喷雾、喷粉作业时，粗雾滴、大粉粒流失，降落在地面上，通过不同途径进入土壤；

（3）被污染的植物残体分解及地表径流和排灌水将药物带入土壤。

由于各地区土壤性质、农药使用量、农药品种、农药特性、作物栽培与气象条件等的不同，农药在土壤中的残留量与迁移行为有很多的差别。一般情况，土壤中有机氯的残留量为 0.2 ~ 7 ppm（1 ppm = 1 毫克/升），主要集中在 0 ~ 30 厘米深度的土层中，30 厘米以下的土壤中较少，50 厘米以下基本没有。如施入土壤中的氟乐灵大多积聚在 0 ~ 30 厘米土壤耕层，其中约有 80% 的残留在 0~15 厘米表耕层。

随着科学技术的进步，人们对农药的环境影响的认识也在不断提高、深化、全面。特别是标记农药的出现和高精度分析技术的普遍应用，农药在土壤中的结合残留面而引起的环境问题随之产生，并普遍受到人们关注。

过去人们因分析方法、分析技术和对农药代谢原理等掌握有限，轻易地认为某种不能从土壤中分离出来的农药已通过降解、代谢等途径从土壤中消除了。其实，这是一种伪科学，是一种误解。事实上，许多农药施于土壤后，短时间就能与土壤有机质结合，用常规方法是无法提取的，所能提取的只是未形成结合态的一部分农药分子。

自然界中碳元素有三种同位素，即稳定同位素 12C、13C 和放射性同位素 14C。14C 由美国科学家马丁·卡门与同事塞缪尔·鲁宾于 1940 年发现。14C 的半衰期为 5730 年，14C 的应用主要有两个方面：一是在考古学中测定生物死亡年代，即放射性测年法；二是以 14C 标记化合物为示踪剂，探索化学和生命科学中的微观运动。14C 标记法应用农药残留检测，是农药残留检测技术的一个里程碑。

如 14C 标记的杀螟松，分别施入 2 种土壤 65 天后，不可提取的农药放射性分别为施入前的 73% 和 59%，可提取的放射性则迅速下降为 17% 和 28%。施入土壤中 14C 标记的甲拌磷 1 周内有 26.4% 的残留物与土壤有机质结合。自从发现了农药与土壤有机质的结合作用后，某些农药的残留就开始有悖于人们过去的认识。14C 标记的对硫磷施入土壤 28 天后，从土壤中只提取出 36% 的残留物。这似乎是非持久性的，如果加上结合态的残留物，则总残留量可达 80%；而另一些所谓持久性农药的结合力较低，如狄氏剂和滴滴涕施后 28 天，形成结合态残留物的量分别只有 6.5% 和 25%，但仍然有 95% 和 72% 的残留物可被提取。由此有人提出要重新评价农药的持久性。对于"农药土壤结合残留"问题，美国生物学研究院组织的环境化学工作委员会曾在 1974 年提出一个过渡性的定义，即所谓"土壤结合残留是指经非极性有机溶剂和极性溶剂连续彻底提取后，存在于富里酸、腐殖酸和胡敏质中的农药残留物"。后来有人对此提出异议并对它作了修正，认为农药使用后，应该用常规残留分析法无法提取的化学物质即为结合残留。这里的化学物质包括农药母体和衍生物。那些无法用有机溶剂提取的，但能在适当的 pH 和盐离子状态下释放的离子化合物不属于结合残留物范畴。

大多数结合态残留物的研究都是借助放射性标记农药完成的，通常采用的就是 14C 标记农药。我们一般认为结合态残留物是由农药分子及其代谢产物与土壤有机质发生化学键合而形成的。有机质的—OH 和—COOH 官能团为这一作用提供了条件。如西玛津在最初的降解过程中只要一经羟化，则大部分以羟基西玛津的形式存在于土壤有机质的富里酸和胡敏质部分。

农药与土壤的结合情况常因农药品种、土壤有机质含量和组分而异。除草剂敌稗以芳香基部分与土壤中腐植酸化学键合形成腐植酸 - 3，4 - 二氯苯胺复合体；扑草净的结合残留物大多集中在土壤有机质的胡敏质部分；杀虫剂伏杀磷普遍与土壤中的富里酸结合；对硫磷与有机质含量较高的粉壤土结合，其含量远远高于与沙土结合的量。

此外，微生物活性及土壤水分状况也会影响结合能力。同样是噁草灵，由结合残留中的放射性表明，在湿土中其分布主要是在富里酸里，比腐植酸或胡敏质里都要多；在淹水土壤中，结合残留物的放射性分布却又相当均匀。由于微生物的作用，对硫磷在淹水土壤中的结合能力比在非淹水土壤中提高了 92%；通氮气培养使它的结合力比通空气的增高了 19.5%。但氯氰菊酯在厌气土壤中不可提取物的放射性比好气条件下明显要少。而地虫磷与土壤的结合似乎并不取决于微生物的活性，灭菌处理或淹水条件对它的结合能力也无明显影响。

除了农药亲体外，某些农药的降解产物也能与土壤形成结合态残留，有的结合能力甚至比亲体分子还要高。如敌稗在灭菌土壤中不像在天然土壤形成结合残留物，而它的降解产物

3，4－二氯苯胺在两种土壤中均能形成结合残留；氟乐灵的降解产物3，4，5－三氨基－2，2，2－三氟甲苯则被认为是形成该农药结合态残留的关键化合物。施入土壤中的14C－氨基对硫磷，2小时后已有49%不能从土壤中提取出来，而对硫磷只有1.6%被结合。因此，也有人认为对硫磷土壤结合残留的形成是分两步进行的，首先是对硫磷在微生物作用下还原为氨基对硫磷，氨基对硫磷再迅速与土壤结合形成不可提取的农药残留。

土壤中残留的农药通过作物的根部吸收，再经过植物体内的迁移、转化等作用逐步分配到整个作物。土壤的农药污染必然导致作物污染，因为作物不能离开土壤而生存。农作物的污染程度与土壤的污染程度、土壤的性质、农药的性质、作物的品种等多种因素有关。据对土壤中残留农药与作物污染程度的关系研究表明：在六六六残留量为0.839 ppm、滴滴涕残留量为11.68 ppm的土壤中种植各种作物，结果在收获的产物中发现，两种农药的残留量均低于0.2 ppm的作物品种有水稻、小麦、玉米、绿豆、蚕豆、油菜子、棉子等，农药残留量在0.2~0.5 ppm的作物品种有花生、芝麻、芋头等；农药残留量超过0.5 ppm的作物品种有烟草、山芋、胡萝卜等。研究表明：高杆型粮食作物对土壤中残留农药的吸收能力较差，而块茎类作物对土壤残留农药的吸收能力较强。有些作物的食用部分生长在土壤之中，如花生、土豆、芋头、山芋等，它们被土壤中农药残留污染的可能性较大。有人曾经做过这样的试验，在含有0.16 ppm七氯的土壤中种植花生，发现收获的花生米中七氯的残留含量达0.67 ppm，为土壤中七氯浓度的4.2倍。

农作物不仅从土壤残留农药中受到污染，而且更重要的是受到农药直接接触的污染。在粮食、蔬菜以及果树上喷洒农药时，黏着在植物叶面的农药很容易渗入表皮的蜡质层进入作物的内部。这部分农药是很难用清洗法去掉的，无论是高毒的有机氯农药品种，还是低毒类的有机磷农药品种，都会随食物进入生物体造成危害。

我们冒着极大的危险竭力把大自然改造得适合我们的心意，但却未能达到目的！这确实是一个令人痛心的讽刺。然而看来这就是我们的实际情况。虽然很少有人提及，但人人都可以看到的真情实况是，大自然不是这样容易被塑造的，而且昆虫也能找到窍门巧妙地避开我们用化学药物对它们的打击。

荷兰生物学家C·J·波里捷说："昆虫世界是大自然中最惊人的现象。对昆虫世界来说，没有什么事情是不可能的；通常看来最不可能发生的事情也会在昆虫世界里出现。一个深入研究昆虫世界的奥秘的人，他将会为不断发生的奇妙现象惊叹不已。他知道在这里任何事情都可能发生，完全不可能的事情也会经常出现。"

这种"不可能的事情"现在正在两个广阔的领域内发生。通过遗传选择，昆虫正在发生应变以抵抗化学药物，这一问题将在下一章进行讨论。不过现在我们就要谈到的一个更为广泛的问题是，我们使用化学物质的大举进攻正在削弱环境本身所固有的、阻止昆虫发展的天然防线。每当我们把这些防线击破一次，就有一大群昆虫涌现出来。报告从世界各地传来，它们很清楚地揭示了一个情况，即我们正处于一个非常严重的困境之中。在彻底地用化学物质对昆虫进行了十几年控制之后，昆虫学家们发现那些被他们认为已在几年前解决了的问题又回过头来折磨他们了。而且还出现了新的问题，只要出现一种哪怕数量很不显眼的昆虫，它们也一定会迅速增长到严重成灾的程度。由于昆虫的天赋本领，化学控制已搬起石头砸了自己的脚。由于设计和使用化学控制时未曾考虑到复杂的生物系统，化学控制方法已被盲目地投入了反对生物系统的战斗。人们可以预测化学物质对付少数个别种类昆虫的效果，但却无法预测化学物质袭击整个生物群落的后果。

现今在一些地方，无视大自然的平衡成了一种流行的作法；自然平衡在比较早期的、比较简单的世界上是一种占优势的状态。现在这一平衡状态已被彻底地打乱了，也许我们已不再想到这种状态的存在了。一些人觉得自然平衡问题只不过是人们的随意臆测，但是如果把这种想法作为行动的指南将是十分危险的。今天的自然平衡不同于冰河时期的自然平衡，但是这种平衡还存在着：这是一个将各种生命联系起来的复杂、精密、高度统一的系统，再也不能对它漠然不顾了，它所面临的状况好像一个正坐在悬崖边沿而又盲目蔑视重力定律的人一样危险。自然平衡并不是一个静止固定的状态；它是一种活动的、永远变化的、不断调整的状态。人，也是这个平衡中的一部分。有时这一平衡对人有利，有时它会变得对人不利。当这一平衡受人本身的活动影响过于频繁时，它总是变得对人不利。

现代，人们在制定控制昆虫的计划时忽视了两个重要事实。第一个被忽视的事实是，对昆虫真正有效的控制是由自然界完成的，而不是人类。昆虫的繁殖数量受到限制是由于存在一种被生态学家们称为环境防御作用的东西。这种作用从第一个生命出现以来就一直存在着。可利用的食物数量、气候和天气情况、竞争生物或捕食性生物的存在，这一切都是极为重要的。昆虫学家罗伯特·麦特卡夫说："防止昆虫破坏我们世界安宁的最重大的一个因素是昆虫在它们内部进行的自相残杀的战争。"然而，现在大部分化学药物被用来杀死一切昆虫，无论是我们的朋友还是我们的敌人都一律格杀无勿论。

第二个被忽视的事实是，一旦环境的防御作用被削弱了，某些昆虫的真正具有爆炸性的繁殖能力就会复生。许多种生物的繁殖能力几乎超出了我们的想象力，尽管我们现在和过去也曾有过省悟的瞬间。从学生时代起我就记得一个奇迹：在一个装着干草和水的简单混合物的罐子里，只要再加进去几滴取自含有原生动物的成熟培养液中的物质，奇迹就产生了：在几天之内，这个罐子中就会出现一群旋转着的、向前移动的小生命——亿万个数不清的鞋子形状的微小动物草履虫。每一个小得像一颗灰尘，它们全都在这个温度适宜、食物丰富、没有敌人的临时天堂里不受约束地繁殖着。这种景象使我一会儿想起了使得海边岩石变白的藤壶已近在眼前，一会儿又使我想起了一大群水母正在游过的景象，它们一点一点地移动着，它们那看来无休止颤动着的鬼影般的形体像海水一样的虚无飘缈。

对于砷这个名字，有的人也许还不是太熟悉，但要说起砒霜的话，恐怕我们都会有敬畏之心吧。砒霜，就是三氧化二砷。砷是自然环境中广泛分布的元素，在地壳中的含量约0.0005％，土壤、岩石、动物、植物、水以及空气均有其存在，它的化合物往往具有很强的毒性。长期曝露在高砷环境会导致慢性砷中毒，引发众多疾病——引起皮肤癌、肝癌、肺癌、膀胱癌，诱发心血管疾病、糖代谢紊乱、糖尿病以及周边神经损伤等一系列疾病。

受限于认识水平，有时候人类对环境的善意改变带来的不一定是福祉，却是深重灾难。在砷中毒的领域里，就有着这样一些无心而为的错误。

由于原有的生活用地表水不清洁，孟加拉国一直存在肠道病多发的问题，1970年代，在世界银行和联合国儿童基金会的资金帮助下，他们开始钻井抽取较深层的地下水。殊不知，受砷污染的地下水就此肆虐。1988年，一位流行病学家回到他在孟加拉乡下的故里时发现人们出现了砷中毒的症状——患皮肤病和癌症的人急剧增加，同时增添了另一个潜在的危险——用被污染的地下水来灌溉水稻时，大米中也很可能积聚有毒物质。

除此之外，砷也提供了不少土壤确实能持久中毒的实例。虽然从20世纪40年代中期开始，一种用于烟草植物的喷洒药剂的砷作物已大部分为人工合成的有机化学杀虫剂所替代，但是由美国出产的烟草所卷制而成的香烟中的砷含量在1932—1952年的20年间仍然增长了300％以上，往后的研究进一步揭示出增加量为600％。虽然有机杀虫剂已大量地代替了砷制剂，但烟草植物仍继续在土壤中吸取砷。究其主要原因，是因为种植烟草的土壤已完全被一种量大、不太溶解的毒物——砷酸铅的残留物所侵蚀。这种可怕的毒物可持续地释放出可溶态的砷。

第六节　农药在环境中的生物富集

生物富集作用又叫生物浓缩，是指生物体通过对环境中某些元素或难以分解的化合物的积累，使这些物质在生物体内的浓度超过环境中浓度的现象。

农药在环境中的生物富集，是指生物之间由于食物关系而形成的锁链形式，人们将它通俗称为食物链。环境中的微量农药经过食物链的转移，逐渐浓缩，在生物体内经年长日久而累积增加。例如被滴滴涕污染了的湖水，进入浮游生物的药剂浓度为265倍左右，小鱼吹浮游生物，进入小鱼脂肪的药剂浓度增加到500倍左右，食鱼类动物进食小鱼，进入食鱼类动物脂肪的药剂浓度竟可高达85000倍。简直不可思议，但这就是铁的事实！这种魔术般的药剂累积进程可以用如下这样一条长链显示：

湖水→湖水中浮游生物、植物→食草性鱼类和水生生物→食肉性鱼类→食鱼鸟类、畜类等动物。

一切有毒物质在生态系统的富集进程中都是有害的，而且还会变本加厉，变得越来越有害。在食物链的每一个紧紧相扣的环节上，都增加了富集物的数量、加重了富集物的质量，农药在环境中的生物富集结果也是如此。

我们先了解一下食物链。图3-4所示是正常食物链。

当水体由于富营养化，此时正常食物链可变为不平衡的食物链。图3-5所示是不平衡食物链。

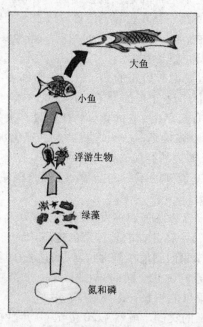

图3-4

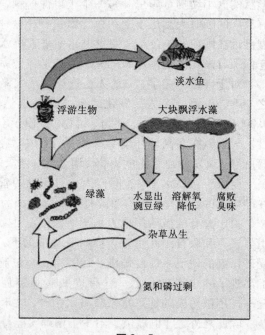

图3-5

我们知道，生态系统由3个营养集团组成：生产者主要是植物，它参与光合作用，用光能合成有机食品；消费者主要是动物；分解者主要是细菌和真菌。太阳能使生态系统运转起来，各个水平上的生物为了生存吸收所需的能量，于是构成了食物链。

我们先看一个简单的食物链，一个复杂的宏系统中的一个子系统，在宏系统中许多的链连接形成一个复杂的网。该食物链有两个基本部分组成：植物食物链和碎屑食物链。碎屑是由死植物和死动物被分解生物破碎形成的。

在此食物链中，有的生物吃别的生物，然后又被另一种生物吃掉，于是能量在系统中流动，从某一水平生物到下一个水平生物。但是，这种能量转换并不是效率很高的，因为90%能量变成热而损失掉了。进一步，每一个水平的生物必需吃够上一水平的生物才能维持生命，然后在给定的食物量情况下，支持最小的生物量。

人类的农业生态系统里，作物是提供能效最高的方法。在这样的食物链中，如人食大米，玉米等，能量损失最小。与之相反，用粮食喂牛，人再吃牛肉，比起直接吃粮食，能效就不高了。这是因为牛吃粮食，植物的碳水化合物转化为动物蛋白质，然后人再吃牛肉，能量大部分损失掉了。

现在人口众多，必须设法将能量尽可能地加入到农业生态系统中去，例如使用化肥和农药保证最大的作物产率。在制造化肥和农药时需要石油、原材料和能源。耕地用的拖拉机要耗油，开动谷物干燥机，仓库管理要耗电，运输和包装也要耗能源，有时耗的外加能源比本身所能产出的能源还大，出现了能量亏空。

在维持生存的农业系统里，能量比是1:0到7:0，表明相对于能量的输入，食物的能量输出很高。然而，许多工业化的耕作系统里，能量比可能相当低，例如0:1。虽然农药保证不会转换到不需要的食物链中，但是它们会渗透到其他食物网中，打乱生物间的天然平衡。

农药是怎样渗透到食物网中呢？田间喷洒的农药，部分进入土壤之中，部分经径流进入地面水体。水中的水生植物吸收土壤中残留的农药，鸭鹅等水禽再吃水草，它们体内也有了农药残留。蜗牛等软体动物栖居在水域的底泥上，底泥吸附和吸收农药，农药因此又残留在蜗牛体内。此外，水中大量浮游生物吸收水中的农药，食肉昆虫又吃浮游生物，鱼又食食肉昆虫，人捕鱼食鱼，鹤和鹰也食鱼，最终农药进入人、鹰和鹤体内。农药渗透到这复杂的食物网中。

在食物链中，越低级的动物一般繁殖得越快，比起捕食它们的生物来说，数量要多，因此它们才能适应天然选择。换句话说，沿食物链的每一步捕食者要比被它们所食者繁殖得更慢，越是高级生物数量越少，形成生物数量的金字塔。例如，就生物量而言，浮游生物比昆虫多，昆虫比鱼多，鱼比鱼鹰和鹤多等。

许多普通农药既杀死害虫也杀死它们的捕食者，例如用杀虫剂杀死蚜虫，可能杀死捕食牙虫的瓢虫。瓢虫寿命较蚜虫长，但没了蚜虫作食物，饥饿难当，也像蚜虫一样耗尽。田间在长期使用农药之后，一般的情况是害虫将以更快繁殖速度总量增加。有的害虫是由外部迁徙而来，有的则是幸存者繁殖，这些幸存者有较强的对农药的抗药性。然后，害虫的捕食者的数量又慢慢地有所增加，农民看到了，害虫再一次出现，呈现了反弹现象，不过这一次捕食者的活动能力不如以前了。

有时候还会出现新的害虫品种。有些害虫，原来在捕食竞争中敌不过其他害虫，或者被它们的天敌吃掉，数量较少，现在和它们竞争的害虫被农药药死了，它们的天敌也被饿死了，它们无限制地繁殖起来，可能变成主要害虫，农民习惯地叫它们为次害虫。田间再一次出现害虫，农民再一次喷洒农药，一年又一年，一次又一次，演出了农药使用的单调循环。

农药通过食物链的转移和浓缩是有方向性的，由低而高，凡是处于食物链顶端的生物，富集农药的数量最多，富集农药的质量也最大。在错综复杂的生态体系中，我们人类是最高级的消费者，其食物链最长，居于食物链的终端。环境中的有毒物质，都可以通过食物链最终转移到人体内，危害人体健康，这是不容置疑的科学事实。

生物体吸收环境中物质的情况有三种：一种是藻类植物、原生动物和多种微生物等，它们主要靠体表直接吸收；另一种是高等植物，它们主要靠根系吸收；再一种是大多数动物，它们主要靠吞食进行吸收。在上述三种情况中，前两种属于直接从环境中摄取。后一种则需要通过食物链进行摄取。环境中的各种物质进入生物体后，立即参加到新陈代谢的各项活动中。其中，一部分生命必需的物质参加到生物体的组成中，多余的以及非生命必需的物质则很快地分解掉并且排出体外，只有少数不容易分解的物质（如滴滴涕）长期残留在生物体内。生物富集作用的研究，在阐明物质在生态系统内的迁移和转化规律，评价和预测污染物进入生物体后可能造成的危害，以及利用生物体对环境进行监测和净化等方面，具有重要的意义。

土壤中农药进入各类生物体内的 3 条主要途径：

(1) 土壤→陆生植物→食草动物；

(2) 土壤→土壤中无脊椎动物→脊椎动物→食肉动物；

(3) 土壤→水中浮游生物→鱼和水生生物→食鱼动物。

农药及其代谢物对供人类食用的植物和动物均有严重的影响。在农业地区，喷施农药使大量杀虫剂直接进入环境，并通过灌溉水和雨水污染地表土壤和地下水，人类可因饮水以及用水冲洗和准备食物而摄入农药，这是食物中农药残留物对人体的直接影响。另外，农药可通过植物从土壤和水源中的吸收转移进入人体内，并通过食物链富集在食用动物体内。

我们知道，所有化学品都会在生物体内产生生物积累过程，虽然在环境中它们的浓度不大，但能通过食物链被浓集。

农药使用会产生生物积累，通过生物积累过程农药渗透到食物链中各个台阶。生物积累是食物链的表证，通过食物链，原先以很低浓度甚至是数量很不明显存在于环境中的物质，随着捕食者品尝它们的被食者，在食物链的每一个台阶浓集，而且步步高升。

典型例子是非生物降解有机氯杀虫剂如滴滴涕、狄氏剂和艾氏剂。这种杀虫剂具有较大的脂溶性和较强的持久性，甚至在停止使用了 17 年之后，某些农田土壤可能仍然保持原来残留量的 39%，因此对人体健康和生态环境特别有害。科学家研究了水生生态系统中各种水平生物体内的农药浓度发现，沿食物链的每一层台阶，农药的浓度都在增加。例如，水体含营养物，沐浴在阳光下，其中农药浓度很低。但水中浮游生物的农药浓度为水中的 265 倍；吃浮游生物的小鱼的农药浓度是水的 500 倍；食小鱼的大鱼的农药浓度增至水的 75000 倍；而食鱼鸟体内脂肪中的农药浓度达到水的 80000 倍。看到同类罹难，水鸟几乎不再光顾这个特殊的生态系统水域。我们可以用图 3-6 十分形象地表现生物积累的过程。

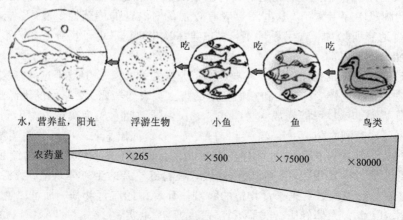

图 3-6

现在再讲一个农药狄氏剂影响黄鳝和苍鹭的例子。黄鳝味美，许多人有吃黄鳝的嗜好，实际上人食黄鳝是食物链的终端。但黄鳝体内可能积累农药狄氏剂。有的人，每餐必黄鳝，就要承担超过狄氏剂每日可容许摄取量的风险。食黄鳝者要有节制啊！有趣的是，还发现杀虫剂合成除虫菊酯如苄氯菊酯可在原生动物中积累。然而以前从未报道过菊酯类农药有生物积累现象，要知道原生动物在食物链中有较高营养水平，是非常重要的食物链的起点。

有些杀虫剂在环境中可迅速降解，或同土壤紧密结合，或不易溶解、不挥发，对环境的污染程度较小。但有些杀虫剂在环境中非常稳定，如滴滴涕在土壤中的半衰期为 3 ~ 10 年，在土壤中消失 95% 需 16 ~ 33 年的时间。滴滴涕在食物链中的生物富集作用也很强。例如水鸟体内的滴滴涕残留为 25 毫克/千克；比滴滴涕污染的水（0.03 毫克/千克）要高出 800 ~ 1000 倍。滴滴涕的污染具有全球性的影响。

在人迹罕至的南极的企鹅、海豹、北极的北极熊，甚至未出生的胎儿体内均可检出滴滴涕的存在，其中南极企鹅脂肪中滴滴涕同系物的含量可高达 0.152 毫克/千克。

非农用杀虫剂也对人类的食物造成污染。各种驱虫剂、驱蚊剂、杀蟑剂逐渐进入家庭，使人类食品受污染的范围扩大。据美国食品药品管理局统计，目前进入市场的各类农业用型和家居型杀虫剂有一半以上可造成杀虫剂残留。在森林的管理中，通常使用大量除草剂和杀昆虫剂；高尔夫球场的保持和其他宽阔的草地也经常需要使用大量的杀虫剂和杀菌剂。这些高浓度的杀虫剂经雨水冲刷流入河流，对环境造成严重的污染，进而污染人类的食物。

目前，人类食品一半以上可检出杀虫剂的残留。美国 1986—1991 年全膳食研究的结果指出了 17 种经常发现的农药，其中以马拉硫磷残留最为常见，滴滴涕次之（1986 年的检出率为 16%，1991 年则下降至 10%，表明滴滴涕这种稳定的环境残留物在逐渐降解）。美国食品药品管理局在 1992 年对食物中农药残留进行了监测和全膳食研究，结果表明从监测的 313 种农药中实际上检出 99 种，以马拉硫磷、毒死蜱、地亚农残留最为常见，占检出农药残留的 81%。养殖水产品中检出了滴滴涕、氯丹和狄氏剂，残留量小于 0.1 毫克/千克，奶及奶制品中检出的农药主要是滴滴涕和狄氏剂，残留量小于 0.04 毫克/千克。均低于联合国粮食与农业组织、世界卫生组织、农药残留联合会议所制定的标准（例如滴滴涕为 0.02 毫克/千克体重·天）。

农药主要由 3 条途径进入人体内：一是偶然大量接触，如误食；二是长期接触一定量的农药，如农药厂的工人和使用者农民；三是日常生活接触环境和食品中的残留农药，后者是大量人群遭受农药污染的主要原因。环境中大量的残留农药可通过食物链经生物富集作用，最终进入人体。农药对人体的危害主要表现为如下 3 种形式：

（1）急性中毒。农药经口、呼吸道或接触而大量进入人体内，在短时间内表现出的急性病理反应为急性中毒。急性中毒往往造成大量个体死亡，成为最明显的农药危害。据世界卫生组织和联合国环境署报告，全世界每年有 100 多万人农药中毒，其中 2 万人死亡。美国每年发生 6.7 万起农药中毒事故，在发展中国家情况更为严重。我国每年农药中毒事故达 10 万人次，死亡约 1 万多人。1995 年 9 月 24 日中央电视台报道，广西宾阳县一所学校的学生因食用喷洒过剧毒农药的白菜，造成 540 人集体农药中毒。

（2）慢性危害。长期接触或食用含有农药的食品，可使农药在体内不断蓄积，对人体健康构成潜在威胁。有机氯农药已被欧共体禁用 30 年，而联邦德国一所大学对法兰克福、慕尼黑等城市的 262 名儿童进行检查，其中 17 名新生儿体内脂肪中含有聚氯联苯，含量高达 1.6 毫克/千克脂肪。1975 年美国研究机构从各州任意挑选出 150 所医院，采集乳汁样品 1436 份，经检测大多数都含有狄氏剂、环氧七氯等。1983 年我国哈尔滨市医疗部门对 70 名 30 岁以下的哺乳期妇女调查，发现她们的乳汁中都含有微量的六六六和滴滴涕。农药在人体内不断积累，短时间内虽不会引起人体出现明显急性中毒症状，但可产生慢性危害，如：有机磷和氨基甲酸酯类农药可抑制胆碱酯酶活性，破坏神经系统的正常功能。美国科学家已研究表明，滴滴涕能干扰人体内激素的平衡，影响男性生育力。在加拿大的因内特，食用杀虫剂污染的鱼类及猎物，致使儿童和婴儿表现出免疫缺陷症（他们的耳膜炎和脑膜炎发病率是美国儿童的 30 倍）。农药慢性危害虽不能直接危及人体生命，但可降低人体免疫力，从而影响人体健康，致使其他疾病的患病率及死亡率上升。

（3）致癌、致畸、致突变。国际癌症研究机构根据动物实验确证，18 种广泛使用的农药具有明显的致癌性，还有 16 种显示潜在的致癌危险性。据估计，美国与农药有关的癌症患者数约占全国癌症患者总数的 10%。越战期间，美军在越南喷洒了大量植物脱叶剂，致使不少接触过脱叶剂的美军士兵和越南平民得了癌症、遗传缺陷及其他疾病。据报道，越南因此已出现了 5 万名畸形儿童。1989—1990 年，匈牙利西南部仅有 456 人的林雅村，在生下的 15 名活婴中，竟有 11 名为先天性畸形，占 73.3%，其主要原因就是孕妇在妊娠期吃了经敌百虫处理过的鱼。目前我国颁布了 5 批农药安全使用标准，规定 10 类农药禁止在农业上使用。其中二溴氯丙烷可引发男性不育，对动物有致癌、致突变作用。三环锡、特普丹对动物有致畸作用。二溴乙烷可使人、畜致畸、致突变。杀虫脒对人有潜在的致癌威胁，对动物有致癌作用。

事实证明，人类是环境中有毒物质的最大受害者！

此外，环境中的微量农药通过生物富集的结果，使居于食物链各级位置的其他生物，如捕食性鱼类、鸟类和畜类等动物，因农药残留的大量累积，直接引起死亡或繁殖下降，导致种群数量减少。如受到农药污染的江、河、湖、塘等水域，鱼类数量减少就是这个原因。

即使处于食物链低级位置的生物，也不一定能够逃脱厄运。如捕食性天敌或有害生物，由于农药的大量使用，从而打破了原来食物链的依存关系，失去自然控制的平衡状态，导致生态金字塔严重倾斜。

各种农药的生物富集性是不尽相同的，一般而言，化学性质稳定、脂溶性强、不易水解的药剂如滴滴涕、氟乐灵等的生物富集性高，容易在生物体内累积；有机磷等酯类农药容易分解，不容易在生物体内累积。

要比较各种农药生物富集性的高低，通常是在室内人工模拟生态系统中进行的，以鱼作为测试对象，测定鱼体内从水中吸收农药的数量，用生物富集体系的大小来比较各种农药的生物富集的高低。生物富集系数的计算公式为：

生物富集系数 = 生物体内的农药浓度 ÷ 水中的农药浓度

有上式可知：生物体内农药的累积量大于环境中农药浓度的倍数，倍数越高，表示生物富集越严重。滴滴涕、六六六等老牌农药正是如此，才被世界各国淘汰。

在有机农药中，六六六、滴滴涕的历史是最悠久的。六六六是 1945 年后开始大量使用的，瑞士科学家缪勒因发明滴滴涕于 1948 年获得诺贝尔奖。据统计，仅 1950—1970 年的 20 年间，滴滴涕在全球的使用量就超过 4500000 吨，而六六六在日本每年的使用量就超过 40000 吨。可见这 2 种有机氯农药在农业及其他方面的使用十分广泛。可是不到一代人的时间，这 2 种杀虫剂就被淘汰出局。原因就是它们严重污染了环境，破坏了生态平衡。它们很难分解、脂溶性强、容易累积在生物体内，特别是容易累积在人体脂肪、肝脏等部位，随着累积量的不断提高，给人类健康带来极大危害，因而受到世界舆论的指责，不得不退出历史舞台。

第七节　农药在环境中的降解

农药降解是指化学农药在环境中从复杂结构分解为简单结构，甚至会降低或失去毒性的作用。造成降解的因素有生物的、物理的、化学的因素等。残留于土壤中的农药，以微生物的降解作用最为重要，其降解速度取决于农药的种类、土壤水分含量、氧化还原状态及土壤微生物相等。有些农药虽然自身的毒性不大，但中间降解产物的毒性却很大。因此，农药对环境的危害，不仅要看农药本身的毒性，而且也要注意其降解产物的去向和毒性。

农药沉积到植物表面或散布在自然环境之中，均可因挥发、风吹、降雨、降雪、光解或生物代谢等慢慢分解消失，总的趋势是越来越少。消失的快慢程度与农药的性质及剂型等有关。有机氯农药分解较慢，有机磷酸酯、氨基甲酸酯类和拟除虫菊类杀虫剂，在环境中都容易降解消失。同一品种不同剂型比较，油剂和乳油消失较慢，可湿性粉剂次之，粉剂最快。另外，药剂沉积在表面积大及含水量多的叶菜类作物上，受光照、风雨等气象因素的影响，分解消失很快，原始附着量虽然大，但降解消失很迅速。

农药沉积到植物表面上，消失动态一般分为开始快最后慢，呈现出迅速降解和缓慢降解两个明显的降解阶段。迅速降解阶段指沉积到植物表面上的药剂，受到光、风、雨、露等的影响而迅速降解消失；缓慢降解阶段指随着时间的推移，农药有植物表面向蜡质层渗透转移，受光、风、雨、露等的作用日渐减少，因而农药的非生物降解消失速度缓慢。

农药在环境中降解的途径和方式很多，我们重点介绍非生物降解和生物降解。在生物降解中，我们又重点介绍微生物降解。

7.1　非生物降解

环境因素中尤以光对农药的分解最大，例如辛硫磷喷在茶叶上，在阳光照射下，3 天后残留量就可降低到允许的含量以下。如果用于防治地下害虫，药剂在土壤中不受阳光照射，残效期则可达 15 天以上。

7.1.1　光降解

光解是指化合物被光分解的化学反应。光降解是农药在环境中非生物降解的重要途径，其过程和产物对农药药效、代谢、毒性及环境影响很大。

在光照条件下，药剂分子首先吸收光能，光波越短，它的能量越大，因此短波紫外光对农药的光解最强。但波长在 285 纳米以下的短波被大气层的臭氧所吸收，农药的光解反应都是吸收波长在 285 纳米以上的光波。在农药的光解反应中，虽然得不到紫外光短波，但药剂的辅助剂中，以及在植物、土壤、水中都存在有多种光敏剂，因而在低能量下，对光难于分解的农药也就容易分解了。光解反应包括化合物的分子重新排列即异构化作用，与氧结合即氧化作用和取代作用等。这些光化学反应取决于药剂本身的物理化学状态、溶剂和环境条件。光解反应可以缩短持久性农药在环境中的稳定性，减少残留量。对光不稳定的药剂可加强抗光解性质，抑制光解作用，延长残效期，减少施药次数，减少农药使用量。

7.1.2　土壤中降解

农药进入土壤后通过各种途径进行迁移转化，如挥发、扩散、吸附、生物降解、光解、水解、化学氧化等。挥发、扩散和吸附过程都不改变农药的化学结构，主要起着稀释和降低急性毒性作用；其他几种过程使农药的化学结构发生了改变，总的趋势是简单化和无毒化，能最终使农药从环境中消除。

农药进入土壤中，在一定条件下可逐渐消失。农药在土壤中非生物降解消失的主要途径有自然挥发、径流冲刷、雨水淋失等。其他如温度、土壤质地、土壤含水量等因素对农药的降解作用是普遍性的。但其中最主要的是水解作用，因而有机磷酸酯类农药等在土壤中因水解消失较快。起决定作用的是在土壤表层，如果把药剂施入土壤深层，药效期反而有所延长。例如克百威颗粒剂用于稻田撒施防治水稻害虫，药效期只有 15 天左右，但在土壤深层施药，药效可以维持 50 天左右。

7.2　生物降解

生物降解是许多有机农药在土壤中自然降解的主要过程。通过近几十年的研究工作，已经分离得到一批能降解或转化某种农药的微生物。已报道能降解农药的微生物有细菌、真菌、放线菌、藻类等。细菌由于生化上的多种适应能力以及容易诱发突变菌株从而占了主要地位。

农药进入动物、植物和微生物体内，经过多种生理及生化反应被降解，这一点在环境毒理学上具有重要意义。

我国是1983年开始禁用有机氯农药，代之以毒性较高但可生物降解的杀虫剂。生物降解，即经微生物作用"打碎"土壤和水中的天然化学品和人工合成化学品，将会降低农药残留在环境中的积累。自然界如果没有生物降解，污染物在环境中的浓度会很快超过阈值。要注意，大部分的降解产物是不稳定的，再进一步降阶直到成为非常简单分子结构的和无毒的产物为止。但是也有的降解产物相当稳定并且有毒。例如，林丹（Gamma－六六六）在水中降解成为更有毒性的化合物，Alpha－六六六和Beta－六六六。一般来说，农药施放到田间，一部分被淋溶消失，一部分被作物吸收消失，其余的被微生物代谢降解消失。

有的科学家认为向同一块田反复使用同一种农药，重复多年，弊大于利。因为总使用一种农药，会刺激降解该农药的微生物繁殖。这种微生物多了，再使用这种农药，会加速该农药降解，导致该农药在完全发挥杀虫作用之前，快速脱去活性，最终杀害虫效率降低。早在1949年就有人发现了这个现象，目前已经知道有许多农药存在这一效应。农药的连续使用引起了环境的适应性演变，害虫有适应性，土壤微生物、细菌、无脊椎动物都有适应性。许多害虫长期暴露于某一种农药之中，产生遗传选择，对基因进行了化学修饰，其行为有了改变，以致农药对此种害虫的毒性减少，甚至丧失。

7.2.1　在昆虫体内代谢

农药在昆虫体内可进行解毒代谢和活化代谢。昆虫是家禽、鸟类等动物的食料，如果药剂进入虫体在较短的时间内能解毒代谢，可以减少对这些动物的毒害。但有的药剂如滴滴涕等有机氯农药在昆虫体内可降解为滴滴伊，而滴滴伊较滴滴涕的持久性更长，蓄积在脂肪中难以排除。对高等动物而言，它比滴滴涕更为有害。从治虫的效果而言，药剂在昆虫体内的活化代谢，毒性增强，对提高防治效果是有利的。昆虫体内存在有一种在细胞微粒体内的多功能氧化酶，它能将乐果氧化为氧化乐果，将马拉硫磷氧化为氧化马拉硫磷，从而提高防治效果。但随之也进行解毒代谢，降解为无毒的简单化合物。

7.2.2　在植物体内代谢

农药不仅在昆虫体内可进行解毒代谢和活化代谢，在植物体内同样也进行代谢作用。

药剂进入植物体内的降解，以水解作用较多，此外也有氧化作用、还原作用、脱羧作用和合成作用等，情况大致与动物体内的代谢相似，不同的是其作用的程度要稍弱一些而已。

7.2.3　微生物降解

20世纪60年代出现的第一次"绿色革命"为人类的粮食安全作出了重大贡献，其中作为主要技术之一的农药为粮食的增产起到了重要的保障作用。因为农药具有成本低、见效快、省时省力等优点，因而在世界各国的农业生产中被广泛使用，但农药的过分使用产生了严重的负面影响。仅1985年，世界的农药产量为200多万吨；在我国，仅1990年的农药产量就达22.66万吨，其中甲胺磷一种农药的用量就达6万吨。化学农药主要是人工合成的生物外源性物质，很多农药本身对人类及其他生物是有毒的，而且很多类型是不易生物降解的顽固性化合物。农药残留很难降解，人们在使用农药防止病虫草害的同时，也使粮食、蔬菜、瓜果等农药残留超标，污染严重，同时给非靶生物带来伤害，每年造成的农药中毒事件及职业性中毒病例不断增加。同时，农药厂排出的污水和施入农田的农药等也对环境造成严重的污染，破坏了生态平衡，影响了农业的可持续发展，威胁着人类的身心健康。农药不合理的大量使用给人类及生态环境造成了越来越严重的不良后果，农药的污染问题已成为全球关注的热点。因此，加强农药的生物降解研究、解决农药对环境及食物的污染问题，是人类当前迫切需要解决的课题之一。

人们发现，在自然生态系统中存在着大量的、代谢类型各异的、具有很强适应能力的和能利用各种人工合成有机农药为碳源、氮源和能源生长的微生物。它们可以通过各种谢途径把有机农药完全矿化或降解成无毒的其他成分，为人类去除农药污染和净化生态环境提供必要的条件。

7.2.3.1　降解农药的微生物类群

土壤中的微生物，包括细菌、真菌、放线菌和藻类等，它们中有一些具有农药降解功能的种类。细菌由于其生化上的多种适应能力和容易诱发突变菌株，从而在农药降解中占有主要地位。在土壤、污水及高温堆肥体系中，对农药分解起主要作用的是细菌类。这与农药类型、微生物降解农药的能力和环境条件等有关，如在高温堆肥体系当中，由于高温阶段体系内部温度较高(大于50℃)，存活的主要是耐高温细菌，而此阶段也是农药降解最快的时期。通过微生物的作用，把环境中的有机污染物转化为 CO_2 和 H_2O 等无毒无害或毒性较小的其他物质。通过许多科研工作者的努力，已经分离得到了大量的可降解农药的微生物(见表3-1)。不同的微生物类群降解农药的机理、途径和过程可能不同，下面简要介绍一下农药的微生物降解机理。

表3-1　常见农药的降解微生物

农　药	降　解　微　生　物
甲胺磷	芽孢杆菌、曲霉、青霉、假单胞杆菌、瓶型酵母
阿特拉津(AT)	烟曲霉、焦曲霉、葡枝根霉、串珠镰刀菌、粉红色镰刀菌、尖孢镰刀菌、斜卧镰刀菌、微紫青霉、皱褶青霉、平滑青霉、白腐真菌、菌根真菌、假单胞菌、红球菌、诺卡氏菌
幼脲3号	真菌
敌杀死	产碱杆菌
2,4-D	假单胞菌、无色杆菌、节杆菌、棒状杆菌、黄杆菌、生孢食纤维菌属、链霉菌属、曲霉菌、诺卡氏菌、
滴滴涕	无色杆菌、气杆菌、芽孢杆菌、梭状芽孢杆菌、埃希氏菌、假单胞菌、变形杆菌、链球菌、无色杆菌、黄单胞菌、欧文氏菌、巴斯德梭菌、根癌土壤杆菌、产气杆菌、镰孢霉菌、诺卡氏菌、绿色木霉等
丙体六六六	白腐真菌、梭状芽孢杆菌、埃希氏菌、大肠杆菌、生孢梭菌等
对硫磷	大肠杆菌、芽孢杆菌
七　氯	芽孢杆菌、镰孢霉菌、小单孢菌、诺卡氏菌、曲霉菌、根霉菌、链球菌
敌百虫	曲霉菌、镰孢霉菌
敌敌畏	假单胞菌
狄氏剂	芽孢杆菌、假单胞菌
艾氏剂	镰孢霉菌、青霉菌
乐　果	假单胞菌
2,4,5-T	无色杆菌、枝动杆菌

7.2.3.2　微生物降解农药的机理

目前，对于微生物降解农药的研究主要集中于细菌上，因此对于细菌代谢农药的机理研究得比较清楚。

细菌降解农药的本质是酶促反应，即化合物通过一定的方式进入细菌体内，然后在各种酶的作用下，经过一系列的生理生化反应，最终将农药完全降解或分解成分子量较小的无毒或毒性较小的化合物的过程。如莠去津作为假单胞菌 ADP 菌株的唯一碳源，有 3 种酶参与了降解莠去津的前几步反应。第一种酶是 AtzA，催化莠去津水解脱氯的反应，得到无毒的羟基莠去津，此酶是莠去津生物降解的关键酶；第二种酶是 AtzB，催化羟基莠去津脱氯氨基反应，产生 N - 异丙基氰尿酰胺；第三种酶是 AtzC，催化 N - 异丙基氰尿酰胺生成氰尿酸和异丙胺。最终莠去津被降解为 CO_2 和 NH_3。微生物所产生的酶系，有的是组成酶系，如门多萨假单胞菌 DR - 8 对甲单脒农药的降解代谢，产生的酶主要分布于细胞壁和细胞膜组分；有的是诱导酶系，如有研究人员得到的有机磷农药广谱活性降解菌所产生的降解酶等。由于降解酶往往比产生该类酶的微生物菌体更能忍受异常的环境条件，酶的降解效率远高于微生物本身，特别是对低浓度的农药，人们想利用降解酶作为净化农药污染的有效手段。但是，降解酶在土壤中容易受非生物变性、土壤吸附等作用而失活，难以长时间保持降解活性，而且酶在土壤中的移动性差，这都限制了降解酶在实际中的应用。现在许多试验已经证明，编码合成这些酶系的基因多数在质粒上，如 2，4 - D 的生物降解，即由质粒携带的基因所控制。通过质粒上的基因与染色体上的基因的共同作用，在微生物体内把农药降解。因此，利用分子生物学技术，可以人工构建"工程菌"来更好地实现人类利用微生物降解农药的愿望。

7.2.3.3　微生物在农药转化中的作用

（1）矿化作用。有许多化学农药是天然化合物的类似物，某些微生物具有降解它们的酶系。它们可以作为微生物的营养源而被微生物分解利用，生成无机物、二氧化碳和水。矿化作用是最理想的降解方式，因为农药被完全降解成无毒的无机物，如石利利等研究了假单胞菌 DLL - 1 在水溶液介质中降解甲基对硫磷的性能及降解机理后指出，DLL - 1 菌可以将甲基对硫磷完全降解为 NO_2^- 和 NO_3^-。

（2）共代谢作用。有些合成的化合物不能被微生物降解，但若有另一种可供碳源和能源的辅助基质存在时，它们则可被部分降解，这个作用称为共代谢作用，这一作用最初是由 Foster 等提出来的。如门多萨假单胞菌 DR - 8 菌株降解甲单脒产物为 2，4 - 二甲基苯胺和 NH_3，而 DR - 8 菌株不能以甲单脒作为碳源和能源而生长，只能在添加其他有机营养基质作为碳源的条件下降解甲单脒，且降解产物未完全矿化，属于共代谢作用类型。关于共代谢的机理，现在还存在争论。由于共代谢作用而推动的顽固性人工合成化合物的降解一般进行得较慢，而且降解程度很有限，参与共代谢作用的微生物不能从中获得碳源和能源，但是自然界中还是广泛存在着大量的具有共代谢功能的微生物，它们可以降解多种类型的化合物。共代谢作用在农药的微生物降解过程中发挥着主要的作用。

7.2.3.4　微生物降解农药的生化反应

（1）氧化反应。微生物体内的氧化反应包括：羟化反应（芳香族羟化、脂肪族羟化、N - 羟化）；环氧化；N - 氧化；P - 氧化；S - 氧化；氧化性脱烷基、脱卤、脱胺。

（2）还原反应。还原反应包括硝基还原、还原性脱卤、醌类还原等。

（3）水解反应。一些酯、酰胺和硫酸酯类农药都有可以被微生物水解的酯键，如对硫磷、苯胺类除草剂等。

（4）缩合和共轭形成。缩合包括将有毒分子或一部分与另一有机化合物相结合，从而使农药或其衍生物物失去活性。

应该指出，在微生物降解农药时，其体内并不只是进行单一的反应，多数情况下是多个反应协同作用来完成对农药的降解过程，如好氧条件下卤代芳烃的生物降解，其卤素取代基的去除主要通过两个途径发生：在降解初期通过还原、水解或氧化去除卤素；生产芳香结构产物后通过自发水解脱卤或 β - 消去卤代烃。

7.2.3.5　影响微生物降解农药的因素

(1)微生物自身的影响。微生物的种类、代谢活性、适应性等都直接影响到对农药的降解与转化。很多试验都已经证明，不同的微生物种类或同一种类的不同菌株对同一有机底物或有毒金属的反应都不同。另外，微生物具有较强的适应和被驯化的能力，通过一定的适应过程，新的化合物能诱导微生物产生相应的酶系来降解它，或通过基因突变等建立新的酶系来降解它。微生物降解本身的功能特性和变化也是最重要的因素。

(2)农药结构的影响。农药化合物的分子量、空间结构、取代基的种类及数量等都影响到微生物对其降解的难易程度。一般情况下，高分子化合物比低分子量化合物难降解，聚合物、复合物更能抗生物降解；空间结构简单的比结构复杂的容易降解。陈亚丽等在试验中发现，凡是苯环上有 - OH 或 - NH$_2$ 的化合物都比较容易被假单胞菌 WBC - 3 所降解，这与苯环的降解通常先羟化再开环的原理一致。Potter 等在小规模堆肥条件下研究了多环芳烃的降解后指出，2~4 环的芳烃比 5~6 环的芳烃容易降解。

自然界中的微生物通常可以降解天然产生的有机化合物，如木质素、纤维素物质等，从而促进地球的物质循环和平衡。但目前的环境污染物大多是人工合成的自然界中本身不存在的生物异源有机物质，其中一些对人类具有致畸、致突变和致癌作用，往往对微生物的降解表现出很强的抗性，其原因可能是这些化合物进入自然界的时间比较短，单一的微生物还未进化出降解此类化合物的代谢机制。尽管某些危险性化合物在自然界中可能会经自然形成的微生物群体的协同作用而缓慢降解，但这对微生物世界来说仍然是一个新的挑战。微生物通过改变自身的信息获得降解某一化合物的能力的过程是缓慢的，与目前大量使用的人工合成的生物异源物质相比，依靠微生物的自然进化过程显然不能满足要求，因此长此以往将会造成整个生态系统的失衡。因此，研究一些可以使微生物群体在较短的时间内获得最大降解生物异源物质能力的方法非常重要和迫切。

(3)环境因素的影响。环境因素包括温度、酸碱度、营养、氧、底物浓度、表面活性剂等。有人研究了甲单脒降解菌的分离筛选；有人研究了微生物降解蔬菜残留农药；有人研究了甲基营养菌 WB - 1 甲胺磷降解酶的产生和部分纯化及性质。他们所研究的微生物或其产生的酶系都有一个适宜的降解农药的温度、pH 及底物浓度，与 Thomas 等、Donna Chaw 等的研究结果一致。有人研究指出，堆肥中微生物降解多环芳烃的活性与氧的浓度和水分含量密切相关。当堆肥中氧的含量小于 18%、水分含量大于 75% 时，堆肥就从好氧条件转化为厌氧条件，进而影响多环芳烃的降解效果。Hundt 等调查了 biaryl 化合物在土壤中和堆肥中被细菌 Ralstonia 和 Pickettii 的降解和矿化情况。在土壤水分适宜的条件下，非离子型表面活性剂吐温 80 可增强微生物对 biaryl 类化合物的利用率。如联苯、4 - 氯联苯。Kastner 等认为，在堆肥与被多环芳烃污染的土壤混合的情况下，堆肥中有机基质含量对于农药降解的作用要大于堆肥中生物的含量对于农药降解的作用；营养对于以共代谢作用降解农药的微生物更加重要，因为微生物在以共代谢的方式降解农药时，并不产生能量，须由其他的碳源和能源物质补充能量。对于好氧微生物来说，在好氧条件下可以降解农药，而在厌氧条件下降解效果不好；而对于厌氧微生物来说，情况可能正相反。也有研究指出在好氧条件下，有的厌氧细菌也可以代谢一些化合物。

7.2.3.6　农药微生物降解的新技术和新方法

(1)转基因技术的应用。20世纪后半叶是分子生物学、分子遗传学等学科迅速发展的时期，各种不同的生物学技术不断涌现。在21世纪初，生物信息学、基因组学、蛋白质组学等新的学科迅速兴起。这一切都为人工创造"超级农药降解菌"提供了必要的条件。因此，利用转基因技术进行目的性的人工组装"工程菌"成为有魅力的发展目标。同时，因为微生物降解农药的本质是酶促反应，所以，有人直接提取微生物合成的酶系来离体进行农药等有机化合物污染物的降解研究。

(2)多菌株复合系的构建及应用。以往研究农药的生物降解偏重于用单一微生物菌株的纯培养，现在已经证明，单一菌株的纯培养效果不如混合培养。因为单个微生物不具备生物降解所需的全部酶的遗传合成信息，而且它们在难降解化合物中驯化的时间不足以进化出完整的代谢途径。同时许多纯培养的研究发现，在生物降解过程中会有毒性中间物质积累，因此彻底矿化通常需要一个或一个以上的营养菌群（如发酵－水解菌群、产硫菌群、产乙酸菌群及产甲烷菌群等）。一种微生物降解一部分，经过数种微生物的接力作用和协同作用，经过多步反应将有毒化合物完全矿化，微生物的群体作用更能抵抗生物降解中产生的有毒物质。有人利用菌种间协同关系构建的复合系不仅能高效率地分解木质纤维素，而且菌种组成长期稳定，不易被杂菌污染，在此基础上赋予农药分解功能的复合系对多种农药具有强烈的分解能力，其作用机理有待作进一步的细致研究。关于混合培养中的微生物群落的代谢协同作用，至少可以将微生物群落分为7种：

　　a. 提供特殊营养物；

　　b. 去除生长抑制物质；

　　c. 改善单个微生物的基本生长参数（条件）；

　　d. 对底物协调利用；

　　e. 共代谢；

　　f. 氢（电子）转移；

　　g. 提供一种以上初级底物利用者。

另外，分子生态学技术的应用证明，目前人类能够分离纯化的微生物种类极其有限，甚至自然界中99%的微生物目前无法纯培养，因而只有培育复合系才能包含这些重要而无法纯培养的微生物种类。

(3)研究中存在的问题。虽然农药残留的微生物降解研究已经取得了很大的进展，而且也有了一些应用的实例，但研究大多局限在实验室中，农药降解菌完全走出实验室到实际应用中还有一段路要走。农药微生物降解的问题主要有以下几方面。

　　a. 单一菌株的纯培养问题。以往的研究主要集中在单一菌株的纯培养上，在实验室内获得纯培养的菌株，然后研究它的特性、降解机理等。然而这一方法完全不符合实际情况，自然状态下，是多种微生物共存，通过微生物之间的共同作用把农药降解。农药残留往往存在于土壤、农副产品、废弃物等复杂环境中，即使在实验室内单一株菌的降解活性再大，到了这种复杂条件下也可能无法生存或起不到期望的作用。

　　b. 环境条件对微生物降解农药的影响。外部环境对微生物生长和对农药的降解影响很大，如环境的温度、水分含量、pH、氧含量等，而自然环境中这些因素变化很大，这直接影响到微生物对农药的降解。如何克服环境的影响从而充分发挥目标微生物的作用是需要解决的重大问题。

　　c. 微生物降解目标化合物对降解的影响。目标化合物的浓度是否能使微生物生长，另外，农药污染环境的化合物组分很不稳定，波动很大，这给以工程措施微生物降解农药化合物带来困难。

d. 微生物与被降解物接触的难易程度。被农药污染的环境有土壤、空气、水体及蔬菜瓜果等，对于土壤和水体的污染，微生物很容易与污染物接触，从而发挥它们的降解功能。但是，对于被农药污染的食品来说，利用微生物降解残留的农药很难，因为微生物无法与存在于物体内部的残留农药接触，无法发挥它们的作用，而只能降解残留在物体表面的部分。这种限制需要人们尽快解决，从而扩大微生物降解农药的应用范围。

e. 微生物的适应性问题。所接种的微生物能否适应污染的环境，这不仅包括上述提到的物理环境，还涉及生物之间的关系。接种到环境中的微生物受到抑制物的影响，或者受到包括捕食者在内的土著微生物的影响，甚至受到拮抗作用而不能生长等，这些都可以造成接种的微生物不能成为优势菌从而失去对农药的降解作用。构建多菌株复合系，具有稳定性和抗污染性强的优点，但即使是多菌混合培养的复合系也同样存在能否成为优势群体的问题。

一系列的研究证实：农药进入土壤中，微生物降解是十分重要的。估计进入土壤中的杀虫剂有50%是依靠微生物的降解作用，并利用降解产物作为自身碳、氮的来源。就是一些剧毒农药一经降解，即失去毒性，例如对硫磷等被土壤微生物降解，几天就失效而毒性消失。即使化学性质稳定的有机氯杀虫剂如滴滴涕在淹水条件下，被土壤微生物的降解作用也会加快，其中有一种特殊真菌能够在2~4天内将滴滴涕完全分解。即使是丙体六六六，在低温淹水条件下，30天内也会大部分消失。因此，20世纪我国南方地区水稻产区曾经多年大量使用六六六防治水稻螟虫，稻田土壤却并没有受到严重污染，这正是因为南方地区特殊的气象及环境条件所致。

第八节　农药对生态系统的影响

据美国环保局报告，美国许多公用和农村家用水及井里至少含有国家追查的农药中的一种。印第安纳大学对从赤道到高纬度寒冷地区90个地点采集的树皮进行分析，都检出滴滴涕、林丹、艾氏剂等农药残留。曾被视为"环境净土"的地球两极，由于大气环流、海洋洋流及生物富集等综合作用，在格陵兰冰层、南极企鹅体内，均已检测出滴滴涕等农药残留。我国是世界农药生产和使用大国，且以使用杀虫剂为主，致使不少地区土壤、水体及粮食、蔬菜、水果中农药的残留量大大超过国家安全标准，对环境、生物及人体健康构成了严重威胁。

8.1　直接杀伤

农药在使用过程中，必然杀伤大量非靶标生物，致使害虫天敌及其他有益动物死亡。环境中大量的农药还可使生物产生急性中毒，造成生物群体迅速死亡。鸟类是农药的最大受害者之一。据研究，经呋喃丹、3911、丰索磷等处理过的种子对鸟类杀伤力特大。美国曾经报道，在每公顷喷洒0.8公斤对硫磷的一块麦田里，一次施药后便发现杀死了1200只加拿大鹅，而在另一块使用呋喃丹的菜地里杀死了1400只鸭。美国因农药污染每年鸟类死亡多达6700多万只，仅呋喃丹一项每年就杀死100~200万只，平均每公顷0.25~8.9只。埃及某农场的稻田内因大量使用对溴磷农药，一年便导致1300头大型役用家畜中毒死亡。据报道，美国大约有20%的蜂群损失是由农药直接造成的。我国江苏省大丰县用飞机喷洒滴滴涕粉剂，施药10小时后，当地蜜蜂被杀死90%。蜜蜂的大量死亡，不仅直接降低蜂蜜产量，还使作物传粉率降低，影响作物产量和质量。据估计，全球每年因农药影响昆虫授粉而引起的农业损失达400亿美元之多。除草剂对农作物及其他植物的危害也是相当严重的。美国得克萨斯州西南部用飞机喷洒除莠剂防治麦田杂草，药物漂移使邻近棉田棉株大量死亡，损失达20000万美元。在爱荷华州施用除草剂，土壤中农药残留造成大面积大豆死亡，损失达3000万美元。

8.2 慢性危害

低剂量的农药对生物产生慢性危害,影响其生存和发展。一方面农药可驱使生物改变原来的栖息场所,影响固有的生活规律,使其生命活动受到影响。另外,生物长期生活在含有农药的环境中,通过取食、呼吸等生命活动而使农药在体内不断积累,最终造成危害,主要表现在免疫力、生殖力、抗逆力等降低。农药的生物富集是农药对生物间接危害的最严重形式,植物中的农药可经过食物链逐级传递并不断蓄积,对人和动物构成潜在威胁,并影响生态系统。农药生物富集在水生生物中尤为明显,如绿藻能把环境中 1 ppm 的滴滴涕富集到220 倍,水蚤则能把 0.5 ppm 滴滴涕富集到 10 万倍。美国明湖用滴滴涕防治蚊虫,湖水中含滴滴涕 0.02 ppm,湖内绿藻含滴滴涕 5.3 ppm,为水中的 265 倍,最后在食肉性鱼体中含量高达 1700 ppm,富集到 85000 倍。

8.3 破坏生态平衡

农田环境中有多种害虫和天敌,在自然环境条件下,它们相互制约,处于相对平衡状态。农药的大量使用,良莠不分地杀死大量害虫天敌,严重破坏了农田生态平衡,并导致害虫抗药性增强。我国产生抗药性的害虫已遍及粮、棉、果、茶等作物。在冀、鲁、豫棉区,棉铃虫对溴氰菊酯的抗药性可达 100~1000 倍,棉蚜的抗药性高达 3200 倍以上。害虫抗药性的不断提高成为害虫暴发成灾的内因。半个多世纪以来,全世界杀虫剂使用量增加了近 10 倍,而害虫造成的谷物产量损失却居高不下。害虫的猖獗为害迫使农民不断加大用药量和用药次数,严重污染了生态环境,使自然生态平衡遭到破坏。

第四章　农药的毒性及对人体的危害

第一节　农药的毒性

农药毒性是指农药具有使人和动物中毒的性能。农药可以通过口服、皮肤接触或呼吸道进入体内，对生理机能或器官的正常活动产生不良影响，使人或动物中毒以致死亡。

影响农药毒性的因素有农药的物理因素和化学因素，物理因素有农药定额挥发性、水溶性、脂溶性等，化学因素有农药本身的化学结构、水解程度、光化反应、氧化还原以及人体体内某些成分的反应等。农药毒性可分为急性毒性、亚急性毒性、慢性毒性。农药的毒性大小常用农药对试验动物的致死中量、致死中浓度、无作用剂量（NOEL）表示。

1.1　急性毒性

急性毒性指农药 1 次进入动物体内后短时间引起的中毒现象，是比较农药毒性大小的重要依据之一。

但须指出化合物使实验动物发生中毒效应的快慢和剧烈的程度，可因所接触的化合物的质与量不同而异。有的化合物在实验动物接触致死剂量的几分钟之内，就可发生中毒症状，甚至死亡。而有的化合物则在几天后才显现中毒症状和死亡，即迟发死亡。此外，实验动物接触化合物的方式或途径不同，"1 次"的含义也有所不同。凡经口接触和各种方式的注射接触，"1 次"是指在瞬间将受试化合物输入实验动物的体内。而经呼吸道吸入与经皮肤接触，"1 次"是指在 1 个特定的期间内实验动物持续地接触受试化合物的过程，所以"1 次"含有时间因素。

1.2　亚急性毒性

亚急性毒性指动物在较长时间内（一般连续投药观察 3 个月）服用或接触少量农药而引起的中毒现象。

亚急性中毒者多有长期连续接触一定剂量农药的过程，中毒症状的表现往往需要一定的时间，但最后表现中毒症状往往与急性中毒类似。从接触农药到出现中毒症状，时间上比急性中毒稍缓慢（数天或数月）。受害者可以是个别的，也可以是群体。

1.3　慢性毒性

慢性毒性指小剂量农药长期连续使用后，在体内或者积蓄，或造成体内机能损害所引起的中毒现象。在慢性毒性问题中，农药的致癌性、致畸性、致突变（即"三致"）等特别引人重视。

有的农药虽然急性毒性不高,但性质稳定,使用后不易分解消失,污染环境及食品。高等动物长期少量摄食后,在体内积累,引起内脏器官机能受损,或者阻碍正常的生理代谢过程而发生毒害。慢性中毒一般发病缓慢,病程较长,症状难以鉴别,诊断比较困难,受害者大都是群体。

第二节　农药的选择毒性

化学毒物对某一生物体的毒性较大,而对另一种生物体的毒性较小,这种现象称选择毒性。

所说的生物体可指微生物、植物、动物,包括正常人和病人,也可指同一机体的不同器官、组织、细胞或亚微结构。常利用选择毒性创制农药和药物等。最明显的例子是干扰光合作用的除莠剂,可杀死杂草而对人畜几乎无毒。例如农药马拉硫磷对温血动物的毒性小,而对昆虫毒性大,便可用其作杀虫剂或灭蝇剂。

选择毒性是一个相对的概念。例如从防治对象出发,与选择相对的术语是广谱性。毒性的选择性主要是指对高等动物毒性的大小。如杀虫剂选择毒性,不仅指特定的昆虫之间,也指人、一般动物跟害虫之间。绝大多数除草剂选择性更强,就是指作物与杂草之间,或者是特定的杂草之间,除对被保护的作物安全以外,许多药剂只对双子叶杂草有效,另外一些除草剂又只对单子叶杂草有效。

农药的选择毒性是农药开发研究的一个重要方向,早期的农药选择毒性的研究重点是寻求对高等动物或者被保护植物安全,对有害生物有毒杀效果的药剂。杀虫剂的选择性大体可分为:生理选择性和生态选择性两大类。生理选择性是以药剂渗透性、解毒或活化代谢、在体内的蓄积和排出以及作用的亲和力等方面的差别获得。生态选择性是利用害虫的习性、行为的差异以及从药剂的加工和施用方法等方面获得。如使用内吸杀虫剂在进行深层施药时直接将为害植物的植食性害虫毒杀,而非植食性害虫的天敌则很少受到伤害。杀菌剂、除草剂的选择性获得也大致相似。

对农药的选择毒性进行深入研究是寻找到有效且对人与环境安全无害的农药的一条重要途径。在解决此问题的众多途径中,用一种有明确方向、有科学论据的寻找有效、无害农药的方法。这种方法就是基于作用机理的研究,其中包括农药在各种生物体中的代谢情况。如对有机磷农药生物转化的主要途径的研究,就有助于对农药高毒和低毒原因的了解,并向化学家提供关于对温血动物和人低毒的化合物的定向合成和保持农药活性的建议。新的化学合成农药的研发成本高、难度大、功效低,创制新农药是越来越难。通过对农药的选择毒性进行深入研究,创制新制剂、新配方农药便是一条捷径。

第三节　农药毒性的标准划分

不同的农药,由于分子结构组成不同,因而其毒性大小、药性强弱和残效期也各不相同。

农药对人、畜的毒性可分为急性毒性和慢性毒性。所谓急性毒性,是指一次口服、皮肤接触或通过呼吸道吸入等途径,接受了一定剂量的农药,在短时间内能引起急性病理反应的毒性,如有机磷剧毒农药1605、甲胺磷等均可引起急性中毒。慢性毒性是指低于急性中毒剂量的农药,被长时间连续使用,接触或吸入而进入人畜体内,引起慢性病理反应,如化学性质稳定的有机氯高残留农药666、滴滴涕等。怎样衡量农药急性毒性的大小呢?

衡量农药毒性的大小，通常是以致死量或致死浓度作为指标的。致死量是指人、畜吸入农药后中毒死亡时的数量，一般是以每公斤体重所吸收农药的毫克数，用毫克/千克或毫克/升表示。表示急性浓度的指标，是以致死中量或致死中浓度来表示的。致死中量也称半数致死量，符号是 LD_{50}，一般以小白鼠或大白鼠做试验来测定农药的致死中量，其计量单位是每公斤体重毫克。"毫克"表示使用农药的剂量单位，"公斤体重"指被试验的动物体重，体重越大中毒死亡所需的药量就越大，其含义是每 1 公斤体重动物中毒致死的药量。中毒死亡所需农药剂量越小，其毒性越大；反之所需农药剂量越大，其毒性越小。如 1605 LD_{50} 为 6 毫克/千克体重，甲基 1605 LD_{50} 为 15 毫克/千克体重，这就表示 1605 的毒性比甲基 1605 要大。甲胺磷 LD_{50} 为 18.9 ~ 21 毫克/千克体重，敌杀死为 128.5 ~ 138.7 毫克/千克体重，说明甲胺磷毒性比敌杀死大。

根据农药致死中量（LD_{50}）的多少可将农药的毒性分为以下 5 级：

3.1 剧毒农药

剧毒农药是指只要少量侵入机体，短时间内即能致人、畜死亡或严重中毒的农药。致死中量 LD_{50} 为 1 ~ 50 毫克/千克体重，如久效磷、磷胺、甲胺磷、苏化 203、3911 等。

3.2 高毒农药

高毒农药对应毒性仅次于剧毒农药。致死中量 LD_{50} 为 51 ~ 100 毫克/千克体重，如呋喃丹、氟乙酰胺、氰化物、401、磷化锌、磷化铝、砒霜等。

3.3 中毒农药

致死中量 LD_{50} 为 101 ~ 500 毫克/千克体重，如乐果、叶蝉散、速灭威、敌克松、402、菊酯类农药等。

3.4 低毒农药

致死中量 LD_{50} 为 501 ~ 5000 毫克/千克体重，如敌百虫、杀虫双、马拉硫磷、辛硫磷、乙酰甲胺磷、2 甲 4 氯、丁草胺、草甘磷、托布津、氟乐灵、苯达松、阿特拉津等。

3.5 微毒农药

致死中量为 5000 毫克以上/公斤体重，如多菌灵、百菌清、乙磷铝、代森锌、灭菌丹、西玛津等。

第四节 常见农药的毒性特点

在成千上万的农药品种中，真正对人类健康构成威胁的，主要是杀虫剂、杀鼠剂，其次是杀霉菌剂及个别除草剂，其他几类农药多为低毒物质，在临床上很少见有中毒报告。引起急性中毒最常见的农药为有机磷类、氨基甲酸酯类、拟除虫菊酯类、有机氯类、有机氟类、毒鼠强、杀鼠灵、百草枯、磷化锌、五氯酚钠等。此外，为有机硫类如代森铵、福美双、稻脚青等、有机砷类如福美胂、沙蚕毒素类如杀虫双、杀虫环、螟蛉畏等。但某些在国内已明令禁产禁用的农药如有机汞类、杀虫脒等，仍不断有中毒病例出现，临床实践中应予注意。

4.1 共同的毒性作用

各类农药不少有共同的毒性作用。

4.1.1 具有皮肤黏膜刺激性

尤以有机氯、有机磷、有机汞、氨基甲酸酯、杀虫脒、卤代烃、酚类、有机硫、有机锡、除草醚、百草枯等作用最强，常引起接触部位皮肤充血、水肿、皮疹、瘙痒、水泡，甚至灼伤、溃疡。

4.1.2　具有较强的神经毒性

上述农药尤其是杀虫剂，多为有机化合物，脂溶性较强，其对神经系统代谢、功能，乃至结构的损伤更是不少杀虫剂发挥毒性作用的主要机制，故急性农药（特别是杀虫剂）中毒常引起明显的神经症状，其程度可因剂量及农药品种不同而有差别。作用最强的为有机磷、有机氯、有机氟、有机汞、氨基甲酸酯、卤代烃等，常可致中毒性脑病、脑水肿、周围神经病而引起烦躁、意识障碍、抽搐、昏迷、肌肉震颤、感觉障碍或感觉异常等表现。有的如六六六、狄氏剂、艾氏剂、毒杀芬等有机氯杀虫剂，还可引起中枢性高热。

4.1.3　具有较明显的心脏毒性

上述对神经系统的毒性作用是心脏功能损伤的病理生理基础，有些还对心肌有直接损伤作用，如有机氯、有机磷、有机氟、有机汞、百草枯、卤代烃、磷化锌等，常导致心电图异常（ST–T波改变、心律失常、传导阻滞）、心源性休克甚至猝死。

4.1.4　具有较强的消化系统刺激作用

多数农药口服可引起化学性胃肠炎，产生恶心、呕吐、腹痛、腹泻等症状，有的如砷制剂、百草枯、有机硫、环氧丙烷、酸类、酚类等甚至可引起腐蚀性胃肠炎，而有呕血、便血等表现。

4.2　独特的毒性作用

不少农药还有着自身独特的毒性作用，不应忽视。

4.2.1　有的农药血液系统毒性十分明显

如杀虫脒、螟蛉畏、甲酰苯肼、敌稗、除草醚等可引起高铁蛋白血症，甚至导致溶血；茚满二酮类及羟基香豆素类杀鼠剂则可障碍体内凝血机制，引起全身严重出血。

4.2.2　有的具有较强肝脏毒性

如有机砷、有机硫、有机汞、有机氯、氨基甲酸酯、卤代烃、环氧丙烷、百草枯、杀虫双等，可引起肝功能异常及肝脏肿大。

4.2.3　有的农药对肺脏有较强刺激性

如五氯酚钠、氯化苦、磷化氢、福美锌、安妥、卤代烃、杀虫双、有机磷、氨基甲酸酯、百草枯等，可引起化学性肺炎、肺水肿，百草枯还能引起急性肺间质纤维化。

4.2.4　有的农药则对肾脏有特殊毒性

除前述可引起血管内溶血的农药因生成大量游离血红蛋白而导致急性肾小管堵塞、坏死外，不少农药如有机硫、有机砷、有机汞、有机磷、有机氯、杀虫双、安妥、五氯苯酚、环氧丙烷、卤代烃等还对肾小管有直接毒性，可引起肾小管急性坏死，严重者常导致急性肾功能衰竭；杀虫脒还可引起出血性膀胱炎，导致血尿等。

4.2.5　有些农药可引起高热

如有机氯类可因损伤神经系统而导致中枢性高热；五氯酚钠、二硝基苯酚、二硝基甲酚、乐杀螨、敌普螨等则可引起体内氧化磷酸化解偶联，使氧化过程产生的能量无法以高能磷酸键形式储存而转化为热能释出，导致机体发生高热、大汗、昏迷、惊厥。

除此以外，不少因素可加强农药的毒性，如高温、高湿、高强度劳动、饥饿、脱水、疾病等。不同农药混用时，多使毒性作用增强。有研究表明，有机氯与有机磷混用时，因可促进有机磷的分解代谢，故可降低其毒性。有机磷与其他农药混用时，由于它在体内与胆碱酯酶结合牢固，解离减慢，故毒性较为持久，临床表现也往往最为突出。由于其他农药多无特殊解毒剂，因而治疗也常以有机磷的解毒措施为主。

第五节 农药进入人体的途径

在接触农药的过程中，如果进入人体的农药超过了人体正常的最大耐受量，导致生理功能失调，引起毒性危害和病理性变化而出现一系列中毒状态，我们称之为农药中毒。那么，农药是通过什么途径进入人体的呢？一般而言，农药进入人体的主要途径有3条：皮肤、消化道和呼吸道。不同的农药，进入人体的途径可能相同，也可能不同；同一种农药也可以有多种进入人体的途径。

5.1 农药通过皮肤进入人体

对于农药的生产、销售和使用人员来说，通过皮肤吸收是农药最常见的进入人体的途径。大部分农药都可以通过完好的皮肤吸收，而且吸收后在皮肤表面不留任何痕迹，所以皮肤吸收通常也是最易被人们忽视的途径。当皮肤有伤口时，其吸收量要明显大于完整皮肤的吸收量。农药制剂为液体或油剂、浓缩型制剂时皮肤吸收速度更快。

农药溶解在脂肪和汗液中，特别是有机磷农药，常常可以通过皮肤毛孔进入人体。如包装农药时接触农药、配制农药时接触农药、喷雾器泄漏、逆风喷药以及误入施药不久的农田等，农药都可以经过皮肤毛孔进入人体而引起中毒。尤其是夏天天气炎热时，皮温高，血液循环旺盛，皮肤更容易吸收药液。当皮肤损伤时，农药更容易进入人体。大量出汗，也能够促进人体对农药的吸收。

据统计，有75%以上的农药中毒事故是通过皮肤引起的。农药通过皮肤毛孔进入人体而引起中毒事故，一般是由于喷雾器泄漏、药液浸湿衣服，或由于逆风喷药、药液被吹到身体上，或药液溅到眼内，以及不按农药安全操作规程作业而发生中毒事故等。

农药通过完整皮肤进入人体的程度取决于在脂肪和水中溶解度的比值，即脂／水分配系数。通常认为，分配系数大的农药不容易透过皮肤进入人体，而分配系数小的农药则容易透过皮肤进入人体，也就容易引起中毒。某些有机磷农药如敌敌畏、乐果等有非常明显的皮肤吸毒性。农药透过皮肤的能力还与农药剂型有关，油剂、乳油类农药一般对皮肤都有较强的透过能力。

5.2 农药通过消化道进入人体

各种农药都可以通过消化道吸收进入人体，主要的吸收部位是胃和小肠，而且大多吸收得较为完全。经消化道吸收进入体内的农药剂量一般较大，中毒病情相对严重。

不管是由于什么作用，经口腔引起的农药中毒是在吞服了药剂以后发生的。除直接吞食农药外，这类情况多见于误服、误食受农药污染的食品，如食用喷施高毒农药不久的蔬菜、水果或因农药中毒死亡的禽兽、水产等。此外，喷药后不洗手就吃东西、喝水、吸烟等，都能使农药经消化道人体内引起中毒。有机磷杀虫剂经口腔大量进入到人体以后会很快被消化道的胃、肠等器官吸收而引起中毒，这种情况往往是急性的，而且中毒一般较重，危险性也较大。如果长期食用农药残留较高的农产品、农药积累较多的禽兽、水产品等，则会发生慢性的口服积累中毒。还有用装过农药的容器盛酒、装油，长期食用以后，也会使残留农药由口而入经消化道吸收引起中毒。

5.3 农药通过呼吸道进入人体

在喷洒和熏蒸农药时，或是使用一些易挥发的农药时，都可以经过呼吸道吸入进入人体。直径较大的农药粒子不能直接进入肺内，被阻留在鼻、口腔、咽喉或气管内，并通过这些表面黏膜吸收；只有直径为1～8微米的农药粒子才能直接进入肺内，并且被快速而完全地吸收进入体内。

呼吸道主要指鼻孔、气管和肺部等器官。很多粉剂、熏蒸剂和一些容易挥发出有毒蒸气的农药，大多数是经呼吸道进入人体而引起中毒的。如喷施超微粉粒和雾滴细小的农药，由于沉降速度慢，农药在空气中停留的时间长，或进行低容量甚至超低容量喷雾以及长时间包装农药，而又不按规定戴防毒面具或口罩，农药就容易随着人的呼吸进入体内，从而引起中毒。对高毒的有机磷农药来说，如果包装不严实而又存放在高温不通风的地方或者居住人的房间，由于挥发也容易引起中毒。从呼吸道吸入的农药中，要特别注意那些无臭、无味、无刺激性的药剂，因为这类农药不易被人所重视，中毒往往在不知不觉中发生。

第六节　农药对人体的危害

为了防治植物病虫害，全球每年有460多万吨化学农药被喷洒到自然环境中。据美国康奈尔大学介绍，全世界每年使用的400余万吨农药，实际发挥效能的仅1%，其余99%都散逸于土壤、空气及水体之中。环境中的农药在气象条件及生物作用下，在各环境要素间循环，造成农药在环境中重新分布，使其污染范围极大扩散，致使全球大气、水体(地表水、地下水)、土壤和生物体内都含有农药及其残留。

6.1　急性中毒作用

农药经口、吸呼道或接触而大量进入人体内，在短时间内表现出的急性病理反应为急性中毒。急性中毒往往造成大量个体死亡，成为最明显的农药危害。

农药进入人体后，首先进入血液，然后通过组织细胞膜和血脑屏障等组织到达作用部位，引起中毒反应。短期内摄入大量农药，尤其是有机磷农药，会引起急性中毒。有机磷是一种神经毒剂，其毒理作用是抑制体内胆碱酯酶，使其失去分解乙酰胆碱的作用，造成乙酰胆碱聚集，导致神经功能紊乱，出现一系列症状，如头昏、恶心、呕吐、流涎、呼吸困难、瞳孔缩小、肌肉痉挛、神志不清、大小便失禁等，如果不及时抢救，就会有生命危险。

6.2　慢性中毒作用

长期接触或食用含有农药的食品，可使农药在体内不断蓄积，对人体健康构成潜在威胁。

以有机磷农药为例，有机磷农药慢性中毒主要表现为血中胆碱酯酶活性显著而持久的降低。有机磷进入人体后，即与体内胆碱酯酶结合，形成比较稳定的磷酰化胆碱酯酶，使胆碱酯酶失去活性，丧失乙酰胆碱的分解能力，造成体内乙酰胆碱的蓄积，引起神经传导生理功能的紊乱，出现一系列有机磷中毒的临床症状。有机磷农药慢性中毒主要表现为血中胆碱酯酶活性显著而持久的降低，并伴有头晕、头痛、乏力、食欲不振、恶心、气短、胸闷、多汗，部分病人还有肌束纤颤等症状。有机氯农药慢性中毒，主要表现为食欲不振、上腹部和胁下疼痛、头晕、头痛、乏力、失眠、噩梦等。接触高毒性农药(如氯丹和七氯化茚等)会出现肝脏肿大，肝功能异常等症状。

6.3　致癌、致畸、致突变问题

农药的致癌性、致畸性、致突变(即"三致")问题越来越引起人们的高度重视。

有关农药的这些作用已有一些报道。虽然有些研究是在大剂量和短时间作用下获得的，并不能真正代表外环境中农药(低浓度和长时间作用)的效应，但如果试验证实某种农药具有致畸、致突变和致癌作用，则说明这种农药对人类健康毕竟是潜在的威胁。关于致突变和致畸方面的研究，值得提及的有：按每公斤体重用80毫克的滴滴涕对大鼠进行显性致死突变试验，结果为阳性。用滴滴涕的代谢产物对中国田鼠进行实验，结果引起染色体畸变。对有机磷农药的研究也表明，敌百虫、敌敌畏和乐果对动物都有致突变作用。内吸磷、倍硫磷和二嗪农对动物都有致畸作用。在氨基甲酸酯类农药方面，西维因对豚鼠和狗都有致畸作用。某些农药是否致癌尚无定论，试验结果也不一致。例如，有关滴滴涕致癌性的动物实验，有的表现出有致癌作用，有的无致癌作用，还有的表现出抗癌作用。日本长崎弘等用含六六六的饲料喂养小鼠，当饲料中含 660 ppm 时，全部小鼠都诱发出肝癌。美国 K. J. 戴维斯等也发现，用 10 ppm 的艾氏剂或狄氏剂喂养小鼠，为期 2 年，小鼠也诱发了肝脏肿瘤。有机磷农药的致癌作用，目前尚难肯定。

国际癌症研究机构根据动物实验确证，18 种广泛使用的农药具有明显的致癌性，还有 16 种显示潜在的致癌危险性。据估计，美国与农药有关的癌症患者数约占全国癌症患者总数的 10%。目前我国颁布了 5 批农药安全使用标准，规定 10 类农药禁止在农业上使用。其中二溴氯丙烷可引发男性不育，对动物有致癌、致突变作用。三环锡、特普丹对动物有致畸作用。二溴乙烷可使人、畜致畸、致突变。杀虫脒对人有潜在的致癌威胁，对动物有致癌作用。

现已证明：癌和农药之间有联系。哪些农药是潜在性的致癌剂呢？主要是苯氧除草剂和相关化合物，农药杂质二噁英，砷化物，有机氯农药，如滴滴涕等。进一步搞清楚到底还有哪些农药是潜在性的致癌物是非常热门的题目。一方面是作案例研究，一方面是流行病学研究。调查的对象集中于种地的农民。过去认为，农民日出而起，日入而息，锄禾日当午，体魄健康，农民的总死亡率要比其他工人低得多。但现在情况不同了。农民患癌症的风险正日益增加，不能不说农药起着坏作用。另外，农民人多，但劳动保护意识和保护能力都较差，暴露机会大，问题严重。解决了农民问题，其他问题就好解决了。

6.3.1　农药致癌

流行病调查表明：与农村有关的癌症风险正在增加，特别是白血病、骨髓瘤和淋巴瘤。这点可能是农村卫生条件差，微生物病毒和农药暴露协同作用造成的。因为，家禽牲畜圈中会产生某种病毒，它们也能导致白血病和骨髓瘤。还有流行病学调查显示：农民患恶性脑瘤，死亡率较高；患睾丸癌的风险也在增加。

某医生收集了 7 个患间质瘤的病人案例，发现有 5 个病人平时大量接触苯氧基除草剂。某医院接诊过 207 个农民患者，其中有 6 位患癌症，他们每年暴露于各种除草剂起码 45 天以上；有一种农药叫杀草强，也有致癌能力，经常暴露于杀草强的易患癌症。

某医生作了软组织肉瘤的案例研究。有些苯氧基除草剂，如 2, 4, 5 - 涕，2, 4 - 滴和 2 甲 4 氯（2 - 甲基 - 4 - 氯苯氧乙酸）被认为是可疑的致癌因子。将长期接触以上农药的人与不接触以上农药的人对比，前者患软组织肉瘤的人是后者的 5.7 倍。但是在许多情况下，人不是暴露在单一农药之中。例如 2, 4 - 滴常杂有极少量的二噁英，而二噁英是著名的强致癌物。

另一医生作了恶性淋巴瘤的案例研究。常接触苯氧基除草剂的人患恶性淋巴瘤的风险是常人的 5.3 倍。而常接触苯氧基除草剂的人患恶性淋巴瘤和软组织肉瘤的风险比常人提高了 5 ~ 6 倍。如果某个农民每年暴露于除草剂农药中若干天，其身体长淋巴瘤的相对风险将明显增加。例如，当其暴露于除草剂中每年超过 20 天时，长淋巴瘤的相对风险增加了 6 倍。经常本人配制和使用除草剂的农民患淋巴瘤的相对风险为不是农民的 8 倍。长淋巴瘤风险的增加与经常触及苯氧基乙酸除草剂，如 2, 4 - 滴，有密切关系。

无论是苯氧基除草剂，还是它们所含的杂质二噁英，都不能完全确切地被认为是人体致癌的起因。有个别案例很有意思，其结果与上面完全不同。在此案例中，所用实验方法和实验规模与上面实验等同，却发现：农民长期接触苯氧基除草剂后，其淋巴位置、软组织位置并未发现占位性癌风险在增加。

为什么会出现彼此矛盾的两种结论呢？原因之一可能是调查对象所接触的除草剂中，所含二噁英的数量不同所造成的。前者案例中所用苯氧基除草剂中所含二噁英较多，实际上调查对象既暴露于两种致癌剂之中；而后者，因除草剂中二噁英含量很少，实际上仅暴露于一种致癌剂之中，还要考虑二噁英的致癌能力要比苯氧基除草剂强得多。另一个原因是调查的地理位置和气候条件不同，从而喷洒农药的持续时间不同：后者平均超过 3 个月，前者仅为 2~3 个月，因而后者调查对象可能在短时间内吸附较高剂量的除草剂。所以说：苯氧基除草剂和它们所含的杂质二噁英，可被认为是人体产生某些癌的起因，但还不能完全确认。

目前认为与长期接触农药有关的癌症中，证据最多的是淋巴癌、骨髓瘤、白血病和软组织肉瘤。但是也有证据表明：长期接触农药的农民也能患其他种类的癌。有两项流行病学调查显示长期接触农药的农民肝癌发生率明显地高。还表明这种风险增加与调查对象是否吸烟无关，吸烟因素可以排除。接触农药历史愈长的愈易于长肝癌。

砷化物是潜在性的强致癌剂。怀疑它有致癌作用已达一个世纪之久了。因此，今日已很少应用砷化物作为农药应用。流行病学调查说明了有长期暴露于砷化物农药历史的人易得呼吸系统癌症，如鼻癌、肺癌等。存在有较为确切的因果关系。

说明农药和消化系统及泌尿系统癌的因果关系的证据还不多。有案例表明：长期接触农药的农民结肠癌的发生风险略有增加，但不具有统计显著性。然而另一案例却发现时不时接触二噁英的人患胃癌较多。有案例报道：有很长接触橙试剂历史的人患肾癌死亡的居多。还有案例报道：长期使用杀菌剂安妥与其易患膀胱癌有联系，因此目前已很少使用安妥了。

6.3.2　农药对生殖效应的影响

研究农药对人的生殖能力和胎儿发育的影响，原则上来说，要比研究农药是否致癌，进行起来要简单得多。这是因为产生这种效应所需的暴露时间要比产生致癌效应所需的暴露时间短得多，也因为鉴别出生殖效应异常，如精子数目减少、精子活力不够、畸胎、死胎等，要比发现占位癌变时间要短得多，要从处于农药暴露引起健康危害风险的人群中找出哪些人生殖效应异常要比找出哪些人长癌要容易得多。

我们知道吸烟对人体健康有危险，要承担着看得到的风险。因吸烟而致癌一般出现在20年吸烟史之后，而孕妇几年吸烟史就可能产生怪胎，或生出残疾婴儿。农药的情况与之类似。因此，社会公众更应关切农药对生殖效应的影响。

然而研究农药对人体生殖效应的案例不如研究其致癌效应的案例多。现已知道：仅有几种化学品，如汞、铅和反应停（酞胺哌啶酮）等对新生儿缺陷呈阳性。许多有关农药对生殖效应的影响研究仅有动物实验数据，结论是由动物实验推导而出的。有 35 种以上农药可能对动物的生殖系统变更有阳性影响。这些农药包括艾氏剂、苯菌灵、克菌丹、西维因、狄氏剂、地乐酚、碘苯腈、林丹、代森锰和百草枯等。

二溴代氯丙烷是一种农药，用于熏蒸土壤，杀灭线虫等害虫，但该农药对人体也有削弱生殖能力的作用。有趣的是，长期接触该农药的男性农民长期夫妻生活不协调，结果是妻子怀不了孕，等于服了避孕药。这对于眼巴巴地盼着子女出生的年轻夫妇，无疑是莫名其妙的当头一棒！

流行病学调查表明：几乎一半长期接触该农药的农民精子数量比正常人要少，约少于正常人精子数的10%。进一步流行病学调查证实：暴露于该农药的时间长短和暴露的程度直接关系到精子数量减少。还有案例显示如果男人长期暴露于该农药中，其妻子生女儿多。但没有研究显示，如果女人长期暴露于该农药之中，其子女是儿子多，还是女儿多。美国某生产二溴氯丙烷的工厂部分男职工患不育症，无精子或精子少。工人诉诸于法院，工厂因此停产关门。

6.3.3　农药与畸胎

近年来，畸胎发生率明显增加。诸如，生下孩子，缺胳膊少腿、蹼手、六指等四肢缺陷；还有的孩子，无外耳、豁嘴、裂腭等面部缺陷，愈来愈容易碰到。这到底和农药愈来愈频繁地使用有没有关系呢？应该说，这主要取决于农村妇女接触农药的情况。

实际上，农村妇女在田间劳动和家庭居室接触农药的情况是不同的。居室会被农药污染，但浓度会比田间喷洒时的浓度要低得多；居室要比田间密闭，污染要持续时间更长；此外，人在居室中生活的时间要比田间工作的时间要长。因此，居室内接触农药更具有低浓度长时间暴露的特点。有的流行病调查表明：母亲经常在田间从事繁重的农业劳动，怀怪胎的风险并未增加，但长期居住在被农药污染的居室环境中怀怪胎的风险却在增加。还有的流行病学调查表明：在农业活动频繁的区域内，不管是在居室环境还是田间劳作，长期接触农药的妇女怀长豁嘴和裂腭的胎儿的发生率比其他区域高；经常在田间劳作的妇女，风险较大。

其实怪胎现象不能全怪孩子的母亲。以前，科学不发达，把怪胎视为不祥之物，把责任归咎于母亲。以至，生了肢体缺陷的婴儿之后，母亲在家庭的地位日渐低下。宋朝的"狸猫换太子"的故事，就是利用怪胎的现象，设计加害于皇妃，进行了宫廷政变。

流行病调查表明：怪胎也和父亲工作环境是否长期接触农药有关。如他是农民，或者是园丁，他的后代胎儿肢体缺陷，如脊骨劈裂、面部撕裂的发生率明显地高于从事其他职业的父亲的后代的情况。可能在卵子与不健全的精子受精时，已经埋下了畸胎的祸根。长期接触苯氧基除草剂的父亲对下一代的间接影响如畸胎或胎儿肢体有缺陷等也正在调查之中，有人怀疑，但还缺乏证据证明这一点。

6.4　对神经系统的作用

农药对神经系统的作用，主要是通过对有机磷农药的研究获得的。有机磷农药急性中毒，除出现前述常见症状外，还可引起患者中枢神经系统功能失常，出现共济失调、震颤、嗜睡、精神错乱、抑郁、记忆力减退和语言障碍等。

6.5　在人体内蓄积作用

有机氯农药的脂溶性决定了它们在人体脂肪中的蓄积作用。1966 年美国小 W·J·海斯等曾对美国各地居民体脂中滴滴涕的含量进行过调查研究，发现每个居民体内都蓄积有数量不等的滴滴涕，居民体脂中的滴滴涕及其代谢产物在 60 年代的平均蓄积水平达 8 ppm。1969 年 W·F·杜勒姆的研究表明，由于印度大量使用滴滴涕扑灭疟疾，居民体脂中的滴滴涕竟高达 16 ppm，滴滴涕的代谢产物高达 10 ppm。有机氯农药在人体内的蓄积是世界性的，在体内蓄积的远期影响尚待进一步研究。

6.6　对酶类的影响

许多有机氯农药可以诱导肝细胞微粒体氧化酶类，从而改变体内某些生化过程。此外，有机氯农药对其他一些酶类也有一定的影响。艾氏剂或狄氏剂可使大鼠的谷－丙转氨酶和醛缩酶的活性增高。滴滴涕对 ATP 酶有抑制作用。有机磷农药进入人体后，即与体内的胆碱酯酶结合，形成比较稳定的磷酰化胆碱酯酶，使胆碱酯酶失去活性，丧失对乙酰胆碱的分解能力，造成体内乙酰胆碱的蓄积，引起神经传导生理功能的紊乱，出现一系列有机磷农药中毒的临床症状。

6.7　对内分泌系统的影响

有机氯农药在这方面的影响，曾有不少报道。如滴滴涕对大鼠、鸡、鹌具有雌性激素样作用。研究表明，当滴滴涕剂量为每日每公斤体重 4 毫克时，可引起狗的肾上腺皮质萎缩和细胞蜕变。

6.8　对免疫功能的影响

有机氯农药对机体的免疫功能有一定的影响。用滴滴涕对家兔作实验，发现机体形成抗体的能力明显降低。应用每公斤体重为0.5毫克剂量的滴滴涕时，发现白细胞的吞噬活性和抗体形成均明显下降。有机磷农药对免疫功能的影响，主要表现在两个方面：一方面是某些农药可使机体发生致敏作用。这是由于某些有机磷化合物具有半抗原性，它们可与体内蛋白质等结合成为复合抗原，从而产生抗体，使机体发生过敏反应而损害机体健康。另一方面是某些农药本身具有免疫抑制作用。例如，敌百虫可使受试动物的网状内皮系统的吞噬功能下降，从而降低机体的抵抗力。

6.9　对生殖机能的影响

有机氯农药对生殖机能的影响主要表现在使鸟类产蛋数目减少、蛋壳变薄和胚胎不易发育，明显影响鸟类的繁殖。此外，有机氯农药对哺乳动物的生殖功能也有一定影响。有机磷农药如敌敌畏和马拉硫磷就能损害大鼠的精子；敌百虫和甲基对硫磷能使大鼠的受孕和生育能力明显降低。

第五章　农药残留

　　人们在解决吃得饱的问题之后，吃得好、吃得放心、吃得安全、吃得科学便成了人们的追求。在这个食品安全的敏感时代，食品行业的任何风吹草动都会令消费者谈食色变。近日，某国际环保组织发表的一份关于茶叶农药残留的检测报告，再一次把茶叶行业推到了食品安全的"风口浪尖"，人们"谈茶色变"。不少茶客惊呼：喝一口铁观音，17 种农药下肚，谁还敢喝茶！随着一些媒体的大肆渲染和跟风炒作，名茶深陷"农残门"事件已是危言耸听。一旦食品安全、农产品安全出现问题，农药必然会遭到"审判"。由此看来，农药残留及相关问题很有必要探讨一番。我们应该懂得科学、尊重科学、相信科学，不要人云亦云、捕风捉影。面对一些不知所云的问题，我们必须科学对待。在现实生活中，我们要做科学的聪明人，不要成为被他人轻易忽悠的傻瓜。

　　使用农药能增产，为其利；使用农药污染土壤，污染饮用水，食物中有农药残留，有损于公众健康，产生健康风险，为其弊。利弊权衡和兴利除弊是当前化学品对环境影响的中心问题。

　　20 世纪 60 年代，我国农村普遍使用有机氯农药，如六六六和滴滴涕。1983 年我国禁用了有机氯农药，但是由于有机氯农药非常难以降解，10 年之后，在土壤中仍有残留。例如，宁波地区 1993—1994 年对农药残留量进行了调查和取样监测，结果如表 5 - 1 ~ 表 5 - 3。

　　有人会问：我们能够远离农药吗？我们能够不使用农药吗？不用农药生产食品难上加难！目前，播种要用农药拌种，农田管理、除草要用农药，杀虫、灭菌要用农药，生长调节要用农药，食品运输存储、保鲜要用农药，灭鼠要用农药。因此，远离和不使用农药是不现实的！

表 5 - 1　不同农田土壤中六六六和滴滴涕农药残留(单位：毫克/千克)

土壤名	六六六	检出率/%	滴滴涕	检出率/%
菜地土壤	0.0064	100	0.2654	100
果园土壤	0.0150	100	0.7282	100
茶园土壤	0.0113	100	0.0019	83.3
旱粮土壤	0.0019	42.1	0.3089	100
水稻土壤	0.0003	21.1	0.0677	100

表 5-2　不同类型土壤中有机氯农药残留量(单位：毫克/千克)

土壤类型	六六六	滴滴涕
滨海地区土壤	0.0250	1.3130
山区半山区土壤	0.0130	0.0020
平原地区土壤	0.0060	0.2650

表 5-3　不同农产品中六六六和滴滴涕农药残留(单位：毫克/千克)

产品名	六六六	检出率/%	滴滴涕	检出率/%
蔬菜	0.0023	86.8	0.0032	72.4
水果	0.0057	100	0.0005	12.9
茶叶	0.0035	100	0.0018	54.6
粮食	未检出		未检出	

　　俗话说，习惯成自然，各个环节防不胜防。更何况用了农药的确能提高产量和避免损失，有立竿见影之效。目前我国蔬菜、水果和粮食农药超标率平均为 22.15%、18.79% 和 6.2%。问题相当严重。许多人幻想回到古代的自然耕作方式，手工捉虫、手工除草、人工管理。时代不同了，现在有谁愿意干呢?! 又有谁干得过来呢? 看来返璞归真说来容易做起来难!

　　市售畜产品为何含有农药残留? 十余年前，曾对市场零售猪肉、牛肉和羊肉作农药残留检测。发现有滴滴涕的代谢产物还有农药林丹等残留。我国猪肉和家禽肉也检测出有机氯农药残留。专家认为市售羊肉含农药残留可能来自用农药为牲口圈消毒。

　　就连我们常用的土豆也有农药残留。对土豆作过农药残留测定：67 个产品中有 34 种四氯硝基苯残留超标。四氯硝基苯是一种杀菌剂和去芽剂。杀菌利于防病保鲜储存; 土豆芽含生物天然毒素，去芽有助于土豆食用卫生。除了四氯硝基苯残留之外，还发现了农药安定磷的残留。有趣的是，土豆的农药残留主要在土豆皮上。

　　有人认为，只要我们一贯坚持吃"健康食品"，就能保持身体健康。"健康食品"真的有益于健康吗? 近年来，吃含高纤维的粗粮之风日盛，吃面包专挑黑面包吃。吃粗粮可能获得较多的维生素，也利于消化和排便，但从农药残留观点来看，却很不利。我们假设加工前的麦粒含农药残留水平为 1; 白面的农药残留仅为 0.3; 黑面即全面粉的农药残留为 0.6; 而麦麸的农药残留却为 3~4 倍。看来凡事均有利与弊，不可专听信一面之词。

　　那啤酒是怎样的呢? 酿造啤酒的原料是大麦，它的农药残留在酿造过程中也转入啤酒之中。啤酒中也检测到有机除草剂，但是超标的不多。

　　水果又是怎样的呢? 水果在采摘之后，要用杀菌剂和抗氧化剂处理，以保鲜和防腐。特别是苹果和梨，时间长的能保存到第 2 年的夏季，直到西瓜下市，保鲜和防菌病就显得至关重要。一般情况下仅皮上有农药残留，但在某些情况下也能进入水果的果肉内。

　　豆类和坚果类呢? 近年来，由于心血管病死亡率抬头，素食主义者日众。不吃肉，就得从豆类补充蛋白质。素食主义者的食品并不保险，如豆子、草茶、蜂蜜、花生黄油、植物油等，经分析也含农药残留，如发现含有杀菌剂溴甲烷的残留。其他的例子有，从扁豆中测到安定磷的残留; 从覆盆子茶中测到抑菌素的残留; 从绿豆中测到五氯硝基苯的残留。健康食品也含有不健康因素。

有许多途径使食物包含有毒物质：农药残留仅是可能性之一。为了食品保鲜向食品添加防腐剂，防腐剂对人体健康也是不利的；为了调味向食品中掺杂添加剂，如糖精、着色剂、颜料，对人体健康也有副作用；还有为了使鸡鸭快长，喂饲激素，肉类所含激素残留，造成青少年性早熟，严重影响发育；还有其他环境污染物，如奶类产品中的二噁英，罐头产品带有铅等等。这些都危及人类健康。

某些食物，如土豆、杏仁本身也能产生生物毒素，从而带来风险。我国农牧产品中残留的农药可分为重金属铅、砷和汞等，有机氯，有机磷，溴甲烷和生长调节剂大果灵、瘦肉精及肥鸡粉等几大方面，见图 5-1。

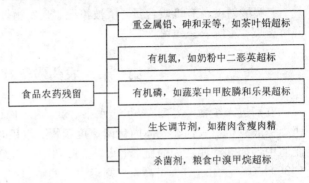

图 5-1　食物农药残留情况

时代在进步，科学在普及，通过各种媒体的有关宣传，公众对食品被农药污染的严重性已经有所认知。实际上受农药污染主要食物是水果、蔬菜和茶叶。就我国具体情况而言，以对十字花科、茄科和葫芦科的蔬菜如白菜、韭菜和黄瓜问题最大。

我国消费者协会曾作过社会调查，问卷为：你如何看待在水果、蔬菜和粮食生产过程中使用农药？74%的调查对象认为新鲜水果和蔬菜，由于农药的使用，将含有残留的化学品和农药，会严重危及群众健康；62%的调查对象认为：今后我将密切注意食品残留化学品对健康的影响；79%的调查对象认为：市场出售新鲜水果和蔬菜应贴专门的标签，指明该食品曾接触过何种化学品，使人放心；38%的调查对象非常担心他们吃的食品可能为农药或其他有毒化学品所污染；73%的调查对象强烈要求少用农药，甚至买价格贵点的无农药绿色食品也在所不惜。人们期待无农药残留的真正健康食品！

前几年时有耳闻，茶叶因铅和六六六超标出口不让进港，转为内销；鸡肉也因为农药残留超标被日本退了回来。还听说中草药因农药超标被退回，蜂蜜和蜂王浆因农药超标转内销。

新闻媒体曾经炒作"欧陆市场封杀了中国酱油"。原因就是中国酱油中农药氯丙醇超标。氯丙醇属于毒性很高的化学品，无论口服、吸入和皮肤接触都可使人中毒，大鼠经口半致死量为 220 毫克/千克。用含氯丙醇的酱油炒菜，氯丙醇在高温下可分解为有毒气体，刺激眼睛和皮肤。

近几年来，"毒豇豆"、"毒韭菜"、"毒西瓜"、"毒茶叶"、"毒生姜"等接连出现，导致人们谈药色变。

这些违规甚至违法使用农药所造成的恶性事件使人想到，现在我国已加入 WTO，再不加强农药使用管理，既难于出口，在国际市场上很难与他国竞争，也难于在国内市场上对抗他国进口农产品的倾销，这实在是火烧眉毛了。我们应有足够的思想准备和有效措施，对付"贸易环境壁垒"，避免产生重大的经济损失。

没有农药残留的食品甚少。农药残留并不可怕，只要食品中农药残留不超标，就是安全的，也就可以放心大胆食用。

第一节　农药残留的概念

农药残留是指农药使用后一段时期内没有被分解而残留于生物体、收获物、农药残留土壤、水体、大气中的微量农药原体、有毒代谢物、降解物和杂质的总称。施用于作物上的农药，其中一部分附着于作物上，一部分散落在土壤、大气和水体等环境中，环境残存的农药中的一部分又会被植物吸收。残留农药直接通过植物果实或水、大气到达人、畜体内，或通过环境、食物链最终传递给人、畜。导致和影响农药残留的原因有很多，其中农药本身的性质、环境因素以及农药的使用方法是影响农药残留的主要因素。农药的内吸性、挥发性、水溶性、吸附性直接影响其在植物、大气、水体、土壤等周围环境中的残留。温度、光照、降雨量、土壤酸碱度及有机质含量、植被情况、微生物等环境因素也在不同程度上影响着农药的降解速度，影响农药残留。

第二节　农药残留对人体的危害

农药进入粮食、蔬菜、茶叶、水果、鱼、虾、肉、蛋、奶中造成食物污染，危害人体的健康。一般有机氯农药在人体内代谢速度很慢，累积时间长。有机氯在人体内残留主要集中在脂肪中。如滴滴涕在人的血液、大脑、肝和脂肪组织中含量比例为 $1:4:30:300$；狄氏剂为 $1:5:30:150$。食用含有大量高毒、剧毒农药残留引起的食物会导致人、畜急性中毒事故。长期食用农药残留超标的农副产品，虽然不会导致急性中毒，但可能引起人和动物的慢性中毒，导致疾病的发生，甚至影响到下一代。

如果未按照安全使用规定施用农药和进行农产品采收，或违反相关规定使用高毒农药，农产品就会有农药残毒，就会对食用者身体健康造成危害，严重时会造成身体不适、呕吐、腹泻甚至导致死亡的严重后果。我们常见的农药残留主要有两种形式：一是附着在蔬菜、水果的表面，另一种是在蔬菜、水果的生长过程中，农药被吸收，进入其根、茎、叶中。与附着在蔬菜、水果表面的农药残毒相比，内吸性农药残毒危害更大。残留的主要农药品种为有机磷农药和氨基甲酸酯农药。这些农药对人体内的胆碱酯酶有抑制作用，能阻断神经递质的传递，造成中毒。据报道：果蔬残留农药会对人体造成急、慢性中毒，导致癌症、畸形、突变等危害。农药残留虽然对人体构成一定危害，但人们大可不必"谈药色变"。"农药残留"和"农药超标"是不同的概念，检测出农药残留不等于就有危害。以茶叶为例，我国人均饮茶量每天不足 10 克，加之大部分农药不溶于水，即使茶叶中有少量的农药残留，泡出的茶汤中农药含量会极低，通过饮茶摄入的农药更是在安全范围内，不会对人产生健康风险。茶中的农药残留是否会对人体健康有害，要视量而定。只要茶中农药的残留是符合国家标准的，就不会影响人体健康，消费者不用过于"担心"，茶客们大可不必"望茶生畏"。

第三节　农药残留的其他影响

目前使用的农药，有些在较短时间内可以通过生物降解成为无害物质，但有些则是残留性强的农药。根据残留的特性，可把残留性农药分为三种：容易在植物机体内残留的农药称为植物残留性农药；易于在土壤中残留的农药称为土壤残留性农药；易溶于水，而长期残留在水中的农药称为水体残留性农药。残留性农药在植物、土壤和水体中的残存形式有两种：一种是保持原来的化学结构；另一种以其化学转化产物或生物降解产物的形式残存。残留在土壤中的农药通过植物的根系进入植物体内。不同植物机体内的农药残留量取决于它们对农药的吸收能力。不同植物对艾氏剂的吸收能力为：花生 > 大豆 > 燕麦 > 大麦 > 玉米。农药被吸收后，在植物体内分布量的顺序是：根 > 茎 > 叶 > 果实。农药残留会直接影响农产品的质量。

由于不合理使用农药，超量、频繁使用农药特别是除草剂，导致药害事故频繁发生，经常引起大面积减产甚至绝产，严重影响了农业生产。土壤中残留的长残效除草剂是其中的一个重要原因。农药残留会直接或间接影响农产品的产量。

农药在使用过程中通过挥发、水溶、漂移等多种形式进入河流、湖泊、海洋，造成农药在水生生物体中的积累。在自然界的鱼类机体中，含有机氯杀虫剂相当普遍。农药残留对水体和水生生物有一定的影响。

鉴于上述影响，几乎所有农药对人畜和环境生物都会有一定的毒性，各国政府及联合国粮农组织和世界卫生组织（FAO/WHO）的国际食品法典委员会（CAC）都对农产品以及加工食品中的农药残留作出了限量规定，这就是农药最高残留限量（MRL）。世界卫生组织和联合国粮农组织（WHO/FAO）对农药残留限量的定义为：按照良好的农业生产（GAP）规范，直接或间接使用农药后，在食品和饲料中形成的农药残留物的最大浓度。首先根据农药及其残留物的毒性评价，按照国家颁布的良好农业规范和安全合理使用农药规范，适应本国各种病虫害的防治需要，在严密的技术监督下，在有效防治病虫害的前提下，在取得的一系列残留数据中取有代表性的较高数值。它的直接作用是限制农产品中农药残留量，保障公民身体健康。世界各国，特别是发达国家对农药残留问题高度重视，对各种农副产品中农药残留都规定了越来越严格的限量标准。在世界贸易一体化的今天，农药最高残留限量也成为各贸易国之间重要的"技术壁垒"，由此限制农副产品进口，保护农业生产者利益。2000 年，欧共体将氰戊菊酯在茶叶中的残留限量从 10 毫克/千克降低到 0.1 毫克/千克，使我国茶叶出口面临"严峻的挑战"。

第四节　农药残留的检测技术

我国是农业大国，但由于人们对农药的不合理使用，导致农产品中农药的残留量越来越高，严重影响了农产品的出口贸易和人们的生命健康。目前，各国政府都认识到农药残留的危害性，并制定出最大残留量来限制和规范农药的使用，农业部相继颁发《农药安全使用标准》、《农药合理使用准则》的法规。

长期以来，仪器分析法在农药残留检测中都占有重要地位。随着微电子、计算机和化学分析技术的不断发展，农药残留检测技术已进入一个新阶段，不仅省时省力，而且快速、灵敏、准确，可以随心所欲地进行微量或痕量分析。农药残留的检测技术越来越发达，也越来越科学，我们主要介绍如下几种：

4.1　气相色谱技术

4.1.1　气相色谱法（GC）

气相色谱法是一种简便、快速、高选择性、应用范围广的现代分离技术，分析对象是气体和可挥发物质。气相色谱法是检测有机磷的国家标准方法，具有定性、定量、准确和灵敏度高等特点，且依次可以测定多种成分。

目前，气相色谱法已由过去以填充柱为主转到以毛细管为主。但是，对于沸点高或热稳定性差的农药，不能应用气相色谱法进行分离检测，需要进行衍生化法处理后再进行气相色谱法分离检测，衍生化的目的是降低其沸点或提高其热稳定性，这样就增加了样品前处理的难度，使其应用范围受到一定程度的限制。因此，气相色谱法在农药残留分析中的通用性并不强。由于样品前处理会带来一些干扰物，所以气相色谱法一般采用选择性检测器。由于一种检测器仅能对一种或几种原子或官能团响应，因而不同类型的农药的检测常常采用不同类型的检测器。常用的检测器有电子捕获检测器（ECD）、火焰光度检测器（FPD）、氮磷检测器（NPD）、质谱检测器（MSD）、电解传导检测器（ELCD）和原子发射光谱检测器（AED）等。

4.1.2　气相色谱－质谱联用法（GC－MS）

气相色谱－质谱联用法是指气相色谱议和质谱的在线联用技术，可以用于农药单残留或多残留的快速分离与定性。该方法具有应用范围广、准确、灵敏度高、快速、相对成本低等优点。目前,气相色谱 - 质谱联用法已用于多种蔬菜样品的农药残留分析。

气相色谱 - 质谱联用法是目前常用的农产品农药残留分析方法,现已逐步向小型化、自动化、高灵敏度趋势发展。气相色谱 - 质谱联用法既发挥了色谱的高分离能力,又发挥了质谱的高鉴别能力。低分辨气相色谱 - 质谱联用法主要是四极杆质谱和离子阱质谱,高分辨仪器主要是飞行时间质谱和扇形场质谱等。我国已颁布了国家标准用气相色谱 - 质谱联用法来测定蔬菜水果等农产品中的多残留农药;美国有报道探讨了果蔬中多农药残留的气相色谱 - 质谱联用法分析方法。

4.2 液相色谱技术

4.2.1 高效液相色谱法(HPLC)

高效液相色谱法是指流动相为液体的色谱技术,它是现代农药残留分析不可缺少的重要手段。它能对气相色谱发不能分析的高沸点或热不稳定的农药进行有效的分离检测。一般来说,高效液相色谱法在进行农药残留分析时一般以甲醇等水溶性溶剂作流动相的反相色谱。高效液相色谱法的流动相参与分离机制,其组成、比例、酸碱度等可以灵活调节,这样更利于分离。高效液相色谱法连接的检测器一般为紫外吸收(UV)、质谱(MS)、荧光、二极管阵列检测器(AED)以及电化学检测器。

高效液相色谱法在技术上采用高压泵,高效固定相和高灵敏度检测器,使分析速度快,分离效率高,操作自动化,解决了热稳定性差,难于气化,极性强的农药残留分析问题。它分为4种主要类型:液固吸附色谱法(LSC)、液液分配色谱法(LLC)、离子交换色谱法(LEC)和空间排阻色谱法(SEC)。

4.2.2 液相色谱 - 质谱联用法(LC - MS)

液相色谱 - 质谱联用法与气相色谱 - 质谱联用法相比较,大部分的农药可用气相色谱 - 质谱联用法检测,但对于高极性、热不稳定性或难挥发的大分子有机化合物则难以使用气相色谱 - 质谱联用法进行检测,而液相色谱 - 质谱联用法则不受沸点的影响,对热稳定性差的农药也能进行有效分离、分析。

液相色谱 - 质谱联用法可以对那些没有标准样品的物质作定性分析,而且具有良好的灵敏性和选择性、几乎通用的多残留检测能力以及进行阳性结果的在线确证和简化样品检测前净化过程等优点,但液相色谱 - 质谱联用法使用的仪器相对比较昂贵,而与常规分析方法相比需要更高的专业技能培训。目前,液相色谱 - 质谱联用法用于蔬菜中多残留农药的检测也有不少研究报道。由于质谱法可以提供物质的一些结构信息,液相色谱 - 质谱联用法能够分析比较复杂的样品,是农药残留分析中很有力的一种方法。但是,高效液相色谱法与质谱法的接口技术还不是十分成熟,而且仪器价格昂贵,在农药残留的常规分析中应用不是很多。随着科学技术的日新月异,液相色谱 - 质谱联用法在不久的将来也许会得到广泛应用。

4.3 超临界流体色谱法(SFC)

超临界流体色谱法是以超临界流体(常用二氧化碳)作为色谱流动相的色谱技术,可在较低温度下分析分子量较大,对热不稳定的农药,它同时具有气相色谱法和高效液相色谱法的优点,且克服了各自的缺点,可与大部分气相色谱法和高效液相色谱法的检测器连接,是农药检测最具潜力和发展力的技术之一。

也就是说,超临界流体色谱法可以看做是气相色谱法和高效液相色谱法的杂交体。它可以在较低温度条件下发现分子量较大及对热不稳定的物质,许多在气相色谱法和高效液相色谱法上需要衍生化才能分析的农药,都可以用超临界流体色谱法直接测定,还可以灵活使用各种色谱柱,成为一种强有力的农药分离和检测手段。在分析中还可以结合临界萃取法(SFE)使用,这样可以节省分析时间,还可以使分析结果更准确。

4.4 毛细管电泳法(CE)

毛细管电泳法适用于难以用传统的液相色谱法分离的离子化样品的分离与分析。其操作简便,具有高灵敏度、分离度高、分析速度快和使用范围广等特点。毛细管电泳法用于农药原药、制剂及残留的分离分析。国内起步较晚,国外同行在这一领域已做了大量研究工作,其中尤以各种除草剂的分离、单种农药制剂及复合农药的有效成分含量测定报道居多。

4.5 农药残留速测技术

常规的农药检测仪器分析方法均存在着样品前处理复杂、仪器昂贵、对技术人员要求高等问题,不能满足样品现场快速检测的要求。因此,单靠这些传统检测技术,在财力、人力上都是一种浪费。人们迫切需要开发用于农药残留的快速、廉价的实用检测技术。目前广泛应用的速测方法有免疫分析法、酶抑制法、酶联免疫吸附测定法、生物测定法和生物传感器等。

4.5.1 免疫分析法(IA)

免疫分析法是以抗原和抗体特异性可逆性结合反应为基础的分析方法。由于抗体是专为抗原产生的,专一性及亲和力强,所以方法也就灵敏。免疫分析法分类方法较多,按标记技术的不同可分为酶标记免疫分析、荧光标记免疫分析、化学发光免疫分析、生物发光免疫分析等;按反应体系物理状态的不同可分为均相免疫分析和非均相免疫分析。

免疫分析法具有特异性强、灵敏度高、方便快捷、分析容量大、分析成本低、安全可靠、操作简单、对提取净化的要求不高等特点,因此适宜于农药残留的现场分析。但它存在局限性,应用免疫分析法一次只能测定一种化合物,很难同时分析多种成分。

4.5.2 酶抑制法

酶抑制法是利用有机磷和氨基甲酸酯农药对酶具有抑制作用这一原理来测定其含量。将酶与样品混合反应,若试样中没有农药残留或残留量极少,酶活性不被抑制,基质被水解,再加入显色剂后显色;反之酶活性被抑制而不会显色。它具有操作简便、快速等优点,特别适合现场检测和大批量样品筛选,容易推广普及,主要应用于蔬菜、水果和农产品中有机磷和氨基甲酸酯类农药残留检测。根据酶的种类不同,主要分为胆碱酯酶抑制法和植物酶抑制法。

4.5.3 酶联免疫吸附分析法(ELISA)

酶联免疫吸附分析法是基于抗原抗体特异性识别和结合反应为基础的分析方法。酶标记农药和待测农药因竞争载体上的抗体而发生结合反应,形成抗体复合物,吸附到载体上的酶标记农药的量与待测农药的含量成反比。在一定底物的参与下显色,进行比色,从而测定待测农药含量。

我们知道,大分子量农药可直接作为抗原进入脊椎动物体内而使之产生抗体,并与抗原农药特异性地结合。小分子量的农药一般不具备免疫原性,从而不能刺激动物产生免疫反应,但有与相应抗体在体内发生吸附反应的能力,即有反应原性。这类小分子农药被称为半抗原。将小分子农药以半抗原的形式通过一定碳链长度的分子量大的载体蛋白质以共价键相偶联制备成人工抗原,使动物产生免疫反应,产生识别该农药并与之特异性结合的抗体,通过对半抗原或抗体进行标记,利用标记物的生物、物理、化学放大作用,对药品特定的农药残留进行定性、定量检测。

酶联免疫吸附分析法的优点是特异性强,快速灵敏,对仪器和使用人员的技术要求不高,可准确的定性定量,是值得普及和推广的一种速测方法。但因抗体制备难度较大,费用高,容易出现假阳性、假阴性现象,一般多应用于单一种类农药检测的前期筛选。

4.5.4 活体生物测定法

活体生物测定法是利用活的动、植物来测定基质中农药残留量的方法。如发光细菌与农药作用后可影响细菌的发光强度，通过细菌发光强度减弱的程度来检测农药残留量；用样品喂食敏感家蝇，根据家蝇的死亡率测定农药残留量；以稻瘟病菌生长受抑制的程度来检测杀菌剂残留；用 ISO 标准稀释过的蔬菜汁浸泡水蚤，根据水蚤的半数致死浓度测定农药残留量。

4.5.5 生物传感器法(BS)

生物传感器法是利用生物活性物质作为传感器的生物敏感层，当生物敏感层与样品中的待测物发生特异性反应，将会发出一些物理化学信号的变化(光、电、热、颜色等)，这些变化通过不同转换器转换成可以输出的检测信号(通常为电信号)，检测信号经放大后进行定性、定量检测。利用农药对靶标酶(如乙酰胆碱酯酶)活性的抑制作用研制酶传感器，利用农药对特异性抗体结合反应研制免疫传感器。根据信号转化不同，生物传感器可分为电化学生物传感器、光化学生物传感器、测热型生物传感器、半导体生物传感器等；按照生物活性单元的不同，生物传感器可分为酶传感器、微生物传感器、DNA 传感器和免疫反应传感器等。

生物传感器法具有灵敏度高、特异性强、操作简便、测试成本低等优点，免疫反应传感器近年来得到迅速发展。免疫反应传感器是利用目标化合物与抗体的特异性结合，产生一系列的物理化学反应，利用传感器生成可以用于检测的信息。

目前，伴随多种化学农药所带来的各种负面效应，农药研发方向已转向为提取生物农药。可以乐观地估计，今后生物农药的市场份额会越来越大。由于生物农药分子量大、组成复杂且很难与生物组织区分，这对农药残留的检测技术提出了新的挑战，也需要分析人员掌握更多生物化学、细胞化学等方面的专业知识。

第五节　不可忽视的土壤农药残留问题

谈到农药残留问题，人们似乎只重视农产品、水产品等的残留，而忽视了土壤农药残留问题。如前几章所述，农药对植物、水和水生生物有很大影响，然而我们必须看到农药进入环境的途径之一是先进入土壤而后进入植物、水体。因此，土壤农药残留问题，特别是农药对土壤造成污染应该引起我们的高度重视。

5.1 农药对土壤及植物的污染

土壤受到农药污染了，土壤上所生长的作物和所结出的果实也会吸收农药，人食用该食品则直接吸收化学品，或者人体皮肤和土壤的接触也能间接吸收化学品，从而也存在影响公众健康的风险，所以我们吃食物所摄取的某些农药似乎要比从饮用水所摄取的要多。

由图 5-2 可知：植物的根吸收土壤

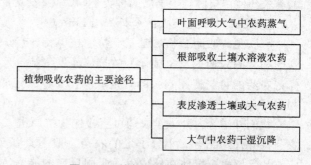

图 5-2　植物吸收农药的主要途径

化学品，继而在植物体内向上提升；植物的茎叶从周围空气中吸收其中所含化学品蒸气；外部土壤降尘也会被污染含有化学品，它们落在植物的茎叶上，化学品保持在植物表皮或通过表皮渗透进入植物体内；有些蔬菜，如胡萝卜和水芹菜，含有含油细胞，化学品可在其中吸收和传播；有些农药或其降解物溶于或部分溶于水，可通过根部吸收，沉积于植物体内。

不同的植物吸收农药的能力不同，一般杂草吸收农药的能力比作物要强，有些杂草吸收农药的能力特别强，农药可以在杂草体内富集。有人作了一些实验，对于已被滴滴涕污染了的农田，种一茬杂草，滴滴涕含量可降低 70% 以上，其富集因子为 1.46 ~ 7.98。用此方法可使为农药污染的农田修复。

5.2　农药污染土壤的突发事件

发生农药污染土壤的情况，有些是有思想准备的，有些则是突然事件，例如：

（1）储存农药的容器外溢或容器设计失误造成泄漏，如前几年，某农药厂储罐液面高位计失灵，泵工下班未做交代，大量农药外溢，并发生火灾，救火过程中污染大面积土壤。

（2）铁路和公路运输农药发生交通事故，工厂发生泄漏事故，农药被事故性排放到环境中污染土壤。

（3）农药储罐地下管线长时期未加检测和修理发生破裂，逸出农药。这种事故多发生在农药包装输送管道上。

（4）露天堆放农药，暴晒致使农药泄漏可造成土壤污染。

（5）农药废弃包装物掩埋处理也能污染土壤。

（6）田间大量使用农药。

5.3　土壤农药残留的典型案例

利弊权衡和兴利除弊是当前农药对环境影响的中心问题。

除上述突发事件造成土壤污染导致土壤残留外，土壤中农药残留还来自于作物种植期间喷洒在土壤上或经雨水洗刷进入土壤的农药成分。土壤农药残留过多或有违禁农药残留就不适合种植农药限量比较严格的蔬菜和作物。

在农业生产中施用农药后一部分农药直接或间接残存于谷物、蔬菜、果品、畜产品、水产品中，还有一部分农药直接或间接残存于土壤和水体中。

目前使用的农药，有些在较短时间内可以通过生物降解成为无害物质，而包括滴滴涕在内的有机氯类农药难以降解，则是残留性强的农药如有机氯农药污染。根据残留的特性，可把残留性农药分为 3 种：

（1）容易在植物机体内残留的农药称为植物残留性农药，如六六六、异狄氏剂等；

（2）易于在土壤中残留的农药称为土壤残留性农药，如艾氏剂、狄氏剂等；

（3）易溶于水，而长期残留在水中的农药称为水体残留性农药，如异狄氏剂等。

残留性农药在植物、土壤和水体中的残存形式有 2 种：一种是保持原来的化学结构；另一种以其化学转化物或生物降解产物的形式残存。

因此，要想农产品、水产品安全，不从根本上重视和解决土壤农药残留问题，残留问题将永远存在，也将永远是人们的心病。要彻底解决农药产量问题，除科学、合理使用农药，加强农业生产管理外，解决土壤农药残留也是至关重要的。我们以浙江省宁波地区的土壤农药残留调查结果为例，足以发现问题。虽然这只是个别地方的调查结果，但它同样有一定的代表性。虽然时过近 20 年，目前，我国土壤农药残留问题仍然没有从根本上得到重视和解决，有些的情况还在进一步往坏的方向发展。

20 世纪 60 年代，我国农村普遍使用有机氯农药，诸如六六六和滴滴涕。1983 年我国禁用了有机氯农药，但是由于有机氯农药非常难以降解，10 年之后，在土壤中仍有残留。

第六节　关于农药残留的监管

农药残留问题是随着农药大量生产和广泛使用而产生的。第二次世界大战以前，农业生产中使用的农药主要是含砷或含硫、铅、铜等的无机物，以及除虫菊酯、尼古丁等来自植物的有机物。第二次世界大战期间，人工合成有机农药开始应用于农业生产。到目前为止，世界上约有 1000 多种人工合成化合物被用做杀虫剂、杀菌剂、杀螨剂、杀螺剂、杀藻剂、除虫剂、落叶剂、植物生长调节剂等各类农药。

调查表明，对于大田作物，不使用农药要损失 30% ~50% 的产量，对于经济作物像蔬菜、瓜果，不使用农药，农产品损失率在 40% ~80% 。世界上的万事万物就是这么"滑稽"，就是这么"矛盾"。如果没有农药的贡献，人类怎么解决"吃饱"问题？但是，农村普遍使用农药提高作物产量，这些都是果蔬残留大量农药的原因。人们不是生活在真空中，只要使用过农药的地方，只要使用过农药的农作物，都会"或多或少"的存在农药残留问题，农药残留并不"可怕"，只要加强监管，农药残留不超标，就是安全的。

我们知道，制定农药残留标准，一要保障人体健康，二是保护环境，三是达到优质农业规范。国际上有统一的食品农药残留标准和程序，即由国际食品法典委员会（CAC）下设的农药残留专家委员会联席会议和农药残留法典委员会，专门负责制定和协调食品中农药最高残留限量。联席会议负责农药毒理学评估，从学术上评价各国提交的农药残留试验数据和市场监测数据，提出最大残留量推荐值和农药每日允许摄入量。法典委员会负责提交进行农药残留和毒理学评价的农药评议优先表，审议农药最高残留限量草案，制定食品中农药最高残留限量标准。

我国是一个对世界和人类负责任的发展中国家，对农药残留问题是重视的，对农药残留的监管也是严格的。2009 年《食品安全法》颁布之后，卫生部、农业部共同发布了 315 项限量标准，并且对 2009 年之前发布的农药残留限量和相关国家标准、行业标准涉及农药残留限量的进行了清理。清理涉及农药残留限量 1795 项，并在 2011 年组织制定了 209 项农药残留限量标准，新制定的标准还没有发布，正在程序之中。到目前为止，食品中农药残留限量标准的总数达到了 2319 项。我国制定农药残留标准的原则完全遵循国际食品法典委员会制定的农药残留标准的原则，也就是遵循残留的风险评估原则，并根据我们国家农药登记的情况和居民膳食消费的情况，这些标准都是在风险评估的基础上制定的。在标准的制定过程中，同时会兼顾考虑农产品的国际贸易、国际标准和我国农业生产的实际情况。标准制定严格按照社会公开征求意见、向 WTO 通报以及经过国家农药残留标准审查委员会审议的程序来进行。我国制定的农药残留标准项目之多、范围之广，是世界"有目共睹"的。

解决农药残留问题，必须从根源上杜绝农药残留产生。为了指导科学使用农药，有效降低农药残留，我国已经先后制定并发布了 7 批《农药合理使用准则》（CB/T8321）国家标准。准则中详细规定了各种农药在不同作物上的使用时期、使用方法、使用次数、安全间隔期、施药要点、最高残留限量（MRL）等技术指标。如《农药合理使用准则》（一）就规定了 18 种农药在 11 种作物上的 32 项合理使用准则；《农药合理使用准则》（二）就规定了 35 种农药在 14 种作物上的 51 项合理使用准则；《农药合理使用准则》（三）就规定了 53 种农药在 13 种作物上的 83 项合理使用准则；《农药合理使用准则》（四）就规定了 50 种农药在 17 种作物上的合理使用准则；《农药合理使用准则》（五）就规定了 43 种农药在 14 种作物及蘑菇上的 61 项合理使用准则；《农药合理使用准则》（六）就规定了 39 种农药在 15 种作物上的 52 项合理使用准则；《农药合理使用准则》（七）就规定了 32 种农药在 17 种作物上的 42 项合理使用准则。此外，我国还制定了《农药安全使用标准》（GB4285）、《农产品安全质量无公害蔬菜安全要求》（GB18406）、《绿色食品农药使用准则》（NY/T393）等一系列的国家、行业或地方标准。这些标准不但可以有效地控制病虫草害，而且可以减少农药的使用，减少浪费，最重要的是可以避免农药残留超标。有关部门应在继续加强标准制定工作的同时，加大宣传力度，加强技术指导，使标准真正发挥其应有的作用。而农药使用者应积极学习，树立公民道德观念，科学、合理地使用农药。

2010 年 4 月 15 日，国家农业部、最高人民法院、最高人民检察院、工业和信息化部、公安部、监察部、交通运输部、国家工商行政管理总局、国家质量监督检验检疫总局、中华全国供销合作总社联合发文《关于打击违法制售禁限用高毒农药规范农药使用行为的通知》，公布了六六六、滴滴涕、毒杀芬、二溴氯丙烷、杀虫脒、二溴乙烷、除草醚、艾氏剂、狄氏剂、汞制剂、砷类、铅类、敌枯双、氟乙酰胺、甘氟、毒鼠强、氟乙酸钠、毒鼠硅、甲胺磷、甲基对硫磷、对硫磷、久效磷、磷胺等 23 种禁止生产、销售和使用的农药名单；同时还公布禁止甲拌磷、甲基异柳磷、特丁硫磷、甲基硫环磷、治螟磷、内吸磷、克百威、涕灭威、灭线磷、硫环磷、蝇毒磷、地虫硫磷、氯唑磷、苯线硫磷等 14 种农药在蔬菜、果树、茶叶、中草药材上使用；禁止氧乐果在甘蓝上使用；禁止三氯杀螨醇和氰戊菊酯在茶树上使用；禁止丁酰肼（比久）在花生上使用；禁止特丁硫磷在甘蔗上使用；除花生、玉米等部分旱田种子包衣剂外，禁止氟虫腈在其他方面使用。

现代农业发展形成的一个显著特点就是农业生产对农药的使用具有很大的依赖性。在某种情况下，使用农药对控制农作物的产量损失确实起到了非常重要的作用。但滥用农药不仅达不到理想的防治效果，影响农产品的产量和质量，而且会加速病虫草害产生抗药性，导致农药使用量、使用次数及防治成本的不断增加，还会使农药残留增加，污染农产品和生态环境。我国制定的一系列有关农药安全使用、合理使用的国家、行业及地方标准，以及我国所采取的农药禁限用制度，对指导科学使用农药、降低农药残留，起到了积极作用。

第七节　控制农药残留的对策

一是加强"源头"控制，即农药产品质量和标签标注的控制。由于农药产品问题导致农产品农药残留问题主要有三种情况：首先是农药产品标签上对农药有效成分的标注不准确或不醒目，导致农民使用不当；其次是农药产品中添加有未在标签上注明的"隐性成分"，"挂羊头卖狗肉"式的产品导致使用后造成农药残留；再次是农药产品质量低下造成防治效果差，导致农民重复用药和增加用药量。要解决这些问题，首先是相关部门要加强对农药生产和流通环节的严格监管；其次是农药生产企业要从严把关，从产品质量、标签标注等方面规范行为；再次是农药经销商要经销"三证齐全"、质量可靠的产品，杜绝"假冒伪劣"农药产品流到农民手中。

二是加强"产中"、"用前"控制。如农药生产企业污水的不达标排放，农药生产企业和经销企业的仓储场所、农药运输工具清洗、农药运输过程发生事故等造成农药对农业生产环境的严重污染。因此，必须加强农药生产和流通环节的严格管理，防治发生农药污染事故。一旦发生污染事故，应当及时作适当的处理，控制污染扩大。农业生产中避免使用受到农药污染的水源。

三是加强农业生产中农药使用的指导和管理。农业生产中农药的科学、合理使用是控制农产品农药残留的最重要、最关键的途径，农业生产者必须掌握和运用农药合理使用的基本原则，特别是要严格按照农药合理使用规范，做到"选择合适的农药品种，采用恰当的用药方式，选择适当的用药时期，掌握适当的用药量，严格控制用药次数，严格执行安全间隔期，实行交替轮换用药"，同时要注意"预防农作物产生药害，预防产生抗药性，预防人畜中毒"。

四是加强农产品"采前"、"收前"农药残留管理。农产品"采前"、"收前"农药残留管理是一个控制农产品农药残留"必不可少"的重要环节，在这一环节必须进行严格监测。如发现农药残留超标，可通过推迟采收等有效措施使农产品农药残留消解。

五是加强农产品流通环节的农药残留监管。农产品流通环节的农药残留监管是农产品在消费者购买之前的"最后一道关口",必须严格监管。开展全面、系统的农药残留监测工作,不仅能够及时掌握农产品中农药残留的状况和规律,查找农药残留形成的原因,还可以为政府部门提供及时有效的数据,为政府职能部门制定相应的规章制度和法律法规提供依据。

六是加强《农药管理条例》、《农药合理使用准则》、《农药安全使用标准》、《农产品安全质量无公害蔬菜安全要求》、《绿色食品农药使用准则》等有关法律法规的贯彻执行,加强对违法违规行为的处罚,是防止农药残留超标的有力保障。

第八节　消除农药残留危害的办法

为消除农产品农药残留的危害,人们通常会采用以下方法进行简单的消毒处理。如:清水浸泡洗涤、碱水浸泡、高温处理、洗洁精稀释清洗、阳光照射等,但这些方法对去除果蔬残留农药的效果并不理想。根据研究表明,开水冲刷会导致营养流失50%以上,使用消毒剂容易造成二次污染,阳光照射费时又效果不明显。那么究竟有没有效的办法呢?

一是生物降解酶法:去除蔬果残留农药时,在清水中加入生物降解酶,蔬果浸泡后要用清水冲洗。生物降解酶是一种水解酶,从可食用的酵母菌中提取而来,也可从菠萝、木瓜、柚子、艾叶、苹果、柠檬等生物中提取可食性生物蛋白酶提炼而成。它可以利用蛋白酶的活性破坏残留农药的结构使农药因子脱落、降解,净洗液能够穿透果蔬表层深入果蔬肉质4毫米之内清洗,达到高效、快速、深层解除果蔬中残留农药的目的。它极易溶于水,能特异性地水解有机磷农药分子上的磷酸酯键,将有机磷农药分解,分解后的有机磷农药已经不是磷酸酯类化合物,从而完全消除了农药的毒性。因为酶本身就是蛋白质,被广泛应用于食品添加剂和酿酒等,不会像化学合成洗涤剂那样如使用不当还会造成对人体有害的二次污染。生物降解酶法不但高效而且很安全,无毒无副作用,对果蔬的口味和营养价值也没有丝毫的影响,可以直接适用于各种水果、蔬菜、茶叶、谷物、豆类、蛋奶和肉类。

二是农药降解酶法:"绿芯"农药降解酶,能水解有机磷农药分子中的磷脂键而使其脱毒。"绿芯"农药降解酶可以与瓜果蔬菜表面残留的农药发生化学反应,破坏其剧毒成分的结构,使剧毒的农药瞬间变为无毒的、可溶于水的小分子,从而达到迅速使瓜果蔬菜脱毒的效果。

第九节　怎样预防农产品农药残留超标

既然农药残留是在农药生产、流通、使用等环节中造成的,农产品的农药残留主要是在农药使用过程中造成的,就有预防的办法。我们将主要招数归纳如下:

第一招:选择适当的农药品种。选用高效、低毒、低残留农药,为防治农药含量超标,在生产中必须选用对人畜安全的低毒农药和生物剂型农药,禁止剧毒、高残留农药的使用。农药品种"五花八门",各种药剂的理化性质、生物活性、防治对象等各不相同,某种农药只对某些甚至某种对象有效。当一种防治对象有多种农药可供选择时,应当选择对防治对象效果最佳、对人畜和环境生物毒性低、对生态环境安全、对作物安全和经济效益最好的品种。

第二招:掌握用药关键时期。在不同的时间使用相同的农药对防治对象的防治效果、对作物及其周围环境的影响都会有非常显著的差异。选择一个最适当的时间对于提高防治效果、减少不利影响是非常重要的。根据病虫害发生规律、为害特点应在关键时期施药。预防兼治疗的药剂宜在发病初期应用,纯治疗也是在病害较轻时应用效果好。防治病害最好在发病初期或前期施用。防治害虫应在虫体较小时防治，此时幼虫集中，体小，抗药力弱，施药防治最为适宜。过早起不到应有的防治效果，过晚农药来不及被作物吸收，导致残留超标。

第三招：掌握适当的用量。农药要有一定的用量才会有满意的防治效果，但并不是用量越大越好。首先，达到一定用量后，再增加用量，不会再明显提高防治效果；其次，留有少量的害虫对天敌种群的繁衍有利，将害虫"赶尽杀绝"并不可取；再次，绝大多数杀虫剂对害虫天敌有一定杀伤力，用量越大，使用浓度越高，杀伤力越大；最后，农药用量增加必然增加农产品中的农药残留量。掌握使用剂量十分重要，不同农药有不同的使用剂量，同一种农药在不同防治时期用药量也不一样，而且各种农药对防治对象的用量都是经过技术部门试验后确定的，对选定的农药不可任意提高用药量，或增加使用次数，如果随意增加药量，不仅造成农药的浪费，还产生药害，导致作物特别是蔬菜农药残留。而害怕农药残留，采用减少药量的方法，又达不到应有的防治效果。为此在生产中首先应根据防治对象，选择最合适的农药品种，掌握防治的最佳用药时机；其次严格掌握农药使用标准，既保证防治效果，又降低了残留。

第四招：采用恰当的用药方法。喷雾法、喷粉法、撒施法、烟雾法、熏蒸法、毒土法、土壤处理法、种子处理法、注射法、包扎法、毒饵法等农药使用方法，应该根据病虫草害的危害方式、发生部位和农药的特性来"灵活"选择，不可"千篇一律"。如在作物地上部表面危害的，一般可采用喷雾、喷粉的方法；对土壤传播的病虫害，可采用土壤处理的方法；对通过种苗传播病虫害，可采用种苗处理的方法；一些内吸性好的药剂在用于防治果树等木本植物的病虫害时，可采用注射或包扎的方法；颗粒剂只能采用撒施的方法等。

第五招：掌握安全间隔期。安全间隔期即最后一次使用农药距离收获时的时间，不同农药由于其稳定性和使用量等的不同，都有不同间隔要求，间隔时期短，农药降解时间不够会造成残留超标。如防治麦蚜虫用50%的抗蚜威，每季最多使用2次，间隔期为15天左右。

第六招：采用交替轮换用药。多次重复施用一种农药，不仅药效差，而且易导致病虫害对药物产生抗性。当病虫草害发生严重，需多次使用时，应轮换交替使用不同作用机制的药剂。这样不仅避免和延缓抗性的产生，而且有效地防止农药残留超标。

第七招：采用科学的栽培措施。科学的栽培措施是减少农药用量的最有效措施，也是减少农产品中农药残留量的最有效措施。一要选用抗病虫品种；二要合理轮作，减少土壤病虫积累；三要培育壮苗，合理密植，清洁田园，合理灌溉施肥；四要采用种子消毒和土壤消毒，杀灭病菌；五要采用灯诱、味诱等物理方法，诱杀害虫，如黄板诱杀蚜虫、粉虱、斑潜蝇等，灯光诱杀斜纹夜蛾等鳞翅目及金龟子等害虫，小菜蛾、斜纹夜蛾、甜菜夜蛾等用专用性诱剂诱杀。

农产品的农药残留问题归根结底就是人类社会自身的发展问题。在农业科学技术高速发展的现代化社会，对于农作物的病虫害防治办法，我们除使用化学农药、生物农药等防治外，还可以利用虫害的天敌来形成天然生物链的物种相克办法来实施农作物的病虫害防治，这种办法也可引申或延伸到果树类和蔬菜类的虫害防治方面。而对于田间的那些杂草，我们可利用现代化的除草机械以及人力资源进行灭杀。如果按着上述办法去有效地实施，我们人类的餐桌上就不会出现食品中农药的残留成分，我们的机体就不再会出现那些不明病态的痛苦和人体亚健康期的延长。农产品中的农药残留问题并不可怕，问题是我们要采用科学的防治办法和科学的用药方法，确保农产品中农药残留"不超标"，尽可能将农产品中的农药残留降低到"最低值"。

第六章　农药抗药性

化学农药自问世以来，在防治植物病虫害方面发挥了巨大的作用。化学农药在防治有害生物及保证国家粮食安全中发挥了重要作用，确保了中国农产品的产量稳步提高。但由于农民施药技术不合理，单一农药品种或相同作用机制的药剂大量重复使用多年，抗药性问题已日益严重，对有害生物的防效明显降低。同时农民为保证防效加大使用剂量，不但造成浪费，加重环境污染，而且更进一步加剧了靶标生物的抗药性。由于对农药的长期反复使用和滥用，目前，已有多种农药在防治植物病虫害方面，出现药效减退，甚至无效的现象。抗药性的出现不仅对农药的效力会产生严重的消极影响，造成生产成本上升，防治效果下降，而且还会因盲目用药影响到自然界的生态平衡。

农药的抗药性是指被防治对象病虫草对农药的抵抗能力。抗药性可分自然抗药性和获得抗药性两种。自然抗药性又称耐药性，是由于生物种的不同，或同一种的不同生育阶段，不同生理状态对药剂产生不同耐力。获得抗药性是由于在同一地区长期，连续使用一种农药，或使用作用机理相同的农药，使害虫、病菌或杂草对农药抵抗力的提高。但化学防治措施是一种应急措施，是在被防治对象达到一定数量，将对农作物造成相当危害时，在其他措施又难以奏效的情况下，利用农药快速、高效的特点，控制危害。农药的使用是必要的，但要有节制地、科学地使用，不能一见病虫草害就用农药，农药次数用得过多，会增加抗药性产生的可能性。

第一节　农药抗药性

什么叫抗药性？一个癌症病人，疼痛难忍，常服用止痛片。开始服一片可止痛，服用时间长了，两片才能止痛，到后来 4 片才能止痛，这叫做抗药性。害虫对杀虫剂的抗药性也是如此，总是使用一种杀虫剂，慢慢要加大用量，才能达到与早先同样的除虫效果。

农药的抗药性是指被防治对象病、虫、草害对农药的抵抗能力。抗药性可分自然抗药性和获得抗药性两种。自然抗药性又称耐药性，是由于生物种类的不同，或同一种的不同生育阶段、不同生理状态等对药剂产生不同耐力。获得抗药性是由于在同一地区长期、连续使用一种农药，或使用作用机理相同的农药，使害虫、病菌或杂草对农药抵抗力的提高。农药作为预防措施对于防治病、虫、草害，保护植物生长，保护人民健康具有重要作用。但化学防治措施是一种应急措施，是在被防治对象达到一定数量，将对农作物造成相当危害损失时，在其他措施又一时难以奏效的情况下，利用农药快速、高效的特点，适时用药，控制危害。

为了防治病虫草害的需要，农药的使用是必要的，但要有节制地、科学地使用。不能一见病虫草害就用农药，农药次数用得过多，会大大增加被防治对象对农药的选择机会，加快产生抗药性。

许多科学家认为：害虫对农药的适应性还导致害虫对农药产生抗药性，继而影响农药使用的投入和作物收成的多寡。害虫有腿有翅膀能跳能飞，一个农民的活动可能影响近邻，一个地区的活动可以影响其他地区，从工厂区飞来的家蝇可以对许多农药有抗药性。

1990 年以前，科学家指出：1980 年有 428 种节肢动物对一种或一种以上杀虫剂或杀螨剂有抗药性，其中 60% 以上对农业活动至关重要。在农作物的植物病原体中，现知有 150 种对农药有抗药性。估计有 50 种杂草对除草剂有抗药性。20000 种以上害虫和上述的 428 种节肢动物仅有 20 种具有经济价值。目前，开发的新农药朝向对付更广范围的目标害虫，此外遗传工程技术也在开发过程之中。

随着新的杀虫剂使用量不断增加和使用范围的不断扩大，越来越多的害虫对农药有抗药性的案例为世人所知。表 6-1 就展示出了这一趋势。

表 6 - 1

年	杀虫剂抗药性的案例数目（种）
1938	7
1948	14
1956	69
1970	224
1976	364
1980	428
1984	447

以上数据说明在世界范围内害虫对杀虫剂产生抗药性的严重性。当新的农药，特别是杀虫剂，被发明、使用，害虫就会产生抗药性，对付同样规模的虫害就必须增大农药用量。例如头一次应用此种农药用 1 克/亩就够了，产生抗药性之后就要加到 2 克/亩，4 克/亩等，以消除抗药性带来的负面影响。与之相似，对于不同农药而言，加大到 2 倍用量才能达到原效果的所需时间不同，时间越短代表害虫产生抗药性越快。我们依使用新农药品种先后为序，必须加大到 2 倍用量才能达到同样除虫效果所需时间（见表 6-2），表中数据说明所需时间将随引进农药品种先后而缩短。害虫越来越容易产生抗药性，似乎它们的抗药能力已经训练有素了。

表 6 - 2

杀虫剂种类	加大农药 2 倍用量平均所需时间（年）
滴滴涕/甲氧滴滴涕	6.3
林丹/狄氏剂	5.0
有机磷	4.0
氨基甲酸酯	2.5
合成除虫菊酯	2.0

　　害虫对滴滴涕和拟除虫菊酯产生抗药性的生物机理可能类似。所以长期以来曾估计到对广泛使用滴滴涕所产生的抗药性，同样也能使后来合成的拟除虫菊酯失效。这是因为许多害虫现在用基因表达对各类农药所具有的抗药性。害虫对一类或几类农药的交叉和多重抗药性现象越来越多，降低了许多农药的使用效率。幸运的是，遗传因素（如隐性抗药基因）、生态因素（如对农药敏感的害虫很快离开施药地区跑掉）和操作因素（科学使用农药）能在某种程度上减轻害虫的抗药性。

第二节　害虫抗药性

　　据资料表明：全世界现存昆虫种类超过 1000 万种，其中有几百种昆虫破坏性很大；有 5 万多种真菌能够引起 1500 多种病害；有 1800 种以上的杂草能够造成经济上的损失；有 15000 多种线虫对 1500 多种作物造成危害；有 4～5 亿人居住在卫生害虫和害鼠传播疾病的高发病区等。

　　近年来，据联合国粮农组织统计，如不开展防治，每年全世界的农作物毁灭于害虫之口的高达 42%。农业病、虫、草、鼠、害的为害是制药农作物产量提高的关键因素之一。随着世界人口的与日俱增和可耕地面积的日益减少，人们千方百计通过种种措施提高单位耕地面积的产量，其中一个最为有效的重要途径就是依靠防治措施有效减少病、虫、草、鼠、害的为害。为有效控制病、虫、草、鼠、害的为害，在现有的综合防治体系中，化学防治仍然是控制有害生物的最快捷、有效和普遍使用的一种成熟措施。据估计，通过以植保措施增加的农作物产量中，化学防治的贡献率在 80% 以上。

　　然而，世界是矛盾的统一体，有得就有失。农药的大量、不合理使用也造成了较大的负面影响，特别是人们普遍关注的"农药残留、害虫再猖獗、害虫抗药性"等"3R"问题，表现得越来越突出。截至 20 世纪 90 年代初期，全世界已产生抗药性的害虫及害螨种类就超过了 500 种，如棉铃虫、甜菜夜蛾、小菜蛾、棉蚜、粉虱、马铃薯甲虫等及多种叶螨都是抗药性发展十分严重的种类。在我国已监测到的害虫、害螨如棉蚜、棉铃虫、稻飞虱、二化螟等及红蜘蛛等就有数十种。形成虫量上升→强化防治→抗性发展→防效下降→虫量再上升→再强化防治→抗性再发展→防效再下降→虫量再上升的恶性循环。

　　其实，有害生物产生抗药性不仅农田独有，卫生害虫也产生抗药性，如蚊、蝇、白蛉子、体虱、跳蚤、臭虫、德国蜚蠊等。因此，只要是大量、不合理使用农药的地方，有害生物都会产生抗药性。这是不争的事实。

　　当前，有害生物抗药性问题日趋严重，已成为全球性问题。加强有害生物抗药性监测和综合治理技术研究，采取快捷、高效、准确的抗性检测方法，全面了解并掌握农田有害生物的抗药性动态，加强抗性机理的研究，调查和摸清抗性发展的影响因子，制订快捷、高效、准确、安全的科学合理的综合治理对策，有效延缓或阻止抗性的产生和发展等，已成为发展现代农业急需解决的当务之急。

2.1　昆虫抗药性之争

　　有害生物产生抗药性问题，由来已久。人们发现它经历了较长的时间。其发现过程读来是十分有趣的。

　　如果达尔文今天还活着，他一定会为昆虫世界在适者生存理论上所表现出的令人印象深刻的验证感到高兴和惊讶。在大力推行的化学喷洒的重压之下，昆虫种群中的弱者都被消灭掉了。现在，在许多地区和许多种类中，只有健壮的和适应能力强的昆虫才在反控制中活了下来。

近半个世纪以前，华盛顿州立大学的昆虫学教授 A·L·麦兰德问了一个现在看来纯粹是修辞学上的问题："昆虫是否能够逐渐变得对喷药有抵抗力？"如果当时给麦兰德的回答看来是不清楚或太慢的话，那只是因为他的问题提出得太早了——他在 1914 年提出他的问题，而不是在 40 年之后。在滴滴涕时代之前，当时使用无机化学药物的规模在今天看起来是极为谨慎的，但已到处都引起了那些经过喷药后存活下来的昆虫的应变。麦兰德本人也陷入桑·古斯介壳虫的困扰之中。他曾花费了几年时间用喷撒硫化石灰称心如意地控制住了这种虫子。然而后来，在华盛顿的克拉克斯顿地区这种昆虫变得很倔强——它们比在万那契和雅吉玛山谷果园中时更难被杀死。

突然地，在美国其他地区的这种介壳虫似乎都有了同样一个主意：在果园种植者们勤勉地、大方地喷撒硫化石灰的情况下，它们都不愿意再死去了。美国中西部地区的几千英亩优良果园已被现在这种对喷药无动于衷的昆虫毁灭了。

然而，在加利福尼亚，一个长期为人们所推崇的方法——用帆布帐篷将树罩起来，并用氢氰酸蒸汽熏这些树——在某些区域开始产生令人失望的结果，这一问题被提到加利福尼亚柑橘试验站去研究。这一研究开始于 1915 年左右，并持续进行了 1/4 世纪。虽然砷酸铅成功地对付鳕蛾已达 40 年之久，但在 20 世纪 20 年代这种蛾仍变成了一种有办法抵抗药物的昆虫。

不过，只有在滴滴涕和它的各种同类出现之后才将世界引入了真正的抗药性时代。任何一个人只要有点儿最简单昆虫知识或动物种群动力学知识，是不应对下述事实感到惊奇的，即大约在很少的几年中，一个令人不快的危险问题已经清楚地显现出来了。虽然人们慢慢地都知道昆虫具有对抗化学物质的能力，但看来目前只有那些与带病昆虫打交道的人们才觉悟到这一情况的严重性；虽然现实的困难是以这种似是而非的理论为依据，但大部分农业工作者还在高兴地希望发展新型的和毒性愈来愈强的化学药物。

人们为了认识昆虫抗药性现象曾付出了许多时间，但昆虫抗药性本身的产生却远远不要那么多时间。在 1945 年以前，仅知大约有 10 几种昆虫对滴滴涕出现以前的某些杀虫剂逐渐产生了抗药性。随着新的有机化学物质及其广泛应用的新方法的出现，抗药性开始急骤发展，于 1960 年达到了有 137 种昆虫已具有抗药性。没有一个人相信事情就到此为止了。在这个课题上现在已出版了不下 1000 篇技术报告。世界卫生组织在世界各地约 300 名科学家的赞助下，宣布"抗药性现在是对抗定向控制计划的一个最重要问题"。著名的英国动物种群研究者卡尔斯·艾尔通博士曾说过："我们正在听到一个可能发展成为巨大崩溃的早期隆隆声。"

抗药性发展得如此之迅速，以致有时在一个庆贺某些化学药物对一种昆虫控制成功的报告墨迹未干的时候，又不得不再发出另外一个修正报告。例如在南非，牧年人长期为蓝扁虱所困扰，单在一个大牧场中每年就有 600 头牛因此死去。多年来，这种扁虱已对砷喷剂产生了抗药性。然后，又试用了六六六，在很短的期间内一切看来都很令人满意。早在 1949 年发出的报告声称，抗砷的扁虱能够很容易地被这种新化学物质控制住。但第 2 年，一个宣布昆虫抗药性又向前发展了的悲哀通告不得不出版了。这一情况激起一个作家在 1950 年的《皮革商业回顾》中评论道："像这样一些通过科学交流悄悄泄露出来的、只在对外书刊中占一个小小位置的新闻是完全有资格在报纸上登出一个同新原子弹消息一样大的标题的，如果这件事的重要意义完全为人们所了解的话。"

虽然昆虫抗药性是一个与农业和林业有关的事，但在公共健康领域中也引起了极为严重的不安。各种昆虫和人类许多疾病之间的关系是一个古老的问题。阿诺菲来斯蚊可以把疟疾的单个细胞注射进入血液中；其他一些蚊子可以传播黄热病；还有另外一些蚊子传染脑炎。

家蝇并不叮人，然而却可以通过接触使痢疾杆菌污染人类的食物，并且在世界许多地方起着传播眼疾的重要作用。疾病及其昆虫携带者（即带菌者）的名单中包括有传染斑疹伤寒的虱子、传播鼠疫的鼠蚤、传染非洲嗜睡病的萃萃蝇、传染各种发烧的扁虱等等。

这些都是我们必将遇到的重要问题。任何一个负责任的人都不会认为可以不理睬这些虫媒疾病。现在我们面临一个问题：用正在使这一问题恶化的方法来解决这一问题究竟是否聪明，是否是负责任的呢？我们的世界已经听到过许多通过控制昆虫传染者来战胜疾病的胜利消息，但是我们的世界几乎没有听到这个消息的另外一面——失败的一面，这个短命的胜利现在有力地支持着这样一种情况，即我们的敌人昆虫，由于我们的努力实际上已经变得更加厉害了。甚至更糟糕的是，我们可能已毁坏了我们自己的作战手段。

杰出的加拿大昆虫学家 A·W·A·布朗博士受聘于世界卫生组织去进行了一个关于昆虫抗药性问题的广泛调查。在 1958 年出版的总结专题论文中，布朗博士这样写道："在向公共健康计划中引入强毒性人造杀虫剂之后还不到 10 年，主要的技术问题已表现为昆虫对这些曾用来控制它们的杀虫剂的抗药性的发展。"在他已发表的专论中，世界卫生组织警告说："现正在进行的对由节足动物引起的如霍乱、斑疹伤寒、鼠疫这样一些疾病的劲头十足的进攻已经面临着一个严重退却的危险，除非这一新问题能够迅速被人们所解决。"

这一倒退的程度如何？具有抗药性昆虫的名单现在实际上已包括了全部具有医学意义的各种昆虫。黑蝇、沙蝇和萃萃蝇看来还没有对化学物质产生抗药性。另一方面，家蝇和衣虱的抗药性现已发展到了全球的范围。征服疟疾的计划由于蚊子的抗药性而遇到困难。鼠疫的主要传播者东方鼠蚤最近已表现出对滴滴涕的抗药性，这是一个最严重的进展。每个大陆和大多数岛屿都正在报告当地有许多种昆虫有了抗药性。

首次在医学上应用现代杀虫剂是在 1943 年的意大利，当时盟军政府用滴滴涕粉剂撒在大批的人身上，成功地消灭了斑疹伤寒。接着，两年之后，为控制疟蚊进行了广泛的残留喷撒。仅在一年以后，一个麻烦的迹象就出现了，家蝇和蚊子开始对喷撒的药物表现出了抗药性。1948 年，一种新型化学物质——氯丹作为滴滴涕的增补剂而被试用。这一次，有效的控制保持了两年；不过到 1950 年 8 月，对氯丹具有抗药性的蚊子也出现了，到了年底，所有家蝇如同蚊子一样都对氯丹有了抗药性。新的化学药物一被投入使用，抗药性马上就发展起来了。近 1951 年底时，滴滴涕、甲氧七氯、氯丹、七氯和六六六都已列入了失效的化学药物质的名单之中。同时，苍蝇却变得"多得出奇"。

在 20 世纪 40 年代后期，同样一连串事件在撒丁岛循环重演。在丹马克，含有滴滴涕的一类药品于 1944 年首次被使用；到了 1947 年，对苍蝇的控制在许多地方已告失败。在埃及的一些地区，到 1948 年时，苍蝇已对滴滴涕产生了抗药性；用其他一些药剂取而代之，不过有效期也不过一年。一个埃及村庄突出地反映出了这一问题。1950 年，杀虫剂有效地控制住了苍蝇，而在同一年中，初期的死亡率就下降了将近 50%。次年，苍蝇对滴滴涕和氯丹已有抗药性，苍蝇的数量又恢复到原来的水平，死亡率也随之下降到了原先的水平。在美国，在1948 年时田纳西河谷的苍蝇已对滴滴涕有了抗药性。其他地区也随之出现此情况。用狄氏剂来恢复控制的努力毫无成效，因为在一些地方，仅仅在 2 个月之内，苍蝇就获得了对这种药物的顽强抗药性。在普遍使用了有效的氯化烃类之后，控制物又转向了有机磷类；不过在这儿，抗药性的故事又再次重演。专家们现在的结论是"杀虫剂技术已不能解决家蝇控制问题，必须重新依靠一般的卫生措施"。

在那不列斯对衣虱的控制是滴滴涕最早的、最出名的成效之一。在而后的几年中，与它在意大利的成功相比美的是 1945—1946 年间的冬天在日本和朝鲜成功地消灭约 200 万虱。1948 年西班牙防治斑疹伤寒流行病失败。通过这次失败，我们知道往后工作困难重重。尽管这次实践失败，但有成效的室内实验仍使昆虫学家们相信虱子未必会产生抗药性；但 1950—1951 年间冬天在朝鲜发生的事件使他们大吃一惊。当滴滴涕粉剂在一批朝鲜士兵身上使用后，结果很不寻常——虱子反而更加猖獗了。当把虱子收集来进行试验时，发现 5% 的滴滴涕粉剂不能引起它们的自然死亡率的增加。由东京游民、依塔巴舍收容所、叙利亚、约旦和埃及东部的难民营中收集来的虱子也得出了同样的试验结果，这些结果确定了滴滴涕对控制虱子和斑疹伤寒的无效。到了 1957 年，对滴滴涕有抗药性的虱子的所在国家的名单已扩展到包括伊朗、土耳其、埃塞俄比亚、西非、南非、秘鲁、智利、法国、南斯拉夫、阿富汗、乌干达、墨西哥。在意大利最初出现的那种狂喜看来已真的暗淡下来了。

对滴滴涕产生抗药性的第一种疟蚊是希腊的萨氏按蚊。1946 年开始强烈地喷洒，并得到了最初的成功；然而到了 1949 年，观察者们注意到大批成年蚊子停息在道路桥梁的下面，而不呆在已经喷过药的房间和马厩里。蚊子在外面停息的地方很快地扩展到了洞穴、外屋、阴沟里和橘树的叶丛和树干上。很明显，成年蚊子已经变得对滴滴涕有足够的耐药性，它们能够从喷过药的建筑物逃脱出来并在露天下休息和恢复。几个月之后，它们能够留在房子中了，人们在房子中发现它们停歇在喷过药的墙壁上。

这是现在已出现的极严重情况的一个前兆。疟蚊对杀虫剂的抗药性增长极快，这一抗药性的发展完全是由旨在消灭疟疾的房屋喷药计划本身的彻底性所创造出来的。在 1956 年，只有 5 种疟蚊表现出抗药性；而在 1960 年初其数量已由 5 种增加到了 28 种！其中包括在非洲西部、中美、印度尼西亚和东欧地区的非常危险的疟疾传播者。

在传播其他疾病的蚊子中，这一情况也正在重演。一种携带着与橡皮病这样一些疾病有关的寄生虫的热带蚊子在世界许多地方已变得具有很强的抗药性。在美国一些地区，传播西方马疫脑炎的蚊子已经产生了抗药性。一个更为严重的问题与黄热病的传播者有关，在几个世纪中这种病都是世界上的大灾难。这种蚊子的抗药性的发展曾出现在东南亚，而现在已是加勒比海地区的普遍现象。

来自世界许多地方的报告表现了昆虫产生抗药性对疟疾和其他疾病的影响。在特利尼代德，1954 年的黄热病大爆发就是跟随在对病源蚊子进行控制因蚊子产生抗药性而失败之后发生的。在印度尼西亚和伊朗，疟疾又活跃起来。在希腊、尼日利亚和利比亚，蚊子继续躲藏下来，并继续传播疟原虫。

通过控制苍蝇在佐治亚州所取得的腹泻病的发病减少的成绩已在一年时间中付诸东流了。在埃及，通过暂时地控制苍蝇所得到的急性结膜炎发病率降低的情况，在 1950 年以后也不复存在了。

有一件事对人类健康来说并不太严重，但从经济价值来衡量却很令人头痛，那就是佛罗里达的盐化沼泽地的蚊子也表现出了抗药性。虽然这些蚊子不传染疾病，但它们成群地出来吸人血，从而使佛罗里达海岸边的广大区域成了无人居住区，直到一个很难的而且是暂时性的控制实行之后，这一情况才有所改变。但是，这一成效很快就又消失了。普通家蚊到处都在产生着抗药性，这一事实应当使现在许多正定期进行大规模喷药的村庄停息下来。在意大利、以色列、日本、法国和包括加利福尼亚以及俄亥俄、新泽西和马萨诸塞州等美国部分地区，这种蚊子现在已对厉害的杀虫剂产生了抗药性，在这些杀虫剂中应用最广泛的是滴滴涕。

扁虱又是一个问题。木扁虱是脑脊髓炎的传播者，它最近已产生了抗药性，褐色狗虱抵抗化学药物毒力的能力已经完全、广泛地固定下来了。这一情况对人类、狗都是一个问题。这种褐色狗虱是一个亚热带品种，当它出现在像新泽西州这样的大北方时，它必须生活在一个比室外温度暖和得多的建筑物里过冬。美国自然历史博物馆的 J·C·派利斯特于 1959 年夏天报告说，他的展览部曾接到许多来自西部中心公园邻居住家的电话。派利斯特先生说："整所房屋常常被传染上幼扁虱，并且很难除掉它们。一只狗会在中心公园偶然染上扁虱，然后这些扁虱产卵，并在房屋里孵化出来。看来它们对滴滴涕、氯丹或其他我们现在使用的大部分药物都有免疫力。过去在纽约市出现扁虱是很不寻常的事，而现在它们已布满了这个城市和长岛，布满了西彻斯特，并蔓延到了康涅狄格。在最近五六年中，这一情况使我们特别注意。"

遍布于北美许多地区的德国蜂螂已对氯丹产生了抗药性。氯丹一度是灭虫者们的得意武器，但现在他们只好改用有机磷了。然而，当前由于昆虫对这些杀虫剂逐渐产生抗药性，这给灭虫者们提出了一个问题：下一步怎么办？

由于昆虫抗药性的不断提高，防治虫媒疾病的工作人员现在不得不用一种杀虫剂代替另一种杀虫剂来应付他们所面临的问题。不过，如果没有化学家们创造发明来供应新物质的话，这种办法是不能无限地继续下去的。布朗博士曾指出："我们正行驶在'一条单行道'上，没有人知道这条路有多长；如果在我们到达死亡的终点之前还没有控制住带病昆虫的话，我们的处境确实就很悬了。"

对早期无机化学药物具有抗药性的农业昆虫的名单上有十几种，现在应再加上另外一大群。这些昆虫都是对滴滴涕、六氯联苯、毒杀芬、狄氏剂、艾氏剂，甚至包括人们曾寄予重望的有机磷具有抗药性。1960 年，具有抗药性的毁坏庄稼的昆虫已达 65 种。

农业昆虫对滴滴涕产生抗药性的第一批例子出现在美国，是在 1951 年，大约在首次使用滴滴涕 6 年之后。最难以控制的情况也许是与鳕蛾有关。实际上在全世界苹果种植地区现在这种鳕蛾已对滴滴涕产生了抗药性。白菜昆虫中的抗药性正在成为又一个严重问题。马铃薯昆虫正在逃脱美国许多地区的化学控制。6 种棉花昆虫、形形色色的吃稻木虫、水果蛾、叶蝗虫、毛虫、螨、蚜虫、铁线虫等，许多其他虫子现在都对农民喷撒化学药物毫不在乎了。

化学工业部门现在不愿面对抗药性这一不愉快的事实，这也许可以理解的。甚至到了1959 年，已经有 100 种主要昆虫对化学药物有明显抗药性。这时，一家农业化学的主要刊物还在问昆虫的抗药性"是真的，还是想象出来的"。然而，当化学工业部门满怀希望地把面孔转过去时，这个昆虫抗药性的问题并未简单地消失，它也给化学工业提出了一些不愉快的经济事实。一个事实是用化学物质进行昆虫控制的费用正在不断增长。由于一种在今天看来可能是十分有前景的杀虫化学物质到了明天可能就会惨然失效，所以事先去大量贮备杀虫药剂已失去意义了。当这些昆虫用抗药性再一次证明了人类用暴力手段对待自然是无效的时候，用于支持和推广杀虫剂的大量财政投资可能就会取消了。当然，迅速发展的技术会为杀虫剂发明出新的用途和新的使用方法，但人们总会发现昆虫继续安然无恙。

达尔文本人可能不会发现一个比抗药性产生过程更好的说明自然选择的例子了。出生于一个原始种群的许多昆虫在身体结构、活动和生理学上会有很大的差异，而只有"顽强的"昆虫才能抵抗住化学药物而活下来。

喷药杀死了弱者，一些具有某些能使它们逃脱毒害的天生特性的昆虫才存留下来。它们繁殖出的新一代将借助于简单的遗传性而在其先天抵抗力中具备了天生的"顽强性"。这一情况必不可免地产生了这样一种结果，即用烈性化学药物进行强化喷撒只能使原先打算解决的问题更加糟糕。几代之后，一个单独由顽强的具有抗性的种类所组成的昆虫群体就代替了一个原先由强者和弱者共同组成的混合种群。

昆虫借以抵抗化学物质的方法可能是在不断变化的，并且现在还完全不为人们所了解。有人认为一些不受化学喷药影响的昆虫是由于有利的身体构造，然而，看来在这方面几乎没有什么实际的证据。然而，一些昆虫种类所具备的免疫性从布利吉博士所作的那些观察中已清楚地表现出来了。他报告说在丹马克的佛毕泉害虫控制研究所中观察到大量苍蝇"在屋子里的滴滴涕中嬉戏，就像从前的男巫在烧红的炭块上欢跳一样"。

从世界其他地方都传来了类似的报告。在马来亚的瓜拉鲁木婆，蚊子第一次在非喷药中心区出现了对滴滴涕的抗药性。当抗药性产生以后，可以在堆存的滴滴涕表面发现停歇着的蚊子，用手电筒可在近处很清楚地看见它们。另外，在台湾南部的一个兵营里所发现的具有抗药性的臭虫样品当时身上就带有滴滴涕的粉末。在实验室，将这些臭虫包到一块盛满了滴滴涕的布里去，它们生活了 1 个月之久，产了卵，并且生出来的小臭虫还长大、长胖了。

虽然如此，但昆虫的抗药性并不一定要依赖于身体的特别构造。对滴滴涕有抗药性的苍蝇具有一种酶。这种酶可使苍蝇将滴滴涕降解为毒性较小的化学物质。这种酶只产生在那些具有滴滴涕抗药性遗传因素的苍蝇身上。当然，这种抗药性因素是"世袭相传"的。至于苍蝇和其他昆虫如何对有机磷类化学物质产生解毒作用，这一问题现在还不清楚。

一些活动习性也可以使昆虫避免与化学药物接触。许多工作人员注意到具有抗药性的苍蝇喜欢停歇在未喷药的地面上，而不喜欢停在喷过药的墙壁上。具有抗药性的家蝇可能有稳定飞行习性，总是停落在同一个地点，这样就大大减少了与残留毒物接触的次数。有一些疟蚊具有一种习性可以尽少在滴滴涕中的暴露，这样实际上可免于中毒；在喷药的刺激下，它们飞离营棚，而在外面得以存活。

通常，昆虫产生抗药性需 2～3 年时间，虽然有时只要一个季度或甚至更少的时间也会产生抗药性。在另外一个极端情况下，也可能需要 6 年之久。一种昆虫在一年中繁殖的代数是很重要的，是根据种类和气候的不同而有所增减。例如，加拿大苍蝇比美国南部的苍蝇抗药性发展得慢一些，因为美国南部有漫长、炎热的夏天适宜于昆虫高速繁殖。

有时人们会问一个满怀希望的问题："如果昆虫都能变得对化学毒物具有抗药性，人类为什么不能也变得有抗药性呢？"从理论上讲，人类也是可能的，然而产生这种抗药性的过程需要几百年，甚至几千年，那么现在活着的人们就不必对人类的抗药性寄予什么希望。抗药性不是一种在个体生物中产生的东西。如果一个人生下时就具有一些特性使他能比其他人更不中毒的话，那么他就更容易活下来并且生子育孙。因而，抗药性是一种在一个群体中、经过许多代时间才能产生的东西。人类群体的繁殖速度大约来说为每 1 世纪 3 代，而昆虫产生新一代却只需几天或几星期。

"昆虫给我们造成一定的损害，我们是多少忍受点呢，还是连续用尽各种方法消灭以求暂时免于受害呢？我看，在某些情况下，前者要比后者明智得多。"这是布里吉博士在荷兰任植物保护服务处指导者时提出的忠告："从实践中得出的忠告是'尽可能少喷药'，而不是'尽量多喷药'……施加给害虫种群的喷药压力始终应当是尽可能地减少。"

不幸的是，这样的看法并未在美国相应的农业服务处中占上风。农业部专门论述昆虫问题的 1952 年年鉴承认了昆虫正在产生抗药性这一事实，不过它又说："为了充分控制昆虫，仍需要更频繁、更大量地使用杀虫剂。"农业部并没有讲如果那些未曾试用过的化学药物不仅能消灭世界上的昆虫，而且能够消灭世界上的一切生命，那么将会发生什么事情。不过到了 1959 年，也就是仅仅在这一忠告再次提出的 10 年之后，一个康涅狄格州的昆虫学家在《农业和食物化学杂志》中谈到了最后一种可用的新药品至少已对一二种害虫使用过了。

布里吉博士说："更加清楚不过的是，我们正走上一条危险之路……我们不得不准备在其他控制方面去开展大力研究，这些新方法必将是生物学的，而不是化学的。我们的意图是尽可能小心地把自然变化过程引导到我们向往的方向上，而不是去使用暴力……我们需要一个更加高度理智的方针和一个更远大的眼光，而这正是我在许多研究者身上未看到的。生命是一个超越了我们理解能力的奇迹，甚至在我们不得不与它进行斗争的时候，我们仍需尊重它……依赖杀虫剂这样的武器来消灭昆虫足以证明我们知识缺乏，能力不足，不能控制自然变化过程，因此使用暴力也无济于事。在这里，科学上需要的是谦虚谨慎，没有任何理由可以引以自满。"

有害生物产生抗药性的发现，与滴滴涕的大量使用是分不开的。因此，有科学家风趣地说：滴滴涕改变了世界！即使达尔文还活着，他一样也会有危机感！

2.2 昆虫抗药性的概念

2.2.1 抗药性的定义

昆虫抗药性是对昆虫群体而言，不是指昆虫个体，而且抗药性是相对敏感种群而言。因此，必须把昆虫抗药性与昆虫自然耐药性和选择性区分开来。昆虫的耐药性是指一种昆虫在不同发育阶段、不同生理状态及所处的环境条件变化对某一种药剂敏感性的差异。而不同昆虫对某种药剂的敏感的差异称为选择性。

世界卫生组织将抗药性定义为：部分有机体可以在施用一定剂量的毒剂后存活下来，而这一剂量通常可以杀死同种的大部分个体，并且这种能力可以遗传。

因此，昆虫抗药性定义：昆虫具有忍受杀死正常种群大多数个体的药量的能力，并在其种群中发展起来的现象。昆虫抗药性与昆虫的耐药性和选择性不同。抗药性是指害虫某些群体因药剂的单一、连续大量使用，形成了对该药剂常规剂量的忍受能力，而这个剂量对同种害虫正常种群的大多数仍然有效。

英国抗药性专家 Sawicki 认为：抗药性是指害虫能够降低田间防效的一种反应，这是对药物选择作出的一种遗传上的改变。

昆虫的抗药性有 4 个方面的内涵：

一是群体性，即针对群体而言的，不是指昆虫个体；

二是地区性，即抗药性的发展与该地区的用药历史、药剂的选择压力有关；

三是相对性，即抗药性是相对于敏感种群或正常种群而言，抗药性水平的高低是产生抗药性的新种群与敏感种群的值之比确定的；

四是遗传性，即能够在种群中遗传下去，也就是杀虫剂起到了自然选择作用。

2.2.2 交互抗性

害虫对某种药剂产生抗药性后，对未使用过的作用机制、代谢机理、结构相同或相近的药剂也产生抗性，这种现象称为交互抗性。

2.2.3 负交互抗性

害虫对某种药剂产生抗药性后，对另一种未用过的药剂变得更为敏感。负交互抗性经常发生在作用和代谢机制不同的农药之间。研究表明，抗有机磷杀虫剂的害虫易对有机氯、拟除虫菊酯类化合物产生负交互抗性。轮换使用具有负交互抗性的药剂是抗性治理的最佳办法。然而，在生产上很难找到具有实用价值的负交互抗性。

2.2.4 多抗性

一种害虫体内同时存在多种不同的抗性基因或等位基因，能对几种不同作用机制的药剂产生抗性。必须指出的是，多抗性与交互抗性有严格的区别。多抗性是不同抗性因子造成的，而交互抗性是由相同抗性因子造成的。如小菜蛾、马铃薯甲虫等对有机氯、有机磷、氨基甲酸酯、昆虫生长调节剂等多种药剂产生了不同程度的抗药性，即产生了多抗性；棉蚜对一种拟除虫菊酯类药剂产生抗性后，对未使用的其他拟除虫菊酯类药剂也产生了抗性，即为交互抗性。

2.3 昆虫的抗药性机理

关于昆虫抗药性的形成有选择和诱变两种学说。

选择学说认为昆虫种群中某些个体早就存在抗性基因，在通常的自然选择中，这些个体的抗性未能得以表现。由于杀虫剂的不断选择，抗性得到表现且得以生存，并将这种抗性能力遗传给下一代。

诱变学说认为昆虫种群中根本不存在抗性的基因，但由于杀虫剂的不断使用，使种群中某些个体产生了基因突变。

现在，大多数学者普遍承认和接受选择学说。但两种学说有一个共同点，抗药性的形成都是杀虫剂作用的结果。目前，昆虫对杀虫剂的抗药性机理已有许多报道，大致分为行为抗性、生理生化抗性和抗性遗传机制等3个方面。

2.3.1　行为抗性

行为抗性是指昆虫受药剂刺激后，改变了原来的习性，为避免接触而进行长距离的迁移。由于这种机理的存在，那些具有更利于生存的行为习性的个体得以保存下来，从而使整个种群改变了原有的行为习性。人们普遍认为，行为抗性的案例较少。有人发现，非洲的斯威士兰和罗德西亚的冈比亚按蚊原来是栖息于人类居住区的，喜欢吸食人血，但由于大量使用杀虫剂灭蚊后，在人的居住区几乎再也找不到按蚊的踪迹，但在非居住区却很多，且只叮咬动物，并不叮人。

2.3.2　生理生化抗性

一般认为昆虫抗药性的机制主要有杀虫剂对昆虫的穿透速率下降、昆虫对杀虫剂的代谢作用增强、杀虫剂作用靶标敏感性下降等3个方面。通常昆虫对药剂产生抗药性是这3个方面综合作用的结果，且后2个方面更为普遍。

2.3.2.1　杀虫剂对昆虫的穿透率下降

杀虫剂可以通过昆虫的表皮、呼吸系统或肠腔进入昆虫体内。这些途径中任何一个环节的改变都有可能延缓药剂到达作用靶点的时间而出现药效下降。

表皮穿透速率的变化作为一种抗性机制，就其本身而言，仅仅能够延迟中毒症状的出现，也只能够导致低水平的抗性（<3倍）。但由于表皮穿透速率的降低延缓了杀虫剂到达靶标部位的时间，使得抗性昆虫具有更多的时间降解杀虫剂。如果代谢因子或靶标不敏感性相结合，就可能对抗性产生较大影响。因此，表皮穿透因子在昆虫的抗药性中可对其他抗性因子起强化作用。研究发现，抗性昆虫对药剂的穿透速率一般比敏感种群的低；但抗性的产生仅与穿透速率下降有关的报道很少，这可能是由于昆虫体壁结构复杂，单一的改变不足以阻断杀虫剂的穿透。现已证实一个被称之为"pen"的基因与杀虫剂对家蝇的表皮穿透性有关，该基因位于家蝇的第3条染色体上。

2.3.2.2　昆虫对杀虫剂的代谢作用增强

昆虫对杀虫剂的代谢作用增强又称代谢抗性。它是由于解毒酶活性增强而对杀虫剂代谢加速所产生的抗性。代谢抗性涉及的解毒酶主要有多功能氧化酶系、非专一性酯酶、谷胱甘肽S转移酶等3种。在许多情况下，抗药性的产生是因为昆虫对杀虫剂代谢能力的提高，其中解毒酶如水解酶等与有机磷杀虫剂的代谢密切相关。但不是所有的代谢都是解毒代谢如对硫磷变为对氧磷，在这种情况下代谢强度降低反而导致抗性产生。

2.3.2.3　杀虫剂作用靶标敏感性下降

杀虫剂作用靶标敏感性下降又称靶标抗性。它是指由于杀虫剂作用靶标敏感度降低而产生的抗性。杀虫剂作用的靶标主要有乙酰胆碱酯酶、神经轴突钠离子通道、γ-氨基丁酸受体氯离子通道及保幼激素受体等。靶标部位敏感性下降主要是杀虫剂作用靶标位点发生变异，从而使杀虫剂与靶标位点的亲和力降低。靶标部位敏感性下降是昆虫对杀虫剂产生抗性的一个重要机制，已在多种昆虫对多种杀虫剂的抗性研究中得到证实。

2.3.3　抗性遗传机制

2.3.3.1　基因与抗性

昆虫的抗药性是一种遗传性状，其抗性基因本身就存在于昆虫体内，参与体内的各种代谢过程。昆虫的抗药性主要由单基因或多基因控制。控制抗药性的单基因与控制其他性状的基因一样，有些位于常染色体上，有些位于性染色体上。其遗传方式可以为显性遗传、隐性遗传、不完全显性遗传或不完全隐性遗传。经典的判定遗传方法是用抗性品系和敏感品系单个配对杂交得到 F1 代，并用 F1 代与敏感品系同交，通过毒力回归线所示抗性基因分离情况可确定。研究表明，马铃薯叶甲对氰戊菊酯的抗性是不完全隐性遗传，且抗性基因位于性染色体上；烟芽夜蛾对乙硫威的抗性为单一的常染色体上的不完全显性基因所控制；褐飞虱对噻嗪酮的抗性遗传是常染色体上的多基因控制的，抗性主基因为不完全隐性。

2.3.3.2　染色体与抗性

染色体是基因的特殊载体。染色体的结构变化将改变基因间的距离、连锁关系及基因重组，从而影响抗性基因的表达。有人分析了世界各地桃蚜的第 Ⅰ 和第 Ⅲ 染色体（A1，A3）之间的易位对有机磷抗性的影响，结果发现 A 易位和抗性是完全连锁的。

2.3.3.3　转座子与抗性

转座子是一类在细菌的染色体、质粒或噬菌体之间自行移动的遗传成分，是基因组中一段特异的、具有转位特性的、独立的 DNA 序列。转座子是存在于染色体 DNA 上可自主复制和位移的基本单位。最简单的转座子不含有任何宿主基因而常被称为插入序列（IS），它们是细菌染色体或质粒 DNA 的正常组成部分。转座子是基因组中一段可移动的 DNA 序列，可以通过切割、重新整合等一系列过程从基因组的一个位置"跳跃"到另一个位置。

复合型的转座子也称为转座子。这种转座因子带有同转座无关的一些基因，如抗药性基因，它的两端就是 IS，构成了"左臂"和"右臂"。两个"臂"可以是正向重复，也可以是反向重复。这些两端的重复序列可以作为 Tn 的一部分随同 Tn 转座，也可以单独作为 IS 而转座。Tn 两端的 IS 有的是完全相同的，有的则有差别。当两端的 IS 完全相同时，每一个 IS 都可使转座子转座；当两端是不同的 IS 时，则转座子的转座取决于其中的一个 IS。Tn 有抗生素的抗性基因，Tn 很容易从细菌染色体转座到噬菌体基因组或是接合型的质粒。因此，Tn 可以很快地传播到其他细菌细胞，这是自然界中细菌产生抗药性的重要来源。

两个相邻的 IS 可以使处于它们中间的 DNA 移动，同时也可制造出新的转座子。Tn10 的两端是两个取向相反的 IS10，中间有抗四环素的抗性基因（TetR），当 Tn10 整合在一个环状 DNA 分子中间时，就可以产生新的转座子。当转座子转座插入宿主 DNA 时，在插入处产生正向重复序列，其过程是这样的：先是在靶 DNA 插入处产生交错的切口，使靶 DNA 产生两个突出的单链末端，然后转座子同单链连接，留下的缺口补平，最后就在转座子插入处生成了宿主 DNA 的正向重复。

当转座子插入某一与抗性有关的基因内部或其附近时，可以对该基因的表达产生影响，增加其抗性水平。

综上所述，昆虫对药剂的反应是多方面的，机理各不相同。因此，探明昆虫对药剂的抗药性机理对开展抗性综合治理具有重要意义。

2.4　害虫抗药性发展的影响因子

害虫抗性的发展受多方面因素的影响，我们主要介绍害虫本身的遗传因子、生物因子和施药人员的操作因子等 3 种。

2.4.1　遗传因子

抗性的发展是突变、选择、基因流动及随机遗传漂移等诸多因素间复杂相互作用而引起的基因频率的改变。抗性遗传研究的主要目标就是评价这几个因子相对的重要性，以及确定怎样操纵这些因子才能阻止或延缓抗性的发展。

在一个新的化学农药应用之前，抗性等位基因频率主要决定于昆虫长期生存、演变过程中食物和早期曾经使用过的农药等其他物质所引起的不定向突变、定向选择及随机漂移。一旦一种新的化学农药被广泛使用，其选择作用和基因流动将成为主要影响因子，并且可能是能被操纵来影响抗性发展的最主要的因子。

2.4.1.1　抗性等位基因的初始频率

不论是何种突变，在被选择之前，它的抗性等位基因频率一般是基本不一样的。在杀虫剂选择压力下，抗性等位基因的频率越高，抗性发展就越快。同样，如果抗性等位基因是显性，则抗性发展也就快。具有抗性的昆虫种群，以后几代抗性个体的数量能否增加，首先取决于抗性杂合子和纯合子抗性基因型相对生存和繁殖的潜能。也就是说，取决于抗性基因型适应环境而生存的能力，即我们通常所说的适合度；其次取决于用药的选择压力。因此，准确测定或估计初始等位基因频率对评价抗性治理措施的效果虽然不是十分重要的，但它们对采取何种治理措施、抗性的早期预报等仍具有相当重要的意义，千万不可小视。

2.4.1.2　种群结构及基因的流动

在药剂重复处理下，当主要害虫的某个种群对绝大多数杀虫剂产生抗性的同时，同一种害虫的某些其他种群或与之密切相关的种群却相对保持敏感，即使它们与产生抗性的种群一样受到相同的处理也是如此。这些差别可能是由于种群结构的变异所致。种群结构描述了按照行为、性比、资源的离散分布、种群的大小、随机交配造成的种群偏离程度，以及限制基因从一个地方向另一个地方扩散的限制因子等。

当直接对成虫进行选择时，在雌性成虫交配前还是交配后进行将会影响到选择作用的效果。另外，种群的大小也是非常重要的。尽管昆虫，特别是害虫种群可能相当大，害虫防治经常能将其缩小。我们知道，细分的小种群中抗性发展的速度一般要比自由交配的大种群快，这一点对抗性为隐性的情况可能特别重要。但如果来自处理区的敏感个体的迁入很大，那么抗性频率的增加一般要比预计的慢。事实上，敏感个体迁入到处理区也是影响抗性发展的一个重要因子。

2.4.1.3　抗性的遗传方式

抗性是由单基因还是由多基因所决定的，存在着较大的争议。有人认为田间引起对任何药剂药效不好的明显抗性，通常仅涉及一个或两个主要基因。许多抗性检测方法和更多的抗性治理措施都是假定抗性是由单基因支配的。但近年来，越来越多的学者认为抗性是一种数量性状，符合数量遗传学的规律。

2.4.1.4　不接触药剂的相对适合度

与抗性机制和遗传方式的研究相比，探测与某一种抗性相关的不接触药剂的适合度是十分困难的。不管是何种抗性，抗性品系与敏感品系适合度的特征是不同的。由于敏感个体迁入的稀释作用，田间抗性个体的频率一般而言会下降。

2.4.2　生物因子

2.4.2.1　生物学因子

昆虫世代周期和每一世代后代的数目对抗性发展也有影响。世代周期快的，由于选择的次数增多，抗性基因频率增加也就快，因而抗性产生也就快。如小菜蛾世代多，它就要比世代少的仓储害虫抗性产生得快。每一世代后代数目多的，如蚜虫，产生抗性就快。多配偶比单配偶的抗性产生快。多食性害虫比单食性害虫的抗性发展快。

2.4.2.2　种群生态学因子

种群的流动和分布是一个重要的行为因素。流动性的种群由于接触的农药可能不同，因而选择作用的程度与内容也就不同，抗性基因频率就不容易增加，而且流动本身就是一个不可小视的稀释因子。

2.4.2.3　孤立与迁移因子

一般来说，昆虫种群越孤立，杀虫剂对选择有抗性的个体的效率就越高。新基因的加入或原来基因的迁出都会有效改变抗性基因的频率。新基因型个体迁入敏感种群中，除非有药剂的选择，否则由于抗性个体生活力比敏感个体低，在生存竞争中处于劣势，显然容易被淘汰。因而不能使敏感性种群发展成为抗性种群。但敏感个体迁入抗性种群中却能起到重要和明显的稀释作用，因其迁入而使敏感基因频率不易下降，从而抵消选择作用。

2.4.2.4　保护因子

个别昆虫不论基因型怎样，都有可能不受或少受药剂处理的影响，因而不容易产生抗性。如某些隐匿在植物组织中，植物只短暂受到化学药剂处理的昆虫，就要比整个生命周期均可受到化学药剂处理或者受到化学药剂残留效果作用的昆虫更难产生抗性。

总而言之，抗性的发展常常是同时涉及几个因子，而且各个因子之间还有相互作用，多种抗性因子的同时存在是使抗性发展到极高水平的主要原因。

2.4.3　操作因子

遗传因子和生物因子均是昆虫本身所具有的，是人所不能控制的。所幸的是，影响昆虫抗性发生与发展的最重要的因子是药剂的选择压力，这正是人所能够控制的操作因子。

2.4.3.1　杀虫剂的抗性风险

根据突变－选择平衡理论，尽管害虫对药剂的初始抗性等位基因频率都很低，但是，某一种害虫对不同药剂的抗性风险也是不尽相同的。这可能与药剂的作用特点、作用靶标等有关。如棉铃虫对辛硫磷的抗性现实遗传力为 0.0946，对丙溴磷的抗性现实遗传力为 0.1376，表明就棉铃虫而言，丙溴磷比辛硫磷易产生的抗性风险大。这一事实告诉我们，在引入和推广一个新品种农药前，进行抗性风险评估是十分重要的。需要指出的是，当害虫对某一药剂产生抗性后，相似分子结构或相同作用机理的药剂很容易产生抗性。

2.4.3.2　用药次数风险

一般而言，用药次数越多，抗性产生就越快。每次施药的剂量越大、浓度越高，抗性产生也就越快。这都是由于增加了选择压力的结果。因此，要减缓抗性产生和发展，最有效的方法就是减少药剂选择的压力，即减少用药次数，不要盲目加大用药量。

2.4.3.3　用药范围风险

施药的范围也会对抗性的产生有影响。施药范围越大，抗性基因频率易增加，抗性产生和发展也就增大。所以，大面积长期使用同一种或同一类农药必须要慎重。此外，使用残效期长的药剂也容易使害虫产生抗性，因而选择残效期短的药剂能够延缓害虫产生抗性。

2.4.3.4　使用方法风险

特别是单一长时间使用同一种或同一类农药，更容易使害虫产生抗性。不同种类的杀虫剂的混用能够延缓抗性的发展。因此，我们提倡科学混用农药，尤其是鼓励轮换使用不同作用机理的农药。

2.4.3.5　杀虫剂的交互抗性风险

研究害虫对杀虫剂的交互抗性水平和交互抗性谱是进行杀虫剂混用或轮用的基础。只有具有不同抗性机理，或者相互没有交互抗性的几种或几类杀虫剂之间才能进行混用或轮用，以延缓抗性的发展。我们必须再三强调：具有相同抗性机理、化学结构或作用机制的杀虫剂之间往往容易产生交互抗性，因此不能将它们混用或轮用。

第三节　植物病原菌抗药性

在 20 世纪 60 年代早期，大部分杀菌剂的抗性风险都很低，如铜、硫制剂等基本没有发现抗性。1960 年，有人发现，引起柠檬腐烂的指状青霉对环烃类杀菌剂联苯产生了一定抗性，只不过抗性问题尚未达到严重的程度。后来，随着高效、广谱、选择性强的苯并咪唑类内吸性杀菌剂的研发成功与投入应用，植物病原菌普遍产生了较高水平的抗性，随着杀菌剂的大量使用和时间的推移，植物病原菌对杀菌剂的抗性问题变得日益突出。

植物病原菌抗药性和害虫及杂草抗药性一样，是植物保护领域的一大顽症，是造成农作物生产损失的重要因素之一。而且病害发生具有隐蔽性等特点及病害症状的不可逆性，使人们对病害防治的重视程度不够，对杀菌剂的创制、应用研究也落后于杀虫剂和除草剂。这一点应该引起我们的高度重视。

植物病原菌对杀菌剂产生抗药性是植物病害化学防治中面临的主要问题之一，简称植物病原菌抗药性或杀菌剂抗药性，是指病原菌长期在单一药剂选择作用下，通过遗传、变异，对此获得的适应性。特别是随着高效、内吸、选择性强的杀菌剂被开发和广泛应用，杀菌剂抗性越来越严重和普遍，成为制约化学防治措施发展的关键因素之一。

3.1　抗药性植物病原菌生物学特性

抗药性菌株的生物学特性即抗性菌株的越冬、越夏、生长、繁殖和致病力等方面的特性，研究上主要以适合度来评价抗药性菌株的生物学性状改变情况，适合度是指病菌抗药性突变体与敏感群体在自然环境条件的生存竞争能力。即是在生长、繁殖速率、致病性等方面，是否变化及变化程度，其强弱关系到抗药性菌株是否容易形成抗药性群体。除少数杀菌剂外，病菌对多数药剂产生抗性后均表现不同程度的适合度下降。有人对抗氟硅唑的叶霉菌抗性菌株的菌丝生长速率、菌丝鲜重、渗透敏感性、抗药性突变体遗传稳定性共 4 项指标的测定显示，番茄叶霉病菌的生物学特性与其对氟硅哇的敏感无线性相关性。低抗和中抗突变体与敏感菌株相比较能够正常生长，但当菌株产生高抗药性时生长能力显著下降。有人对稻瘟病菌抗烯肟菌酯的抗药性菌株的生长速率、产孢能力研究证明，抗药性菌株适合度显著低于敏感性菌株。活体试验表明，抗药性突变体的致病力较差，与敏感性菌株相比差异显著。据报道在紫外线诱导、药剂驯化条件下诱导产生的两株抗烯肟菌胺黄瓜白粉病菌株和敏感菌株分别接种黄瓜叶片发现获得的抗性菌株致病力低于敏感菌株的致病力。再根据 Tooley 等介绍的一种测定适合度指数的方法，测定发现驯化获得的抗性菌株的适合度指数明显低于敏感菌株，主要表现在其致病力减弱、产孢能力的减弱上。也有一些菌株适合度较高，与野生敏感菌没有差异甚至高于敏感菌株。有人研究证明禾谷镰孢菌对多菌灵抗药性菌株的生长、繁殖和致病力等性状与野生菌株几乎没有变化，说明抗药性病原群体与敏感性病原群体有较高的生存竞争能力或适合度。通过抗药性菌株与敏感性菌株混合接种、不同选择压力下自然界抗药性病原群体比例，以及抗药性病害循环不同阶段抗药性群体比例的变化态势等研究也证实了这一点。有人发现了在药剂驯化条件下，产生对嗯霜灵抗性的突变马铃薯晚疫病菌和葡萄霜霉病菌株适合度好于原菌株，竞争力较强，稳定性较好。

3.2　植物病原菌抗药性的基本概念

3.2.1　植物病原菌抗药性

植物病原菌对杀菌剂的抗药性，简称植物病原菌抗药性或杀菌剂抗药性，是指野生敏感的植物病原菌个体或群体，在某种药剂的选择压力下出现敏感性显著下降的现象。如苯并咪唑类内吸性杀菌剂在生产上大量连续使用，黄瓜白粉病原菌首先对该药剂产生抗药性；防治玫瑰白粉病，连续使用 10 个月后，基本失去防治效果。植物病原菌的抗药性，一般是通过比较抗性菌株和敏感菌株的有效中浓度 EC_{50} 或者有效中量 ED_{50} 来衡量。

国际粮农组织对杀菌剂抗药性推荐的定义是"遗传学为基础灵敏度降低"。

3.2.2 抗药性水平和抗药性频率

抗药性水平是指抗药性的严重程度。它可以通过敏感对照群体或个体对该药剂的 EC_{50}/抗药性群体或个体 EC_{50} 来计算所获得的具体数值，在实际应用上根据抗药性水平的范围，也采用低水平抗药性、中等水平抗药性和高水平抗药性或者极高水平抗药性的描述方法。

抗药性频率是指抗药性群体或个体中在整个病原菌群体或个体中所占的比例。

3.2.3 交互抗药性和负交互抗药性

正交互抗药性简称交互抗药性。它是指病原菌对某种杀菌剂产生抗药性后，对某些具有相同杀菌机理或者抗性机理的杀菌剂也产生抗药性的现象。如马铃薯晚疫病对甲霜灵产生抗药性后，对噁霜灵也产生了抗药性。植物病原菌对苯并咪唑类杀菌剂如甲基托布津、多菌灵、噻菌灵也表现交互抗药性。

与交互抗药性相反，病原菌对某种杀菌剂产生抗药性后，对其他杀菌剂表现更加敏感的现象称为负交互抗药性。如灰霉病菌对苯并咪唑类杀菌剂产生抗药性后，同时会对 N - 苯基氨基甲酸酯类杀菌剂如乙霉威更加敏感。在灰霉病的防治上，应用多菌灵和乙霉威的复配制剂，就是迄今为止最为成功的应用负交互抗药性进行抗药性治理的典型例子。

我们必须指出，交互抗药性与负交互抗药性在同类或者不同类杀菌剂之间普遍存在。

3.2.4 多重抗药性

多重抗药性是指由于多种不同的抗药性机制导致的一种病原菌对多种不同作用机理的杀菌剂产生抗药性的现象。如多菌灵和乙霉威的复配制剂在农业生产上应用一段时间后，灰霉病对其产生了双重抗药性。目前，灰霉病已经对苯并咪唑类杀菌剂、二甲酰亚胺类杀菌剂、苯胺基嘧啶类杀菌剂等多种类型的不同作用机理的杀菌剂产生了多重抗药性。

3.2.5 实验室抗药性、田间抗药性及实际抗药性

实验室抗药性是指在室内通过药剂筛选、物理和化学诱变等技术获得的抗药性。实验室抗药性研究对于了解目标病原物发生抗药性变异的难易程度和抗药性菌株的适合度等具有十分重要的意义。但实验室抗药性的研究结果，有时会与实际情况不一致。如最初的实验室抗药性研究认为甲氧基丙烯酸酯类杀菌剂属于低抗性风险。但是实践表明，黄瓜白粉病菌等对该类药剂却具有较高的抗性风险。

田间抗药性是指在田间用药后能够监测或检测的初期抗药性。此时抗药性病原菌在群体中占的比例还很低，化学防治依然有效。对那些抗药性由单基因控制，表现质量遗传性状和适合度较高以及繁殖力强的病原菌而言，此时设计和实施抗药性治理措施已经为时太晚。如果抗药性是由多基因控制的，此时立即采取合理的抗药性治理措施，不但不会使药剂突然失效，还可以延长药剂的使用寿命。田间抗药性和实际抗药性有时又统称为田间抗药性。

实际抗药性是指生产上已明显可见的抗药性，即抗性亚群体已成为优势群体，正常的化学防治明显失去效果。生产上所讲的抗药性，实际上就是指实际抗药性。

3.3 植物病原菌抗药性机制

3.3.1 生理生化机制

目前已知的杀菌剂都是干扰真菌生物合成过程，如核酸、蛋白质、麦角甾醇、几丁质等的合成、能量代谢过程、生物膜结构和细胞核功能的化合物。植物病原菌的抗药性机制与杀

菌剂的作用机制密切相关。概括起来，主要有如下 6 种情况：

3.3.1.1　杀菌剂通透力的下降

病原菌细胞膜通透能力的改变，可以导致杀菌剂不能正常进入病原菌而达不到作用位点，从而杀菌剂无法发挥杀菌作用，如稻瘟病对稻瘟散的抗药性。

3.3.1.2　杀菌剂的钝化能力增强

某些病原菌可以把进入体内的杀菌剂转化为毒力较低的化合物，从而使杀菌剂对它的毒性较低。也就是通过部分解毒过程来提高其抗性能力。

3.3.1.3　靶标亲和力降低

靶标亲和力降低是病原菌产生抗药性最重要的机制。即病原菌可以通过遗传变异改变自身杀菌剂作用靶标关键位点的结构，使杀菌剂与靶标亲和力下降，从而使得杀菌剂无法正常发挥其杀菌作用。如常用的苯并咪唑类杀菌剂、苯酰胺类杀菌剂及春雷霉素等抗菌剂的抗性，就分别因它们相应的作用靶点被改变，降低了药剂与这些靶点的亲和力而表现抗药性。

3.3.1.4　吸收减少或排泄增加

真菌细胞可以通过某些代谢变化，有效阻止足够量的杀菌剂通过细胞膜而达到作用靶点，或者利用生物能量将已进入细胞内的药剂立即排出体外，阻止药剂积累而表现抗药性。病原菌细胞膜通透性的改变，也可以导致杀菌剂不能进入病原菌而达不到其作用位点，从而使杀菌剂无法发挥其杀菌作用。这也可以被看做是病原菌自我保护机制的增强，从而表现为抗药能力的提高。如稻瘟病菌可以通过减少对稻瘟素 S 的吸收，降低该药剂对稻瘟病菌体蛋白质合成的影响，从而产生抗药性。

有些病原菌虽然能够大量吸收杀菌剂进入菌体内，但吸收后能够很快将这些杀菌剂排出体外。这是目前生产上最重要的甾醇脱甲基类杀菌剂产生抗药性的主要机制之一。研究表明，通过 ABC 转运体将药剂排出菌体外是某些甾醇脱甲基类杀菌剂发生抗药性的机制。这种抗药性具有"被诱导"的特性，如小麦白粉病菌对三唑酮的抗药性等。当连续多次使用三唑酮，因为 ABC 转运体的作用增强，抗药性水平会逐渐提高。然而当停止使用三唑酮，ABC 转运体的作用会减弱，抗药性水平也随之下降。

3.3.1.5　补偿作用或改变代谢途径

有些病原菌细胞可以改变某些生理代谢，使杀菌剂的抑制作用得到补偿，如增加药剂靶点酶的产量或者使用替代的代谢途径，维持正常的生命活动，最终表现为对药剂的敏感性下降。如某些甾醇脱甲基类类杀菌剂可以通过靶标酶 $C_{yt}P_{450}$ 表达的增强而产生抗药性。甲氧基丙烯酸酯类杀菌剂是一种通过与病原菌线粒体复合物Ⅲ中细胞色素 b(cytb)的 QO 位点结合而抑制真菌呼吸作用的杀菌剂，目前已经商品化的品种主要有嘧菌酯、肟菌酯、苯氧菌酯等。这一类化合物最大的特点就是抗菌谱广，能够有效防治由所有亚门真菌引起的植物病害。病原真菌对甲氧基丙烯酸酯类杀菌剂产生抗药性的机制有 2 种：旁路氧化的补偿作用和 b(cytb)的 G143A 突变，导致药剂与靶标的亲和力下降。但是旁路氧化的补偿作用要远弱于正常的电子传递途径，因此这种机制的抗性也可以提高甲氧基丙烯酸酯类杀菌剂的使用量加以解决。后一种机制是实际抗药性发生的主要机制，往往可以导致高水平的抗药性。

3.3.1.6　增加解毒或降低致死合成

病原菌通过某些生化代谢过程的改变，将有毒的杀菌剂转化为无毒化合物，或者在药剂到达作用靶标之前将其钝化。例如稻瘟病菌对异稻瘟净的中等水平抗药性就是由于病原菌将异稻瘟净分子的"S－C"键断裂，形成非毒性化合物。尖镰孢对五氯硝基苯的抗性是通过对五氯硝基苯的钝化能力来实现的，即将五氯硝基苯代谢为毒力很低的五氯苯胺和五氯苯硫基甲烷。以解毒作用作为病原菌产生抗药性机制的实例很少，远不如害虫重要。

3.3.2　遗传机制

杀菌剂抗药性的重要特点是抗药性状由病原菌的遗传基因决定。植物病原菌的抗药性可以通过染色体基因或细胞质基因的突变产生，因此，它可以分为核基因控制的抗药性和细胞质基因控制的抗药性。核基因控制的抗药性通常表现为孟德尔有性杂交双亲遗传，而细胞质基因控制的抗药性则表现为单亲遗传。

3.3.2.1　染色体基因控制的抗药性

已知绝大多数抗药基因位于细胞核中的染色体上，对核基因控制的抗药性，又可以根据抗药性基因的数量分为主效基因控制的抗药性和微效多基因控制的抗药性2种。

（1）主效基因控制的抗药性。主效基因抗药性又可以细分为单基因抗药性和多基因抗药性。病菌对某种杀菌剂的抗药性是由一个基因控制的，称之为单基因抗药性，通常存在一种复等位抗性基因。该基因座位上不同的碱基位点可以发生突变或同一碱基位点可以发生不同的突变，而能使病菌表现出不同的抗药性水平，如灰霉病菌、苹果黑星病菌等对苯并咪唑类杀菌剂的抗性。目前已知病原菌对杀菌剂的抗药性大多数都属于单基因控制的质量性状。

在多基因抗药性中，可能由几个主效基因可以决定对一种药剂的抗性，其中的任何一个主效基因的突变都会使病菌产生抗性。通常一个突变基因对另一个突变基因具有上位显性作用，表现与单突变相同的抗药水平。如在脉饱酶中有6个主效基因控制对二甲酰亚胺类杀菌剂的抗性，其中任何一个基因发生突变都可以表达抗性。也可能同时发生2个或2个以上的主效基因突变，而且它们可以相互作用，表现型不同于单基因突变体。如在尖孢镰刀菌中，对苯菌灵的高水平抗性是由2个主效基因的互相作用引起的。但无论在什么情况下，只要是主效基因控制的抗药性，田间病原群体或敏感性不同的菌株杂交后代对药剂的敏感性都呈现明显的不连续性分布，表现为质量性状，很容易识别出抗药群体。

与敏感菌株等位基因相比，每个突变基因可能表现为完全或不完全显性，或完全或不完全隐性。大多数囊菌、担子菌和半知菌的致病阶段是单倍体阶段，决定抗药性的基因无论是显性、半显性，还是隐性基因，均能表达抗药性。

（2）微效多基因控制的抗药性。微效多基因控制的抗药性是指抗性由多个微效基因控制，且这些基因之间具有积加效应，即单个或少数基因的突变引起的抗性水平是微不足道的，病菌对杀菌剂高水平抗性的产生需要多个基因的突变。由于不同抗药菌株中所携带的抗药基因数目的差异，田间病原群体或敏感性不同的菌株的杂交后代对药剂的敏感性呈连续性分布，且表现为数量性状。这也是区别于主效基因所控制的抗药性的基本特征。即使在药剂的长期选择压力下，病原群体的敏感性仍然会保持连续分布，只是整个分布向降低敏感性、增强抗药性水平的方向数量移动。不同年份测量的病原群体 EC_{50} 值可以对这种群体敏感性变化进行定量分析。杀菌剂防效随着病原群体抗药水平增加而下降，但很少表现完全失败。虽然增加用药量或者缩短用药周期可以提高防治效果，但同时也会增加抗性水平提高的选择压力，使病原表现数量遗传抗药性状的化合物有多果定、防线菌酮、三唑酮、三唑醇等麦角甾醇生物合成抑制剂。

甾醇生物合成抑制剂类杀菌剂，运用抑制植物病原真菌甾醇生物合成途径中不同环节的酶，干扰或阻断病原菌麦角甾醇生物合成而发挥抗真菌作用。近年，我国科技工作者运用植物病原真菌对甾醇生物合成抑制剂类杀菌剂的抗药性发生现状、遗传机制、生理生化机制、分子机制及治理策略等方面的研究并取得新进展。室内及田间有关甾醇生物合成抑制剂类杀菌剂抗药性的研究结果表明，植物病原菌对该类杀菌剂的抗药性可能是由1种或多种机制共同作用的结果。ABC 和 MFS 运输蛋白基因及 CYP51 蛋白基因是植物病原真菌对甾醇生物合成抑制剂类杀菌剂产生抗药性的主要分子机制。其中 ABC 运输蛋白基因能够通过翻转酶将药剂从膜内层转移至外层而排出细胞体外；MFS 运输蛋白基因的超表达和本底表达则是导致病原菌产生抗药性的关键因素；而 CYP51 蛋白基因与药剂作用时易在病原菌体内发生基因点突变或基因超表达，造成编码蛋白与药剂亲和力下降，导致病原菌产生抗药性。随着分子生物学的迅速发展，可从基因水平上寻找出与抗药性直接相关的基因、蛋白及调控途径等信息，同时与其他学科结合，合理设计新的、多作用位点的高效甾醇生物合成抑制剂，从而延长该类杀菌剂的使用寿命。

我们知道，微效多基因抗药性由多个微效基因控制，区别于主效基因所控制的抗药性的基本特征是田间病原群体或敏感性不同的菌株的杂交后代对药剂的敏感性呈连续性分布，表现数量性状。即这些基因间具有积加效应，单个或少数基因的突变引起的抗性水平是微不足道的。此类抗性病菌对药剂高水平抗性的敏感性下降，但很少表现完全失效，增加用药量或缩短用药周期可提高防效。使病原物表现数量遗传抗药性反应的杀菌剂有多果定、甾醇脱甲基抑制剂、放线菌酮、吗啉类和哌啶类及乙菌啶等。

3.3.2.2　细胞质基因控制的抗药性

病菌的杀菌剂抗药基因还可能存在于细胞质中的线粒体、质粒或病毒分子上。许多杀菌剂如萎锈灵尽管是干扰真菌的线粒体活性，抗性却是由核基因控制的。

真菌对少数药剂和细菌对大多数药剂的抗药基因属于胞质基因控制的抗药性，这些抗药基因主要位于真菌的线粒体和细菌的质粒中。有人对寄生疫霉的研究表明，链霉素抗性也是由胞质遗传因子决定的，属母性遗传。有人报道了恶疫霉突变株对甲霜灵的抗性在游动孢子后代持续发生分离的现象，认为这种抗性性状可能由细胞质因子控制。而早在 1971 年就发现了病原真菌对作用于菌体细胞色素 bc1 复合物的甲基丙烯酸酯类药剂的抗药性也是由线粒体基因控制的。使病原物表现胞质基因控制的抗药性反应的化合物有铜制剂、链霉素、甲基丙烯酸酯类药剂类药剂等。

研究植物病原菌对杀菌剂产生抗药性的原因和抗性机制对有效防止或延缓对杀菌剂抗药性的产生具有重要意义，不仅可以加深对杀菌剂抗药性的认识，还为正确提出和实施治理对策提供理论依据。

第四节　杂草抗药性

农田杂草对农业生产造成的危害巨大。据统计，全世界农作物受杂草危害平均减产达 10% 左右，其中粮食作物减产达 10.4%。农田杂草对农业生产造成的危害已超过有害生物及病害所造成的损失。

自 20 世纪 40 年代后期大量使用 2，4 - D 类除草剂防除麦田及其他谷物类作物农田阔叶杂草以来，化学除草技术不断发展。不同类别、各种机制的除草剂相继问世，日益受到世界各国的高度重视。众所周知，农田化学除草现已成为全球性现代农业生产不可缺少的重要组成部分。据统计，全世界化学除草剂的总使用量、防治面积及费用等均已超过杀虫剂和杀菌剂，是化学防治农作物病、虫、草、鼠害的重要品种。大量除草剂的高频率重复使用，导致杂草对很多除草剂产生了抗药性。抗药性种群的快速蔓延，给化学防除带来了新的难题。

抗药性杂草的产生，一是杂草种群内存在遗传差异，二是存在除草剂的选择压力。杂草种群内遗传差异可以是本身就存在的，也可以是由于突变产生的。选择压力的强度决定于除草剂的使用量、使用频度和有效期。连续使用某种除草剂，形成的选择压力大，易使杂草产生抗药性。

杂草抗药性的形成主要由杂草本身的生物学、遗传学特性和外界因素除草剂的选择压力及单一的种植制度造成；抗性形成的速度则与除草剂的选择压力、抗性基因的起始频度、杂草的适合度和杂草的种子库寿命有关；抗性机制主要有除草剂代谢作用的增强、作用位点的改变和对除草剂的屏蔽或作用位点的隔离。

为防止或延缓抗性杂草的出现，有效阻止抗性杂草快速进入农田，就要求我们必须重视杂草抗药性问题的研究，探明杂草抗药性机理，科学了解和系统掌握田间杂草的抗性动态。

4.1　杂草抗药性的基本概念

杂草抗药性的出现已经成为农田化学防除和生产管理的一大障碍。全球已有近 200 种杂草的 330 多个生物型对各类除草剂产生了抗药性，由此可能引发的经济及安全问题已不容忽视。要搞清杂草抗药性，必须明白与其相关的基本概念。

4.1.1　敏感性

敏感性是指植物对除草剂忍受或抵抗的能力，是相对抗药性或耐药性而言。敏感性生物型是指植物不能忍受除草剂作用，最终受到除草剂的伤害及死亡的一类植物。

4.1.2　耐药性

耐药性是指忍受除草剂的能力，这种忍受力在高剂量的情况下会下降。这种反应是植物自然发生的可变性结果，也就是说是先天性存在的，不受除草剂的影响。因此，耐药性不应与抗药性混淆或者是混为一谈。

4.1.3　抗药性

抗药性的定义较多，我们列举如下 5 种：

1956 年，Harper 首次提出抗药性定义：杂草的抗药性是指某种杂草或者某一杂草群体能够抵抗某种或者某一类除草剂的伤害，并对该药剂作用机理进行了演变和进化。

1965 年，联合国粮农组织提出了杂草抗药性的一般性定义：一个植物种群由于某种或某类农药的广泛使用，导致药效下降，有可能是植物对该类农药产生了抗药性。抗药性不应与天然的耐药性或低敏感性相混淆。

1982 年，Le Baron 提出可操作的杂草抗药性定义：通常在有效剂量的除草剂存在的条件下，杂草能够正常存活生长。

1987 年，Sawicki 从进化与田间剂量相关的角度，提出相应的定义：杂草抗药性是指对能够降低除草剂田间防效毒物选择反应，并已发生了遗传学变化。

1991 年，Gressel 认为，杂草抗药性的本质就是被除草剂处理后仍然存活的杂草具有遗传的能力。抗药性应与除草剂密切相关。因此，他将抗药性定义修正为：杂草抗药性是指杂草在除草剂田间推荐剂量条件下，仍然能够正常生长发育，而且有耐药性的植物将受到不同程度的伤害。

综上所述，抗药性的发展，实质上是受药剂的选择，少数抗药性个体发展或抗药性生物型种群扩大的过程。

4.1.4　单一抗药性

所谓单一抗药性是指一种杂草通常只对某一种除草剂具有抗药性，对其他除草剂不表现出抗药性。

4.1.5　交互抗性和负交互抗性

杂草对某一除草剂产生了抗药性的同时，对与该种除草剂具有类似化学结构和相似作用机制的除草剂也产生了抗药性，这种现象称为交互抗性。如 1985 年就有报道，在果园或谷物田连续使用 14～15 年除草剂阿特拉津，鼠尾看麦娘抗药性生物型迅速扩散，这种生物型对其他三氮苯类除草剂也产生了抗药性。另据 1987 年的报道，反枝苋、藜对阿特拉津的抗药性生物型对敌草隆等脲类除草剂也表现出了抗药性。

　　当杂草对某一种除草剂产生了抗药性的同时，相反对另外一种除草剂更具有敏感性，这种现象称为负交互抗性。如百草枯和敌草快表现为交互抗性的杂草生物型，对苯达松、草甘膦和 2 甲 4 氯丙酸反而更敏感。绿穗苋对阿特拉津抗药性生物型对二硝酚的敏感性增加；藜对阿特拉津的抗药性生物型对苯达松的敏感性也明显提高。

4.1.6　多抗性

　　一种杂草生物型同时对 3 种以上化学结构不相关、作用机制不相同的除草剂都产生了抗药性的现象，称为多抗性，也叫复合抗性。如藜对溴苯腈、绿麦隆、杀草敏均产生了抗药性；小苋和反枝苋对氨基甲酸酯、绿麦隆、尿嘧啶类除草剂均具有抗药性。

4.1.7　基因流

　　基因流是指在群体之间或者内部发生的基因传递和基因重组的过程。在群体中，提高外部基因进入群体内部，如杂交、群体内的基因漂移、种子库和种子休眠等以减少基因从群体中流失，改变等位基因的频率。

4.2　抗药性杂草的作用机理

　　杂草抗药性的形成受多方面因素的影响，因而抗药性机理也是复杂化的、多样性的，不同类型除草剂具有不同的作用机理，不同类型的杂草也具有不同的抗药性机理。目前已研究和阐明的抗药性杂草形成的机理主要包括如下 3 个方面。

4.2.1　作用部位的改变

　　除草剂作用于杂草必须到达一定的生理部位，在那里发挥毒性，而且作用位点可能在 1 个以上。但是，在除草剂的选择压力下，个别杂草的除草剂的作用位点发生了遗传修饰的改变，使除草剂的活性大大降低，出现了抗药性杂草生物型。这种现象在大多数磺酰脲类、咪唑啉酮类、三氮苯类以及二硝基苯胺类除草剂的抗性研究中已得到证实。现在较普遍的是磺酰脲类、咪唑啉酮类等的作用位点发生突变，而使这些除草剂的药效降低。研究结果表明，胡萝卜、拟南芥、地肤、烟草、毛曼陀罗等对除草剂的抗性突变体都是由乙酰乳酸合酶改变引起的。该位点突变或修饰是对磺酰脲类等除草剂产生抗性的根本原因。杂草对三氮苯类的抗性是由于杂草中叶绿体上类囊体膜上的除草剂的固着部位发生了突变，因此，抗药性杂草能抵抗多次(一般在 100 次以上)常规有效剂量的除草剂。在抗二硝基苯胺类的牛筋草中也发现因作用位点改变而产生抗性，其产生抗药性的原因是细胞内微管的组装不受此类药剂的阻碍，微管的形成和正常功能不再受影响。

4.2.2　代谢作用的增强

　　除草剂在植物体内的代谢，主要是关于除草剂在植物体内过渡性或最终性的结果，即关于除草剂降解或解毒作用的过程和产物等方面的问题。多数获得抗药性的生物型都表现出对参与选择的除草剂代谢作用的增强，同时伴有解毒过程中发生水解作用、扼合作用和区隔化作用。如苘麻对莠去津产生的抗性是通过谷胱甘肽的共轭作用而增强解毒。鼠尾看麦娘对绿黄隆产生抗性是通过 N - 脱烃基作用和与细胞色素 P450(Cytp450)有联系的环烷基氧化过程，使除草剂迅速降解。

4.2.3　对除草剂屏蔽作用或作用位点隔离作用

　　很多研究结果表明，分离作用在某些抗药生物型杂草中起重要作用。这种分离是通过除草剂在杂草体内的贮存或在液泡的代谢来完成的。如在一些植物中均三氮苯类随蒸腾流移动并贮存到溶腺体中，以这种独特的隔离方法阻止了均三氮苯对杂草的毒害作用。例如植物对百草枯的屏蔽作用，是因为百草枯与叶绿体中一种未知的细胞组分结合或者由于在液泡中的累积，使百草枯与叶绿体中的作用位点相隔离。研究表明，在抗药性生物型中，叶绿体的功能如二氧化碳固定和叶绿素荧光猝灭可以迅速恢复。这些均说明除草剂在其作用位点的结合可能被阻止。但是这一过程导致除草剂产生抗药性的研究还需深入。

4.3　影响抗药性杂草形成速度的因素

一般而言，在田间情况下，杂草抗药性群体的形成是在除草剂选择压力下，自然群体中一些耐药性的个体或者具有抗药性的遗传变异类型被保留，并能繁殖而发展成一个较大的群体。从田间表现形式上来看，是由于一类或一种除草剂的大面积和长期连续使用，使原来敏感的杂草对除草剂的敏感性下降，以至于用同一种药剂的常规用量难以达到防除效果。

由于除草剂的诱导作用，杂草体内基因发生突变或基因表达发生改变，结果导致提高了对除草剂解毒能力或使除草剂与作用位点的亲和力下降，而产生抗药性的突变体，然后在除草剂的选择压力下，抗药性个体逐步增加，而发展成为抗药性生物型群体。长期、大量、单一使用除草剂，杂草产生抗药性是必然结果，但抗药性形成速度受到除草剂的特性、杂草的生物特性、栽培方式等因素的影响。

4.3.1　除草剂的特性

4.3.1.1　作用靶标单一

不同除草剂品种造成杂草抗性形成的速度存在明显差异。作用靶标单一的除草剂品种往往比作用靶标多重的除草剂品种更易产生抗药性。许多杂草抗药性的产生都是由于单个基因突变的结果，即使是在作用靶标酶或蛋白质，甚至是空间结构上一个微小的变化，杂草都有可能产生抗药性。以乙酸合成酶为靶标的除草剂，其作用位点单一，在乙酸合成酶酶编码基因上 Gly 突变成 Gln，这个突变可能会导致乙酸合成酶在不同程度上对磺酰脲类除草剂不敏感，从而可能形成抗药性。近年来，以乙酸合成酶为靶标的磺酰脲类除草剂在连续使用 4~5 年，杂草便明显产生抗性，而一般除草剂往往需要使用 8~10 年才形成抗性。

4.3.1.2　除草剂的选择压力

除草剂的选择压力是指一种除草剂杀死敏感的野生型植物而遗留抗性个体的相对能力。除草剂对杂草耐药性生物型和敏感性生物型具有不同的选择性。当较长时间使用某一种除草剂之后，除草剂具有逐渐影响和改变植物种群遗传组成的外界压力，即除草剂对某种植物的选择压力。

选择压力是植物对除草剂产生抗药性的主要因素之一，也是最有影响的农学变量，对杂草抗药性的产生作用最大。杂草的抗药性是在除草剂的选择压力下，通过逐步自然筛选而形成的。一般情况下，除草剂的选择压力与杂草的抗药性发展速度呈正相关。

除草剂的残效期长短、使用时间频率、使用剂量、使用浓度与杀草效果均能影响选择压力的大小。如播后苗前使用能控制全季杂草的除草剂，敏感杂草不能对抗药性杂草形成竞争，并且不能结籽。因此，选择压大，抗性产生快，如莠去津、绿磺隆等。农田中使用残效期短的苗后除草剂，施药前后出苗的杂草能结籽，选择压力大大降低，抗性杂草鲜见报道，如 2，4 - D。但在作物生育期内反复多次使用持效期短的除草剂也会增加选择压力，如茎叶处理除草剂百草枯，当连续几年在作物生育季节多次施用，也会增加除草剂对抗药性杂草的选择压力。

4.3.1.3　高剂量施药

高剂量施药虽然可以通过除草剂的防除效果，为达到高防除效果施用除草剂的剂量降低了敏感杂草和其他类型杂草在杂草群体中的比例，削弱了敏感杂草的竞争力，从而为抗药性杂草提供了广阔的发展空间。

4.3.2　杂草的生物学特性

在杂草种群中，个体的多实性、易变性及多型性是对除草剂产生抗药性的内在因素，而抗性生物型的产生则是通过除草剂的选择压力导致基因突变的结果。抗性的发展速度决定于抗性等位基因的最初频率、遗传机制、抗性与敏感性表现型的相对适应性、土壤中种子库的动态以及除草剂的选择强度。杂草的抗药性是与生物学特性密切相关的。

4.3.2.1　杂草的生育期

在对除草剂产生抗药性的杂草中，大部分都是一年生草本植物。这些杂草能够完全或者部分自花结实，能够移地生育，繁殖力强，结籽多。而抗除草剂的生物类型是通过繁殖进行选择的，繁殖速度越快，种子量越多，产生抗药性个体的几率也就越大。

4.3.2.2　杂草种子库的动态

杂草种子在土壤种子库中的寿命越长，敏感性杂草种子的稀释效应越大，从而降低了抗药性杂草种子的发生几率。相对于作物而言，所有杂草种子的寿命都较长。许多杂草的种子埋藏于土壤中，经历多年仍能存活。藜等杂草种子最长可在土壤中存活 1700 年之久。一般情况而言，杂草种子实皮越厚，透水性越差，其寿命也就越长。

4.3.2.3　杂草的基因特性

由于杂草种群的混杂性、种内异花授粉、基因重组、基因突变和染色体数目的变异性等，一般杂草基因型都具有杂合性，这也是保证杂草具有较强适应性的重要因素。杂合性增加了杂草的变异性，从而大大增强了抗药性产生的可能性。

4.3.2.4　杂草的生态适合度

杂草的生态适合度是指选择因子除草剂不存在的情况下，抗性与敏感性个体的相对繁殖能力。它决定杂草在自然选择下的行为，是控制杂草抗药性演化速度的一个调节因子。对持效期较短的除草剂或在长效除草剂停用一季或更长时间，适合度差别大是延缓抗性的重要因素。如在轮作年份，对均三氮苯具有抗性的个体适合度为敏感个体的 10% ~ 50%，因而较易防除；但对乙酰乳酸合酶抑制剂产生抗性的个体适合度为敏感个体的 90%，如仅靠停用来延缓抗性则是无效的，而要靠降低选择压力。抗药性杂草种群适合度的缺乏是阻碍抗药性杂草发生的重要因素。在使用单一除草剂的农田，缺乏适合度对持效期长的除草剂影响较小，而对持效期短的除草剂产生较大作用。尤其是在单一种植的作物田中，需要避免使用持效期长的除草剂。

4.3.2.5　杂草基因库中抗性突变的起始频率

杂草种群中抗性基因型的最初频率因植物种类及抗性类型而异。如均三氮苯的抗性型的最初频率就很低，因此，抗均三氮苯杂草种群出现需持续应用 10 年以上，而抗磺酰脲类种群在 3 ~ 4 年中就会迅速发生。抗性的频率因选择压力而变化。

4.3.2.6　杂草种群植株竞争

在正常条件下，抗药性生物型的适应性较差，它受敏感型植株竞争的影响比其自身植株的竞争更为重要。这说明敏感型植株的适应性与竞争力强，当敏感型与抗药性生物型杂草生长在一起而不用除草剂时，敏感型植株比抗药性植株的产籽量高。由此可见，抗药性生物型一般在田间是不占优势的。但是在有除草剂选择压力下，敏感型植株的竞争力就会低于抗药性生物型植株，抗药性生物型植株在田间就会占优势。

4.3.3　耕作栽培措施的影响

不同的耕作栽培措施对抗药性杂草的形成速度是不相同的。

4.3.3.1　耕作方式

在深耕或者免耕条件下，许多杂草种子没有种子库，种子留在土表，平均寿命只有 1 年，抗药性发展快。免耕使出草量剧增，除草剂用量增加，选择压力增大，并扩大抗药性种群所占比例。如在免耕的果园、苗圃及路旁，千里光已产生抗药性，但在玉米地中，其种子经翻耕混入土壤种子库，可以存活多年，因此至今没有产生抗药性。

4.3.3.2　栽培方式

不同作物要求有不同的播种期、群体密度、施肥、灌水、耕作方式、植物保护措施、收获期等。由于不同的轮作，这些因素通过改变农田土壤而影响杂草种群的结构。轮作方式的改变，对土壤内的种子库中的杂草繁殖体保存是十分不利的，从而导致杂草种群的改变。作物轮作和间作、套种等也是增强作物干扰、减轻杂草危害的有效途径。轮作造成作物干扰在时间上的多样化，而间作则造成作物干扰在空间上的多样化，这种时间和空间的多样化使杂草无法适应，致使杂草生物量、种子产量及种群密度趋于下降。因此，改变单作方式是十分必要的。

第七章　农药药害

随着杀虫剂、杀菌剂、除草剂以及各种植物生长调节剂等农药在农业生产中的广泛应用，特别是近几年，随着种植业结构的不断调整，农村劳动力的大批转移，农业农机化、水利化、科技化水平的大幅度提高，土地经营逐渐向集约化、规模化方向发展，导致农药这一特殊的农业生产资料使用量逐年增加。一是由于用药水平的低下，农民安全用药意识淡薄，使用技术不当；二是由于植物对药剂本身的敏感、遇到不良气候等影响，造成了当季作物和后茬作物每年都有不同程度的药害事故发生。农作物一旦发生药害，就会受到一定损失。我们通常所指的农作物药害就是指农药使用不当而引起的对农作物生长发育及其产品质量产生不良作用的现象。

据统计，我国农作物病虫草鼠害常年发生面积达 3.6 亿公顷次，农作物药害面积每年达 20 万公顷以上，直接经济损失 1 亿元以上，间接损失达 10 亿元之多。农作物药害不仅造成了比较重要的经济损失，也给社会带来了不稳定因素。近年来我国农作物药害日益严重，突出表现在以下 5 个方面：

一是引起药害的农药种类多。杀虫剂、杀菌剂、除草剂以及各种植物生长调节剂都会引起药害，其中以除草剂居多。

二是发生药害的范围广。近年来，全国各地都发生了不同程度的药害事故，华北、东北和长江中下游部分地区比较突出。

三是发生药害的农作物品种多。发生药害的农作物不仅有水稻、玉米、小麦、大豆等主要粮食作物，还有蔬菜、果树、棉花、油料等经济作物。

四是小型药害事故不断，大型药害事故呈现增长态势。

五是影响面广。大面积发生农作物药害事故不仅造成经济损失，还影响经济发展政策、生态环境安全、群众身心健康和身体健康等多个方面，并可能诱发和激化农村社会矛盾，造成不安定因素。

第一节　药害的类型

农药药害是指因施用农药对植物造成的伤害。农作物药害包括因使用农药不当而引起作物反映出各种病态，如作物体内生理变化异常、生长停滞、植株变态、死亡等一系列症状。产生药害的环节是使用农药作喷洒、拌种、浸种、土壤处理等；产生药害原因有药剂浓度过大，用量过多，使用不当或某些作物对药剂过敏；产生药害的表现有影响植物的生长，如发生落叶、落花、落果、叶色变黄、叶片凋萎、灼伤、畸形、徒长及植株死亡等，有时还会降低农产品的产量或品质。

1.1 按药害发生的速度和时间划分

农药药害按发生的速度和时间划分，可以分为急性药害、慢性药害、残留药害、二次药害 4 种情况。

1.1.1 急性药害

急性药害是指在喷药短期内农作物上出现肉眼可见症状，如叶部出现斑点、穿孔、烧伤、失绿、畸形、凋萎、落叶等；在果实上出现斑果、锈果、落果等；种子受到药害表现为发芽率降低，严重者导致不发芽，根系发育不正常等；植株受到药害表现为生长迟缓、矮化、茎秆扭曲，药害严重的可使整个植株枯死。如敌敌畏、敌百虫对高粱的一个品种可使叶片迅速变为红褐色或者枯焦，甚至整株枯死；百草枯漂移到植物叶片上产生枯焦斑。急性药害的发生程度与药剂的用量和使用浓度直接相关。当药害发生轻微时，多数情况是可以恢复的。

1.1.2 慢性药害

慢性药害是指施药后经过较长时间才表现出药害症状，如光合作用减弱、畸形等。慢性药害常常由于作物的生理代谢受到影响，引起营养不良，抑制生长，植株矮小，降低或者延迟花芽的形成与结果率，最后使农作物产量和质量降低。如水稻孕穗期使用有机砷杀菌剂，常常造成不孕。慢性药害一旦发生，一般是很难挽救甚至无法挽救的。

1.1.3 残留药害

残留药害主要指稳定性强的农药累积在土壤中，对敏感作物所产生的药害。农作物药害症状主要表现为斑点、黄化、畸形、枯萎、停滞生长、不孕、脱落、劣果等。

使用农药防治农作物病虫草鼠害时，对当季作物也许不发生药害，而残留在土壤中的药剂或其分解产物，会对下茬敏感性作物产生药害。残留药害主要是残效期长、分解缓慢的农药品种，由于长期、连续、大量使用或者用量过大，在土壤中积累到一定量，对敏感性作物生长产生不良影响。如麦田过量使用甲磺隆等磺酰脲类除草剂后，对下茬水稻，特别是豆类、瓜类等双子叶作物会产生药害。玉米田使用除草剂西玛津后，往往对下茬油菜、豆类作物等产生药害。这种药害多在下茬作物种子发芽阶段出现，轻者根尖、芽梢等部位变褐色或腐烂，影响正常生长；重者烂种、烂芽、烂根，降低出苗率或完全不出苗。

1.1.4 二次药害

使用农药防治农作物病虫草鼠害时，对当茬作物并不产生药害，而残留在植株体内的药剂转化成对作物有毒的化合物。当秸秆还田时，使后茬作物发生药害，这种现象就叫做二次药害。如使用稻瘟醇防治水稻稻瘟病后，用稻草做堆肥，稻草在腐烂发酵的过程中，残留在稻草中的稻瘟醇被微生物分解成对作物有严重药害的三氯苯甲酸、四氯苯甲酸及五氯苯甲酸等。如果把这些含有容易产生药害的有毒化合物的堆肥用于水稻、豆类、瓜类、烟草及蔬菜等后茬作物，就会使幼苗畸形，造成二次药害。

1.2 按药害发生的作物栽培时间划分

农药药害按发生的作物栽培时间划分，可以分为直接药害、间接药害 2 种情况。

1.2.1 直接药害

使用农药防治农作物病虫草鼠害后，对当时、当季作物造成的药害，就叫做直接药害。

1.2.2 间接药害

使用农药防治农作物病虫草鼠害时，因使用农药不当，对下茬、下季作物造成的药害，或者因前茬作物使用的农药残留引起的当茬作物药害，或者是当季作物使用农药防治本田作物因气候条件将药剂漂移到周边或周围作物上造成的药害，就叫做间接药害。

1.3　按药害症状的性质划分

农药药害按药害症状的性质划分，可以分为隐患性药害、可见性药害2种情况。

1.3.1　隐患性药害

隐患性隐患也称为隐性药害。药害并没有在形态上表现出来，难以直接观察到，但最终造成产量和品质下降。如丁草胺对水稻根系的药害，由于无法观察到，没有办法挽救，常使水稻每穗粒数、千粒重下降，从而影响产量和品质。

1.3.2　可见性药害

可见性药害是指药害在作物外观表现症状，通常通过肉眼可以分辨在作物不同部位形态上的异常表现。这类药害可以根据症状不同分为如下2种：

1.3.2.1　激素型药害

激素型药害主要表现为叶色反常、变绿或黄化、生长停滞、矮缩、茎叶扭曲、心叶变形，直至死亡。如二氯喹啉酸引起水稻药害，表现为心叶卷曲，出现典型的葱管状症状。

1.3.2.2　触杀型药害

触杀型药害主要表现为组织出现黄、褐、白色坏死斑点，直至茎、鞘、叶片等组织枯死。如百草枯等除草剂漂移到作物叶片上，敌敌畏使用浓度过高时在水稻叶片上均产生白色枯死斑。

第二节　常见的药害症状

农药对农业的生产起了很重要的作用，同时也给作物带来或多或少的不利影响，如果这种不利的影响加重，引起作物出现不正常的反应，造成减产和品质下降，即是药害。药害有轻有重、有急有缓，就症状归纳起来有以下8种：

2.1　斑点

斑点是作物表面局部的坏死，坏死是作物的部分器官、组织或细胞的死亡，主要表现在作物叶片上，也可以在叶缘、叶脉间或者叶脉及其近缘，有时也发生在茎秆或果实的表皮上。坏死部分的颜色差异很大，常见的有黄斑、褐斑、枯斑、网斑等。如丁草胺在水稻本田初期施用造成褐斑；代森锰锌浓度高会引起稻叶边缘枯斑；氟磺胺草醚应用于大豆时，在高温、强光下，叶片上会出现不规则的黄褐色斑块，造成局部坏死。有时斑点也表现在茎枝和果实上，如梨小果时施用代森锰锌易出现果面斑点。

2.2　黄化

黄化的原因是农药阻碍了叶绿素的合成，或阻断叶绿素的光合作用，或破坏叶绿素，表现在植株茎叶部位，以叶片发生较多。黄化是叶片内叶绿体崩解、叶绿素分解。黄化症状可发生在叶缘、叶尖、叶脉间或叶脉及其近缘，也可以全叶黄化。黄化的程度因农药的种类和作物的种类而异，有完全白化苗、黄化苗，也有仅仅是部分黄化。如脲类、嘧啶类除草剂是典型的光合作用抑制剂，禾本科、十字花科、葫芦科和豆科作物的根部吸收后，药剂随蒸腾作用向茎叶转移，首先是植株下部叶片表现症状，豆科和葫芦科作物沿叶脉出现黄白化，十字花科作物在叶脉间出现黄白化。这类除草剂用做茎叶喷雾时，在叶脉间出现褪绿黄化症状，但出现症状的时间要比用做土壤处理的快。还有很多农药都会使作物出现黄化现象，如速灭杀丁在西瓜上施用引起新梢发黄；适用于麦田的苯磺隆漂移到其他作物上出现黄化等。

2.3 畸形

植物的各个器官都可能发生这种药害，主要表现在作物茎叶和根部、果实等部位。常见的畸形有卷叶、丛生、根肿、畸形穗、畸形果等。如水稻受2,4-D药害，出现心叶扭曲、叶片僵硬，并有筒状叶和畸形穗产生。西红柿喷洒高浓度的萘乙酸会出现卷叶，2,4-D施用不当出现空心果、畸形果；瓜类受2,4-D药害出现扇形叶，纯度不高的三十烷醇易使西红柿嫩叶卷曲等。再如抑制蛋白质合成的除草剂应用于水稻，在过量使用的情况下会出现植株矮化、叶片变宽、色浓绿、叶身和叶鞘缩短、出叶顺序错位、抽出心叶常成蛇形扭曲。这类症状也是畸形的一种。植物生长调节剂使用浓度过高或者使用次数频繁，也会使作物茎叶或果实产生畸形。

2.4 枯萎

它是整株作物表现症状，先黄化后死株，一般表现过程缓慢。这种药害一般都是全株表现，主要是除草剂药害，如西瓜苗受绿麦隆药害出现嫩叶黄化、叶缘枯焦、植株萎缩；豆类喷洒高浓度的杀虫剂出现枯焦、萎蔫、死苗等药害；水稻过量使用甲磺隆，或前茬作物麦田使用甲磺隆残留过高，都会使水稻产生枯萎症状。

2.5 停滞生长

这种药害表现为植株生长缓慢，植株生长受到明显抑制，并伴随植株矮化，一般除草剂的药害抑制生长现象较普遍。这种症状通常是生长抑制剂、除草剂施用不当出现的药害，如水稻移栽后喷施丁草胺不当，除出现褐斑外，还表现生长缓慢；矮壮素用量过大也会引起作物生长停滞；油菜使用绿麦隆不当，表现生长迟缓、分枝减少、对产量有一定影响；多效唑用于连晚秧田，若不作移栽处理，采用拔秧留苗栽培，则使秧苗生长缓慢，影响正常抽穗。

2.6 不孕

在作物生殖生长期用药不当，会引起不孕症状。引起这类药害的主要原因是花期用药不当，如在水稻孕穗、抽穗时施用稻脚青等有机肿类杀菌剂，会导致水稻不孕而造成空秕粒。

2.7 脱落

作物的叶片、果实受药害后，在叶柄或果柄处形成离层而脱落。这类症状主要表现在果树和其他双子叶植物上，特别是在柑橘上最易见到，大田作物大豆、花生、棉花等也时有发生，有落花、落叶、落果等症状。如桃树施用水胺硫磷和花期施用氧化乐果造成落叶，或受铜制剂影响出现落叶；梨树施用甲胺磷引起落花；山楂施用乙烯利不当引起落果、落叶；波尔多液可引起苹果落花、落果；石硫合剂对苹果也可引起落果；苯磺隆漂移到大豆上，也会出现落叶等。

2.8 劣果

这种症状主要表现在作物的果实上。果实出现药害有时表现为果实体积变小、果表异常、品质变劣，影响食用和商品价值。如西瓜受乙烯利药害，瓜瓤暗红色、有异味；番茄遭受铜制剂药害，果实表面细胞死亡，形成褐果现象；葡萄受增产灵药害，表现果穗松散，果实缩小。

第三节　药害与病害症状的区别

农作物病害与药害等不易区分，但是它们之间存在着根本的区别，那就是症状不同。

3.1 斑点型药害与生理性病害的区别

斑点型药害在植株上分布往往无规律，全田亦表现有轻有重；而生理性病害通常发生普遍，植株出现症状的部位较一致。斑点型药害与真菌性药害也有所不同。前者斑点大小、形状变化大；后者具有发病中心，斑点形状较一致。

3.2　黄化型药害与缺素黄化症的区别

药害引起的黄化往往由黄叶发展成枯叶，阳光充足的天气多，黄化产生快；缺乏营养元素出现的黄化，阴雨天多，黄化产生慢，且黄化常与土壤肥力和施肥水平有关，在全田黄苗表现一致。与病毒引起的黄化相比，缺素黄化症黄叶常有碎绿状表现，且病株表现系统性病状，病株与健株混生。

3.3　畸形型药害与病毒病畸形症的区别

药害引起的畸形发生具有普遍性，在植株上表现局部症状；病毒病引起畸形往往零星发病，常在叶片混有碎绿、明脉、皱叶等症状。

3.4　药害枯萎与侵染性病害枯萎症的区别

药害引起的枯萎无发病中心，且大多发生过程迟缓，先黄化、后死株，根茎疏导组织无褐变；侵染性病害所引起的枯萎多是疏导组织堵塞，在阳光充足、蒸发量大时先萎蔫，后失绿死株，根基导管常有褐变。

3.5　药害缓长与生理性病害的发僵和缺素症的区别

药害引起的缓长往往伴有药斑或其他药害症状，而生理性中毒发僵表现为根系生长差，缺素症发僵则表现为叶色发黄或暗绿等。

3.6　药害劣果与病害劣果的区别

药害劣果只有病状，没有病症，除劣果外，也表现出其他药害症状；病害劣果有病状，且多数有病症，而一些没有病症的病毒性病害，往往表现系统性症状，或者不表现其他症状。

第四节　产生药害的原因

我们知道，引起农作物药害的原因比较复杂，但归纳起来不外乎药剂、植物、环境和人为因素等4种。

4.1　药剂的因素

在药剂因素中，以农药的种类、剂型、质量及用药量、使用浓度、施药次数等为主要因素。不同种类、不同剂型、不同质量及用药量不同、使用浓度不同、施药次数不同都会对作物的药害程度不同。

4.1.1　农药的种类

农药虽然是防治农作物病虫草鼠害的必需品，但超过一定的用量，对农作物会有一定的毒害。不同种类的农药对作物的作用是不尽相同的，不同种类的农药对不同作物的作用更是差异极大。各类农药对作物的安全顺序为：杀虫剂 > 杀菌剂 > 除草剂；生物农药 > 有机合成农药 > 无机农药。

除草剂的防治对象是杂草。杂草与作物同属高等植物，有些杂草还与作物同科、同属。杀菌剂的防治对象主要是病原菌。真菌和细菌是低等植物，又是寄生在作物体内，所以对杂草和病原菌有效的药剂，对作物产生药害的可能性往往也较大。

抗生素类农药和仿生农药，如鱼藤精、除虫菊酯、井冈霉素等，一般对作物安全，用量即使较大，次数即使较多，也不致引起作物药害。无机农药水溶性好，渗透性强，偶尔不慎或气候环境的影响就会发生药害。目前人们大量使用的有机合成农药对作物的安全性介于生物农药和无机农药之间。拟除虫菊酯类农药和有机磷杀虫剂的药效高,使用的浓度相对较低,对作物相对较安全。在有机磷杀虫剂中只有个别品种对某些作物能够引起药害,如敌百虫、敌敌畏对高粱的某些品种、玉米、大豆可产生药害。有机合成杀菌剂对作物的安全性介于杀虫剂和除草剂之间,比有机合成杀虫剂要小,但比多数除草剂要大,使用时不能随意提高浓度或者增加剂量。有机合成的除草剂和植物生长调节剂对作物的安全性都很小,使用时必须掌握好所有浓度和剂量,避免产生药害。

4.1.2 农药的剂型、特性和质量

一种农药原药,根据防治对象和适用作物、使用方法等可以开发一种或几种剂型,剂型的变更就是药剂中辅助成分的变更。剂型不同,药剂在作物上的附着量和药剂渗入作物体内的药量也不同。一般来说,不同剂型的农药产生药害的可能性大小不同,通常是油剂、乳油比较容易产生药害,可湿性粉剂、粉剂次之,颗粒剂则较安全。特别是有些油剂、乳油不仅渗入作物组织中的量比水剂大,还可能堵塞作物叶片的气孔而造成药害。但如果粉剂的有效成分有相当的水溶性,则比较不安全。可湿性粉剂喷雾,如果采取大容量粗雾喷洒法,由于叶面上药液量较大,常向叶片的边缘部分流动、集中,药剂的颗粒也向下倾边缘部分集中,这些部分所沉积的药量加大了。因此这类剂型往往从叶片的下垂边缘部开始产生药害。乳油制剂也有类似的情况。油剂是最容易发生药害的,所以不能直接按常规喷雾,只能作超低容量制剂使用,或用专门的机具喷撒成为气雾状态。即便如此,对于所用的油类必须经过仔细选择后才能采用。有些油类容易产生药害,如芳香烃类以及不饱和脂肪烃类矿物油。水溶性制剂也容易引起药害,但主要取决于农药种类。水溶性强的药剂喷雾后容易在叶片上形成药剂的浓缩斑块,遇露水就在局部形成高浓度溶液,发生药害的危险性就大。如果所用的农药有内吸或内渗作用,喷雾后吸收较快,则药害的危险性就不大。从药剂的种类来看,有机农药的药害风险较小,无机农药的危害性大。在有机农药中,有机酸的盐类危险性较大,如代森铵、杀虫双对棉花特别危险等。

作物吸收农药的量大,产生药害的可能性也就越大。影响作物吸收的主要因素是药剂的水中溶解度。叶面吸收的药剂、水溶性的极性物质经过角质层的角质部分、脂溶性的非极性物质通过角质层的蜡质层部分进入细胞。叶片上的药液的干燥时间长,叶中浓度高,反之叶中浓度就低。而药液的干燥时间与温度、湿度有关,因药剂中所含活性物质不同而有差异。农药在作物体内的输导一般是水溶性高的药剂输导速度快、输导量大。水溶性好的药剂在作物体内随蒸腾流移动,最终输送到作物叶缘和叶尖。在这些部位,药剂的浓度相对较高,因而药害最先在这些部位发生。

农药产品质量低劣,杂质多,储存过久或混杂其他药剂的农药,也是引起作物药害的重要因素之一。例如乳剂的乳化性能不佳,可湿性粉剂的悬浮率差,也会发生问题。此外,制剂中如含有易发生药害的杂质,也是一种不安全因素。所以,用户应对农药的质量提高警惕。

4.1.3 农药的使用方法

农药使用方法变化多端,稍有不慎就会造成药害。由于使用方法不当造成药害的情形主要有施药技术不合理、施药器械落后、使用浓度掌握不佳、使用次数控制不好、农药混用不当等。

4.2 作物的因素

药害产生与作物的种类、品种、生育期的抗药力有关。

4.2.1 作物的种类和品种

农药是否会发生药害与作物的种类和品种关系密切。为什么对同一种药剂有些作物易发

生药害而另外的作物却不易发生药害，就是因为各种作物对药剂的抵抗力不一样。这在除草剂中十分明显，如2，4-滴及其类似化合物，对双子叶作物（包括阔叶草类）特别容易杀伤，而对其他单子叶作物则相当安全。敌百虫和敌敌畏对高粱、玉米特别敏感，而对其他单子叶植物则相当安全。这种差别，有些已查明原因，但还有许多原因还不清楚，还没有明确的规律可循。

一般而言，十字花科、茄科、禾木科等作物的抗药力较强，而豆科作物的抗药力则较弱。瓜类叶片多皱纹，叶面气孔较大，角质层薄，易聚集农药，抗药力最弱。白菜对含铜杀菌剂较敏感，幼嫩植物、植物幼嫩部分以及开花期植物抗药力弱，易产生药害。

4.2.2 作物的生长期

在同一种作物上，不同的生育阶段往往对药剂表现不同的抵抗力。一般而论，种子萌芽阶段的耐药力较弱。出土后，幼苗期也比较容易受药害。对果树而言，牙梢部比较易受害。开花时期也是易受害时期。对于作物叶片，它是药剂的主要着药部位，但发生药害的难易程度却同叶片表面的蜡质覆盖状况有关。有些作物（如甘蓝、水稻、柑橘、小麦等）叶片很难被药液湿润。

在除草剂中许多品种有严格的使用时期要求。例如百草敌与2甲4氯的混合制剂防治麦田阔叶杂草，要在冬小麦4叶期以后、麦苗生理拔节期前，即小麦的5叶期前；或春小麦3～5叶期即分蘖盛期施药，对小麦是安全的。当小麦拔节期后既不可再施用，否则即会造成药害。某地曾因误在小麦孕穗期使用，结果造成大面积药害。又如2甲4氯和2，4-滴丁脂，需在小麦3叶期后、拔节前施药。如在3叶期施药则麦苗会形成筒状叶并且抽不出心叶；拔节后施药则会造成小穗退化或穗畸形，导致减产。

杀菌剂（如稻脚青）在水稻孕穗期前使用时安全的，在孕穗期施用就会造成不结实，严重影响产量。许多杀菌剂在作物开花期施用易引起药害，杀伤了花粉或伤害了受精过程。

4.2.3 作物的部位与形态结构

作物的部位对农药敏感性差异较大。一般茎秆耐药性强，叶片耐药性差，所以药害症状首先多表现在叶片上。作物的形态结构主要影响药剂在表皮的沉积量渗入量。影响最大的是气孔数量和张开程度。气孔少、张开小的作物不易发生药害。叶面蜡质层厚、细胞壁厚、茸毛多的作物耐药力往往比较强；反之，耐药力差。瓜类作物的叶片组织疏松、气孔较大、细胞壁薄等，对许多农药都敏感，极易发生药害。

4.3 环境因素

药害的发生同当时的环境条件（如温度、湿度、雨、露等）有密切关系。温度、湿度往往是最重要的因素。药剂的理化性质以及植物的生理生化活动，都受温度的直接影响。在一般情况下，温度提高10度，生物活性大约提高一倍。所以温度提高以后植物就更容易受药剂的影响，不论是杀伤细胞还是抑制植物体内的生理生化活性。例如硫磺制剂，当气温高于26度以后，药害的危险性就明显增大。种子处理中的浸种法，更应严格掌握药液温度，因为种子萌动时对药剂更敏感，温度的影响也更大。湿度的影响主要有两方面：一方面是增加了药剂的溶解，特别是对于具有水溶性的药剂尤为明显；另一方面在温市的环境中叶片长得比较柔嫩，更容易受害。

雨露的影响一方面是水分的作用，会增加药剂的溶解量。但还有另外一种作用。雨水往往溶解了大气中的一些物质，特别是酸性物质。如工业废气、二氧化硫、氧化氮、盐酸等，使雨水带有一定的酸性。有时雷雨的雨水中也含有雷击中形成的氧化氮等酸性气体。这种带酸性的雨水会增加药剂的溶解能力，或使某些在酸性条件易产生药害物质的农药产生药害，例如波尔多液。叶面的露水中常含有叶片的分泌物质，因此也表现有不用的活性和酸碱性。例如桃树叶片上的露水往往会表现酸性反应,使波尔多液中的铜游离出来而造成铜害。所以桃树上不宜使用波尔多液。棉叶上的露水则表现有碱性反应。不过叶面露水酸碱性反应液会因品种、温度等因素而有变化。

邻近矿区的农田用药,应特别注意工矿废气的性质及其可能引起的药害问题。如磷肥厂、硫酸厂、电解厂、合成塑料厂等往往排出酸性废气,合成氨厂排出碱性废气等等。

所以,农药使用不合理可能影响环境,而环境也可能影响农药的使用安全性。对这些问题须进行具体分析,才能找到根本原因,找出正确的解决方法。

4.4 人为因素

农药使用是靠人进行的,因此认为因素十分重要,稍有不慎就会造成药害。人为因素造成药害的情形主要有以下 7 种:

4.4.1 施药技术不合理

科学合理的施药技术是安全用药、科学用药的关键,也是影响防治效果和作物安全的这样因素。施药技术的落后致使大量的农药不能喷洒到位或者喷洒不均匀,药剂不能充分发挥作用,同时也是作物产生药害的重要原因。

4.4.2 施药器械落后

与发达国家相比,我国施药器械还很落后。施药器械落后导致喷雾质量差、雾滴过大、分布不匀,不仅造成农药的浪费,还会造成作物药害。

4.4.3 使用方法不当

农药使用不科学、不合理,是导致农作物产生药害的一个十分重要的人为因素。使用方法不当造成药害主要有如下 7 种情形:

4.4.3.1 误用农药

由于农药标签不清或记错药名或认为只要是除草剂什么草都能用,往往会造成严重药害。如把除草剂当杀虫剂使用,或把单子叶作物田除草剂用于双子叶作物田等都会引起严重的药害,甚至绝产。

4.1.3.2 错混农药

两种或多种农药之间混用不当,也易产生药害。如波尔多液与石硫合剂不能混用,两者配合使用时也应间隔一段时间。取代脲类除草剂与磷酸酯类杀虫剂混用能严重伤害棉花幼苗。

4.1.3.3 稀释农药所用的水质

稀释农药所用的水质不同,对农药理化性质影响不同,有时会提高药害。如硬质水用于稀释乳油农药,易产生破乳现象,从而导致乳化性能差,喷洒不均匀,易造成药害。

4.1.3.4 二次药害影响

当季使用的农药残存到下茬作物的生长期,对下茬敏感作物产生药害。如玉米田使用莠去津会对下茬作物如大豆或小麦产生药害。

4.1.3.5 残留药害影响

由于长期连续单一使用某种残留性强的农药,由于逐年累积会对敏感作物产生药害。

4.1.3.6 药剂漂移

使用农药时粉粒飞扬或雾滴飘散会对周围敏感作物产生药害。如小麦田喷洒 2,4 - 滴丁酯时造成邻近大豆田药害,或喷洒敌敌畏时造成周围高粱田药害。

4.1.3.7 喷雾器清洗问题

喷雾器清洗不彻底,喷洒过 2,4 - 滴丁酯的喷雾器,如果清洗不彻底再用于棉田施药,残余 2,4 - 滴丁酯会造成棉苗药害。

第八章 农药中毒与预防

农药中毒是指在农药生产、使用或者接触过程中，农药进入人体的量超出了正常的最大忍受量，导致人的正常生理功能受到影响，出现生理失调、病理改变等中毒症状。当人体大量接触或误服农药，人会出现头晕、头痛、全身乏力、多汗、恶心、呕吐、腹痛、腹泻、胸闷、呼吸困难等症状。有时还会出现特殊症状，如瞳孔明显缩小、嗜睡、肢体震颤抖动、肌肉纤颤、肌肉痉挛或癫痫样大抽搐、口中有金属味、有出血倾向等。

据世界卫生组织和联合国环境署报告，全世界每年有 100 多万人农药中毒，其中 2 万人伤亡。美国每年发生 6.7 万起农药中毒事故。在发展中国家情况更加严重，我国每年发生农药中毒事故达 10 万人次，伤亡 1 万人左右。农药中毒事故主要由农药使用不当和农产品的农药残留超标引起的。

第一节 农药中毒的类型

农药对健康的危害，在许多情况下，涉及急性暴露和急性中毒。当一个人短期内接触到高浓度农药后，不久，就有中毒症候出现，重者甚至抢救无效而当场死亡。

根据农药品种、进入人体的剂量、进入途径的不同，农药中毒的程度有所不同，有的仅仅引起局部损害，有的可能影响整个机体，严重时甚至危及生命，

1.1 根据人体受损害程度划分

依据农药中毒后人体受到损害程度的不同，可以分为轻度、中度、重度中毒 3 类。

1.1.1 轻度中毒

轻度中毒是指是农药进入机体后，发生毒性作用，使机体处在疾病状态时，表现较轻的一种中毒。

轻度中毒的特点是毒物吸收量小或处理及时，因此临床症状、体征出现数量少、程度轻；随接触毒物的不同，轻度中毒病人的临床表现也不同。

1.1.2 中度中毒

中度中毒是指农药进入机体后，发生毒性作用，使机体处在疾病状态时，表现较重的一种中毒。

除轻度中毒的上述症状外，还有肌束震颤、瞳孔缩小，轻度呼吸困难、流涎、腹痛、腹泻、步态蹒跚、意识清楚或模糊。

1.1.3　重度中毒

重度中毒是指指农药进入机体后，发生毒性作用，使机体处在疾病状态时，表现比较严重的一种中毒，有可能危及生命安全。

除中度中毒的上述症状外，并出现下列情况之一者，可诊断为重度中毒：（1）肺水肿；（2）昏迷；（3）呼吸麻痹；（4）脑水肿。在急性重度中毒症状消失后 2~3 周，有的病例可出现感觉、运动型周围神经病，神经－肌电图检查显示神经源性损害。

1.2　根据接触农药的场所划分

依据接触农药的场所不同，可分为生产性中毒和非生产性中毒 2 类。

1.2.1　生产性中毒

生产性中毒是指人们在生产、运输、装卸、销售、保管和使用农药的过程中，缺少劳动防护和安全预防措施，违法安全操作规程与农药接触而发生的中毒。

农药生产制造时，劳动条件不良、个人防护欠佳，或进行违章作业、检修，或发生意外事故，如泄漏、爆炸等，均易造成生产性中毒；但更多的病例乃使用不当引起，如配制浓度过高、违反操作规程进行配制及喷洒、皮肤及衣物沾染后未能及时更换清洗等。

1.2.2　非生产性中毒

非生产性中毒是指在生活中接触农药或服毒自杀发生的中毒。

农药对人体有害的影响可以通过直接作用很快表现出来，如误食或服毒，也可以在人体内缓慢的积累而产生。在日常生活中，长期接触或食用含有农药的食品、农产品等，使农药在体内不到蓄积，对人体健康构成潜在威胁。

非生产性中毒又可以分为环境性中毒和生活性中毒 2 类。

1.2.2.1　环境性中毒

环境性中毒是由于生产、使用、运输、分装、销售等过程造成水源、土壤、空气、运输工具、容器、衣物、食物等污染而引起，近年已逐渐增多。

1.2.2.2　生活性中毒

生活性中毒主要因食入被农药污染的蔬菜、水果、粮食及家禽、家畜、鱼虾等引起，而误食或自杀引起的病例尤为多见。

1.3　根据中毒中毒症状反应速度划分

依据农药中毒症状反应速度的快慢，可以分为急性中毒、亚急性中毒和慢性中毒 3 类。

1.3.1　急性中毒

急性中毒是指农药经口、呼吸道或接触而大量进入人体内，在短时间内由于大量农药的迅速作用，在 24 小时内就表现出急性病理反应的现象。

急性中毒的表现症状为肌肉痉挛、恶心、呕吐、腹泻、视力减退以及呼吸困难等。

急性中毒一般是在生产、使用等过程中发生意外事故、误食或服毒自杀所致。中毒后发病较快，必须立即送医院抢救。急性中毒往往造成大量个体死亡，成为最明显的农药危害。

1.3.2　亚急性中毒

亚急性中毒是指接触农药后 48 小时出现中毒症状的现象。表现症状时间比急性中毒长，症状表现也比较缓慢。

亚急性中毒一般是在生产、使用等过程中长时间、少量接触农药所致。

1.3.3　慢性中毒

慢性中毒是指接触农药量较小，但连续不断在人体内积累，逐渐表现出中毒症状的现象。

在长时间、反复接触极少量甚至微量农药的情况下，年长日久，容易产生累积性慢性中毒。在慢性中毒较长的过程中，中毒症状只有在进入人体的农药累积到一定量时才表现出来，在此之前一般不易被察觉。即使表现出中毒症状，由于某些症状与常见的一般的头痛、疲倦相似，加上慢性中毒的作用是逐渐产生的，而且作用时间长，诊断时容易被误诊为其他原因引起的病症，而忽略了农药慢性中毒，一旦发现，为时已晚。

由于长时间接触，每次虽然是极少量甚至微量接触农药，但农药可以在人体内不断积累，短时间虽不会引起人体出现明显急性中毒症状，却可以产生慢性危害。如滴滴涕能干扰人体内激素的平衡，影响男性生育力；有机磷和氨基甲酸酯类农药可抑制胆碱酯酶活性，破坏神经系统的正常功能等。

农药慢性中毒造成的农药慢性危害虽然不能直接危害人体生命，但可降低人体免疫力，从而影响人体健康，致使其他疾病的患病率及死亡率上升。

第二节　农药中毒的途径

理论上说，只要接触农药，对人体就有可能产生不良影响。当接触的农药的量超过人体忍耐的限度时就产生中毒现象。最容易接触农药的人员是从事农药生产和使用农药的人群。如果能够采取各种适当的保护措施，尽可能地减少他们与农药的直接接触，就可避免或减少接触农药造成的危害。

我们知道，在通常情况下，接触农药的途径可能性很多，形式也各种各样。一般情况下，社会公众接触农药的可能性是极小的，偶尔小量或微量的接触并不会引起大量的吸收，但有时可能发生严重的受农药污染的食物而引起公众的急性或重度中毒事故。这就要求加强对农药生产、销售、运输、储存、使用等进行全过程、全方位的严格管理，每一个环节都要非常小心，尤其是农药的运输环节，任何一个环节都不能出现问题。

2.1　接触农药的途径和方式

人类可以通过很多途径接触到农药。那些从事农药生产、使用的人员接触农药的机会最多，因接触而进入人体内的农药量也是最大的。在发达国家，开展有效培训和使用现代化装备来尽量降低农药生产工人和农药使用者直接接触农药的水平。而在发展中国家，就可能没有这样先进的条件，因此，从事农药生产和使用的人员就会接触到更高剂量的农药。如很多农民喷施农药时不按规定穿防护服、戴防护用品，而且在使用背负式喷雾器时还会发生泄漏。因此，急性农药中毒的事故就经常不断地发生，从而也就成了农药急性中毒的"重灾区"。

人们不是生活在真空中，因此其他人也可以通过空气、水、食物等途径接触到农药。农药在释放到环境中后不会立即降解，可能在数天、数月，甚至数年都保持具有活性。在田间施用农药，农作物不可避免地携带上了农药残留。另外，农作物收获之后，为了防霉、保鲜等，在储存和运输过程中仍有可能对它们使用农药以防止变质。

农药施用到土壤中或农药施用到作物上再滴落到土壤中，会渗透到土壤水体中，大雨过后又会被冲入到附近的河流或湖泊里，人们在饮用这些水源时，也会摄入农药。

那些生活在农田附近的人们也可以通过空气吸入农药，而家庭卫生用药更是可以直接接触农药。随着农药应用范围的扩大和数量的增加，人们对农药接触的可能性也随之增加，中毒风险就自然随之增大。

总之，可能接触农药的人很多，与从事农药生产、包装、运输、供销和使用等工作有关的人们都有可能直接接触农药。另外，由于农药从生产到使用，直至与农药有关废品的处理的整个过程中，任一个或几个环节处理不当，或没有必要的保护措施，造成农药污染食物、其他器材、水和空气等环境，也可能造成其他人员接触农药。我国目前对农药生产、运输环节都有严格的规定，这里我们不作详细叙述。我们将详细指出农药使用过程中接触农药的途径。另外由于农药污染环境的问题日益被人们所认识，平时也比较容易被人们所忽视。但随着农药应用范围的扩大和数量的增加，从这一途径造成人们对农药接触中毒的可能性也随之大大增加。

2.2　使用过程中接触农药的途径

总体来说，使用农药的每一环节、每一种方法都可能导致农药使用者接触农药，从而可能造成中毒。使用过程中接触农药，容易造成生产性农药中毒的主要途径有如下 16 种情况：

（1）使用农药时，违反农药使用操作规程，未采取安全防护措施，如不按规定穿防护服、戴防护用品，用手直接搅拌药液等。

（2）配药时麻痹大意、随心所欲。手脚直接接触药剂或药液溅到皮肤上、眼睛里，未及时用清水和肥皂清洗；在下风处配药，吸入农药粉粒或农药发挥气体过多。

（3）打开容器、稀释和混合农药，从一容器倒入另一容器，洗刷有关设备（喷雾器、农药运输工具如汽车、拖拉机、飞机）等，均可能接触农药。田间或温室作物喷药的操作人员、飞机喷药时地面人员均有可能接触农药。攀缘植物、乔灌木、果树施药的操作人员也可能接触农药。

（4）任意提高使用浓度，用药浓度过高，就增加接触和吸入农药的机会，从而增大农药中毒的风险。

（5）配药和施药人员无安全防护措施，如操作时不穿长衣、长裤和鞋子，不戴口罩和防护手套，被药液打湿衣服没有及时更换和清洗，施用农药时工作服口袋中装带香烟、口嚼物或其他食品（这些物品易被污染，从而使食者吸入农药），施用农药过程中或施用农药的间歇中饮食、吸烟或咀嚼，均可能吸入农药。

（6）高温天气连续施药作业，由于气温过高，药剂挥发性较大，增加施药人员吸入农药量；连续施药时间过长，经皮肤和呼吸道进入人体的农药量也会增大。

（7）施药方法不正确，逆风喷药，容易使药剂随风吹到身体上或吸入农药粉粒和雾滴。

（8）用农药浸种、拌种时及在熏蒸库房作业，操作人员及相关人员均可能直接接触农药。

（9）穿用使用农药时被农药污染的衣服，从而接触农药。

（10）在刚喷洒过农药的作物中行走，也可能接触农药。

（11）喷雾器的喷嘴阻塞时为使其通畅而直接用手拧、直接用嘴吹气，从而接触农药。

（12）施用农药时所穿带的防护用具破损，可使操作者接触农药；施用农药的浓缩制剂、高毒农药时手套泄漏，造成的危害更大。

（13）对农药的毒性认识不够，将高毒农药作为低毒农药使用。

（14）机械保养时，接触含残留农药制剂的储运工具及其部件，其表面有已干化的残留农药制剂，而干的残留农药制剂本身的毒性大，在处理、加工和加热这些部件时所产生的危害就更大。

（15）施药过程中粗心大意，随时有可能吸入农药粉尘、蒸气、气体和雾滴。

（16）施药人员为儿童、老年人及处于月经期、孕期、哺乳期的妇女，还有体弱多病、皮肤破损、精神异常、对农药过敏或农药中毒后未复原者，接触农药导致中毒的风险较大。

2.3　农药污染造成接触农药的途径

农药污染造成接触农药的主要途径有如下 15 种情况：

（1）家庭用药室内通风不好，或污染未盖好的食物、玩具，可使其接触者接触农药。

（2）喷洒农药时直接喷到或使农药漂移到放置食物的地方和容器上，可使人体其接触者接触农药。

（3）小孩使用装过农药的包装物作玩具或用具，从而接触农药。

（4）农药包装物渗漏污染食物或其他物品，尤其是液体农药，可使接触污染物品者接触农药。

（5）运过农药的运载工具未经彻底清洗而直接运送食物，可使食物被污染。

（6）贮存农药的地方离食物贮存地或水源太近，污染食物和水源。

（7）被农药污染过的物品或农药容器的掩埋坑离溪流、水井、住房过近，从而污染其环境，可使人接触农药。

（8）将清洗过农器具的洗涤水用做它用或倒入水塘、河流，均可造成污染。

（9）燃烧农药容器可产生有毒气体，尤其是燃烧未清洗过的容器，可使下风口的人员接触农药。

（10）食用残留时间长的农药处理过的食物或饲料，包括植物和动物，可能有农药残留，从而使食用者接触农药。

（11）农药防治蚊蝇、跳蚤、体虱等家庭卫生害虫；更危险的是用来治人癣、疥疮、瘙痒等皮肤病。

（12）对高毒和剧毒农药保管不善、标志标示不清，容易造成误食、误用。

（13）误食用农药拌的种子，或者食用喷洒高毒或剧毒农药不久的蔬菜、瓜果，或者食用被农药毒死的家禽、家畜或水产品。

（14）用盛装农药的容器、包装箱等装油、酒或者存放其他食品等。

（15）服用农药自杀。

此外，不法分子目无国法，只为牟利而不顾人民死活。"瘦肉精"是个典型例子。据说猪饲料中，添加适量"瘦肉精"后，可使胴体瘦肉率提高 10% 以上。但是"瘦肉精"在体内难以降解，保持一定浓度。人吃了猪肉，也就吃摄入了"瘦肉精"。2001 年 8 月 22 日广东信宜县发生了严重的因食猪肉而招致"瘦肉精"中毒事件，530 人住进医院，其中 300 余名是在集体食堂进食的中小学生。不久，广东河源市在 11 月 7 日又有约 500 人因喝猪肉沫粥而中毒住院。有关单位事后查出含"瘦肉精"的有毒饲料 140 公斤。

应该说，如果严格执法，管理得当，科学普及，这种不幸事件就会少发生。另外，如果农药毒性不高，短期接触高浓度的农药也不会发生悲剧。不幸的是，我们以前应用的许多农药都是高毒的，因此发生了许多历史悲剧。有机锡就是急性毒性很高的农药，属于剧毒，但在 20 世纪 50 年代，医生所依据的急性毒性实验数据不准，认为毒性不高，人中毒不深，所以病人仅留在医院内观察了 24 小时，回家后病情加重，不治身亡。如果当时观察 1 至 2 周，更多的人会被救活。

近年来业已发明和使用的许多毒性较低的农药。早期常使用的毒性大且难降解的农药，如有机氯、有机磷、砷化物、汞化物等，被明令禁止使用。这算是觉醒与幸事！

第三节　人体吸收农药的途径

农药必须进入人体，才能引起对人体健康的危害。农药进入人体或其他动物体的主要途径有 4 条：皮肤、口、肺（通过呼吸）和破损的伤口。不同的农药，可能有不同的进入人体的途径，也可能有相同的途径。一种农药也可能有多种进入人体的途径。

3.1　经皮肤进入人体

许多农药制剂，甚至是几乎所有的农药制剂都可经人体的皮肤进入体内而被吸收。对接触和使用农药的农民、技术人员、农药生产和经营人员来说，农药经过皮肤被吸收是最常见的吸收途径。

皮肤是一通道。成人皮肤的面积约为1.8平方米；老年人皮肤长了褶子，有的人皮肤生来粗糙还能增加皮肤面积。当我们分装、稀释和喷洒农药时，会不小心将农药沾在手上、脸上和其他暴露在衣服外面的皮肤部位。皮肤沾染了农药之后，随即农药被吸附，继而渗透到体内。不同农药对皮肤的渗透能力不同。有的农药是液体，且含有某种有机溶剂，比固相农药和水相农药更易于和更快于渗透到皮肤内部。如果皮肤沾染了许多农药，在一定情况下，可在几分钟内就产生不利于健康的后果。一旦农药进入真皮，到达皮肤的毛细血管，就会很快地进入血液中。农药，即使仅停留在皮肤表面也可能引起皮炎，包括刺激性皮炎和过敏性皮炎。

大部分农药经过皮肤吸收后在皮肤表面不留任何痕迹，并且大部分农药制剂在与皮肤的接触过程中都能经过完好皮肤所吸收。所以皮肤吸收是最普遍也是易被人们忽视的途径。尤其是农药制剂为液体或油剂、浓缩型制剂时皮肤对农药吸收更快，当人体皮肤温度较高（气温高时）或皮肤正在出汗时，农药的吸收也大大加快。

一旦农药溅到或通过其他方式接触到皮肤时，农药雾滴或粉尘留在人体手、脚或其他身体部位时，除去皮肤上的农药后，皮肤对农药的吸收便会大大减慢或立即停止。这主要取决于清洗程度是否彻底，但应注意不应使用溶剂清洗。一般只能用清水清洗，如加用肥皂则清洗效果更好。

配制农药时药液溅洒、喷雾或喷粉时雾滴漂留、施用药剂的器械工具的泄漏，或用没有必要的防护用具如手套等的手播种经药剂处理过的种子或播毒土、或手脚接触被农药污染或农药处理过的田水、土壤、水渠、池塘等，农药都可经过皮肤的直接接触而被人体吸收。

只有为数很少的农药或其溶液不能经过完好皮肤吸收，但它们对皮肤有刺激作用或对指甲有腐蚀作用。

3.2　经口进入人体

有时，我们误服了毒品，仅在嘴内停留很短时间，它也能为黏膜所吸收。这一点，在农药事故中毒事件中，实属重要。有时，农药进入口内，并未咽下，旋即吐出，也已经有部分农药被吸收了。我们看电视时，见到有的角色吃了剧毒氰化钾，几秒钟立即死亡。这就是毒药在口腔内被吸收的例子。

如果农药被咽下，进入了消化系统。食道不会明显吸附农药，继而农药进入胃。易溶于水又易溶于脂肪的农药比仅易溶于水或仅易溶于脂肪的农药要被吸收地快。此外，有多少农药为肠道吸收取决于肠蠕动的情况和通过肠道食物通过的速度。在肠道的后端，进入的农药可能被肠的微组织所修正，毒性变小。随着农药在人体内分解，倾向于毒性变小。但是，有些农药的代谢降解产物反而比原来的农药毒性更高。

经口进入人体的农药一般在胃和肠内被吸收，从而危害身体健康。使用或接触农药的人，如农民、农业技术人员、农药经营或运输者等，工作时间或工作后不洗手、脸就吃东西、饮水或吸烟，都可能摄入农药。用盛放、贮存过农药的无标签的容器（如瓶子、盒子、桶等）作为饮用水的容器或用于贮存、盛放食物，农药就很可能随饮水或食物进入饮用者或食用者体内。误将农药当作水或其他饮料饮用，即使从味觉便立刻分辨出来，其摄入量也可能是有危险的。将已用过的或空的农药容器随便放置，使儿童可能拿它们作玩具用，从而使其接触农药，进而经口进入体内。食用被农药污染了的食物或饮用被农药污染过的水，农药就会随之经口进入体内。进行以公共卫生为目的房屋内喷洒农药时，没有遮盖的食物有时可能受到污染（其剂量可能相对较低）。运输或贮存时，若容器泄漏使食物受到污染，其剂量可能是高的。值得提出的是，农药对人体毒害作用的大小主要是取决于被吸收的农药量的多少。

3.3　经肺进入人体

人的肺有许多细小的肺泡，表面积大。空气中的氧气通过它们进入血液中，使人得以吐故纳新，同时夹杂在空气中的农药蒸气和细小液滴也通过它们进入血液。

人的呼吸道有很大的面积，可以非常有效地吸附农药，既能吸附蒸汽，也能吸附细小液滴，还能吸附超细颗粒物。蒸汽为自由分子大小。烟雾许多细小的，其半径小于 1 微米的颗粒组成，在空气中呈悬浮状态，由于颗粒质量太轻受重力影响不大，随风飘去，像风筝一样，停留在高空之中。液滴，一般大于 200 微米时，受重力作用迅速落到地面，诸如细细秋雨。而在 1 微米到 200 微米范围的液滴，属于雾滴。呼吸系统（如鼻毛）可以有效地过滤气溶胶和大于 30 微米大小的颗粒。近 7 微米大小的颗粒将影响支气管；仅只小于 7 微米大小的颗粒才能到达肺气泡。

吸入农药的量随呼吸的次数和呼吸深度不同而变化：成人休息时每分钟约 14 次，而在剧烈运动之后，可达到每分钟 25 到 30 次之多。每次呼吸吸入空气的体积因人而异：成人休息时是 0.50 升，工作时是 3～5 升。易于溶于水的蒸汽可能从未进入肺部，在经过鼻腔和支气管时它们大量被吸附。难溶于水的农药到达肺部后逐渐被吸附和吸收。

若农药挥发呈气体或蒸汽悬浮于空气中，或农药颗粒悬浮于空气中，可随人呼吸的空气一同进入肺内。农药一旦进入肺内，可迅速被吸收。微细的农药粉尘或气溶胶能随呼吸空气进入肺内，但只有很细小的粒子才能到达肺泡内。

当吸入含农药成分的雾气时，经肺吸收的农药的量相对较少，因为雾滴太大，不能直接进入肺内。但雾滴可附着在鼻腔和喉部的湿润表面上，并被这些表面吸收，其结果与经皮吸收或吞入农药相同。

与其他经皮、经口途径一样，经肺进入体内农药的吸收剂量取决于雾气、蒸汽、挥发性气体或粉尘中农药的浓度。一般而言，浓度大，则可能进入人体的农药的量也大，吸收的剂量也可能大，造成的危害也就可能大。需要指出的是，不能单凭气味来判断空气中农药的浓度，因为不同的农药产生的气味不同，有些有很强的臭味如马拉硫磷、稻丰散等，但有很多农药的臭味来自其溶剂。所以，臭味并不是判断气体、蒸汽或雾中农药浓度的一个可靠指标。只有直径为 1～8 微米的粒子才能进入肺内而不被阻留在鼻、口腔、咽喉或气管内。这样大小的粒子是肉眼不可见的。

3.4　经伤口进入人体

农药接触皮肤时，经伤口、破裂皮肤和出疹皮肤的吸收量要大于经同样部位同样面积的完整皮肤的吸收量。因此，在接触农药时，对有伤口的皮肤部位要加以重点保护，应该用不透水的敷料遮盖伤口和出疹部位。每天工作之后将不透水敷料取下并换上透气的敷料。如果第二天还继续接触农药，则必须再换上不透水敷料。

人体对进入其内的农药的吸收效果，依农药进入人体的途径的不同而异。经肺吸收是最有效的。经皮吸收可能是最重要的，但某些农药如滴滴涕和拟除虫菊酯类几乎完全不经皮吸收，但其油性制剂可能被皮肤吸收。在职业性接触中，经口摄入是一条较不重要的途径，但一旦发生，则很难预防或减慢吸收。已吸收剂量的作用并不取决于吸收途径。不管是什么途径，已吸收的化学农药的量称为剂量，一旦吸收，农药的作用与吸收途径无关。

农药进入人体的主要途径可以用图 8 – 1 诠释。

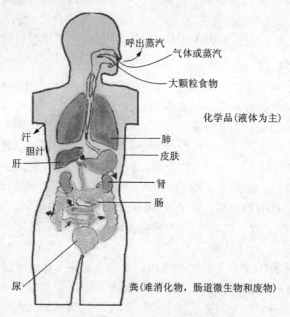

图 8 – 1　农药进入人体的主要途径

第四节　农药急性中毒的基本情况

什么情况下发生农药急性中毒？下面的农药急性中毒事件统计调查材料可见一斑。

4.1　以农药种类划分

涉及除草剂发生的事件占总事件的 61%，除虫剂为 13%，杀鼠剂为 11%，杀菌剂为 7%，木材防腐剂为 4% 和其他为 4%。这反映了除草剂的一般毒性较大且使用较广。它是农药急性中毒事件的主要责任者。

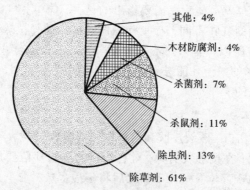

图 8 – 2　不同种类农药造成急性中毒事件的比例

4.2　以中毒原因划分

涉及误服农药或服用农药自杀的事件占总事件的 65%，工作操作失误为 19%，其他事件占 16%。服用农药自杀反映了一些社会或家庭矛盾，在此不论。误服则反映管理者管理不善、服用者文化水平不高、社会科普工作没有跟上、防止产品误服的标志或警告措施不力。实际上，在使用、运输和储藏农药中，喷洒人员、装罐人员和仓库保管员急性中毒事件仅占总急性中毒事件的五分之一，不是主体。例如，有的工作人员在从大桶农药移出少量到小桶时，用嘴虹吸；有的农民用牙来打开农药的瓶盖；有的农民在喷洒农药之后，不洗手，不漱口就吃饭；乱搁放农药喷雾器。以上情况在对相关知识进行了解之后，农民将能提高认识，从而改掉这些毛病。

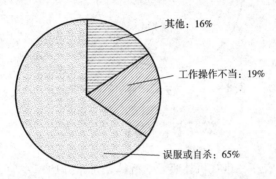

图 8 - 3　不同农药中毒原因造成急性中毒事件的比例

4.3　以中毒途径划分

口服占 85%，吸入占 11%，皮肤接触占 4%。这点和中毒原因是有联系的。误服和自杀大部分是口服。使用农药中毒，一般是皮肤污染（倒药和配药）或口鼻吸入（喷洒等）。为了防止误服，科学家想了很多办法，例如，在农药的包装外面画上骷髅标志，这可能对有文化的成年人有用，对文化程度不高或儿童则全无帮助。因此，科学家设法向农药中配入一些有颜色的颜料，或一些恶臭物质，使人闻了就想吐，就难以误服了。例如在百草枯水剂中加入20% 的有颜色的恶臭物质，就是一个成功的例子。此外，在农药中加入催吐剂也是防止误食中毒的有效办法。

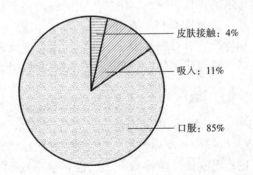

图 8 - 4　不同农药中毒途径造成急性中毒事件的比例

4.4　以病症划分

76% 的病人没有病症或病症较轻，诸如恶心，呕吐，腹痛，腹泻，咳嗽和气促等；24% 的病人有生命危险。有生命危险的病人中的 77%、约占总数 19% 的人不治身亡。虽然病人大部分没有生命危险，但五分之一的死亡率也是惊心动魄的！但是，我们也不要过分担心。如果我们到医院看一看，各种中毒病人如化学品中毒、食物中毒、化妆品中毒等，只占就诊病人的很少一部分，而农药中毒又只占各种中毒病人的很少一部分。

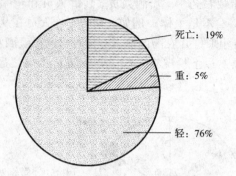

图 8 - 5　急性中毒事件中不同病症的比例

第五节　农药中毒症状

　　任何一种有毒化学农药一旦被机体吸收，机体便常常开始用一种或几种已有的机制或途径将其降解代谢，使之成为对机体无害。当进入机体的农药剂量很小时，一般低于人体的耐受量，机体自身即可对农药解毒。当有毒化学农药在机体内的浓度达到一定的阈限值时便发生急性中毒作用，很可能对生命造成极大威胁。一些具有慢性毒性的化学农药经过一次或多次吸收后，在一段时间之后才引起慢性中毒作用。但进入人体的农药一旦超过人体的耐受量，就会发生中毒现象。

　　我们知道，农药通过各种途径进入人体，通过各种机制影响或危害人体各种生理生化过程的正常进行。农药种类不同，对人体的器官、生理功能的影响也不同，差别还特别大。所以，中毒症状和体征也是不同的。

5.1　有机磷农药中毒症状

　　有机磷农药多属有机磷酸酯类化合物，可经皮肤、呼吸道及消化道侵入人体，能与人体内胆碱酯酶结合形成较为稳定的磷化胆碱酶，使其失去分解乙酰胆碱的能力，引起乙酰胆碱在体内大量蓄积，导致神经功能过度兴奋，继而转入抑制，出现一系列毒蕈城样、烟碱样及中枢神经系统中毒等症状和体征。有毒物接触史、典型临床表现及全血胆碱酯酶活性下降是诊断的主要依据。治疗包括彻底清除毒物，早期、足量、反复使用阿托品和胆碱酯酶复能剂，防治并发症等。

　　有机磷农药中毒症状一般在接触 0.5 ~ 24 小时之间出现。轻度中毒者有恶心、呕吐、头晕、流涎、多汗、瞳孔缩小，心率减慢；中度中毒者并有肌束颤动、呼吸困难；重度中毒者并有嗜睡、昏迷、抽搐、双肺大量湿啰音及哮鸣音、脑水肿、呼吸衰竭。有机磷农药中毒者可能出现阵发性痉挛并进入昏迷，严重者可能导致死亡。轻的在 30 天内可以恢复，一般无后遗症，有时可能有继发性缺氧情况发生。

5.2　氨基甲酸酯类农药中毒症状

　　氨基甲酸酯类农药中毒原因与有机磷农药中毒相同，也是抑制人体内胆碱酯酶，从而影响人体内神经冲动的传递。但氨基甲酸酯类农药中毒的发病快，而且恢复得也很快。

　　氨基甲酸酯类农药中毒症状相对较轻。中毒症状的开始时间与严重程度与进入体内的毒物量有关。生产性中毒一般在连续工 3 小时后开始出现，而生活性中毒则可在较短的时间内出现中毒症状。生产性中毒者开始时感觉不适并可能有恶心、呕吐、头痛、眩晕、疲乏、胸闷等；之后病人开始大量出汗和流涎、视觉模糊、肌肉自发性收缩、抽搐、心动过速或心动过缓，少数病人出现阵发痉挛和进入昏迷。经口中毒者，症状进展迅速，短时间内出现呕吐、流涎、大汗等毒蕈碱样症状；服毒量大者可迅速出现昏迷、抽搐，甚至呼吸衰竭而死亡。一般在 24 小时内完全恢复，极大剂量的中毒者除外，无后遗症和遗留残疾。

5.3 有机氯农药中毒症状

有机氯农药中毒很少发生。因为大部分有明显危害的有机氯农药已经于多年前被禁止使用。造成有机氯农药中毒的原因有两种：一种是使用人在农药生产、运输、贮存和使用过程中造成误服或污染了内衣和皮肤而中毒；另一种是自杀行为，故意口服而中毒。有机氯农药对人体的毒性，主要表现在侵犯神经和实质性器官。

有机氯农药中毒一般在接触药剂后数小时发生。轻度中毒症状表现为精神不振、头晕、头痛等；中度中毒症状表现为剧烈呕吐、出汗、流涎、视力模糊、肌肉震颤、抽搐、心悸、昏睡等；重度中毒症状表现为呈癫痫样发作、昏迷，甚至呼吸衰竭或心肌纤颤而致命，亦可引起肝、肾损害。一般在 1~3 天内死亡或者恢复，恢复病人无后遗症或永久性残疾。

5.4 拟除虫菊酯类农药的中毒症状

常用的拟除虫菊酯类农药多属中低毒性农药，对人畜较为安全，但也不能忽视安全操作规程，不然也会引起中毒。这类农药是一种神经毒剂，作用于神经膜，可改变神经膜通的透性，干扰神经传导而产生中毒。但是这类农药在哺乳类肝脏酶的作用下能水解和氧化，且大部分代谢物可迅速排出体外。

经口引起中毒的轻度症状为头痛、头昏、恶心呕吐、上腹部灼痛感、乏力、食欲不振、胸闷、流涎等。中度中毒症状除上述症状外还出现意识蒙眬，口、鼻、气管分泌物增多，双手颤抖，肌肉跳动，心律不齐，呼吸感到有些困难。重度症状为呼吸困难、紫绀、肺内水泡音、四肢阵发性抽搐或惊厥、意识丧失，严重者深度昏迷或休克，危重时会出现反复强直性抽搐引起喉部痉挛而窒息死亡。经皮中毒症状为皮肤发红、发辣、发痒、发麻，严重的出现红疹、水疱、糜烂。眼睛受农药侵入后表现结膜充血，疼痛、怕光、流泪、眼睑红肿。这种局部症状在停止接触药剂后或经彻底清洗后 24 小时即可自行消失，也无后遗症。

5.5 杀鼠剂中毒症状

临床上杀鼠剂中毒多见幼儿误食或自杀口服等情况。常见的杀鼠剂有磷化锌、敌鼠及华法林等。磷化锌对消化道有强腐蚀性，对中枢神经系统有抑制细胞色素氧化酶作用。敌鼠和华法林主要影响血液系统。

敌鼠和华法林中毒症状有恶心、呕吐、鼻出血、紫癜、呕血、便血、咯血等，继之就出现广泛性出血，鼻、口、齿龈出血、尿血，皮肤有紫癜，并有体温降低、血压偏低等症状，严重时昏迷、休克。磷化锌中毒症状有恶心、呕吐、呕血、肌肉震颤、心律失常、休克、昏迷等。

5.6 几种常用易中毒农药中毒症状

草甘膦、百草枯、杀鼠灵等是容易引起中毒事故的常用农药，我们单独对其中毒症状作如下介绍：

5.6.1 草甘膦中毒症状

皮肤、黏膜刺激症状表现为经口误服后，口腔黏膜、咽喉受刺激，有疼痛感和轻度灼伤溃烂，形成口腔溃疡；眼部受污染有结膜炎征兆；未经稀释的制剂污染皮肤，局部受刺激致瘙痒，可出现红斑，少数患者有皮肤过敏。

急性经口摄入中毒的主要症状，除口腔黏膜红肿外，常有恶心、呕吐、上腹痛，严重者还可能有消化道出血及腹泻。

肝、肾受损一般较轻，常可自动恢复，但个别患者可能因溶血，造成较重的肾损害，甚至发生急性肾衰竭。

吸入者可致咳嗽、气喘，肺内有啰音。经口中毒的严重病例，易发生吸入性肺炎及肺水肿，出现咳嗽、胸闷和呼吸困难，甚至因呼吸衰竭致死。

除头昏、乏力、出汗外，一般无严重损害；但大剂量经口严重中毒时，也可见神志异常、抽搐和昏迷。

除心动过速或过缓外，常有血压降低。初期血压下降可能为血容量降低的影响，但后期则为毒剂本身的作用。给狗分别静脉注射纯草甘膦和表面活性剂，发现注射表面活性剂者血压降低。

5.6.2　百草枯中毒症状

经口中毒者有口腔烧灼感，口腔、食管黏膜糜烂溃疡、恶心、呕吐、腹痛、腹泻，甚至呕血、便血，严重者并发胃穿孔、胰腺炎等；部分病人出现肝脏肿大、黄疸和肝功能异常，甚至肝功能衰竭。可有头晕、头痛，少数患者发生幻觉、恐惧、抽搐、昏迷等中枢神经系统症状。肾损伤最常见，表现为血尿、蛋白尿、少尿，血 BUN、Cr 升高，严重者发生急性肾功能衰竭。肺损伤最为突出也最为严重，表现为咳嗽、胸闷、气短、发绀、呼吸困难、呼吸音减低、两肺可闻及干湿啰音。大量口服者，24 小时内出现肺水肿、肺出血，常在数天内因 ARDS 死亡；非大量摄入者呈亚急性经过，多于 1 周左右出现胸闷、憋气，2～3 周呼吸困难达高峰，患者常死于呼吸衰竭。少数患者发生气胸、纵隔气肿、中毒性心肌炎、心包出血等并发症。

局部接触百草枯中毒的临床表现为接触性皮炎和黏膜化学烧伤，如皮肤红斑、水疱、溃疡等，眼结膜、角膜灼伤形成溃疡，甚至穿孔。长时间大量接触可出现全身性损害，甚至危及生命。

注射途径如血管、肌肉、皮肤等接触百草枯罕见，但临床表现凶险，预后差。

5.6.3　杀鼠灵中毒症状

杀鼠灵是一种抗凝血杀鼠剂。中毒表现为腹痛、恶心、呕吐、鼻孔流血、牙龈流血、皮下出血、关节周围出血、尿血、便血和全身出血。持续出血会致使休克。若出血发生在中枢神经系统、心包、心肌咽喉等处，均可危及生命。

第六节　易中毒人群与"暴露风险金字塔"

我们知道，容易接触农药或者接触农药机会多的人，容易引起农药中毒。什么人接触农药的机会多？不同职业人群接触农药的机会不同。但几乎所有人都能接触农药，只不过有的职业人群，如生产农药的车间工人、配制农药的工人，包装农药的工人和运输农药的工人，接触农药的浓度高，占总人口比例却不高。有的职业人群，如喷洒农药的农民、林业工人、园林工人和其他农药用户，接触农药较前者为低，人数较前者为多。社会公众通过食物，饮用水和农药事故性暴露潜在性接触农药，农药浓度是低水平的，但接触人数最多，形成了"暴露风险金字塔"。

从关切出发，科学家对这些经常接触农药而发生事故风险较大的人群进行流行病调查（这些人包括生产农药车间的工人，田间灭虫实际操作工和配制、包装和储运农药的工作人员等），发现他们除了承担急性中毒而面临短时间内有生命危险的风险之外，还经常接触一些强致癌剂，如含苯氧基的除草剂，农药杂质中所含二噁英、砷化物和有机氯的农药杂质，造成生产者面临承担致癌和致畸的较大风险。

什么是生产者慢性长期的毒性效应呢？当生产者潜在性地暴露于含苯氧基除草剂和它们

的杂质,如被称为"世纪之毒"的二噁英,许多工人会长一种氯痤疮,就是青年人面部的粉刺。这是暴露于较高浓度二噁英中的患病症候,但是未必立即或短期可见大量死亡。流行病学调查表明:在总人口中农药生产者比例不大,而且在调查的期间内人员有所流动,有时候不能查到有害影响的足够证据,也难以查到在被调查人群中癌发生的概率。对接触苯氧基除草剂的工人调查发现,工人患软组织肉瘤的情况比平常人要多。还有调查发现常接触对位联吡啶的工人,易患恶性的皮肤损伤。

有些工人长期接触有机氯农药,如氯丹、七氯、异狄氏剂、艾氏剂、狄氏剂和滴滴涕,但未发现患癌风险在增加。因此,许多人认为有机氯农药对生产者的健康影响仅有急性毒性影响,不表现出长期效应。长期接触开蓬的工人会影响到他的生殖系统功能,表现为精子数量的暂时减少。长期接触无机砷农药的工人患肝癌的风险在增加。长期接触有机磷农药的工人血相会发生变化,还会使血液的生化指标出现异常,表观症状尚不清。

到目前为止,流行病调查进行的还很不够,许多客观存在的农药对生产者的长期健康影响还未被发现。没发现不等于没有。

农药用户流行病调查的对象是农民、农村科技人员、林业工人、园林工人、牧业工人等等。流行病调查一般针对三方面农药低剂量长期暴露的可能的影响:癌、生殖效应、神经失调。

由图8-6可知:在金字塔的塔尖处,人数虽少,暴露风险较高。这些人面对的是急性中毒,常常有生命危险;但因人数较少,人们往往看不到或低估事故的风险性。通过加强管理,教育和劳保措施的改进,可以逐步降低风险。

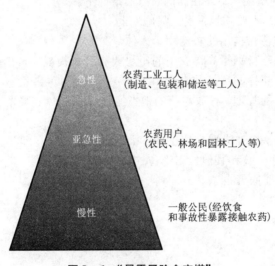

图8-6　"暴露风险金字塔"

第七节　农药中毒的预防

我们知道,只有进入人体内的农药量超过了人体的耐受量,才会发生农药中毒。因此,农药中毒事故是可以预防的,也就是说农药中毒事故是可控、可防的。要预防农药中毒事故的发生,必须做好如下工作:

(1)严格遵守农药安全使用规程,做到科学、合理使用农药。

(2)购买农药时,首先注意农药的包装,防止破漏;注意农药的品名、有效成分含量、出厂日期、使用说明等，鉴别不清和过期失效的农药不准使用。

（3）运输农药时，应先检查包装是否完整，发现有渗漏、破裂的，应该用规定的材料重新包装后运输。

（4）农药不得与粮食、蔬菜、瓜果、食品、日用品等混载、混放，要有专人保管。

（5）严格遵守高毒农药的使用规定，不要随意购买和使用高毒农药。

（6）在农药使用时，配药人员要戴胶皮手套，严禁用手拌药。如包衣种子进行手撒或点种时，必须戴防护手套，以防皮肤吸收中毒，剩余的毒种应销毁，不准用做口粮或饲料。

（7）施药前仔细检查药械开关、接头、喷头，喷药过程中如发生堵塞时，绝对禁止用嘴吹吸喷头和滤网。

（8）盛过农药的包装物品，不准用于盛粮食、油、酒、水等食品和饲料，要集中回收处理。

（9）凡体弱多病者、患皮肤病或及其他疾病尚未恢复健康者及哺乳期、孕期、经期的妇女、皮肤损伤未愈者不得施药。

（10）施药人员在施药期间不得饮酒，施药时要戴防毒口罩，穿长袖上衣、长裤和鞋袜；在操作时禁止吸烟、喝酒、吃东西；被农药污染的衣服要及时换洗。

（11）施药人员每天施药时间不得超过6小时，使用背负式机动药械要两人轮流操作。连续施药3～5天后应休息一天。

（12）要严格按照农药标签上的使用技术用药，不要随意提高农药使用浓度和增加农药用量。

（13）要选择好施药适期，不要在高温、暴晒条件下施药。

（14）注意风向变化，不要逆风配药、喷施农药。

（15）不要将防治有害生物用的农药用于人体。

（16）对刚刚施用农药特别是高毒农田的田块要有警示提醒，防止误入。

（17）不要食用残留超标的食品和农产品。

（18）要加强对农药的管理，存放农药的地方宜选择在通风、避光、避雨处，并且要加锁，防止小孩误食。

（19）操作人员如有头痛、头昏、恶心、呕吐等症状时，应立即离开施药现场，换掉污染的衣服，并漱口，冲洗手、脸和其他暴露部位，及时到医院治疗。

（20）珍爱生命，不要服毒自杀。

第九章　科学使用农药

第一节　农药使用技术发展概述

　　发达国家的成功经验告诉我们：农药使用技术"举足轻重"。他们农药使用历史较长、管理较规范。农药的使用者必须具有一定资质。其用药器械和用药方法不断随着其科学研究的深入而发展。虽然这些国家的农药使用总量并不比我国少甚至更多，但农药使用带来的不利影响比我国小得多。他们农药的利用率更高、药效更好、成本更低、操作更简便。这些经验是值得我们学习和借鉴的。西方发达国家从 1950 年代开始就已经逐步采用对靶喷洒、可控雾滴喷洒、导流喷洒、带电雾滴喷洒等药剂沉积率 60% 以上甚至 90% 的高功效施药技术。20世纪 70 年代之后发展到"机械化＋电子化"时期，20 世纪 80 年代之后就开始包括利用 GPS技术的信息化和智能化的探索与实施。科学的农药使用技术和应用工艺可以大幅度提高农药的有效利用率，取得很高的防治效果。例如，加拿大利用飞机在空中喷洒 30～60 微米粒径的磷胺细雾。枞树卷叶蛾成虫有夜间在树冠上方 200 米高处群集飞行的习性，而这种杀虫剂细雾能够在空中飘浮 50 分钟，它的药效是飞蛾在药雾中黏附上足够的剂量而中毒死亡。采用这种方法，每分钟可以处理 2500 公顷枞树林，每公顷只需要 2 克的药剂，仅为地面施药药剂用量的 1%！泰国在棉田中设置无人操作的超低容量细雾定时喷洒装置，利用棉花叶片的向光性，在夜间喷药提高农药雾滴在棉花叶片背面的沉积率，从而提高对伏蚜的防治效果。而我国，至今依然有 80% 以上的喷雾器械还是 1900 年前后欧洲人生产使用过的压缩式、背负式甚至单管式手动喷雾器，虽然近几年部分区域已经改手动为电动，但喷雾器械的基本构成原理没有改变，依然是切向离心式喷头喷出的空心圆锥形粗雾，加上农民随心所欲般的使用方法，还是沉积效率不到 10% 的喷雾质量。低沉积率意味着高流失和土壤污染，低药效低功效高成本，药害不断，土壤、水资源不断被污染，环境恶化加剧。

　　农药的使用，除去要考虑药效和成本问题，更要兼顾农药的使用环境，包括施药田本田及其周边地区两个方面。

　　农药施药本田的环境包括作物的小生境及其中的空气、地表水（水田）、土壤、地下水等。所用药剂的品种、剂型、使用时间、使用剂量和方法方式等，都会影响到施药本田中的作物、有害生物、有益生物、土壤环境和地表水地下水等。过量或过度的农药使用，就容易造成对这些环境因素的破坏。所以，使用农药时，不但要选择合适的药剂种类、剂型等，还要注意单位面积的使用剂量、用药频率、复配程度、喷洒范围等。生产中，农民为了控制住肆虐的病虫害往往一两天就打一次多种药剂混配在一起的药,这样会对施药本田环境形成很大的冲击。

农药对施药田的田外环境的影响不容忽视。田外环境的延伸宽度决定于农药使用之后的扩散能力和扩散距离。我国的农田大多是小块分散型的,农田周围的地表和植被往往高低参差不齐,使近地面气流的水平摩擦力增大,气流极易发生剧烈波动,造成农药雾流和粉尘流的强烈扰动而逸出田外。逸出的药剂可能会对邻近的敏感作物造成药害、对敏感的生物形成伤害。例如逸出很少量的杀虫双就可以引起家蚕中毒。甲黄隆、绿黄隆等磺酰脲类除草剂尽管其逸出的量可能很少,但因其化学稳定性很强,就可能由于反复积累而对敏感作物产生不良后果。虽然 DDT 因为杀虫功勋卓著,但因其强稳定性和在生物体内的富集性会使其在生物体内积累并在食物链内传递,最终不得不被禁止使用。农药的剂型同田外漂移有关,烟剂和粉尘剂的微粒极易随气流漂移扩散,当今有的区域农民使用电子脉冲烟雾机喷药防治大田作物病虫害是极不科学的愚蠢行为;飞机喷药、果园内大功率机械喷药以及背负式迷雾喷粉机在分散农田、山区梯田及水网地区的农田中使用,也非常容易因为机具产生的强大气流受到谷地气流强烈扰动而扩散到田外环境中。废弃的农药包装物和施药机具清洗液随意倾倒,也必然会使农药进入施药环境之外。

综上所述,不合理使用农药会使农药的坏处非常严重,以至于这把"双刃剑"会很容易的伤害到我们自己以及我们的生存环境。防弊兴利,发挥农药的积极作用,是农药使用技术以及应用工艺研究的主要任务,不能忽视。

与发达国家相比,我国使用的农药品种相差不大,但农药的使用人员有很大差异。国外由专业和持执照的人员使用,而中国由农民使用。农民普遍缺乏病虫害的诊断知识,也无完善的社会化服务机构,因此主要由经销商推荐使用农药,用药时间不当、用量过高、没考虑安全间隔期等不合理用药的问题比较突出。很多农民不能准确地确诊病虫害,只能将多种农药混合在一起,认为总有一种药剂管用。当防效不理想时,农民往往增加用药量和用药次数,导致有害生物抗药性的产生。并且喷药手段也比较落后,很多地区农民使用的施药机具仍然是几十年前的老式传统喷雾器,进行大水量粗雾喷洒。这种施药方法几乎有70%的农药散落到环境中。

欧美及日本等国家在减量用药方面做了大量工作,也取得了显著成效。我国要加强农药安全减量使用技术储备研究。针对水稻、小麦、果树、蔬菜田减量用药技术进行技术储备研究,发展新技术,形成模式,积极推广。同时,加强农业有害生物抗药性监测与治理技术研究,为田间抗药性基因早期监测提供技术储备,依据我国病虫害发生的区域建立一批抗药性监测点和抗药性治理示范区,开展农业有害生物抗药性监测和风险评估,通过 GPS 定位和互联网技术准确提供施药区域病虫抗药性水平,提出限制用药、交替用药、轮换用药等技术方案,指导科学合理使用农药。

要达到合理使用农药的目的,除去要选择好性能优良对环境无害的农药品种之外,在使用过程中必须研究如何把农药有效地输送到目标作物(有效靶区)上。有害生物在田间和作物共同组成了特殊的农田生物群落,这就需要使农药具有一定的物理形态和运动性能,以提高对隐藏在农田生物群体中的病虫草的命中率,减少农药在环境中的流失量以及向田外环境的漂移扩散。要实现这一目标需要三个必要条件:第一,农药的喷洒物的制备及其形态和理化性质的设定;第二,农药分散分布方式的设计以及喷洒器械的选择和雾化分散性能的设计;第三,对农药的雾滴、粉粒、烟、颗粒等分散物的运动规律的调控、对病虫草和作物的活动行为的掌控。

20 世纪中期以来,美国、日本等发达国家建立了以大型植保机械和航空植保为主体的病虫害防治体系。近年来，为适应专业化统防统治工作的需要，我国有关科研教学单位、农药械生产企业与农业生产部门紧密协作、强强联合，使我国低空低量航空施药器械及其配套技术研发取得了突破性进展，先后研制出小型无人机、动力伞、三角翼、多旋翼等多种航空喷药设备，并在水稻、玉米、小麦、甘蔗等多种病虫害防治中得到了不同程度的应用。初步统计，2011 年作业面积近 200 万亩次。其中，动力伞、三角翼航空施药系统为有人操控飞行器，作业速度 15～20 米/秒，载药量 120～150 公斤，作业高度 2～10 米，平均每架次可喷洒作业 200～300 亩，具有转弯半径小、爬升速度快、受地形限制小的优点，适合复杂条件下的航空施药作业，在黑龙江农垦、湖南洞庭湖区已得到了较大范围的应用；小型无人直升机、多旋翼航空施药系统为无人操作飞行器，作业速度最高可达 4 米/秒，载药量 5～20 公斤，操控灵活，移动便捷，可空中悬停，无需专用起降场地，不受障碍物限制，也可通过全球卫星定位系统，根据预设指令全程自动施药作业，平均每架次 15 分钟可喷洒作业 20～30 亩。

与传统的地面施药机械相比，低空低量施药器械及其配套技术具有诸多优势：一是防控作业效率高。能够迅速、有效的防治大面积暴发的有害生物，以小型无人直升机为例，一次施药面积在 20 亩以上，其作业效率相当于地面背负式机动弥雾机的 10 倍以上。二是受环境影响小。低空低量施药器械作业人无需下田，无论山区或平原、水田还是旱田，以及不同的作物生长期，均可顺利完成作业任务。三是防控用药量少。采用低空低量喷雾技术，用药量比人工地面常规作业节省 40% 以上，能有效地减轻环境污染，降低农药对人畜的危害。四是作业劳动强度低。低空低量施药器械及其配套技术推广应用，改变了传统的人背机械负重作业的现状，有效减轻了从业人员劳动强度。

专家分析认为，由于处于发展初期，我国低空航空施药器械及其配套技术也存在着一些不容忽视的问题。在喷雾质量方面，存在喷洒不均匀，喷雾漂移大，沉降率低等问题；在喷洒部件的方面，大多应用的是地面喷洒部件，与低空低容量喷雾还有一定的差距；在机械动力方面，存在采用燃油发动的维修保养成本较高，采用电池发动的使用时间短等问题。专家研讨认为，随着我国专业化统防统治工作的推进，低空航空施药技术在我国现代农业中将具有广泛的应用前景，为此建议：一是加强合作与创新。有关科研单位和农药械企业要密切配合，加大创新研发力度，不断改进提高机器性能，提高防治效率，降低防治成本。二是加强配套技术研究。针对不同低空低量施药器械，研发与之相匹配的施药技术，力争在喷雾药剂、喷洒技术等方面争取有所突破。三是加强示范推广。各级农业植保部门要充分认识低空低量施药技术的作用意义，大力推进专业化统防统治工作，因地制宜，加大示范推广力度，促使其在生产中早日推广应用。

随着劳动力成本提高，现代农业急需发展省力化、高工效的农药使用技术。专家建议依据雾滴最佳粒径理论和雾滴"杀伤半径"理论，我国需要研发推广细雾喷雾技术体系，并根据不同类型农药的"雾滴杀伤半径"，研究制定各自喷雾时合理的"雾滴沉积密度"。这样可以显著提高有害生物命中率，并能显著减少施药量。

第二节 农药的使用方法

我们知道，农药的使用方法就是把农药施到目标物上所采用的各种施药技术措施。在防治植物病虫草鼠害时，农药的品种繁多，加工剂型也多种多样，同时防治对象的危害部位、危害方式、环境条件等也不尽相同，因此，农药的使用方法也随之多种多样。选择最合适的施药方法，不仅可以获得最佳的防治效果，而且还可保护天敌，减少污染，对人、畜、植物安全。因此，采用正确的施药方法是十分重要的。确定施药方法首先要考虑安全性、有效性和经济性，其次是要考虑植物的形态、发育阶段、需要防治的对象及发生规律，最后还要考虑农药的剂型、性质以及施药器械、当时的环境条件等。只有充分考虑这些因素，才能确定有效的、合理的、科学的使用方法。

世界各国有很多种农药的使用方法，我们选择重点介绍如下。

2.1 喷粉法

喷粉法是利用喷粉器械产生的风力，将粉剂均匀地喷布在目标植物上的施药方法。此法最适于干旱缺水地区使用，适于喷粉的剂型为低浓度粉剂。此法的缺点是用药量大，粉剂黏附性差，效果不如同药剂的乳油和可湿性粉剂好，而且易被风吹失和雨水冲刷，污染环境。因此，喷粉时易在早晚叶面有露水或雨后叶面潮湿且静风条件下进行，使粉剂易于在叶面沉积附着，提高防治效果。它是农药使用中比较简单的方法。但要求喷撒均匀、周到，农作物和病虫草的体表上覆盖一层极薄的粉药，用手指轻摸叶片能看到有点药粉沾在手指为宜。

喷粉法的优点：

(1)操作方便，工具比较简单；

(2)工作效率高；

(3)不需用水，可不受水源的限制，就可做到及时防治；

(4)对作物一般不易产生药害。

但也有一定的缺点：

(1)药粉易被风吹失和易被雨水冲刷，因此，药粉附着在作物表体的量减少，缩短药剂的残效期，降低了防治效果；

(2)单位耗药量要多些，在经济上不如喷雾来得节省；

(3)污染环境和施药人员的本身。

影响喷粉效果的主要因素：

(1)所用粉剂的细度和形状。直径小于 37 微米的超细粉粒，覆盖面大，最为有效；针状和片状的粉粒，附着力最强，药效高；

(2)喷发机械。手摇喷粉器和机动喷粉机的喷粉效果都较好，利用布袋进行人工撒粉的，施药不均匀、不周到，效果差；

(3)施药技术。不论采用何种机械喷撒，都必须达到喷粉技术的基本要求，否则的话，喷撒不均匀，药量过大或不足，都会影响药效；

(4)气候因素。在早晚植株上有露水时喷粉，附着力强，效果好；刮大风时喷撒，药粉难以沉降，严重影响药效；喷药后 1 天内遇雨，药剂容易被雨水冲刷而失效。

2.2 喷雾法

喷雾法是常用的一种施药方法。将乳油、乳粉、胶悬剂、可溶性粉剂、水剂和可湿性粉剂等农药制剂，兑入一定量的水混合调制后，即能形成均匀的乳状液、溶液和悬浮液等，利用喷雾器使药液形成微小的雾滴。其雾滴的大小，随喷雾水压的高低、喷头孔径的大小和形状、涡流室大小而定。通常水压愈大、喷头孔径愈小、涡流室愈小，则雾化出来的雾满直径愈小。雾滴覆盖密度愈大且由于乳油、乳粉、胶悬剂和可湿性剂等的展着性、黏着性比粉剂好，不易被雨水淋失，残效期长，与病虫接触的药量的机会增多其防效也会愈好。

喷雾法可分为常规喷雾法、低容量喷雾法、超低容量弥雾法 3 种。

20 世界 50 年代前，主要采用大容量喷雾，每亩每次喷药液量大于 50 升。但近 20 年来喷雾技术有了很大的发展，主要是超低容量喷雾技术在农业生产上得到推广应用后，喷药液量便向低容量趋势发展，每亩每次喷施药液量只有 0.1 ~ 2 升。

目前国外工业比较发达的国家，多采用小容量喷雾方法。因其有许多优点：

（1）用药液量少；

（2）用工少；

（3）机械动力消耗少；

（4）用水少；

（5）工效高；

（6）防治效果高；

（7）经济效益高。

影响喷雾效果的主要因素：

（1）农药的物理性能，如乳化性、悬浮性、湿润性及展着性。

（2）药械的性能，主要影响雾滴的大小和附着力。与此相关主要有喷射压力，液体密度，流体黏度，液体温度和表面张力5大因素，物体的黏度是液体的性质，是液体在流动时对自身成分的形状或散布改变的抵抗。液体的黏度主要影响喷雾形状，在一定程度上也影响液体的流量，高黏度的液体与水相比要达到相同的喷雾效果，需要比较高的压力来达到。液体温度改变不直接影响喷雾性能，但它影响液体的黏度、表面张力和密度。这些又间接影响喷嘴的喷雾性能。物体在空气中总是以最小表面积形式存在，其表面张力就好像张力作用下的一层膜，液体的此种特性称为表面张力。液体表面张力是以其每单位长度的数值来表示，水的表面张力大约为21℃时73达因/厘米。液体的表面张力主要影响喷雾效果中要求的最小工作压力、喷射角度和雾滴大小。低表面张力决定了低压时喷嘴也能达到良好的喷雾效果，较高的表面张力要求喷嘴较高的压力来达到一定的喷雾效果。表面张力对空心锥形和平面扇形喷雾喷嘴中影响较大。

（3）生物体表面结构。茸毛多、蜡质层厚的植物表面，不容易被药液湿润展着，影响药效。

（4）水质的影响。硬水能够破坏肥皂和其他阴离子表面活性剂的性能。

（5）气候因素。刮大风时喷施，喷洒不均匀，严重影响药效；高温时喷雾，药液容易蒸发而影响药效；喷药后1天内遇雨，药剂容易被雨水冲刷而失效。

2.3　毒饵法

毒饵法是用胃毒剂与饵料配制成毒饵，将它施药于地表，主要是用于防治为害农作物的幼苗并在地面活动的地下害虫，如小地老虎以及家鼠、家蝇等卫生害虫。它是利用害虫、鼠类喜食的饵料和农药拌合而成，诱其取食，以达到毒杀目的。例如，每亩可用90%晶体敌百虫1两，溶于少量水中，拌入切碎的鲜草40千克，在傍晚成堆撒在棉苗或玉米苗根附近，其防效很显著。麦麸、米糠、玉米屑、豆饼、木屑、青草和树叶等都可以。作毒饵的饵料不管用哪一种作饵料，都要磨细切碎，最好把这些饵料炒至能发出焦香味，然后再拌和农药制成毒饵（鼠类和家蝇的饵料中最好还要加些香油或糖等），这样可以更好地诱杀害虫和鼠类、家蝇等。此外毒谷法主要也是用来防治蝼蛄、金针虫等地下害虫。由于配制毒谷需要粮食等，现在已不大采用，其实毒谷也是毒饵的一种。近来有些新农药，可直接作拌种或在土壤中撒施毒土，都能有效地防治一些地下害虫。

2.4　种子处理法

种子处理法有拌种、侵渍、浸种和闷种4种方法。

2.4.1　拌种法

此法多半是用粉剂和颗粒剂处理。拌种是用一种定量的药剂和定量的种子，同时装在拌种器内，搅动拌和，使每粒种子都能均匀地沾着一层药粉，在播种后药剂就能逐渐发挥防御病菌或害虫为害的效力。这种处理方法，对防治种子表面带菌或预防地下害虫苗期害虫的效果很好，且用药量少，节省劳力和减少对大气的污染等。例如在 1500 ~ 2000 克水中加入 50%辛硫磷或 50%久效磷乳油 100 克拌麦种 50 千克可防治蝼蛄等地下害虫，药效期一般可维持 30 天以上。又如每亩用棉籽量，均匀拌入 3%克百威颗粒剂，拌后即可播种，防治棉苗期蚜虫，效果很好，且药效期可维持 60 天以上。拌过的种子，一般需要闷上一两天后，使种子尽量多吸收一些药剂，这样会提高防病、杀虫的效果。

2.4.2　浸种法

此法把种子或种苗浸在一定浓度的药液里，经过一定的时间使种子或幼苗吸收了药剂，以防治被处理种子内外和种苗上的带菌或苗期虫害。例如，用 40%多菌灵胶悬剂 4 千克对水 500 千克，配成 0.4%的药液，浸棉籽 200 千克，浸 10 ~ 15 小时，其间搅拌 1 ~ 2 次，捞出沥干现种或挤出晒干后备种，对防治棉花枯、黄萎病的效果十分显著。

2.4.3　浸渍法

此法把需要药剂处理的种子摊在地上，厚度大约 16.6 厘米（5 寸），然后把稀释好的药液，均匀喷洒在种子上，并不断翻动，使种子全部润湿。盖上席子堆闷一天，使药液被种子吸收后，再行播种。这种方法虽很简单，同样可达到浸种的要求。

2.4.4　闷种法

此法是把杀虫剂、杀菌剂混合闷种防病治虫，在 1.5 ~ 2.5 千克水中加入 200 克 25%多菌灵，再加入 100 克 50%久效磷，搅匀后喷拌麦种 50 千克，拌后堆闷 6 小时播种，可达到既防病又杀虫的效果。

2.5　土壤处理法

此法用药剂撒在土面或绿肥作物上，随后翻耕入土，或用药剂在植株根部开沟撒施或灌浇，以杀死或抑制土壤中的病虫害。例如用 2.5%敌百虫粉剂 2 ~ 2.5 千克拌和细土 25 千克，撒在青绿肥上，随撒随耕翻，对防治小地老虎很有效。又如每亩用 3%克百威颗粒剂 1.5 ~ 2 千克，在玉米、大豆和甘蔗的根际开沟撒施，能有效防治上述作物上的多种害虫。

2.6　熏蒸法

此法利用药剂产生有毒的气体，在密闭的条件下，用来消灭仓储粮棉中的麦蛾、豆象、谷盗、红铃虫等。例如，用溴甲烷熏蒸粮食、棉子、蚕豆等，冬季每 1000 立方米实仓用药量为 30 千克，熏蒸 3 天时间。夏季熏蒸用药量可少些，时间也可以短些。此外在大田也可以采用熏蒸法，如用敌敌畏制成毒杀棒施放在棉株枝杈上，可以熏杀棉铃期的一些害虫。

2.7　熏烟法

此法是利用烟剂农药产生的烟来防治有害生物的施药方法，适用于防治虫害和病害，但不能用于杂草防治。鼠害防治有时也可采此法。烟是悬浮在空气中的极细的固体微粒，其重要特点是能在空间自行扩散，在气流的扰动下，能扩散到更大的空间中和很远的距离，沉降缓慢，药粒可沉积在靶体的各个部位，包括植物叶片的背面，因而防效较好。熏烟法主要应用在封闭的小环境中，如仓库、房舍、温室、塑料大棚以及大片森林和果园。

影响熏烟药效的主要气流因素有：

（1）上升气流使烟向上部空间逸失，不能滞留在地面或作物表面，所以白昼不能进行露地熏烟。

（2）逆温层，日落后地面或作物表面便释放出所含热量，使近地面或作物表面的空气温度高于地面或作物表面的温度，有利于烟的滞留而不会很快逸散，因此在傍晚和清晨放烟易取得成功。

（3）风向风速会改变烟云的流向和运行速度及广度，在风较小时放烟能取得较好的防效。

（4）在邻近水域的陆地，早晨风向自陆地吹向水面，谓之陆风；傍晚风向自水面吹向陆地，谓之海风。在海风和陆风交变期间，地面出现静风区。

（5）烟容易在低凹地、阴冷地区相对集中。

研究利用上述气流和地形地貌，可以成功地在露地采用熏烟法。

2.8 烟雾法

此法是把农药的油溶液分散成为烟雾状态的施药方法。烟雾法必须利用专用的机具才能把油状农药分散成烟雾状态。烟雾一般是指直径为 0.1～10 微米的微粒在空气中的分散体系。微粒是固体称为烟，是液体称为雾。烟是液体微滴中的溶剂蒸发后留下的固体药粒。由于烟雾的粒子很小，在空气中悬浮的时间较长，沉积分布均匀，防效高于一般的喷雾法和喷粉法。

2.9 施拉法

此法是抛撒颗粒状农药的施药方法。粒剂的颗粒粗大，撒施时受气流的影响很小，容易落地而且基本上不发生漂移现象，特别适用于地面、水田和土壤施药。撒施可采用多种方法，如徒手抛撒（低毒药剂）、人力操作的撒粒器抛撒、机动撒拉机抛撒、土壤施粒机施药等。

2.10 飞机施药法

此法是用飞机将农药液剂、粉剂、颗粒剂、毒饵等均匀地撒施在目标区域内的施药方法，也称航空施药法。它是功效最高的施药方法，适用于连片种植的作物、果园、森林、草原、滋生蝗虫的荒滩和沙滩等地块施药。适用于飞机喷撒的农药剂型有粉剂、可湿性粉剂、水分散性粒剂、悬浮剂、干悬浮剂、乳油、水剂、油剂、颗粒剂等。飞机喷粉由于粉粒漂移严重，已很少使用，即使喷粉也应在早晨平稳气流条件下作业。飞机用粉剂的粉粒比地面用粉剂略粗些。可对水配成悬浮液的剂型用于高容量喷雾，当与其他剂型混用时须防止粉粒絮结。可对水配成乳液的乳油等剂型用于高容量和低容量喷雾，作低容量喷雾时在喷洒液中可添加适量尿素、磷酸二氢钾等，以减轻雾滴挥发。油剂直接用于超低容量喷雾，其闪点不得低于 70℃。

飞机喷施杀虫剂，可用低容量和超低容量喷雾。低容量喷雾的施药液量为 10～50 升/公顷；超低容量喷雾的施药液量为 1～5 升/公顷；一般要求雾滴覆盖密度为 20 个/厘米² 以上。飞机喷洒触杀型杀菌剂，一般采用高容量喷雾，施药液量为 50 升/公顷以上；喷洒内吸杀菌剂可采用低容量喷雾，施药液量为 20～50 升/公顷。飞机喷洒除草剂，通常采用低容量喷雾，施药液量为 10～50 升/公顷，若使用可湿性粉剂则为 40～50 升/公顷。飞机撒施杀鼠剂，一般是在林区和草原施毒饵或毒丸。

飞机施药作业时间，一般为日出后半小时和日落前半小时，如条件具备，也可夜晚作业。作业时风速：喷粉不大于 3 米/秒，喷雾或喷微粒剂不大于 4 米/秒，撒颗粒剂不大于 6 米/秒。飞行高度和有效喷帽因机型而异。

2.11 擦抹施药法

此法是近几年来在农药使用方面出现新的使用技术，在除草剂方面已得到大面积推广应用。其具体施药方法，在一组短的裸露尼龙绳的末端与除草剂药液相连，利用毛细管和重力的流动，药液流入药绳，然后使施药机械穿过杂草蔓延的田间，吸收在药绳上的除草剂就能擦抹生长较高杂草顶部，却不能擦到生长较矮的作物上。擦抹施药法所用的除草剂的药量，大大低于普通的喷雾剂。因为药剂几乎全部施在杂草上，这种施药方法作物不受药害，雾滴也不漂移，防治费用也省。

2.12 覆膜施药法

这种施药方法主要用在果树上。当苹果无袋栽培时，其锈果数量就会成倍增加。现国内外正试用在苹果坐果时，施一层覆膜药剂，使果面上覆盖一层薄膜，以防止发生病虫害。现在国外已有覆膜剂商品出售。

2.13 种子包衣法

此法是在种子上包上一层由杀虫剂或杀菌剂等外衣，以保护种子和其后的生长发育不受病虫的侵害。

2.14 挂网施药法

此法是用在果树上。具体操作是用纤维的线绳编织成网状物，浸渍在所欲使用的高浓度的药剂中，然后张挂所欲防治的果树上，以防治果树上的害虫。这种施药方法可以达到延长药效期，减少施药次数，减少用药量。

2.15 水面漂浮施药法

此法是近几年来新发展的一种农药使用技术。它是以膨胀珍珠为载体，加工成水面漂浮剂，其颗粒大小约在 60 ~ 100 筛目。这种施药方法对防治水稻螟虫的为害部分有较强的针对性，药效显著，且药效期较长。

2.16 控制释放施药法

此法是使用中减少药剂用量、减少污染、降低农作物的残留和延长药效很重要的施药技术。有人估计控制释放施药法有可能成为 21 世纪主要的农药使用方法。

农药使用方法的发展，是农药剂型发展的反映。也就是说，一种新的使用方法的出现，一定要以新的农药剂型为后盾。农药使用方法与农药剂型二者是互相促进、相辅相成的。

第三节　农药的使用原则

从有害生物防治的发展过程来考察，人工合成的有机农药的出现，在有害生物的防治史上是一大进步，是人类谋求控制有害生物、发展植保科学技术的必然产物。任何事物都是一分为二的，农药既有对人类有利的一面，也有对人类不利的一面。

长时期以来人们单纯依靠大量施用农药来防治有害生物，也产生了一系列不容忽视的新问题。第一是有害生物的抗药性种群呈指数增长，使一些农药的防治效果大大降低，以致无效。第二是化学农药在杀灭有害生物的同时，也大量杀伤非防治对象，特别是对有害生物发展起控制作用的天敌，破坏了生态平衡，导致有害生物的再猖獗。第三是污染大气、水域和土壤等生态环境和农产品，特别是一部分农药潜存着致癌、致畸、致灾变的可能，威胁人们的健康。第四是不加节制地滥用化学农药，还影响到养蜂业、养蚕业、渔业的安全和野生生物资源的存亡。因此，我们必须大力提倡科学用药，既要充分发挥化学农药的重大作用，又要把其不利作用尽可能地降低到最小限度。

农药的使用必须遵循 8 条基本原则：

（1）要因病虫选购农药；

（2）严格防治指标，做到适期防治；

（3）要使用高效低毒或生物农药；

（4）要交替轮换用药，防止抗性产生；

（5）严禁将剧毒、高毒、高残留农药用在果树、蔬菜上；

（6）科学合理混用农药，遵循农药混用原则；

（7）严格农药使用浓度，防止抗性药害产生；

（8）严格按照国家规定的农药安全使用间隔期采收，不要用药后不久便收获。

3.1　严格按照防治指标施药

由于农田生态系中各种因素的综合作用，有害生物的数量变化总是保持在一定范围内，总是在一定的水平线上波动，既不会无限制地增加，也不会无限制地减少下去。如果使有害生物的数量保持在一个低密度的范围，既不造成经济上的损失，又有利于天敌的繁衍（使之成为控制有害生物的一个强有力的因素），对人类则是十分有利的。因此，我们要严格按照各地制定的防治指标施药，只有当有害生物的数量接近于经济受害水平时，才采取化学防治手段进行控制。要力求做到能挑治的不普治，能兼治的不专治，以减少施药的面积和施药次数。这样，一方面可节省农药，降低成本，减轻农药对环境和农产品的污染，同时，可扩大天敌的保护面，减少对天敌的杀伤作用。

3.2　掌握并选择在施药适期施药

确定施药适期的目的就是要以少量的农药取得防治的最大经济效益。一般要考虑三个方面。第一要深入了解防治对象的生物学特征、特性以及发生规律，寻求其最易遭到杀伤的时期。一般害虫在幼龄期抗药力弱，有些害虫在早期有群集性，许多钻蛀性害虫和地下害虫要到一定龄期才开始蛀孔和入土，及早用药，效果比较明显。对于病害一般要掌握在发病初期施药，因为一旦病菌侵入植物体内，药剂较难发挥作用。对于杂草，要掌握在杂草对除草剂最敏感的时期施药，一般在杂草苗期进行最为有利；有时为了避免伤害作物，也常在播种前或发芽前进行。第二要在作物最易受害的危险期施药。第三要根据田间有害生物和有益生物的消长动态，避开天敌对农药的敏感期，选择对天敌无影响或影响小而对有害生物杀伤力大的时期施药。

3.3　采用适宜的剂量施药

在施药剂量上，一定要改变过去追求防治效果高达99%以上从而使用药量偏高的习惯，选择恰当的剂量。一是药液或药粉的使用浓度要适宜，二是单位面积上使用量要适宜。一般说，浓度愈高，效果愈大，但超过有效浓度，不仅造成浪费，而且还有可能造成药害；低于有效浓度，又达不到防治的目的，有毒物质的微量使用甚至还对有害生物反而有刺激作用。单位面积上的用药量过多或不足，也会发生上述同样的不利后果。因此，施药前一定要按规定确定浓度和用量。

3.4　合理地混用农药

科学合理地混用农药有利于充分发挥现有农药制剂的作用。目前有两种混现方法：一是把两种或两种以上的农药原药混配加工，制成复配制剂，由农药企业实行商品化生产，投放市场，防治人员不需要再行配制。二是现场混配使用。防治人员根据有害生物防治的实际需要，把两种或两种以上农药混合起来施用。

混配农药的类型有杀虫剂加增效剂、杀虫剂加杀虫剂、杀菌剂加杀菌剂、除草剂加除草剂、杀虫剂加杀菌剂、杀虫剂加除草剂、杀菌剂加除草剂等。混用可以克服有害生物对农药产生抗性；可以扩大防治对象的种类，达到一药多治；可以延长老品种农药的使用年限；可以发挥增效作用；还可以降低防治费用。

但是，混配时不能任意组合。田间的现配现用应当坚持先试验后混用的原则。一般应当考虑以下几点：两种以上农药混配后应当产生增效作用，而不是减效作用；应当不增加对人畜的毒性，或增毒倍数不大；应当不增加对作物的药害，比较安全；应当不发生酸碱反应，即遇酸分解或遇碱分解；应当不产生絮结和大量沉淀。

农药的科学合理混用既省时省力，一次用药又能防治多种病虫草害，同时还具有降低用量、提高防效、延缓抗性等多种优点。然而，生产中盲目混用者大有人在，往往是混用的优点没有得到体现，却适得其反，造成药效降低，甚至失效，还可能对作物产生药害。因此，农药的混用要讲科学，只有合理混用才能达到良好的效果。一般来讲，农药的混配要遵守以下原则：

（1）混配后不影响药剂的生化稳定性进而降低药效或出现药害：有机磷类、氨基甲酸酯类和拟除虫菊酯类杀虫剂等不能和碱性物质混配，有机硫杀菌剂代森类和福美类对酸性物质敏感。需要注意的是，药剂之间混配后不能降低其生物活性。

（2）混配后不影响药液的物理性状：药滴能否很好地落在靶标上并均匀展开湿润，是能否达到较高防效的关键环节之一。

（3）混配后药剂的毒性以及对环境的影响不能增加：两种以上的药剂混配之后，有时候药剂对人畜的毒害作用可能会增加。

（4）混配后能够增加对靶标的毒力或延缓其抗药性：需要考虑药剂的理化性质及其相互间的作用、靶标生物的生理特点等，同时还要注意药剂间的混配比例，以找到最佳共毒系数。

在混配农药或使用农药的复配制剂时需要注意以下技术环节：

（1）针对农作物病虫草害的实际发生情况慎重选择药剂的混配方案，要做到"有的放矢"；

（2）先用少量的药剂配制成药液观察其物理性状是否稳定，或先进行小面积应用试验，观察其药效、药害等，在确保有效、安全的情况下大面积使用；

（3）最好选用比较成熟的配方或制剂，切忌"盲目混配"；

（4）先行混配时注意药剂间的配制兑药顺序，做到"有序混配"；

（5）最好是"现配现用"、"即配即用"；

（6）最好是选用质量好的知名品牌产品，杜绝使用"三无产品"；

（7）最多三种药或肥进行混配，多种药剂间随意混配往往因其更为复杂的变化关系以及药液浓度的进一步增加，可能会出现适得其反的效果；

（8）混配药剂剂量的换算以各自独立计算为依据，适当降低剂量。

（9）长期使用单一农药品种容易导致有害生物的抗药性，因此，要合理轮用不同农药品种，有效延缓抗药性的产生，延长农药的使用寿命和有效性，农药混用也要坚持这一原则。

3.5 轮换用药

对一种有害生物长期反复使用一种农药，杀死具有感性基因的个体，保存下来具有抗性基因的个体，一代代的选择，便逐渐形成有显著抗性的个体和种群，对这种农药的感受性处在极低的水平，防治效果大幅度下降。而且还存在"交互抗药性"现象，即一种有害生物对某种药剂产生了抗药性，对另外来使用过的某些药剂也产生抗药性。克服和延缓抗药性的有效办法之一，是轮换交替施用农药。一般来说，用作用机理不同的2种以上的药剂，交替施用，可以推迟抗药性的发生。不过要注意这种有害生物的交互抗药性问题，要选择没有交互抗药性的药剂交替使用，否则，达不到防止抗药性发生的目的。对某种药剂有抗药性的有害生物品系，对另外一种药剂反而敏感性加大，这种现象称为"负交互抗药性"。如果在轮换用药时，选用有负交互抗药性的农药，取代有害生物已产生抗药性的农药，就更加有效了。

同一种农药在一个地区长期连续使用，尤其是在不按标准使用时，容易使病虫草害产生抗药性，使防治效果下降。病虫害抗药的问题，不仅是困扰农村广大种植业者的重要问题，也是威胁农产品质量安全的严重问题。科学轮换使用作用机制不同的农药品种是延缓产生抗药性的最有效方法之一。引导种植业者科学合理轮换使用农药、减缓病虫产生农药抗性的速度，工作迫在眉睫，而且刻不容缓。

山西省植保植检总站近期通报了 2012 年农业有害生物抗性风险评估结果。结果表明，该省运城地区麦长管蚜对抗蚜威的抗性为 1.11 倍，对氧乐果的抗性为 0.92 倍，对吡虫啉的抗性为 0.25 倍，对啶虫脒的抗性为 0.04 倍，对灭多威的抗性为 2.68 倍，对高效氯氰菊酯的抗性为 0.33 倍，对溴氰菊酯的抗性为 0.25 倍，对毒死蜱的抗性为 0.17 倍；棉铃虫对甲维盐的抗性为 1.8 倍，对高效氯氟氰菊酯的抗性为 27.4 倍，对辛硫磷的抗性为 0.7 倍；棉蚜对氟氯氰菊酯的抗性高达 13636.36 倍，对高效氯氟氰菊酯的抗性高达 3991 倍，对吡虫啉的抗性高达 1179.84 倍，对丁硫克百威的抗性高达 213.27 倍，对啶虫脒的抗性高达 399.18 倍，对毒死蜱的抗性高达 75.44 倍，对马拉硫磷的抗性高达 524.5 倍，对氧乐果的抗性高达 46.96 倍，对灭多威的抗性达 10.23 倍，对辛硫磷的抗性达 5.69 倍。由此可见，不同的药害生物对相同的那样品种产生的抗性是不相同的，相同的有害生物对不同的农药品种产生的抗性也是不相同的。高的达到数百倍、数千倍，有的甚至达到上万倍。

农药抗性是指常年使用某种农药，或施药浓度过低；有时尽管施药浓度正常，但每亩地用药量不足或过高，引起害虫产生的抗药性。病虫害在不同的生长发育阶段对药剂的抗药力是不同的，如害虫的高龄期、卵、蛹等休眠期一般抗药性较强；不同农作物或同一作物的不同品种抗药力也很大。禾本科作物、果树中柑橘、蔬菜中的十字花科、茄科等作物抗药性最强。

任何一种农药经过一段时期使用后，它所防治的病、虫、草、鼠害会产生一定的抗药性，随着单一用药的时间增长或浓度不断提高，抗药性会逐渐增强，降低防治效果。如使用不当，很短时间内即大大降低药效。

我们提倡在同一个地区、同一种作物不要长期单一施用某一种农药防治某种害虫，这样就可以切断害虫抗药性种群的形成过程。从农药的科学使用来说，我们提倡轮换使用不同作用机制的农药来防治农田的病虫草害，这样的话，可以最大限度地发挥不同作用机制药剂的作用特点。因为科学家研究发现了很多的农药，各种农药对病虫草害作用机制是不尽相同的。所以要延长同一种药剂的使用寿命，维持同一种药剂的防治效果，最大限度地控制病虫草害，最好发挥农药的防治效果，一定要轮换着使用。

值得引起高度注意的是轮换使用农药，不是随心所欲的想怎么轮换就怎么轮换，一定要轮换不同作用机制的药剂，作用机制相同的药剂之间不能轮换使用。如多菌灵不能和甲基托布津或苯菌灵轮换，作用机制相同的农药即使频繁地轮换使用，也只能事与愿违。

科学合理轮换使用农药，一是能减少病虫产生抗药力和降低残存个体通过遗传产生的抗药性，这样可以在不加大浓度的情况下，即达到有效防治目的；二是可以相对减少用药量，降低生产成本，提高防治效果，有的还可以起到促进作物生长发育的作用。因此，当务之急是要加大对种植业者培训科学使用农药的力度，大力提倡轮换使用农药的措施，减缓农药抗性产生的速度。

第四节 推广先进的农药使用方法

许多业内专家表示，要保障农产品质量安全，关键是要趋利避害，加强农药的科学合理使用。我们必须"两手抓"，一手抓先进农药使用技术的研发，一手抓成熟农药使用技术的推广应用。

1. 低空低量施药器械及其配套技术

该技术发展对大力推进专业化统防统治意义重大。2012 年 3 月，温家宝总理在河南考察农业生产时，对小型无人机低空施药作业给予了高度关注。为总结交流近年来低空低量施药器械及其配套技术发展成果，研讨进一步推进措施，4 月下旬全国农技中心会同中国植物保护学会、中国农业大学等单位，共同举办了低空低量航空施药技术现场观摩暨研讨会。现场演示了动力伞、三角翼、多旋翼和小型无人机等低空低量施药作业，组织农、科、教、企等相关方面专家专题研讨了低空低量航空施药技术，分析了存在的问题，并就加快发展提出了意见和建议。

2. 低容量喷雾

此技术是指单位面积上在施药量不变的情况下，将农药原液稍加水稀释后使用，用水量相当常规喷雾技术的 1/5～1/10。具体方法是将常规喷雾机具的大孔径喷片换成孔径 0.3 毫米的小孔径喷片即可。这样可减少农药流失，节约大量用水，显著提高防治效果，有效克服了常规喷雾给温室造成的湿害。这一技术，特别适宜温室和缺水的山区应用。

3. 静电喷雾

此技术是在喷药机具上安装高压静电发生装置，作业时通过高压静电发生装置，使带电喷施的药液雾滴在作物叶片表面沉积量大幅增加，农药的有效利用率可达 90%，从而避免了大量农药无效地进入农田土壤和大气环境。

4. 循环喷雾

此技术是对常规喷雾机进行设计改造，在喷雾部件相对的一侧加装药物回流装置。把没有沉积在靶标植物上的药液收集后抽回到药箱内，使农药能循环利用，可大幅度提高农药的有效利用率，避免农药的无效流失。

5. "丸粒化"施药

此技术适用于水田。对于水田使用的水溶性强的农药，采用此法效果不错。只需把加工好的药丸均匀地撒施于农田中便可，比常规施药法可提高工效十几倍，而且没有农药漂移现象，有效防止了作物茎叶遭受药害，而且不污染邻近的作物。

6. 药辊涂抹

此技术主要适用于防治内吸性除草剂。药液通过药辊(一种利用能吸收药液的泡沫材料做成的摸药溢筒)从药辊表面渗出，药辊只需接触到杂草上部的叶片即可奏效。这种施药方法，几乎可使药剂全部施在靶标植物表面，不会发生药液抛洒和滴漏，农药利用率可达到 100%。

7. 电子计算机施药技术

该技术是将电子计算机控制系统用于果园喷雾机上。该系统通过超声波传感器确定果树形状，农药喷雾特性始终依据果树形状的变化而自动调节。电子计算机控制系统用于施药，可大大提高作业效率和农药的有效利用率。

8. 技术集成

加强先进农药器械安全使用技术研究集成，努力实施农药减量计划。丹麦、法国、瑞典、荷兰等一些发达国家先后实施农药减量计划，取得了显著成效，成为减少农药使用量的典范。

农药减量计划的核心就是实施"预防为主、综合防治"、"绿色防控"的集成技术，依赖主要农作物病虫害发生规律和抗药性发展情况，制定科学合理的防治策略和相应的防控措施。运用农业防治、物理防治、生物防治、化学防治相结合，推广化学防治与非化学防治技术相协调的综合防治技术。在农业防治上推广选用抗病、抗虫品种，合理施肥、科学栽培，推广稻田养鸭、稻田养蛙、灌水沙蛹等农业防治技术；在物理防治上推广诱虫灯、性引诱剂、诱捕器、防虫网、捕虫色板等防治技术；在生物防治上推广生物源、植物源、矿物源农药，保护天敌和人工释放天敌、人工养殖天敌等相结合，充分利用和发挥天敌的自然防控作用；在化学防治上选用对可农药、暂停使用病虫已产生抗药性的农药品种，推广农药交替使用技术，运用先进的植保器械，提高农药利用率，减少农药使用量，提高防治效果。

第五节　施药后的处理

国务院办公厅曾经下发《近期土壤环境保护和综合治理工作安排》，就土壤环境保护和综合治理工作作出了一系列安排。"建立农药包装容器等废弃物回收制度，鼓励废弃农膜回收和综合利用"赫然在目。

农药包装是农药生产必不可少的工序，包装容器是农药包装必不可少的物品，使用农药后包装容器的处置不容忽视。

众所周知，农药包装容器以玻璃、含高分子树脂的塑料等材质为主，大都属于不可降解材料。将其随意丢弃，长期存留在环境中，会导致土壤受到严重化学污染，除对耕种作业和农作物生长不利外。残留农药随包装物随机移动，对土壤、地表水、地下水和农产品等造成直接污染，并进一步进入生物链，对环境生物和人类健康都具有长期的和潜在的危害。废弃包装物对食品安全、生态安全，乃至公共安全也存在隐患。在大力消除餐桌污染，提倡食品安全，发展可持续农业的今天，人类在享受农用化学品给植物保护带来巨大成果的同时，必须规避其废弃包装物导致的污染。

随着人们对食品安全、环境安全等要求的不断提高，以及农业可持续发展的需要，世界各地纷纷开始采取各种有效措施管理和处理这些特殊的人造垃圾并获得了很好的成效。如巴西、匈牙利、加拿大、美国、比利时、德国、澳大利亚、墨西哥、日本、法国及我国台湾等通过立法强制执行、行业倡导执行、环保志愿者监督执行等手段，农药包装容器的回收处理工作开展得有声有色。

我国是农药使用大国，农药包装废弃物污染问题越来越严重，严重威胁着人们的生存环境和农产品质量安全。据有关资料显示，目前全国每年农药制剂需求总量250万吨左右，每年产生的农药包装废弃物以容量为250毫升计有100亿个之多，可谓"触目惊心"。

这些数量庞大的废弃农药包装物到底该如何处理？《农药管理条例》、《农药生产管理办法》等法规虽然都有宏观的规定，但具体的实施细则却无从着手。虽有企业和经销商主动承担起回收废弃物的社会责任，但由于焚烧费用昂贵，不得不发出谁来回收和集中处理农药包装物的呼吁。为进一步把农药容器回收和处理工作落到实处，我们建议农药使用者要改变将废弃农药包装物随手乱丢或随意焚烧的习惯将废弃农药包装物集中起来，放入废弃农药包装物回收装置或交农药经销商统一收集，然后集中送有资质的固体废弃物处理站统一处理。相关部门要将这项工作"有条不紊"地开展起来，"坚持不懈"地进行下去。

我国是农业生产大国，也是农业病虫害危害严重的国家，每年农作物化学防治面积达到60多亿亩次，化学防治的贡献率达到90％以上。目前化学防治仍是最有效、最经济的方法，尤其是遇到突发性灾害时，尚无任何防治方法能替代化学农药。在今后相当长的时期，使用农药仍将是防治农作物病虫草鼠害的主要措施之一。

专家们指出，农药是保护作物丰产稳产的重要农业投入品，但同时又是把"双刃剑"，如果选择的种类或使用不当，可能会伤及非靶标生物和有益生物，甚至人类及其生存环境，容易造成农药残留、环境污染等问题。一方面农药是有毒物品，使用技术性强，要求高；另一方面由于农业病虫种类多，农药新品种、新剂型也多，一些农民对新农药缺乏了解，加之宣传、指导力度不够，因而用药不当，乃至盲目用药、违禁用药、滥用药的现象在一些地区时有发生，这不仅造成生产成本增加，还导致农产品中农药残留量超标，作物药害问题比较突出。

农药对农业丰收"功不可没"，但目前的现状和问题是，社会公众对冠以"农药"的化学品成见太深、偏见太偏，往往是只见其弊，不谈其利。更有些公共媒体时而借题发挥，夸大其词，把由个别农药引发的负面影响个案演绎到整个化学农药范畴，甚至"妖魔化"，颇有"坐井观天"、"盲人摸象"、"人云亦云"之嫌。结果是农药的贡献很大，却讨不到好名声。人们"谈药色变"愈演愈烈。农药的"负面问题"并不是出自农药本身，关键是使用不当"惹火烧身"，农药成为使用不当的"替罪羊"事件时有发生。

发达国家的成功经验告诉我们：农药使用技术"举足轻重"。他们农药使用的历史较长、管理较规范，农药的使用者必须具有一定资质，其用药器械和用药方法不断随着其科学研究的深入而发展，虽然这些国家的农药使用总量并不比我国少甚至更多，但农药使用带来的不利影响比我国小的多。他们农药的利用率更高、药效更好、成本更低、操作更简便。这些经验是值得我们学习和借鉴的。

许多业内专家表示，现代农业的发展离不开农药。随着种植结构的调整和栽培方式的变化，以及异常气候等因素影响，有害生物发生面积逐年扩大，危害程度日趋加重，防治工作主要依赖化学防治。千万不要因为农药的使用问题制约农药工业的发展。

专家们强调，指导农民安全使用农药已成为当前和今后一个时期植保工作的重要任务。无论是各级植保部门，还是农药生产企业，都要充分认识农药安全使用工作的重要性，切实抓好农药安全使用工作，确保农业生产安全、农产品卫生质量安全、施药者人身安全和农业生态环境安全。为此，专家们建议必须加强农药安全使用工作，做好安全用药培训，使农民了解安全用药知识，增强安全用药意识，提高用药水平，从源头上抓好农药残留污染的治理，保证农产品质量，保护农村环境。

第六节　违法使用农药可入罪判刑

在谈农药使用问题时，有一个新的问题必须要引起我们的高度重视。

违法生产、销售农药可入罪判刑。人们早已熟知，而且每年都有相关案例发生。违法使用农药也可入罪判刑，还没有引起人们的足够认识或熟视无睹。很有必要从宣传和认识上补上一课。

其实，农药在使用过程中屡屡出现问题，由于人们在认识上存在偏见，由于农药在使用过程中发生的问题没有法律界定、存在法律"盲区"，一旦发生农产品质量安全问题，农药就被推倒"风口浪尖"、遭到人们的质疑，以至社会上"谈药色变"，甚至"仇视"农药的事件时有发生。这是极不客观的，也是极不科学、极不公正的。值得欣慰的是，在各方的呼吁之下，农药在使用过程中出现的问题究竟应该怎样监管已经引起了国家的高度重视。

2013年应该是农药行业刻骨铭心的一年。湖南、湖北、河南、广西、江西等多省的农药企业在一年涉嫌侵犯知识产权，有多名企业法人被公安部门羁押。正当人们惊呼法律对农药生产、经营和使用过程中出现的违法问题处罚不公的时候，最高人民法院、最高人民检察院及时已发布《关于办理危害食品安全刑事案件适用法律若干问题的解释》（以下简称《司法解释》），并已于2013年5月4日起执行。《司法解释》将食用农产品纳入食品范畴，将食品生产经营全链条纳入法律法规，弥补了之前对于违规使用农药的法律空白，对农药产品从生产、销售、到使用实现全过程监管，并且一视同仁，有法可依，违法必究。这是我国法律建设的一大进步，也是农药事业发展的一个里程碑。

根据《司法解释》，违法使用农药出现在以下 3 个方面：

第一是使用禁用农药。《司法解释》第二十条第三款规定"国务院有关部门公告禁止使用的农药"应当认定为"有毒、有害的非食品原料"。《司法解释》第九条第二款规定，在食用农产品种植、养殖、销售、运输、贮存等过程中，使用禁用农药等禁用物质或者其他有毒、有害物质的，依照《中华人民共和国刑法（2011 年 2 月 25 日最新修正版）》（以下简称《刑法》）第一百四十四条的规定以生产、销售有毒、有害食品罪定罪处罚。致人死亡或者有其他特别严重情节的，依照《刑法》第一百四十一条的规定以生产、销售假药处罚。

第二是使用限用农药。《司法解释》第二十七条第二款规定"剧毒、高毒农药不得用于防治卫生害虫，不得用于蔬菜、瓜果、茶叶和中草药材"，依据《司法解释》第二十条第一款规定"法律、法规禁止在食品生产经营活动中添加、使用的物质"的规定，限用农药属于也应当认定为"有毒、有害的非食品原料"。处罚依据和定罪同上一条。

第三是超限量或超范围滥用农药。《司法解释》第八条第二款规定"在食用农产品种植、养殖、销售、运输、贮存等过程中，违反食品安全标准，超限量或者超范围滥用农药等，足以造成严重食物中毒事故或者其他严重食源性疾病的，依照《刑法》第一百四十三条的规定以生产、销售不符合安全标准的食品罪定罪处罚"。按照《司法解释》第一条第一款规定，农药残留严重超出标准限量的食用农产品，应当认定为《刑法》第一百四十三条规定的"足以造成严重食物中毒事故或者其他严重食源性疾病"的情形。

综上所述，无论是使用禁用农药、限用农药，还是超限量或超范围滥用农药，都是违法行为。一旦触犯，都要受到法律的制裁。

现在，在农药的使用过程也有法可依了，关键是各级执法部门必须对农药使用者的违法行为做到违法必究，而且还要执法必严，在执法过程中不讲情面、不留"死角"。只有这样，才能杜绝"毒豇豆"、"毒乌龙茶"、"毒生姜"等令人痛心疾首的、违法使用农药的典型案例发生，也才能从根本上解决农产品质量安全问题，从而确保消费者对农产品买得放心、吃得安心。

因此，科学、合理使用农药，不仅事关农业生产大局，事关粮食安全和农产品质量安全，还牵涉到法律层面的问题，必须要引起我们的重视。

第十章 农药应用品种指南

据统计，我国农作物病虫害呈多发重发态势，发生农作物病虫草鼠害种类约 1700 多种，造成严重危害约有 100 多种，重大生物灾害年发生面积 60 ~ 70 亿亩次。据测算，如果不采取防控措施，可能造成我国粮食产量损失 2200 多亿斤，油料 370 多万吨，棉花 200 万吨以上，果品和蔬菜上亿吨，潜在经济损失 5000 亿元以上。实际上，因防控能力不足每年造成粮食损失近 500 亿斤、经济作物损失 350 多亿斤。

截至目前，我国累计批准且在有效期的大田农药正式登记产品已突破 22000 个，登记的农药有效成分多达近 700 个。农药登记产品数量、农药登记有效成分数量、农药定点生产企业数量、农药生产量、农药使用量等都位居世界前列。

近些年来，随着我国农药工业的发展，农药的品种结构发生了根本变化，一些新的农药品种不断问世，高毒农药所占的比例不到 3%，这是一个很大的进步。同时，农药对环境的影响、农药对农产品安全的影响以及人们对农药的认识也发生了较大的变化。

我们根据高效、低毒、低残留的原则，结合我国农作物病虫草鼠害发生情况，摒弃高毒农药，选择性介绍一些安全、环保型农药品种，特别是重点选择和介绍一些农药新品种。

第一节 杀虫(螨)剂

阿维菌素

【作用特点】

阿维菌素是一种大环内酯双糖类化合物，是高效、广谱的杀虫、杀螨、杀线虫抗生素，对螨类和昆虫具有胃毒和触杀作用，并有微弱的熏蒸作用，无内吸作用，不能杀卵。作用机制与一般杀虫剂不同的是干扰神经生理活动，刺激释放 γ - 氨基丁酸，而氨基丁酸对节肢动物的神经传导有抑制作用。螨类成虫、幼虫和昆虫幼虫与阿维菌素接触后即出现麻痹症状，不活动、不取食，2 ~ 4 天后死亡。因不引起昆虫迅速脱水，所以阿维菌素致死作用较缓慢。阿维菌素对捕食性昆虫和寄生天敌虽有直接触杀作用，但因植物表面残留少，因此对益虫的损伤很小。阿维菌素在土内被土壤吸附不会移动，并且被微生物分解，因而在环境中无累积作用，可以作为综合防治的一个组成部分。调制容易，将制剂倒入水中稍加搅拌即可使用，对作物亦较安全。

【毒性与环境生物安全性评价】

对高等动物毒性原药高毒、制剂低毒。

原药大鼠急性经口 LD_{50} 为 10 毫克/千克；

原药小鼠急性经口 LD_{50} 为 13 毫克/千克；

原药兔急性经皮 LD_{50} 大于 2000 毫克/千克；

原药大鼠急性经皮 LD_{50} 大于 380 毫克/千克；

原药大鼠急性吸入 LC_{50} 大于 5.7 毫克/升。

对皮肤无刺激作用，对眼睛有轻微刺激作用。

在试验剂量内对动物无致畸、致癌、致突变作用。

大鼠 3 代繁殖试验，无作用剂量为 0.12 毫克/千克·天。大鼠两年无作用剂量为 2 毫克/千克·天。

对水生生物高毒。

虹鳟鱼 96 小时 LC_{50} 为 3.6 微克/升；

蓝鳃翻车鱼 96 小时 LC_{50} 9.6 微克/升。

对蜜蜂高毒。

经口 LD_{50} 为 0.009 微克/只；

接触 LD_{50} 为 0.002 微克/只。

但残留在叶面的 LT_{50} 为 4 小时，4 小时以后残留在叶面的药剂对蜜蜂低毒。

对鸟类低毒。

鹌鹑急性经口 LD_{50} 大于 2000 毫克/千克；

野鸭急性经口 LD_{50} 为 86.4 毫克/千克。

可被土壤微生物迅速降解，无生物富集。

【防治对象】

主要用于防治棉花、果树、蔬菜、水稻、药用植物和园林花卉等作物害虫，如红蜘蛛、菜青虫、小菜蛾、金纹细蛾、美洲斑潜蝇、潜叶蛾、锈壁虱、白粉虱、蚜虫、棉铃虫、梨木虱、二斑叶螨、瘿螨、茶黄螨、桃小食心虫、根结线虫、稻纵卷叶螟等。

【使用方法】

1. 防治小菜蛾、菜青虫：在低龄幼虫期使用 1000～1500 倍 2% 阿维菌素乳油 + 1000 倍 1% 甲维盐，可有效地控制其为害，药后 14 天对小菜蛾的防效仍达 90%～95%，对菜青虫的防效可达 95% 以上。

2. 防治金纹细蛾、潜叶蛾、潜叶蝇、美洲斑潜蝇和蔬菜白粉虱等害虫：在卵孵化盛期和幼虫发生期用 3000～5000 倍 1.8% 阿维菌素乳油 + 1000 倍高氯喷雾，药后 7～10 天防效仍达 90% 以上。

3. 防治甜菜夜蛾：用 1000 倍 1.8% 阿维菌素乳油，药后 7～10 天防效仍达 90% 以上。

4. 防治果树、蔬菜、粮食等作物的红蜘蛛、叶螨、瘿螨、茶黄螨和各种抗性蚜虫：使用 4000～6000 倍 1.8% 阿维菌素乳油喷雾。

5. 防治蔬菜根结线虫病：按每 666.7 平方米用 2% 阿维菌素乳油 500 毫升，防效达 80%～90%。

6. 防治棉铃虫：每 666.7 平方米用 2% 阿维菌素乳油 1.5～2.2 克兑水 50～100 千克喷雾；防治棉花红蜘蛛，每 666.7 平方米用 2% 阿维菌素乳油 0.72～1.08 克兑水 50～100 千克喷雾；防治棉蚜，每 666.7 平方米用 2% 阿维菌素乳油 0.2～0.3 克兑水 50～100 千克喷雾。

7. 防治水稻稻纵卷叶螟：每 666.7 平方米用 2% 阿维菌素乳油 0.2～0.4 克兑水 40～50

千克喷雾。

8. 防治松树上的线虫：用2%阿维菌素乳油1.8~3.6克/株，打孔注药。

【中毒急救】

患者早期症状为瞳孔放大，行动失调，肌肉颤抖。一般导致患者高度昏迷，严重时导致呕吐。不慎经口，立即引吐，并给患者服用吐根糖浆或麻黄素，但勿给昏迷患者催吐灌任何东西。不慎接触皮肤或溅入眼睛，应用大量清水冲洗至少15分钟。抢救时避免给患者使用γ-氨基丁酸活性的药物，如巴比妥、丙戊酸等。

【注意事项】

1. 本品不能与碱性物质混用。

2. 施药时要有防护措施，戴好口罩等。

3. 对鱼高毒，应避免污染水源和池塘等。

4. 对蚕高毒，桑叶喷药后40天还有明显毒杀蚕作用。

5. 对蜜蜂有毒，不要在开花期施用。

6. 在阴凉避光处储存，远离高温、火源。

7. 配好的药液应在当日使用。

8. 最后一次施药距收获期允许间隔天数为7天，每季作物最多使用次数为1次。

9. 孕妇和哺乳期妇女应避免接触本品。

10. 用过的容器妥善处理，不可做他用，不可随意丢弃。

11. 本品放置于阴凉、干燥、通风、防雨处，远离火源，勿与食品、饲料、种子、日用品等同贮同运。

12. 本品宜置于儿童够不着的地方并上锁，不得重压、破损包装容器。

桉叶油

【作用特点】

桉叶油又称白千层脑、桉树脑，是一种无色油状液体，从桉树、玉树、樟树、月桂树等物质中提取而来。为植物源杀虫剂，具有触杀、熏蒸和驱避作用。杀虫机理是抑制昆虫体内乙酰胆碱酯酶的活性，致使昆虫的神经传导紊乱，导致害虫死亡。

【毒性与环境生物安全性评价】

对高等动物毒性低毒。

雄大鼠急性经口 LD_{50} 为3160毫克/千克；

雌大鼠急性经口 LD_{50} 为3160毫克/千克；

雄大鼠急性经皮 LD_{50} 大于2000毫克/千克，

雌大鼠急性经皮 LD_{50} 大于2000毫克/千克；

大鼠急性吸入 LC_{50} 大于5.7毫克/升。

对兔眼睛、皮肤无刺激性。

豚鼠皮肤致敏试验属弱致敏性物。

对鱼低毒。

斑马鱼96小时 LC_{50} 为34.63毫克/升。

对蜜蜂低毒。

经口 LD_{50} 大于200微克/只；

接触24小时 LD_{50} 为大于100微克/只。

对鸟类低毒。

鹌鹑急性经口 7 小时 LD_{50} 大于 2000 毫克/千克。

对家蚕低毒。

食下毒叶法，24 小时，家蚕 LC_{50} 大于 10000 毫克/升。

人每日允许摄入量：法国为 0.075 毫克/千克体重，美国为 4~8 毫克/千克体重。

【防治对象】

主要用于防治十字花科蔬菜蚜虫及蚁。

【使用方法】

防治十字花科蔬菜蚜虫：每 666.7 平方米用 5% 桉叶油可溶液剂 70~100 毫升，兑水 40~50 千克喷雾。速效性较好，持效期 7 天左右，对作物安全。

【中毒急救】

无中毒报道。皮肤接触：用肥皂水或大量清水冲洗，时间不得少于 15 分钟。溅入眼睛，用清水冲洗 15 分钟以上。如误服，立即送医院对症治疗。

【注意事项】

1. 不能与波尔多液等碱性物质混用。

2. 施药时要有防护措施，戴好口罩等。

3. 本品对蜜蜂、鱼类等水生生物、家蚕有毒，施药期间应避免对周围蜂群的影响，蜜源作物花期、蚕室和桑园附近禁用。养鱼稻田禁用，远离水产养殖区施药，禁止在河塘等水体中清洗施药器具。

4. 本品对鸟类有毒，不得让药剂污染鸟类聚集地。

5. 在配制药液时，必须充分搅拌均匀，并且现配现用。

6. 孕妇和哺乳期妇女应避免接触本品。

7. 用过的容器妥善处理，不可做他用，不可随意丢弃。

8. 本品放置于阴凉、干燥、通风、防雨处，远离火源，勿与食品、饲料、种子、日用品等同贮同运。

9. 本品宜置于儿童够不着的地方并上锁，不得重压、破损包装容器。

吡虫啉

【作用特点】

吡虫啉是硝基亚甲基类内吸杀虫剂，是烟酸乙酰胆碱酯受体的作用体，干扰害虫运动神经系统使化学信号传递失灵，无交互抗性问题，用于防治刺吸式口器害虫及其抗性品系。吡虫啉是新一代烟碱类氯代尼古丁杀虫剂，具有广谱、高效、低毒、低残留，害虫不易产生抗性，对人、畜、植物和天敌安全等特点，并有触杀、胃毒和内吸多重药效。害虫接触药剂后，中枢神经正常传导受阻，使其麻痹死亡。速效性好，药后 1 天即有较高的防效，残留期长达 25 天左右。药效和温度呈正相关，温度高，杀虫效果好。主要用于防治刺吸式口器害虫。

【毒性与环境生物安全性评价】

对高等动物毒性中等。

原药大鼠急性经口 LD_{50} 为 450 毫克/千克；

小鼠急性经口 LD_{50} 为 147 毫克/千克；

大鼠急性经皮 LD_{50} 大于 5000 毫克/千克；

大鼠急性吸入 LC_{50} 大于 5233 毫克/千克（粉剂）。

对皮肤无刺激作用，对眼睛有轻微刺激作用。

人每日允许摄入量为 0.057 毫克/千克体重。

对鱼低毒。

金雀罗鱼 96 小时 LC_{50} 为 237 毫克/升；

虹鳟鱼 96 小时 LC_{50} 为 211 毫克/升。

叶面喷洒对蜜蜂有危害，种子处理时没有问题。

对鸟类有毒。

日本鹌鹑急性经口 LD_{50} 为 31 毫克/千克；

北美鹑急性经口 LD_{50} 为 152 毫克/千克。

在土壤中不移动，不会淋渗到深层土中。

【防治对象】

主要用于防治刺吸式口器害虫，如蚜虫、稻飞虱、粉虱、叶蝉、蓟马；对鞘翅目、双翅目和鳞翅目的某些害虫，如稻象甲、稻负泥虫、稻螟虫、潜叶蛾等也有效。但对线虫和红蜘蛛无效。可用于水稻、小麦、玉米、棉花、马铃薯、蔬菜、甜菜、果树等作物。

【使用方法】

种子处理使用方法（以 600 克/升吡虫啉悬浮剂或悬浮种衣剂、48% 吡虫啉悬浮剂或悬浮种衣剂为例）。

（一）大粒作物

1. 花生：40 毫升兑水 100～150 毫升包衣 30～40 斤种子。

2. 玉米：40 毫升兑水 100～150 毫升包衣 10～16 斤种子。

3. 小麦：40 毫升兑水 300～400 毫升包衣 30～40 斤种子。

4. 大豆：40 毫升兑水 20～30 毫升包衣 8～12 斤种子。

5. 棉花：10 毫升兑水 50 毫升包衣 3 斤种子。

6. 其他豆类：豌豆、豇豆、菜豆、四季豆等 40 毫升兑水 20～50 毫升包衣 666.7 平方米地种子。

7. 水稻：浸种 10 毫升每亩种量，露白后播种，尽量控制水量。

（二）小粒作物

油菜、芝麻、菜籽等用 40 毫升兑水 10～20 毫升包衣 1～1.5 千克种子。

（三）地下结果、块茎类作物

土豆、姜、大蒜、山药等一般用 40 毫升兑水 1.5～2 千克分别包衣 666.7 平方米地种子。

（四）移栽类作物

红薯、烟草及芹菜、葱、黄瓜、番茄、辣椒等蔬菜类作物。

具体使用方法：

1. 带营养土移栽的。40 毫升，拌碎土 15 千克充分和营养土搅拌均匀。

2. 不带营养土移栽的。40 毫升水以漫过作物根部为标准。移栽前浸泡 2～4 小时后用剩余的水兑碎土搅拌成稀泥，再蘸根移栽。

其他使用方法：

1. 防治稻飞虱，每 666.7 平方米用 10% 吡虫啉可湿性粉剂 15～20 克，兑水 40～50 千克喷雾。

2. 防治小麦蚜虫，南方每 666.7 平方米用 10% 吡虫啉可湿性粉剂 15～20 克，兑水 40～50 千克喷雾；北方每 666.7 平方米用 10% 吡虫啉可湿性粉剂 30～40 克，兑水 50 千克喷雾。

3. 防治苹果树蚜虫，用 25～50 毫克/千克浓度喷雾。

4. 防治柑橘树潜叶蛾，用 50～100 毫克/千克浓度喷雾。

5. 防治桃树蚜虫，用 15～20 毫克/千克浓度喷雾。

6. 防治梨木虱, 用 15 ~ 20 毫克/千克浓度喷雾。

7. 防治烟草蚜虫, 每 666.7 平方米用 10% 吡虫啉可湿性粉剂 15 ~ 20 克, 兑水 50 千克喷雾。

8. 防治棉花蚜虫, 每 666.7 平方米用 10% 吡虫啉可湿性粉剂 15 ~ 25 克, 兑水 50 ~ 100 千克喷雾。

【中毒急救】

中毒症状为对眼有轻微刺激作用, 对皮肤无刺激作用。如不慎食用, 立即催吐并及时送医院治疗。

【注意事项】

1. 本品不可与碱性农药或物质混用。

2. 使用过程中不可污染养蜂、养蚕场所及相关水源。

3. 适期用药, 收获前 2 周禁止用药。

4. 孕妇和哺乳期妇女应避免接触本品。

5. 用过的容器妥善处理, 不可做他用, 不可随意丢弃。

6. 本品放置于阴凉、干燥、通风、防雨处, 远离火源, 勿与食品、饲料、种子、日用品等同贮同运。

7. 本品宜置于儿童够不着的地方并上锁, 不得重压、破损包装容器。

丙硫克百威

【作用特点】

丙硫克百威属于氨基甲酸酯类, 是克百威的亚磺酰基衍生物, 是克百威低毒化替代品之一, 对人、畜的毒性只相当于克百威的 1/10。它在生物体内可以逐渐代谢为克百威、3 - 羟基克百威等化合物, 对害虫的作用特点与克百威类似。克百威是广谱性杀虫、杀线虫剂, 具有触杀和胃毒作用。它与胆碱酯酶结合不可逆, 因此毒性甚高。它能被植物根部吸收, 并输送到植物各器官, 以叶缘最多。土壤处量残效期长, 稻田水面撒施残效期短。适用范围: 适用于水稻、棉花、烟草、大豆等作物上多种害虫的防治, 也可专门用做种子处理剂使用。据室内测定表明, 同等剂量下对稻飞虱的毒力只有克百威的 1/3 ~ 1/9。但在大田试验时, 对多种害虫的防治效果与克百威相当, 而持效期要比克百威长。丙硫克百威具有内吸性, 对害虫以胃毒作用为主。

【毒性与环境生物安全性评价】

对高等动物毒性中等。

雄性大白鼠急性经口 LD_{50} 为 138 毫克/千克。

大鼠急性经皮 LD_{50} 大于 2200 毫克/千克。

大白鼠急性吸入 LC_{50} 为 0.24 毫克/升。

雄性小鼠急性经口 LD_{50} 为 175 毫克/千克。

小鼠急性经皮 LD_{50} 大于 288 毫克/千克。

狗急性经口 LD_{50} 大于 300 毫克/千克。

对眼睛有轻度刺激。

对鱼类高毒。

鲤鱼 48 小时 LC_{50} 为 0.65 毫克/升。

对蜜蜂的毒性是氨基甲酸酯中最大的一种。

对鸟类毒性较低。

【防治对象】

丙硫克百威主要用于防治土壤和叶面害虫。防治长角叶甲、跳甲、玉米黑独角仙、苹果蠹蛾、马铃薯甲虫、金针虫、小菜蛾、稻象甲、蚜虫等活性高、持效期长。通常用于防治水稻、棉花、玉米、大豆、蔬菜及果树的多种刺吸式口器和咀嚼口器害虫。

【使用方法】

1. 防治水稻二化螟、三化螟、稻飞虱：每 666.7 平方米撒施 5% 丙硫克百威颗粒剂 2 千克。

2. 防治棉花蚜虫：每 666.7 平方米用 5% 丙硫克百威颗粒剂 1.2~2 千克，随种子同时撒施或者施药于棉花移栽穴内，药效期可达 30~40 天。

3. 防治玉米螟：每 666.7 平方米用 5% 丙硫克百威颗粒剂 2~3 千克土壤处理。

4. 防治甘蔗螟：当第一代初发期，每 666.7 平方米用 5% 丙硫克百威颗粒剂 3 千克施药于甘蔗苗基部，并覆盖薄土盖药。

5. 防治蔬菜跳甲、马铃薯甲虫、金针虫、小菜蛾、蚜虫等，每 666.7 平方米用 5% 丙硫克百威颗粒剂 0.8~1.2 千克或者 20% 丙硫克百威乳油 0.4~0.6 千克土壤处理。

6. 防治果树蚜虫：用 20% 丙硫克百威乳油 1500~3000 倍液喷雾。

7. 种子处理：每 100 千克种子用 0.4~2 千克 20% 丙硫克百威乳油拌种。

【中毒急救】

中毒症状为头昏、头痛、乏力、面色苍白、呕吐、多汗、流涎、瞳孔缩小、视力模糊。严重者出现血压下降、意识不清，皮肤出现接触性皮炎如风疹，局部红肿奇痒，眼结膜充血、流泪、胸闷、呼吸困难等中毒症状出现快，一般几分钟至 1 小时即表现出来。

急救措施：

1. 用阿托品 0.5~2 毫克口服或肌肉注射，重者加用肾上腺素；

2. 禁用解磷定、氯磷定、双复磷、吗啡。

【注意事项】

1. 本品不可与碱性或酸性物质混用。

2. 本品对蜜蜂有毒，施药期间应避免对周围蜂群的影响，蜜源作物花期禁用。

3. 防治钻蛀性害虫的施药适期，应掌握在蛀入作物之前施药，才能获得理想的防治效果。

4. 防治旱作害虫，施药时土壤或空气湿度大，有利于发挥药效，低温干燥则影响药效。

5. 由于本品在生物体内能够逐渐转化为克百威，使用过程要注意安全。

6. 孕妇和哺乳期妇女应避免接触本品。

7. 用过的容器妥善处理，不可做他用，不可随意丢弃。

8. 本品放置于阴凉、干燥、通风、防雨处，远离火源，勿与食品、饲料、种子、日用品等同贮同运。

9. 本品宜置于儿童够不着的地方并上锁，不得重压、破损包装容器。

苯氧威

【作用特点】

苯氧威是一种非萜烯类氨基甲酸酯化合物，具有胃毒和触杀作用，并具有昆虫生长调节剂作用，杀虫广谱；但它的杀虫作用是非神经性的，表现为对多种昆虫有强烈的保幼激素活性，可导致杀卵、抑制成虫期的变态和幼虫期的蜕皮，造成幼虫后期或蛹期死亡，持效期长，对有益生物无害。

棉褐带卷蛾幼虫后期与本品接触，即出现较高的保幼激素酯酶活性和较低的 α – 萘基酯酶活性，这在萜烯类的昆虫生长调节剂中是罕见的。

在活体上，本品需在高浓度下抑制保幼激素水解。虽然它在离体中能引入酯酶的活性，但在活体上对保幼激素酯酶却不能作为一种被作用的物质（底物）来使用。

它具有高生物活性，能阻断昆虫发育的激素配位。苯氧威对昆虫变态的影响，还表现在对成虫（如美洲脊胸长虫）的生长抑制和出现早熟。对幼生长的抑制：其平均体重约为正常的 1/3，个别的仅有 1/7。苯氧威还对拟除虫菊酯有较高的增效作用，这是由于它的结构上的特殊性，而不是它的昆虫生长调节剂活性所致。

【注解】

水解酶能使杀虫剂被水解成不杀虫的新物质。酯酶是水解酶中的一大类。它们能和有机磷、氨基甲酸酯和拟除虫菊酯这些酯类杀虫剂上的烷基和"断裂"的基团起反应，使杀虫剂变成去烷基的衍生物和醇。被起水解作用的物质称为"底物"。测定昆虫的水解酶对杀虫剂水解能力常采用间接方法。α – 萘基酯酶（α – NA（α – 醋酸萘酯）和 β – NA（β – 醋酸萘酯），是间接测定酯类被昆虫体内水解酶水解速度的代表物质一种。因为 α – 萘基酯酶的水解速率比杀虫剂底物高 104～106 倍，用它可以较明显的测出在昆虫体内是否已具有水解杀虫剂的酯酶。同时科学家还发现昆虫的羧酸酯酶是可以诱导，其中保幼激素可以诱导出水解保幼激素的酯酶来，如粉纹夜蛾用保幼激素Ⅰ（JHⅠ）点滴后 12 小时内可以检测到它们对保幼激酯酶的诱导作用，酯酶活性增加 8 倍。一般情况下如保幼激素酯酶活性高则表现出对 α – 萘基酯酶活性也高，证明天然的保幼激素诱导出水解保幼激素的酯酶后，其杀虫能力大大减退。而苯氧威很特殊虽然也在使用后出现保幼激素酯酶高的现象，但不引起对 α – 萘基酯酶活性也高的后果，也就是说不因此而产生抗性，这也是苯氧威可以大量作商品应用，而萜烯类的昆虫生长调节剂不能作商品使用的原因。

【毒性与环境生物安全性评价】

对高等动物毒性低毒。

原药大鼠急性经口 LD_{50} 大于 5100 毫克/千克。

大鼠急性经皮 LD_{50} 大于 2100 毫克/千克。

对兔眼睛无刺激性。

对兔皮肤有轻微刺激作用。

对豚鼠皮肤无刺激性。

未见致敏性。

Ames 试验：小鼠骨髓细胞染色体畸变试验为阴性。

大鼠 90 天经口亚慢性试验无作用剂量为 20 毫克/千克·天。

对鱼类中等毒。

虹鳟鱼 96 小时 LC_{50} 为 1.6 毫克/升；

鲤鱼 96 小时 LC_{50} 为 1.77 毫克/升。

对蜜蜂低毒。

接触 24 小时 LD_{50} 为 54.1 微克/只。

对鸟类低毒。

鹌鹑急性经口 LD_{50} 为 6823.4 毫克/千克。

苯氧威经口为低毒，经皮低毒，吸入中毒，实际因在空气中不容易形成较高的浓度，因 25℃时蒸气压（V.P）1.7μPa，200C 时 7.8μPa，不容易挥发。

【防治对象】

苯氧威属非萜烯类杀虫剂，主要用于仓库，防治仓贮害虫，具有昆虫生上调节作用，如破坏昆虫特有的蜕变。喷洒谷仓防止鞘翅目、鳞翅目类害虫的繁殖，室内裂缝喷粉防治蟑螂、跳蚤等。可制成饵料防治火蚁、白蚁等多种蚁群，撒施于水中抑止蚊幼虫发育为成蚊；在棉田、果园、菜圃和观赏植物上，能有效地防治木虱、蚧类、卷叶蛾等；在林业上防治松毛虫、美国白蛾、尺蠖、杨树舟蛾、苹果蠹蛾等，并对当前常用农药已有抗性的害虫亦有效。

【使用方法】

1. 使用浓度一般为 0.0125% ~ 0.025%，有时 0.006%，如 5 毫克/千克即可有效地防治谷象，10 毫克/千克可有效地防治米象、杂氮谷盗和印度谷螟。以苯氧威 10 ~ 100 克/升防治德国幼蠊，死亡率达 76% ~ 100%，持效期为 1 ~ 9 周。防治火蚁，每集群用 6.2 ~ 2.6 毫克，在 12 ~ 13 周内可降低虫口率 67% ~ 99%。以 5 ~ 10 毫克/千克剂量拌在糙米中，可防治麦蛾、谷蠹、米象、赤拟谷盗、锯谷盗等多种重要粮食害虫，持效期达 18 个月之久，并能防治对马拉硫磷有了抗性的粮仓害虫，而不影响稻种发芽。

2. 在果园，以苯氧威 0.006% 浓度喷射，能抑止乌盔蚧的未成熟幼虫和龟蜡蚧的 1，2 龄期若虫的发育成长。

【中毒急救】

皮肤接触，用肥皂水或大量清水冲洗，时间不得少于 15 分钟。溅入眼睛，用清水冲洗 15 分钟以上。如误服，立即送医院对症治疗，洗胃，使病人保持安静。洗胃时注意保护气管和食道。

【注意事项】

1. 本品不可与碱性物质混用。

2. 本品对鱼类等水生生物、家蚕有毒，施药期间应避免污染桑园，蚕室和桑园附近禁用。养鱼稻田禁用，远离水产养殖区施药，禁止在河塘等水体中清洗施药器具。

3. 使用本品时应穿戴防护服和手套，避免吸入药液。施药期间不可吃东西和饮水。施药后，彻底清洗器械，并将包装袋深埋或焚毁，并立即用肥皂洗手和洗脸。使用本品时，应避免直接接触药液，配戴相应的防护用品。

4. 安全间隔期：每季节最多使用次数为 1 次。

5. 过敏者不能作业。使用中任何人有不良反应要送医院治疗。

6. 孕妇和哺乳期妇女应避免接触本品。

7. 用过的容器妥善处理，不可做他用，不可随意丢弃。

8. 本品放置于阴凉、干燥、通风、防雨处，远离火源，勿与食品、饲料、种子、日用品等同贮同运。

9. 本品宜置于儿童够不着的地方并上锁，不得重压、破损包装容器。

丙溴磷

【作用特点】

丙溴磷是不对称有机磷杀虫剂。它具有触杀和胃毒作用，无内吸作用，杀虫谱广，能防治棉花、蔬菜地有害昆虫和螨类。它属内吸性广谱杀虫剂，能防治棉花和蔬菜地的有害昆虫和螨类。它属三元不对称的非内吸性广谱杀虫剂，有触杀和胃毒作用，能防治棉花、蔬菜、果树等害虫和螨类。

【毒性与环境生物安全性评价】

对高等动物毒性中等。

大白鼠急性经口 LD_{50} 为 358 毫克/千克。

大鼠急性经皮 LD_{50} 为 3300 毫克/千克。

对眼睛、皮肤有轻微刺激作用。

在试验剂量下未见致畸、致突变、致癌作用。

对鱼、虾有毒。

对鸟类高毒。

【防治对象】

防治棉花、蔬菜地有害昆虫和螨类。一般多用于棉花、果树、蔬菜、烟草、玉米等。

【使用方法】

1. 防治棉花棉铃虫、红铃虫、棉蚜、红蜘蛛、金刚钻等：每 666.7 平方米用 40% 丙溴磷乳油 60 ～ 100 毫升，兑水 60 ～ 00 千克喷雾。

2. 防治韭蛆：每 666.7 平方米用 40% 丙溴磷乳油 300 ～ 500 毫升，兑水 45 ～ &% 千克喷雾。

3. 防治苹果黄蚜、苹果红蜘蛛、苹果食心虫、梨木虱、柑橘吹绵介等：用 40% 丙溴磷乳油 1200 倍液喷雾。

4. 防治蔬菜菜青虫、甘蓝夜蛾、跳甲、潜叶蛾、菜蚜、烟青虫等：用 40% 丙溴磷乳油 1200 ～ 1500 倍液喷雾。

5. 防治烟草桃蚜、烟青虫、麦蚜等：用 40% 丙溴磷乳油 1200 ～ 2000 倍液喷雾。

6. 防治玉米螟、玉米铁甲虫、叶蝉等：用 40% 丙溴磷乳油 1200 ～ 1800 倍液喷雾。

【中毒急救】

急性中毒多在 12 小时内发病，口服立即发病。轻度：头痛、头昏、恶心、呕吐、多汗、无力、胸闷、视力模糊、食欲不佳等，全血胆碱酯酶活力一般降至正常值的 70% ～ 50%。中度：除上述症状外还出现轻度呼吸困难、肌肉震颤、瞳孔缩小、精神恍惚、行走不稳、大汗、流涎、腹痛、腹泻。重者还会出现昏迷、抽搐、呼吸困难、口吐白沫、大小便失禁、惊厥、呼吸麻痹。

急救措施：

1. 按中毒轻重而定，用阿托品 1 ～ 5 毫克皮下或静脉注射；

2. 按中毒轻重而定，用解磷定 0.4 ～ 1.2 克静脉注射；

3. 禁用吗啡、茶碱、吩噻嗪、利血平；

4. 误服立即引吐、洗胃、导泻，注意清醒时才能引吐。

【注意事项】

1. 本品不可与碱性物质混用。

2. 本品对蜜蜂、鱼类等水生生物、家蚕有毒，施药期间应避免对周围蜂群的影响，蜜源作物花期、蚕室和桑园附近禁用。养鱼稻田禁用，远离水产养殖区施药，禁止在河塘等水体中清洗施药器具。

3. 使用本品时应穿戴防护服和手套，避免吸入药液。施药期间不可吃东西和饮水。施药后，彻底清洗器械，并将包装袋深埋或焚毁，并立即用肥皂洗手和洗脸。使用本品时，应避免直接接触药液，配戴相应的防护用品。

4. 安全间隔期：丙溴磷在棉花上的安全间隔期为 5 ～ 12 天，每季节最多使用次数为 3 次。

5. 高温时施药容易对桃树产生药害，

6. 苜蓿和高粱对本品敏感，容易产生药害。

7. 孕妇和哺乳期妇女应避免接触本品。

8. 用过的容器妥善处理，不可做他用，不可随意丢弃。

9. 本品放置于阴凉、干燥、通风、防雨处，远离火源，勿与食品、饲料、种子、日用品等同贮同运。

10. 本品宜置于儿童够不着的地方并上锁，不得重压、破损包装容器。

吡蚜酮

【作用特点】

吡蚜酮属于吡啶类或三嗪酮类杀虫剂，是全新的非杀生性杀虫剂，最早由瑞士汽巴嘉基公司于 1988 年开发。该产品对多种作物的刺吸式口器害虫表现出优异的防治效果。利用电穿透图（EPG）技术进行研究表明，无论是点滴、饲喂或注射试验，只要蚜虫或飞虱一接触到吡蚜酮几乎立即产生口针阻塞效应，立刻停止取食，并最终饥饿致死，而且此过程是不可逆转的。因此，吡蚜酮具有优异的阻断昆虫传毒功能。尽管目前对吡蚜酮所引起的口针阻塞机制尚不清楚，但已有的研究表明这种不可逆的"停食"不是由于"拒食作用"所引起。经吡蚜酮处理后的昆虫最初死亡率是很低的，昆虫"饥蛾"致死前仍可存活数日，且死亡率高低与气候条件有关。试验表明，药剂处理 3 小时内，蚜虫的取食活动降低 90% 左右，处理后 48 小时，死亡率可接近 100%。

吡蚜酮对害虫具有触杀作用，同时还有内吸活性。在植物体内既能在木质部输导也能在韧皮部输导，因此既可用做叶面喷雾，也可用于土壤处理。由于其良好的输导特性，在茎叶喷雾后新长出的枝叶也可以得到有效保护。

该产品有 3 大特点：

1. 选择性强。本品选择性极佳，对某些重要天敌或益虫，如棉铃虫的天敌七星瓢虫、普通草蛉、叶蝉及飞虱科的天敌蜘蛛等益虫几乎无害。

2. 优良的内吸活性。叶面试验表明，其内吸活性（LC50）是抗蚜威的 2~3 倍，是氯氰菊酯的 140 倍以上。

3. 可以防治抗有机磷和氨基甲酸酯类杀虫剂的桃蚜等抗性品系害虫。

【毒性与环境生物安全性评价】

对高等动物毒性微毒。

大鼠急性经口 LD_{50} 为 5820 毫克/千克；

大鼠急性经皮 LD_{50} 大于 2000 毫克/千克。

对大多数非靶标生物如节肢动物、鸟类和鱼类安全。

虹鳟鱼和鲤鱼 96 小时 LC_{50} 大于 100 毫克/升；

水蚤 48 小时 EC_{50} 为 100 毫克/升。

对鸟类低毒，鹌鹑、野鸭急性经口 LD_{50} 大于 2000 毫克/千克；

鹌鹑 8 天 LC_{50} 大于 5200 毫克/千克。

在环境中可迅速降解，在土壤中的半衰期仅为 2~29 天，且主要代谢产物在土壤淋溶性很低，使用后仅停留在浅表土层中，在正常使用剂量情况下，对地下水无污染。

【防治对象】

主要用于防治大部分同翅目害虫，尤其是蚜虫科、粉虱科、叶蝉科及飞虱科害虫，如甘蓝蚜、棉蚜、麦蚜、桃蚜、小绿斑叶蝉、褐飞虱、灰飞虱、白背飞虱、甘薯粉虱及温室粉虱等。可用于水稻、小麦、棉花、蔬菜、果树等作物。

【使用方法】

1. 防治稻飞虱：每666.7平方米用25%吡蚜酮可湿性粉剂15~20克，兑水50千克喷雾。

2. 防治小麦蚜虫：南方每666.7平方米用10%吡虫啉可湿性粉剂15~20克，兑水40~50千克喷雾；北方每666.7平方米用10%吡虫啉可湿性粉剂30~40克，兑水50千克喷雾。

3. 防治柑橘树上刺吸式害虫等：每666.7平方米用25%吡蚜酮可湿性粉剂15~25克，兑水50~100千克喷雾。

4. 防治烟草蚜虫：每666.7平方米用25%吡蚜酮可湿性粉剂15~25克，兑水50~100千克喷雾。

5. 防治棉花蚜虫：每666.7平方米用25%吡蚜酮可湿性粉剂15~25克，兑水50~100千克喷雾。

6. 防治白粉虱：每666.7平方米用25%吡蚜酮可湿性粉剂30克，兑水50千克喷雾。

【中毒急救】

如不慎吸入，应将病人移至空气流通处。如不慎接触皮肤和眼睛，应用大量清水冲洗15分钟。如不慎食用，立即催吐并及时送医院治疗。

【注意事项】

1. 本品不可与碱性农药或物质混用。

2. 喷雾时要均匀周到，尤其对目标害虫的危害部位。

3. 对水稻的安全间隔期为7天，每季最多使用2次。

4. 本品对蜜蜂、鱼类等水生生物、家蚕有毒，施药期间应避免对周围蜂群的影响，蜜源作物花期、蚕室和桑园附近禁用。养鱼稻田禁用，远离水产养殖区施药，禁止在河塘等水体中清洗施药器具。

5. 使用本品时应穿戴防护服和手套，避免吸入药液。施药期间不可吃东西和饮水。施药后，彻底清洗器械，并将包装袋深埋或焚毁，并立即用肥皂洗手和洗脸。

6. 本品对瓜类、莴苣苗期及烟草有毒，应避免药液漂移到上述作物上。

7. 为延缓抗性产生，可与其他作用机制不同的杀虫剂轮换使用。

8. 孕妇和哺乳期妇女应避免接触本品。

9. 用过的容器妥善处理，不可做他用，不可随意丢弃。

10. 本品放置于阴凉、干燥、通风、防雨处，远离火源，勿与食品、饲料、种子、日用品等同贮同运。

11. 本品宜置于儿童够不着的地方并上锁，不得重压、破损包装容器。

除虫脲

【作用特点】

除虫脲是一种特异性低毒杀虫剂，属苯甲酰类，对害虫具有胃毒和触杀作用，通过抑制昆虫几丁质合成、使幼虫在蜕皮时不能形成新表皮、虫体成畸形而死亡，但药效缓慢。该药对鳞翅目害虫有特效。使用安全，对鱼、蜜蜂及天敌无不良影响。

其杀虫机理和过去的常规杀虫剂截然不同，既不是神经毒剂，也不是胆碱酯酶抑制剂。

除虫脲为苯甲酸基苯基脲类除虫剂，与灭幼脲三号为同类除虫剂。杀虫机理也是通过抑制昆虫的几丁质合成酶的合成，从而抑制幼虫、卵、蛹表皮几丁质的合成，使昆虫不能正常蜕皮虫体畸形而死亡。害虫取食后造成积累性中毒，由于缺乏几丁质，幼虫不能形成新表皮，蜕皮困难，化蛹受阻；成虫难以羽化、产卵；卵不能正常发育、孵化的幼虫表皮缺乏硬度而死亡,从而影响害虫整个世代,这就是除虫脲的优点之所在。

【毒性与环境生物安全性评价】

对高等动物毒性低毒。

原药大鼠和小鼠急性经口 LD_{50} 大于 4640 毫克/千克。

兔急性经皮 LD_{50} 大于 2000 毫克/千克。

对兔眼睛及皮肤有轻微刺激作用。

在动物体内无明显蓄积作用,能够很快代谢。

在试验条件下,未见致突、致畸、致癌作用。

2 年饲养试验无剂量大鼠 40 毫克/千克,小鼠 50 毫克/千克。

对鱼类毒性低。

虹鳟鱼 8 天膳食 LC_{50} 为 140 毫克/升;

蓝鳃太阳鱼 8 天膳食 LC_{50} 为 135 毫克/升。

对鸟类低毒。

北美鹑急性经口 LD_{50} 大于 4640 毫克/千克;

野鸭急性经口 LD_{50} 大于 4640 毫克/千克。

对蜜蜂低毒。

蜜蜂无害经口 LD_{50} 大于 100 微克/只;

蜜蜂无害经皮 LD_{50} 大于 100 微克/只。

对食肉昆虫无害。

在土壤中半衰期小于 7 天,迅速降解。

【防治对象】

除虫脲适用植物很广,可广泛使用于苹果、梨、桃、柑橘等果树,玉米、小麦、水稻、棉花、花生等粮棉油作物,十字花科蔬菜、茄果类蔬菜、瓜类等蔬菜,及茶树、森林等多种植物。主要用于防治鳞翅目害虫,如菜青虫、小菜蛾、甜菜夜蛾、斜纹夜蛾、金纹细蛾、桃线潜叶蛾、柑橘潜叶蛾、黏虫、茶尺蠖、棉铃虫、美国白蛾、松毛虫、卷叶蛾、卷叶螟等。

【使用方法】

1. 防治蔬菜菜青虫、小菜蛾、菜蚜等:每 666.7 平方米用 20% 除虫脲悬浮剂 15～20 克,兑水 40～50 千克喷雾。

2. 防治蔬菜斜纹夜蛾:在产卵高峰期或孵化期,用 20% 除虫脲悬浮剂 400～500 毫克/千克的药液喷雾,可以杀死幼虫,并有杀卵作用。

3. 防治蔬菜甜菜夜蛾:在幼虫初期,用 20% 除虫脲悬浮剂 100 毫克/千克的药液喷雾。

【中毒急救】

中毒症状为对眼睛、皮肤有轻微刺激。接触眼睛、皮肤,立即用肥皂和大量的清水冲洗,并送医院治疗。没有特殊解毒剂,如果误食,应送医院对症治疗。

【注意事项】

1. 除虫脲属脱皮激素,不宜在害虫高、老龄期施药,应掌握在幼龄期施药效果最佳。

2. 悬浮剂贮运过程中会有少量分层,因此使用时应先将药液摇匀,以免影响药效。

3. 药液不要与碱性物接触,以防分解。

4. 蜜蜂和蚕对本剂敏感,因此养蜂区、蚕业区谨慎使用,如果使用一定要采取保护措施。沉淀摇起,混匀后再配用。

5. 本剂对甲壳类(虾、蟹幼体)有害,应注意避免污染养殖水域。

6. 田间作物虫、螨并发时,应加杀螨剂使用。

7. 防治叶面害虫宜在低龄(1~2龄)幼虫盛发期施药,防治钻蛀性害虫宜在卵孵盛期施药。

8. 孕妇和哺乳期妇女应避免接触本品。

9. 用过的容器妥善处理,不可做他用,不可随意丢弃。

10. 本品放置于阴凉、干燥、通风、防雨处,远离火源,勿与食品、饲料、种子、日用品等同贮同运。

11. 本品宜置于儿童够不着的地方并上锁,不得重压、破损包装容器。

虫螨腈

【作用特点】

虫螨腈是新型芳基吡咯类杀虫、杀螨剂,是由天然抗生素改造而合成的化合物。作用于昆虫体内细胞的线粒体上,通过昆虫体内的多功能氧化酶起作用,主要抑制二磷酸腺苷(ADP)向三磷酸腺苷(ATP)的转化。而三磷酸腺苷贮存细胞维持其生命机能所必须的能量。该药具有胃毒及触杀作用。在叶面渗透性强,有一定的内吸作用,且具有杀虫谱广、防效高、持效期长、安全的特点。可以控制抗性害虫。

【毒性与环境生物安全性评价】

对高等动物毒性低毒。

原药大白鼠急性经口 LD_{50} 为 626 毫克/千克。

兔急性经皮 LD_{50} 大于 2000 毫克/千克。

对兔眼睛及皮肤无刺激作用。

对神经系统未见急性毒性。

对豚鼠皮肤无致敏作用。

未见致畸作用。

对鱼类有毒。

虹鳟鱼 96 小时 LC_{50} 为 7.44 微克/升;

翻车鱼 96 小时 LC_{50} 为 11.6 微克/升;

水蚤 EC_{50} 为 6.11 微克/升。

对鸟类有毒。

鹌鹑急性经口 LD_{50} 为 34 毫克/千克;

野鸭急性经口 LD_{50} 为 10 毫克/千克。

对蜜蜂有毒。

LD_{50} 为 0.2 微克/只。

蚯蚓 LD_{50} 为 22 毫克/千克。

Ames 经改进试验及仓鼠卵巢试验表明无致突变性。

在土壤中半衰期为 75 天。

【防治对象】

虫螨腈主要用于防治小菜蛾、菜青虫、甜菜夜蛾、斜纹夜蛾、菜螟、菜蚜、斑潜蝇、蓟马等多种蔬菜害虫。

【使用方法】

1. 防治蔬菜菜青虫、菜螟、菜蚜等:低龄幼虫期或虫口密度较低时每 666.7 平方米用 10% 虫螨腈悬浮剂 30 毫升。虫龄较高或虫口密度较大时,每亩用 40~50 毫升,兑水 40~50 千克喷雾。每茬菜最多可喷 2 次,间隔 10 天左右。

2. 防治蔬菜小菜蛾：每 666.7 平方米用 10% 虫螨腈悬浮剂 30 ~ 50 毫升，兑水 40 ~ 50 千克喷雾。

3. 防治蔬菜甜菜夜蛾、斜纹夜蛾等：每 666.7 平方米用 10% 虫螨腈悬浮剂 50 ~ 70 毫升，兑水 40 ~ 50 千克喷雾。

【中毒急救】

可以导致腹泻。接触眼睛、皮肤，立即用肥皂和大量的清水冲洗，并送医院治疗。不慎食用，勿催吐，及时送医院治疗。没有特殊解毒剂。

【注意事项】

1. 喷雾时要均匀周到，尤其对目标害虫的危害部位。

2. 尽量不要和其他杀虫剂混用。

3. 本品对蜜蜂、鱼类等水生生物有毒，施药期间应避免对周围蜂群的影响，蜜源作物花期禁用。养鱼稻田禁用。远离水产养殖区施药。禁止在河塘等水体中清洗施药器具。

4. 使用本品时应穿戴防护服和手套，避免吸入药液。施药期间不可吃东西和饮水。施药后，彻底清洗器械，并将包装袋深埋或焚毁，并立即用肥皂洗手和洗脸。

5. 用于十字花科蔬菜的安全间隔期为 14 天，每季作物最多使用 2 次。

6. 孕妇和哺乳期妇女应避免接触本品。

7. 用过的容器妥善处理，不可做他用，不可随意丢弃。

8. 本品放置于阴凉、干燥、通风、防雨处，远离火源，勿与食品、饲料、种子、日用品等同贮同运。

9. 本品宜置于儿童够不着的地方并上锁，不得重压、破损包装容器。

虫酰肼

【作用特点】

虫酰肼是非甾族新型昆虫生长调节剂，是最新研发的昆虫激素类杀虫剂。虫酰肼杀虫活性高，选择性强，具有胃毒作用，对所有鳞翅目幼虫有极高选择性和药效。能够诱导鳞翅目幼虫在还未进入脱皮阶段提前产生脱皮反应，对抗性害虫棉铃虫、菜青虫、小菜蛾、甜菜夜蛾等有特效。虫酰肼杀虫活性高，选择性强，对所有鳞翅目幼虫均有效，对抗性害虫棉铃虫、菜青虫、小菜蛾、甜菜夜蛾等有特效。并有极强的杀卵活性，对非靶标生物更安全。虫酰肼对眼睛和皮肤无刺激性，对高等动物无致畸、致癌、致突变作用，对哺乳动物、鸟类、天敌均十分安全。据试验表明，喷药后 6 ~ 8 小时，害虫停止取食，2 ~ 3 天脱水，饥饿死亡。对已经产生抗性的害虫有突出防效。

【毒性与环境生物安全性评价】

对高等动物毒性低毒。

大白鼠急性经口 LD_{50} 大于 5000 毫克/千克；

大白鼠急性经皮 LD_{50} 大于 5000 毫克/千克。

对兔眼睛有轻微刺激作用。

对鱼类中等毒性。

虹鳟鱼和鲤鱼 96 小时 LC_{50} 为 5.7 毫克/升；

蓝鳃太阳鱼 LC_{50} 为 3 毫克/升。

水蚤 48 小时 EC_{50} 为 3.8 毫克/升。

对鸟类安全。

鹌鹑急性经口 LD_{50} 大于 2000 毫克/千克；

北美鹑和鹌鹑 8 天 LC_{50} 大于 5000 毫克/千克。

人每日允许摄入量为 0.019 毫克/千克体重。

对捕食螨类、食螨瓢虫、捕食黄蜂、蜘蛛等天敌安全。

对蜜蜂安全。

接触 96 小时 LC_{50} 大于 234 微克/只。

对幼蜜蜂生长无影响。

有益节肢动物。

在实验室条件下，对食肉瓢虫、食肉螨和一些食肉黄蜂和蜘蛛等进行试验，显示阴性。

对高等动物无致畸、致癌、致突变作用。

【防治对象】

虫酰肼主要用于防治柑橘、棉花、观赏作物、马铃薯、大豆、烟草、果树和蔬菜上的蚜科、叶蝉科、鳞翅目、斑潜蝇属、叶螨科、缨翅目、根疣线虫属、鳞翅目幼虫如梨小食心虫、葡萄小卷蛾、甜菜夜蛾等等害虫。本品主要用于持效期 2～3 周。对鳞翅目害虫有特效。高效，亩用量 0.7～6 克（活性物）。用于果树、蔬菜、浆果、坚果、水稻、森林防护。美国杜邦公司 20 世纪 70 年代年代开发的这种杀虫、杀线虫剂，主要用于防治柑橘、棉花、观赏作物、马铃薯、大豆、烟草、果树和蔬菜上的蚜科、叶蝉科、鳞翅目、斑潜蝇属、叶螨科、缨翅目、根疣线虫属等害虫。对所有鳞翅目幼虫均有效，对抗性害虫棉铃虫、菜青虫、小菜蛾、甜菜夜蛾等有特效。

【使用方法】

1. 防治枣、苹果、梨、桃等果树卷叶虫、食心虫、各种刺蛾、各种毛虫、潜叶蛾、尺蠖等害虫：用 20% 虫酰肼悬浮剂 1000～2000 倍液喷雾。

2. 防治蔬菜抗性害虫棉铃虫、小菜蛾、菜青虫、甜菜夜蛾及其他鳞翅目害虫：用 20% 虫酰肼悬浮剂 1000～2500 倍液喷雾。

3. 防治棉花抗性害虫棉铃虫、小菜蛾、菜青虫、甜菜夜蛾及其他鳞翅目害虫：用 20% 虫酰肼悬浮剂 1000～2500 倍液喷雾。

4. 防治烟草抗性害虫棉铃虫、小菜蛾、菜青虫、甜菜夜蛾及其他鳞翅目害虫：用 20% 虫酰肼悬浮剂 1000～2500 倍液喷雾。

5. 防治松毛虫：用 20% 虫酰肼悬浮剂 2000～4000 倍液喷雾。

【中毒急救】

中毒症状为对眼睛有轻微刺激。不慎食用，及时送医院治疗。

【注意事项】

1. 喷雾时要均匀周到，尤其对目标害虫的危害部位。

2. 本品对家蚕有毒，蚕室和桑园附近禁用。

3. 使用本品时应穿戴防护服和手套，避免吸入药液。施药期间不可吃东西和饮水。施药后，彻底清洗器械，并将包装袋深埋或焚毁，并立即用肥皂洗手和洗脸。

4. 本品对卵的效果较差，施药适期应掌握在卵发育末期或幼虫发生初期。

5. 本品对小菜蛾药效一般，防治小菜蛾时宜与阿维菌素混用。

6. 孕妇和哺乳期妇女应避免接触本品。

7. 用过的容器妥善处理，不可做他用，不可随意丢弃。

8. 本品放置于阴凉、干燥、通风、防雨处，远离火源，勿与食品、饲料、种子、日用品等同贮同运。

9. 本品宜置于儿童够不着的地方并上锁，不得重压、破损包装容器。

敌百虫

【作用特点】

敌百虫是一种低毒、杀虫谱广的有机磷杀虫剂。具有较强的胃毒作用，兼具触杀作用，对植物具有渗透性，但无内吸传导作用。能抑制害虫神经系统中胆碱酯酶的活动，造成害虫神经传导阻断而致死。通常以原药溶于水中施用，也可制成粉剂、乳油、毒饵使用。敌百虫在我国广泛用于防治农林、园艺的多种咀嚼口器害虫、家畜寄生虫和蚊蝇等。由于使用多年，某些害虫已产生抗药性，发展受到限制。

敌百虫对鱼体内外寄生的吸虫、线虫、棘头虫及危害鱼苗、鱼卵的枝角类、桡角类、蚌钩介幼虫和水蜈蚣等均有良好的杀灭作用。但由于敌百虫在弱碱性条件下，可形成残毒性更大的敌敌畏，当 pH 为 8 ~ 10 时，敌百虫转变成敌敌畏仅需半小时。因此，不但要顾及鱼虾的毒性效应，而且对人、畜的安全也不可忽视。

【毒性与环境生物安全性评价】

对高等动物毒性低毒。

大白鼠急性经口 LD_{50} 为 560 ~ 630 毫克/千克；

大鼠急性经皮 LD_{50} 大于 2000 毫克/千克。

人经口估计致死剂量：10 ~ 20 克。

亚急性和慢性毒性：慢性中毒，多见于精制本品的包装工，由于呼吸道吸入和皮肤污染所致，主要表现为乏力、头昏、食欲减退、多汗、肌束颤动、"板颈"（颈部活动不自如）等症状，血 ChE 活性与症状间无一定相关。有报道血 ChE 活性抑制到 50% 左右，患者仍无明显症状；ChE 活性抑制更低时，仍有能力从事一般的活动。脱离接触后 ChE 活性可逐步上升，但症状体征恢复较慢。

代谢：动物实验证明，本品的代谢途径中主要有两方面的反应：甲氧基部分的水解，甲基由于烃基化（或甲基化）而被结合或转移至肝的蛋白质；磷酸酯键的水解产生三氯乙醇，与葡萄糖醛酸结合后从尿排出。

中毒机理：本品为直接的 ChE 抑制剂，不需经肝脏氧化就发挥毒作用，但抑制的 ChE，有部分能自然复能，故中毒发作快，恢复也快。本品在酸性介质中水解，先脱去甲基，成为无毒的去甲基敌百虫，在碱性溶液中则发生脱氯化氢反应，变为毒性较大的敌敌畏。

刺激性：家兔经眼 120 毫克/6 天（间歇），轻度刺激。

致癌性：大鼠经口最低中毒剂量为 186 毫克/千克，6 周（间歇），疑致肿瘤（肝肿瘤）。

致突变性：鼠伤寒沙门氏菌 3400 nmol/皿；小鼠淋巴细胞 80 毫克/升。姐妹染色单体交换：仓鼠肺 20 毫克/升。

【防治对象】

广泛用于防治水稻、小麦、蔬菜、果树、桑树、棉花等作物上咀嚼式口器害虫，及家禽寄生虫、卫生害虫的防治。对鱼体内外寄生的吸虫、线虫、棘头虫及危害鱼苗、鱼卵的枝角类、桡角类、蚌钩介幼虫和水蜈蚣等均有良好的杀灭作用。

【使用方法】

1. 用麦糠 8 千克、90% 敌百虫晶体 0.5 千克，混合拌制成毒饵，撒施在苗床上，可诱杀蝼蛄及地老虎幼虫等。

2. 用 90% 晶体敌百虫 1000 倍液，可喷杀尺蠖、天蛾、卷叶蛾、粉虱、叶蜂、草地螟、大象甲、茉莉叶螟、潜叶蝇、毒蛾、刺蛾、灯蛾、黏虫、桑毛虫、凤蝶、天牛等低龄幼虫。

3. 用 90% 的敌百虫晶体 1000 倍液浇灌花木根部，可防治蛴螬、夜蛾、白囊袋蛾等。

4. 防治水稻二化螟：在幼虫开始危害时，每 666.7 平方米用 80% 敌百虫晶体 70~80 克，兑水 75~100 千克喷雾。

5. 防治水稻稻潜叶蝇：每 666.7 平方米用 80% 敌百虫晶体 70~80 克，兑水 75~100 千克喷雾。

6. 防治水稻稻铁甲虫：每 666.7 平方米用 80% 敌百虫晶体 70~80 克，兑水 75~100 千克喷雾。

7. 防治水稻稻苞虫：每 666.7 平方米用 80% 敌百虫晶体 70~80 克，兑水 75~100 千克喷雾。

8. 防治水稻稻纵卷叶螟：每 666.7 平方米用 80% 敌百虫晶体 70~80 克，兑水 75~100 千克喷雾。

9. 防治水稻稻叶蝉：每 666.7 平方米用 80% 敌百虫晶体 70~80 克，兑水 75~100 千克喷雾。

10. 防治水稻稻飞虱：每 666.7 平方米用 80% 敌百虫晶体 70~80 克，兑水 75~100 千克喷雾。

11. 防治水稻稻蓟马：每 666.7 平方米用 80% 敌百虫晶体 70~80 克，兑水 75~100 千克喷雾。

12. 防治旱粮黏虫：每 666.7 平方米用 80% 敌百虫晶体 120 克，兑水 50~75 千克喷雾。

13. 防治蔬菜菜粉蝶、小菜蛾、甘蓝夜蛾等：每 666.7 平方米用 80% 敌百虫晶体或可溶粉 80~100 克，兑水 50 千克喷雾。

14. 防治棉花棉铃虫、棉金刚钻、棉叶蝉等：每 666.7 平方米用 80% 敌百虫晶体或可溶粉 150~200 克，兑水 75 千克喷雾。

15. 防治茶树茶毛虫、茶小绿叶蝉等：用 80% 敌百虫可溶粉 1000 倍液，均匀喷雾。

16. 防治森林松毛虫：每 666.7 平方米用 25% 敌百虫油剂 150~200 克，超低量均匀喷雾。

17. 防治地老虎、蝼蛄等地下害虫：每 666.7 平方米用 80% 敌百虫晶体或可溶粉 50~100 克，制成毒饵，进行诱杀。

18. 防治马、牛、羊体皮寄生虫：用 80% 敌百虫可溶粉 400 倍液，洗刷。

19. 防治马、牛厩内的家蝇：用 80% 敌百虫可溶粉 1:100 制成毒饵，进行诱杀。

【中毒急救】

抑制胆碱酯酶，造成神经生理功能紊乱。出现毒蕈碱样和烟碱样症状。

急性中毒：短期内接触大量引起急性中毒。表现有头痛、头昏、食欲减退、恶心、呕吐、腹痛、腹泻、流涎、瞳孔缩小、呼吸道分泌物增多、多汗、肌束震颤等。重者出现肺水肿、脑水肿、昏迷、呼吸中枢麻痹。部分病例可有心、肝、肾损害。少数严重病例在意识恢复后数周或数月发生周围神经病。个别严重病例可发生迟发性猝死。可引起皮炎。血胆碱酯酶活性下降。

慢性中毒（尚有争论）：有神经衰弱综合症、多汗、肌束震颤等。血胆碱酯酶活性降低。无论何种途径给药都能很快吸收，主要分布在肝、肾、心、脑和脾。体内代谢较快，主要由尿排出。敌百虫遇碱性药物可分解出毒性更强的敌敌畏，且分解过程随碱性的增强和温度的升高而加速，所以中毒时禁用碳酸氢钠等药物解毒。

皮肤接触立即脱去被污染的衣着，用大量流动清水冲洗。眼睛接触提起眼睑，用流动清水或生理盐水冲洗。吸入应迅速脱离现场至空气新鲜处。保持呼吸道通畅。如呼吸困难，给予输氧。如呼吸停止，立即进行人工呼吸。如果食入要饮足量温水，不宜催吐。用 1:5000 高锰酸钾溶液洗胃。解毒治疗以阿托品类为主。并立即送医院就医。

【注意事项】

1. 本品不可与碱性农药或物质混用。

2. 本品对蜜蜂、家蚕有毒，施药期间应避免对周围蜂群的影响，蜜源作物花期、蚕室和桑园附近禁用。

3. 使用本品时应穿戴防护服和手套，避免吸入药液。施药期间不可吃东西和饮水。施药后，彻底清洗器械，并将包装袋深埋或焚毁，并立即用肥皂洗手和洗脸。

4. 玉米、苹果对敌百虫较敏感，高粱、豆类特别敏感，容易产生药害，不宜使用。

5. 烟草安全间隔期10天，蔬菜安全间隔期7天。

6. 敌百虫遇明火、高热可燃。

7. 敌百虫受热分解，并放出有毒气体。

8. 敌百虫与强氧化剂接触可发生化学反应。

9. 家禽不能用"敌百虫"驱虫。因为敌百虫属于有机磷制剂，鸡、鸭、鹅等家禽对有机磷制剂特别敏感。

10. 储存于阴凉、通风的库房。远离火种、热源。包装密封。应与氧化剂、碱类分开存放，切忌混储。

11. 孕妇和哺乳期妇女避免接触。

啶虫脒

【作用特点】

啶虫脒属硝基亚甲基杂环类化合物，是一种新型杀虫剂，作用于昆虫神经系统突触部位的烟碱乙酰胆碱受体，干扰昆虫神经系统的刺激传导，引起神经系统通路阻塞，造成神经递质乙酰胆碱在突触部位的积累，从而导致昆虫麻痹，最终死亡。具有触杀、胃毒和较强的渗透作用，杀虫速效，用量少、活性高、杀虫谱广、持效期长达20天左右，对环境相容性好等。由于其作用机理与常规杀虫剂不同，所以对有机磷、氨基甲酸酯类及拟除虫菊酯类产生抗性的害虫有特效。对人畜低毒，对天敌杀伤力小，对鱼毒性较低，对蜜蜂影响小，适用于防治果树、蔬菜等多种作物上的半翅目害虫；用颗粒剂做土壤处理，可防治地下害虫。

【毒性与环境生物安全性评价】

对高等动物毒性中等。

雄性大鼠急性经口 LD_{50} 为217毫克/千克；

雌性大鼠急性经口 LD_{50} 为146毫克/千克；

雄性小鼠急性经口 LD_{50} 为198毫克/千克；

雌性小鼠急性经口 LD_{50} 为184毫克/千克；

大鼠急性经皮 LD_{50} 大于2000毫克/千克。

对皮肤和眼睛无刺激作用。

在试验剂量内对动物无致突变作用。

人每日允许摄入量为0.017毫克/千克体重。

对鱼类低毒。

鲤鱼96小时 LC_{50} 大于100毫克/千克。

蜜蜂 LD_{50} 为1微克/只。

对天敌较安全。

鹌鹑 LD_{50} 为180毫克/千克。

0.03 毫克/千克时对蚕无副作用。

蚯蚓 7 天 LC_{50} 为 10 毫克/千克。

在土壤中的半衰期为 1.1～2.1 天，在河水中的半衰期为 21 天。

【防治对象】

本品是一种新型广谱且具有一定杀螨活性的杀虫剂，其作用方式为土壤和枝叶的系统杀虫剂。广泛用于水稻，尤其蔬菜、果树、茶叶的蚜虫、飞虱、蓟马、部分鳞翅目害虫等的防治。

【使用方法】

1. 防治各种蔬菜蚜虫：在蚜虫发生的初盛期，细致喷施 1000～1500 倍 3% 啶虫脒乳油药液，有良好的防治效果。即便在多雨年份，药效仍可持续 15 天以上。

2. 防治枣、苹果、梨、桃等果树蚜虫：在蚜虫发生初盛期，用 2000～2500 倍 3% 啶虫脒乳油液喷雾，杀蚜速效性好，耐雨水冲刷，持效期达 20 天以上。

3. 防治柑橘蚜虫：于蚜虫发生期用 2000～2500 倍 3% 啶虫脒乳油喷雾，对柑橘蚜虫有优良的防治效果和较长的特效性，且正常使用剂量下无药害。

4. 防治棉花、烟草、花生等作物上的蚜虫：在蚜虫发生初盛期，用 2000 倍 3% 啶虫脒乳油喷雾，防治效果良好。

5. 防治小麦蚜虫：在蚜虫发生初盛期，用 1500～2000 倍 3% 啶虫脒乳油液喷雾，杀蚜速效性好。

6. 防治白粉虱、烟粉虱：在苗期喷洒 1000～500 倍 3% 啶虫脒乳油液，成株期喷洒 1500～2000 倍 3% 天达啶虫脒乳油，防治效果达 95% 以上。采收期喷洒 4000～5000 倍 3% 天达啶虫脒乳油液，防治效果仍达 80% 以上。而对产量品质无影响。

7. 防治各种蔬菜蓟马：在幼虫发生盛期喷洒 1500 倍 3% 啶虫脒乳油液，防治效果达 90% 以上。

8. 防治水稻飞虱：在低龄若虫发生盛期，用 1000 倍 3% 啶虫脒乳油液喷雾，防治效果达 90% 以上。

【中毒急救】

啶虫脒可湿性粉剂对眼睛有刺激作用，一旦有粉末进入眼中，应立即用清水冲洗并去医院治疗。如不慎食用，并及时送医院治疗，洗胃，保持安静。

【注意事项】

1. 本品不可与碱性农药或物质混用。

2. 本品对蜜蜂、鱼类等水生生物、家蚕有毒，施药期间应避免对周围蜂群的影响，蜜源作物花期、蚕室和桑园附近禁用。养鱼稻田禁用，远离水产养殖区施药，禁止在河塘等水体中清洗施药器具。

3. 使用本品时应穿戴防护服和手套，避免吸入药液。施药期间不可吃东西和饮水。施药后，彻底清洗器械，并将包装袋深埋或焚毁，并立即用肥皂洗手和洗脸。

4. 孕妇和哺乳期妇女应避免接触本品。

5. 用过的容器妥善处理，不可做他用，不可随意丢弃。

6. 本品放置于阴凉、干燥、通风、防雨处，远离火源，勿与食品、饲料、种子、日用品等同贮同运。

7. 本品宜置于儿童够不着的地方并上锁，不得重压、破损包装容器。

敌敌畏

【作用特点】

敌敌畏是一种高效、杀虫谱广的有机磷杀虫剂。它具有较强的触杀、熏蒸和胃毒作用，击倒作用强；能抑制昆虫体内乙酰胆碱酯酶，造成害虫神经传导阻断而致死；在水溶液中缓慢分解，遇碱分解加快，对热稳定，对铁有腐蚀性；对人畜中毒，对鱼类毒性较高，对蜜蜂剧毒。

【毒性与环境生物安全性评价】

对高等动物毒性中等。

大白鼠急性经口 LD_{50} 为 50～110 毫克/千克；

小白鼠急性经口 LD_{50} 为 50～92 毫克/千克；

大鼠急性经皮 LD_{50} 为 75～107 毫克/千克。

对鱼类毒性大。

对蜜蜂有毒。

对瓢虫等天敌有较强杀伤力。

亚急性和慢性毒性：兔经口剂量在 0.2 毫克/千克·天以上时，经 24 周，引起慢性中毒；超过 1 毫克/千克·天，动物肝发生严重病变，ChE 持续下降。

致突变性：鼠伤寒沙门氏菌 330 微克/皿。

DNA 抑制：人类淋巴细胞 100μL。

精子形态学改变：小鼠腹腔 35 毫克/千克，5 天。

生殖毒性：大鼠经口最低中毒剂量（TDL0）39200 微克/千克（孕 14～21 天），致新生鼠生化和代谢改变。

致癌性：大鼠经口最低中毒剂量（TDL0）4120 毫克/千克，2 年（连续），致癌，肺肿瘤、胃肠肿瘤。小鼠经皮最低中毒剂量（TDL0）20600 毫克/千克，2 年（连续），致癌，胃肠肿瘤。

该品也容易通过皮肤渗透吸收，通过皮肤渗透吸收的 LD50 为 75～107 毫克/千克。

对人的无作用安全剂量为每日每公斤 0.033 毫克。

特殊毒性：基因突变，小鼠淋巴细胞阴性。

代谢和降解：在环境中，敌敌畏的饱和水溶液在室温下，以每天约 3% 的速度水解，生成二甲基碳酸和二氯乙醛，在碱性条件下水解更快。

残留与蓄积：敌敌畏在环境中相当易分解，在 30℃时，18 天敌敌畏水解 50%。

迁移转化：由于敌敌畏蒸气压较高，很易进入大气。敌敌畏迁移转化主要是通过大气和水为介质。

【防治对象】

高浓度药液喷洒在仓库害虫、害螨、密闭 3～4 天后再通风散气，气温较高时药效更好。药液喷洒在棉仓墙面上熏蒸，可防治水稻褐飞虱、棉花棉红铃虫。毒土或毒糠田间撒施熏蒸，可防治黏虫。药液喷洒，可防治稻纵卷叶虫等隐蔽性害虫。敌敌畏施用后能迅速分解，持效期短，无残留，可在作物收获前很短的时期内施用，以防治刺吸式口器和咀嚼式口器害虫，故适用于苹果、梨、葡萄等果树及蔬菜、蘑菇、茶树、桑树、烟草上。一般收获前禁用期为 7 天左右。

【使用方法】

1. 防治菜青虫、甘蓝夜蛾、菜叶蜂、菜蚜、菜螟、斜纹夜蛾：用 80% 敌敌畏乳油 1500～2000 倍液喷雾。

2. 防治二十八星瓢虫、烟青虫、粉虱、棉铃虫、小菜蛾、灯蛾、夜蛾：用80%敌敌畏乳油1000倍液喷雾。

3. 防治红蜘蛛、蚜虫：用50%敌敌畏乳油1000～1500倍液喷雾。

4. 防治小地老虎、黄守瓜、黄曲条跳虫甲：用80%敌敌畏乳油800～1000倍液喷雾或灌根。

5. 防治温室白粉虱：用80%敌敌畏乳油1000倍液喷雾，可防始成虫和若虫，每隔5～7天喷药1饮，连喷2～3次，即可控制为害。也可用敌敌畏烟剂熏蒸，方法是：于傍晚收工前将保护地密封熏烟，每666.7平方米用22%敌敌畏烟剂0.5公斤。或在花盆内放锯末，洒80%敌敌畏乳油，放上几个烧红的煤球即可，每666.7平方米用乳油0.3～0.4公斤。

6. 防治豆野螟：于豇豆盛花期(2～3个花相对集中时)，在早晨8时前花瓣张开时喷洒80%敌敌畏乳油1000倍液，重点喷洒蕾、花、嫩荚及落地花，连喷2～3次。

7. 防治水稻褐飞虱：每666.7平方米用80%敌敌畏乳油200～300毫升，兑水50～75千克喷雾。

8. 防治小麦长管蚜、黏虫等：每666.7平方米用80%敌敌畏乳油50毫升，兑水50～75千克喷雾。

9. 防治棉花蚜虫：每666.7平方米用80%敌敌畏乳油50～100毫升，兑水50～75千克喷雾。

10. 防治蔬菜菜青虫、甘蓝夜蛾、菜叶蜂、菜蚜、菜螟、斜纹夜蛾等害虫：每666.7平方米用80%敌敌畏乳油1500～2000倍液喷雾。

11. 防治茶树毒蛾、刺蛾、卷叶蛾等：每666.7平方米用80%敌敌畏乳油50毫升，兑水50～75千克喷雾。

12. 防治松毛虫、金花虫等森林食叶性害虫：用50%敌敌畏乳油进行飞机喷洒或地面超低量喷雾，每公顷用50%敌敌畏乳油750～1500毫升。

13. 防治苹果蚜虫、小卷叶蛾等：用80%敌敌畏乳油800～1000倍液喷雾。

14. 防治仓库害虫：空仓熏蒸可用80%敌敌畏乳油按仓库空间每立方米0.1～0.2克喷洒，然后密闭仓库2～5天。粮堆中可按100千克原粮用15%敌敌畏缓释颗粒剂25～45克，放入粮堆中熏蒸。

【中毒急救】

主症头晕、头痛、恶心呕吐、腹痛、腹泻、流涎、瞳孔缩小、看东西模糊、大量出汗、呼吸困难。严重者，全身紧束感、胸部压缩感，肌肉跳动，动作不自主；发音不清，瞳孔缩小如针尖大或不等大，抽搐、昏迷、大小便失禁；脉搏、呼吸减慢，最后停止。

诊断要点：

1. 潜伏期短，口服后多在10～30分钟内发病；喷洒中毒者，多在2～6小时内发病。

2. 具有胆碱能神经过度兴奋的一系列表现。

3. 少数患者于中毒后2～3周出现迟发性周围神经病。

4. 少数患者病程中出现中间期肌无力综合征。

5. 口服后消化道刺激症状明显，可致胃黏膜损伤，甚至引起胃出血或胃穿孔。

6. 敌敌畏乳油所致接触性皮炎较多见，往往是喷洒或为了灭虱等目的直接将敌敌畏洒在被褥、衣服上而污染皮肤，接触30分钟至数小时发病，皮肤有瘙痒或烧灼感，皮肤潮红、肿胀、水疱，局部可伴有肌颤。

7. 血液胆碱酯酶活性降低，且复活较慢。

处理原则：

1. 皮肤污染者尽快用肥皂水反复彻底清洗,特别要清洗头发、指甲。

2. 口服中毒者需迅速催吐、洗胃。因敌敌畏对胃黏膜有强烈刺激作用,洗胃时要小心、轻柔,防止消化道黏膜出血或胃穿孔。

3. 肟类复能剂治疗效果不理想,治疗以阿托品类药为主,并尽快达到阿托品化,口服中毒、生产性中毒患者用药量要大。

4. 为防止病情反复,阿托品停用不宜太早、太快,在治疗中密切观察病情,特别是意识状态、脉搏、呼吸、血压、瞳孔、出汗、肺部情况,注意心脏监护。

抢救办法:

其方法大多同有机磷农药中毒的急救,只介绍一些特殊的注意事项。

1. 服敌敌畏后应立即彻底洗胃,神志清楚者口服清水或2%小苏打水400～500毫升,接着用筷子刺激咽喉部,使其呕吐,反复多次,直至洗出来的液体无敌敌畏味为止。

2. 呼吸困难者吸氧,大量出汗者喝淡盐水,肌肉抽搐可肌肉注射安定10毫克。及时清理口鼻分泌物,保持呼吸道通畅。

3. 阿托品,轻者0.5～1毫克/次皮下注射,隔30分钟至2小时1次;中度者皮下注射1～2毫克/次,隔15～60分钟1次;重度者即刻静脉注射2～5毫克,以后每次1～2毫克,隔15～30分钟1次,病情好转可逐渐减量和延长用药间隔时间。氯磷定与阿托品合用,药效有协同作用,可减少阿托品用量。

预防措施:

应注意到该品易蒸发和易经皮进入的特点,在生产上应力求密闭完善及通风良好。在农业使用时,要注意个人防护,特别是在粮仓中熏蒸使用时,要注意呼吸道的防护。据调查,在粮仓堆放150克/立方米剂量的该品,于1小时后仓内空气中浓度即达0.5～23.2毫克/立方米,在此浓度下,工作人员进仓工作半小时后,即能引起ChE活性明显改变。如戴了夹层纱布口罩,中间有5%～10%碱性液湿润层,能起一定的防护作用。如用喷雾法时,还要注意皮肤保护。用敌敌畏防治害虫时,应注意使用量要适当,不可过量;住房密闭灭虫后,必须充分通风后人才可进入;还要重视对该品的保管,特别要注意勿使小孩接触。该品用于室内持续性灭蚊蝇时,应改进使用方法并控制使用量,使空气中该品维持在安全浓度内。

【注意事项】

1. 本品不可与碱性农药或物质混用。

2. 本品对蜜蜂、鱼类等水生生物、家蚕有毒,施药期间应避免对周围蜂群的影响,蜜源作物花期、蚕室和桑园附近禁用。养鱼稻田禁用,远离水产养殖区施药,禁止在河塘等水体中清洗施药器具。使用本品时应穿戴防护服和手套,避免吸入药液。施药期间不可吃东西和饮水。施药后,彻底清洗器械,并将包装袋深埋或焚毁,并立即用肥皂洗手和洗脸。

3. 高粱、月季花对敌敌畏敏感,容易产生药害,不宜使用。

4. 玉米、豆类、瓜类幼苗及柳树对敌敌畏较敏感,稀释不能低于800倍液,最好先进行试验再使用。蔬菜安全间隔期7天。

5. 储存于阴凉、通风的库房。远离火种、热源。包装密封。应与氧化剂、碱类分开存放,切忌混储。本品放置于阴凉、干燥、通风、防雨处、远离火种、热源,勿与食品、饲料、种子、日用品等同贮同运。

6. 孕妇和哺乳期妇女应避免接触本品。

7. 用过的容器妥善处理,不可做他用,不可随意丢弃。

8. 本品宜置于儿童够不着的地方并上锁,不得重压、破损包装容器。

丁硫克百威

【作用特点】

丁硫克百威又叫丁硫威、好年冬、安眠特，属于氨基甲酸酯类，其毒性机理是抑制昆虫乙酰胆碱酶(Ache)和羧酸酯酶的活性，造成乙酰胆碱(Ach)和羧酸酯的积累，影响昆虫正常的神经传导而致死。克百威低毒化品种之一，经口毒性中等，经皮毒性低，无累计毒性，无畸形，致癌和致突变。对天敌和有益生物毒性较低，即克百威农药低毒化衍生物，属高效安全、使用方便的杀虫杀螨剂，是剧毒农药克百威较理想的替代品种之一。其杀伤力强，见效快，具有胃毒及触杀作用。特点是脂溶性、内吸性好、渗透力强、作用迅速、残留低、有较长的残效、使用安全等，对成虫及幼虫均有效，对作物无害。特别是对蚜虫、柑橘锈壁虱等有很高的杀灭效果。见效快、持效期长。同时，还是一种植物生长调节剂，具有促进作物生长，提前成熟，促进幼芽生长等作用。

【毒性与环境生物安全性评价】

对高等动物毒性中等。

雄性大白鼠急性经口 LD_{50} 为 250 毫克/千克；

雌性大白鼠急性经口 LD_{50} 为 185 毫克/千克。

大白鼠吸入致死最低浓度 535 毫克/立方米。

雄性大白鼠急性吸入 1 小时 LC_{50} 为 1350 毫克/立方米；

雌性大白鼠吸入 1 小时 LC_{50} 为 0.61 毫克/立方米。

大鼠急性经皮 LD_{50} 为 350~400 毫克/千克。

兔急性经皮 LD_{50} 大于 2000 毫克/千克。

小白鼠腹腔注射致死最低量为 16 毫克/千克。

大鼠口服 100 毫克/千克 20 个月，无中毒现象。

人每日允许摄入量为 0.01 毫克/千克体重。

对鱼类高毒。

鲤鱼 48 小时 LC_{50} 为 0.55 毫克/千克；

鳟 96 小时 LC_{50} 为 0.042 毫克/升。

对蜜蜂的毒性是氨基甲酸酯中最大的一种。

对鸟类高毒。

鹌鹑 LD_{50} 为 23 毫克/千克；

鸽子 LD_{50} 为 13 毫克/千克；

鸭 LD_{50} 为 13 毫克/千克；

野鸭 LD_{50} 为 8.1 毫克/千克。

丁硫克百威在土壤中能够迅速降解，半衰期为 2~3 天。

【防治对象】

丁硫克百威可防治柑橘等水果及蔬菜、玉米、棉花、水稻、甘蔗等多种经济作物害虫，对蚜虫的防治效果尤为优异，如：柑橘锈壁虱、蚜虫、潜叶蛾、介壳虫，棉花蚜虫、棉铃虫、棉叶蝉，果树蚜虫，蔬菜蚜虫、蓟马，甘蔗蔗螟、玉米蚜虫、蟪蛄、茶树蚜虫、小绿叶蝉，水稻蓟马、螟虫、叶蝉、飞虱、麦类蚜虫等。

【使用方法】

1. 防治水稻螟虫、叶蝉、稻飞虱：用20%丁硫克百威乳油 1000~1500 倍液喷雾，水稻收获前20天停止用药。

2. 防治水稻稻蓟马：用20%丁硫克百威乳油2000~2500倍液喷雾，水稻收获前20天停止用药。

3. 防治小麦蚜虫：在蚜虫发生初盛期，用20%丁硫克百威乳油2500~3500倍液喷雾，水稻收获前20天停止用药。

4. 防治柑橘锈壁虱、潜叶蛾：用20%丁硫克百威乳油1500~2000倍液喷雾，柑橘收获前7天停止用药。

5. 防治柑橘介壳虫：用20%丁硫克百威乳油1000~1500倍液喷雾，柑橘收获前7天停止用药。

6. 防治柑橘蚜虫：用20%丁硫克百威乳油3500~4000倍液喷雾，柑橘收获前7天停止用药。

7. 防治棉花棉铃虫、棉叶蝉：用20%丁硫克百威乳油1500~2000倍液喷雾。

8. 防治棉花蚜虫：用20%丁硫克百威乳油2000~4000倍液喷雾。

9. 防治果树蚜虫：用20%丁硫克百威乳油2000~4000倍液喷雾，水果收获前15天停止用药。

10. 防治蔬菜蓟马：用20%丁硫克百威乳油2000~3000倍液喷雾，蔬菜收获前7天停止用药。

11. 防治蔬菜蚜虫：用20%丁硫克百威乳油3000~5000倍液喷雾，蔬菜收获前7天停止用药。

12. 防治甘蔗螟虫、蓟马：用20%丁硫克百威乳油1500~2000倍液喷雾，甘蔗收获前15天停止用药。

13. 防治玉米蚜虫、椿象：用20%丁硫克百威乳油1500~2000倍液喷雾，玉米收获前20天停止用药。

14. 防治茶树蚜虫、小绿叶蝉：用20%丁硫克百威乳油2000~3000倍液喷雾，茶叶收获前7天停止用药。

15. 防治地下害虫：使用5%丁硫克百威颗粒剂处理土壤，马铃薯1~4千克，甜菜0.5~2千克，水稻0.4~1千克。

【中毒急救】
中毒症状为头昏、头痛、乏力、面色苍白、呕吐、多汗、流涎、瞳孔缩小、视力模糊。严重者出现血压下降、意识不清，皮肤出现接触性皮炎如风疹，局部红肿奇痒，眼结膜充血、流泪、胸闷、呼吸困难等中毒症状出现快，一般几分钟至1小时即表现出来。用阿托品0.5~2毫克口服或肌肉注射，重者加用肾上腺素。禁用解磷定、氯磷定、双复磷、吗啡。

【注意事项】
1. 本品不可与碱性或酸性物质混用。
2. 本品对蜜蜂、鱼类等水生生物、家蚕有毒，施药期间应避免对周围蜂群的影响。蜜源作物花期、蚕室和桑园附近禁用。养鱼稻田禁用。远离水产养殖区施药。禁止在河塘等水体中清洗施药器具。
3. 使用本品时应穿戴防护服和手套，避免吸入药液。施药期间不可吃东西和饮水。施药后，彻底清洗器械，并将包装袋深埋或焚毁，并立即用肥皂洗手和洗脸。使用本品时，应避免直接接触药液，配戴相应的防护用品。
4. 在稻田使用时，避免同时使用敌稗和灭草灵，以防产生药害。丁硫克百威对水稻三化螟和稻纵卷叶螟防治效果不好，不宜使用。
5. 不得与食物、食品、种子、饲料等混存混放。存放于阴凉干燥处，应避光、防水、避火源。本品放置于阴凉、干燥、通风、防雨处，远离火源，勿与食品、饲料、种子、日用品等同贮同运。

6. 喷洒时力求均匀周到，尤其是主靶标。

7. 孕妇和哺乳期妇女应避免接触本品。

8. 用过的容器妥善处理，不可做他用，不可随意丢弃。

9. 本品宜置于儿童够不着的地方并上锁，不得重压、破损包装容器。

毒死蜱

【作用特点】

毒死蜱是一种高效、广谱、低残留的有机磷杀虫、杀螨剂。具有触杀、胃毒和熏蒸作用，击倒力强，有一定渗透作用，药效期较长。能较好地防治多种作物的地上和地下害虫，对抗性害虫防效较好。它是取代高毒有机磷杀虫剂的理想品种之一。

【毒性与环境生物安全性评价】

对高等动物毒性中等。

雄性大白鼠急性经口 LD_{50} 为 163 毫克/千克；

雌性大白鼠急性经口 LD_{50} 为 135 毫克/千克。

兔急性经口 LD_{50} 为 1000～2000 毫克/千克。

大鼠急性经皮 LD_{50} 大于 2000 毫克/千克。

大鼠亚急性经口无作用剂量为 0.03 毫克/千克。

大鼠慢性经口无作用剂量为 0.1 毫克/千克。

狗慢性经口无作用剂量为 0.03 毫克/千克。

对眼睛、皮肤有刺激作用。

长时间多次接触会产生灼伤。

在试验剂量下未见致畸、致突变、致癌作用。

对鱼、虾有毒。

鲤鱼 48 小时 LC_{50} 为 0.13 毫克/升；

虹鳟鱼 96 小时 LC_{50} 为 15 毫克/升。

对蜜蜂有较高毒性。

在作物叶片上残留期不长，但在土壤中残留期较长。

【防治对象】

毒死蜱可防治水稻、小麦、棉花、果树、蔬菜、茶树上多种咀嚼式和刺吸式口器害虫，对蚊、蝇类及牛羊体外寄生虫有防效，因此也可用于防治卫生害虫。在土壤中残留期较长，对地下害虫防治效果较好。

【使用方法】

1. 防治防治稻纵卷叶螟、稻蓟马、稻瘿蚊、稻飞虱、稻叶蝉等：每 666.7 平方米用 40% 毒死蜱乳油 60～120 毫升，兑水 50 千克喷雾。

2. 防治小麦黏虫、蚜虫：每 666.7 平方米用 40% 毒死蜱乳油 50～75 毫升，兑水 40～50 千克喷雾。

3. 防治棉花棉蚜：每 666.7 平方米用 40% 毒死蜱乳油 50 毫升，兑水 40 千克喷雾。

4. 防治棉花棉叶螨：每 666.7 平方米用 40% 毒死蜱乳油 70～100 毫升，兑水 40 千克喷雾。

5. 防治棉花棉铃虫、红铃虫：每 666.7 平方米用 40% 毒死蜱乳油 100～150 毫升，兑水

40 千克喷雾。

　　6. 防治蔬菜菜青虫、小菜蛾、豆野螟等：每 666.7 平方米用 40% 毒死蜱乳油 100 ~ 150 毫升，兑水 50 千克喷雾。

　　7. 防治大豆食心虫、斜纹夜蛾：每 666.7 平方米用 40% 毒死蜱乳油 75 ~ 100 毫升，兑水 50 千克喷雾。

　　8. 防治柑橘潜叶蛾、红蜘蛛：用 40% 毒死蜱乳油 1000 ~ 2000 倍液喷雾。

　　9. 防治桃小食心虫：用 40% 毒死蜱乳油 400 ~ 500 倍液喷雾。

　　10. 防治山楂红蜘蛛：用 40% 毒死蜱乳油 400 ~ 500 倍液喷雾。

　　11. 防治苹果红蜘蛛：用 40% 毒死蜱乳油 400 ~ 500 倍液喷雾。

　　12. 防治茶树茶尺蠖、茶细蛾、茶毛虫、丽绿刺蛾、茶橙瘿螨、茶短须螨：用 40% 毒死蜱乳油 300 ~ 400 倍液喷雾。

　　13. 防治甘蔗棉蚜：每 666.7 平方米用 40% 毒死蜱乳油 20 毫升，兑水 50 千克喷雾。

　　14. 卫生害虫的防治：蚊成虫用 40% 毒死蜱乳油 100 ~ 200 毫克/千克喷雾。孑孓用药为水中 40% 毒死蜱乳油含量 15 ~ 20 毫克/千克。蟑螂用 40% 毒死蜱乳油 200 毫克/千克。跳蚤用 40% 毒死蜱乳油 400 毫克/千克。家畜体表的微小牛蜱、蚤等用 40% 毒死蜱乳油 100 ~ 400 毫克/千克涂抹或洗刷。

　　15. 地下害虫的防治：用 40% 毒死蜱乳油 1000 ~ 1500 倍液，浇灌根部，或者每公顷用 40% 毒死蜱乳油 2000 ~ 2500 毫升，拌干土 200 ~ 300 千克埋施，可防治花生、大蒜田的根蛆、蛴螬、金针虫等地下害虫，持效期可达 3 ~ 4 个月。

　　【中毒急救】

　　中毒症状：急性中毒多因误食引起，约半小时到数小时可发病。

　　轻度中毒：全身不适，头痛、头昏、无力、视力模糊、呕吐、出汗、流涎、嗜睡等，有时有肌肉震颤，偶有腹泻。

　　中度中毒：除上述症状外剧烈呕吐、腹痛、烦燥不安、抽搐、呼吸困难等。

　　重度中毒：癫痫样抽搐。急性中毒多在 12 小时内发病，误服者立即发病。

　　不慎误服：用清水将嘴清洗干净，不要自行引吐，送医诊治。医生可使用阿托品、解磷定等治疗有机磷农药中毒的药剂，并注意迟发性神经毒性问题；不慎吸入：应将病人移至空气流通处；不慎溅入眼睛或接触皮肤：用大量清水冲洗至少 15 分钟。

　　急救措施：

　　1. 用阿托品 1 ~ 5 毫克皮下或静脉注射（剂量按中毒轻重而定）；

　　2. 用解磷定 0.4 ~ 1.2 克静脉注射（剂量按中毒轻重而定）；

　　3. 禁用吗啡、茶碱、吩噻嗪、利血平。

　　【注意事项】

　　1. 本品不可与碱性或酸性物质混用。

　　2. 本品对蜜蜂、鱼类等水生生物、家蚕有毒，施药期间应避免对周围蜂群的影响，蜜源作物花期、蚕室和桑园附近禁用。养鱼稻田禁用。远离水产养殖区施药。禁止在河塘等水体中清洗施药器具。

　　3. 使用本品时应穿戴防护服和手套，避免吸入药液。施药期间不可吃东西和饮水。施药后，彻底清洗器械，并将包装袋深埋或焚毁，并立即用肥皂洗手和洗脸。使用本品时，应避免直接接触药液，配戴相应的防护用品。

　　4. 瓜苗用药应在瓜蔓 1 米长以后进行。

　　5. 本品对烟草敏感，容易产生药害。

6. 不得与食物、食品、种子、饲料等混存混放。存放于阴凉干燥处，应避光、防水、避火源。

7. 喷洒时力求均匀周到，尤其是主靶标。

8. 各种作物使用本品的安全间隔期：水稻 7 天，棉花 21 天，小麦 10 天，甘蔗 7 天，大豆 14 天，花生 21 天，玉米 10 天，叶菜类 7 天。

9. 防治地下害虫、蔬菜害虫，先进行试验取得经验后再使用。

10. 孕妇和哺乳期妇女避免接触。

短稳杆菌

【作用特点】

短稳杆菌是一种防治鳞翅目害虫的微生物细菌杀虫剂，防治十字花科蔬菜小菜蛾、斜纹夜蛾等，有较好的效果。它是生产绿色无公害蔬菜的环保型农药，

【毒性与环境生物安全性评价】

对高等动物毒性低毒。

大鼠急性经口 LD_{50} 大于 5000 毫克/千克。

大鼠急性经皮 LD_{50} 大于 2000 毫克/千克。

大鼠急性吸入 LD_{50} 大于 2000 毫克/千克。

对兔眼睛有中度刺激；

对兔皮肤无刺激性。

对豚鼠为弱致敏性。

对小鼠急性致病性试验：小鼠染毒受检样品后未出现中毒症状，观察期内无死亡，解剖检查未见异常，无致病性。

在试验剂量下未见致畸、致突变、致癌作用。

对鱼类及水生生物低毒。

斑马鱼 96 小时 LC_{50} 为 183.74 亿孢子/升；

大型溞 48 小时 EC_{50} 大于 1500 亿孢子/升；

小球藻 96 小时 EC_{50} 大于 1500 亿孢子/升。

对蜜蜂中等毒。

蜜蜂摄入 48 小时 LC_{50} 大于 790 亿孢子/升。

对鸟类低毒。

鹌鹑 30 天 LD_{50} 为 7.5 亿孢子/千克·体重。

对家蚕中等毒。

二龄家蚕 LC_{50} 为 220 亿孢子/升。

【防治对象】

防治十字花科蔬菜小菜蛾、斜纹夜蛾等，有较好的效果。

【使用方法】

防治十字花科蔬菜小菜蛾、斜纹夜蛾等，用 100 亿孢子/毫升短稳杆菌悬浮剂 800～1000 倍液均匀喷雾。

100 亿孢子/毫升短稳杆菌悬浮剂用于蔬菜大田害虫防治应当注意掌握以下 4 个技术环节：

1. 用药对象短稳杆菌农药对小菜蛾幼虫、斜纹夜蛾幼虫及其他鳞翅目害虫都具有较好的杀虫效果，且对蔬菜食用性无副作用，对害虫天敌安全性好，可广泛用于无公害蔬菜鳞翅

目害虫的防治。

2. 用药时期掌握在幼虫 2 龄中期用药为宜，也可以掌握在幼虫孵化高峰期用药。虫龄过大，幼虫抗药性有所增强。

3. 用药量 100 亿孢子/毫升短稳杆菌悬浮剂大田用药量 100 克/667 平方米左右。

4. 用药方法大田用 100 亿孢子/毫升短稳杆菌悬浮剂 100 克/667 平方米左右，兑水 45 ~ 50 千克，搅拌均匀后，在蔬菜叶片正反面及菜心均匀喷细雾。将药液喷施到防治对象的栖息部位。用药时应当尽可能避开下雨，且最好在傍晚时喷施。

【中毒急救】

对眼睛有轻微刺激。不慎眼睛溅入或接触皮肤：用大量清水冲洗至少 15 分钟。误吸：将病人转移到空气清新处。误食：请勿引吐，立即送医院治疗。

【注意事项】

1. 本品不可与碱性或酸性物质混用。

2. 本品对蜜蜂、家蚕有毒，施药期间应避免对周围蜂群的影响，蜜源作物花期、蚕室和桑园附近禁用。

3. 使用本品时应穿戴防护服和手套，避免吸入药液。施药期间不可吃东西和饮水。施药后，彻底清洗器械，并将包装袋深埋或焚毁，并立即用肥皂洗手和洗脸。使用本品时，应避免直接接触药液，配戴相应的防护用品。

4. 孕妇和哺乳期妇女应避免接触本品。

5. 用过的容器妥善处理，不可做他用，不可随意丢弃。

6. 本品放置于阴凉、干燥、通风、防雨处，远离火源，勿与食品、饲料、种子、日用品等同贮同运。

7. 本品宜置于儿童够不着的地方并上锁，不得重压、破损包装容器。

二嗪磷

【作用特点】

二嗪磷是一种广谱性有机磷杀虫剂。它具有触杀、胃毒和熏蒸作用，有一定的内吸作用，药效期较长；能较好的防治多种作物的地上和地下害虫；其杀虫机理为抑制乙酰胆碱酯酶；有一定杀螨和杀线虫活性。

【毒性与环境生物安全性评价】

对高等动物毒性中等。

大白鼠急性经口 LD_{50} 为 285 毫克/千克；

大白鼠急性经皮 LD_{50} 为 455 毫克/千克。

小白鼠急性吸入 LC_{50} 为 630 毫克/立方米。

对眼睛、皮肤有轻微刺激作用。

在试验剂量下未见致畸、致突变、致癌作用。

对鱼毒性中等。

鲤鱼 48 小时 LC_{50} 为 3.2 毫克/升。

对蜜蜂高毒。

对鸡、鸭、鹅高毒。

小鸡急性经口 LD_{50} 为 48.8 毫克/升。

【防治对象】

用于控制大范围作物上的刺吸式口器害虫和食叶害虫，主要作物包括落叶果树、柑橘、葡萄、橄榄、香蕉、菠萝、蔬菜、马铃薯、甜菜、甘蔗、咖啡、可可、茶树等。主要防治对象包括二化螟、三化螟、稻飞虱、叶蝉、稻杆蝇、菜青虫、蚜虫、圆葱潜叶蝇、豆类种蝇、红蜘蛛等。对虫卵、螨卵也有一定杀伤效果。用二嗪磷颗粒剂拌种可以防治小麦、玉米、高粱、花生等作物的蝼蛄、蛴螬等地下害虫。颗粒剂灌心叶，可防治玉米螟等。敌敌畏制剂兑煤油喷雾，可防治蚊子、苍蝇、跳蚤、虱子等卫生害虫。绵羊药液浸浴，可以防治蝇、虱、蜱、蚤等体外寄生虫。

【使用方法】

1. 防治蔬菜菜青虫：在产卵高峰后 1 星期，幼虫 2 ~ 3 龄期防治。每 666.7 平方米用 50% 二嗪磷乳油 40 ~ 50 毫升，兑水 40 ~ 50 千克喷雾。

2. 防治蔬菜蚜虫：每 666.7 平方米用 50% 二嗪磷乳油 40 ~ 50 毫升，兑水 40 ~ 50 千克喷雾。

3. 防治圆葱潜叶蝇、豆类种蝇：每 666.7 平方米用 50% 二嗪磷乳油 50 ~ 100 毫升，兑水 50 ~ 100 千克喷雾。

4. 防治棉花棉蚜：苗蚜有蚜株率达 30%，单株平均蚜量近 10 头，卷叶率达 5% 时，每 666.7 平方米用 50% 二嗪磷乳油 40 ~ 60 毫升，兑水 40 ~ 60 千克喷雾。

5. 防治棉花红蜘蛛：6 月底以前的害螨发生期，每 666.7 平方米用 50% 二嗪磷乳油 60 ~ 80 毫升，兑水 50 千克喷雾。

6. 防治水稻三化螟：防治枯心应掌握在卵孵盛期，防治白穗在 5% ~ 10% 破口露穗期，每 666.7 平方米用 50% 二嗪磷乳油 50 ~ 75 毫升，兑水 50 ~ 75 千克喷雾。

7. 防治水稻二化螟：大发生年份蚁螟孵化高峰前 3 天第 1 次用药，7 ~ 10 天再用药 1 次，每 666.7 平方米用 50% 二嗪磷乳油 50 ~ 75 毫升，兑水 50 ~ 75 千克喷雾。

8. 防治水稻稻瘿蚊：主要防治中、晚稻秧苗田，防止将虫源带入本田。在成虫高峰期至幼虫孵化高峰期用药，每 666.7 平方米用 50% 二嗪磷乳油 50 ~ 100 毫升，兑水 50 ~ 75 千克喷雾。

9. 防治水稻稻飞虱、叶蝉、稻杆蝇：在发生期用药，每 666.7 平方米用 50% 二嗪磷乳油 50 ~ 100 毫升，兑水 50 ~ 75 千克喷雾。

10. 防治华北蝼蛄、华北大黑金龟子等地下害虫，用 50% 二嗪磷乳油 500 毫升，加水 25 千克，拌玉米或高粱种 300 千克，拌匀闷种 7 小时后播种。同样药量和兑水量，可拌小麦种 250 千克，待种子吸收药液，稍晾干后播种。

11. 防治春播花生田大黑蛴螬：每 666.7 平方米用 2% 二嗪磷颗粒剂 1 ~ 1.5 千克，穴施药。

12. 防治旱粮作物黏虫、玉米螟等：每 666.7 平方米用 50% 二嗪磷乳油 800 ~ 1000 倍液喷雾。

【中毒急救】

急性中毒多在 12 小时内发病，口服立即发病。轻度：头痛、头昏、恶心、呕吐、多汗、无力、胸闷、视力模糊、食欲减退等，全血胆碱酯酶活力一般降至正常值的 70% 以下。中度：除上述症状外还出现轻度呼吸困难、肌肉震颤、瞳孔缩小、精神恍惚、行走不稳、大汗、流涎、腹痛、腹泻。重度：还会出现昏迷、抽搐、呼吸困难、口吐白沫、大小便失禁、惊厥、呼吸麻痹。

进入眼睛，用大量清水冲洗，并滴入磺乙酰钠眼药。

急救治疗：

1. 按中毒轻重而定，用硫酸阿托品 1 ~ 5 毫克皮下或静脉注射。

2. 按中毒轻重而定，用解磷定 0.4 ~ 1.2g 静脉注射。

3. 误服立即引吐、洗胃、导泻，口服 1% ~ 2% 苏打水或用清水洗胃，但要注意清醒时才能引吐。呼吸困难时应输氧。

4. 禁用吗啡、茶碱、吩噻嗪、利血平。

【注意事项】

1. 不可与碱性物质混用。本品不可与敌稗混用，也不可在施用敌稗前后两周内使用本品。

2. 本品不可与含铜杀菌剂混用。

3. 本品对蜜蜂、鱼类等水生生物、家蚕有毒，施药期间应避免对周围蜂群的影响，蜜源作物花期、蚕室和桑园附近禁用。养鱼稻田禁用。远离水产养殖区施药。禁止在河塘等水体中清洗施药器具。

4. 使用本品时应穿戴防护服和手套，避免吸入药液。施药期间不可吃东西和饮水。施药后，彻底清洗器械，并将包装袋深埋或焚毁，并立即用肥皂洗手和洗脸。使用本品时，应避免直接接触药液，配戴相应的防护用品。

5. 对鸡、鸭、鹅毒性大，施药农田禁止放养。

6. 有些品种的苹果和莴苣对二嗪磷敏感，不宜使用，以免产生药害。

7. 不能用铜、铜合金罐、塑料瓶盛装。

8. 本品在水田土壤中的半衰期为 21 天，一般用药剂量下不会产生药害。

9. 二嗪磷最高残留限量为 0.75 毫克/千克，作物受获前 10 天停止用药。

10. 二嗪磷遇明火、高温可燃。

11. 二嗪磷受高温分解，并放出有毒气体。

12. 孕妇和哺乳期妇女应避免接触本品。

13. 用过的容器妥善处理，不可做他用，不可随意丢弃。

14. 本品放置于阴凉、干燥、通风、防雨处，远离火源，勿与食品、饲料、种子、日用品等同贮同运。

15. 本品宜置于儿童够不着的地方并上锁，不得重压、破损包装容器。

氟虫腈

【作用特点】

氟虫腈是一种苯基吡唑类杀虫剂，杀虫广谱，对害虫以胃毒作用为主，兼有触杀和一定的内吸作用，其杀虫机制在于阻碍昆虫 γ - 氨基丁酸控制的氯化物代谢。它对半翅目、鳞翅目、缨翅目、鞘翅目等害虫以及对环戊二烯类、菊酯类、氨基甲酸酯类杀虫剂已产生抗药性的害虫都具有极高的敏感性。因此，它对蚜虫、叶蝉、飞虱、鳞翅目幼虫、蝇类和鞘翅目等重要害虫有很高的杀虫活性，对作物无药害。该药剂可施于土壤，也可叶面喷雾。施于土壤能有效地防治玉米根叶甲、金针虫和地老虎。叶面喷洒时，对小菜蛾、菜粉蝶、稻蓟马等均有高水平防效，且持效期长。

【毒性与环境生物安全性评价】

对高等动物毒性低毒。

原药大鼠急性经口 LD_{50} 大于 4640 毫克/千克；

原药急性经皮 LD_{50} 大于 2150 毫克/千克。

对兔皮肤、眼睛均无刺激性。

对豚鼠皮肤变态试验结果为弱致敏性。

无致畸、致癌和引起突变的作用。

制剂大鼠急性经口 LD_{50} 大于 4640 毫克/千克；

制剂急性经皮 LD_{50} 大于 2150 毫克/千克。

对眼睛有中度刺激性。

对兔皮肤无刺激性。

对豚鼠皮肤变态试验结果为弱致敏性。

无致畸、致癌和引起突变的作用。

该药对鱼类毒性高毒。

鲤鱼 96 小时 LC_{50} 为 30 微克/升；

虹鳟鱼 96 小时 LC_{50} 为 248 微克/升；

蓝鳃翻车鱼 96 小时 LC_{50} 为 85 微克/升。

对水生生物有风险。

水蚤 48 小时 EC_{50} 为 190 微克/升；

绿藻 72 小时 EC_{50} 为 68 微克/升。

对蜜蜂毒性高毒。高风险。

蜜蜂接触染毒 LD_{50} 为 0.56 微克/只。

对鸟类毒性低毒或中等毒。

野鸭急性经口 LD_{50} 大于 2000 毫克/千克；

鸽子急性经口 LD_{50} 大于 2000 毫克/千克；

鹌鹑急性经口 LD_{50} 为 11.3 毫克/千克；

野鸡急性经口 LD_{50} 为 31 毫克/千克。

对虾、蟹毒性亦高毒。

对家蚕毒性低毒。

家蚕食下毒叶法 LC_{50} 大于 5000 毫克/升。

每人每日最大允许摄入量为 0.00025 毫克/千克体重。

【防治对象】

氟虫腈广泛用于蔬菜、棉花、烟草、马铃薯、甜菜、大豆、油菜、茶叶、苜蓿、甘蔗、高粱、玉米、果树、森林、观赏植物、公共卫生、畜牧业、贮存产品及地面建筑等防除各类作物害虫和卫生害虫。它是一种对许多种类害虫都具有杰出防效的广谱性杀虫剂，对半翅目、鳞翅目、缨翅目、鞘翅目等害虫以及对环戊二烯类、菊酯类、氨基甲酸酯类杀虫剂已产生抗药性的害虫都具有极高的敏感性。

【特别说明】

氟虫腈对蜂类有极高的毒性，弊在对稻田寄生蜂有极大的杀伤作用，而寄生蜂恰恰是控制水稻螟虫和稻纵等害虫的重要天敌。另外，锐劲特的杀虫谱很广，对其他害虫天敌也有较强的杀伤力，滥用该药不利于农田生态保护。

2009 年 2 月初，农业部办公厅发出关于印发"第八届全国农药登记评审委员会第 4 次全体会议纪要"的通知，要求自 2009 年 7 月 1 日起，除卫生用、部分旱田种子包衣剂外，在中国境内停止销售和使用用于其他方面的含氟虫腈成分的农药制剂。也就是说锐劲特自 2009 年 7 月 1 日起被禁用。

【使用方法】

1. 防治蔬菜上的小菜蛾：在低龄幼虫期施药，每 666.7 平方米米用 5% 氟虫腈悬浮剂 18～30 毫升，兑水 50～60 千克均匀喷雾。喷雾时要全面，使药液喷到植株的各部位。

2. 防治油菜上的小菜蛾：在低龄幼虫期施药，每666.7平方米用5%氟虫腈悬浮剂18~30毫升，兑水50~60千克均匀喷雾。喷雾时要全面，使药液喷到植株的各部位。

3. 种衣剂使用方法：50克/升氟虫腈种子处理悬浮剂用于水稻直播田、旱育秧田、常规秧田。旱育秧田可防治稻瘿蚊，兼治稻蓟马、卷叶螟、稻飞虱、三化螟等前期害虫。秧田期主治稻蓟马，兼治二化螟、稻飞虱等。

用药量：杂交稻每千克种子用50克/升氟虫腈种子处理悬浮剂16~32克；旱育秧每千克种子50克/升氟虫腈种子处理悬浮剂20~30毫升克；直播稻每千克种子50克/升氟虫腈种子处理悬浮剂20~30克；抛秧盘每千克种子50克/升氟虫腈种子处理悬浮剂10~15克；常规稻每千克种子50克/升氟虫腈种子处理悬浮剂4~8毫升克。

拌种方法：将催芽露白至芽长达半个谷粒的稻种沥干水，倒入塑料袋或塑料薄膜上；按处理每1千克干种子加30~40毫升药液（上述推荐制剂用药量＋清水）；将药液与稻种混合，轻轻翻拌稻种3~5分钟，使种子均匀着药；之后摊开置于通风阴凉处4~6小时，阴干后播种。

【中毒急救】

对动物的中毒试验发现，氟虫腈中毒的典型症状表现为神经系统的超兴奋，多动、亢奋、颤抖，更为严重时出现昏迷、抽搐。一旦接触皮肤和眼睛，应用大量清水冲洗15分钟以上。如误服，应引吐，并尽快就医。如误食，需催吐，并立即就医。至今尚未发现有专门的解毒剂，苯巴比妥类药物可缓解中毒症状。

【注意事项】

1. 不宜和碱性药剂混用。

2. 本品对虾、蟹和部分鱼类高毒，故严禁在养虾、蟹和鱼的稻田及养虾、蟹邻近的稻田使用，并严禁将施用过本品的稻田水直接排入养虾、蟹、鱼的稻田及池塘。水田播种后7天内，不得把田水排入河、湖、水渠和池塘等水源。

3. 严禁在池塘、水渠、河流和湖泊中洗涤施用本品的药械，以避免对水生生物造成伤害的风险。本品对蜜蜂高毒，严禁在非登记的蜜源植物上使用。

4. 不要超剂量使用本品。

5. 拌种和播种时应戴口罩、手套，穿保护性作业服，严禁吸烟和饮食。

6. 处理后的种子禁止供人畜食用，也不要与未处理种子混合或一起存放。

7. 使用本品时应穿戴防护服和手套，避免吸入药液。施药期间不可吃东西和饮水。施药后，彻底清洗器械，并将包装袋深埋或焚毁，并立即用肥皂洗手和洗脸。使用本品时，应避免直接接触药液，配戴相应的防护用品。

8. 本品不得在稻田使用。

9. 孕妇和哺乳期妇女应避免接触本品。

10. 用过的容器妥善处理，不可做他用，不可随意丢弃。

11. 本品放置于阴凉、干燥、通风、防雨处，远离火源，勿与食品、饲料、种子、日用品等同贮同运。

12. 本品宜置于儿童够不着的地方并上锁，不得重压、破损包装容器。

氟虫脲

【作用特点】

氟虫脲属于苯甲酰脲类杀虫剂，是几丁质合成抑制剂，其杀虫活性、杀虫谱和作用速度均具特色，并有很好的叶面滞留性，尤其对未成熟阶段的螨和害虫有高的活性。它具有胃毒和触杀作用，无内吸作用。其主要机理是抑制昆虫表皮几丁质的合成，使昆虫不能正常脱皮或变态而死亡。成虫接触到该药剂后，产的卵即使孵化幼虫也会很快死亡。虫、螨兼治，活性高，持效期长。杀虫、杀螨初始效果较慢，但药后2~3小时，害虫、害螨便停止取食，3~5天死亡达到高峰。因此，施药时间应较一般有机磷、拟除虫菊酯类药剂提前2~3天。

【**毒性与环境生物安全性评价**】

对高等动物毒性低毒。

大白鼠急性经口 LD_{50} 大于3000毫克/千克；

大白鼠急性经皮 LD_{50} 大于2000毫克/千克。

大白鼠急性吸入4小时 LC_{50} 为5毫克/升。

对兔眼睛、皮肤无刺激作用。

在试验剂量下，动物试验未见致畸、致突变、致癌作用。

对鱼毒性低毒。

鲑鱼24小时 LC_{50} 大于100毫克/升。

虹鳟鱼96小时 LC_{50} 大于100毫克/升。

对鸟类低毒。

北美鹑急性经口 LD_{50} 大于2000毫克/千克。

对食肉螨和昆虫天敌低毒。

对土壤微生物及蚯蚓无大影响。

在黏性土壤中的半衰期42天。

【**防治对象**】

广泛用于柑橘、棉花、葡萄、大豆、果树、玉米和咖啡上，防治食植性螨类，如刺瘿螨、短须螨、全爪螨、锈螨、红叶螨等。对许多其他害虫，也有很好的持效作用，对捕食性螨和昆虫安全。杀幼、若螨效果好，不能直接杀成螨，但接触药剂的雌成螨产卵量减少，可导致不育或所产卵不能孵化。对蔬菜小菜蛾、菜青虫、豆荚螟等害虫有较好防效。

由于该药杀灭作用较慢，所以施药时间要较一般杀虫、杀螨剂提前2~3天，防治钻蛀性害虫宜在卵孵化盛期至幼虫蛀入作物前施药，防治害螨时宜在幼螨、藉螨盛发期施药。

【**使用方法**】

氟虫脲主要通过喷雾防治害虫及害螨。在苹果、柑橘等果树上喷施时，一般使用50克/升氟虫脲可分散液剂100~1500倍液喷雾；在蔬菜、棉花等作物上喷施时，一般每666.7平方米米使用50克/升氟虫脲可分散液剂30~50毫升，兑水30~45千克喷雾；防治草地蝗虫时，一般每666.7平方米使用50克/升氟虫脲可分散液剂10~15毫升，兑水30~45千克后均匀喷雾。喷药时应均匀、细致、周到。

1. 防治苹果叶螨：在开花前后，用5%氟虫脲乳油1000~1500倍液喷雾；夏季用500~1000倍液喷雾。

2. 防治苹果小卷叶蛾：用5%氟虫脲乳油500~1000倍液喷雾。

3. 防治柑橘红蜘蛛、木虱等：用5%氟虫脲乳油500~1000倍液喷雾。

4. 防治蔬菜小菜蛾：用5%氟虫脲乳油1000~2000倍液喷雾。

5. 防治蔬菜菜青虫：用5%氟虫脲乳油2000~3000倍液喷雾。

6. 防治蔬菜红蜘蛛：用5%氟虫脲乳油1000~2000倍液喷雾。

7. 防治棉花红蜘蛛：每666.7平方米用5%氟虫脲乳油50~75毫升，兑水50千克喷雾。

8. 防治棉花棉铃虫、红铃虫等：每666.7平方米用5%氟虫脲乳油75~100毫升，兑水50千克喷雾。

【中毒急救】

如误服，不要催吐，可以洗胃，应送医院治疗。

【注意事项】

1. 不宜和碱性药剂混用，可以间隔开施药。先喷氟虫脲时，10 天后再喷波尔多液防病；如果先喷波尔多液后再喷氟虫脲，则间隔期要适当延长。

2. 苹果上应在采收前 70 天用药，柑橘上应在收获前 50 天用药。

3. 本品对虾、蟹类高毒，远离水产养殖区施药，禁止在河塘等水体中清洗施药器具。

4. 本品对家蚕有毒，蚕室和桑园附近禁用。

5. 使用本品时应穿戴防护服和手套，避免吸入药液。施药期间不可吃东西和饮水。施药后，彻底清洗器械，并将包装袋深埋或焚毁，并立即用肥皂洗手和洗脸。使用本品时，应避免直接接触药液，配戴相应的防护用品。

6. 较有机磷、拟除虫菊酯提前 2～3 天，防治钻蛀性害虫宜在卵孵化盛期至幼虫蛀入作物前施药，防治害螨时宜在幼螨、藉螨盛发期施药。

7. 孕妇和哺乳期妇女应避免接触本品。

8. 用过的容器妥善处理，不可做他用，不可随意丢弃。

9. 本品放置于阴凉、干燥、通风、防雨处，远离火源，勿与食品、饲料、种子、日用品等同贮同运。

10. 本品宜置于儿童够不着的地方并上锁，不得重压、破损包装容器。

氟虫双酰胺

【作用特点】

氟虫双酰胺属新型邻苯二甲酰胺类杀虫剂，激活鱼尼丁受体细胞内钙释放通道，导致贮存钙离子的失控性释放。它是目前为数不多的作用于昆虫细胞鱼尼丁（Ryanodine）受体的化合物。对鳞翅目害虫有光谱防效，与现有杀虫剂无交互抗性产生，非常适宜于现有杀虫剂产生抗性的害虫的防治。对幼虫有非常突出的防效，对成虫防效有限，没有杀卵作用。渗透植株体内后通过木质部略有传导。耐雨水冲刷。几乎所有的鳞翅目类害虫均具有很好的活性，不仅对成虫和幼虫都有优良的活性，而且作用速度快、持效期长。

【毒性与环境生物安全性评价】

对高等动物毒性低毒。

原药雄大鼠急性经口 LD_{50} 大于 2000 毫克/千克；

原药雌大鼠急性经口 LD_{50} 大于 2000 毫克/千克；

雄大鼠急性经皮 LD_{50} 大于 2000 毫克/千克；

雌大鼠急性经皮 LD_{50} 大于 2000 毫克/千克；

雄、雌大鼠急性吸入 LC_{50} 均为 68.5 毫克/升。

对眼睛有轻微刺激性。

对皮肤无刺激性。

在试验剂量下，动物试验未见致畸、致突变、致癌作用。

对鱼类毒性低毒。

鲤鱼 96 小时 LC_{50} 大于 84.7 微克/升。

对水生生物风险高。

水蚤 48 小时 EC_{50} 大于 60 微克/升；

绿藻 72 小时 EC_{50} 大于 63.9 微克/升。

对蜜蜂毒性低毒。

蜜蜂急性经口、接触 LD_{50} 大于 200 微克/只。

对鸟类毒性低毒。

北美鹑急性经口 LD_{50} 大于 2000 毫克/千克。

对家蚕风险高。

人每日允许摄入量：中国为 0.017 毫克/千克体重；美国为 0.024 毫克/千克体重。

在环境中难降解、难挥发，在土壤中不易移动，不易造成对地下水污染。

【防治对象】

防治水稻钻蛀性害虫如二化螟、三化螟、大螟等，十字花科蔬菜小菜蛾、甜菜夜蛾等。

【使用方法】

1. 防治蔬菜小菜蛾：于害虫产卵盛期至幼虫 3 龄期前，亩用 20% 氟虫双酰胺水分散粒剂 15～20 克，兑水 50～60 公斤均匀喷雾。

2. 防治蔬菜甜菜夜蛾：于害虫产卵盛期至幼虫 3 龄期前，亩用 20% 氟虫双酰胺水分散粒剂 15～20 克，兑水 50～60 公斤均匀喷雾。

【中毒急救】

皮肤接触，用肥皂水或大量清水冲洗，时间不得少于 15 分钟。溅入眼睛，用清水冲洗 15 分钟以上。如误服，立即送医院对症治疗，洗胃，使病人保持安静。洗胃时注意保护气管和食道。

【注意事项】

1. 本品不可与碱性或强酸性物质混用。

2. 本品对水生生物毒性大，应远离水产养殖区施药，禁止在河塘等水体中清洗施药器具。

3. 本品对家蚕毒性大，蚕室和桑园附近禁用。

3. 使用本品时应穿戴防护服和手套，避免吸入药液。施药期间不可吃东西和饮水。施药后，彻底清洗器械，并将包装袋深埋或焚毁，并立即用肥皂洗手和洗脸。使用本品时，应避免直接接触药液，配戴相应的防护用品。

4. 孕妇和哺乳期妇女应避免接触本品。

5. 用过的容器妥善处理，不可做他用，不可随意丢弃。

6. 本品放置于阴凉、干燥、通风、防雨处，远离火源，勿与食品、饲料、种子、日用品等同贮同运。

7. 本品宜置于儿童够不着的地方并上锁，不得重压、破损包装容器。

氟啶虫酰胺

【作用特点】

氟啶虫酰胺属新型吡啶酰胺类昆虫生长调节杀虫剂，具有触杀和内吸作用，对各种刺吸式口器害虫有效，并具有良好的渗透作用。它可从根部向茎部、叶部渗透，但由叶部向茎、根部渗透作用相对较弱。氟啶虫酰胺通过阻碍害虫吮吸作用而致效。害虫摄入药剂后很快停止吮吸，最后饥饿而死。据电子的昆虫吮吸行为解析，氟啶虫酰胺可使蚜虫等吮吸性害虫的口针组织无法插入植物组织而致效。由于氟啶虫酰胺独特的作用机理和极高的生物活性，以及其对人、畜、环境极高的安全性，同时对其他杀虫剂具抗性的害虫有效，氟啶虫酰胺有很大的发展潜力。

【毒性与环境生物安全性评价】

对高等动物毒性低毒。

原药雄大鼠急性经口 LD_{50} 为 884 毫克/千克；

原药雌大鼠急性经口 LD_{50} 为 1768 毫克/千克；

原药雄大鼠急性经皮 LD_{50} 大于 5000 毫克/千克；

原药雌大鼠急性经皮 LD_{50} 大于 5000 毫克/千克。

对兔眼睛无刺激性。

对兔皮肤无刺激性。

豚鼠皮肤变态反应试验结果为无致敏性。

在试验剂量下，动物试验未见致畸、致突变、致癌作用。

制剂雄大鼠急性经口 LD_{50} 大于 2000 毫克/千克；

制剂雌大鼠急性经口 LD_{50} 大于 2000 毫克/千克；

制剂雄大鼠急性经皮 LD_{50} 大于 2000 毫克/千克；

制剂雌大鼠急性经皮 LD_{50} 大于 2000 毫克/千克。

对兔眼睛有刺激性。

对兔皮肤无刺激性。

豚鼠皮肤变态反应试验结果为无致敏性。

在试验剂量下，动物试验未见致畸、致突变、致癌作用。

对鱼类低毒。

鲤鱼 96 小时 LC_{50} 为 853 毫克/升。

对蜜蜂毒性低毒。

蜜蜂急性经口 100 倍液稀释无作用浓度大于 1000 毫克/千克；

蜜蜂急性接触 100 倍液稀释无作用浓度大于 1000 毫克/千克。

对鸟类毒性低毒。

鹌鹑急性经口 LD_{50} 大于 2250 毫克/千克。

对家蚕毒性低毒。

3 龄家蚕经口无作用浓度大于 200 毫克/千克。

对捕食螨在药剂 200 毫克/千克浓度时安全。

大于 1000 毫克/千克的剂量对蚯蚓无影响。

土壤中半衰期小于 3 天。

【防治对象】

氟啶虫酰胺为同翅目害虫拒食剂，与其他药剂作用机理不同，对黄瓜、马铃薯、苹果上的蚜虫有很好的防治效果。在植物体内渗透性较强，可以防治登记作物不同部位蚜虫，持效性较长。

【使用方法】

1. 防治黄瓜蚜虫：于蚜虫发生初盛期时，每 667 平方米用 10% 氟啶虫酰胺水分散粒剂 30～50 克，兑水 50～60 公斤均匀喷雾。

2. 防治马铃薯蚜虫：蚜虫发生初盛期时，每 667 平方米用 10% 氟啶虫酰胺水分散粒剂 30～50 克，兑水 50～60 公斤均匀喷雾。

3. 防治苹果树蚜虫：于蚜虫发生初盛期时，用 10% 氟啶虫酰胺水分散粒剂 2500～5000 倍液喷洒。

【中毒急救】

皮肤接触，用肥皂水或大量清水冲洗，时间不得少于 15 分钟。溅入眼睛，用清水冲洗 15 分钟以上。如误服，立即送医院对症治疗，洗胃，使病人保持安静。洗胃时注意保护气管和食道。

【注意事项】

1. 本品不可与碱性或强酸性物质混用。

2. 根据所需药量调制药液，调制后的药液要一次用完。

3. 黄瓜每季作物使用次数不超过 3 次，在苹果树上每季最多使用 2 次，马铃薯上每季最多使用 2 次；安全间隔期：黄瓜为 3 天，苹果为 21 天，马铃薯为 7 天。

4. 由于该药剂为昆虫拒食剂，因此施药后 2 ~ 3 天肉眼才能看到蚜虫死亡。注意不要重复施药。

5. 施药时应避免药液污染河塘等水源地。

6. 建议与其他作用机制不同的杀虫剂轮换使用，以延缓抗性产生。

7. 使用本品时应穿戴防护服和手套，避免吸入药液。施药期间不可吃东西和饮水。施药后，彻底清洗器械，并将包装袋深埋或焚毁，并立即用肥皂洗手和洗脸。使用本品时，应避免直接接触药液，配戴相应的防护用品。

8. 孕妇和哺乳期妇女应避免接触本品。

9. 用过的容器妥善处理，不可做他用，不可随意丢弃。

10. 本品放置于阴凉、干燥、通风、防雨处，远离火源，勿与食品、饲料、种子、日用品等同贮同运。

11. 本品宜置于儿童够不着的地方并上锁，不得重压、破损包装容器。

氟啶脲

【作用特点】

氟啶脲是一种昆虫生长调节剂类低毒杀虫剂，以胃毒作用为主，兼有触杀作用，无内吸性。其杀虫机制主要是抑制几丁质合成，阻碍昆虫正常蜕皮，使卵的孵化、幼虫蜕皮以及蛹发寓畸形，成虫羽化受阻，最终而导致害虫死亡。该药药效高，但作用速度较慢，幼虫接触药剂后不会很快死亡，但取食活动明显减弱，一般在药后 5 ~ 7 天才能达到防效高峰。对多种鳞翅目害虫以及直翅目、鞘翅目、膜翅目、双翅目等害虫杀虫活性高，但对蚜虫霉飞虱无效。适用于对有机磷类、拟除虫菊酯类、氨基甲酸酯等杀虫剂已产生抗性的害虫的综合治理。

【毒性与环境生物安全性评价】

对高等动物毒性低毒。

大白鼠急性经口 LD_{50} 大于 8500 毫克/千克；

大白鼠急性经皮 LD_{50} 大于 1000 毫克/千克。

大白鼠急性吸入 LC_{50} 大于 2.4 毫克/升。

对家兔眼睛、皮肤无刺激作用。

在试验剂量下，动物试验未见致畸、致突变、致癌作用。

对鱼毒性低毒。

鲤鱼 96 小时 LC_{50} 大于 300 毫克/升。

对鸟类低毒。

鹌鹑、野鸭急性经口 LD_{50} 均大于 2150 毫克/千克。

对蜜蜂较安全。

蜜蜂经口 LD_{50} 大于 100 微克/只。

多种土壤中的半衰期 6 周至几个月。

【防治对象】

氟啶脲适用于多种瓜果、蔬菜、大豆、玉米、果树、马铃薯、茶树、烟草、森林、公共卫生等，鳞翅目、直翅目、鞘翅目、膜翅目、双翅目等害虫，具有特效防治作用。目前瓜果蔬菜生产上主要用于防治：十字花科蔬菜的小菜蛾、甜菜夜蛾、菜青虫、银纹夜蛾、斜纹夜蛾、烟青虫等，茄果类及瓜果类蔬菜的棉铃虫、甜菜夜蛾、烟青虫、斜纹夜蛾等，豆类蔬菜的豆荚螟、豆野螟等。

【使用方法】

1. 十字花科蔬菜的小菜蛾、甜菜夜蛾、菜青虫、银纹夜蛾、烟青虫等鳞翅目害虫的防治：在卵孵化盛期至低龄幼虫期均匀喷药，7 天左右 1 次，特别注意喷洒叶片背面，使叶背要均匀着药；害虫发生偏重时最好与速效性杀虫剂混配使用。一般每亩次使用 5% 氟啶脲乳油或 50 克/升氟啶脲乳油 80~100 毫升，或 50% 氟啶脲乳油 8~10 毫升，兑水 30~60 千克均匀喷雾；或使用 5% 氟啶脲乳油或 50 克/升氟啶脲乳油 500~700 倍液，或 50% 氟啶脲乳油 5000~7000 倍液均匀喷雾。

2. 茄果类及瓜果类蔬菜的棉铃虫、甜菜夜蛾、烟青虫、斜纹夜蛾等鳞翅目害虫的防治：在害虫卵孵化盛期至幼虫钻蛀为害前或低龄幼虫期开始均匀喷药，7 天左右 1 次，害虫发生偏重时最好与速效性杀虫剂混配使用。一般使用 5% 氟啶脲乳油或 50 克/升氟啶脲乳油 400~600 倍液，或 50% 氟啶脲乳油 4000~6000 倍液均匀喷雾。

3. 豆类蔬菜的豆荚螟、豆野螟等鳞翅目害虫的防治：在害虫卵孵化盛期至幼虫钻蛀为害前喷药，重点喷洒花蕾、嫩荚等部位，早、晚喷药效果较好。一般使用 5% 氟啶脲乳油或 50 克/升氟啶脲乳油 600~800 倍液，或 50% 氟啶脲乳油 6000~8000 倍液喷雾。

4. 防治棉花棉铃虫：掌握在卵盛期施药，用 5% 氟啶脲乳油或 50 克/升氟啶脲乳油 1000~2000 倍液均匀喷雾。视发生轻重决定用药次数。

5. 防治棉花红铃虫：掌握在二、三代卵孵盛期用 5% 氟啶脲乳油或 50 克/升氟啶脲乳油 1000~2000 倍液均匀喷雾。

6. 防治果树桃小食心虫：在产卵初期、初孵幼虫未侵入果实前开始施药，以后每隔 5~7 天用药 1 次，供施药 3~4 次，用 5% 氟啶脲乳油或 50 克/升氟啶脲乳油 1000~2000 倍液均匀喷雾。

7. 防治果树潜叶蛾：用 5% 氟啶脲乳油或 50 克/升氟啶脲乳油 2000~3000 倍液，于新叶鞘抽出或产卵初期均匀喷雾。

【中毒急救】

如误服，不要催吐，喝 1~2 杯水，立即洗胃，并应送医院治疗。

【注意事项】

1. 较有机磷、拟除虫菊酯提前 2~3 天，防治钻蛀性害虫宜在卵孵化盛期至幼虫蛀入作物前施药。

2. 本品对虾、蟹类等水生生物、家蚕有毒，施药期间应注意环境安全，蚕室和桑园附近禁用。远离水产养殖区施药，禁止在河塘等水体中清洗施药器具。

3. 使用本品时应穿戴防护服和手套，避免吸入药液。施药期间不可吃东西和饮水。施药后，彻底清洗器械，并将包装袋深埋或焚毁，并立即用肥皂洗手和洗脸。使用本品时，应避免直接接触药液，配戴相应的防护用品。

4. 本品是阻碍幼虫蜕皮致使其死亡的药剂，从施药至害虫死亡需 3~5 天，使用时需在低龄幼虫期进行。

5. 不能与碱性药剂混用。

6. 棉花和甘蓝每季作物使用不超过 3 次，柑橘不超过 2 次。安全间隔期棉花和柑橘均为 21 天，甘蓝 7 天。

7. 孕妇和哺乳期妇女应避免接触本品。

8. 用过的容器妥善处理，不可做他用，不可随意丢弃。

9. 本品放置于阴凉、干燥、通风、防雨处，远离火源，勿与食品、饲料、种子、日用品等同贮同运。

10. 本品宜置于儿童够不着的地方并上锁，不得重压、破损包装容器。

氟铃脲

【作用特点】

氟铃脲属苯甲酰脲杀虫剂，是几丁质合成抑制剂，具有很高的杀虫和杀卵活性，而且速效，尤其防治棉铃虫。用于棉花、马铃薯及果树防治多种鞘翅目、双翅目、同翅目昆虫。主要作用机理是抑制昆虫几丁质的合成，阻碍昆虫正常脱皮生长，抑制害虫脱皮和进食速度。以胃毒作用为主，兼具触杀和拒食作用，击倒力强，杀虫谱广，作用迅速，并有杀卵作用。对绝大多数动物和人类无毒害作用，且能够被微生物分解。

【毒性与环境生物安全性评价】

对高等动物毒性低毒。

大白鼠急性经口 LD_{50} 大于 5000 毫克/千克；

大白鼠急性经皮 LD_{50} 大于 5000 毫克/千克；

大白鼠急性吸入 LC_{50} 大于 2.5 毫克/升。

对家兔眼睛、皮肤无刺激作用。

在试验剂量下，动物试验未见致畸、致突变、致癌作用。

对鱼毒性高毒。

虹鳟鱼 96 小时 LC_{50} 大于 0.032 毫克/升。

对鸟类低毒。

野鸭急性经口 LD_{50} 大于 2000 毫克/千克。

对蜜蜂低毒。

蜜蜂急性经口、接触 LD_{50} 均大于 0.1 毫克/只。

在田间条件下，仅对水虱有明显的危害。

人每日允许摄入量为 0.03 毫克/千克体重。

【防治对象】

氟铃脲是新型酰基脲类杀虫剂，除具有其他酰基脲类杀虫特点外，杀虫谱较广，特别对棉铃虫属的害虫有特效，对舞毒蛾、天幕毛虫、冷杉毒蛾、甜菜夜蛾、谷实夜蛾等夜蛾科害虫效果良好，对螨无效。击倒力强，杀虫效果比其他酰基脲要迅速，具有较高的接触杀卵活性，可单用也可混用。施药时期要求不严格，可以防治对有机磷及拟除虫菊酯已产生抗性的害虫。它是苯甲酰脲类昆虫生长调节剂，通过抑制昆虫几丁质合成而杀死害虫。具有杀虫活性高、杀虫谱较广、击倒力强、速效等特点。其作用机制是抑制壳多糖形成，阻碍害虫正常蜕皮和变态，还能抑制害虫进食速度；可防治棉花、果树上的鞘翅目、双翅目、鳞翅目、同翅目害虫，兼有杀卵活性；尤其对棉铃虫等害虫效果很好，对螨无效；可广泛用于棉花、番茄、辣椒、十字花科蔬菜、苹果、桃、柑橘等多种植物；多用于防治鳞翅目害虫，如菜青虫、小菜蛾、甜菜夜蛾、甘蓝仪蛾、烟啃虫、棉铃虫、金纹细蛾、潜叶蛾、卷叶蛾、造桥虫、刺蛾类、毛虫类等。

【使用方法】

1. 防治蔬菜小菜蛾：在卵孵化盛期至低龄幼虫期，每666.7平方米用5%氟铃脲乳油40~60毫升，兑水40~60千克喷雾。

2. 防治蔬菜菜青虫：在2~3龄幼虫盛期，用5%氟铃脲乳油2000~3000倍液喷雾。

3. 防治蔬菜豆荚螟：在豇豆、菜豆开花期，卵孵盛发期，每666.7平方米用5%氟铃脲乳油75~100毫升，兑水50~75千克喷雾。隔10天再喷1次，具有良好的保荚效果。

4. 防治枣树、苹果、梨等果树金纹细蛾、桃蛀果蛾、卷叶蛾、刺蛾、桃蛀螟等鞘翅目害虫：在卵孵盛发期或低龄幼虫期，用5%氟铃脲乳油1000~2000倍液喷雾。

5. 防治柑橘潜叶蛾：用5%氟铃脲乳油1000倍液喷雾，具有良好的杀虫和保梢效果，药效可维持20天以上。

6. 防治枣树、苹果等果树的棉铃虫、食心虫等害虫：可在卵孵化盛期或初孵化幼虫入果之前，用5%氟铃脲乳油1000~2000倍液喷雾。

【中毒急救】

对眼睛、皮肤有刺激作用，如误服，不要催吐，喝1~2杯水，立即洗胃。没有专门的解毒药物，应送医院对症治疗。

【注意事项】

1. 对食叶害虫应在低龄幼虫期施药。钻蛀性害虫应在产卵盛期、卵孵化盛期施药。该药剂无内吸性和渗透性，喷药要均匀、周密。

2. 本品对鱼类等水生生物、家蚕有毒，施药期间应避免对周围环境的影响，蚕室和桑园附近禁用。远离水产养殖区施药，禁止在河塘等水体中清洗施药器具。

3. 使用本品时应穿戴防护服和手套，避免吸入药液。施药期间不可吃东西和饮水。施药后，彻底清洗器械，并将包装袋深埋或焚毁，并立即用肥皂洗手和洗脸。使用本品时，应避免直接接触药液，配戴相应的防护用品。

4. 本品是阻碍幼虫蜕皮致使其死亡的药剂，从施药至害虫死亡需3~5天，使用时需在低龄幼虫期进行。

5. 不能与碱性农药混用。但可与其他杀虫剂混合使用，其防治效果更好。

6. 田间作物虫、螨并发时，应加杀螨剂使用。

7. 孕妇和哺乳期妇女应避免接触本品。

8. 用过的容器妥善处理，不可做他用，不可随意丢弃。

9. 本品放置于阴凉、干燥、通风、防雨处，远离火源，勿与食品、饲料、种子、日用品等同贮同运。

10. 本品宜置于儿童够不着的地方并上锁，不得重压、破损包装容器。

呋喃虫酰肼

【作用特点】

呋喃虫酰肼是我国具有自主知识产权的杀虫剂，由国家南方农药创制中心江苏基地首创。江苏省农药研究所有限公司最新开发的一种高效促蜕皮仿开生杀虫剂，已获中国发明专利授权（zL0118161.9）。呋喃虫酰肼主要用于防治鳞翅目害虫如甜菜夜蛾、小菜蛾的幼虫，但对哺乳动物和鸟类、鱼好类、蜜蜂毒性极低，对环境友好，属微毒农药。害虫取食该药剂后，很快出现不正常蜕皮反应，停止取食，提早蜕皮，但由于不正常蜕皮而无法完成蜕皮，导致幼虫脱水和饥饿而死亡。害虫取食该药剂后数小时内停止危害作物，尽管害虫的死亡速度不一，但呋喃虫酰肼对作物的保护效果既快又好，同样也表现出较高的生物活性。因此，它是一个非常有希望的创新农药，可以用做高毒杀虫剂的替代品种。

呋喃虫酰肼作为含有苯并呋喃环的 N - 特丁基双酰肼类化合物，具有双酰肼类化合物所普遍具有的蜕皮激素调控作用。昆虫蜕皮激素的主要成分是类固醇激素 20 - 羟基蜕皮素，这是节肢动物体内所特有的一种生长激素。当 20 - 羟基蜕皮素浓度升高时，幼虫进入蜕皮阶段，此时幼虫停止进食，表皮细胞进行重组，通过与蜕皮激素受体蛋白紧密结合，激活受体蛋白，含有多种蛋白水解酶的蜕皮液进入蜕皮空间，表皮细胞增加蛋白质合成，生成新的上表皮和角质层。当 20 - 羟基蜕皮素浓度降低时，昆虫发育进入下一阶段，包括蜕皮液中酶的活化、前表皮的消化和蜕皮液的再吸收。随着其浓度的进一步降低，完成蜕皮过程所需要的其他激素被释放出来，随之昆虫恢复进食。

【毒性与环境生物安全性评价】

对高等动物毒性微毒。

雄大鼠急性经口 LD_{50} 大于 5000 毫克/千克；

雌大鼠急性经口 LD_{50} 大于 5000 毫克/千克；

雄大鼠急性经皮 LD_{50} 大于 5000 毫克/千克；

雌大鼠急性经皮 LD_{50} 大于 5000 毫克/千克。

对家兔眼睛、皮肤无刺激性。

在试验剂量下，动物试验未见致畸、致突变、致癌作用。

对鱼毒性微毒。

斑马鱼 96 小时 LC_{50} 为 48 毫克/升。

对鸟类微毒。

鹌鹑经口灌胃法 7 天 LD_{50} 大于 500 毫克/千克。

对蜜蜂微毒。

蜜蜂食用药蜜 48 小时 LD_{50} 大于 5000 毫克/升。

对家蚕风险极高。

2 龄家蚕食下毒叶法 LC_{50} 为 0.07 毫克/千克·桑叶。

【防治对象】

呋喃虫酰肼对甜菜夜蛾、斜纹夜蛾、稻纵卷叶螟、二化螟、大螟、豆荚螟、玉米螟、甘蔗螟、棉铃虫、桃小食心虫、小菜蛾、潜叶蛾、卷叶蛾等全部鳞翅目害虫效果很好，对鞘翅目和双翅目害虫也有效。

【使用方法】

防治蔬菜甜菜夜蛾：在 3 龄以前幼虫高峰期，每 666.7 平方米用 10% 呋喃虫酰肼悬浮剂 60～100 克，兑水 40～60 千克喷雾。药后 2～3 天就有较好的防效，5～7 天防效达到高峰，药效可持续 7 天以上。在推荐剂量内对作物安全。

【中毒急救】

不慎眼睛溅入或接触皮肤：用大量清水冲洗至少 15 分钟。误吸：将病人转移到空气清新处。误食：要及时洗胃并引吐，立即送医院治疗。没有特效的解毒药，绝不可乱服药物。

【注意事项】

1. 属于昆虫生长调节剂，与拟除虫菊酯、氨基甲酸酯、吡唑等杂环类杀虫剂、杀螨剂均不存在交互抗性，建议与其他作用机制不同的杀虫剂轮换使用。

2. 本品对家蚕有风险，施药期间应避免对周围环境的影响，蚕室和桑园附近禁用。

3. 使用本品时应穿戴防护服和手套，避免吸入药液。施药期间不可吃东西和饮水。施药后，彻底清洗器械，并将包装袋深埋或焚毁，并立即用肥皂洗手和洗脸。使用本品时，应避免直接接触药液，配戴相应的防护用品。

4. 安全间隔期为 14 天，每季作物最多使用 2 次。

5. 孕妇和哺乳期妇女应避免接触本品。

6. 用过的容器妥善处理，不可做他用，不可随意丢弃。

7. 本品放置于阴凉、干燥、通风、防雨处，远离火源，勿与食品、饲料、种子、日用品等同贮同运。

8. 本品宜置于儿童够不着的地方并上锁，不得重压、破损包装容器。

氟氯氰菊酯

【作用特点】

氯氟氰菊酯又叫三氟氯氰菊酯，属拟除虫菊酯类仿生物农药。它具有杀虫广谱、高效、速度快、持效期长的特点。其主要作用于昆虫的神经系统，对害虫和螨类具有强烈的触杀和胃毒作用，有渗透性而无内吸作用，可有效地防治鳞翅目、鞘翅目、半翅目和螨类害虫，也可以防治某些地下害虫。其性质稳定，耐雨水冲刷。

【毒性与环境生物安全性评价】

对高等动物毒性低毒。

大白鼠急性经口 LD_{50} 为 590～1270 毫克/千克；

大白鼠急性经皮 LD_{50} 大于 5000 毫克/千克；

大白鼠急性吸入 4 小时 LC_{50} 为 496～592 毫克/立方米。

对家兔眼睛有轻微刺激作用，皮肤无刺激作用。

在试验剂量下，动物试验未见致畸、致突变、致癌作用。

对鱼类等水生生物毒性高毒。

虹鳟鱼 96 小时 LC_{50} 为 0.006～0.0029 毫克/升；

鲤鱼 96 小时 LC_{50} 为 0.0022 毫克/升；

金雅罗鱼 96 小时 LC_{50} 为 0.0032 毫克/升；

蓝鳃太阳鱼 96 小时 LC_{50} 为 0.0015 毫克/升。

对蜜蜂、家蚕高毒。

对鸟类低毒。

鸟类经口 LD_{50} 为 250～1000 毫克/千克；

鹌鹑急性经口 LD_{50} 大于 5000 毫克/千克。

人每日允许摄入量为 0.02 毫克/千克体重。

在各种土壤中迅速降解，在土中不移动。

【防治对象】

适用于棉花、果树、蔬菜、茶树、烟草、旱粮、油菜、马铃薯、草莓、大豆等植物及观赏植物的杀虫。能有效地防治禾谷类作物、棉花、果树和蔬菜上的鞘翅目、半翅目、双翅目害虫，如棉铃虫、棉红铃虫、烟芽夜蛾、棉铃象甲、苜蓿叶象甲、菜粉蝶、尺蠖、苹果蠹蛾、菜青虫、小苹蛾、美洲黏虫、马铃薯甲虫、蚜虫、玉米螟、地老虎等害虫。对螨类有一定的抑制作用，但不能作为专用杀螨剂使用。

【使用方法】

1. 防治蔬菜小菜蛾：菜青虫、甜菜夜蛾、斜纹夜蛾、烟青虫、菜螟等抗性害虫，在 1～2

龄幼虫发生期，每 666.7 平方米用 2.5% 氯氟氰菊酯乳油 20 ~ 40 毫升，兑水 50 千克喷雾。

2．防治蔬菜菜蚜、瓜蚜：每 666.7 平方米用 2.5% 氯氟氰菊酯乳油 15 ~ 20 毫升，兑水 50 千克喷雾。

3．防治茄子叶螨、辣椒跗线螨：每 666.7 平方米用 2.5% 氯氟氰菊酯乳油 30 ~ 50 毫升，兑水 50 千克喷雾。

4．防治枣、苹果、梨等果树的蠹蛾、小卷叶蛾：在低龄幼虫始发期或开花坐果期，用 2.5% 氯氟氰菊酯乳油 2000 ~ 4000 倍液喷雾。

5．防治果树桃小食心虫、梨小食心虫及各种果树蚜虫：用 2.5% 氯氟氰菊酯乳油 3000 ~ 4000 倍稀释液喷雾。

6．防治棉花棉铃虫、棉红铃虫：每 666.7 平方米用 2.5% 氯氟氰菊酯乳油 30 ~ 50 毫升，兑水 50 ~ 100 千克喷雾，可兼治棉花叶螨、棉象甲。

7．防治棉花蚜虫：苗期每 666.7 平方米用 2.5% 氯氟氰菊酯乳油 20 毫升，伏蚜每 666.7 平方米用 2.5% 氯氟氰菊酯乳油 20 ~ 30 毫升，兑水 50 千克喷雾。

8．防治玉米螟：在卵孵化盛期施药，用 2.5% 氯氟氰菊酯乳油 5000 倍稀释液喷雾。

【中毒急救】

对眼睛、皮肤有刺激作用，应用大量清水冲洗。如误服，不要催吐，喝 1 ~ 2 杯水，立即洗胃。接触量大时会引起头痛、头昏、恶心、呕吐，重者还会出现昏迷、抽搐。没有专门的解毒药物，应送医院对症治疗。若与有机磷农药共同中毒，应先解决有机磷农药中毒的问题。

【注意事项】

1．不可与碱性农药混用，也不可做土壤处理剂。

2．氯氟氰菊酯对鱼虾、蜜蜂、家蚕高毒，因此在使用时应防止污染鱼塘、河流、蜂场、桑园。

3．禁止在水田使用。

4．对拟除虫菊酯类农药产生抗性的害虫，应适当提高药液使用浓度。

5．作物收获前 21 天停用。

6．田间作物虫、螨并发时，应加杀螨剂使用。

7．使用本品时应穿戴防护服和手套，避免吸入药液。施药期间不可吃东西和饮水。施药后，彻底清洗器械，并将包装袋深埋或焚毁，并立即用肥皂洗手和洗脸。使用本品时，应避免直接接触药液，配戴相应的防护用品。

8．孕妇和哺乳期妇女应避免接触本品。

9．用过的容器妥善处理，不可做他用，不可随意丢弃。

10．本品放置于阴凉、干燥、通风、防雨处，远离火源，勿与食品、饲料、种子、日用品等同贮同运。

11．本品宜置于儿童够不着的地方并上锁，不得重压、破损包装容器。

高效氟氯氰菊酯

【作用特点】

高效氟氯氰菊酯是一种合成的拟除虫菊酯类杀虫剂，系氟氯氰菊酯的异构体高活性成分组成。它具有触杀和胃毒作用，杀虫谱广，击倒迅速，持效期长；对咀嚼式口器害虫如鳞翅目幼虫、鞘翅目部分甲虫有较好防效，还可用于刺吸式口器害虫如犁木虱的防治。植物对它有良好的耐药性。

【毒性与环境生物安全性评价】

对高等动物毒性中等毒。

大白鼠急性经口 LD_{50} 为 580 毫克/千克;

大白鼠急性经皮 LD_{50} 大于 5000 毫克/千克。

对家兔眼睛有轻微刺激作用,皮肤无刺激作用。

在试验剂量下,动物试验未见致畸、致突变、致癌作用。

对鱼类等水生生物毒性高毒。

虹鳟鱼 96 小时 LC_{50} 为 89 毫克/升;

金雅罗鱼 96 小时 LC_{50} 为 330.9 毫克/升;

水蚤 48 小时 EC_{50} 为 0.0029 ~ 0.0018 毫克/升。

对蜜蜂毒性高毒。

蜜蜂 LD_{50} 小于 0.01 微克/只。

对家蚕毒性高毒。

对鸟类低毒。

鹌鹑急性经口 LD_{50} 大于 2000 毫克/千克。

【防治对象】

适用于防治棉花、果树、蔬菜、茶树、谷类作物上的鳞翅目、鞘翅目害虫,如棉铃虫、棉红铃虫、菜青虫、蚜虫、玉米螟、稻钻心虫、纵卷叶螟虫、桃小食心虫、金纹细蛾等害虫。

【使用方法】

1. 防治蔬菜小菜蛾:菜青虫、甜菜夜蛾、斜纹夜蛾、烟青虫、蚜虫、菜螟等抗性害虫,在 1 ~ 2 龄幼虫发生期,每 666.7 平方米用 2.5% 高效氯氟氰菊酯悬浮剂 25 ~ 35 毫升,兑水 30 ~ 50 千克喷雾。

2. 防治水稻钻心虫、纵卷叶螟虫、棉铃虫等:在卵盛孵期,幼虫未钻进作物前,用 2.5% 高效氯氟氰菊酯悬浮剂 1500 ~ 2000 倍液喷雾,药液均匀喷洒到作物受虫危害部分。

3. 防治棉花棉铃虫、棉红铃虫等:在卵盛孵期,幼虫未钻进作物前,用 2.5% 高效氯氟氰菊酯悬浮剂 1500 ~ 2000 倍液喷雾,药液均匀喷洒到作物受虫危害部分。

4. 防治果树害桃小食心虫:用 2.5% 高效氯氟氰菊酯悬浮剂 1500 ~ 2000 倍液喷雾,药液均匀喷洒到作物受虫危害部分。

5. 防治金纹细蛾。在成虫盛发期或卵孵化盛期用药,用 2.5% 高效氯氟氰菊酯悬浮剂 1500 ~ 2000 倍液喷雾,药液均匀喷洒到作物受虫危害部分。

6. 地下害虫,如蛴螬、蝼蛄、金针虫和地老虎:用 12.5% 高效氯氟氰菊酯悬浮剂 80 ~ 160 毫升拌种,拌种时先将所需药液用 2 升水混匀,再将种子倒入搅拌均匀,使药剂均匀包在种子上,堆闷 2 ~ 4 小时即可播种。

7. 防治小麦蚜虫:每 666.7 平方米用 2.5% 高效氯氟氰菊酯悬浮剂 15 ~ 10 毫升,兑水 50 千克喷雾。

8. 防治蟑螂、蚂蚁、苍蝇、蚊子、千足虫等卫生害虫:用 2.5% 高效氯氟氰菊酯悬浮剂 100 ~ 150 倍液,每平方米喷施药液 50 毫升。

9. 防治垃圾堆苍蝇、蚊子、蚂蚁、蟑螂等卫生害虫:用 2.5% 高效氯氟氰菊酯悬浮剂 50 倍液,每平方米喷施药液 100 毫升。

【中毒急救】

属于神经毒剂,接触皮肤有刺痛感,但无红斑,尤其在口、鼻周围,很少引起全身中毒,应用大量清水冲洗。如误服,不要催吐,喝 1 ~ 2 杯水,立即洗胃。接触量大时会引起头痛、头昏、恶心、呕吐、双手颤抖，重者还会出现昏迷、抽搐、休克。没有专门的解毒药物，应送医院对症治疗。若与有机磷农药共同中毒，应先解决有机磷农药中毒问题。

【注意事项】

1. 不可与碱性农药混用，以免分解失效。

2. 高效氯氟氰菊酯对鱼虾、蜜蜂、家蚕高毒，因此在使用时应防止污染鱼塘、河流、蜂场、桑园。

3. 稻田养鱼禁止使用。

4. 对拟除虫菊酯类农药产生抗性的害虫，应适当提高药液使用浓度。

5. 作物收获前 21 天停用，棉花上每季最多使用 2 次。

6. 田间作物虫、螨并发时，应加杀螨剂使用。

7. 使用本品时应穿戴防护服和手套，避免吸入药液。施药期间不可吃东西和饮水。施药后，彻底清洗器械，并将包装袋深埋或焚毁，并立即用肥皂洗手和洗脸。使用本品时，应避免直接接触药液，配戴相应的防护用品。

8. 孕妇和哺乳期妇女应避免接触本品。

9. 用过的容器妥善处理，不可做他用，不可随意丢弃。

10. 本品放置于阴凉、干燥、通风、防雨处，远离火源，勿与食品、饲料、种子、日用品等同贮同运。

11. 本品宜置于儿童够不着的地方并上锁，不得重压、破损包装容器。

苦皮藤素

【作用特点】

苦皮藤属卫矛科南蛇藤属多年生藤本植物，广泛分布于中国黄河、长江流域的丘陵和山区。苦皮藤素是从该植物分离得到的活性成分，属倍半萜多酯类植物源农药。

苦皮藤的根皮和茎皮均含有多种强力杀虫成分，目前已从根皮或种子中分离鉴定出数十个新化合物，特别是从种油中获得 4 个结晶，即苦皮藤酯Ⅰ-Ⅳ，从根皮中获得 5 个纯天然产物，即苦皮藤素Ⅰ-Ⅴ。这些苦皮藤重的杀虫活性成分均简称为苦皮藤素。苦皮藤素的杀虫活性成分从苦皮藤中分离、鉴定出具有拒食活性的化合物苦皮藤素，可以认为是该植物杀虫化学成分研究的一个里程碑。在此之前，都认为卫矛科植物杀虫活性成分是生物碱，苦皮藤素是第一个从苦皮藤中分离的非生物碱活性化合物。以后的研究成果也表明，其杀虫有效成分基本上是以二氢沉香呋喃为骨架的多元醇酯化合物。以此为起点，国内外还相继开展了对其他南蛇藤属植物杀虫活性的研究。近年来研究发现，苦皮藤的杀虫活性成分具有麻醉、拒食和胃毒、触杀作用，并且不产生抗药性、不杀伤天敌、理化性质稳定等特点。现苦皮藤素Ⅰ对害虫具有拒食作用，苦皮藤素Ⅱ、苦皮藤素Ⅲ对小地虎、甘蓝夜蛾、棉小造桥虫等昆虫有胃毒毒杀作用，苦皮藤素Ⅳ对昆虫具有选择麻醉作用。从分离得到的活性成分来看，所有的毒杀成分和麻醉成分都具有二氢沉香呋喃多元酯结构，取代基的不同决定着化合物的活性不同。毒杀成分中活性最高的是苦皮藤素Ⅳ，在提取物中的含量最高可达 2%。作用机理的初步研究表明，以苦皮藤素Ⅴ为代表的毒杀成分主要作用于昆虫肠细胞的质膜及其内膜系统；以苦皮藤素Ⅳ为代表的麻醉成分可能是作用于昆虫的神经-肌肉接头，而谷氨酸脱羧酶可能是其主要作用靶标。

【毒性与环境生物安全性评价】

对高等动物毒性微毒。

原药雄大鼠急性经口 LD_{50} 大于 10000 毫克/千克；

原药雌大鼠急性经口 LD_{50} 大于 10000 毫克/千克；

雄大鼠急性经皮 LD_{50} 大于 10000 毫克/千克；

雌大鼠急性经皮 LD_{50} 大于 10000 毫克/千克。

对家兔眼睛有轻微刺激性。

对皮肤无刺激性。

在试验剂量下，动物试验未见致畸、致突变、致癌作用。

对鱼毒性微毒。

红鲫鱼 96 小时 LC_{50} 为 171.13 毫克/升。

对鸟类微毒。

雄鹌鹑经口 LD_{50} 为 2880.79 毫克/千克；

雌鹌鹑经口 LD_{50} 为 2885.64 毫克/千克。

对蜜蜂微毒。

蜜蜂经口 48 小时 LD_{50} 为 1659.96 毫克/升；

蜜蜂接触 96 小时 LD_{50} 为 9213.06 毫克/升。

对家蚕微毒。

2 龄家蚕食下毒叶法 LC_{50} 为 3277.33 毫克/千克·桑叶。

对蚯蚓微毒。

蚯蚓 3 天 LC_{50} 为 2178.78 毫克/千克。

对七星瓢虫微毒。

七星瓢虫喂养 LC_{50} 为 1893.24 毫克/升；

七星瓢虫触杀 LC_{50} 为 1948.65 毫克/升。

对蝌蚪微毒。

蝌蚪 96 小时 LC_{50} 为 68.1 毫克/升。

对土壤毒性微毒。

在土壤中易降解，难水解、光解、淋溶、移动，轻度生物蓄积，对生态环境影响甚微。

【防治对象】

苦皮藤素对甜菜夜蛾、斜纹夜蛾特效，对稻纵卷叶螟、大螟、二化螟、三化螟高效，持效期30天。用于蔬菜作物驱杀菜青虫、小菜蛾、蚜虫等。施药在蔬菜上不含对人畜有毒性残留物质，满足菜农喷药灭虫即收获上市，供人们食用"放心蔬菜"的用药要求。

【使用方法】

1. 防治十字花科蔬菜小菜蛾：在发生盛期，每 666.7 平方米用1%苦皮藤素乳油 50～70 毫升或 0.2% 苦皮藤素乳油 250～350 毫升，兑水 60～75 千克喷雾。

2. 防治十字花科菜青虫：在发生盛期，每 666.7 平方米用 1% 苦皮藤素乳油 50～70 毫升或 0.2% 苦皮藤素乳油 250～350 毫升，兑水 60～75 千克喷雾。

【中毒急救】

不慎眼睛溅入或接触皮肤：用大量清水冲洗至少15分钟。误吸：将病人转移到空气清新处。误食：要及时洗胃并引吐，立即送医院治疗。没有特效的解毒药，绝不可乱服药物。

【注意事项】

1. 施药时要有防护措施，戴好口罩等。

2. 不宜与碱性物质混用。

3. 不宜在中午强光条件下喷施，傍晚施药最佳。

4. 建议与其他作用机制不同的杀虫剂轮换使用。

5. 孕妇和哺乳期妇女避免接触。

6. 用过的容器妥善处理，不可做他用，不可随意丢弃。

7. 本品放置于阴凉、干燥、通风、防雨处，远离火源，勿与食品、饲料、种子、日用品等同贮同运。

8. 本品宜置于儿童够不着的地方并上锁，不得重压、破损包装容器。

苦参碱

【作用特点】

苦参碱是由豆科植物苦参的干燥根、植株、果实经乙醇等有机溶剂提取制成的，是生物碱，一般为苦参总碱。其主要成分有苦参碱、槐果碱、氧化槐果碱、槐定碱等多种生物碱，以苦参碱、氧化苦参碱含量最高。

在农业中使用的苦参碱农药实际上是指从苦参中提取的全部物质，叫苦参提取物或者苦参总碱，近几年在农业上广泛应用，且有良好的防治效果，是一种低毒、低残留、环保型农药。它主要防治各种松毛虫、茶毛虫、菜青虫等害虫，具有杀虫活性、杀菌活性、调节植物生长功能等多种功能。

苦参碱作为生物农药的特点：

1. 苦参碱是一种植物源农药，具有特定性、天然性的特点，只对特定的生物产生作用，在大自然中能迅速分解，最终产物为二氧化碳和水。

2. 其次苦参碱是对有害生物具有活性的植物内源化学物质，成分不是单一的，而是化学结果相近的多组和化学结构不相近的多组的结合，相辅相成，共同发挥作用。

3. 苦参碱因为多种化学物质共同作用，使其不易导致有害物产生抗药性，能长期使用。

4. 对相应的害虫不会直接完全毒杀，而是控制害虫生物种群数量不会严重影响到该植物种群的生产和繁衍。这种机理和在化学农药防护副作用凸显后经过几十年研究得出的综合防治体系中有害生物控制的原则是十分近似的。

【毒性与环境生物安全性评价】

对高等动物毒性低毒。

原药雄大鼠急性经口 LD_{50} 为 4640 毫克/千克；

原药雌大鼠急性经口 LD_{50} 为 4640 毫克/千克；

雄大鼠急性经皮 LD_{50} 为 2150 毫克/千克；

雌大鼠急性经皮 LD_{50} 为 2150 毫克/千克。

对家兔眼睛有轻微刺激性。

对皮肤无刺激性。

在试验剂量下，动物试验未见致畸、致突变、致癌作用。

对鱼毒性微毒。

对鸟类微毒。

对蜜蜂微毒。

对家蚕微毒。

【防治对象】

对蔬菜刺吸式口器昆虫蚜虫、鳞翅目昆虫菜青虫、茶毛虫、小菜蛾，以及茶小绿叶蝉、白粉虱等都具有理想的防效。对茶树茶毛虫、茶茶尺蠖及烟草烟蚜、烟青虫有较好的防治效果。另外对蔬菜霜霉、疫病、炭疽病也有很好的防效。值得关注开发。

【使用方法】

1. 防治各种松毛虫、杨树舟蛾、美国白蛾等森林食叶害虫：在 2~3 龄幼虫发生期，用 1% 苦参碱可溶性液剂 1000~1500 倍液均匀喷雾。

2. 防治茶毛虫、枣尺蠖、金纹细蛾等果树食叶类害虫：用 1% 苦参碱可溶性液剂 800~1200 倍液均匀喷雾。

3. 防治菜青虫：在成虫产卵高峰后 7 天左右，幼虫处于 2~3 龄时施药防治，每 666.7 平方米用 0.5% 苦参碱水剂 500~700 毫升，加水 40~50 千克进行喷雾。本品对低龄幼虫效果好，对 4~5 龄幼虫敏感性差。

4. 防治烟草烟蚜、烟青虫：每 666.7 平方米用 0.5% 苦参碱水剂 800~1000 毫升，加水 50~75 千克进行喷雾。

【中毒急救】

不慎眼睛溅入或接触皮肤：用大量清水冲洗至少 15 分钟。误吸：将病人转移到空气清新处。误食：要及时洗胃并引吐，立即送医院治疗。没有特效的解毒药，绝不可乱服药物。

【注意事项】

1. 施药时要有防护措施，戴好口罩等。

2. 不宜与碱性物质混用。

3. 不宜在中午强光条件下喷施，傍晚施药最佳。

4. 建议与其他作用机制不同的杀虫剂轮换使用。

5. 收获前 15 天停止用药。

6. 孕妇和哺乳期妇女避免接触。

7. 用过的容器妥善处理，不可做他用，不可随意丢弃。

8. 本品放置于阴凉、干燥、通风、防雨处，远离火源，勿与食品、饲料、种子、日用品等同贮同运。

9. 本品宜置于儿童够不着的地方并上锁，不得重压、破损包装容器。

抗蚜威

【作用特点】

抗蚜威是一种高效、强选择性氨基甲酸酯杀蚜虫剂，商品名称辟蚜雾，对高等动物毒性中等，对皮肤和眼睛无刺激作用，对鱼类、水生生物低毒，选择性强，对蚜虫有强烈触杀作用，对蚜虫天敌毒性很低，作用机制为抑制胆碱酯酶。它能有效防治除棉蚜以外的所有蚜虫，击倒力强，蚜虫在施药后数分钟即可中毒死亡；对有机磷产生抗性的蚜虫也有较好的防效；对作物安全，对捕食蚜虫或寄生在蚜虫体内的天敌，如瓢虫、食蚜虻、步行甲、蚜茧蜂等基本无伤害。它有 3 大特点：

1. 高效、选择性杀蚜虫剂。它具有触杀、熏蒸、内吸作用，对叶面有渗透性。

2. 该品是一种高效专一杀螨剂，具有触杀、熏杀、内吸渗透作用，对有机磷产生抗生的蚜虫仍有杀灭作用。

3. 它是一种对蚜虫有特效的内吸性氨基甲酸酯类杀虫剂，具有触杀和熏蒸作用。

【毒性与环境生物安全性评价】

对高等动物毒性中等毒。

雄大白鼠急性经口 LD_{50} 为 147 毫克/千克；

雌大白鼠急性经口 LD_{50} 为 68 毫克/千克；

大白鼠急性经皮 LD_{50} 大于 500 毫克/千克；

小白鼠急性经口 LD_{50} 为 107 毫克/千克。

无慢性毒性。

2 年慢性毒性试验表明，大鼠无作用剂量为每天 12.5 毫克/千克，狗无作用剂量为每天 1.8 毫克/千克。

对兔眼睛、皮肤无刺激性。

在试验剂量下，动物试验未见致畸、致突变、致癌作用。

对鱼类毒性低毒。

虹鳟鱼等多种鱼类 96 小时 LC_{50} 为 32～36 毫克/升。

对蜜蜂毒性低毒。

对鸟类低毒。

对蚜虫天敌安全。

【防治对象】

用于防治粮食、果树、蔬菜、花卉上的蚜虫、如防治甘蓝、白菜、豆类、烟草、麻苗上的蚜虫。

【使用方法】

1. 防治蔬菜蚜虫：在盛发期，每 666.7 平方米用 50% 抗蚜威可湿性粉剂或 50% 抗蚜威水分散粒剂剂 10～18 克，兑水 30～50 千克喷雾。

2. 防治烟草蚜虫：在盛发期，每 666.7 平方米用 50% 抗蚜威可湿性粉剂或 50% 抗蚜威水分散粒剂 10～18 克，兑水 30～50 千克喷雾。

3. 防治粮食及油料作物蚜虫：在盛发期，每 666.7 平方米用 50% 抗蚜威可湿性粉剂或 50% 抗蚜威水分散粒剂 6～8 克，兑水 50～100 千克喷雾。

4. 防治果树上各类蚜虫：在盛发期，用 25% 抗蚜威可湿性粉剂、25% 抗蚜威水分散粒剂 1000 倍液或 50% 抗蚜威可湿性粉剂、50% 抗蚜威水分散粒剂剂 2000 倍液喷雾。

【中毒急救】

中毒症状为头昏、头痛、乏力、面色苍白、呕吐、多汗、流涎、瞳孔缩小、视力模糊。严重者出现血压下降、意识不清，皮肤出现接触性皮炎如风疹，局部红肿奇痒，眼结膜充血、流泪、胸闷、呼吸困难等。中毒症状出现快，一般几分钟至 1 小时即表现出来。用阿托品 0.5～2 毫克口服或肌肉注射，重者加用肾上腺素。禁用解磷定、氯磷定、双复磷、吗啡。

【注意事项】

1. 见光易分解，应存放在避光、阴凉通风干燥处。

2. 可以与多种杀虫剂、杀菌剂混用。

3. 同一种作物一季内最大使用 3 次，安全间隔期为 10 天。

4. 水果收获前 7～10 天停用。

5. 对棉花蚜虫基本无效，不宜使用。

6. 使用本品时应穿戴防护服和手套，避免吸入药液。施药期间不可吃东西和饮水。施药后，彻底清洗器械，并将包装袋深埋或焚毁，并立即用肥皂洗手和洗脸。使用本品时，应避免直接接触药液，配戴相应的防护用品。

7. 孕妇和哺乳期妇女避免接触。

8. 用过的容器妥善处理，不可做他用，不可随意丢弃。

9. 本品放置于阴凉、干燥、通风、防雨处，远离火源，勿与食品、饲料、种子、日用品等同贮同运。

10. 本品宜置于儿童够不着的地方并上锁，不得重压、破损包装容器。

联苯菊酯

【作用特点】

联苯菊酯是一种高效合成除虫菊酯杀虫、杀螨剂。具有触杀、胃毒作用，无内吸、熏蒸作用。杀虫谱广，对螨也有较好防效。击倒力强，作用迅速。在土壤中不移动，对环境较为安全，残效期长。虫、螨并发时用药，省时、省力。

【毒性与环境生物安全性评价】

对高等动物毒性中等毒。

大白鼠急性经口 LD_{50} 为 54.5 毫克/千克；

兔急性经皮 LD_{50} 大于 2000 毫克/千克。

对鱼类等水生生物毒性高毒。

虹鳟鱼 16 小时 LC_{50} 为 0.00015 毫克/升；

蓝鳃太阳鱼 16 小时 LC_{50} 为 0.00035 毫克/升；

对蜜蜂毒性有毒。

蜜蜂经口 LD_{50} 为 0.1 微克/只。

对家蚕毒性有毒。

对鸟类低毒。

北美鹌鹑急性经口 LD_{50} 为 1800 毫克/千克；

野鸭急性经口 LD_{50} 为 2150 毫克/千克。

对天敌有危险。

土壤中半衰期为 65～125 天。

人每日允许摄入量为 0.02 毫克/千克体重。

【防治对象】

适用于防治香蕉、大麦、棉花、莴苣、茶、苹果、小麦、番茄、豌豆、豆荚、白羽扇豆、苜蓿、青豆、梨、甘蔗、干辣椒、甜瓜、马铃薯、青葱、白菜、红辣椒、芒果、茄子、花椰菜、葡萄、花生、西瓜、烟草、玉米、可可、芦笋、大葱等作物上的鳞翅目害虫，如棉铃虫、棉红铃虫、菜青虫、蚜虫、玉米螟、稻钻心虫、红蜘蛛、叶螨、桃小食心虫、金纹细蛾、茶尺蠖、茶毛虫、茶翅蝽、蘑菇螨类等害虫。

【使用方法】

1. 防治十字花科、葫芦科蔬菜上的粉虱、红蜘蛛、小菜蛾，菜青虫、甜菜夜蛾、斜纹夜蛾、蚜虫、菜螟等害虫：在成、若虫发生期，用 4.5% 联苯菊酯水乳剂或者 5% 联苯菊酯悬浮剂 1000～1500 倍液喷雾。

2. 防治作物粉虱：在粉虱发生初期，虫口密度低如 2 头左右/株时施药。用 2.5% 联苯菊酯乳油 2000～2500 倍液喷雾。虫情严重时可采用 2.5% 联苯菊酯乳油 4000 倍液与 25% 扑虱灵可湿性粉剂 1 500 倍液混用。

3. 防治作物蚜虫：在发生初期，用 2.5% 联苯菊酯乳油 2500～3000 倍液喷雾，残效期 15 天左右。相同剂量也可防治多种食叶害虫。

4. 防治作物红蜘蛛：成、若螨发生期施药，用 2.5% 联苯菊酯乳油 2000 倍液喷雾，可 10 天内有效控制其为害。

5. 防治棉花棉铃虫、棉红铃虫等：在卵盛孵期，幼虫未钻进作物前，用 5% 联苯菊酯悬浮剂 2000～3000 倍液喷雾，药液均匀喷洒到作物受虫危害部分。

【中毒急救】

属于神经毒剂，接触皮肤有刺痛感，但无红斑，尤其在口、鼻周围，很少引起全身中毒，应用大量清水冲洗。如误服，不要催吐，喝 1~2 杯水，立即洗胃。接触量大时会引起头痛、头昏、恶心、呕吐、双手颤抖，重者还会出现昏迷、抽搐、休克。没有专门的解毒药物，应送医院对症治疗。

【注意事项】

1. 不可与碱性农药混用，以免分解失效。

2. 联苯菊酯对鱼虾、蜜蜂、家蚕高毒，因此在使用时应防止污染鱼塘、河流、蜂场、桑园。

3. 禁止在水田使用。

4. 对拟除虫菊酯类农药产生抗性的害虫，应适当提高药液使用浓度。

5. 为延缓抗药性产生，每季最多使用 2 次。

6. 应存放在阴凉通风干燥处。

7. 使用本品时应穿戴防护服和手套，避免吸入药液。施药期间不可吃东西和饮水。施药后，彻底清洗器械，并将包装袋深埋或焚毁，并立即用肥皂洗手和洗脸。使用本品时，应避免直接接触药液，配戴相应的防护用品。

8. 孕妇和哺乳期妇女避免接触。

9. 用过的容器妥善处理，不可做他用，不可随意丢弃。

10. 本品放置于阴凉、干燥、通风、防雨处，远离火源，勿与食品、饲料、种子、日用品等同贮同运。

11. 本品宜置于儿童够不着的地方并上锁，不得重压、破损包装容器。

藜芦碱

【作用特点】

藜芦碱主要化学成分是瑟瓦定和藜芦定，扁平针状结晶。藜芦生物碱存在于百合科藜芦属和喷嚏草属植物中，作为杀虫剂的植物原料主要是喷嚏草的种子和白藜芦的根茎。将植物原料经乙醇萃取制得。它是植物源杀虫剂，对昆虫具有触杀和胃毒作用；可用于防治家蝇、蜚蠊、虱等卫生害虫，也可用于防治菜青虫、蚜虫、叶蝉、蓟马和蟓象等农业害虫。藜芦碱是以中草药为原料经乙醇淬取而成的一种杀虫剂，具有触杀和胃毒作用。该药剂主要杀虫作用机制是经虫体表皮或吸食进入消化系统后，造成局部刺激，引起反射性虫体兴奋，先抑制虫体感觉神经末梢，后抑制中枢神经而致害虫死亡。藜芦碱对人、畜毒性低，残留低，不污染环境，药效可持续 10 天以上，用于蔬菜害虫防治有高效。

【毒性与环境生物安全性评价】

对高等动物毒性低毒。

原药雄大鼠急性经口 LD_{50} 大于 5000 毫克/千克；

原药雌大鼠急性经口 LD_{50} 大于 5000 毫克/千克；

雄大鼠急性经皮 LD_{50} 大于 2150 毫克/千克；

雌大鼠急性经皮 LD_{50} 大于 2150 毫克/千克。

对鱼毒性剧毒。

斑马鱼 96 小时 LC_{50} 为 0.0023 毫克/升。

对鸟类高毒。

鹌鹑经口 7 天 LD_{50} 为 34 毫克/千克·体重。

对蜜蜂中等毒。

意大利工蜂经口 48 小时 LD_{50} 为 1659.96 毫克/升；

蜜蜂接触 96 小时 LC_{50} 为 52.6 毫克/升。

对家蚕中等毒。

2 龄家蚕食下毒叶法 LC_{50} 为 27.2 毫克/千克·桑叶。

【防治对象】

根据多种作物上的试验结果，该品能有效地防治多种作物蚜虫、茶树茶小绿叶蝉、蔬菜白粉虱等刺吸式害虫及菜青虫、棉铃虫等鳞翅目害虫。

【使用方法】

1. 防治蔬菜蚜虫：在不同蔬菜的蚜虫发生为害初期，应用 0.5% 藜芦碱可溶液剂 400 ~ 600 倍稀释液进行均匀喷雾 1 次，持效期可达 14 天以上。可再轮换喷用其他杀虫剂，以达高效与延缓抗性产生。

2. 防治甘蓝菜青虫：当甘蓝处在莲座期或菜青虫处于低龄幼虫阶段为施药适期，可用 0.5% 藜芦碱可溶液剂 500 ~ 800 倍液均匀喷雾 1 次。

【中毒急救】

中毒症状表现为结膜和黏膜有轻度充血。不慎眼睛溅入或接触皮肤：用大量清水冲洗至少 15 分钟。误吸：将病人转移到空气清新处。误食：要及时洗胃并引吐，立即送医院治疗。可以用鞣酸或者活性炭混悬液洗胃，静脉注射葡萄糖液，肌肉注射阿托品等。

【注意事项】

1. 施药时要有防护措施，戴好口罩等。

2. 不宜与碱性物质混用。

3. 不宜在中午强光条件下喷施，傍晚施药最佳。

4. 建议与其他作用机制不同的杀虫剂轮换使用。

5. 对鱼虾、蜜蜂、家蚕高毒，因此在使用时应防止污染鱼塘、河流、蜂场、桑园等。

6. 禁止在水田使用。

7. 在鸟类保护区禁止使用。

8. 施药期间不可吃东西和饮水。施药后，彻底清洗器械，并将包装袋深埋或焚毁，并立即用肥皂洗手和洗脸。使用本品时，应避免直接接触药液，配戴相应的防护用品。

9. 孕妇和哺乳期妇女避免接触。

10. 用过的容器妥善处理，不可做他用，不可随意丢弃。

11. 本品放置于阴凉、干燥、通风、防雨处，远离火源，勿与食品、饲料、种子、日用品等同贮同运。

12. 本品宜置于儿童够不着的地方并上锁，不得重压、破损包装容器。

甲氨基阿维菌素苯甲酸盐

【作用特点】

甲氨基阿维菌素苯甲酸盐是从发酵产品阿维菌素 B1 开始合成的一种新型高效半合成抗生素杀虫剂。它具有超高效，低毒，制剂近无毒，无残留，无公害等生物农药的特点，与阿维菌素比较首先杀虫活性提高了 1 ~ 3 个数量级，对鳞翅目昆虫的幼虫和其他许多害虫及螨类的活性极高，既有胃毒作用又兼触杀作用，在非常低的剂量下具有很好的效果，而且在防治害虫的过程中对益虫没有伤害，有利于对害虫的综合防治，另外扩大了杀虫谱，降低了对人畜的毒性。

甲氨基阿维菌素苯甲酸盐是一种微生物源低毒杀虫、杀螨剂，是在阿维菌素的基础上合成的高效生物药剂，具有活性高、杀虫谱广、可混用性好、持效期长、使用安全等特点，作用方式以胃毒为主，兼有触杀作用，无内吸作用，但可有效渗入作物表皮组织。其杀虫机制是阻碍害虫运动神经信息传递而使身体麻痹死亡。

【毒性与环境生物安全性评价】

对高等动物为中等毒性。

大白鼠急性经口 LD_{50} 为 126 毫克/千克；

大白鼠急性经皮 LD_{50} 为 126 毫克/千克。

对皮肤无刺激作用，对眼睛有轻微刺激作用。

在试验剂量内对动物无致畸、致癌、致突变作用。

在土壤中易降解、无残留，在常规剂量范围内对有益昆虫及天敌、人、畜安全。

【防治对象】

甲氨基阿维菌素苯甲酸盐对很多害虫具有其他农药无法比拟的活性，尤其对鳞翅目、双翅目、蓟马类超高效，如红带卷叶蛾、烟蚜夜蛾、棉铃虫、烟草天蛾、小菜蛾、黏虫、甜菜夜蛾、旱地贪夜蛾、纷纹夜蛾、甘蓝银纹夜蛾、菜粉蝶、菜心螟、甘蓝横条螟、番茄天蛾、马铃薯甲虫、墨西哥瓢虫等。

主要用于防治棉铃虫等鳞翅目害虫、螨类、鞘翅目及同翅目害虫，对这些类别害虫有极高活性。

【使用方法】

1. 防治十字花科蔬菜甜菜夜蛾：每 666.7 平方米用甲氨基阿维菌素苯甲酸盐有效成分 0.05 ~ 0.2 克兑水 50 千克喷雾；防治小菜蛾：每 666.7 平方米 用甲氨基阿维菌素苯甲酸盐有效成分 0.08 ~ 0.16 克兑水 50 千克喷雾。

2. 防治棉铃虫：每 666.7 平方米用甲氨基阿维菌素苯甲酸盐有效成分 0.5 ~ 0.75 克兑水 50 ~ 100 千克喷雾。

3. 防治烟草烟青虫：每 666.7 平方米用甲氨基阿维菌素苯甲酸盐有效成分 0.06 ~ 0.08 克兑水 50 千克喷雾。

【中毒急救】

早期症状为瞳孔放大，行动失调，肌肉颤抖。一般导致患者高度昏迷。严重时导致呕吐。不慎经口，立即引吐，并给患者服用吐根糖浆或麻黄素，但勿给昏迷患者催吐灌任何东西。抢救时避免给患者使用 γ - 氨基丁酸活性的药物，如巴比妥、丙戊酸等。大量吞服时可洗胃。

【注意事项】

1. 施药时要有防护措施，戴好口罩等。

2. 对鱼、虾高毒，应避免污染水源和池塘等。

3. 对蜜蜂有毒，不要在开花期施用。

4. 无杀卵作用，卵孵高峰至低龄幼虫期施药。

5. 不宜与碱性物质混用。

6. 不宜在中午强光条件下喷施，傍晚施药最佳。

7. 无内吸作用，均匀喷施。

8. 在阴凉避光处储存，远离高温、火源。

9. 配好的药液应在当日使用。

10. 最后一次施药距收获期 20 天。

11. 不要在鱼塘、蜂场、桑园及其周围使用，药液不要污染池塘等水域。

12. 使用本品时应穿戴防护服和手套，避免吸入药液。施药期间不可吃东西和饮水。施药后，彻底清洗器械，并将包装袋深埋或焚毁，并立即用肥皂洗手和洗脸。使用本品时，应避免直接接触药液，配戴相应的防护用品。

13. 孕妇和哺乳期妇女避免接触。

14. 用过的容器妥善处理，不可做他用，不可随意丢弃。

15. 本品放置于阴凉、干燥、通风、防雨处，远离火源，勿与食品、饲料、种子、日用品等同贮同运。

16. 本品宜置于儿童够不着的地方并上锁，不得重压、破损包装容器。

甲氰菊酯

【作用特点】

甲氰菊酯是一种拟除虫菊酯类杀虫、杀螨剂，中等毒性，具有触杀、胃毒和一定的驱避作用，无内吸、熏蒸作用。其属神经毒剂，作用于昆虫的神经系统，使昆虫过度兴奋、麻痹而死亡。该药杀虫谱广，击倒效果快，持效期长，其最大特点是对许多种害虫和多种叶螨同时具有良好的防治效果，特别适合在害虫、害螨并发时使用。

【毒性与环境生物安全性评价】

对高等动物毒性中等。

大白鼠急性经口 LD_{50} 为 107 ~ 164 毫克/千克；

大白鼠急性经皮 LD_{50} 为 600 ~ 870 毫克/千克；

大白鼠急性吸入 LC_{50} 大于 96 毫克/立方米；

大白鼠腹腔注射 LD_{50} 为 180 ~ 225 毫克/千克。

小鼠急性经口 LD_{50} 为 58 ~ 67 毫克/千克；

小鼠急性经皮 LD_{50} 为 900 ~ 1350 毫克/千克；

小鼠腹腔注射 LD_{50} 为 210 ~ 230 毫克/千克。

慢性毒性：原药大鼠经口无作用剂量雌 25ppm，雄鼠 >500ppm。

诱变性：动物未见诱变性。

致癌性：动物未见明显异常。

致畸性：动物未见明显异常。

体内转归：进入动物体内后 48 小时 57% 从尿中排出，40% 从粪便排出，其代谢过程是酯键断裂，代谢物为 3 - 苯氧基苯甲酸及其硫酸盐缀合物。

对鱼类等水生生物毒性高毒。

虹鳟鱼 96 小时 LC_{50} 为 0.023 毫克/升。

对鸟类低毒。

野鸭急性经口 LD_{50} 为 1089 毫克/千克。

【防治对象】

甲氰菊酯适用作物非常广泛，常使用于苹果、柑橘、荔枝、桃树、栗树等果树及棉花、茶树、十字花科蔬菜、瓜果类蔬菜、花卉等植物。对多种叶螨有良好的防治效果，对鳞翅目幼虫高效，对半翅目和双翅目害虫也有效。主要用于防治叶螨类、瘿螨类、菜青虫、小菜蛾、甜菜夜蛾、棉铃虫、红铃虫、茶尺蠖、茶小绿叶蝉、茶毛虫、潜叶蛾、食心虫、卷升蛾、蚜虫、白粉虱、蓟马及盲椿类等多种害虫、害螨。

【使用方法】

1. 甲氰菊酯主要通过喷雾防治害虫、害螨：在卵盛期至孵化期或害虫害螨发生初期或低龄期用药防治效果好。一般使用20%甲氰菊酯乳油或20%甲氰菊酯水乳剂，或20%甲氰菊酯可湿性粉剂1500～2000倍液，或10%甲氰菊酯乳油或10%甲氰菊酯微乳剂800～1000倍液喷雾，特别注意果树的下部及内膛。

2. 防治蔬菜小菜蛾，菜青虫、甜菜夜蛾、斜纹夜蛾、烟青虫、菜螟等抗性害虫：在1～2龄幼虫发生期，每666.7平方米用20%甲氰菊酯乳油或20%甲氰菊酯水乳剂，或20%甲氰菊酯可湿性粉剂20～30克，兑水50～75千克喷雾。也可以每666.7平方米用10%甲氰菊酯乳油或10%甲氰菊酯微乳剂40～50克，兑水50～75千克喷雾。

3. 防治蔬菜温室白粉虱：在若虫盛发期，每666.7平方米用20%甲氰菊酯乳油或20%甲氰菊酯水乳剂，或20%甲氰菊酯可湿性粉剂10～25克，兑水80～120千克喷雾。也可以每666.7平方米用10%甲氰菊酯乳油或10%甲氰菊酯微乳剂20～50克，兑水80～120千克喷雾。

4. 防治棉花棉铃虫、棉红铃虫、红蜘蛛等：每666.7平方米20%甲氰菊酯乳油或20%甲氰菊酯水乳剂，或20%甲氰菊酯可湿性粉剂30～40克，兑水75～100千克喷雾。也可以每666.7平方米用10%甲氰菊酯乳油或10%甲氰菊酯微乳剂60～80克，兑水75～100千克喷雾。

5. 防治果树桃小食心虫、梨小食心虫等：用20%甲氰菊酯乳油或20%甲氰菊酯水乳剂，或20%甲氰菊酯可湿性粉剂2000～4000倍液，或10%甲氰菊酯乳油或10%甲氰菊酯微乳剂1000～2000倍液喷雾。

6. 防治桃蚜、桃粉蚜、苹果瘤蚜等：用20%甲氰菊酯乳油或20%甲氰菊酯水乳剂，或20%甲氰菊酯可湿性粉剂4000～10000倍液，或10%甲氰菊酯乳油或10%甲氰菊酯微乳剂2000～5000倍液喷雾。

7. 防治山楂红蜘蛛、苹果红蜘蛛等：用20%甲氰菊酯乳油或20%甲氰菊酯水乳剂，或20%甲氰菊酯可湿性粉剂2000～3000倍液，或10%甲氰菊酯乳油或10%甲氰菊酯微乳剂1000～1500倍液喷雾。

8. 防治柑橘潜叶蛾：在卵孵化期，用20%甲氰菊酯乳油或20%甲氰菊酯水乳剂，或20%甲氰菊酯可湿性粉剂4000～10000倍液，或10%甲氰菊酯乳油或10%甲氰菊酯微乳剂2000～5000倍液喷雾。

9. 防治柑橘红蜘蛛：在成、若螨发生期，用20%甲氰菊酯乳油或20%甲氰菊酯水乳剂，或20%甲氰菊酯可湿性粉剂2000～4000倍液，或10%甲氰菊酯乳油或10%甲氰菊酯微乳剂1000～2000倍液喷雾。

10. 防治柑橘橘蚜：用20%甲氰菊酯乳油或20%甲氰菊酯水乳剂，或20%甲氰菊酯可湿性粉剂4000～8000倍液，或10%甲氰菊酯乳油或10%甲氰菊酯微乳剂2000～4000倍液喷雾。

11. 防治荔枝椿象：在成虫活动产卵期和若虫盛发期，用20%甲氰菊酯乳油或20%甲氰菊酯水乳剂，或20%甲氰菊酯可湿性粉剂3000～4000倍液，或10%甲氰菊酯乳油或10%甲氰菊酯微乳剂1500～2000倍液喷雾。

12. 防治茶树茶尺蠖、茶小绿叶蝉、茶毛虫等：用20%甲氰菊酯乳油或20%甲氰菊酯水乳剂，或20%甲氰菊酯可湿性粉剂8000～10000倍液，或10%甲氰菊酯乳油或10%甲氰菊酯微乳剂4000～5000倍液喷雾。

13. 防治花卉介壳虫、毒蛾及刺蛾幼虫等：用20%甲氰菊酯乳油或20%甲氰菊酯水乳剂，或 20% 甲氰菊酯可湿性粉剂 2000~3000 倍液，或 10% 甲氰菊酯乳油或 10% 甲氰菊酯微乳剂 1000~1500 倍液喷雾。

【中毒急救】

属于神经毒剂，接触皮肤感到刺痛，对眼睛、皮肤有刺激作用，应用大量清水冲洗。如误服，不要催吐，喝 1~2 杯水，立即洗胃。接触量大时会引起头痛、头昏、恶心、呕吐，重者还会出现昏迷、抽搐。没有专门的解毒药物，应送医院对症治疗。若与有机磷农药共同中毒，应先解决有机磷农药中毒的问题。

【注意事项】

1. 不可与碱性农药混用，也不可做土壤处理剂。

2. 甲氰菊酯对鱼虾、蜜蜂、家蚕高毒，因此在使用时应防止污染鱼塘、河流、蜂场、桑园。

3. 禁止在水田使用。

4. 对拟除虫菊酯类农药产生抗性的害虫，应适当提高药液使用浓度。

5. 采收安全间隔期棉花为 21 天、苹果为 14 天。

6. 田间作物虫、螨并发时，应加杀螨剂使用。

7. 注意与有机磷类、有机氯类等不同类型药剂交替使用或混用，以防产生抗药性。

8. 在低温条件下药效更高、持效期更长，特别适合早春和秋冬使用。

9. 使用本品时应穿戴防护服和手套，避免吸入药液。施药期间不可吃东西和饮水。施药后，彻底清洗器械，并将包装袋深埋或焚毁，并立即用肥皂洗手和洗脸。使用本品时，应避免直接接触药液，配戴相应的防护用品。

10. 孕妇和哺乳期妇女避免接触。

11. 用过的容器妥善处理，不可做他用，不可随意丢弃。

12. 本品放置于阴凉、干燥、通风、防雨处，远离火源，勿与食品、饲料、种子、日用品等同贮同运。

13. 本品宜置于儿童够不着的地方并上锁，不得重压、破损包装容器。

氯虫苯甲酰胺

【作用特点】

氯虫苯甲酰胺是苯甲酰胺类广谱杀虫剂。由于氯虫苯甲酰胺的化学结构具有其他任何杀虫剂不具备的全新杀虫原理，能高效激活昆虫鱼尼丁（肌肉）受体。过度释放细胞内钙库中的钙离子，导致昆虫瘫痪死亡，对鳞翅目害虫的幼虫活性高，杀虫谱广，持效性好。根据目前的试验结果对靶标害虫的活性比其他产品高出 10~100 倍，并且可以导致某些鳞翅目昆虫交配过程紊乱，研究证明其能降低多种夜蛾科害虫的产卵率，由于其持效性好和耐雨水冲刷的生物学特性，这些特性实际上是渗透性、传导性、化学稳定性、高杀虫活性和导致害虫立即停止取食等作用的综合体现。因此决定了其比目前绝大多数在用的其他杀虫剂有更长和更稳定的和对作物的保护作用。卓越高效广谱的鳞翅目、主要甲虫和粉虱杀虫剂，在低剂量下就有可靠和稳定的防效，立即停止取食，药效期更长，防雨水冲洗，在作物生长的任何时期提供即刻和长久的保护。其作用机制与其他种类杀虫剂不同，可结合昆虫体内的鱼尼丁受体，抑制昆虫取食，引起虫体收缩，最终导致害虫死亡。

【毒性与环境生物安全性评价】

对高等动物毒性低毒。

原药大鼠急性经口 LD_{50} 大于 5000 毫克/千克；

制剂大鼠急性经口 LD_{50} 大于 5000 毫克/千克；

原药大鼠急性经皮 LD_{50} 大于 5000 毫克/千克；

制剂大鼠急性经皮 LD_{50} 大于 5000 毫克/千克。

对兔眼睛、皮肤无刺激性。

豚鼠致敏性试验结果为无致敏性。

在试验条件下，无致癌、致畸、致突变作用。

原药对鱼类毒性低毒。

鱼 96 小时 LC_{50} 大于 15.5 毫克/升。

原药对水蚤毒性低毒。

水蚤 48 小时 EC_{50} 为 11.67 微克/升。

原药对藻类毒性剧毒。

藻类 96 小时 EC_{50} 大于 2 毫克/升。

原药对蜜蜂毒性高毒。

蜜蜂经口 48 小时 LD_{50} 大于 0.027 微克/只；

蜜蜂接触 LD_{50} 大于 0.005 微克/只。

原药对家蚕毒性剧毒。

家蚕 96 小时 LD_{50} 为 0.153 毫克/升。

原药对鸟类毒性低毒。

禽鸟 LD_{50} 大于 2250 毫克/千克。

原药对天敌毒性低毒。

赤眼蜂 LD_{50} 为 217 毫克/升；

瓜蟾蝌蚪 LD_{50} 大于 100 毫克/升。

原药对土壤生物毒性低毒。

蚯蚓 14 天 LC_{50} 大于 1000 毫克/千克。

土壤微生物影响率小于 25%。

制剂对鱼类毒性低毒。

鱼 96 小时 LC_{50} 大于 15.1 毫克/升。

制剂对水蚤毒性低毒。

水蚤 48 小时 EC_{50} 为 35 微克/升。

制剂对藻类毒性剧毒。

藻类 96 小时 EC_{50} 为 20 毫克/升。

制剂对蜜蜂毒性低毒。

蜜蜂经口 48 小时 LD_{50} 为 114.1 微克/只；

蜜蜂接触 LD_{50} 大于 100 微克/只。

制剂对家蚕毒性剧毒。

家蚕 96 小时 LD_{50} 为 0.0166 毫克/升。

制剂对鸟类毒性低毒。

禽鸟 LD_{50} 大于 2000 毫克/千克。

制剂对天敌毒性低毒。

赤眼蜂 LD_{50} 为 655 毫克/升；

蝌蚪 LD_{50} 大于 100 毫克/升。

水稻田风险系数 9.8。

人每日允许摄入量为 1.58 毫克/千克体重。

【防治对象】

主要用于防治水稻二化螟、三化螟、稻纵卷叶螟，防治十字花科小菜蛾、甜菜夜蛾及苹果树金纹细蛾、桃小食心虫等害虫。

【使用方法】

防治水稻二化螟、三化螟、稻纵卷叶螟等：在稻纵卷叶螟卵孵高峰期、二化螟卵孵期至低龄幼虫发生期，每666.7平方米用20%氯虫苯甲酰胺悬浮剂5～10克，兑水50～75千克茎叶均匀喷雾。喷药2次，间隔期14天。

【中毒急救】

无中毒报道。不慎眼睛溅入或接触皮肤：用大量清水冲洗至少15分钟。误吸：将病人转移到空气清新处。误食：要及时洗胃并引吐，立即送医院治疗。没有特效的解毒药，绝不可乱服药物。

【注意事项】

1. 不可与碱性或者强酸性物质混用。

2. 对蜜蜂、家蚕及某些水生生物有毒，特别是对家蚕剧毒，高风险性。因此在使用时应防止污染鱼塘、河流、蜂场、桑园。采桑期间，避免在桑园及蚕室附近使用；在附近农田使用时，应避免药液漂移到桑叶上。

3. 使用本品时应穿戴防护服和手套，避免吸入药液。施药期间不可吃东西和饮水。施药后，彻底清洗器械，并将包装袋深埋或焚毁，并立即用肥皂洗手和洗脸。使用本品时，应避免直接接触药液，配戴相应的防护用品。

4. 为避免该农药抗药性的产生，一季作物或一种害虫宜使用2～3次，每次间隔时间在15天以上。

5. 孕妇和哺乳期妇女避免接触。

6. 用过的容器妥善处理，不可做他用，不可随意丢弃。

7. 本品放置于阴凉、干燥、通风、防雨处，远离火源，勿与食品、饲料、种子、日用品等同贮同运。

8. 本品宜置于儿童够不着的地方并上锁，不得重压、破损包装容器。

硫双灭多威

【作用特点】

硫双灭多威属氨基甲酰肟类杀虫剂，杀虫活性与灭多威相近，但毒性比灭多威低。硫双灭多威又名硫双威、拉维因，是由两个灭多威缩合而成，属中等毒性杀虫剂，具有胃毒作用和较弱的触杀作用。其作用机理是神经阻碍作用，即通过抑制乙酰胆碱酯酶活性而阻碍神经纤维内传导的再活性化，导致害虫中毒死亡，既能杀卵，也可以杀幼虫和某些成虫。由于硫双灭多威的结构中引入了硫醚键，因此，对以氧化代谢为解毒机制的抗性害虫，也有较高的杀虫活力。它杀卵活性极高，主要表现在3个方面：

1. 药液接触未孵化的卵，可阻止卵的孵化或孵化后幼虫发育到2龄前即死亡；

2. 施药后3天以内产的卵不能孵化或不能完成幼期发育；

3. 卵孵后出壳时因咀嚼卵膜而能有效地毒杀初孵幼虫。

【毒性与环境生物安全性评价】

对高等动物毒性中等。

大白鼠急性经口 LD_{50} 为 66 毫克/千克(水中)；

大白鼠急性经口 LD_{50} 为 120 毫克/千克(玉米油中);

小鼠急性经口 LD_{50} 为 325 毫克/千克,仅为灭多威毒性的 1/18。

狗急性经口 LD_{50} 大于 800 毫克/千克;

猴急性经口 LD_{50} 大于 467 毫克/千克;

雄兔急性经皮 LD_{50} 大于 2000 毫克/千克。

对兔眼睛有轻微刺激作用。

对猴、兔皮肤无刺激作用。

大白鼠急性吸入 4 小时 LC_{50} 为 0.32 毫克/升。

无慢性中毒。

在试验条件下,无致癌、致畸、致突变作用。

2 年饲喂试验无作用剂量:

大鼠为 3.75 毫克/千克·天;

小鼠为 5.0 毫克/千克·天。

对鱼类等水生生物毒性中等。

虹鳟鱼 96 小时 LC_{50} 大于 3.3 毫克/升;

蓝鳃鱼 96 小时 LC_{50} 为 1.4 毫克/升;

水蚤 48 小时 EC_{50} 为 0.027 毫克/升。

对鸟类低毒。

野鸭饲喂 LD_{50} 为 5620 毫克/千克饲料;

日本鹌鹑急性经口 LD_{50} 为 2023 毫克/千克。

直接喷雾到蜜蜂上有中等毒性,但喷雾的残液干后对蜜蜂无毒。

【防治对象】

主要用于防治烟青虫、斜纹夜蛾等鳞翅目幼虫,对刺吸式口器害虫如烟蚜、烟盲蝽等基本无效。其杀虫作用慢,一般在施药后 2~3 天才达到最高药效。持效期 7~10 天,选择性强。对烟草害虫天敌如七星瓢虫、草蛉等的杀伤力相对较低,与有机磷及拟除虫菊酯类杀虫剂有增效作用。硫双灭多威对家蚕有高毒,且残留期长,应防止在蚕桑区附近使用。

通常用于棉花、果树、水稻、蔬菜及经济作物等,防治棉铃虫、红铃虫、卷叶蛾类、食心虫类、菜青虫、夜盗虫、斜纹夜蛾、马铃薯块茎蛾、茶小卷叶蛾等。对蚜虫、螨类、蓟马等吸汁性害虫几乎没有杀虫效果。

【使用方法】

1. 防治烟草烟青虫、斜纹夜蛾等多种鳞翅目烟草害虫:每 666.7 平方米用 75% 硫双灭多威可湿性粉剂 50~75 克,兑水 50~75 千克喷雾。

2. 防治棉花棉铃虫、棉红铃虫等:在产卵比较集中、孵化相对整齐的情况下,选择在卵孵化盛期用药。每 666.7 平方米用 75% 硫双灭多威可湿性粉剂 20~30 克,兑水 50~75 千克喷雾。

3. 防治水稻二化螟、三化螟等:每 666.7 平方米用 75% 硫双灭多威可湿性粉剂 100~150 克,兑水 75~100 千克喷雾。

【中毒急救】

中毒一般几分钟至 1 小时即表现出来,出现头痛、头昏、恶心、呕吐、多汗、无力、胸闷、视力模糊、食欲不佳等症状。严重者出现血压下降、意识不清,皮肤出现接触性皮炎如风疹、局部红肿、奇痒、眼结膜充血、流泪、胸闷、呼吸困难等症状。如误服,立即引吐、洗胃、导泻,口服 1%~2% 苏打水或用清水洗胃,直至吐出物变透明。按中毒轻重而定,用阿托品

0.5～2毫克口服或静脉注射。严重者加用肾上腺素。禁用解磷定、吗啡、氟磷定、双复磷等。

【注意事项】

1. 不可与碱性或者强酸性物质混用。

2. 硫双灭多威对鱼虾、蜜蜂、家蚕有毒，因此在使用时应防止污染鱼塘、河流、蜂场、桑园。

3. 对高粱、棉花的某些品种有轻微药害，使用时注意。

4. 为防止棉铃虫在短时间内对该药剂产生抗性，应避免连续使用，可与其他药剂交替使用。建议在棉花上使用次数不要超过3次。

5. 对蚜虫、螨类、蓟马等刺吸式口器害虫防效不佳，可与有机磷、拟除虫菊酯类药剂混用。

6. 使用本品时应穿戴防护服和手套，避免吸入药液。施药期间不可吃东西和饮水。施药后，彻底清洗器械，并将包装袋深埋或焚毁，并立即用肥皂洗手和洗脸。使用本品时，应避免直接接触药液，配戴相应的防护用品。

7. 孕妇和哺乳期妇女避免接触。

8. 用过的容器妥善处理，不可做他用，不可随意丢弃。

9. 本品放置于阴凉、干燥、通风、防雨处，远离火源，勿与食品、饲料、种子、日用品等同贮同运。

10. 本品宜置于儿童够不着的地方并上锁，不得重压、破损包装容器。

氯噻啉

【作用特点】

螟虫、飞虱、叶蝉、蓟马是常年发生的水稻主要害虫，以往农民主要用甲胺磷等高毒农药和吡虫啉防治，不符合无公害农业生产的需要，同时因为常年使用造成了害虫的抗药性，并极易受温度高低的限制，效果并不十分理想。氯噻啉是一种噻唑杂环类高效、低毒、广谱的新烟碱类杀虫剂，成为继有机磷、氨基甲酸酯和拟除虫菊酯类杀虫剂之后的第4大类农药新品种，填补了这一领域的空白，带来了防治螟虱类害虫的新的革命。

作用机理与烟碱类农药作用剂量相同，是对害虫的突触受体具有神经传导阻断作用，具有强烈的内吸活性，在植物体内传导，使害虫摄食而导致神经中毒，起到杀虫作用。它有如下5大特点：

1. 强内吸性杀虫剂。氯噻啉活性是一般新烟碱类杀虫剂如啶虫咪、吡虫啉活性的20倍。

2. 不受温度高低限制。氯噻啉不受温度高地限制，克服了啶虫脒、吡虫啉等产品在温度较低时防效差的缺点。

3. 无抗性。因为氯噻啉为新型单剂农药品种，目前在国内没有大范围使用，害虫对其没有抗药性。

4. 低毒、广谱。氯噻啉毒性低，符合无公害农业生产要求，杀虫谱广，可用在多种作物上除防治水稻叶蝉、飞虱、蓟马外，还对鞘翅目、双翅目和鳞翅目害虫也有效，尤其对水稻二化螟、三化螟毒力很高，其他新烟碱类杀虫剂如啶虫咪、吡虫啉等无法比拟。

5. 成本低。氯噻啉防效相当于同含量一般新烟碱类杀虫剂如啶虫咪、吡虫啉的3～5倍，每666.7平方米用量10～20克。

【毒性与环境生物安全性评价】

对高等动物毒性低毒。

雄大鼠急性经口 LD_{50} 为 1470 毫克/千克；

雄大鼠急性经皮 LD_{50} 大于 2000 毫克/千克；

雌大鼠急性经皮 LD_{50} 大于 2000 毫克/千克。

对眼睛、皮肤无刺激性。

无致敏性。

在试验条件下，无致癌、致畸、致突变作用。

对鱼类毒性低毒。

鱼 LC_{50} 为 72.2 毫克/升。

对大型蚤毒性高毒。

大型蚤 48 小时 EC_{50} 为 0.027 毫克/升。

对鸟类低毒。

大型蚤 EC_{50} 为 7.65 微克/升。

对藻类毒性中等毒。

绿藻 EC_{50} 为 0.33 毫克/升。

对蜜蜂毒性高毒。

蜜蜂 48 小时 LC_{50} 为 10.65 毫克/升。

对家蚕毒性剧毒。

2 龄家蚕 LC_{50} 为 0.32 毫克/千克·桑叶。

对鸟类毒性高毒。

鸟 LC_{50} 为 28.87 毫克/千克。

对禽类毒性高毒。

禽 LC_{50} 为 28.87 毫克/千克。

对土壤生物毒性中等毒。

蚯蚓 LC_{50} 为 1.11 ~ 9.33 毫克/千克。

在土壤中降解。

易光解。

在水中不易降解。

人每日允许摄入量为 0.025 毫克/千克体重。

【防治对象】

主要用于小麦、果树、水稻、蔬菜、烟草及经济作物等，防治蚜虫、白粉虱、稻飞虱、小绿叶蝉等。

【使用方法】

1. 防治小麦蚜虫：每 666.7 平方米用 10% 氯噻啉可湿性粉剂 10 ~ 20 克，兑水 50 ~ 75 千克均匀喷雾。

2. 防治十字花科蔬菜蚜虫：每 666.7 平方米用 10% 氯噻啉可湿性粉剂 10 ~ 20 克，兑水 50 ~ 75 千克喷雾。

3. 防治柑橘蚜虫：用 10% 氯噻啉可湿性粉剂 4000 ~ 5000 倍液均匀喷雾。

4. 防治水稻稻飞虱：每 666.7 平方米用 10% 氯噻啉可湿性粉剂 10 ~ 20 克，兑水 40 ~ 60 千克均匀喷雾。可以兼治螟虫。

5. 防治番茄(大棚)白粉虱：每 666.7 平方米用 10% 氯噻啉可湿性粉剂 15 ~ 30 克，兑水 50 ~ 60 千克喷雾。

6. 防治茶树小绿叶蝉：每 666.7 平方米用 10% 氯噻啉可湿性粉剂 15 ~ 30 克，兑水 50 ~

60 千克均匀喷雾。

7. 防治烟草蚜虫：每 666.7 平方米用 10% 氯噻啉可湿性粉剂 10 ~ 20 克，兑水 50 ~ 75 千克均匀喷雾。

【中毒急救】

无中毒报道。不慎眼睛溅入或接触皮肤：用大量清水冲洗至少 15 分钟。误吸：将病人转移到空气清新处。误食：要及时洗胃并引吐，立即送医院治疗。没有特效的解毒药，绝不可乱服药物。

【注意事项】

1. 不可与碱性或者强酸性物质混用。

2. 对蜜蜂、家蚕有毒，因此在使用时应防止污染蜂场、蚕室和桑园。采桑期间，避免在桑园及蚕室附近使用；在附近农田使用时，应避免药液漂移到桑叶上。

3. 使用本品时应穿戴防护服和手套，避免吸入药液。施药期间不可吃东西和饮水。施药后，彻底清洗器械，并将包装袋深埋或焚毁，并立即用肥皂洗手和洗脸。使用本品时，应避免直接接触药液，配戴相应的防护用品。

4. 蜜源作物花期禁止用药。

5. 在常规用药剂量范围内对作物安全，对有益生物，如七星瓢虫等天敌杀伤力较小。

6. 本品速效性好，持效期较长，一般于低龄若虫高峰期施药，持效期在 7 天以上。

7. 孕妇和哺乳期妇女避免接触。

8. 用过的容器妥善处理，不可做他用，不可随意丢弃。

9. 本品放置于阴凉、干燥、通风、防雨处，远离火源，勿与食品、饲料、种子、日用品等同贮同运。

10. 本品宜置于儿童够不着的地方并上锁，不得重压、破损包装容器。

螺虫乙酯

【作用特点】

螺虫乙酯是新型季酮酸类杀虫剂，与杀虫杀螨剂螺螨酯和螺甲螨酯属同类化合物。螺虫乙酯具有独特的作用特征，其作用机理与现有的杀虫剂不同，是迄今具有双向内吸传导性能的现代杀虫剂之一。通过干扰昆虫的脂肪生物合成导致幼虫死亡，有效降低成虫的繁殖能力。该化合物可以在整个植物体内向上向下移动，抵达叶面和树皮，从而防治如生菜和白菜内叶上，及果树皮上的害虫。这种独特的内吸性能可以保护新生茎、叶和根部，防止害虫的卵和幼虫生长。其另一个特点是持效期长，可提供长达 8 周的有效防治。

【毒性与环境生物安全性评价】

对高等动物毒性低毒。

雄大鼠急性经口 LD_{50} 大于 5000 毫克/千克；

雌大鼠急性经口 LD_{50} 大于 2000 毫克/千克；

大鼠急性经皮 LD_{50} 大于 2000 毫克/千克；

大鼠急性吸入 LC_{50} 为大于 4183 毫克/立方米。

对兔眼睛、皮肤无刺激性。

在试验条件下，无致癌、致畸、致突变作用。

对鱼类毒性中等毒。

虹鳟鱼 96 小时 LC_{50} 为 7.75 毫克/升；

对鸟类低毒。

鹌鹑急性经口 LD$_{50}$大于 2000 毫克/千克。

对蜜蜂毒性低毒。

蜜蜂经口 48 小时 LD$_{50}$大于 106.3 微克/只；

蜜蜂接触 48 小时 LD$_{50}$大于 100 微克/只。

对家蚕毒性低毒。

2 龄家蚕食下毒叶法 96 小时 LC$_{50}$为 464 毫克/升。

难挥发。

难光解。

强酸、强碱性条件下易水解。

在土壤中易降解，较难吸附。

在环境中长期残留的可能性不大，在其降解产物在土壤中有一定移动性。

【防治对象】

螺虫乙酯高效广谱，可有效防治各种刺吸式口器害虫，如蚜虫、蓟马、木虱、粉蚧、粉虱和介壳虫等。可应用的主要作物包括，棉花、大豆、柑橘、热带果树、坚果、葡萄、啤酒花、土豆和蔬菜等。研究表明其对重要益虫如瓢虫、食蚜蝇和寄生蜂具有良好的选择性。

【使用方法】

1. 防治柑橘树介壳虫：使用 240 克/升螺虫乙酯 4000~5000 倍液喷雾。

2. 防治柑橘树红蜘蛛：使用 240 克/升螺虫乙酯 4000~5000 倍液喷雾。

3. 在低于 60 毫克/千克剂量下，最多施药 1 次，安全间隔期为 40 天。

【中毒急救】

不慎溅入眼睛：用大量清水冲洗至少 15 分钟。皮肤接触：立即脱掉污染的衣服，用肥皂水或者大量清水冲洗皮肤。误吸：将病人转移到空气清新处，如呼吸停止，应立即进行人工呼吸，如呼吸困难，应输氧。误食：立即用大量清水漱口，不可催吐，立即送医院治疗。没有特效的解毒药，绝不可乱服药物。

【注意事项】

1. 本品不可与碱性或者强酸性物质混用。

2. 本品对鱼有毒，因此在使用时应防止污染鱼塘、河流。

3. 使用本品时应穿戴防护服和手套，避免吸入药液。施药期间不可吃东西和饮水。施药后，彻底清洗器械，并将包装袋深埋或焚毁，并立即用肥皂洗手和洗脸。使用本品时，应避免直接接触药液，配戴相应的防护用品。

4. 孕妇和哺乳期妇女避免接触。

5. 用过的容器妥善处理，不可做他用，不可随意丢弃。

6. 本品放置于阴凉、干燥、通风、防雨处，远离火源，勿与食品、饲料、种子、日用品等同贮同运。

7. 本品宜置于儿童够不着的地方并上锁，不得重压、破损包装容器。

螺螨酯

【作用特点】

螺螨酯是一种非内吸性杀螨剂，也是一种昆虫生长调节剂。它具有全新的作用机理，具触杀作用，没有内吸性，主要抑制螨的脂肪合成，阻断螨的能量代谢。它在螨的各个发育阶段都有效，包括卵。它主要有以下 6 个特点：

1. 全新结构、作用机理独特：螨危的有效成分是季酮螨酯，作用机制是抑制有害螨体内的脂肪合成。它与现有杀螨剂之间无交互抗性，适用于用来防治对现有杀螨剂产生抗性的有害螨类。

2. 杀螨谱广、适应性强：螨危对红蜘蛛、黄蜘蛛、锈壁虱、茶黄螨、朱砂叶螨和二斑叶螨等均有很好防效，可用于柑橘、葡萄等果树和茄子、辣椒、番茄等茄科作物的螨害治理。此外，螨危对梨木虱、榆蛎盾蚧以及叶蝉类等害虫有很好的兼治效果。

3. 卵幼兼杀：杀卵效果特别优异，同时对幼若螨也有良好的触杀作用。螨危虽然不能较快地杀死雌成螨，但对雌成螨有很好的绝育作用。雌成螨触药后所产的卵有96%不能孵化，死于胚胎后期。

4. 持效期长：螨危的持效期长，生产上能控制柑橘全爪螨危害达40～50天。螨危施到作物叶片上后耐雨水冲刷，喷药2小时后遇中雨不影响药效的正常发挥。

5. 低毒、低残留、安全性好。在不同气温条件下对作物非常安全，对人畜及作物安全、低毒。适合于无公害生产。

6. 无互抗性：可与大部分农药（强碱性农药与铜制剂除外）现混现用。与现有杀螨剂混用，既可提高螨危的速效性，又有利于螨害的抗性治理。

【毒性与环境生物安全性评价】

对高等动物毒性低毒。

原药大鼠急性经口 LD_{50} 大于 2500 毫克/千克；

原药大鼠急性经皮 LD_{50} 大于 2000 毫克/千克。

大鼠急性吸入 LC_{50} 大于 5030 毫克/立方米。

对兔眼睛、兔皮肤无刺激性。

豚鼠皮肤致敏性试验结果为存在致敏性的可能。

在试验条件下，无致癌、致畸、致突变作用。

制剂大鼠急性经口 LD_{50} 大于 2500 毫克/千克；

制剂大鼠急性经皮 LD_{50} 大于 4000 毫克/千克。

对兔眼睛、兔皮肤无刺激性。

大鼠急性吸入 LC_{50} 大于 3146 毫克/立方米。

豚鼠皮肤致敏性试验结果为无致敏性。

原药对鱼类毒性低毒。

虹鳟鱼 96 小时 LC_{50} 大于 0.0351 毫克/升；

蓝鳃翻车鱼 96 小时 LC_{50} 大于 0.0455 毫克/升。

原药对水生生物毒性低毒。

水蚤 48 小时 EC_{50} 大于 0.0508 毫克/升。

原药对鸟类毒性低毒。

日本鹌鹑 7 天 LD_{50} 大于 2000 毫克/千克。

原药对蜜蜂毒性低毒。

蜜蜂 48 小时经口 LD_{50} 大于 196 微克/只；

蜜蜂 48 小时接触 LD_{50} 大于 200 微克/只。

原药对土壤生物毒性低毒。

蚯蚓 14 天 LC_{50} 为 1000 毫克/千克·土壤。

制剂对鱼类毒性低毒。

虹鳟鱼 96 小时 LC_{50} 大于 68.1 毫克/升；

蓝鳃翻车鱼 96 小时 LC_{50} 大于 58.3 毫克/升。

制剂对鸟类毒性低毒。

日本鹌鹑 7 天 LD_{50} 大于 1200 毫克/千克。

制剂对蜜蜂毒性低毒。

蜜蜂 48 小时经口 LD_{50} 大于 100 微克/只；

蜜蜂 48 小时接触 LD_{50} 大于 100 微克/只。

制剂对家蚕毒性低毒。

家蚕 LC_{50} 大于 5000 毫克/千克·桑叶。

【防治对象】

主要用于防治柑橘、棉花、苹果树红蜘蛛、黄蜘蛛。

【使用方法】

1. 均匀喷雾：该产品通过触杀作用防治害螨的卵、幼若螨和雌成螨，没有内吸性，因此药剂兑水喷雾时，要尽可能喷雾均匀，确保药液喷施到叶片正反两面及果实表面，最大限度地发挥其药效。

2. 施用时间：防治柑橘全爪螨，建议在害螨为害前期施用，以便充分发挥螨危持效期长的特点。

（1）春季用药方案 1

当红蜘蛛、黄蜘蛛的危害达到防治指标，即每叶虫卵数达到 10 粒或每叶若虫 3~4 时，使用 24% 螺螨酯悬浮剂 4000~5000 倍液均匀喷雾，可控制红蜘蛛、黄蜘蛛 50 天左右。此后，若遇红蜘蛛、黄蜘蛛虫口再度上升可使用 1 次速效性杀螨剂如哒螨灵、克螨特、阿维菌素等即可。

（2）春季用药方案 2

如红蜘蛛、黄蜘蛛发生较早达到防治指标时，先使用 1~2 次速效性杀螨剂如哒螨灵、克螨特、阿维菌素等。5 月上旬左右，使用 24% 螺螨酯悬浮剂 4000~5000 倍液喷施 1 次，可控制红蜘蛛、黄蜘蛛 50 天左右。

（3）秋季用药

九、十月份红蜘蛛、黄蜘蛛虫口上升达到防治指标时，使用 24% 螺螨酯悬浮剂 4000~5000 倍液再喷施 1 次或根据螨害情况与其他药剂混用，即可控制到柑橘采收，直至冬季清园。

3. 施用次数：螺螨酯在柑橘生长季节内最好只施用 1 次，与其他不同杀螨机理的杀螨剂轮换使用，既能有效地防治抗性害螨，同时降低叶螨对螺螨酯产生抗性的风险。

【中毒急救】

不慎溅入眼睛：用大量清水冲洗至少 15 分钟。皮肤接触：立即脱掉污染的衣服，用肥皂水或者大量清水冲洗皮肤。误吸：将病人转移到空气清新处，如呼吸停止，应立即进行人工呼吸，如呼吸困难，应输氧。误食：立即用大量清水漱口，不可催吐，立即送医院治疗。没有特效的解毒药，绝不可乱服药物。

【注意事项】

1. 不可与碱性或者强酸性物质混用。

2. 如果在柑橘全爪螨为害的中后期使用，为害成螨数量已经相当大，由于螺螨酯杀卵及幼螨的特性，建议与速效性好、残效短的杀螨剂，如阿维菌素等混合使用，既能快速杀死成螨，又能长时间控制害螨虫口数量的恢复。

3. 考虑到抗性治理，建议在一个生长季分春季、秋季，螺螨酯的使用次数最多不超过 2 次。

4. 螺螨酯的主要作用方式为触杀和胃毒，无内吸性，因此喷药要全株均匀喷雾，特别是叶背。

5. 建议避开果树开花时用药。

6. 应存放在阴凉通风干燥处。

7. 使用本品时应穿戴防护服和手套，避免吸入药液。施药期间不可吃东西和饮水。施药后，彻底清洗器械，并将包装袋深埋或焚毁，并立即用肥皂洗手和洗脸。使用本品时，应避免直接接触药液，配戴相应的防护用品。

8. 孕妇和哺乳期妇女避免接触。

9. 用过的容器妥善处理，不可做他用，不可随意丢弃。

10. 本品放置于阴凉、干燥、通风、防雨处，远离火源，勿与食品、饲料、种子、日用品等同贮同运。

11. 本品宜置于儿童够不着的地方并上锁，不得重压、破损包装容器。

嘧螨酯

【作用特点】

嘧螨酯是一种中等活性的杀螨剂，具有触杀和胃毒作用。它对害螨的各个发育阶段都有效，包括卵、幼螨、成螨均有防治效果，且对作物安全，未见药害产生，对昆虫群落无明显影响。

【毒性与环境生物安全性评价】

对高等动物毒性微毒。

原药大鼠急性经口 LD_{50} 大于 5000 毫克/千克；

原药大鼠急性经皮 LD_{50} 大于 5000 毫克/千克。

大鼠急性吸入 4 小时 LC_{50} 大于 5090 毫克/立方米。

对兔眼睛有轻微刺激性。

对兔皮肤无刺激性。

豚鼠皮肤致敏性试验结果为无致敏性。

在试验条件下，无致癌、致畸、致突变作用。

制剂大鼠急性经口 LD_{50} 大于 2000 毫克/千克；

制剂大鼠急性经皮 LD_{50} 大于 2000 毫克/千克。

对兔眼睛有轻微刺激性。

对兔皮肤有轻微刺激性。

大鼠急性吸入 LC_{50} 大于 5160 毫克/立方米。

豚鼠皮肤致敏性试验结果为无致敏性。

制剂对鱼类毒性高毒。

鲤鱼 96 小时 LC_{50} 为 0.195 毫克/升。

制剂对鸟类毒性低毒。

鹌鹑经口 LD_{50} 大于 2250 毫克/千克。

制剂对蜜蜂毒性低毒。

蜜蜂经口 LC_{50} 大于 3500 毫克/升；

蜜蜂接触 LD_{50} 大于 10 微克/只。

制剂对家蚕毒性低毒。

家蚕以每 1000 平方米 100 升喷雾，对家蚕几乎没有影响。

【防治对象】

嘧螨酯主要用于防治柑橘、苹果树红蜘蛛、叶螨。

【使用方法】

1. 防治柑橘树红蜘蛛、叶螨：用30%嘧螨酯悬浮剂4000~5000倍液于螨类发生期喷雾。

2. 防治苹果树红蜘蛛、叶螨：用30%嘧螨酯悬浮剂4000~5000倍液于螨类发生期喷雾。

【中毒急救】

不慎溅入眼睛：用大量清水冲洗至少15分钟。皮肤接触：立即脱掉污染的衣服，用肥皂水或者大量清水冲洗皮肤。误吸：将病人转移到空气清新处，如呼吸停止，应立即进行人工呼吸，如呼吸困难，应输氧。误食：立即用大量清水漱口，不可催吐，立即送医院治疗。没有特效的解毒药，绝不可乱服药物。

【注意事项】

1. 不可与碱性或者强酸性物质混用。

2. 嘧螨酯的主要作用方式为触杀和胃毒，因此喷药要全株均匀喷雾，特别是叶背。

3. 建议避开果树开花时用药。

4. 使用本品时应穿戴防护服和手套，避免吸入药液。施药期间不可吃东西和饮水。施药后，彻底清洗器械，并将包装袋深埋或焚毁，并立即用肥皂洗手和洗脸。使用本品时，应避免直接接触药液，配戴相应的防护用品。

5. 对鱼类高毒，不要在河、塘、湖泊中洗涤施药器具。

6. 孕妇和哺乳期妇女避免接触。

7. 用过的容器妥善处理，不可做他用，不可随意丢弃。

8. 本品放置于阴凉、干燥、通风、防雨处，远离火源，勿与食品、饲料、种子、日用品等同贮同运。

9. 本品宜置于儿童够不着的地方并上锁，不得重压、破损包装容器。

哌虫啶

【作用特点】

哌虫啶是新型高效、低毒、广谱的新烟碱类杀虫剂，主要用于防治同翅目害虫，对稻飞虱具有良好的防治效果，防效达90%以上，对蔬菜蚜虫的防效达94%以上，明显优于多年使用已产生抗性的吡虫啉。它是吡虫啉的替代品。该药剂可广泛用于果树、小麦、大豆、蔬菜、水稻和玉米等多种作物害虫的防治。

【毒性与环境生物安全性评价】

对高等动物毒性低毒。

原药大鼠急性经口 LD_{50} 大于5000毫克/千克；

原药大鼠急性经皮 LD_{50} 大于2000毫克/千克。

对兔眼睛、皮肤无刺激性。

豚鼠皮肤致敏性试验结果为弱致敏性。

对大鼠亚慢性91天经口毒性试验表明：最大无作用剂量为30毫克/千克·天。对雌、雄小鼠微核或骨髓细胞染色体无影响，对骨髓细胞的分裂也未见明显的抑制作用，显性致死或生殖细胞染色体畸变结果是阴性、Ames试验结果为阴性。

制剂大鼠急性经口 LD_{50} 大于5000毫克/千克；

制剂大鼠急性经皮 LD_{50} 大于2000毫克/千克。

制剂对鱼类毒性低毒。

斑马鱼 96 小时 LC_{50} 为 93.3 毫克/升。

制剂对鸟类毒性低毒。

鹌鹑经口 7 天 LD_{50} 大于 500 毫克/千克。

制剂对蜜蜂毒性低毒。

蜜蜂经口 48 小时 LC_{50} 大于 361 毫克/升。

制剂对家蚕毒性低毒。

2 龄家蚕食下毒叶法 LC_{50} 为 758 毫克/千克·桑叶。

对家蚕为低风险性。

【防治对象】

广泛用于果树、小麦、大豆、蔬菜、水稻和玉米等多种作物害虫的防治，如水稻稻飞虱、稻红蜘蛛等。

【使用方法】

1. 防治水稻稻飞虱：在低龄若虫盛发期，每 666.7 平方米用 10% 哌虫啶悬浮剂 25～35 克，兑水 50 千克喷雾。

2. 防治梨树梨木虱：在孵化高峰期，用 10% 哌虫啶悬浮剂 2000～3000 倍液喷雾。

3. 防治十字花科蔬菜蚜虫：在虫口始盛期，用 10% 哌虫啶悬浮剂 2000～3000 倍液喷雾。

4. 防治大棚蔬菜白粉虱：在低龄若虫盛发期，每 666.7 平方米用 10% 哌虫啶悬浮剂 30～35 克，兑水 50 千克喷雾。

5. 防治水稻黑尾叶蝉：在孵化高峰期，每 666.7 平方米用 10% 哌虫啶悬浮剂 30～35 克，兑水 50 千克喷雾。

6. 防治茶树小绿叶蝉：在 10% 哌虫啶悬浮剂 1000～2000 倍液喷雾。

7. 防治棉花蚜虫：在虫口始盛期，每 666.7 平方米用 10% 哌虫啶悬浮剂 25～35 克，兑水 50 千克喷雾。

8. 防治烟草蚜虫：在虫口始盛期，每 666.7 平方米用 10% 哌虫啶悬浮剂 25～35 克，兑水 50 千克喷雾。

9. 防治马铃薯蚜虫：在虫口始盛期，每 666.7 平方米用 10% 哌虫啶悬浮剂 25～35 克，兑水 50 千克喷雾。

10. 防治玉米灰飞虱、蚜虫：在虫口始盛期，每 666.7 平方米用 10% 哌虫啶悬浮剂 25～35 克，兑水 50 千克喷雾。

【中毒急救】

不慎溅入眼睛：用大量清水冲洗至少 15 分钟。皮肤接触：立即脱掉污染的衣服，用肥皂水或者大量清水冲洗皮肤。误吸：将病人转移到空气清新处，如呼吸停止，应立即进行人工呼吸，如呼吸困难，应输氧。误食：立即用大量清水漱口，误服应立即催吐、洗胃、导泻，立即送医院治疗。没有特效的解毒药，绝不可乱服药物。

【注意事项】

1. 不可与碱性或者强酸性物质混用。

2. 不能与食品、饲料、粮食、饮料及日用品一起贮运和混放。

3. 使用本品时应穿戴防护服和手套，避免吸入药液。施药期间不可吃东西和饮水。施药后，彻底清洗器械，并将包装袋深埋或焚毁，并立即用肥皂洗手和洗脸。使用本品时，应避免直接接触药液，配戴相应的防护用品。

4. 对蜜蜂有中等风险性。在蜜源作物花期谨慎使用。

5. 孕妇和哺乳期妇女避免接触。

会有影响。

【中毒急救】

吸入：应迅速将患者转移到空气清新流通处，解开衣领、腰带，保持呼吸畅通。如呼吸停止应做人工呼吸。如呼吸困难应输氧。如有症状及时就医。皮肤接触后：立即用水和肥皂清洗，并彻底冲洗干净。眼睛接触后：把眼睛打开用流水冲洗几分钟，如有持续的症状，及时就医。误食：立即用大量清水漱口，洗胃。洗胃时注意保护气管和食管。及时送医院对症治疗。一旦药液溅入眼睛和黏附皮肤：应立即用水冲洗至少 15 ~ 20 分钟。不要给神志不清的病人经口食用任何东西。

【注意事项】

1. 本品使用时按常规方法打开包装。操作者应遵守《农药安全使用准则》，按要求做好劳动保护，如穿戴工作服、手套、面罩等，避免让人体直接接触药剂。工作后漱口、清洗裸露在外的身体部分并更换干净的衣服。

2. 每季最多使用 1 次。

3. 施药时应避免药物漂移到小麦、玉米、水稻等禾本科作物上，以免产生药害。

4. 杂草小，抗药能力弱，在田间施药时应视杂草叶龄多少来调节用药量。在杂草基本出齐的前提下，一般应在 3 ~ 5 叶期施药。

5. 勿在低温、8℃ 以下及干旱等不良气候条件下施药。

6. 远离水产养殖区施药，禁止在河塘等水体清洗施药器具。

7. 孕妇及哺乳期妇女避免接触。

8. 尽量在各种杂草基本出齐时用药。

9. 只能防除禾本科杂草，不能防除阔叶杂草，在禾本科杂草和阔叶杂草混生的田块，使用精禾草克应与其他防除阔叶杂草的措施协调使用，才能取得较好的增产效果。

10. 本品在高温、干燥等异常气候条件下，有时在作物叶面，尤其是大豆会在局部出现接触性药斑，但以后长出地新叶发育正常，所以不影响后期生长，对产量无影响。

11. 在杂草生长停止时，效果有时会降低。

12. 在干燥或杂草丛生时，使用高剂量。

13. 大风天或预计 1 小时内有雨天，请勿施药。

14. 用过的容器妥善处理，不可做他用，不可随意丢弃。

15. 本品放置于阴凉、干燥、通风、防雨处，远离火源，勿与食品、饲料、种子、日用品等同贮同运。

16. 本品宜置于儿童够不着的地方并上锁，不得重压、破损包装容器。

甲基碘磺隆钠盐

【作用特点】

甲基碘磺隆钠盐为冬小麦田苗后防除阔叶杂草的内吸选择性茎、叶除草剂。它具有如下几大特点：

1. 施药期宽，杂草 2 ~ 6 叶期均可施用；

2. 杀草谱广，可防治猪殃殃等麦田多种阔叶杂草；

3. 安全性高，在推荐使用方法和条件下，对当茬和下茬作物安全；

4. 耐雨冲刷，茎叶吸收迅速，施药 2 小时后下雨不影响药效。

甲基碘磺隆钠盐在国内尚无单制剂取得登记，我们主要介绍 6.25% 酰嘧·甲碘隆水分散粒剂、3.6% 二磺·甲碘隆水分散粒剂、1.2% 二磺·甲碘隆可分散油悬浮剂等 3 种复配制剂。

【毒性与环境生物安全性评价】

对高等动物毒性低毒。

原药大鼠急性经口 LD_{50} 为 2678 毫克/千克;

原药大鼠急性经皮 LD_{50} 大于 2000 毫克/千克;

原药大鼠急性吸入 4 小时 LC_{50} 大于 2.81 毫克/升。

对兔眼睛有中度刺激性;

对兔皮肤无刺激性。

豚鼠皮肤致敏性试验结果为无致敏性。

大鼠 13 周亚慢性喂养试验结果最大无作用剂量为 71 毫克/千克·天。

各种试验表明,无致癌、致畸、致突变作用。

制剂大鼠急性经口 LD_{50} 大于 5000 毫克/千克;

制剂大鼠急性经皮 LD_{50} 大于 5000 毫克/千克;

原药大鼠急性吸入 4 小时 LC_{50} 为 0.633 毫克/升。

对兔眼睛无刺激性;

对兔皮肤无刺激性。

豚鼠皮肤致敏性试验结果为无致敏性。

对鱼类毒性低毒。

翻车鱼 96 小时急性毒性 LC_{50} 大于 100 毫克/升;

虹鳟鱼 96 小时急性毒性 LC_{50} 大于 100 毫克/升。

对鸟类毒性低毒。

日本鹌鹑 LD_{50} 大于 2000 毫克/千克。

对蜜蜂毒性低毒。

蜜蜂 72 小时 LD_{50} 大于 80 微克/只。

【防治对象】

主要用于小麦田除草剂,可有效防除早熟禾、碱茅、棒头草、看麦娘、茵草、野燕麦、雀麦、节节麦、多花黑麦草、毒麦、蜡烛草、猪殃殃、稻搓菜、宝盖草、小飞蓬、牛繁缕、繁缕、婆婆纳、大巢菜、碎米荠、刺儿菜、苣荬菜、田旋花、藜、蓼、播娘蒿、荠菜、麦瓶草、小花糖芥、独行菜、离子草、遏篮菜、律草、酸模等麦田常见 1 年生阔叶杂草,对泥胡菜、泽漆、冰草、麦家公、野老鹳、泽泻、鸭趾草等麦田恶性阔叶杂草也有较好控制效果。

【使用方法】

1. 防除冬小麦田 1 年生阔叶杂草:在冬小麦 2～6 叶期,阔叶杂草基本出齐苗,即 3～5 叶、2～5 厘米高时,每 666.7 平方米用 6.25% 酰嘧·甲碘隆水分散粒剂 10～20 克,背负式喷雾器每 666.7 平方米兑水 25～30 千克,或拖拉机喷雾器每 666.7 平方米兑水 7～15 千克,对全田茎叶均匀喷雾处理。防除婆婆纳、苣荬菜、刺儿菜、田旋花、泥胡菜、泽漆等恶性阔叶草、大龄草及大密度杂草时,每 666.7 平方米应采用 15～20 克制剂用量。施药时,避免漂移到周围作物田地及其他作物。

2. 防除冬小麦田 1 年生禾本科杂草及阔叶杂草:在冬小麦 2～6 叶期,阔叶杂草基本出齐苗,即 3～5 叶、2～5 厘米高时,每 666.7 平方米用 3.6% 二磺·甲碘隆水分散粒剂 15～25 克,背负式喷雾器每 666.7 平方米兑水 25～30 千克,或拖拉机喷雾器每 666.7 平方米兑水 7～15 千克,对全田茎叶均匀喷雾处理。防除旱茬麦田中的雀麦、节节麦、蜡烛草、毒麦、黑麦草等恶性禾本科杂草时,建议每 666.7 平方米用 3.6% 二磺·甲碘隆水分散粒剂的制剂用量,防除稻茬等麦田中的早熟禾、硬草、碱茅、茵草、看麦娘等其他靶标禾本科杂草时,建议每666.7平方米用3.6%二磺·甲碘隆水分散粒剂20~25克的制剂用量。

3. 防除冬小麦田1年生禾本科杂草及阔叶杂草：在冬小麦2~6叶期，阔叶杂草基本出齐苗，即3~5叶、2~5厘米高时，每666.7平方米用1.2%二磺·甲碘隆可分散油悬浮剂45~75毫升，背负式喷雾器每666.7平方米兑水25~30千克，或拖拉机喷雾器每666.7平方米兑水7~15千克，对全田茎叶均匀喷雾处理。防除早熟禾、棒头草、看麦娘、繁缕、牛繁缕、大巢菜等普通禾本科杂草及阔叶杂草时，建议每666.7平方米用1.2%二磺·甲碘隆可分散油悬浮剂60毫升的制剂用量，而防除硬草、碱茅、菵草、野燕麦、雀麦、节节麦、蜡烛草、猪殃殃、婆婆纳、稻槎菜等恶性杂草或大龄草及大密度杂草时，建议每666.7平方米用1.2%二磺·甲碘隆可分散油悬浮剂65~75毫升的制剂用量。

【中毒急救】

吸入：应迅速将患者转移到空气清新流通处。如呼吸停止应做人工呼吸。如呼吸困难应输氧。如有症状及时就医。皮肤接触后：立即用水和肥皂清洗，并彻底冲洗干净。眼睛接触后：把眼睛打开用流水冲洗几分钟，如有持续的症状，及时就医。误食：应立即洗胃，并用手指触压喉咙引吐。不应催吐，应先洗胃，再用活性炭和硫酸钠处理，监测肝、肾、血红球数及呼吸和心脏功能，透析消除、强制碱利尿。勿用温水洗胃，以免促进吸收。洗胃时注意保护气管和食管。及时送医院对症治疗。一旦药液溅入眼睛和黏附皮肤：应立即用水冲洗至少15分钟。不要给神志不清的病人经口食用任何东西。本品无特效解毒剂。

【注意事项】

一、6.25%酰嘧·甲碘隆水分散粒剂：

1. 冬小麦整个生育期最多使用1次。

2. 严格按推荐的使用技术均匀施用，不得超范围使用。冬季低温霜冻期、小麦起身拔节（株高达13厘米）后、大雨前、低洼积水或遭受涝害、冻害、盐碱害、病害等胁迫的小麦田不宜施用，施用前后2天内不可大水漫灌麦田，以确保药效，避免药害。麦田套种下茬作物应于小麦起身拔节55天以后进行。

3. 建议采用扇形雾或空心圆锥雾细雾滴喷头喷施，田间喷药量要均匀一致，严禁"草多处多喷"、重喷和漏喷。一般冬前使用为宜，靶标杂草基本出齐苗后用药，越早越好。

4. 本剂不宜与长残效除草剂混用，以免药害。本剂施用后2~4周内靶标杂草枯死。干旱、低温时杂草枯死速度减慢，但不影响最终药效。

5. 本品对鱼等水生生物有毒，应避免其污染鱼塘和水源等环境。

6. 本品刺激眼睛，应避免眼睛直接接触。使用时应戴防护镜、口罩和手套，穿防护服，并禁止饮食、吸烟、饮水等。

7. 农药空包装应三次清洗后妥善处理；禁止在河塘清洗施药器械。

8. 使用后应用肥皂和清水彻底清洗暴露在外的皮肤。

9. 避免孕妇及哺乳期的妇女接触。

二、3.6%二磺·甲碘隆水分散粒剂：

1. 冬小麦整个生育期最多使用1次。

2. 严格按推荐的使用技术均匀施用，不得超范围使用。某些春小麦和角质（强筋或硬质）型小麦品种（如扬麦158、豫麦18、济麦20等）对本剂敏感，使用前须先进行小范围安全性试验验证。本剂施用后有蹲苗作用，某些小麦品种可能出现黄化或矮化现象，小麦返青起身后黄化自然消失，可抑制小麦徒长倒伏。麦田套种下茬作物时，应于小麦起身拔节55天以后进行。

3. 建议采用扇形雾喷头喷施，田间喷药量要均匀一致，严禁"草多处多喷"、重喷和漏喷。一般冬前使用为宜，原则上靶标杂草基本出齐苗后用药越早越好。冬季低温霜冻期、小麦起身拔节期、大雨前、低洼积水或遭受涝害、冻害、盐碱害、病害等胁迫的小麦田不宜施用。施用前后 2 天内不可大水漫灌麦田，以确保药效，避免药害。

4. 不宜与 2,4-滴混用，以免药害。本剂型制剂储藏后，常出现分层现象，使用前用力摇匀后配制药液，不影响药效。施药后 2～4 周杂草死亡。施用 8 小时后降雨一般不影响药效。

5. 本剂对鱼等水生生物中等毒性，其包装等污染物宜作焚烧处理，禁止它用，避免其污染地表水、鱼塘和沟渠等。麦田处理 4 周内不可放牧或收割麦苗饲用。

6. 本品刺激眼睛，应避免眼睛直接接触。使用时应戴防护镜、口罩和手套，穿防护服，并禁止饮食、吸烟、饮水等。

7. 农药空包装应三次清洗后妥善处理；禁止在河塘清洗施药器械。

8. 使用后应用肥皂和清水彻底清洗暴露在外的皮肤。

9. 避免孕妇及哺乳期的妇女接触。

三、1.2%二磺·甲碘隆可分散油悬浮剂：

1. 冬小麦整个生育期最多使用 1 次。

2. 一般宜冬前使用，靶标禾本科杂草 1～4 叶用药药效最好。

3. 采用扇形雾或空心圆锥雾细雾滴喷头，严格按上述推荐的对水量喷施，田间喷药量要均匀一致，严禁"草多处多喷"、重喷和漏喷。

4. 冬季霜冻期、日最高气温低于 12℃、小麦起身拔节时后、大雨前、泥泞积水田或遭受涝害、冻害、旱害、盐碱害、病害等胁迫的弱苗田及非水稻-小麦-水稻轮作的冬小麦田不宜施用。施用前后 2 天内不可大水漫灌麦田，以确保药效，避免药害。

5. 某些角质（强筋或硬质）型小麦品种（如扬麦 158、豫麦 18、济麦 20 等）对本剂较敏感，建议使用前做安全性试验。本剂施用后有蹲苗作用，某些小麦品种可能出现黄化或矮化现象，小麦返青起身后黄化自然消失。

6. 本剂不可与长残效除草剂、多菌灵、液氮肥及硫磺、硼等微肥混用，以免药害。防除高抗苯磺隆、氯磺隆等磺酰脲类的播娘蒿、猪殃殃、繁缕、看麦娘等抗性杂草时，建议与二甲四氯钠盐、氯氟吡氧乙酸等非磺酰脲类阔叶除草剂或精噁唑禾草灵、异丙隆等非磺酰脲类禾本科除草剂搭配使用。

7. 本剂对鱼等水生生物有毒，应避免污染鱼塘和水源等。

8. 本品对眼睛和皮肤有中度刺激，应避免药液溅入眼睛和与皮肤直接接触。使用时应戴防护镜、口罩和手套，穿防护服，并禁止饮食、吸烟、饮水等。

9. 农药空包装应三次清洗后妥善处理；禁止在河塘等水体中清洗施药器具。

10. 使用后应用肥皂和清水彻底清洗暴露在外的皮肤。

11. 禁止孕妇及哺乳期的妇女接触。

12. 用过的容器妥善处理，不可做他用，不可随意丢弃。

13. 本品放置于阴凉、干燥、通风、防雨处，远离火源，勿与食品、饲料、种子、日用品等同贮同运。

14. 本品宜置于儿童够不着的地方并上锁，不得重压、破损包装容器。

甲基二磺隆

【作用特点】

甲基二磺隆是磺酰脲类除草剂。小麦田苗后防除禾本科杂草和部分阔叶杂草的内吸选择性茎叶除草剂，施药期宽。主要通过植物的茎、叶吸收，经韧皮部和木质部传导，少量通过土壤吸收，抑制敏感植物体内的乙酰乳酸合成酶的活性，导致支链氨繁酸的合成受阻，从而抑制细胞分裂，导致敏感植物死亡。药剂通过杂草根和叶吸收后，在植株体内传导，使杂草停止生长，而后枯死。一般情况下，施药 2~4 小时后，敏感杂草的吸收量达到高峰，2 天后停止生长，4~7 天后叶片开始黄化，随后出现枯斑，2~4 周后死亡。本品中含有的安全剂，能促进其在作物体内迅速分解，而不影响其在靶标杂草体内的降解，从而达到杀死杂草、保护作物的目的。

【毒性与环境生物安全性评价】

对高等动物毒性低毒。

原药大鼠急性经口 LD_{50} 大于 5000 毫克/千克；

原药大鼠急性经皮 LD_{50} 大于 5000 毫克/千克；

原药大鼠急性吸入 LC_{50} 为 1.33 毫克/升。

对兔眼睛无刺激性；

对兔皮肤无刺激性。

豚鼠皮肤致敏性试验结果为无致敏性。

大鼠 90 天亚慢性喂养试验结果最大无作用剂量雄性为 907 毫克/千克·天；

大鼠 90 天亚慢性喂养试验结果最大无作用剂量雌性为 976 毫克/千克·天。

各种试验表明，无致癌、致畸、致突变作用。

制剂大鼠急性经口 LD_{50} 大于 2000 毫克/千克；

制剂大鼠急性经皮 LD_{50} 大于 5000 毫克/千克。

对兔眼睛有刺激性；

对兔皮肤有刺激性。

豚鼠皮肤致敏性试验结果为无致敏性。

对鱼类毒性低毒。

虹鳟鱼 96 小时急性毒性 LC_{50} 大于 1000 毫克/千克；

翻车鱼 96 小时急性毒性 LC_{50} 大于 100 毫克/升。

对鸟类毒性低毒。

北美鹌鹑 LD_{50} 大于 2000 毫克/千克。

对蜜蜂低毒低毒。

蜜蜂 24 小时 LD_{50} 为 115.8 微克/只；

蜜蜂 48 小时 LD_{50} 为 115.8 微克/只。

在土壤中易降解。

【防治对象】

适用于在软质型和半硬质型冬小麦品种中使用。可防除看麦娘、野燕麦、棒头草、早熟禾、硬草、碱茅、多花黑麦草、毒麦、雀麦、蜡烛草、节节麦、菵草、冰草、荠菜、播娘蒿、牛繁缕、自生油菜等。对雀麦、节节麦、偃麦草等极恶性禾本科杂草也有较好控制效果。

【使用方法】

1. 防除春小麦田牛繁缕、1 年生禾本科杂草及部分阔叶杂草：在小麦 3~6 叶期，禾本科杂草出齐苗，即杂草 2.5~5 叶期，每 666.7 平方米用 30 克/升甲基二磺隆可分散油悬浮剂 20~35 毫升，背负式喷雾器每 666.7 平方米兑水 25~30 千克，或拖拉机喷雾器每 666.7 平方米兑水 7~15 千克，对全田茎叶均匀喷雾处理。防除旱茬麦田中的雀麦、节节麦、蜡烛草、毒麦、黑麦草等恶性禾本科杂草时，建议每 666.7 平方米 30 克/升甲基二磺隆可分散油悬浮剂

25～30 毫升的制剂用量，防除稻茬等麦田中的早熟禾、硬草、碱茅、茵草、看麦娘等其他靶标禾本科杂草时，建议每 666.7 平方米 30 克/升甲基二磺隆可分散油悬浮剂 20～25 毫升的制剂用量。

2. 防除冬小麦田牛繁缕、1 年生禾本科杂草及部分阔叶杂草：在小麦 3～6 叶期，禾本科杂草出齐苗，即杂草 2.5～5 叶期，每 666.7 平方米用 30 克/升甲基二磺隆可分散油悬浮剂 20～35 毫升，背负式喷雾器每 666.7 平方米兑水 25～30 千克，或拖拉机喷雾器每 666.7 平方米兑水 7～15 千克，对全田茎叶均匀喷雾处理。防除旱茬麦田中的雀麦、节节麦、蜡烛草、毒麦、黑麦草等恶性禾本科杂草时，建议每 666.7 平方米 30 克/升甲基二磺隆可分散油悬浮剂 25～30 毫升的制剂用量，防除稻茬等麦田中的早熟禾、硬草、碱茅、茵草、看麦娘等其他靶标禾本科杂草时，建议每 666.7 平方米 30 克/升甲基二磺隆可分散油悬浮剂 20～25 毫升的制剂用量。

【中毒急救】

吸入：应迅速将患者转移到空气清新流通处。如呼吸停止应做人工呼吸。如呼吸困难应输氧。如有症状及时就医。皮肤接触后：立即用水和肥皂清洗，并彻底冲洗干净。眼睛接触后：把眼睛打开用流水冲洗几分钟，如有持续的症状，及时就医。误食：应立即催吐、洗胃，并用手指触压喉咙引吐。勿用温水洗胃，以免促进吸收。洗胃时注意保护气管和食管。及时送医院对症治疗。一旦药液溅入眼睛和黏附皮肤：应立即用水冲洗至少 15 分钟。紧急医疗措施：使用医用活性炭洗胃，注意防止胃内物进入呼吸道。注意：对昏迷病人，切勿经口喂入任何东西或引吐。本品无特效解毒剂。

【注意事项】

1. 小麦整个生育期最多使用 1 次。

2. 严格按推荐的使用技术均匀施用，不得超范围使用。某些春小麦和角质（强筋或硬质）型小麦品种（如扬麦 158、豫麦 18、济麦 20 等）对本剂敏感，使用前须先进行小范围安全性试验验证。本剂施用后有蹲苗作用，某些小麦品种可能出现黄化或矮化现象，小麦返青起身后黄化自然消失，可抑制小麦徒长倒伏。麦田套种下茬作物时，应于小麦起身拔节 55 天以后进行。

3. 建议采用扇形雾喷头喷施，田间喷药量要均匀一致，严禁"草多处多喷"、重喷和漏喷。一般冬前使用为宜，原则上靶标杂草基本出齐苗后用药越早越好。冬季低温霜冻期、小麦起身拔节期、大雨前、低洼积水或遭受涝害、冻害、盐碱害、病害等胁迫的小麦田不宜施用。施用前后 2 天内不可大水漫灌麦田，以确保药效，避免药害。

4. 不宜与 2,4-滴混用，以免药害。本剂型制剂储藏后，常出现分层现象，使用前用力摇匀后配制药液，不影响药效。施药后 2～4 周杂草死亡。施用 8 小时后降雨一般不影响药效。

5. 本剂对鱼等水生生物有一定风险，应避免污染鱼塘和水源等，特别是禁止在河塘清洗施药器械。

6. 本剂对眼睛和皮肤有较强刺激伤害风险，应避免眼睛和皮肤接触。使用时应戴防护镜、口罩和手套，穿防护服，并禁止饮食、吸烟、饮水等。

7. 农药空包装应三次清洗后妥善处理。

8. 使用后应用肥皂和清水彻底清洗暴露在外的皮肤。

9. 避免孕妇及哺乳期的妇女接触。

10. 麦田处理 4 周内不可放牧或收割麦苗饲用。

11. 用过的容器妥善处理，不可做他用，不可随意丢弃。

12. 本品放置于阴凉、干燥、通风、防雨处，远离火源，勿与食品、饲料、种子、日用品等同贮同运。

13. 本品宜置于儿童够不着的地方并上锁，不得重压、破损包装容器。

甲硫嘧磺隆

【作用特点】

甲硫嘧磺隆是磺酰脲类除草剂，是由国家农药南方创制中心湖南基地、湖南化工研究院对磺酰脲类化合物进行结构修饰而得到的、具有自主知识产权的新型内吸性传导选择性除草剂。其作用机理与其他磺酰脲类除草剂相同，为乙酰乳酸合成酶的抑制剂。通过植物根、茎、叶吸收药剂，抑制敏感杂草的细胞分裂，使其停止生长、褪绿，最后死亡。它具有杀草谱广、用药量低等特点，在小麦田除草具有一定的市场前景。其杂环部分与传统磺酰脲化合物的差异在于将嘧啶环上甲氧基变换为甲硫基，甲硫基的引入有利于该化合物在环境中的氧化、失活。该化合物于 2000 年 5 月申请了中国发明专利，并于 2003 年 11 月获得中国发明专利。

甲硫嘧磺隆原药和制剂加工工艺简单，无高温高压操作，反应收率高，产品纯度好，所选用的原料国内均有大量供应，易于工业化生产。原药和制剂对人、畜、环境生物毒性低，除草活性高，对后茬作物安全，有大面积推广应用价值。

【毒性与环境生物安全性评价】

对高等动物毒性低毒。

原药大鼠急性经口 LD_{50} 大于 4640 毫克/千克；

原药兔急性经皮 LD_{50} 大于 10000 毫克/千克。

对兔眼睛无刺激性；

对兔皮肤无刺激性。

豚鼠皮肤致敏性试验结果为弱致敏性。

大鼠 90 天亚慢性喂养试验结果无作用剂量为 151 毫克/千克·天。

各种试验表明，无致癌、致畸、致突变作用。

制剂雄大鼠急性经口 LD_{50} 为 3830 毫克/千克；

制剂雌大鼠急性经口 LD_{50} 为 2150 毫克/千克；

制剂大鼠急性经皮 LD_{50} 大于 2500 毫克/千克。

对兔眼睛有轻微刺激性；

对兔皮肤无刺激性。

豚鼠皮肤致敏性试验结果为弱致敏性。

对鱼类毒性低毒。

斑马鱼 96 小时急性毒性 LC_{50} 大于 100 毫克/升。

对鸟类毒性中等毒。

鹌鹑经口灌胃法 7 天 LD_{50} 为 79.9 毫克/千克。

对蜜蜂毒性中等毒。

蜜蜂药蜜胃毒法 48 小时 LC_{50} 为 143 毫克/升。

对家蚕毒性低毒。

2 龄家蚕食下毒叶法 LC_{50} 为 200 毫克/千克·桑叶。

【防治对象】

有效防除冬小麦和春小麦大多数阔叶杂草和禾本科杂草，除草效果良好，对大多数小麦品系安全；对冬小麦后茬作物大豆、玉米、棉花、花生安全；对春小麦后茬春玉米安全。

【使用方法】

1. 防除春小麦田1年生禾本科杂草及部分阔叶杂草：在小麦3~6叶期，禾本科杂草出齐苗，即杂草2.5~5叶期，每666.7平方米用10%甲硫嘧磺隆可湿性粉剂22.5~30克，背负式喷雾器每666.7平方米兑水30~50千克，或拖拉机喷雾器每666.7平方米兑水15~25千克，对全田茎叶均匀喷雾处理。

2. 防除冬小麦田1年生禾本科杂草及部分阔叶杂草：在小麦3~6叶期，禾本科杂草出齐苗，即杂草2.5~5叶期，每666.7平方米用10%甲硫嘧磺隆可湿性粉剂22.5~30克，背负式喷雾器每666.7平方米兑水30~50千克，或拖拉机喷雾器每666.7平方米兑水15~25千克，对全田茎叶均匀喷雾处理。

【中毒急救】

吸入：应迅速将患者转移到空气清新流通处。如呼吸停止应做人工呼吸。如呼吸困难应输氧。如有症状及时就医。皮肤接触后：立即用水和肥皂清洗，并彻底冲洗干净。眼睛接触后：把眼睛打开用流水冲洗几分钟，如有持续的症状，及时就医。误食：应立即催吐、洗胃，并用手指触压喉咙引吐。勿用温水洗胃，以免促进吸收。洗胃时注意保护气管和食管。及时送医院对症治疗。一旦药液溅入眼睛和黏附皮肤：应立即用水冲洗至少15分钟。紧急医疗措施：使用医用活性炭洗胃，注意防止胃内容物进入呼吸道。注意：对昏迷病人，切勿经口喂入任何东西。若大量摄入，应使患者呕吐并用等渗浓度的盐溶液或5%碳酸氢钠溶液洗胃。本品无特效解毒剂。

【注意事项】

1. 本品使用时按常规方法打开包装。操作者应遵守《农药安全使用准则》，按要求做好劳动保护，如穿戴工作服、手套、面罩等，避免让人体直接接触药剂。工作后漱口、清洗裸露在外的身体部分并更换干净的衣服。

2. 本品不可与呈碱性的农药等物质混合使用。

3. 小麦整个生育期最多使用1次。

3. 药液应尽量喷完，剩余药液不可倒在地上或池塘、水渠、小溪、河流等水源中清洗，以免污染水源或引起水生生物中毒，清洗喷雾器械后的水应倒在远离居民点、水源和作物的地方。

4. 使用该药半月后若无降雨，应进行浇水或浅混土，以保证药效，但土壤积水会发生药害。

5. 本品对蜜蜂有较大风险，养蜂场所附近禁止使用，避免药液漂移到蜜源作物上。

6. 尽量较早用药，除草效果更佳，施药时请避免雾滴漂移至邻近作物。

7. 施药前精细平整土地，喷施前后保持土壤湿润，以确保药效。

8. 土壤有机质含量高、黏壤土或干旱情况需用推荐剂量高限。土壤有机质含量低、沙质土请减少剂量。

9. 施药后如下雨，注意排水，以免积水发生药害。

10. 十字花科作物对本品敏感，后茬应避免种植十字花科作物，更不能与十字花科作物套种。

12. 孕妇和哺乳期妇女避免接触。

13. 用过的容器妥善处理，不可做他用，不可随意丢弃。

14. 本品放于阴凉、干燥、通风、防雨处，远离火源，勿与食品、饲料、种子、日用品等同贮同运。

15. 本品宜置于儿童够不着的地方并上锁，不得重压、破损包装容器。

甲嘧磺隆

【作用特点】

甲嘧磺隆属磺酰脲类除草剂。作用机制是通过抑制乙酰乳酸酶活性，而使植物体内支链氨基酸合成受到阻碍，从而抑制植物和植株根部生长端的细胞分裂，阻止杂草生长，植株呈现显著的颜色变化至失绿坏死。该品为芽前、芽后灭生性除草剂，适用于林木防除 1 年生和多年生禾本科杂草及阔叶杂草，或开辟森林隔离带，伐木后林地清理，荒地垦前、休闲非耕地、道路边荒地除草灭灌，如羊茅、一枝黄花、黍、油莎草、阿拉伯高粱、豚草等。可常规喷洒，也可用飞机喷洒。不宜用于农田除草。该品于芽前，芽均可使用，即从杂草萌发前到萌发后的整个生育期内均可施药，最佳施药期为杂草快要萌发，到萌发后草高 5 厘米的下或是人工除草后草又刚长出来时为好。南方在 2 ~ 4 月，北方在 4 ~ 6 月。

【毒性与环境生物安全性评价】

对高等动物毒性低毒。

原药雄大鼠急性经口 LD_{50} 大于 5000 毫克/千克；

原药雌大鼠急性经口 LD_{50} 大于 5000 毫克/千克；

原药兔大鼠急性经皮 LD_{50} 大于 2000 毫克/千克；

原药大鼠急性吸入 4 小时 LC_{50} 大于 11 毫克/升。

对兔眼睛无刺激性；

对兔皮肤无刺激性。

大鼠 2 年喂饲试验无作用剂量为 50 毫克/千克；

大鼠繁殖 2 代无作用剂量为 500 毫克/千克。

对鱼类毒性低毒。

虹鳟鱼 96 小时急性毒性 LC_{50} 大于 12.5 毫克/升；

翻车鱼 96 小时急性毒性 LC_{50} 大于 12.5 毫克/升。

对鸟类毒性低毒。

鹌鹑 8 天急性经口 LD_{50} 大于 5000 毫克/千克；

山齿鹑 8 天急性经口 LD_{50} 大于 5600 毫克/千克；

野鸭 8 天急性经口 LD_{50} 大于 5000 毫克/千克。

对蜜蜂毒性低毒。

蜜蜂接触 LD_{50} 大于 100 微克/只。

对家蚕毒性低毒。

2 龄家蚕 LC_{50} 大于 5000 毫克/千克。

对环境生物安全。

【防治对象】

仅用于果园、林地、草场防除 1 年生和多年生禾本科杂草和双子叶杂草及阔叶杂草灌木。可以有效防除羊茅、一枝黄花、黍、油莎草、阿拉伯高粱、豚草等。

【使用方法】

1. 防除防火隔离带杂草：每 666.7 平方米用 10% 甲嘧磺隆悬浮剂 250 ~ 500 毫升，或用 10% 甲嘧磺隆可湿性粉剂 250 ~ 500 克，兑水 45 ~ 60 千克喷雾。应选择无风天气，使用带保护罩的喷雾器，低压对杂草进行均匀喷雾，使药液不能接触到苗木上。

2. 防除防火隔离带灌木：每 666.7 平方米用 10% 甲嘧磺隆悬浮剂 700 ~ 2000 毫升，或用 10% 甲嘧磺隆可湿性粉剂 700 ~ 2000 克，兑水 60 ~ 90 千克喷雾。应选择无风天气，使用带保护罩的喷雾器，低压对杂草进行均匀喷雾，使药液不能接触到苗木上。

3. 防除非耕地杂草：每666.7平方米用10%甲嘧磺隆悬浮剂250~500毫升，或用10%甲嘧磺隆可湿性粉剂250~500克，兑水45~60千克喷雾。应选择无风天气，使用带保护罩的喷雾器，低压对杂草进行均匀喷雾，使药液不能接触到苗木上。

4. 防除非耕地灌木：每666.7平方米用10%甲嘧磺隆悬浮剂700~2000毫升，或用10%甲嘧磺隆可湿性粉剂700~2000克，兑水60~90千克喷雾。应选择无风天气，使用带保护罩的喷雾器，低压对杂草进行均匀喷雾，使药液不能接触到苗木上。

5. 防除林地杂草：每666.7平方米用10%甲嘧磺隆悬浮剂250~500毫升，或用10%甲嘧磺隆可湿性粉剂250~500克，兑水45~60千克喷雾。应选择无风天气，使用带保护罩的喷雾器，低压对杂草进行均匀喷雾，使药液不能接触到苗木上。

6. 防除林地灌木：每666.7平方米用10%甲嘧磺隆悬浮剂700~2000毫升，或用10%甲嘧磺隆可湿性粉剂700~2000克，兑水60~90千克喷雾。应选择无风天气，使用带保护罩的喷雾器，低压对杂草进行均匀喷雾，使药液不能接触到苗木上。

7. 防除针叶苗圃杂草：每666.7平方米用10%甲嘧磺隆悬浮剂70~140毫升，或用10%甲嘧磺隆可湿性粉剂70~140克，兑水45~60千克喷雾。应选择无风天气，使用带保护罩的喷雾器，低压对杂草进行均匀喷雾，使药液不能接触到苗木上。

【中毒急救】

吸入：应迅速将患者转移到空气清新流通处。如呼吸停止应做人工呼吸。如呼吸困难应输氧。如有症状及时就医。皮肤接触后：立即用水和肥皂清洗，并彻底冲洗干净。眼睛接触后：把眼睛打开用流水冲洗几分钟，如有持续的症状，及时就医。误食：立即用大量清水漱口，洗胃。洗胃时注意保护气管和食管。及时送医院对症治疗。一旦药液溅入眼睛和黏附皮肤：应立即用水冲洗至少15分钟。不要给神志不清的病人经口食用任何东西。本品无特效解毒剂。

【注意事项】

1. 本品使用时按常规方法打开包装。操作者应遵守《农药安全使用准则》，按要求做好劳动保护，如穿戴工作服、手套、面罩等，避免让人体直接接触药剂。工作后漱口、清洗裸露在外的身体部分并更换干净的衣服。

2. 本品是非耕地除草剂，农田禁用。对农作物敏感，绝对禁止使用。施药时避免药液标称到邻近的作物田，以免产生药害。不得以任何形式污染农田和水源。不可在临近雨季的时间用药，以免经连续降雨而将药剂冲刷到附近农田里而造成药害。杉木和落叶松对本品比较敏感，请谨慎使用。

3. 本品呈弱碱性，禁止同酸性药剂混用。

4. 本品不宜在门氏黄松、美国黄松等上使用，以免产生药害。

5. 采用专用喷雾器具及配药容器。施药后药械器具应充分清洗。洗涤废水不能注入果园或农田，以免农业用水变成农作物药害。用完包装袋应及时集中处理，不可他用。

6. 施药后大片杂草杂灌枯死时，注意防火。

7. 风力在2级以下的晴朗的天气中喷洒，以免产生漂移而使附近的农作物产生药害。

8. 本品显效较慢，施药后6~8小时，杂草停止生长，先是茎叶由绿变紫红，端芽坏死，直至全株植死，故施药后不要因显效慢，而重喷或人工除草。

9. 大风天或预计1小时同有降雨，请勿施药。

10. 喷药时压低喷雾头向下喷，严防雾滴漂移到果树叶上。沙性土壤药剂易被淋溶至土壤下层伤害树根，不能使用。

11．孕妇和哺乳期妇女应避免接触。

12．本品放置于阴凉、干燥、通风、防雨处，远离火源，勿与食品、饲料、种子、日用品等同贮同运。

13．本品宜置于儿童够不着的地方并上锁，不得重压、破损包装容器。

精噁唑禾草灵

【作用特点】

精噁唑禾草灵属杂环氧基苯氧基丙酸类除草剂，是选择性的内吸芽后除草剂。主要是通过抑制脂肪酸合成的关键酶——乙酰辅酶 A 羧化酶，从而抑制了脂肪酸的合成。对禾本科杂草有很强的杀伤作用，对阔叶作物安全。杂草吸收药剂的部位主要是茎和叶，但施入土壤中的药剂通过根也能被吸收。进入植物体内的药剂水解为酸的形态，药剂通过茎、叶吸收传导，经筛管和导管传导至生长点及节间分生组织，干扰三磷酸腺苷的产生和传导，破坏光合作用和抑制禾本科植物的茎节、根、茎、芽等部位的细胞分裂，阻止其生长。作用迅速，施药后 2～3 天停止生长，5～6 天心叶失绿变紫色，随后基部叶片变黄，心叶枯死，分蘖基部坏死，叶片枯萎，最后全株死亡。是选择性极强的茎叶处理剂。

【毒性与环境生物安全性评价】

对高等动物毒性低毒。

原药雄大鼠急性经口 LD_{50} 为 3040 毫克/千克；

原药雌大鼠急性经口 LD_{50} 为 2090 毫克/千克；

原药小鼠急性经口 LD_{50} 大于 5000 毫克/千克；

原药大鼠急性经皮 LD_{50} 大于 2000 毫克/千克；

原药兔急性经皮 LD_{50} 大于 2000 毫克/千克，

原药大鼠急性吸入 4 小时 LC_{50} 为 5.24 毫克/升。

对兔眼睛无刺激性；

对兔皮肤无刺激性。

大鼠 90 天亚慢性喂养试验结果无作用剂量为 10 毫克/千克；

小鼠 90 天亚慢性喂养试验结果无作用剂量为 10 毫克/千克；

狗 90 天亚慢性喂养试验结果无作用剂量为 400 毫克/千克。

大鼠 2 年慢性喂养试验急性经口无作用剂量为 30 毫克/千克；

小鼠 2 年慢性喂养试验急性经口无作用剂量为 40 毫克/千克；

狗 1 年慢性喂养试验急性经口无作用剂量为 25 毫克/千克；

狗 2 年慢性喂养试验急性经口无作用剂量为 15 毫克/千克。

各种试验表明，无致癌、致畸、致突变作用。

制剂大鼠急性经口 LD_{50} 大于 5000 毫克/千克；

制剂大鼠急性经皮 LD_{50} 大于 4000 毫克/千克；

制剂大鼠急性吸入 4 小时 LC_{50} 大于 4.3 毫克/升。

对兔眼睛有刺激性；

对兔皮肤有刺激性。

对豚鼠皮肤有致敏性。

对鱼类有毒害。

翻车鱼 96 小时急性毒性 LC_{50} 为 4.2 毫克/升；

虹鳟鱼 96 小时急性毒性 LC_{50} 为 1.3 毫克/升。

对鸟类毒性低毒。

野鸭急性经口 LD_{50} 为 3500 毫克/千克。

对蜜蜂毒性低毒。

蜜蜂经口 LD_{50} 为 200 微克/只；

蜜蜂接触 LD_{50} 为 200 微克/只。

对土壤微生物毒性低毒。

蚯蚓 LD_{50} 大于 1000 毫克/千克土壤。

每人每日允许摄入量为 0.01 毫克/千克体重。

【防治对象】

可以用于小麦及黑麦田防除禾本科杂草，如看麦娘、日本看麦娘、野燕麦、律头草、稗、狗尾草、自生玉米、自生高粱、自生燕麦等，还能防除风剪股颖、鹃草、野黍、毛线稷、假高粱等。在较高用量下可用来防除芨草、硬草等。花生、大豆、蔬菜等阔叶作物田苗后防除禾本科杂草的内吸选择性茎叶除草剂，可防治稗草、马唐、牛筋草、千金子、看麦娘、日本看麦娘、野燕麦、狗尾草、野黍、画眉草、雀稗等多种常见一年生禾本科杂草，且施药期宽，对阔叶作物和常规轮作的下茬作物安全。

【使用方法】

1. 防除春小麦田 1 年生禾本科杂草：每 666.7 平方米用 69 克/升精噁唑禾草灵水乳剂 50～60 毫升，小麦起身拔节期前，禾本科靶标杂草 2 叶至分蘖末期，背负式喷雾器每 666.7 平方米兑水 25～30 千克，或拖拉机喷雾器每 666.7 平方米兑水 7～20 千克，对全田茎叶均匀喷雾处理。干旱条件下及西北干旱地区春小麦田应酌情增加用量，以及防治菵草、硬草和 6 叶以上大龄靶标禾本科杂草时，用药量则应酌情增加。喷药时药液要均匀周到。施药时，避免漂移到周围作物田地及其他作物。

2. 防除春小麦田野燕麦：每 666.7 平方米用 69 克/升精噁唑禾草灵水乳剂 50～60 毫升，小麦起身拔节期前，禾本科靶标杂草 2 叶至分蘖末期，背负式喷雾器每 666.7 平方米兑水 25～30 千克，或拖拉机喷雾器每 666.7 平方米兑水 7～20 千克，对全田茎叶均匀喷雾处理。干旱条件下及西北干旱地区春小麦田应酌情增加用量，以及防治菵草、硬草和 6 叶以上大龄靶标禾本科杂草时，用药量则应酌情增加。喷药时药液要均匀周到。施药时，避免漂移到周围作物田地及其他作物。

3. 防除冬小麦田 1 年生禾本科杂草：每 666.7 平方米用 69 克/升精噁唑禾草灵水乳剂 40～50 毫升，小麦起身拔节期前，禾本科靶标杂草 2 叶至分蘖末期，背负式喷雾器每 666.7 平方米兑水 25～30 千克，或拖拉机喷雾器每 666.7 平方米兑水 7～20 千克，对全田茎叶均匀喷雾处理。喷药时药液要均匀周到。施药时，避免漂移到周围作物田地及其他作物。

4. 防除冬小麦田看麦娘：每 666.7 平方米用 69 克/升精噁唑禾草灵水乳剂 40～50 毫升，小麦起身拔节期前，禾本科靶标杂草 2 叶至分蘖末期，背负式喷雾器每 666.7 平方米兑水 25～30 千克，或拖拉机喷雾器每 666.7 平方米兑水 7～20 千克，对全田茎叶均匀喷雾处理。喷药时药液要均匀周到。施药时，避免漂移到周围作物田地及其他作物。

5. 防除春油菜田 1 年生禾本科杂草：每 666.7 平方米用 69 克/升精噁唑禾草灵水乳剂 50～60 毫升，靶标杂草 3～6 叶期间、刚出齐苗时，背负式喷雾器每 666.7 平方米兑水 25～30 千克，或拖拉机喷雾器每 666.7 平方米兑水 7～20 千克，对全田茎叶均匀喷雾处理。喷药时药液要均匀周到。施药时，避免漂移到周围作物田地及其他作物。干旱或喷头流量及杂草密度较大时应采用较高的推荐制剂用量和兑水量，高温天气时应傍晚施用。西北干旱地区应酌情增加制剂用量至每 666.7 平方米 70～80 毫升；防治硬草、碱茅和 6 叶以上大龄靶标杂草时则应酌情增大制剂用量每666.7平方米80~120毫升。

6. 防除冬油菜田1年生禾本科杂草：每666.7平方米用69克/升精噁唑禾草灵水乳剂40~50毫升，靶标杂草3~6叶期间、刚出齐苗时，背负式喷雾器每666.7平方米兑水25~30千克，或拖拉机喷雾器每666.7平方米兑水7~20千克，对全田茎叶均匀喷雾处理。喷药时药液要均匀周到。施药时，避免漂移到周围作物田地及其他作物。干旱或喷头流量及杂草密度较大时应采用较高的推荐制剂用量和兑水量，高温天气时应傍晚施用。西北干旱地区应酌情增加制剂用量至每666.7平方米70~80毫升；防治硬草、碱茅和6叶以上大龄靶标杂草时则应酌情增大制剂用量每666.7平方米80~120毫升。

7. 防除花生田1年生禾本科杂草：每666.7平方米用69克/升精噁唑禾草灵水乳剂43.5~60毫升，靶标杂草3~6叶期间、刚出齐苗时，背负式喷雾器每666.7平方米兑水25~30千克，或拖拉机喷雾器每666.7平方米兑水7~20千克，对全田茎叶均匀喷雾处理。喷药时药液要均匀周到。施药时，避免漂移到周围作物田地及其他作物。干旱或喷头流量及杂草密度较大时应采用较高的推荐制剂用量和兑水量，高温天气时应傍晚施用。西北干旱地区应酌情增加制剂用量至每666.7平方米70~80毫升；防治硬草、碱茅和6叶以上大龄靶标杂草时则应酌情增大制剂用量每666.7平方米80~120毫升。

8. 防除大豆田1年生禾本科杂草：南方地区每666.7平方米用69克/升精噁唑禾草灵水乳剂50~60毫升，北方地区每666.7平方米用69克/升精噁唑禾草灵水乳剂60~70毫升，靶标杂草3~6叶期间、刚出齐苗时，背负式喷雾器每666.7平方米兑水25~30千克，或拖拉机喷雾器每666.7平方米兑水7~20千克，对全田茎叶均匀喷雾处理。喷药时药液要均匀周到。施药时，避免漂移到周围作物田地及其他作物。干旱或喷头流量及杂草密度较大时应采用较高的推荐制剂用量和兑水量，高温天气时应傍晚施用。西北干旱地区应酌情增加制剂用量至每666.7平方米70~80毫升；防治硬草、碱茅和6叶以上大龄靶标杂草时则应酌情增大制剂用量每666.7平方米80~120毫升。

9. 防除花椰菜田1年生禾本科杂草：每666.7平方米用69克/升精噁唑禾草灵水乳剂50~60毫升，靶标杂草3~6叶期间、刚出齐苗时，背负式喷雾器每666.7平方米兑水25~30千克，或拖拉机喷雾器每666.7平方米兑水7~20千克，对全田茎叶均匀喷雾处理。喷药时药液要均匀周到。施药时，避免漂移到周围作物田地及其他作物。干旱或喷头流量及杂草密度较大时应采用较高的推荐制剂用量和兑水量，高温天气时应傍晚施用。西北干旱地区应酌情增加制剂用量至每666.7平方米70~80毫升；防治硬草、碱茅和6叶以上大龄靶标杂草时则应酌情增大制剂用量每666.7平方米80~120毫升。

10. 防除棉花田1年生禾本科杂草：每666.7平方米用69克/升精噁唑禾草灵水乳剂50~60毫升，靶标杂草3~6叶期间、刚出齐苗时，背负式喷雾器每666.7平方米兑水25~30千克，或拖拉机喷雾器每666.7平方米兑水7~20千克，对全田茎叶均匀喷雾处理。喷药时药液要均匀周到。施药时，避免漂移到周围作物田地及其他作物。干旱或喷头流量及杂草密度较大时应采用较高的推荐制剂用量和兑水量，高温天气时应傍晚施用。西北干旱地区应酌情增加制剂用量至每666.7平方米70~80毫升；防治硬草、碱茅和6叶以上大龄靶标杂草时则应酌情增大制剂用量每666.7平方米80~120毫升。

【特别说明】

1. 防除看麦娘、棒头草的施药适期比较宽，每666.7平方米用69克/升精噁唑禾草灵水乳剂45~50毫升，在看麦娘、棒头草3叶期至拔节初期施药，都能取得较好的防效。但从保产效果出发宜在看麦娘、棒头草3~5叶期施药，每666.7平方米用水30~40千克。在长江下游12月中旬气温显著下降，稻茬晚播麦田骠马的施用一般到12月上旬结束，晚播麦田可在第 1 年春季麦苗返青到拔节前施药。

2. 防除茇草、硬草，每 666.7 平方米用 69 克/升精噁唑禾草灵水乳剂 60 ~ 70 毫升，在茇草 3 ~ 5 叶期兑水 30 ~ 50 千克喷洒。麦田硬草对精噁唑禾草灵的抗药性较，大的幼苗抗药性高于小的幼苗。在麦子播种以后 15 ~ 20 天，即硬草 2 ~ 3 叶期，每 666.7 平方米用 69 克/升精噁唑禾草灵水乳剂 60 ~ 80 毫升，加水 30 ~ 40 千克喷洒，如硬草 1 ~ 1.5 叶期喷洒，则喷药过早，硬草未出齐，防效降低。春季 3 月上、中旬施药，硬草已 6 ~ 7 叶，每 666.7 平方米用量则应加大，使用 69 克/升精噁唑禾草灵水乳剂不少于 100 毫升，兑水 40 ~ 50 千克喷洒。精噁唑禾草灵与敌稗混用可以提高对硬草的防除效果，尤其是对鲜重防效的提高幅度较明显。冬前施药，每 666.7 平方米用 69 克/升精噁唑禾草灵水乳剂 75 毫升加 20% 敌稗 100 毫升兑水喷洒，翌年春对硬草的株防效和鲜重防效分别比每 666.7 平方米用 69 克/升精噁唑禾草灵水乳剂 75 毫升单用增加 6.2 个和 16.8 个百分点。

3. 防除野燕麦，每 666.7 平方米用 69 克/升精噁唑禾草灵水乳剂 40 ~ 60 毫升，于野燕麦 3 叶期至拔节前，兑水 30 ~ 40 千克喷洒。稻茬小麦田杂草群落的组成有禾本科杂草和阔叶草，禾本科杂草除了看麦娘、日本看麦娘、茇草、硬草、棒头草以外，在江苏里下河地区还有野燕麦。这种生态型的野燕麦种子能在稻田有水层浸泡的土壤中越夏，到秋季麦子播种以后再萌发出土。稻茬麦田杂草群落的组成除禾本科杂草以外还有阔叶杂草，主要有猪殃殃、繁缕、牛繁缕、稻槎菜、雀舌草等，为了兼治这些阔叶草，可以将精噁唑禾草灵与氟草定或苯磺隆混配使用，使用的配方为：每 666.7 平方米用 69 克/升精噁唑禾草灵水乳剂 50 毫升加 20% 氟草定乳油 40 ~ 50 毫升或 75% 苯磺隆悬浮剂 1 ~ 1.3 克。

【中毒急救】

吸入：应迅速将患者转移到空气清新流通处，解开衣领、腰带，保持呼吸畅通。如呼吸停止应做人工呼吸。如呼吸困难应输氧。如有症状及时就医。皮肤接触后：立即用水和肥皂清洗，并彻底冲洗干净。眼睛接触后：把眼睛打开用流水冲洗几分钟，如有持续的症状，及时就医。一旦药液溅入眼睛和黏附皮肤：应立即用水冲洗至少 15 ~ 20 分钟。误服：首先应该给病人服用 200 毫升液体石蜡，然后用 4 千克左右的水洗胃。最后用炭粉和硫酸钠进行处理。禁用肾上腺素衍生物处理。及时送医院就诊。

【注意事项】

1. 本品使用时按常规方法打开包装。操作者应遵守《农药安全使用准则》，按要求做好劳动保护，如穿戴工作服、手套、面罩等，避免让人体直接接触药剂。工作后漱口、清洗裸露在外的身体部分并更换干净的衣服。

2. 每季最多使用 1 次。

3. 严格按推荐的使用技术均匀施用，不得超范围使用。不宜在 3 天内有大雨和冬季霜冻季节施用，以保药效。

4. 本品无土壤除草活性，宜采用配有雾化好的（扇形雾）细雾滴喷头的喷雾器恒速均匀喷雾，严禁"草多处多喷"，避免重喷或漏喷。

5. 2,4 - 滴、二甲四氯对本剂有一定拮抗作用。

6. 低温、干旱时施用，杀草速度慢，但一般不影响最终防效。

7. 大麦、燕麦、玉米、高粱对骠马敏感，这些作物田不能使用骠马，否则会产生药害，导致减产。

8. 春季小麦抗药性减弱，在推荐用量情况下，部分田块麦苗轻度发黄，7 ~ 10 天后恢复，不影响产量。早播麦田应在冬前施药。

9. 土壤湿度高时防效好，土壤干旱防效降低。故应灌溉后施药，没有灌溉条件时应提高用药量和加大喷水量。

10. 本品储藏后，常有分层现象，使用前用力摇匀后配制药液，不影响药效。使用时将本品及其包装内冲洗液完全倒入装有少量清水的喷雾器内，混匀后，补足剩余水量后喷施。

11. 本品对早熟禾、雀麦、节节麦、毒麦、冰草、黑麦草、蜡烛草等极恶性禾草无效。

12. 本品对鱼等水生生物有毒，应避免其污染鱼塘和水源等。

13. 农药空包装应 3 次清洗后妥善处理；禁止在河塘清洗施药器械。

14. 避免孕妇及哺乳期的妇女接触。

15. 用过的容器妥善处理，不可做他用，不可随意丢弃。

16. 本品放置于阴凉、干燥、通风、防雨处，远离火源，勿与食品、饲料、种子、日用品等同贮同运。

17. 本品宜置于儿童够不着的地方并上锁，不得重压、破损包装容器。

克草胺

【作用特点】

克草胺属酰胺类选择性芽前土壤处理除草剂。作用机制为本品有较高的土壤活性，通过杂草的幼芽、芽梢吸收而抑制蛋白质的合成，从而杀死杂草。效果与杂草出土前后的土壤湿度有关，持效期 40 天左右。用于水稻插秧田防除稗草、牛毛草等稻田杂草，也可用于覆膜或有灌溉条件的花生、棉花、芝麻、玉米、大豆、油菜、马铃薯及十字花科、茄科、豆科、菊科、伞形花科多种蔬菜用，防除 1 年生单子叶和部分阔叶杂草。本品活性高于丁草胺，安全性低于丁草胺，故应严格掌握施药时间和用药量；不宜在水稻秧田、直播田及小苗、弱苗及漏水得本田使用；水稻芽期和黄瓜、菠菜、高粱、谷子等对克草胺敏感，不宜使用。

【毒性与环境生物安全性评价】

对高等动物毒性低毒。

原药雄大鼠急性经口 LD_{50} 为 926 毫克/千克；

原药雌大鼠急性经口 LD_{50} 为 584 毫克/千克；

原药大鼠急性经皮 LD_{50} 大于 2150 毫克/千克。

对兔眼睛有刺激性；

对兔皮肤无刺激性。

豚鼠皮肤致敏性试验结果为弱致敏性。

制剂雄大鼠急性经口 LD_{50} 为 2330 毫克/千克；

制剂雌大鼠急性经口 LD_{50} 为 2330 毫克/千克；

制剂大鼠急性经皮 LD_{50} 大于 2150 毫克/千克。

对兔眼睛有刺激性；

对兔皮肤无刺激性。

豚鼠皮肤致敏性试验结果为弱致敏性。

对鱼类毒性高毒。

斑马鱼 96 小时急性毒性 LC_{50} 为 0.55 毫克/升。

对鸟类毒性中等毒。

鹌鹑 7 天 LD_{50} 雄性为 368.79 毫克/千克；

鹌鹑 7 天 LD_{50} 雌性为 425.41 毫克/千克。

对蜜蜂毒性低毒。

蜜蜂接触 LD_{50} 大于 200 微克/只。

对家蚕毒性低毒。

家蚕食下毒叶法 48 小时 LC_{50} 大于 5000 毫克/升。

在红土中易降解。

在水稻土中易降解。

在黑土中较易降解。

难水解。

难光解。

在褐土中较易移动。

在黑土中较难移动。

在土壤中难吸附，难挥发，具有中等富集性。

在水稻田降解速度较快，半衰期为 1 天左右。

在土壤中半衰期为 10 天左右。

【防治对象】

用于移栽水稻、玉米田防除 1 年生禾本科杂草及小粒种子阔叶杂草，持效期 40 天左右。用于水田除草时对牛毛毡、莎草科草有独到防效，其具有活性高、毒性低的特点。

【使用方法】

1. 防除移栽水稻田 1 年生禾本科杂草：北方地区移栽后 5 ~ 7 天，南方地区移栽后 3 ~ 6 天，拌细土撒施，北方地区每 666.7 平方米用 47% 克草胺乳油 75 ~ 100 毫升，其他地区每 666.7 平方米用 47% 克草胺乳油 50 ~ 75 毫升，拌 15 ~ 20 千克细沙或细土撒施，施药时，避免把药剂撒施到周围作物田地及其他作物。

2. 防除移栽水稻田部分阔叶杂草：北方地区移栽后 5 ~ 7 天，南方地区移栽后 3 ~ 6 天，拌细土撒施，北方地区每 666.7 平方米用 47% 克草胺乳油 75 ~ 100 毫升，其他地区每 666.7 平方米用 47% 克草胺乳油 50 ~ 75 毫升，拌 15 ~ 20 千克细沙或细土撒施，施药时，避免把药剂撒施到周围作物田地及其他作物。

【中毒急救】

吸入：应迅速将患者转移到空气清新流通处。如呼吸停止应做人工呼吸。如呼吸困难应输氧。如有症状及时就医。皮肤接触后：立即用水和肥皂清洗，并彻底冲洗干净。眼睛接触后：把眼睛打开用流水冲洗几分钟，如有持续的症状，及时就医。误食：应立即洗胃，并用手指触压喉咙引吐。不应催吐，应先洗胃，再用活性炭和硫酸钠处理，监测肝、肾、血红球数及呼吸和心脏功能，透析消除、强制碱利尿。勿用温水洗胃，以免促进吸收。洗胃时注意保护气管和食管。及时送医院对症治疗。一旦药液溅入眼睛和黏附皮肤：应立即用水冲洗至少 15 分钟。不要给神志不清的病人经口食用任何东西。本品无特效解毒剂。

【注意事项】

1. 本品使用时按常规方法打开包装。操作者应遵守《农药安全使用准则》，按要求做好劳动保护，如穿戴工作服、手套、面罩等，避免让人体直接接触药剂。工作后漱口、清洗裸露在外的身体部分并更换干净的衣服。

2. 大风天或预计 1 小时内降雨，请勿施药。

3. 水稻田应严格掌握适期和药量，施药时要撒施均匀，药后如遇大雨水层增高，淹没心叶易产生药害，要注意排水。

4. 不宜在水稻秧田、直播田及小苗弱苗和漏水移栽田使用。

5. 如田间阔叶杂草较多，请与防除阔叶杂草除草剂混合使用。

6. 水稻芽期和黄瓜、菠菜、高粱、谷子等对克草胺敏感，不宜使用。

6. 用过的容器妥善处理，不可做他用，不可随意丢弃。

7. 本品放置于阴凉、干燥、通风、防雨处，远离火源，勿与食品、饲料、种子、日用品等同贮同运。

8. 本品宜置于儿童够不着的地方并上锁，不得重压、破损包装容器。

氰氟虫腙

【作用特点】

氰氟虫腙是一种全新的化合物，属于缩氨基脲类杀虫剂。氰氟虫腙的作用机制独特，本身具有杀虫活性，不需要生物激活，与现有的各类杀虫剂无交互抗性。氰氟虫腙可以有效地防治各地鳞翅目害虫及某些鞘翅目的幼虫、成虫，还可以用于防治蚂蚁、白蚁、蝇类、蟑螂等害虫。

通过附着在钠离子通道的受体上，阻碍钠离子通行，与菊酯类或其他种类的化合物无交互抗性。该药主要是通过害虫取食进入其体内发生胃毒杀死害虫，触杀作用较小，无内吸作用。该药对于各龄期的靶标害虫、幼虫都有较好的防治效果。昆虫取食后该药进入虫体，通过独特的作用机制阻断害虫神经元轴突膜上的钠离子通道，使钠离子不能通过轴突膜，进而抑制神经冲动使虫体过度的放松，麻痹，几个小时后，害虫即停止取食，1~3天内死亡。

氰氟虫腙能够以中等的速度穿入双子叶植物的角质层和薄片组织，大约有一半滞留在上表皮或表皮的蜡质层中，这表明该药剂没有表现出明显越层运动。试验分析表明氰氟虫腙不会从处理过的叶片传导到植物的其他部分，也没有叶片的沉降点处表现出明显的向周边辐射扩散运动。因此氰氟虫腙在叶片表面只有中等的渗透活性，在植物的绿色组织及根部无内吸传导性。

【毒性与环境生物安全性评价】

对高等动物毒性低毒。

原药雄大鼠急性经口 LD_{50} 大于 5000 毫克/千克；

原药雌大鼠急性经口 LD_{50} 大于 5000 毫克/千克。

原药雄大鼠急性经皮 LD_{50} 大于 5000 毫克/千克；

原药雌大鼠急性经皮 LD_{50} 大于 5000 毫克/千克。

原药雄大鼠急性吸入 LD_{50} 大于 5.2 毫克/升；

原药雌大鼠急性吸入 LD_{50} 大于 5.2 毫克/升。

对兔眼睛无刺激性；

对兔皮肤无刺激性。

豚鼠皮肤致敏性试验结果为无致敏性。

制剂雄大鼠急性经口 LD_{50} 大于 4000 毫克/千克；

制剂雌大鼠急性经口 LD_{50} 大于 4000 毫克/千克。

制剂雄大鼠急性经皮 LD_{50} 大于 2000 毫克/千克；

制剂雌大鼠急性经皮 LD_{50} 大于 2000 毫克/千克。

制剂雄大鼠急性吸入 LD_{50} 大于 5.2 毫克/升；

制剂雌大鼠急性吸入 LD_{50} 大于 5.2 毫克/升。

对兔眼睛有轻微刺激性；

对兔皮肤无刺激性。

豚鼠皮肤致敏性试验结果为无致敏性。

制剂对鱼类毒性高毒。

虹鳟鱼 96 小时 LC_{50} 大于 0.732 毫克/升。

制剂对水蚤毒性中等毒。

水蚤 48 小时 EC_{50} 为 2.56 毫克/升。

制剂对藻类毒性低毒。

羊角月牙藻 72 小时 EC_{50} 为 4.56 毫克/升;

羊角月牙藻 120 小时 EC_{50} 为 5.97 毫克/升。

制剂对鸟类毒性低毒。

野鸭经口 7 天 LD_{50} 大于 2050 毫克/千克。

制剂对蜜蜂毒性高毒。

蜜蜂经口 48 小时 LC_{50} 大于 110.97 微克/只;

蜜蜂接触 96 小时 LC_{50} 大于 1.54 微克/只。

制剂对家蚕毒性中等毒。

2 龄家蚕食下毒叶法 LC_{50} 为 64.6 毫克/千克·桑叶。

制剂对土壤生物毒性低毒。

蚯蚓 14 天 LC_{50} 大于 1000 毫克/千克。

在土壤中较易降解。

在酸性条件下以水解。

在中性、碱性条件下难水解。

难光解。

易吸附。

微挥发。

人每日允许摄入量为 0.12 毫克/千克体重。

【防治对象】

氰氟虫腙对咀嚼和咬食的昆虫种类鳞翅目和鞘翅目具有明显的防治效果,如常见的种类有稻纵叶螟、甜菜夜蛾、棉铃虫、棉红铃虫、菜粉蝶、甘蓝夜蛾、小菜蛾、菜心野螟、小地老虎、水稻二化螟等,对卷叶蛾类的防效为中等;氰氟虫腙对鞘翅目害虫叶甲类如马铃薯叶甲防治效果较好,对跳甲类及种子象的防治为中等;氰氟虫腙对缨尾目、螨类及线虫无任何活性。该药用于防治蚂蚁、白蚁、红火蚁、蝇及蟑螂等非作物害虫方面很有潜力。

氰氟虫腙具有良好的作物安全性。在温室和田间试验中,240 克/升氰氟虫腙悬浮剂在试验剂量下对试验作物均安全,如菜心、菜花、花椰菜、白菜、油菜、芥菜、莴苣、茄子、西红柿、辣椒、甜辣、马铃薯、韭菜、胡萝卜、草莓、西瓜、豆类、棉花、甜菜、朝鲜蓟、大麦、水稻、苹果、葡萄、橄榄、柑橘等。

氰氟虫腙对其他昆虫有较强的选择性,对刺吸口器害虫如蚜虫或蓟马等无效,对有益生物包括传粉昆虫和节肢类昆虫比较安全,适合用于病虫害综合防治和虫害的抗性治理。

【使用方法】

1. 防治甘蓝甜菜夜蛾:在低龄幼虫高发期,每 666.7 平方米用 240 克/升氰氟虫腙悬浮剂 60～80 克,兑水 50 千克喷雾。每生长季作物施药 2 次,间隔 7 天。推荐使用剂量范围内对作物安全,未见药害发生。对田间天敌安全。

2. 防治甘蓝小菜蛾:在低龄幼虫高发期,每 666.7 平方米用 240 克/升氰氟虫腙悬浮剂 70～80 克,兑水 50 千克喷雾。每生长季作物施药 2 次,间隔 7 天。推荐使用剂量范围内对作物安全,未见药害发生。对田间天敌安全。

【中毒急救】

无中毒报道。不慎溅入眼睛：用大量清水冲洗至少15分钟。皮肤接触：立即脱掉污染的衣服，用肥皂水或者大量清水冲洗皮肤。误吸：将病人转移到空气清新处，如呼吸停止，应立即进行人工呼吸，如呼吸困难，应输氧。误食：立即用大量清水漱口，误服应立即催吐、洗胃、导泻，立即送医院治疗。没有特效的解毒药，绝不可乱服药物。

【注意事项】

1. 不可与碱性或者强酸性物质混用。

2. 对鱼高毒，使用时注意远离河塘等水域施药。禁止在河塘等水域中清洗施药器具。

3. 对蜜蜂高毒，蜜源作物花期禁用。

4. 对家蚕中毒，高风险，蚕室及桑园附近禁用。

5. 使用本品时应穿戴防护服和手套，避免吸入药液。施药期间不可吃东西和饮水。施药后，彻底清洗器械，并将包装袋深埋或焚毁，并立即用肥皂洗手和洗脸。使用本品时，应避免直接接触药液，配戴相应的防护用品。

6. 在推荐使用剂量下，作物每个生长季节最多使用2次，安全间隔期为7天。在辣椒、莴苣、白菜、花椰菜、黄瓜、西红柿、菜豆等蔬菜上的安全间隔期为0~3天；在西瓜、朝鲜蓟上的安全间隔期为3~7天；在甜玉米上的安全间隔期为7天；在马铃薯、玉米、向日葵、甜菜上的安全间隔期为14天；在棉花上的安全间隔期为21天。

7. 孕妇和哺乳期妇女避免接触。

8. 用过的容器妥善处理，不可做他用，不可随意丢弃。

9. 本品放置于阴凉、干燥、通风、防雨处，远离火源，勿与食品、饲料、种子、日用品等同贮同运。

10. 本品宜置于儿童够不着的地方并上锁，不得重压、破损包装容器。

球孢白僵菌

【作用特点】

球孢白僵菌在分类上属于菌物界—半知菌亚门—丝孢纲—丛梗孢目—丛梗孢科—白僵菌属。球孢白僵菌是国内外广泛用于害虫生物防治的杀虫真菌之一，被认为是最具开发潜力的一种昆虫病原真菌。球孢白僵菌高毒菌株在棉铃虫幼虫体壁上短暂生长即形成入侵结构，而低毒菌株在幼虫体壁上产生细长的匍匐菌丝，这些菌丝会从害虫体内吸收营养，最终导致害虫死亡。

球孢白僵菌杀虫机理主要通过昆虫表皮接触感染，其次也可经消化道和呼吸道感染。侵染的途径因昆虫的种类、虫态、环境条件等的不同而异。在浸染黑尾叶蝉时有两种方式，第一是通过皮肤侵染。萌发的分生孢子在虫体体壁几丁质较薄的节间膜处长出芽管，芽管顶端分泌出溶几丁质酶使几丁质溶解成一个小孔，萌发管进入虫体。这时大概感染24小时。萌发的芽管借酶的作用，不断溶解体壁几丁质向前伸长，直至体壁上皮细胞才生成的菌丝也进入体壁，然后侵入血淋巴组织，菌丝起初延着细胞膜发育生长，再穿过细胞膜进入细胞内，于是原生质和细胞核失活，养料被耗尽，大量解体消失。大量皮下细层的破坏是由于体腔内菌丝侵染的结果，此时菌丝受到昆虫、体内的血细胞的包围，血细胞出现空泡，着色力降低。同时菌丝产生许多芽生孢子。芽生孢子萌发后，产生新的菌丝，以此反复不断增殖，冲破血细胞屏障进入体腔。在体腔内又以芽生孢子、分生孢子等方式繁殖，扩散到虫体所有组织.如消化道、马氏管、脂肪体等，这时约侵染48~72小时。感染96小时后，昆虫组织器官大部分被破坏，菌丝成束穿出体表，形成气生菌丝，并开始形成分生孢子梗和分生孢子。侵染120

~118 小时，虫体表长出大量气生菌丝，分生孢子梗和分生孢子并释放出来，此时除部分体壁处，其他组织皆被破坏，养料亦被耗尽。

球孢白僵菌在液体、固体培养基上均能生长发育良好，并产生不同类型的孢子，分别为芽生孢子和分生孢子。在液体培养条件下，球孢白僵菌产生芽生孢子或深层发酵分生孢子。而产生哪种孢子主要由培养液的营养成分来决定，在氮源丰富的培养液中，球孢白僵菌产生芽生孢子。芽生孢子细胞壁薄，抗逆性能差，容易失活，本质上为短小的菌丝。而在如 TKI 的合成培养液中，球孢白僵菌产生深层发酵分生孢子。

菌落呈绒状、丛卷毛呈粉状、有时呈绳索状，但很少形成孢梗索。分生孢子梗多着生长在营养菌丝上，产孢细胞浓密簇生于菌丝、分生孢子梗或膨大的泡囊（柄细胞）上。球形至瓶形，颈部明显延长成粗 1 微米、长达 20 微米的产孢轴，轴上有小齿突，呈膝状弯曲（"之"字形弯曲）。产孢细胞和泡囊常增生，在分生孢子梗或菌丝上聚成球状至卵状的较密实孢子头。寄主是卫生害虫如蟑螂。

在固体培养条件下，球孢白僵菌产生分生孢子，分生孢子细胞壁厚，通常条件下比芽生孢子更具有生物稳定性。球孢白僵菌分生孢子的表面具有粗糙的皱折，它是一种 β - 胡萝卜醇的聚合物，能增强分生孢子对不良环境的抵抗力，而芽生孢子表面是光滑的，所以对不良环境的抵抗力就更差。因为球孢白僵菌分生孢子比芽生孢子具有对环境更强的抵抗力，而且在对许多农林害虫的防治上是更为有效的侵染体，所以在应用上一般使用分生孢子。

国内外研究人员利用球孢白僵菌防治玉米螟、松毛虫、小蔗螟、盲椿、谷象、柑橘红蜘蛛和蚜虫等农林害虫。特别是对玉米螟和松毛虫的生物防治，在国内已作为常规手段连年使用。由于球孢白僵菌能有效地控制虫口数量，同时不伤害其他天敌昆虫和有益生物，完全符合有害生物综合治理的宗旨，同时由于其容易大量生产，防治成本较有竞争力，因而具有广泛的应用前景。

【毒性与环境生物安全性评价】

对高等动物毒性低毒。

1000 亿孢子/克球孢白僵菌母药大鼠急性经口 LD_{50} 大于 4640 毫克/千克。

1000 亿孢子/克球孢白僵菌母药大鼠急性经皮 LD_{50} 大于 2000 毫克/千克。

1000 亿孢子/克球孢白僵菌母药对兔 72 小时眼睛有轻微刺激性；

1000 亿孢子/克球孢白僵菌母药对兔 72 皮肤有轻微刺激性。

1000 亿孢子/克球孢白僵菌母药豚鼠皮肤致敏性试验结果为中度致敏性。

1000 亿孢子/克球孢白僵菌母药小鼠急性致病性试验结果为无致病性。

300 亿孢子/克球孢白僵菌油悬浮剂大鼠急性经口 LD_{50} 大于 5000 毫克/千克。

300 亿孢子/克球孢白僵菌油悬浮剂大鼠急性经皮 LD_{50} 大于 2000 毫克/千克。

300 亿孢子/克球孢白僵菌油悬浮剂对兔 72 小时眼睛无刺激性；

300 亿孢子/克球孢白僵菌油悬浮剂对兔 72 皮肤无刺激性。

300 亿孢子/克球孢白僵菌油悬浮剂豚鼠皮肤致敏性试验结果为中度致敏性。

300 亿孢子/克球孢白僵菌油悬浮剂小鼠急性致病性试验结果为无致病性。

300 亿孢子/克球孢白僵菌油悬浮剂对鱼类毒性低毒。

金鱼 96 小时 LC_{50} 大于 7.5×10^4 亿孢子/立方米，实际应用时使用浓度远小于金鱼 96 小时 LC_{50} 的 0.1 倍。

300 亿孢子/克球孢白僵菌油悬浮剂对家禽类毒性低毒。

14 ~ 28 日龄青脚土杂商品鸡，每日喂饲该药 1 亿孢子/克，连续 5 天给药和经过 4 周慢性投药试验，试验鸡无一死亡或染病，也未见任何毒性反应。

300 亿孢子/克球孢白僵菌油悬浮剂对蜜蜂毒性低毒。

试验处理浓度为实际应用是使用浓度的 10 ~ 100 倍，蜜蜂喷雾接触法 LC_{50} 大于 300 亿孢子/毫升。

300 亿孢子/克球孢白僵菌油悬浮剂制剂对家蚕毒性低毒。

4 龄以上家蚕食接触浓度为 150 亿孢子/克，试验结果表明在正常情况下，家蚕不会被球孢白僵菌感染。

【防治对象】

主要用于防治玉米螟、松毛虫、小蔗螟、盲椿、谷象、柑橘红蜘蛛和蚜虫等农林害虫。特别是对玉米螟和松毛虫的生物防治，在国内已作为常规手段连年使用。经田间试验表明：球孢白僵菌防治马尾松松毛虫和松褐天牛、花生蛴螬、松树松毛虫、草原蝗虫、水稻稻纵卷叶螟、十字花科蔬菜小菜蛾、杨树光肩星天牛等很好的效果。

【使用方法】

1. 防治松毛虫的方法

为了充分发挥球孢白僵菌的最大杀虫效果，应根据球孢白僵菌生物学特性和虫情消长规律掌握好以下 4 点：

（1）放菌季节和天气。根据球孢白僵菌在 24℃ ~ 28℃、相对湿度 80% 以上的条件下发育良好的特点，其喷菌季节可选择春季防治越冬代幼虫，即主攻越冬代、控制 1、2 代为好。尤其在放菌后遇上连续 7 ~ 10 天的阴雨天气，杀虫效果更为明显。还可采取"年年喷菌，代代喷菌"的方法，使松林中长期保持一定数量的球孢白僵菌原体，控制松毛虫的大发生。天气对喷菌效果有很大的影响，一般阴雨后初晴空气湿度大时比晴天喷菌好，早晚比中午好，风力 1 ~ 2 级比 3 级以上大风好。因此要抓住有利时间放菌，可提高杀虫效果。

（2）喷菌方式和用量。由于球孢白僵菌有重复感染、扩散蔓延的特点，最大限度地发挥球孢白僵菌的这些特点，可降低防治成本，因此，在使用方法上首先要准确掌握松毛虫发生地，并根据虫口密度大小，分别采取全面喷菌、带状喷菌或点状喷菌的方式，即可起到控制虫害的作用。为了提高杀虫效率，可适当混合低浓度的化学农药，以降低松毛虫的抵抗力，并使孢子均匀分布水中，提高杀虫效果。除此之外还可采用放活虫法，即在林间采集 4 龄以上幼虫，带回室内，用 5 亿个孢子/毫升的菌液将虫体喷湿，然后放回林间，让活虫自由爬行扩散，每个释放点放虫 400 ~ 500 条，此法扩撒效果好。虫嗜扩散法，即放菌以后，将球孢白僵菌感染死虫捡回，撒在未感染的林地上风口处，或将虫尸研烂，用水稀释 100 倍喷雾等方法杀虫。

（3）选择放菌地区。根据球孢白僵菌治病条件，一般在山脚、山腰和山谷地，地被物较厚、郁闭度大、林间湿度大的林地致病率高，杀虫效果好，反之则差。

（4）选好喷菌地点。喷菌点选择是否恰当，对球孢白僵菌的扩散感染力有很大关系。喷菌点应选在山上小盘地或山腰凹处，郁闭度大，植被厚的地方，以利扩散感染。

2. 防治水稻稻纵卷叶螟、稻叶蝉和稻飞虱的方法

（1）撒粉法

根据产品孢子含量不同，每 666.7 平方米用 300 亿孢子/克球孢白僵菌油悬浮剂或者可湿性粉剂 0.25 ~ 0.5 千克加 15 千克干糠头灰或草木灰、或 25 千克干黄泥过筛细粉拌匀。以傍晚撒施为好。

（2）喷雾或泼浇法

将孢白僵菌油悬浮剂或者可湿性粉剂、水分散粒剂等配制成菌液，要求菌液配成含孢子量 1 亿 ~ 2 亿个/毫升，按水量加入 0.15% ~ 0.2% 的洗衣粉，使成悬浮液。产品、洗衣粉、水

三者必须同时加入浸泡搓洗。产品浸泡时间 15 分钟至 1 小时为宜，浸泡后搓洗过滤即可喷雾。每 666.7 平方米必须喷足 60 千克以上菌液，如粗喷或泼浇应再酌情加水稀释。利用球孢白僵菌可防治早稻和晚稻的黑尾叶蝉，一般在施菌 7 天后虫密度下降 80% ~90%，同时能兼治稻螟蛉、稻纵卷叶螟、稻苞虫等多种水稻害虫。由于充分发挥其菌的在侵染作用，药效期可持续 1 个月。

使用球孢白僵菌防治防治稻纵卷叶螟、稻叶蝉和稻飞虱时要注意以下 3 点：

第一，球孢白僵菌对水稻稻纵卷叶螟、稻叶蝉、稻飞虱等致死速度比化学农药慢，要 6 ~9 天后才开始大量死亡。故防治水稻稻纵卷叶螟、稻叶蝉、稻飞虱时，应坚持以"防止"为主的原则，不宜在害虫暴发危害时匆忙施菌。

第二，抓紧阴天、小雨适时施菌，晴天要在下午 4 时进行。施菌 3 天内保持田间有水，以提高田间湿度。

第三，水稻苗期即未封行前以喷雾为好，气候适宜撒粉亦好。封行后密度高，宜用粗喷或泼浇等法。秧田期宜在傍晚喷雾为好。

3. 防治大豆食心虫的方法

在大豆食心脱荚入土化蛹前，向地面喷布球孢白僵菌药剂。每 666.7 平方米用 300 亿孢子/克球孢白僵菌油悬浮剂 0.1 ~0.25 千克。大豆食心虫脱荚在地面爬行、虫体黏附白僵菌孢子后，在土壤感染而死亡，一般防效为 70% ~80%。

防治大豆食心虫的方法应注意以下 4 点：

第一，应用球孢白僵菌防治农林害虫应与虫情预报、气象预报紧密配合，掌握好施药时机，才能提高杀虫效果。

第二，球孢白僵菌加水配成菌液，应随配随用，不可超过 2 小时，以免孢子发芽，降低感染力。

第三，球孢白僵菌与少量化学农药混合施用，有增效作用，掺和 3% 敌百虫有增效作用。

第四，家蚕饲养区忌用。

4. 防治玉米螟的方法

主要是采用颗粒剂施药法。颗粒剂的制法是将每克含白僵菌孢子 100 亿个的均粉加 20 倍煤炭渣或其他草木灰等作填充剂，加适量水即制成 5 亿个孢子/克的颗粒剂。根据虫情调查，在玉米螟孵化高峰期后，玉米植株出现排列状花叶之前第 1 次用药，在心叶末期，个别植株出现雄穗时第 2 次用药，共 2 次。用药时将白僵菌颗粒剂撒在玉米的喇叭口及其周围的叶腋中，每 666.7 平方米用药量不少于 0.5 千克纯菌粉，也可以用 300 亿孢子/克球孢白僵菌油悬浮剂 1:100 倍药液浇灌玉米心，每 666.7 平方米用药液 60 ~80 千克。使用球孢白僵菌水分散粒剂省时、省力。在配置白僵菌颗粒剂时，加进少量化学农药，能提高杀虫效果。

【中毒急救】

无中毒报道。不慎溅入眼睛：用大量清水冲洗至少 15 分钟。皮肤接触：立即脱掉污染的衣服，用肥皂水或者大量清水冲洗皮肤。误吸：将病人转移到空气清新处，如呼吸停止，应立即进行人工呼吸，如呼吸困难，应输氧。误食：立即用大量清水漱口，误服应立即催吐、洗胃、导泻，立即送医院治疗。没有特效的解毒药，绝不可乱服药物。

【注意事项】

1. 不可与碱性或者强酸性物质混用。

2. 不可与杀菌剂混用。

3. 对家蚕有风险，蚕室及桑园附近禁用。

4. 本品速效性较差，持效期较长。应避免污染水源地。

5. 本品包装一旦打开，应尽快用完，以免影响孢子活力。

6. 用于喷雾作业时，制剂中加入 20 倍体积的 0 号柴油，采用超低容量喷雾，效果更好。药后应保持一定的湿度。

7. 使用本品时应穿戴防护服和手套，避免吸入药液。施药期间不可吃东西和饮水。施药后，彻底清洗器械，并将包装袋深埋或焚毁，并立即用肥皂洗手和洗脸。使用本品时，应避免直接接触药液，配戴相应的防护用品。

8. 孕妇和哺乳期妇女避免接触。

9. 用过的容器妥善处理，不可做他用，不可随意丢弃。

10. 本品放置于阴凉、干燥、通风、防雨处，远离火源，勿与食品、饲料、种子、日用品等同贮同运。

11. 本品宜置于儿童够不着的地方并上锁，不得重压、破损包装容器。

球形芽孢杆菌

【作用特点】

球形芽孢杆菌(Bs)是目前应用最广、使用最成功的灭蚊病原微生物，其灭蚊选择性强，对非靶生物和人畜无毒性，在自然界中易降解不污染环境。养殖场灭蚊范围广，排污量大，积水容器多，易滋生多种蚊类，具有施药方便、作用范围广等优点，能有效控制蚊虫的滋生。

球形芽孢杆菌与苏云金芽孢杆菌(Bti)相比较，球形芽孢杆菌的杀蚊谱较窄，其中对库蚊属幼虫的毒性最强，在污水中的药效维持时间较长，特别适用于污水中滋生的库蚊属幼虫(淡色库蚊和致倦库蚊)的控制。球形芽孢杆菌制剂主要有 Bsc3–41、Bs–2362、Bs–10 等。球形芽孢杆菌制剂较苏云金芽孢杆菌制剂易产生抗性，但实验证明，对球形芽孢杆菌产生抗性的蚊幼虫对苏云金芽孢杆菌却仍然表现出高度敏感性。因此，可以利用这一点，联合使用两种制剂，产生协同作用，扩大杀蚊谱，延长药物维持时间，提高杀灭疗效，并预防或延缓蚊幼虫对球形芽孢杆菌产生抗性。另外，随着分子生物学技术的发展和应用，也使用包含了球形芽孢杆菌的二元蛋白 BsB 和 Bti 的四个蛋白(Cry4A，Cry4B，CryllA 和 CytlA)的重组菌株，或者包含了 Bs–2362 和 Bti 两种菌株的杀蚊毒素的重组菌株用于蚊虫控制，经过实验证实，可扩大杀蚊谱，药效延长至 7～21 天，控蚊效果大大提高。

球形芽孢杆菌是一种在自然界中广泛分布、形成亚末端膨大孢子囊和球形芽孢的好气芽孢杆菌。在已发现的 49 个鞭毛血清型中有 9 个血清型(H1、H2、H3、H5、H6、H9、H25、H26 和 H48)的菌株对蚊幼虫有一定的毒杀作用。其中大部分高毒力菌株属血清型 H5、H6 和 H25，如 2362、1593、2297、Ts–1 和 C3–41 等。根据其杀蚊活性，这些菌株分为高毒力菌株和低毒力菌株，所有有毒菌株都具有较高的 DNA 同源性，属 DNA 同源型 IIA 型。

球形芽孢杆菌对不同蚊幼虫的毒杀作用主要是由其产生的毒素蛋白实现的。现已证明在其生长发育过程中能产生两类不同毒素蛋白，一类是存在于所有高毒力菌株中的晶体毒素蛋白；另一类是存在于低毒力菌株中部分高毒力菌株中的 Mtx 毒素蛋白。

【毒性与环境生物安全性评价】

对高等动物毒性微毒。

母药雄大鼠急性经口 LD_{50} 大于 5000 毫克/千克；

母药雌大鼠急性经口 LD_{50} 大于 5000 毫克/千克。

母药雄大鼠急性经皮 LD_{50} 大于 5000 毫克/千克；

母药雌大鼠急性经皮 LD_{50} 大于 5000 毫克/千克。

对兔眼睛无刺激性；

对兔皮肤无刺激性。

豚鼠皮肤致敏性试验结果为弱致敏性。

制剂雄大鼠急性经口 LD_{50} 大于 5000 毫克/千克；

制剂雌大鼠急性经口 LD_{50} 大于 5000 毫克/千克。

制剂雄大鼠急性经皮 LD_{50} 大于 2000 毫克/千克；

制剂雌大鼠急性经皮 LD_{50} 大于 2000 毫克/千克。

对兔眼睛无刺激性；

对兔皮肤无刺激性。

豚鼠皮肤致敏性试验结果为弱致敏性。

【防治对象】

球形芽孢杆菌属芽孢杆菌科的杆菌属，通过自然界中分离筛选高毒力菌株，经工业发酵生产的微生物杀虫剂。它对库蚊、伊蚊、按蚊等多种蚊子有毒杀作用。

【使用方法】

防治蚊子等卫生害虫：制剂用药量为 3 毫升/平方米，兑水稀释 50 倍，均匀喷雾。

【中毒急救】

无中毒报道。不慎溅入眼睛：用大量清水冲洗至少 15 分钟。皮肤接触：立即脱掉污染的衣服，用肥皂水或者大量清水冲洗皮肤。误吸：将病人转移到空气清新处，如呼吸停止，应立即进行人工呼吸，如呼吸困难，应输氧。误食：立即用大量清水漱口，误服应立即催吐、洗胃、导泻，立即送医院治疗。没有特效的解毒药，绝不可乱服药物。

【注意事项】

1. 不可与碱性或者强酸性物质混用。

2. 过敏者禁止作业。

3. 对鱼等水生生物有毒，使用时注意远离河塘等水域施药，禁止在河塘等水域中清洗施药器具。

4. 对蜜蜂有毒，蜜源作物花期，作物附近禁用。

5. 对家蚕有毒，蚕室及桑园附近禁用。

6. 使用本品时应穿戴防护服和手套，避免吸入药液。施药期间不可吃东西和饮水。施药后，彻底清洗器械，并将包装袋深埋或焚毁，并立即用肥皂洗手和洗脸。使用本品时，应避免直接接触药液，配戴相应的防护用品。

7. 孕妇和哺乳期妇女避免接触。

8. 用过的容器妥善处理，不可做他用，不可随意丢弃。

9. 本品放置于阴凉、干燥、通风、防雨处，远离火源，勿与食品、饲料、种子、日用品等同贮同运。

10. 本品宜置于儿童够不着的地方并上锁，不得重压、破损包装容器。

噻虫胺

【作用特点】

噻虫胺是新烟碱类中的一种杀虫剂，是一类高效安全、高选择性的新型杀虫剂，其作用与烟碱乙酰胆碱受体类似，具有触杀、胃毒和内吸活性。主要用于水稻、蔬菜、果树及其他作物上，防治蚜虫、叶蝉、蓟马、飞虱等半翅目、鞘翅目、双翅目和某些鳞翅目类害虫的杀虫剂，具有高效、广谱、用量少、毒性低、药效持效期长、对作物无药害、使用安全、与常规农药无交互抗性等优点，有卓越的内吸和渗透作用，是替代高毒有机磷农药的又一品种。其结构新颖、特殊，性能与传统烟碱类杀虫剂相比更为优异。适用于叶面喷雾、土壤处理作用。经室内对白粉虱的毒力测定和对番茄烟粉虱的田间药效试验表明，具有较高活性和较好防治效果。表现出较好的速效性，持效期在 7 天左右。

【毒性与环境生物安全性评价】

对高等动物毒性低毒。

原药雄大鼠急性经口 LD_{50} 大于 5000 毫克/千克；

原药雌大鼠急性经口 LD_{50} 大于 5000 毫克/千克。

原药雄大鼠急性经皮 LD_{50} 大于 2000 毫克/千克；

原药雌大鼠急性经皮 LD_{50} 大于 2000 毫克/千克。

原药大鼠急性吸入 LD_{50} 大于 6.14 毫克/升；

对兔眼睛无刺激性；

对兔皮肤无刺激性。

制剂雄大鼠急性经口 LD_{50} 大于 1710 毫克/千克；

制剂雌大鼠急性经口 LD_{50} 大于 1628 毫克/千克。

制剂雄大鼠急性经皮 LD_{50} 大于 2000 毫克/千克；

制剂雌大鼠急性经皮 LD_{50} 大于 2000 毫克/千克。

制剂大鼠急性吸入 LD_{50} 大于 5.66 毫克/升；

对兔眼睛有轻微刺激性；

对兔皮肤无刺激性。

制剂对鱼类毒性低毒。

虹鳟鱼 96 小时急性经口 LC_{50} 大于 104.2 毫克/升；

蓝鳃翻车鱼 96 小时急性经口 LC_{50} 大于 117 毫克/升。

制剂对水蚤毒性低毒。

水蚤 48 小时急性 EC_{50} 为 40 毫克/升。

制剂对藻类毒性低毒

藻类 72 小时 EC_{50} 大于 270 毫克/升；

制剂对鸟类毒性低毒。

野鸭 LD_{50} 大于 5200 毫克/千克；

日本鹌鹑 LD_{50} 大于 430 毫克/千克；

北美鹌鹑 LD_{50} 大于 5200 毫克/千克。

制剂对蜜蜂毒性高毒。

蜜蜂经口 48 小时 LC_{50} 为 0.00379 微克/只；

蜜蜂接触 48 小时 LC_{50} 为 0.04426 微克/只。

制剂对家蚕毒性高毒。

2 龄家蚕食下毒叶法 96 小时 LC_{50} 为 0.18 毫克/千克。

【防治对象】

主要用于水稻、蔬菜、果树及其他作物上防治蚜虫、叶蝉、蓟马、飞虱等半翅目、鞘翅目、双翅目和某些鳞翅目类害虫。

【使用方法】

1. 防治番茄烟粉虱：每 666.7 平方米用 50%噻虫胺水分散粒剂 6~8 克或 20%噻虫胺悬浮剂 15~20 克，兑水 50 千克喷雾。

2. 防治水稻稻飞虱：每 666.7 平方米用 50%噻虫胺水分散粒剂 12~20 克或 20%噻虫胺

悬浮剂 30～50 克，兑水 50 千克喷雾。

【中毒急救】

不慎溅入眼睛：用大量清水冲洗至少 15 分钟。皮肤接触：立即脱掉污染的衣服，用肥皂水或者大量清水冲洗皮肤。误吸：将病人转移到空气清新处，如呼吸停止，应立即进行人工呼吸，如呼吸困难，应输氧。注意给病人保暖。误食：立即用大量清水漱口，误服应立即催吐、洗胃、导泻。对于昏迷病人不能这样做，应立即送医院治疗。没有特效的解毒药，绝不可乱服药物。

【注意事项】

1. 不可与碱性或者强酸性物质混用。

2. 使用时注意远离河塘等水域施药，禁止在河塘等水域中清洗施药器具。

3. 对蜜蜂有毒，养蜂场附近、蜜源作物花期禁用。

4. 对家蚕有毒，蚕室及桑园附近禁用。

5. 使用本品时应穿戴防护服和手套，避免吸入药液。施药期间不可吃东西和饮水。施药后，彻底清洗器械，并将包装袋深埋或焚毁，并立即用肥皂洗手和洗脸。使用本品时，应避免直接接触药液，配戴相应的防护用品。

6. 在推荐使用剂量下，作物每个生长季节最多使用 3 次，安全间隔期为 7 天。

7. 孕妇和哺乳期妇女避免接触。

8. 用过的容器妥善处理，不可做他用，不可随意丢弃。

9. 本品放置于阴凉、干燥、通风、防雨处，远离火源，勿与食品、饲料、种子、日用品等同贮同运。

10. 本品宜置于儿童够不着的地方并上锁，不得重压、破损包装容器。

杀虫安

【作用特点】

杀虫安是有机氮仿生性沙蚕毒素类中的一种杀虫剂，是一类高效安全的新型杀虫剂，与杀虫双同类。杀虫安是铵盐，而杀虫双是钠盐。它对害虫具有触杀、胃毒和内吸传导作用。主要用于水稻、蔬菜、玉米、柑橘、甘蔗及其他作物上，防治稻纵卷叶螟、蚜虫、螟虫等害虫。药剂进入昆虫体内后转化为沙蚕毒，阻断中枢神经系统的突触传导作用，使昆虫麻痹、瘫痪、拒食、死亡。特别是防治水稻害虫药效显著，持效期长，对水稻安全。

【毒性与环境生物安全性评价】

对高等动物毒性中等毒。

雄大鼠急性经口 LD_{50} 为 408 毫克/千克；

雌大鼠急性经口 LD_{50} 为 233 毫克/千克；

大鼠急性经皮 LD_{50} 大于 2000 毫克/千克。

【防治对象】

主要用于水稻、蔬菜、玉米、柑橘、甘蔗及其他作物上，防治稻纵卷叶螟、蚜虫、菜青虫、小菜蛾，螟虫等害虫。

【使用方法】

1. 防治水稻二化螟：每 666.7 平方米用 50% 杀虫安可溶性粉剂 60～100 克，或 78% 杀虫安可溶性粉剂 40～60 克，兑水 40～50 千克喷雾。

2. 防治水稻稻纵卷叶螟：每 666.7 平方米用 50% 杀虫安可溶性粉剂 60～100 克或 78% 杀虫安可溶性粉剂 40～60 克，兑水 40～50 千克喷雾。

3. 防治蔬菜菜青虫、小菜蛾、蚜虫等: 每 666.7 平方米用 20% 杀虫安水剂 100~150 克, 50% 杀虫安可溶性粉剂 40~60 克, 兑水 50 千克喷雾。

4. 防治玉米螟: 用 20% 杀虫安水剂 500~600 倍液喷雾。

5. 防治甘蔗螟: 用 20% 杀虫安水剂 500~600 倍液喷雾。

【中毒急救】

不慎溅入眼睛: 用大量清水冲洗至少 15 分钟。皮肤接触: 立即脱掉污染的衣服, 用肥皂水或者大量清水冲洗皮肤。误吸: 将病人转移到空气清新处, 如呼吸停止, 应立即进行人工呼吸, 如呼吸困难, 应输氧。注意给病人保暖。误食: 立即用大量清水漱口, 误服应立即催吐、洗胃、导泻。洗胃用 1%~2% 苏打水。对于昏迷病人不能这样做, 应立即送医院治疗。可用阿托品类药剂。没有特效的解毒药, 绝不可乱服药物。

【注意事项】

1. 本品不可与碱性或者强酸性物质混用。

2. 使用时注意远离河塘等水域施药, 禁止在河塘等水域中清洗施药器具。

3. 本品对蜜蜂有毒, 养蜂场附近、蜜源作物花期禁用。

4. 本品对家蚕有毒, 蚕室及桑园附近禁用。

5. 使用本品时应穿戴防护服和手套, 避免吸入药液。施药期间不可吃东西和饮水。施药后, 彻底清洗器械, 并将包装袋深埋或焚毁, 并立即用肥皂洗手和洗脸。使用本品时, 应避免直接接触药液, 配戴相应的防护用品。

6. 在推荐使用剂量下, 水稻作物每个生长季节最多使用 2 次, 安全间隔期为 30 天。食用作物收获前 14 天停止使用。

7. 本品对棉花、豆类、高粱、马铃薯会产生药害。对白菜、甘蓝等十字花科蔬菜幼苗在夏季高温下敏感, 施药时应避免药液漂移到上述作物上, 以防产生药害。柑橘上使用应严格掌握用药浓度, 并尽量在傍晚时喷雾, 以防产生药害。

8. 孕妇和哺乳期妇女避免接触。

9. 用过的容器妥善处理, 不可做他用, 不可随意丢弃。

10. 本品放置于阴凉、干燥、通风、防雨处, 远离火源, 勿与食品、饲料、种子、日用品等同贮同运。

11. 本品宜置于儿童够不着的地方并上锁, 不得重压、破损包装容器。

杀虫单

【作用特点】

杀虫单是人工合成的沙蚕毒素的类似物。该药为乙酰胆碱竞争抑制剂, 具有很强的胃毒、触杀及内吸作用, 兼有一定的熏蒸和杀卵作用, 属仿生型农药, 对天敌影响小, 无抗性, 无残毒。它是一种广谱杀虫剂, 对害虫具有强烈的胃毒、触杀及内吸作用, 兼有熏蒸、杀卵作用。本品是人工合成的沙蚕毒素类似物, 进入昆虫体内迅速转化为杀蚕毒素或二氢杀蚕毒素。它侵入神经细胞的结合部位、阻碍乙酰胆碱的传导作用, 使昆虫神经麻痹后不能啃食、行动、停止发育, 以致死亡。它不污染环境, 是目前综合治理虫害较理想的药剂。该药剂能有效地防治水稻、蔬菜、三麦、玉米、茶叶、果树等作物上的多种害虫, 特别是对稻纵卷叶螟、二化螟、三化螟等有特效。它对鱼类低毒, 但对蚕的毒性大。

【毒性与环境生物安全性评价】

对高等动物毒性中等毒。

大鼠急性经口 LD_{50} 为 147 毫克/千克;

大鼠急性经皮 LD_{50} 大于 2000 毫克/千克。

小白鼠急性经口 LD_{50} 为 83.2～86.6 毫克/千克；

小白鼠急性经皮 LD_{50} 为 451 毫克/千克。

对兔眼睛、皮肤无明显刺激性。

对鱼毒性中等毒。

虹鳟鱼 48 小时急性经口 LC_{50} 为 9.2 毫克/升。

对家蚕毒性高毒。

【防治对象】

主要用于防治水稻、玉米、蔬菜、果树、茶、大豆、甘蔗等作物的多种鳞翅目害虫，对水稻大螟、二化螟、三化螟、纵卷叶螟、稻苞虫、蓟马、叶蝉、黏虫、负泥虫、飞虱、蔬菜害虫菜青虫、菜螟、黄条跳甲、银纹夜蛾、菜叶害虫、菜毛虫、盲蝽、小叶蝉、柑橘潜叶蛾，锈壁虱等几十种害虫有优异的防治效果，其次对钉螺及卵有特效。

【使用方法】

1. 防治水稻二化螟：在 1、2 龄高峰期，每 666.7 平方米用 80% 杀虫单可溶性粉剂 40～60 克，兑水 40～50 千克喷雾。

2. 防治水稻三化螟：在卵孵高峰期，每 666.7 平方米用 80% 杀虫单可溶性粉剂 40～60 克，兑水 40～50 千克喷雾。

3. 防治水稻稻纵卷叶螟、稻苞虫、稻蓟马等：在幼虫 2～3 龄期，每 666.7 平方米用 80% 杀虫单可溶性粉剂 40～60 克，兑水 40～50 千克喷雾。

4. 防治水稻稻飞虱、叶蝉，在若虫盛期：每 666.7 平方米用 80% 杀虫单可溶性粉剂 50～80 克，兑水 40～50 千克喷雾。隔 7～10 天再喷第 2 次。

5. 防治菜青虫、小菜蛾，在幼虫低龄期：每 666.7 平方米用 80% 杀虫单可溶性粉剂 45～50 克，兑水 50 千克喷雾。

6. 防治柑橘潜叶蛾：在夏、秋梢萌发后，用 80% 杀虫单可溶性粉剂 2000 倍液喷雾。

7. 防治葡萄钻心虫：在葡萄开花前，用 80% 杀虫单可溶性粉剂 2000 倍液喷雾。

8. 防治水生蔬菜螟虫：在幼虫低龄期，每 666.7 平方米用 80% 杀虫单可溶性粉剂 45～50 克，毒土法施药。

9. 防治茶小绿叶蝉：在幼虫期，每 666.7 平方米用 80% 杀虫单可溶性粉剂 45～50 克，兑水 50 千克喷雾。

10. 防治甘蔗条螟：在卵孵高峰期，每 666.7 平方米用 80% 杀虫单可溶性粉剂 45～50 克，兑水 50 千克喷雾，喷于茎叶，10 天后再用药 1 次；或用 90% 杀虫单可溶性粉剂 2.25～3 千克/公顷，拌土 375～450 千克穴施，效果更佳。可兼治大螟及蓟马。

11. 防治小地老虎：在幼虫期，每 666.7 平方米用 80% 杀虫单可溶性粉剂 45～50 克，兑水 50 千克喷雾；或用 80% 杀虫单可溶性粉剂 70～80 克加水 1 千克，拌 10 千克玉米种子拌种，2 小时后播种。

【中毒急救】

进入食道等引起中毒，中毒症状早期有头痛、头晕、乏力、恶心、呕吐、腹痛，继而四肢震颤、流涎、痉挛、呼吸困难、瞳孔放大，遇见这类症状应立即去医院治疗。中毒后用碱性液体彻底洗胃或冲洗皮肤。可用阿托品类药物，但注意防止过量。禁用胆碱酯酶复能剂。

【注意事项】

1. 本品不可与碱性或者强酸性物质混用。

2. 使用时注意远离河塘等水域施药，禁止在河塘等水域中清洗施药器具。

3. 本品对家蚕有毒，蚕室及桑园附近禁用。

5. 使用本品时应穿戴防护服和手套，避免吸入药液。施药期间不可吃东西和饮水。施药后，彻底清洗器械，并将包装袋深埋或焚毁，并立即用肥皂洗手和洗脸。使用本品时，应避免直接接触药液，配戴相应的防护用品。

6. 本品在推荐使用剂量下，水稻作物每个生长季节最多使用 3 次，安全间隔期为 15 天。

7. 本品对棉花、豆类、高粱、马铃薯会产生药害。对白菜、甘蓝等十字花科蔬菜幼苗在夏季高温下敏感，施药时应避免药液漂移到上述作物上，以防产生药害。柑橘上使用应严格掌握用药浓度，并尽量在傍晚时喷雾，以防产生药害。

8. 本品在防治水稻螟虫及稻飞虱、稻叶蝉等水稻基部害虫时，施药时应确保田间有 3 ~ 5 厘米水层 3 ~ 5 天，以提高防治效果。切忌干田用药，以免影响药效。

9. 本品在金橘、早橘和本地早等柑橘品种上的使用浓度不能过高，以稀释到 700 倍为宜，以免产生药害。

10. 孕妇和哺乳期妇女避免接触。

11. 用过的容器妥善处理，不可做他用，不可随意丢弃。

12. 本品放置于阴凉、干燥、通风、防雨处，远离火源，勿与食品、饲料、种子、日用品等同贮同运。

13. 本品宜置于儿童够不着的地方并上锁，不得重压、破损包装容器。

噻虫嗪

【作用特点】

噻虫嗪是一种全新结构的第二代烟碱类高效低毒杀虫剂，对害虫具有胃毒、触杀及内吸活性，用于叶面喷雾及土壤灌根处理。其施药后迅速被内吸，并传导到植株各部位，对刺吸式害虫如蚜虫、飞虱、叶蝉、粉虱等有良好的防效。

其作用机理与吡虫啉相似，可选择性抑制昆虫中枢神经系统烟酸乙酰胆碱酯酶受体，进而阻断昆虫中枢神经系统的正常传导，造成害虫出现麻痹机时死亡。它不仅具有触杀、胃毒、内吸活性，而且具有更高的活性、更好的安全性、更广的杀虫谱及作用速度快、持效期长等特点，是取代那些对哺乳动物毒性高、有残留和环境问题的有机磷、氨基甲酸酯、有机氯类杀虫剂的较好品种。对鞘翅目、双翅目、鳞翅目，尤其是同翅目害虫有高活性，可有效防治各种蚜虫、叶蝉、飞虱类、粉虱、金龟子幼虫、马铃薯甲虫、线虫、地面甲虫、潜叶蛾等害虫及结多种类型化学农药产生抗性的害虫。与吡虫啉、啶虫脒、烯啶虫胺无交互抗性；既可用于茎叶处理、种子处理、也可用于土壤处理。适宜作物为稻类作物、甜菜、油菜、马铃薯、棉花、菜豆、果树、花生、向日葵、大豆、烟草和柑橘等。在推荐剂量下使用对作物安全、无药害。

【毒性与环境生物安全性评价】

对高等动物毒性低毒。

原药雄大鼠急性经口 LD_{50} 为 1563 毫克/千克；

原药雌大鼠急性经口 LD_{50} 为 1563 毫克/千克。

原药雄大鼠急性经皮 LD_{50} 大于 2000 毫克/千克；

原药雌大鼠急性经皮 LD_{50} 大于 2000 毫克/千克。

原药雄大鼠急性吸入 LD_{50} 为 3720 毫克/升；

原药雌大鼠急性吸入 LD_{50} 为 3720 毫克/升。

对兔眼睛无刺激性；

对兔皮肤无刺激性。

制剂雄大鼠急性经口 LD_{50} 大于 5000 毫克/千克;

制剂雌大鼠急性经口 LD_{50} 大于 5000 毫克/千克。

制剂雄大鼠急性经皮 LD_{50} 大于 5000 毫克/千克;

制剂雌大鼠急性经皮 LD_{50} 大于 5000 毫克/千克。

制剂雄大鼠急性吸入 LD_{50} 为 5290 毫克/升;

制剂雌大鼠急性吸入 LD_{50} 为 5290 毫克/升。

对兔眼睛无刺激性;

对兔皮肤无刺激性。

对蜜蜂高毒。

对家蚕高毒。

人每日允许摄入量为 0.02 毫克/千克体重。

【防治对象】

有效防治同翅目、鳞翅目、鞘翅目、缨翅目害虫。其中对同翅目特效,如各种蚜虫、叶蝉、粉虱、飞虱等。对马铃薯马铃薯桃蚜、马铃薯长管蚜、马铃薯叶甲,水稻稻象甲、飞虱、南美玉米苗斑螟,棉花棉蚜、烟蓟马、粉虱、牧草盲蝽、灰蒙象属,玉米线虫、缢管蚜、麦杆蝇、黑异蔗金龟,谷物禾谷缢管蚜、线虫,甜菜桃蚜、豆卫矛蚜、凹胫跳甲属、甜菜泉蝇,高粱、玉米缢管蚜、线虫、麦叉蚜、油菜甘蓝蚜、豆类豆卫矛蚜、甘薯粉虱、向日葵桃蚜、豆卫矛蚜、棉蚜、花生花生蓟马属等害虫有良好防效。

【使用方法】

1. 防治水稻蓟马:每 100 千克种子用 30% 噻虫嗪种子处理悬浮剂 35 ~ 105 克浸种后种子包衣,或每 100 千克种子用 30% 噻虫嗪种子处理悬浮剂 35 ~ 140 克包衣后浸种。

2. 防治玉米蚜虫:每 100 千克种子用 30% 噻虫嗪种子处理悬浮剂 70 ~ 210 克拌种。

3. 防治向日葵蚜虫:每 100 千克种子用 30% 噻虫嗪种子处理悬浮剂 140 ~ 350 克种子包衣。

4. 防治稻飞虱:每 666.7 平方米用 25% 噻虫嗪水分散粒剂 15 ~ 20 克,兑水 30 ~ 40 千克,在若虫发生初盛期进行喷雾,直接喷在叶面上,可迅速传导到水稻全株。安全间隔期 28 天,每季作物最多使用 2 次。

5. 防治苹果蚜虫:用 25% 噻虫嗪水分散粒剂 5000 ~ 10000 倍液喷雾。

6. 防治瓜类白粉虱:用 25% 噻虫嗪水分散粒剂 2500 ~ 5000 倍液喷雾。安全间隔期 7 天,每季作物最多使用 2 次。

7. 防治棉花蓟马:每 666.7 平方米用 25% 噻虫嗪水分散粒剂 13 ~ 26 克,兑水 45 ~ 60 千克喷雾。安全间隔期 28 天,每季作物最多使用 2 次。

8. 防治梨木虱:用 25% 噻虫嗪水分散粒剂 10000 倍液喷雾。

9. 防治柑橘潜叶蛾:用 25% 噻虫嗪水分散粒剂 3000 ~ 4000 倍液喷雾。

10. 防治烟草蚜虫:用 25% 噻虫嗪水分散粒剂 4000 ~ 8000 倍液喷雾。

11. 防治西瓜蚜虫:用 25% 噻虫嗪水分散粒剂 5000 ~ 10000 倍液喷雾。安全间隔期 7 天,每季作物最多使用 2 次。

12. 防治防治棉花白粉虱、蚜虫:每 666.7 平方米用 25% 噻虫嗪水分散粒剂 10 ~ 20 克,兑水 45 ~ 60 千克喷雾。安全间隔期 28 天,每季作物最多使用 2 次。

【中毒急救】

不慎溅入眼睛:用大量清水冲洗至少 15 分钟。皮肤接触:立即脱掉污染的衣服,用肥皂水或者大量清水冲洗皮肤。误吸：将病人转移到空气清新处，如呼吸停止，应立即进行人工呼吸，如呼吸困难，应输氧。注意给病人保暖。误食：立即用大量清水漱口，误服应立即催吐、洗胃、导泻。对于昏迷病人不能这样做，应立即送医院治疗。没有特效的解毒药，绝不可乱服药物。

【注意事项】

1. 本品不可与碱性或者强酸性物质混用。

2. 使用时注意远离河塘等水域施药，禁止在河塘等水域中清洗施药器具。

3. 本品对蜜蜂有毒，养蜂场附近、蜜源作物花期禁用。

4. 本品对家蚕有毒，蚕室及桑园附近禁用。

5. 使用本品时应穿戴防护服和手套，避免吸入药液。施药期间不可吃东西和饮水。施药后，彻底清洗器械，并将包装袋深埋或焚毁，并立即用肥皂洗手和洗脸。使用本品时，应避免直接接触药液，配戴相应的防护用品。

6. 孕妇和哺乳期妇女避免接触。

7. 用过的容器妥善处理，不可做他用，不可随意丢弃。

8. 本品放置于阴凉、干燥、通风、防雨处，远离火源，勿与食品、饲料、种子、日用品等同贮同运。

9. 本品宜置于儿童够不着的地方并上锁，不得重压、破损包装容器。

噻虫啉

【作用特点】

噻虫啉，是一种防治天牛、美国白蛾等林业虫害的新药，是新型氯代烟碱类杀虫剂。它作用于害虫烟酸乙酰胆碱受体，具有较强的内吸、触杀和胃毒作用，是防治刺吸式和咀嚼式口器害虫的高效药剂之一。可广泛用于防治多种林业害虫，特别是对一般药剂难以见效的松褐天牛有很好的防治效果，可有效切断松材线虫的主要传播媒介，抑制松材线虫病的发生。

它主要作用于昆虫神经接头后膜，通过与烟碱乙酰胆碱受体结合，干扰昆虫神经系统正常传导，引起神经通道的阻塞，造成乙酰胆碱的大量积累，从而使昆虫异常兴奋，全身痉挛、麻痹而死。

噻虫啉对外部影响很小，具有以下优点：

1. 对人畜安全。噻虫啉对松褐天牛有很高的杀虫活性，但其毒性极低，对人畜具有很高的安全性，而且药剂没有臭味或刺激性，对施药操作人员和施药区居民安全。

2. 对环境安全。由于其有效成分的蒸气压低，噻虫啉不会污染空气。由于半衰期短，噻虫啉残质进入土壤和河流后也可快速分解，对环境造成的影响很小。

3. 对水生生物安全。噻虫啉对鱼类和其他水生生物的毒性也很低，通常情况下对水生生物基本上没有影响。

4. 对有益昆虫安全。噻虫啉对有益昆虫的影响非常小，特别是对蜜蜂很安全，在树木和作物花期也可以使用。

5. 另外，噻虫啉作用于烟酸乙酰胆碱受体，与常规杀虫剂如拟除虫菊酯类、有机磷类和氨基甲酸酯类没有交互抗性，因而可用于抗性治理。

【毒性与环境生物安全性评价】

对高等动物毒性低毒。

雄大鼠急性经口 LD_{50} 为 836 毫克/千克；

雌大鼠急性经口 LD_{50} 为 444 毫克/千克。

雄大鼠急性吸入 LD_{50} 为 2535 毫克/立方米，

雌大鼠急性吸入 LD_{50} 为 1223 毫克/立方米。

对兔眼睛和皮肤无刺激性。

对豚鼠皮肤无致敏性。

对大鼠试验无致癌作用和致突变作用。

对鸟类毒性低毒。

鹌鹑急性经口 LD_{50} 为 271 毫克/千克。

对鱼类毒性低毒。

虹鳟鱼 96 小时 LC_{50} 为 30.5 毫克/升。

对水生生物毒性低毒。

对蜜蜂毒性低毒。

对环境安全。由于其有效成分的蒸气压低，噻虫啉不会污染空气。由于半衰期短，噻虫啉残质进入土壤和河流后也可快速分解，对环境造成的影响很小。

【防治对象】

主要用于水稻、十字花科蔬菜、果树、森林及其他作物上，防治蚜虫、叶蝉、蓟马、天牛、飞虱等半翅目、鞘翅目、双翅目和某些鳞翅目类害虫。

【使用方法】

1. 防治十字花科蔬菜蚜虫：每 666.7 平方米用 50% 噻虫啉水分散粒剂 6 ~ 12 克或 40% 噻虫啉悬浮剂 8 ~ 15 克，兑水 50 千克喷雾。

2. 防治水稻稻飞虱：每 666.7 平方米用 50% 噻虫啉水分散粒剂 10 ~ 15 克或 40% 噻虫啉悬浮剂 15 ~ 20 克，兑水 50 千克喷雾。

3. 防治柳树、松树及林木天牛：用 70% 噻虫啉水分散粒剂 1000 ~ 2000 倍液喷雾。

【中毒急救】

不慎溅入眼睛：用大量清水冲洗至少 15 分钟。皮肤接触：立即脱掉污染的衣服，用肥皂水或者大量清水冲洗皮肤。误吸：将病人转移到空气清新处，如呼吸停止，应立即进行人工呼吸，如呼吸困难，应输氧。注意给病人保暖。误食：立即用大量清水漱口。误服：应立即催吐、洗胃、导泻，洗胃可用清水或 1:2000 高锰酸钾溶液。对于昏迷病人不能这样做，应立即送医院治疗。没有特效的解毒药，绝不可乱服药物。

【注意事项】

1. 本品不可与碱性或者强酸性物质混用。

2. 使用时注意远离河塘等水域施药，禁止在河塘等水域中清洗施药器具。

3. 本品大剂量对蜜蜂有风险，养蜂场附近、蜜源作物花期禁用。

4. 本品大剂量对家蚕有风险，蚕室及桑园附近禁用。

5. 使用本品时应穿戴防护服和手套，避免吸入药液。施药期间不可吃东西和饮水。施药后，彻底清洗器械，并将包装袋深埋或焚毁，并立即用肥皂洗手和洗脸。使用本品时，应避免直接接触药液，配戴相应的防护用品。

6. 本品在推荐使用剂量下，本品在甘蓝上使用的安全间隔期的 7 天，每季作物最多使用 3 次；在水稻上使用的安全间隔期为 28 天，每季作物最多使用 2 次。

7. 孕妇及哺乳期的妇女禁止接触。

8. 用过的容器妥善处理，不可做他用，不可随意丢弃。

9. 本品放置于阴凉、干燥、通风、防雨处，远离火源，勿与食品、饲料、种子、日用品等同贮同运。

10. 本品宜置于儿童够不着的地方并上锁，不得重压、破损包装容器。

噻嗪酮

【作用特点】

噻嗪酮是一种杂环类昆虫几丁质合成抑制剂，破坏昆虫的新生表皮形成，干扰昆虫的正常生长发育，引起害虫死亡。具触杀、胃毒作用强，具渗透性。不杀成虫，但可减少产卵并阻碍卵孵化。

噻嗪酮是一种抑制昆虫生长发育的选择性杀虫剂，以触杀作用为主，兼具胃毒作用。药效发挥较慢，一般用药后 3～5 天才呈现效果，作用机制为抑制昆虫体内几丁质的合成和干扰新陈代谢，致使若虫蜕皮畸形或翅畸形而缓慢死亡。对鞘翅目、部分同翅目以及蜱螨目具有持效性，可有效地防治水稻上的大叶蝉科、飞虱科马铃薯上的大叶蝉科，柑橘、棉花和蔬菜上的粉虱科，柑橘上的蚧科、盾蚧料和粉蚧科。该药对成虫没有直接的杀伤力，但可缩短其寿命，减少产卵量，且所产的卵多为不育卵，即使孵化的幼虫也很快死亡。与常规农药无交互抗性。该药对天敌较安全。药效持效期长达 30 天以上。

【毒性与环境生物安全性评价】

对高等动物毒性低毒。

雄大鼠急性经口 LD_{50} 为 2355 毫克/千克；

雌大鼠急性经口 LD_{50} 为 2198 毫克/千克。

大鼠急性经皮 LD_{50} 大于 5000 毫克/千克；

大鼠急性吸入 LD_{50} 为 4.57 毫克/升。

对兔眼睛和皮肤有极度轻微刺激性。

对大鼠试验无致癌作用和致突变作用。

对鸟类毒性低毒。

对鱼类毒性低毒。

虹鳟鱼 48 小时 LC_{50} 大于 1.4 毫克/升；

鲤鱼 48 小时 LC_{50} 为 2.7 毫克/升。

对蜜蜂安全。

在 2000 毫克/升条件下，对蜜蜂无直接影响。

对多种食肉昆虫无影响。

在水土中保持活性 20～30 天。

【防治对象】

可有效地防治水稻上的大叶蝉科、飞虱科，马铃薯上的大叶蝉科，柑橘、棉花和蔬菜上的粉虱科，柑橘上的蚧科、盾蚧料和粉蚧科。主要用在水稻、果树、茶树、蔬菜等作物上，对同翅目的飞虱、叶蝉、粉虱及介壳虫类害虫有特效。

【使用方法】

1. 防治水稻稻飞虱、叶蝉类等害虫：每 666.7 平方米用 25% 噻嗪酮可湿性粉剂 20～30 克，兑水 50～75 千克喷雾。

2. 防治果树柑橘矢尖蚧、黑刺粉虱等害虫：用 25% 噻嗪酮可湿性粉剂 1500～2000 倍液喷雾。

3. 防治茶树茶小绿叶蝉：用 25% 噻嗪酮可湿性粉剂 750～1500 倍液喷雾。

4. 防治蔬菜害白粉虱等：用 25% 噻嗪酮可湿性粉剂 1500～2000 倍液喷雾。

【中毒急救】

对人、畜毒性较低，无全身中毒反应。不慎溅入眼睛：用大量清水冲洗至少 15 分钟。皮肤接触：立即脱掉污染的衣服，用肥皂水或者大量清水冲洗皮肤。误吸：将病人转移到空气清新处，如呼吸停止，应立即进行人工呼吸，如呼吸困难，应输氧。注意给病人保暖。误食：立即用大量清水漱口，误服应立即催吐、洗胃、导泻。对于昏迷病人不能这样做，应立即送医院治疗。没有特效的解毒药，绝不可乱服药物。

【注意事项】

1. 本品不可与碱性或者强酸性物质混用。

2. 使用时注意远离河塘等水域施药，禁止在河塘等水域中清洗施药器具。

3. 本品大剂量对家蚕有风险，蚕室及桑园附近禁用。

4. 本品不宜在茶叶上使用。

5. 本品药液不宜直接接触白菜、萝卜，否则将出现褐斑及绿叶白化等药害。

6. 本品不可用毒土法使用，应对水稀释后搅拌均匀喷洒。

7. 使用本品时应穿戴防护服和手套，避免吸入药液。施药期间不可吃东西和饮水。施药后，彻底清洗器械，并将包装袋深埋或焚毁，并立即用肥皂洗手和洗脸。使用本品时，应避免直接接触药液，配戴相应的防护用品。

8. 孕妇及哺乳期的妇女禁止接触。

9. 用过的容器妥善处理，不可做他用，不可随意丢弃。

10. 本品放置于阴凉、干燥、通风、防雨处，远离火源，勿与食品、饲料、种子、日用品等同贮同运。

11. 本品宜置于儿童够不着的地方并上锁，不得重压、破损包装容器。

苏云金杆菌

【作用特点】

苏云金杆菌简称 Bt，是包括许多变种的一类产晶体芽孢杆菌，可用于防治直翅目、鞘翅目、双翅目、膜翅目，特别是鳞翅目的多种害虫。

苏云金芽孢杆菌 WY-197 在 LB 液体培养基中生长良好，可正常产生芽孢和伴孢晶体，平均生长周期为 24 小时。其中 1~8 小时为潜伏期，pH 基本不变；8~12 小时为对数生长期，pH 迅速下降、到对数末期又迅速回升；12~18 小时为孢子囊发育期，pH 缓慢上升；18~24 小时为芽孢形成期，随着芽孢和晶体逐渐脱落，pH 上升至最高，但在伴孢晶体完全脱落后，pH 略有下降。

苏云金杆菌是一种微生物源低毒杀虫剂，以胃毒作用为主。该菌可产生两大类毒素，即内毒素(伴孢晶体)和外毒素。内毒素可使害虫停止取食，最后害虫因饥饿和中毒而死亡。而外毒素作用缓慢，在蜕皮和变态时作用明显，这两个时期是 RNA 合成的高峰期，外毒素能抑制依赖于 DNA 的 RNA 聚合酶。该药作用缓慢，害虫取食后 2 天左右才能见效，持效期约 1 天，因此使用时应比常规化学药剂提前 2~3 天，且在害虫低龄期使用效果较好。当害虫蚕食了伴孢晶体和芽孢之后，在害虫的肠内碱性环境中，伴孢晶体溶解，释放出对鳞翅目幼虫有较强毒杀作用的毒素。这种毒素使幼虫的中肠麻痹，Na、K 泵失去作用，呈现中毒症状，食欲减退、对接触刺激反应失灵、厌食、呕吐、腹泻、行动迟缓、身体萎缩或卷曲。一般对作物不再造成危害，经一段发病过程，害虫肠壁破损，毒素进入血液，引起败血症，同时芽孢或芽孢被吞食后在消化道内迅速繁殖，加速了害虫的死亡。死亡幼虫身体瘫软，呈黑色。所以，害虫只有把 Bt 细菌吃到肚子里，再经过一个发病过程，才能死掉，大约 48 小时方能达到杀灭害虫的目的，不像化学农药作用那么快，但染病后的害虫，上吐下泻，不吃不动，不再危害作物。β-外毒素为 RNA 聚合酶为竞争性抑制剂，当昆虫幼虫吞食菌体后，菌体内的 β-外毒素抑制 RNA 聚合酶，使合成幼虫发育的激素受到抑制，幼虫不能正常化蛹或发育畸形。

苏云金杆菌是目前产量最大、使用最广的生物杀虫剂。它的主要活性成分是一种或数种杀虫晶体蛋白，又称 δ-内毒素，对鳞翅目、鞘翅目、双翅目、膜翅目、同翅目等昆虫，以及动植物线虫、蜱螨等节肢动物都有特异性的毒杀活性，而对非目标生物安全。因此，苏云金杆菌杀虫剂具有专一、高效和对人畜安全等优点。目前苏云金杆菌商品制剂已达 100 多种，是世界上应用最为广泛、用量最大、效果最好的微生物杀虫剂，因而备受人们关注。但是，苏云金杆菌制剂在生产防治中也显示出某些局限性，如速效性差、对高龄幼虫不敏感、田间持效期短以及重组工程菌株遗传性状不稳定等，都已成为影响苏云金杆菌进一步成功推广使用的制约因素。因此，为了提高苏云金杆菌制剂的杀虫效果，对其增效途径的研究已成为世界性的研究热点，主要包括：筛选增效菌株，利用化学添加剂、植物它感素、几丁质酶作为增效物质，昆虫病原微生物间的互作增效等。

有机蔬菜生产过程中可以使用生物防治技术对病虫草进行防治。金杆菌制剂可有效防治有机蔬菜病虫害。其体内含有杀虫的晶体毒素，对人、畜、植物和天敌无害，不污染环境，不易使害虫产生抗药性，以至成为国内外研究、生产和应用得最多的一种微生物杀虫剂，也是有机生产中防治害虫的重要手段。苏云金杆菌制剂主要对部分鳞翅目害虫幼虫有较好的防治效果，可用来防治菜青虫、稻苞虫，尺蠖、松毛虫、烟青虫、菜粉蝶、玉米螟、棉铃虫、稻纵卷叶螟、蓑蛾、地老虎等。其杀虫原理是，苏云金芽孢杆菌经害虫食入后，寄生于寄主的中肠内，在肠内合适的碱性环境中生长繁殖，晶体毒素经过虫体肠道内蛋白酶水解，形成有毒效的较小亚单位，它们作用于虫体的中肠上皮细胞，引起肠道麻痹、穿孔、虫体瘫痪、停止进食。随后苏云金芽孢杆菌进入血腔繁殖，引起败血症，导致虫体死亡。它有以下 6 大特点：

第一，对人畜无毒，使用安全。Bt 细菌的蛋白质毒素在人和家畜、家禽的胃肠中不起作用。

第二，选择性强，不伤害天敌。Bt 细菌只特异性地感染一定种类的昆虫，对天敌起到保护作用。

第三，不污染环境，不影响土壤微生物的活动，是一种干净的农药。

第四，连续使用，会形成害虫的疫病流行区，造成害虫病原苗的广泛传播，达到自然控制虫口密度的目的。

第五，没有残毒，生产的产品可安全食用，同时，也不改变蔬菜和果实的色泽和风味。

第六，不易产生抗药性，这只是相对而言。人类与有害昆虫的斗争，是极其艰苦和复杂的，最近已经发现了抗药性的报道，但不像化学农药产生得那么快。

【毒性与环境生物安全性评价】

对高等动物毒性低毒。

大鼠急性经口 LD_{50} 大于 4640 毫克/千克；

大鼠急性经皮 LD_{50} 大于 2150 毫克/千克。

小白鼠急性经口 LD_{50} 为 852.7 毫克/千克。

对鼠和家兔皮肤无刺激作用，对眼睛无刺激作用。

对鱼类毒性低毒。

对家禽类毒性低毒。

对蜜蜂毒性低毒。但有一定风险。

蜜蜂 LD_{50} 大于 0.1 毫克/头。

对家蚕毒性大。

有高风险。

【防治对象】

苏云金杆菌适用作物非常广泛，广泛应用于十字花科蔬菜、茄果类蔬菜、瓜类蔬菜、烟草、水稻、米、高粱、大豆、花生、甘薯、棉花、茶树、苹果、梨、桃、枣、柑橘、棘等多种植物；主要用于防治鳞翅目害虫，如菜青虫、小菜蛾、甜蛾、斜纹夜蛾、甘蓝夜蛾、烟青虫、玉米螟、稻纵卷叶螟、二化螟等。对某些地下害虫也有较好防效。

【使用方法】

苏云金杆菌制剂可用于喷雾、喷粉、灌心、制成颗粒剂或毒饵等，也可进行大面积飞机喷洒，也可与低剂量的化学杀虫剂混用以提高防治效果。草坪害虫的防治：用100亿孢子/克的菌粉750克/公顷对水稀释2000倍喷洒，或用乳剂1500～3000克/公顷与50～75千克的细沙充分拌匀，制成颗粒剂撒入草坪草根部，防治危害根部的害虫。也可将苏云金杆菌致死的发黑变烂的虫体收集起来，用纱布袋包好，在水中揉搓，每50克虫尸洗液加水50～100千克喷雾。

我们仅对常用防治技术进行介绍。

1. 防治棉花棉铃虫、红铃虫、造桥虫等：每666.7平方米用8000IU/毫克苏云金杆菌可湿性粉剂200～300克或16000IU/毫克苏云金杆菌水分散粒剂100～150克，兑水50～100千克喷雾。

2. 防治十字花科蔬菜菜青虫：每666.7平方米用8000IU/毫克苏云金杆菌可湿性粉剂50～100克或16000IU/毫克苏云金杆菌水分散粒剂25～50克，兑水50千克喷雾。

3. 防治十字花科蔬菜小菜蛾：每666.7平方米用8000IU/毫克苏云金杆菌可湿性粉剂100～150克或16000IU/毫克苏云金杆菌水分散粒剂50～75克，兑水50千克喷雾。

4. 防治大豆天蛾：每666.7平方米用8000IU/毫克苏云金杆菌可湿性粉剂100～150克或16000IU/毫克苏云金杆菌水分散粒剂50～75克，兑水50千克喷雾。

5. 防治甘薯天蛾：每666.7平方米用8000IU/毫克苏云金杆菌可湿性粉剂100～150克或16000IU/毫克苏云金杆菌水分散粒剂50～75克，兑水50千克喷雾。

6. 防治水稻稻纵卷叶螟、稻苞虫：每666.7平方米用8000IU/毫克苏云金杆菌可湿性粉剂200～300克或16000IU/毫克苏云金杆菌水分散粒剂100～150克，兑水40～50千克喷雾。

7. 防治玉米上的玉米螟：每666.7平方米用8000IU/毫克苏云金杆菌可湿性粉剂100～200克，加细沙20～30千克拌匀灌心。

8. 防治高粱上的玉米螟：每666.7平方米用8000IU/毫克苏云金杆菌可湿性粉剂100～200克，加细沙20～30千克拌匀灌心。

9. 防治茶树茶毛虫：用8000IU/毫克苏云金杆菌可湿性粉剂400～800倍液或16000IU/毫克苏云金杆菌水分散粒剂800～1600倍液喷雾。

10. 防治柑橘树上的尺蠖、食心虫、凤蝶、巢蛾、天幕毛虫等：用8000IU/毫克苏云金杆菌可湿性粉剂600～800倍液或16000IU/毫克苏云金杆菌水分散粒剂1200～1600倍液喷雾。

11. 防治苹果树上的尺蠖、食心虫、凤蝶、巢蛾、天幕毛虫等：用8000IU/毫克苏云金杆菌可湿性粉剂600～800倍液或16000IU/毫克苏云金杆菌水分散粒剂1200～1600倍液喷雾。

12. 防治桃树上的尺蠖、食心虫、凤蝶、巢蛾、天幕毛虫等：用8000IU/毫克苏云金杆菌可湿性粉剂600～800倍液或16000IU/毫克苏云金杆菌水分散粒剂1200～1600倍液喷雾。

13. 防治枣树上的尺蠖、食心虫、凤蝶、巢蛾、天幕毛虫等：用8000IU/毫克苏云金杆菌可湿性粉剂600～800倍液或16000IU/毫克苏云金杆菌水分散粒剂1200～1600倍液喷雾。

14. 防治森林松毛虫、尺蠖、柳毒蛾等：用 8000IU/毫克苏云金杆菌可湿性粉剂 600~800 倍液或 16000IU/毫克苏云金杆菌水分散粒剂 1200~1600 倍液喷雾。

15. 防治烟草烟青虫：每 666.7 平方米用 8000IU/毫克苏云金杆菌可湿性粉剂 100~200 克或 16000IU/毫克苏云金杆菌水分散粒剂 50~100 克，兑水 50 千克喷雾。

【中毒急救】

中毒症状：吞服了制剂可能引起胃肠炎。含高岭土和果胶可使肠炎症状得到缓和。溅到皮肤或眼内立即用清水冲洗 15 分钟后就医。吸入：应将病人移到通风处，就医。误服：立即催吐，并送医院对症治疗。

【注意事项】

1. 本品不能与内吸性有机磷杀虫剂或杀菌剂混合使用，如乐果、甲基内吸磷、稻丰散、伏杀硫磷、杀虫畏等农药及碱性农药等物质混合使用。

2. 本品对家蚕有毒，对蜜蜂有风险，施药期间应避免对周围蜂群的影响，蜜源作物花期、蚕室和桑园附近禁用。

3. 本品对水生生物有毒，远离水产养殖区施药，禁止在河塘等水体中清洗施药器具。

4. 使用本品时应穿戴防护服和手套，避免吸入药液。施药期间不可吃东西和饮水。施药后，彻底清洗器械，并将包装袋深埋或焚毁，并立即用肥皂洗手和洗脸。使用本品时，应避免直接接触药液，配戴相应的防护用品。

5. 孕妇和哺乳期妇女避免接触。

6. 建议与其他作用机制不同的杀虫剂轮换使用，以延缓抗性产生。

7. 用过的容器妥善处理，不可做他用，不可随意丢弃。

8. 本品放置于阴凉、干燥、通风、防雨处，远离火源，勿与食品、饲料、种子、日用品等同贮同运。

9. 本品宜置于儿童够不着的地方并上锁，不得重压、破损包装容器。

三唑磷

【作用特点】

三唑磷是一种高效、广谱有机磷杀虫剂、杀螨剂、杀线虫剂，具有强烈的触杀和胃毒作用，杀虫效果好，杀卵作用明显，渗透性较强，无内吸作用。它主要用于防治果树，棉花，粮食类作物上的鳞翅目害虫、害螨、蝇类幼虫及地下害虫等；对植物线虫和松毛虫也有一定的防效。

【毒性与环境生物安全性评价】

对高等动物毒性中等毒。

大鼠急性经口 LD_{50} 为 82 毫克/千克；

大鼠急性经皮 LD_{50} 为 1100 毫克/千克。

狗急性经口 LD_{50} 为 320 毫克/千克。

兔每天在 25 毫克/千克剂量中暴露 5 天未出现皮肤中毒。

用 100 毫克/千克三唑磷饲喂狗 3 个月，仅对狗的胆碱酯酶的活性有些抑制作用。

对大鼠的 2 年饲养试验，无作用剂量为 1 毫克/千克。

对鸟类毒性低毒。

日本鹌鹑急性经口 LD_{50} 为 4.2~27.1 毫克/千克；

日本鹌鹑 8 天膳食 LC_{50} 为 325 毫克/千克。

对鱼类毒性大。

虹鳟鱼 21 天 LC_{50} 为 0.01 毫克/升；

金雅罗鱼 96 小时 LC_{50} 为 11 毫克/升。

鲤鱼 96 小时 LC_{50} 为 5.6 毫克/升。

对蜜蜂有毒。

对家蚕毒性大。

【防治对象】

主要用于防治水稻、果树、棉花、玉米、蔬菜、粮食类作物上的鳞翅目害虫、害螨、蝇类幼虫及地下害虫等。对二化螟、三化螟、稻螟蛉、稻蓟马、稻瘿蚊、稻纵卷叶螟、棉铃虫、红铃虫、蚜虫、松毛虫、菜青虫等较好防效。

【使用方法】

1. 防治水稻二化螟、三化螟、稻螟蛉等害虫：每 666.7 平方米用 20% 三唑磷乳油 75 ~ 150 毫升，兑水 50 千克喷雾。

2. 防治水稻稻水象甲：每 666.7 平方米用 20% 三唑磷乳油 100 毫升，兑水 50 千克喷雾。

3. 防治水稻稻瘿蚊：每 666.7 平方米用 20% 三唑磷乳油 250 毫升，兑水 30 ~ 50 千克喷雾。

4. 防治水稻稻纵卷叶螟、蓟马、叶蝉等害虫：每 666.7 平方米用 20% 三唑磷乳油 100 毫升，兑水 50 千克喷雾。

5. 防治棉花棉蚜、红蜘蛛、卷叶虫、棉造桥虫等害虫：每 666.7 平方米用 20% 三唑磷乳油 80 ~ 100 毫升，兑水 50 ~ 75 千克喷雾。

6. 防治棉花棉铃虫、红铃虫：每 666.7 平方米用 20% 三唑磷乳油 125 ~ 150 毫升，兑水 50 ~ 90 千克喷雾。

7. 防治棉花地老虎等地下害虫：每 666.7 平方米用 20% 三唑磷乳油 150 毫升兑水 3 升，均匀喷雾拌入 10 ~ 20 千克较干的细土中，拌匀后于棉花播种时进行撒施。

8. 防治小麦蚜虫、黏虫、麦蜘蛛等害虫：每 666.7 平方米用 20% 三唑磷乳油 80 ~ 100 毫升，兑水 50 ~ 60 千克喷雾。

9. 防治玉米害虫玉米螟：每 666.7 平方米用 20% 三唑磷乳油 75 ~ 100 毫升，兑水 50 ~ 60 千克喷雾。或拌毒土撒入心叶中。

10. 防治蔬菜蚜虫、蓟马等：每 666.7 平方米用 20% 三唑磷乳油 30 ~ 60 毫升，兑水 50 ~ 60 千克喷雾。应连续防治 2 次，间隔期 7 天。温度较高时用药量小一些，温度较低时用药量大一些。

11. 防治蔬菜金针虫、地老虎等：每 666.7 平方米用 20% 三唑磷乳油 300 ~ 350 毫升兑水 8 千克，均匀喷雾拌入 50 千克较干的细土，拌匀后均匀撒施入已作粗处理的菜田表面，再用耙耙平，应多耙几遍使毒土与上层土壤充分混合。

12. 防治果树蚜虫、卷叶蛾等：用 20% 三唑磷乳油 1000 ~ 1200 倍液喷雾。

13. 防治森林松毛虫、森林扁叶蜂：用 20% 三唑磷乳油 1000 ~ 1500 倍液喷雾。

【中毒急救】

轻度中毒症状为头痛、头昏、恶心、呕吐、多汗、无力、胸闷、视力模糊、食欲减退等。全血胆碱酯酶一般降到正常值的 70% 以下。

中度中毒症状除上述症状外，还出现轻度呼吸困难、肌肉震颤、瞳孔缩小、精神恍惚、行走不稳、大汗、流涎、腹痛、腹泻等。

重者还会出现昏迷、抽搐、呼吸困难、口吐白沫、大小便失禁、惊厥、呼吸麻痹。

急救治疗：

按中毒轻重而定，用阿托品 1～5 毫克皮下或静脉注射；

按中毒轻重而定，用解磷定 0.4～1.2 克静脉注射；

禁用吗啡、茶碱、吩噻嗪、利血平。

误服后，立即引吐、洗胃、导泻，注意在病人清醒时才能引吐。

【注意事项】

1. 标配不可与碱性或者强酸性物质混用。

2. 本品对鱼类风险大，使用时注意远离河塘等水域施药，禁止在河塘等水域中清洗施药器具。

3. 本品对家蚕有风险，蚕室及桑园附近禁用。

4. 本品对大田蜘蛛等害虫天敌杀伤力较大，注意施药方法、时间，以减少对天敌的影响。

5. 使用本品时应穿戴防护服和手套，避免吸入药液。施药期间不可吃东西和饮水。施药后，彻底清洗器械，并将包装袋深埋或焚毁，并立即用肥皂洗手和洗脸。使用本品时，应避免直接接触药液，配戴相应的防护用品。

6. 孕妇及哺乳期的妇女禁止接触。

7. 建议与其他作用机制的杀虫剂轮换使用，以延缓抗药性产生。

8. 用过的容器妥善处理，不可做他用，不可随意丢弃。

9. 本品放置于阴凉、干燥、通风、防雨处，远离火源，勿与食品、饲料、种子、日用品等同贮同运。

10. 本品宜置于儿童够不着的地方并上锁，不得重压、破损包装容器。

烯啶虫胺

【作用特点】

烯啶虫胺属于烟酰亚胺类，是继吡虫啉、啶虫咪之后开发的又一种新烟碱类杀虫剂，具有卓越的内吸性、渗透作用、杀虫谱广、安全无药害，是防治刺吸式口器害虫如白粉虱、蚜虫、梨木虱、叶蝉、蓟马的换代产品。与其他的新烟碱类杀虫剂相似，烯啶虫胺主要作用于昆虫神经系统，对害虫的突触受体具有神经阻断作用，在自发放电后扩大隔膜位差，并最后使突触隔膜刺激下降，结果导致神经的轴突触隔膜电位通道刺激消失，致使害虫麻痹死亡。

【毒性与环境生物安全性评价】

对高等动物毒性低毒。

原药雄大鼠急性经口 LD_{50} 大于 5000 毫克/千克；

原药雌大鼠急性经口 LD_{50} 大于 5000 毫克/千克。

原药雄大鼠急性经皮 LD_{50} 大于 2000 毫克/千克；

原药雌大鼠急性经皮 LD_{50} 大于 2000 毫克/千克。

对兔眼睛为轻微刺激性；

对兔皮肤无刺激性。

对大鼠 90 天亚慢性喂饲试验，最大无作用剂量为 5.6 毫克/千克·天。

豚鼠皮肤变态反应试验结果为弱致敏性。

各种试验表明，无致畸、致癌作用和致突变作用。

制剂大鼠急性经口 LD_{50} 大于 4640 毫克/千克；

制剂大鼠急性经皮 LD_{50} 大于 2150 毫克/千克。

对兔眼睛无刺激性；

对兔皮肤无刺激性。

豚鼠皮肤变态反应试验结果为弱致敏性。

人每日允许摄入量为 0.05 毫克/千克体重。

对鱼类毒性低毒。

斑马鱼 96 小时 LC_{50} 为 15.62 ~ 74.9 毫克/升。

对水生生物毒性高毒。

大型溞 48 小时 LC_{50} 为 0.28 ~ 0.57 毫克/升；

绿藻 96 小时 EC_{50} 为 7.43 ~ 14.34 毫克/升。

对蜜蜂毒性高毒。

蜜蜂 48 小时 LC_{50} 为 1.7 ~ 2.00 毫克/升。

对家蚕毒性高毒。

2 龄家蚕 LC_{50} 为 3.18 ~ 4.55 毫克/千克·桑叶。

对鸟类毒性中等毒。

鹌鹑急性经口 7 天 LD_{50} 为 241.5 ~ 268.5 毫克/千克。

对蚯蚓与土壤生物有一定毒性。

蚯蚓 14 天东北黑土 LC_{50} 为 1.45 ~ 1.75 毫克/千克；

太湖水稻土 LC_{50} 为 1.04 ~ 1.12 毫克/千克。

水溶性强。

在弱酸性至中性条件下难水解。

土壤吸附性弱。

在土壤中具有一定移动性。

对地表水与地下水具有一定的污染风险。

【防治对象】

主要用于防治水稻、柑橘、棉花及观赏植物的白粉虱、蚜虫、梨木虱、叶蝉、蓟马、稻飞虱等刺吸式口器害虫，有很好的防效。

【使用方法】

1. 防治蔬菜烟粉虱、白粉虱：用 10% 烯啶虫胺可溶性液剂 2000 ~ 3000 倍液均匀喷雾，温室内使用时，要将周围的墙壁及棚膜喷上药剂。

2. 防治蔬菜蓟马和蚜虫：用 10% 烯啶虫胺可溶性液剂 3000 ~ 4000 倍液均匀喷雾。

3. 防治水稻稻飞虱：用 10% 烯啶虫胺可溶性液剂 2000 倍 ~ 3000 倍液均匀喷雾。要重点喷水稻的中下部叶片。

4. 防治棉花蚜虫：每 666.7 平方米用 10% 烯啶虫胺可溶性液剂 15 克 ~ 20 克，兑水 45 ~ 60 千克，进行叶面喷雾。

5. 防治水稻白背飞虱：在有水环境下，于低龄若虫高峰期，每 666.7 平方米用 10% 烯啶虫胺可溶性液剂 40 ~ 60 克，兑水 50 公斤均匀喷雾，重点喷植株中下部。

6. 防治柑橘树蚜虫：在若虫始盛期，每 666.7 平方米用 10% 烯啶虫胺可溶性液剂 12 ~ 20 克，对水 50 ~ 60 公斤或配成 3000 ~ 5000 倍液均匀喷雾。

【中毒急救】

慎溅入眼睛：用大量清水冲洗至少 15 分钟。皮肤接触：立即脱掉污染的衣服，用肥皂水或者大量清水冲洗皮肤。误吸：将病人转移到空气清新处，如呼吸停止，应立即进行人工呼吸，如呼吸困难，应输氧。注意给病人保暖。误食：立即用大量清水漱口，误服应立即催吐、洗胃、导泻。洗胃可用清水或 1:2000 高锰酸钾溶液。如进行洗胃，应防止呕吐物进入呼吸道，考虑使用活性炭或泻药。对于昏迷病人不能这样做，应立即送医院治疗。没有特效的解毒药，绝不可乱服药物。

【注意事项】

1. 不本品可与碱性物质混用。

2. 本品对水生生物风险大，使用时注意远离河塘等水域施药，禁止在河塘等水域中清洗施药器具。

3. 本品对家蚕有毒，对蜜蜂有风险，施药期间应避免对周围蜂群的影响，蜜源作物花期、蚕室和桑园附近禁用。

4. 使用本品时应穿戴防护服和手套，避免吸入药液。施药期间不可吃东西和饮水。施药后，彻底清洗器械，并将包装袋深埋或焚毁，并立即用肥皂洗手和洗脸。使用本品时，应避免直接接触药液，配戴相应的防护用品。

5. 孕妇和哺乳期妇女避免接触。

6. 建议与其他作用机制不同的杀虫剂轮换使用，以延缓抗性产生。

7. 本品在棉花上的安全间隔期14天，每季作物最多使用次数3次。

8. 用过的容器妥善处理，不可做他用，不可随意丢弃。

9. 本品放置于阴凉、干燥、通风、防雨处，远离火源，勿与食品、饲料、种子、日用品等同贮同运。

10. 本品宜置于儿童够不着的地方并上锁，不得重压、破损包装容器。

血根碱

【作用特点】

血根碱为罂粟科植物博落回的提取物博落回生物总碱中的主要有效成分之一，是一种植物源农药，属苯并菲啶的衍生物。主要存在于白屈菜的全草、紫堇的块、根博落回的全草、血水草的地上部分。

试验结果表明，博落回对蝇蛆有杀灭作用，对兔痒螨有杀灭活性。结果表明，含原植物50%的博落回、百部、橘皮、白鲜皮、苦楝皮、苦参、打破碗碗花等7种植物甲醇粗提物的水悬液均可在4小时内杀灭兔痒螨成虫，其中博落回和百部可在2小时内杀痒螨，其活性不低于2毫克/升的阿维菌素水溶液。

化学农药对人及环境的危害促使农药行业向新型的环境友好型农药开发方向转变，植物源农药的开发就是方向之一。但是，植物源性产品，特别是植物提取物由于本身的特点所限，开发植物农药不是很成功。博落回总生物碱是植物提取物开发成为植物农药的少数成功产品之一。它属于绿色型植物农药的范畴。

【毒性与环境生物安全性评价】

对高等动物毒性低毒。

母药雄大鼠急性经口 LD_{50} 为2000毫克/千克；

母药雌大鼠急性经口 LD_{50} 为2330毫克/千克。

母药大鼠急性经皮 LD_{50} 大于2150毫克/千克；

母药大鼠急性吸入 LC_{50} 为2150毫克/立方米。

对兔眼睛为轻微刺激性；

对兔皮肤无刺激性。

豚鼠皮肤变态反应试验结果为无致敏性。

各种试验表明，无致畸、致癌作用和致突变作用。

制剂对鱼类毒性高毒。

斑马鱼 96 小时 LC_{50} 为 0.013 毫克/升。

对蜜蜂毒性低毒。

蜜蜂 48 小时喂饲药蜜胃毒法 LC_{50} 为 302 毫克/升。

对家蚕毒性低毒。

家蚕食下毒叶法 LC_{50} 大于 1000 毫克/千克·桑叶。

对鸟类毒性中等毒。

鹌鹑急性经口 7 天 LD_{50} 为 20 毫克/千克。

制剂对鸟类虽然为中等毒性，但因为用量小，使用浓度低，正常使用是对鸟类几乎无实际危害影响。

【防治对象】

经室内活性毒力测定表明，对十字花科蔬菜菜青虫、菜豆蚜虫、苹果黄蚜和二斑叶螨、梨树梨木虱有较高的活性。对十字花科蔬菜菜青虫、菜豆蚜虫、苹果黄蚜、二斑叶螨、梨树梨木虱等害虫有一定防效。

【使用方法】

1. 防治十字花科蔬菜菜青虫和菜豆蚜虫：在低龄幼虫期，每 666.7 平方米用 1% 血根碱可湿性粉剂 30~50 克，兑水 50 千克喷雾。

2. 防治苹果树蚜虫、二斑叶螨：在低龄若虫期，用 1% 血根碱可湿性粉剂 1500~2500 倍液均匀喷雾。

3. 防治梨树梨木虱：在低龄若虫期，用 1% 血根碱可湿性粉剂 1500~2500 倍液均匀喷雾。

该药的速效性一般：通常药后 3 天防效才明显有所上升，持效期 7 天左右，对作物安全。

【中毒急救】

慎溅入眼睛：用大量清水冲洗至少 15 分钟。皮肤接触：立即脱掉污染的衣服，用肥皂水或者大量清水冲洗皮肤。误吸：将病人转移到空气清新处，如呼吸停止，应立即进行人工呼吸，如呼吸困难，应输氧。注意给病人保暖。误食：立即用大量清水漱口，洗胃、导泻，但不可催吐。对于昏迷病人不能这样做，应立即送医院治疗。没有特效的解毒药，绝不可乱服药物。

【注意事项】

1. 本品不可与碱性物质混用。

2. 本品鱼类高毒，风险大，使用时注意远离河塘等水域施药。禁止在河塘等水域中清洗施药器具。

3. 使用本品时应穿戴防护服和手套，避免吸入药液。施药期间不可吃东西和饮水。施药后，彻底清洗器械，并将包装袋深埋或焚毁，并立即用肥皂洗手和洗脸。使用本品时，应避免直接接触药液，配戴相应的防护用品。

4. 孕妇和哺乳期妇女避免接触。

5. 建议与其他作用机制不同的杀虫剂轮换使用，以延缓抗性产生。

6. 用过的容器妥善处理，不可做他用，不可随意丢弃。

7. 本品放置于阴凉、干燥、通风、防雨处，远离火源，勿与食品、饲料、种子、日用品等同贮同运。

8. 本品宜置于儿童够不着的地方并上锁，不得重压、破损包装容器。

辛硫磷

【作用特点】

辛硫磷是杀虫谱广、击倒力强的有机磷杀虫剂。它以触杀和胃毒作用为主，无内吸作用，对鳞翅目幼虫很有效；有一定的杀卵作用；在田间因对光不稳定，很快分解，所以残留期短，残留危险小。但该药施入土中，残留期很长，适合于防治地下害虫，对鳞翅目大龄幼虫和地下害虫以及仓库和卫生害虫有较好效果。它可用于防治蛴螬、蝼蛄、金叶虫等地下害虫，棉蚜、棉铃虫、小麦蚜虫、菜青虫、蓟马、黏虫、稻苞虫、稻纵卷叶螟、叶蝉、飞虱、松毛虫、玉米螟等。

【毒性与环境生物安全性评价】

对高等动物毒性低毒。

雄大鼠急性经口 LD_{50} 为 2170 毫克/千克；

雌大鼠急性经口 LD_{50} 为 1976 毫克/千克。

大鼠急性经皮 LD_{50} 为 1000 毫克/千克。

狗急性经口 LD_{50} 为 250 毫克/千克；

猫急性经口 LD_{50} 为 500 毫克/千克；

兔急性经口 LD_{50} 为 250 ~ 375 毫克/千克。

对鱼类毒性高毒。

鲤鱼 50 小时 LC_{50} 为 0.1 ~ 1 毫克/升；

金鱼 50 小时 LC_{50} 为 1 ~ 10 毫克/升。

对蜜蜂有毒。

对七星瓢虫的卵、幼虫、成虫均有杀伤力。

【防治对象】

辛硫磷对仓库害虫，蚊、蝇等卫生害虫有特效，对土壤害虫有较长持效，叶面施用持效期短，无残留。乳油对水喷雾，可用于棉花、谷物、果树、蔬菜、大豆、茶、桑、烟、林木等作物，防治蚜虫、蓟马、叶蝉、飞虱、粉虱、介壳虫、叶螨及多种鳞翅目幼虫，对大龄鳞翅目幼虫也有效。为避免有效成分在光照下分解，叶面施药应在傍晚进行。土壤浇灌，防治小地老虎、根蛆、金针虫、越冬代桃小食心虫等土壤害虫。对小麦、玉米、花生进行种子处理，防治蝼蛄、蛴螬、金针虫等土壤害虫，持效期 25 天左右。制成颗粒剂灌心叶，防治玉米螟。粮食拌药后堆放，可防治米蟓、谷盗等贮粮害虫。药液喷雾，防治蚊、蝇等卫生害虫及家畜厩舍害虫。另外，药液处理甘薯薯种、花生种子，防治线虫病。特别适用于防治地下害虫及经济作物害虫。

【使用方法】

1. 防治水稻稻苞虫、稻纵卷叶螟、叶蝉、飞虱、稻蓟马等：每 666.7 平方米用 50% 辛硫磷乳油 50 克，兑水 50 千克喷雾。

2. 防治棉花棉铃虫、红铃虫、蚜虫等：用 50% 辛硫磷乳油 1000 ~ 2000 倍液喷雾。

3. 防治小麦蚜虫、麦叶蜂、棉蚜、菜青虫、蓟马、黏虫等：用 50% 辛硫磷乳油 1000 ~ 2000 倍液喷雾。

4. 防治果树蚜虫、苹果小卷叶蛾、梨星毛虫、葡萄斑叶蝉、尺蠖、粉虱、烟青虫等：用 50% 辛硫磷乳油 1000 ~ 2000 倍液喷雾。

5. 防治蔬菜菜青虫、棉铃虫、蓟马、烟青虫、蚜虫、粉虱等：用 50% 辛硫磷乳油 1000 ~ 2000 倍液茎叶喷雾。

6. 防治茶树食叶害虫：用 40% 辛硫磷乳油 1000 ~ 2000 倍液茎叶喷雾。

7. 防治森林食叶害虫：用 40% 辛硫磷乳油 1000 ~ 2000 倍液茎叶喷雾。

8. 防治烟草食叶害虫：用 40% 辛硫磷乳油 1000 ~ 2000 倍液茎叶喷雾。

9. 用 50% 乳油 100 ~ 165 毫升，兑水 5 ~ 7.5 千克，拌麦种 50 千克，可防治地下害虫，拌种方可用于玉米、高粱、谷子、花生及其他作物种子。

10. 防治地下害虫：可用 50% 辛硫磷乳油 100 千克，对水 5 千克，拌麦种 50 千克，堆闷后播种，可防治地下害虫。

11. 浇灌法防治地老虎：用 50% 辛硫磷乳油 1000 倍液浇灌防治地老虎，15 分钟后即有中毒幼虫爬出地面。

12. 防治贮粮害虫：将 50% 辛硫磷乳油配成 1.25 ~ 2.5 毫克/千克药液，均匀拌粮后堆放，可防治米象、拟谷盗等贮粮害虫。

13. 防治卫生害虫：用 50% 辛硫磷乳油 500 ~ 1000 倍液，喷洒家畜厩舍，防治卫生害虫效果好，对家畜安全。

【中毒急救】

急性中毒多在 12 小时内发病，口服立即发病。轻度中毒症状为头痛、头昏、恶心、呕吐、多汗、无力、胸闷、视力模糊、食欲减退等，全血胆碱酯酶活力一般降至正常值的 70% ~ 50%。中度中毒症状为除上述症状外还出现轻度呼吸困难、肌肉震颤、瞳孔缩小、精神恍惚、行走不稳、大汗、流涎、腹痛、腹泻。重症者还会出现昏迷、抽搐、呼吸困难、口吐白沫、大小便失禁、惊厥、呼吸麻痹。

按中毒轻重而定，用阿托品 1 ~ 5 毫克皮下或静脉注射；

按中毒轻重而定，用解磷定 0.4 ~ 1.2 克静脉注射；

禁用吗啡、茶碱、吩噻嗪、利血平；

误服立即引吐、洗胃、导泻，但要注意病人清醒时才能引吐。

【注意事项】

1. 本品不可与碱性物质混用。

2. 本品鱼类高毒，风险大，使用时注意远离河塘等水域施药。禁止在河塘等水域中清洗施药器具。

3. 本品对家蚕有毒，对蜜蜂有风险，施药期间应避免对周围蜂群的影响，蜜源作物花期、蚕室和桑园附近禁用。

4. 高粱、黄瓜、菜豆和甜菜等都对辛硫磷敏感，不慎使用会引起药害，应按已登记作物规定的使用量施用。

5. 本品在光照条件下易分解，所以田间喷雾最好在傍晚和夜间施用，拌闷过的种子也要避光晾干，贮存时放在暗处。

6. 药液要随配随用，不能与碱性药剂混用，作物收获前 5 天禁用。

7. 本品在应用浓度范围内，对蚜虫的天敌七星瓢虫的卵、幼虫和成虫均有强烈的杀伤作用，用药时应注意。

8. 使用本品时应穿戴防护服和手套，避免吸入药液。施药期间不可吃东西和饮水。施药后，彻底清洗器械，并将包装袋深埋或焚毁，并立即用肥皂洗手和洗脸。使用本品时，应避免直接接触药液，配戴相应的防护用品。

9. 孕妇和哺乳期妇女避免接触。

10. 建议与其他作用机制不同的杀虫剂轮换使用，以延缓抗性产生。

11. 用过的容器妥善处理，不可做他用，不可随意丢弃。

12. 本品放置于阴凉、干燥、通风、防雨处，远离火源，勿与食品、饲料、种子、日用品等同贮同运。

13. 本品宜置于儿童够不着的地方并上锁，不得重压、破损包装容器。

异丙威

【作用特点】

异丙威是氨基甲酸酯类杀虫剂，对昆虫主要是抑制乙酰胆碱酯酶，致使昆虫麻痹至死亡。异丙威具有较强的触杀作用，击倒力强，药效迅速，但残效期较短。适用范围：异丙威对稻飞虱、叶蝉科害虫具有特效。可兼治蓟马和蚜虫，对飞虱天敌、蜘蛛类安全。

【毒性与环境生物安全性评价】

对高等动物毒性中等毒。

雄大鼠急性经口 LD_{50} 为 485 毫克/千克；

雌大鼠急性经口 LD_{50} 为 403 毫克/千克。

雄小鼠急性经口 LD_{50} 为 512 毫克/千克；

雌小鼠急性经口 LD_{50} 为 487 毫克/千克。

大鼠急性经皮 LD_{50} 大于 500 毫克/千克。

大鼠急性吸入 LC_{50} 大于 0.4 毫克/升。

对兔眼睛刺激性极小；

对兔皮肤刺激性极小。

在试验剂量内未见致畸、致癌、致突变作用。

对鱼类毒性低毒。

鲤鱼 50 小时 LC_{50} 大于 10 毫克/升。

对蜜蜂有毒。

对飞虱天敌、蜘蛛类安全。

【防治对象】

异丙威对稻飞虱、叶蝉科害虫具有特效。可兼治蓟马和蚜虫，对飞虱天敌、蜘蛛类安全。对甘蔗飞虱、马铃薯甲虫等也有较好防效。

【使用方法】

1. 防治水稻、飞虱、叶蝉：每 666.7 平方米用 2% 异丙威粉剂 2～2.5 千克，直接喷粉或混细土 15 千克，均匀撒施。或者每 666.7 平方米用 20% 异丙威乳油 150～200 毫升，兑水 75～100 千克均匀喷雾。低龄若虫发生高峰期施药，喷雾要均匀，重点喷在植株中下部，视害虫发生情况，每 10 左右天施药 1 次，可连续施药 2～3 次。

2. 防治甘蔗飞虱：每 666.7 平方米用 2% 异丙威粉剂 2～2.5 千克，混细沙土 20 千克，撒施于甘蔗心叶及叶鞘间，防治效果良好。

3. 防治柑橘潜叶蛾：用 20% 异丙威乳油 500～800 倍液喷雾。

【中毒急救】

中毒症状为头昏、头痛、乏力、面色苍白、呕吐、多汗、流涎，瞳孔缩小，视力模糊，严重者血压下降，呼吸困难，一般几分钟至 1 小时即表现出来。不慎吸入：应将病人移至空气流通处。不慎接触皮肤或溅入眼内，应用大量清水冲洗至少 15 分钟，严重时须请眼科医生治疗。中毒或误服：应立即携带此标签将病人送医院治疗。急救措施用阿托品 1～5 毫克皮下或静脉注射，剂量按重毒轻重而定，重者加用肾上腺素。禁用解磷定、氯磷定、双复磷和吗啡。

【注意事项】

1. 本品不可与碱性物质混用。

2. 作物收获安全间隔期为 30 天，作物周期最多用药 2 次。

3. 本品不宜在薯类作物上使用，否则会产生药害。

4. 施用本品前后 10 天不能使用敌稗。

5. 本品对蜜蜂、寄生蜂有毒，施药时注意对周围蜂群的影响；植物开花期不要使用。

6. 使用本品时应穿戴防护服和手套，避免吸入药液。施药期间不可吃东西和饮水。施药后，彻底清洗器械，并将包装袋深埋或焚毁，并立即用肥皂洗手和洗脸。使用本品时，应避免直接接触药液，配戴相应的防护用品。

7. 孕妇和哺乳期妇女避免接触。

8. 建议与其他作用机制不同的杀虫剂轮换使用，以延缓抗性产生。

9. 用过的容器妥善处理，不可做他用，不可随意丢弃。

10. 本品放置于阴凉、干燥、通风、防雨处，远离火源，勿与食品、饲料、种子、日用品等同贮同运。

11. 本品宜置于儿童够不着的地方并上锁，不得重压、破损包装容器。

乙虫腈

【作用特点】

乙虫腈属苯吡唑类杀虫、杀螨剂，属于第 2 代作用于 γ - 氨基丁酸的杀虫剂。其主要作用机理是通过 γ - 氨基丁酸干扰氯离子通道，从而破坏中枢神经系统的正常活动，导致昆虫死亡。其作用方式为触杀性。它在低用量下对多种咀嚼式和刺吸式害虫有效，可用于种子处理和叶面喷雾，持效期长达 21 ~ 28 天。主要用于防治蓟马、蟑、象虫、甜菜麦蛾、蚜虫、飞虱和蝗虫等，对某些粉虱也表现出活性，特别是对极难防治的水稻害虫稻绿蝽有很强的活性。

【毒性与环境生物安全性评价】

对高等动物毒性低毒。

原药雄大鼠急性经口 LD_{50} 大于 7080 毫克/千克；

原药雌大鼠急性经口 LD_{50} 大于 7080 毫克/千克。

原药雄大鼠急性经皮 LD_{50} 大于 2000 毫克/千克；

原药雌大鼠急性经皮 LD_{50} 大于 2000 毫克/千克。

原药雄大鼠急性吸入 LC_{50} 大于 5210 毫克/升；

原药雌大鼠急性吸入 LC_{50} 大于 5210 毫克/升。

对兔眼睛无刺激性；

对兔皮肤无刺激性。

对大鼠 90 天亚慢性喂饲试验，最大无作用剂量为 1.2 毫克/千克·天。

豚鼠皮肤变态反应试验结果为弱致敏性。

各种试验表明，无致畸、致癌作用和致突变作用。

制剂雄大鼠急性经口 LD_{50} 大于 5000 毫克/千克；

制剂雌大鼠急性经口 LD_{50} 大于 5000 毫克/千克。

制剂雄大鼠急性经皮 LD_{50} 大于 5000 毫克/千克；

制剂雌大鼠急性经皮 LD_{50} 大于 5000 毫克/千克。

制剂雄大鼠急性吸入 LC_{50} 大于 4.65 毫克/升；

制剂雌大鼠急性吸入 LC_{50} 大于 4.65 毫克/升。

对兔眼睛无刺激性；

对兔皮肤无刺激性。

对大鼠 90 天亚慢性喂饲试验，最大无作用剂量为 1.2 毫克/千克·天。

豚鼠皮肤变态反应试验结果为弱致敏性。

各种试验表明，无致畸、致癌作用和致突变作用。

人每日允许摄入量为 0.0085 毫克/千克体重。

对鱼类毒性中等毒。有一定风险。

虹鳟鱼 96 小时 LC_{50} 为 2.4 毫克/升。

对水生生物毒性低毒。

大型溞 48 小时 EC_{50} 为 28 毫克/升；

斜生栅藻 72 小时 EC_{50} 为 23 毫克/升。

对蜜蜂毒性接触高毒、经口剧毒。

蜜蜂接触 48 小时 LD_{50} 为 0.067 微克/只；

蜜蜂经口 48 小时 LD_{50} 为 0.015 微克/只；

对家蚕毒性中等毒。

3 龄家蚕 96 小时 EC_{50} 为 21.7 毫克/千克·桑叶。

对鸟类毒性低毒。

鹌鹑急性经口 7 天 LD_{50} 大于 1000 毫克/千克。

对蚯蚓毒性低毒。

蚯蚓 7 天 LC_{50} 大于 1000 毫克/千克·土壤。

对赤眼蜂为极高风险性。

对七星瓢虫 48 小时无影响。

对捕食性天敌如小花蝽、龟纹瓢虫等基本无影响。

【防治对象】

乙虫腈主要对咀嚼式和刺吸式害虫有效，用于防治水稻稻飞虱、叶蝉科害虫具有特效。可兼治蓟马和蚜虫等。

【使用方法】

防治水稻稻飞虱：在水稻灌浆期，每 666.7 平方米用 10 克/升乙虫腈悬浮剂 30 ~ 40 毫升，兑水 40 ~ 60 升在稻飞虱卵孵高峰期进行茎叶喷雾处理。在防治褐飞虱时，应特别注意对水稻植株中下部进行喷雾。

【中毒急救】

慎溅入眼睛：用大量清水冲洗至少 15 分钟。皮肤接触：立即脱掉污染的衣服，用肥皂水或者大量清水冲洗皮肤。误吸：将病人转移到空气清新处，如呼吸停止，应立即进行人工呼吸，如呼吸困难，应输氧。注意给病人保暖。误食：立即用大量清水漱口，误服应洗胃、导泻，但不可催吐。对于昏迷病人不能这样做，应立即送医院治疗。没有特效的解毒药，绝不可乱服药物。

【注意事项】

1. 标配不可与碱性物质混用。

2. 水稻安全间隔期 21 天，每个生长季最多施药 1 次。

3. 本品对蜜蜂高毒，严禁在非登记植物上使用本品，也不要在邻近蜜源植物、开花植物或附近有蜂箱的田块使用本品。如确需施用，应通知养蜂户对蜜蜂采取保护措施，或将蜂箱移开远离施药区。

4. 本品对罗氏沼虾高毒,严禁在养鱼、虾和蟹的稻田以及临近池塘的稻田使用。严禁将施用过本品的稻田水直接排入养鱼、虾和蟹的池塘。稻田施药后 7 天内,不得把田水排入河、湖、水渠和池塘等水源。

5. 稻田施药时,应特别注意避免药滴漂移到开花植物和养殖鱼及虾蟹的池塘。

6. 严禁在池塘、水渠、河流和湖泊中洗涤施用过本品的药械,以避免对水生生物造成伤害的风险。

7. 在配制和施用本品时,应穿防护服,戴手套、口罩,严禁吸烟和饮食。

8. 配药时,用清水对剩有药剂的包装袋(瓶)冲洗 3 次,并将冲洗液倒入喷雾器中。用过的空包装应妥善处理,切勿重复使用或改做其他用途。

9. 施药后,要进行淋浴,并用肥皂清洗全身和防护服。

10. 不推荐用于防治白背飞虱。建议与不同作用机制杀虫剂轮换使用。

11. 孕妇及哺乳期妇女应避免接触本品。

12. 用过的容器妥善处理,不可做他用,不可随意丢弃。

13. 本品放置于阴凉、干燥、通风、防雨处,远离火源,勿与食品、饲料、种子、日用品等同贮同运。

14. 本品宜置于儿童够不着的地方并上锁,不得重压、破损包装容器。

乙基多杀菌素

【作用特点】

乙基多杀菌素是放线菌代谢物经化学修饰而得的活性较高的杀虫剂,作用于昆虫的神经系统。其主要作用机理是作用于昆虫神经中烟碱型乙酰胆碱受体和 γ - 氨基丁酸受体,致使虫体对兴奋性或抑制性的信号传递反应不敏感,影响正常的神经活动,导致昆虫死亡。它具有胃毒和触杀作用,主要用于防治鳞翅目、缨翅目害虫。对鸟类、鱼类、蚯蚓和水生植物低毒;在实际应用中,对蜜蜂几乎无毒;对田间有益节肢动物的影响是轻微的、短暂的;适用于有害生物综合治理。

【毒性与环境生物安全性评价】

对高等动物毒性低毒。

原药雄大鼠急性经口 LD_{50} 大于 5000 毫克/千克;

原药雌大鼠急性经口 LD_{50} 大于 5000 毫克/千克。

原药雄大鼠急性经皮 LD_{50} 大于 5000 毫克/千克;

原药雌大鼠急性经皮 LD_{50} 大于 5000 毫克/千克。

原药大鼠急性吸入 LC_{50} 大于 5.5 毫克/升。

对兔眼睛有刺激性;

对兔皮肤无刺激性。

豚鼠皮肤变态反应试验结果为无致敏性。

对大鼠 90 天亚慢性喂饲试验,雄大鼠最大无作用剂量为 34.7 毫克/千克·天;

对大鼠 90 天亚慢性喂饲试验,雌大鼠最大无作用剂量为 10.1 毫克/千克·天。

各种试验表明,无致畸、致癌作用和致突变作用。

制剂雄大鼠急性经口 LD_{50} 大于 5000 毫克/千克;

制剂雌大鼠急性经口 LD_{50} 大于 5000 毫克/千克。

制剂雄大鼠急性经皮 LD_{50} 大于 5000 毫克/千克;

制剂雌大鼠急性经皮 LD_{50} 大于 5000 毫克/千克。

制剂大鼠急性吸入 LC_{50} 大于 4.52 毫克/升。

对兔眼睛有轻微刺激性;

对兔皮肤有刺激性。

豚鼠皮肤变态反应试验结果为无致敏性。

各种试验表明,无致畸、致癌作用和致突变作用。

对鱼类毒性低毒。

蓝鳃太阳鱼 96 小时 LC_{50} 大于 94.8 毫克/升。

对水生生物毒性中等毒。

水蚤 48 小时 EC_{50} 为 5.41 毫克/升。

对蜜蜂毒性高毒。极高风险。

蜜蜂接触 72 小时 LD_{50} 为 0.7 微克/只;

蜜蜂经口 48 小时 LD_{50} 为 1.0 微克/只。

对家蚕毒性剧毒。极高风险。

2 龄家蚕 96 小时 EC_{50} 为 0.16 毫克/千克·桑叶。

对鸟类毒性低毒。

鹌鹑急性经口 LD_{50} 大于 2250 毫克/千克。

人每日允许摄入量为 0.0085 毫克/千克体重。

乙基多杀菌素的母体在田间降解速度较快,淋溶风险较低。

【防治对象】

乙基多杀菌素主要用于主要用于防治鳞翅目、缨翅目害虫,对十字花科蔬菜小菜蛾、甜菜夜蛾、斜纹夜蛾等害虫有很好的防治效果。

【使用方法】

1. 防治十字花科蔬菜小菜蛾、甜菜夜蛾等:每666.7平方米用60克/升乙基多杀菌素悬浮剂20~40毫升,兑水40~60升喷雾。本品无内吸性,喷雾时应均匀周到,叶面、叶背、心叶。应在低龄幼虫期施药2~3次,间隔7天。

2. 防治茄子蓟马:每666.7平方米用60克/升乙基多杀菌素悬浮剂10~20毫升,兑水40~60升喷雾。应在蓟马发生高峰前施药。

【中毒急救】

眼睛溅入:立刻用大量清水冲洗,持续15~20分钟。如配戴隐形眼镜,冲洗5分钟后摘掉眼镜再冲洗。如症状持续,请及时就医。误食:请即刻就医。如清醒可喝1杯水。请勿自行引吐。勿让神志不清者食用任何东西,及时就医。皮肤黏附:除去被溅及衣物,立刻用大量清水彻底冲洗皮肤15~20分钟。如症状持续,请就医。误吸:转移至空气清新处。如病人停止呼吸,请速叫救护车并进行人工呼吸。进行人工呼吸时请采用适当的保护措施如戴防护口罩。

【注意事项】

1. 本品不可与碱性物质混用。

2. 本品在甘蓝作物上使用的推荐安全间隔期为7天,每个作物周期的最多使用次数为3次;在茄子上使用的推荐安全间隔期为5天,每个作物周期的最多使用次数为3次。

3. 本品对蜜蜂、家蚕等有毒。施药期间应避免影响周围蜂群,禁止在开花植物花期、蚕室和桑园附近使用,施药期间应密切关注对附近蜂群的影响。

4. 严禁在池塘、水渠、河流和湖泊中洗涤施用过本品的药械,以避免对水生生物造成伤害的风险。

5. 本品禁止在养鱼稻田使用。

6. 在配制和施用本品时，应穿防护服、戴手套、口罩，严禁吸烟和饮食。

7. 配药时，用清水对剩有药剂的包装袋（瓶）冲洗3次，并将冲洗液倒入喷雾器中。用过的空包装应压烂或划破后妥善处理，切勿重复使用或改做其他用途。

8. 施药后，要进行淋浴，并用肥皂清洗全身和防护服。

9. 建议与不同作用机制杀虫剂轮换使用。

10. 孕妇、哺乳期妇女及过敏者禁用。使用中有任何不良反应请及时就医。

11. 用过的容器妥善处理，不可做他用，不可随意丢弃。

12. 本品放置于阴凉、干燥、通风、防雨处，远离火源，勿与食品、饲料、种子、日用品等同贮同运。

13. 本品宜置于儿童够不着的地方并上锁，不得重压、破损包装容器。

印楝素

【作用特点】

印楝素是一种由印楝树中提取的具有杀虫活性的植物源农药。它广谱、高效、低毒、易降解、无残留，可防治多种农林、花卉方面的害虫，被称为高效无公害的最佳生物农药。

印楝系楝科楝属乔木，广泛种植于热带、亚热带地区，原产于缅甸和印度，在70多个国家有分布和种植，以印度等亚洲国家产量最大。印楝的果实、种子、种核、枝条、树叶、树皮及树液中都含有活性物质，但以种子尤甚。迄今，印楝中已发现了100多种化合物，至少有70种化合物具有生物活性，它们为二萜类、三萜类、戊三萜类和非萜类化合物，主要为印度苦楝子素、苦楝三醇和印楝素等。这些提取物对昆虫有拒食、干扰产卵、干扰昆虫变异，使其无法蜕变为成虫、驱避幼虫及抑制其生长的作用而达到杀虫目的。印楝素是一类从印楝中分离出来活性最强的化合物，它属于四环三萜类。印楝素可以分为印楝素 A、B、C、D、E、F、G、I 共8种。印楝素 A 就是通常所指的印楝素。

一般公认的印楝素对昆虫的作用机理有如下几个方面：直接或间接通过破坏昆虫口器的化学感应器官产生拒食作用；通过对中肠消化酶的作用使得食物的营养转换不足，影响昆虫的生命力。高剂量的印楝素可以直接杀死昆虫，低剂量则致使出现永久性幼虫，或畸形的蛹、成虫等。通过抑制脑神经分泌细胞对促前胸腺激素的合成与释放，影响前胸腺对蜕皮甾类的合成和释放，以及咽侧体对保幼激素的合成和释放。昆虫血淋巴内保幼激素正常浓度水平的破坏同时使得昆虫卵成熟所需要的卵黄原蛋白合成不足而导致不育。

从化学结构上看，印楝素类化合物与昆虫体内的类固醇和甾类化合物等激素类物质非常相似，因而害虫不易区分它们是体内固有的还是外界强加的，所以它们既能够进入害虫体内干扰害虫的个生命过程，从而杀死害虫，又不易引起害虫对产生抗药性。

总之，印楝素起到阻断昆虫自蛹到成虫的变态，阻断昆虫生命激素的生成与释放，因而能破坏昆虫的生活周期，但不直接杀死害虫。此外，印楝素还能对某些昆虫起到拒食作用，干扰交配和卵孵化。

【毒性与环境生物安全性评价】

对高等动物毒性低毒。

原药雄大鼠急性经口 LD_{50} 大于5000毫克/千克；

原药雌大鼠急性经口 LD_{50} 大于5000毫克/千克。

原药雄大鼠急性经皮 LD_{50} 大于2000毫克/千克；

原药雌大鼠急性经皮 LD_{50} 大于 2000 毫克/千克。

对兔眼睛无刺激性；

对兔皮肤无刺激性。

豚鼠皮肤变态反应试验结果为无致敏性。

制剂雄大鼠急性经口 LD_{50} 大于 5000 毫克/千克；

制剂雌大鼠急性经口 LD_{50} 大于 5000 毫克/千克。

制剂雄大鼠急性经皮 LD_{50} 大于 2000 毫克/千克；

制剂雌大鼠急性经皮 LD_{50} 大于 2000 毫克/千克。

对兔眼睛有轻微刺激性；

对兔皮肤无刺激性。

豚鼠皮肤变态反应试验结果为无致敏性。

各种试验表明，无致畸、致癌作用和致突变作用。

对鱼类毒性剧毒。

斑马鱼 96 小时 LC_{50} 为 0.0467 毫克/升。

对蜜蜂毒性剧毒。

蜜蜂接触 48 小时 LC_{50} 为 0.0378 微克/升。

对家蚕毒性剧毒。

家蚕饲喂 96 小时 LD_{50} 为 0.0326 毫克/千克·桑叶。

对鸟类毒性高毒。

鹌鹑急性经口 7 天 LD_{50} 大于 12.7 毫克/千克。

人每日允许摄入量为 0.1 毫克/千克体重。

易水解。

易光解。

易土壤降解。

与土壤颗粒结合不紧密，较易淋溶但淋溶不深，不会对地下水产生污染。

【防治对象】

印楝素植物源农药具有优良的杀虫活性，杀虫谱广，可有效地防治农林、仓储、卫生多种害虫；可有效防治茶树茶毛虫、柑橘树潜叶蛾、十字花科蔬菜小菜蛾等。

【使用方法】

1. 防治柑橘树潜叶蛾：在卵孵盛期至低龄幼虫期期，用 0.6% 印楝素乳油 1500～2000 倍液喷雾。

2. 防治茶树茶毛虫：在卵孵盛期至低龄幼虫期期，用 0.6% 印楝素乳油 1500～2000 倍液喷雾。

3. 防治十字花科蔬菜小菜蛾、菜青虫：在卵孵盛期至低龄幼虫期期，每 666.7 平方米用 0.3% 印楝素乳油 60～90 毫升或 0.6% 印楝素乳油 30～45 毫升，兑水 40～60 升喷雾。

【中毒急救】

慎溅入眼睛：用大量清水冲洗至少 15 分钟。皮肤接触：立即脱掉污染的衣服，用肥皂水或者大量清水冲洗皮肤。误吸：将病人转移到空气清新处，如呼吸停止，应立即进行人工呼吸，如呼吸困难，应输氧。注意给病人保暖。误食：立即用大量清水漱口，洗胃、导泻，但不可催吐。对于昏迷病人不能这样做，应立即送医院治疗。没有特效的解毒药，绝不可乱服药物。

【注意事项】

1. 本品不可与碱性物质混用。不可与波尔多液混用。如作物用过碱性化学农药，3 天后方可施用此药，以防酸碱中和影响药效。

2. 作物安全间隔期为 5 天，每季作物最多用药 3 次。

3. 本品对鱼类剧毒。严禁在池塘、水渠、河流和湖泊中洗涤施用过本品的药械，以避免对水生生物造成伤害的风险。

4. 本品对蜜蜂、家蚕剧毒。周围蜜源作物花期禁用，蚕室、桑园附近禁用。

5. 本品不得用于养鱼稻田。

6. 对鸟类高毒。鸟类聚集地和繁殖禁止使用本品。

7. 在配制和施用本品时，应穿防护服，戴手套、口罩，严禁吸烟和饮食。

8. 施药后，要进行淋浴，并用肥皂清洗全身和防护服。

9. 建议与不同作用机制杀虫剂轮换使用。

10. 孕妇、哺乳期妇女及过敏者禁用。使用中有任何不良反应请及时就医。

11. 用过的容器妥善处理，不可做他用，不可随意丢弃。

12. 本品放置于阴凉、干燥、通风、防雨处，远离火源，勿与食品、饲料、种子、日用品等同贮同运。

13. 本品宜置于儿童够不着的地方并上锁，不得重压、破损包装容器。

乙螨唑

【作用特点】

乙螨唑属于二苯基噁唑啉衍生物，具有独特结构的杀螨剂，属于非内吸性杀螨剂。它主要通过触杀和胃毒作用防治卵、幼螨和若螨危害，而且具有较好的持效性，与常规杀螨剂无交互抗性抑制螨卵的胚胎形成以及从幼螨到成螨的蜕皮过程，对成螨无效，但是对雌性成螨具有很好的不育作用。因此其最佳的防治时间是害螨危害初期。耐雨性强，持效期长达 50 天。

【毒性与环境生物安全性评价】

对高等动物毒性低毒。

原药大鼠急性经口 LD_{50} 大于 5000 毫克/千克；

原药大鼠急性经皮 LD_{50} 大于 2000 毫克/千克；

原药大鼠急性吸入 LC_{50} 大于 1.09 毫克/升。

对兔眼睛无刺激性；

对兔皮肤无刺激性。

豚鼠皮肤变态反应试验结果为无致敏性。

大鼠 90 天亚慢性喂饲试验，雄大鼠最大无作用剂量为 6.12 毫克/千克·天；

大鼠 90 天亚慢性喂饲试验，雌大鼠最大无作用剂量为 20.50 毫克/千克·天。

各种试验表明，无致畸、致癌作用和致突变作用。

制剂大鼠急性经口 LD_{50} 大于 5000 毫克/千克；

制剂大鼠急性经皮 LD_{50} 大于 2000 毫克/千克；

制剂大鼠急性吸入 LC_{50} 大于 1.09 毫克/升。

对兔眼睛有轻微刺激性；

对兔皮肤有刺激性。

豚鼠皮肤变态反应试验结果为无致敏性。

各种试验表明，无致畸、致癌作用和致突变作用。

对鱼类毒性中等毒。

蓝鳃太阳鱼 96 小时 LC_{50} 为 1.4 毫克/升；

虹鳟鱼 96 小时 LC_{50} 为 2.8 毫克/升。

对水生生物毒性高毒。

大型蚤 48 小时 EC_{50} 为 2.0 毫克/升。

对蜜蜂毒性低毒。

蜜蜂接触 24 小时 LD_{50} 大于 100 微克/只；

蜜蜂经口 24 小时 LD_{50} 大于 100 微克/只；

对家蚕毒性低毒。

家蚕饲喂 96 小时 LD_{50} 为 730.7 毫克/升。

对鸟类毒性低毒。

野鸭急性经 LD_{50} 大于 2000 毫克/千克。

在土壤中易吸附。

在水中酸性条件下易水解；

在水中中性、碱性条件下较难水解。

在水中难光解。

在土壤表面难光解。

土壤降解半衰期为 11~52 天。

【防治对象】

主要防治苹果、柑橘的红蜘蛛，对棉花、花卉、蔬菜等作物的叶螨、始叶螨、全爪螨、二斑叶螨、朱砂叶螨等螨类也有较好防效。

【使用方法】

1. 防治柑橘树红蜘蛛：在红蜘蛛低龄幼若螨始盛期，用 110 克/升乙螨唑悬浮剂 5000~7500 倍液喷雾。

2. 防治苹果树红蜘蛛：在红蜘蛛低龄幼若螨始盛期，用 110 克/升乙螨唑悬浮剂 5000~7500 倍液喷雾。

【中毒急救】

眼睛溅入：立刻用大量清水冲洗，持续 15~20 分钟。如配戴隐形眼镜，冲洗 5 分钟后摘掉眼镜再冲洗。如症状持续，请携标签及时就医。误食：请即刻就医。如清醒可喝 1 杯水。请勿自行引吐。勿让神志不清者食用任何东西，及时就医。皮肤黏附：除去被溅及衣物，立刻用大量清水彻底冲洗皮肤 15~20 分钟。如症状持续，请就医。误吸：转移至空气清新处。如病人停止呼吸，请速叫救护车并进行人工呼吸。进行人工呼吸时请采用适当的保护措施如戴防护口罩。

【注意事项】

1. 本品不可与碱性物质混用。不可与波尔多液混用。

2. 本品每季作物最多用药 1 次，安全间隔期为 30 天。

3. 本品对鱼类有毒。严禁在池塘、水渠、河流和湖泊中洗涤施用过本品的药械，以避免对水生生物造成伤害的风险。

4. 本品不得用于养鱼稻田。

5. 在配制和施用本品时，应穿防护服，戴手套、口罩，严禁吸烟和饮食。

6. 施药后，要进行淋浴，并用肥皂清洗全身和防护服。

7. 建议与不同作用机制杀虫剂轮换使用。

8. 孕妇、哺乳期妇女及过敏者禁用。使用中有任何不良反应请及时就医。

9. 用过的容器妥善处理，不可做他用，不可随意丢弃。

10. 本品放置于阴凉、干燥、通风、防雨处，远离火源，勿与食品、饲料、种子、日用品等同贮同运。

11. 本品宜置于儿童够不着的地方并上锁，不得重压、破损包装容器。

唑虫酰胺

【作用特点】

唑虫酰胺是新型吡唑杂环类杀虫杀螨剂。它的主要作用机制是阻止昆虫的氧化磷酸化作用，还具有杀卵、抑食、抑制产卵及杀菌作用。其作用机理为阻碍线粒体的代谢系统中的电子传达系统复合体 I，从而使电子传达受到阻碍，使昆虫不能提供和贮存能量，被称为线粒体电子传达复合体阻碍剂。它杀虫谱广，具有触杀作用，对鳞翅目幼虫小菜蛾、缨翅目害虫蓟马有特效。推荐使用剂量范围，对作物安全，未见药害发生。

【毒性与环境生物安全性评价】

对高等动物毒性低毒。

原药雄大鼠急性经口 LD_{50} 为 386 毫克/千克；

原药雌大鼠急性经口 LD_{50} 为 150 毫克/千克；

原药雄大鼠急性经皮 LD_{50} 大于 2000 毫克/千克；

原药雌大鼠急性经皮 LD_{50} 大于 3000 毫克/千克；

原药雄大鼠急性吸入 LC_{50} 为 2.21 毫克/升；

原药雌大鼠急性吸入 LC_{50} 为 1.5 毫克/升。

对兔眼睛有轻度刺激性；

对兔皮肤有轻度刺激性。

对豚鼠弱致敏性。

大鼠 13 周亚慢性喂养毒性试验，最大无作用剂量：雄性大鼠为 0.906 毫克/千克·天，雌性大鼠为 1.0 毫克/千克·天。

致突变试验：Ames 试验、小鼠骨髓细胞微核试验、小鼠淋巴瘤正向突变试验等均为阴性，未见致突变性。

制剂雄大鼠急性经口 LD_{50} 为 102 毫克/千克；

制剂雌大鼠急性经口 LD_{50} 为 83 毫克/千克；

制剂雄大鼠急性经皮 LD_{50} 大于 2000 毫克/千克；

制剂雌大鼠急性经皮 LD_{50} 大于 2000 毫克/千克；

制剂大鼠急性吸入 LC_{50} 为 542 毫克/立方米。

对兔眼睛有轻度刺激性；

对兔皮肤有轻度刺激性；

对豚鼠弱致敏性。

对鱼类毒性剧毒。

斑马鱼 96 小时 LC_{50} 为 0.0022 毫克/升。

对鸟类毒性高毒。

鹌鹑急性经口 LD_{50}：雄性为 13.1 毫克/千克，雌性为 13.5 毫克/千克。

对蜜蜂毒性高毒。

蜜蜂急性接触 48 小时 LD_{50} 为 1.33 微克/只。

对家蚕毒性高毒。

家蚕食下毒叶法 96 小时 LC_{50} 为 6.9 毫克/千克·桑叶。

【防治对象】

唑虫酰胺对各种鳞翅目、半翅目、甲虫目、膜翅目、双翅目害虫及螨类具有较高的防治效果。该药还具有良好的速效性,一经处理,害虫马上死亡。它广泛用于蔬菜、果树、花卉、茶叶等作物的害虫防治。

【使用方法】

1. 防治十字花科蔬菜小菜蛾:在害虫卵孵化盛期至低龄若虫发生期,每 667 平方米用 15% 唑虫酰胺乳油 30 ~ 50 毫升,兑水 40 ~ 50 千克喷雾。根据害虫发生严重程度,每次施药间隔在 7 ~ 15 天之间。

2. 防治茄子蓟马:在害虫卵孵化盛期至低龄若虫发生期,每 667 平方米用 15% 唑虫酰胺乳油 50 ~ 80 毫升,兑水 50 ~ 75 千克喷雾。根据害虫发生严重程度,每次施药间隔在 7 ~ 15 天之间。

【中毒急救】

眼睛溅入:立刻用大量清水冲洗,持续 15 ~ 20 分钟。如配戴隐形眼镜,冲洗 5 分钟后摘掉眼镜再冲洗。如症状持续,请携标签及时就医。误食:请即刻就医。如清醒可喝 1 杯水。请勿自行引吐。勿让神志不清者食用任何东西,及时就医。皮肤黏附:除去被溅及衣物,立刻用大量清水彻底冲洗皮肤 15 ~ 20 分钟。如症状持续,请就医。误吸:转移至空气清新处。如病人停止呼吸,请速叫救护车并进行人工呼吸。进行人工呼吸时请采用适当的保护措施如戴防护口罩。

【注意事项】

1. 本品不可与碱性物质混用。不可与波尔多液混用。

2. 十字花科蔬菜每季作物最多用药 2 次,安全间隔期为 21 天;茄子每季作物最多用药 2 次,安全间隔期为 3 天。

3. 本品对鱼类剧毒。严禁在池塘、水渠、河流和湖泊中洗涤施用过本品的药械,以避免对水生生物造成伤害的风险。

4. 本品对蜜蜂、家蚕剧毒。周围蜜源作物花期禁用,蚕室、桑园附近禁用。

5. 本品不得用于养鱼稻田。

6. 本品对鸟类高毒。鸟类聚集地和繁殖低禁止使用本品。

7. 在配制和施用本品时,应穿防护服、戴手套、口罩,严禁吸烟和饮食。

8. 施药后,要进行淋浴,并用肥皂清洗全身和防护服。

9. 建议与不同作用机制杀虫剂轮换使用。

10. 孕妇、哺乳期妇女及过敏者禁用。使用中有任何不良反应请及时就医。

11. 用过的容器妥善处理,不可做他用,不可随意丢弃。

12. 本品放置于阴凉、干燥、通风、防雨处,远离火源,勿与食品、饲料、种子、日用品等同贮同运。

13. 本品宜置于儿童够不着的地方并上锁,不得重压、破损包装容器。

仲丁威

【作用特点】

仲丁威是速效性极强、残效期短的取代苯类氨基甲酸酯杀虫剂,又称巴沙、扑杀威。它对高等动物低毒,对鱼低毒,对昆虫有强烈触杀作,对飞虱、叶蝉类有特效,杀虫迅速,但残效短。

它具有强烈的触杀作用，并具有一定胃毒、熏蒸和杀卵作用，作用迅速快，但残效期短。

【毒性与环境生物安全性评价】

对高等动物毒性低毒。

原药大鼠急性经口 LD_{50} 为 623.4 毫克/千克；

原药大鼠急性经皮 LD_{50} 大于 5000 毫克/千克；

原药大鼠急性吸入 LC_{50} 大于 0.366 毫克/升。

对兔眼睛有轻微刺激性；

对兔皮肤有轻微刺激性。

豚鼠皮肤变态反应试验结果为弱致敏性。

各种试验表明，无致畸、致癌作用和致突变作用。

对鱼类毒性低毒。

鲤鱼 48 小时 LC_{50} 为 1.4 毫克/升；

虹鳟鱼 96 小时 LC_{50} 为 12.6 毫克/升。

土壤降解半衰期为 6～14 天(旱地)；

土壤降解半衰期为 6～30 天(水田)。

【防治对象】

在稻飞虱、稻蓟马、稻叶蝉发生初盛期喷雾，在三化螟、稻纵卷叶螟卵孵化高峰期喷雾，防治效果很好。它对卫生害虫、蚊、蝇也有良好防治效果。

【使用方法】

1. 防治水稻稻飞虱、稻蓟马、稻叶蝉等：在害虫发生初期、稻飞虱盛发期，每 667 平方米用 25% 仲丁威乳油 150～180 毫升或 50% 仲丁威乳油 75～90 毫升，兑水 50～60 千克喷雾。

2. 防治水稻三化螟、稻纵卷叶螟：在卵孵高峰初盛期，每 667 平方米用 25% 仲丁威乳油 200～250 毫升或 50% 仲丁威乳 100～125 毫升，兑水 50～75 千克喷雾。

3. 防治防治蚊、蝇及蚊幼虫等卫生害虫：用 25% 乳油加水稀释成 1% 的溶液，按每平方米 1～3 毫升喷洒。

【中毒急救】

中毒症状为头昏、头痛、乏力、面色苍白、呕吐、多汗、流涎、瞳孔缩小、视力模糊。严重者出现血压下降、意识不清、皮肤出现接触性皮炎(如风疹、局部红肿痛痒)、眼结膜充血、流泪、胸闷、呼吸困难等。中毒症状出现快，一般几分钟至 1 小时即表现出来。

急救治疗用阿托品 0.5～2 毫克口服或肌肉注射，重者加用肾上腺素。禁用解磷定、氯磷定、双复磷、吗啡、吩噻嗪、茶碱、利血平。

【注意事项】

1. 本品不可与碱性物质混用。

2. 水稻安全间隔期为 21 天，每季作物最多用药 4 次。

3. 本品不能在鱼塘附近使用此药。本品对鱼类等水生生物有毒，远离水产养殖区施药，禁止在河塘等水体中清洗施药器具。

4. 本品不得用于养鱼稻田。

5. 本品在水稻上使用的前后 10 天，要避免使用除草剂敌稗。

6. 本品对薯类有药害，施药时避免药液漂移。

7. 在配制和施用本品时，应穿防护服，戴手套、口罩，严禁吸烟和饮食。

8. 施药后，要进行淋浴，并用肥皂清洗全身和防护服。

9. 建议与不同作用机制杀虫剂轮换使用。

10. 孕妇、哺乳期妇女及过敏者禁用。

11. 用过的容器妥善处理，不可做他用，不可随意丢弃。

12. 本品放置于阴凉、干燥、通风、防雨处，远离火源，勿与食品、饲料、种子、日用品等同贮同运。

13. 本品宜置于儿童够不着的地方并上锁，不得重压、破损包装容器。

第二节 杀菌剂

苯菌灵

【作用特点】

苯菌灵为内吸性杀菌剂，在植物体内代谢为多菌灵及另一种有挥发性异氰酸丁酯，是其主要杀菌物质。其主要作用是苯菌灵进入植物体内转化成多菌灵，具有多菌灵的杀菌作用，即与微管蛋白相结合抑制细胞分裂，起到杀菌作用。为内吸性杀菌剂，具有保护、铲除和治疗作用。对谷类作物、葡萄、仁果及核果类、水稻及蔬菜上的子囊菌纲、半知菌纲及某些担子菌纲的真菌引起的病害有防效。还可用于防治螨类，主要用做杀卵剂。用于收获前及收获后喷雾及浸渍，可防止水果及蔬菜的腐烂。

【毒性与环境生物安全性评价】

对高等动物毒性低毒。

原药雄大鼠急性经口 LD_{50} 大于 4640 毫克/千克；

原药雌大鼠急性经口 LD_{50} 大于 4640 毫克/千克；

原药雄大鼠急性经皮 LD_{50} 大于 2150 毫克/千克；

原药雌大鼠急性经皮 LD_{50} 大于 2150 毫克/千克。

对皮肤无刺激作用；

对眼睛有轻微刺激作用。

豚鼠皮肤变态反应试验结果为弱致敏性。

制剂雄大鼠急性经口 LD_{50} 大于 5000 毫克/千克；

制剂雌大鼠急性经口 LD_{50} 大于 5000 毫克/千克；

制剂雄大鼠急性经皮 LD_{50} 大于 5000 毫克/千克；

制剂雌大鼠急性经皮 LD_{50} 大于 5000 毫克/千克。

对皮肤无刺激作用；

对眼睛有轻微刺激作用。

豚鼠皮肤变态反应试验结果为弱致敏性。

对鱼类毒性中等毒。

斑马鱼 96 小时 LC_{50} 为 8.27 毫克/升。

金鱼 96 小时 LC_{50} 为 4.2 毫克/升。

虹鳟鱼 96 小时 LC_{50} 为 0.17 毫克/升。

对蜜蜂毒性低毒。

蜜蜂 48 小时 LC_{50} 大于 5000 毫克/升。

对鸟类毒性低毒。

禽鸟 7 天饲喂 LC_{50} 大于 750 毫克/千克；

野鸭 8 天饲喂 LC_{50} 大于 500 毫克/千克；

鹌鹑 8 天饲喂 LC_{50} 大于 500 毫克/千克。

对家蚕毒性低毒。

2 龄家蚕食下毒叶法 LC_{50} 大于 5000 毫克/千克·桑叶。

人每日允许摄入量为 0.02 毫克/千克体重。

化学稳定性弱。

易生物降解。

土壤吸附性强。

在土壤中难移动。

挥发性与生物富集性均较弱。

【防治对象】

对谷类作物、葡萄、仁果及核果类、水稻及蔬菜上的子囊菌纲、半知菌纲及某些担子菌纲的真菌引起的病害有防效。防治梨、葡萄、苹果的白粉病，梨黑星病，桃灰星病，葡萄褐斑病，苹果黑星病，小麦赤霉病，油菜菌核病，稻瘟病，棉花立枯病。苯菌灵可用于防治蔬菜、果树、稻麦等作物的多种病害，常用做拌种、喷雾和土壤处理，除有保护和治疗作用外，还具有杀螨作用。

【使用方法】

1. 防治瓜类白粉病：用 50% 苯菌灵可湿性粉剂 1500~2000 倍液喷雾，发病初期开始每隔 7~10 天喷 1 次，连喷 3 次。

2. 防治黄瓜和甜辣椒的炭疽病：用 50% 苯菌灵可湿性粉剂 1500~2000 倍液喷雾，发病初期开始每隔 7~10 天喷 1 次，连喷 3 次。

3. 防治西红柿灰霉病、叶霉病：用 50% 苯菌灵可湿性粉剂 1500~2000 倍液喷雾，发病初期开始每隔 7~10 天喷 1 次，连喷 3 次。

4. 防治黄瓜菌核病：用 50% 苯菌灵可湿性粉剂 1500~2000 倍液喷雾，发病初期开始每隔 7~10 天喷 1 次，连喷 3 次。

5. 防治茄子黄萎病、褐纹病：取 50% 苯菌灵可湿性粉剂和 50% 福美双可湿性粉剂各 1 份，混拌均匀，而后再与填充剂如细土或炉灰等 3 份混匀，用种子重量 0.1% 的混合药剂拌种。

6. 防治黄瓜枯萎病：用 50% 苯菌灵可湿性粉剂 500~1000 倍液于发病初期灌根，每株每次灌 0.25~0.3 公斤。

7. 防治柑橘树疮痂病：在发病前或发病初期，用 50% 苯菌灵可湿性粉剂 500~600 倍液喷雾。每隔 10~15 天 1 次。施药时尽可能做到均匀，柑橘树的果实、叶面及叶背都要喷到。

8. 防治梨树黑星病：在发病前或发病初期，用 50% 苯菌灵可湿性粉剂 500~600 倍液喷雾。每隔 10~15 天 1 次。施药时尽可能做到均匀，柑橘树的果实、叶面及叶背都要喷到。

9. 防治香蕉叶斑病：在发病前或发病初期，用 50% 苯菌灵可湿性粉剂 500~600 倍液喷雾。每隔 10~15 天 1 次。施药时尽可能做到均匀，柑橘树的果实、叶面及叶背都要喷到。

【中毒急救】

一般只对皮肤和眼睛有刺激症状，经口中毒低。吸入后及时提供新鲜空气，如有症状及时就医。皮肤接触后：立即用水和肥皂清洗，并彻底冲洗干净。眼睛接触后：把眼睛打开用流水冲洗几分钟，如有持续的症状，及时就医。误食：立即催吐、洗胃，及时送医院对症治疗。

【注意事项】

1. 苯菌灵可与多种农药混用，但不能与强碱性药剂及含铜制剂混用。

2. 本品在柑橘树上使用安全间隔期为 35 天，每个作物周期的最多使用次数为 2 次。

3. 开启包装物及施药时施药人员穿戴防护服装、防护靴、口罩及手套等防护用品。避免与口眼及皮肤接触；喷药时不要吸烟或饮食，工作完毕后，应清洗手及裸露的皮肤。

4. 连续使用该药剂时可能产生抗药性，为防止此现象的发生，最好和其他作用机制不同杀菌剂交替使用。但不宜与多菌灵、硫菌灵等与苯菌灵存在交互抗性的杀菌剂作为替换药剂。

5. 使用后的包装物应焚烧、深埋。

6. 本品对鱼类中等毒，避免污染水源，切勿在河塘等水域清洗施药器具。

7. 孕妇和哺乳期妇女避免接触。

8. 用过的容器妥善处理，不可做他用，不可随意丢弃。

9. 本品放置于阴凉、干燥、通风、防雨处，远离火源，勿与食品、饲料、种子、日用品等同贮同运。

10. 本品宜置于儿童够不着的地方并上锁，不得重压、破损包装容器。

百菌清

【作用特点】

百菌清是广谱、保护性而非内吸性杀菌剂。对多种作物真菌病害具有预防作用。作用机理是能与真菌细胞中的 3-磷酸甘油醛脱氢酶发生作用，与该酶体中含有半胱氨酸的蛋白质结合，破坏酶的活力，使真菌细胞的代谢受到破坏而丧失生命力。百菌清的主要作用是防止植物受到真菌的侵害。在植物已受到病菌侵害，病菌进入植物体内后，杀菌作用很小。百菌清没有内吸传导作用，不会从喷药部位及植物的根系被吸收。百菌清在植物表面有良好的黏着性，不易受雨水等冲刷，因此具有较长的药效期，在常规用量下，一般药效期约 7～10 天。通过粉剂或粉尘剂烟雾或超微细粉尘细小颗粒沉降附着在植株表面，发挥药效作用，适用于保护地。

【毒性与环境生物安全性评价】

对高等动物毒性低毒。

大鼠急性经口 LD_{50} 大于 10000 毫克/千克。

狗急性经口 LD_{50} 大于 5000 毫克/千克。

兔急性经皮 LD_{50} 大于 10000 毫克/千克。

大鼠急性吸入 1 小时 LD_{50} 大于 4.7 毫克/升。

对兔眼有强烈刺激作用。

在试验条件下无致畸、致突变作用。

对鱼类毒性高毒。

虹鳟鱼 96 小时 LC_{50} 为 0.205 毫克/升。

对鸟类毒性低毒。

野鸭 LC_{50} 大于 21500 毫克/千克；

鹌鹑 LC_{50} 大于 5200 毫克/千克。

人每日允许摄入量为 0.2 毫克/千克体重。

土壤中半衰期为 6 天。

【防治对象】

可广泛防治麦类、水稻、玉米、果树、蔬菜、花生、马铃薯、茶叶、橡胶、森林、花卉等，主要用于果树、蔬菜上锈病、炭疽病、白粉病、霜霉病的防治，可防治瓜类霜霉病、白粉病、炭疽病、疫病；番茄早疫病、晚疫病、黄瓜灰霉病、叶霉病等。

【使用方法】

1. 防治蔬菜幼苗猝倒病：播前 3 天，用 75% 百菌清可湿性粉剂 400～600 倍液将整理好的苗床全面喷洒 1 遍，盖上塑料薄膜闷 2 天后，揭去薄膜晾晒苗床 1 天，准备播种。出苗后，当发现有少量猝倒时，拔除病苗，用 75% 百菌清可湿性粉剂 400～600 倍液泼浇病苗周围床土或喷到土面见水为止，再全苗床喷 1 遍。

2. 防治番茄叶霉病：用种子量 0.4% 的 75% 百菌清可湿性粉剂拌种后播种，田间发病初期喷 75% 百菌清可湿性粉剂 600 倍液喷雾。

3. 防治番茄早疫病：每 666.7 平方米用 40% 百菌清悬浮剂 50～175 克，兑水 50～75 千克喷雾。

4. 防治黄瓜炭疽病：用 75% 百菌清可湿性粉剂 500～600 倍液喷雾。

5. 防治黄瓜霜霉病：每 666.7 平方米用 40% 百菌清悬浮剂 50～175 克，兑水 50～75 千克喷雾。

6. 防治辣椒炭疽病、早疫病、黑斑病及其他叶斑类病害：在发病前或发病初期，用 75% 百菌清可湿性粉剂 500～700 倍液喷雾。7～10 天喷 1 次：连喷 2～4 次。

7. 防治甘蓝黑胫病：发病初期，用 75% 百菌清可湿性粉剂 600 倍液喷雾，7 天左右喷 1 次，连喷 3～4 次。

8. 防治特种蔬菜，如山药炭疽病、石刁柏茎枯病、灰霉病、锈病、黄花菜叶斑病、叶枯病、姜白星病、炭疽病等：在发病初期及时用 75% 百菌清可湿性粉剂 500～800 倍液喷雾，7～10 天喷 1 次，连喷 2～4 次。

9. 防治莲藕腐败病：可用 75% 百菌清可湿性粉剂 800 倍液喷种藕，闷种 24 小时，晾干后种植；在莲始花期或发病初期，拔除病株，每 666.7 平方米用 75% 百菌清可湿性粉剂 500 克，拌细土 25～30 千克，撒施于浅水层藕田，或对水 20～30 千克，加中性洗衣粉 40～60 克，喷洒莲茎秆，隔 3～5 天喷 1 次，连喷 2～3 次。防治莲藕褐斑病、黑斑病：发病初期，用 75% 百菌清可湿性粉剂 500～800 倍液喷雾，7～10 天喷 1 次，连喷 2～3 次。

10. 防治慈姑褐斑病、黑粉病：发病初期，用 75% 百菌清可湿性粉剂 800～1000 倍液喷雾，7～10 天喷 1 次，连喷 2～3 次。

11. 防治芋污斑病、叶斑病、水芹斑枯病：在发病初期，用 75% 百菌清可湿性粉剂 600～800 倍液喷雾，7～10 天喷 1 次，连喷 2～4 次。在药液中加 0.2% 中性洗衣粉，防效会更好。

12. 防治苹果白粉病：在苹果开花前、后，用 75% 百菌清可湿性粉剂 700 倍液喷雾。

13. 防治苹果轮纹烂果病、炭疽病、褐斑病：从幼果期至 8 月中旬，15 天左右喷 1 次，用 75% 百菌清可湿性粉剂 600～700 倍液喷雾，或与其他杀菌剂交替使用。但在苹果谢花 20 天内的幼果期不宜用药。苹果一些黄色品种，特别是金帅品种，用药后会发生锈斑，影响果实品质。

14. 防治梨树黑胫病：仅能在春季降雨前或灌水前，用 75% 百菌清可湿性粉剂 500 倍液喷洒树干基部。不可用百菌清防治其他梨树病害，否则易产生药害。

15. 防治桃褐斑病、疮痂病：在桃树现花蕾期和谢花时各喷 1 次，用 75% 百菌清可湿性粉剂 800～1000 倍液喷雾，以后视病情隔 14 天左右喷 1 次。注意当喷洒药液浓度高时易发生轻微锈斑。

16. 防治葡萄白腐病：用 75% 百菌清可湿性粉剂 500～800 倍液喷雾，在开始发现病害时喷第 1 次药，隔 10～15 天喷 1 次，共喷 3～5 次，或与其他杀菌剂交替使用，可兼治霜霉病。用 75% 百菌清可湿性粉剂 75% 可湿性粉剂 500～600 倍液，或与其他杀菌剂交替使用。

17. 防治葡萄炭疽病：在病菌开始侵染时，用 75% 百菌清可湿性粉剂 500～600 倍液喷雾，共喷 3～5 次，可兼治褐斑病。须注意葡萄的一些黄色品种用药后会发生锈斑，影响果实品质。

18. 防治草莓灰霉病、白粉病、叶斑病：在草莓开花初期、中期、末期各喷 1 次，用 75% 百菌清可湿性粉剂 500～600 倍液喷雾

19. 防治柑橘炭疽病、疮痂病和沙皮病：在春、夏、秋梢嫩叶期和幼果期以及八、九月间，用75%百菌清可湿性粉剂600~800倍液，10~15天喷1次，共喷5~6次，或与其他杀菌剂交替使用。

20. 防治香蕉褐缘灰斑病：用75%百菌清可湿性粉剂800倍液喷雾，从4月份开始，轻病期15~20天喷1次，重病期10~12天喷1次，重点保护心叶和第1、2片嫩叶，1年共喷6~8次，或与其他杀菌剂交替使用。

21. 防治香蕉黑星病：用75%百菌清可湿性粉剂1000倍液喷雾，从抽蕾后苞叶未开前开始，雨季2周喷1次，其他季节每月喷1次，注意喷果穗及周围的叶片。

22. 防治荔枝霜霉病：重病园在花蕾、幼果及成熟期各喷1次，用75%百菌清可湿性粉剂500~1000倍液。

23. 防治札果炭疽病：重点是保护花朵提高穗实率和减少幼果期的潜伏侵染，一般是在新梢和幼果期，用75%百菌清可湿性粉剂500~600倍液喷雾。

24. 防治木菠萝炭疽病、软腐病：在发病初期，用75%百菌清可湿性粉剂600~800倍液喷雾。

25. 防治人心果肿枝病：冬末和早春，用75%百菌清可湿性粉剂600~800倍液喷雾。

26. 防治杨桃炭疽病：幼果期每10~15天喷1次，用75%百菌清可湿性粉剂500~800倍液喷雾。

27. 防治番木瓜炭疽病：在八九月间每隔10~15天喷1次，用75%百菌清可湿性粉剂600~800倍液喷雾，共喷3~4次，重点喷洒果实。

28. 防治茶树茶白星病：关键是适期施药，应在茶鲜叶展开期或在叶发病率达6%时进行第一次喷药，在重病区，每隔7~10天再喷1次，用75%百菌清可湿性粉剂800倍液喷雾。

29. 防治茶炭疽病、茶云纹叶枯病、茶饼病、茶红锈藻病：在发病初期，用75%百菌清可湿性粉剂600~1000倍液喷雾。

30. 防治杉木赤枯病、松枯梢病：用75%百菌清可湿性粉剂600~1000倍液喷雾。

31. 防治大叶合欢锈病、相思树锈病、抽木锈病等：用75%百菌清可湿性粉剂400倍液喷雾，每15天喷1次，共喷2~3次。

32. 防治橡胶树炭疽病、溃疡病：用75%百菌清可湿性粉剂500~00倍液喷雾。

33. 防治油料作物病害防治油菜黑斑病、霜霉病：在发病初期，每666.7平方米用75%百菌清可湿性粉剂110克，兑水50~75千克喷雾，隔7~10天喷1次，连喷2~3次。

34. 防治油菜菌核病：在盛花期，叶病株率10%、茎病株率1%时开始，用75%百菌清可湿性粉剂500~600倍液喷雾，7~10天喷1次，共喷2~3次。

35. 防治花生锈病和叶斑病：发病初期，每666.7平方米用75%百菌清可湿性粉剂100~125克，兑水60~75千克喷雾，每隔10~14天喷1次，共喷2~3次。

36. 防治大豆霜霉病、锈病：用75%百菌清可湿性粉剂700~800倍液喷雾，7~10天喷1次，共喷2~3次。对霜霉病自初花期发现少数病株叶背面有霜状斑点、叶面为退绿斑时即开始喷药。对锈病在花期下，下部叶片有锈状斑点时即开始喷药。

37. 防治向日葵黑斑病：一般在7月末发病初期，用75%百菌清可湿性粉剂600~1000倍液喷雾，7~10天喷1次，共喷2~3次。

38. 防治蓖麻枯萎病和疫病：在发病初期，用75%百菌清可湿性粉剂600~1000倍液喷雾，7~10天喷1次，共喷2~3次。

39. 发展期棉麻病害棉苗根病：100千克棉籽用75%百菌清可湿性粉剂800~1000克拌种。

40. 防治棉花苗期黑斑病：在降温前，用75%百菌清可湿性粉剂500倍液喷雾，有很好的预防效果。

41. 防治红麻炭疽病：播种前，用75%百菌清可湿性粉剂100～150倍液浸种24小时后，捞出晾干播种。苗期喷雾，一般在苗高30厘米时，用75%百菌清可湿性粉剂500～600倍液喷雾，对轻病田，拔除发病中心后喷药防止病害蔓延；对重病田，每7天喷1次，连喷3次。

42. 防治黄麻黑点炭疽病和枯腐病：播前用20～22℃，用75%百菌清可湿性粉剂100倍液浸种24小时；生长期在发病初，用75%百菌清可湿性粉剂400～500倍液喷雾。此浓度喷雾还可防治黄麻褐斑病、茎斑病。

43. 防治亚麻斑枯病：在发病初，用75%百菌清可湿性粉剂600～800倍液喷雾。

44. 防治大麻秆腐病、霜霉病：简麻霜霉病，用75%百菌清可湿性粉剂600倍液喷雾。

45. 防治烟草赤星病、炭疽病、白粉病、破烂叶斑病、蛙眼病、黑斑病、早疫病、立即枯病等：在发病前或发病初期开始喷药，7～10天喷1次，连喷2～3次，用75%百菌清可湿性粉剂500～800倍液喷雾。

46. 防治烟草根黑腐病：用75%百菌清可湿性粉剂800～1000倍液喷苗床或烟苗茎基部。

47. 防治甘蔗眼点病：在发病初期，用75%百菌清可湿性粉剂400倍液喷雾，7～10天喷1次，有较好防治效果。

48. 防治甜菜褐斑病：当田间有5%～10%病株时开始喷药，每666.7平方米用75%百菌清可湿性粉剂60～100克，兑水50千克喷雾，15天后再喷1次。对发病早、降雨频繁且连续时间长时，需喷3～4次。

49. 防治人参斑枯病、北沙参黑斑病、西洋参黑斑病、白花曼陀罗黑斑病和轮纹病、枸杞炭疽病、灰斑病和霉斑病、牛蒡黑斑病、女贞叶斑病、阳春砂仁叶斑病、薄荷灰斑病、落葵紫斑病、白术斑枯病、黄芪、车前草、菊花、薄荷的白粉病、麦冬、萱草、红花、量天尺的炭疽病、百合基腐病、地黄轮纹病、板蓝根霜霉病和黑斑病等：在发病初期开始喷药。用75%百菌清可湿性粉剂500～800倍液喷雾，7～10天喷1次，共喷2～3次，采收前5～7天停止用药。

50. 防治北沙参黑斑病：除喷雾外，在播前用种子量0.3%的75%百菌清可湿性粉剂拌种。

51. 防治玉竹曲霉病：每666.7平方米用75%百菌清可湿性粉剂1千克，拌细土50千克，撒施于病株基部。防治量天尺炭疽病可于植前用75%百菌清可湿性粉剂800倍液浸泡繁殖材料10分钟，取出待药液干后再插植。

52. 可防治多种花卉幼苗碎倒病、白粉病、霜霉病、叶斑类病等害：一般在发病初期开始，用75%百菌清可湿性粉剂600～1000倍液喷雾，7～10天喷1次，共喷2～3次。防治幼苗碎倒病，注意喷洒幼苗嫩茎和中心病株及其附近的病土。防治疫霉病在喷植株的同时也应喷病株的土表。

53. 防治麦类赤霉病、叶锈病、叶斑病：每666.7平方米用75%百菌清可湿性粉剂80～120克，兑水45～60千克喷雾。

54. 防治玉米小斑病：每666.7平方米用75%百菌清可湿性粉剂100～175克，兑水50～75千克喷雾。

55. 防治水稻稻瘟病和纹枯病：每666.7平方米用75%百菌清可湿性粉剂100～125克，兑水50～60千克喷雾。

【特别说明】

1. 百菌清对柿树易产生药害，不宜使用。

2. 百菌清有蔬花、蔬果作用，在果树上使用须注意使用适期和使用浓度。

3. 百菌清与杀螟松混用，桃树易发生药害；百菌清与克螨特、三环锡等混用，茶树会产生药害。

4. 百菌清对梨、柿、桃、梅和苹果树等使用浓度偏高时会发生药害，施药时应避免药液喷溅到以上作物。

【中毒急救】

皮肤、眼黏膜和呼吸道受刺激引起结膜炎和角膜炎，炎症消退较慢。吸入后：及时提供新鲜空气，如有症状及时就医。皮肤接触后：立即用水和肥皂清洗，并彻底冲洗干净。眼睛接触后：把眼睛打开用流水冲洗几分钟，如有持续的症状，及时就医。对发生过敏的患者，须由专业医生给予抗组织胺或类固醇药物治疗；误食：可洗胃，不能催吐。

【注意事项】

1. 本品不能与碱性药剂混用，也不能与含铜、汞物质混用。

2. 在黄瓜作物上使用的安全间隔期为 7 天，每季最多施药次数为 3 次；在花生作物上使用的安全间隔期为 14 天，每季最多施药次数为 3 次；在番茄作物上使用的安全间隔期为 14 天，每季作物最多施药次数为 3 次。

3. 百菌清对鱼有毒，对家蚕毒性为高风险，应避免在鱼类养殖水体、蚕室内及附近使用，药液及施药用水避免进入鱼类养殖区、产卵区、洄游通道等敏感水区及保护区。施药器械不得在河塘内洗涤。

4. 百菌清对梨、柿、桃、梅和苹果树等使用浓度偏高时会发生药害，施药时应避免药液喷溅到以上作物。

5. 开启包装物及施药时施药人员穿戴防护服装、防护靴、口罩及手套等防护用品。避免与口眼及皮肤接触；喷药时不要吸烟或饮食，工作完毕后，应清洗手及裸露的皮肤。

6. 连续使用该药剂时可能产生抗药性，为防止此现象的发生，最好和其他作用机制不同杀菌剂交替使用。

7. 在使用本品时，应避免孕妇及哺乳期妇女接触。

8. 用过的容器妥善处理，不可做他用，不可随意丢弃。

9. 本品放置于阴凉、干燥、通风、防雨处，远离火源，勿与食品、饲料、种子、日用品等同贮同运。

10. 本品宜置于儿童够不着的地方并上锁，不得重压、破损包装容器。

吡唑醚菌酯

【作用特点】

吡唑醚菌酯为新型广谱杀菌剂。其作用机理为线粒体呼吸抑制剂，即通过在细胞色素合成中阻止电子转移。它具有保护、治疗、叶片渗透传导作用，具有植物健康作用，可改善作物品质。它可以增加叶绿素含量，增强光合作用，降低植物呼吸作用，增加碳水化合物积累，提高硝酸还原酶活性，增加氨基酸及蛋白质的积累，提高作物对病菌侵害的抵抗力，促进超氧化物歧化酶的活性，提高作物的抗逆能力，如干旱、高温、和冷凉，提高座果率、果品甜度、及胡萝卜素含量，抑制乙烯合成，延长果品保存期，并增加产量和单果重量。吡唑醚菌酯乳油经田间药效试验结果表明，对黄瓜白粉病、霜霉病和香蕉黑星病、叶斑病、菌核病等有较好的防治效果。防治黄瓜白粉病、霜霉病的用药量为有效成分 75 ~ 150 克/公顷（折成乳油商品量为 20 ~ 40 毫升/667 平方米）。加水稀释后，在发病初期均匀喷雾，一般喷药 3 ~ 4 次，间隔 7 天喷 1 次药。防治香蕉黑星病、叶斑病的有效成分浓度为 82.3 ~ 250 毫克/千克（稀释倍数为 1000 ~ 3000 倍），在发病初期开始喷雾，一般喷药 3 次，间隔 10 天喷 1 次药。喷药次数视病情而定。对黄瓜、香蕉安全，未见药害发生。吡唑醚菌酯具有新型作用机制，可作为病害综合治理及抗性管理的新的有效工具。

【毒性与环境生物安全性评价】

对高等动物毒性中等毒。

原药大鼠急性经口 LD_{50} 大于 5000 毫克/千克；

原药大鼠急性经皮 LD_{50} 大于 5000 毫克/千克；

原药大鼠急性吸入 LC_{50} 大于 0.31 毫克/升。

对兔眼睛、皮肤无刺激性。

豚鼠皮肤致敏试验结果为无致敏性。

大鼠 3 个月亚慢性喂饲试验最大无作用剂量：雄性大鼠为 9.2 毫克/千克·天；雌性大鼠为 12.9 毫克/千克·天。

三项致突变试验：Ames 试验、小鼠骨髓细胞微核试验、生殖细胞染色体畸变试验均为阴性。未见致突变作用。大鼠致畸试验未见致畸性。大鼠 2 年慢性喂饲试验最大无作用剂量：雄性大鼠为 3.4 毫克/千克·天；雌性大鼠为 4.6 毫克/千克·天.大鼠、小鼠致癌试验结果未见致癌性。

制剂雄大鼠急性经口 LD_{50} 大于 500 毫克/千克；

制剂雌大鼠急性经口 LD_{50} 为 260 毫克/千克；

制剂大鼠急性吸入 LC_{50} 大于 3.51 毫克/升。

对兔眼睛和皮肤均有刺激性。

豚鼠皮肤致敏试验结果为无致敏性。

对鱼毒性剧毒。

虹鳟鱼 96 小时 LC_{50} 为 0.01 毫克/升；

蓝鳃太阳鱼 LC_{50} 为 0.0316 毫克/升；

鲤鱼 LC_{50} 为 0.0316 毫克/升。

对水生生物毒性高毒。

水蚤 48 小时 LC_{50} 为 15.7 微克/升。

对鸟类毒性低毒。

北美鹌鹑 LD_{50} 大于 2000 毫克/千克；

野鸭 LD_{50} 大于 5000 毫克/千克。

对蜜蜂毒性低毒。

蜜蜂 48 小时经口 LD_{50} 大于 73.105 微克/只；

蜜蜂接触 LD_{50} 大于 100 微克/只。

【防治对象】

吡唑醚菌酯对瓜果的白粉病、霜霉病、炭疽病、叶斑病、黑星病、轴腐病、褐斑病等病害具有较强的防治效果，同时具有保护和治疗作用。

【使用方法】

1. 防治白菜炭疽病：每 667 平方米用 250 克/升吡唑醚菌酯乳油 30～50 毫升，兑水 50～60 千克喷雾，发病前或发病初期用药，间隔 7 天连续施药，每季作物施药 3 次。

2. 防治黄瓜霜霉病、白粉病：每 667 平方米用 250 克/升吡唑醚菌酯乳油 20～40 毫升，兑水 50～60 千克喷雾，发病初期用药，间隔 7～14 天连续施药，每季作物最多施药 4 次。

3. 防治西瓜炭疽病：每 667 平方米用 250 克/升吡唑醚菌酯乳油 15～30 毫升，兑水 50～60 千克喷雾，发病前或发病初期用药，间隔 7～10 连续施药，每季作物施药 2～3 次。

4. 调节西瓜健康生长：每 667 平方米用 250 克/升吡唑醚菌酯乳油 10～25 毫升，兑水 50

~60 千克喷雾，施药 2~3 次，分别在西瓜伸蔓期、初花期和座果期各施药 1 次。

5. 防治芒果树炭疽病：用 250 克/升吡唑醚菌酯乳油 1000~2000 倍液喷雾，嫩梢抽生 3~5 厘米时开始施药，间隔 7~10 连续施药，每季作物施药 2~3 次。

6. 防治香蕉轮腐病、炭疽病：用 250 克/升吡唑醚菌酯乳油 1000~2000 倍液喷雾，分梳后在药液中浸泡 2 分钟，捞出后晾干，装入聚乙烯袋密封贮存。

7. 防治香蕉叶斑病、黑星病：用 250 克/升吡唑醚菌酯乳油 1000~2000 倍液喷雾，发病初期用药，间隔 10~15 天连续施药。

8. 调节香蕉营养：用 250 克/升吡唑醚菌酯乳油 2000~1000 倍液喷雾，生长期施药 3 次，间隔 10 天连续施药。

9. 防治玉米大斑病：每 667 平方米用 250 克/升吡唑醚菌酯乳油 30~50 毫升，兑水 50~60 千克喷雾，病前或发病初期用药，间隔 10~20 天连续施药，每季作物施药 2~3 次。

10. 调节玉米健康生长：每 667 平方米用 250 克/升吡唑醚菌酯乳油 30~50 毫升，兑水 50~60 千克喷雾，第 1 次施药在玉米 7~10 叶期，第 2 次施药在玉米抽雄吐丝期。

11. 防治茶树炭疽病：用 250 克/升吡唑醚菌酯乳油 1000~2000 倍液喷雾，茶树新叶发病初期用药，间隔 7~10 天连续施药，全期施药 2 次。

12. 防治草坪褐斑病：用 250 克/升吡唑醚菌酯乳油 1000~2000 倍液喷雾，发病初期用药，间隔 7~10 天连续施药，连续用药 2~3 次。喷雾均匀，茎基部充分湿润。

【中毒急救】

吸入后：及时提供新鲜空气，如有症状及时就医。皮肤接触后：立即用水和肥皂清洗，并彻底冲洗干净。眼睛接触后：把眼睛打开用流水冲洗几分钟，如有持续的症状，及时就医。误食：立即催吐、洗胃，及时送医院对症治疗。

【注意事项】

1. 本品不能与强碱性药剂及含铜制剂混用。

2. 本品在黄瓜上使用安全间隔期为 2 天，每个作物周期的最多使用次数为 4 次；在白菜上使用安全间隔期为 14 天，每个作物周期的最多使用次数为 3 次；在西瓜上使用安全间隔期为 5 天，每个作物周期的最多使用次数为 3 次；在黄瓜上使用安全间隔期为 42 天，每个作物周期的最多使用次数为 3 次；在芒果上使用安全间隔期为 7 天，每个作物周期的最多使用次数为 3 次；在茶树上使用安全间隔期为 21 天，每个作物周期的最多使用次数为 2 次。

3. 连续使用该药剂时可能产生抗药性，为防止此现象的发生，最好和其他作用机制不同杀菌剂交替使用。

4. 本品对鱼毒性高，药械不得在池塘等水源和水体中洗涤，残液不得倒入水源和水体中。

5. 开启包装物及施药时施药人员穿戴防护服装、防护靴、口罩及手套等防护用品。避免与口眼及皮肤接触；喷药时不要吸烟或饮食，工作完毕后，应清洗手及裸露的皮肤。

6. 孕妇与哺乳期妇女禁止接触本品。

7. 用过的容器妥善处理，不可做他用，不可随意丢弃。

8. 本品放置于阴凉、干燥、通风、防雨处，远离火源，勿与食品、饲料、种子、日用品等同贮同运。

9. 本品宜置于儿童够不着的地方并上锁，不得重压、破损包装容器。

丙环唑

【作用特点】

丙环唑是一种具有保护和治疗作用的内吸性三唑类杀菌剂，可被根、茎、叶部吸收，并能很快地在植物株体内向上传导，能防治子囊菌、担子菌和半知菌引起的病害，特别是对小麦全蚀病、白粉病、锈病、根腐病、水稻恶菌病、香蕉叶斑病具有较好的防治效果。丙环唑是属于甾醇抑制剂中的三唑类杀菌剂，其作用机理是影响甾醇的生物合成，麦角甾醇在真菌细胞膜的构成中起重要作用，丙环唑通过干扰 C14－去甲基化而妨碍真菌体内麦角甾醇的生物合成，从而破坏真菌的生长繁殖，从而起到杀菌、防病和治病的功效。丙环唑具有杀菌谱广泛、活性高、杀菌速度快、持效期长、内吸传导性强等特点，已经成为世界上大吨位的三唑类新型广谱性杀菌剂代表品种。它有效地防治大多数高等真菌引起的病害，但对卵菌类病害无效。丙环唑残效期在 1 个月左右。

【毒性与环境生物安全性评价】

对高等动物毒性低毒。

原药大鼠急性经口 LD_{50} 为 1517 毫克/千克；

原药大鼠急性经皮 LD_{50} 大于 4000 毫克/千克；

原药大鼠急性吸入 LC_{50} 大于 1000 毫克/升。

对兔眼睛有轻微刺激性；

对兔皮肤有轻微刺激性。

制剂大鼠急性经口 LD_{50} 为 2105 毫克/千克；

制剂大鼠急性经皮 LD_{50} 大于 2500 毫克/千克；

制剂大鼠急性吸入 LC_{50} 大于 1000 毫克/升。

对兔眼睛有轻微刺激性；

对兔皮肤有轻微刺激性。

大鼠亚急性无作用剂量为 16 毫克/千克·天；

狗亚急性无作用剂量为 36 毫克/千克·天；

家兔亚急性无作用剂量为 200 毫克/千克·天。

大鼠慢性无作用剂量为 4.1 毫克/千克·天；

小鼠慢性无作用剂量为 10.4 毫克/千克·天。

各种试验表明，无致畸、致癌作用和致突变作用。

对鱼毒性中等毒。

虹鳟鱼 96 小时 LC_{50} 为 5.3 毫克/升；

鲤鱼 96 小时 LC_{50} 为 6.8 毫克/升。

对鸟类毒性低毒。

日本鹌鹑 LD_{50} 大于 2223 毫克/千克；

北美鹌鹑 LD_{50} 大于 2510 毫克/千克。

对蜜蜂毒性无毒。

蜜蜂经口 LD_{50} 大于 100 微克/只；

蜜蜂接触 LD_{50} 大于 100 微克/只。

人每日允许摄入量为 0.04 毫克/千克体重。

土壤中半衰期为 40~70 天。

水中半衰期为 25~85 天。

【防治对象】

丙环唑除对藻菌病害无效外，对子囊菌属、担子菌属、半知菌属真菌在粮食作物、蔬菜、水果以及观赏植物上引起的多种病害有效，特别是对小麦根腐病、白粉病、水稻恶苗病，各种锈病、叶斑病、颖枯病、网黑穗病等，具有较好的防治效果，但对卵菌病害无效。此外，还可用于防治黄瓜白粉病、菜豆白粉病、番茄白粉病、苹果白粉病、黑星病、青霉腐料病和花生、大豆、咖啡等多种病害。

【使用方法】

1. 防治水稻纹枯病：发病前或发病初期，每667平方米用25%丙环唑乳油20~40毫升，兑水45~60千克喷雾。

2. 防治小麦白粉病：发病前或发病初期，每667平方米用25%丙环唑乳油30~40毫升，兑水45~60千克喷雾。

3. 防治香蕉叶斑病：在发病初期：用25%丙环唑乳油500~1000倍液喷雾效，间隔21~28天。根据病情的发展，可考虑连续喷施第2次。

4. 防治葡萄炭疽病：如果在发病初期前，用于保护性防治，用25%丙环唑乳油250倍液喷雾；如果用于治疗性防治葡萄炭疽病，在发病中期，用25%丙环唑乳油3000倍液喷雾，间隔期可达30天。

5. 防治花生叶斑病：用25%丙环唑乳油2500倍液在发病初期进行喷雾，间隔14天连续喷药2~3次。

6. 防治西瓜蔓枯病：在西瓜膨大期，用25%丙环唑乳油5000倍液喷雾。

7. 防治番茄炭疽病：在发病初期，用25%丙环唑乳油2500倍液喷雾。

8. 防治辣椒叶斑病：在发病初期，用25%丙环唑乳油2500倍液喷雾。

9. 防治草莓白粉病：在发病初期，用25%丙环唑乳油4000倍液喷雾

10. 防治小麦纹枯病：初发病时，用25%丙环唑乳油1500倍液喷雾；发病中期，用25%丙环唑乳油1000倍液喷雾。每亩喷水量人工不少于60千克，拖拉机不少于10千克，飞机不少于1~2千克。在小麦茎基节间均匀喷药。

【中毒急救】

中毒症状一般只对皮肤和眼有刺激作用，经口毒性低，误服，可引起恶心、呕吐等。一旦接触到皮肤：应立即脱去污染的衣着，用大量肥皂水或流动清水彻底冲洗接触区。眼睛接触：立即提起眼睑，用流动清水或生理盐水彻底冲洗至少15分钟，及时就医。吸入：应迅速脱离现场至空气新鲜处。保持呼吸道通畅。如呼吸困难，予以输氧。如呼吸停止，立即进行人工呼吸，及时就医。误食：立即催吐、洗胃，并及时送医院。

【注意事项】

1. 本品不能与强碱性药剂及含铜制剂混用。

2. 安全间隔期：在水稻上使用为45天，在小麦上使用为28天，香蕉收获前42天。每季作物最多用药次数均为2次。

3. 连续使用该药剂时可能产生抗药性，为防止此现象的发生，最好和其他作用机制不同杀菌剂交替使用。

4. 对鱼及水生生物有毒，清洗喷雾器的废水须妥善处理，切勿污染河水、井水或水源；使用后的空包装也须妥善处理，切勿污染环境。

5. 使用时，不同作物及不同品种耐药力差异较大，在大面积用药前应由农业技术推广部门进行小范围试验，确定药效、使用剂量无药害后，在农技部门指导下再大面积推广使用，以免带来不必要的损失。

6. 本品在农作物的花期、苗期、幼果期、嫩梢期，稀释倍数要求达到3000~4000倍，并在植保技术人员的指导下使用。可以和大多数酸性农药混配使用。

7. 开启包装物及施药时施药人员穿戴防护服装、防护靴、口罩及手套等防护用品。避免与口眼及皮肤接触；喷药时不要吸烟或饮食，工作完毕后，应清洗手及裸露的皮肤。

8. 孕妇与哺乳期妇女禁止接触本品。

9. 用过的容器妥善处理，不可做他用，不可随意丢弃。

10. 本品放置于阴凉、干燥、通风、防雨处，远离火源，勿与食品、饲料、种子、日用品等同贮同运。

11. 本品宜置于儿童够不着的地方并上锁，不得重压、破损包装容器。

苯醚甲环唑

【作用特点】

苯醚甲环唑是三唑类杀菌剂中安全性比较高的，内吸性杀菌，具保护和治疗作用。它属甾醇脱甲基化抑制剂，主要抑制细胞壁甾醇的生物合成，阻止真菌的生长，能够快速内吸到叶片内部，有很高的再分布能力，在叶片内向上向外移动，抑制孢子囊的形成，阻止病菌的侵染。它杀菌谱广，叶面处理或种子处理可提高作物的产量和保证品质。它对子囊菌纲、担子菌纲和包括链格孢属、壳二孢属、尾孢霉属、刺盘孢属、球痤菌属、茎点霉属、柱隔孢属、壳针孢属、黑星菌属在内的半知病，白粉菌科、锈菌目及某些种传病原菌有持久的保护和治疗作用。它对葡萄炭疽病、白腐病效果也很好。它广泛应用于果树、蔬菜等作物，有效防治黑星病，黑痘病、白腐病、斑点落叶病、白粉病、褐斑病、锈病、条锈病、赤霉病等。它在植株内的持效期可达 20 天。

【毒性与环境生物安全性评价】

对高等动物毒性低毒。

原药大鼠急性经口 LD_{50} 为 1453 毫克/千克；

原药兔急性经皮 LD_{50} 大于 2010 毫克/千克；

原药大鼠急性吸入 4 小时 LC_{50} 大于 0.045 毫克/升。

对兔眼睛有刺激性；

对兔皮肤有刺激性。

豚鼠皮肤变态试验结果为无致敏性。

制剂大鼠急性经口 LD_{50} 大于 5000 毫克/千克；

制剂兔急性经皮 LD_{50} 大于 2000 毫克/千克；

制剂大鼠急性吸入 4 小时 LC_{50} 大于 6 毫克/升。

对兔眼睛有刺激性；

对兔皮肤有刺激性。

豚鼠皮肤变态试验结果为无致敏性。

各种试验表明，无致畸、致癌作用和致突变作用。

对鱼毒性中等毒。

虹鳟鱼 96 小时 LC_{50} 为 0.8 毫克/升。

对鸟类毒性低毒。

野鸭急性经口 LD_{50} 大于 2150 毫克/千克。

对蜜蜂毒性无害。

对蚯蚓无害。

人每日允许摄入量为 0.01 毫克/千克体重。

【防治对象】

对子囊亚门、担子菌亚门和包括链格孢属、壳二孢属、尾孢霉属、刺盘孢属、球座菌属、茎点霉属、柱隔孢属、壳针孢属、黑星菌属在内的半知菌、白粉菌科、锈菌目和某些种传病原菌有持久的保护和治疗活性。同时对甜菜褐斑病、麦颖枯病、叶枯病、锈病和由几种致病菌引起的霉病、苹果黑星病、白粉病、葡萄白粉病、马铃薯早疫病、花生叶斑病、网斑病等均有较好的治疗效果。主要用于防治梨黑星病、苹果斑点落叶病、番茄早疫病、西瓜蔓枯病、辣椒炭疽病、草莓白粉病、葡萄炭疽病、黑痘病、柑橘疮痂病等。

【使用方法】

1. 防治香蕉叶斑病：叶片发病初期，用 25% 苯醚甲环唑乳油 2000 ~ 3000 倍液喷雾，用足够的稀释药液全株叶部喷雾，每隔 10 天再喷一次。

2. 防治香蕉黑星病：叶片发病初期，用 25% 苯醚甲环唑乳油 2000 ~ 3000 倍液喷雾，用足够的稀释药液全株叶部喷雾，每隔 10 天再喷一次。

3. 防治梨黑星病：在发病初期，用 10% 苯醚甲环唑水分散颗粒剂 6000 ~ 7000 倍液喷雾。发病严重时可提高浓度，建议用 10% 苯醚甲环唑水分散颗粒剂 3000 ~ 5000 倍液喷雾，间隔 7 ~ 14 天，连续喷药 2 ~ 3 次。

4. 防治苹果斑点落叶病：发病初期，用 10% 苯醚甲环唑水分散颗粒剂 2500 ~ 3000 倍液喷雾。发病严重时可提高浓度，建议用 10% 苯醚甲环唑水分散颗粒剂 1500 ~ 2000 倍液喷雾，间隔 7 ~ 14 天，连续喷药 2 ~ 3 次。

5. 防治葡萄炭疽病、黑痘病：发病初期，用 10% 苯醚甲环唑水分散颗粒剂 1500 ~ 2000 倍液喷雾。

6. 防治柑橘疮痂病：发病初期，用 10% 苯醚甲环唑水分散颗粒剂 1500 ~ 2000 倍液喷雾。

7. 防治西瓜蔓枯病：发病初期，每 667 平方米用 10% 苯醚甲环唑水分散颗粒剂 50 ~ 80 克，兑水 45 ~ 60 千克喷雾。

8. 防治草莓白粉病：发病初期，每 667 平方米用 10% 苯醚甲环唑水分散颗粒剂 20 ~ 40 克，兑水 45 ~ 60 千克喷雾。

9. 防治番茄早疫病：发病初期，用 10% 苯醚甲环唑水分散颗粒剂 800 ~ 1200 倍液喷雾。

10. 防治辣椒炭疽病：发病初期，用 10% 苯醚甲环唑水分散颗粒剂 800 ~ 1200 倍液喷雾。

【中毒急救】

无典型中毒症状。一旦发生中毒，请对症治疗。用药时如果感觉不适，立即停止工作，采取急救措施，并送医就诊。皮肤接触：立即脱掉被污染的衣物，用大量清水彻底清洗受污染的皮肤，如皮肤刺激感持续，请医生诊治。眼睛溅药：立即将眼睑翻开，用清水冲洗至少15 分钟，请医生诊治。吸入：立即将吸入者转移到空气新鲜处，如果吸入者停止呼吸，需进行人工呼吸。注意保暖和休息，请医生诊治。误服：请勿引吐，送医就诊。紧急医疗措施：使用医用活性炭洗胃，注意防止胃内容物进入呼吸道。注意：对昏迷病人，切勿经口喂入任何东西或引吐。解毒剂：无专用解毒剂，对症治疗。

【注意事项】

1. 本品不能与强碱性药剂及含铜制剂混用。

2. 一季作物最多施用次数 3 次，安全间隔期 42 天。

3. 连续使用该药剂时可能产生抗药性，为防止此现象的发生，最好和其他作用机制不同杀菌剂交替使用。

4. 本品对水生生物有危害，药液及其废液不得污染各类水域，避免本品直接流入鱼塘、水池等而污染水源，禁止在河塘等水体中清洗施药工具。

5. 开启包装物及施药时施药人员穿戴防护服装、防护靴、口罩及手套等防护用品。避免与口眼及皮肤接触；喷雾时不要吸烟或饮食，工作完毕后，应清洗手及裸露的皮肤。

6. 孕妇与哺乳期妇女禁止接触本品。

7. 用过的容器妥善处理，不可做他用，不可随意丢弃。

8. 本品放置于阴凉、干燥、通风、防雨处，远离火源，勿与食品、饲料、种子、日用品等同贮同运。

9. 本品宜置于儿童够不着的地方并上锁，不得重压、破损包装容器。

长川霉素

【作用特点】

长川霉素是我国自主创制开发的大环内酯类农用抗生素杀菌剂。长川霉素为一种微生物源杀菌剂，它的微生物是一种属于链霉菌属的菌种，是从广西梧州地区的土壤中分离而得的。它具有根部内吸作用，但无叶片内吸传导作用。它对灰霉病病原菌的孢子萌发和菌丝生长有抑制作用。经田间药效试验表明，它对番茄灰霉病有较好的防效，

【毒性与环境生物安全性评价】

对高等动物毒性中等毒。

原药雄大鼠急性经口 LD_{50} 为 270 毫克/千克；

原药雌大鼠急性经口 LD_{50} 为 126 毫克/千克；

原药大鼠急性经皮 LD_{50} 大于 2000 毫克/千克。

对兔眼睛有轻微刺激性；

对兔皮肤无刺激性。

豚鼠皮肤致敏试验结果为中等致敏性。

大鼠 3 个月亚慢性饲喂试验最大无作用剂量雄性为 6.5 毫克/千克·天；

大鼠 3 个月亚慢性饲喂试验最大无作用剂量雌性为 1.3 毫克/千克·天。

各种试验表明，无致畸、致癌作用和致突变作用。

制剂雄大鼠急性经口 LD_{50} 为 2000 毫克/千克；

制剂雌大鼠急性经口 LD_{50} 为 1080 毫克/千克；

制剂大鼠急性经皮 LD_{50} 大于 2000 毫克/千克。

对兔眼睛有中度刺激性；

对兔皮肤无刺激性。

豚鼠皮肤致敏试验结果为弱致敏性。

对鱼毒性中等毒。

斑马鱼 48 小时 LC_{50} 为 1.35 毫克/升。

对蜜蜂毒性中等毒。

蜜蜂胃毒法 48 小时 LC_{50} 为 271.08 毫克/升。

对鸟类毒性中等毒。

鹌鹑灌胃法 7 天 LD_{50} 为 15.2 毫克/千克。

对家蚕毒性低毒。

2 龄家蚕食下毒叶法 LC_{50} 为 2065 毫克/千克·桑叶。

对鱼类有危害。

对蜜蜂有危害。

【防治对象】

长川霉素对玉米小斑病、稻瘟病、炭疽病、白粉病、菌核病、霜霉病等多种作物真菌病害有良好的防治效果。

【使用方法】

对番茄灰霉病有较好的防效：每 666.7 平方米用 1% 长川霉素乳油 80～500 毫升，兑水 75 千克混合均匀后叶面喷雾。使用时期为番茄灰霉病发病初期，即番茄处于一塔开花座果期，一般连续喷药 2～6 次，视病情而定，间隔 7 天喷药 1 次。

【中毒急救】

无典型中毒症状。一旦发生中毒，请对症治疗。用药时如果感觉不适，立即停止工作，采取急救措施，并送医就诊。皮肤接触：立即脱掉被污染的衣物，用大量清水彻底清洗受污染的皮肤，如皮肤刺激感持续，请医生诊治。眼睛溅药：立即将眼睑翻开，用清水冲洗至少 15 分钟，请医生诊治。吸入：立即将吸入者转移到空气新鲜处，如果吸入者停止呼吸，需进行人工呼吸。注意保暖和休息，请医生诊治。误服：请勿引吐，送医就诊。紧急医疗措施：使用医用活性炭洗胃，注意防止胃内容物进入呼吸道。注意：对昏迷病人，切勿经口喂入任何东西或引吐。解毒剂：无专用解毒剂，对症治疗。

【注意事项】

1. 本品不能与强碱性药剂及含铜制剂混用。

2. 连续使用该药剂时可能产生抗药性，为防止此现象的发生，最好和其他作用机制不同杀菌剂交替使用。

3. 施药 8 小时内遇雨要补喷。

4. 药液贮存时间不能过久，以免降低药效。

5. 本品对鱼类有风险，避免药液污染水源。

6. 本品对蜜蜂有毒性，蜜源作物花期禁止使用。

7. 开启包装物及施药时施药人员穿戴防护服装、防护靴、口罩及手套等防护用品。避免与口眼及皮肤接触；喷药时不要吸烟或饮食，工作完毕后，应清洗手及裸露的皮肤。

8. 孕妇与哺乳期妇女禁止接触本品。

9. 用过的容器妥善处理，不可做他用，不可随意丢弃。

10. 本品放置于阴凉、干燥、通风、防雨处，远离火源，勿与食品、饲料、种子、日用品等同贮同运。

11. 本品宜置于儿童够不着的地方并上锁，不得重压、破损包装容器。

春雷霉素

【作用特点】

春雷霉素是放线菌产生的代谢产物。它属内吸抗生素，兼有治疗和预防作用。杀菌机理是干扰氨基酸的代谢酯酶系统，从而影响蛋白质的合成，抑制菌丝伸长和造成细胞颗粒化，但对孢子萌发无影响。春雷霉素是防治多种细菌和真菌性病害的理想药剂，有预防、治疗、生长调剂功能。它既是防治稻瘟病的专用抗生素外，还对水稻细条病、柑橘流胶病、砂皮病、猕猴桃溃疡病、辣椒细菌性疮痂病、芹菜早疫病、菜豆昏枯病、菱白胡麻斑病等有好的防治效果。

【毒性与环境生物安全性评价】

对高等动物毒性低毒。

大鼠急性经口 LD_{50} 为 8000 毫克/千克；

大鼠急性经皮 LD_{50} 大于 4000 毫克/千克；

大鼠急性吸入 4 小时 LC_{50} 大于 2.4 毫克/升。

对鱼虾毒性低毒。

鲤鱼 48 小时 LC_{50} 大于 40 毫克/升；

金鱼 48 小时 LC_{50} 大于 40 毫克/升。

对鸟类毒性低毒。

日本鹌鹑急性经口 LD_{50} 大于 4000 毫克/千克。

对蜜蜂有一定毒性。

蜜蜂接触 LD_{50} 大于 40 微克/只。

【防治对象】

对水稻上的稻瘟病有优异防效和治疗作用。春雷霉素还可防治番茄叶霉病、西瓜细菌性角斑病、桃树流胶病、疮痂病、穿孔病等病害。

【使用方法】

1. 防治黄瓜炭疽病、细菌性角斑病：用2%春雷霉素水剂400～750倍液喷雾。于发病初期开始用药，7～10天后第2次用药，共用2次即可。

2. 防治西红柿叶霉病、灰霉病：用2%春雷霉素水剂550～1000倍液喷雾。于发病初期开始用药，7～10天后第2次用药，共用2次即可。

3. 防治甘蓝黑腐病：用2%春雷霉素水剂550～1000倍液喷雾。于发病初期开始用药，7～10天后第2次用药，共用2次即可。

4. 防治黄瓜枯萎病：用2%春雷霉素水剂50～100倍液灌根，喷根颈部或喷淋病部。

5. 防治水稻稻瘟病：用2%春雷霉素水剂500～600倍液喷雾。7～10天后第2次用药。在水稻抽穗期和灌浆期施药，对结实无影响。叶瘟达2级时喷药，病情严重时应在第1次施药后7天左右再喷施1次，防治穗颈瘟在稻田出穗1/3左右时喷施，穗颈瘟严重时，除在破口期施药外，齐穗期也要喷1次药。

6. 防治水稻稻瘟病：每666.7平方米用6%春雷霉素可湿性粉剂30～40克，兑水50～75千克喷雾。7～10天后第2次用药。在水稻抽穗期和灌浆期施药，对结实无影响。叶瘟达2级时喷药，病情严重时应在第1次施药后7天左右再喷施1次，防治穗颈瘟在稻田出穗1/3左右时喷施，穗颈瘟严重时，除在破口期施药外，齐穗期也要喷1次药。

【中毒急救】

无典型中毒症状。一旦发生中毒，请对症治疗。用药时如果感觉不适，立即停止工作，采取急救措施，并送医就诊。皮肤接触：立即脱掉被污染的衣物，用大量清水彻底清洗受污染的皮肤，如皮肤刺激感持续，请医生诊治。眼睛溅药：立即将眼睑翻开，用清水冲洗至少15分钟，请医生诊治。吸入：立即将吸入者转移到空气新鲜处，如果吸入者停止呼吸，需进行人工呼吸。注意保暖和休息，请医生诊治。误服：请勿引吐，送医就诊。紧急医疗措施：使用医用活性炭洗胃，注意防止胃内容物进入呼吸道。注意：对昏迷病人，切勿经口喂入任何东西或引吐。解毒剂：无专用解毒剂，对症治疗。

【注意事项】

1. 本品不能与强碱性药剂及含铜制剂混用。

2. 安全间隔期：最后一次施药距离作物收获前21天，每季作物最多使用3次。

3. 连续使用该药剂时可能产生抗药性，为防止此现象的发生，最好和其他作用机制不同杀菌剂交替使用。

4. 本品对大豆、葡萄、柑橘、苹果、杉树苗等有轻微药害，在临近上述田地使用时应注意，避免药剂漂移到上述作物。

5. 施药8小时内遇雨要补喷。

6. 药液贮存时间不能过久，以免降低药效。

7. 避免药液污染水源。

8. 开启包装物及施药时施药人员穿戴防护服装、防护靴、口罩及手套等防护用品。避免与口眼及皮肤接触；喷药时不要吸烟或饮食，工作完毕后，应清洗手及裸露的皮肤。

9. 孕妇与哺乳期妇女禁止接触本品。

10. 用过的容器妥善处理，不可做他用，不可随意丢弃。

11. 本品放置于阴凉、干燥、通风、防雨处，远离火源，勿与食品、饲料、种子、日用品等同贮同运。

12. 本品宜置于儿童够不着的地方并上锁，不得重压、破损包装容器。

多菌灵

【作用特点】

多菌灵是一种苯并咪唑类杀菌剂，学名 2 - 苯并咪唑基氨基甲酸甲酯。它是一种高效、低毒、广谱内吸性杀菌剂，对子囊菌纲的某些病原菌和半知菌类中的大多数病原真菌有效，作用机制是干扰细胞的有丝分裂过程。主要用于防治由真菌引起的作物病害。对多种作物由真菌如半知菌、多子囊菌引起的病害有防治效果。可用于叶面喷雾、种子处理和土壤处理等。高效低毒内吸性杀菌剂，有内吸治疗和保护作用。干扰病原菌有丝分裂中纺锤体的形成，影响细胞分裂，起到杀菌作用。常用于为谷物、柑橘属、蕉、草莓、凤梨或梨果等水果的杀真菌过程。

【毒性与环境生物安全性评价】

对高等动物毒性低毒。

大鼠急性经口 LD_{50} 为 8000 ~ 10000 毫克/千克；

大鼠急性经皮 LD_{50} 大于 15000 毫克/千克；

大鼠急性吸入 LC_{50} 大于 0.31 毫克/升。

对兔眼睛、皮肤无刺激性。

豚鼠皮肤致敏试验结果为无致敏性。

大鼠饲喂试验的无作用剂量为 300 毫克/千克；

狗饲喂试验的无作用剂量为 300 毫克/千克；

对鱼毒性很低。

鲤鱼 48 小时 LC_{50} 大于 40 毫克/升；

虹鳟鱼 96 小时 LC_{50} 为 0.36 毫克/升。

对蜜蜂毒性很低。

人每日允许摄入量为 0.25 毫克/千克体重。

【防治对象】

用于防治白菜类白斑病、萝卜白斑病、塌菜白斑病、大白菜炭疽病、萝卜炭疽病，白菜类灰霉病、青花菜叶霉病、油菜褐腐病、白菜类霜霉病、芥菜类霜霉病、萝卜霜霉病、白菜类白斑病、芥菜类白斑病、甘蓝类霜霉病等十字花科蔬菜菌核病和十字花科蔬菜白斑病。防治瓜类白粉病、疫病、西红柿早疫病、豆类炭疽病、疫病、油菜菌核病等。还可防治大葱灰霉病、韭菜灰霉病、茄子菌核病、黄瓜菌核、瓜类炭疽病、菜豆炭疽病、豌豆白粉病、十字花科蔬菜菌核病、西红柿菌核病、莴苣菌核病、菜豆菌核病、西红柿灰霉病、黄瓜灰霉病、菜豆灰霉病、十字花科蔬菜白斑病、豇豆煤霉病、芹菜早疫病、斑点病等。

【使用方法】

1. 防治西红柿枯萎病：按种子重量 0.3 ~ 0.5% 的 50% 多菌灵可湿性粉剂拌种，或用的 50% 多菌灵可湿性粉剂 60 ~ 120 倍药液浸种 12 ~ 24 小时。

2. 防治菜豆枯萎病：按种子重量0.5%的50%多菌灵可湿性粉剂拌种，或用50%多菌灵可湿性粉剂60~120倍药液浸种12~24小时。

3. 防治蔬菜苗期立枯病、猝倒病：用50%多菌灵可湿性粉剂1份，均匀混入半干细土1000~1500份。播种时将药土撒入播种沟后覆土，每平方米用药土10~15千克。

4. 防治黄瓜枯萎病：用50%多菌灵可湿性粉剂500倍液灌根，每株灌药0.3~0.5千克，发病重的地块间隔10天再灌第2次。

5. 防治西红柿枯萎病：用50%多菌灵可湿性粉剂500倍液灌根，每株灌药0.3~0.5千克，发病重的地块间隔10天再灌第2次。

6. 防治茄子黄萎病：用50%多菌灵可湿性粉剂500倍液灌根，每株灌药0.3~0.5千克，发病重的地块间隔10天再灌第2次。

7. 防治瓜类白粉病：每667平方米用50%多菌灵可湿性粉剂100~200克，兑水40~60千克喷雾，于发病初期喷洒，共喷2次，间隔5~7天。

8. 防治瓜类疫病：每667平方米用50%多菌灵可湿性粉剂100~200克，兑水40~60千克喷雾，于发病初期喷洒，共喷2次，间隔5~7天。

9. 防治西红柿早疫病：每667平方米用50%多菌灵可湿性粉剂100~200克，兑水40~60千克喷雾，在发病初期喷洒，共喷2次，间隔5~7天。

10. 防治豆类炭疽病：每667平方米用50%多菌灵可湿性粉剂100~200克，兑水40~60千克喷雾，在发病初期喷洒，共喷2次，间隔5~7天。

11. 防治豆类疫病：每667平方米用50%多菌灵可湿性粉剂100~200克，兑水40~60千克喷雾，在发病初期喷洒，共喷2次，间隔5~7天。

12. 防治油菜菌核病：每667平方米用50%多菌灵可湿性粉剂100~200克，兑水40~60千克喷雾，在发病初期喷洒，共喷2次，间隔5~7天。

13. 防治大葱：用50%多菌灵可湿性粉剂300倍液喷雾。

14. 防治韭菜灰霉病：用50%多菌灵可湿性粉剂300倍液喷雾。

15. 防治茄子菌核病：用50%多菌灵可湿性粉剂500倍液喷雾。

16. 防治黄瓜菌核病：用50%多菌灵可湿性粉剂500倍液喷雾。

17. 防治瓜类炭疽病：用50%多菌灵可湿性粉剂500倍液喷雾。

18. 防治菜豆炭疽病：用50%多菌灵可湿性粉剂500倍液喷雾。

19. 防治豌豆白粉病：用50%多菌灵可湿性粉剂500倍液喷雾。

20. 防治十字花科蔬菜菌核病：用50%多菌灵可湿性粉剂600~800倍液喷雾。喷雾均在发病初期第1次用药，间隔7~10天喷1次，连续喷药2~3次。

21. 防治西红柿菌核病：用50%多菌灵可湿性粉剂600~800倍液喷雾。喷雾均在发病初期第1次用药，间隔7~10天喷1次，连续喷药2~3次。

22. 防治莴苣菌核病：用50%多菌灵可湿性粉剂600~800倍液喷雾。喷雾均在发病初期第1次用药，间隔7~10天喷1次，连续喷药2~3次。

23. 防治菜豆菌核病：用50%多菌灵可湿性粉剂600~800倍液喷雾。喷雾均在发病初期第1次用药，间隔7~10天喷1次，连续喷药2~3次。

24. 防治西红柿灰霉病：用50%多菌灵可湿性粉剂600~800倍液喷雾。喷雾均在发病初期第1次用药，间隔7~10天喷1次，连续喷药2~3次。

25. 防治黄瓜灰霉病：用50%多菌灵可湿性粉剂600~800倍液喷雾。喷雾均在发病初期第1次用药，间隔7~10天喷1次，连续喷药2~3次。

26. 防治菜豆灰霉病：用50%多菌灵可湿性粉剂600~800倍液喷雾。喷雾均在发病初期第 1 次用药，间隔 7 ~ 10 天喷 1 次，连续喷药 2 ~ 3 次。

27. 防治十字花科蔬菜白斑病：用 50% 多菌灵可湿性粉剂 700 ~ 800 倍液喷雾。喷雾均在发病初期第 1 次用药，间隔 7 ~ 10 天喷 1 次，连续喷药 2 ~ 3 次。

28. 防治豇豆煤霉病：用 50% 多菌灵可湿性粉剂 700 ~ 800 倍液喷雾。喷雾均在发病初期第 1 次用药，间隔 7 ~ 10 天喷 1 次，连续喷药 2 ~ 3 次。

29. 防治芹菜早疫病：用 50% 多菌灵可湿性粉剂 700 ~ 800 倍液喷雾。喷雾均在发病初期第 1 次用药，间隔 7 ~ 10 天喷 1 次，连续喷药 2 ~ 3 次。

30. 防治果树病害：用 50% 多菌灵可湿性粉剂 400 ~ 800 倍液喷雾。

31. 防治花生倒秧病：每 667 平方米用 50% 多菌灵可湿性粉剂 125 克，兑水 50 千克喷雾。

32. 防治麦类赤霉病：每 667 平方米用 50% 多菌灵可湿性粉剂 125 克，兑水 50 ~ 75 千克喷雾。

33. 防治水稻稻瘟病：每 667 平方米用 50% 多菌灵可湿性粉剂 125 克，兑水 50 ~ 75 千克喷雾。

34. 防治水稻纹枯病：每 667 平方米用 50% 多菌灵可湿性粉剂 125 克，兑水 50 ~ 75 千克喷雾。

35. 防治棉花苗期病害：用 1 份 50% 多菌灵可湿性粉剂与 80 份棉花种子拌种。

36. 防治油菜菌核病：每 667 平方米用 50% 多菌灵可湿性粉剂 187.5 ~ 250 克，兑水 50 ~ 75 千克喷雾。

【中毒急救】

吸入：应迅速将患者转移到空气清新流通处。如有症状及时就医。皮肤接触后：立即用水和肥皂清洗，并彻底冲洗干净。眼睛接触后：把眼睛打开用流水冲洗几分钟，如有持续的症状，及时就医。误食：立即催吐、洗胃，及时送医院对症治疗。对皮肤和眼睛有刺激，经口中毒出现头昏、恶心、呕吐。

【注意事项】

1. 多菌灵可与一般杀菌剂混用，但与杀虫剂、杀螨剂稚时要随混随用，但不可与碱性农药如波尔多液、石硫合剂、硫酸铜等金属盐药剂混合使用。稀释的药液如暂时不用崔后会出现分层现象，需摇匀后使用。

2. 安全间隔期分别为：果树、花生、小麦、油菜 20 天，水稻 30 天。当茬作物使用本品最多 2 次。

3. 连续使用该药剂时可能产生抗药性，为防止此现象的发生，最好和其他作用机制不同杀菌剂交替使用。

4. 多菌灵在水稻和小麦的使用间隔期，水稻在收割前 30 天停止用药，小麦在收割前 20 天停止用药。

5. 开启包装物及施药时施药人员穿戴防护服装、防护靴、口罩及手套等防护用品。避免与口眼及皮肤接触；喷药时不要吸烟或饮食，工作完毕后，应清洗手及裸露的皮肤。

6. 孕妇与哺乳期妇女禁止接触本品。

7. 施药后各种工具要注意清洗，包装物要及时回收并妥善处理，不要污染水域和环境。

8. 本品放置于阴凉、干燥、通风、防雨处，远离火源，勿与食品、饲料、种子、日用品等同贮同运。

9. 本品宜置于儿童够不着的地方并上锁，不得重压、破损包装容器。

毒氟磷

【作用特点】

毒氟磷是一种具有自主知识产权的抗病毒新化合物，专利权归属于广西田园生化股份有限公司。毒氟磷最早由贵州大学教育部绿色农药与农业生物工程重点实验室、贵州大学精细化工研究开发中心在国家"十五"攻关项目、国家 973 项目、国家自然科学基金和贵州工业攻关课题等项目支持下，用绵羊体内的一种化合物 – α 氨基磷酸酯作为先导，最终研究开发出一种生物源抗病毒药剂。

毒氟磷抗烟草病毒病的作用靶点尚不完全清楚，但毒氟磷可通过激活烟草水杨酸信号传导通路，提高信号分子水杨酸的含量，从而促进下游病程相关蛋白的表达；诱导烟草 PAL、POD、SOD 防御酶活性而获得抗病毒能力；聚集 TMV 粒子减少病毒对寄主的入侵，主动防御。毒氟磷通过激活水杨酸信号分子，进而激活下游 PAL、POD、SOD 等植物防御因子，提高作物总体系统抗病性，最终使病毒无法增殖。它有如下 4 大特点：

1. 内吸治疗。毒氟磷具有较强的内吸作用，利用作物叶片的吸收可迅速传导至植株的各个部位，破坏病毒外壳，使病毒固定而无法继续增殖，有效阻止病害的进一步蔓延。

2. 促进生长。毒氟磷可通过调节植物内源生长因子，促进根部生长，恢复叶部功能，降低产量损失。

3. 无抗性。毒氟磷为全世界首次人工合成的新化合物，作用机理独特，属国家专利产品，系统防护无抗性。

4. 安全环保。毒氟磷是以绵羊瘤胃中的氨基磷酸酯类化合物为先导仿生合成的化合物，对作物高度安全，对蜜蜂、家蚕、鱼、鸟等非靶标生物高度安全。

【毒性与环境生物安全性评价】

对高等动物毒性低毒。

原药大鼠急性经口 LD_{50} 大于 5000 毫克/千克；

原药大鼠急性经皮 LD_{50} 大于 2150 毫克/千克。

对兔眼睛、皮肤无刺激性。

豚鼠皮肤致敏试验结果为弱致敏性。

大鼠 3 个月亚慢性饲喂试验最大无作用剂量雄性为 36.38 毫克/千克·天；

大鼠 3 个月亚慢性饲喂试验最大无作用剂量雌性为 40.75 毫克/千克·天。

细菌回复突变试验、小鼠睾丸精母细胞染色体畸变试验和小鼠骨髓多染红细胞微核试验皆为阴性。亚慢性经口毒性试验未见雌雄性大鼠的各脏器存在明显病理改变。

各种试验表明，无致畸、致癌作用和致突变作用。

原药光解、水解和土壤吸附等环境行为试验表明：光解半衰期为 1980 分钟，大于 24 小时。

在 pH 三级缓冲液中水解率均小于 10，其性质较稳定。

在黑土中的吸附常数为 45.8。按照《化学农药环境安全评价试验准则》对农药土壤吸附性等级划分标病毒性在黑土中为 III 级即中等吸附。

制剂大鼠急性经口 LD_{50} 大于 5000 毫克/千克；

制剂大鼠急性经皮 LD_{50} 大于 2000 毫克/千克。

对兔眼睛有轻微至中度刺激性；

对兔皮肤无刺激性。

豚鼠皮肤致敏试验结果为弱致敏性。

对鱼毒性低毒。

斑马鱼 96 小时 LC_{50} 为 12.4 毫克/升。

对蜜蜂毒性低毒。

蜜蜂胃毒法 48 小时 LC_{50} 大于 5000 毫克/升。

对鸟类毒性低毒。

鹌鹑灌胃法 7 天 LD_{50} 大于 450 毫克/千克。

对家蚕毒性低毒。

2 龄家蚕食下毒叶法 LC_{50} 大于 5000 毫克/千克·桑叶。

【防治对象】

用于防治番茄病毒病、水稻黑条矮缩病、芋病毒病、花生叶斑病、烟草花叶病等。

【使用方法】

1. 防治水稻黑条矮缩病：分蘖期，每 667 平方米用 30% 毒氟磷可湿性粉剂 90～110 克，兑水 40～60 千克喷雾。

2. 防治番茄病毒病：每 667 平方米用 30% 毒氟磷可湿性粉剂 45～75 克，兑水 40～60 千克喷雾。

3. 防治烟草花叶病：成苗期或团棵期，每 667 平方米用 30% 毒氟磷可湿性粉剂 65～110 克，兑水 50 千克喷雾。一般喷药 2 次。间隔 7～10 天。

【中毒急救】

吸入：应迅速将患者转移到空气清新流通处。如有症状及时就医。皮肤接触后：立即用水和肥皂清洗，并彻底冲洗干净。眼睛接触后：把眼睛打开用流水冲洗几分钟，如有持续的症状，及时就医。误食：立即催吐、洗胃，并用大量清水漱口，及时送医院对症治疗。对皮肤和眼睛有刺激，经口中毒出现头昏、恶心、呕吐。

【注意事项】

1. 本品可与一般杀菌剂混用，不可与碱性物质混用。

2. 连续使用该药剂时可能产生抗药性，为防止此现象的发生，最好和其他作用机制不同杀菌剂交替使用。

3. 开启包装物及施药时施药人员穿戴防护服装、防护靴、口罩及手套等防护用品，避免与口眼及皮肤接触；喷药时不要吸烟或饮食，工作完毕后，应清洗手及裸露的皮肤。

4. 孕妇与哺乳期妇女禁止接触本品。

5. 用过的容器妥善处理，不可做他用，不可随意丢弃。

6. 本品放置于阴凉、干燥、通风、防雨处，远离火源，勿与食品、饲料、种子、日用品等同贮同运。

7. 本品宜置于儿童够不着的地方并上锁，不得重压、破损包装容器。

多抗霉素

【作用特点】

多抗霉素是金色链霉菌所产生的代谢产物，属于广谱性抗生素类杀菌剂，具有较好的内吸传导作用。其作用机理是干扰病菌细胞壁几丁质的生物合成，使菌体细胞壁不能进行生物合成导致病菌死亡。芽管和菌丝接触药剂后，局部膨大、破裂、溢出细胞内含物，而不能正常发育，导致死亡。因此还具有抑制病菌产孢和病斑扩大的作用。多抗霉素是一种高效、低毒、无环境污染的安全农药，被广泛应用于粮食作物、经济作物、水果和蔬菜等重要病害的防治。

多抗霉素是一类结构很相似的多组分抗生素，含有 A 至 N14 种不同同系物的混合物，为肽嘧啶核苷酸类抗菌素。其各主要组分的作用又不相同，因此在农业上使用主要分两类：一类以 a、b 组分为主，主要用于防治苹果斑点落叶病，轮纹病，梨黑斑病，葡萄灰霉病，草莓、黄瓜、甜瓜的白粉病，霜霉病，人参黑斑病和烟草赤星病等十多种作物病害。另一类以 d、e、f 组分为主，主要由于水稻纹枯病的防治。

【毒性与环境生物安全性评价】

对高等动物毒性低毒。

大鼠急性经口 LD_{50} 大于 4640 毫克/千克；

大鼠急性经皮 LD_{50} 大于 2150 毫克/千克。

对兔眼睛、皮肤无刺激性。

豚鼠皮肤致敏试验结果为弱致敏性。

各种试验表明，无致畸、致癌作用和致突变作用。

对鱼毒性低毒。

鲤鱼 48 小时 LC_{50} 大于 560 毫克升。

土壤中迅速分解。

【防治对象】

对小麦白粉病、烟草赤星病、黄瓜霜霉病、瓜类枯萎病、人参黑斑病、甜菜褐斑病、水稻纹枯病、苹果早期落叶病、林木枯梢病、梨黑斑病等多种真菌性病害具有良好的防治效果。它不仅能治病，而且能刺激植物生长。

【使用方法】

1. 防治人参黑斑病：发病初期，每 666.7 平方米用 10% 多抗霉素可湿性粉剂 100 克，兑水 50 千克喷在人参栽培畦面，隔 10 天喷 1 次，共 3~4 次。

2. 防治草莓灰霉病：发病初期，每 666.7 平方米用 10% 多抗霉素可湿性粉剂 100~150 克，兑水 50~75 公斤喷雾，每周喷 1 次，共 3~4 次。

3. 防治苹果斑点落叶病：发病初期，每 666.7 平方米用 10% 多抗霉素可湿性粉剂 1000~2000 倍液，在春梢生长初期喷药，每隔 1 周喷 1 次。

4. 防治蔬菜苗期猝倒病：发病初期，用 2% 多抗霉素可湿性粉剂 1000 倍液土壤消毒。

5. 防治黄瓜霜霉病、白粉病：发病初期，用 2% 多抗霉素可湿性粉剂 1000 倍液土壤消毒。

6. 防治番茄叶霉病：发病初期，每 666.7 平方米用 10% 多抗霉素可湿性粉剂 100~140 克，兑水 50 千克喷雾。

7. 防治黄瓜灰霉病：发病初期，每 666.7 平方米用 10% 多抗霉素可湿性粉剂 100~140 克，兑水 50 千克喷雾。

8. 防治苹果树斑点病、轮斑病：在开花后 10 天内和病害多发期，用 10% 多抗霉素可湿性粉剂 1000~1500 倍液喷雾。

9. 防治烟草赤星病：发病初期，每 666.7 平方米用 10% 多抗霉素可湿性粉剂 70~90 克，兑水 50 千克喷雾。

【中毒急救】

吸入：应迅速将患者转移到空气清新流通处。如有症状及时就医。皮肤接触后：立即用水和肥皂清洗，并彻底冲洗干净。眼睛接触后：把眼睛打开用流水冲洗几分钟，如有持续的症状，及时就医。误食：立即催吐、洗胃，并用大量清水漱口，及时送医院对症治疗。对皮肤和眼睛有刺激，经口中毒出现头昏、恶心、呕吐。一旦药液溅入眼睛和黏附皮肤：应立即用水冲洗至少 15 分钟。

【注意事项】

1. 苹果树每季最多使用次数为 3 次，安全间隔期为 7 天；番茄每季最多使用次数为 4

次，安全间隔期为 5 天；黄瓜每季最多使用次数为 3 次，安全间隔期为 3 天；烟草每季最多使用次数为 3 次，安全间隔期为 7 天。

2. 避免过度连用，建议与其他作用机制的药剂轮换使用，不可混用波尔多液等碱性物质。

3. 孕妇及哺乳期妇女避免接触。

4. 施药时要穿长袖工作衣裤，应戴面罩，橡皮手套；施药时不可吸烟、饮水、进食；施药后必须用肥皂清洗面部、手脚等身体裸露部分，并用清水漱口。

5. 远离水产养殖区施药，剩余药液和清洗药具的废液应该避免污染鱼塘等水源，残余药剂和包装物应妥善处理，避免发生中毒和环境事故。

6. 用过的容器妥善处理，不可做他用，不可随意丢弃。

7. 本品放置于阴凉、干燥、通风、防雨处，远离火源，勿与食品、饲料、种子、日用品等同贮同运。

8. 本品宜置于儿童够不着的地方并上锁，不得重压、破损包装容器。

多黏类芽孢杆菌

【作用特点】

多黏类芽孢杆菌属微生物农药，是一种细菌活菌体，对植物黄萎病、鹰嘴豆枯萎病、油菜腐烂病、黑松根腐病等多种植物病害均具有一定的控制作用。美国环境保护署（EPA）已将其列为可商业上应用的微生物种类之一。无论是发酵液，还是细粒剂，在温室内和田间都取得了稳定的防治效果，并且细粒剂在田间表现的效果更为突出。在试验过程中，特别注意了生防菌株发酵液的使用。其新鲜的发酵液在防治试验中表现出稳定的防治效果，而放置一段时间的发酵液，防治效果会出现较大差异，不同批次的试验效果不稳定。我们认为，放置一段时间的发酵液的活菌含量、活力及代谢产物都会发生变化，这种变化会对防治试验产生较大的影响。这也是目前人们在室内获得了很好的生防菌株，而在田间防治效果往往表现不稳定的主要原因。因此，使用新鲜的发酵液或制成稳定的制剂开展田间防治试验，是我们开展菌株筛选和应用研究必须注意的一个关键问题。

多年的试验示范结果表明，多黏类芽孢杆菌具有两大功能：

1. 通过灌根可有效防治植物细菌性和真菌性土传病害，同时可使植物叶部的细菌和真菌病害明显减少。

2. 对植物具有明显的促生长、增产作用。

【毒性与环境生物安全性评价】

对高等动物毒性微毒。

大鼠急性经口 LD_{50} 大于 5000 毫克/千克；

大鼠急性经皮 LD_{50} 大于 5000 毫克/千克。

对兔眼睛、皮肤无刺激性。

豚鼠皮肤致敏试验结果为弱致敏性。

对鱼毒性低毒。

斑马鱼 96 小时 LC_{50} 大于 0.5 亿 CFU/升。

对蜜蜂毒性低毒。

蜜蜂胃毒法 48 小时 LC_{50} 大于 20 亿 CFU/升。

对鸟类毒性低毒。

鹌鹑灌胃法 7 天 LD_{50} 大于 0.15 亿 CFU/千克·鹌鹑。

对家蚕毒性低毒。

2 龄家蚕食下毒叶法 LC_{50} 大于 20 亿 CFU/千克·桑叶。

对蚯蚓毒性低毒。

蚯蚓 14 天 LC_{50} 大于 0.2 亿 CFU 千克·土壤。

【防治对象】

用于棉花、玉米、水稻、花生、马铃薯、黄瓜、青椒等作物，防治棉花黄萎、黑根腐、炭疽病、赤霉病、玉米全蚀病、水稻白叶枯病、花生青枯病、马铃薯软腐病、黄瓜角斑、青椒疮痂病等。

【使用方法】

1. 防治番茄青枯病：用 10 亿 CFU/克可湿性粉剂 100 倍液浸种，或 10 亿 CFU/克可湿性粉剂 3000 倍液 泼浇，或每 666.7 平方米用 10 亿 CFU/克可湿性粉剂 440～680 克，兑水 80～100 千克灌根。播种前种子用本药剂 100 倍液浸种 30 分钟，浸种后的余液泼浇营养钵或苗床；育苗时的用药量为种植 666.7 平方米或 1 公顷地所需营养钵或苗床面积的量；移栽定植时和初发病前始花期各用 1 次。

2. 防治黄瓜角斑病：每 666.7 平方米用 10 亿 CFU/克可湿性粉剂 100～200 克，兑水 50 千克喷雾。

3. 防治西瓜枯萎病：用 10 亿 CFU/克可湿性粉剂 100 倍液浸种，或 10 亿 CFU/克可湿性粉剂 3000 倍液 泼浇，或每 666.7 平方米用 10 亿 CFU/克可湿性粉剂 440～680 克，兑水 80～100 千克灌根。播种前种子用本药剂 100 倍液浸种 30 分钟，浸种后的余液泼浇营养钵或苗床；育苗时的用药量为种植 666.7 平方米或 1 公顷地所需营养钵或苗床面积的量；移栽定植时和初发病前始花期各用 1 次。

4. 防治西瓜炭疽病：每 666.7 平方米用 10 亿 CFU/克可湿性粉剂 100～200 克，兑水 50 千克喷雾。

【中毒急救】

吸入：应迅速将患者转移到空气清新流通处。如有症状及时就医。皮肤接触后：立即用水和肥皂清洗，并彻底冲洗干净。眼睛接触后：把眼睛打开用流水冲洗几分钟，如有持续的症状，及时就医。误食：立即催吐、洗胃，及时送医院对症治疗。对皮肤和眼睛有刺激，经口中毒出现头昏、恶心、呕吐。一旦药液溅入眼睛和黏附皮肤：应立即用水冲洗至少 15 分钟。

【注意事项】

1. 对青枯病、枯萎病的防治，苗期用药不仅可提高防效而且还具有防治苗期病害及壮苗的作用，切勿省略。

2. 施药应选在傍晚或早晨，不宜在太阳暴晒下或雨前进行；若施药后 24 小时内遇大雨，天晴后应补用一次。

3. 土壤潮湿时，在登记范围内则减少稀释倍数，确保药液被植物根部土壤吸收；土壤干燥、种植密度大或冲施时，在登记范围内则加大稀释倍数，确保植物根部土壤浇透。

4. 不能与杀细菌的化学农药直接混用或同时使用，使用过杀菌剂的容器和喷雾器需要用清水彻底清洗后使用。禁止在河塘等水域中清洗施药器具。赤眼蜂等天敌放飞区域禁用。

5. 使用本微生物农药时应穿戴防护服、手套等，施药后应及时洗手、洗脸等。

6. 洗器具的废水，施入田间即可；废弃物要妥善处理，不可他用。

7. 孕妇及哺乳期妇女禁止接触。

8. 用过的容器妥善处理，不可做他用，不可随意丢弃。

9. 本品放置于阴凉、干燥、通风、防雨处，远离火源，勿与食品、饲料、种子、日用品等

同贮同运。

10. 本品宜置于儿童够不着的地方并上锁，不得重压、破损包装容器。

稻瘟灵

【作用特点】

稻瘟灵是内吸性杀菌剂。对稻瘟病有特效，水稻植株吸收后，能抑制病菌侵入，尤其是抑制了磷酯 N－甲基转移酶，从而抑制病菌生长，起到预防和治疗作用。本药剂还兼有抑制稻飞虱、白背飞虱密度的效果。对稻瘟病具有预防和治疗作用，能够被水稻各部位吸收，并累积到叶部组织，从而发挥药效，耐雨水冲刷并可兼治飞虱。

【毒性与环境生物安全性评价】

对高等动物毒性低毒。

雄大鼠急性经口 LD_{50} 为 1190 毫克/千克；

雄小鼠急性经口 LD_{50} 为 1340 毫克/千克；

大鼠急性经皮 LD_{50} 大于 10250 毫克/千克。

对兔眼睛、皮肤无刺激性。

豚鼠皮肤致敏试验结果为弱致敏性。

动物试验未见致癌、致畸、致突变作用。

雄大鼠 2 年喂养试验无作用剂量为每天 1.6 毫克/千克；

狗 2 年喂养试验无作用剂量为每天 1.6 毫克/千克。

对鱼类及水生生物毒性低毒。

鲤鱼 48 小时 LC_{50} 为 6.7 毫克/升；

虹鳟鱼 48 小时 LC_{50} 为 6.8 毫克/升；

水蚤 48 小时 LC_{50} 大于 100 毫克/升。

常用剂量内对鸟类无影响。

常用剂量内对家禽无影响。

常用剂量内对蜜蜂无影响。

摄入生物体后能被分解除去，无蓄积现象。

【防治对象】

主要防治稻瘟病，同时对水稻纹枯病、小球菌核病和白叶枯病有一定防效。属高效、低毒、低残留的有机硫杀菌剂，用于防治水稻穗颈瘟、稻叶瘟、稻苗瘟等，也可用于防治玉米大、小叶斑病，大麦条纹病、云纹病。

【使用方法】

1. 防治水稻苗瘟：插秧田，在插秧前一周，苗床用药，每 666.7 平方米用 40% 稻瘟灵乳油 66.5～100 毫升或 40% 稻瘟灵可湿性粉剂 66.5～100 克，兑水 50 千克喷雾。

2. 防治水稻叶瘟：在发病前或发病初期用药，每 666.7 平方米用 40% 稻瘟灵乳油 66.5～100 毫升或 40% 稻瘟灵可湿性粉剂 66.5～100 克，兑水 50 千克喷雾。经常发生地区可在发病前 7～10 天，每 666.7 平方米用 40% 稻瘟灵乳油 60～100 毫升或 40% 稻瘟灵可湿性粉剂 60～100 克，兑水 50 千克泼浇。

3. 防治水稻穗颈瘟：每 666.7 平方米用 40% 稻瘟灵乳油 66.5～100 毫升或 40% 稻瘟灵可湿性粉剂 66.5～100 克，兑水 50 千克喷雾。在孕穗后期到破口和齐穗期各喷 1 次。

【中毒急救】

吸入：应迅速将患者转移到空气清新流通处。如有症状及时就医。皮肤接触后：立即用水和肥皂清洗，并彻底冲洗干净。眼睛接触后：把眼睛打开用流水冲洗几分钟，如有持续的症状，及时就医。误食：立即催吐、洗胃，及时送医院对症治疗。对皮肤和眼睛有刺激，经口中毒出现头昏、恶心、呕吐。一旦药液溅入眼睛和黏附皮肤：应立即用水冲洗至少 15 分钟。

【注意事项】

1. 本品在水稻上使用的安全间隔期为 28 天，每季最多使用 2 次。

2. 按照规定用量将本农药均匀喷洒。

3. 本品不可与碱性物质及石硫合剂、波尔多液等碱性药剂等物质混合使用。

4. 施药时须戴口罩和手套，以免吸进药液或皮肤接触大量药剂。喷药后要用肥皂洗净脸、手和脚等露在外面的皮肤，并且要漱口。

5. 将本剂放置安全地点，施药器械不得在水塘内清洗，避免对藻类和鱼类的危害。

6. 使用过的容器放置安全地点，对空包装物加以填埋或焚烧。

7. 由于对水生物有一定影响，为此禁止水产养殖区及周围使用，也不可在该水源处清洗药具。

8. 孕期或孕妇避免接触和使用此药。

9. 建议与不同作用机制杀菌剂轮换使用。

10. 用过的容器妥善处理，不可做他用，不可随意丢弃。

11. 本品放置于阴凉、干燥、通风、防雨处，远离火源，勿与食品、饲料、种子、日用品等同贮同运。

12. 本品宜置于儿童够不着的地方并上锁，不得重压、破损包装容器。

啶酰菌胺

【作用特点】

啶酰菌胺是新型烟酰胺类杀菌剂，属于线粒体呼吸链中琥珀酸辅酶 Q 还原酶抑制剂。它利用叶面渗透在植物中转移，抑制线粒体琥珀酸酯脱氢酶，阻碍三羧酸循环，使氨基酸、糖缺乏、能量减少，干扰细胞的分裂和生长，对病害有神经活性，具有保护和治疗作用。它抑制孢子萌发、细菌管延伸、菌丝生长和孢子母细胞形成真菌生长和繁殖的主要阶段，杀菌作用由母体活性物质直接引起，没有相应代谢活性。它对孢子的萌发有很强的抑制能力，啶酰菌胺是新型烟酰胺类杀菌剂，杀菌谱较广，几乎对所有类型的真菌病害都有活性，可以有效防治对甾醇抑制剂、双酰亚胺类、苯并咪唑类、苯胺嘧啶类、苯基酰胺类和甲氧基丙烯酸酯类杀菌剂产生抗性的病害。该产品可以通过木质部向顶传输至植株的叶尖和叶缘。它还具有垂直渗透作用，可以经叶部组织，传递到叶子的背面。不过，该产品在蒸气相再分配作用很小。它对防治白粉病、灰霉病、菌核病和各种腐烂病等非常有效，并且对其他药剂的抗性菌亦有效，主要用于包括油菜、葡萄、果树、蔬菜和大田作物等病害的防治。它与多菌灵、速克灵等无交互抗性。

【毒性与环境生物安全性评价】

对高等动物毒性低毒。

原药雄大鼠急性经口 LD_{50} 大于 5000 毫克/千克；

原药雌大鼠急性经口 LD_{50} 大于 5000 毫克/千克；

原药雄大鼠急性经皮 LD_{50} 大于 5000 毫克/千克；

原药雌大鼠急性经皮 LD_{50} 大于 5000 毫克/千克；

原药雄大鼠急性 4 小时吸入 LC_{50} 大于 6.7 毫克/升；

原药雌大鼠急性 4 小时吸入 LC_{50} 大于 6.7 毫克/升。

对兔眼睛、皮肤无刺激性。

豚鼠皮肤致敏试验结果为弱致敏性。

制剂雄大鼠急性经口 LD_{50} 大于 2000 毫克/千克；

制剂雌大鼠急性经口 LD_{50} 大于 2000 毫克/千克；

制剂雄大鼠急性经皮 LD_{50} 大于 2000 毫克/千克；

制剂雌大鼠急性经皮 LD_{50} 大于 2000 毫克/千克；

制剂雄大鼠急性 4 小时吸入 LC_{50} 大于 5.2 毫克/升；

制剂雌大鼠急性 4 小时吸入 LC_{50} 大于 5.2 毫克/升。

对兔眼睛、皮肤无刺激性。

豚鼠皮肤致敏试验结果为弱致敏性。

对鱼毒性及水生生物低毒。

虹鳟鱼 96 小时 LC_{50} 大于 100 毫克/升；

水蚤 48 小时 EC_{50} 大于 50 毫克/升；

绿藻 72 小时 EC_{50} 为 4.5 毫克/升。

对蜜蜂毒性低毒。

蜜蜂经口 LD_{50} 大于 102.64 微克/只。

蜜蜂接触 LD_{50} 大于 100 微克/只。

对鸟类毒性低毒。

北美鹌鹑经口大于 2000 毫克/千克。

对家蚕毒性中等毒。

2 龄家蚕 LC_{50} 为 99.76 毫克/千克·桑叶。

土壤中具有中等降解性。

难光解。

难水解。

不易淋溶。

【防治对象】

适宜作物葡萄、苹果、梨、柑橘、小麦、大豆、马铃薯、番茄、黄瓜、水稻、茶、草坪等。对疫霉病、腐菌核病、黑斑病、黑星病和其他的病原体病害有良好的防治效果。可防治的具体病害如黄瓜灰霉病、腐烂病、霜霉病、炭疽病、白粉病、茎部腐烂疗、番茄晚疫病、苹果黑星病、叶斑病，梨黑斑病、锈病，水稻稍痛病、纹枯病、燕麦冠诱病、葡萄灰霉病、霜霉病、柑橘疮痂病、灰霉病、马铃薯晚疫病、草坪斑点病。

【使用方法】

1. 防治草莓灰霉病：每 666.7 平方米用 50% 啶酰菌胺水分散粒剂 30～45 克，兑水 45～75 千克喷雾。预防处理，发病前或发病初期用药，连续施药 3 次，间隔 7～10 天。

2. 防治番茄灰霉病：每 666.7 平方米用 50% 啶酰菌胺水分散粒剂 30～50 克，兑水 45～75 千克喷雾。做预防处理，发病前或发病初期用药，连续施药 3 次。

3. 防治番茄早疫病：每 666.7 平方米用 50% 啶酰菌胺水分散粒剂 20～30 克，兑水 45～75 千克喷雾。做预防处理，发病前或发病初期用药，连续施药 3 次。

4. 防治黄瓜灰霉病：每 666.7 平方米用 50% 啶酰菌胺水分散粒剂 33～47 克，兑水 45～75 千克喷雾。做预防处理，发病前或发病初期用药，连续施药 3 次，间隔 7～10 天。

5. 防治马铃薯早疫病：每 666.7 平方米用 50% 啶酰菌胺水分散粒剂 20～30 克，兑水 45～75 千克喷雾。发病前作预防处理时使用低剂量；发病后进行治疗处理时使用高剂量。必要时，啶酰菌胺可与其他不同作用机制的杀菌剂轮换使用。

6. 防治葡萄灰霉病：用 50% 啶酰菌胺水分散粒剂 500～1500 倍液喷雾。预防处理，发病前或发病初期用药，连续施药 3 次，间隔 7～10 天。

7. 防治油菜菌核病：每 666.7 平方米用 50% 啶酰菌胺水分散粒剂 30～50 克，兑水 45～75 千克喷雾。发病前作预防处理时使用低剂量；发病后作治疗处理时使用高剂量。必要时，啶酰菌胺可与其他不同作用机制的杀菌剂轮换使用。

8. 50% 啶酰菌胺水分散粒剂用于其他防治对象与施用方法见下表：

作物	防治病害与螨类	稀释倍数	采收前间隔期/天	使用次数	施用方法
柠檬	疮痂病，灰霉病	2000～5000	30	1	叶面施用
	黑变病，红蜘，叶螨，侧多食跗线螨	2000			
苹果树	斑点病，疮痂病，黑斑病，梨污点病，白斑病	2000～2500	45		
	环腐病，花腐病	2000			
日本欧楂	白、紫根霉病	500～1000	休眠期	1(叶面1，渗透1)	土壤渗透
	白根霉病				
梨树	灰色叶斑病	2000	花期		叶面施用
	黑斑病，斑点病，环腐病	2000～2500	30		叶面施用
葡萄树	白根霉病	500～1000	休眠期		土壤渗透
	熟腐病，炭疽病，茎瘤病，霜霉病，灰霉病	2000	花期		叶面施用
桃树	褐霉病	2000	7	1	叶面施用
日本李树	疮痂病，灰霉病		60		
猕猴桃	灰霉病，软腐病		30		
柿树	叶斑病，炭疽病，灰霉病		45		
茶树	炭疽病，灰霉病，泡纹病，侧多食跗线螨，网状泡纹病，灰霉病		14		

9. 啶酰菌胺防治白、紫根霉病及施用方法：

由白纹羽病和紫纹羽病引起的白、紫根霉病是果树最危险的疾病，它往往导致果树根部的腐烂。尽管杀菌剂啶酰菌胺对白、紫根霉病等病害具有良好的防效，但老方法通常采用土壤处理防治法，这需要挖掘受感染的果树周围的土地，耗用大量的劳力和时间。为了避免这一艰苦的工作，石原公司开发了使用啶酰菌胺的新方法，即采用土壤喷射器方法可更有效地防除该病害。

老方法用啶酰菌胺治疗受感染的树术的传统而有效的方法是挖掘法，即围绕着树干挖一个半径为 50～100 厘米，深度为 30 厘米的坑，移去坏死的根和根表面的菌丝。再在抗中灌人 50～100 升啶酰菌胺稀释药液(1000 毫克/升)，并培人足量的土壤与之混匀。

土壤喷射器法采用一种土壤喷射器，将对好的药液放人其中，然后在树的周围进行喷洒。此法的关健是土壤喷射器。该方法为杀菌剂啶酰菌胺提供了一条高效、便捷的推广应用之路。

【中毒急救】

吸入：应迅速将患者转移到空气清新流通处。如呼吸停止应做人工呼吸。如呼吸困难应输氧。如有症状及时就医。皮肤接触后：立即用水和肥皂清洗，并彻底冲洗干净。眼睛接触后：把眼睛打开用流水冲洗几分钟，如有持续的症状，及时就医。误食：立即用大量清水漱口、洗胃，不可催吐。及时送医院对症治疗。对皮肤和眼睛有刺激，经口中毒出现头昏、恶心、呕吐。一旦药液溅入眼睛和黏附皮肤：应立即用水冲洗至少 15 分钟。

【注意事项】

1. 黄瓜每季作物最多用药 3 次，安全间隔期 2 天；草莓每季作物最多用药 3 次，安全间隔期 3 天；葡萄每季作物最多用药 3 次，安全间隔期 7 天。

2. 避免暴露，施药时必须穿戴防护衣或使用保护措施。

3. 施药后用清水及温肥皂彻底清洗脸及其他裸露部位。

4. 避免吸入有害气体、雾液或粉尘。

5. 操作时应远离儿童和家畜。

6. 操作时不要污染水面，或灌渠。不得污染各类水域，桑园及家蚕养殖区慎用。

7. 不得污染各类水域。桑园及家蚕养殖区禁用。

8. 孕妇、哺乳期妇女及过敏者禁用，使用中有任何不良反应请及时就医。

9. 药剂应现混现兑，配好的药液要立即使用。

10. 使用过药械需清洗 3 遍，在洗涤药械或处置废弃物时不要污染水源。

11. 用过的容器妥善处理，不可做他用，不可随意丢弃。

12. 本品放置于阴凉、干燥、通风、防雨处，远离火源，勿与食品、饲料、种子、日用品等同贮同运。

13. 本品宜置于儿童够不着的地方并上锁，不得重压、破损包装容器。

二氯异氰尿酸钠

【作用特点】

二氯异氰尿酸钠属于脲类杀菌剂，可以有效预防真菌侵染。其作用机理是通过使菌体蛋白质变性，干扰酶系统生理生化反应及影响合成过程，从而起到杀菌作用。它是氧化性杀菌剂中杀菌最为广谱、高效、安全的消毒剂，也是氯代异氰尿酸类中的主导产品。它可强力杀灭细菌芽孢、细菌繁殖体、真菌等各种致病性微生物，对肝炎病毒有特效杀灭作用，快速杀灭并强力抑制循环水、冷却塔、水池等系统的蓝绿藻、红藻、海藻等藻类植物。它对循环水系统的硫酸还原菌、铁细菌、真菌等有彻底的杀灭作用。

除用于农作物杀菌剂外，它还可广泛用于电厂、石油、化工、纺织、电子等工业循环水系统的杀菌灭藻，彻底杀灭系统管道、换热器、冷却塔等菌藻繁殖；解决菌藻堵塞、腐蚀管道问题；在日化、纺织工业中是性能优良的漂白、消毒杀菌剂；在畜牧养殖、水产等方面进行水体、养殖场所的消毒；在农业种植方面，多种作物的真菌、细菌等病害有特效；在食品、饮料加工行业的清洗消毒，作为游泳池消毒剂和公共场所的消毒。其主要用途为：

1. 羊毛防缩处理剂

二氯异氰尿酸钠水溶液能均匀地释放出次氯酸，与羊毛鳞片层的蛋白质分子发生作用，破坏羊毛蛋白质分子中的一部分键，从而起到防止收缩的效果。另外，采用二氯异氰尿酸钠溶液处理羊毛制品，还能防止羊毛洗涤时黏接，即"起球"现象的发生。经防缩处理过的羊毛几乎看不出缩水，而且色泽鲜艳，手感好；使用 2% ~3% 的二氯异氰尿酸钠溶液并加入其他助剂对羊毛或羊毛混纺纤维及织物进行浸渍处理，可使羊毛及其制品不起球，不毡缩。典型的配方有：(1)二氯异氰尿酸钠 0.5 份(质量，下同)、醋酸 0.15 份，湿润剂 0.02 份，水 600 份，羊毛织物 200 份，常温下浸泡时间为 0.5 小时；(2)二氯异氰尿酸钠 0.5 份，过氧乙酸

0.15 份，湿润剂 0.02 份，水 600 份，羊毛织物 200 份。

2. 纺织工业漂白

在纺织工业中，二氯异氰尿酸钠主要用做天然纤维和合成纤维的漂白剂。天然及合成纤维的漂白是破坏纤维中含有的色素。二氯异氰尿酸钠在水中能产生次氯酸，次氯酸可与纤维中发色基团的共轭键发生加成反应，改变纤维对光吸收的波长，破坏纤维中的色素，从而达到漂白的目的。与传统的漂白剂相比较，二氯异氰尿酸钠有许多独特的优点，如一般的漂白剂要求在较高的温度下使用，而高温会加剧漂白剂对纤维的侵蚀作用，降低纤维的强度，而二氯异氰尿酸钠即使在较低温度下，仍可取得良好的漂白效果；另外，用二氯异氰尿酸钠对天然纤维和合成纤维进行漂白，不仅漂白效果好，对纤维侵蚀小，而且还能改善纤维的抗张强度和延伸率，对于纯棉织物，还有脱去棉浆、提高亲水性以及防止纤维素降解等作用。

3. 养殖业的灭菌和消毒

蚕非常容易受到病虫害和细菌的侵害，如果照看不周，蚕体很容易僵死，二氯异氰尿酸钠是很好的蚕房、蚕具以及蚕体消毒剂，如将二氯异氰尿酸钠或以二氯异氰尿酸钠为主体，加入稳定剂和促进剂均匀混合而成的消毒剂水溶液喷洒或烟熏可使蚕室、蚕具以及蚕体消毒，并可防治蚕病。不仅对于家蚕病毒病、真菌病、细菌病、原虫病的病原有很好的杀灭作用，而且对于胃肠型脓病多角体、胃肠型脓病病毒、血液型浓病多角体等也具有显著的杀灭效果，与目前常用的蚕用消毒剂相比，其溶速快、稳定性好、药效期长、对蚕的生长发育及蚕质均无不良影响，是目前发展养蚕业最佳的消毒药物之一。

4. 水产养殖的灭菌和消毒

二氯异氰尿酸钠能有效地防治因细菌、真菌和藻类引起的鱼病，对鱼类的病毒性疾病也有明显的疗效，可用于各种鱼类、对虾、河蟹、牛蛙等水产养殖中的清塘、鱼种消毒、水体消毒和鱼具消毒等。

5. 洗涤用品添加剂

二氯异氰尿酸钠可用做家用干漂剂、漂白洗衣粉、擦净粉、餐具洗涤液等洗涤用品中的添加剂，起到漂白、杀菌作用，增加洗涤剂的功能，尤其是对蛋白、果汁的清洗效果最佳。

6. 民用卫生消毒

餐具消毒时，每 1 升水中加入二氯异氰尿酸钠 400~800 毫克，浸泡消毒 2 分钟可全部杀灭大肠杆菌，8 分钟以上对芽胞杆菌的杀灭率可以达到 98% 以上，15 分钟可以彻底杀灭乙型肝炎病毒表面抗原，此外，二氯异氰尿酸钠还可用于水果、禽蛋外表的消毒，冰箱杀菌剂除臭以及卫生间的消毒除臭等。

7. 游泳池水体消毒

游泳池的水若不消毒，病菌就很容易滋生，池壁上黏附着一层又滑又脏的微生物藻类，池水散发出令人不快的气味，游泳者接触到黏滑的藻类会感到讨厌，污染的池水也会使游泳者受到感染，轻者皮肤感染，重者眼睛、呼吸器官受到感染、如果在游泳池水中加入二氯异氰尿酸钠，不仅水色湛蓝，清澈发亮，池壁光滑，无黏附物，游泳者感觉舒服，而且在使用浓度下对人体无害，杀菌效率高，对保护人民身体健康十分有利。

8. 饮用水消毒

二氯异氰尿酸钠用于饮用水中，能有效地杀灭各种藻类生物，破坏水中硫化氢等污染物的颜色及其气味。在适当浓度时，对大肠肝菌、脊髓灰质炎病毒、痢疾病以及肝炎病毒等的杀灭率可以达到 100%。

9. 工业循环水处理

许多工业部门如火力发电厂、石油炼化厂、化工厂等，都需要大量的冷却水来带走工艺过程中产生的热量,许多设备如换热器、冷凝器、循环管道、冷却塔、泵系统内由于藻类迅速繁殖会产生大量的污垢。采用杀菌剂处理冷却水是非常有效的方法之一,其中二氯异氰尿酸钠就是一种重要的杀菌剂。二氯异氰尿酸钠用于工业循环水处理系统,作为工业凉水塔水体处理剂的一个重要组成部分,可以有效地防止藻类微生物的生长,对工业设备不产生腐蚀,可较长时间地保持循环水系统中的水质。

10. 食品工业、公共场所的清洗和消毒

二氯异氰尿酸钠在食品加工厂、乳品加工厂、啤酒厂、软性饮料厂的清洗、消毒领域的用途越来越广泛。不仅在生产加工工艺过程中的设备如储罐、管道、容器、器皿、工具、用具、场地等,要清洗和消毒,而且在咖啡馆、冷饮店、茶馆、餐厅、自助餐厅的用具如托盘、盘子、碗、桌布、手巾等,也经常要用二氯异氰尿酸钠来进行清洗和消毒,以防止疾病的传染,消除由蛋白质引起的色斑、霉斑、异味等,达到保持器皿光泽的功效。

【毒性与环境生物安全性评价】

对高等动物毒性低毒。

原药雄大鼠急性经口 LD_{50} 为 681 毫克/千克;

原药次大鼠急性经口 LD_{50} 为 464 毫克/千克;

原药雄大鼠急性经皮 LD_{50} 为 4640 毫克/千克;

原药雌大鼠急性经皮 LD_{50} 大为 2150 毫克/千克。

对兔眼睛、皮肤无刺激性。

制剂雄大鼠急性经口 LD_{50} 为 2780 毫克/千克;

制剂雌大鼠急性经口 LD_{50} 为 2610 毫克/千克;

制剂雄大鼠急性经皮 LD_{50} 大于 2000 毫克/千克;

制剂雌大鼠急性经皮 LD_{50} 大于 2000 毫克/千克;

对兔眼睛、皮肤无刺激性。

对鱼毒性高毒。

对鸟毒性中等毒。

对蜜蜂毒性低毒。中等风险。

对家蚕毒性低毒。低风险。

易光解。

易水解。

土壤中易降解。

【防治对象】

适宜作物番茄、黄瓜、辣椒、茄子、平菇等,对灰霉病、霜霉病、根腐病、木霉菌、早疫病等较好防治效果。

【使用方法】

1. 防治黄瓜霜霉病:发生初期或发病前,每 666.7 平方米用 40% 二氯异氰尿酸钠可溶粉剂 60 ~ 80 克,兑水 45 ~ 75 千克喷雾。

2. 防治番茄早疫病:在病害发生初期,用 50% 二氯异氰尿酸钠可溶粉剂 800 ~ 1500 倍液喷雾。

3. 防治平菇木霉菌:用 40% 二氯异氰尿酸钠可溶粉 40 ~ 48 克与 100 千克干料拌料。

【中毒急救】

吸入:应迅速将患者转移到空气清新流通处。如呼吸停止应做人工呼吸。如呼吸困难应输氧。如有症状及时就医。皮肤接触后:立即用水和肥皂清洗,并彻底冲洗干净。眼睛接触后：把眼睛打开用流水冲洗几分钟，如有持续的症状，及时就医。误食：立即用大量清水漱、洗胃，不可催吐。及时送医院对症治疗。对皮肤和眼睛有刺激，经口中毒出现头昏、恶心、呕吐。一旦药液溅入眼睛和黏附皮肤：应立即用水冲洗至少 15 分钟。

【注意事项】

1. 本品不得与其他杀菌剂混合使用，宜单独使用。

2. 本品在黄瓜上使用安全间隔其为 3 天，每季作物最多使用 3 次。

3. 具有较强的氧化性，用避免使用金属容器。

4. 为延缓抗药性产生，建议与其他不同作用机制的杀菌剂轮换使用。

5. 本品对蜜蜂、鱼类等水生生物、家蚕有毒，施药期间应避免对周围蜂群的影响，开花植物花期、蚕室和桑园附近禁用。远离水产养殖区施药，禁止在河塘等水体中清洗施药器具。

6. 使用本品时应采取相应安全防护措施，穿戴防护服和手套，避免吸入药液。施药期间不可吃东西和饮水。施药后应及时洗手和洗脸及暴露部位皮肤。

7. 清洗器械水不要倒入水道、池塘、河流。

8. 孕妇、哺乳期妇女及过敏者禁用，使用中有任何不良反应请及时就医。

9. 用过的容器妥善处理，不可做他用，不可随意丢弃。

10. 本品放置于阴凉、干燥、通风、防雨处，远离火源，勿与食品、饲料、种子、日用品等同贮同运。

11. 本品宜置于儿童够不着的地方并上锁，不得重压、破损包装容器。

氟吡菌胺

【作用特点】

氟吡菌胺为酰胺类广谱杀菌剂，对卵菌纲病菌有很高的生物活性，具有保护和治疗作用。氟吡菌胺有较强的渗透性，能从叶片上表面向下面渗透，从叶基向叶尖方向传导，对幼芽处理后能够保护叶片不受病菌侵染，还能从根部沿植株木质部向整株作物分布，但不能沿韧皮部传导。

由新的治疗性杀菌剂氟吡菌胺和内吸传导性杀菌剂霜霉威盐酸盐复配而成，对卵菌纲引起的蔬菜作物病害具有稳定和良好的防治效果，特别对霜霉属和疫霉属病菌导致的病害具有很好的防效。该产品具有活性高、持效期长、内吸性强、施药时间灵活的特点。687.5 克/升氟吡菌胺·霜霉悬浮剂是一个防治蔬菜卵菌纲病害的高效混剂，具有保护和治疗双重作用，对霜霉病、疫病、晚疫病、猝倒病等常见卵菌纲病害具有杰出防效，对作物和环境安全。它是一个防治卵菌纲蔬菜病害的高效保护和治疗效果来源其独特的混剂配方。该产品具有优良的系统传导性和较强的薄层穿透力，对病原菌各主要形态均有较好的抑制作用，能够为新叶、茎干、块茎、幼果提供全面和持久的保护。药剂能够经叶面快速吸收，耐雨水冲刷，为雨季蔬菜防病提供可靠保障。

【毒性与环境生物安全性评价】

对高等动物毒性低毒。

原药大鼠急性经口 LD_{50} 大于 5000 毫克/千克；

原药大鼠急性经皮 LD_{50} 大于 5000 毫克/千克。

对兔眼睛有轻微刺激性；

对兔皮肤无刺激性；

豚鼠皮肤致敏试验结果为无致敏性。

大鼠 3 个月亚慢性饲喂试验最大无作用剂量雄性为 100 毫克/千克（饲料浓度）。

各种试验表明，无致畸、致癌作用和致突变作用。

制剂大鼠急性经口 LD_{50} 大于 2500 毫克/千克；

制剂大鼠急性经皮 LD_{50} 大于 4000 毫克/千克。

对兔眼睛无刺激性；

对兔皮肤无刺激性。

豚鼠皮肤致敏试验结果为无致敏性。

对鱼毒性中等毒。

虹鳟鱼 96 小时 LC_{50} 为 6.6 毫克/升。

对蜜蜂毒性低毒。

蜜蜂经口 LD_{50} 大于 203.52 毫克/头；

蜜蜂接触 LD_{50} 大于 143.1 毫克/头。

对鸟类毒性低毒。

日本鹌鹑急性经口 LD_{50} 大于 3400 毫克/千克。

对家蚕毒性低毒。

家蚕食下毒叶法 LC_{50} 为 2374 毫克/千克·桑叶。

【防治对象】

主要用于防治番茄晚疫病、黄瓜霜霉病、大白菜霜霉病、辣椒疫病、西瓜疫病、马铃薯晚疫病等。

【使用方法】

1. 防治番茄晚疫病：病害发生初期，687.5 克/升氟吡菌胺·霜霉悬浮剂 60~75 毫升，兑水 45~75 千克喷雾。每隔 7~10 天施用 1 次，每季作物最多使用 3 次。

2. 防治黄瓜霜霉病：病害发生初期，687.5 克/升氟吡菌胺·霜霉悬浮剂 60~75 毫升，兑水 45~75 千克喷雾。每隔 7~10 天施用 1 次，每季作物最多使用 3 次。

3. 防治大白菜霜霉病：病害发生初期，687.5 克/升氟吡菌胺·霜霉悬浮剂 60~75 毫升，兑水 45~75 千克喷雾。每隔 7~10 天施用 1 次，每季作物最多使用 3 次。

4. 防治辣椒疫病：病害发生初期，687.5 克/升氟吡菌胺·霜霉悬浮剂 60~75 毫升，兑水 45~75 千克喷雾。每隔 7~10 天施用 1 次，每季作物最多使用 3 次。

5. 防治西瓜疫病：病害发生初期，687.5 克/升氟吡菌胺·霜霉悬浮剂 60~75 毫升，兑水 45~75 千克喷雾。每隔 7~10 天施用 1 次，每季作物最多使用 3 次。

6. 防治马铃薯晚疫病：病害发生初期，687.5 克/升氟吡菌胺·霜霉悬浮剂 60~75 毫升，兑水 45~75 千克喷雾。每隔 7~10 天施用 1 次，每季作物最多使用 3 次。

【中毒急救】

吸入：应迅速将患者转移到空气清新流通处。误食：立即用大量清水漱口，立即洗胃，禁止引吐。如有症状及时就医。皮肤接触后：立即用水和肥皂清洗，并彻底冲洗干净。眼睛接触后：把眼睛打开用流水冲洗几分钟，如有持续的症状，及时就医。对皮肤和眼睛有刺激，经口中毒出现头昏、恶心、呕吐。一旦药液溅入眼睛和黏附皮肤：应立即用水冲洗至少 15 分钟。

【注意事项】

1. 安全间隔期：黄瓜为 2 天，番茄和辣椒为 3 天，大白菜为 5 天，马铃薯和西瓜为 7 天。使用作物每季最多施用 3 次。

2. 建议与不同作用机制杀菌剂轮换使用。

3. 配药和施药时，应戴手套、口罩、穿防护服、雨靴等，操作本品时禁止饮食、吸烟和饮水。

4. 农药空包装应 3 次清洗，并将冲洗液倒入喷雾器中；用过的空包装应压烂或划破后妥善处理，切勿重复使用或做他用。

5. 本品对鱼有毒，远离水产养殖区施药；使用后的施药器具应及时清洗，禁止在河塘等水体中清洗施药器具，使用本品时避免其污染地表水等生态环境。

6. 施药后应及时用肥皂和足量清水冲洗手部、面部和其他身体裸露部位以及受药剂污染的衣物等。

7. 药液及其废液不得污染各类水域、土壤等环境。

8. 孕妇和哺乳期妇女禁止接触。

9. 用过的容器妥善处理，不可做它用，不可随意丢弃。

10. 本品放置于阴凉、干燥、通风、防雨处，远离火源，勿与食品、饲料、种子、日用品等同贮同运。

11. 本品宜置于儿童够不着的地方并上锁，不得重压、破损包装容器。

氟吡菌酰胺

【作用特点】

氟吡菌酰胺为吡啶乙基苯酰胺类杀菌剂，作用于真菌线粒体的呼吸链，抑制琥珀酸脱氢酶（复合物Ⅱ）的活性从而阻断电子传递，抑制真菌孢子萌发，芽管伸长，菌丝生长和产孢。该产品对黄瓜白粉病等防效较好。

【毒性与环境生物安全性评价】

对高等动物毒性低毒。

原药雄大鼠急性经口 LD_{50} 大于 5000 毫克/千克；

原药雌大鼠急性经口 LD_{50} 大于 5000 毫克/千克；

原药雄大鼠急性经皮 LD_{50} 大于 2000 毫克/千克；

原药雌大鼠急性经皮 LD_{50} 大于 2000 毫克/千克；

原药雄大鼠急性吸入 LD_{50} 大于 5112.5 毫克/立方米；

原药雌大鼠急性吸入 LD_{50} 大于 5112.5 毫克/立方米。

对兔眼睛无刺激性；

对兔皮肤无刺激性。

豚鼠皮肤致敏试验结果为无致敏性。

对鱼毒性低毒。

虹鳟鱼 96 小时 LC_{50} 大于 2.0 毫克/升；

鲤鱼 96 小时 LC_{50} 大于 30.5 毫克/升。

对水生生物毒性低毒。

水蚤 48 小时 EC_{50} 大于 20 毫克/升；

绿藻 72 小时 EC_{50} 为 8.9 毫克/升。

对蜜蜂毒性低毒。

蜜蜂急性经口 LD_{50} 大于 100 毫克/头；

蜜蜂接触 LD_{50} 大于 100 毫克/头。

对鸟类毒性低毒。

鹌鹑急性经口 LD_{50} 大于 5000 毫克/千克；

绿头鸭急性经口 LD_{50} 大于 5000 毫克/千克。

对家蚕毒性低毒。

家蚕食下毒叶法 96 小时 LC_{50} 大于 1920 毫克/千克·桑叶。

蚯蚓 14 天 LC_{50} 大于 1000 毫克/千克·干土。

对土壤微生物几乎没有影响。

对天敌赤眼蜂中等毒。

每人每天允许摄入量为 0.012 毫克/千克体重。

【防治对象】

主要用于防治黄瓜白粉病。

【使用方法】

防治黄瓜白粉病：病害发生初期，每 666.7 平方米用 41.7% 氟吡菌酰胺悬浮剂 5~10 毫升，兑水 45~75 千克喷雾。每隔 7~10 天施用 1 次，连续施药 2~3 次，每季作物最多使用 3 次。

【中毒急救】

吸入：应迅速将患者转移到空气清新流通处。误食：立即用大量清水漱口，立即洗胃，及时送医院对症治疗，禁止引吐。如有症状及时就医。皮肤接触后：立即用水和肥皂清洗，并彻底冲洗干净。眼睛接触后：把眼睛打开用流水冲洗几分钟，如有持续的症状，及时就医。对皮肤和眼睛有刺激，经口中毒出现头昏、恶心、呕吐。一旦药液溅入眼睛和黏附皮肤：应立即用水冲洗至少 15 分钟。

【注意事项】

1. 本品在黄瓜上使用安全间隔期为 2 天，每季最多施用次数为 3 次。

2. 使用时应戴防护镜、口罩和手套，穿防护服，并禁止饮食、吸烟、饮水等。

3. 施药后用肥皂和足量清水彻底清洗手、面部以及其他可能接触药液的身体部位。

4. 本品对水生生物有一定影响，药品及废液不得污染各类水域、土壤等环境；禁止在河塘清洗施药器械。

5. 建议与不同作用机制杀菌剂轮换使用。

6. 本品对天敌赤眼蜂中等毒，施药时注意保护天敌安全。

7. 农药空包装应 3 次清洗，并将冲洗液倒入喷雾器中；用过的空包装应压烂或划破后妥善处理，切勿重复使用或做他用。

8. 施药后应及时用肥皂和足量清水冲洗手部、面部和其他身体裸露部位以及受药剂污染的衣物等。

9. 药液及其废液不得污染各类水域、土壤等环境。

10. 孕妇和哺乳期妇女禁止接触。

11. 用过的容器妥善处理，不可做他用，不可随意丢弃。

12. 本品放置于阴凉、干燥、通风、防雨处，远离火源，勿与食品、饲料、种子、日用品等同贮同运。

13. 本品宜置于儿童够不着的地方并上锁，不得重压、破损包装容器。

氟硅唑

【作用特点】

氟硅唑是三唑类的内吸杀菌剂，具有保护和治疗作用，渗透性强。其主要作用机理是破坏和阻止病菌的细胞膜重要组成成分麦角甾醇的生物合成，导致细胞膜不能形成，使病菌死亡。它可防治子囊菌、担子菌及部分半知菌引起的病害。当药剂喷施于植物叶面后，能够迅速被叶面吸收，传导于植物体内，可抑制甾醇脱甲基化，即有效抑制麦角异醇的生物合成，因而阻碍菌丝的生长、发育及孢子的形成，达到防病的效果。它主要可用于防治子囊菌纲，担子菌纲和半知菌类真菌有效，如苹果黑星菌、白粉病菌、禾谷类的麦类核腔菌、壳针孢属菌、钩丝壳菌等，球座菌及甜菜上的各种病原菌，花生叶斑病，对油菜菌核病高效。三唑类杀菌剂、破坏和阻止麦角甾醇的生物合成，导致细胞膜不能形成，使病菌死亡。它对子囊菌、担子菌和半知菌所致病害有效，对卵菌无效，对梨黑星病有特效。

【毒性与环境生物安全性评价】

对高等动物毒性低毒。

雄性大鼠急性经口 LD_{50} 为 1110 毫克/千克；

雌性大鼠急性经口 LD_{50} 为 674 毫克/千克。

兔急性经皮 LD_{50} 大于 2000 毫克/千克。

大鼠急性吸入 LC_{50} 大于 5000 毫克/立方米。

对兔皮肤有轻微刺激性；

对兔眼睛有轻微刺激性。

大鼠亚急性喂养试验无作用剂量为 125 毫克/千克·天；

小鼠亚急性喂养试验无作用剂量为 25 毫克/千克·天。

大鼠慢性喂养试验无作用剂量为 10 毫克/千克·天。

大鼠 2 代繁殖试验无作用剂量为 50 毫克/千克·天。

大鼠致畸管饲法无作用剂量为 2 毫克/千克·天；

大鼠致畸喂饲法无作用剂量为 4.6 毫克/千克·天。

兔致畸管饲法无作用剂量为 12 毫克/千克·天；

兔致畸喂饲法无作用剂量为 2.8 毫克/千克·天。

无致突变作用，无致癌作用。

对鱼类毒性中等毒。

虹鳟鱼 96 小时 LC_{50} 为 1.2 毫克/升；

太阳鱼 96 小时 LC_{50} 为 1.7 毫克/升。

对鸟类毒性低毒。

野鸭 LD_{50} 大于 1590 毫克/千克。

对蜜蜂毒性低毒。

蜜蜂 LD_{50} 为 150 微克/只。

【防治对象】

适宜作物有苹果、梨、黄瓜、番茄和禾谷类等。防治梨、苹果、脐橙、大枣等的黑星病，并有兼治赤星病的作用。也可用于苹果黑星病、白粉病，菜豆白粉病，葡萄黑痘病、白粉病，梨树赤星病，黄瓜黑星病，花生叶斑病，谷类白粉病和眼点病，小麦颖枯病，叶锈病和条锈病，大麦叶斑病等。

【使用方法】

1. 防治黄瓜黑星病：病害发生初期，每 666.7 平方米用 400 克/升氟硅唑乳油 7.5～12.5 毫升，兑水 45～75 千克喷雾。每隔 7～10 天施药 1 次，共计 2～3 次。

2. 防治菜豆白粉病：病害发生初期，每 666.7 平方米用 400 克/升氟硅唑乳油 7.5～9.4 毫升，兑水 45～75 千克喷雾。每隔 7～10 天施药 1 次，共计 2～3 次。

3. 防治葡萄黑痘病：病害发生初期，每 666.7 平方米用 400 克/升氟硅唑乳油 8000～

10000 倍液喷雾。每隔 7～10 天施药 1 次，共计 2～3 次。

4. 防治梨树赤星病：病害发生初期，用 400 克/升氟硅唑乳油 8000～10000 倍液喷雾，兑水 45～75 千克喷雾。每隔 10～15 天施药 1 次，共计 2 次。

5. 防治梨树黑星病：病害发生初期，用 400 克/升氟硅唑乳油 8000～10000 倍液喷雾，兑水 45～75 千克喷雾。每隔 10～15 天施药 1 次，共计 2 次。

6. 防治苹果轮纹烂果病：病害发生初期，用 400 克/升氟硅唑乳油 8000 倍液喷雾。

7. 防治梨的轮纹烂果病：病害发生初期，用 400 克/升氟硅唑乳油 8000 倍液喷雾。

防治黄瓜黑星病：每 666.7 平方米用 400 克/升氟硅唑乳油 7.5～12.5 毫升，兑水 45～75 千克喷雾。每隔 7～10 天施药 1 次，共计 2～3 次。

8. 防治烟草赤星病：病害发病初期，用 400 克/升氟硅唑乳油 6000～8000 倍液喷雾，每隔 5～7 天施药 1 次，共计 2～3 次。

9. 防治蔬菜白粉病：病害发病初期，用 400 克/升氟硅唑乳油 6000～8000 倍液喷雾，每隔 5～7 天施药 1 次，共计 2～3 次。

10. 防治药用植物菊花白粉病：病害发病初期，用 400 克/升氟硅唑乳油 6000～8000 倍液喷雾，隔 7～10 天喷 1 次。

11. 防治药用植物薄荷白粉病：病害发病初期，用 400 克/升氟硅唑乳油 6000～8000 倍液喷雾，隔 7～10 天喷 1 次。

12. 防治药用植物车前草白粉病：病害发病初期，用 400 克/升氟硅唑乳油 6000～8000 倍液喷雾，隔 7～10 天喷 1 次。

13. 防治药用植物田旋花白粉病：病害发病初期，用 400 克/升氟硅唑乳油 6000～8000 倍液喷雾，隔 7～10 天喷 1 次。

14. 防治药用植物蒲公英的白粉病：病害发病初期，用 400 克/升氟硅唑乳油 6000～8000 倍液喷雾，隔 7～10 天喷 1 次。

15. 防治药用植物红花锈病：病害发病初期，用 400 克/升氟硅唑乳油 6000～8000 倍液喷雾，隔 7～10 天喷 1 次。

【中毒急救】

吸入：应迅速将患者转移到空气清新流通处。如呼吸停止应做人工呼吸。如呼吸困难应输氧。如有症状及时就医。皮肤接触后：立即用水和肥皂清洗，并彻底冲洗干净。眼睛接触后：把眼睛打开用流水冲洗几分钟，如有持续的症状，及时就医。误食：立即用大量清水漱口，催吐、洗胃，及时送医院对症治疗。一旦药液溅入眼睛和黏附皮肤：应立即用水冲洗至少 15 分钟。如患者昏迷，禁食，送医院对症就医。

【注意事项】

1. 梨树上推荐的安全采收间隔期 21 天，最多使用次数 2 次。菜豆上推荐的安全采收间隔期 5 天，最多使用次数 3 次。黄瓜上推荐的安全采收间隔期 3 天，最多使用次数 3 次。葡萄上推荐的安全采收间隔期 28 天，最多使用次数 3 次。

2. 使用时应戴防护镜、口罩和手套，穿防护服，并禁止饮食、吸烟、饮水等。

3. 施药后应及时用肥皂和足量清水冲洗手部、面部和其他身体裸露部位以及受药剂污染的衣物等。

4. 本品对鱼类等水生生物有毒，远离水产养殖区施药，禁止在河塘等水体中清洗施药器具。

5. 本品不能与强酸性、碱性物质混用。

6. 建议与不同作用机制杀菌剂轮换使用。

7. 酥梨品种幼果前期嫩叶萌发时，使用本剂偶有新叶片卷缩现象，过一段时间会恢复，但仍请避开此时期使用，即在萌芽前至开始落花 15 天后使用。

8. 农药空包装应 3 次清洗，并将冲洗液倒入喷雾器中；用过的空包装应压烂或划破后妥善处理，切勿重复使用或做他用。

9. 药液及其废液不得污染各类水域、土壤等环境。

10. 孕妇和哺乳期妇女禁止接触。

11. 用过的容器妥善处理，不可做他用，不可随意丢弃。

12. 本品放置于阴凉、干燥、通风、防雨处，远离火源，勿与食品、饲料、种子、日用品等同贮同运。

13. 本品宜置于儿童够不着的地方并上锁，不得重压、破损包装容器。

氟吗啉

【作用特点】

氟吗啉是沈阳化工研究院创制并拥有自主知识产权的杀菌剂，主要用于防治卵菌纲病原菌引起的霜霉病、晚疫病等重要病害，如黄瓜霜霉病、辣椒疫病和番茄晚疫病。由卵菌纲病原菌引起的病害如黄瓜霜霉病等是重要的"气传"病害，一旦发生对作物可造成毁灭性的损害，这类病害用药的研究和应用受到世界各大公司的关注。"八五"初期，国内防治卵菌纲病害的农药品种仅有甲霜灵，由于连年使用，抗性发生已相当严重。在国外继甲霜灵之后开发的噁霜灵、霜霉威、霜脲氰、烯酰吗啉等虽已应用于农业生产中，但这些杀菌剂或因长期连续使用，已发生抗性；或存在不同程度的缺陷如仅有保护活性，而无治疗活性；或用量大、残效期太短等原因，需要更新换代，需要新产品。为此，沈阳化工研究院创制了新杀菌剂氟吗啉。氟吗啉化学结构新颖、生物活性优异。药效结果表明：氟吗啉治疗活性高，其治疗作用明显优于烯酰吗啉；抗性风险低，与目前市场上的农药品种无交互抗性，对甲霜灵产生抗性的菌株仍有很好的活性，到目前为止未发现抗性菌株；持效期长，比通常杀菌剂长 6～9 天，推荐用药间隔比通常杀菌剂长 3～6 天；在同样生长季内用药次数少。创制新农药高效杀菌剂氟吗啉具有广阔的应用前景。

氟吗啉具有很好的保护、治疗、铲除、渗透、内吸活性，治疗活性显著，主要用于茎叶喷雾。因氟原子特有的性能如模拟效应、电子效应、阻碍效应、渗透效应，因此使含有氟原予的氟吗啉的防病杀菌效果倍增，活性显著高于同类产品。试验结果表明：氟吗啉具有治疗活性高、抗性风险低、持效期长、用药次数少、农用成本低、增产效果显著等特点。通常顺反异构体组成的化合物如烯酰吗啉仅有一个异构体有活性，而氟吗啉结构中顺反两个异构体均有活性，不仅对孢子囊萌发的抑制作用显著，且治疗活性突出。氟吗啉对甲霜灵产生抗性的菌株仍有良好的活性。杀菌剂持效期通常为 7～10 天，推荐的用药间隔时间为 7 天左右；氟吗啉持效期为 16 天，推荐的用药间隔时间为 10～13 天。由于持效期长，在同样的生长季内用药次数减少；因用药次数少，不仅减少劳动量，而且降低农用成本；测产试验表明在降低农用成本的同时，增产增收效果显著。

【毒性与环境生物安全性评价】

对高等动物毒性低毒。

雄性大鼠急性经口 LD_{50} 大于 2170 毫克/千克；

雌性大鼠急性经口 LD_{50} 大于 3160 毫克/千克。

雄性大鼠急性经皮 LD_{50} 大于 2150 毫克/千克；

雌性大鼠急性经皮 LD_{50} 大于 2150 毫克/千克。

对兔皮肤无刺激性，

对兔眼睛无刺激性。

无致突变作用，无致畸作用，无致癌作用。

【防治对象】

适宜作物有葡萄、板蓝根、烟草、啤酒花、谷子、甜菜、花生、大豆、马铃薯、番茄、黄瓜、白菜、南瓜、甘蓝、大蒜、大葱、辣椒等蔬菜，以及橡胶、柑橘、鳄梨、菠萝、荔枝、可可、玫瑰、麝香石竹等。主要用于防治卵菌纲病原菌产生的病害如霜霉病、晚疫病、霜疫病等，具体如黄瓜霜霉病、葡萄霜霉病、白菜霜霉病、番茄晚疫病、马铃薯晚疫病、辣椒疫病、荔枝霜疫霉病、大豆疫霉根腐病等。

【使用方法】

1. 防治黄瓜霜霉病：病害发生初期，每666.7平方米用20%氟吗啉可湿性粉剂25～50克，兑水50千克喷雾。每隔7～10天施药1次，共计2～3次。

2. 防治葡萄霜霉病：每666.7平方米用20%氟吗啉可湿性粉剂25～50克，兑水50千克喷雾。每隔7～10天施药1次，共计2～3次。

3. 防治白菜霜霉病：病害发生初期，每666.7平方米用20%氟吗啉可湿性粉剂25～50克，兑水50千克喷雾。每隔7～10天施药1次，共计2～3次。

4. 防治番茄疫病：病害发生初期，每666.7平方米用20%氟吗啉可湿性粉剂25～50克，兑水50千克喷雾。每隔7～10天施药1次，共计2～3次。

5. 防治辣椒疫病：病害发生初期，每666.7平方米用20%氟吗啉可湿性粉剂25～50克，兑水50千克喷雾。每隔7～10天施药1次，共计2～3次。

【中毒急救】

中毒症状为头晕、头痛、恶心、呕吐。吸入：应迅速将患者转移到空气清新流通处。如呼吸停止应做人工呼吸。如呼吸困难应输氧。如有症状及时就医。皮肤接触后：立即用水和肥皂清洗，并彻底冲洗干净。眼睛接触后：把眼睛打开用流水冲洗几分钟，如有持续的症状，及时就医。误食：立即用大量清水漱口，催吐、洗胃，及时送医院对症治疗。一旦药液溅入眼睛和黏附皮肤：应立即用水冲洗至少15分钟。如患者昏迷，禁食，送医院对症就医。

【注意事项】

1. 安全间隔期不低于3天，每季作物最多使用3次。

2. 使用时应戴防护镜、口罩和手套，穿防护服，并禁止饮食、吸烟、饮水等。

3. 施药后应及时用肥皂和足量清水冲洗手部、面部和其他身体裸露部位以及受药剂污染的衣物等。

4. 本品不能与强酸性、碱性物质及铜制剂混用。

5. 建议与不同作用机制杀菌剂轮换使用。

6. 农药空包装应3次清洗，并将冲洗液倒入喷雾器中；用过的空包装应压烂或划破后妥善处理，切勿重复使用或做他用。

7. 药液及其废液不得污染各类水域、土壤等环境。

8. 孕妇和哺乳期妇女禁止接触。

9. 用过的容器妥善处理，不可做他用，不可随意丢弃。

10. 本品放置于阴凉、干燥、通风、防雨处，远离火源，勿与食品、饲料、种子、日用品等同贮同运。

11. 本品宜置于儿童够不着的地方并上锁，不得重压、破损包装容器。

粉唑醇

【作用特点】

粉唑醇是一种广谱性内吸杀菌剂，对担子菌和子囊菌引起的多种病害具有良好的保护和治疗作用，可有效地防治麦类作物白粉病、锈病、黑穗病、玉米黑穗病等。它可抑制幼龄期昆虫的发育，阻碍脱皮。它对许多寄生性昆虫，捕食性昆虫以及蜘蛛无作用。本品还可用于防治大多数幼龄期的飞蝗。

【毒性与环境生物安全性评价】

对高等动物毒性低毒。

大鼠急性经口 LD_{50} 大于 5000 毫克/千克；

大鼠急性经皮 LD_{50} 大于 2000 毫克/千克；

大鼠急性吸入 4 小时 LC_{50} 大于 0.8 毫克/升。

对兔眼睛无刺激性。

对兔皮肤无刺激性。

各种试验结果表明，无致癌、致畸、致突变作用。

对鱼类毒性低毒。

鲤鱼 96 小时 LC_{50} 大于 500 毫克/升；

虹鳟鱼 96 小时 LC_{50} 大于 500 毫克/升。

【防治对象】

对粉虱科、双翅目、蛸翅目、膜翅目、鳞翅目和木虱科的幼虫有防效。用于甘蓝、柑橘、棉花、葡萄、仁果、马铃薯、核果、高粱、大豆、树木、烟草、蔬菜。

【使用方法】

1. 防治草莓白粉病：每 666.7 平方米用 125 克/升粉唑醇悬浮剂 30 ~ 60 毫升，兑水 45 ~ 60 千克喷雾，在草莓白粉病发病初期或发病前用药，每隔 7 ~ 10 天用药 1 次。

2. 防治小麦白粉病：发病初期，每 666.7 平方米用 125 克/升粉唑醇悬浮剂 30 ~ 60 毫升，兑水 45 ~ 60 千克喷雾。

3. 防治小麦锈病：每 666.7 平方米用 25% 粉唑醇悬浮剂 16 ~ 24 毫升，兑水 45 ~ 60 千克喷雾。在小麦锈病发病初期使用，从上到下均匀喷洒于整株小麦上，可连续使用 2 次，施药间隔期 7 天。

【中毒急救】

中毒症状为头晕、头痛、恶心、呕吐等。吸入：应迅速将患者转移到空气清新流通处。如呼吸停止应做人工呼吸。如呼吸困难应输氧。如有持续症状及时就医。皮肤接触后：立即用水和肥皂清洗，并彻底冲洗干净。眼睛接触后：把眼睛打开用流水冲洗几分钟，如有持续的症状，及时就医。误食：立即用大量清水漱口，洗胃，不要催吐。洗胃时注意保护气管和食管。及时送医院对症治疗。一旦药液溅入眼睛和黏附皮肤：应立即用水冲洗至少 15 分钟。如患者昏迷，禁食，及时就医。

【注意事项】

1. 本品不得与强碱性农药等物质混用。

2. 本品在作物上使用的安全间隔期：草莓为 50 天、小麦为 35 天。每季最多施用次数：草莓为 4 次，小麦为 2 次。

3. 本产品对鸟类、蜜蜂有毒，注意保护鸟类，鸟类取食区及保护区附近和赤眼蜂等天敌放飞区域等禁用。施药时应注意避免对周围蜂群的不得影响，开花植物花期禁用。

4. 在连续阴雨或湿度较大的环境中，或者当病情较重的情况下，建议使用较高剂量。避免在极端温度和湿度下，或作物长势较弱的情况下使用本品。

5. 配药和施药时，应穿戴防护服和手套，避免吸入药液；施药期间不可吃东西和饮水；施药后应及时洗手和洗脸。

6. 孕妇及哺乳期妇女避免接触。

7. 建议与其他作用机制不同的杀菌剂轮换使用，以延缓抗性产生。

8. 用过的容器妥善处理，不可做他用，不可随意丢弃。

9. 本品放置于阴凉、干燥、通风、防雨处，远离火源，勿与食品、饲料、种子、日用品等同贮同运。

10. 本品宜置于儿童够不着的地方并上锁，不得重压、破损包装容器。

己唑醇

【作用特点】

己唑醇属三唑类杀菌剂，甾醇脱甲基化抑制剂，对真菌尤其是担子菌门和子囊菌门引起的病害有广谱性的保护和治疗作用。破坏和阻止病菌的细胞膜重要组成成分麦角甾醇的生物合成，导致细胞膜不能形成，使病菌死亡。它具有内吸、保护和治疗活性。在推荐剂量下使用，对环境、作物安全，但有时对某些苹果品种有药害。

【毒性与环境生物安全性评价】

对高等动物毒性低毒。

雄大鼠急性经口 LD_{50} 为 2189 毫克/千克；

雌大鼠急性经口 LD_{50} 为 6071 毫克/千克；

大鼠急性经皮 LD_{50} 为 7200 毫克/千克。

对兔眼睛有轻微刺激性；

对兔皮肤有轻微刺激性。

在土壤中易降解。

【防治对象】

适宜作物有苹果、葡萄、香蕉、蔬菜、瓜果、辣椒、花生、咖啡、禾谷类作物和观赏植物等。对担子菌纲和子囊菌纲引起的病害如白粉病、锈病、黑星病、褐斑病、炭疽病等有优异的保护和铲除作用。对水稻纹枯病有良好防效。

【使用方法】

1. 防治苹果树斑点落叶病：发病初期，用50%己唑醇水分散粒剂8000~10000倍液喷雾。

2. 防治水稻纹枯病：每666.7平方米用50%己唑醇水分散粒剂8~10克，兑水50~75千克喷雾，水稻纹枯叶病发病初期施药1次，间隔10~15天进行第2次防治，注意喷雾均匀、周到，以确保防效。喷雾时重点是水稻中下部茎秆。施药时田间保持5~7厘米的水层，施药后保水5天。

3. 防治葡萄白粉病：发病初期，用5%己唑醇悬浮剂2500~5000倍液均匀喷雾。

4. 防治小麦白粉病：发病初期，每666.7平方米用5%己唑醇悬浮剂20~30克，兑水50~75千克喷雾。

5. 防治小麦锈病：发病初期，每666.7平方米用5%己唑醇悬浮剂30~40克，兑水50~75千克喷雾。

【中毒急救】

吸入：应迅速将患者转移到空气清新流通处。如呼吸停止应做人工呼吸。如呼吸困难应输氧。如有症状及时就医。皮肤接触后：立即用水和肥皂清洗，并彻底冲洗干净。眼睛接触后：把眼睛打开用流水冲洗几分钟，如有持续的症状，及时就医。误食：立即用大量清水漱口，洗胃，不要催吐。洗胃时注意保护气管和食管。及时送医院对症治疗。一旦药液溅入眼睛和黏附皮肤：应立即用水冲洗至少 15 分钟。如患者昏迷，禁食，送医院救治。

【注意事项】

1. 本品不得与强碱性农药等物质混用。

2. 本品在水稻上使用的安全间隔期为 45 天，每季作物最多使用 2 次；在葡萄、小麦上使用的安全间隔期为 21 天，每季作物最多使用 3 次。

3. 为获得最佳的防治效果，请尽量于病害发生之前整株均匀喷雾。

4. 在连续阴雨或湿度较大的环境中，或者当病情较重的情况下，建议使用较高剂量。避免在极端温度和湿度下，或作物长势较弱的情况下使用本品。

5. 本品在施药期间应远离水产养殖区施药，鱼和虾蟹套养稻田禁用，施药后的田水不得直接排入水体。禁止在河塘等水体中清洗施药器具。

6. 本品在施药期间应避免对周围鸟类的影响，蚕室和桑园附近禁用。

7. 配药和施药时，应穿戴防护服和手套，避免吸入药液；施药期间不可吃东西和饮水；施药后应及时洗手和洗脸。

8. 孕妇及哺乳期妇女避免接触。

9. 建议与其他作用机制不同的杀菌剂轮换使用，以延缓抗性产生。

10. 用过的容器妥善处理，不可做他用，不可随意丢弃。

11. 本品放置于阴凉、干燥、通风、防雨处，远离火源，勿与食品、饲料、种子、日用品等同贮同运。

12. 本品宜置于儿童够不着的地方并上锁，不得重压、破损包装容器。

环丙唑醇

【作用特点】

环丙唑醇属三唑类杀菌剂，是甾醇脱甲基化抑制剂，具有预防和治疗作用。它主要利用抑制甾醇脱甲基化来阻止病害的发生和侵染。它对禾谷类作物、咖啡、甜菜、果树和葡萄上的白粉菌目、锈菌目、属孢霉属、喙孢属、壳针孢属、黑星菌属菌均有效。它与其他杀菌剂混用，能很好防治谷类眼点病、叶斑病和网斑病。其作用机理与特点是甾醇脱甲基化抑制剂。由于具有很好的内吸性，因此它可迅速地被植物吸收，并在内部传导；它具有很好的保护和治疗活性。持效期 6 周。

【毒性与环境生物安全性评价】

对高等动物毒性低毒。

原药雄性大鼠急性经口 LD_{50} 为 1020 毫克/千克；

原药雌性大鼠急性经口 LD_{50} 为 330 毫克/千克。

原药雄性大鼠急性经皮 LD_{50} 大于 2000 毫克/千克；

原药雌性大鼠急性经皮 LD_{50} 大于 2000 毫克/千克。

原药大鼠急性吸入 4 小时 LC_{50} 大于 5.65 毫克/立方米。

对兔眼睛无刺激性；

对兔皮肤有轻微刺激性。

对豚鼠皮肤无过敏现象，为弱致敏性。

大鼠 90 天亚慢性喂养试验无作用剂量雄性为 1.5 毫克/千克·天；

大鼠 90 天亚慢性喂养试验无作用剂量雌性为 1.9 毫克/千克·天。

狗 90 天亚慢性喂养试验无作用剂量雄性为 0.99 毫克/千克·天；

狗 90 天亚慢性喂养试验无作用剂量雌性为 0.7 毫克/千克·天。

大鼠 2 年慢性喂养试验无作用剂量雄性为 1.0 毫克/千克·天；

大鼠 2 年慢性喂养试验无作用剂量雌性为 1.2 毫克/千克·天。

狗 52 周慢性喂养试验无作用剂量为 0.99 毫克/千克·天。

对大鼠致癌无作用剂量雄性为 1.84 毫克/千克·天；

对大鼠致癌无作用剂量雌性为 2.56 毫克/千克·天。

各种试验表明，无致畸、致癌和致突变作用。

对鱼毒性低毒。

鲤鱼 96 小时 LC_5 为 19.9 毫克/升；

虹鳟鱼 96 小时 LC_{50} 为 19 毫克/升；

蓝鳃太阳鱼 96 小时 LC_{50} 为 21 毫克/升；

对蜜蜂毒性低毒。

蜜蜂急性经口 LD_{50} 大于 1 毫克/头；

蜜蜂接触 LD_{50} 大于 0.1 毫克/头。

对鸟类毒性低毒。

鹌鹑急性经口 LD_{50} 为 1150 毫克/千克；

野鸭饲喂 LD_{50} 为 1197 毫克/千克；

鹌鹑饲喂 LD_{50} 为 816 毫克/千克。

【防治对象】

适宜作物禾谷类作物如小麦、大麦、燕麦、黑麦等，果树如香蕉、葡萄、梨、苹果等，蔬菜如瓜类，甜菜，观赏植物等。可以防治白粉菌属、柄锈菌属、喙孢属、核腔菌属和壳针孢属菌引起的病害如小麦白粉病、小麦散黑穗病、小麦锈病、小麦腥黑穗病、小麦颖枯病、大麦云纹病、大麦散黑穗病、大麦纹枯病、玉米丝黑穗病、高粱丝黑穗病、瓜果白粉病、香蕉叶斑病、苹果斑点落叶病、梨黑星病和葡萄白粉病等。

【使用方法】

1. 防治防治禾谷类作物病害：病害发生初期，每公顷用环丙唑醇制剂有效成分含量 100 ~125 克，兑水 50 千克喷雾。

2. 防治甜菜病害：病害发生初期，每公顷用环丙唑醇制剂有效成分含量 60 ~ 100 克，兑水 50 千克喷雾。

3. 防治葡萄病害：病害发生初期，每公顷用环丙唑醇制剂有效成分含量 20 ~ 50 克，兑水 50 千克喷雾。

4. 防治观赏植物病害：病害发生初期，每公顷用环丙唑醇制剂有效成分含量 20 ~ 50 克，兑水 50 千克喷雾。

5. 防治仁果病害：病害发生初期，每公顷用环丙唑醇制剂有效成分含量 20 ~ 50 克，兑水 50 千克喷雾。

6. 防治核果病害：病害发生初期，每公顷用环丙唑醇制剂有效成分含量 20 ~ 50 克，兑水 50 千克喷雾。

7. 防治蔬菜病害：病害发生初期，每公顷用环丙唑醇制剂有效成分含量 20 ~ 50 克，兑水 50 千克喷雾。

8. 种子处理：通常使用剂量为环丙唑醇制剂有效成分含量 10 ~ 30 克拌 100 千克种子。

【中毒急救】

吸入可能会刺激鼻子、咽喉和上呼吸道；皮肤接触可能会产生轻度至中度刺激；眼接触可能会产生轻度刺激；如大量食入可能发生呕吐、胸闷、肌肉痉挛等症状。吸入：应迅速将患者转移到空气清新流通处。如呼吸停止应做人工呼吸。如呼吸困难应输氧。如有症状及时就医。皮肤接触后：立即用水和肥皂清洗，并彻底冲洗干净。眼睛接触后：把眼睛打开用流水冲洗几分钟，如有持续的症状，及时就医。误食：立即用大量清水漱口，催吐、洗胃，及时送医院对症治疗。一旦药液溅入眼睛和黏附皮肤：应立即用水冲洗至少 15 分钟。如患者昏迷，禁食，送医院救治。

【注意事项】

1. 本品不能与强酸性、碱性物质及铜制剂混用。

2. 使用时应戴防护镜、口罩和手套，穿防护服，并禁止饮食、吸烟、饮水等。

3. 施药后应及时用肥皂和足量清水冲洗手部、面部和其他身体裸露部位以及受药剂污染的衣物等。

4. 建议与不同作用机制杀菌剂轮换使用。

5. 农药空包装应 3 次清洗，并将冲洗液倒入喷雾器中；用过的空包装应压烂或划破后妥善处理，切勿重复使用或做他用。

6. 药液及其废液不得污染各类水域、土壤等环境。

7. 孕妇和哺乳期妇女禁止接触。

8. 用过的容器妥善处理，不可做他用，不可随意丢弃。

9. 本品放置于阴凉、干燥、通风、防雨处，远离火源，勿与食品、饲料、种子、日用品等同贮同运。

10. 本品宜置于儿童够不着的地方并上锁，不得重压、破损包装容器。

井冈霉素

【作用特点】

井冈霉素是由吸水链霉菌井冈变种产生的水溶性抗生素葡萄糖苷类化合物。它是内吸作用较强的农用抗生素，易被菌体细胞吸收并在其内迅速传导、干扰和抑制菌体细胞生长和发育。

【毒性与环境生物安全性评价】

对高等动物毒性低毒。

大鼠急性经口 LD_{50} 大于 20000 毫克/千克；

小鼠急性经口 LD_{50} 大于 20000 毫克/千克。

对鱼毒性低毒。

鲤鱼 96 小时 LC_5 大于 40 毫克/升。

【防治对象】

主要用于水稻纹枯病，也可用于水稻稻曲病、玉米大小斑病以及蔬菜和棉花、黄瓜、豆类等作物病害的防治。

【使用方法】

1. 防治水稻纹枯病：一般在水稻封行后至抽穗前期或盛发初期，每 666.7 平方米用 5% 井冈霉素水剂 200 ~ 250 克，兑水 75 ~ 100 公斤喷雾，或每 666.7 平方米用 5% 井冈霉素水剂

200 ~ 250 克，兑水 75 公斤泼浇，间隔期 7 ~ 15 天，施药 1 ~ 3 次，施药时应保持稻田水深 3 ~ 6 厘米。

2. 防治水稻稻曲病：在水稻孕穗期，每 666.7 平方米用 5% 井冈霉素水剂 100 ~ 150 克，兑水 75 ~ 100 公斤喷雾，间隔期 7 ~ 15 天，施药 1 ~ 3 次，施药时应保持稻田水深 3 ~ 6 厘米。

3. 防治棉花立枯病：在棉花播种后，用 5% 井冈霉素水剂 500 ~ 000 倍液，按 3 毫升/平方米药溶液量灌苗床。

4. 防治麦类纹枯病：抽穗前期或盛发初期，用 5% 井冈霉素水剂 600 ~ 800 毫升，对少量的水均匀喷在 100 千克麦种，搅拌均匀，堆闷几小时后播种。也可在田间病株率达到 30% 左右时，每 666.7 平方米用 5% 井冈霉素水剂 100 ~ 150 克，兑水 75 ~ 100 公斤喷雾。

5. 防治黄瓜立枯病：用 5% 井冈霉素水剂 1000 ~ 2000 倍液，按 3 ~ 4 毫升/平方米药溶液量灌苗床。

【中毒急救】

中毒症状为轻微出现头疼、头晕现象。吸入：应迅速将患者转移到空气清新流通处。如呼吸停止应做人工呼吸。如呼吸困难应输氧。如有症状及时就医。皮肤接触后：立即用水和肥皂清洗，并彻底冲洗干净。眼睛接触后：把眼睛打开用流水冲洗几分钟，如有持续的症状，及时就医。误食：立即用大量清水漱口，催吐、洗胃，及时送医院对症治疗。一旦药液溅入眼睛和黏附皮肤：应立即用水冲洗至少 15 分钟。如患者昏迷，禁食，送医院救治。

【注意事项】

1. 在水稻上使用安全间隔期为 14 天，每季作物最多使用 2 次。

2. 本品不能与强酸性、碱性物质混用。

3. 本品可以与多种杀虫剂混用。

4. 施药时应保持稻田水深 3 ~ 6 厘米。

5. 本品宜在晴朗天气可早、晚两头趁露水未干时喷施，夜间喷施效果尤佳，阴雨天可全天喷施，风力大于 3 级时不宜喷施。

6. 使用时应戴防护镜、口罩和手套，穿防护服，并禁止饮食、吸烟、饮水等。

7. 施药后应及时用肥皂和足量清水冲洗手部、面部和其他身体裸露部位以及受药剂污染的衣物等。

8. 建议与不同作用机制杀菌剂轮换使用。

9. 农药空包装应 3 次清洗，并将冲洗液倒入喷雾器中；用过的空包装应压烂或划破后妥善处理，切勿重复使用或做他用。

10. 药液及其废液不得污染各类水域、土壤等环境。

11. 孕妇和哺乳期妇女禁止接触。

12. 本品放置于阴凉、干燥、通风、防雨处，远离火源，勿与食品、饲料、种子、日用品等同贮同运。

13. 本品宜置于儿童够不着的地方并上锁，不得重压、破损包装容器。

菌核净

【作用特点】

菌核净是针对农作物易感染的"真菌、细菌、病毒"而研制开发的一种高效杀菌剂，属亚胺类杀菌剂。它具有广谱、杀菌、内吸、渗透、治疗、持效期长等特点，有内吸、传导双重作用。叶面喷施能迅速传导到病害部位，由表及内彻底杀菌，多种病菌一次清除，具有直接杀菌、内渗治疗作用、残效期长的特性。其作用机理是抑制病菌产孢和病斑扩大等特点，当病菌丝体接触药剂后，溢出细胞的内含物，而不能正常发育，导致病菌死亡。对于油菜菌核病、烟草赤 腥病防效较好，对水稻纹枯病、麦类赤霉病、白粉病以及工业防腐具有良好防效。

【毒性与环境生物安全性评价】

对高等动物毒性低毒。

雄大鼠急性经口 LD_{50} 为 1688 ~ 2552 毫克/千克；

雌小鼠急性经口 LD_{50} 为 800 ~ 1321 毫克/千克；

雌小鼠急性经皮 LD_{50} 大于 5000 毫克/千克。

对兔眼睛有轻微刺激性；

对兔皮肤有轻微刺激性。

豚鼠皮肤变态试验结果为无致敏性。

豚鼠皮肤变态试验结果为无致敏性。

对鱼类毒性低毒。

鲤鱼 48 小时急性毒性 LC_{50} 为 55 毫克/升。

【防治对象】

适宜作物有油菜、烟草、水稻、麦类等。防治对象为油菜菌核病、烟草赤星病、水稻纹枯病、麦类赤霉病和白粉病，也可用于工业防腐等。

【使用方法】

1. 防治油菜菌核病：每 666.7 平方米用 40% 菌核净可湿性粉剂 100 ~ 150 克，兑水 75 ~ 100 千克，在油菜盛花期第 1 次用药，隔 7 ~ 10 天再以相同剂量处理 1 次，重点喷于植株中下部。

2. 防治烟草赤星病：每 666.7 平方米用 40% 菌核净可湿性粉剂 187.5 ~ 337.5 克，兑水 75 ~ 100 千克，于烟草发病时喷药，每隔 7 ~ 10 天喷药 1 次。

3. 防治水稻纹枯病：每 666.7 平方米用 40% 菌核净可湿性粉剂 200 ~ 250 克，对水 60 ~ 75 千克，于发病初期开始喷药，每次间隔 1 ~ 2 周，共防治 2 ~ 3 次。

【中毒急救】

中毒症状为头晕、头痛、恶心、呕吐等。吸入：应迅速将患者转移到空气清新流通处。如呼吸停止应做人工呼吸。如呼吸困难应输氧。如有症状及时就医。皮肤接触后：立即用水和肥皂清洗，并彻底冲洗干净。眼睛接触后：把眼睛打开用流水冲洗几分钟，如有持续的症状，及时就医。误食：立即用大量清水漱口，洗胃，不要催吐。洗胃时注意保护气管和食管。及时送医院对症治疗。一旦药液溅入眼睛和黏附皮肤：应立即用水冲洗至少 15 分钟。如患者昏迷，禁食，送医院救治。

【注意事项】

2. 本品不得与强碱性农药等物质混用。

2. 本品在烟草苗期和旺长期使用会产生药害，须在烟草成熟打顶后使用，正反叶面喷雾。

3. 为获得最佳的防治效果，请尽量于病害发生之前整株均匀喷雾。

4. 在连续阴雨或湿度较大的环境中，或者当病情较重的情况下，建议使用较高剂量。避免在极端温度和湿度下，或作物长势较弱的情况下使用本品。

5. 不要在水产养殖区施药，禁止在河塘等水体中清洗施药器具。药液及废液不得污染各类水域、土壤等环境。

6. 开启包装时应选择在无风的条件下，注意药剂不要散逸，以免造成不必要的伤害。

7. 配药和施药时，应穿戴防护服和手套，避免吸入药液；施药期间不可吃东西和饮水；

施药后应及时洗手和洗脸。

8. 孕妇及哺乳期妇女避免接触。

9. 建议与其他作用机制不同的杀菌剂轮换使用，以延缓抗性产生。

10. 用过的容器妥善处理，不可做他用，不可随意丢弃。

11. 本品放置于阴凉、干燥、通风、防雨处，远离火源，勿与食品、饲料、种子、日用品等同贮同运。

12. 本品宜置于儿童够不着的地方并上锁，不得重压、破损包装容器。

甲基硫菌灵

【作用特点】

甲基硫菌灵属苯并咪唑类杀菌剂，是一种高效、广谱、低毒、低残留、内吸性杀菌剂，能防治多种作物病害，具有保护和治疗两种作用。其作用机理是干扰病菌菌丝形成，影响病菌细胞分裂，使细胞壁中毒，孢子萌发长出的芽管畸形，从而杀死病菌。该药喷施于植物表面并被植物吸收后，在植物体内经一系列生化反应转化为多菌灵，干扰菌的细胞分裂，使病菌不能正常生长从而达到杀菌效果。残效期 5~7 天。

【毒性与环境生物安全性评价】

对高等动物毒性低毒。

雄小鼠急性口服 LD_{50} 为 1510 毫克/千克；

雌小鼠急性口服 LD_{50} 为 3400 毫克/千克。

大鼠急性经口 LD_{50} 为 6640~7500 毫克/千克。

大鼠急性经皮 LD_{50} 大于 10000 毫克/千克。

对兔皮肤和眼睛无刺激性。

在试验条件下无慢性毒性。

对鱼毒性低毒。

鲤鱼 48 小时 LC_{50} 为 11 毫克/升；

虹鳟鱼 48 小时 LC_{50} 为 8.8 毫克/升。

对蜜蜂毒性低毒。

对鸟类毒性低毒。

【防治对象】

用于防治作物的白粉病、黑星病、黑穗病、黑斑病、青霉病、绿霉病、赤霉病、纹枯病、稻瘟病、菌核病、环腐病、叶斑病、叶霉病、褐斑病、炭疽病、锈病等。也可用于纺织品、纸张、皮革等防霉、防腐和水果保鲜。

【使用方法】

1. 防治水稻纹枯病：一般在水稻封行后至抽穗前期或盛发初期，每 666.7 平方米用 70% 甲基硫菌灵可湿性粉剂 100~150 克，兑水 50~75 公斤喷雾，间隔期 7~10 天。

2. 防治水稻稻瘟病：一般在水稻封行后至抽穗前期或盛发初期，每 666.7 平方米用 70% 甲基硫菌灵可湿性粉剂 100~150 克，兑水 50~75 公斤喷雾，间隔期 7~10 天。

3. 防治麦类黑穗病：用 50%、70% 甲基硫菌灵可湿性粉剂有效成分 100 克，加水 4 千克，拌 100 千克麦种，然后闷种 6 小时，或者用 50%、70% 甲基硫菌灵可湿性粉剂有效成分 156 克，加水 156 千克，浸麦种 100 千克，浸 36~48 小时。

4. 防治麦类赤霉病：始花期，每 666.7 平方米用 50% 甲基硫菌灵可湿性粉剂 75~100 克，兑水 50~75 公斤喷雾，5~7 天后再喷 1 次药。

5. 防治油菜菌核病：在油菜盛花期，每 666.7 平方米用 50% 甲基硫菌灵可湿性粉剂 100 ~125 克，兑水 50 ~80 千克喷雾，隔 7 ~10 天再喷药 1 次药。

6. 防治棉花病害：每 100 千克种子用 50%、70% 甲基硫菌灵可湿性粉剂有效成分 500 克拌种，可防治棉花苗期病害。

7. 防治甘薯病害：用 70% 甲基硫菌灵可湿性粉剂 400 ~800 倍液浸种薯，或 70% 甲基硫菌灵可湿性粉剂 1500 倍药液浸薯苗基部 10 分钟，分别可以控制苗床黑斑病为害。

8. 防治甜菜褐斑病：病害盛发前，每 666.7 平方米用 50% 甲基硫菌灵可湿性粉剂 75 ~125 克，兑水 50 ~80 千克喷雾，隔 10 ~14 天再喷药 1 次药。

9. 防治瓜类白粉病：病害盛发前，每 666.7 平方米用 50% 甲基硫菌灵可湿性粉剂 35 ~55 克，兑水 50 ~80 千克喷雾，隔 7 ~10 天再喷药 1 次药，共喷药 3 ~6 次。

10. 防治瓜类炭疽病：病害盛发前，每 666.7 平方米用 50% 甲基硫菌灵可湿性粉剂 35 ~55 克，兑水 50 ~80 千克喷雾，隔 7 ~10 天再喷药 1 次药，共喷药 3 ~6 次。

11. 防治瓜类灰霉病：病害盛发前，每 666.7 平方米用 50% 甲基硫菌灵可湿性粉剂 35 ~55 克，兑水 50 ~80 千克喷雾，隔 7 ~10 天再喷药 1 次药，共喷药 3 ~6 次。

12. 防治菜豆灰霉病：病害盛发前，每 666.7 平方米用 50% 甲基硫菌灵可湿性粉剂 35 ~55 克，兑水 50 ~80 千克喷雾，隔 7 ~10 天再喷药 1 次药，共喷药 3 ~6 次。

13. 防治豌豆白粉病：病害盛发前，每 666.7 平方米用 50% 甲基硫菌灵可湿性粉剂 35 ~55 克，兑水 50 ~80 千克喷雾，隔 7 ~10 天再喷药 1 次药，共喷药 3 ~6 次。

14. 防治豌豆褐斑病：病害盛发前，每 666.7 平方米用 50% 甲基硫菌灵可湿性粉剂 35 ~55 克，兑水 50 ~80 千克喷雾，隔 7 ~10 天再喷药 1 次药，共喷药 3 ~6 次。

15. 防治大丽花花腐病：在发病初期，每 666.7 平方米用 50% 甲基硫菌灵可湿性粉剂 80 ~125 克，兑水 50 ~80 千克喷雾，隔 10 天再喷药 1 次药，共喷药 3 ~5 次。

16. 防治月季褐斑病：在发病初期，每 666.7 平方米用 50% 甲基硫菌灵可湿性粉剂 80 ~125 克，兑水 50 ~80 千克喷雾，隔 10 天再喷药 1 次药，共喷药 3 ~5 次。

17. 防治海棠灰斑病：在发病初期，每 666.7 平方米用 50% 甲基硫菌灵可湿性粉剂 80 ~125 克，兑水 50 ~80 千克喷雾，隔 10 天再喷药 1 次药，共喷药 3 ~5 次。

18. 防治君子兰叶斑病：在发病初期，每 666.7 平方米用 50% 甲基硫菌灵可湿性粉剂 80 ~125 克，兑水 50 ~80 千克喷雾，隔 10 天再喷药 1 次药，共喷药 3 ~5 次。

19. 防治苹果轮纹病：发病初期或之前，用 50% 甲基硫菌灵可湿性粉剂 400 ~600 倍液或 70% 甲基硫菌灵可湿性粉剂 800 ~1000 倍液喷雾，每隔 10 天喷 1 次。

20. 防治苹果炭疽病：发病初期或之前，用 50% 甲基硫菌灵可湿性粉剂 400 ~600 倍液或 70% 甲基硫菌灵可湿性粉剂 800 ~1000 倍液喷雾，每隔 10 天喷 1 次。

21. 防治葡萄褐斑病：发病初期或之前，用 50% 甲基硫菌灵可湿性粉剂 400 ~600 倍液或 70% 甲基硫菌灵可湿性粉剂 800 ~1000 倍液喷雾，每隔 10 天喷 1 次。

22. 防治葡萄炭疽病：发病初期或之前，用 50% 甲基硫菌灵可湿性粉剂 400 ~600 倍液或 70% 甲基硫菌灵可湿性粉剂 800 ~1000 倍液喷雾，每隔 10 天喷 1 次。

23. 防治葡萄灰霉病：发病初期或之前，用 50% 甲基硫菌灵可湿性粉剂 400 ~600 倍液或 70% 甲基硫菌灵可湿性粉剂 800 ~1000 倍液喷雾，每隔 10 天喷 1 次。

24. 防治桃褐腐病：发病初期或之前，用 50% 甲基硫菌灵可湿性粉剂 600 ~800 倍液或 70% 甲基硫菌灵可湿性粉剂 800 ~1200 倍液喷雾，每隔 10 天喷 1 次。

25. 防治柑橘贮藏中的青霉、绿霉病：在柑橘采摘后立即用 40% 甲基硫菌灵胶悬剂 400 ~600 倍液，浸果实 2 ~3 分钟，捞出晾干装框。

26. 防治花生褐斑病：发病初期或之前，每 666.7 平方米用 70% 甲基硫菌灵可湿性粉剂 25～35 克，兑水 50～80 千克喷雾，隔 10 天再喷药 1 次药。

27. 防治芦笋茎枯病：发病初期或之前，每 666.7 平方米用 70% 甲基硫菌灵可湿性粉剂 60～75 克，兑水 50～80 千克喷雾，隔 10 天再喷药 1 次药。

28. 防治西瓜炭疽病：发病初期或之前，每 666.7 平方米用 70% 甲基硫菌灵可湿性粉剂 40～50 克，兑水 50～80 千克喷雾，隔 10 天再喷药 1 次药。

【中毒急救】

经食道引起中毒会出现头昏、恶心、呕吐、腹泻、腹痛等症状。吸入：应迅速将患者转移到空气清新流通处。如呼吸停止应做人工呼吸。如呼吸困难应输氧。如有症状及时就医。皮肤接触后：立即用水和肥皂清洗，并彻底冲洗干净。眼睛接触后：把眼睛打开用流水冲洗几分钟，如有持续的症状，及时就医。误食：立即用大量清水漱口，催吐、洗胃，及时送医院对症治疗。催吐剂可用生鸡蛋 5～10 个打在碗内，搅匀，加明矾末 10 克左右。一旦药液溅入眼睛和黏附皮肤：应立即用水冲洗至少 15 分钟。如患者昏迷，禁食，送医院救治。

【注意事项】

1. 本品在水稻上使用安全间隔期为 30 天，每季最多使用次数为 3 次；在小麦上使用安全间隔期为 30 天，每季最多使用次数为 2 次；在芦笋上使用安全间隔期为 7 天，每季最多使用次数为 3 次；在花生上使用安全间隔期为 21 天，每季最多使用次数为 4 次；在西瓜上使用安全间隔期为 3 天，每季最多使用次数为 4 次；在苹果树上使用安全间隔期为 21 天，每季最多使用次数为 2 次。

2. 本品不能与强酸性、碱性物质及含铜制剂混用。

3. 本品可以与多种杀虫剂、杀菌剂、杀螨剂混用，但要现混现用。

4. 任何作物在收获前 14 天停止使用。

5. 本品宜在晴朗天气可早、晚两头趁露水未干时喷施，夜间喷施效果尤佳，阴雨天可全天喷施，风力大于 3 级时不宜喷施。

6. 本品应存放在阴凉干燥处，并注意防腐、防霉、防热。

7. 使用时应戴防护镜、口罩和手套，穿防护服，并禁止饮食、吸烟、饮水等。

8. 施药后应及时用肥皂和足量清水冲洗手部、面部和其他身体裸露部位以及受药剂污染的衣物等。

9. 为避免真菌耐药力和抗性的增长，建议与不同作用机制杀菌剂轮换使用。

10. 药液及其废液不得污染各类水域、土壤等环境。

11. 孕妇和哺乳期妇女禁止接触。

12. 用过的容器妥善处理，不可做他用，不可随意丢弃。

13. 本品放置于阴凉、干燥、通风、防雨处，远离火源，勿与食品、饲料、种子、日用品等同贮同运。

14. 本品宜置于儿童够不着的地方并上锁，不得重压、破损包装容器。

甲基立枯灵

【作用特点】

甲基立枯磷又叫利克菌、立枯灭，是一种广谱高效的有机磷杀菌剂，对于棉花、水稻、小麦、蔬菜、瓜果等农作物的病虫害具有良好的防治效果，是一种替代常规杀菌剂的防治土传播病害的优良药剂。它用于防治土传病害，主要起保护作用。其吸附作用强，不易流失，持效期较长。它具内吸性杀菌谱广。其作用机理与特点通过抑制磷酸的生物合成，从而抑制孢子萌发和菌丝生长。它具保护和治疗性的非内吸性杀菌剂。在叶片处理时由于其蒸发作用，可发现有很弱的内吸性。其吸附作用强，不易流失，在土壤中也有一定持效期。

适宜作物为马铃薯、甜菜、棉花、花生、蔬菜、谷类、观赏植物、球茎花和草坪等。避免与碱性药剂混用。按规定剂量施药，本剂对多数作物无药害。但有时因过量用药，有抑制发芽和抽穗的作用。本土壤杀菌剂可以高剂量直接使用于土壤消毒，而对环境影响甚微。本剂比五氯硝基苯效果好，且像对哺乳动物一样，对鱼和鸟类均低毒。并具有迅速生物降解和较高的物化特性，在土壤深处又有适宜的持效性。防治对象对半知菌类、担子菌类和壬囊菌类等各种病菌均有很强的杀菌活性。可有效地防治由丝核菌属、小菌核属和雪腐病菌引起的各种土传病害如马铃薯黑痣病和茎溃病，棉苗绵腐病，甜菜根腐病、冠腐病和立枯病，花生茎腐病，观赏植物的灰色菌核腐烂病以及草地或草坪的褐芽病等。甲基立枯磷除预防外还有治疗作用，对"菌核"和"菌丝"亦有杀菌活性；防治对五氯硝基苯产生抗性的苗立枯病也有效。使用方法甲基立枯磷可作为种子、块茎或球茎处理剂，也可通过毒土、土壤撒施、拌种、浸渍、叶面喷雾和喷洒种子等方法施用。

【毒性与环境生物安全性评价】

对高等动物毒性低毒。

原药大鼠急性经口 LD_{50} 为 5000 毫克/千克；

原药大鼠急性经皮 LD_{50} 大于 5000 毫克/千克。

对兔眼睛无刺激性。

对兔皮肤无刺激性。

豚鼠皮肤变态试验结果为无致敏性。

各种试验结果表明，无致癌、致畸、致突变作用。

对鱼毒性高毒。

鲤鱼 96 小时急性毒性 LC_{50} 为 2.13 微克/毫升。

对蜜蜂毒性中等毒。

对鸟类毒性中等毒。

对家蚕有毒。

【防治对象】

主要用于防治棉花立枯病，还可防治蔬菜立枯病、枯萎病、菌核病、根腐病及十字花科蔬菜黑根病、褐腐病等。

【使用方法】

1. 防治黄瓜、冬瓜、番茄、茄子、辣椒、白菜、甘蓝苗期立枯病：发病初期，喷淋用20%甲基立枯磷乳油 1200 倍液喷淋，每平方米喷 2～3 千克。视病情隔 7～10 天喷 1 次，连续防治 2～3 次。

2. 防治黄瓜、苦瓜、南瓜、番茄、豇豆、芹菜的白绢病：发病初期，用20%甲基立枯磷乳油与 40～80 倍细土拌匀，撒在病部根茎处，每株撒毒土 250～350 克。必要时也可用20%甲基立枯磷乳油 1000 倍液灌穴或淋灌，每株（穴）灌药液 400～500 毫升，隔 10～15 天再施1 次。

3. 防治黄瓜、节瓜、苦瓜、瓠瓜的枯萎病：发病初期，用20%甲基立枯磷乳油 900 倍液灌根，每株灌药液 500 毫升，间隔 10 天左右灌 1 次，连灌 2～3 次。

4. 防治黄瓜、西葫芦、番茄、茄子的菌核病：定植前，每 666.7 平方米用20%甲基立枯磷乳油 500 毫升，与细土 20 千克拌匀，撒施并耙入土中。或在出现子囊盘时用20%甲基立枯磷乳油 1000 倍液喷施，间隔 8～9 天喷 1 次，共喷 3～4 次。病情严重时，除喷雾，还可用

20%甲基立枯磷乳油 50 倍液涂抹瓜蔓病部，以控制病害扩张，并有治疗作用。

5．防治甜瓜蔓枯病：发病初期在根茎基部或全株喷布 20%甲基立枯磷乳油 1000 倍液，隔 8 ~10 天喷 1 次，共喷 2 ~3 次。

6．防治葱、蒜白腐病：每 666.7 平方米用 20%甲基立枯磷乳油 3 千克，与细土 20 千克拌匀，在发病点及附近撒施，或在播种时撒施。

7．防治番茄丝核菌果腐病：用 20%甲基立枯磷乳油 1000 倍液喷雾。

8．防治棉花立枯病等苗期病害：每 100 千克种子用 20%甲基立枯磷乳油 1 ~1.5 千克拌种。

9．防治水稻苗期立枯病：每 666.7 平方米用 20%甲基立枯磷乳油 150 ~220 毫升，兑水 60 ~90 千克喷洒苗床。

10．防治烟草立枯病：发病初期，用 20%甲基立枯磷乳油 1200 倍液喷雾，隔 7 ~10 天喷 1 次，共喷 2 ~3 次。

11．防治甘蔗虎斑病：发病初期，用 20%甲基立枯磷乳油 1200 倍液喷雾。

12．防治薄荷白绢病：当发现病株时及时拔除，对病穴及邻近植株淋灌 20%甲基立枯磷乳油 1000 倍液，每穴（株）淋药液 400 ~500 毫升。

13．防治佩兰白绢病：发病初期，用 20%甲基立枯磷乳油与 40 ~80 倍细土拌匀，撒施在病部根茎处；必要时用 20%甲基立枯磷乳油 1000 倍液喷雾，隔 7 ~10 天再喷 1 次。

14．防治莳萝立枯病：发病初期，喷淋 20%甲基立枯磷乳油 1200 倍液，间隔 7 ~10 天，共防治 1 ~2 次。

15．防治枸杞根腐病：发病初期，浇灌 20%甲基立枯磷乳油 1000 倍液。

16．防治红花猝倒病：采用直播的，用 20%甲基立枯磷乳油 1000 倍液，与细土 100 千克拌匀，撒在种子上覆盖一层，再覆土。

17．防治马铃薯黑痣病和枯萎病

沟施：开沟、播种后，用 20%甲基立枯磷乳油 800 ~1000 倍液淋在块茎和周围的土壤上。

喷雾：用 20%甲基立枯磷乳油 100 ~1200 倍液，苗期进行叶面喷雾，喷在茎叶跟土壤接触部分效果最佳，发病严重时应隔 5 ~7 天连结防治 2 ~3 次。

【中毒急救】

急性中毒多在 12 小时内发病，口服立即发病。轻度：头痛、头昏、恶心、呕吐、多汗、无力、胸闷、视力模糊、食欲减退等，全血胆碱酯酶活力一般降至正常值的 70% ~50%。中度：除上述症状外，还出现轻度呼吸困难、肌肉震颤、瞳孔缩小、精神恍惚、行走不稳、大汗、流涎、腹痛、腹泻。重度：还会出现昏迷、抽搐、呼吸困难、口吐白沫、大小便失禁、惊厥、呼吸麻痹。

吸入：应迅速将患者转移到空气清新流通处。如呼吸停止应做人工呼吸。如呼吸困难应输氧。如有症状及时就医。皮肤接触后：立即用水和肥皂清洗，并彻底冲洗干净。眼睛接触后：把眼睛打开用流水冲洗几分钟，如有持续的症状，及时就医。误服：立即引吐、洗胃、导泻。洗胃时注意保护气管和食管。及时送医院对症治疗。一旦药液溅入眼睛和黏附皮肤：应立即用水冲洗至少 15 分钟。如患者昏迷，禁食，送医院救治。中毒按有机磷农药中毒救治方法处理。

按中毒轻重而定，用阿托品 1 ~5 毫克皮下或静脉注射；

按中毒轻重而定，用解磷定 0.4 ~1.2 克静脉注射；

禁用吗啡、茶碱、吩噻嗪、利血平。

【注意事项】

1. 本品不能与酸性、碱性药物混用。

2. 本品对鱼类高毒，施药时要远离水产养殖区，严禁将药液倒入河塘等水体，不得在河塘等水体洗涤施药器械。

3. 在连续阴雨或湿度较大的环境中，或者当病情较重的情况下，建议使用较高剂量。避免在极端温度和湿度下，或作物长势较弱的情况下使用本品。

4. 本品对鸟类、蜜蜂中等毒，在蜜源作物花期禁止使用。使用时要注意对鸟类的影响。

5. 本品禁止在桑园、蚕室附近使用。

6. 本品对西洋参可能有药害。

7. 本品与二甲酰亚胺类杀菌剂中的某些品种有正交互抗性，一旦出现病菌产生抗药性，应谨慎选用替代药剂。

8. 配药和施药时，应穿戴防护服和手套，避免吸入药液；施药期间不可吃东西和饮水；施药后应及时洗手和洗脸。

9. 孕妇及哺乳期妇女避免接触。

10. 建议与其他作用机制不同的杀菌剂轮换使用。

11. 用过的容器妥善处理，不可做他用，不可随意丢弃。

12. 本品放置于阴凉、干燥、通风、防雨处，远离火源，勿与食品、饲料、种子、日用品等同贮同运。

13. 本品宜置于儿童够不着的地方并上锁，不得重压、破损包装容器。

枯草芽孢杆菌

【作用特点】

枯草芽孢杆菌是从自然界土壤样品中筛选到的 BS-208 菌株生产的杀菌剂，是疏水性很强的生物活菌，属细菌微生物杀菌剂，具有强力杀菌作用，对多种病原菌有抑制作用。枯草芽孢杆菌喷洒在作物叶片上后，其活芽孢利用叶面上的营养和水分在叶片上繁殖，迅速占领整个叶片表面，同时分泌具有杀菌作用的活性物，达到有效排斥、抑制和杀灭病菌的作用。

主要作用机理为：

1. 枯草芽孢杆菌菌体生长过程中产生的枯草菌素、多黏菌素、制霉菌素、短杆菌肽等活性物质，这些活性物质对致病菌或内源性感染的条件致病菌有明显的抑制作用。

2. 枯草芽孢杆菌迅速消耗环境中的游离氧，造成肠道低氧，促进有益厌氧菌生长，并产生乳酸等有机酸类，降低肠道 pH，间接抑制其他致病菌生长。

3. 刺激动物免疫器官的生长发育，激活 T、B 淋巴细胞，提高免疫球蛋白和抗体水平，增强细胞免疫和体液免疫功能，提高群体免疫力。

4. 枯草芽孢杆菌菌体自身合成 α-淀粉酶、蛋白酶、脂肪酶、纤维素酶等酶类，在消化道中与动物体内的消化酶类一同发挥作用。

5. 能合成维生素 B1、B2、B6、烟酸等多种 B 族维生素，提高动物体内干扰素和巨噬细胞的活性。

枯草芽孢杆菌除了用做农用杀菌剂外，还有如下功效特点：

1. 本品对特殊菌体进行促芽孢和微胶囊包被处理，在孢子状态下稳定性好，能耐氧化、耐挤压；耐高温，能长期耐 60℃ 高温，在 120℃ 温度下能存活 20 分钟；耐酸碱，在酸性胃环境中能保持活性，可以耐唾液和胆汁的攻击，是饲料微生物中可 100% 直达大小肠的活菌。

2. 枯草芽孢杆菌以孢子状态进入消化道后，迅速由休眠状态复活，在短期内繁殖成高含菌量的优势种群，消耗掉肠道内大量氧气，并能产生过氧化氢、细菌素，建立微生态平衡，促进有益厌氧微生物的繁殖，抑制有害细菌如大肠杆菌、沙门氏杆菌的生长，从而预防腹泻、下痢等肠胃道疾病。

3. 在快速繁殖过程中，产生大量多种维生素、有机酸、氨基酸、蛋白酶，特别是碱性蛋白酶、糖化酶、脂肪酶、淀粉酶，能降解植物性饲料中复杂的有机物，从而促进消化吸收，提高饲料利用率，防止动物消化不良，出现"饲料便"等状况发生。

4. 本品安全高效，无药残，无毒副作用，能减少抗生素药物的使用，增强免疫力。同时缓解动物不进食，生长缓慢等不良应激反应状态，恢复由于用药造成的动物体质下降，提高疫苗抗体水平等综合抗病力。

5. 除臭驱蝇，减少污染，控制细菌性疾病，能减少粪便中氮、磷、钙的排泄量，减少粪便臭味及有害气体排放，表现为动物粪便臭味逐步减轻，减少饲料蛋白质分解为氨气浪费，从而减少环境污染。

6. 改善肉蛋奶品质，生产"绿色肉"、"农家蛋"、"无抗奶"。本品通过增强消化吸收功能，充分吸收利用饲料中营养成分及原料的天然色素，无需添加化学色素苏丹红、加丽素红造成对人体的有害物质及影响畜禽产品天然食用风味，可媲美家养畜禽肉。能天然增加动物产品着色度和食用风味，猪皮肤红润，毛色发亮；肉鸡肉鸭颜色加深；改善蛋壳的质量和颜色，蛋清厚稠，蛋黄鲜红；水产动物颜色更加健康，无斑点。

【毒性与环境生物安全性评价】

对高等动物毒性低毒。

制剂大鼠急性经口 LD_{50} 大于 5000 毫克/千克；

制剂大鼠急性经皮 LD_{50} 大于 2000 毫克/千克。

对兔眼睛有轻微刺激性；

对兔皮肤无刺激性。

豚鼠皮肤致敏试验结果为弱致敏性。

对鱼毒性低毒。

斑马鱼 96 小时 LC_{50} 大于 2.0×10^8 个活芽孢/克。

对蜜蜂毒性低毒。

蜜蜂胃毒法 48 小时 LC_{50} 大于 2.03×10^{11} 个活芽孢/克。

对鸟类毒性低毒。

鹌鹑急性经口 7 天 LD_{50} 大于 5×10^{11} 个活芽孢/千克·鹌鹑。

对家蚕毒性低毒。

2 龄家蚕食下毒叶法 LC_{50} 为 124×10^{11} 个活芽孢/千克·桑叶。

对蚯蚓毒性低毒。

【防治对象】

适宜作物有烟草、黄瓜、草莓、辣椒、三七、水稻、棉花等，可以防治草莓灰霉病、黄瓜白粉病和灰霉病、辣椒枯萎病、棉花黄萎病、三七根腐病、水稻稻瘟病和纹枯病、烟草黑茎病等。

【使用方法】

1. 防治水稻纹枯病：一般在水稻封行后至抽穗前期或盛发初期，每666.7 平方米用1000亿孢子/克枯草芽孢杆菌可湿性粉剂50～60 克，兑水50～75 公斤喷雾，施药时注意使药液均匀喷施至作物各部位。间隔7 天再喷药1 次，可连续喷药2～3 次。

2. 防治水稻稻瘟病：一般在水稻封行后至抽穗前期或盛发初期，每666.7 平方米用1000

亿孢子/克枯草芽孢杆菌可湿性粉剂 50～60 克，兑水 50～75 公斤喷雾，施药时注意使药液均匀喷施至作物各部位。间隔 7 天再喷药 1 次，可连续喷药 2～3 次。

3. 防治草莓灰霉病：病害初期或发病前，每 666.7 平方米用 1000 亿孢子/克枯草芽孢杆菌可湿性粉剂 40～60 克，兑水 50～75 公斤喷雾，施药时注意使药液均匀喷施至作物各部位。间隔 7 天再喷药 1 次，可连续喷药 2～3 次。

4. 防治草莓白粉病：病害初期或发病前，每 666.7 平方米用 1000 亿孢子/克枯草芽孢杆菌可湿性粉剂 40～60 克，兑水 50～75 公斤喷雾，施药时注意使药液均匀喷施至作物各部位。间隔 7 天再喷药 1 次，可连续喷药 2～3 次。

4. 防治黄瓜白粉病：病害初期或发病前，每 666.7 平方米用 1000 亿孢子/克枯草芽孢杆菌可湿性粉剂 56～84 克，兑水 50～75 公斤喷雾，施药时注意使药液均匀喷施至作物各部位。间隔 7 天再喷药 1 次，可连续喷药 2～3 次。

【中毒急救】

吸入：应迅速将患者转移到空气清新流通处。如呼吸停止应做人工呼吸。如呼吸困难应输氧。如有症状及时就医。皮肤接触后：立即用水和肥皂清洗，并彻底冲洗干净。眼睛接触后：把眼睛打开用流水冲洗几分钟，如有持续的症状，及时就医。误食：立即用大量清水漱口、催吐、洗胃，及时送医院对症治疗。一旦药液溅入眼睛和黏附皮肤：应立即用水冲洗至少 15 分钟。如患者昏迷，禁食，送医院救治。

【注意事项】

1. 在使用前，将本品充分摇匀。

2. 本品不能与含铜物质或链霉素等杀菌剂混用。

3. 本品不得与杀虫剂、杀菌剂、杀螨剂、消毒剂等化学物品混用。

4. 请勿在强阳光下喷雾。

5. 本品宜在晴朗天气可早、晚两头趁露水未干时喷施，夜间喷施效果尤佳，阴雨天可全天喷施，风力大于 3 级时不宜喷施。

6. 本品应存放在阴凉干燥处，并注意防腐、防霉、防热。

7. 使用时应戴防护镜、口罩和手套，穿防护服，并禁止饮食、吸烟、饮水等。

8. 施药后应及时用肥皂和足量清水冲洗手部、面部和其他身体裸露部位以及受药剂污染的衣物等。

9. 避免药液污染水源地，远离水产养殖区施药。

10. 孕妇和哺乳期妇女禁止接触。

11. 用过的容器妥善处理，不可做他用，不可随意丢弃。

12. 本品放置于阴凉、干燥、通风、防雨处，远离火源，勿与食品、饲料、种子、日用品等同贮同运。

13. 本品宜置于儿童够不着的地方并上锁，不得重压、破损包装容器。

联苯三唑醇

【作用特点】

联苯三唑醇是三唑类杀菌剂，作用机理与特点是甾醇脱甲基化抑制剂。由于具有很好的内吸性，因此可迅速地被植物吸收，并在内部传导；具有很好的保护、治疗和铲除作用。持效期为 6 周。能渗透叶面的角质层而进入植株组织。

【毒性与环境生物安全性评价】

对高等动物毒性低毒。

原药雄大鼠急性经口 LD_{50} 为 1080 毫克/千克；

原药雌大鼠急性经口 LD_{50} 为 1080 毫克/千克；

大鼠急性经皮 LD_{50} 大于 5000 毫克/千克。

对兔眼睛有轻微刺激性；

对兔皮肤无刺激性。

豚鼠皮肤致敏试验结果为弱致敏性。

动物试验未见致癌、致畸、致突变作用。

制剂大鼠急性经口 LD_{50} 大于 5000 毫克/千克；

制剂大鼠急性经皮 LD_{50} 大于 5000 毫克/千克。

对兔眼睛无刺激性；

对兔皮肤无刺激性。

对鱼毒性中等毒。

斑马鱼 96 小时 LC_{50} 为 5.23 毫克/千克。

对蜜蜂毒性低毒。

蜜蜂胃毒法 48 小时 LC_{50} 大于 2083 毫克/升。

对鸟类毒性低毒。

鹌鹑急性经口 7 天 LD_{50} 大于 759.4 毫克/千克。

对家蚕毒性低毒。

2 龄家蚕食下毒叶法 LC_{50} 大于 2500 毫克/千克·桑叶。

【防治对象】

主要用于防治果树黑星病和腐烂病、香蕉叶斑病、花生叶斑病和锈病等。防治菜豆及葫芦科蔬菜的叶斑病、白粉病、锈病、菜豆炭疽病、角斑病等，也有较好防效。此外，还可应用于桃疮痂病，麦叶穿孔病，梨锈病、黑星病以及菊花、石竹、天竺葵、蔷薇等观赏植物的锈病。

【使用方法】

1. 防治花生叶斑病：病害初期或发病前，每 666.7 平方米用 25% 联苯三唑醇可湿性粉剂 50~83 克，兑水 50~75 公斤喷雾，施药时注意使药液均匀喷施至作物各部位。间隔 15 天再喷药 1 次，可连续喷药 2~3 次。

2. 葫芦科蔬菜叶斑病：病害初期或发病前，每 666.7 平方米用 25% 联苯三唑醇可湿性粉剂 50~75 克，兑水 50~75 公斤喷雾，施药时注意使药液均匀喷施至作物各部位。间隔 15 天再喷药 1 次，可连续喷药 2~3 次。

3. 葫芦科蔬菜白粉病：病害初期或发病前，每 666.7 平方米用 25% 联苯三唑醇可湿性粉剂 50~75 克，兑水 50~75 公斤喷雾，施药时注意使药液均匀喷施至作物各部位。间隔 15 天再喷药 1 次，可连续喷药 2~3 次。

4. 防治香蕉叶斑病：每 666.7 平方米用 25% 联苯三唑醇可湿性粉剂 60~100 克，兑水 60~80 公斤喷雾，施药时注意使药液均匀喷施至作物各部位。间隔 15 天再喷药 1 次，可连续喷药 2~3 次。

【中毒急救】

吸入：应迅速将患者转移到空气清新流通处。如呼吸停止应做人工呼吸。如呼吸困难应输氧。如有症状及时就医。皮肤接触后：立即用水和肥皂清洗，并彻底冲洗干净。眼睛接触后：把眼睛打开用流水冲洗几分钟，如有持续的症状，及时就医。误食：立即用大量清水漱口、催吐、洗胃，及时送医院对症治疗。一旦药液溅入眼睛和黏附皮肤：应立即用水冲洗至少

15 分钟。如患者昏迷，禁食，送医院救治。

【注意事项】

1. 在使用前，将本品充分摇匀。

3. 本品不能与强酸、强碱性物质混用。

3. 安全间隔期：花生为 20 天，作物每季最多施药 3 次。

4. 本品对鱼类属于中毒级农药，在使用本品时远离水产养殖区施药，不得将喷药器械在河塘等水体中洗涤，以免造成对鱼类的危害。

5. 本品宜在晴朗天气可早、晚两头趁露水未干时喷施，夜间喷施效果尤佳，阴雨天可全天喷施，风力大于 3 级时不宜喷施。

6. 本品应存放在阴凉干燥处，并注意防腐、防霉、防热。

7. 使用时应戴防护镜、口罩和手套，穿防护服，并禁止饮食、吸烟、饮水等。

8. 施药后应及时用肥皂和足量清水冲洗手部、面部和其他身体裸露部位以及受药剂污染的衣物等。

9. 孕妇和哺乳期妇女禁止接触。

10. 用过的容器妥善处理，不可做他用，不可随意丢弃。

11. 本品放置于阴凉、干燥、通风、防雨处，远离火源，勿与食品、饲料、种子、日用品等同贮同运。

12. 本品宜置于儿童够不着的地方并上锁，不得重压、破损包装容器。

嘧菌环胺

【作用特点】

嘧菌环胺属嘧啶胺类内吸性杀菌剂，主要作用于病原真菌的侵入期和菌素生长期，通过抑制蛋氨酸的生物合成和水解酶的生物活性，导致病菌死亡。蛋氨酸生物合成抑制剂。同三唑类、咪唑类、吗啉类、苯基吡咯类等无交互抗性。能与多种农药、肥料混用无交抗性，低毒、多作物安全无药害。可适用于大多数经济作物和大田作物病害的防治。

【毒性与环境生物安全性评价】

对高等动物毒性低毒。

原药大鼠急性经口 LD_{50} 大于 2000 毫克/千克；

原药大鼠急性经皮 LD_{50} 大于 2000 毫克/千克。

对兔眼睛无刺激性；

对兔皮肤无刺激性。

豚鼠皮肤致敏试验结果为中度致敏性。

动物试验未见致癌、致畸、致突变作用。

制剂大鼠急性经口 LD_{50} 大于 2000 毫克/千克；

制剂大鼠急性经皮 LD_{50} 大于 2000 毫克/千克。

对兔眼睛无刺激性；

对兔皮肤无刺激性。

豚鼠皮肤致敏试验结果为无致敏性。

对鱼毒性中等毒。

虹鳟鱼 96 小时 LC_{50} 为 6.2 毫克/千克。

对蜜蜂毒性低毒。

蜜蜂经口 LD_{50} 大于 250 毫克/头；

蜜蜂接触 LD_{50} 大于 250 毫克/头；

对鸟类毒性低毒。

对家蚕毒性低毒。

2 龄家蚕食下毒叶法 96 小时 LC_{50} 为 401.1 毫克/千克·桑叶。

【防治对象】

用于小麦、大麦、葡萄、草莓、果树、蔬菜、观赏植物等作物，主要用于防治灰霉病、白粉病、黑星病、盈枯病以及小麦眼纹病等。

【使用方法】

1. 防治葡萄灰霉病：病害初期或发病前，用 50% 嘧菌环胺水分散粒剂 600～1000 倍液喷雾。每 666.7 平方米喷液量 30～60 千克，喷雾均匀、周到。

2. 防治小麦白粉病：病害初期或发病前，用 50% 嘧菌环胺水分散粒剂 600～1000 倍液喷雾。每 666.7 平方米喷液量 50～60 千克，喷雾均匀、周到。

3. 防治蔬菜灰霉病：病害初期或发病前，用 50% 嘧菌环胺水分散粒剂 600～1000 倍液喷雾。每 666.7 平方米喷液量 30～60 千克，喷雾均匀、周到。

4. 防治辣椒灰霉病：病害初期或发病前，每 666.7 平方米用 50% 嘧菌环胺水分散粒剂 60～100 克，兑水 50 千克喷雾。间隔 7～10 天，可连续喷药 3 次。

5. 防治草莓灰霉病：病害初期或发病前，每 666.7 平方米用 50% 嘧菌环胺水分散粒剂 60～100 克，兑水 50 千克喷雾。间隔 7～10 天，可连续喷药 3 次。

【中毒急救】

吸入：应迅速将患者转移到空气清新流通处。如呼吸停止应做人工呼吸。如呼吸困难应输氧。如有症状及时就医。皮肤接触后：立即用水和肥皂清洗，并彻底冲洗干净。眼睛接触后：把眼睛打开用流水冲洗几分钟，如有持续的症状，及时就医。误食：立即用大量清水漱口，催吐、洗胃，及时送医院对症治疗。一旦药液溅入眼睛和黏附皮肤：应立即用水冲洗至少 15 分钟。如患者昏迷，禁食，送医院救治。

【注意事项】

1. 本品在葡萄上使用的安全间隔期为 28 天，每个作物周期的最多使用次数为 2 次。

2. 建议与其他作用机制不同的杀菌剂轮换使用，以延缓抗性产生。

3. 本品对蜜蜂、鱼类等水生生物、家蚕有毒，施药期间应避免对周围蜂群的影响，开花植物花期、蚕室和桑园附近禁用。远离水产养殖区施药，禁止在河塘等水体中清洗施药器具。

4. 本品不可与碱性农药等物质混合使用。

5. 开启包装时应选择在无风的条件下，注意药剂不要散逸，以免造成不必要的伤害。

6. 配药和施药时，应穿戴防护服和手套，避免吸入药液；施药期间不可吃东西和饮水；施药后应及时洗手和洗脸。

7. 孕妇及哺乳期妇女避免接触。

8. 用过的容器应妥善处理，不可做他用，也不可随意丢弃。

9. 本品放置于阴凉、干燥、通风、防雨处，远离火源，勿与食品、饲料、种子、日用品等同贮同运。

10. 本品宜置于儿童够不着的地方并上锁，不得重压、破损包装容器。

嘧菌酯

【作用特点】

嘧菌酯是一种全新的 β 甲氧基丙烯酸脂类杀菌剂，抑制病真菌线粒体呼吸，破坏病菌的能量合成，具保护、治疗和铲除三重功效。对几乎所有的真菌界的子囊菌亚门、担子菌亚门、鞭毛菌亚门和半知菌亚门病菌孢子的萌发及产生，也可控制菌丝体的生长。并且还可抑制病原孢子侵入，具有良好的保护活性，全面有效控制蔬菜、果树、花卉等植物的各种真菌病害，如白粉病、霜霉病、黑星病、炭疽病、锈病、疫病、颖枯病、网斑病、稻瘟病等。特别对草莓白粉病、甜瓜白粉病、黄瓜白粉病、梨黑星病特效。可用于茎叶喷雾、种子处理，也可进行土壤处理，主要用于谷物、水稻、花生、葡萄、马铃薯、果树、蔬菜、咖啡、草坪等。

嘧菌酯具有新的作用机制，能够抑制线粒体呼吸作用。药剂进入病菌细胞内，与线粒体上细胞色素 b 的 Q_0 位点相结合，阻断细胞色素 b 和细胞色素 d 之间的电子传递，从而抑制线粒体的呼吸作用，破坏病菌的能量合成。由于缺乏能量供应，病菌孢子萌发、菌丝生长和孢子的形成都受到抑制。该杀菌剂喷施到小麦叶片上 24 小时和 8 天后，可被植物吸收 20% 和 45%，并在植物体内向顶端输导和跨层转移，均匀分布。虽然内吸速度较慢，但喷施后 2 小时降雨对药效没有影响。对多种植物病害都有很好的保护作用，但治疗和铲除作用的大小因病害而异。能够抑制真菌的分子孢子产生，减少再侵染来源。对 14 - 脱甲基化酶抑制剂、苯甲酰胺类、二羧酰胺类和苯并咪唑类产生抗性的菌株有效。具有保护、治疗、铲除、渗透、内吸活性。该杀菌剂能够增强植物的抗逆性，促进植物生长。具有延缓衰老，增加光合产物，提高作物产量和品质的作用。

【毒性与环境生物安全性评价】

对高等动物毒性低毒。

大鼠急性经口 LD_{50} 大于 5000 毫克/千克；

大鼠急性经皮 LD_{50} 大于 4000 毫克/千克。

对兔眼睛有轻微刺激性；

对兔皮肤无刺激性。

豚鼠皮肤致敏试验结果为中度致敏性。

动物试验未见致癌、致畸、致突变作用。

对蜜蜂毒性低毒。

对鸟类毒性低毒。

对蚯蚓以及多种节肢动物安全。

对天敌步甲和寄生蜂安全。

在土壤中通过微生物和光学过程迅速降解。

土壤中的半衰期为 1 ~ 4 周。

【防治对象】

适宜谷类作物、水稻、花生、葡萄、马铃薯、蔬菜、咖啡、果树、草坪等。对子囊菌、担子菌、半知菌和卵菌纲 4 大类病真菌所引起的霜霉病、白粉病、炭疽病、叶斑病等大部分病害均有很好的防效。主要用于谷物、水稻、花生、葡萄、马铃薯、果树、蔬菜、咖啡、草坪等。

【使用方法】

1. 防治草坪褐斑病：病害初期或发病前，每 666.7 平方米用 50% 嘧菌酯水分散粒剂 27 ~ 53 克，兑水 70 ~ 100 千克喷雾。在发病季节开始时，进行保护性用药。病斑出现时，开始进行治疗性用药。喷雾时，使草坪表面被药液充分覆盖。间隔时间为 7 天以上。一季作物最多施用次数为 4 次。采用滴灌的草坪,施药后宜在 24 小时后再灌水。

2. 防治草坪枯萎病:病害初期或发病前,每 666.7 平方米用 50% 嘧菌酯水分散粒剂 27 ~53 克,兑水 70 ~ 100 千克喷雾。在发病季节开始时,进行保护性用药。病斑出现时 开始进行治疗性用药。喷雾时,使草坪表面被药液充分覆盖。间隔时间为 7 天以上。一季作物最多施用次数为 4 次。采用滴灌的草坪,施药后宜在 24 小时后再灌水。

3. 防治冬瓜炭疽病:每 666.7 平方米用 250 克/升嘧菌酯悬浮剂 48 ~ 90 毫升,兑水 45 ~ 75 千克喷雾。于病害发生前或初见零星病斑时叶面喷雾 1 ~ 2 次,视天气变化和病情发展,间隔 7 ~ 10 天。

4. 防治冬瓜霜霉病:每 666.7 平方米用 250 克/升嘧菌酯悬浮剂 48 ~ 90 毫升,兑水 45 ~ 75 千克喷雾。于病害发生前或初见零星病斑时叶面喷雾 1 ~ 2 次,视天气变化和病情发展,间隔 7 ~ 10 天。

5. 防治番茄早疫病:每 666.7 平方米用 250 克/升嘧菌酯悬浮剂 24 ~ 32 毫升,兑水 45 ~ 75 千克喷雾。于病害发生前或初见零星病斑时叶面喷雾 1 ~ 2 次,视天气变化和病情发展,间隔 7 ~ 10 天。

6. 防治番茄叶霉病:每 666.7 平方米用 250 克/升嘧菌酯悬浮剂 60 ~ 90 毫升,兑水 45 ~ 75 千克喷雾。于病害发生前或初见零星病斑时叶面喷雾 1 ~ 2 次,视天气变化和病情发展,间隔 7 ~ 10 天。

7. 防治番茄晚疫病:每 666.7 平方米用 250 克/升嘧菌酯悬浮剂 60 ~ 90 毫升,兑水 45 ~ 75 千克喷雾。于病害发生前或初见零星病斑时叶面喷雾 1 ~ 2 次,视天气变化和病情发展,间隔 7 ~ 10 天。

8. 防治花椰菜霜霉病:每 666.7 平方米用 250 克/升嘧菌酯悬浮剂 40 ~ 72 毫升,兑水 45 ~75 千克喷雾。于病害发生前或初见零星病斑时叶面喷雾 1 ~ 2 次,视天气变化和病情发展,间隔 7 ~ 10 天。

9. 防治黄瓜霜霉病:每 666.7 平方米用 250 克/升嘧菌酯悬浮剂 32 ~ 48 毫升,兑水 45 ~ 75 千克喷雾。于病害发生前或初见零星病斑时叶面喷雾 1 ~ 2 次,视天气变化和病情发展,间隔 7 ~ 10 天。

10. 防治黄瓜蔓枯病:每 666.7 平方米用 250 克/升嘧菌酯悬浮剂 60 ~ 90 毫升,兑水 45 ~75 千克喷雾。于病害发生前或初见零星病斑时叶面喷雾 1 ~ 2 次,视天气变化和病情发展,间隔 7 ~ 10 天。

11. 防治黄瓜黑星病:每 666.7 平方米用 250 克/升嘧菌酯悬浮剂 60 ~ 90 毫升,兑水 45 ~75 千克喷雾。于病害发生前或初见零星病斑时叶面喷雾 1 ~ 2 次,视天气变化和病情发展,间隔 7 ~ 10 天。

12. 防治黄瓜霜霉病白粉病:每 666.7 平方米用 250 克/升嘧菌酯悬浮剂 60 ~ 90 毫升,兑水 45 ~75 千克喷雾。于病害发生前或初见零星病斑时叶面喷雾 1 ~ 2 次,视天气变化和病情发展,间隔 7 ~ 10 天。

13. 防治辣椒炭疽病:每 666.7 平方米用 250 克/升嘧菌酯悬浮剂 32 ~ 48 毫升,兑水 45 ~75 千克喷雾。于病害发生前或初见零星病斑时叶面喷雾 1 ~ 2 次,视天气变化和病情发展,间隔 7 ~ 10 天。

14. 防治辣椒疫病:每 666.7 平方米用 250 克/升嘧菌酯悬浮剂 40 ~ 72 毫升,兑水 45 ~ 75 千克喷雾。于病害发生前或初见零星病斑时叶面喷雾 1 ~ 2 次,视天气变化和病情发展,间隔 7 ~ 10 天。

15. 防治丝瓜霜霉病:每 666.7 平方米用 250 克/升嘧菌酯悬浮剂 80 ~ 90 毫升,兑水 45

~75 千克喷雾。于病害发生前或初见零星病斑时叶面喷雾 1~2 次，视天气变化和病情发展，间隔 7~10 天。

16. 防治西瓜炭疽病：用 250 克/升嘧菌酯悬浮剂 833~1667 倍液喷雾。于病害发生前或初见零星病斑时叶面喷雾 1~2 次，视天气变化和病情发展，间隔 7~10 天。

17. 防治香蕉叶斑病：用 250 克/升嘧菌酯悬浮剂 1000~1500 倍液喷雾。于病害发生前或初见零星病斑时叶面喷雾 1~2 次，视天气变化和病情发展，间隔 7~10 天。

18. 防治柑橘疮痂病：用 250 克/升嘧菌酯悬浮剂 833~1250 倍液喷雾。于病害发生前或初见零星病斑时叶面喷雾 1~2 次，视天气变化和病情发展，间隔 7~10 天。

19. 防治柑橘炭疽病：用 250 克/升嘧菌酯悬浮剂 833~1250 倍液喷雾。于病害发生前或初见零星病斑时叶面喷雾 1~2 次，视天气变化和病情发展，间隔 7~10 天。

20. 防治葡萄霜霉病：用 250 克/升嘧菌酯悬浮剂 1000~2000 倍液喷雾。于病害发生前或初见零星病斑时叶面喷雾 1~2 次，视天气变化和病情发展，间隔 7~10 天。

21. 防治葡萄白腐病：用 250 克/升嘧菌酯悬浮剂 833~1250 倍液喷雾。于病害发生前或初见零星病斑时叶面喷雾 1~2 次，视天气变化和病情发展，间隔 7~10 天。

22. 防治葡萄黑痘病：用 250 克/升嘧菌酯悬浮剂 833~1250 倍液喷雾。于病害发生前或初见零星病斑时叶面喷雾 1~2 次，视天气变化和病情发展，间隔 7~10 天。

23. 防治芒果炭疽病：用 250 克/升嘧菌酯悬浮剂 1250~1667 倍液喷雾。于病害发生前或初见零星病斑时叶面喷雾 1~2 次，视天气变化和病情发展，间隔 7~10 天。

24. 防治荔枝霜疫霉病：用 250 克/升嘧菌酯悬浮剂 1250~1667 倍液喷雾。于病害发生前或初见零星病斑时叶面喷雾 1~2 次，视天气变化和病情发展，间隔 7~10 天。

25. 防治马铃薯黑痣病：每 666.7 平方米用 250 克/升嘧菌酯悬浮剂 36~60 毫升，开沟下种后，向种薯和种薯两侧沟面喷药，最好覆土一半后，再喷施一次，最后覆土。每亩喷药液量 30~45 升。一季作物最多使用次数 1 次。

26. 防治马铃薯晚疫病：每 666.7 平方米用 250 克/升嘧菌酯悬浮剂 15~20 毫升，兑水 45~75 千克喷雾。于病害发生前或初见零星病斑时叶面喷雾 1~2 次，视天气变化和病情发展，间隔 7~10 天。

27. 防治马铃薯早疫病：每 666.7 平方米用 250 克/升嘧菌酯悬浮剂 30~50 毫升，兑水 45~75 千克喷雾。于病害发生前或初见零星病斑时叶面喷雾 1~2 次，视天气变化和病情发展，间隔 7~10 天。

28. 防治大豆锈病：每 666.7 平方米用 250 克/升嘧菌酯悬浮剂 40~60 毫升，兑水 45~75 千克喷雾。于病害发生前或初见零星病斑时叶面喷雾 1~2 次，视天气变化和病情发展，间隔 7~10 天。

29. 防治人参黑斑病：每 666.7 平方米用 250 克/升嘧菌酯悬浮剂 40~60 毫升，兑水 ~75 千克喷雾。于病害发生前或初见零星病斑时叶面喷雾 1~2 次，视天气变化和病情发展，间隔 7~10 天。

30. 防治菊科和蔷薇科观赏花卉白粉病：用 250 克/升嘧菌酯悬浮剂 1000~2500 倍液喷雾。于病害发生前或初见零星病斑时叶面喷雾 1~2 次，视天气变化和病情发展，间隔 7~10 天。一季作物最多使用次数 3 次。

【中毒急救】
吸入：应迅速将患者转移到空气清新流通处。如呼吸停止应做人工呼吸。如呼吸困难应输氧。如有症状及时就医。皮肤接触后：立即用水和肥皂清洗，并彻底冲洗干净。眼睛接触后：把眼睛打开用流水冲洗几分钟，如有持续的症状，及时就医。误食：立即用大量清水漱

口，催吐、洗胃，及时送医院对症治疗。一旦药液溅入眼睛和黏附皮肤：应立即用水冲洗至少15分钟。如患者昏迷，禁食，送医院救治。

【注意事项】

1. 本品在冬瓜上一季作物最多使用次数2次，安全间隔期7天；在番茄上一季作物最多使用次数3次，安全间隔期5天；在花椰菜上一季作物最多使用次数2次，安全间隔期14天；在黄瓜上一季作物最多使用次数3次，安全间隔期1天；在辣椒上一季作物最多使用次数3次，安全间隔期5天；在丝瓜上一季作物最多使用次数2次，安全间隔期7天；在西瓜上一季作物最多使用次数3次，安全间隔期14天；在香蕉上一季作物最多使用次数3次，安全间隔期42天；在柑橘上一季作物最多使用次数3次，安全间隔期14天；在葡萄上一季作物最多使用次数4次，安全间隔期14天；在芒果上一季作物最多使用次数3次，安全间隔期14天；在荔枝上一季作物最多使用次数3次，安全间隔期14天；在马铃薯上一季作物最多使用次数3次；在大豆上一季作物最多使用次数3次，安全间隔期14天；在人参上一季作物最多使用次数4次。

2. 建议与其他作用机制不同的杀菌剂轮换使用，以延缓抗性产生。

3. 苹果树和樱桃树的一些品种对本品敏感，切勿使用；在其附近草坪上施用时及对邻近苹果和樱桃的作物喷施时，应避免雾滴漂移到这些树上。

4. 避免与乳油类农药和有机硅类助剂混用，以免发生药害。

5. 开启包装时应选择在无风的条件下，注意药剂不要散逸，以免造成不必要的伤害。

6. 配药和施药时，应穿戴防护服和手套，避免吸入药液；施药期间不可吃东西和饮水；施药后应及时洗手和洗脸。

7. 孕妇及哺乳期妇女避免接触。

8. 切勿把从施药地块上割下的草用来饲喂动物。施药后45天内，勿在施药地块种植食用植物。

9. 本品最佳用药时间为开花前、谢花后和幼果期。

10. 用过的容器妥善处理，不可做他用，不可随意丢弃。

11. 本品放置于阴凉、干燥、通风、防雨处，远离火源，勿与食品、饲料、种子、日用品等同贮同运。

12. 本品宜置于儿童够不着的地方并上锁，不得重压、破损包装容器。

嘧霉胺

【作用特点】

嘧霉胺又称甲基嘧啶胺、二甲嘧啶胺属苯氨基嘧啶类杀菌剂，对灰霉病有特效。具有保护和治疗作用，同时具有内吸和熏蒸作用。可以有效抑制病菌蛋白质分泌，并降低一些水解酶水平，引起寄主组织坏死。与三唑类、二硫代氨基甲酸酯类、苯并咪唑类及乙霉威等杀菌剂无交互抗性。因此，对其敏感或抗性病原菌均有优异的活性。

作用机理独特，通过抑制病菌浸染酶的产生从而阻止病菌的侵染并杀死病菌。对常用的非苯胺基嘧啶类、苯并咪唑类及氨基甲酸脂类杀菌剂已产生抗药性的灰霉病菌有强效，主要抑制灰葡萄孢霉的芽管伸长和菌丝生长，在一定的用药时间内对灰葡萄孢霉的孢子萌芽也具有一定抑制作用。同时具有内吸传导和熏蒸作用，施药后迅速达到植株的花、幼果等喷雾无法达到的部位杀死病菌，尤其是加入卤族特效渗透剂后，可增加在叶片和果实附着时间和渗透速度，有利于吸收，使药效更快、更稳定。此外嘧霉胺对温度不敏感，在相对较低的温度下施用不影响药效。为当前传统药物中防治黄瓜灰霉病、番茄灰霉病、枯萎病活性较高的杀菌剂。

【毒性与环境生物安全性评价】

对高等动物毒性低毒。

原药雄大鼠急性经口 LD_{50} 为 4150 毫克/千克；

原药雌大鼠急性经口 LD_{50} 为 5971 毫克/千克；

原药雄大鼠急性经皮 LD_{50} 大于 5000 毫克/千克。

原药雌大鼠急性经皮 LD_{50} 大于 5000 毫克/千克。

原药大鼠急性吸入 LC_{50} 大于 1.98 毫克/升。

对兔眼睛无刺激性；

对兔皮肤无刺激性。

豚鼠皮肤致敏试验结果为中度致敏性。

动物试验未见致癌、致畸、致突变作用。

制剂雄大鼠急性经口 LD_{50} 大于 5000 毫克/千克；

制剂雌大鼠急性经口 LD_{50} 大于 5000 毫克/千克；

制剂雄大鼠急性经皮 LD_{50} 大于 4000 毫克/千克。

制剂雌大鼠急性经皮 LD_{50} 大于 4000 毫克/千克。

制剂大鼠急性吸入 LC_{50} 大于 1.26 毫克/升。

人每日允许摄入量 0.17～0.2 毫克/千克体重。

对鱼类毒性低毒。

鲤鱼 96 小时 LC_{50} 为 35.4 毫克/升；

虹鳟鱼 96 小时 LC_{50} 为 10.6 毫克/升。

对水生生物毒性低毒。

水蚤 48 小时 LC_{50} 为 2.9 毫克/升。

对蜜蜂毒性低毒。

蜜蜂 LD_{50} 大于 100 微克/只。

对鸟类毒性低毒。

鹌鹑 LD_{50} 大于 2000 毫克/千克。

对蚯蚓以及多种节肢动物安全。

蚯蚓 14 天 LC_{50} 为 625 毫克/千克·土壤。

在土壤中易降解。

在水中易降解。

【防治对象】

嘧霉胺具有保护和治疗作用，是防治灰霉病、枯萎病的一种高效、低毒杀菌剂，具有内吸传导和熏蒸作用，施药后可迅速传到植物体内各部位，有效抑制病原菌侵染酶的产生，从而阻止病菌侵染，彻底杀死病菌。与其他杀菌剂无交互抗性，而且在低温下使用，仍有非常好的保护和治疗效果。用于防治黄瓜、番茄、葡萄、草莓、豌豆、韭菜、等作物灰霉病、枯萎病以及果树黑星病、斑点落叶病等。

【使用方法】

1. 防治番茄灰霉病：病害初期或发病前，每 666.7 平方米用 50% 嘧霉胺可湿性粉剂或 400 克/升嘧霉胺悬浮剂 63～94 克，兑水 60～80 千克喷雾。间隔时间为 7～10 天施药 1 次。

2. 防治黄瓜灰霉病：病害初期或发病前，每 666.7 平方米用 50% 嘧霉胺可湿性粉剂或 400 克/升嘧霉胺悬浮剂 63～94 克，兑水 60～80 千克喷雾。间隔时间为 7～10 天施药 1 次。

3. 防治葡萄灰霉病：病害初期或发病前，每666.7平方米用50%嘧霉胺可湿性粉剂或400克/升嘧霉胺悬浮剂1000~1500倍液喷雾。间隔时间为7~10天施药1次。

4. 防治草莓灰霉病：病害初期或发病前，每666.7平方米用50%嘧霉胺可湿性粉剂或400克/升嘧霉胺悬浮剂63~94克，兑水60~80千克喷雾。间隔时间为7~10天施药1次。

【中毒急救】

吸入：应迅速将患者转移到空气清新流通处。如呼吸停止应做人工呼吸。如呼吸困难应输氧。如有症状及时就医。皮肤接触后：立即用水和肥皂清洗，并彻底冲洗干净。眼睛接触后：把眼睛打开用流水冲洗几分钟，如有持续的症状，及时就医。误食：立即用大量清水漱口，洗胃，不要催吐。及时送医院对症治疗。如患者昏迷，禁食，送医院救治。

【注意事项】

1. 安全间隔期：番茄和黄瓜为3天，葡萄为7天；每季最多施用次数：番茄、黄瓜为2次，葡萄为3次。

2. 建议与其他它用机制不同的杀菌剂轮换使用，以延缓抗性产生。

3. 本品对鱼类等水生生物有毒，远离水产养殖区施药，禁止在河塘等水体中清洗施药器具。

4. 开启包装时应选择在无风的条件下，注意药剂不要散逸，以免造成不必要的伤害。

5. 配药和施药时，应穿戴防护服和手套，避免吸入药液；施药期间不可吃东西和饮水；施药后应及时洗手和洗脸。

6. 避免药剂污染水源、河流和地下水。

7. 孕妇及哺乳期妇女避免接触。

8. 用过的容器妥善处理，不可做他用，不可随意丢弃。

9. 本品放置于阴凉、干燥、通风、防雨处，远离火源，勿与食品、饲料、种子、日用品等同贮同运。

10. 本品宜置于儿童够不着的地方并上锁，不得重压、破损包装容器。

咪鲜胺

【作用特点】

咪鲜胺又叫扑菌唑、扑霉挫，咪鲜胺为高效、广谱、低毒型杀菌剂，具有内吸传导、预防保护治疗等多重作用，内含咪鲜胺为咪唑类广谱杀菌剂，主要用于子囊菌和半知菌引起的多种农作物病害。主要是通过抑制甾醇的生物合成，使病菌细胞壁受到干扰。虽不具内吸作用，但具有一定的传导作用。当通过种子处理进入土壤的药剂，主要降解为易挥发的代谢产物，易被土壤颗粒吸附，不易被雨水冲刷。此药在土壤中对土壤内其他生物低毒，但对某些土壤中的真菌有抑制作用。

【毒性与环境生物安全性评价】

对高等动物毒性低毒。

原药大鼠急性经口 LD_{50} 为1600毫克/千克；

原药大鼠急性经皮 LD_{50} 大于5000毫克/千克。

原药大鼠急性吸入 LC_{50} 大于420毫克/立方米。

对兔眼睛有中度刺激性；

对兔皮肤有中度刺激性。

亚慢性90天喂养试验，对大鼠最小影响的剂量为6毫克/千克·天；

对狗的无作用剂量为2.5毫克/千克·天；

小鼠的无作用剂量为 6 毫克/千克·天。

性毒性试验，对大鼠无作用剂量为 1.3 毫克/千克·天；

对小鼠为 7.5 毫克/千克·天；

对狗的无作用剂量为 0.9 毫克/千克·天。

动物试验未见致癌、致畸、致突变作用。

制剂大鼠急性经口 LD_{50} 大于 4000 毫克/千克；

制剂小鼠急性经口 LD_{50} 大于 1608 毫克/千克。

人每日允许摄入量 0.01 毫克/千克体重。

对鱼类毒性中等毒。

蓝鳃太阳鱼 96 小时 LC_{50} 为 2.2 毫克/升；

虹鳟鱼 96 小时 LC_{50} 为 1.5 毫克/升。

对水生生物毒性中等毒。

水蚤 48 小时 LC_{50} 为 4.3 毫克/升。

对蜜蜂毒性低毒。

蜜蜂经口 LD_{50} 为 60 微克/只；

蜜蜂局部接触 LD_{50} 为 50 微克/只。

对鸟类毒性低毒。

鹌鹑急性经口 LD_{50} 为 662 毫克/千克；

野鸭急性经口 LD_{50} 大于 1594 毫克/千克。

鹌鹑饲喂 5 天 LC_{50} 大于 5.5 克/千克；

野鸭饲喂 5 天 LC_{50} 大于 5.5 克/千克。

对蚯蚓以及多种节肢动物安全。

蚯蚓 LC_{50} 为 207 毫克/千克·土壤。

对瓢虫等天敌安全。

土壤中半衰期为 3~5 月。

【防治对象】

常规使用防治瓜果蔬菜炭疽病、叶斑病。还可防治水稻恶苗病、稻瘟病等。柑橘炭疽病、蒂腐病、青霉病、绿霉病，香蕉炭疽病、叶斑病，芒果炭疽病，花生叶斑病，辣椒、茄子、甜瓜、番茄等蔬菜炭疽病，草莓炭疽病，水稻恶苗病、稻瘟病，油菜菌核病、叶斑病，蘑菇褐斑病，苹果炭疽病，梨黑星病等。

【使用方法】

1. 防治柑橘绿霉病：用 250 克/升咪鲜胺乳油 500~1000 倍液浸果。柑橘采后保鲜，常温药液浸果 1 分钟后捞起晾干，处理时加适量 2, 4 - D，以保护蒂部新鲜。

2. 防治柑橘炭疽病：用 250 克/升咪鲜胺乳油 500~1000 倍液浸果。柑橘采后保鲜，常温药液浸果 1 分钟后捞起晾干，处理时加适量 2, 4 - D，以保护蒂部新鲜。

3. 防治柑橘蒂腐病：用 250 克/升咪鲜胺乳油 500~1000 倍液浸果。柑橘采后保鲜，常温药液浸果 1 分钟后捞起晾干，处理时加适量 2, 4 - D，以保护蒂部新鲜。

4. 防治柑橘青霉病：用 250 克/升咪鲜胺乳油 500~1000 倍液浸果。柑橘采后保鲜，常温药液浸果 1 分钟后捞起晾干，处理时加适量 2, 4 - D，以保护蒂部新鲜。

5. 防治芒果炭疽病：用 250 克/升咪鲜胺乳油 250~500 倍液浸果或用 250 克/升咪鲜胺乳油 500~1000 倍液喷雾。采前喷施处理，宜在芒果花蕾期至收获期施用。采后保鲜处理，常温药液浸果 1 分钟后捞起晾干，当天采收的果实，需当天用药处理完毕。

6. 防治水稻恶苗病：用 250 克/升咪鲜胺乳油 2000～4000 倍液浸种。长江流域及以南地区，用 2000～3000 倍液浸种 1～3 天，然后催芽；黄河流域及以北地区，用 3000～4000 倍药液浸种，黄河流域 3～5 天，东北地区 5～7 天，然后催芽。

7. 防治香蕉果实的炭疽病：采收后用 45% 咪鲜胺水乳剂 450～900 倍液浸果 2 分钟后贮藏。

8. 防治香蕉果实的冠腐病：采收后用 45% 咪鲜胺水乳剂 450～900 倍液浸果 2 分钟后贮藏。

9. 防治贮藏期荔枝黑腐病：采收后用 45% 咪鲜胺水乳剂 1500～2000 倍液浸果 1 分钟后贮藏。

10. 水果保鲜：用 25% 咪鲜胺乳油 1000 倍液浸采收后的苹果、梨、桃果实 1～2 分钟，可防治青霉病、绿霉病、褐腐病，延长果品保鲜期。

11. 对霉心病较多的苹果：可在采收后试用 25% 咪鲜胺乳油 1500 倍液往萼心注射 0.521 毫升，防治霉心病菌所致的果腐效果非常明显。

12. 防治葡萄黑痘病：病害初期或发病前，每 666.7 平方米用 25% 咪鲜胺乳油 60～80 毫升，兑水 45～60 千克常规喷雾。

13. 防治水稻稻瘟病：病害初期或发病前，每 666.7 平方米用 25% 咪鲜胺乳油 60～100 毫升，兑水 45～60 千克常规喷雾，收获后用 250～1000 毫克/升的药液喷洒于稻株可有效地防治严重感染的水稻稻瘟病。

14. 防治小麦赤霉病：病害初期或发病前，每 666.7 平方米用 25% 咪鲜胺乳油 53～67 毫升，兑水 45～60 千克常规喷雾。同时可兼治穗部和叶部的根腐病及叶部多种叶枯性病害。

15. 防治甜菜褐斑病：病害初期或发病前，每 666.7 平方米用 25% 咪鲜胺乳油 80 毫升，兑水 45～60 千克常规喷雾。隔 10 天喷 1 次，共喷 2～3 次。

16. 块根作物播前用 25% 咪鲜胺乳油 800～1000 倍液浸种，在块根膨大期亩用 150 毫升对水喷 1 次，可增产增收。

【特别说明】

1. 如果咪鲜胺与二价锰形成络合物时，既能保持药剂的原有活性，又能增加药剂对作物的安全性。

2. 咪鲜胺与氟硅唑按照一定科学比例混用如 20% 的硅唑·咪鲜胺用于防治多种果树、蔬菜等作物的黑星病、白粉病、叶斑病、锈病、炭疽病、黑斑病、黑痘病、蔓枯病、斑枯病、赤星病等多种病害。

3. 咪鲜胺与多菌灵混用有显著的增效作用，可免除人工接种的小麦颖斑枯病的发生，而这两种药剂单施则无效。另外该混剂对防治禾谷类作物眼点病和白粉病也有增效作用。

【中毒急救】

吸入：应迅速将患者转移到空气清新流通处。如呼吸停止应做人工呼吸。如呼吸困难应输氧。如有症状及时就医。皮肤接触后：立即用水和肥皂清洗，并彻底冲洗干净。眼睛接触后：把眼睛打开用流水冲洗几分钟，如有持续的症状，及时就医。误食：立即用大量清水漱口，洗胃，不要催吐。及时送医院对症治疗。如患者昏迷，禁食，送医院救治。

【注意事项】

1. 安全间隔期：本品处理后的柑橘距上市时间为 14 天，芒果距上市时间为 20 天；每季最多施用次数：浸果处理 1 次；喷雾处理不超过 3 次。

2. 本品对于一些薄皮品种芒果如象牙芒和马切苏芒等应禁用，以免出现药斑。

3. 建议与其他作用机制不同的杀菌剂轮换使用，以延缓抗性产生。

4. 本品对鱼类等水生生物有毒，远离水产养殖区施药，禁止在河塘等水体中清洗施药器具。

5. 开启包装时应选择在无风的条件下，注意药剂不要散逸，以免造成不必要的伤害。

6. 配药和施药时，应穿戴防护服和手套，避免吸入药液；施药期间不可吃东西和饮水；施药后应及时洗手和洗脸。

7. 避免药剂污染水源、河流和地下水。

8. 孕妇及哺乳期妇女避免接触。

9. 用过的容器妥善处理，不可做他用，不可随意丢弃。

10. 本品放置于阴凉、干燥、通风、防雨处，远离火源，勿与食品、饲料、种子、日用品等同贮同运。

11. 本品宜置于儿童够不着的地方并上锁，不得重压、破损包装容器。

宁南霉素

【作用特点】

宁南霉素是中国科学院成都生物研究所历经"七五"、"八五"、"九五"国家科技攻关并研制成功的专利技术产品。这种菌是在四川省宁南县土壤分离而得，为首次发现的胞嘧啶核苷肽型新抗生素，故将其发酵产物命名为宁南霉素。宁南霉素是用微生物发酵技术生产的抗生素农药，是一种低毒、低残留、无"三致"和蓄积问题，不污染环境的新农药。试验表明：对水稻白叶枯病相对防效为70%左右，高的可达90%，增产效果为10~20%，高的可达35%，另外它对小麦、蔬菜、花卉等白粉病的防病、增产效果都很显著，对水稻小球菌核病、油橄榄孔雀斑病、疮痂病及烟草花叶病防效也很好。

宁南霉素可以延长病毒潜伏期，破坏病毒粒体结构，降低病毒粒体浓度，提高植株抵抗病毒的能力，从而达到防治病毒的目的，同时还可抑制真菌菌丝生长，并能诱导植物体产生抗性蛋白，提高植物体的免疫力。

【毒性与环境生物安全性评价】

对高等动物毒性低毒。

原药雄大鼠急性经口 LD_{50} 大于5000毫克/千克；

原药雌大鼠急性经口 LD_{50} 大于5000毫克/千克；

原药雄大鼠急性经皮 LD_{50} 大于5000毫克/千克；

原药雌大鼠急性经皮 LD_{50} 大于5000毫克/千克；

原药雄大鼠急性吸入 LC_{50} 大于2297毫克/立方米。

原药雌大鼠急性吸入 LC_{50} 大于2297毫克/立方米。

对兔眼睛有中度刺激性；

对兔皮肤有中度刺激性。

豚鼠皮肤变态试验结果为轻度致敏性。

制剂雄大鼠急性经口 LD_{50} 大于5000毫克/千克；

制剂雌大鼠急性经口 LD_{50} 大于5000毫克/千克；

制剂雄大鼠急性经皮 LD_{50} 大于2000毫克/千克；

制剂雌大鼠急性经皮 LD_{50} 大于2000毫克/千克。

制剂雄大鼠急性吸入 LC_{50} 大于2563毫克/立方米。

制剂雌大鼠急性吸入 LC_{50} 大于2563毫克/立方米。

对兔眼睛无刺激性；

对兔皮肤无刺激性。

豚鼠皮肤变态试验结果为弱致敏性。

对鱼类毒性低毒。

斑马鱼 96 小时 LC_{50} 为 100 毫克/升。

对水生生物毒性低毒。

水蚤 48 小时 LC_{50} 为 19.664 毫克/升；

藻类 72 小时 EC_{50} 为 3.224 毫克/升。

对蜜蜂毒性低毒。

蜜蜂经口 48 小时 LC_{50} 大于 2000 毫克/升；

蜜蜂接触 48 小时 LC_{50} 为 100 微克/只。

对鸟类毒性低毒。

鸟 LD_{50} 大于 640 毫克/千克。

野鸭急性经口 LD_{50} 大于 1594 毫克/千克。

对家蚕毒性低毒。

家蚕 96 小时 LC_{50} 大于 2400 毫克/升。

对天敌赤眼蜂安全。

赤眼蜂 24 小时 LC_{50} 大于 0.637 毫克/升。

【防治对象】

用于防治烟草花叶病毒病、番茄病毒病、辣椒病毒病、水稻立枯病、大豆根腐病、水稻条纹叶枯病、苹果斑点落叶病、黄瓜白粉病等，此外在防治油菜菌核病、荔枝霜疫霉病，其他作物病毒病、茎腐病、蔓枯病、白粉病等多种病害上也已大面积推广应用。

【使用方法】

1. 防治大豆根腐病：发病前或发病初期，每 666.7 平方米用 2% 宁南霉素水剂 60~80 毫升播前拌种。

2. 防治水稻条纹叶枯病：病害初期或发病前，每 666.7 平方米用 2% 宁南霉素水剂 200~333 毫升，兑水 45~60 千克喷雾，隔 10 天喷 1 次，共喷 2~3 次。

3. 防治番茄病毒病：病害初期或发病前，用 8% 宁南霉素水剂 1500~2000 倍液喷雾，隔 7~10 天喷 1 次，共喷 2~3 次。

4. 防治辣椒病毒病：病害初期或发病前，用 8% 宁南霉素水剂 1500~2000 倍液喷雾，隔 7~10 天喷 1 次，共喷 2~3 次。

5. 防治苹果树斑点落叶病：病害初期或发病前，用 8% 宁南霉素水剂 2000~3000 倍液喷雾，隔 7~10 天喷 1 次，共喷 2~3 次。

6. 防治水稻黑条矮缩病：病害初期或发病前，每 666.7 平方米用 8% 宁南霉素水剂 45~60 毫升，兑水 50 千克喷雾，隔 7~10 天喷 1 次，共喷 2~3 次。

7. 防治烟草黑星病：病害初期或发病前，每 666.7 平方米用 8% 宁南霉素水剂 42~63 毫升，兑水 50~75 千克喷雾，隔 7~10 天喷 1 次，共喷 2~3 次。

8. 防治黄瓜白粉病：病害初期或发病前，每 666.7 平方米用 10% 宁南霉素可溶粉剂 50~75 克，兑水 50~75 千克喷雾，隔 7~10 天喷 1 次，共喷 2~3 次。

【中毒急救】

吸入：应迅速将患者转移到空气清新流通处。如呼吸停止应做人工呼吸。如呼吸困难应输氧。如有症状及时就医。皮肤接触后：立即用水和肥皂清洗，并彻底冲洗干净。眼睛接触后：把眼睛打开用流水冲洗几分钟，如有持续的症状，及时就医。误食：立即用大量清水漱

口，洗胃，不要催吐。及时送医院对症治疗。如患者昏迷，禁食，送医院救治。

【注意事项】

1. 本品在水稻上使用的安全间隔期为 10 天，每季水稻最多使用次数为 2 次；在烟草上使用的安全间隔期为 10 天，每季最多使用次数为 3 次；在苹果上使用的安全间隔期为 14 天，每季最多使用次数为 3 次；在蕃茄、辣椒上使用的安全间隔期为 7 天，每季最多使用次数为 3 次；在黄瓜上的作用安全间隔期为 3 天，每季黄瓜最多使用次数为 3 次。

2. 本品不可与呈碱性的农药等物质混合使用。

3. 建议与其他作用机制不同的杀菌剂轮换使用，以延缓抗性产生。

4. 药液及其废液不得污染各类水域、土壤等环境。

5. 禁止在河塘等水体中清洗施药器具。

6. 开启包装时应选择在无风的条件下，注意药剂不要散逸，以免造成不必要的伤害。

7. 配药和施药时，应穿戴防护服和手套，避免吸入药液；施药期间不可吃东西和饮水；施药后应及时洗手和洗脸。

8. 孕妇及哺乳期妇女避免接触。

9. 用过的容器妥善处理，不可做他用，不可随意丢弃。

10. 本品放置于阴凉、干燥、通风、防雨处，远离火源，勿与食品、饲料、种子、日用品等同贮同运。

11. 本品宜置于儿童够不着的地方并上锁，不得重压、破损包装容器。

氰烯菌酯

【作用特点】

氰烯菌酯属 2 - 氰基丙烯酸酯类杀菌剂。对镰刀菌类引起的病害有效，具有保护作用和治疗作用。通过根部被吸收，在叶片上有向上输导性，面向叶片下部及叶片间的输导性较差。近年来在各地小麦赤霉病防治实验中防效突出，对环境友好，可完全替代多菌灵防治小麦赤霉病。氰烯菌酯可大大降低麦粒中的 DON 毒素含量，小麦使用后显著增产 10% 以上。

氰烯菌酯是江苏省农药研究所股份有限公司研发的新型微毒杀菌剂，是一种结构新颖、作用方式独特的氰基丙烯酸酯类杀菌剂，可有效抑制镰刀菌菌丝生长，影响分生孢子萌发速度，并使孢子萌发后芽管畸形，不能分裂成菌丝体，对由镰刀菌引起的小麦赤霉病、水稻恶苗病、西瓜枯萎病等病害具有良好的防治作用。近十几年来，对多菌灵产生抗药性的病原菌群体比例迅速上升，抗药性病原菌分布范围不断扩大。而氰烯菌酯对小麦赤霉病具有优异的保护和治疗效果，对敏感菌株和抗多菌灵的菌株均有效，可用于防治对多菌灵已经产生抗药性的禾谷镰刀菌所引起的小麦赤霉病。

目前防治小麦赤霉病的主流药剂多菌灵，因病菌抗药性日益增强，在部分地区已面临防治失败风险。多菌灵在控制赤霉病的同时，还会提升麦粒中 DON 毒素含量，加剧食品安全风险，应停止多菌灵在小麦赤霉病防治中的应用。小麦赤霉病是小麦生长后期重要病害，在小麦抽穗、扬花时期遭遇阴雨天气，该病即可能发生。小麦赤霉病可严重降低小麦产量，分泌 DON 毒素污染面粉，严重威胁食品安全。25% 氰烯菌酯悬浮剂的杀菌机理、作用方式有别于其他化学农药，尤其对小麦赤霉病、水稻恶苗病防效突出。

【毒性与环境生物安全性评价】

对高等动物毒性微毒。

原药大鼠急性经口 LD_{50} 大于 5000 毫克/千克；

原药大鼠急性经皮 LD_{50} 大于 5000 毫克/千克。

对兔眼睛无刺激性；

对兔皮肤无刺激性。

豚鼠皮肤变态试验结果为弱致敏性。

原药雄大鼠 13 周亚慢性喂养毒性试验最大无作用剂量为 44 毫克/千克·天；

原药雌大鼠 13 周亚慢性喂养毒性试验最大无作用剂量为 47 毫克/千克·天。

各种试验结果表明，无致癌、致畸、致突变作用。

对鱼类毒性中等毒。

斑马鱼 96 小时 LC_{50} 为 7.7 毫克/升。

对蜜蜂毒性低毒。

蜜蜂 48 小时胃杀毒性 LC_{50} 大于为 536 毫克/升。

对鸟类毒性中等毒。

鹌鹑经口染毒 LD_{50} 为 321 毫克/千克。

对家蚕毒性低毒。

2 龄家蚕食下毒叶法 LC_{50} 为 436 毫克/千克·桑叶。

【防治对象】

经大田试验，主要适用于小麦、水稻、瓜类及蔬菜，用于防治小麦赤霉病、水稻恶苗病、西瓜枯萎病等。

【使用方法】

1. 防治小麦赤霉病：小麦扬花期至盛期，每 666.7 平方米用 25% 氰烯菌酯悬乳剂 100 ～ 200 毫升，兑水 45 ～ 60 千克喷雾，一般使用 1 ～ 2 次，间隔 7 天左右。

2. 防治水稻恶苗病：发病初期或发病前，每 666.7 平方米用 25% 氰烯菌酯悬乳剂 100 ～ 200 毫升，兑水 60 ～ 75 克喷雾，一般使用 1 ～ 2 次，间隔 7 天左右。

3. 防治西瓜枯萎病：发病初期或发病前，每 666.7 平方米用 25% 氰烯菌酯悬乳剂 75 ～ 150 毫升，兑水 60 ～ 75 克喷雾，一般使用 1 ～ 2 次，间隔 7 天左右。

【中毒急救】

吸入：应迅速将患者转移到空气清新流通处。如呼吸停止应做人工呼吸。如呼吸困难应输氧。如有症状及时就医。皮肤接触后：立即用水和肥皂清洗，并彻底冲洗干净。眼睛接触后：把眼睛打开用流水冲洗几分钟，如有持续的症状，及时就医。误食：立即用大量清水漱口，洗胃，不要催吐。及时送医院对症治疗。如患者昏迷，禁食，送医院救治。

【注意事项】

1. 本品在小麦上使用的安全间隔期为 21 天，每季水稻最多使用次数为 3 次。

2. 本品不可与呈碱性的农药等物质混合使用。

3. 建议与其他作用机制不同的杀菌剂轮换使用，以延缓抗性产生。

4. 本品对鱼和鸟类中等毒，有一定风险，使用时应注意对鱼和鸟类的影响。

5. 本品对蜜蜂和家蚕虽然低毒，但也有风险，桑园以及蜜源作物花期禁止使用。

6. 药液及其废液不得污染各类水域、土壤等环境。禁止在河塘等水体中清洗施药器具。

7. 开启包装时应选择在无风的条件下，注意药剂不要散逸，以免造成不必要的伤害。

8. 配药和施药时，应穿戴防护服和手套，避免吸入药液；施药期间不可吃东西和饮水；施药后应及时洗手和洗脸。

9. 孕妇及哺乳期妇女避免接触。

10. 用过的容器妥善处理，不可做他用，不可随意丢弃。

11. 本品放置于阴凉、干燥、通风、防雨处，远离火源，勿与食品、饲料、种子、日用品等

同贮同运。

12. 本品宜置于儿童够不着的地方并上锁，不得重压、破损包装容器。

噻呋酰胺

【作用特点】

噻呋酰胺又叫噻氟菌胺，属于噻唑酰胺类杀菌剂，具有强内吸传导性和长持效性。噻呋酰胺是琥珀酸酯脱氢酶抑制剂，由于含氟，其在生化过程中其竞争力很强，一旦与底物或酶结合就不易恢复。噻呋酰胺对丝核菌属、柄锈菌属、黑分菌属、腥黑粉菌属、伏革菌属、核腔菌属等致病真菌均有活性，尤其对担子菌纲真菌引起的病害如纹枯病、立枯病等有特效。可防治多种作物病害，特别是担子菌丝核菌属真菌引起的病害有很好的防治效果。其主要作用机理是抑制病菌三羧酸循环中琥珀酸脱氢酶，导致菌体死亡。

【毒性与环境生物安全性评价】

对高等动物毒性低毒。

大鼠急性经口 LD_{50} 大于 6500 毫克/千克；

兔急性经口 LD_{50} 大于 5000 毫克/千克；

大鼠急性吸入 4 小时 LC_{50} 大于 5.0 毫克/升。

对兔眼睛有轻微刺激性；

对兔皮肤有轻微刺激性。

豚鼠皮肤变态试验结果为无致敏性。

各种试验结果表明，无致癌、致畸、致突变作用。

对禽类毒性低毒。

禽类急性经口 LD_{50} 大于 2250 毫克/千克。

对鱼类及水生生物毒性中等毒。

虹鳟鱼 96 小时急性毒性 LC_{50} 为 1.3 毫克/升。

水蚤急性 48 小时 EC_{50} 为 1.4 毫克/升。

藻急性 72 小时 EC_{50} 为 1.7 毫克/升。

对蜜蜂毒性低毒。

蜜蜂急性接触 48 小时 LD_{50} 大于 100 微克/只。

对土壤微生物低毒低毒。

蚯蚓 LC_{50} 大于 1250 毫克/千克。

人每日允许摄入量为 0.02 毫克/千克体重。

在水溶液中稳定。

在自然水中光解，不稳定。

在土壤中半衰期为 95～155 天。

【防治对象】

主要用于水稻、禾谷类作物和草坪，对丝核菌属、柄锈菌属、腥黑分菌属、伏革菌属、黑粉菌属等致病真菌有效，对担子菌纲真菌引起的病害，如立枯病等有特效。

【使用方法】

1. 防治水稻纹枯病：发病初期，每 666.7 平方米用 240 克/升噻呋酰胺悬浮剂 13～23 毫升，兑水 30～45 千克搅拌均匀、常规喷雾，喷药时药液要均匀周到。本品应于抽穗前 20 天或发病初期施药，一般亩用量 20 毫升兑 30 千克水后搅拌均匀常规喷雾，施药 1 次。纹枯病发生严重时，适当提高亩用药量至 22.5 毫升兑水 45 千克，或在穗期再施药 1 次。

2. 防治马铃薯黑痣病：发病初期，每 666.7 平方米用 240 克/升噻呋酰胺悬浮剂 70 ~ 120 毫升，兑水 60 ~ 90 千克搅拌均匀常规喷雾。

【中毒急救】

吸入：应迅速将患者转移到空气清新流通处。如呼吸停止应做人工呼吸。如呼吸困难应输氧。如有症状及时就医。皮肤接触后：立即用水和肥皂清洗，并彻底冲洗干净。眼睛接触后：把眼睛打开用流水冲洗几分钟，如有持续的症状，及时就医。误食：立即用大量清水漱口，洗胃，可谨慎实施胃排空。洗胃时注意保护气管和食管。及时送医院对症治疗。如患者昏迷，禁食，送医院救治。

【注意事项】

1. 本品不能与碱性药物混用。

2. 本品在水稻作物上使用的推荐安全间隔期为 7 天，每个作物周期的最多使用次数为 1 次。

3. 在连续阴雨或湿度较大的环境中，或者当病情较重的情况下，建议使用较高剂量。避免在极端温度和湿度下，或作物长势较弱的情况下使用本品。

4. 本品对鱼类等水生生物有中等毒性，应远离水产养殖区施药，禁止在河塘等水体清洗施药器具，不要污染水体，应避免药液流入湖泊，河流或鱼塘中污染水源。

5. 配药和施药时，应穿戴防护服和手套，避免吸入药液；施药期间不可吃东西和饮水；施药后应及时洗手和洗脸。

6. 孕妇及哺乳期妇女避免接触。

7. 建议与其他作用机制不同的杀菌剂轮换使用。

8. 用过的容器妥善处理，不可做他用，不可随意丢弃。

9. 本品放置于阴凉、干燥、通风、防雨处，远离火源，勿与食品、饲料、种子、日用品等同贮同运。

10. 本品宜置于儿童够不着的地方并上锁，不得重压、破损包装容器。

三环唑

【作用特点】

三环唑是一种具有内吸性的保护性的三唑类杀菌剂。杀菌作用机理主要是抑制附着孢黑色素的形成，从而抑制孢子萌发和附着孢形成，阻止病菌侵入和减少稻瘟病菌孢子的产生。三环唑具有较强的内吸性，能迅速被水稻根茎叶吸收，并输送到稻株各部，一般在喷洒后 2 小时稻株内吸收药量可达饱和。具有较强的内吸性的保护性杀菌剂。能迅速被水稻各部位吸收，持效期长，药效稳定，用量低并且抗雨水冲刷。用药液浸秧，有时会引起发黄，但不久即能恢复，不影响稻秧以后的生长。

【毒性与环境生物安全性评价】

对高等动物毒性中等毒。

原药大鼠急性经口 LD_{50} 为 237 毫克/千克；

原药小鼠急性经口 LD_{50} 为 245 毫克/千克；

原药大鼠急性经皮 LD_{50} 大于 2000 毫克/千克；

原药大鼠急性吸入 LC_{50} 大于 0.25 毫克/升。

对兔眼睛有轻微刺激性；

对兔皮肤有轻微刺激性。

大鼠 2 年饲喂试验无作用剂量为 8 ~ 24 毫克/千克·天；

小鼠 2 年饲喂试验无作用剂量为 29～48 毫克/千克·天。

各种试验结果表明，无致癌、致畸、致突变作用。

制剂大鼠急性经口 LD_{50} 为 354 毫克/千克；

制剂大鼠急性经皮 LD_{50} 大于 2000 毫克/千克；

制剂大鼠急性吸入 LC_{50} 大于 3.7 毫克/升。

对兔眼睛有轻微刺激性；

对兔皮肤有轻微刺激性。

对鱼类毒性低毒。

鲤鱼 48 小时急性毒性 LC_{50} 为 14.0 毫克/升；

虹鳟鱼 48 小时急性毒性 LC_{50} 为 7.7 毫克/升。

对蜜蜂无毒害。

对蜘蛛无毒害。

对家蚕有轻微影响。

【防治对象】

主要用于防治水稻稻瘟病，包括水稻苗瘟、叶瘟病、穗颈瘟及穗瘟病等。

【使用方法】

防治水稻稻瘟病：发病初期，每666.7平方米用75%三环唑可湿性粉剂20～27克，或每666.7平方米用20%三环唑可湿性粉剂75～100克，于抽穗前2～7天，兑水50～100千克搅拌均匀常规喷雾，喷药时药液要均匀周到。

1. 防治水稻叶瘟病：预测叶瘟病会严重发生时，须在叶瘟病症状出现之前适时施药。如属轻度病害，可在稻叶上初见少量病斑时（株发病率5%～10%）施药，如需取得较持久的防治效果，可在第一次施药后18～24天进行第2次施药。

2. 防治穗颈瘟及穗瘟病：应在孕穗期至始穗期施用，最适宜的施药时期为田间初见稻穗，而其他稻株仍处于孕穗期之际（破口期）。如天气有利于病害继续侵染，则需在第1次施药后10～14天进行第2次施药。

3. 三环唑浸秧防治叶瘟的效果优于拔秧前喷雾，具体做法是：将20%三环唑可湿性粉剂750倍液盛入水桶中，或就在秧田边挖一浅坑，垫上塑料薄膜，装入药液，把拔起的秧苗捆成把，稍甩一下水放入药液中浸泡1分钟左右捞出，堆放0.5小时后即可栽插。

【中毒急救】

吸入：应迅速将患者转移到空气清新流通处。如呼吸停止应做人工呼吸。如呼吸困难应输氧。如有症状及时就医。皮肤接触后：立即用水和肥皂清洗，并彻底冲洗干净。眼睛接触后：把眼睛打开用流水冲洗几分钟，如有持续的症状，及时就医。误食：立即用大量清水漱口，洗胃，不要催吐。洗胃时注意保护气管和食管。及时送医院对症治疗。如患者昏迷，禁食，送医院救治。

【注意事项】

1. 本品不能与碱性药物混用。

2. 本品在水稻作物上使用的安全间隔期为21天，每个作物周期的最多使用次数为2次。

3. 在连续阴雨或湿度较大的环境中，或者当病情较重的情况下，建议使用较高剂量。避免在极端温度和湿度下，或作物长势较弱的情况下使用本品。

4. 不要在水产养殖区施药，禁止在河塘等水体中清洗施药器具。药液及废液不得污染各类水域、土壤等环境。

5. 本品对蜜蜂低毒，但有一定风险。施药期间注意对周围蜂群的影响，开花植物花期禁用。

6. 本品对家蚕有较高风险，蚕室及桑园附近禁止使用。

7. 配药和施药时，应穿戴防护服和手套，避免吸入药液；施药期间不可吃东西和饮水；施药后应及时洗手和洗脸。

8. 孕妇及哺乳期妇女避免接触。

9. 建议与其他作用机制不同的杀菌剂轮换使用。

10. 用过的容器妥善处理，不可做他用，不可随意丢弃。

11. 本品放置于阴凉、干燥、通风、防雨处，远离火源，勿与食品、饲料、种子、日用品等同贮同运。

12. 本品宜置于儿童够不着的地方并上锁，不得重压、破损包装容器。

噻菌铜

【作用特点】

噻菌铜属于噻唑类杀菌剂。结构独特，由 2 个基团组成，它是由噻二唑和铜离子构成，具有双重杀菌机理。噻二唑对植物具有内吸和治疗作用，对细菌性病原菌具有特效。药剂在植株的孔纹导管中，细菌受到严重损害，其细胞壁变薄，继而瓦解，导致细菌死亡。铜离子具有预防和保护作用，对细菌性病害也具有一定的效果。它具有既杀细菌、又杀真菌的特殊作用。药剂中的铜离子与病原菌细胞膜表明上的阳离子交换，导致病菌细胞膜上的蛋白质凝固杀死病菌；部分铜离子渗透进入病原菌细胞内，与某些酶结合，影响其活性，导致机能失调，病菌因此衰竭死亡。两个基团共同作用，对细菌性病害的防治效果更好，杀菌谱更广，持效时间更长，杀菌机理更独特不会产生药害。它有 4 大特点：

1. 花期和幼果期均可使用；

2. 亲和性好，能够与绝大多数农药混配；

3. 不会引起螨类和锈壁虱的增殖猖獗发生；

4. 内吸传导性能好，治疗与保护兼备。

【毒性与环境生物安全性评价】

对高等动物毒性低毒。

原药雄大鼠急性经口 LD_{50} 大于 2000 毫克/千克；

原药雌大鼠急性经口 LD_{50} 为 2150 毫克/千克。

对兔眼睛有轻微刺激性；

对兔皮肤无刺激性。

豚鼠皮肤变态试验结果为无致敏性。

大鼠 90 天亚慢性喂养毒性试验最大无作用剂量为 20.16 毫克/千克·天。

各种试验结果表明，无致癌、致畸、致突变作用。

制剂大鼠急性经口 LD_{50} 大于 5050 毫克/千克；

制剂大鼠急性经皮 LD_{50} 大于 21500 毫克/千克。

对兔眼睛有轻微刺激性；

对兔皮肤有轻微刺激性。

豚鼠皮肤变态试验结果为无致敏性。

对鱼类毒性低毒。

斑马鱼 96 小时急性毒性 LC_{50} 大于 138.31 毫克/升。

对鸟类毒性低毒。

鹌鹑急性经口 LD_{50} 大于 2000 毫克/千克。

对蜜蜂毒性低毒。

蜜蜂急性经口 LD_{50} 大于 2000 毫克/升；

蜜蜂急性接触 LD_{50} 大于 3250 毫克/升。

对家蚕毒性低毒。

家蚕急性经口 LD_{50} 大于 750 毫克/千克。

【防治对象】

主要用于水稻细菌性条斑病和白叶枯病、柑橘溃疡病和疮痂病、黄瓜细菌性角斑病、西瓜枯萎病、香蕉叶斑病、白菜软腐病等。对大多数的细菌性病害如魔芋软腐病、生姜姜瘟病、黄姜茎基腐病、桃树流胶病和花卉、苗木的苗期病害有显著的防治效果，另外对部分真菌性病害也有很好的防治效果。

【使用方法】

1. 防治水稻细菌性条斑病、白叶枯病、基腐病：发病初期，用 20% 噻菌铜悬浮剂 500 ~ 700 倍液喷雾。

2. 防治柑橘溃疡病、炭疽病、流胶病、黄斑病、黑点病：发病初期，用 20% 噻菌铜悬浮剂 500 ~ 700 倍液喷雾。防治柑橘病害，在幼芽期开始用药，每隔 15 天左右用药 1 次。

3. 防治柑橘疮痂病：发病初期，用 20% 噻菌铜悬浮剂 300 ~ 500 倍液喷雾。防治柑橘病害：在幼芽期开始用药，每隔 15 天左右用药 1 次。

4. 防治香蕉叶斑病、炭疽病：发病初期，用 20% 噻菌铜悬浮剂 600 ~ 800 倍液喷雾。

5. 防治龙眼叶斑病：发病初期，用 20% 噻菌铜悬浮剂 600 ~ 800 倍液喷雾。

6. 防治菠萝茎腐病、心腐病：发病初期，用 20% 噻菌铜悬浮剂 600 ~ 800 倍液喷雾。

7. 防治荔枝炭疽病：发病初期，用 20% 噻菌铜悬浮剂 600 ~ 800 倍液喷雾。

8. 防治芒果炭疽病、叶斑病、黑斑病、疮痂病：发病初期，用 20% 噻菌铜悬浮剂 600 ~ 800 倍液喷雾。

9. 防治果树各类溃疡病、轮纹病、叶斑病、褐斑病、黑点病、柿角斑病、细菌性根癌病、炭疽病、霜霉病、穿孔病：发病初期，用 20% 噻菌铜悬浮剂 500 ~ 700 倍液喷雾。

10. 防治瓜类角斑病、叶斑病、软腐病、疮痂病、基腐病、疫病、青枯病、霜霉病、立枯病、黑斑病、枯萎病、炭疽病：发病初期，用 20% 噻菌铜悬浮剂 600 ~ 800 倍液喷雾。

11. 防治蔬菜菜角斑病、叶斑病、软腐病、疮痂病、基腐病、疫病、青枯病、霜霉病、立枯病、黑斑病、枯萎病、炭疽病：发病初期，用 20% 噻菌铜悬浮剂 600 ~ 800 倍液喷雾。

12. 防治棉花细菌性角斑病、炭疽病、立枯病：发病初期，用 20% 噻菌铜悬浮剂 500 ~ 700 倍液喷雾。

13. 防治花卉、苗木炭疽病、叶斑病、根腐病、立枯病、溃疡病、基腐病：发病初期，用 20% 噻菌铜悬浮剂 500 ~ 700 倍液喷雾。

14. 防治防治花生叶斑病、青枯病、枯萎病、角斑病、细菌性角斑病、基腐病：发病初期，用 20% 噻菌铜悬浮剂 500 ~ 800 倍液喷雾。

15. 防治防治烟草叶斑病、青枯病、枯萎病、角斑病、细菌性角斑病、基腐病：发病初期，用 20% 噻菌铜悬浮剂 500 ~ 800 倍液喷雾。

16. 防治芝麻叶斑病、青枯病、枯萎病、角斑病、细菌性角斑病、基腐病：发病初期，用 20% 噻菌铜悬浮剂 500 ~ 800 倍液喷雾。

17. 防治防治百合叶斑病、青枯病、枯萎病、角斑病、细菌性角斑病、基腐病：发病初期，用 20% 噻菌铜悬浮剂 500 ~ 800 倍液喷雾。

18. 防治防治甜瓜叶斑病、青枯病、枯萎病、角斑病、细菌性角斑病、茎腐病：发病初期，用20%噻菌铜悬浮剂500~800倍液喷雾。

19. 防治防治生姜姜瘟病：发病初期，用20%噻菌铜悬浮剂500~800倍液喷雾。

【特别说明】

1. 一般作物的叶部病害，使用500~700倍细喷雾，正反叶面喷湿，不滴水为宜。

2. 根部病害和土传病害以800~1000倍粗喷、灌根或浇在基部。

3. 施药适期：应以预防为主，在初发病期防治，药效更佳。若发病较重，可每隔7~10天防治1次，连续防治2~3次。

4. 对于种子带菌作物，稀释倍数为300倍，种子浸种2~3小时后晾干。

5. 对于苗期移栽作物，在移栽之前进行500倍液泼浇处理。移栽定植时进行500倍蘸根处理。

【中毒急救】

吸入：应迅速将患者转移到空气清新流通处。如呼吸停止应做人工呼吸。如呼吸困难应输氧。如有症状及时就医。皮肤接触后：立即用水和肥皂清洗，并彻底冲洗干净。眼睛接触后：把眼睛打开用流水冲洗几分钟，如有持续的症状，及时就医。误食：立即用大量清水漱口，洗胃，不要催吐。洗胃时注意保护气管和食管。及时送医院对症治疗。一旦药液溅入眼睛和黏附皮肤：应立即用水冲洗至少15分钟。如患者昏迷，禁食，送医院救治。送医院时，应对医生说明是2－氨基－5－巯基－1,3,4－噻二唑铜中毒。经口中毒时，解毒剂为依地酸二钠钙，并对症治疗。

【注意事项】

1. 本品不能与碱性药物混用。

2. 本品应掌握在初发病期使用，采用喷雾或弥雾。

3. 对铜敏感的作物如桃、李等禁用本品，苹果、梨在花期及幼果期要慎用本品。

4. 在连续阴雨或湿度较大的环境中，或者当病情较重的情况下，建议使用较高剂量。避免在极端温度和湿度下，或作物长势较弱的情况下使用本品。

5. 不要在水产养殖区施药，禁止在河塘等水体中清洗施药器具。药液及废液不得污染各类水域、土壤等环境。

6. 开启包装时应选择在无风的条件下，注意药剂不要散逸，以免造成不必要的伤害。

7. 配药和施药时，应穿戴防护服和手套，避免吸入药液；施药期间不可吃东西和饮水；施药后应及时洗手和洗脸。

8. 孕妇及哺乳期妇女避免接触。

9. 使用本品时，先用少量水将悬浮剂搅拌成浓液，然后加水稀释。

10. 容易与铜离子发生反应的其他农药，也最好不要混用。如果需要两药混用时，请先将噻菌铜正常稀释之后，再加入其他农药。

11. 用过的容器妥善处理，不可做他用，不可随意丢弃。

12. 本品放置于阴凉、干燥、通风、防雨处，远离火源，勿与食品、饲料、种子、日用品等同贮同运。

13. 本品宜置于儿童够不着的地方并上锁，不得重压、破损包装容器。

申嗪霉素

【作用特点】

申嗪霉素是我国自主研发的抗生素类杀菌剂。上海交通大学生命科学与技术学院通过实施市科技兴农重点攻关项目课题"双功能促生菌防治瓜类枯萎病害的研究"、"生物农药羧基吩嗪编码基因的克隆及功能研究"和"生物农药农乐霉素(M18)的研制",获得了具有我国自主知识产权的荧光假单胞菌株 M18,在我国率先研制出了具有广谱、高效、安全,能有效控制真菌性根腐和茎腐的生物农药,定名为"申嗪霉素",并申请了申嗪霉素的两项发明专利。

申嗪霉素对真菌病害的作用机理,主要是利用其氧化还原能力,在真菌细胞内积累活性氧,抑制线粒体中呼吸转递链的氧化磷酸化作用,从而抑制菌丝的正常生长,引起植物病原真菌丝体的断裂、肿胀、变形和裂解。

M18 是从作物根际土壤中筛选出多株自生细菌中分离出的抗生素,能广谱抑制各种农作物病原真菌,较化学药剂有着高效防治病害、促进作物高产优质、保护生态环境等优点。申嗪霉素是由荧光假单胞菌经生物培养分泌的一种抗菌素,同时具有广谱抑制植物病原菌并促进植物生长作用的双重功能。针对水稻纹枯病的致病机理,通过添加生物增效剂,使之成为防治水稻纹枯病的高效杀菌剂,具有治病和增产的双重功效。针对瓜果蔬菜的枯萎病、蔓枯病、根腐病、疫病等真菌病害均有效。

水稻纹枯病是我国主要粮食作物水稻的第一大病害,每年的发病面积达 2.5 亿亩。防治水稻纹枯病的发生和控制危害已经成为确保我国粮食生产安全的一项重要的关键措施。具有自主知识产权的创新的微生物源农药申嗪霉素的产业化将为水稻纹枯病的防治发挥重大的作用。

【毒性与环境生物安全性评价】

对高等动物毒性低毒。

原药雄大鼠急性经口 LD_{50} 为 369 毫克/千克;

原药雌大鼠急性经口 LD_{50} 为 271 毫克/千克;

原药大鼠急性经皮 LD_{50} 大于 2000 毫克/千克。

对兔眼睛无刺激性;

对兔皮肤无刺激性。

豚鼠皮肤变态试验结果为弱致敏性。

原药雄大鼠 90 天亚慢性喂养毒性试验最大无作用剂量为 0.369 毫克/千克·天;

原药雌大鼠 90 亚慢性喂养毒性试验最大无作用剂量为 0.271 毫克/千克·天。

各种试验结果表明,无致癌、致畸、致突变作用。

制剂大鼠急性经口 LD_{50} 大于 5000 毫克/千克;

制剂大鼠急性经皮 LD_{50} 大于 2000 毫克/千克。

对兔眼睛无刺激性;

对兔皮肤无刺激性。

豚鼠皮肤变态试验结果为弱致敏性。

对鱼类毒性中等毒。

斑马鱼 96 小时 LC_{50} 为 8.71 毫克/升。

对鸟类毒性中等毒。

鹌鹑经口灌胃法 LD_{50} 大于 50 毫克/千克。

对家蚕低风险。

对蜜蜂低风险。

【防治对象】

有效防治水稻、小麦、蔬菜等作物上的枯萎病、蔓枯病、疫病、纹枯病、稻曲病、稻瘟病、霜霉病、条锈病、菌核病、赤霉病、炭疽病、灰霉病、黑星病、叶斑病、青枯病、溃疡病、姜瘟及土传病害土壤处理。

【使用方法】

1. 防治辣椒疫病：病害发病初期，每666.7平方米用1%申嗪霉素悬浮剂50～120毫升，兑水45～60千克喷雾，一般使用2～3次，间隔7～10天。

2. 防治水稻纹枯病：病害发病初期，每666.7平方米用1%申嗪霉素悬浮剂50～70毫升，兑水45～60千克喷雾，一般使用2～3次，间隔7～10天。

3. 防治西瓜枯萎病：用1%申嗪霉素悬浮剂500～1000倍液灌根，应于西瓜移栽时第一次施药，然后于西瓜枯萎发病初期施药，每株西瓜灌根250毫升。视病害发生情况隔7～10天灌根1次，连续使用3～4次。

【中毒急救】

吸入：应迅速将患者转移到空气清新流通处。如呼吸停止应做人工呼吸。如呼吸困难应输氧。如有症状及时就医。皮肤接触后：立即用水和肥皂清洗，并彻底冲洗干净。眼睛接触后：把眼睛打开用流水冲洗几分钟，如有持续的症状，及时就医。误食：立即用大量清水漱口，洗胃，不要催吐。洗胃时注意保护气管和食管。及时送医院对症治疗。如患者昏迷，禁食，送医院救治。

【注意事项】

1. 本品在西瓜上使用的安全间隔期为7天，每季作物最多使用3次；在辣椒上使用的安全间隔期为7天，每季作物最多使用3次；在水稻上使用的安全间隔期为14天，每季作物最多使用2次。

2. 本品不可与呈碱性的农药等物质混合使用。

3. 本品是抗生素杀菌剂，建议与其他作用机制不同的杀菌剂轮换使用。

4. 本品对鱼中等毒性，不要在水产养殖区施药，禁止在河塘等水体中清洗施药器具。药液及废液不得污染各类水域、土壤等环境。

5. 本品严格禁止在开花植物花期、蚕室和桑园附近使用。

6. 开启包装时应选择在无风的条件下，注意药剂不要散逸，以免造成不必要的伤害。

7. 配药和施药时，应穿戴防护服和手套，避免吸入药液；施药期间不可吃东西和饮水；施药后应及时洗手和洗脸。

8. 孕妇及哺乳期妇女避免接触。

9. 用过的容器妥善处理，不可做他用，不可随意丢弃。

10. 本品放置于阴凉、干燥、通风、防雨处，远离火源，勿与食品、饲料、种子、日用品等同贮同运。

11. 本品宜置于儿童够不着的地方并上锁，不得重压、破损包装容器。

双炔酰菌胺

【作用特点】

双炔酰菌胺为酰胺类杀菌剂。其作用机理为抑制磷脂的生物合成，对绝大多数由对由卵菌纲病原菌引起的病害有很好的防效。对处于萌发阶段的孢子具有较高的活性，并可抑制菌丝成长和孢子形成。可以通过叶片被迅速吸收，并停留在叶表蜡质层中，对叶片起保护作用。经室内活性测定和田间药效试验，结果表明250克/升双炔酰菌胺悬浮剂对荔枝霜疫霉病有较好的防治效果。用药剂量为125～250毫克/千克即折成250克/升悬浮剂的稀释倍数为1000～2000倍药液，在发病初期开始均匀喷雾，开花期、幼果期、中果期、转色期各喷药1次。推荐剂量下对荔枝树生长无不良影响，未见药害发生。

【毒性与环境生物安全性评价】

对高等动物毒性低毒。

原药大鼠急性经口 LD_{50} 大于 5000 毫克/千克；

原药大鼠急性经皮 LD_{50} 大于 5000 毫克/千克。

原药急性吸入 LC_{50} 为 5190 毫克/立方米。

对兔眼睛有轻微刺激性；

对兔皮肤有轻微刺激性。

豚鼠皮肤变态试验结果为无致敏性。

原药雄大鼠 90 天亚慢性喂养毒性试验最大无作用剂量为 41 毫克/千克·天；

原药雌大鼠 90 亚慢性喂养毒性试验最大无作用剂量为 44.7 毫克/千克·天。

各种试验结果表明，无致癌、致畸、致突变作用。

制剂大鼠急性经口 LD_{50} 大于 5000 毫克/千克；

制剂大鼠急性经皮 LD_{50} 大于 5000 毫克/千克。

制剂急性吸入 LC_{50} 为 4890 毫克/立方米。

对兔眼睛无刺激性；

对兔皮肤无刺激性。

豚鼠皮肤变态试验结果为无致敏性。

对鱼类毒性低毒。

鲤鱼 96 小时急性毒性 LC_{50} 大于 100 毫克/升。

对水生生物毒性低毒。

水蚤 96 小时急性毒性 LC_{50} 大于 100 毫克/升。

对鸟类毒性低毒。

绿头鸭急性经口 LD_{50} 大于 1000 毫克/千克。

对蜜蜂毒性低毒。

蜜蜂急性经口 LD_{50} 大于 858 微克/只；

蜜蜂急性接触 LD_{50} 大于 858 微克/只。

对家蚕毒性低毒。

家蚕食下毒叶法 96 小时 LC_{50} 大于 5000 毫克/千克·桑叶。

【防治对象】

有效防治番茄、辣椒、西瓜、马铃薯、荔枝树、葡萄等作物上的疫病、晚疫病、霜霉病、条锈病、霜疫霉病等。

【使用方法】

1. 防治番茄晚疫病：每 666.7 平方米用 23.4% 双炔酰菌胺悬浮剂 30～40 毫升，兑水 45～60 千克喷雾，在发病初期喷雾使用，或在作物谢花后或雨天来昨前，根据病害发展和天气情况连续使用 2～3 次，间隔 7～10 天，整株均匀充分喷雾。

2. 防治辣椒疫病：每 666.7 平方米用 23.4% 双炔酰菌胺悬浮剂 30～40 毫升，兑水 45～60 千克喷雾，在作物谢花后或雨天来临前，根据病害发展和天气情况连续使用 2～4 次，间隔 7～10 天，整株均匀充分喷雾。

3. 防治西瓜疫病：每 666.7 平方米用 23.4% 双炔酰菌胺悬浮剂 30～40 毫升，兑水 45～60 千克喷雾，在作物谢花后或雨天来临前，根据病害发展和天气情况连续使用 2～4 次，间隔 7～10 天。

4. 防治马铃薯晚疫病：每 666.7 平方米用 23.4% 双炔酰菌胺悬浮剂 20～40 毫升，兑水

45 ~ 60 千克喷雾,在作物谢花后或雨天来临前,根据病害发展和天气情况连续使用 2 ~ 4 次,间隔 7 ~ 14 天。

5. 防治荔枝树霜疫霉病:用 23.4% 双炔酰菌胺悬浮剂 1000 ~ 2000 倍液喷雾,在荔枝开花前,幼果期,中果期和转色期各使用一次,整株均匀充分喷雾。

6. 防治葡萄霜霉病:用 23.4% 双炔酰菌胺悬浮剂 1500 ~ 2000 倍液喷雾,在发病初期喷雾使用,或在作物谢花后或雨天来临前,根据病害发展和天气情况连续使用 2 ~ 3 次,间隔 7 ~ 14 天,整株均匀充分喷雾。

【中毒急救】

吸入:应迅速将患者转移到空气清新流通处。如呼吸停止应做人工呼吸。如呼吸困难应输氧。如有症状及时就医。皮肤接触后:立即用水和肥皂清洗,并彻底冲洗干净。眼睛接触后:把眼睛打开用流水冲洗几分钟,如有持续的症状,及时就医。误食:立即用大量清水漱口,洗胃,不要催吐。洗胃时注意保护气管和食管。及时送医院对症治疗。一旦药液溅入眼睛和黏附皮肤:应立即用水冲洗至少 15 分钟。如患者昏迷,禁食,送医院救治。

【注意事项】

1. 本品在西瓜上使用一季作物最多施用次数 3 次,安全间隔期 5 天;在辣椒上使用一季作物最多施用次数 3 次,安全间隔期 3 天;在番茄上使用一季作物最多施用次数 4 次,安全间隔期 7 天;在荔枝树上使用一季作物最多施用次数 3 次,安全间隔期 3 天;在葡萄上使用一季作物最多施用次数 3 次,安全间隔期 3 天。

2. 本品不可与呈碱性的农药等物质混合使用。

3. 推荐在作物谢花后或座果期使用本品,快速生长期配合内吸性较强的产品。

4. 为获得最佳的防治效果,请尽量于病害发生之前整株均匀喷雾。

5. 在连续阴雨或湿度较大的环境中,或者当病情较重的情况下,建议使用较高剂量。避免在极端温度和湿度下,或作物长势较弱的情况下使用本品。

6. 不要在水产养殖区施药,禁止在河塘等水体中清洗施药器具。药液及废液不得污染各类水域、土壤等环境。

7. 开启包装时应选择在无风的条件下,注意药剂不要散逸,以免造成不必要的伤害。

8. 配药和施药时,应穿戴防护服和手套,避免吸入药液;施药期间不可吃东西和饮水;施药后应及时洗手和洗脸。

9. 孕妇及哺乳期妇女避免接触。

10. 用过的容器妥善处理,不可做他用,不可随意丢弃。

11. 本品放置于阴凉、干燥、通风、防雨处,远离火源,勿与食品、饲料、种子、日用品等同贮同运。

12. 本品宜置于儿童够不着的地方并上锁,不得重压、破损包装容器。

水杨菌胺

【作用特点】

水杨菌胺是苯甲酰胺类杀菌剂。对曲霉属和青霉属真菌以及毛壳霉、黑根霉、镰刀霉等有极强的抑制效果,对大肠杆菌、金黄色葡萄球菌、橘草杆菌等各种微生物均有极强的杀灭作用,对各种菌的最低抑制浓度(MIC)为 50 ~ 500ppm。水杨菌胺还是一种优良的高效低毒防霉剂,广泛应用于皮革、涂料、布塑胶、纺织浆料等防霉杀菌。

【毒性与环境生物安全性评价】

对高等动物毒性低毒。

原药大鼠急性经口 LD_{50} 大于 4640 毫克/千克；

原药大鼠急性经皮 LD_{50} 大于 2150 毫克/千克。

对兔眼睛无刺激性；

对兔皮肤有轻微刺激性。

豚鼠皮肤致敏性试验结果为无致敏性。

各种试验结果表明，无致癌、致畸、致突变作用。

大鼠 90 天亚慢性饲喂试验最大无作用剂量为 40 毫克/千克·天。

制剂大鼠急性经口 LD_{50} 大于 5000 毫克/千克；

制剂大鼠急性经皮 LD_{50} 大于 2000 毫克/千克。

对兔眼睛无刺激性；

对兔皮肤无刺激性。

对鱼类毒性低毒。

鲤鱼 96 小时急性毒性 LC_{50} 为 20.56 毫克/升。

对鸟类毒性低毒。

鹌鹑经口灌胃法 7 天 LD_{50} 大于 5000 毫克/千克。

对蜜蜂毒性低毒。

蜜蜂接触 24 小时 LD_{50} 大于 200 微克/只。

对家蚕毒性低毒。

家蚕食下毒叶法 LC_{50} 大于 10000 毫克/升·桑叶。

【防治对象】

一般用于防治瓜类、豆类及蔬菜等的枯萎病、立枯病、炭疽病、疫病及根腐病，还可用做土壤消毒剂。

【使用方法】

1. 防治西瓜枯萎病：发病初期，用 15% 水杨菌胺可湿性粉剂 700～800 倍液均匀常规喷雾，喷药时药液要均匀周到。若病情严重，应适当增加用药量。每隔 7～10 天施药 1 次，施药 2～3 次。

2. 防治西瓜枯萎病：发病初期，用 15% 水杨菌胺可湿性粉剂 700～800 倍液，于西瓜播前苗床浇灌或移栽后灌根，每株以 300～500 毫升药液为宜。

【中毒急救】

吸入：应迅速将患者转移到空气清新流通处。如呼吸停止应做人工呼吸。如呼吸困难应输氧。如有症状及时就医。皮肤接触后：立即用水和肥皂清洗，并彻底冲洗干净。眼睛接触后：把眼睛打开用流水冲洗几分钟，如有持续的症状，及时就医。误食：立即用大量清水漱口，洗胃。洗胃时注意保护气管和食管。及时送医院对症治疗。一旦药液溅入眼睛和黏附皮肤：应立即用水冲洗至少 15 分钟。如患者昏迷，禁食，送医院救治。

【注意事项】

1. 本品不能与强酸、强碱性药物混用。

2. 在连续阴雨或湿度较大的环境中，或者当病情较重的情况下，建议使用较高剂量。避免在极端温度和湿度下，或作物长势较弱的情况下使用本品。

3. 不要在水产养殖区施药，禁止在河塘等水体中清洗施药器具。药液及废液不得污染各类水域、土壤等环境。

4. 本品对蜜蜂、家蚕有风险，施药期间应避免对周围蜂群的影响，蜜源作物花期、蚕室和桑园附近禁止使用。

5. 配药和施药时，应穿戴防护服和手套，避免吸入药液；施药期间不可吃东西和饮水；施药后应及时洗手和洗脸。

6. 孕妇及哺乳期妇女避免接触。

7. 建议与其他作用机制不同的杀菌剂轮换使用，以延缓抗性产生。

8. 用过的容器妥善处理，不可做他用，不可随意丢弃。

9. 本品放置于阴凉、干燥、通风、防雨处，远离火源，勿与食品、饲料、种子、日用品等同贮同运。

10. 本品宜置于儿童够不着的地方并上锁，不得重压、破损包装容器。

三唑酮

【作用特点】

三唑酮是一种高效、低毒、低残留、持效期长、内吸性强的三唑类杀菌剂。三唑酮对某些病菌在活体中活性很强，但离体效果很差。对菌丝的活性比对孢子强。被植物的各部分吸收后，能在植物体内传导。对锈病和白粉病具有预防、铲除、治疗、熏蒸等作用。对多种作物的病害如玉米圆斑病、麦类云纹病、小麦叶枯病、凤梨黑腐病、玉米丝黑穗病等均有效。三唑酮的杀菌机制原理极为复杂，主要是抑制菌体麦角甾醇的生物合成，因而抑制或干扰菌体附着孢及吸器的发育，菌丝的生长和孢子的形成。三唑酮对某些病菌在活体中活性很强，但离体效果很差。对菌丝的活性比对孢子强。由茎叶吸收后可向上传导达到叶片和顶芽，并代谢成三唑醇杀灭病菌，对作物产生保护作用。用以拌种可吸收到种子内，杀死潜藏的病菌，或随萌芽和幼苗生长而传导到叶片，防止作物苗期病害的发生。作用机制是干扰菌体内的二氢羊毛甾醇的 14α 去甲基化作用产生抑制作用。这种抑制作用是由于药剂分子结合到细胞色素 $P-450$ 氧化酶的血红素辅基上而发生的。细胞色素 $P-450$ 氧化酶是去甲基化作用的催化剂。三唑酮药效高，持效期长。

【毒性与环境生物安全性评价】

对高等动物毒性低毒。

大鼠急性经口 LD_{50} 为 $1000 \sim 1500$ 毫克/千克；

大鼠急性经口 LD_{50} 大于 1000 毫克/千克。

对兔眼睛有轻微刺激性；

对兔皮肤有轻微刺激性。

各种试验结果表明，无致癌、致畸、致突变作用。

对鱼类毒性低毒。

鲫鱼 96 小时 LC_{50} 为 $10 \sim 15$ 毫克/升。

对蜜蜂无毒害。

对鸟类无毒害。

对蜘蛛无毒害。

对害虫天敌无影响。

在土壤中半衰期为 6 天左右。

【防治对象】

对小麦条锈病和白粉病有优良防治效果。用于冬小麦拌种处理时药效可持续到小麦生长后期。可用于防治蔬菜、果树、葡萄、烟草、花卉以及大麦和小麦的白粉病、锈病，对于春大麦的黑粉病、小麦叶枯病、玉米丝黑穗病、高粱丝黑穗病、玉米圆斑病、桑树的白粉病和赤锈病也有较好的防治效果。

【使用方法】

1. 防治小麦白粉病：发病初期，每666.7平方米用20%三唑酮乳油40~42.5克或15%三唑酮可湿性粉剂60~80克，兑水50~100千克喷雾。对常发病田或易发病田，在拔节前期和中期全田喷雾，一般田发病前全田喷雾。在病害严重时隔7~10天喷第2次药。

2. 防治小麦锈病：发病初期，每666.7平方米用20%三唑酮乳油40~42.5克或15%三唑酮可湿性粉剂60~80克，兑水50~100千克喷雾。对常发病田或易发病田，在拔节前期和中期全田喷雾，一般田发病前全田喷雾。在病害严重时隔7~10天喷第2次药。

3. 防治麦类黑穗病：每100千克种子用15%三唑酮可湿性粉剂200克拌种，对适量的水再拌种均匀，拌种后立即晾干，以免产生药害。

4. 防治玉米丝黑穗病：每100公斤种子用15%三唑酮可湿性粉剂533克拌种，对适量的水再拌种均匀，拌种后立即晾干，以免产生药害。

5. 防治瓜类白粉病：大田用25%三唑酮可湿性粉剂5000倍液喷雾1~2次，温室用25%三唑酮可湿性粉剂1000倍液喷雾1~2次。

6. 防治菜豆类锈病：在发病初期或再感染时，用25%三唑酮可湿性粉剂2000倍液喷1~2次。

【中毒急救】

中毒症状为恶心、昏晕、呕吐等。吸入：应迅速将患者转移到空气清新流通处。如呼吸停止应做人工呼吸。如呼吸困难应输氧。如有症状及时就医。皮肤接触后：立即用水和肥皂清洗，并彻底冲洗干净。眼睛接触后：把眼睛打开用流水冲洗几分钟，如有持续的症状，及时就医。误食：立即用大量清水漱口，洗胃，不要催吐。洗胃时注意保护气管和食管。及时送医院对症治疗。一旦药液溅入眼睛和黏附皮肤：应立即用水冲洗至少15分钟。如患者昏迷，禁食，送医院救治。

【注意事项】

1. 本品不能与碱性药物混用。

2. 本品在小麦作物上使用的安全间隔期为20天，每个作物周期的最多使用次数为2次。

3. 在连续阴雨或湿度较大的环境中，或者当病情较重的情况下，建议使用较高剂量。避免在极端温度和湿度下，或作物长势较弱的情况下使用本品。

4. 不要在水产养殖区施药，禁止在河塘等水体中清洗施药器具。药液及废液不得污染各类水域、土壤等环境。

5. 本品对家蚕有风险，蚕室及桑园附近禁止使用。

6. 配药和施药时，应穿戴防护服和手套，避免吸入药液；施药期间不可吃东西和饮水；施药后应及时洗手和洗脸。

7. 孕妇及哺乳期妇女避免接触。

8. 用过的容器妥善处理，不可做他用，不可随意丢弃。

9. 本品放置于阴凉、干燥、通风、防雨处，远离火源，勿与食品、饲料、种子、日用品等同贮同运。

10. 本品宜置于儿童够不着的地方并上锁，不得重压、破损包装容器。

11. 建议与其他作用机制不同的杀菌剂轮换使用。

噻唑锌

【作用特点】

噻唑锌是噻唑类有机锌杀菌剂。它的结构由2个基团组成，一是噻唑基团，在植物体外对细菌无抑制力，但在植物体内却是高效的治疗剂，药剂在植株的孔纹导管中，细菌受到严重损害，其细胞壁变薄继而瓦解，导致细菌的死亡。二是锌离子，具有既杀真菌又杀细菌的作用。药剂中的锌离子与病原菌细胞膜表面上的阳离子(H^+，K^+等)交换，导致病菌细胞膜上的蛋白质凝固杀死病菌；部分锌离子渗透进入病原菌细胞内，与某些酶结合，影响其活性，导致机能失调，病菌因而衰竭死亡。在 2 个基团的共同作用下，杀病菌更彻底，防治效果更好，防治对象更广泛。它具有以下特点：

1. 杀菌谱广，既可防治细菌性病害，又能防治真菌性病害；

2. 安全性高，可用于作物整个生育期，如在柑橘的嫩梢、幼果期使用无药斑；

3. 补锌作用显著，噻唑锌里有高含 3.9% 的有机锌，极易被作物通过叶面吸收和利用，进而促进作物光合作用，促进愈伤组织形成，提高抗逆能力；

4. 对柑橘红蜘蛛抑制作用明显；

5. 混用性好，噻唑锌作为一种中性药剂可与大多数杀虫、杀菌剂混用；

6. 既有一定的增产作用，又能提高果实品相。

【毒性与环境生物安全性评价】

对高等动物毒性低毒。

原药大鼠急性经口 LD_{50} 大于 5000 毫克/千克；

原药大鼠急性经皮 LD_{50} 大于 2000 毫克/千克。

对兔眼睛无刺激性；

对兔皮肤无刺激性。

豚鼠皮肤致敏性试验结果为弱致敏性。

各种试验结果表明，无致癌、致畸、致突变作用。

大鼠 90 天亚慢性饲喂试验最大无作用剂量雄性为 19.1 毫克/千克·天；

大鼠 90 天亚慢性饲喂试验最大无作用剂量雌性为 19.8 毫克/千克·天。

制剂大鼠急性经口 LD_{50} 大于 5000 毫克/千克；

制剂大鼠急性经皮 LD_{50} 大于 2000 毫克/千克。

对兔眼睛无刺激性；

对兔皮肤无刺激性。

豚鼠皮肤致敏性试验结果为弱致敏性。

各种试验结果表明，无致癌、致畸、致突变作用。

对鱼类毒性中等毒。

斑马鱼 96 小时急性毒性 LC_{50} 为 5.56 毫克/升。

对鸟类毒性低毒。

鹌鹑经口灌胃法 7 天 LD_{50} 大于 1000 毫克/千克。

对蜜蜂毒性低毒。

蜜蜂胃毒法 48 小时 LC_{50} 大于 6000 毫克/升。

对家蚕毒性低毒。

2 龄家蚕食下毒叶法 LC_{50} 大于 6000 毫克/升·桑叶。

对鱼类及水生生物有较高风险。

对鸟类为低风险。

对蜜蜂为低风险。

对家蚕为低风险。

【防治对象】

一是用于防治白菜软腐细菌性病害、黑斑病、炭疽病、锈病、白粉病、缺锌老化叶；二是用于防治花生青枯病、死棵烂根病、花生叶斑病；三是用于防治水稻僵苗、黄秧烂秧、细菌性条斑病、白叶枯病、纹枯病、稻瘟病、缺锌火烧苗；四是用于防治黄瓜细菌性角斑病、溃疡病、霜霉病、靶标病、黄点病、缺锌黄化叶；五是用于防治番茄细菌性溃疡病、晚疫病、褐斑病、炭疽病、缺锌小叶病等。

【使用方法】

1. 防治水稻细菌性条斑病：发病初期，每666.7平方米用20%噻唑锌悬浮剂100～125克，兑水45～60千克搅拌均匀常规喷雾，喷药时药液要均匀周到。若病情严重，应适当增加用药量。每隔7～10天施药1次，施药2～3次。

2. 防治柑橘树溃疡病：发病初期，用20%噻唑锌悬浮剂300～500倍液喷雾。若病情严重，应适当增加用药量。每隔7～10天施药1次，施药2～3次。

3. 防治烟草野火病：发病初期，每666.7平方米用40%噻唑锌悬浮剂60～85克，兑水60～75千克搅拌均匀常规喷雾，喷药时药液要均匀周到。若病情严重，应适当增加用药量。每隔7～10天施药1次，施药2～3次。施药时对整株烟叶上下叶面均匀喷雾。

【中毒急救】

吸入：应迅速将患者转移到空气清新流通处。如呼吸停止应做人工呼吸。如呼吸困难应输氧。如有症状及时就医。皮肤接触后：立即用水和肥皂清洗，并彻底冲洗干净。眼睛接触后：把眼睛打开用流水冲洗几分钟，如有持续的症状，及时就医。误食：立即用大量清水漱口，洗胃。洗胃时注意保护气管和食管。及时送医院对症治疗。一旦药液溅入眼睛和黏附皮肤：应立即用水冲洗至少15分钟。如患者昏迷，禁食，送医院救治。

【注意事项】

1. 本品不能与强酸、强碱性药物混用。

2. 本品在水稻上使用的安全间隔期为21天，每个作物周期的最多使用次数为3次；在柑橘上使用的安全间隔期为21天，每个作物周期的最多使用次数为3次；在烟草上使用的安全间隔期为21天，每个作物周期的最多使用次数为3次。

3. 在连续阴雨或湿度较大的环境中，或者当病情较重的情况下，建议使用较高剂量。避免在极端温度和湿度下，或作物长势较弱的情况下使用本品。

4. 不要在水产养殖区施药，禁止在河塘等水体中清洗施药器具。药液及废液不得污染各类水域、土壤等环境。

5. 本品对鱼类有毒，有风险。养鱼稻田禁止使用。

6. 配药和施药时，应穿戴防护服和手套，避免吸入药液；施药期间不可吃东西和饮水；施药后应及时洗手和洗脸。

7. 孕妇及哺乳期妇女避免接触。

8. 建议与其他作用机制不同的杀菌剂轮换使用，以延缓抗性产生。

9. 用过的容器妥善处理，不可做他用，不可随意丢弃。

10. 本品放置于阴凉、干燥、通风、防雨处，远离火源，勿与食品、饲料、种子、日用品等同贮同运。

11. 本品宜置于儿童够不着的地方并上锁，不得重压、破损包装容器。

戊菌唑

【作用特点】

戊菌唑是一种兼具保护、治疗和铲除作用的内吸性三唑类杀菌剂，是甾醇脱甲基化抑制剂，可由作物根、茎、叶等组织吸收，并向上传导。戊菌唑可迅速通过植物的叶片和根系吸收并在体内传导和进行均匀分布，主要通过抑制病原真菌体内甾醇的脱甲基化，导致生物膜的形成受阻而发挥杀菌活性。喷布到作物表面后能被作物吸收或渗透到作物体内随体液传导到作物大部，经室内活性测定和田间药效试验结果表明，对葡萄白腐病有较好的防治效果。防治对象防治白粉菌料，黑星菌属及其他疾病的孢菌纲，担子菌纲和半知菌类的致病菌。尤其是对南瓜、葡萄、仁果、观赏植物和蔬菜的上述病原菌，效果显著。

【毒性与环境生物安全性评价】

对高等动物毒性低毒。

原药大鼠急性经口 LD_{50} 为 2125 毫克/千克；

原药大鼠急性经皮 LD_{50} 大于 3000 毫克/千克；

原药大鼠急性吸入 4 小时 LC_{50} 大于 4000 毫克/立方米。

对兔眼睛无刺激性；

对兔皮肤有轻微刺激性。

豚鼠皮肤致敏性试验结果为无致敏性。

各种试验结果表明，无致癌、致畸、致突变作用。

大鼠 90 天亚慢性饲喂试验最大无作用剂量雌性为 300 毫克/千克·天；

大鼠 2 年慢性饲喂试验最大无作用剂量为 3.8 毫克/千克·天。

制剂大鼠急性经口 LD_{50} 大于 2000 毫克/千克；

制剂大鼠急性经皮 LD_{50} 大于 2000 毫克/千克；

制剂大鼠急性吸入 4 小时 LC_{50} 大于 4000 毫克/立方米。

对兔眼睛无刺激性；

对兔皮肤无刺激性。

豚鼠皮肤致敏性试验结果为无致敏性。

各种试验结果表明，无致癌、致畸、致突变作用。

对鱼类毒性中等毒。

鲤鱼 96 小时 LC_{50} 为 3.8 ~ 4.6 毫克/升；

虹鳟鱼 96 小时 LC_{50} 为 1.7 ~ 4.3 毫克/升；

蓝鳃翻车鱼 96 小时 LC_{50} 为 2.1 ~ 2.8 毫克/升。

对鸟类毒性低毒。

日本鹌鹑 8 天 LD_{50} 为 2424 毫克/千克；

野鸭 8 天 LD_{50} 为 1590 毫克/千克。

对蜜蜂毒性低毒。

对蚯蚓毒性低毒。

蚯蚓 14 天 LC_{50} 大于 1000 毫克/千克。

在干燥土壤半衰期为 133 ~ 343 天。

自然光照下光解半衰期为 4 天。

【防治对象】

主要用于防治观赏菊花白粉病、稻瘟病、稻曲病、马铃薯早疫病、番茄早疫病、瓜类白粉病、炭疽病、苹果树斑点落叶病、褐斑病、柑橘树疮痂病、炭疽病、辣椒炭疽病、西瓜炭疽病、香蕉叶斑病、黑星病等。

【使用方法】

1. 防治观赏菊花白粉病：发病初期，用20%戊菌唑水乳剂4000～5000倍液喷雾，注意均匀喷雾，视病害发生情况，每7～10天左右施药1次，连续施药2次。施药时应避免药液漂移到其他作物上，以防产生药害。

2. 防治葡萄白粉病：发病初期，用20%戊菌唑水乳剂4000～8000倍液喷雾，注意均匀喷雾，视病害发生情况，每7～10天左右施药1次，连续施药2次。施药时应避免药液漂移到其他作物上，以防产生药害。

【中毒急救】

中毒后症状为抽搐、恶心、痉挛、呕吐。吸入：应迅速将患者转移到空气清新流通处。如呼吸停止应做人工呼吸。如呼吸困难应输氧。如有症状及时就医。皮肤接触后：立即用水和肥皂清洗，并彻底冲洗干净。眼睛接触后：把眼睛打开用流水冲洗几分钟，如有持续的症状，及时就医。误食：立即用大量清水漱口，洗胃。洗胃时注意保护气管和食管。及时送医院对症治疗。一旦药液溅入眼睛和黏附皮肤：应立即用水冲洗至少15分钟。

【注意事项】

1. 本品不能与碱性物质混用。

2. 本品在花卉上使用的安全间隔期为7天，每季最多使用次数是3次；在葡萄上使用的安全间隔期为30天，每季最多使用次数是3次。

3. 在连续阴雨或湿度较大的环境中，或者当病情较重的情况下，建议使用较高剂量。避免在极端温度和湿度下，或作物长势较弱的情况下使用本品。

4. 不要在水产养殖区施药，禁止在河塘等水体中清洗施药器具。药液及废液不得污染各类水域、土壤等环境。

5. 本品对鱼类等水生生物有毒，故严禁在有水产养殖的稻田使用。稻田施药后7天内不得将田水排入江河、湖泊、水渠及水产养殖区域。

6. 本品对蜜蜂、家蚕有风险，蚕室和桑园附近禁用，赤眼蜂等天敌放飞区域禁用

7. 配药和施药时，应穿戴防护服和手套，避免吸入药液；施药期间不可吃东西和饮水；施药后应及时洗手和洗脸。

8. 建议与其他作用机制不同的杀菌剂轮换使用，以延缓抗性的产生。

9. 须按照规定的稀释倍数进行使用，不可任意提高浓度。

10. 避免在暑天中午高温烈日下操作，避免高温期采用高浓度。

11. 避免在阴湿天气或露水未干前施药，以免发生药害，喷药24小时内遇大雨补喷。

12. 孕妇及哺乳期妇女避免接触。

13. 用过的容器妥善处理，不可做他用，不可随意丢弃。

14. 本品放置于阴凉、干燥、通风、防雨处，远离火源，勿与食品、饲料、种子、日用品等同贮同运。

15. 本品宜置于儿童够不着的地方并上锁，不得重压、破损包装容器。

肟菌酯

【作用特点】

肟菌酯属甲氧基丙烯酸类杀菌剂，是从天然产物 Strobilurins 作为杀菌剂先导化合物成功地开发的一类新的含氟杀菌剂。它是一种呼吸链抑制剂，通过锁住细胞色素 b 与 c_1 之间的电

子传递而阻止细胞三磷酸腺苷酶合成,从而抑制其线粒体呼吸而发挥抑菌作用。

肟菌酯具有高效、广谱、保护、治疗、铲除、渗透、内吸活性、耐雨水冲刷、持效期长等特性。对1,4-脱甲基化酶抑制剂、苯甲酰胺类、二羧胺类和苯并咪唑类产生抗性的菌株有效,与目前已有杀菌剂无交互抗性。对几乎所有真菌纲、子囊菌纲、担子菌纲、卵菌纲和半知菌类病害如白粉病、锈病、颖枯病、网斑病、霜霉病、稻瘟病等均有良好的活性。除对白粉病、叶斑病有特效外,对锈病、霜霉病、立枯病、苹果黑星病、油菜菌核病有良好的活性。对作物安全,因其在土壤,水中可快速降解,故对环境安全。由于肟菌酯具有广谱、渗透、快速分布等性能,作物吸收快、加之其具有向上的内吸性,故耐雨水冲刷性能好、持效期长,因此被认为是第二代甲氧基丙烯酸酯类杀菌剂。肟菌酯主要用于茎叶处理,保护活性优异,且具有一定的治疗活性,且活性不受环境影响,应用最佳期为孢子萌发和发病初期阶段,但对黑星病各个时期均有活性。

由于甲氧基丙烯酸类杀菌剂对靶标病原菌的作用位点单一,容易产生抗药性。因此不宜加工成单制剂,一般与三唑类杀菌剂复配。我们选择介绍75%肟菌·戊唑醇水分散粒剂。

【毒性与环境生物安全性评价】

对高等动物毒性低毒。

原药大鼠急性经口 LD_{50} 大于 5000 毫克/千克;

原药大鼠急性经皮 LD_{50} 大于 2000 毫克/千克;

原药大鼠急性吸入 LC_{50} 大于 4.65 毫克/升。

对兔眼睛有轻微至中度刺激性;

对兔皮肤有轻微刺激性。

豚鼠皮肤致敏性试验结果为无致敏性。

各种试验结果表明,无致癌、致畸、致突变作用。

大鼠90天亚慢性饲喂试验最大无作用剂量雄性为 6.44 毫克/千克·天;

大鼠90天亚慢性饲喂试验最大无作用剂量雌性为 6.76 毫克/千克·天。

制剂雄大鼠急性经口 LD_{50} 为 3830 毫克/千克;

制剂雌大鼠急性经口 LD_{50} 大于 5000 毫克/千克;

制剂大鼠急性经皮 LD_{50} 大于 2000 毫克/千克。

对兔眼睛无刺激性;

对兔皮肤无刺激性。

豚鼠皮肤致敏性试验结果为无致敏性。

各种试验结果表明,无致癌、致畸、致突变作用。

对鱼类毒性高毒。

鲤鱼96小时急性毒性 LC_{50} 为 0.3168 毫克/升;

罗非鱼96小时急性毒性 LC_{50} 为 0.5365 毫克/升。

对水生生物毒性高毒。

绿藻72小时 EC_{50} 大于 150 微克/升;

大型蚤48小时 EC_{50} 为 0.0138 毫克/升。

对鸟类毒性低毒。

北美鹌鹑经口灌胃法 LD_{50} 大于 2000 毫克/千克。

对蜜蜂毒性低毒。

蜜蜂接触 LD_{50} 大于 133.5 微克/只;

蜜蜂经口 LD_{50} 为 406.16 微克/只。

对家蚕毒性低毒。

家蚕食下毒叶法 96 小时 LC_{50} 大于 500 毫克/升·桑叶。

对蚯蚓毒性低毒。

在使用量为 1310 克/公顷下，28 天无死亡。

在土壤好养条件下，半衰期小于 1~2 天。

在中性和弱酸性条件下不易水解，在碱性条件下，水解随碱性增强而加快。

【防治对象】

主要用于防治水稻纹枯病、稻瘟病、稻曲病、马铃薯早疫病、番茄早疫病、瓜类白粉病、炭疽病、苹果树斑点落叶病、褐斑病、柑橘树疮痂病、炭疽病、辣椒炭疽病、西瓜炭疽病、香蕉叶斑病、黑星病等。

【使用方法】

1. 防治番茄早疫病：发病初期，每 666.7 平方米用 75% 肟菌·戊唑醇水分散粒剂 10~15 克，兑水 45~60 千克搅拌均匀常规喷雾，喷药时药液要均匀周到。若病情严重，应适当增加用药量。隔 7~10 天施药 1 次，连续施药 3 次，均匀喷布于番茄叶片正反面。

2. 防治柑橘树疮痂病：用 75% 肟菌·戊唑醇水分散粒剂 4000~6000 倍液喷雾。若病情严重，应适当增加用药量。在病害发生初期开始用药，根据病情发展和天气状况，间隔 10~15 天施用 1 次。注意喷施药液应全面均匀，包括叶背、树冠内膛、主枝主干、地上落叶等。

3. 防治柑橘树炭疽病：用 75% 肟菌·戊唑醇水分散粒剂 4000~6000 倍液喷雾。若病情严重，应适当增加用药量。在病害发生初期开始用药，根据病情发展和天气状况，间隔 10~15 天施用 1 次。注意喷施药液应全面均匀，包括叶背、树冠内膛、主枝主干、地上落叶等。

4. 防治黄瓜炭疽病：发病初期，每 666.7 平方米用 75% 肟菌·戊唑醇水分散粒剂 10~15 克，兑水 45~60 千克搅拌均匀常规喷雾，喷药时药液要均匀周到。若病情严重，应适当增加用药量。隔 7~10 天施药 1 次，连续施药 3 次，均匀喷布于黄瓜叶片正反面。

5. 防治黄瓜白粉病：发病初期，每 666.7 平方米用 75% 肟菌·戊唑醇水分散粒剂 10~15 克，兑水 45~60 千克搅拌均匀常规喷雾，喷药时药液要均匀周到。若病情严重，应适当增加用药量。隔 7~10 天施药 1 次，连续施药 3 次，均匀喷布于黄瓜叶片正反面。

6. 防治辣椒炭疽病：发病初期，每 666.7 平方米用 75% 肟菌·戊唑醇水分散粒剂 10~15 克，兑水 45~60 千克搅拌均匀常规喷雾，喷药时药液要均匀周到。若病情严重，应适当增加用药量。隔 7~10 天施药 1 次，连续施药 3 次，均匀喷布于辣椒叶片正反面。

7. 防治马铃薯早疫病：发病初期，每 666.7 平方米用 75% 肟菌·戊唑醇水分散粒剂 10~15 克，兑水 45~60 千克搅拌均匀常规喷雾，喷药时药液要均匀周到。若病情严重，应适当增加用药量。隔 7~10 天施药 1 次，连续施药 3 次，均匀喷布于马铃薯叶片正反面。

8. 防治苹果树斑点落叶病：用 75% 肟菌·戊唑醇水分散粒剂 4000~6000 倍液喷雾。若病情严重，应适当增加用药量。在病害发生初期开始用药，根据病情发展和天气状况，间隔 10~15 天施用 1 次。注意喷施药液应全面均匀，包括叶背、树冠内膛、主枝主干、地上落叶等。

9. 防治苹果树褐斑病：用 75% 肟菌·戊唑醇水分散粒剂 4000~6000 倍液喷雾。若病情严重，应适当增加用药量。在病害发生初期开始用药，根据病情发展和天气状况，间隔 10~15 天施用 1 次。注意喷施药液应全面均匀，包括叶背、树冠内膛、主枝主干、地上落叶等。

10. 防治水稻稻曲病：每 666.7 平方米用 75% 肟菌·戊唑醇水分散粒剂 10~15 克，兑水 30~45 千克搅拌均匀常规喷雾，视病害发生情况，在分蘖末期到孕穗末期施第 1 次药，7~10 天后施第 2 次药；防治稻曲病第 1 次药的关键期为水稻破口前 5~7 天。

11. 防治水稻纹枯病：每666.7平方米用75%肟菌·戊唑醇水分散粒剂10～15克，兑水30～45千克搅拌均匀常规喷雾，视病害发生情况，在分蘖末期到孕穗末期施第1次药，7～10天后施第2次药。

12. 防治水稻稻瘟病：每666.7平方米用75%肟菌·戊唑醇水分散粒剂15～20克，兑水30～45千克搅拌均匀常规喷雾，视病害发生情况，在分蘖末期到孕穗末期施第1次药，7～10天后施第2次药；防治穗颈瘟的第一次药的关键期为水稻破口前3～5天。

13. 防治西瓜炭疽病：发病初期，每666.7平方米用75%肟菌·戊唑醇水分散粒剂10～15克，兑水45～60千克搅拌均匀常规喷雾，喷药时药液要均匀周到。若病情严重，应适当增加用药量。隔7～10天施药1次，连续施药3次，均匀喷布于西瓜叶片正反面。

14. 防治香蕉叶斑病：用75%肟菌·戊唑醇水分散粒剂2500～4500倍液喷雾。若病情严重，应适当增加用药量。在病害发生初期开始用药，根据病情发展和天气状况，间隔10～15天施用1次。注意喷施药液应全面均匀，包括叶背、树冠内膛、主枝主干、地上落叶等。

15. 防治香蕉黑星病：用75%肟菌·戊唑醇水分散粒剂2500～4500倍液喷雾。若病情严重，应适当增加用药量。在病害发生初期开始用药，根据病情发展和天气状况，间隔10～15天施用1次。注意喷施药液应全面均匀，包括叶背、树冠内膛、主枝主干、地上落叶等。

【中毒急救】

中毒症状表现为皮肤刺激、胃肠刺激、头痛、虚弱、呕吐等。吸入：应迅速将患者转移到空气清新流通处。如呼吸停止应做人工呼吸。如呼吸困难应输氧。如有症状及时就医。皮肤接触后：立即用水和肥皂清洗，并彻底冲洗干净。眼睛接触后：把眼睛打开用流水冲洗几分钟，如有持续的症状，及时就医。误食：立即用大量清水漱口，洗胃。洗胃时注意保护气管和食管。及时送医院对症治疗。一旦药液溅入眼睛和黏附皮肤：应立即用水冲洗至少15分钟。

【注意事项】

1. 本品不能与碱性物质混用。

2. 安全间隔期：黄瓜、西瓜和马铃薯为3天，番茄和辣椒为5天，苹果为14天，水稻和香蕉为21天，柑橘为28天；每季作物最多施用次数：黄瓜、番茄、辣椒、马铃薯、西瓜、苹果树和香蕉3次，水稻和柑橘树2次。

3. 在连续阴雨或湿度较大的环境中，或者当病情较重的情况下，建议使用较高剂量。避免在极端温度和湿度下，或作物长势较弱的情况下使用本品。

4. 不要在水产养殖区施药，禁止在河塘等水体中清洗施药器具。药液及废液不得污染各类水域、土壤等环境。

5. 本品对鱼类等水生生物有毒，故严禁在有水产养殖的稻田使用。稻田施药后7天内不得将田水排入江河、湖泊、水渠及水产养殖区域。

6. 配药和施药时，应穿戴防护服和手套，避免吸入药液；施药期间不可吃东西和饮水；施药后应及时洗手和洗脸。

7. 建议与其他有机内吸性杀菌剂轮换使用。

8. 须按照规定的稀释倍数进行使用，不可任意提高浓度。

9. 避免在暑天中午高温烈日下操作，避免高温期采用高浓度。

10. 避免在阴湿天气或露水未干前施药，以免发生药害，喷药24小时内遇大雨补喷。

11. 孕妇及哺乳期妇女避免接触。

12. 用过的容器妥善处理，不可做他用，不可随意丢弃。

13. 本品放置于阴凉、干燥、通风、防雨处，远离火源，勿与食品、饲料、种子、日用品等

同贮同运。

14. 本品宜置于儿童够不着的地方并上锁，不得重压、破损包装容器。

王铜

【作用特点】

王铜为无机铜基保护性杀菌剂。作用机理是铜离子与病原体内的多种生物活性基团结合，形成铜的络合物等物质，使蛋白质变性，从而阻碍和抑制代谢，导致病菌死亡。当药剂喷布在植物表面，形成一层保护膜，在一定温度条件下释放出铜离子杀菌，能有效防止病原细菌和真菌侵入，起到防治病害的作用。

【毒性与环境生物安全性评价】

对高等动物毒性低毒。

原药雄大鼠急性经口 LD_{50} 为 926 毫克/千克；

原药雌大鼠急性经口 LD_{50} 为 926 毫克/千克；

原药雄大鼠急性经皮 LD_{50} 大于 2150 毫克/千克；

原药雌大鼠急性经皮 LD_{50} 大于 2150 毫克/千克。

对兔眼睛有轻微至中度刺激性；

对兔皮肤无刺激性。

豚鼠皮肤致敏性试验结果为弱致敏性。

各种试验结果表明，无致癌、致畸、致突变作用。

制剂雄大鼠急性经口 LD_{50} 为 2370 毫克/千克；

制剂雌大鼠急性经口 LD_{50} 为 1470 毫克/千克；

制剂雄大鼠急性经皮 LD_{50} 大于 2000 毫克/千克；

制剂雌大鼠急性经皮 LD_{50} 大于 2000 毫克/千克。

对兔眼睛有轻微至中度刺激性；

对兔皮肤无刺激性。

对鱼类毒性高毒。

对大型溞毒性剧毒。

对小球藻毒性中、高毒。

对水生生物危害极大。

【防治对象】

主要用于防治水稻纹枯病、小麦褐色雪腐病、马铃薯疫病、夏疫病、番茄疫病、鳞纹病、瓜类霜霉病、炭疽病、苹果黑点病、柑橘黑点病、疮痂病、溃疡病、白粉病等。

【使用方法】

1. 防治黄瓜细菌性角斑病：发病初期，每 666.7 平方米用 30% 王铜悬浮剂 350～500 克或 50% 王铜可湿性粉剂 214～300 克，兑水 60～75 千克搅拌均匀常规喷雾，喷药时药液要均匀周到。若病情严重，应适当增加用药量。在黄瓜细菌性角斑病发病初期施第 1 次药，隔 5～7 天施药 1 次，连续施药 3 次，均匀喷布于黄瓜中叶片正反面。

2. 防治柑橘树溃疡病：发病初期，用 30% 王铜悬浮剂 600～800 倍液喷雾。若病情严重，应适当增加用药量。每隔 7～10 天施药 1 次，施药 2～3 次。注意喷施药液应全面均匀，包括叶背、树冠内膛、主枝主干、地上落叶等。

3. 防治番茄早疫病：发病初期，每 666.7 平方米用 30% 王铜悬浮剂 50～70 克，兑水 60～75 千克搅拌均匀常规喷雾，喷药时药液要均匀周到。若病情严重，应适当增加用药量。每隔7~10天施药1次，施药2~3次。注意喷施药液应全面均匀，包括叶背、树冠内膛、主枝主干、地上落叶等。

【中毒急救】

中毒症状表现为皮肤刺激、胃肠刺激、头痛、虚弱、呕吐等。吸入：应迅速将患者转移到空气清新流通处。如呼吸停止应做人工呼吸。如呼吸困难应输氧。如有症状及时就医。皮肤接触后：立即用水和肥皂清洗，并彻底冲洗干净。眼睛接触后：把眼睛打开用流水冲洗几分钟，如有持续的症状，及时就医。误食：立即用大量清水漱口，洗胃。洗胃时注意保护气管和食管。及时送医院对症治疗。一旦药液溅入眼睛和黏附皮肤：应立即用水冲洗至少15分钟。

【注意事项】

1. 本品不能与硫磺制剂、石硫合剂、松脂合剂、矿物油制剂剂、多菌灵、托布津等药剂混用。

2. 本品在柑橘上使用的安全间隔期为30天，每个作物周期的最多使用次数为3次。

3. 在连续阴雨或湿度较大的环境中，或者当病情较重的情况下，建议使用较高剂量。避免在极端温度和湿度下，或作物长势较弱的情况下使用本品。

4. 不要在水产养殖区施药，禁止在河塘等水体中清洗施药器具。药液及废液不得污染各类水域、土壤等环境。

5. 本品对鱼类及水生生物有毒，养鱼稻田禁止使用。

6. 本品对蜜蜂、家蚕有毒，施药期间应避免对周围蜂群的影响，蜜源作物花期、蚕室和桑园附近禁止使用。

7. 配药和施药时，应穿戴防护服和手套，避免吸入药液；施药期间不可吃东西和饮水；施药后应及时洗手和洗脸。

8. 本品属无机铜基杀菌剂，建议与其他有机内吸性杀菌剂轮换使用。

9. 须按照规定的稀释倍数进行使用，不可任意提高浓度。

10. 避免在暑天中午高温烈日下操作，避免高温期采用高浓度。

11. 避免在阴湿天气或露水未干前施药，以免发生药害，喷药24小时内遇大雨补喷。

12. 桃、李、杏、白菜、豆类、莴苣等对本品敏感，禁止使用。施药时应避免药液漂移到这些作物上。

13. 孕妇及哺乳期妇女避免接触。

14. 用过的容器妥善处理，不可做他用，不可随意丢弃。

15. 本品放置于阴凉、干燥、通风、防雨处，远离火源，勿与食品、饲料、种子、日用品等同贮同运。

16. 本品宜置于儿童够不着的地方并上锁，不得重压、破损包装容器。

戊唑醇

【作用特点】

戊唑醇是一种高效、广谱、内吸性三唑类杀菌农药，具有保护、治疗、铲除三大功能，杀菌谱广、持效期长。与所有的三唑类杀菌剂一样，戊唑醇能够抑制真菌的麦角甾醇的生物合成。目前戊唑醇在全世界范围内用做种子处理剂和叶面喷雾，杀菌谱广，不仅活性高，而且持效期长。戊唑醇主要用于防治小麦、水稻、花生、蔬菜、香蕉、苹果、梨以及玉米、高粱等作物上的多种真菌病害，其在全球50多个国家的60多种作物上取得登记并广泛应用。该品用于防治油菜菌核病，不仅防效好，而且具有抗倒伏，增产作用明显等特点。对病菌的作用机制为抑制其细胞膜上麦角甾醇的去甲基化，使得病菌无法形成细胞膜，从而杀死病菌。

【毒性与环境生物安全性评价】

对高等动物毒性低毒。

大鼠急性经口 LD_{50} 大于 4000 毫克/千克；

大鼠急性经皮 LD_{50} 大于 5000 毫克/千克；

大鼠急性吸入 4 小时 LC_{50} 大于 0.8 毫克/升；

大鼠 2 年饲喂试验无作用剂量为 300 毫克/千克；

狗 1 年饲喂试验无作用剂量为 100 毫克/千克。

各种试验结果表明，无致癌、致畸、致突变作用。

对鱼类毒性中等毒。

金鱼 96 小时 LC_{50} 为 8.7 毫克/升；

虹鳟鱼 96 小时 LC_{50} 为 6.4 毫克/升；

蓝鳃翻车鱼 96 小时 LC_{50} 为 5.7 毫克/升。

对鸟类毒性低毒。

日本鹌鹑急性毒性 LD_{50} 为 2912～4438 毫克/千克；

北美鹌鹑急性毒性 LD_{50} 为 1988 毫克/千克。

【防治对象】

主要用于防治小麦、水稻、花生、蔬菜、香蕉、苹果、梨以及玉米高粱等作物上的多种真菌病害，如小麦散黑穗病、玉米丝黑穗病、高粱丝黑穗病、水稻稻曲病、苹果斑点落叶病、轮纹病、梨黑星病、大白菜黑斑病和黄瓜白粉病等。

【使用方法】

1. 防治小麦散黑穗病：小麦播种前每 100 千克种子用 2% 戊唑醇干拌剂或湿拌剂商品量 100～150 克，或用 6% 戊唑醇悬浮剂商品量 30～45 毫升拌种。戊唑醇拌种对小麦出芽有抑制作用，一般比正常不拌种晚发芽 2～3 天，最多 3～5 天，对后期产量没有影响，充分拌均后播种。

2. 防治小麦散黑穗病：小麦播种前用 60 克/升戊唑醇种子处理悬浮剂 1∶2222～1∶3333（药种比）或 30～45 毫升药剂/100 千克种子进行种子包衣。

3. 防治玉米丝黑穗病：玉米播种前每 100 千克种子用 2% 戊唑醇干拌剂或湿拌剂商品量 400～600 克拌种，充分拌匀后播种。

4. 防治玉米丝黑穗病：玉米播种前用 60 克/升戊唑醇种子处理悬浮剂 1∶500～1∶1000（药种比）或 100～200 毫升药剂/100 千克种子进行种子包衣。

5. 防治高粱丝黑穗病：高粱播种前每 100 千克种子用 2% 戊唑醇干拌剂或湿拌剂商品量 400～600 克，或用 6% 戊唑醇悬浮剂商品量 100～150 克拌种，充分拌匀后播种。

6. 防治高粱丝黑穗病：高粱播种前用 60 克/升戊唑醇种子处理悬浮剂 1∶667～1∶1000（药种比）或 100～150 毫升药剂/100 千克种子进行种子包衣。

7. 防治小麦纹枯病：小麦播种前用 60 克/升戊唑醇种子处理悬浮剂 1∶1500～1∶2000（药种比）或 50～66.6 毫升药剂/100 千克种子进行种子包衣。

8. 防治大白菜黑斑病：每 666.7 平方米用 430 克/升戊唑醇悬浮剂 19～23 毫升，兑水 45～75 千克，在病害发生初期进行叶面喷雾处理，每隔 7～10 天施用 1 次，连续施用 2～3 次。

9. 防治黄瓜白粉病：发病初期，每 666.7 平方米用 430 克/升戊唑醇悬浮剂 15～18 毫升，兑水 45～75 千克，在病害发生初期进行叶面喷雾处理，每隔 7～10 天施用 1 次，连续施用 2～3 次。

10．防治苹果树斑点落叶病：用 430 克/升戊唑醇悬浮剂 5000 ~ 7000 倍液，在病害发生初期进行叶面喷雾处理，每隔 7 ~ 10 天施用 1 次，连续施用 2 ~ 3 次。

10．防治苹果树轮纹病：用 430 克/升戊唑醇悬浮剂 3000 ~ 4000 倍液，在病害发生初期进行叶面喷雾处理，每隔 7 ~ 10 天施用 1 次，连续施用 2 ~ 3 次。

11．防治水稻稻曲病：每 666.7 平方米用 430 克/升戊唑醇悬浮剂 10 ~ 15 毫升，兑水 45 ~ 60 千克，在水稻破口前 5 ~ 7 天进行第一次用药，7 ~ 10 天后再次施药。

12．防治梨树黑星病：用 430 克/升戊唑醇悬浮剂 3000 ~ 4000 倍液，在病害发生初期进行叶面喷雾处理，每隔 7 ~ 10 天施用 1 次，连续施用 2 ~ 3 次。

13．防治香蕉树叶斑病：用 250 克/升戊唑醇水乳剂 1000 ~ 1500 倍液，在病害发生初期进行叶面喷雾处理，每隔 7 ~ 10 天施用 1 次，连续施用 2 ~ 3 次。

【特别说明】

1．手工包衣：按处理每 100 千克干种子加 1.5 ~ 2.0 升药液（推荐制剂用药量 + 清水），倒入种子上充分翻拌，待种子均匀着药后，倒出摊开置于通风处，阴干后播种。

2．机械包衣：按推荐制剂用量加适量清水，将药液调成浆状液；选用适宜的包衣机械，调整机械的药种比为 1:100 ~ 1:200 进行包衣处理。

【中毒急救】

吸入：应迅速将患者转移到空气清新流通处。如呼吸停止应做人工呼吸。如呼吸困难应输氧。如有症状及时就医。皮肤接触后：立即用水和肥皂清洗，并彻底冲洗干净。眼睛接触后：把眼睛打开用流水冲洗几分钟，如有持续的症状，及时就医。误食：立即用大量清水漱口，洗胃，不要催吐。洗胃时注意保护气管和食管。及时送医院对症治疗。一旦药液溅入眼睛和黏附皮肤：应立即用水冲洗至少 15 分钟。如患者昏迷，禁食，送医院救治。

【注意事项】

1．本品不得与强碱性农药等物质混用。

2．本品在作物上使用的安全间隔期：黄瓜建议为 5 天、水稻为 35 天、苹果和梨为 21 天、大白菜为 14 天、香蕉为 14 天。每季最多施用次数：黄瓜和水稻 3 次，苹果和梨树 4 次，大白菜 2 次、香蕉为 3 次。

3．用戊唑醇种子处理悬浮种衣剂处理过的种子播种深度以 2 ~ 5 厘米为宜。

4．在连续阴雨或湿度较大的环境中，或者当病情较重的情况下，建议使用较高剂量。避免在极端温度和湿度下，或作物长势较弱的情况下使用本品。

5．本品在施药期间应远离水产养殖区施药，鱼和虾蟹套养稻田禁用，施药后的田水不得直接排入水体。禁止在河塘等水体中清洗施药器具。

6．本品在施药期间应避免对周围鸟类的影响，蚕室和桑园附近禁用。

7．配药和施药时，应穿戴防护服和手套，避免吸入药液；施药期间不可吃东西和饮水；施药后应及时洗手和洗脸。

8．孕妇及哺乳期妇女避免接触。

9．建议与其他作用机制不同的杀菌剂轮换使用，以延缓抗性产生。

10．茎叶喷雾时，在蔬菜幼苗期、果树幼果期应注意使用浓度，以免造成药害。

11．处理后的种子禁止供人畜食用，也不要与未处理的种子混合或一起存放。

12．用过的容器妥善处理，不可做他用，不可随意丢弃。

13．本品放置于阴凉、干燥、通风、防雨处，远离火源，勿与食品、饲料、种子、日用品等同贮同运。

14．本品宜置于儿童够不着的地方并上锁，不得重压、破损包装容器。

烯肟菌胺

【作用特点】

烯肟菌胺是我国研发的具有自主知识产权的甲氧基丙烯酸酯类杀菌剂。作用于真菌的线粒体呼吸，药剂通过与线粒体电子传递链中复合物Ⅲ（Cyt bc1 复合物）的结合，阻断电子由 Cyt bc1 复合物流向 Cyt c，破坏真菌的 ATP 合成，从而起到抑制或杀死真菌的作用。烯肟菌胺杀菌谱广、活性高、具有预防及治疗作用，与环境生物有良好的相容性，对由鞭毛菌、结合菌、子囊菌、担子菌及半知菌引起的多种植物病害有良好的防治效果，对白粉病、锈病防治效果卓越。同时，对作物生长性状和品质有明显的改善作用，并能提高产量。

【毒性与环境生物安全性评价】

对高等动物毒性低毒。

原药大鼠急性经口 LD_{50} 大于 4640 毫克/千克；

原药大鼠急性经皮 LD_{50} 大于 2000 毫克/千克。

对兔眼睛有中度刺激性；

对兔皮肤无刺激性。

豚鼠皮肤致敏性试验结果为弱致敏性。

各种试验结果表明，无致癌、致畸、致突变作用。

大鼠 13 周亚慢性饲喂试验最大无作用剂量雄性为 106 毫克/千克·天；

大鼠 13 周亚慢性饲喂试验最大无作用剂量雌性为 112 毫克/千克·天。

制剂大鼠急性经口 LD_{50} 大于 4640 毫克/千克；

制剂大鼠急性经皮 LD_{50} 大于 2150 毫克/千克。

对兔眼睛有轻微至中度刺激性；

对兔皮肤无刺激性。

豚鼠皮肤致敏性试验结果为弱致敏性。

各种试验结果表明，无致癌、致畸、致突变作用。

对鱼类毒性中等毒。

斑马鱼 96 小时 LC_{50} 为 1.23 毫克/升。

对鸟类毒性低毒。

鹌鹑经口 14 天 LD_{50} 为 2000 毫克/千克。

对蜜蜂毒性低毒。

蜜蜂接触 24 小时 LC_{50} 大于 100 微克/只。

对家蚕毒性低毒。

家蚕食下毒叶法 LC_{50} 大于 1000 毫克/升·桑叶。

【防治对象】

用于防治小麦锈病、小麦白粉病、水稻纹枯病、稻曲病、黄瓜白粉病、黄瓜霜霉病、葡萄霜霉病、苹果斑点落叶病、苹果白粉病、香蕉叶斑病、番茄早疫病、梨黑星病、草莓白粉病、向日葵锈病等多种植物病害。

【使用方法】

1. 防治黄瓜白粉病：发病初期，每 666.7 平方米用 5% 烯肟菌胺乳油 55～105 毫升，兑水 50～75 千克喷雾，注意均匀喷雾，视病害发生情况，每 7～10 天左右施药 1 次，连续施药 2～3 次。施药时应避免药液漂移到其他作物上，以防产生药害。

2. 防治小麦白粉病：发病初期，每 666.7 平方米用 5% 烯肟菌胺乳油 55～105 毫升，兑水 50 ~ 75 千克喷雾，注意均匀喷雾，视病害发生情况，每 7 ~ 10 天左右施药 1 次，连续施药 2 ~ 3 次。施药时应避免药液漂移到其他作物上，以防产生药害。

3. 防治黄瓜白粉病：每 666.7 平方米用 20% 烯肟·戊唑醇悬浮剂 33 ~ 50 毫升，兑水 50 ~ 75 千克喷雾，施药应选择在发病前或发病初期，做预防使用时，在苗期、初花期和幼果期喷施效果佳。每 7 ~ 10 天左右施药 1 次，连续施药 2 ~ 3 次。

4. 防治小麦锈病：每 666.7 平方米用 20% 烯肟·戊唑醇悬浮剂 13 ~ 20 毫升，兑水 50 ~ 75 千克喷雾，施药应选择在发病前或发病初期，做预防使用时，在分蘖初期、孕穗中期和齐穗期喷施效果佳。每 7 ~ 10 天左右施药 1 次，连续施药 2 ~ 3 次。

5. 防治水稻纹枯病：每 666.7 平方米用 20% 烯肟·戊唑醇悬浮剂 33 ~ 50 毫升，兑水 50 ~ 75 千克喷雾，施药应选择在发病前或发病初期，做预防使用时，在分蘖初期、孕穗中期和齐穗期喷施效果佳。每 7 ~ 10 天左右施药 1 次，连续施药 2 ~ 3 次。

6. 防治水稻稻瘟病：每 666.7 平方米用 20% 烯肟·戊唑醇悬浮剂 50 ~ 67 毫升，兑水 50 ~ 75 千克喷雾，施药应选择在发病前或发病初期，做预防使用时，在分蘖初期、孕穗中期和齐穗期喷施效果佳。每 7 ~ 10 天左右施药 1 次，连续施药 2 ~ 3 次。

7. 防治水稻稻曲病：每 666.7 平方米用 20% 烯肟·戊唑醇悬浮剂 40 ~ 53 毫升，兑水 50 ~ 75 千克喷雾，施药应选择在发病前或发病初期，做预防使用时，在分蘖初期、孕穗中期和齐穗期喷施效果佳。每 7 ~ 10 天左右施药 1 次，连续施药 2 ~ 3 次。

【中毒急救】

中毒后症状为头晕、头痛、恶心、呕吐等。吸入：应迅速将患者转移到空气清新流通处。如呼吸停止应做人工呼吸。如呼吸困难应输氧。如有症状及时就医。皮肤接触后：立即用水和肥皂清洗，并彻底冲洗干净。眼睛接触后：把眼睛打开用流水冲洗几分钟，如有持续的症状，及时就医。误食：立即用大量清水漱口，洗胃。洗胃时注意保护气管和食管。及时送医院对症治疗。

【注意事项】

1. 本品不能与碱性物质混用。

2. 本品在小麦上使用的安全间隔期 30 天，每季作物最多使用 3 次；在水稻上使用的安全间隔期 21 天，每季作物最多使用 3 次；在黄瓜上使用的安全间隔期 3 天，每季作物最多使用 3 次。

3. 在连续阴雨或湿度较大的环境中，或者当病情较重的情况下，建议使用较高剂量。避免在极端温度和湿度下，或作物长势较弱的情况下使用本品。

4. 不要在水产养殖区施药，禁止在河塘等水体中清洗施药器具。药液及废液不得污染各类水域、土壤等环境。

5. 本品对鱼类等水生生物有毒，故严禁在有水产养殖的稻田使用。稻田施药后 7 天内不得将田水排入江河、湖泊、水渠及水产养殖区域。

6. 开花植物花期禁止使用，避免对周围蜂群产生不利影响。

7. 配药和施药时，应穿戴防护服和手套，避免吸入药液；施药期间不可吃东西和饮水；施药后应及时洗手和洗脸。

8. 建议与其他作用机制不同的杀菌剂轮换使用，以延缓抗性的产生。

9. 须按照规定的稀释倍数进行使用，不可任意提高浓度。

10. 避免在暑天中午高温烈日下操作，避免高温期采用高浓度。

11. 避免在阴湿天气或露水未干前施药，以免发生药害，喷药 24 小时内遇大雨补喷。

12. 孕妇及哺乳期妇女避免接触。

13. 用过的容器妥善处理，不可做他用，不可随意丢弃。

14. 本品放置于阴凉、干燥、通风、防雨处，远离火源，勿与食品、饲料、种子、日用品等同贮同运。

15. 本品宜置于儿童够不着的地方并上锁，不得重压、破损包装容器。

烯肟菌酯

【作用特点】

烯肟菌酯是我国研发的具有自主知识产权的甲氧基丙烯酸酯类杀菌剂。杀菌谱广、活性高的杀菌剂，具有预防及治疗作用，对由鞭毛菌、结合菌、子囊菌、担子菌及半知菌引起的多种植物病害有良好的防治效果。该药为真菌线粒体的呼吸抑制剂，其作用机理是通过与细胞色素 bc1 复合体的结合，抑制线粒体的电子传递，从而破坏病菌能量合成，起到杀菌作用。它杀菌谱广，杀菌活性高，是第一类能同时防治白粉病和霜霉疫病的药剂。它有如下特点：

1. 毒性低、对环境具有良好的相容性。

2. 与现有的杀菌剂无交互抗性。

3. 具有显著的促进植物生长、提高产量、改善作物品质的作用。

【毒性与环境生物安全性评价】

对高等动物毒性低毒。

原药雄大鼠急性经口 LD_{50} 为 1470 毫克/千克；

原药雌大鼠急性经口 LD_{50} 为 1080 毫克/千克；

原药大鼠急性经皮 LD_{50} 大于 2000 毫克/千克。

对兔眼睛有轻微刺激性；

对兔皮肤无刺激性。

豚鼠皮肤致敏性试验结果为轻度致敏性。

各种试验结果表明，无致癌、致畸、致突变作用。

大鼠 13 周亚慢性饲喂试验最大无作用剂量雄性为 47.73 毫克/千克·天；

大鼠 13 周亚慢性饲喂试验最大无作用剂量雌性为 20.72 毫克/千克·天。

制剂雄大鼠急性经口 LD_{50} 为 926 毫克/千克；

制剂雌大鼠急性经口 LD_{50} 为 750 毫克/千克；

制剂大鼠急性经皮 LD_{50} 大于 2150 毫克/千克。

对兔眼睛有中度刺激性；

对兔皮肤无刺激性。

豚鼠皮肤致敏性试验结果为轻度致敏性。

各种试验结果表明，无致癌、致畸、致突变作用。

对鱼类毒性高毒。

斑马鱼 96 小时 LC_{50} 为 0.29 毫克/升。

对鸟类毒性低毒。

雄性鹌鹑 7 天 LD_{50} 为 837.5 毫克/千克；

雌性鹌鹑 7 天 LD_{50} 为 995.3 毫克/千克。

对蜜蜂毒性低毒。

蜜蜂 LD_{50} 大于 200 微克/只。

对家蚕毒性低毒。

家蚕食下毒叶法 LC_{50} 大于 5000 毫克/升·桑叶。

【防治对象】

对黄瓜、葡萄霜霉病、小麦白粉病等有良好的防治效果。同时还对黑星病、炭疽病、斑点落叶病等具有非常好的防效。

【使用方法】

1. 防治黄瓜霜霉病：发病初期，每666.7平方米用25%烯肟菌酯乳油27～53毫升，兑水50～75千克喷雾，注意均匀喷雾，视病害发生情况，每7～10天左右施药1次，连续施药1～3次。

2. 防治小麦赤霉病：发病初期，每666.7平方米用28%烯肟·多菌灵可湿性粉剂48～95克，兑水50～75千克喷雾，施药应选择在发病前或发病初期，做预防使用时，在苗期、初花期和幼果期喷施效果佳。麦始花期叶面喷雾，施药间隔期7～8天。赤霉病流行年份应在登记用药量范围内选择高剂量。

3. 防治苹果树斑点落叶病：发病初期，用18%烯肟·氟环唑悬浮剂900～1800倍液喷雾，施药间隔期8～15天。

4. 防治葡萄霜霉病：每666.7平方米用25%烯肟·霜脲氰可湿性粉剂27～53克，兑水50～75千克叶面喷雾，施药间隔期7～8天，施药应选择在发病前或发病初期，用于治疗时应在规定用药量范围内选择高剂量。

【中毒急救】

中毒后症状为头晕、头痛、恶心、呕吐等。吸入：应迅速将患者转移到空气清新流通处。如呼吸停止应做人工呼吸。如呼吸困难应输氧。如有症状及时就医。皮肤接触后：立即用水和肥皂清洗，并彻底冲洗干净。眼睛接触后：把眼睛打开用流水冲洗几分钟，如有持续的症状，及时就医。误食：立即用大量清水漱口，洗胃。洗胃时注意保护气管和食管。及时送医院对症治疗。

【注意事项】

1. 本品不能与碱性物质混用。

2. 25%烯肟菌酯乳油在黄瓜上使用的安全间隔期2天，每季作物最多使用3次。

3. 28%烯肟·多菌灵可湿性粉剂在小麦上使用的安全间隔期28天，每季作物最多使用1次。

4. 18%烯肟·氟环唑悬浮剂在苹果上使用的安全间隔期21天，每季作物最多使用2次。

5. 25%烯肟·霜脲氰可湿性粉剂在葡萄上使用的安全间隔期21天，每季作物最多使用4次。

6. 在连续阴雨或湿度较大的环境中，或者当病情较重的情况下，建议使用较高剂量。避免在极端温度和湿度下，或作物长势较弱的情况下使用本品。

7. 不要在水产养殖区施药，禁止在河塘等水体中清洗施药器具。药液及废液不得污染各类水域、土壤等环境。

8. 本品对鱼类等水生生物高毒，故严禁在有水产养殖的稻田使用。稻田施药后7天内不得将田水排入江河、湖泊、水渠及水产养殖区域。

9. 开花植物花期禁止使用，避免对周围蜂群产生不利影响。

10. 配药和施药时，应穿戴防护服和手套，避免吸入药液；施药期间不可吃东西和饮水；施药后应及时洗手和洗脸。

11. 建议与其他作用机制不同的杀菌剂轮换使用，以延缓抗性的产生。

12. 须按照规定的稀释倍数进行使用，不可任意提高浓度。

13. 避免在暑天中午高温烈日下操作，避免高温期采用高浓度。

14. 避免在阴湿天气或露水未干前施药,以免发生药害,喷药 24 小时内遇大雨补喷。

15. 孕妇及哺乳期妇女避免接触。

16. 用过的容器妥善处理,不可做他用,不可随意丢弃。

17. 本品放置于阴凉、干燥、通风、防雨处,远离火源,勿与食品、饲料、种子、日用品等同贮同运。

18. 本品宜置于儿童够不着的地方并上锁,不得重压、破损包装容器。

烯酰吗啉

【作用特点】

烯酰吗啉是专一杀卵菌纲真菌的杀菌剂,其作用特点是破坏细胞壁膜的形成,对卵菌生活史的各个阶段都有作用,在孢子囊梗和卵孢子的形成阶段尤为敏感,在极低浓度下(小于 0.25 微克/毫升)即受到抑制。与苯基酰胺类药剂无交互抗性。烯酰吗啉是一种新型内吸治疗性专用低毒杀菌剂,其作用机制是破坏病菌细胞壁膜的形成,引起孢子囊壁的分解,从而使病菌死亡。除游动孢子形成及孢子游动期外,对卵菌生活史的各个阶段均有作用,尤其对孢子囊梗和卵孢子的形成阶段更敏感,若在孢子囊和卵孢子形成前用药,则可完全抑制孢子的产生。该药内吸性强,根部施药,可通过根部进入植株的各个部位;叶片喷药,可进入叶片内部。其与甲霜灵等苯酰胺类杀菌剂没有交互抗性。

广泛用于蔬菜霜霉病、疫病、苗期猝倒病、烟草黑茎病等由鞭毛菌亚门卵菌纲真菌引起的病害防治,具内吸活性。在不考虑病原真菌抗药性的前提下,药效较目前广泛使用的甲霜灵、霜脲氰、乙磷铝、噁霜灵等为高。单独使用有比较高的抗性风险,所以常与代森锰锌等保护性杀菌剂复配使用,以延缓抗性的产生。它有如下特点:

1. 独特的作用机制,破坏卵菌纲真菌细胞壁形成;

2. 可有效地作用于卵菌纲真菌生活史的全过程;

3. 具有很好的预防、治疗及抗孢子作用,减少病害再次感染的可能性;

4. 与其他类型的常规药剂无交互抗性,有效地防治对其他杀菌剂已产生抗性的真菌品系;

5. 持效期较长;

6. 渗透性强兼具内吸性。

【毒性与环境生物安全性评价】

对高等动物毒性低毒。

原药雄大鼠急性经口 LD_{50} 大于 5000 毫克/千克;

原药雌大鼠急性经口 LD_{50} 为 3700 毫克/千克;

原药小鼠急性经口 LD_{50} 为 3900 毫克/千克;

原药小鼠急性经皮 LD_{50} 大于 5000 毫克/千克;

原药小鼠急性吸入 LC_{50} 大于 4.24 毫克/升。

对兔眼睛无刺激性;

对兔皮肤无刺激性。

各种试验结果表明,无致癌、致畸、致突变作用。

大鼠 2 年慢性饲喂试验最大无作用剂量为 200 毫克/千克·天。

对鱼类毒性低毒。

鲤鱼 96 小时 LC_{50} 为 18 毫克/升;

虹鳟鱼 96 小时 LC_{50} 为 6.8 毫克/升;

蓝鳃太阳鱼 96 小时 LC_{50} 大于 14 毫克/升。

对鸟类毒性低毒。

鹌鹑 LD_{50} 为 2000 毫克/千克；

野鸭 LD_{50} 为 2000 毫克/千克。

人每日允许摄入量为 0.1 毫克/千克体重。

【防治对象】

可应用于葡萄、荔枝、黄瓜、甜瓜、苦瓜、番茄、辣椒、马铃薯、十字花科蔬菜。对霜霉病、霜疫霉病、晚疫病、疫病、疫霉病、疫腐病、腐霉病、黑茎病等低等真菌性病害均具有很好的防治效果。

【使用方法】

1. 防治黄瓜霜霉病：发病初期，每 666.7 平方米用 50% 烯酰吗啉可湿性粉剂 30～40 克，兑水 50～75 千克喷雾，每隔 7～10 天用药 1 次。每季作物施药 2～3 次。

2. 防治辣椒疫病：发病初期，每 666.7 平方米用 50% 烯酰吗啉可湿性粉剂 30～40 克，兑水 50～75 千克喷雾，每隔 7～10 天用药 1 次。每季作物施药 2～3 次。

3. 防治烟草黑茎病：发病初期，每 666.7 平方米用 50% 烯酰吗啉可湿性粉剂 27～40 克，兑水 50～75 千克喷雾，每隔 7～10 天用药 1 次。每季作物施药 2～3 次。

4. 防治葡萄、荔枝或根颈部病害时：一般使用 50% 烯酰吗啉可湿性粉剂或 50% 烯酰吗啉水分散粒剂 1500～2000 倍液，或 80% 烯酰吗啉水分散粒剂 2000～3000 倍液，或 40 烯酰吗啉% 水分散粒剂 1000～1500 倍液，或 25% 烯酰吗啉可湿性粉剂 800～1 000 倍液，或 10% 烯酰吗啉水乳剂 300～400 倍液，喷雾或喷淋。

5. 防治瓜类、茄果类、叶菜类及烟草等作物的病害时：一般每 666.7 平方米使用 35～50 克有效成分的药剂，对水 30～60 千克喷雾。在病害发生前或初见病斑时用药效果好。

【中毒急救】

吸入：应迅速将患者转移到空气清新流通处。如呼吸停止应做人工呼吸。如呼吸困难应输氧。如有症状及时就医。皮肤接触后：立即用水和肥皂清洗，并彻底冲洗干净。眼睛接触后：把眼睛打开用流水冲洗几分钟，如有持续的症状，及时就医。误食：立即用大量清水漱口，洗胃。洗胃时注意保护气管和食管。及时送医院对症治疗。

【注意事项】

1. 本品不能与碱性物质混用。

2. 每季作物使用本品最多 3 次，安全间隔期：黄瓜为 2 天、辣椒为 7 天、烟草为 21 天。

3. 病害轻度发生或作为预防处理时使用低剂量，病害发生较重或发病后使用高剂量。

4. 在连续阴雨或湿度较大的环境中，或者当病情较重的情况下，建议使用较高剂量。避免在极端温度和湿度下，或作物长势较弱的情况下使用本品。

5. 不要在水产养殖区施药，禁止在河塘等水体中清洗施药器具。药液及废液不得污染各类水域、土壤等环境。

6. 配药和施药时，应穿戴防护服和手套，避免吸入药液；施药期间不可吃东西和饮水；施药后应及时洗手和洗脸。

7. 建议与其他作用机制不同的杀菌剂轮换使用，以延缓抗性的产生。

8. 须按照规定的稀释倍数进行使用，不可任意提高浓度。

9. 避免在暑天中午高温烈日下操作，避免高温期采用高浓度。

10. 避免在阴湿天气或露水未干前施药，以免发生药害，喷药 24 小时内遇大雨补喷。

11. 孕妇及哺乳期妇女避免接触。

12. 用过的容器妥善处理，不可做他用，不可随意丢弃。

13. 本品放置于阴凉、干燥、通风、防雨处，远离火源，勿与食品、饲料、种子、日用品等同贮同运。

14. 本品宜置于儿童够不着的地方并上锁，不得重压、破损包装容器。

香菇多糖

【作用特点】

香菇多糖是从优质香菇子实体中提取的有效活性成分，香菇多糖中的活性成分是具有分支的 β－(1～3)－D－葡聚糖，主链由 β－(1～3)－连接的葡萄糖基组成，沿主链随机分布着由 β－(1～6)连接的葡萄糖基，呈梳状结构。香菇含有一种双链核糖核酸，能刺激人体网状细胞及白血球释放干扰素，而干扰素具有抗病毒作用。香菇菌丝体提取物可抑制细胞的吸附疱疹病毒，从而防治单纯疱疹病毒、巨细胞病毒引起的各类疾病。香菇多糖的免疫调节作用是其生物活性的重要基础。香菇多糖是典型的 T 细胞激活剂，促进白细胞介素的产生，还能促进单核巨噬细胞的功能，被认为是一种特殊免疫增强剂。其免疫作用特点在于它能促进淋巴细胞活化因子(LAE)的产生，释放各种辅助性 T 细胞因子，增强宿主腹腔巨噬细胞吞噬率，恢复或刺激辅助性 T 细胞的功能。另外，香菇多糖还能促进抗体生成，抑制巨噬细胞释放。

在农业生产中应用，香菇多糖为生物制剂，为预防型抗病毒剂，对病毒起抑制作用的主要组分是食用菌代谢所产生的蛋白多糖，蛋白多糖用做抗病毒剂在国内为首创，由于制剂内含丰富的氨基酸，因此施药后不仅抗病毒，还有明显的增产作用。

【毒性与环境生物安全性评价】

对高等动物毒性低毒。

制剂大鼠急性经口 LD_{50} 大于 5000 毫克/千克；

制剂大鼠急性经皮 LD_{50} 大于 5000 毫克/千克。

【防治对象】

可应用于防治番茄病毒病、烟草病毒病等。

【使用方法】

1. 防治番茄病毒病：发病初期，每 666.7 平方米用 0.5% 香菇多糖水剂 160～250 克，兑水 50～75 千克喷雾，每隔 7～10 天用药 1 次。每季作物施药 2～4 次。均匀喷布于番茄叶片正反面。

2. 防治烟草病毒病：发病初期，每 666.7 平方米用 0.5% 香菇多糖水剂 100～160 克，兑水 50～75 千克喷雾，每隔 7～10 天用药 1 次。每季作物施药 2～4 次。均匀喷布于烟草叶片正反面。

3. 防治辣椒病毒病：发病初期，每 666.7 平方米用 0.5% 香菇多糖水剂 100～150 克，兑水 45～60 千克喷雾，每隔 7～10 天用药 1 次。每季作物施药 2～4 次。均匀喷布于辣椒叶片正反面。

4. 防治西瓜病毒病：发病初期，每 666.7 平方米用 0.5% 香菇多糖水剂 100～200 克，兑水 50～75 千克喷雾，每隔 7～10 天用药 1 次。每季作物施药 2～4 次。均匀喷布于西瓜叶片正反面。

5. 防治水稻条纹叶斑病：发病初期，用 0.5% 香菇多糖水剂 200～300 倍液喷雾，每隔 7～10 天用药 1 次。每季作物施药 2～4 次。均匀喷布于水稻植株。

【中毒急救】

吸入：应迅速将患者转移到空气清新流通处。如呼吸停止应做人工呼吸。如呼吸困难应输氧。如有症状及时就医。皮肤接触后：立即用水和肥皂清洗，并彻底冲洗干净。眼睛接触后：把眼睛打开用流水冲洗几分钟，如有持续的症状，及时就医。误食：立即用大量清水漱口，洗胃。洗胃时注意保护气管和食管。及时送医院对症治疗。一旦药液溅入眼睛和黏附皮肤：应立即用水冲洗至少15分钟。

【注意事项】

1. 本品避免与酸、碱性物质混用，宜单独作用。

2. 本品早期使用，净水稀释，现用现配。

3. 病害轻度发生或作为预防处理时使用低剂量，病害发生较重或发病后使用高剂量。

4. 在连续阴雨或湿度较大的环境中，或者当病情较重的情况下，建议使用较高剂量。避免在极端温度和湿度下，或作物长势较弱的情况下使用本品。

5. 禁止在河塘等水体中清洗施药器具。药液及废液不得污染各类水域、土壤等环境。

6. 配药和施药时，应穿戴防护服和手套，避免吸入药液；施药期间不可吃东西和饮水；施药后应及时洗手和洗脸。

7. 建议与其他作用机制不同的杀菌剂轮换使用，以延缓抗性的产生。

8. 须按照规定的稀释倍数进行使用，不可任意提高浓度。

9. 避免在暑天中午高温烈日下操作，避免高温期采用高浓度。

10. 避免在阴湿天气或露水未干前施药，以免发生药害，喷药24小时内遇大雨补喷。

11. 孕妇及哺乳期妇女避免接触。

12. 用过的容器妥善处理，不可做他用，不可随意丢弃。

13. 本品放置于阴凉、干燥、通风、防雨处，远离火源，勿与食品、饲料、种子、日用品等同贮同运。

14. 本品宜置于儿童够不着的地方并上锁，不得重压、破损包装容器。

中生菌素

【作用特点】

中生菌素是中国农科院生防所研制成功的一种新型农用抗生素，是由淡紫灰链霉菌海南变种产生的抗生素，属 N–糖苷类碱性水溶性物质。该菌的加工剂型是一种杀菌谱较广的保护性杀菌剂，具有触杀、渗透作用。其作用机制是对细菌是抑制菌体蛋白质的合成，导致菌体死亡；对真菌是使丝状菌丝变形，抑制孢子萌发并能直接杀死孢子。对农作物的细菌性病害及部分真菌性病害具有很高的活性，同时具有一定的增产作用。使用安全，可在苹果花期使用。

中生菌素抗菌谱广，能够抗革兰阳性、阴性细菌，分枝杆菌，酵母菌及丝状真菌。特别对农作物致病菌如菜软腐病菌、黄瓜角斑病菌、水稻白叶枯病菌、苹果轮纹病病菌、小麦赤霉病菌等均具有明显的抗菌活性。通过抑制病原细菌蛋白质的肽键生成，最终导致细菌死亡；对真菌可抑制菌丝的生长、抑制孢子的萌发，起到防治真菌性病害的作用；可刺激植物体内植保素及木质素的前体物质的生成，从而提高植物的抗病能力。

【毒性与环境生物安全性评价】

对高等动物毒性低毒。

原药雄大鼠急性经口 LD_{50} 大于 4300 毫克/千克；

原药雌大鼠急性经口 LD_{50} 大于 4300 毫克/千克；

原药雄大鼠急性经皮 LD_{50} 大于 2000 毫克/千克；

原药雌大鼠急性经皮 LD_{50} 大于 2000 毫克/千克；

原药雄大鼠急性吸入 LD_{50} 大于 2530 毫克/千克；

原药雌大鼠急性吸入 LD_{50} 大于 2530 毫克/千克。

对兔眼睛有轻微刺激性；

对兔皮肤无刺激性。

豚鼠皮肤致敏性试验结果为弱致敏性。

各种试验结果表明，无致癌、致畸、致突变作用。

制剂对鱼类毒性低毒。

斑马鱼 96 小时 LC_{50} 大于 60 毫克/升。

制剂对鸟类毒性低毒。

鹌鹑经口 7 天 LD_{50} 大于 45 毫克/千克。

制剂对蜜蜂毒性低毒。

蜜蜂经口 48 小时 LC_{50} 为 511 毫克/头；

蜜蜂接触 48 小时 LD_{50} 为 2.08 微克/只。

制剂对家蚕毒性低毒。

家蚕 96 小时 LC_{50} 为 1920 毫克/升。

【防治对象】

可应用于葡萄、荔枝、黄瓜、甜瓜、苦瓜、番茄、辣椒、马铃薯、十字花科蔬菜。对霜霉病、霜疫霉病、晚疫病、疫病、疫霉病、疫腐病、腐霉病、黑茎病等低等真菌性病害均具有很好的防治效果。

【使用方法】

1. 防治黄瓜细菌性角斑病：发病初期，每 666.7 平方米用 3% 中生菌素可湿性粉剂 80 ~ 110 克，兑水 50 ~ 75 千克喷雾，每隔 7 天用药 1 次，可以连续施药 2 ~ 3 次。

2. 防治苹果树轮纹病防治辣椒疫病：发病初期，用 3% 中生菌素可湿性粉剂 800 ~ 1000 倍液喷雾，每隔 7 天用药 1 次，可以连续施药 2 ~ 3 次。

3. 防治苹果树斑点落叶病：发病初期，用 3% 中生菌素可湿性粉剂 800 ~ 1000 倍液喷雾，每隔 7 天用药 1 次，可以连续施药 2 ~ 3 次。

4. 防治苹果树炭疽病：发病初期，用 3% 中生菌素可湿性粉剂 800 ~ 1000 倍液喷雾，每隔 7 天用药 1 次，可以连续施药 2 ~ 3 次。

5. 防治番茄青斑病：发病时，用 3% 中生菌素可湿性粉剂 600 ~ 800 倍液喷雾，每隔 7 天用药 1 次，可以连续施药 2 ~ 3 次。建议在发病前或发病初期进行灌根法施药，每株每次灌药液 250 毫升，可连续施药 3 次，每次间隔 7 ~ 10 天。

6. 防治白菜软腐病：发病初期，用 3% 中生菌素可湿性粉剂 1000 ~ 1200 倍药液喷淋，共 3 ~ 4 次。

7. 防治茄科青枯病：发病初期，用 3% 中生菌素可湿性粉剂 1000 ~ 1200 倍药液喷淋，共 3 ~ 4 次。

8. 防治生姜姜瘟病：用 3% 中生菌素可湿性粉剂 300 ~ 500 倍药液浸种 2 小时后播种，生长期用 3% 中生菌素可湿性粉剂 800 ~ 1000 倍灌根，每株 0.25 千克药液，共灌 3 ~ 4 次。

9. 防治菜豆细菌性疫病：发病初期，用 3% 中生菌素可湿性粉剂 1000 ~ 1200 倍药液喷雾。隔 7 ~ 10 天喷 1 次，共喷 3 ~ 4 次。

10. 防治西瓜细菌性果腐病：发病初期，用 3% 中生菌素可湿性粉剂 1000 ~ 1200 倍药液喷雾。隔 7～10 天喷 1 次，共喷 3～4 次。

11. 防治水稻白叶枯病：用 3% 中生菌素可湿性粉剂 600 倍浸种 5～7 天，发病初期再用 3% 中生菌素可湿性粉剂 1000～1200 倍药液喷雾 1～2 次。

12. 防治水稻恶苗病：用 3% 中生菌素可湿性粉剂 600 倍浸种 5～7 天，发病初期再用 3% 中生菌素可湿性粉剂 1000～1200 倍药液喷雾 1～2 次。

13. 防治葡萄炭疽病：发病初期，用 3% 中生菌素可湿性粉剂 1000～1200 倍液喷雾，共使用 3～4 次。

14. 防治葡萄黑痘病：发病初期，用 3% 中生菌素可湿性粉剂 1000～1200 倍液喷雾，共使用 3～4 次。

15. 防治西瓜枯萎病：发病初期，用 3% 中生菌素可湿性粉剂 1000～1200 倍液喷雾，共使用 3～4 次。

16. 防治西瓜炭疽病：发病初期，用 3% 中生菌素可湿性粉剂 1000～1200 倍液喷雾，共使用 3～4 次。

【中毒急救】

吸入：应迅速将患者转移到空气清新流通处。如呼吸停止应做人工呼吸。如呼吸困难应输氧。如有症状及时就医。皮肤接触后：立即用水和肥皂清洗，并彻底冲洗干净。眼睛接触后：把眼睛打开用流水冲洗几分钟，如有持续的症状，及时就医。误食：立即用大量清水漱口，洗胃。洗胃时注意保护气管和食管。及时送医院对症治疗。

【注意事项】

1. 本品不能与强酸、强碱性物质混用。

2. 本品在黄瓜上使用安全间隔期为 3 天，每季作物最多使用 3 次；在苹果上使用安全间隔期为 7 天，每季作物最多使用 3 次；在番茄上使用安全间隔期为 5 天，每季作物最多使用次数 3 次。

3. 病害轻度发生或作为预防处理时使用低剂量，病害发生较重或发病后使用高剂量。

4. 在连续阴雨或湿度较大的环境中，或者当病情较重的情况下，建议使用较高剂量。避免在极端温度和湿度下，或作物长势较弱的情况下使用本品。

5. 不要在水产养殖区施药，禁止在河塘等水体中清洗施药器具。药液及废液不得污染各类水域、土壤等环境。

6. 本品对鱼类等水生生物有风险，远离水产养殖区施药，赤眼蜂等天敌放飞区域禁用。

7. 配药和施药时，应穿戴防护服和手套，避免吸入药液；施药期间不可吃东西和饮水；施药后应及时洗手和洗脸。

8. 建议与其他作用机制不同的杀菌剂轮换使用，以延缓抗性的产生。

9. 须按照规定的稀释倍数进行使用，不可任意提高浓度。

10. 避免在暑天中午高温烈日下操作，避免高温期采用高浓度。

11. 避免在阴湿天气或露水未干前施药，以免发生药害，喷药 24 小时内遇大雨补喷。

12. 孕妇及哺乳期妇女避免接触。

13. 用过的容器妥善处理，不可做他用，不可随意丢弃。

14. 本品放置于阴凉、干燥、通风、防雨处，远离火源，勿与食品、饲料、种子、日用品等同贮同运。

15. 本品宜置于儿童够不着的地方并上锁，不得重压、破损包装容器。

种菌唑

【作用特点】

种菌唑是三唑类广谱性系统杀菌剂,具有内吸传导和触杀保护活性的效果,具有使用剂量低、活性高、对单子叶和双子作物均安全等特点。主要作用机制是作为一种脱甲基酶抑制剂,从而阻断固醇的生物合成。

我们主要介绍 4.23% 甲霜·种菌唑微乳剂。该产品有如下特点:

1. 它是一种新型种子处理杀菌剂。其成分具有系统内吸传导和触杀保护性,可杀死作物种子内外的病原菌,阻止病原菌的侵染并对种子提供全面的系统保护。

2. 杀菌谱广、使用多种作物。对多种常见种传和土传真菌性病害均有较好效果,适用于多种主要作物,如玉米、棉花、小麦、大豆、花生等。

3. 作物安全性极佳。通过大量试验和应用表明,作为种子处理剂,与其他杀菌剂比较,顶苗新对作物种子、出苗和生长更安全。

4. 微乳剂是一种创新型种子处理剂,处理剂量更精确、种子表面覆盖更均匀、防治效果更好,低温稳定性优异、用于种子处理不受温度影响,药液透明,不发生沉淀,不含有固体颗粒,无粉尘。

5. 低毒,对环境和操作人员非常安全。

6. 成本低,使用剂量低,效果好,大大节约包衣成本。

7. 对种子的黏附力较好,包衣后的种子颜色鲜艳亮泽。

【毒性与环境生物安全性评价】

对高等动物毒性低毒。

原药雄大鼠急性经口 LD_{50} 为 1338 毫克/千克;

原药雌大鼠急性经口 LD_{50} 为 888 毫克/千克;

原药雄大鼠急性经皮 LD_{50} 大于 2000 毫克/千克;

原药雌大鼠急性经皮 LD_{50} 大于 2000 毫克/千克;

原药雄大鼠急性吸入 LD_{50} 大于 1.88 毫克/升;

原药雌大鼠急性吸入 LD_{50} 大于 1.88 毫克/升。

对兔眼睛无刺激性;

对兔皮肤无刺激性。

豚鼠皮肤致敏性试验结果为无致敏性。

各种试验结果表明,无致癌、致畸、致突变作用。

人每日允许摄入量为 0.1 毫克/千克体重。

【防治对象】

适用于棉花、玉米等,主要用于防治棉花立枯病,玉米丝黑穗病、茎基腐病等。

【使用方法】

1. 防治棉花立枯病:用 4.23% 甲霜·种菌唑微乳剂 300~400 毫升/100 千克种子(药种比 1:250~1:333.3)拌种。

2. 防治玉米丝黑穗病:用 4.23% 甲霜·种菌唑微乳剂 200~400 毫升/100 千克种子(药种比 1:250~1:500)进行种子包衣。

3. 防治玉米茎基腐病:用 4.23% 甲霜·种菌唑微乳剂 75~120 毫升/100 千克种子(药种比 1:833.3~1:1333.3)进行种子包衣。

【特别说明】

1. 使用时，需将药液摇匀。本品可用于包衣机械进行种子包衣，也可用于手工包衣。种子包衣时，本品可加 1～3 倍水稀释后进行包衣。

2. 由于作物品种之间存在差异，建议对包衣的种子先做室内发芽试验，以保证种子在田间播种的正常出苗。

3. 用于包衣的种子必须符合国家良种标准。

【中毒急救】

吸入：应迅速将患者转移到空气清新流通处。如呼吸停止应做人工呼吸。如呼吸困难应输氧。如有症状及时就医。皮肤接触后：立即用水和肥皂清洗，并彻底冲洗干净。眼睛接触后：把眼睛打开用流水冲洗几分钟，如有持续的症状，及时就医。误食：立即用大量清水漱口，洗胃。洗胃时注意保护气管和食管。及时送医院对症治疗。

【注意事项】

1. 用药前应仔细阅读产品标签或者产品使用说明书，按照标签或者产品使用说明书的推荐使用和处置产品。

2. 品质差、生活力低、破损率高、含水量高于国家标准的种子不宜进行包衣。

3. 避免使用在甜玉米、糯玉米和亲本玉米种子上。

4. 经本品包衣过的种子，不能用做食物或饲料，并应妥善存放并及时使用，避免家畜误食。

5. 药液及其废液不得污染各类水域等环境。使用过的包装及废弃物应作集中焚烧处理，避免其污染地下水，沟渠等水源。禁止在河塘等水域清洗施药器皿。

6. 使用时应采取安全防护措施，戴口罩、手套、穿防护服，避免口鼻吸入和皮肤接触，施药后及时清洗暴露部位皮肤。

7. 孕妇、哺乳期妇女及过敏者禁用，使用中有任何不良反应请及时就医。

8. 用过的容器妥善处理，不可做他用，不可随意丢弃。

9. 本品放置于阴凉、干燥、通风、防雨处，远离火源，勿与食品、饲料、种子、日用品等同贮同运。

10. 本品宜置于儿童够不着的地方并上锁，不得重压、破损包装容器。

唑胺菌酯

【作用特点】

唑胺菌酯是我国自主研发的新型甲氧基丙烯酸酯类杀菌剂，杀菌谱广，具有很好的保护和治疗活性。甲氧基丙烯酸酯类杀菌剂是以天然抗生素 Strobilurin A 为先导化合物开发的作用方式独特的新型杀菌剂。其该类杀菌剂极具市场潜力和市场活力，其突出特点是杀菌谱广、作用机理独特、与环境相容性好，在国内自主创新的杀菌剂品种中占了相当大的比例，如烯肟菌酯、烯肟菌胺、苯醚菌酯等。此类杀菌剂的开发，对杀菌剂抗性治理、促进农业可持续发展具有深远意义。唑胺菌酯对由担子菌、子囊菌、结合菌及半知菌引起的大多数植物病害均有很好的防治作用。

【毒性与环境生物安全性评价】

对高等动物毒性低毒。

原药雄大鼠急性经口 LD_{50} 为 5010 毫克/千克；

原药雌大鼠急性经口 LD_{50} 为 5010 毫克/千克；

原药雄大鼠急性经皮 LD_{50} 大于 2150 毫克/千克；

原药雌大鼠急性经皮 LD_{50} 大于 2150 毫克/千克；

原药雄大鼠急性吸入 LD_{50} 大于 2433 毫克/立方米；

原药雌大鼠急性吸入 LD_{50} 大于 2433 毫克/立方米。

对兔眼睛有轻微至中度刺激性；

对兔皮肤无刺激性。

豚鼠皮肤致敏性试验结果为弱致敏性。

各种试验结果表明，无致癌、致畸、致突变作用。

制剂雄大鼠急性经口 LD_{50} 为 4300 毫克/千克；

制剂雌大鼠急性经口 LD_{50} 为 2710 毫克/千克；

制剂雄大鼠急性经皮 LD_{50} 大于 2000 毫克/千克；

制剂雌大鼠急性经皮 LD_{50} 大于 2000 毫克/千克；

制剂雄大鼠急性吸入 LD_{50} 大于 2275 毫克/立方米；

制剂雌大鼠急性吸入 LD_{50} 大于 2275 毫克/立方米。

对兔眼睛无刺激性；

对兔皮肤无刺激性。

【防治对象】

对黄瓜炭疽病、白粉病、苹果腐烂病、番茄灰霉病、水稻纹枯病、油菜菌核病、小麦白粉病、黄瓜白粉病等抑制效果优异。

【使用方法】

防治黄瓜白粉病：每 666.7 平方米用 20% 唑胺菌酯悬浮剂 16.7~33.3 毫升，兑水 45~75 千克喷雾。发病前或发病初期叶面喷雾，施药间隔期 6~8 天。发病初期施药，防治效果最好，发病重时需采用高剂量。

【中毒急救】

吸入：应迅速将患者转移到空气清新流通处。如呼吸停止应做人工呼吸。如呼吸困难应输氧。如有症状及时就医。皮肤接触后：立即用水和肥皂清洗，并彻底冲洗干净。眼睛接触后：把眼睛打开用流水冲洗几分钟，如有持续的症状，及时就医。误食：立即用大量清水漱口，洗胃。洗胃时注意保护气管和食管。及时送医院对症治疗。

【注意事项】

1. 本品在黄瓜上使用安全间隔期 3 天，每季作物最多使用 4 次。

2. 为延缓抗性问题发生，建议与其他作用机制不同的杀菌剂轮换使用。

3. 在开启包装物和使用过程中要注意防护，穿防护服，配戴防护手套、口罩等。施药期间不可吃东西和饮水，施药后应立即洗手、脸等裸露部位。

4. 药液及其废液不得污染各类水域土壤等环境。该产品对鱼剧毒，对蚕高毒，远离水产养殖区施药，禁止在河塘等水体中清洗施药器具，严禁污染各类水域，并禁止在桑园及影响到桑园的周边地块使用。

5. 为确保防治效果和用药安全，请在当地农技部门指导下使用。

6. 避免孕妇及哺乳期的妇女接触此药。

7. 用过的容器应妥善处理，不可做他用，也不可随意丢弃。

8. 本品放置于阴凉、干燥、通风、防雨处，远离火源，勿与食品、饲料、种子、日用品等同贮同运。

9. 本品宜置于儿童够不着的地方并上锁，不得重压、破损包装容器。

第三节 除草剂

氨氟乐灵

【作用特点】

氨氟乐灵是二硝基苯胺类除草剂，为选择性芽前土壤处理剂。主要通过杂草的胚芽鞘与胚轴吸收，进入杂草体内影响激素的生成或者、传导而导致杂草死亡。药害症状是抑制生长，根尖与胚轴组织显著膨大，幼芽和次生根的形成受到抑制，受害后的植物细胞停止分裂，根尖分生组织细胞变小、厚而扁，皮层薄壁组织中的细胞增大，细胞壁变厚。最后导致杂草生长受到抑制并死亡。可以有效防除1年生禾本科和部分阔叶杂草。对禾本科和部分小粒种子的阔叶杂草有效，持效期长。其主要作用方式是抑制纺锤体的形成，从而抑制细胞分裂、根系和芽的生长。

【毒性与环境生物安全性评价】

对高等动物毒性低毒。

原药雄大鼠急性经口 LD_{50} 大于 5000 毫克/千克；

原药雌大鼠急性经口 LD_{50} 大于 5000 毫克/千克；

原药雄大鼠急性经皮 LD_{50} 大于 2000 毫克/千克；

原药雌大鼠急性经皮 LD_{50} 大于 2000 毫克/千克；

原药雄大鼠急性吸入 LC_{50} 大于 2000 毫克/立方米；

原药雌大鼠急性吸入 LC_{50} 大于 2000 毫克/立方米。

对兔眼睛有轻微刺激性；

对兔皮肤无刺激性。

豚鼠皮肤致敏性试验结果为弱致敏性。

致突变试验均为阴性。

亚慢性毒性大鼠无作用剂量为 40 毫克/千克。

制剂雄大鼠急性经口 LD_{50} 大于 5000 毫克/千克；

制剂雌大鼠急性经口 LD_{50} 大于 5000 毫克/千克；

制剂雄大鼠急性经皮 LD_{50} 大于 2000 毫克/千克；

制剂雌大鼠急性经皮 LD_{50} 大于 2000 毫克/千克；

制剂雄大鼠急性吸入 LC_{50} 大于 200 毫克/立方米；

制剂雌大鼠急性吸入 LC_{50} 大于 200 毫克/立方米。

对兔眼睛有轻微刺激性；

对兔皮肤无刺激性。

豚鼠皮肤致敏性试验结果为弱致敏性。

对鱼类毒性低毒。

斑马鱼 96 小时急性毒性 LC_{50} 为 19.2 毫克/升。

对大型蚤毒性低毒。

大型蚤 48 小时急性毒性 EC_{50} 为 23.9 毫克/升。

对小球藻毒性高毒。

小球藻 72 小时急性毒性 EC_{50} 为 0.0175 毫克/升。

对鸟类毒性低毒。

日本鹌鹑经口灌胃法 7 天 LD_{50} 大于 1000 毫克/千克；

日本鹌鹑 8 天 LC_{50} 为大于 2000 毫克/千克。

对蜜蜂毒性低毒。

意大利蜜蜂胃毒法 48 小时 LC_{50} 大于 1035 毫克/升；

意大利蜜蜂 48 小时 LD_{50} 为 51.8 微克/只。

对家蚕毒性低毒。

2 龄家蚕食下毒叶法 96 小时 LC_{50} 大于 2080 毫克/升。

对稻螟赤眼蜂低风险。

稻螟赤眼蜂安全系数大于 5.00。

对两栖类毒性低毒。

蛙 48 小时 LC_{50} 大于 120 毫克/千克。

【防治对象】

适用于棉花、大豆、油菜、花生、土豆、冬小麦、大麦、向日葵、胡萝卜、甘蔗、番茄、茄子、辣椒、卷心菜、花菜、芹菜及果园、桑园、瓜类等作物，防除稗草、马唐、牛筋草、石茅高粱、千金子、大画眉草、早熟禾、雀麦、硬草、棒头草、苋、藜、马齿苋、繁缕、蓼、匾蓄、蒺藜等 1 年禾本科和部分阔叶杂草。

【使用方法】

防除非耕地 1 年生杂草：每 666.7 平方米用 65% 氨氟乐灵水分散粒剂 77～115 克，兑水 30～45 千克搅拌均匀，进行土壤喷雾或茎叶喷雾，喷药时药液要均匀周到。播前或播后 3～5 天杂草出土前均匀喷雾防除效果最佳。施药时，避免漂移到周围作物田地及其他作物。

【中毒急救】

吸入：应迅速将患者转移到空气清新流通处。如呼吸停止应做人工呼吸。如呼吸困难应输氧。如有症状及时就医。皮肤接触后：立即用水和肥皂清洗，并彻底冲洗干净。眼睛接触后：把眼睛打开用流水冲洗几分钟，如有持续的症状，及时就医。误食：立即用大量清水漱口，洗胃。洗胃时注意保护气管和食管。及时送医院对症治疗。不要给神志不清的病人经口食用任何东西。本品无特效解毒剂。

【注意事项】

1. 本品使用时按常规方法打开包装。操作者应遵守《农药安全使用准则》，按要求做好劳动保护，如穿戴工作服、手套、面罩等，避免让人体直接接触药剂。工作后漱口、清洗裸露在外的身体部分并更换干净的衣服。

2. 本品对酸、碱、热稳定，在光照条件下中等稳定，贮、运及使用时应加以注意。

3. 如本品包装破损有遗洒在外面，可将遗洒物聚拢收集，地面的少量残余物可用清水冲洗干净，收集废水集中处理，不可流入水体。本品不自燃，如遇着火等突发事故时，本品在高温下会分解，并产生大量有毒有害的烟气，灭火时应佩戴自呼吸式防毒面具。小火可采用窒息法扑灭，大火必要时可用水。

4. 用剩的包装袋或桶应收集，统一送废物处理场焚烧处理，不可随意丢弃，更不可做他用。

5. 孕妇和哺乳期妇女避免接触。

6. 远离水产养殖区施药，用剩的药剂不可排入河塘等水体。

7. 土壤处理时，整地要平整，避免有大土块或植物残渣。

8. 施药时应该严格控制用药量，喷雾均匀周到，避免重喷、漏喷。土壤表土干旱、土壤湿度较低时，应该适当加大兑水量。

9. 施药后遇大雨，容易发生溶淋药害，作物在 1 ~ 2 周内可以恢复正常生长。

10. 本品放置于阴凉、干燥、通风、防雨处，远离火源，勿与食品、饲料、种子、日用品等同贮同运。

11. 本品宜置于儿童够不着的地方并上锁，不得重压、破损包装容器。

氨氯吡啶酸

【作用特点】

氨氯吡啶酸是吡啶类内吸传导型除草剂，应于杂草生长旺盛期茎叶喷雾。主要作用于核酸代谢，并且使叶绿体结构及其他细胞器发育畸形，干扰蛋白质合成，作用于分生组织活动等，最后导致植物死亡。可以用于防除非耕地杂草及用于侧柏和樟子松等常绿针叶树种林地、造林前清场、开辟集材道、伐区贮木场、防火线、林区道路两侧、森铁路基等不需要植物生长的地方，防除一年生和多年生阔叶杂草及木本植物，防除谱广，持效期长。

【毒性与环境生物安全性评价】

对高等动物毒性低毒。

雄大鼠急性经口 LD_{50} 为 8200 毫克/千克；

雌大鼠急性经口 LD_{50} 为 8200 毫克/千克

兔急性经皮 LD_{50} 大于 4000 毫克/千克。

对鱼类毒性低毒。

虹鳟鱼 96 小时急性毒性 LC_{50} 为 19.3 毫克/升；

胖头鲦鱼 96 小时急性毒性 LC_{50} 为 55.3 毫克/升。

对鸟类毒性低毒。

野鸡 96 小时急性经口 LD_{50} 为 6000 毫克/千克；

野鸭 96 小时急性经口 LD_{50} 大于 5000 毫克/千克；

日本鹌鹑 96 小时急性经口 LD_{50} 大于 5000 毫克/千克；

北美鹌鹑 96 小时急性经口 LD_{50} 大于 5000 毫克/千克。

对蜜蜂毒性低毒。

蜜蜂急性经口 LD_{50} 大于 1000 毫克/千克。

对家蚕有毒，风险较大。

光分解。

在土表及清洁流动水中分解迅速，土中半衰期 30 ~ 330 天。

【防治对象】

防除非耕地杂草及森林阔叶杂草、灌木，主要防除对象有野豌豆、柳叶菊、铁线莲、黄花蒿、青蒿、兔儿伞、百合花、唐松草、毛茛、地榆、白崛菜、委陵菜、紫菀、牛蒡、苣荬菜、刺儿菜、苍耳、葎草、田旋花、反枝苋、刺苋、铁苋菜、水蓼、藜、繁缕、一年蓬、悬浮花、野枸杞、酸枣、黄荆等、茅霉、胡枝子、紫穗槐、忍冬、叶底珠、胡桃楸、南蛇藤、山葡萄、蒙古栎、平榛、黄榆、紫椴、黄檗等。

【使用方法】

1. 防除非耕地紫茎泽兰：每 666.7 平方米用 24% 氨氯吡啶酸水剂 300 ~ 600 毫升，兑水 30 ~ 45 千克，于杂草营养生长旺盛期进行茎叶喷雾。若非耕地杂草高低参差不齐，应适当加大水量，每 666.7 平方米用水 40 ~ 50 千克均匀喷雾。施药时，避免漂移到周围作物田地及其他作物。

2. 防除森林阔叶杂草：每 666.7 平方米用 21% 氨氯吡啶酸水剂 333 ~ 500 毫升，兑水 30

~50 千克，于杂草苗期至生长旺盛期进行茎叶喷雾。施药时，避免漂移到周围作物田地及其他作物。

3. 防除森林灌木：每 666.7 平方米用 21% 氨氯吡啶酸水剂 333 ~ 500 毫升，兑水 30 ~ 50 千克，于灌木展叶后至生长旺盛期进行茎叶喷雾。施药时，避免漂移到周围作物田地及其他作物。

【中毒急救】

中毒症状为头痛、头昏、恶心、呕吐等。吸入：应迅速将患者转移到空气清新流通处。如呼吸停止应做人工呼吸。如呼吸困难应输氧。如有症状及时就医。皮肤接触后：立即用水和肥皂清洗，并彻底冲洗干净。眼睛接触后：把眼睛打开用流水冲洗几分钟，如有持续的症状，及时就医。误食：立即用大量清水漱口，洗胃。洗胃时注意保护气管和食管。及时送医院对症治疗。不要给神志不清的病人经口食用任何东西。可用吐根糖浆引吐。本品无特效解毒剂。

【注意事项】

1. 本品使用时按常规方法打开包装。操作者应遵守《农药安全使用准则》，按要求做好劳动保护，如穿戴工作服、手套、面罩等，避免让人体直接接触药剂。工作后漱口、清洗裸露在外的身体部分并更换干净的衣服。

2. 使用本品 12 个月后，才能种植其他阔叶植物。

3. 豆类、葡萄、蔬菜、棉花、果树、烟草、向日葵、甜菜、花卉、桑树、桉树等对本品敏感，故不宜在靠近这些作物地块的地方用该药剂作弥雾处理，尤其在有风的情况下。也不宜在泾流严重的地块施药。

4. 本品对家蚕有毒，对蜜蜂有风险，花期蜜源作物周围禁用，施药期间应密切注意对附近蜂群的影响，蚕室及桑园附近禁用。

5. 本品不可与呈碱性的农药等物质混合使用。

6. 施药时，喷雾器喷头应戴保护罩，以免药液喷溅到树体上，引发伤害。

7. 杨、槐等阔叶树种对本品敏感，不宜使用；落叶松较敏感，幼树阶段不可使用，其他阶段慎用，应尽量避开根区施药，防止药剂随雨水大量渗入土壤，造成药害。

8. 喷药时要避免药液漂移至临近的阔叶作物、蔬菜、果树和林木上。

9. 药液应尽量喷完，剩余药液不可倒在地上或池塘、水渠、小溪、河流等水源中清洗，以免污染水源或引起水生生物中毒，清洗喷雾器械后的水应倒在远离居民点、水源和作物的地方。

10. 孕妇和哺乳期妇女避免接触。

11. 用过的容器妥善处理，不可做他用，不可随意丢弃。

12. 本品放置于阴凉、干燥、通风、防雨处，远离火源，勿与食品、饲料、种子、日用品等同贮同运。

13. 本品宜置于儿童够不着的地方并上锁，不得重压、破损包装容器。

丙草胺

【作用特点】

丙草胺是具有高选择性的芽前水稻田专用除草剂。属 2 - 氯化乙酰替苯胺类除草剂，是细胞分裂抑制剂。主要是通过阻碍蛋白质的合成而抑制细胞的生长，并对光合作用和呼吸作用有间接影响。杂草通过中胚轴、下胚轴和胚芽鞘吸收药剂，根部略有吸收，不影响种子发芽，但能够使幼苗中毒。通过影响细胞膜的渗透性，使离子吸收减少，膜渗漏，细胞的有效分裂被抑制，同时抑制蛋白质的合成和多糖的形成，也间接影响光合作用和呼吸作用。中毒的症状为初生叶不出土从芽鞘侧面伸出，扭曲不能正常伸展，叶色变深绿，生长发育停止，直至死亡。对水稻安全，杀草谱广。杂草种子在发芽过程中吸收药剂，根部吸收较差。只能作芽前土壤处理。它可以保护水稻幼苗而杀死萌发的杂草。能防除水田中稗、千金子、牛毛毡、异型莎草等大多数一年生禾本科、莎草科及部分双子叶杂草。持效期可达 30 ~ 50 天。

【毒性与环境生物安全性评价】

对高等动物毒性低毒。

大鼠急性经口 LD$_{50}$ 为 6090 毫克/千克；

大鼠急性经皮 LD$_{50}$ 大于 3100 毫克/千克；

大鼠急性吸入 LC$_{50}$ 大于 2800 毫克/立方米。

对兔眼睛有轻微至中度刺激性；

对兔皮肤有中度刺激性。

对狗 6 个月饲养试验，无作用剂量为 7.5 毫克/千克·天。

各种试验表明：无致癌、致畸、致突变作用。

对鱼类毒性中等毒。

鲤鱼 96 小时急性毒性 LC$_{50}$ 为 1.8 毫克/升；

鲫鱼 96 小时急性毒性 LC$_{50}$ 为 2.3 毫克/升；

虹鳟鱼 96 小时急性毒性 LC$_{50}$ 为 0.9 毫克/升；

鲶鱼 96 小时急性毒性 LC$_{50}$ 为 2.7 毫克/升。

对鸟类毒性低毒。

蜜蜂摄入有毒。

在实验室内半衰期为 20 天。

田间半衰期为 50 天。

在水稻田中迅速降解。

淋溶度小。

【防治对象】

适用于水稻防除稗草、光头稗、千金子、牛筋草、牛毛毡、窄叶泽泻、水苋菜、异型莎草、碎米莎草、丁香蓼、鸭舌草等 1 年生禾本科和阔叶杂草。

【使用方法】

1. 防除水稻田 1 年生杂草：每 666.7 平方米用 300 克/升丙草胺乳油 100 ~ 117 毫升，兑水 30 ~ 45 千克搅拌均匀，进行喷雾，喷药时药液要均匀周到。施药时，避免漂移到周围作物田地及其他作物。

2. 防除水稻田 1 年生杂草：每 666.7 平方米用 300 克/升丙草胺乳油 100 ~ 117 毫升，用 5 ~ 10 千克细沙或细土拌匀撒施；撒施时药剂要均匀周到。施药时，避免撒施到周围作物田地及其他作物。

注意：本品应在经过催芽后播种的秧田中使用，在种子根具有吸收能力时施药。施药时盖土必须湿润、水分饱和；施药后 3 天内田间应保持湿润状态。防治水稻 1 年生杂草，按推荐用量，催芽种子播种后 2 ~ 4 天用药，施药时要均匀喷施，或均匀撒毒土。1 季作物最多施用 1 次。

3. 防除水稻秧田 1 年生杂草：每 666.7 平方米用 30% 丙草胺乳油 100 ~ 150 毫升，兑水 30 ~ 45 千克搅拌均匀，进行喷雾，喷药时药液要均匀周到。施药时，避免漂移到周围作物田地及其他作物。使用本品可在催芽播种后 4 天内进行处理，兑水均匀喷雾，施药时土壤应保持水分饱和状态,地表有水膜,药后 24 小时可灌浅水层,勿使表土干裂,3 天后恢复正常田间管理。

【特别说明】

1. 丙草胺对稗草、鸭舌草、母草、慈藻等多种水田杂草有很好的防效。但对多年生的三棱草等效果较差。可用于水直播稻田和秧田。南方热带或亚热带稻区及籼稻产区,根据田间杂草密度的大小,一般采用推荐剂量的低限。可在播种(催芽)后当天或播后 4 天进行处理。施药时土壤应保持水分饱和状态,地表有水膜。药后 24 小时可灌浅水层,勿使表土干裂。3 日后恢复正常田间管理。北方寒温带气温低,水稻长势慢。若播后很快用药,稻谷因没有扎根,对安全剂无吸收能力,易出现药害;若晒田后施药,虽对稻苗安全,但因稗草过大,其他杂草相继发生,可能使除草效果下降。因此,掌握施药适期是发挥药效的关键,应在稗草 1.5 叶期以前,稻苗已扎根(2 叶期),即播种后 10 ~ 15 天施药,宜采用推荐剂量的上限。湿润育秧时,播种(浸种)后床面盖土 1 厘米,可立即打药并覆盖塑料薄膜,保持床面四周有水。不仅除草效果好,而且秧苗素质也好。在北方水稻直播田和秧田使用时,应先进行科学试验,取得经验后再推广。

2. 秧田每 666.7 平方米用 30% 丙草胺乳油 50 ~ 100 毫升。具体的方法为:先做好秧板,秧板要求平整。畦面土壤软熟,水分饱和,然后落谷。稻种要求浸种催芽,落谷后进行塌谷或盖细土或盖灰肥,然后施药。在长江以南早、中稻秧田,每 666.7 平方米用 30% 丙草胺乳油 75 毫升,双季晚稻秧田杂草密度大,30% 丙草胺乳油用量可增加至 100 毫升。在云南平铺式塑料薄膜秧田 30% 丙草胺乳油的用量可降至 50 毫升。稗草 1.5 叶前,水稻种子胚根长出、稻苗立针至 1 叶 1 心期为施药适期。施药的具体时间视气温及育秧方式而不同。早、中稻秧田在播后 4 ~ 7 天内施药,覆盖薄膜的秧田及双季晚稻秧田可适当提前至播后 3 ~ 4 天内施药。覆膜秧田揭膜施药,药后应立即盖膜保温。施药方法可以用喷雾法,丙草胺每 666.7 平方米兑水 30 ~ 40 千克喷洒,喷药时畦面充分湿润无水层。喷药后保持湿润 2 ~ 3 天以利扎根和胚根吸收安全剂,然后灌浅水,保水 2 ~ 3 天。以后正常管理。采用毒土法施药时,畦面应有浅水层,施药后保水 2 天,然后迅速彻底排干田间积水,以后恢复正常排灌。采用毒土法施药保水时间过长或排水不彻底常导致闷芽、倒芽、缺苗严重。

3. 水直播稻田丙草胺在催芽播种的水直播稻田(麦茬)的用药适期在落谷后 3 ~ 6 天,此时稻芽立针至 1 叶 1 心期,胚根长出,具有吸收安全剂的能力。施药再迟,稻草超过 1 叶 1 心防效降低。由于水直播稻田杂草的出草期长,出草量大,丙草胺用量比秧田高,一般为每 666.7 平方米用 30% 丙草胺乳油 100 ~ 125 毫升。在保水性能好的田块药效期可达 30 天左右。施药可用喷雾法,也可用毒土法,在用量相同的情况下,药效相近。使用毒土法需有浅水层,药剂借水层的扩散作用均匀分布,因而施药质量的要求较喷雾法稍低。但稻田四周需挖围沟,田中心需挖十字穿心沟,以便在保水 2 天后能迅速彻底排净田水。此种方法防效高,适用于取土方便的田块。采用喷雾法施药,稻田应先排水,就近在灌渠中取水,用双喷头喷洒,因此而工也少。喷雾法因没有水层的扩散作用,喷药务必均匀、周到。用弥雾机喷药,行走速度和喷头的摆动速度较难掌握,喷出的药液常分布不均匀,呈波浪形分布,故一般不宜采用。施药以后,用毒土法施药的田块保水 2 天,然后迅速彻底排干田间积水,以后恢复正常排灌。用喷雾法施药的田块喷药后保持湿润 2 ~ 3 天,以利扎根和胚根吸收安全剂,然后灌浅水,保水 2 天,以后恢复正常排灌。以上两种施药方法的保水期间如田水渗漏应及时补水才能保证药效。为了提高对一年生和多年生阔叶杂草的防效,30% 丙草胺乳油可以和 10% 的苄嘧磺隆混用。兼除 1 年生阔叶杂草的配方为每 666.7 平方米用 30% 丙草胺乳油 100 毫升加 10% 苄嘧磺隆可湿性粉剂 8 ~ 12 克;兼除多年生阔叶杂草,如扁秆麃草、水莎草等,配方每 666.7 平方米用 30% 丙草胺乳油 100 毫升加 10% 苄嘧磺隆可湿性粉剂 15～20 克。施药时间和方法同丙草胺单用。北方稻区水育秧田和直播田播种时气温较低，胚根吸收安全剂速度很慢，同时很多秧田不催芽播种，在秧田和直播稻田使用常出现药害，因而 30% 丙草胺乳油多在南方稻区使用。

【中毒急救】

吸入：应迅速将患者转移到空气清新流通处。如呼吸停止应做人工呼吸。如呼吸困难应输氧。如有症状及时就医。皮肤接触后：立即用水和肥皂清洗，并彻底冲洗干净。眼睛接触后：把眼睛打开用流水冲洗几分钟，如有持续的症状，及时就医。误食：立即用大量清水漱口，洗胃。洗胃时注意保护气管和食管。及时送医院对症治疗。不要给神志不清的病人经口食用任何东西。本品无特效解毒剂。

【注意事项】

1. 本品使用时按常规方法打开包装。操作者应遵守《农药安全使用准则》，按要求做好劳动保护，如穿戴工作服、手套、面罩等，避免让人体直接接触药剂。工作后漱口、清洗裸露在外的身体部分并更换干净的衣服。

2. 本品对酸、碱、热稳定，在光照条件下中等稳定，贮、运及使用时应加以注意。

3. 如本品包装破损有遗洒在外面，可将遗洒物聚拢收集，地面的少量残余物可用清水冲洗干净，收集废水集中处理，不可流入水体。本品不自燃，如遇着火等突发事故时，本品在高温下会分解，并产生大量有毒有害的烟气，灭火时应佩戴自呼吸式防毒面具。小火可采用窒息法扑灭，大火必要时可用水。

4. 用剩的包装袋或桶应收集，统一送废物处理场焚烧处理，不可随意丢弃，更不可做他用。

5. 勿将药液或空包装弃于水中或在河塘中洗涤喷雾器械，避免影响鱼类和污染水源。

6. 孕妇和哺乳期妇女避免接触。

7. 毒土法施药，必须在施药后 2 天排水，否则易产生药害，影响成苗率。

8. 喷雾法施药，必须保持田土湿润，并在施药后 2 天灌水，但要适量。

9. 种子先经过催芽，稻种必须具有幼根吸收能力时再用药。且最后 1 次平田与播种之间相隔时间不可超过 3 天，以防影响药效。

10. 防除四叶萍、牛筋草、三棱草等多年生杂草，应与其他除草剂混用。

11. 本品放置于阴凉、干燥、通风、防雨处，远离火源，勿与食品、饲料、种子、日用品等同贮同运。

12. 本品宜置于儿童够不着的地方并上锁，不得重压、破损包装容器。

苯嘧磺草胺

【作用特点】

苯嘧磺草胺是一种新的嘧啶二酮类（脲嘧啶）除草剂，是原卟啉原氧化酶（PPO）抑制剂。它是最新氮苄二酮类除草剂，代表了阔叶杂草防除的新水平。通过抑制原卟啉原氧化酶（PPO），有效抵制叶绿素生物合成，导致细胞膜渗漏、组织坏死，从而杀死杂草。一般可作为灭生性除草剂用，可有效防除多种阔叶杂草，包括对草甘膦，ALS 和三嗪类产生抗性的杂草。具有很快的灭生作用且土壤残留降解迅速。可以与禾本科杂草除草剂混用，如草甘膦，效果很好，在多种作物田和非耕地都可施用，轮作限制小。

【毒性与环境生物安全性评价】

对高等动物毒性低毒。

原药大鼠急性经口 LD_{50} 大于 2000 毫克/千克；

原药大鼠急性经皮 LD_{50} 大于 2000 毫克/千克；

原药大鼠急性吸入 LC_{50} 大于 5.3 毫克/升。

对兔眼睛无刺激性；

对兔皮肤无刺激性。

豚鼠皮肤致敏性试验结果为无致敏性。

各种试验表明：无致癌、致畸、致突变作用。

对鱼类毒性低毒。

虹鳟鱼 96 小时急性毒性 LC_{50} 大于 120 毫克/升。

对蚤毒性低毒。

水蚤 24 小时急性毒性 EC_{50} 大于 100 毫克/升。

对水藻毒性高毒。

水藻 96 小时急性毒性 EC_{50} 为 0.113 毫克/升。

对鸟类毒性低毒。

北美鹌鹑急性经口 LD_{50} 大于 2000 毫克/千克；

无作用剂量大于 884 毫克/千克。

对蜜蜂毒性低毒。

蜜蜂急性经口 48 小时 LD_{50} 大于 120.9 微克/只；

蜜蜂急性接触 48 小时 LD_{50} 大于 100 微克/只。

对家蚕毒性低毒。

2 龄家蚕食下毒叶法 96 小时 LC_{50} 大于 5000 毫克/千克·桑叶。

土壤吸附作用很弱，且可逆。

在土壤中很容易降解，半衰期 5 天。

【防治对象】

主要适用于防除柑橘园、玉米、谷物、果树、蔬菜、棉花、豆类、蔓生植物及非耕地的多种阔叶杂草。

【使用方法】

1. 防除非耕地阔叶杂草：每 666.7 平方米用 70% 苯嘧磺草胺水分散粒剂 5~7.5 克，兑水 30~45 千克搅拌均匀，大部分杂草在 10~15 厘米高时，进行茎叶喷雾，喷药时药液要均匀周到。播前或播后 3~5 天杂草出土前均匀喷雾防除效果最佳。施药时，避免漂移到周围作物田地及其他作物。

2. 防除非柑橘园阔叶杂草：每 666.7 平方米用 70% 苯嘧磺草胺水分散粒剂 5~7.5 克，兑水 30~45 千克搅拌均匀，大部分杂草在 10~15 厘米高时，进行定向茎叶喷雾，喷药时药液要均匀周到。播前或播后 3~5 天杂草出土前均匀喷雾防除效果最佳。施药时，避免漂移到周围作物田地及其他作物。

【中毒急救】

吸入：应迅速将患者转移到空气清新流通处。如呼吸停止应做人工呼吸。如呼吸困难应输氧。如有症状及时就医。皮肤接触后：立即用水和肥皂清洗，并彻底冲洗干净。眼睛接触后：把眼睛打开用流水冲洗几分钟，如有持续的症状，及时就医。误食：立即用大量清水漱口，洗胃。洗胃时注意保护气管和食管。及时送医院对症治疗。不要给神志不清的病人经口食用任何东西。本品无特效解毒剂。

【注意事项】

1. 本品使用时按常规方法打开包装。操作者应遵守《农药安全使用准则》，按要求做好劳动保护，如穿戴工作服、手套、面罩等，避免让人体直接接触药剂。工作后漱口、清洗裸露在外的身体部分并更换干净的衣服。

2. 本品对酸、碱、热稳定，在光照条件下中等稳定，贮、运及使用时应加以注意。

3. 如本品包装破损有遗洒在外面，可将遗洒物聚拢收集，地面的少量残余物可用清水冲洗干净，收集废水集中处理，不可流入水体。本品不自燃，如遇着火等突发事故时，本品在高温下会分解，并产生大量有毒有害的烟气，灭火时应佩戴自呼吸式防毒面具。小火可采用窒息法扑灭，大火必要时可用水。

4. 用剩的包装袋或桶应收集，统一送废物处理场焚烧处理，不可随意丢弃，更不可做他用。

5. 禁止在河塘等水体中清洗施药器具。

6. 孕妇和哺乳期妇女避免接触。

7. 远离水产养殖区施药，用剩的药剂不可排入河塘等水体。

8. 单用本品播后苗前处理，三叶草、菜豆属、油菜、棉花、甜菜、向日葵等后茬作物敏感，使用时应该注意，避免产生药害。

9. 每季作物最多使用 1 次。

10. 本品放置于阴凉、干燥、通风、防雨处，远离火源，勿与食品、饲料、种子、日用品等同贮同运。

11. 本品宜置于儿童够不着的地方并上锁，不得重压、破损包装容器。

苄嘧磺隆

【作用特点】

苄嘧磺隆是选择性内吸传导型稻田除草剂。有效成分可在水中迅速扩散，为杂草根部和叶片吸收转移到杂草各部，阻碍氨基酸、赖氨酸、亮氨酸、异亮氨酸的生物合成，阻止细胞的分裂和生长。敏感杂草生长机能受阻，幼嫩组织过早发黄抑制叶部生长，阻碍根部生长而坏死。有效成分进入水稻体内迅速代谢为无害的惰性化学物，对水稻安全。使用方法灵活，可用毒土、毒沙、喷雾、泼浇等方法。在土壤中移动性小，温度、土质对其除草效果影响小。在芽前或芽后早期处理，对一年生及多数多年生阔叶杂草和莎草科杂草都有很好的防除效果。

【毒性与环境生物安全性评价】

对高等动物毒性低毒。

原药大鼠急性经口 LD_{50} 大于 5000 毫克/千克；

原药小鼠急性经口 LD_{50} 大于 11000 毫克/千克；

原药兔急性经皮 LD_{50} 大于 2000 毫克/千克；

原药大鼠急性 4 小时吸入 LC_{50} 大于 7.5 毫克/升。

对兔眼睛有轻微刺激性；

对兔皮肤无刺激性。

大鼠 90 天亚慢性毒性试验经口最大无作用剂量为 1500 毫克/千克；

小鼠 90 天亚慢性毒性试验经口最大无作用剂量雄性为 300 毫克/千克；

小鼠 90 天亚慢性毒性试验经皮最大无作用剂量雌性为 3000 毫克/千克；

狗 90 天亚慢性毒性试验经皮最大无作用剂量为 1000 毫克/千克；

大鼠 2 年慢性毒性试验经口最大无作用剂量为 750 毫克/千克饲料；

大鼠繁殖 2 代最大无作用剂量为 7500 毫克/千克饲料。

各种试验表明：无致癌、致畸、致突变作用。

制剂大鼠急性经口 LD_{50} 大于 5000 毫克/千克；

制剂兔急性经皮 LD_{50} 大于 2000 毫克/千克；

制剂大鼠急性吸入 4 小时 LC_{50} 大于 5.0 毫克/升。

对兔眼睛无刺激性；

对兔皮肤无刺激性。

对鱼类毒性低毒。

鲤鱼 48 小时急性毒性 LC_{50} 大于 1000 毫克/千克；

蓝鳃太阳鱼 96 小时急性毒性 LC_{50} 大于 150 毫克/千克；

虹鳟鱼 96 小时急性毒性 LC_{50} 大于 150 毫克/千克。

对鸟类毒性低毒。

绿头鸭经口 LD_{50} 大于 2500 毫克/千克；

绿头鸭饲料 LC_{50} 大于 5600 毫克/千克；

白喉鹑饲料 LC_{50} 大于 5600 毫克/千克。

对蜜蜂毒性低毒。

蜜蜂急性经口 48 小时 LD_{50} 为 12.5 微克/只。

每人每日允许摄入量为 0.21 毫克/千克体重。

在土壤中半衰期因土壤类型不同而不同，为 4~21 周。

在水中半衰期因 pH 不同而不同，为 15~40 天。

【防治对象】

用于防除水稻秧田、直播田、抛秧田、移栽田 1 年生及多年生杂草如雨久花、野慈姑、慈姑、矮慈姑、泽泻、眼子菜、节节菜、窄叶泽泻、陌上菜、日照飘拂草、牛毛毡、花蔺、萤蔺、异型莎草、水莎草、碎米莎草、小茨藻、田叶萍、茨藻、扁杆藨草、四叶萍、三棱草、野荸荠、水马齿、三萼沟繁缕等。对稗草、稻李氏禾、狼把草等有抑制作用。

【使用方法】

1. 防除水稻田阔叶杂草：每 666.7 平方米用 10% 苄嘧磺隆可湿性粉剂 13.3~30 克，兑水喷雾或拌毒土处理。

2. 防除水稻田莎草：每 666.7 平方米用 10% 苄嘧磺隆可湿性粉剂 13.3~30 克，兑水喷雾或拌毒土处理。

注意以下几点：

(1)水稻秧田：播种前至播种后 20 天均可使用，以播后杂草萌发初期用药效果最好。

(2)水稻移栽田：移栽后 3~7 天使用。

(3)毒土法：每包 5 克，兑土、沙或肥 2~4 公斤均匀撒施。

(4)喷雾法：每包 5 克，兑水 6~12 公斤，均匀喷雾。

(5)田水管理：施药前 2 天，保持浅水层，使杂草露出水面；施药后田中必须稳定水层 3~5 厘米，保持 7~10 天只灌不排。

3. 防除水稻田多年生阔叶杂草及莎草科杂草：每 666.7 平方米用 30% 苄嘧磺隆可湿性粉剂 13.3~20 克；或每 666.7 平方米用 30% 苄嘧磺隆可湿性粉剂 10~15 克第 1 次），每 666.7 平方米用 30% 苄嘧磺隆可湿性粉剂 6.7~15 克（第 2 次），毒土法处理。

4. 防除水稻田 1 年生阔叶杂草及莎草科杂草：每 666.7 平方米用 30% 苄嘧磺隆可湿性粉剂 6.7~13.3 克，毒土法处理。

2 次用药注意点：第 1 次为移栽后 5 ~ 7 天，即三棱草出苗初期，高度 3 ~ 8 毫米以上，尚未露出水面；第 2 次为在第 1 次用药后 15 ~ 20 天，即新出苗的三棱草高度低于 5 毫米，尚未露出水面。

【特别说明】

1. 水稻移栽前至移栽后 20 天均可使用。但以移栽后 5 ~ 15 天施药为佳，防治 1 年生杂草每 666.7 平方米用 10% 苄嘧磺隆可湿性粉剂 13.3 ~ 20 克，防治多年生阔叶杂草每 666.7 平方米用 10% 苄嘧磺隆可湿性粉剂 20 ~ 30 克，防治多年生莎草料杂草每 666.7 平方米用 10% 苄嘧磺隆可湿性粉剂 30 ~ 40 克，兑水 30 ~ 45 千克或拌细土或细沙 15 ~ 20 千克，撒施或喷雾均可。单用 10% 苄嘧磺隆可湿性粉剂不能解决水田全部杂草问题，故需与防除稗草的除草剂混用。

2. 直播田应尽量缩短整地与播种间隔期，最好随整地随播种；水稻出苗晒田覆水后施药，稗草 3 叶期以前使用。采用毒土、毒沙或喷雾法施药均可。水稻 3 叶期以后，稗草 3 ~ 7 叶期，施药前 2 天保持浅水层，使杂草露出水面，采用喷雾法，每亩喷液量 20 ~ 30 千克，施药后 2 天放水回田，稳定水层 3 ~ 5 厘米，保持 7 ~ 10 天只灌不排。

3. 人们传说直播田使用苄嘧磺隆导致水稻倒伏，致使一些人不敢用苄嘧磺隆，其实直播田使用苄嘧磺隆是安全的，不会造成水稻倒伏。水稻倒伏与密度、施肥、水层管理等栽培措施有关。当早春气温低，水稻出苗后不晒田根扎不下去，甚至有飘苗现象，一些地方因缺水或地势低洼不排水晒田易造成水稻倒伏；施氮肥过多是目前生产上存在的又一问题，据实验每 666.7 平方米施尿素超过 12 千克易造成水稻倒伏，种植密度过大，每 666.7 平方米密度超过 50 万株易造成水稻倒伏。因此，直播田使用苄嘧磺隆时施氮肥每 666.7 平方米不应超过 12 千克，种植密度每 666.7 平方米 50 万株以内，水稻出苗后要及时晒田。

4. 用于秧田、直播稻田，苄嘧磺隆在秧田及直播稻田的用药适期较宽。在秧田及直播稻田，1 年生的阔叶杂草与莎草出土比稗草迟，只要在杂草萌动至 2 叶期施药，都可以取得比较好的效果，所以苄嘧磺隆在播种前至播种以后 20 天内均可使用。但苄嘧磺隆在秧田及直播田防除阔叶杂草及莎草科杂草时，都必须与除稗剂如禾草特、禾草丹、二氯喹啉酸等混合使用，因稗草出草比阔叶草、莎草早，所以苄嘧磺隆的使用也大都与除稗剂一起提前至播后 10 天内使用。苄嘧磺隆以毒土、毒沙、毒肥法施药时田中必须有 3 ~ 4 厘米水层，保持 2 ~ 3 天，只能灌，不能排出。秧田及直播田应平整，垡块细小，田块不平，高处露出水面防效降低。由于苄嘧磺隆活性高，用药量较少，所以称量要准确，配制毒土或稀释液时应该使用 2 次稀释法。苄嘧磺隆在秧田及直播稻田使用对稻苗有较高的安全性，按推荐量在水稻播种至播后 10 天使用对秧苗均安全，甚至可以将苄嘧磺隆与种子搅拌均匀后施药。

在南方稻区，如果秧田、直播田以一年生的阔叶杂草、莎草以及稗草、千金子为主，为了兼除稗草、千金子等禾本科杂草，苄嘧磺隆可以低量与丙草胺、禾草丹、禾草特、二氯喹啉酸等混用。每 666.7 平方米混用的配方为：10% 苄嘧磺隆可湿性粉剂 10 ~ 13.3 克加 30% 丙草胺乳油 75 ~ 120 毫升；10% 苄嘧磺隆可湿性粉剂 10 ~ 13.3 克加 50% 禾草丹乳油 150 ~ 250 毫升；10% 苄嘧磺隆可湿性粉剂 10 ~ 13.3 克加 96% 禾草特乳油 100 ~ 150 毫升；10% 苄嘧磺隆可湿性粉剂 10 ~ 13.3 克加 50% 二氯喹啉酸可湿性粉剂 20 ~ 30 克。如果秧田、直播田多年生的阔叶杂草和莎草如扁秆藨草、水莎草、野慈姑、四叶萍等较多，苄嘧磺隆每 666.7 平方米的混用量可以增加至 15 ~ 25 克。以上混配中，苄嘧磺隆与禾草丹混用后，苄嘧磺隆能加速水稻幼芽对吸入体内的禾草丹的降解解毒能力，使禾草丹在秧田的安全用药期，由原来单用时对秧苗 1.5 叶后提前至随播种随。其他混用配方的施药时期和施药方法同混入的除稗剂。在北方稻区，秧田和直播稻田，每 666.7 平方米混用的配方为：10% 苄嘧磺隆可湿性粉剂 13

~17 克加 96% 禾草特乳油 100~138 毫升；10% 苄嘧磺隆可湿性粉剂 13~17 克加 50% 二氯喹啉酸可湿性粉剂 20~40 克。

5. 用于移栽稻田，苄嘧磺隆在移栽稻田防除 1 年生及多年生的阔叶杂草，在移栽前至移栽后 20 天都可以进行，以阔叶杂草和莎草科杂草的生育期不超过 2 叶为宜。由于稗草的出草比阔叶草和莎草早，而苄嘧磺隆常与除稗剂混用，因此常在移栽稻田稻苗移栽后 3~6 天进行。施药方法喷雾、毒土、毒沙、毒肥均可以，以毒土、毒沙、毒肥法施药比较方便，使用较多。毒土、毒沙、毒肥法施药时田间应有 3~5 厘米浅水，这样施入田中的苄嘧磺隆能很快扩散均匀，药后并需保水 5~7 天。

在南方稻区，在以 1 年生阔叶杂草和莎草为主的移栽稻田，为了兼除稗草、苄嘧磺隆可以以每 666.7 平方米 10~13.3 克的低剂量与除稗剂混用，除了在上述秧田、直播田讲到的除稗剂品种可在移栽稻田使用之外，苄嘧磺隆还可以与乙草胺、丁草胺、异丙甲草胺等混用，每 666.7 平方米混用的配方为：10% 苄嘧磺隆可湿性粉剂 10~13.3 克加 50% 乙草胺乳油 10~15 毫升；10% 苄嘧磺隆可湿性粉剂 10~13.3 克加 60% 丁草胺乳油 75~100 毫升；10% 苄嘧磺隆可湿性粉剂 10~13.3 克加 72% 异丙甲草胺乳油 10~12 毫升。在多年生杂草矮慈姑、扁秆藨草、水莎草、眼子菜较多的移栽稻田，苄嘧磺隆每 666.7 平方米的混用量可以增加至 15~25 克。

在北方稻区，苄嘧磺隆除可与禾草特、二氯喹啉酸混用以外，还可以与稻田除稗剂莎稗磷、环庚草醚、丁草胺等混用，每 666.7 平方米混用的配方为：10% 苄嘧磺隆可湿性粉剂 13~17 克加 30% 莎稗磷乳油 60 毫升；10% 苄嘧磺隆可湿性粉剂 13~17 克加 10% 环庚草醚乳油 15~20 毫升；10% 苄嘧磺隆可湿性粉剂 13~17 克加 60% 丁草胺乳油 80~100 毫升。苄嘧磺隆与莎稗磷、环庚草醚、丁草胺等混用，施用时田间应有浅水层，并保水 5~7 天，水层不能淹没心叶，以免产生药害。

【中毒急救】

吸入：应迅速将患者转移到空气清新流通处。如呼吸停止应做人工呼吸。如呼吸困难应输氧。如有症状及时就医。皮肤接触后：立即用水和肥皂清洗，并彻底冲洗干净。眼睛接触后：把眼睛打开用流水冲洗几分钟，如有持续的症状，及时就医。误食：立即用大量清水漱口，洗胃。洗胃时注意保护气管和食管。及时送医院对症治疗。不要给神志不清的病人经口食用任何东西。本品无特效解毒剂。

【注意事项】

1. 本品使用时按常规方法打开包装。操作者应遵守《农药安全使用准则》，按要求做好劳动保护，如穿戴工作服、手套、面罩等，避免让人体直接接触药剂。工作后漱口、清洗裸露在外的身体部分并更换干净的衣服。

2. 本品对酸、碱、热稳定，在光照条件下中等稳定，贮、运及使用时应加以注意。

3. 如本品包装破损有遗洒在外面，可将遗洒物聚拢收集，地面的少量残余物可用清水冲洗干净，收集废水集中处理，不可流入水体。本品不自燃，如遇着火等突发事故时，本品在高温下会分解，并产生大量有毒有害的烟气，灭火时应佩戴自呼吸式防毒面具。小火可采用窒息法扑灭，大火必要时可用水。

4. 施药时稻田内必须有水层 3~5 厘米，使药剂均匀分布，施药后 7 天内不排水、串水，以免降低药效。

5. 每季作物最多使用 1 次（特殊处理情况如 2 次用药除外）。

6. 田地应尽量整平，使全部淹没水中，漏水田和沙壤田应注意保水。

7. 对轻质土田地，用药量应减低。

8. 配制好的药液，应立即使用。

9. 本药剂只适用水稻田，不可污染井水、河水及其他开放性水源。

10. 药土和药肥应现配现用，不可存放。

11. 孕妇和哺乳期妇女避免接触。

12. 本品放置于阴凉、干燥、通风、防雨处，远离火源，勿与食品、饲料、种子、日用品等同贮同运。

13. 本品宜置于儿童够不着的地方并上锁，不得重压、破损包装容器。

吡嘧磺隆

【作用特点】

吡嘧磺隆为磺酰脲类高活性内吸传导型选择性除草剂。药剂主要通过植物根系吸收，在杂草植株体内迅速转移，抑制生长，杂草逐渐死亡。作用机理是抑制杂草细胞中乙酰乳酸酶的活性，阻碍氨基酸的生物合成，从而导致杂草生长停止，直至最后枯死。有时施药后杂草虽然仍然呈现绿色，但生长发育受到抑制，从而失去与水稻生长的竞争能力。而水稻能分解该药剂，它对水稻生长几乎没有影响。药效稳定，安全性高，持效期 25～35 天。

【毒性与环境生物安全性评价】

对高等动物毒性低毒。

原药大鼠急性经口 LD_{50} 大于 5000 毫克/千克；

原药小鼠急性经口 LD_{50} 大于 5000 毫克/千克；

原药大鼠急性经皮 LD_{50} 大于 2000 毫克/千克；

原药小鼠急性经皮 LD_{50} 大于 2000 毫克/千克；

原药大鼠急性吸入 LC_{50} 大于 3.9 毫克/升。

对兔眼睛无刺激性；

对兔皮肤无刺激性。

各种试验表明：无致癌、致畸、致突变作用。

大鼠 1.5 年慢性喂养试验无作用剂量为 4.3 毫克/千克·天。

制剂大鼠急性经口 LD_{50} 大于 5000 毫克/千克；

制剂小鼠急性经口 LD_{50} 大于 5000 毫克/千克；

制剂大鼠急性经皮 LD_{50} 大于 2000 毫克/千克；

制剂小鼠急性经皮 LD_{50} 大于 2000 毫克/千克；

制剂大鼠急性吸入 LC_{50} 大于 4.79 毫克/升。

对鱼类毒性低毒。

虹鳟鱼 96 小时急性毒性 LC_{50} 大于 100 毫克/升。

对鸟类毒性低毒。

山齿鹑急性经口 LD_{50} 大于 2250 毫克/千克。

对蜜蜂毒性低毒。

蜜蜂接触 LD_{50} 大于 100 微克/只。

每人每日允许摄入量为 0.043 毫克/千克体重。

【防治对象】

适用水稻秧田、直播田、移栽田。可以防除 1 年生和多年生阔叶杂草和莎草科杂草，可以防除的杂草有泽泻、虻眼、鳢肠、三蕊沟繁缕、母草、水龙、鸭舌草、节节菜、雨久花、窄叶泽泻、狼把草、丁香蓼、水苋菜、浮生水马齿、异型莎草、宽叶谷精草、日照飘拂草、萤蔺等。

还可以防除多年生的阔叶杂草和莎草科杂草有水芹、眼子菜、四叶萍、矮慈姑、野慈姑、水莎草、牛毛毡、野荸荠、扁秆藨草、日本藨草、三江藨草、藨草等。

【使用方法】

1. 防除水稻田莎草：每666.7平方米用10%吡嘧磺隆可湿性粉剂10～20克，兑水喷雾或拌毒土处理。

2. 防除水稻田稗草：每666.7平方米用10%吡嘧磺隆可湿性粉剂10～20克，兑水喷雾或拌毒土处理。

3. 防除水稻田阔叶杂草：每666.7平方米用10%吡嘧磺隆可湿性粉剂10～20克，兑水喷雾或拌毒土处理。

注意以下几点：

(1)使用适期：在水稻移栽、抛秧后3～8天；直播田及秧田在水稻播种后3～10天使用。

(2)防除三棱草：在第1次用药后仍有三棱草时，可在第1次用药后15～20天，在三棱草露出水面以前，每666.7平方米用10%吡嘧磺隆可湿性粉剂10～15克补施1次，可防除三棱草。

(3)使用方法：毒土法为把推荐剂量的药剂与5～10千克细沙或细土拌匀撒施；喷雾法为把推荐剂量的药剂兑水30～45千克喷雾。

(4)田间管理：施药时水层为3～5厘米，保持5～7天。

(5)严重漏水田，不宜使用。

【特别说明】

1. 秧田由于秧田阔叶杂草和莎草的萌发出土比稗草迟，吡嘧磺隆在南方稻区防除秧田1年生阔叶杂草和莎草科杂草可以在稻谷播种当日至落谷后20天施药。但是为了防除秧田的稗草，可在落谷当日至种草1.5叶期前即落谷后约8天施药，每666.7平方米用10%吡嘧磺隆可湿性粉10克。超过稗草1.5叶期施药，由于稗草抗药能力提高，防效会有较大幅度下降。施药可以用毒土法、毒肥法、毒沙法。施药时应有浅水层，药后保水5～7天。如果药后栽培上要求晾芽，不能保持水层则畦沟应有水，畦面保持湿润。在薄膜覆盖的秧田由于覆膜的苗床内温度、湿度高，种草出土早而集中，施药可以在落谷塌谷后喷施，喷后即盖膜，播种喷药一次完成，省工方便。盖膜后膜内温度、湿度条件好。有利于药效的发挥，同时对秧苗高度安全。为了提高对稗草的防效，吡嘧磺隆可以与除稗剂禾草特、二氯喹啉酸混用。混用的配方为：每666.7平方米用10%吡嘧磺隆可湿性粉10克加96%禾草特乳油100～120毫升；每666.7平方米用10%吡嘧磺隆可湿性粉10克加50%二氯喹啉酸可湿性粉剂20～30克，用药时间与方法同禾大壮或快杀稗在秧田单用相同。

2. 直播稻田在南方稻区由于阔叶草和莎草出土较迟。吡嘧磺隆防除直播稻田阔叶杂草和莎草科杂草在播种以后3～20天都可以施药，但是吡嘧磺隆防除稗草时，稗草叶龄不能超过1.5叶，所以吡嘧磺隆在直播稻田的施药适期为落谷后3～8天，施药时稗草超过1.5叶期防效下降。施药量为每666.7平方米用10%吡嘧磺隆可湿性粉20～25克，毒土、毒沙、毒肥、喷雾法均可。毒土、毒肥、毒沙法施药时田间应有浅水、药后保水5～7天。喷雾法施药时喷药前应排水，药后24小时上浅水，保水5～7天。为了提高对稗草的防效，吡嘧磺隆可以与禾草特、二氯喹啉酸混用，混用禾草特、二氯喹啉酸的量见本节秧田部分。近年国内农药厂生产了50%二氯·吡可湿性粉剂，为二氯喹啉酸和吡嘧磺隆的混配剂，可以在秧田和直播稻田使用，使用方法同二氯喹啉酸单用相同，在北方稻区的直播稻田，吡嘧磺在水稻出苗晒田复水后立即使用，每666.7平方米用10%吡嘧磺隆可湿性粉13～15克。稗草进入2～3叶期后，为提高对稗草的防效，吡嘧磺隆应与禾草特混用，配方为每666.7平方米用10%吡嘧磺隆可湿性粉 10 克加 96% 禾草特乳油 100～133 毫升。稗草进入 3 叶期以后，吡嘧磺隆应与二氯喹啉酸混用，配方为每 666.7 平方米用 10% 吡嘧磺隆可湿性粉 10 克加 50% 二氯喹啉酸可湿性粉剂 30～40 克。水稻播种以后 3～5 天或晒田覆水后稗草 2 叶期以前，吡嘧磺隆与异噁草酮混用，配方为每 666.7 平方米用 10% 吡嘧磺隆可湿性粉 10 克加 48% 异噁草酮乳油 27 毫升。吡嘧磺隆单用或与禾草特、异噁草酮混用采用毒土法施药，吡嘧磺隆与二氯喹啉酸混用采用喷雾法施药。

3. 移栽田 在南方稻区，吡嘧磺隆防除移栽稻田的阔叶杂草、莎草可在移栽后 3～20 天进行，需同时防除稗草时，最迟应在种草 1.5 叶期进行，即在水稻移栽后 3～8 天时进行。每666.7 平方米用 10% 吡嘧磺隆可湿性粉 10～20 克，吡嘧磺隆单用防除稗草药效表现较慢，施药后 7 天防效较低，到施药后 15 天，其防效逐渐提高，施药后 30～45 天达到药效高峰。施药方法以毒土、毒沙或毒肥法为宜。为使吡嘧磺隆与细土或细沙、肥料搅拌均匀，应采用 2次稀释法。即先取少量干土或细沙与吡嘧磺隆可湿性粉剂充分混合，再与大堆土或者细沙混合均匀。施药时田间应有浅水层，药后保水 5～7 天。为了提高对稗草的防效，同时减少吡嘧磺隆的用量，吡嘧磺隆可以与乙草胺、丁草胺、环庚草醚、莎稗磷等混用，混用的配方为：每666.7 平方米用 10% 吡嘧磺隆可湿性粉 10 克加 50% 乙草胺乳油 10～15 毫升；每 666.7 平方米用 10% 吡嘧磺隆可湿性粉 10 克加 60% 丁草胺乳油 100 毫升；每 666.7 平方米用 10% 吡嘧磺隆可湿性粉 10 克加 10% 环庚草醚乳油 20 毫升；每 666.7 平方米用 10% 吡嘧磺隆可湿性粉10 克加 30% 莎稗磷乳油 16.67 毫升。施药方法同吡嘧磺隆单用。吡嘧磺隆与丁草胺、环庚草醚、莎稗磷的混用配方可以用于抛秧田，使用方法同移栽稻田。在北方稻区，吡嘧磺隆常与稻田除稗剂混用，其方法为：每 666.7 平方米用 10% 吡嘧磺隆可湿性粉 10 克加 30% 莎稗磷乳油 60 毫升，移栽后 5～7 天施药；或移栽前 5～7 天，每 666.7 平方米先用 30% 莎稗磷乳油 40 毫升，移栽后 15～20 天，再每 666.7 平方米用 10% 吡嘧磺隆可湿性粉 10 克加 30% 莎稗磷乳油 40 毫升。每 666.7 平方米用 10% 吡嘧磺隆可湿性粉 10 克加 10% 环庚草醚乳油 10～20 毫升，移栽后 5～7 天施药；或移栽前 5～7 天，每 666.7 平方米用 10% 环庚草醚乳油 10～15 毫升，移栽后 15～20 天，再每 666.7 平方米用 10% 吡嘧磺隆可湿性粉 10 克加 10% 环庚草醚乳油 10～15 毫升。每 666.7 平方米用 60% 丁草胺乳油 80～100 毫升，先在移栽前 5～7天用药，移栽后 15～20 天，再每 666.7 平方米用 10% 吡嘧磺隆可湿性粉 10 克加 60% 丁草胺乳油 80～100 毫升。一般移栽田采用移栽后 1 次施药法。整地与移栽间隔期长或因缺水整地后不能及时移栽的田块可以采用上述两次施药。施药方法以毒土、毒沙、毒肥法为好。

【中毒急救】

吸入：应迅速将患者转移到空气清新流通处。如呼吸停止应做人工呼吸。如呼吸困难应输氧。如有症状及时就医。皮肤接触后：立即用水和肥皂清洗，并彻底冲洗干净。眼睛接触后：把眼睛打开用流水冲洗几分钟，如有持续的症状，及时就医。误食：立即用大量清水漱口，洗胃。洗胃时注意保护气管和食管。及时送医院对症治疗。不要给神志不清的病人经口食用任何东西。本品无特效解毒剂。

【注意事项】

1. 本品使用时按常规方法打开包装。操作者应遵守《农药安全使用准则》，按要求做好劳动保护，如穿戴工作服、手套、面罩等，避免让人体直接接触药剂。工作后漱口、清洗裸露在外的身体部分并更换干净的衣服。

2. 本品对酸、碱、热稳定，在光照条件下中等稳定，贮、运及使用时应加以注意。

3. 如本品包装破损有遗洒在外面，可将遗洒物聚拢收集，地面的少量残余物可用清水冲洗干净，收集废水集中处理，不可流入水体。本品不自燃，如遇着火等突发事故时，本品在高温下会分解，并产生大量有毒有害的烟气，灭火时应佩戴自呼吸式防毒面具。小火可采用窒息法扑灭，大火必要时可用水。

4. 施药时稻田内必须有水层 3~5 厘米，使药剂均匀分布，施药后 7 天内不排水、串水，以免降低药效。

5. 每季作物最多使用 1 次（特殊处理情况如 2 次用药除外）。

6. 田地应尽量整平，使全部淹没水中，漏水田和沙壤田应注意保水。

7. 对轻质土田地，用药量应减低。

8. 配制好的药液，应立即使用。

9. 本药剂只适用水稻田，不可污染井水、河水及其他开放性水源。

10. 药土和药肥应现配现用，不可存放。

11. 在施药、排水时注意不让本品漂移到阔叶作物上。

12. 晚稻品种相对敏感，应尽量避免在晚稻芽期使用。

13. 本品药雾和田中排水对周围阔叶作物有伤害作用，应予注意。

14. 远离水产养殖区施药，禁止在河塘等水体中清洗施药器具。养鱼稻田禁用，施药后的田水不得直接排入水体。

15. 孕妇和哺乳期妇女避免接触。

16. 用过的容器妥善处理，不可做他用，不可随意丢弃。

17. 本品放置于阴凉、干燥、通风、防雨处，远离火源，勿与食品、饲料、种子、日用品等同贮同运。

18. 本品宜置于儿童够不着的地方并上锁，不得重压、破损包装容器。

苯嗪草酮

【作用特点】

苯嗪草酮属三嗪酮类选择性芽前除草剂，是光合作用抑制剂。主要通过植物根部吸收，再输送到叶子内。药剂通过抑制光合作用的希尔反应而起到杀草作用。苯嗪草酮作播前及播后苗前处理时，若春季干旱、低温、多风，土壤风蚀严重，整地质量不好而又无灌溉条件时，都会影响除草效果。

【毒性与环境生物安全性评价】

对高等动物毒性低毒。

原药雄大鼠急性经口 LD_{50} 为 3830 毫克/千克；

原药雌大鼠急性经口 LD_{50} 大于 2610 毫克/千克；

原药雄大鼠急性经皮 LD_{50} 大于 2000 毫克/千克；

原药雌大鼠急性经皮 LD_{50} 大于 2000 毫克/千克；

原药大鼠急性吸入 4 小时 LC_{50} 大于 0.33 毫克/升。

对兔眼睛有轻微至中度刺激性；

对兔皮肤无刺激性。

豚鼠皮肤致敏性试验结果为弱致敏性。

各种试验表明：无致癌、致畸、致突变作用。

大鼠 90 天亚慢性毒性试验最大无作用剂量雄性为 11.06 毫克/千克·天；

大鼠 90 天亚慢性毒性试验最大无作用剂量雌性为 16.98 毫克/千克·天。

制剂雄大鼠急性经口 LD_{50} 为 2150 毫克/千克；

制剂雌大鼠急性经口 LD_{50} 为 1470 毫克/千克；

制剂雄大鼠急性经皮 LD_{50} 大于 2000 毫克/千克；

制剂雌大鼠急性经皮 LD_{50} 大于 2000 毫克/千克。

对兔眼睛有中度刺激性；

对兔皮肤有轻微刺激性。

豚鼠皮肤致敏性试验结果为弱致敏性。

对鱼类毒性低毒。

斑马鱼 96 小时急性毒性 LC_{50} 大于 100 毫克/升。

对鸟类毒性低毒。

鹌鹑急性经口染毒 LD_{50} 为 1040 毫克/千克。

对蜜蜂毒性低毒。

蜜蜂胃毒法喂饲药糖水 48 小时 LC_{50} 大于 1000 毫克/升。

对家蚕毒性低毒。

2 龄家蚕食下毒叶法 LC_{50} 大于 200 毫克/千克·桑叶。

每人每天允许摄入量为 0.036 毫克/千克体重。

【防治对象】

主要用于防除甜菜单子叶、双子叶杂草、1 年生阔叶杂草，如看麦娘、桑麻、早熟禾、龙葵、猪殃殃、小野芝麻等。

【使用方法】

防除甜菜 1 年生阔叶杂草：每 666.7 平方米用 70% 苯嗪草酮水分散粒剂 400～476 克，兑水 30～45 千克搅拌均匀，播后苗前土壤喷雾处理。喷药时药液要均匀周到。播前或播后 3～5 天杂草出土前均匀喷雾防除效果最佳。施药时，避免漂移到周围作物田地及其他作物。

【中毒急救】

吸入：应迅速将患者转移到空气清新流通处。如呼吸停止应做人工呼吸。如呼吸困难应输氧。如有症状及时就医。皮肤接触后：立即用水和肥皂清洗，并彻底冲洗干净。眼睛接触后：把眼睛打开用流水冲洗几分钟，如有持续的症状，及时就医。误食：立即用大量清水漱口，洗胃。洗胃时注意保护气管和食管。及时送医院对症治疗。不要给神志不清的病人经口食用任何东西。本品无特效解毒剂。

【注意事项】

1. 本品使用时按常规方法打开包装。操作者应遵守《农药安全使用准则》，按要求做好劳动保护，如穿戴工作服、手套、面罩等，避免让人体直接接触药剂。工作后漱口、清洗裸露在外的身体部分并更换干净的衣服。

2. 本品对酸、碱、热稳定，在光照条件下中等稳定，贮、运及使用时应加以注意。

3. 如本品包装破损有遗洒在外面，可将遗洒物聚拢收集，地面的少量残余物可用清水冲洗干净，收集废水集中处理，不可流入水体。本品不自燃，如遇着火等突发事故时，本品在高温下会分解，并产生大量有毒有害的烟气，灭火时应佩戴自呼吸式防毒面具。小火可采用窒息法扑灭，大火必要时可用水。

4. 用剩的包装袋或桶应收集，统一送废物处理场焚烧处理，不可随意丢弃，更不可做他用。

5. 禁止在河塘等水体中清洗施药器具。

6. 孕妇和哺乳期妇女避免接触。

7. 远离水产养殖区施药，用剩的药剂不可排入河塘等水体。

8. 每季作物最多使用 1 次。

9. 土壤处理时，整地要平整，避免有大土块或植物残渣。

10. 施药时应该严格控制用药量，喷雾均匀周到，避免重喷、漏喷。土壤表土干旱、土壤湿度较低时，应该适当加大兑水量。

11. 施药后遇大雨，容易发生溶淋药害，作物在 1~2 周内可以恢复正常生长。

12. 本品放置于阴凉、干燥、通风、防雨处，远离火源，勿与食品、饲料、种子、日用品等同贮同运。

13. 本品宜置于儿童够不着的地方并上锁，不得重压、破损包装容器。

丙炔氟草胺

【作用特点】

丙炔氟草胺是一种触杀型的选择性除草剂，可被植物的幼芽和叶片吸收。作土壤处理可有效防除 1 年生阔叶杂草和部分禾本科杂草，在环境中易降解，对后茬作物安全。大豆、花生对其有很好的耐药性。玉米、小麦、大麦、水稻具有中等忍耐性。它用量少，防效高且对后茬作物安全。

【毒性与环境生物安全性评价】

对高等动物毒性低毒。

原药大鼠急性经口 LD_{50} 大于 5000 毫克/千克；

原药大鼠急性经皮 LD_{50} 大于 2000 毫克/千克；

原药大鼠急性吸入 LC_{50} 为 3.93 毫克/升。

对兔眼睛有刺激性；

对兔皮肤有刺激性。

豚鼠皮肤致敏性试验结果为弱致敏性。

各种试验表明：无致癌、致畸、致突变作用。

对鱼类毒性中等毒。

蓝鳃太阳鱼 96 小时急性毒性 LC_{50} 为 21 毫克/升；

虹鳟鱼 96 小时急性毒性 LC_{50} 为 2.3 毫克/升。

【防治对象】

适合于大豆、花生、果园等作物田防除 1 年生阔叶杂草和部分禾本科杂草。

【使用方法】

1. 防除春大豆田 1 年生阔叶杂草及禾本科杂草：每 666.7 平方米用 50% 丙炔氟草胺可湿性粉剂 3~4 克(东北地区)，兑水 30~45 千克搅拌均匀，进行苗后早期喷雾，大豆苗后随即施药，喷药时药液要均匀周到。为保证药效，可在施药后趟蒙头土或浅混土。苗后杂草 2~3 叶期茎叶喷雾。施药时，避免漂移到周围作物田地及其他作物。

2. 防除大豆田 1 年生阔叶杂草及禾本科杂草：每 666.7 平方米用 50% 丙炔氟草胺可湿性粉剂 8~12 克，兑水 30~45 千克搅拌均匀，进行播后苗前土壤处理，大豆播后苗前随即施药，一般播后不超过 3 天施药，播后苗前土壤喷雾处理。喷药时药液要均匀周到。为保证药效，可在施药后趟蒙头土或浅混土。苗后杂草 2~3 叶期茎叶喷雾。施药时，避免漂移到周围作物田地及其他作物。

3. 防除柑橘园 1 年生阔叶杂草及禾本科杂草：每 666.7 平方米用 50% 丙炔氟草胺可湿性粉剂 53~80 克，兑水 30~45 千克搅拌均匀，进行定向茎叶喷雾，喷药时药液要均匀周到。为保证药效，可在施药后趟蒙头土或浅混土。苗后杂草 2~3 叶期茎叶喷雾。施药时，避免漂移到周围作物田地及其他作物。

4. 防除花生田 1 年生阔叶杂草及禾本科杂草：每 666.7 平方米用 50% 丙炔氟草胺可湿性粉剂 8 ~ 12 克，兑水 30 ~ 45 千克搅拌均匀，进行播后苗前土壤处理，大豆播后苗前随即施药，一般播后不超过 3 天施药，播后苗前土壤喷雾处理。喷药时药液要均匀周到。为保证药效，可在施药后趟蒙头土或浅混土。苗后杂草 2 ~ 3 叶期茎叶喷雾。施药时，避免漂移到周围作物田地及其他作物。

5. 防除夏大豆田 1 年生阔叶杂草及禾本科杂草：每 666.7 平方米用 50% 丙炔氟草胺可湿性粉剂 3 ~ 4 克(东北地区)，兑水 30 ~ 45 千克搅拌均匀，进行苗后早期喷雾，大豆苗后随即施药，喷药时药液要均匀周到。为保证药效，可在施药后趟蒙头土或浅混土。苗后杂草 2 ~ 3 叶期茎叶喷雾。施药时，避免漂移到周围作物田地及其他作物。

【中毒急救】

吸入：应迅速将患者转移到空气清新流通处。如呼吸停止应做人工呼吸。如呼吸困难应输氧。如有症状及时就医。皮肤接触后：立即用水和肥皂清洗，并彻底冲洗干净。眼睛接触后：把眼睛打开用流水冲洗几分钟，如有持续的症状，及时就医。误食：立即用大量清水漱口，洗胃。洗胃时注意保护气管和食管。及时送医院对症治疗。不要给神志不清的病人经口食用任何东西。本品无特效解毒剂。

【注意事项】

1. 本品使用时按常规方法打开包装。操作者应遵守《农药安全使用准则》，按要求做好劳动保护，如穿戴工作服、手套、面罩等，避免让人体直接接触药剂。工作后漱口、清洗裸露在外的身体部分并更换干净的衣服。

2. 本品对酸、碱、热稳定，在光照条件下中等稳定，贮、运及使用时应加以注意。

3. 如本品包装破损有遗洒在外面，可将遗洒物聚拢收集，地面的少量残余物可用清水冲洗干净，收集废水集中处理，不可流入水体。本品不自燃，如遇着火等突发事故时，本品在高温下会分解，并产生大量有毒有害的烟气，灭火时应佩戴自呼吸式防毒面具。小火可采用窒息法扑灭，大火必要时用水。

4. 本品在大豆、花生、柑橘园施用每季最多施药 1 次。

5. 最好现配现用，不宜长时间搁置。

6. 不要过量使用，大豆拱土或出苗期不能施药，柑橘园施药应定向喷雾杂草上，避免喷施到柑橘树的叶片及嫩枝上。

7. 禾本科杂草较多的田块，在技术人员指导下，和防禾本科杂草的除草剂混用。避免药液漂移到敏感作物田。

8. 本品对鱼类有毒。清洗器具的废水不能排入河流、池塘等水源，废弃物要妥善处理，不能随意丢弃，也不能做他用。

9. 避免孕妇及哺乳期的妇女接触。

10. 本品放置于阴凉、干燥、通风、防雨处，远离火源，勿与食品、饲料、种子、日用品等同贮同运。

11. 本品宜置于儿童够不着的地方并上锁，不得重压、破损包装容器。

吡唑草胺

【作用特点】

吡唑草胺属乙酰苯胺类除草剂，为芽前除草剂。它可以有效防除油菜田 1 年生杂草，对禾本科和双子叶杂草有效。

【毒性与环境生物安全性评价】

对高等动物毒性低毒。

雄大鼠急性经口 LD_{50} 为 3160 毫克/千克；

雌大鼠急性经口 LD_{50} 为 3160 毫克/千克；

雄大鼠急性经皮 LD_{50} 大于 2000 毫克/千克；

雌大鼠急性经皮 LD_{50} 大于 2000 毫克/千克。

对鱼类毒性中等毒。

鱼 96 小时急性毒性 LC_{50} 为 5.36 毫克/升。

对鸟类毒性低毒。

鸟急性经口染毒 LD_{50} 大于 2500 毫克/千克。

对蜜蜂毒性低毒。

蜜蜂 48 小时 LC_{50} 大于 3000 毫克/升。

对家蚕毒性低毒。

2 龄家蚕食下毒叶法 LC_{50} 为 2738 毫克/千克·桑叶。

【防治对象】

用于油菜田，可防除风草、鼠尾看麦娘、野燕麦、马唐、稗、早熟禾、狗尾草等1年生禾本翻新杂草及苋、母菊、蓼、芥、茄、繁缕、荨麻、婆婆纳等阔叶杂草。用于油菜、大豆、马铃薯、烟草和移植甘蓝田中禾本科杂草和双子叶杂草。

【使用方法】

防除冬油菜田1年生杂草：每666.7平方米用500克/升吡唑草胺悬浮剂133.3~200克，兑水30~45千克搅拌均匀，在油菜移栽前1~3天进行茎叶喷雾，喷药时药液要均匀周到。避免漂移到周围作物田地及其他作物。

注意：芽前以每666.7平方米用500克/升吡唑草胺悬浮剂133.3~200克，兑水30~45喷雾。油菜田在芽后早期至4叶期，以每666.7平方米用500克/升吡唑草胺悬浮剂200克，兑水30~45喷雾。

【中毒急救】

吸入：应迅速将患者转移到空气清新流通处。如呼吸停止应做人工呼吸。如呼吸困难应输氧。如有症状及时就医。皮肤接触后：立即用水和肥皂清洗，并彻底冲洗干净。眼睛接触后：把眼睛打开用流水冲洗几分钟，如有持续的症状，及时就医。误食：立即用大量清水漱口，洗胃。洗胃时注意保护气管和食管。及时送医院对症治疗。不要给神志不清的病人经口食用任何东西。本品无特效解毒剂。

【注意事项】

1. 本品使用时按常规方法打开包装。操作者应遵守《农药安全使用准则》，按要求做好劳动保护，如穿戴工作服、手套、面罩等，避免让人体直接接触药剂。工作后漱口、清洗裸露在外的身体部分并更换干净的衣服。

2. 本品对酸、碱、热稳定，在光照条件下中等稳定，贮、运及使用时应加以注意。

3. 如本品包装破损有遗洒在外面，可将遗洒物聚拢收集，地面的少量残余物可用清水冲洗干净，收集废水集中处理，不可流入水体。本品不自燃，如遇着火等突发事故时，本品在高温下会分解，并产生大量有毒有害的烟气，灭火时应佩戴自呼吸式防毒面具。小火可采用窒息法扑灭，大火必要时可用水。

4. 用剩的包装袋或桶应收集，统一送废物处理场焚烧处理，不可随意丢弃，更不可做他用。

5. 远离水产养殖区施药，禁止在河塘等水体中清洗施药器具。养鱼稻田禁用，施药后的田水不得直接排入水体。

6. 孕妇和哺乳期妇女避免接触。

7. 远离水产养殖区施药，用剩的药剂不可排入河塘等水体。

8. 每季作物最多使用 1 次。

9. 本品放置于阴凉、干燥、通风、防雨处，远离火源，勿与食品、饲料、种子、日用品等同贮同运。

10. 本品宜置于儿童够不着的地方并上锁，不得重压、破损包装容器。

苯唑草酮

【作用特点】

苯唑草酮属苯甲酰吡唑酮除草剂，是新型羟基苯基丙酮酸酯双氧化酶抑制剂，是广谱苗后除草剂，能有效防除玉米地 1 年生禾本科和阔叶杂草、莎草科杂草。它可以被杂草的叶片、根和茎吸收，并在植物体内向上和向下双向传导，间接影响类胡萝卜素的合成，干扰叶绿体在光照下合成与功能，最终导致杂草严重白化、组织坏死，杂草死亡。杂草受药害后的典型症状是杂草心叶白化。敏感的靶标杂草在药剂处理后 2～5 天内出现漂泊症状，14 天内植株死亡。

【毒性与环境生物安全性评价】

对高等动物毒性低毒。

原药雄大鼠急性经口 LD_{50} 大于 2000 毫克/千克；

原药雌大鼠急性经口 LD_{50} 大于 2000 毫克/千克；

原药雄大鼠急性经皮 LD_{50} 大于 2000 毫克/千克；

原药雌大鼠急性经皮 LD_{50} 大于 2000 毫克/千克；

原药雄大鼠急性吸入 LC_{50} 大于 5400 毫克/立方米；

原药雌大鼠急性吸入 LC_{50} 大于 5400 毫克/立方米。

对兔眼睛有轻微刺激性；

对兔皮肤有轻微刺激性。

豚鼠皮肤致敏性试验结果为无致敏性。

各种试验表明：无致癌、致畸、致突变作用。

大鼠 90 天亚慢性毒性试验经口最大无作用剂量雄性为 1.1 毫克/千克·天；

大鼠 90 天亚慢性毒性试验经口最大无作用剂量雌性为 2.1 毫克/千克·天；

大鼠 28 天亚慢性毒性试验经皮最大无作用剂量雄性为 100 毫克/千克·天；

大鼠 28 天亚慢性毒性试验经皮最大无作用剂量雌性为 300 毫克/千克·天；

大鼠 2 年慢性毒性试验经口最大无作用剂量雄性为 0.4 毫克/千克·天；

大鼠 2 年慢性毒性试验经口最大无作用剂量雌性为 0.6 毫克/千克·天。

制剂雄大鼠急性经口 LD_{50} 大于 2000 毫克/千克；

制剂雌大鼠急性经口 LD_{50} 大于 2000 毫克/千克；

制剂雄大鼠急性经皮 LD_{50} 大于 4000 毫克/千克；

制剂雌大鼠急性经皮 LD_{50} 大于 4000 毫克/千克；

制剂雄大鼠急性吸入 LC_{50} 大于 5800 毫克/立方米；

制剂雌大鼠急性吸入 LC_{50} 大于 5800 毫克/立方米。

对兔眼睛有轻微刺激性；

对兔皮肤有轻微刺激性。

豚鼠皮肤致敏性试验结果为弱致敏性。

对鱼类毒性低毒。

虹鳟鱼 96 小时急性毒性 LC_{50} 大于 100 毫克/升。

对鸟类毒性低毒。

鹌鹑急性经口染毒 LD_{50} 大于 2000 毫克/千克。

对蜜蜂毒性低毒。

蜜蜂急性经口 48 小时 LD_{50} 为 108.3 微克/只；

蜜蜂急性接触 48 小时 LD_{50} 为 100.0 微克/只。

对家蚕毒性低毒。

2 龄家蚕食下毒叶法 LC_{50} 大于 5000 毫克/千克·桑叶。

【防治对象】

适用于防除玉米田 1 年生杂草，可以有效防除马唐、牛筋草、铁苋菜、辣子草、扁穗莎草、自生油菜苗、酢浆草等。

【使用方法】

防除玉米田 1 年生杂草：每 666.7 平方米用 30% 苯唑草酮悬浮剂 5.6～6.7 克，兑水 30～45 千克搅拌均匀，大部分杂草在 10～15 厘米高时，进行茎叶喷雾，喷药时药液要均匀周到。播前或播后 3～5 天杂草出土前均匀喷雾防除效果最佳。施药时，避免漂移到周围作物田地及其他作物。

【中毒急救】

吸入：应迅速将患者转移到空气清新流通处。如呼吸停止应做人工呼吸。如呼吸困难应输氧。如有症状及时就医。皮肤接触后：立即用水和肥皂清洗，并彻底冲洗干净。眼睛接触后：把眼睛打开用流水冲洗几分钟，如有持续的症状，及时就医。误食：立即用大量清水漱口，洗胃。洗胃时注意保护气管和食管。及时送医院对症治疗。不要给神志不清的病人经口食用任何东西。本品无特效解毒剂。

【注意事项】

1. 本品使用时按常规方法打开包装。操作者应遵守《农药安全使用准则》，按要求做好劳动保护，如穿戴工作服、手套、面罩等，避免让人体直接接触药剂。工作后漱口、清洗裸露在外的身体部分并更换干净的衣服。

2. 本品对酸、碱、热稳定，在光照条件下中等稳定，贮、运及使用时应加以注意。

3. 如本品包装破损有遗洒在外面，可将遗洒物聚拢收集，地面的少量残余物可用清水冲洗干净，收集废水集中处理，不可流入水体。本品不自燃，如遇着火等突发事故时，本品在高温下会分解，并产生大量有毒有害的烟气，灭火时应佩戴自呼吸式防毒面具。小火可采用窒息法扑灭，大火必要时可用水。

4. 用剩的包装袋或桶应收集，统一送废物处理场焚烧处理，不可随意丢弃，更不可做他用。

5. 禁止在河塘等水体中清洗施药器具。

6. 孕妇和哺乳期妇女避免接触。

7. 远离水产养殖区施药，用剩的药剂不可排入河塘等水体。

8. 每季作物最多使用 1 次。

9. 赤眼蜂等天敌放飞区禁止使用。

10. 本品放置于阴凉、干燥、通风、防雨处，远离火源，勿与食品、饲料、种子、日用品等

同贮同运。

11. 本品宜置于儿童够不着的地方并上锁，不得重压、破损包装容器。

丙酯草醚

【作用特点】

丙酯草醚是一种嘧啶类油菜田茎叶处理除草剂。是由我国科学家通过对先导结构的优化，研发成功具有自主知识产权和高效除草活性的农药先导化合物 2 - 嘧啶氧基 - N - 芳基苄胺类衍生物，已经申请并获得了多项中国发明专利以及美国、欧盟、日本、韩国、墨西哥等国的专利授权。作用机理为乙酰乳酸合成酶的抑制剂，通过阻止氨基酸的生物合成而起作用，导致杂草死亡。它具有高效、低毒、对后茬作物安全、环境相容性好、杀草谱较广和成本较低等特点，填补了目前我国油菜田一次性处理兼治单、双子叶杂草除草剂的空白。丙酯草醚通过植物的根、芽、茎、叶吸收，并在植物体内双向传导，以根、茎吸收和向上传导为主，能有效防止 1 年生禾本科杂草和部分阔叶杂草，有望成为我国油菜田除草剂的重要品种之一。

【毒性与环境生物安全性评价】

对高等动物毒性低毒。

原药雄大鼠急性经口 LD_{50} 大于 4060 毫克/千克；

原药雌大鼠急性经口 LD_{50} 大于 4060 毫克/千克；

原药雄大鼠急性经皮 LD_{50} 大于 2000 毫克/千克；

原药雌大鼠急性经皮 LD_{50} 大于 2000 毫克/千克。

对兔眼睛有轻微至中度刺激性；

对兔皮肤无刺激性。

豚鼠皮肤致敏性试验结果为弱致敏性。

制剂雄大鼠急性经口 LD_{50} 大于 5000 毫克/千克；

制剂雌大鼠急性经口 LD_{50} 大于 5000 毫克/千克；

制剂雄大鼠急性经皮 LD_{50} 大于 2000 毫克/千克；

制剂雌大鼠急性经皮 LD_{50} 大于 2000 毫克/千克。

对兔眼睛有轻微至中度刺激性；

对兔皮肤无刺激性。

豚鼠皮肤致敏性试验结果为弱致敏性。

对鱼类毒性低毒。

斑马鱼 96 小时急性毒性 LC_{50} 为 22.23 毫克/升。

对鸟类毒性低毒。

鹌鹑经口灌胃法 7 天 LD_{50} 大于 5000 毫克/千克。

对蜜蜂毒性低毒。

蜜蜂接触 48 小时 LD_{50} 大于 200 微克/只。

对家蚕毒性低毒。

家蚕食下毒叶法 48 小时 LC_{50} 大于 5000 毫克/升。

在沙土中较易降解，不移动；

在褐土中较易降解，不移动；

在黑土中较易降解，不移动。

易被沙土吸附；

易被黑土吸附。

易光解。

易水解。

在空气中难挥发；

在土壤表面难挥发；

在水中具有微挥发性。

在鱼体内具有中等富集性。

【防治对象】

主要用于油菜田，可防除 1 年生禾本科杂草和部分阔叶杂草，对看麦娘、日本看麦娘、棒头草、繁缕、雀舌草等有较好的防效，但对大巢菜、野老鹳草、稻搓菜、泥糊菜、猪殃殃、婆婆纳等防效差。

【使用方法】

1. 防除冬油菜田 1 年生禾本科杂草及部分阔叶杂草：每 666.7 平方米用 10% 丙酯草醚乳油 40 ~ 45 毫升，兑水 30 ~ 45 千克搅拌均匀，进行茎叶喷雾，喷药时药液要均匀周到。施药时，避免漂移到周围作物田地及其他作物。施药后土壤需保持较高的湿度才能取得较好的防效。

2. 防除油菜田 1 年生禾本科杂草及部分阔叶杂草：每 666.7 平方米用 10% 丙酯草醚乳油 40 ~ 45 毫升，兑水 30 ~ 45 千克搅拌均匀，进行茎叶喷雾，喷药时药液要均匀周到。施药时，避免漂移到周围作物田地及其他作物。施药后土壤需保持较高的湿度才能取得较好的防效。

【特别说明】

1. 丙酯草醚活性发挥相对较慢，药后 10 天杂草开始表现受害症状，药后 20 天杂草出现明显药害症状。该药对甘蓝型油菜较安全，每 666.7 平方米用 10% 丙酯草醚乳油在 60 毫升以上时，对油菜生长前期有一定的抑制作用，但很快能恢复正常，对产量无明显不良影响。为了避免这种现象发生，不要超剂量使用。

2. 温室试验表明：每 666.7 平方米用 10% 丙酯草醚乳油在 25 ~ 300 毫升范围内，对作物幼苗的安全性为：棉花 > 油菜 > 小麦 > 大豆 > 玉米 > 水稻。10% 丙酯草醚乳油对 4 叶以上的油菜安全。在阔叶杂草较多的田块，该药需与防阔叶杂草的除草剂混用或搭配使用，才能取得好的防效。

【中毒急救】

吸入：应迅速将患者转移到空气清新流通处。如呼吸停止应做人工呼吸。如呼吸困难应输氧。如有症状及时就医。皮肤接触后：立即用水和肥皂清洗，并彻底冲洗干净。眼睛接触后：把眼睛打开用流水冲洗几分钟，如有持续的症状，及时就医。误食：立即用大量清水漱口，洗胃。洗胃时注意保护气管和食管。及时送医院对症治疗。不要给神志不清的病人经口食用任何东西。本品无特效解毒剂。

【注意事项】

1. 本品使用时按常规方法打开包装。操作者应遵守《农药安全使用准则》，按要求做好劳动保护，如穿戴工作服、手套、面罩等，避免让人体直接接触药剂。工作后漱口、清洗裸露在外的身体部分并更换干净的衣服。

2. 本品对酸、碱、热稳定，在光照条件下中等稳定，贮、运及使用时应加以注意。

3. 如本品包装破损有遗洒在外面，可将遗洒物聚拢收集，地面的少量残余物可用清水冲洗干净，收集废水集中处理，不可流入水体。本品不自燃，如遇着火等突发事故时，本品在高温下会分解，并产生大量有毒有害的烟气，灭火时应佩戴自呼吸式防毒面具。小火可采用窒息法扑灭，大火必要时可用水。

4. 用剩的包装袋或桶应收集，统一送废物处理场焚烧处理，不可随意丢弃，更不可做他用。

5. 孕妇和哺乳期妇女避免接触。

6. 勿将药液或空包装弃于水中或在河塘中洗涤喷雾器械，避免影响鱼类和污染水源。

7. 施药后遇大雨，容易发生溶淋药害，作物在1~2周内可以恢复正常生长。

8. 冬、春季阴雨天时，注意田间排水情况，避免低洼处田间积水。

9. 每一季作物只能使用1次，对下茬作物无影响。

10. 本品放置于阴凉、干燥、通风、防雨处，远离火源，勿与食品、饲料、种子、日用品等同贮同运。

11. 本品宜置于儿童够不着的地方并上锁，不得重压、破损包装容器。

草铵膦

【作用特点】

草铵膦是膦酸类拟天然化感物仿生物源非选择性广谱触杀型苗后茎叶处理除草剂，为植物谷氨酰胺合成酶抑制剂。作用机制为药剂经植物茎、叶接触吸收后，导致植物体内的谷氨酰胺合成酶活性钝化，谷氨酰胺合成酶合成受阻，氮代谢紊乱，铵离子累积，细胞膜损伤，光合作用受阻，最终导致杂草植株枯死。许多杂草对草铵膦敏感，在草甘膦产生抗性的地区可以作为草甘膦的替代品使用。内吸作用不强，与草甘膦杀根不同，草铵膦先杀叶，通过植物蒸腾作用可以在植物木质部进行传导，其速效性间于百草枯和草甘膦之间。抗草铵膦转基因植物是由于转入了从链霉菌中分离的PPT乙酰转移酶，该酶通过乙酰化PPT，酰化产物无抑制谷氨酰胺合成酶的活性，故不会积累有毒氨水，氨水是谷氨酰胺合成酶底物，从而杀死植物。草铵膦具有杀草谱广、杀草速度快、持效期长、耐雨水冲刷，它对使用者及木质化的作物根系、树皮和热带浅根果树相对安全，对农田土壤、有益生物及生态环境友好等特点。

【毒性与环境生物安全性评价】

对高等动物毒性中等毒。

原药雄大鼠急性经口 LD_{50} 为2000毫克/千克；

原药雌大鼠急性经口 LD_{50} 为1620毫克/千克；

原药雄大鼠急性经皮 LD_{50} 大于4000毫克/千克；

原药雌大鼠急性经皮 LD_{50} 大于4000毫克/千克；

原药雄大鼠急性吸入 LC_{50} 为1.26毫克/升；

原药雌大鼠急性经皮 LC_{50} 为2.6毫克/升。

对兔眼睛无刺激性；

对兔皮肤无刺激性。

豚鼠皮肤致敏性试验结果为弱致敏性。

大鼠2年慢性毒性试验无作用剂量为2毫克/千克·天。

制剂雄大鼠急性经口 LD_{50} 为2030毫克/千克；

制剂雌大鼠急性经口 LD_{50} 为2030毫克/千克；

制剂雄大鼠急性经皮 LD_{50} 为1390毫克/千克；

制剂雌大鼠急性经皮 LD_{50} 为1390毫克/千克；

制剂雄大鼠急性吸入 LC_{50} 为4.213毫克/升；

制剂雌大鼠急性经皮 LC_{50} 为 4.213 毫克/升。

对兔眼睛有中度刺激性；

对兔皮肤有轻微刺激性。

豚鼠皮肤致敏性试验结果为弱致敏性。

对鱼类毒性低毒。

虹鳟鱼 96 小时急性毒性 LC_{50} 为 710 毫克/升；

鲤鱼 96 小时急性毒性 LC_{50} 大于 1000 毫克/升。

对水蚤毒性低毒。

大型蚤 48 小时急性毒性 EC_{50} 为 26.8 毫克/升。

对水藻毒性低毒。

绿藻 72 小时急性毒性 EC_{50} 为 36 毫克/升。

对鸟类毒性低毒。

日本鹌鹑急性经口 LD_{50} 大于 2000 毫克/千克；

北美鹌鹑急性经口 LD_{50} 大于 2000 毫克/千克；

绿头鸭急性经口 LD_{50} 大于 2000 毫克/千克。

对蜜蜂毒性低毒。

蜜蜂急性经口 LD_{50} 大于 600 微克/只；

蜜蜂急性接触 LD_{50} 大于 345.5 微克/只。

对土壤微生物毒性低毒。

蚯蚓 LD_{50} 大于 1000 毫克/千克。

对家蚕毒性中等毒。

对赤眼蜂毒性中等毒。

【防治对象】

可用于果园、葡萄园、非耕地除草，也可用于马铃薯地防除 1 年生或多年生双子叶及禾本科杂草和莎草等，如鼠尾看麦娘、马唐、稗、狗尾草、野小麦、野玉米、鸭茅、羊茅、曲芒发草、绒毛草、黑麦草、芦苇、早熟禾、野燕麦、雀麦、猪殃殃、宝盖草、小野芝麻、龙葵、繁缕、匍匐冰草、剪股颖、拂子草、田野勿忘草、狗牙根、反枝苋等。

【使用方法】

1. 防除茶园杂草：每 666.7 平方米用 18% 草铵膦可溶液剂 200～300 毫升，兑水 30～50 千克搅拌均匀，杂草出齐后，于树行间或树下进行杂草定向茎叶喷雾处理。喷药时药液要均匀周到。施药时，避免漂移到周围作物田地及其他作物。

2. 防除木瓜园杂草：每 666.7 平方米用 18% 草铵膦可溶液剂 200～300 毫升，兑水 30～50 千克搅拌均匀，杂草出齐后，于树行间或树下进行杂草定向茎叶喷雾处理。喷药时药液要均匀周到。施药时，避免漂移到周围作物田地及其他作物。

3. 防除柑橘园杂草：每 666.7 平方米用 200 克/升草铵膦水剂 350～525 毫升，兑水 40～60 千克搅拌均匀，杂草出齐后，于树行间或树下进行杂草定向茎叶喷雾处理。喷药时药液要均匀周到。施药时，避免漂移到周围作物田地及其他作物。

4. 防除香蕉园杂草：每 666.7 平方米用 18% 草铵膦可溶液剂 200～300 毫升，兑水 30～50 千克搅拌均匀，杂草出齐后，于树行间或树下进行杂草定向茎叶喷雾处理。喷药时药液要均匀周到。施药时，避免漂移到周围作物田地及其他作物。

5. 防除非耕地杂草：每 666.7 平方米用 18% 草铵膦可溶液剂 200～300 毫升，兑水 30～50 千克搅拌均匀，杂草出齐后，于树行间或树下进行杂草定向茎叶喷雾处理。喷药时药液要均匀周到。施药时，避免漂移到周围作物田地及其他作物。

6. 防除蔬菜地杂草：每666.7平方米用18%草铵膦可溶液剂150～250毫升，兑水30～50千克搅拌均匀，杂草出齐后，于树行间或树下进行杂草定向茎叶喷雾处理。喷药时药液要均匀周到。施药时，避免漂移到周围作物田地及其他作物。

但要注意两点：

（1）蔬菜地行间作业：蔬菜生长期，杂草出齐后，每666.7平方米用18%草铵膦可溶液剂150～250毫升，兑水30～50千克，喷头加装保护罩于蔬菜作物行间进行杂草茎叶定向喷雾处理。

（2）蔬菜地清园作业：上茬蔬菜采收后、下茬蔬菜栽种前，每666.7平方米用18%草铵膦可溶液剂150～250毫升，兑水30～50千克，对残余作物和杂草进行茎叶喷雾处理，灭茬清园。

【中毒急救】

中毒症状为颤抖、意识混乱、数小时后痉挛、肠胃不适、发高烧、呼吸困难，行动迟缓、心动过速等症状。吸入：应迅速将患者转移到空气清新流通处，解开衣领、腰带，保持呼吸畅通。如呼吸停止应做人工呼吸。如呼吸困难应输氧。如有症状及时就医。皮肤接触后：立即用水和肥皂清洗，并彻底冲洗干净。眼睛接触后：把眼睛打开用流水冲洗几分钟，如有持续的症状，及时就医。误服后：要先喝200毫升至400毫升的水，然后用浓食盐水或肥皂水引吐。但昏迷者不得引吐，以免呕吐物阻塞呼吸道。引吐后，应尽快为中毒者洗胃。不要给神志不清的病人经口食用任何东西。

具体急救办法为：插管洗胃后，给活性炭和硫酸钠。采用镇静安眠剂，每日肌肉或皮下注射1～5毫升/千克体重巴比妥，如必要，静脉内慢慢注射10毫克安定；禁忌阿托品。采用透析（加强碱性利尿）或血液渗透排毒；心电图和脑电图监视；呼吸、心脏和中枢神经系统检测；如需要，进行输氧或人工呼吸。大量误服时，医生监护应持续至少48小时。

【注意事项】

1. 本剂整个作物生育期最多施用3次，安全间隔期为35天。

2. 严格按推荐的使用技术均匀施用。用于矮小的果树和蔬菜（行距≥75厘米）行间定向喷雾处理时，应在喷头上加装保护罩，避免将雾滴喷到或漂移到作物植株的绿色部位上，以免药害。

3. 干旱及杂草密度、蒸发量和喷头流量较大或防除大龄杂草及多年生恶性杂草时，采用较高的推荐制剂用量和兑水量。本剂以杂草茎叶吸收发挥除草活性，无土壤活性，应避免漏喷，确保杂草叶片充分均匀着药（30～50雾滴/平方厘米）。一般在杂草出齐后10～20厘米高时，采用扇形喷头均匀喷施，最高效、经济。选无风、湿润的晴天施用，避免在连续霜冻和严重干旱时施用，以免药效减低。施用后6小时后下雨不影响药效。

4. 本剂施入农田土壤后可迅速被土壤微生物降解，在推荐用量和使用条件下，施用1～4天后即可播种下茬作物。不可与土壤消毒剂混用，在已消毒灭菌的土壤中，不宜在作物播种前使用。配药时应在喷雾器内先加入少量清水，再加入施药量，最后补足余量清水混匀后喷施。

5. 本品对眼睛有轻微刺激，避免溅入眼睛。应在通风处开启包装物，避免污染。

6. 配药和施药时，应戴手套，穿防护服、雨靴等，操作本品时禁止饮食、吸烟和饮水。

7. 配药时，用清水对盛过药剂的包装瓶冲洗3次，并将冲洗液倒入喷雾器中。用过的空包装应压烂或划破后妥善处理，切勿重复使用或做他用；使用后的施药器具应及时清洗，产养殖区、河塘等水体附近禁用，禁止在河塘等水体中清洗施药器具，使用本品时避免其污染地表水等生态环境。

8. 施药后应及时用肥皂和足量清水冲洗手部、面部和其他身体裸露部位以及受药剂污染的衣物。

9. 施药后 5 天内不能割草、放牧、耕翻等。

10. 本品对天敌赤眼蜂有毒，赤眼蜂等天敌放飞区域禁用。

11. 本品对家蚕有毒，蚕室及桑园附近禁止使用。

12. 本品对金属制成的镀锌容器有腐化作用，易引起火灾。

13. 孕妇及哺乳期妇女禁止接触本品。

14. 本品放置于阴凉、干燥、通风、防雨处，远离火源，勿与食品、饲料、种子、日用品等同贮同运。

15. 本品宜置于儿童够不着的地方并上锁，不得重压、破损包装容器。

草甘膦

【作用特点】

草甘膦是内吸传导型广谱灭生性芽前除草剂，凡是有光合作用的植物，其绿色部分都能够较好的吸收草甘膦而被杀死。主要通过抑制物体内烯醇丙酮基莽草素磷酸合成酶，从而抑制莽草素向苯丙氨酸、酪氨酸及色氨酸的转化，使蛋白质的合成受到干扰导致植物死亡。草甘膦是通过茎叶吸收后传导到植物各部位的，可防除单子叶和双子叶、一年生和多年生、草本和灌木等 40 多科的植物。草甘膦入土后很快与铁、铝等金属离子结合而失去活性，对土壤中潜藏的种子和土壤微生物无不良影响。

试验和使用结果表明：植物绿色部分均能很好地吸收草甘膦，但以叶片吸收为主，吸收的药剂从韧皮部很快传导，24 小时内大部分转移到地下根和地下茎。杂草中毒症状表现较慢，1 年生杂草一般 3 ~ 4 天后开始出现反应，15 ~ 20 天全株枯死；多年生杂草 3 ~ 7 天后开始出现症状，地上部叶片先逐渐枯黄，继而变褐，最后倒伏，地下部分腐烂，一般 30 天左右地上部分基本干枯，枯死时间与施药量和气温有关。

抗草甘膦转基因植物是由于转入了用含草甘膦培养基筛选培养的抗草甘膦的 EPSP 合成酶（5 - 烯醇丙酮莽草酸 - 3 - 磷酸合酶）的大肠杆菌基因，该酶是一种重要的氨基酸代谢酶，而且，转基因植物也具有更高浓度的酶，能耐受更高浓度的草甘膦。

由于草甘膦的优异除草性能，透过基因改造，可使作物能耐草甘膦。不过，草甘膦本身是致癌物质，对人体有害，所以欧盟对食水中的残留草甘膦含量有严格的规定。根据德国莱比锡大学于 2011 年 12 月进行的一项研究，在受验的一批柏林市区居民的尿液样本内，所有样本均发现其残留草甘膦含量比欧盟食水内的残留标准高出 5 到 20 倍，足以证明草甘膦在人类的整条食物链内不断残留积累。所以现时有建议完全禁用草甘膦。

最近美国和德国方面的研究指出，草甘膦具有明显的毒性，体现在：使小牛的骨骼异常老化、影响猪和牛肠道正常益生菌，但对有害肠道菌落无影响，从而造成人畜肉毒杆菌中毒、使猪的胃部畸形、使猪的子宫异常增大、造成猪牛羊流产率明显提高等。国内有研究认为，2006 年之后国内异常频繁的不明原因的"猪瘟"很可能是转基因玉米和用转基因玉米制造的饲料内含有大量草除草剂甘膦造成的。美国环保署 EPA 也准备发布公告，以计划在 2015 年决定是否继续使用这个产品，或者采取部分使用限制，目前它正在和加拿大当局进行合作，拟对安全性和有效性进行评估。EPA 在书面声明中也指出，将对这个除草剂的危害进行全面重新评估，包括对人类和环境的影响。

在美国，草甘膦滥用已经产生了相当多的"超级杂草"，截至目前，在美国共出现 130 种耐草甘膦害草，在 40 多个州均出现了它们的身影，比任何一个国家都多。专家估计，这些害草的侵袭面积高达 1100 万英亩（合 450 万公顷），严重威胁了美国农业产出。2011 年 1 月，著名植物病理学家在致农业部秘书处的一封信中警告称，一些测试表明，草甘膦的使用和一些如猪、牛等家畜的自然流产和不育现象有关。2010 年，阿根廷的科学家在进行在一项研究结果中也指出，草甘膦会引起蛙类和小鸡胚胎畸形。一些来自民间和官方的其他研究者也发现，这个产品会损害土生生物、植物和一部分动物。2008 年环保组织——生物多样性中心也就草甘膦伤害加州红腿蛙一事提出诉讼，而美国环保署 EPA 随后也承认"这个产品很有可能对这些蛙类产生不利影响"。还有一些组织也向美国环保署 EPA 出具了一些毒性数据，包括致畸等证据，以期在全球禁用这个产品。

在我国，10% 的草甘膦水剂已经被停止生产和禁止使用。从 2012 年开始，根据《国务院关于加强环境保护重点工作的意见》（国发〔2011〕35 号）和环保部《关于深入开展重点行业环保核查进一步强化工业污染防治工作的通知》（环发〔2012〕32 号文）精神，工作组将重心转向制定《草甘膦生产企业环保核查办法（草案）》，该草案主要参照环保部颁布的柠檬酸、味精、铅蓄电池、再生铅等已开展过的行业核查指南和核查办法进行，根据草甘膦行业特点进行编制、修改和完善。编制过程中，中国农药工业协会积极向环保部污防司领导汇报草甘膦行业基本情况和当下存在问题行业情况，并提交了《草甘膦行业情况报告》，表达了参与行业环保核查、提升环保治理水平的意愿。环保部污防司高度重视，由综合处经办此事，具体负责该项工作。至此，草甘膦环保核查申请工作正式走入正轨。在环保部污防司综合处的指导下，中国农药工业协会多次邀请中国石油和化学工业联合会、行业环保专家、草甘膦主要生产企业的代表召开草甘膦行业环保会议，讨论草甘膦行业环保存在的问题和改进的措施，于 2012 年 8 月正式向国家环保部污防司提出了《关于开展草甘膦生产企业环保核查的请示》（中农协函【2012】18 号）。环保部污防司对《关于开展草甘膦生产企业环保核查的请示》非常重视，综合处随即组织环保部环境工程评估中心、中国环境科学研究院固体所和行业专家对国内草甘膦主要生产企业进行现场调研，并多次组织专家论证。2013 年 4 月，环保部将其修改后并明确了过程污染物控制指标的《草甘膦（双甘膦）生产企业环保核查指南》（以下简称《环保核查指南》）及《草甘膦（双甘膦）环保核查自查表》发国家环保部各司局及相关地方省厅环境督查中心、主要生产企业征集意见与建议。中国农药工业协会对意见与建议进行了汇总整理。在对《环保核查指南》进行充分论证和修改的基础上，国家环保部于 2013 年 5 月正式发布了《关于开展草甘膦（双甘膦）生产企业环保核查工作的通知》（环办〔2013〕57 号），同时发布了《环保核查指南》，正式在全行业启动环保核查工作。因此看来，草甘膦的生产在我国受到了高度重视，监管工作日益加强。

无论是国际、国内，草甘膦的确是一个有争议的产品，值得我们高度关注。其寿命几何，我们拭目以待。

【毒性与环境生物安全性评价】

对高等动物毒性低毒。

原药大鼠急性经口 LD_{50} 为 4300 毫克/千克；

原药小鼠急性经口 LD_{50} 为 11300 毫克/千克；

原药山羊急性经口 LD_{50} 为 3530 毫克/千克；

原药大鼠急性经皮 LD_{50} 大于 5000 毫克/千克；

原药兔急性经皮 LD_{50} 大于 5000 毫克/千克；

原药大鼠急性吸入 4 小时 LC_{50} 大于 4.98 毫克/升。

对兔眼睛有轻微刺激性；

对兔皮肤有轻微刺激性。

豚鼠皮肤致敏性试验结果为无致敏性。

狗 1 年慢性毒性试验经口最大无作用剂量为 500 毫克/千克·天；

大鼠 2 年慢性毒性试验经口无作用剂量雄性为 31.9 毫克/千克·天；

大鼠 2 年慢性毒性试验经口无作用剂量雌性为 34.02 毫克/千克·天。

各种试验结果表明，无致癌、致畸、致突变作用。

对鱼类毒性低毒。

虹鳟鱼 48 小时急性毒性 LC_{50} 为 120 毫克/升；

虹鳟鱼 96 小时急性毒性 LC_{50} 为 86 毫克/升；

蓝鳃太阳鱼 48 小时急性毒性 LC_{50} 为 140 毫克/升；

蓝鳃太阳鱼 96 小时急性毒性 LC_{50} 为 120 毫克/升。

对蚤毒性低毒。

水蚤 48 小时急性毒性 EC_{50} 为 780 毫克/升。

对鸟类毒性低毒。

山齿鹑急性经口 LD_{50} 大于 3581 毫克/千克；

山齿鹑 8 天饲喂 LC_{50} 大于 4640 毫克/千克；

野鸭 8 天饲喂 LC_{50} 大于 4640 毫克/千克。

对蜜蜂毒性低毒。

蜜蜂急性经口 LD_{50} 大于 100 微克/只；

蜜蜂急性接触 LD_{50} 大于 100 微克/只。

每人每日允许摄入量为 0.3 毫克/千克。

【防治对象】

主要用于防除苹果园、桃园、葡萄园、梨园、茶园、桑园和农田休闲地杂草，对稗、狗尾草、看麦娘、牛筋草、马唐、苍耳、藜、繁缕、猪殃殃等 1 年生杂草，对白茅、芦苇、香附子、水蓼、狗牙根、蛇莓、刺儿菜等有很好的防除效果。

【使用方法】

1. 防除茶园 1 年生杂草和多年生恶性杂草：每 666.7 平方米用 30% 草甘膦水剂 250 ~ 500 毫升，兑水 45 ~ 60 千克搅拌均匀，在杂草生产旺盛期对杂草进行定向茎叶喷雾施药，施药后 8 小时内降雨会降低药效，应酌情补喷。使用时可加入适量的洗衣粉、柴油等表面活性剂，可提高除草效果；喷药时药液要均匀周到，同时避免漂移到周围作物田地及其他作物。防除多年生难除杂草，用量取上限。

2. 防除甘蔗 1 年生杂草和多年生恶性杂草：每 666.7 平方米用 30% 草甘膦水剂 250 ~ 500 毫升，兑水 45 ~ 60 千克搅拌均匀，在杂草生产旺盛期对杂草进行定向茎叶喷雾施药，施药后 8 小时内降雨会降低药效，应酌情补喷。使用时可加入适量的洗衣粉、柴油等表面活性剂，可提高除草效果；喷药时药液要均匀周到，同时避免漂移到周围作物田地及其他作物。防除多年生难除杂草，用量取上限。

3. 防除柑橘园 1 年生杂草和多年生恶性杂草：每 666.7 平方米用 30% 草甘膦水剂 250 ~ 500 毫升，兑水 45 ~ 60 千克搅拌均匀，在杂草生产旺盛期对杂草进行定向茎叶喷雾施药，施药后 8 小时内降雨会降低药效，应酌情补喷。使用时可加入适量的洗衣粉、柴油等表面活性剂，可提高除草效果；喷药时药液要均匀周到，同时避免漂移到周围作物田地及其他作物。防除多年生难除杂草，用量取上限。

4. 防除果园 1 年生杂草和多年生恶性杂草：每 666.7 平方米用 30% 草甘膦水剂 250 ~

500毫升，兑水45～60千克搅拌均匀，在杂草生产旺盛期对杂草进行定向茎叶喷雾施药，施药后8小时内降雨会降低药效，应酌情补喷。使用时可加入适量的洗衣粉、柴油等表面活性剂，可提高除草效果；喷药时药液要均匀周到，同时避免漂移到周围作物田地及其他作物。防除多年生难除杂草，用量取上限。

5. 防除剑麻1年生杂草和多年生恶性杂草：每666.7平方米用30%草甘膦水剂250～500毫升，兑水45～60千克搅拌均匀，在杂草生产旺盛期对杂草进行定向茎叶喷雾施药，施药后8小时内降雨会降低药效，应酌情补喷。使用时可加入适量的洗衣粉、柴油等表面活性剂，可提高除草效果；喷药时药液要均匀周到，同时避免漂移到周围作物田地及其他作物。防除多年生难除杂草，用量取上限。

6. 防除森林1年生杂草和多年生恶性杂草：每666.7平方米用30%草甘膦水剂250～500毫升，兑水45～60千克搅拌均匀，在杂草生产旺盛期对杂草进行定向茎叶喷雾施药，施药后8小时内降雨会降低药效，应酌情补喷。使用时可加入适量的洗衣粉、柴油等表面活性剂，可提高除草效果；喷药时药液要均匀周到，同时避免漂移到周围作物田地及其他作物。防除多年生难除杂草，用量取上限。

7. 防除林木1年生杂草和多年生恶性杂草：每666.7平方米用30%草甘膦水剂250～500毫升，兑水45～60千克搅拌均匀，在杂草生产旺盛期对杂草进行定向茎叶喷雾施药，施药后8小时内降雨会降低药效，应酌情补喷。使用时可加入适量的洗衣粉、柴油等表面活性剂，可提高除草效果；喷药时药液要均匀周到，同时避免漂移到周围作物田地及其他作物。防除多年生难除杂草，用量取上限。

8. 防除桑园1年生杂草和多年生恶性杂草：每666.7平方米用30%草甘膦水剂250～500毫升，兑水45～60千克搅拌均匀，在杂草生产旺盛期对杂草进行定向茎叶喷雾施药，施药后8小时内降雨会降低药效，应酌情补喷。使用时可加入适量的洗衣粉、柴油等表面活性剂，可提高除草效果；喷药时药液要均匀周到，同时避免漂移到周围作物田地及其他作物。防除多年生难除杂草，用量取上限。

9. 防除橡胶园1年生杂草和多年生恶性杂草：每666.7平方米用30%草甘膦水剂250～500毫升，兑水45～60千克搅拌均匀，在杂草生产旺盛期对杂草进行定向茎叶喷雾施药，施药后8小时内降雨会降低药效，应酌情补喷。使用时可加入适量的洗衣粉、柴油等表面活性剂，可提高除草效果；喷药时药液要均匀周到，同时避免漂移到周围作物田地及其他作物。防除多年生难除杂草，用量取上限。

10. 防除棉花免耕地1年生杂草和多年生恶性杂草：每666.7平方米用30%草甘膦水剂250～500毫升，兑水45～60千克搅拌均匀，在杂草生产旺盛期对杂草进行定向茎叶喷雾施药，施药后8小时内降雨会降低药效，应酌情补喷。使用时可加入适量的洗衣粉、柴油等表面活性剂，可提高除草效果；喷药时要加防护罩，药液要均匀周到，同时避免漂移到周围作物田地及其他作物。防除多年生难除杂草，用量取上限。

11. 防除棉田行间1年生杂草和多年生恶性杂草：每666.7平方米用30%草甘膦水剂250～500毫升，兑水45～60千克搅拌均匀，在杂草生产旺盛期对杂草进行定向茎叶喷雾施药，施药后8小时内降雨会降低药效，应酌情补喷。使用时可加入适量的洗衣粉、柴油等表面活性剂，可提高除草效果；喷药时要加防护罩，药液要均匀周到，同时避免漂移到周围作物田地及其他作物。防除多年生难除杂草，用量取上限。

12. 防除水稻田埂1年生杂草和多年生恶性杂草：每666.7平方米用30%草甘膦水剂250～500毫升，兑水45～60千克搅拌均匀，在杂草生产旺盛期对杂草进行定向茎叶喷雾施药，施药后8小时内降雨会降低药效，应酌情补喷。使用时可加入适量的洗衣粉、柴油等表面活性剂，可提高除草效果；喷药时要加防护罩，药液要均匀周到，同时避免漂移到周围作物田地及其他作物。防除多年生难除杂草，用量取上限。

13. 防除玉米田1年生杂草和多年生恶性杂草：每666.7平方米用30%草甘膦水剂250～500毫升，兑水45～60千克搅拌均匀，在杂草生产旺盛期对杂草进行定向茎叶喷雾施药，施药后8小时内降雨会降低药效，应酌情补喷。使用时可加入适量的洗衣粉、柴油等表面活性剂，可提高除草效果；喷药时要加防护罩，药液要均匀周到，同时避免漂移到周围作物田地及其他作物。防除多年生难除杂草，用量取上限。

14. 防除高粱田1年生杂草和多年生恶性杂草：每666.7平方米用30%草甘膦水剂250～500毫升，兑水45～60千克搅拌均匀，在杂草生产旺盛期对杂草进行定向茎叶喷雾施药，施药后8小时内降雨会降低药效，应酌情补喷。使用时可加入适量的洗衣粉、柴油等表面活性剂，可提高除草效果；喷药时要加防护罩，药液要均匀周到，同时避免漂移到周围作物田地及其他作物。防除多年生难除杂草，用量取上限。

15. 防除苗圃1年生杂草和多年生恶性杂草：每666.7平方米用30%草甘膦水剂250～500毫升，兑水45～60千克搅拌均匀，在杂草生产旺盛期对杂草进行定向茎叶喷雾施药，施药后8小时内降雨会降低药效，应酌情补喷。使用时可加入适量的洗衣粉、柴油等表面活性剂，可提高除草效果；喷药时要加防护罩，药液要均匀周到，同时避免漂移到周围作物田地及其他作物。防除多年生难除杂草，用量取上限。

【特别说明】

1. 作物播种前灭草：水稻、小麦、玉米、大豆等作物播种或出苗之前或油菜、甘蔗、蔬菜移栽前喷洒草甘膦，消灭上季作物收割后残留下的杂草和地表杂草。在长江中下游麦稻轮作区，水稻收割以后、稻田中已出土的看麦娘杂草便残留下来。播种小麦时推广免耕种麦，不再耕翻，为消灭这部分杂草，可在小麦播种前1～2天，每666.7平方米用30%草甘膦水剂250～500毫升进行喷洒，然后播种小麦，看麦娘在药后3～4天开始发黄，以后逐渐枯萎死亡。由于草甘膦喷洒到土壤表面以后，被土壤颗粒迅速吸附并与土壤中的铁、铝等离子结合而失去活性，所以对土壤中的小麦种子无杀伤作用。种子萌发长出幼根以后也不能吸收到草甘膦，所以对小麦幼苗生长安全。在稻、油连作免耕种油菜的地区，也可以在水稻收割后油菜移栽或播种前，每666.7平方米用30%草甘膦水剂250～500毫升，兑水30千克喷雾，消灭残存的看麦娘等杂草，然后移栽或播种油菜。

2. 作物行间定向喷雾：棉花、玉米、甘蔗等作物行间较宽，可以在手动喷雾器的喷头上加保护罩，人工定向在行间喷雾，消灭行间杂草。在江苏沿江棉区，6月中下旬至7月上旬梅雨期间棉田杂草丛生，禾本科杂草可以使用精禾草克、精稳杀得、高效盖草能等得到控制，但没有优良的茎叶处理剂可以解决阔叶草的危害。在6月中旬至7月初每666.7平方米用30%草甘膦水剂250～500毫升，兑水40～50千克，低位定向喷雾，可以取得良好的效果。如梅雨期长则可用药2次，即入梅前1次，出梅后再用1次。喷药时棉苗不能过小，一般要求株高30厘米以上。棉苗小，茎基部末木质化，喷洒到药液易造成死苗。棉株高30厘米以上时，茎基部已木质化，喷药时即使喷洒到一定的药液影响也不大。喷药时风力应在3级以下，大风时不能喷药，避免药液刮倒棉株上。棉花叶片抗药能力较强，叶片上沾到少量药液不会产生枯斑，但叶片会轻微发黄，对棉花植株无其他影响。在玉米田进行定向喷雾防除行间杂草时，可在玉米株高70厘米以上至雄蕊抽出前进行。草甘膦的用量视田间杂草种类而定，防除1年生禾本科杂草时，每666.7平方米用30%草甘膦水剂250～500毫升。如田间香附子、小蓟、田旋花、问荆、狗牙根、水花生等多年生杂草较多时，每666.7平方米用量应增加至400～600毫升。喷洒时喷头应戴保护罩，不戴保护罩常使玉米下部叶片和叶鞘喷洒到药水，因而使叶片、叶鞘干枯，进而导致上部叶片出现枯死，加保护罩的不会有药害产生。喷洒时应压低喷头，避免将药液喷洒到玉米植株上。

3. 大豆田、麦田的应用：大豆菟丝子是大豆上一种寄生性杂草，大豆播种出苗以后，土壤中的菟丝子种子也开始萌发，幼茎伸出土面，以后菟丝子的幼茎缠绕在大豆幼苗上并产生吸盘，吸取大豆植株的营养，大豆开花结荚减少，导致大豆减产。豆科作物对草甘膦有较强的耐药性，能忍受一定剂量范围的药液浓度，而菟丝子的耐药能力很差，利用大豆和菟丝子对草甘膦耐药性的不同，喷施草甘膦达到消灭菟丝子的目的。其方法是在菟丝子的危害初期，即田间点片发生期，在田间进行普查。发现菟丝子的发病中心后插上标记，以后用 1：1000 倍的 30% 草甘膦水剂的稀释液对菟丝子发病中心进行喷洒。药后 4 天菟丝子开始萎蔫，药后 15 大量死亡。药后第 3 天大豆幼叶开始黄化，第 7 天黄化株率停止扩展，第 12 天黄化幼叶全部复绿。大豆保产率达 70% 左右，对菟丝子防效在 80% 以上。由于菟丝子在田间不断发生，所以每隔 10 ~ 15 天左右治 1 次，共治 2 ~ 3 次。

芦苇是麦田恶性杂草之一，在新开垦的湖滩、江滩、海滩种麦，危害尤为严重。由于芦苇为多年生恶性杂草，有粗壮的地下茎，同时小麦和芦苇同属禾本科，因而在芦苇和麦子混生的田块使用除草剂消灭芦苇，而使麦苗不受药害比较困难。我国利用小麦和芦苇不同的生育期，喷洒草甘膦取得了好的效果。其方法为：在小麦收割前 5 ~ 6 天，每 666.7 平方米麦田喷洒 30% 草甘膦水剂 750 毫升加柴油 400 毫升兑水 10 千克的稀释混合液。药后 6 天，芦苇心叶枯黄，叶片发黄。第 2 年芦苇基本上不再产生新的植株，防效达 99% 以上，对小麦产量没有影响。喷药时要求药量准确，喷洒均匀。喷药不能过早，过早对小麦产量有影响；也不能过晚，过晚小麦收割时药液不能传导到芦苇的地下茎，防效降低。

4. 防除果、桑、茶、橡胶园杂草：草甘膦防除果园、桑园、茶园杂草的用药量视杂草的种类而异，防除以马唐为主的一年生敏感杂草，每 666.7 平方米用 30% 草甘膦水剂 250 ~ 500 毫升；防除白茅、蕨类等深根性耐药性杂草则需要增加到 400 ~ 600 毫升以上。施药应在杂草生长有一定的叶面积时，如禾本科杂草株高 15 厘米左右，即在杂草生长旺盛时施药。杂草刚出苗就施药，由于叶面积小，吸收传导作用弱，效果较差。对茅草等多年生杂草，为提高对地下茎的杀伤能力，应在同化产物大量向根部转移时期，即花芽形成至开花期施药。喷洒时应视杂草大小及密度高低决定用水量。手动喷雾器一般每 666.7 平方米用水量 40 ~ 50 千克；在果园用弥雾机喷洒时，每公顷用水量可降至 15 ~ 20 千克。施药次数视杂草生长情况而定，在果、桑、茶园主要控制 7、8 两个月的杂草，一般全年可用 2 次。喷洒草甘膦应在成年果园、桑、茶园进行，由于成年果、桑、茶树的褐色木质化的茎秆不吸收药剂，不会对树干产生药害。但要避免喷洒到叶片和柔嫩的枝条上。在幼年果、桑、茶园，则应在喷头上加保护罩进行走向喷雾。无干或矮秆密植桑园易产生药害，春季施药后，叶片发黄，夏伐以后新的枝条抽不出，或虽能抽出，但枝条短而少，叶片皱缩。在喷施过草甘膦的桑园采桑养蚕表现安全，用喷过药的桑叶晾干后直接喂蚕，无中毒症状，蚕体发育正常，对蚕茧无不良影响。成年茶树抗药能力强，茶叶叶片表皮组织角质化程度高，同时又复有一层蜡质。即使药液漂移到茶蓬上，对茶树生长和茶叶的叶质均无明显影响。

成年橡胶园用草甘膦防除杂草，每 666.7 平方米用 30% 草甘膦水剂 250 ~ 500 毫升，防除茅草用 400 ~ 600 毫升，兑水喷洒。每 666.7 平方米用量超过 600 毫升时，由于叶片干枯快，影响吸收与传导，防效反而降低。1 年中以 7 ~ 10 月用药最好。成年橡胶时常受桑寄生危害，桑寄生的吸收根插入橡胶树体内吸收营养和水分，影响橡胶树的生长。过去防除桑寄生只能靠人工砍除，现在可将 30% 草甘膦水剂以 1：1 的比例兑水配成药液，在橡胶树落叶以后至春季前发前用喷雾器低容量喷洒，将药液喷洒在桑寄生的叶片上，7 ~ 10 天后桑寄生叶片即枯死，4 个月后桑寄生全林枯死，而对橡胶树安全。

5. 林区除草：营林前用草甘膦除去杂草和灌木，再移栽树苗或飞播造林可以减少杂草与树苗的竞争。与人工开荒除草相比，使用草甘膦可不动表土，减少水土流失。节约时间、劳力，降低成本。对白茅等多年生恶性杂草为主的植被，每 666.7 平方米常用 30% 草甘膦水剂 400～600 毫升，兑水 5～10 千克，用弥雾机喷洒。人工手动喷雾器喷洒，每 666.7 平方米兑水 15～30 千克，对药后遇雨、或漏喷、或防效差的地方，1 个月后应再补喷 1 次。对有灌木的植被可用 30% 草甘膦水剂每公顷 250～400 毫升加水定向喷洒。为了提高药效和降低成本，可以用 30% 草甘膦水剂 300 毫升加 40% 调节磷水剂 500～600 毫升混用，如能再加入 20% 2, 4 - 滴胺盐水剂 250 毫升，或废柴油 100 毫升和药剂稀释液量 3% 的洗衣粉则防效更好。幼林抚育中使用草甘膦时，若树苗基干部褐色部位较高可在喷头上加保护罩定向喷洒，并防止药液飞溅到苗木绿色部分。若苗木矮小，埋没在杂草、灌丛之中，可以用塑罩、塑袋或塑膜将幼苗遮护后喷药。、针叶树对草甘磷有较高的耐药能力，在针叶树苗休眠期；可以直接喷雾防除杂草、灌丛。

6. 水面除草：草甘膦可以直接用于池塘、沟、渠等水面防除水生和湿生杂草，但对沉水杂草无效。草甘膦可用来防除空心莲子草、芦苇、水葫芦、水浮莲、香蒲、水烛等。每 666.7 平方米用 30% 草甘膦水剂 250～400 毫升，加水 15～30 千克喷洒。由于草甘膦溶解于水，不会在水中沉积，同时草甘膦被水中微生物很快分解为无害物质，其在水中的半衰期约 14 天，不会构成水源污染。进入水中的草甘膦能在水中均匀扩散，浓度在数小时内即会被稀释至百万分之一或更低，而一般的鱼和水生生物对其有忍耐能力，放水面施药对鱼无不良影响。对大面积杂草丛生的鱼塘进行水面除草则应分期划区，以保证杂草死亡腐败过程中，不会因耗氧过多导致鱼池缺氧。

7. 非耕地除草：草甘膦可用于非耕地的除草，如工业用地、铁路、公路、机场的空旷地等。也可用于清理、消灭灌溉渠道及田埂上的杂草，以保证灌水渠道的畅通和消灭病、虫的滋生地。方法为每 666.7 平方米用 30% 草甘膦水剂 200～400 毫升，兑水 15～30 升常量喷洒，或兑水 5～10 千克低容量喷洒。

【中毒急救】

吸入：应迅速将患者转移到空气清新流通处。如呼吸停止应做人工呼吸。如呼吸困难应输氧。如有症状及时就医。皮肤接触后：立即用水和肥皂清洗，并彻底冲洗干净。眼睛接触后：把眼睛打开用流水冲洗几分钟，如有持续的症状，及时就医。误食：立即用大量清水漱口，洗胃。洗胃时注意保护气管和食管。及时送医院对症治疗。不要给神志不清的病人经口食用任何东西。本品无特效解毒剂。若摄入量大，病人十分清醒，可用吐根糖浆诱吐，还可在服用的活性炭泥中加入山梨醇。

【注意事项】

1. 本品使用时按常规方法打开包装。操作者应遵守《农药安全使用准则》，按要求做好劳动保护，如穿戴工作服、手套、面罩等，避免让人体直接接触药剂。工作后漱口、清洗裸露在外的身体部分并更换干净的衣服。

2. 本品对酸、碱、热稳定，在光照条件下中等稳定，贮、运及使用时应加以注意。

3. 如本品包装破损有遗洒在外面，可将遗洒物聚拢收集，地面的少量残余物可用清水冲洗干净，收集废水集中处理，不可流入水体。本品不自燃，如遇着火等突发事故时，本品在高温下会分解，并产生大量有毒有害的烟气，灭火时应佩戴自呼吸式防毒面具。小火可采用窒息法扑灭，大火必要时可用水。

4. 用剩的包装袋或桶应收集，统一送废物处理场焚烧处理，不可随意丢弃，更不可做他用。

5. 禁止在河塘等水体中清洗施药器具。

6. 孕妇和哺乳期妇女避免接触。

7. 每季作物最多使用 1 次。

8. 本品为非选择性除草剂，因此施药时应防止药液漂移到作物茎叶上，以免产生药害。

9. 对多年生恶性杂草，如白茅、香附子等，在第 1 次用药后 1 个月再施 1 次药，才能达到理想防治效果。

10. 在药液中加适量柴油或洗衣粉，可提高药效。

11. 在晴天，高温时用药效果好，喷药后 4～6 小时内遇雨应补喷。

12. 低温时会有结晶析出，用时应充分摇匀容器，使结晶溶解，以保证药效。

13. 本品为内吸传导型灭生性除草剂，施药时注意防止药雾漂移到非目标植物上造成药害。

14. 本品易与钙、镁、铝等离子络合失去活性，稀释农药时应使用清洁的软水，兑入泥水或脏水时会降低药效。

15. 施药后 3 天内请勿割草、放牧和翻地。

16. 为减缓杂草害的抗药性，请注意与其他除草剂轮换使用。

17. 本品放置于阴凉、干燥、通风、防雨处，远离火源，勿与食品、饲料、种子、日用品等同贮同运。

18. 本品宜置于儿童够不着的地方并上锁，不得重压、破损包装容器。

丁草胺

【作用特点】

丁草胺为酰胺类选择性内吸传导除草剂。主要通过杂草的幼芽吸收，而后传导全株而起作用。芽前和苗期均可使用。主要作用机制为植物吸收丁草胺后，在体内抑制和破坏蛋白酶，阻碍蛋白质的合成，抑制细胞的生长，从而破坏杂草幼芽和幼根正常生长发育，使杂草幼株肿大、畸形，色深绿，从而使杂草死亡。在黏壤土及有机质含量较高的土壤上使用，药剂可被土壤胶体吸收，不易被淋溶，特效期可达 1～2 个月。一般是作芽前土壤表面处理，水田苗后也可应用，是水稻田除草剂的重要品种。

【毒性与环境生物安全性评价】

对高等动物毒性低毒。

原药大鼠急性经口 LD_{50} 大于 2000 毫克/千克；

原药小鼠急性经口 LD_{50} 为 4747 毫克/千克；

原药兔急性经口 LD_{50} 大于 5010 毫克/千克；

原药大鼠急性经皮 LD_{50} 大于 3000 毫克/千克；

原药兔急性经皮 LD_{50} 大于 13000 毫克/千克；

原药大鼠急性吸入 LC_{50} 大于 3.34 毫克/升。

对兔眼睛有轻微刺激性；

对兔皮肤有中度刺激性。

大鼠 2 年慢性毒性试验无作用剂量小于 100 毫克/升；

不发生肿瘤的剂量为 100 毫克/升；

狗 2 年慢性毒性试验无作用剂量为 1000 毫克/升。

高剂量时，试验动物有肝、肾损伤。

制剂大鼠急性经口 LD_{50} 大于 1000 毫克/千克；

制剂大鼠急性经皮 LD_{50} 大于 3000 毫克/千克；

制剂兔急性经皮 LD_{50} 大于 2000 毫克/千克。

对鱼类毒性高毒。

虹鳟鱼 96 小时急性毒性 LC_{50} 为 0.52 毫克/升；

鲤鱼 96 小时急性毒性 LC_{50} 为 0.32 毫克/升；

蓝鳃太阳鱼 96 小时急性毒性 LC_{50} 为 0.44 毫克/升。

对鸟类毒性低毒。

野鸭急性经口 LD_{50} 大于 4640 毫克/千克；

野鸭喂饲 7 天大于 10000 毫克/千克；

鹌鹑喂饲 7 天 LD_{50} 大于 10000 毫克/千克；

山齿鹑喂饲 7 天 LD_{50} 大于 6597 毫克/千克。

对蜜蜂毒性低毒。

蜜蜂急性经口 48 小时 LD_{50} 大于 100 微克/只。

【防治对象】

主要用于直播或移栽水稻田防除的 1 年生禾本科杂草及某些阔叶杂草。对小麦、大麦、甜菜、棉花、花生和白菜作物也有选择性。适用于白菜类、豆菜、萝卜类、甘蓝类、茄果类、菠菜等菜田除草。可以较好地防除稻田一年生的禾本科和莎草科杂草，如稗草、千金子、异型莎草、碎米莎草、牛毛毡等。也可以防除部分阔叶草，如节节菜、陌上菜、水苋、母草、泽泻等，对鸭舌草、鳢肠、尖瓣花等有抑制作用。对旱地的看麦娘、硬草、牛筋草、狗尾草等禾本科杂草及铁苋菜、苋等阔叶杂草也有较好的防效。对大部分阔叶草及多年生杂草无效，如矮慈姑、眼子菜、双穗雀稗、水花生、扁秆藨草等。

【使用方法】

防除水稻 1 年生杂草：每 666.7 平方米用 600 克/升丁草胺乳油或 60% 丁草胺乳油 83～142 克，兑水喷雾或拌毒土处理。注意平整土地，每 666.7 平方米兑水 30～60 千克均匀喷于土表，或拌 10～15 千克毒土撒施。播前土壤宜保持湿润，如有积水，应排水后播种。水稻直播必须催芽后播种。直播田、育秧田施药后 5 天左右保持土壤湿润，不能积水，更不能淹水，下雨及时排水，不能淹没水稻心叶，5 天后正常水管理。移栽田施药时保持田间水层 3～5 厘米，保水 5～7 天，以后恢复正常田间管理。

【特别说明】

1. 秧田、直播稻田：可在秧田、直播稻田等上水整地筑畦后，排干畦面水，每 666.7 平方米用 60% 丁草胺乳油 75～100 毫升，加水 30～40 千克均匀喷洒于畦面，然后上浅水。也可以灌浅水后，每 666.7 平方米用 60% 丁草胺乳油 75～100 毫升制成毒土 20 千克均匀撒施。施药 3 天后排净田水，平整畦面后落谷。落谷至齐苗期间秧板不能浸水，灌溉、雨后不能积水，否则对成苗率和秧苗素质有影响。这种落谷前施药，适宜于稗草密度大的田块，在稻谷播种前先杀死一部分杂草，以减轻播后防除稗草的压力。由于播种时常需塌谷，扰乱表层泥土，使药剂封闭层受到破坏，所以在稻谷播种以后还需用其他药剂防除播种以后出土的杂草。丁草胺在秧田及直播稻田播后芽苗期用药，施药适期短，安全性差，应谨慎使用。

2. 肥床旱育秧田：肥床旱育秧田是一种新的育秧方式，实行大播种量，浸种不催芽播种，播后覆土，湿润灌溉，覆盖薄膜，具有省地、省种子、省肥、省水、省工、增产的优点。由于覆盖的床上有来自沟渠路边积土、菜园土，所以肥床旱育秧田杂草，既有水田杂草，也有旱田杂草；既有禾本科杂草，也有阔叶杂草。为了兼除阔叶草，丁草胺常与噁草灵混用，其使用方法为：秧板浇足底水后落谷，然后盖土，厚度约1厘米，然后每666.7平方米用60%丁草胺乳油75毫升加15%噁草灵乳油75毫升，加水30千克搅拌均匀喷洒，然后覆膜。需要注意的是用药要准确，以实际畦面面积计算用药量，喷洒要均匀。覆土要均匀，厚1厘米。覆土过薄和有种子暴露于土表时易产生药害。

3. 移栽本田：丁草胺在移栽本田的施药适期在水稻移栽后3~5天，每666.7平方米用60%丁草胺乳油

75~120毫升配制成毒土10~15千克均匀撒施，撒施时田间保持3~5厘米水层，并保水4~6天。毒土的配制方法为每666.7平方米用10~15千克细土，细土要求过筛，然后将每666.7平方米用量的丁草胺乳油倒入装有0.5~1千克水的喷雾器中，搅拌均匀后喷洒在准备好的干细土上，边喷边拌，搅拌均匀。制成的毒土应达到握之成团、松之能散的程度，如果太干或太湿可用喷清水或加干细土的方法来调节。丁草胺也可以配制成毒沙撒施，毒沙的配制方法为将每666.7平方米用量的丁草胺乳油滴入500克左右的细沙中，用棒搅拌均匀，再加入500克左右的细沙搅拌均匀，再加入2~3千克细沙再拌匀，达到每666.7平方米配制成3~4千克的毒沙量，堆闷1~3小时后撒施。丁草胺还可制成毒肥结合返青肥一起施用。毒肥的配制方法为将每666.7平方米用量的丁草胺乳油滴入1~2千克的干细土中拌匀，然后加入尿素或硫铵中拌匀。因尿素与硫铵易吸湿潮解，故配制时不应将丁草胺乳油直接加入到尿素或硫铵中，并应随拌随施，不要堆放过夜。丁草胺也可以采用喷雾的方法使用，使用时先在喷雾器中放入每666.7平方米喷水量一半的水，将丁草胺徐徐倒入喷雾器中，搅拌均匀，再将另一半水倒入喷雾器中搅匀。手动喷雾器喷洒，每666.7平方米用水量30~40千克；机动弥雾机喷洒用水量7.5千克左右。以上几种施药方法各有优缺点。喷雾法工效较低，考虑到施药方便、均匀可采用毒土或毒肥法。在阴雨天找不到干土时，可事先备些干沙，以毒沙法施药。移栽稻田施用丁草胺2小时以后下雨，即使造成施药田漫水，对防效也不会有影响，不必补施。施药2小时内降大暴雨造成田水溢出，对杂草防效可能会有降低，杂草发生量大的田块应考虑补施少量丁草胺，杂草发生中等或较轻的田块可以不补施。为了兼治移栽稻田的阔叶杂草，丁草胺常与苄嘧磺隆混配使用，混配以后除对稗草、千金子、牛毛毡、异型莎草、碎米莎草、节节菜、陌上菜有较好的防效外，还可以防除矮慈姑。丁香蓼、萤蔺、四叶萍、鳢肠、尖瓣花、眼子菜等阔叶杂草，在加大苄嘧磺隆用量的情况下，还能防除扁秆藨草、水莎草等多年生杂草。

4. 小苗移栽及抛秧田：抛秧田和小苗(5.5叶以下)移栽田由于稻苗小，前期秧苗叶片覆盖率低，从抛秧(或移栽)到封行时间长，因而杂草出草期长、出草提前、出草量大。同时稻苗较小，秧根入土浅或暴露于土表，抗药能力弱，因而对除草剂的要求为安全性要好，同时药效期要长。丁草胺可以用于抛秧田及小苗移栽田防除禾本科杂草及部分阔叶杂草，特别适用于以稗和异型莎草为主的田块，每666.7平方米用60%丁草胺乳油100~120毫升，在栽后(或抛后)4~6天采用毒土或毒肥法施药，药后保水5~7天。由于秧苗较小，要求田面平整，以免施药后低洼处因水层过深淹没稻苗心叶引起药害。在阔叶杂草较多的田块丁草胺可与苄嘧磺隆混配使用，方法同移栽稻田丁草胺的混配使用。

5. 为了防除小麦田的看麦娘、硬草，在小麦播种以后至麦苗2叶期前，每666.7平方米用60%丁草胺乳油50毫升加25%绿麦隆可湿性粉剂150克混用，兑水30~40千克喷雾，也可以配成25千克毒土撒施，对硬草和看麦娘的防效可达到90%左右，并可兼除部分阔叶草，对当茬小麦和下茬水稻安全。施药时土壤干旱影响防效，以土壤含水量20%左右时防效最好，土壤湿度超过30%时，对小麦药害严重。露籽麦施用则出苗率降低，畸形苗增加。大麦、元麦对丁草胺敏感，不宜使用丁草胺。

6. 丁草胺可用于甘蓝移栽田和萝卜直播田防除旱稗、牛筋草、狗尾草等禾本科杂草和野苋、铁苋菜等部分阔叶杂草。每 666.7 平方米用 60% 丁草胺乳油 120 ~ 150 毫升，加水 30 ~ 40 千克喷雾。甘蓝在移栽前或移栽后施药，萝卜在播前施药。对禾本科杂草的株防效和鲜重防效均可达到 90% 以上，对甘蓝和萝卜生长安全。

【中毒急救】

中毒症状为头昏、心悸、胸闷、疲乏、流诞、恶心、多汗、手足发麻、肌束震颤。严重中毒出现抽搐、昏迷。吸入：应迅速将患者转移到空气清新流通处。如呼吸停止应做人工呼吸。如呼吸困难应输氧。如有症状及时就医。皮肤接触后：立即用水和肥皂清洗，并彻底冲洗干净。眼睛接触后：把眼睛打开用流水冲洗几分钟，如有持续的症状，及时就医。误食：立即用大量清水漱口，洗胃。洗胃时注意保护气管和食管。及时送医院对症治疗。不要给神志不清的病人经口食用任何东西。本品无特效解毒剂。

【注意事项】

1. 本品使用时按常规方法打开包装。操作者应遵守《农药安全使用准则》，按要求做好劳动保护，如穿戴工作服、手套、面罩等，避免让人体直接接触药剂。工作后漱口、清洗裸露在外的身体部分并更换干净的衣服。

2. 本品对酸、碱、热稳定，在光照条件下中等稳定，贮、运及使用时应加以注意。

3. 如本品包装破损有遗洒在外面，可将遗洒物聚拢收集，地面的少量残余物可用清水冲洗干净，收集废水集中处理，不可流入水体。本品不自燃，如遇着火等突发事故时，本品在高温下会分解，并产生大量有毒有害的烟气，灭火时应佩戴自呼吸式防毒面具。小火可采用窒息法扑灭，大火必要时可用水。

4. 施药时稻田内必须有水层 3 ~ 5 厘米，使药剂均匀分布，施药后 7 天内不排水、串水，以免降低药效。

5. 每季作物最多使用 1 次。

6. 田地应尽量整平，使全部淹没水中，漏水田和沙壤田应注意保水。

7. 本品对出土前杂草防效较好，大草防效差，应尽量在播种定植前施药。

8. 土壤有一定湿度时使用丁草胺效果好。旱田应在施药前浇水或喷水，以提高药效。

9. 瓜类和茄果类蔬菜的播种期，使用本品有一定的药害，应用时应慎重。

10. 本品主要杀除单子叶杂草，对大部分阔叶杂草无效或药效不大。菜田阔叶杂草较多的地块，可考虑改用其他除草剂。

11. 喷药要力求均匀，防止局部用药过多造成药害，或漏喷现象。

12. 在稻田和直播稻田使用，60% 丁草胺每 666.7 平方米用量不得超过 150 毫升，切忌田面淹水。一般南方用量采用下限。早稻秧田若气温低于 15℃ 时施药会有不同程度药害。

13. 本品对 3 叶期以上的稗草效果差，因此必须掌握在杂草一叶期以前，三叶期使用，水不要淹没秧心。

14. 本品对鱼毒性较强，不能用于养鱼，稻田用药后的田水也不能排入鱼塘。

15. 本品应在秧苗 1 叶 1 心期后使用，且用量不宜过大，施药要均匀。在水稻肥床旱育秧田使用时，种子播种后需覆土 1 厘米才能施药；播种后不覆土或覆土太浅也易产生药害。

16. 高粱、大麦、元麦对本品最为敏感，不能在上述作物田使用。

17. 孕妇和哺乳期妇女避免接触。

18. 本品放置于阴凉、干燥、通风、防雨处，远离火源，勿与食品、饲料、种子、日用品等同贮同运。

19. 本品宜置于儿童够不着的地方并上锁，不得重压、破损包装容器。

敌草隆

【作用特点】

敌草隆是一种选择性内吸传导型取代脲类土壤除草剂，属于光合作用抑制剂。杂草根系吸收药剂后，传到地上叶片中，并沿着叶脉向周围传播，抑制光合作用中的希尔反应，使植物不能吸收二氧化碳和氧气，使受害杂草从叶尖和边缘开始褪色，终至全叶枯萎，从而达到除草目的。用于防除非耕作区一般杂草。主要用于芦笋、柑橘、棉花、甘蔗、油质树木等。药效可持续 60 天以上。

【毒性与环境生物安全性评价】

对高等动物毒性低毒。

原药大鼠急性经口 LD_{50} 为 3400 毫克/千克；

原药兔急性经皮 LD_{50} 大于 2000 毫克/千克；

原药大鼠急性吸入 4 小时 LC_{50} 大于 5 毫克/升。

对兔眼睛有中度刺激性；

对兔皮肤无刺激性。

豚鼠皮肤致敏试验结果为无致敏性。

大鼠 2 年慢性喂饲毒性试验无作用剂量为 250 毫克/千克；

狗 2 年慢性喂饲毒性试验无作用剂量为 150 毫克/千克。

亚急性和慢性毒性：大鼠经口 5000ppm×90 日，未引起死亡，但体重下降，红细胞减少。

对鱼类毒性中等毒。

虹鳟鱼 96 小时急性毒性 LC_{50} 为 5.6 毫克/升；

蓝鳃太阳鱼 96 小时急性毒性 LC_{50} 为 5.9 毫克/升。

对鸟类毒性低毒。

野鸭喂饲 8 天 LD_{50} 大于 5000 毫克/千克；

日本鹌鹑喂饲 8 天 LD_{50} 大于 5000 毫克/千克；

山齿鹑喂饲 8 天 LD_{50} 为 1730 毫克/千克。

对蜜蜂毒性低毒。

对水生生物有极高毒性，可能对水体环境产生长期不良影响。

对氧化和水解稳定。

【防治对象】

主要用于防除非耕地一般杂草，防杂草重新蔓延。本品也用于芦笋、柑橘、棉花、凤梨、甘蔗、温带树木和灌木水果的除草。防除甘蔗田一年生杂草有很好的效果。

【使用方法】

防除甘蔗田杂草：每 666.7 平方米用 80% 敌草隆可湿性粉剂 130～165 克，兑水 50 千克搅拌均匀，在甘蔗出苗前，进行土壤喷雾，喷药时药液要均匀周到。施药时，避免漂移到周围作物田地及其他作物。施药后土壤需保持较高的湿度才能取得较好的防效。

【中毒急救】

对眼、皮肤、黏膜有刺激作用。吸入：应迅速将患者转移到空气清新流通处。如呼吸停止应做人工呼吸。如呼吸困难应输氧。如有症状及时就医。皮肤接触后：立即用水和肥皂清洗，并彻底冲洗干净。眼睛接触后：把眼睛打开用流水冲洗几分钟，如有持续的症状，及时就医。误食：立即用大量清水漱口，洗胃。洗胃时注意保护气管和食管。及时送医院对症治疗。不要给神志不清的病人经口食用任何东西。本品无特效解毒剂。

【注意事项】

1. 本品使用时按常规方法打开包装。操作者应遵守《农药安全使用准则》，按要求做好劳动保护，如穿戴工作服、手套、面罩等，避免让人体直接接触药剂。工作后漱口、清洗裸露在外的身体部分并更换干净的衣服。

2. 本品对酸、碱、热稳定，在光照条件下中等稳定，贮、运及使用时应加以注意。

3. 本品在麦田禁用，以免药害。

4. 本品对多种作物的叶片有杀伤力，应避免药液漂移到作物叶片上，桃树对该药敏感，使用时应注意。

5. 孕妇和哺乳期妇女避免接触。

6. 本品对水生生物有极高毒性，勿将药液或空包装弃于水中或在河塘中洗涤喷雾器械，避免影响鱼类和污染水源。

7. 施药后遇大雨，容易发生溶淋药害，作物在 1~2 周内可以恢复正常生长。

8. 冬、春季阴雨天时，注意田间排水情况，避免低洼处田间积水。

9. 每季作物只能使用 1 次。

10. 用过的容器妥善处理，不可做他用，不可随意丢弃。

11. 本品放置于阴凉、干燥、通风、防雨处，远离火源，勿与食品、饲料、种子、日用品等同贮同运。

12. 本品宜置于儿童够不着的地方并上锁，不得重压、破损包装容器。

啶磺草胺

【作用特点】

啶磺草胺属三唑嘧啶磺酰胺类除草剂，是乙酸乳酸合成酶抑制剂。作用机理是药剂经由杂草叶片、梢部、颈部和根部吸收，在生长点累积，通过木质部和韧皮部传导至分生组织，抑制植物体内支链氨基酸的生物合成，进而影响蛋白质的合成，最终影响杂草的细胞分裂，造成杂草停止生长，使其黄化，直至死亡。主要用于防除小麦田禾本科杂草同时兼防阔叶杂草。近几年通过大量的试验和对农户使用情况的跟踪调查发现，啶磺草胺对雀麦、看麦娘、日本看麦娘、硬草等禾本科杂草有良好的防除效果，包括对抗性看麦娘、抗性日本看麦娘都有良好的防除效果，同时对婆婆纳、野老鹳草等阔叶杂草有较好的防除效果。

【毒性与环境生物安全性评价】

对高等动物毒性低毒。

原药雄大鼠急性经口 LD_{50} 大于 2000 毫克/千克；

原药雌大鼠急性经口 LD_{50} 大于 2000 毫克/千克；

原药雄大鼠急性经皮 LD_{50} 大于 2000 毫克/千克；

原药雌大鼠急性经皮 LD_{50} 大于 2000 毫克/千克。

对兔眼睛无刺激性；

对兔皮肤无刺激性。

豚鼠皮肤致敏性试验结果为中度致敏性。

制剂雄大鼠急性经口 LD_{50} 大于 5000 毫克/千克；

制剂雌大鼠急性经口 LD_{50} 大于 5000 毫克/千克；

制剂雄大鼠急性经皮 LD_{50} 大于 5000 毫克/千克；

制剂雌大鼠急性经皮 LD_{50} 大于 5000 毫克/千克。

对兔眼睛有中度刺激性；

对兔皮肤无刺激性。

豚鼠皮肤致敏性试验结果为无致敏性。

对鱼类毒性低毒。

虹鳟鱼 96 小时急性毒性 LC_{50} 为 75 毫克/升。

对水蚤毒性低毒。

大型蚤 48 小时急性毒性 EC_{50} 大于 100 毫克/升。

对水藻毒性低毒。

羊角月牙藻 72 小时急性毒性 EC_{50} 为 37 毫克/升。

对鸟类毒性低毒。

鹌鹑急性经口 LD_{50} 大于 112.5 毫克/千克体重。

对蜜蜂毒性低毒。

蜜蜂急性接触 48 小时 LD_{50} 大于 104.0 微克/只。

对家蚕毒性低毒。

2 龄家蚕食下毒叶法 LC_{50} 为 498.9 毫克/千克·桑叶。

每人每天允许摄入量为 0.04 毫克/千克体重。

不会对土壤微生物产生长期的毒性影响。

对非靶标植物低风险。

在土壤中有氧条件下易降解。

在土壤中厌氧条件下中等降解。

不易水解。

难光解。

不易淋溶。

较难吸附。

难挥发。

低富集性。

【防治对象】

可有效防除麦田看麦娘、日本看麦娘、硬草、雀麦、野燕麦、野老鹳草、婆婆纳、播娘蒿、荠菜、繁缕、米瓦罐、稻槎菜，并可有效抑制早熟禾、猪殃殃、泽漆等杂草。

【使用方法】

防除冬小麦 1 年生杂草：每 666.7 平方米用 7.5% 啶磺草胺水分散粒剂 9.4～12.5 克，兑水 15～30 千克搅拌均匀，杂草出齐后，进行杂草定向茎叶喷雾处理。喷药时药液要均匀周到。施药时，避免漂移到周围作物田地及其他作物。

使用时应注意以下几点：

1. 冬前或早春施用，麦苗 3～6 叶期，1 年生禾本科杂草 2.5～5 叶期，杂草出齐后用药越早越好，每 666.7 平方米用水量 15～30 千克，茎叶均匀喷雾。小麦起身拔节后不得施用。

2. 严格按推荐剂量、时期和方法施用，喷雾时应恒速、均匀喷雾，避免重喷、漏喷或超范围施用。

3. 不宜在霜冻低温（最低气温低于 2℃）等恶劣天气前后施药，不宜在遭受涝害、冻害、盐害、病害及营养不良的麦田施用本剂，施用前后 2 天内也不可大水漫灌麦田。

4. 施药后麦苗有时会出现临时性黄化或蹲苗现象，正常使用条件下小麦返青后黄化消失，一般不影响产量。

5. 施药后杂草即停止生长，一般 2～4 周后死亡；干旱、低温时杂草枯死速度稍慢；施药

1 小时后降雨不显著影响药效。

【特别说明】

由于特殊的天气情况，啶磺草胺在一些敏感的小麦品种如部分扬麦系列品种上，出现了轻微的药物反应，每 666.7 平方米用 7.5% 啶磺草胺水分散粒剂超过 12.5 克，即推荐最高用量或重喷的田块，特别是低洼积水的地方，在施药遇低温 15 天后，部分小麦叶尖黄化，继而发白，严重的出现蹲苗现象。随着气温回升，麦苗新生叶片的不断抽生，能较快恢复正常生长，最终产量不受太大影响。因此，使用啶磺草胺后，如果小麦发生药物反应，只要症状不是太重，无需采取特殊的补救措施。症状表现特别严重的田块，可以喷施芸苔素内酯植物生长调节剂，促进麦苗恢复。

【中毒急救】

吸入：应迅速将患者转移到空气清新流通处，解开衣领、腰带，保持呼吸畅通。如呼吸停止应做人工呼吸。如呼吸困难应输氧。如有症状及时就医。皮肤接触后：立即用水和肥皂清洗，并彻底冲洗干净。眼睛接触后：把眼睛打开用流水冲洗几分钟，如有持续的症状，及时就医。误服后：要先喝 200 毫升至 400 毫升的水，然后用浓食盐水或肥皂水引吐。但昏迷者不得引吐，以免呕吐物阻塞呼吸道。引吐后，应尽快为中毒者洗胃。不要给神志不清的病人经口食用任何东西。

【注意事项】

1. 在冬麦区建议，啶磺草胺冬前茎叶处理使用正常用量 3 个月后可种植小麦、大麦、燕麦、玉米、大豆、水稻、棉花、花生、西瓜等作物；6 个月后可种植西红柿、小白菜、油菜、甜菜、马铃薯、苜蓿、三叶草等作物；如果种植其他后茬作物，事前应先进行安全性测试，测试通过后方可种植。

2. 需要在上述时间内间作或套种其他作物的冬小麦田，不建议使用本品。

3. 用过的药械清洗干净，避免残留药剂对其他作物产生药害。

4. 本品使用时按常规方法打开包装。操作者应遵守《农药安全使用准则》，按要求做好劳动保护，如穿戴工作服、手套、面罩等，避免让人体直接接触药剂。工作后漱口、清洗裸露在外的身体部分并更换干净的衣服。

5. 避免污染水塘等水体，不要在水体中清洗施药器具。废弃物要妥善处理，不能随意丢弃，也不能做他用。

6. 请严格按照标签说明使用。

7. 每季作物最多使用 1 次。

8. 避免孕妇及哺乳期的妇女接触本品。

9. 本品属于三唑嘧啶磺酰胺类农药，为缓解抗性，应与不同作用机理的药剂轮换使用。

10. 施药时避免药液漂移到其他作物上。

11. 本品放置于阴凉、干燥、通风、防雨处，远离火源，勿与食品、饲料、种子、日用品等同贮同运。

12. 本品宜置于儿童够不着的地方并上锁，不得重压、破损包装容器。

单嘧磺隆

【作用特点】

单嘧磺酯是由我国自行研制开发的一种磺酰脲类除草剂。具有量小超高效、环境友好、应用成本适中的特点。作用机理是抑制乙酰乳酸合成酶，阻碍植物体内支链氨基酸的生物合成，导致植物细胞的合成受阻，最后枯萎、死亡。它具有内吸、传导作用，可以通过植物的根、茎、叶吸收，进入植物体内，并在植物体内传导。杂草接触药剂后叶片变厚、发脆、心叶发黄，生长受到抑制，10 天以后逐渐干枯、死亡。适用于小麦除草，可有效防除小麦田常见的一年生阔叶杂草，如播娘蒿、荠菜、藜等。

【毒性与环境生物安全性评价】

对高等动物毒性低毒。

原药大鼠急性经口 LD_{50} 大于 1000 毫克/千克；

原药大鼠急性经皮 LD_{50} 大于 1000 毫克/千克。

对兔眼睛有轻微刺激性；

对兔皮肤无刺激性。

豚鼠皮肤致敏性试验结果为弱致敏性。

大鼠 3 个月亚慢性毒性试验最大无作用剂量雄性为 161 毫克/千克·天；

大鼠 3 个月亚慢性毒性试验最大无作用剂量雌性为 231 毫克/千克·天。

制剂大鼠急性经口 LD_{50} 大于 5000 毫克/千克；

制剂大鼠急性经皮 LD_{50} 大于 2000 毫克/千克。

对兔眼睛有轻微刺激性；

对兔皮肤无刺激性。

豚鼠皮肤致敏性试验结果为弱致敏性。

对鱼类毒性低毒。

斑马鱼 96 小时急性毒性 LC_{50} 为 64.68 毫克/升。

对鸟类毒性低毒。

鹌鹑 7 天急性经口 LD_{50} 大于 2000 毫克/千克。

对蜜蜂毒性低毒。

蜜蜂接触染毒 LC_{50} 大于 200 微克/只。

对家蚕毒性低毒。

2 龄家蚕食下毒叶法 LC_{50} 大于 5000 毫克/升。

【防治对象】

单嘧磺酯制剂每 666.7 平方米有效成分用量仅需 1.5 克，能有效防除麦田主要杂草播娘蒿、荠菜、藜等阔叶杂草，除草活性高，平均防治效果达到 96.7%。2011 年，天津市武清区麦田阔叶杂草发生面积近 3 亿平方米，平均密度 9.5 株/平方米，最高密度 252 株/平方米。南开大学课题组在大良镇、南蔡村镇、大碱厂镇建立 10% 单嘧磺酯可湿性粉剂防治麦田杂草示范区，示范面积近 7000 万平方米，防治效果达到 95% 以上。

【使用方法】

1. 防除春小麦田 1 年生阔叶杂草：每 666.7 平方米用 10% 单嘧磺酯可湿性粉剂 15～20 克，兑水 30 千克，于春小麦 3、4 叶期进行茎叶喷雾。施药时，避免漂移到周围作物田地及其他作物。

2. 防除冬小麦田 1 年生阔叶杂草：每 666.7 平方米用 10% 单嘧磺酯可湿性粉剂 12～15 克，兑水 30～450 千克，于冬小麦苗返青后至返青中期进行茎叶喷雾。施药时，避免漂移到周围作物田地及其他作物。

【中毒急救】

吸入：应迅速将患者转移到空气清新流通处。如呼吸停止应做人工呼吸。如呼吸困难应输氧。如有症状及时就医。皮肤接触后：立即用水和肥皂清洗，并彻底冲洗干净。眼睛接触后：把眼睛打开用流水冲洗几分钟，如有持续的症状，及时就医。误食：立即用大量清水漱

口，洗胃。洗胃时注意保护气管和食管。及时送医院对症治疗。不要给神志不清的病人经口食用任何东西。本品无特效解毒剂。

【注意事项】

1. 本品使用时按常规方法打开包装。操作者应遵守《农药安全使用准则》，按要求做好劳动保护，如穿戴工作服、手套、面罩等，避免让人体直接接触药剂。工作后漱口、清洗裸露在外的身体部分并更换干净的衣服。

2. 使用本品 12 个月后，才能种植其他阔叶植物。

3. 小麦 1 个生长季内只能使用 1 次。

4. 禁止在阔叶作物田或其他阔叶植物上使用。

5. 花生、大豆、棉花对本品较敏感，油菜、白菜等十字花科蔬菜等对本品敏感，故不宜在靠近这些作物地块的地方用该药剂作弥雾处理，尤其在有风的情况下。也不宜在泾流严重的地块施药。

6. 后茬严禁种植油菜、棉花、大豆及十字花科蔬菜，谨慎种植旱稻、苋、高粱等作物。

7. 本品不可与呈碱性的农药等物质混合使用。

8. 施药时，喷雾器喷头应戴保护罩，以免药液喷溅到其他作物上，引发伤害。

9. 药液应尽量喷完，剩余药液不可倒在地上或池塘、水渠、小溪、河流等水源中清洗，以免污染水源或引起水生生物中毒，清洗喷雾器械后的水应倒在远离居民点、水源和作物的地方。

10. 孕妇和哺乳期妇女避免接触。

11. 用过的容器妥善处理，不可做他用，不可随意丢弃。

12. 本品放置于阴凉、干燥、通风、防雨处，远离火源，勿与食品、饲料、种子、日用品等同贮同运。

13. 本品宜置于儿童够不着的地方并上锁，不得重压、破损包装容器。

2，4-滴丁酯

【作用特点】

2，4-滴丁酯是激素型选择性除草剂。作用机理是通过杂草的根、茎、叶被吸收，并在体内输导。杂草中毒后幼叶、茎尖生长停止，根尖膨大，叶片黄化、卷曲，呈鸡爪状。茎扭曲，生长点向下弯曲，茎基部肿胀、腐烂，最后干枯，全株死亡。它具有较强的内吸传导性，药效高，在很低浓度下即能抑制植物正常生长发育，出现畸形，直至死亡。主要用于苗后茎叶处理，展着性好，渗透性强，易进入植物体内，不易被雨水冲刷，对双子叶杂草敏感，对禾谷类作物安全。它主要用于茎叶处理防治 1 年生和多年生的阔叶杂草和莎草科杂草。也可用于大粒种子玉米田芽前进行土壤处理，防除阔叶杂草，对 1 年生禾本科杂草及种子繁殖的多年生杂草也有强烈的抑制作用。

【毒性与环境生物安全性评价】

对高等动物毒性低毒。

原药雄大鼠急性经口 LD_{50} 为 620 毫克/千克；

原药雌大鼠急性经口 LD_{50} 为 1500 毫克/千克；

原药雌小鼠急性经口 LD_{50} 为 375 毫克/千克；

原药兔急性经口 LD_{50} 为 1400 毫克/千克。

大鼠 2 年喂饲慢性毒性试验最大无作用剂量为 625 毫克/千克。

对鱼类毒性低毒。

鲤鱼 48 小时 LC$_{50}$为 48 毫克/升。

对蜜蜂毒性高毒。

【防治对象】

主要适用于小麦、大麦、青稞、玉米、高粱等禾本科作物田及禾本科牧草地，防除播娘蒿、野芥菜、离子草、王不留行、麦瓶草、繁缕、藜、蓼、津草、铁苋菜、苍耳、马齿苋、问荆、反枝苋、小旋花、田蓟、苦卖菜、醉马草等阔叶杂草。也可以用来防除水稻田的鸭舌草、雨久花、牛毛草、三棱草、野慈姑等。裂边鼬瓣花、扁蓄、车前、香薷、猪殃殃等。对未本科杂草无效。

【使用方法】

1. 防除麦田杂草：在麦苗分蘖盛期至拔节前，杂草 3～5 叶期使用，春小麦田每 666.7 平方米用 72% 2，4－滴丁酯乳油 40～50 毫升，冬小麦田 40～60 毫升，大麦田比小麦田用量稍低，一般春大麦田每公顷用 35～40 毫升，冬大麦田为 30～40 毫升。燕麦对 2，4－滴丁酯的耐药性比小麦、大麦差，因而用量更要低一些。冬燕麦田每 666.7 平方米用 72% 2，4－滴丁酯 10～20 毫升，春燕麦田不宜使用 2，4－滴丁酯。2，4－滴丁酯在麦田常用做茎叶喷雾，使用时先将药剂兑水稀释均匀，然后用喷雾器喷洒。兑水量因喷雾器械而异，人工手动喷雾器每 666.7 平方米用水 30～40 千克，弥雾机 10～15 千克。在有野燕麦的田块，2，4－滴丁酯可以与燕麦秸混用，但不能与禾草灵、新燕灵混用。

2. 防除水稻田杂草：在稻田阔叶杂草应在分蘖盛期使用至拔节前结束，每 666.7 平方米用 72% 2，4－滴丁酯乳油 35～60 毫升，兑水 50～60 千克升喷雾。施药前先排水，施药后 24～48 小时再上水，保水 5～7 天，以后正常管理。水稻在低温情况下对 2，4－滴丁酯的抗药性降低，在施药后遇到低温时易产生药害，所以在气温较低的地区使用 2 甲 4 氯比 2，4－滴丁酯安全。

3. 玉米田杂草：由于 2，4－滴丁酯在土壤中的移动范围小，仅 1～2 厘米，半衰期也较短，玉米种子播种较深，利用位差的原理，2，4－滴丁酯可以用做土壤处理控制杂草种子发芽出土。东北春玉米区在玉米播种以后，出苗前使用，每 666.7 平方米用 72% 2，4－滴丁酯乳油 50～100 毫升，兑水 45～60 千克喷雾，可以控制阔叶杂草出土，对 1 年生禾本科杂草也有强烈的抑制作用。在沙壤上、沙土等轻质土壤以及施药后降雨量较大的情况下，药剂会被雨水淋溶至玉米种子所在的土层，产生药害。2，4－滴丁酯用于玉米田茎叶喷雾，常于玉米 4～5 叶期，杂草基本出齐后进行，每 666.7 平方米用 72% 2，4－滴丁酯乳油 40～600 毫升，兑水 50～60 千克喷雾。由于 2，4－滴丁酯茎叶处理仅能防治玉米田的阔叶杂草及莎草科杂草，所以玉米田的马唐、狗尾草、旱稗等禾本科杂草还必须使用其他除草剂来进行防除。有的玉米自交系品种对 2，4－滴丁酯敏感易产生药害，因此必须先进行试验后才能使用。

4. 防除高粱田杂草：在高粱幼苗 4～5 叶期使用，每 666.7 平方米用 72% 2，4－滴丁酯乳油 30～40 毫升，兑水 30～40 千克喷雾。

5. 防除谷子田杂草：在谷子幼苗 4～5 叶期使用，每 666.7 平方米用 72% 2，4－滴丁酯乳油 40～60 毫升，兑水 30～40 千克喷雾。麦、水稻、玉米、高粱、谷子田茎叶喷雾使用 2，4－滴丁酯时可以加入尿素混喷，尿素的加入量为每 666.7 平方米 9～12 千克，如配药时水温低，尿素不易全部溶解时，可以先用热水将尿素溶解，再与 2，4－滴丁酯的稀释液混合均匀后喷洒。

6. 防除甘蔗田杂草：在甘蔗田的使用有 2 个时期，1 个时期是在甘蔗萌芽前，每 666.7 平方米用 72% 2，4－滴丁酯乳油 150～200 毫升，兑水 30～40 千克喷雾；另 1 个时期是在甘蔗幼苗高 30～50 厘米时使用，每 666.7 平方米用 72% 2，4－滴丁酯乳油 150～200 毫升，兑水 50 千克喷雾。

7. 防除草场杂草：可用于禾本科牧草草场防除黄花棘豆、小花棘豆、醉马草等，施药适期为有毒杂草分枝至盛花期，每 666.7 平方米用 72% 2,4 - 滴丁酯乳油 150 ~ 200 毫升，兑水 30 ~ 40 千克喷雾。

8. 防除芦苇田杂草：防除 1 年生阔叶杂草在杂草 3 ~ 5 叶期进行，每 666.7 平方米用 72% 2,4 - 滴丁酯乳油 50 毫升，兑水 30 ~ 40 千克喷雾。防除多年生阔叶杂草鸡矢藤、田蓟、苣荬菜、扁秆藨草、日本藨草、水莎草等应在杂草开花前有一定的叶面积时进行，每 666.7 平方米用量为 80 ~ 110 毫升，兑水 30 ~ 40 千克喷雾。

【中毒急救】

中毒症状表现为恶心、呕吐，然后出现嗜睡、肌肉无力和肌肉纤颤，严重者出现抽搐、昏迷、大小便失禁和呼吸衰竭。吸入：应迅速将患者转移到空气清新流通处。如呼吸停止应做人工呼吸。如呼吸困难应输氧。如有症状及时就医。皮肤接触后：立即用水和肥皂清洗，并彻底冲洗干净。眼睛接触后：把眼睛打开用流水冲洗几分钟，如有持续的症状，及时就医。误食：应立即催吐、洗胃，口服硫酸亚铁溶液，每 15 ~ 30 分钟服 10 毫升，共服 30 ~ 50 毫升，以破坏 2,4 - 滴丁酯。勿用温水洗胃，以免促进吸收。洗胃时注意保护气管和食管。及时送医院对症治疗。不要给神志不清的病人经口食用任何东西。可用吐根糖浆引吐。本品无特效解毒剂。

【注意事项】

1. 本品使用时按常规方法打开包装。操作者应遵守《农药安全使用准则》，按要求做好劳动保护，如穿戴工作服、手套、面罩等，避免让人体直接接触药剂。工作后漱口、清洗裸露在外的身体部分并更换干净的衣服。

2. 本品对蜜蜂高毒，蜜源作物花期作物周围禁用，施药期间应密切注意对附近蜂群的影响。

3. 本品不可与呈碱性的农药等物质混合使用。

4. 施药时，喷雾器喷头应戴保护罩，以免药液喷溅到其他作物上，引发伤害。

5. 燕麦田一般不使用本品，宜用 2 甲 4 氯。

6. 玉米不同的自交系对本品的反应不同，应先试验后再使用。

7. 同一作物不同生育期对本品的抗药性不同。小麦、水稻 4 叶期以前、拔节后对本品敏感，不能使用。

8. 本品的挥发性特别强，棉花、油菜等阔叶作物敏感，极易受害。故喷药应在无风及风小时进行，喷药田与阔叶作物田之间应留隔离带，不能使用低容量或超低容量喷雾，更不能用飞机喷洒。

9. 间、套作阔叶作物的禾谷类作物田也不能使用本品。

10. 喷洒过本品的器械要用热水、碱水洗刷干净。并在敏感作物田试验，证明无药害产生后才能用于敏感作物田。

11. 本品严禁用于双子叶作物。

12. 药液应尽量喷完，剩余药液不可倒在地上或池塘、水渠、小溪、河流等水源中清洗，以免污染水源或引起水生生物中毒，清洗喷雾器械后的水应倒在远离居民点、水源和作物的地方。

13. 孕妇和哺乳期妇女避免接触。

14. 用过的容器妥善处理，不可做他用，不可随意丢弃。

15. 本品放置于阴凉、干燥、通风、防雨处，远离火源，勿与食品、饲料、种子、日用品等

同贮同运。

16. 本品宜置于儿童够不着的地方并上锁，不得重压、破损包装容器。

2 甲 4 氯

【作用特点】

2 甲 4 氯为属苯氧羧酸类选择性除草剂，具有较强的内吸传导性，主要用于苗后茎叶处理，药剂穿过角质层和细胞质膜，最后传导到各部分，在不同部位对核酸和蛋白质合成产生不同影响，在植物顶端抑制核酸代谢和蛋白质的合成，使生长点停止生长，幼嫩叶片不能伸展，一直到光合作用不能正常进行；传导到植株下部的药剂，使植物茎部组织的核酸和蛋白质的合成增加，促进细胞异常分裂，根尖膨大，丧失吸收养分的能力，造成茎秆扭曲、畸形，筛管堵塞，韧皮部破坏，有机物运输受阻，从而破坏植物正常的生活能力，最终导致植物死亡。其挥发性、作用速度比 2，4 - 滴丁酯低且慢，2 甲 4 氯对禾本科植物的幼苗期很敏感，3 ~ 4 叶期后抗性逐渐增强，分蘖末期最强，而幼穗分化期敏感性又上升。在气温低于低于 18℃时效果明显变差，对未出土的杂草效果不好。

【毒性与环境生物安全性评价】

对高等动物毒性低毒。

原药大鼠急性经口 LD_{50} 为 800 毫克/千克；

原药大鼠急性经皮 LD_{50} 大于 4000 毫克/千克；

原药小鼠皮下注射 LD_{50} 为 492 毫克/千克；

原药大鼠急性吸入 4 小时 LC_{50} 为 6.36 毫克/升。

大鼠 2 年慢性喂饲毒性试验最大无作用剂量为 20 毫克/千克；

小鼠 2 年慢性喂饲毒性试验最大无作用剂量为 100 毫克/千克。

对鱼类毒性低毒。

虹鳟鱼 96 小时急性毒性 LC_{50} 为 232 毫克/升。

对鸟类毒性低毒。

山齿鹑 7 天急性经口 LD_{50} 为 377 毫克/千克。

对蜜蜂毒性低毒。

蜜蜂接触染毒 LC_{50} 为 104 微克/只。

【防治对象】

主要用于防除 1 年生与多年生的阔叶杂草和莎草科杂草。芽前土壤处理时，对 1 年生禾本科杂草以及种子繁殖的多年生杂草也有强烈的抑制作用。在麦田可用于防除大巢菜、播娘蒿、野芥菜、繁缕、牛繁缕等，与使它隆、百草敌等混用可防除猪殃殃、荠菜、麦加公、野老鹳草等。在稻田可用于防除水苋、丁香蓼、鸭舌草、牛毛毡、异型莎草、节节菜、母草、萤蔺、日照飘拂草等。与苯达松等混配可用于防除扁秆藨草、水莎草、荆三棱、野慈姑等。在玉米田可用于防除马齿苋、苍耳、蓼、黎、铁苋菜等。对稗、马唐、牛筋草、狗尾草等禾本科杂草无效。亚麻对本品的抗药性强，故也可用于亚麻田防除阔叶杂草。

【使用方法】

1. 防除麦田杂草：在分蘖始盛期至拔节前施用，每 666.7 平方米用 20% 2 甲 4 氯水剂 250 ~ 300 毫升，兑水 30 ~ 40 千克茎叶喷雾。在长江中下游冬麦区，早播的麦田可在冬前麦苗 4 叶以后使用，11 月中旬以后迟播的麦田可以在春季麦苗返青后拔节前使用。

2. 防除水稻田杂草：用于秧田时，秧苗需在 5 叶以上，在拔秧前 7 天，每 666.7 平方米用 20% 2 甲 4 氯水剂 200 ~ 250 毫升，兑水 30 ~ 40 千克喷雾。喷药前应先排干田水，喷药后 2

天再上水。秧苗不足 5 叶时不宜使用本品。施用后不仅可以防除阔叶杂草和莎草科杂草，而且有断老根的作用。施用后 7～10 天内拔秧省力；如施药后不足 7 天拔秧，秧苗根茎之间易拔断；如超过 10 天拔秧，秧苗新根已下扎，拔秧费力。用于水稻移栽本田和水直播稻田，在秧苗分蘖盛末期，每 666.7 平方米用 20% 2 甲 4 氯水剂 250 毫升，兑水 30～40 千克喷雾，可以防除 1 年生的阔叶杂草和莎草科杂草。

3. 防除玉米田杂草：于玉米幼苗 4～6 叶期，每 666.7 平方米用 20% 2 甲 4 氯水剂 175～350 毫升，兑水 30～40 千克喷雾。

4. 防除甘蔗田杂草：在甘蔗幼苗 4～6 叶期，杂草幼苗期，每 666.7 平方米用 20% 2 甲 4 氯水剂 200～300 毫升，加水 30～50 茎叶喷雾。

5. 防除亚麻田杂草：用做茎叶处理，可防除藜、蓼、苋等多种阔叶杂草，施药适期为亚麻株高 5～15 厘米、阔叶杂草苗出齐时，每 666.7 平方米用 20% 2 甲 4 氯水剂 175～350 毫升，兑水 30～40 千克喷雾。

【中毒急救】

本品对皮肤及眼有刺激性，药剂接触皮肤、进入眼内会引起炎症。误服后引起中毒，症状为呕吐、恶心，步态不稳，肌肉纤颤，神经反射能力降低，瞳孔缩小，抽搐、昏迷、休克等。部分中毒病人有肝、肾损害。出现上述症状时，应立即送医院，请医生对症治疗，注意防治脑水肿和保护肝脏。吸入：应迅速将患者转移到空气清新流通处。如呼吸停止应做人工呼吸。如呼吸困难应输氧。如有症状及时就医。皮肤接触后：立即用水和肥皂清洗，并彻底冲洗干净。眼睛接触后：把眼睛打开用流水冲洗几分钟，如有持续的症状，及时就医。误食：立即用大量清水漱口，洗胃。洗胃时注意保护气管和食管。及时送医院对症治疗。不要给神志不清的病人经口食用任何东西。本品无特效解毒剂。

【注意事项】

1. 本品使用时按常规方法打开包装。操作者应遵守《农药安全使用准则》，按要求做好劳动保护，如穿戴工作服、手套、面罩等，避免让人体直接接触药剂。工作后漱口、清洗裸露在外的身体部分并更换干净的衣服。

2. 本品对蜜蜂高毒，蜜源作物花期作物周围禁用，施药期间应密切注意对附近蜂群的影响。

3. 本品不可与呈碱性的农药等物质混合使用。

4. 施药时，喷雾器喷头应戴保护罩，以免药液喷溅到其他作物上，引发伤害。

5. 本品常用于禾谷类作物田，高粱与谷子田应慎用。

6. 小麦和水稻的不同的生育期对本品的敏感程度也不同。4 叶期前和拔节幼穗分化期施药易产生药害。4 叶期前施药药害表现为生长停滞，叶色变黄，遇低温易产生葱管叶，到后期则出现抽穗困难和畸形穗。拔节后施药，药害表现为小穗退化，造成不孕和畸形穗，降低产量。

7. 本品的挥发性不如 2, 4 - 滴丁酯强，但对棉花、油菜、豆类、蔬菜等作物仍较敏感，喷药时应避免药液漂移到上述作物田。在间、套作有阔叶作物的禾谷类作物田施药尤其应该注意。

8. 本品与喷洒机具的结合力很强，用后应用碱水或肥皂水清洗干净，并在敏感作物上试验，确实证明无药害产生后才能用于其他作物田喷洒。

9. 施药应选择晴天、气温高时进行。施药后土壤干旱会降低防效，应先灌溉再施药；不能灌溉的则应适当加大用药量并加大喷洒用水量。

10. 本品严禁用于双子叶作物。

11. 药液应尽量喷完，剩余药液不可倒在地上或池塘、水渠、小溪、河流等水源中清洗，以免污染水源或引起水生生物中毒，清洗喷雾器械后的水应倒在远离居民点、水源和作物的地方。

12. 孕妇和哺乳期妇女避免接触。

13. 用过的容器妥善处理，不可做他用，不可随意丢弃。

14. 本品放置于阴凉、干燥、通风、防雨处，远离火源，勿与食品、饲料、种子、日用品等同贮同运。

15. 本品宜置于儿童够不着的地方并上锁，不得重压、破损包装容器。

二氯吡啶酸

【作用特点】

二氯吡啶酸属吡啶类传导型除草剂，是一种人工合成的植物生长激素，它的化学结构和许多天然的植物生长激素类似，但在植物的组织内具有更好的持久性。它主要通过植物的根和叶进行吸收然后在植物体内进行传导，所以其传导性能较强。对杂草施药后，它被植物的叶片或根部吸收，在植物体中上下移动并迅速传导到整个植株。低浓度的二氯吡啶酸能够刺激植物的 DNA、RNA 和蛋白质的合成从而导致细胞分裂的失控和无序生长，最后导致管束被破坏；高浓度的二氯吡啶酸则能够抑制细胞的分裂和生长。

【毒性与环境生物安全性评价】

对高等动物毒性低毒。

原药大鼠急性经口 LD_{50} 大于 4300 毫克/千克；

原药大鼠急性经皮 LD_{50} 大于 2000 毫克/千克；

原药兔急性经皮 LD_{50} 大于 2000 毫克/千克。

对兔眼睛有轻微刺激性；

对兔皮肤有轻微刺激性。

老鼠暴露在含有 1.3 毫克/升的二氯吡啶酸的空气中 4 小时后没有不利影响。

但长期暴露在含有二氯吡啶酸的环境中会产生毒性，对动物的胎儿和鸟类的卵都有影响。

在含有 250 毫克/千克最高测试剂量的环境中的老鼠和兔子身上没有发现有明显的可发展性毒性，同时这种农药对也没有明显的致诱变性。但老鼠的胃内膜出现了增生和红细胞迅速增加的现象，雄性老鼠的体重也会增加；在狗体内也发现了肝重量增加现象，但红细胞数量会减少。

根据 EPA 的报告，长期暴露在含有二氯吡啶酸的环境中会产生毒性，对动物的胎儿和鸟的卵都有影响。在测试中，不论高剂量还是低剂量都会使兔子胎儿的体重增加。另外，大部分的测试动物在成长过程中骨骼都会发生畸形，特别是颅骨、骨盆和胸骨的骨骼成长会变慢。

用含有 2000 毫克/千克最高测试剂量二氯吡啶酸的饲料对老鼠进行两年的饲养后没有发现这种除草剂有明显的致癌性。

对鱼类毒性低毒。

鲤鱼急性毒性 LC_{50} 为 105～124 微克/毫升。

对鸟类毒性低毒。

鸟类急性经口 LD_{50} 小于 4640 微克/毫升；

鸭子急性经口 LD_{50} 为 1465 毫克/千克。

对蜜蜂毒性低毒。

蜜蜂急性经口 LD_{50} 小于 100 微克/毫克。

二氯吡啶酸在土壤中的活性一般，而且土壤对它的吸附也不强，在土壤中的吸附行为大部分是由植物的根系来完成的。在无氧和少量微生物存在条件下的土壤中这种除草剂可以持续很长时间，一般环境下在土壤中的半衰期是从 4 天到 287 天不等，主要原因是由于土壤类型、当地气候和土壤中的微生物都会对它的降解产生影响。土壤中唯一被鉴定出的降解产物是二氧化碳，其他的降解产物还没有被发现。

二氯吡啶酸可溶于水且容易移动，并且由于土壤的颗粒对它不产生吸附，在土壤中的降解也不稳定，所以它非常有可能渗入到地下水中。在渗透性很高和水层很浅的土壤中使用二氯吡啶酸就有可能污染地下水。另外在污水池周围和地表有明显裂缝的地区使用这种农药也有可能对地下水产生污染，而且在湿地周围使用还会严重污染地表水。与其他农药相比，二氯吡啶酸在环境水中的含量只有阿特拉津的 0.1%，尽管含量低，但在所调查的美国的 20 条河流的河谷中仍有两个地点检出了二氯吡啶酸的存在。

二氯吡啶酸在空气中不易挥发，施用过二氯吡啶酸的植物在燃烧后也没有副产物的产生。

【特别说明】

1. 对农作物植株的影响

二氯吡啶酸是一种易挥发的物质，它在使用后可以通过植物的叶片和土壤挥发到空气中，对非靶标植物产生不利影响。但根据 EPA 的数据，在施药后仅仅有 1% 的二氯吡啶酸会挥发到非靶标植物上。马铃薯是对二氯吡啶酸比较敏感的一种作物，它在施药后的当年就可以发现这种影响，在使用过二氯吡啶酸的土地里种植后，它的块茎会发现有明显的伤害。

2. 对濒危物种的危害

二氯吡啶酸在有濒临灭绝植物的地区使用时有可能会对其产生危害。EPA 发现，已经有 11 种濒危植物会受到二氯吡啶酸的危害，其中有 5 种是极为稀有的仙人掌类，其中一种在施药后 16 个月生物活性会下降，还有一种在 6 个月后就会出现数量减少和活性下降的情况。

3. 对植物群落的影响

二氯吡啶酸在植物群落中被用于杀死外来的入侵生物，并促进本地物种的成长。EPA 的实验表明，在实验田中种植本地植物的种子，并用二氯吡啶酸处理 3 次，经过一段时间后发现非本地的阔叶植物的数量急剧减少而本地的植物数量却有微量提高。在英国的实验结果也表明在实验田施药后有 75% 的阔叶植物的数量会减少。

【防治对象】

本品是传导性苗后茎叶处理剂，适用于油菜田、小麦田防除刺儿菜、苣荬菜、卷茎蓼、鬼针草、稻槎菜、大巢菜等多种恶性杂草。

【使用方法】

1. 防除春油菜田阔叶杂草：每 666.7 平方米用 75% 二氯吡啶酸可溶粒剂 8.9～16 克，于杂草 2～6 叶期，兑水 15～30 千克，进行杂草定向茎叶喷雾处理。喷药时药液要均匀周到。施药时，避免漂移到周围作物田地及其他作物。对甘蓝型、白菜型油菜安全。

2. 防除冬油菜田阔叶杂草：每 666.7 平方米用 75% 二氯吡啶酸可溶粒剂 6～10 克，于杂草 2～6 叶期，兑水 15～30 千克，进行杂草定向茎叶喷雾处理。喷药时药液要均匀周到。施药时，避免漂移到周围作物田地及其他作物。对甘蓝型、白菜型油菜安全。

3. 防除春小麦田 1 年生阔叶杂草：每 666.7 平方米用 30% 二氯吡啶酸水剂 45～60 克，于杂草 3～6 叶期，兑水 15～30 千克，进行杂草定向茎叶喷雾处理。喷药时药液要均匀周到。

施药时，避免漂移到周围作物田地及其他作物。

【中毒急救】

人体吸入二氯吡啶酸后会发生咳嗽和咽喉疼痛等症状，直接接触后皮肤会变红，眼睛也会变红并有疼痛感，严重可能导致永久失明。吸入：应迅速将患者转移到空气清新流通处。如呼吸停止应做人工呼吸。如呼吸困难应输氧。如有症状及时就医。皮肤接触后：立即用水和肥皂清洗，并彻底冲洗干净。眼睛接触后：把眼睛打开用流水冲洗几分钟，如有持续的症状，及时就医。误食：立即用大量清水漱口，洗胃。洗胃时注意保护气管和食管。及时送医院对症治疗。不要给神志不清的病人经口食用任何东西。本品无特效解毒剂。

【注意事项】

1. 本品使用时按常规方法打开包装。操作者应遵守《农药安全使用准则》，按要求做好劳动保护，如穿戴工作服、手套、面罩等，避免让人体直接接触药剂。工作后漱口、清洗裸露在外的身体部分并更换干净的衣服。

2. 本品主要由微生物分解，降解速度受环境影响较大。正常推荐剂量下后茬可以安全种植小麦、大麦、燕麦、玉米、油菜、甜菜、亚麻、十字花科蔬菜；后茬如果种植大豆、花生等作物需间隔1年，如果种植棉花、向日葵、西瓜、番茄、红豆、绿豆、甘薯需间隔18个月，如果种植其他后茬作物，须咨询当地植保部门或经过试验安全后方可种植。

3. 不要在芥菜型油菜上使用本品。

4. 使用本品后喷雾器应仔细彻底清洗干净，避免残液和废液污染耕地和水源。

5. 每季作物最多使用1次。

6. 使用前请务必仔细阅读此标签，并严格按照标签说明使用。预计4小时内降雨，请勿施药。

7. 施药时应避免药液漂移到敏感作物。如大豆、花生、莴苣等，以免造成药害。

8. 后茬作物只能种植春油菜。

9. 远离水产养殖区施药，禁止在河塘等水体中清洗施药器具。

10. 严格按照推荐剂量施用，避免重喷、漏喷、误喷，避免药物漂移到邻近阔叶作物上。

11. 在使用过程中可能会对一些农作物产生危害，如西红柿、豆类、茄子、马铃薯和向日葵等，不能在上述作物田使用。

12. 孕妇和哺乳期妇女避免接触。

13. 用过的容器妥善处理，不可做他用，不可随意丢弃。

14. 本品放置于阴凉、干燥、通风、防雨处，远离火源，勿与食品、饲料、种子、日用品等同贮同运。

15. 本品宜置于儿童够不着的地方并上锁，不得重压、破损包装容器。

二氯喹啉酸

【作用特点】

二氯喹啉酸属激素型喹啉羧酸类除草剂，杂草中毒症状与生长素类作用相似，主要用于防治稗草且适用期很长，1~7叶期均有效。作用特点是：二氯喹啉酸施药后主要被植物的根系吸收，也能被幼芽吸收，茎叶吸收较少。另外也能够被发芽的种子吸收，少量通过叶部吸收。稗草叶片受药后，药剂在叶片内滞留数日后逐渐向初生叶和次生叶输导，部分向根部传导。药剂施于土壤，稗草迅速以根系吸收，主要向新生叶输导，向已定型的叶片输导较少。杂草中毒症状与生长素物质的作用症状相似，即具有激素型除草剂的特点。

【毒性与环境生物安全性评价】

对高等动物毒性低毒。

原药雄大鼠急性经口 LD_{50} 为 3060 毫克/千克;

原药雌大鼠急性经口 LD_{50} 为 2190 毫克/千克;

原药大鼠急性经皮 LD_{50} 为 2000 毫克/千克;

原药大鼠急性吸入 4 小时 LC_{50} 大于 5.17 克/立方米。

对兔眼睛无刺激性;

对兔皮肤无刺激性。

豚鼠皮肤致敏性试验结果有致敏性。

亚慢性试验口服无作用剂量雄性为 302.3 毫克/千克·天;

亚慢性试验口服无作用剂量雌性为 358.0 毫克/千克·天;

慢性口服毒性对大鼠无作用剂量雄性为 585.5 毫克/千克·天;

慢性口服毒性对大鼠无作用剂量雌性为 490.8 毫克/千克·天。

对细胞核无影响。

对大鼠和兔无致畸作用。

对大鼠繁殖的无作用剂量为 1200 毫克/千克·天。

对大鼠致癌的无作用剂量雄性为 3855.5 毫克/千克·天;

对大鼠致癌的无作用剂量雌性为 4908 毫克/千克·天。

该药在动物体内吸收、分布、代谢均迅速,无累积,主要经尿排出。

对哺乳动物的靶标器官主要为肝脏和肾脏。

制剂大鼠急性经口 LD_{50} 为 4120 毫克/千克;

制剂大鼠急性经皮 LD_{50} 大于 2000 毫克/千克;

制剂大鼠急性吸入 4 小时 LC_{50} 大于 5.2 克/立方米。

对兔眼睛有刺激性;

对兔皮肤有刺激性。

豚鼠皮肤致敏性试验结果为有致敏性。

对鱼类毒性低毒。

鲤鱼 48 小时急性毒性 LC_{50} 大于 100 克/立方米。

对水蚤毒性低毒。

水蚤 3 小时急性毒性 EC_{50} 为 500 克/立方米。

对鸟类毒性低毒。

鹌鹑急性经口 LD_{50} 大于 2000 毫克/千克。

对蜜蜂无影响。

对家蚕无影响。

【防治对象】

是优良的稻田杀稗剂,能杀死稻稗、孔雀稗、光头稗、旱稗、台湾稗、芒稗。稗等。对禾本科杂草臂形草、狗尾草及阔叶杂草中的田菁、决明、雨久花、鸭舌草、水芹、慈藻、田皂角、裂叶牵牛、节节菜、含羞草及莎草科的牛毛毡、异型莎草等也有一定的防效。但快杀稗对大多数阔叶杂草和多年生杂草无效,对稻田千金子的防效也比较差。

【使用方法】

1. 防除水稻秧田稗草:在秧田最早的施药期为秧苗 2~3 叶期,施药过早易产生药害。稗草 2~3 叶期,每 666.7 平方米用 50% 二氯喹啉酸可湿性粉剂 25~30 克;稗草 4~6 叶期,每666.7平方米用50%二氯喹啉酸可湿性粉剂用30～40克。施药前将田水排干，田面保持湿润，然后兑水30～40千克喷洒，1～2天后上浅水3～5厘米，保水5～7天，以后恢复正常管理。秧田也可以用毒土法施药，将推荐剂量的药剂先与少量潮细土拌匀，再拌入20～30千克的潮细土内，堆闷1小时后撒施，撒药时田内应有浅水层，药后保水3～5天。

2. 防除肥床旱育秧田稗草：秧苗2叶期以后，稗草2～3叶期，每666.7平方米用50%二氯喹啉酸可湿性粉剂25～30克，兑水30～40千克喷雾，稗草4叶以上时，50%二氯喹啉酸可湿性粉剂每666.7平方米用量应增加至30～40克。如苗床有阔叶杂草可以将快杀稗与苄嘧磺隆混用，配方同秧田。肥床旱育秧田自播种以后就覆盖塑料薄膜，温度、湿度高，稻苗生长柔嫩，施药前一定要揭膜练苗1～2天后再施药，施药后保持床面湿润。

3. 防除水稻直播田稗草：在以稗草为主的田块，每666.7平方米用50%二氯喹啉酸可湿性粉剂25～30克，在秧苗2～3叶期，兑水30～40千克喷洒。喷药时应先排干田水，药后1～2天复水，保水5～7天。

4. 防除水稻移栽田、抛秧田稗草：于移栽稻田在移栽后5～20天均可施药，移栽后5～10天即稗草2～3叶期施药，每666.7平方米用50%二氯喹啉酸可湿性粉剂25～30克，兑水30～40千克喷雾。如延迟到移栽后10～20天左右施药，即稗草3～5叶期施药。50%二氯喹啉酸可湿性粉剂每666.7平方米用量应增加至30～40克。

【特别说明】

1. 水稻的根部能将二氯喹啉酸分解，因而对水稻比较安全。但二氯喹啉酸在水稻2叶期前使用，易产生药害，表现为水稻分蘖期叶片披散，不分蘖，并产生葱管状叶。在水稻3叶期前，二氯喹啉酸每666.7平方米纯药用量不能超过25克即折合50%二氯喹啉酸可湿性粉剂50克。过量使用二氯喹啉酸，或者喷雾不匀、重复施药，易发生药害，受害水稻叶色浓绿，分蘖发生慢，后期出现葱管状叶。药害轻的秧苗，茎基部膨大，变硬、变脆，心叶变窄并扭曲成畸形。药害症状一般在施药后10～15天出现。

二氯喹啉酸对水稻产生药害的典型症状是禾苗出现葱心苗，心叶纵卷并愈合成葱管状，叶尖部多能展开，叶色较正常；新生叶片因上部组织愈合而无法抽出，剥开茎秆，可见新叶内卷。受害严重的秧苗心叶卷曲成葱管状直立，移栽到大田后一般均枯死；若能成活，所形成的分蘖苗也是畸形的，有的甚至整丛稻株枯死。药害轻的秧苗，茎基部膨大、变硬、变脆，心叶变窄并扭曲成畸形，但移栽到大田后长出的分蘖苗仍正常生长。

2. 有资料表明，二氯喹啉酸在土壤中有积累作用，对烟草生产会产生明显的药害。广东省五华县烟田曾出现大面积烟草畸形生长现象，症状为新叶先出现不正常生长，叶缘下卷，叶片向背皱缩，致使叶片狭长，严重者呈线状，严重影响烟草的产量和质量。为了查明畸形生长的原因，该县在进行植物病理和土壤营养诊断的基础上，开展了土壤农药残留致畸的研究工作。结果表明，土壤中残留的二氯喹啉酸是导致该地区烟草畸形生长的直接原因。

3. 预防措施：一是适期用药。一般掌握在水稻2叶1心期后使用二氯喹啉酸。二是规范用药。用药前田水放干，使杂草整株受药，药后24小时内不上水，保证药物被杂草充分吸收。施药时注意不能重喷。三是加强水肥管理，促进根系生长。目前田间水稻茎蘖总数已超过够穗苗数，需要搁田控制高峰苗。通过搁田，偏干管理，增加土壤中的氧气，有利于水稻根系生长和恢复。四是发生药害要及时补救。对已经发生二氯喹啉酸药害的稻田，应及时采取措施促进秧苗恢复生长，可在田间撒施复合锌肥，也可以喷施叶面肥、植物生长调节剂等。处理后10～15天卷叶虽不能完全张开，但新生叶生长良好。0.136%芸苔·吲乙·赤霉酸可湿性粉剂是缓解二氯喹啉酸等多种除草剂药害的有效药剂。相对于赤霉素而言药效比较平稳。对发生药害的田块，每666.7平方米用0.136%芸苔·吲乙·赤霉酸可湿性粉剂3克，兑水 30~40 千克喷雾，一般在 5~7 天内即能有效缓解药害症状。中毒严重的地段，可以在第 1 次施用后 5~7 天，第 2 次用药，同样方法处理。

【中毒急救】

吸入：应迅速将患者转移到空气清新流通处，解开衣领、腰带，保持呼吸畅通。如呼吸停止应做人工呼吸。如呼吸困难应输氧。如有症状及时就医。皮肤接触后：立即用水和肥皂清洗，并彻底冲洗干净。眼睛接触后：把眼睛打开用流水冲洗几分钟，如有持续的症状，及时就医。误服后：要先喝 200 毫升至 400 毫升的水，然后用浓食盐水或肥皂水引吐。切勿食用牛奶、蓖麻油、酒等会促进对药物吸收的食物，可服用医用活性炭。但昏迷者不得引吐，以免呕吐物阻塞呼吸道。引吐后，应尽快为中毒者洗胃。不要给神志不清的病人经口食用任何东西。

【注意事项】

1. 土壤中残留量较大，对后茬易产生药害，后茬可种水稻、玉米、高粱。

2. 对本品敏感作物与其所属的植物科属。茄科：番茄，马铃薯，烟草，茄子，辣椒属及其他。伞形科：芹菜，芫荽菜，香菜，胡萝卜及其他。豆科：紫花苜蓿，青豆及其他。旋花科：甘薯及其他。藜科：菠菜，甜菜及其他。锦葵科：棉花，秋葵及其他。葫芦科：西瓜，甜瓜，南瓜，葫芦及其他。菊科：莴苣，向日葵及其他。须特别注意，使用本品的地田里，来年不可种植甜菜，茄子和烟草；红辣椒，甜椒，番茄及胡萝卜等，则需两 2 后才可种植。

3. 直播秧田，撒播催芽谷在预先湿润土壤，在胚根尚暴露时，播种期至秧苗 2 叶期不宜施用本品。

4. 请勿再使用经本品处理过的水灌溉其他作物。

5. 轮作作物限制，种植水稻后，下茬作物可以是水稻、小粒谷类、玉米或高粱，使用本品后 8 个月内，应避免种棉花、大豆或以下敏感作物。

6. 部分地区常年超量使用本品，以致田间产生累积药害。

7. 用过的药械清洗干净，避免残留药剂对其他作物产生药害。

8. 本品使用时按常规方法打开包装。操作者应遵守《农药安全使用准则》，按要求做好劳动保护，如穿戴工作服、手套、面罩等，避免让人体直接接触药剂。工作后漱口、清洗裸露在外的身体部分并更换干净的衣服。

9. 避免污染水塘等水体，不要在水体中清洗施药器具。废弃物要妥善处理，不能随意丢弃，也不能做他用。

10. 请严格按照标签说明使用。

11. 每季作物最多使用 1 次。

12. 避免孕妇及哺乳期的妇女接触本品。

13. 施药时避免药液漂移到其他作物上。

14. 本品放置于阴凉、干燥、通风、防雨处，远离火源，勿与食品、饲料、种子、日用品等同贮同运。

15. 本品宜置于儿童够不着的地方并上锁，不得重压、破损包装容器。

二甲戊乐灵

【作用特点】

二甲戊乐灵为选择性芽前、芽后旱田土壤处理除草剂。杂草通过正在萌发的幼芽吸收药剂，进入植物体内的药剂与微管蛋白结合，抑制植物细胞的有丝分裂，从而造成杂草死亡。作用特点只能作土壤处理剂使用，而不能作茎叶处理剂。杂草受药害后的典型症状是次生根和幼芽受到抑制。禾本科杂草表现为幼芽短小，扭曲，根系发育不良，次生根少。阔叶杂草茎或下胚轴脆弱，色深绿，次生根少，短而畸形。施药以后，杂草大多数均能发芽，敏感的杂草，特别是 1 年生的禾本科杂草在出土前死亡，即使有少数杂草能够出苗，但生长缓慢，根系发育不良，因而极易拔除。

【毒性与环境生物安全性评价】

对高等动物毒性低毒。

原药大鼠急性经口 LD_{50} 为 1250 毫克/千克；

原药小鼠急性经口 LD_{50} 为 1620 毫克/千克；

原药兔急性经皮 LD_{50} 大于 5000 毫克/千克；

原药大鼠急性吸入 LC_{50} 大于 320 毫克/立方米。

对兔眼睛无刺激性；

对兔皮肤无刺激性。

各种试验表明，无致癌、致畸、致突变作用。

大鼠 2 年慢性喂养试验无作用剂量为 100 毫克/千克·天。

制剂雄大鼠急性经口 LD_{50} 为 2930 毫克/千克；

制剂雌大鼠急性经口 LD_{50} 为 2700 毫克/千克；

制剂雄兔急性经皮 LD_{50} 为 6870 毫克/千克；

制剂雌大鼠急性吸入 LC_{50} 大于 475 毫克/立方米。

对鱼类毒性高毒。

虹鳟鱼 96 小时急性毒性 LC_{50} 为 0.075 毫克/升；

鲶鱼 96 小时急性毒性 LC_{50} 为 0.32 毫克/升；

蓝鳃太阳鱼 96 小时急性毒性 LC_{50} 为 0.1 毫克/升。

对鸟类毒性低毒。

鹌鹑急性经口 LD_{50} 为 4187 毫克/千克；

野鸭急性经口 LD_{50} 为 10338 毫克/千克。

对蜜蜂毒性较低。

蜜蜂经口 48 小时 LD_{50} 为 49.8 微克/只。

【防治对象】

主要用于大豆、花生、玉米、水稻、冬小麦、冬大麦、棉花、烟草、向日葵、油菜、蔬菜、草莓、甘蔗、马铃薯、向日葵、剑麻、果园等作物。既可以在作物播种以前施药并拌土，也可以在作物播种后出苗前以及苗后早期施药。防除 1 年生的禾本科杂草为主，如看麦娘、日本看麦娘、马唐、千金子、稗草、狗尾草、金狗尾草、牛筋草、野燕麦、画眉草、早熟禾等。还能防治一些阔叶杂草，如马齿苋、牛繁缕、繁缕、扁蓄、反枝苋、凹头苋、荠菜、猪殃殃、异型莎草、酸模叶蓼、柳叶刺蓼、藜等。

【使用方法】

1. 防除韭菜、小葱、甘蓝、花椰菜、莴苣、小白菜、芹菜、菠菜、马铃薯、番茄、洋葱、大蒜等蔬菜田杂草：直播蔬菜田可以在播后苗前施药，施药后不宜混土。蔬菜种子播种后盖土较浅，药后混土会翻动种子使种子与药剂接触，产生药害。每 666.7 平方米用 33% 二甲戊乐灵乳油 100～150 毫升，兑水 30～40 千克喷洒，施药以后再浇水帮助出苗。先施药后浇水可增加土壤对施田补的吸附作用，减轻药害。对沙质上及有机质含量低的蔬菜田宜用低量，施药后应用塑料薄膜或遮阳网覆盖，以保持土壤有高的湿度。番茄、茄子、辣椒、冬瓜、甘蓝等移栽蔬菜可在移栽前 1～3 天施药，施药后不宜混土，每 666.7 平方米用 33% 二甲戊乐灵乳油100～200毫升，兑水30～40千克喷洒。沙质土及有机质含量低的田块用低量。韭菜、洋葱、大蒜的种子或鳞茎播种出苗后，阔叶杂草2叶、禾本科杂草1.5叶期前也可以施药，用药量及用药方法同前。

2. 防除玉米田杂草：在玉米播后苗前施药，也可以在玉米苗后早期，即阔叶杂草2叶期，禾本科杂草1.5叶期以前施药。玉米播种深度应在3～5厘米。播后苗前施药后，如土壤含水量低可浅混土，但切不可将玉米种子翻动，使药剂直接接触种子，否则易产生药害。施药方法为每666.7平方米用33%二甲戊乐灵乳油150～300毫升，兑水30～40千克喷洒，北方春玉米产区及土壤有机质含量高，土壤黏性重的用高量；南方夏玉米产区及土壤有机质含量低，沙性重的用低量。

3. 防除花生、豌豆田杂草：在花生及豌豆田可在播前混土施药或播后苗前施药，播后苗前施药后在土壤比较干旱时可以浅混土。每666.7平方米用33%二甲戊乐灵乳油150～300毫升，兑水30～40千克喷洒，。播前施药药剂混入土中深3～4厘米。播后苗前施药浅混土，以不翻动种子为原则。

4. 防除棉田1年生禾本科杂草及部分阔叶杂草：直播棉田在播前或播后苗前施药。移栽棉田在移栽前1～3天施药，也可以在移栽缓苗后施药。每666.7平方米用33%二甲戊乐灵乳油150～300毫升，兑水30～40千克喷洒，在干旱的情况下播前施药后应混土，药剂入土深3～4厘米。

5. 防除烟草杂草：在烟草田可以作为除草剂使用，也可以作为抑芽剂使用。作为除草剂使用时，在烟草移栽后施药，每666.7平方米用33%二甲戊乐灵乳油100～200毫升，兑水30～40千克喷洒，作为抑芽剂使用时称之为"除芽通"。烟草使用除芽通以后可显著增加烟草上、中部叶片的叶面积，增加叶片的厚度及干物质重量，改善烟丝的"吸燃性"。使用方法为：在大部分烟草植株处于现蕾始花期时，先摘心打顶，然后摘除大于2厘米的烟草腋芽，并将烟草植株扶正。将33%的二甲戊乐灵乳油稀释80～100倍，即每1千克水中加入10～12毫升33%二甲戊乐灵乳油，混合均匀配制成稀释液。用"杯淋法"使药液从烟草顶部沿主茎流下，并浸湿每1个腋芽。也可以使用"涂抹法"，将药液均匀涂抹于每个叶腋之中，每株烟草用稀释液15～20毫升。施药时避免药液和烟草叶片直接接触，露水重或下雨后烟草叶片太湿时，不宜施药。气温过高烟草叶片萎蔫时，不能施药。

6. 防除甘蔗田杂草：在甘蔗栽后施药，每666.7平方米用33%二甲戊乐灵乳油100～200毫升，兑水30～40千克喷洒。

7. 防除马铃薯田杂草：在马铃薯种后苗前，最好种后随即施药，应在3天之内施完。用药量根据土壤质地和有机质而定，土壤有机质在1.5%以下，沙质土每666.7平方米用33%二甲戊乐灵乳油250～280毫升，壤质土每666.7平方米用33%二甲戊乐灵乳油300～330毫升，黏质土每666.7平方米用33%二甲戊乐灵乳油300～400毫升；土壤有机质在1.5%以上，沙质土每666.7平方米用33%二甲戊乐灵乳油280～330毫升，壤质土每666.7平方米用33%二甲戊乐灵乳油330～350毫升，黏质土每666.7平方米用33%二甲戊乐灵乳油400毫升，兑水30～40千克喷雾。

8. 防除香蕉、菠萝等果园杂草：在果树生长季节，杂草出土前施药，每666.7平方米用33%二甲戊乐灵乳油200～400毫升，兑水30～40千克喷洒。

9. 防除剑麻田杂草：杂草出土前施药，每666.7平方米用33%二甲戊乐灵乳油280～400毫升，兑水30～40千克喷洒。

10. 防除向日葵田杂草：在播种前或播种后苗前施药。用药量根据土壤质地和有机质而定，土壤有机质在1.5%以下，沙质土每666.7平方米用33%二甲戊乐灵乳油200～280毫升，壤质土每666.7平方米用33%二甲戊乐灵乳油250～280毫升，黏质土每666.7平方米用33%二甲戊乐灵乳油330～400毫升；土壤有机质在1.5%以上，沙质土每666.7平方米用33%二甲戊乐灵乳油250～280毫升，壤质土每666.7平方米用33%二甲戊乐灵乳油300～330毫升，黏质土每666.7平方米用33%二甲戊乐灵乳油330～400毫升，兑水30～40千克喷雾。

【中毒急救】

吸入：应迅速将患者转移到空气清新流通处。如呼吸停止应做人工呼吸。如呼吸困难应输氧。如有症状及时就医。皮肤接触后：立即用水和肥皂清洗，并彻底冲洗干净。眼睛接触后：把眼睛打开用流水冲洗几分钟，如有持续的症状，及时就医。误食：立即用大量清水漱口，洗胃。洗胃时注意保护气管和食管。及时送医院对症治疗。不要给神志不清的病人经口食用任何东西。本品无特效解毒剂。

【注意事项】

1. 本品使用时按常规方法打开包装。操作者应遵守《农药安全使用准则》，按要求做好劳动保护，如穿戴工作服、手套、面罩等，避免让人体直接接触药剂。工作后漱口、清洗裸露在外的身体部分并更换干净的衣服。

6. 本品防除单子叶杂草效果比双子叶杂草效果好，在双子叶杂草较多的田块，应选择与其他除草剂混用。

7. 为减轻对作物的药害，在土壤处理时应先施药，后浇水，以增强土壤吸附。

8. 孕妇和哺乳期妇女避免接触。

9. 本品对水生生物有极高毒性，勿将药液或空包装弃于水中或在河塘中洗涤喷雾器械，避免影响鱼类和污染水源。

10. 施药后遇大雨，容易发生溶淋药害，作物在1～2周内可以恢复正常生长。

11. 冬、春季阴雨天时，注意田间排水情况，避免低洼处田间积水。

12. 每季作物只能使用1次。

13. 用过的容器妥善处理，不可做他用，不可随意丢弃。

14. 本品放置于阴凉、干燥、通风、防雨处，远离火源，勿与食品、饲料、种子、日用品等同贮同运。

15. 本品宜置于儿童够不着的地方并上锁，不得重压、破损包装容器。

氟吡磺隆

【作用特点】

氟吡磺隆是一种新型磺酰脲类除草剂，是乙酸乳酸合成酶抑制剂。作用机理是通过抑制植物乙酸乳酸合成酶，阻止支链氨基酸如亮氨酸、异亮氨酸等的生物合成，最终破坏蛋白质的合成，干扰植物细胞分裂和生长，导致杂草死亡。主要用于移栽和直播水稻田，土壤或茎叶处理，能有效防除稗草、阔叶和莎草科杂草。

【毒性与环境生物安全性评价】

对高等动物毒性低毒。

原药雄大鼠急性经口 LD_{50} 大于5000毫克/千克；

原药雌大鼠急性经口 LD_{50} 大于5000毫克/千克；

原药大鼠急性经皮 LD_{50} 大于2000毫克/千克；

原药大鼠急性吸入 LC_{50} 大于5.11毫克/升。

对兔眼睛有中度刺激性；

对兔皮肤无刺激性。

豚鼠皮肤致敏性试验结果为无致敏性。

大鼠 13 周亚慢性喂养试验结果最大无作用剂量雄性为 15.2 毫克/千克·天；

大鼠 13 周亚慢性喂养试验结果最大无作用剂量雌性为 18.8 毫克/千克·天。

各种试验表明，无致癌、致畸、致突变作用。

制剂大鼠急性经口 LD_{50} 大于 5000 毫克/千克；

制剂大鼠急性经皮 LD_{50} 大于 2000 毫克/千克。

对兔眼睛无刺激性；

对兔皮肤无刺激性。

豚鼠皮肤致敏性试验结果为弱致敏性。

对鱼类毒性低毒。

斑马鱼 96 小时急性毒性 LC_{50} 大于 32.3 毫克/升。

对鸟类毒性低毒。

鹌鹑 7 天急性经口 LD_{50} 大于 200 毫克/千克。

对蜜蜂毒性低毒。

蜜蜂 48 小时 LC_{50} 为 1360 毫克/升。

对家蚕毒性低毒。

2 龄家蚕食下毒叶法 96 小时 LC_{50} 大于 5000 毫克/千克·桑叶。

【防治对象】

主要用于水稻田中土壤处理或茎叶处理，可以有效防除稗草及 1 年生阔叶杂草、禾本科杂草和莎草。

【使用方法】

1. 防除水稻直播田 1 年生杂草：每 666.7 平方米用 10% 氟吡磺隆可湿性粉剂 13～20 克，兑水 30～50 千克搅拌均匀，进行喷雾处理。喷药时药液要均匀周到。施药时，避免漂移到周围作物田地及其他作物。

2. 防除水稻移栽田 1 年生杂草：杂草苗前，每 666.7 平方米用 10% 氟吡磺隆可湿性粉剂 13～20 克，杂草 2～4 叶期，每 666.7 平方米用 10% 氟吡磺隆可湿性粉剂 20～26 克，与 30～50 千克细沙、细土或化肥混拌均匀，进行均匀撒施。撒施时要均匀周到。施药时，避免将药剂撒到周围作物田地及其他作物。

【中毒急救】

吸入：应迅速将患者转移到空气清新流通处，解开衣领、腰带，保持呼吸畅通。如呼吸停止应做人工呼吸。如呼吸困难应输氧。如有症状及时就医。皮肤接触后：立即用水和肥皂清洗，并彻底冲洗干净。眼睛接触后：把眼睛打开用流水冲洗几分钟，如有持续的症状，及时就医。误服后：要先喝 200 毫升至 400 毫升的水，然后用浓食盐水或肥皂水引吐。但昏迷者不得引吐，以免呕吐物阻塞呼吸道。引吐后，应尽快为中毒者洗胃。不要给神志不清的病人经口食用任何东西。

【注意事项】

1. 本品使用时按常规方法打开包装。操作者应遵守《农药安全使用准则》，按要求做好劳动保护，如穿戴工作服、手套、面罩等，避免让人体直接接触药剂。工作后漱口、清洗裸露在外的身体部分并更换干净的衣服。

2. 本品在水稻移栽田使用时，在杂草苗前或杂草 2～4 叶期采用毒土法处理 1 次。

3. 本品在水稻直播田使用时，在杂草 2～5 叶期兑水喷雾处理，施药前排干田间积水。

4. 每季作物最多使用一次。

5. 后茬仅可种植水稻、油菜、小麦、大蒜、胡萝卜、萝卜、菠菜、移栽黄瓜、甜瓜、辣椒、西红柿、草莓、莴苣。

6. 药后 1~2 天覆水，并保水 3~5 天。

7. 药后及时彻底清洗药械，药品废弃物切勿污染水源。

8. 孕妇及哺乳期妇女避免接触。

9. 本品作用靶标器官为睾丸和附睾，可致睾丸发育不良。

10. 用过的容器妥善处理，不可做他用，不可随意丢弃。

11. 本品放置于阴凉、干燥、通风、防雨处，远离火源，勿与食品、饲料、种子、日用品等同贮同运。

12. 本品宜置于儿童够不着的地方并上锁，不得重压、破损包装容器。

氟草烟

【作用特点】

氟草烟是吡啶氧乙酸类内吸传导型苗后除草剂。它具有内吸传导作用，有典型的激素型除草剂反应。苗后使用，敏感作物出现典型激素类除草剂的反应。主要作用机理是药后很快被植物吸收，使敏感植物出现典型激素类除草剂的反应，植株畸形、扭曲。在耐药性植物如小麦体内，氟草定可结合成轭合物失去毒性，从而具有选择性。温度对其除草的最终效果无影响，但影响其药效发挥的速度。一般在温度低时药效发挥较慢，可使植物中毒后停止生长，但不立即死亡；气温升高后植物很快死亡。在土壤中淋溶不显著，大部分分布在 0~10 厘米表土层中，有氧的条件下，在土壤微生物的作用很快降解成 2-吡啶醇等无毒物，在土壤中半衰期较短，不会对下茬阔叶作物产生影响。具有活性高、杀草谱广、对作物高度安全等优点。具体而言，它有以下 4 大特点：

1. 适用作物宽，适用于小麦、大麦、玉米等禾本科作物，对在茬及后茬作物高度安全。

2. 适用期宽，药效快，用量低。

3. 可混性好，可与多种禾本科杂草除草剂混用，以增大杀草谱，提高防除效果。

4. 耐雨水冲涮能力强，施效后一小时下雨不影响药效。

【毒性与环境生物安全性评价】

对高等动物毒性低毒。

原药大鼠急性经口 LD_{50} 为 2405 毫克/千克；

原药大鼠急性经皮 LD_{50} 大于 2000 毫克/千克；

原药兔急性经皮 LD_{50} 大于 5000 毫克/千克；

原药大鼠急性吸入 4 小时 LC_{50} 大 296 毫克/立方米。

各种试验表明，无致癌、致畸、致突变作用。

3 代繁殖试验和迟发性神经毒性试验未见异常。

大鼠 3 个月亚慢性喂养试验无作用剂量为 200 毫克/千克·天；

大鼠 2 年慢性喂养试验无作用剂量为 500 毫克/千克·天。

制剂大鼠急性经口 LD_{50} 为 5000 毫克/千克；

原药大鼠急性经皮 LD_{50} 大于 2000 毫克/千克。

对兔眼睛有轻微刺激性；

对兔皮肤无刺激性。

对鱼类毒性低毒。

虹鳟鱼急性毒性 96 小时 LC_{50} 大于 100 毫克/升；

鲤科小鱼急性毒性 96 小时 LC_{50} 为 10 毫克/升。

对鸟类毒性低毒。

绿头鸭急性经口 LD_{50} 大于 2000 毫克/千克；

山齿鹑急性经口 LD_{50} 大于 2000 毫克/千克；

鹌鹑急性经口 LD_{50} 大于 2000 毫克/千克。

对蜜蜂毒性低毒。

蜜蜂急性经口 48 小时 LD_{50} 大于 100 微克/只；

蜜蜂急性接触 48 小时 LD_{50} 大于 100 微克/只。

水解反应半衰期 pH 为 5 时 9.8 天、pH 为 7 时 17.5 天、pH 为 9 时 10.2 天。

【防治对象】

在禾谷类作物上使用适期较宽，可用于小麦、大麦、玉米、葡萄及果园、牧场、林场等地防除阔叶杂草，如猪殃殃、田旋花、荠菜、繁缕、卷茎蓼、马齿苋等杂草。

【使用方法】

1. 防除麦田杂草：冬小麦在冬后返青期或麦苗分蘖盛期至拔节前，春小麦在小麦 3～5 叶期、阔叶杂草 2～4 叶期使用，每 666.7 平方米用 20% 氟草烟乳油 50～66.7 毫升，作茎叶喷雾，使用时先将药剂兑水稀释均匀，然后用喷雾器喷洒。兑水量因喷雾器械而异，人工手动喷雾器每 666.7 平方米用水 30～40 千克，弥雾机 10～15 千克。

2. 防除玉米田杂草：在玉米苗后 6 叶期，杂草 2～5 叶期，每 666.7 平方米用 20% 氟草烟乳油 50～66.7 毫升，作茎叶喷雾，使用时先将药剂兑水稀释均匀，然后用喷雾器喷洒。兑水量因喷雾器械而异，人工手动喷雾器每 666.7 平方米用水 30～40 千克，弥雾机 10～15 千克。

3. 防除柑橘园杂草：在玉米苗后 6 叶期，杂草 2～5 叶期，每 666.7 平方米用 20% 氟草烟乳油 50～66.7 毫升，作茎叶喷雾，使用时先将药剂兑水稀释均匀，然后用喷雾器喷洒。兑水量因喷雾器械而异，人工手动喷雾器每 666.7 平方米用水 30～40 千克，弥雾机 10～15 千克。

4. 防除葡萄园杂草：在杂草 2～5 叶期，每 666.7 平方米用 20% 氟草烟乳油 75～150 毫升，作茎叶喷雾，使用时先将药剂兑水稀释均匀，然后用喷雾器喷洒。兑水量因喷雾器械而异，人工手动喷雾器每 666.7 平方米用水 30～40 千克，弥雾机 10～15 千克。

5. 防除果园杂草：在杂草 2～5 叶期，每 666.7 平方米用 20% 氟草烟乳油 75～150 毫升，作茎叶喷雾，使用时先将药剂兑水稀释均匀，然后用喷雾器喷洒。兑水量因喷雾器械而异，人工手动喷雾器每 666.7 平方米用水 30～40 千克，弥雾机 10～15 千克。

6. 防除非耕地杂草：在杂草 2～5 叶期，每 666.7 平方米用 20% 氟草烟乳油 75～150 毫升，作茎叶喷雾，使用时先将药剂兑水稀释均匀，然后用喷雾器喷洒。兑水量因喷雾器械而异，人工手动喷雾器每 666.7 平方米用水 30～40 千克，弥雾机 10～15 千克。

7. 防除水稻田埂水花生：在杂草 2～5 叶期，每 666.7 平方米用 20% 氟草烟乳油 50 毫升，兑水 30～40 千克作茎叶喷雾，使用时先将药剂兑水稀释均匀，然后用喷雾器喷洒。喷雾时加防护罩，避免药液漂移到水稻上。

【中毒急救】

吸入：应迅速将患者转移到空气清新流通处。如呼吸停止应做人工呼吸。如呼吸困难应输氧。如有症状及时就医。皮肤接触后：立即用水和肥皂清洗，并彻底冲洗干净。眼睛接触后：把眼睛打开用流水冲洗几分钟，如有持续的症状，及时就医。误食：应立即催吐、洗胃。

勿用温水洗胃，以免促进吸收。洗胃时注意保护气管和食管。及时送医院对症治疗。不要给神志不清的病人经口食用任何东西。可用吐根糖浆引吐。本品无特效解毒剂。

【注意事项】

1. 本品使用时按常规方法打开包装。操作者应遵守《农药安全使用准则》，按要求做好劳动保护，如穿戴工作服、手套、面罩等，避免让人体直接接触药剂。工作后漱口、清洗裸露在外的身体部分并更换干净的衣服。

2. 果园施药时，应避免将药液直接喷到果树上，尽量采用压低喷雾。

3. 本品不可与呈碱性的农药等物质混合使用。

4. 施药时，喷雾器喷头应戴保护罩，以免药液喷溅到其他作物上，引发伤害。

5. 茶树和香蕉对本品敏感，应避免在茶园和香蕉及其附近地块使用。

6. 喷洒过本品的器械要用热水、碱水洗刷干净。并在敏感作物田试验，证明无药害产生后才能用于敏感作物田。

7. 药液应尽量喷完，剩余药液不可倒在地上或池塘、水渠、小溪、河流等水源中清洗，以免污染水源或引起水生生物中毒，清洗喷雾器械后的水应倒在远离居民点、水源和作物的地方。

8. 孕妇和哺乳期妇女避免接触。

9. 每季作物只能使用1次。

10. 用过的容器妥善处理，不可做他用，不可随意丢弃。

11. 本品放置于阴凉、干燥、通风、防雨处，远离火源，勿与食品、饲料、种子、日用品等同贮同运。

12. 本品宜置于儿童够不着的地方并上锁，不得重压、破损包装容器。

氟磺胺草醚

【作用特点】

氟磺胺草醚是醚类高效选择性除草剂。属于原卟啉原氧化酶抑制剂。主要用于豆田芽后除草，对防除阔叶杂草有特效。它具有除草谱宽、效果好、安全等特点。其作用原理是通过叶部吸收，破坏阔叶杂草的光合作用，叶片黄化，逐渐枯萎死亡。药液在土壤里被根部吸收也能发挥杀草作用，而春大豆吸收药剂后能迅速降解。对春大豆田的一年生阔叶杂草有较好的防效。药剂在土壤中也有很好活性。是一种具有高度选择性的大豆、花生田苗后除草剂，能有效地防除大豆、花生田阔叶杂草和香附子，对禾本科杂草也有一定防效。能被杂草根叶吸收，使其迅速枯黄死亡，喷药后4~6小时遇雨不影响药效，对大豆安全。

【毒性与环境生物安全性评价】

对高等动物毒性低毒。

原药雄大鼠急性经口 LD_{50} 为 1250~2000 毫克/千克；

原药雌大鼠急性经口 LD_{50} 为 1600 毫克/千克；

原药兔急性经皮 LD_{50} 大于 1000 毫克/千克；

原药雌大鼠急性吸入4小时 LC_{50} 为 4.97 毫克/升。

对兔眼睛有轻微刺激性；

对兔皮肤有轻微刺激性。

各种试验表明，无致癌、致畸、致突变作用。

3代繁殖试验和迟发性神经毒性试验未见异常。

大鼠2年慢性喂养试验无作用剂量为5毫克/千克·天；

小鼠 1.5 年慢性喂养试验无作用剂量为 1 毫克/千克·天；

狗 0.5 年亚慢性喂养试验无作用剂量为 5 毫克/千克·天。

制剂大鼠急性经口 LD_{50} 为 6240～7961 毫克/千克。

对鱼类毒性低毒。

鲤鱼急性毒性 24 小时 LC_{50} 为 1700 毫克/升；

鲤鱼急性毒性 48 小时 LC_{50} 为 830 毫克/升；

鲤鱼急性毒性 96 小时 LC_{50} 为 680 毫克/升；

虹鳟鱼鱼急性毒性 96 小时 LC_{50} 为 170 毫克/升；

青鳃翻车鱼急性毒性 96 小时 LC_{50} 为 1507 毫克/升。

对鸟类毒性低毒。

野鸭急性经口 LD_{50} 为 5000 毫克/千克。

对蜜蜂毒性低毒。

蜜蜂急性经口 LD_{50} 为 50 微克/只；

蜜蜂急性接触 LD_{50} 为 100 微克/只。

每人每日允许摄入量为 0.05 毫克/千克体重。

【防治对象】

适用于大豆、花生田防除苘麻、铁苋菜、三叶鬼针草、苋属、豚草属、油菜、荠菜、藜、鸭跖草属、曼陀罗、龙葵、裂叶牵牛、粟米草、萹蓄、宾州蓼、马齿苋、刺黄花稔、野苋、决明、地锦草、猪殃殃、水棘针、酸浆属、田菁、苦苣菜、蒺藜、车轴草、荨麻、宾州苍耳、刺苍耳、苍耳等阔叶杂草。也可用于果园，橡胶种植园防除阔叶杂草。

【使用方法】

1. 防除春大豆田 1 年生阔叶杂草：在大豆萌芽后，长出 1～2 片复叶，多数一年生阔叶杂草出齐，并长到 2～4 叶时施药。每 666.7 平方米用 250 克/升氟磺胺草醚水剂 60～100 毫升，作茎叶喷雾，使用时先将药剂兑水稀释均匀，然后用喷雾器喷洒。兑水量因喷雾器械而异，人工手动喷雾器每 666.7 平方米用水 20～30 千克，弥雾机 10～15 千克。

2. 防除夏大豆田 1 年生阔叶杂草：在大豆萌芽后，长出 1～2 片复叶，多数一年生阔叶杂草出齐，并长到 2～4 叶时施药。每 666.7 平方米用 250 克/升氟磺胺草醚水剂 50～60 毫升，作茎叶喷雾，使用时先将药剂兑水稀释均匀，然后用喷雾器喷洒。兑水量因喷雾器械而异，人工手动喷雾器每 666.7 平方米用水 20～30 千克，弥雾机 10～15 千克。

3. 防除大豆田 1 年生阔叶杂草：在大豆萌芽后，长出 1～2 片复叶，多数一年生阔叶杂草出齐，并长到 2～4 叶时施药。每 666.7 平方米用 250 克/升氟磺胺草醚水剂 60～80 毫升，作茎叶喷雾，使用时先将药剂兑水稀释均匀，然后用喷雾器喷洒。兑水量因喷雾器械而异，人工手动喷雾器每 666.7 平方米用水 20～30 千克，弥雾机 10～15 千克。

【中毒急救】

吸入：应迅速将患者转移到空气清新流通处。如呼吸停止应做人工呼吸。如呼吸困难应输氧。如有症状及时就医。皮肤接触后：立即用水和肥皂清洗，并彻底冲洗干净。眼睛接触后：把眼睛打开用流水冲洗几分钟，如有持续的症状，及时就医。误食：立即用大量清水漱口，洗胃。洗胃时注意保护气管和食管。及时送医院对症治疗。不要给神志不清的病人经口食用任何东西。本品无特效解毒剂。

【注意事项】

1. 本品使用时按常规方法打开包装。操作者应遵守《农药安全使用准则》，按要求做好劳动保护，如穿戴工作服、手套、面罩等，避免让人体直接接触药剂。工作后漱口、清洗裸露在外的身体部分并更换干净的衣服。

2. 本品不可与呈碱性的农药等物质混合使用。

3. 施药时，喷雾器喷头应戴保护罩，以免药液喷溅到其他作物上，引发伤害。

4. 本品在土壤中持效期长，如用药量偏高，对第 2 年种植敏感作物，如白菜、谷子、高粱、甜菜、玉米、小米、亚麻等均有不同程度药害。在推荐剂量下，不翻耕种玉米、高粱，都有轻度影响。应严格掌握药量，选择安全后茬作物。

5. 本品对大豆安全，但对玉米、高粱、蔬菜等作物敏感，施药时注意不要污染这些作物，以免产生药害。

6. 用量较大或高温施药，大豆或花生可能会产生灼伤性药斑，一般情况下几天后可正常恢复生长，不影响产量。

7. 该药在土壤中残留期长，在土壤中不会钝化，可保持活性数个月，并为植物根部吸收，有一定的残余杀草作用。正常施用，不会对下茬造成药害，但施药量过大，会对下茬敏感作物如白菜、小麦、高粱、玉米、甜菜、亚麻等产生药害。施药后，大豆叶片会有枯斑，但1 周后会恢复正常，不影响后期生长。

8. 本品对蜜蜂、鱼类等水生生物有一定风险，施药期间应避免对周围蜂群的影响、蜜源作物花期禁用。远离水产养殖区施药，禁止在河塘等水体中清洗施药器具。

9. 施药应选择晴天、气温高时进行。施药后土壤干旱会降低防效，应先灌溉再施药；不能灌溉的则应适当加大用药量并加大喷洒用水量。

10. 孕妇和哺乳期妇女避免接触。

11. 每季作物田最多使用1 次。

12. 施药后，叶部有时有轻微黄色斑点或皱缩，5~7 天可恢复正常，一般不影响大豆产量。

13. 在干旱、低温或低洼易涝地，当大豆及杂草生长不良时，勿用本品。

14. 本品在土壤中可残留数月，故需注意后茬作物。施药后 4 个月可播种小麦，10 个月后才可播种玉米，1 年后可播种稻谷和棉花。高粱、甜菜和叶菜对本品非常敏感，不可轮作。

15. 间套有其他作物的大豆田不能使用本品。

16. 用过的容器妥善处理，不可做他用，不可随意丢弃。

17. 本品放置于阴凉、干燥、通风、防雨处，远离火源，勿与食品、饲料、种子、日用品等同贮同运。

18. 本品宜置于儿童够不着的地方并上锁，不得重压、破损包装容器。

氟乐灵

【作用特点】

氟乐灵为二硝基苯胺类选择性芽前土壤处理除草剂。作用机制是在植物体内严重抑制细胞有丝分裂与分化，破坏核分裂，被认为是一种细胞核的毒害剂。浓度越高，对细胞有丝分裂的抑制作用越重。在生化反应上，它抑制脂类的代谢和 DNA 的合成，同时也影响蛋白质合成和氨基酸的组成，干扰植物激素的产生和传导，因而使植物死亡。氟乐灵通过杂草种子发芽生长穿过土层的过程中被吸收，但出苗后的茎叶不能吸收。造成植物药害的典型症状是抑制生长，根尖与胚轴组织细胞体积显著膨大。幼芽和次生根的形成显著受抑制，受害后植物细胞停止分裂，根尖分生组织细胞变小、厚而扁。皮层薄壁组织中的细胞增大，细胞壁变厚。由于细胞中的浓胞增大，使细胞丧失活性，产生畸形，最后导致死亡。氟乐灵施入土壤后，由于挥发、光解和微生物的化学作用而逐渐分解消失，其中挥发和光分解是分解的主要因素。施到土表的药剂最初几小时内的损失最快,潮湿和高温会加速药剂的分解速度,因此,氟乐灵施入土壤后需浅耙土,防止其分解。防治杂草的持效期为 3～6 个月。施入土壤后通过杂草种子发芽生长穿过土层的过程中被吸收。禾本科植物主要被幼芽所吸收。而阔叶植物则主要被下胚轴吸收,子叶和根吸收较少,出苗后的茎、叶不能吸收氟乐灵。

【毒性与环境生物安全性评价】

对高等动物毒性低毒。

原药大鼠急性经口 LD_{50} 大于 5000 毫克/千克;

原药兔急性经皮 LD_{50} 大于 5000 毫克/千克;

原药大鼠急性吸入 1 小时 LC_{50} 大于 2.8 毫克/升;

原药大鼠急性吸入 4 小时 LC_{50} 大于 4.8 毫克/升。

对兔眼睛有轻微刺激性;

对兔皮肤无刺激性。

各种试验表明,无致癌、致畸、致突变作用。

大鼠 2 年慢性喂养试验无作用剂量小于 813 毫克/千克;

狗 90 天亚慢性喂养试验无作用剂量小于 2.4 毫克/千克·天。

制剂大鼠急性经口 LD_{50} 大于 2 毫升/千克;

制剂兔急性经皮 LD_{50} 大于 2 毫升/千克;

制剂大鼠急性吸入 1 小时 LC_{50} 大于 41 毫升/升。

对兔眼睛有刺激性;

对兔皮肤有刺激性。

对鱼类及水生生物毒性高毒。

蓝鳃太阳鱼 96 小时急性毒性 LC_{50} 为 0.058 毫克/升;

虹鳟鱼 96 小时急性毒性 LC_{50} 为 0.088 毫克/升;

大翻车鱼 96 小时急性毒性 LC_{50} 为 0.089 毫克/升;

金鱼 96 小时急性毒性 LC_{50} 为 0.59 毫克/升。

水蚤急性毒性 LC_{50} 为 0.2～0.6 毫克/升。

对鸟类毒性低毒。

鹌鹑急性经口 LD_{50} 大于 2000 毫克/千克;

野鸭急性经口 LD_{50} 大于 2000 毫克/千克;

野鸭喂饲 5 天 LD_{50} 大于 5000 毫克/千克;

山齿鹑喂饲 5 天 LD_{50} 大于 5000 毫克/千克。

对蜜蜂毒性低毒。

蜜蜂经口 LD_{50} 大于 100 微克/只;

蜜蜂接触 LD_{50} 大于 100 微克/只。

对土壤微生物毒性低毒。

蚯蚓 14 天 LC_{50} 大于 1000 毫克/千克·天土壤。

每人每日允许摄入量为 0.024 毫克/千克体重。

【防治对象】

适用的作物种类很多,达 40 余种,如大豆、花生、棉花、小麦、大麦、黑麦、水稻、向日葵、马铃薯、甜菜、油菜、甘蔗、西瓜、蔬菜(包括菜豆、胡萝卜、白菜、洋葱、莴苣、黄瓜、番茄等 20 余种)、果园、茶园、林木苗圃等。由于氟乐灵主要消灭杂草幼芽,所以多在作物播种前或播种后出苗前进行土壤处理。主要用于防除一年生的禾本科杂草,如稗草、野燕麦、狗尾草、马唐、牛筋草、早熟术、画眉草、千金子、碱茅、硬草、雀麦等。对小粒种子的阔叶杂草，如马齿苋、藜、扁蓄、繁缕、猪毛菜等也有一定的防除效果。

【使用方法】

1. 防除大豆田1年生禾本科杂草及部分阔叶杂草：东北春大豆区大豆田稗草、野燕麦、狗尾草、马唐等禾本科杂草和小粒种子的阔叶杂草，播前5～7天施药，药后如提早播种大豆，影响大豆出苗。春大豆也可以在前1年的秋季施药，秋施对大豆安全性好，防效稳定，又不争农时。用药量因土壤有机质含量不同而有差异，土壤有机质含量3%以下时，每666.7平方米用480克/升氟乐灵乳油80～110毫升；有机质含量3%～5%时，每666.7平方米用480克/升氟乐灵乳油110～140毫升；有机质含量5%～10%时，每666.7平方米用4480克/升氟乐灵乳油140～175毫升；有机质含量超过10%时，氟乐灵用量虽增加，每666.7平方米用480克/升氟乐灵乳油200毫升左右，但防效并不增加，相反会对大豆产生药害，根瘤减少，根尖肿大，同时对后茬作物小麦、高粱、谷子等产生药害。施药采用喷雾法，每666.7平方米喷药液量为：人工背负式喷雾30～40千克，拖拉机喷雾13千克以上。喷药和混土应采取复式作业，施药后1～2小时内均匀混入土中，最迟不超过8小时，耙深8～12厘米，药剂入土5～7厘米。

2. 防除大豆田1年生禾本科杂草及部分阔叶杂草：在夏大豆区，每666.7平方米用480克/升氟乐灵乳油100～150毫升，播种以前3～5天施药，每666.7平方米喷药液量为：人工背负式喷雾30～40千克，拖拉机喷雾13千克以上。采用喷药、混土复式作业，做到随喷随混土，耙深5～8厘米，药剂入土3～4厘米。南方雨水多，豆田常开排水沟。开沟要在施药混土前进行，这样不会破坏药层，并做到处处受药，提高效果。如先喷药混土后开沟，则沟中抛出的土块未受药，其中夹带的草籽仍可萌发危害，造成草荒。由于夏大豆区气温高，土壤湿度较高，氟乐灵在土壤中降解较快，氟乐灵单用一般不会对下茬作物产生药害。

3. 防除花生田1年生禾本科杂草及部分阔叶杂草：使用方法可参考大豆田，地膜花生的用药量可在露地花生的用量基础上下降20%～30%。

4. 防除棉花田稗草、千金子、马唐、狗尾草、牛筋草等1年生禾本科杂草及小粒种子的阔叶草：直播棉田在棉花播种前施药。有机质含量低的棉田，每666.7平方米用480克/升氟乐灵乳油80～125毫升，有机质含量高的棉田，每666.7平方米用48%氟乐灵乳油100～150毫升，兑水30～40千克喷雾，药后立即用拖拉机或人工耙地混土，药剂入土深度3～4厘米。地膜直播田，在整地以后，每666.7平方米用480克/升氟乐灵乳油75～100毫升，加水30～40千克喷雾，然后混上、播种、覆膜。移栽棉田在移栽前喷药、混土，方法同直播棉田，移栽时应把开塘挖出的药土覆盖在棉苗根部周围。氟乐灵在推荐剂量下使用，对棉花出苗和地上部分生长没有影响，但有机质含量低的土壤每666.7平方米用量超过150毫升，有机质含量高的土壤每666.7平方米用量超过155毫升，或喷药不匀，重喷、滴漏会使棉苗产生药害，症状为侧根减少，主根近地表部位肿胀，影响棉苗生长。

5. 防除油菜田1年生的禾本科杂草及部分阔叶杂草（如看麦娘、日本看麦娘、硬草、早熟禾、繁缕、牛繁缕、雀舌草等）：在直播油菜田使用时，应在播前施药并混土，深3～4厘米，然后播种。移栽油菜在移栽前施药，施药后立即混土，然后移栽。每666.7平方米用480克/升氟乐灵乳油80～125毫升，兑水30～40千克喷雾，有机质含量低的土壤用低量，有机质含量高的用高量。在春油菜田防除野燕麦时，每666.7平方米用480克/升氟乐灵乳油150～170毫升，兑水30～40千克喷雾混土深度加深至10厘米。氟乐灵使用的油菜田要求地面平整，土块细碎。氟乐灵在油菜播后施药不混土时常有药害产生，不能播后苗前不混土使用。

6. 防除芝麻田1年生的禾本科杂草及部分阔叶杂草：应在播前施药，药后立即混土，然后播种。也可以在播后荣前施药，再浅耙混土。施药方法用喷雾法，每666.7平方米用480克/升氟乐灵乳油100～125毫升，兑水30～40千克喷雾。在低温干旱的春芝麻产区，氟乐灵施入土壤后残效期较长，因此下茬不宜种谷子、高粱等敏感作物。

7. 防除麦田硬草：播后苗前施药，药后浅混土，麦播深3厘米。江苏淮北地区稻茬麦田播种较迟，12月上旬播种小麦，这时气温已较低，同时在早晚光照弱时施药，氟乐灵的挥发光解作用减小，可以不混土施药。每666.7平方米用480克/升氟乐灵乳油100～150毫升，兑水30～40千克喷洒，撒播露籽麦田不能使用氟乐灵防除硬草。氟乐灵还可用于冬小麦田防除碱茅。在麦田浇封凉水前，每666.7平方米用480克/升氟乐灵乳油150～200毫升喷雾或撒毒土。施药后麦田浇水。

8. 防除蔬菜田1年生禾本科杂草和部分阔叶杂草：先施药混土，可以随即播种不会产生药害的蔬菜有马铃薯（块茎播种）、洋葱、芹菜、胡萝卜。茴香、豇豆、四季豆等。番茄、茄子、辣椒、甘蓝、花椰菜等可以先施药，随即混土，以后再移栽。也可以在移栽活棵后，杂草出土前施药，药后立即混土。每666.7平方米用480克/升氟乐灵乳油100～150毫升，兑水30～40千克喷洒。

9. 防除油菜田1年生禾本科杂草及部分阔叶杂草：冬油菜田，可傍晚施药，增加土壤对药剂的吸收，可以不混土。直播田在播后施药，每666.7平方米用480克/升氟乐灵乳油100毫升，移栽田在移栽后的当天傍晚施药，每666.7平方米用480克/升氟乐灵乳油75毫升，兑水30～40千克喷雾土表。

10. 防除西瓜田1年生禾本科杂草及部分阔叶杂草：移栽前施药，每666.7平方米用480克/升氟乐灵乳油120～150毫升，兑水30～40千克喷雾土表，混土3厘米。地膜西瓜田施药后覆膜，每666.7平方米用480克/升氟乐灵乳油75～100毫升，兑水30～40千克喷雾土表，混土3厘米。

11. 防除甘薯田1年生禾本科杂草及部分阔叶杂草：起垅后施药，每666.7平方米用480克/升氟乐灵乳油100～120毫升，兑水30～40千克喷雾土表，松土覆盖，插栽薯秧，在浇水。施药时如气温超过30℃，用药量宜在100毫升以下。

12. 防除果园1年生禾本科杂草及部分阔叶杂草：在杂草出土前，每666.7平方米用480克/升氟乐灵乳油150～200毫升，兑水30～40千克喷雾土表，使用时进行封闭。

13. 防除桑园1年生禾本科杂草及部分阔叶杂草：在杂草出土前，每666.7平方米用480克/升氟乐灵乳油150～200毫升，兑水30～40千克喷雾土表，使用时进行封闭。

14. 防除定植苜宿地1年生禾本科杂草及部分阔叶杂草：在苜宿休眠时，每666.7平方米用480克/升氟乐灵乳油130～150毫升，兑水30～40千克喷雾，用簧齿耙或旋转锄混土，尽量减少对苜宿根茎的机械损伤。用于重新播种的苜宿地，每666.7平方米用480克/升氟乐灵乳油100～120毫升，兑水30～40千克喷雾土表，及时混土，5～7天后播种。

【中毒急救】
吸入：应迅速将患者转移到空气清新流通处。如呼吸停止应做人工呼吸。如呼吸困难应输氧。如有症状及时就医。皮肤接触后：立即用水和肥皂清洗，并彻底冲洗干净。眼睛接触后：把眼睛打开用流水冲洗几分钟，如有持续的症状，及时就医。误食：立即用大量清水漱口，洗胃。洗胃时注意保护气管和食管。及时送医院对症治疗。不要给神志不清的病人经口食用任何东西。本品无特效解毒剂。

【注意事项】
1. 本品使用时按常规方法打开包装。操作者应遵守《农药安全使用准则》，按要求做好劳动保护，如穿戴工作服、手套、面罩等，避免让人体直接接触药剂。工作后漱口、清洗裸露在外的身体部分并更换干净的衣服。

2. 本品在土壤中残效期较长，后茬不易种植玉米、高粱、谷子等敏感作物。

3. 为减轻对作物的药害，在土壤处理时应先施药，后浇水，以增强土壤吸附。

4. 孕妇和哺乳期妇女避免接触。

5. 本品对水生生物有极高毒性，勿将药液或空包装弃于水中或在河塘中洗涤喷雾器械，避免影响鱼类和污染水源。

6. 施药后遇大雨，容易发生溶淋药害，作物在 1~2 周内可以恢复正常生长。

7. 冬、春季阴雨天时，注意田间排水情况，避免低洼处田间积水。

8. 每季作物只能使用 1 次。

9. 本品挥发性强，打开的包装要一次用完。施药时不要将药液喷敏感作物上，以避免药害。

10. 大豆、玉米对氟乐灵有较高的抗性，使用氟乐灵比较安全；棉田使用氟乐灵是利用生态或位差选择性，而高粱、谷子、小麦、水稻对氟乐灵比较敏感，需慎用。

11. 西瓜苗床不能使用。

12. 在叶菜类蔬菜地使用，药量不宜超过 150 毫升，以免产生药害。

13. 本品易挥发、光解，施药后必须立即混土。

14. 用过的容器妥善处理，不可做他用，不可随意丢弃。

15. 本品放置于阴凉、干燥、通风、防雨处，远离火源，勿与食品、饲料、种子、日用品等同贮同运。

16. 本品宜置于儿童够不着的地方并上锁，不得重压、破损包装容器。

氟唑磺隆

【作用特点】

氟唑磺隆是磺酰脲类内吸型高效小麦田除草剂，对野燕麦、雀麦、看麦娘等禾本科杂草和多种双子叶杂草有明显防效。它是一种全新化合物，其主要作用机制是有效成分可被杂草的根部和茎部、叶部吸收，通过抑制杂草体内乙酰乳酸合成酶的活性，破坏杂草正常的生理生化代谢而发挥除草活性，使杂草脱绿、枯萎、最后死亡。可有效防除小麦田大部分禾本科杂草，同时也可有效控制部分阔叶杂草。在小麦体内可很快代谢，对小麦具有极好的安全性。对小麦田野燕麦、野芥菜、宝盖草、荠、繁缕、天兰苜蓿等活性高，对荞麦蔓、薄塑草、酸模叶蓼、多花黑麦草活性中等，对大刺儿菜、苣荬菜活性差。对小麦田雀麦、节节麦具有良好的防效，并且该药剂对播娘蒿、荠菜等阔叶杂草也有很好的防治效果。可有效防除冬小麦田罔草、日本看麦娘、早熟禾等禾本科杂草，兼治大巢菜等阔叶杂草。

【毒性与环境生物安全性评价】

对高等动物毒性低毒。

原药大鼠急性经口 LD_{50} 大于 5000 毫克/千克；

原药大鼠急性经皮 LD_{50} 大于 5000 毫克/千克；

原药大鼠急性吸入 LC_{50} 大于 5130 毫克/立方米。

对兔眼睛无刺激性；

对兔皮肤无刺激性。

豚鼠皮肤致敏性试验结果为无致敏性。

大鼠 14 周亚慢性喂养试验结果最大无作用剂量雄性为 17.6 毫克/千克·天；

大鼠 14 周亚慢性喂养试验结果最大无作用剂量雌性为 101.7 毫克/千克·天。

各种试验表明，无致癌、致畸、致突变作用。

制剂大鼠急性经口 LD_{50} 大于 5000 毫克/千克；

制剂大鼠急性经皮 LD_{50} 大于 2000 毫克/千克；

制剂大鼠急性吸入 LC_{50} 为 5113 毫克/立方米。

对兔眼睛无刺激性；

对兔皮肤无刺激性。

豚鼠皮肤致敏性试验结果为无致敏性。

对鱼类毒性低毒。

虹鳟鱼急性毒性 LC_{50} 大于 96.7 毫克/升；

大翻车鱼急性毒性 LC_{50} 大于 99.3 毫克/升。

对水生生物毒性低毒。

水蚤急性毒性 LC_{50} 大于 109 毫克/升。

对鸟类毒性低毒。

鹌鹑急性经口 LD_{50} 大于 2621 毫克/千克；

野鸭急性经口 LD_{50} 大于 4672 毫克/千克。

对蜜蜂毒性低毒。

蜜蜂剂量为 200 微克/只无影响。

对家蚕毒性低毒。

【防治对象】

主要用于小麦田防除禾本科杂草和荠菜、野豌豆、遏蓝菜等部分阔叶杂草。能有效防除狗尾草、看麦娘等禾本科杂草及早熟禾、多花黑麦草、雀麦、野燕麦等用麦田常用药难以防除的禾本科杂草。

【使用方法】

1. 防除春小麦田杂草：每 666.7 平方米用 70% 氟唑磺隆水分散粒剂 2~3 克，兑水 30~40 千克搅拌均匀，在春小麦 2~3 叶期，杂草 1~3 叶期，进行喷雾处理。喷药时药液要均匀周到。施药时，避免漂移到周围作物田地及其他作物。

2. 防除冬小麦田杂草：每 666.7 平方米用 70% 氟唑磺隆水分散粒剂 3~4 克，兑水 30~40 千克搅拌均匀，冬小麦 3 叶至返青，杂草 2~4 叶期，进行喷雾处理。喷药时药液要均匀周到。施药时，避免漂移到周围作物田地及其他作物。

【中毒急救】

吸入：应迅速将患者转移到空气清新流通处，解开衣领、腰带，保持呼吸畅通。如呼吸停止应做人工呼吸。如呼吸困难应输氧。如有症状及时就医。皮肤接触后：立即用水和肥皂清洗，并彻底冲洗干净。眼睛接触后：把眼睛打开用流水冲洗几分钟，如有持续的症状，及时就医。误食：立即用大量清水漱口，洗胃。洗胃时注意保护气管和食管。千万不可催吐，及时送医院治疗。不要给神志不清的病人经口食用任何东西。

【注意事项】

1. 本品使用时按常规方法打开包装。操作者应遵守《农药安全使用准则》，按要求做好劳动保护，如穿戴工作服、手套、面罩等，避免让人体直接接触药剂。工作后漱口、清洗裸露在外的身体部分并更换干净的衣服。

2. 本品用于春小麦和冬小麦种植地区推广使用，春小麦用最佳施药时间为春小麦 2~3 叶期，杂草 1~3 叶期，每季最多使用 1 次；冬小麦用最佳施药时间为冬小麦 3 叶至返青，杂草 2~4 叶期，每季最多使用 1 次。

3. 勿在套种或间作大麦、燕麦、十字花科作物及豆类及其他作物的小麦田使用。

4. 使用本品 9 个月后，可以轮作萝卜、大麦、红花、油菜、大豆、菜豆、向日葵、亚麻和马铃薯，11 个月后可种植豌豆，24 个月后可种植小扁豆。后茬不能轮作本标签标注的其他作物；施药时避免药液漂移到邻近作物上。

5. 勿在低温、8℃以下及干旱等不良气候条件下施药。

6. 远离水产养殖区施药，禁止在河塘等水体清洗施药器具。

7. 清洗器具的废水不能排入河流、池塘等水源，废弃物要妥善处理，不能随意丢弃，也不能做他用。

8. 孕妇及哺乳期妇女避免接触。

9. 本品放置于阴凉、干燥、通风、防雨处，远离火源，勿与食品、饲料、种子、日用品等同贮同运。

10. 本品宜置于儿童够不着的地方并上锁，不得重压、破损包装容器。

高效氟吡甲禾灵

【作用特点】

高效氟吡甲禾灵是一种苗后选择性除草剂，茎叶处理后能很快被禾本科杂草的叶子吸收，传导至整个植株，抑制植物分生组织而杀死禾草。喷洒落入土壤中的药剂易被根部吸收，也能起杀草作用。与氟吡甲禾灵相比，高效氟吡甲禾灵在结构上以甲基取代氟吡甲禾灵中的乙氧乙基；并由于氟吡甲禾灵结构中丙酸的 α-碳为不对称碳原子，故存在 R 和 S 两种光学异构体，其中 S 体没有除草活性，高效氟吡甲禾灵是除去了非活性部分（S 体）的精制品（R 体）同等剂量下它比氟吡甲禾灵活性高，药效稳定。受低温雨水等不利环境条件影响少。施药后 1 个小时降雨对药效影响很小。对苗后到分蘖抽穗初期的 1 年生和多年生禾本科杂草有很好的防除效果，对阔叶草和莎草无效。对阔叶作物安全。

其作用特点主要通过杂草的茎叶吸收，也可以被根吸收，但被茎叶吸收的速度比根快，因而用茎叶处理的施药方法比土壤处理好。药后 2 天杂草即可出现中毒症状，表现为停止生长，心叶变黄、变褐色，然后枯死。茎节和老叶的症状表现稍晚，节常表现为褐色枯斑，老叶变紫色、枯黄色，最后全株枯死。

【毒性与环境生物安全性评价】

对高等动物毒性低毒。

原药大鼠急性经口 LD_{50} 为 623 毫克/千克；

原药大鼠急性经皮 LD_{50} 大于 2000 毫克/千克。

对兔眼睛有轻微到中度刺激性；

对兔皮肤无刺激性。

各种试验表明，无致癌、致畸、致突变作用。

大鼠亚急性经口无作用剂量为 0.02 毫克/千克；

狗亚急性经口无作用剂量为 0.05 毫克/千克；

大鼠慢性经口无作用剂量为 0.065 毫克/千克。

对大鼠致畸无作用剂量为 7.5 毫克/千克·天；

对狗致畸无作用剂量为 20.0 毫克/千克·天。

制剂雄大鼠急性经口 LD_{50} 大于 5000 毫克/千克；

制剂雌大鼠急性经口 LD_{50} 大于 5000 毫克/千克；

制剂雄大鼠急性经皮 LD_{50} 大于 2000 毫克/千克；

制剂雌大鼠急性经皮 LD_{50} 大于 2000 毫克/千克。

对兔眼睛有重度刺激性；

对兔皮肤有轻微刺激性。

对鸟类毒性低毒。

野鸭 8 天喂饲 LD_{50} 大于 5620 毫克/千克；

鹌鹑 8 天喂饲 LD_{50} 大于 5620 毫克/千克。

每人每日允许摄入量为 0.2 毫克/千克体重。

【防治对象】

适用的范围很广，如棉花、大豆、油菜、花生、甜菜、亚麻、苘麻、红麻、烟草、向日葵、瓜类、蔬菜（茭白、竹笋等禾本科蔬菜除外）、果园、桑园、茶园等。可以防除 1 年生禾本科杂草，如稗草、千金子、马唐、牛筋草、狗尾草、野黍、自生玉米、自生小麦、看麦娘、日本看麦娘、芨草、硬草、棒头草、雀麦、野燕麦等。可用来防除多年生禾本科杂草有狗牙根、双穗雀稗、芦苇、茅草、假高粱等。

【使用方法】

1. 防除油菜田看麦娘、日本看麦娘、芨草、硬草、早熟禾、棒头草、野燕麦等禾本科杂草：施药适期在禾本科杂草 3～5 叶期。此时杂草已基本出齐，但叶龄不是很大，抗药能力弱，防效比较好，每 666.7 平方米用 10.8% 高效氟吡甲禾灵乳油 20～25 毫升，兑水 30～40 千克喷洒。药后气温高，杂草死亡速度快；气温低杂草死亡速度慢。稻茬油菜田的杂草以看麦娘、硬草、芨草等禾本科杂草为主，但也有不少田块混生猪殃殃、牛繁缕、稻槎菜、雀舌草等阔叶杂草。混生阔叶杂草多的田块在使用本品防除禾本科杂草以后，由于阔叶杂草没有禾本科杂草的竞争因而会长得更加茂盛。所以用过本品的田块应在冬前进行 1 次中耕除草，锄去阔叶杂草。

2. 防除大豆田杂草以马唐、早稗、牛筋草、狗尾草为主：与冬油菜田杂草种类不同，杂草对本品的抗药性也不同，因而防除这些杂草的每 666.7 平方米的用量也不同。大豆田为 30～45 毫升，比油菜田高。在禾本科杂草 3～5 叶期施药。每 666.7 平方米用 10.8% 高效氟吡甲禾灵乳油 30～45 毫升，兑水 30～40 千克喷洒。药后气温高，杂草死亡速度快；气温低杂草死亡速度慢。稻茬油菜田的杂草以看麦娘、硬草、芨草等禾本科杂草为主，但也有不少田块混生猪殃殃、牛繁缕、稻槎菜、雀舌草等阔叶杂草。混生阔叶杂草多的田块在使用本品防除禾本科杂草以后，由于阔叶杂草没有禾本科杂草的竞争因而会长得更加茂盛。所以用过本品的田块应在冬前进行 1 次中耕除草，锄去阔叶杂草。防除春大豆田芦苇，每 666.7 平方米用 10.8% 高效氟吡甲禾灵乳油 60～90 毫升，兑水 30～40 千克茎叶喷洒。

3. 防除棉田 1 年生禾本科杂草：直播棉、移栽棉田在禾本科杂草 3～5 叶期，每 666.7 平方米用 10.8% 高效氟吡甲禾灵乳油 30～35 毫升，兑水 30～40 千克喷洒。用来防除马唐、稗草、狗尾草、牛筋草等 1 年生禾本科杂草。在塑料薄膜覆盖的苗床内使用，由于膜内温度、湿度条件好，杂草生长嫩绿，药效发挥好，每 666.7 平方米用量可降至 20～30 毫升。防除棉花田芦苇，每 666.7 平方米用 10.8% 高效氟吡甲禾灵乳油 60～90 毫升，兑水 30～40 千克茎叶喷洒。

4. 防除甜菜田 1 年生禾本科杂草：在禾本科杂草 3～5 叶期，每 666.7 平方米用 10.8% 高效氟吡甲禾灵乳油 30～35 毫升，兑水 30～40 千克喷洒。用来防除稗草、野燕麦、狗尾草等 1 年生禾本科杂草。高效盖草能不能与甜菜灵混用，混用会产生拮抗作用，降低对禾本科杂草的防效。如必需使用甜菜灵时可以间隔 3 天分开使用。

5. 防除亚麻田 1 年生禾本科杂草：亚麻出苗后，禾本科杂草 3～5 叶期，每 666.7 平方米用 10.8% 高效氟吡甲禾灵乳油 30～35 毫升，兑水 30～35 千克喷洒。可用来防除野燕麦、稗草、毒麦等 1 年生禾本科杂草。

6. 防除林木 1 年生禾本科杂草：在杂草 3～5 叶期，每 666.7 平方米用 10.8% 高效氟吡甲禾灵乳油 30～35 毫升，兑水 30～40 千克喷洒。杂草叶龄超过 5 叶可适当加大用药量。防除多年生茅草、狗牙根、荻、双穗雀稗等，每每 666.7 平方米用量应加大到 75～90 毫升，在 5 叶后至抽穗前加水 30～50 千克喷洒。

7. 防除苗圃 1 年生禾本科杂草：在杂草 3～5 叶期，每 666.7 平方米用 10.8% 高效氟吡甲禾灵乳油 30～35 毫升，兑水 30～40 千克喷洒。杂草叶龄超过 5 叶可适当加大用药量。防除多年生茅草、狗牙根、荻、双穗雀稗等，每每 666.7 平方米用量应加大到 75～90 毫升，在 5 叶后至抽穗前加水 30～50 千克喷洒。

8. 防除果园 1 年生禾本科杂草：在杂草 3～5 叶期，每 666.7 平方米用 10.8% 高效氟吡甲禾灵乳油 30～35 毫升，兑水 30～40 千克喷洒。杂草叶龄超过 5 叶可适当加大用药量。防除多年生茅草、狗牙根、荻、双穗雀稗等，每每 666.7 平方米用量应加大到 75～90 毫升，在 5 叶后至抽穗前加水 30～50 千克喷洒。

9. 防除桑园 1 年生禾本科杂草：在杂草 3～5 叶期，每 666.7 平方米用 10.8% 高效氟吡甲禾灵乳油 30～35 毫升，兑水 30～40 千克喷洒。杂草叶龄超过 5 叶可适当加大用药量。防除多年生茅草、狗牙根、荻、双穗雀稗等，每每 666.7 平方米用量应加大到 75～90 毫升，在 5 叶后至抽穗前加水 30～50 千克喷洒。

10. 防除茶园 1 年生禾本科杂草：在杂草 3～5 叶期，每 666.7 平方米用 10.8% 高效氟吡甲禾灵乳油 30～35 毫升，兑水 30～40 千克喷洒。杂草叶龄超过 5 叶可适当加大用药量。防除多年生茅草、狗牙根、荻、双穗雀稗等，每每 666.7 平方米用量应加大到 75～90 毫升，在 5 叶后至抽穗前加水 30～50 千克喷洒。

11. 防除花生田 1 年生禾本科杂草：施药适期在禾本科杂草 3～5 叶期。此时杂草已基本出齐，但叶龄不是很大，抗药能力弱，防效比较好，每 666.7 平方米用 10.8% 高效氟吡甲禾灵乳油 20～30 毫升，兑水 30～40 千克喷洒。药后气温高，杂草死亡速度快；气温低杂草死亡速度慢。稻茬油菜田的杂草以看麦娘、硬草、芝草等禾本科杂草为主，但也有不少田块混生猪殃殃、牛繁缕、稻槎菜、雀舌草等阔叶杂草。混生阔叶杂草多的田块在使用本品防除禾本科杂草以后，由于阔叶杂草没有禾本科杂草的竞争因而会长得更加茂盛。所以用过本品的田块应在冬前进行 1 次中耕除草，锄去阔叶杂草。

12. 防除甘蓝田 1 年生禾本科杂草：施药适期在禾本科杂草 3～5 叶期。此时杂草已基本出齐，但叶龄不是很大，抗药能力弱，防效比较好，每 666.7 平方米用 10.8% 高效氟吡甲禾灵乳油 30～40 毫升，兑水 30～40 千克茎叶喷洒。

13. 防除马铃薯田 1 年生禾本科杂草：施药适期在禾本科杂草 3～5 叶期。此时杂草已基本出齐，但叶龄不是很大，抗药能力弱，防效比较好，每 666.7 平方米用 10.8% 高效氟吡甲禾灵乳油 35～50 毫升，兑水 30～40 千克茎叶喷洒。

14. 防除西瓜田 1 年生禾本科杂草：施药适期在禾本科杂草 3～5 叶期。此时杂草已基本出齐，但叶龄不是很大，抗药能力弱，防效比较好，每 666.7 平方米用 10.8% 高效氟吡甲禾灵乳油 35～50 毫升，兑水 30～40 千克茎叶喷洒。

15. 防除向日葵田禾本科杂草：施药适期在禾本科杂草 3～5 叶期。此时杂草已基本出齐，但叶龄不是很大，抗药能力弱，防效比较好，每 666.7 平方米用 10.8% 高效氟吡甲禾灵乳油 60～100 毫升，兑水 30～40 千克喷洒。

【中毒急救】

中毒症状为可能造成严重眼、皮肤刺激，或角膜损伤。吸入：应迅速将患者转移到空气清新流通处。如呼吸停止应做人工呼吸。如呼吸困难应输氧。如有症状及时就医。皮肤接触后：立即用水和肥皂清洗，并彻底冲洗干净。眼睛接触后：把眼睛打开用流水冲洗几分钟，如有持续的症状，及时就医。误食：应立即催吐、洗胃。勿用温水洗胃，以免促进吸收。洗胃时注意保护气管和食管。及时送医院对症治疗。不要给神志不清的病人经口食用任何东西。本品无特效解毒剂。

【注意事项】

1. 本品使用时按常规方法打开包装。操作者应遵守《农药安全使用准则》，按要求做好劳动保护，如穿戴工作服、手套、面罩等，避免让人体直接接触药剂。工作后漱口、清洗裸露在外的身体部分并更换干净的衣服。

2. 果园施药时，应避免将药液直接喷到果树上，尽量采用压低喷雾。

3. 本品不可与呈碱性的农药等物质混合使用。

4. 施药时，喷雾器喷头应戴保护罩，以免药液喷溅到其他作物上，引发伤害。

5. 茶树和香蕉对本品敏感，应避免在茶园和香蕉及其附近地块使用。

6. 喷洒过本品的器械要用热水、碱水洗刷干净。并在敏感作物田试验，证明无药害产生后才能用于敏感作物田。

7. 本品对水生生物有毒，药液应尽量喷完，剩余药液不可倒在地上或池塘、水渠、小溪、河流等水源中清洗，以免污染水源或引起水生生物中毒，清洗喷雾器械后的水应倒在远离居民点、水源和作物的地方。

8. 孕妇和哺乳期妇女避免接触。

9. 施药时应避免药液漂移到禾本科作物田，以免产生药害。

10. 冬油菜田要避免施药过迟。

11. 应抓紧在禾本科杂草 3～5 叶期施药。杂草拔节孕穗后施药，抗药性增加，防效降低。

12. 本品只能防除禾本科杂草，不能防除阔叶杂草，因而在禾本科杂草与阔叶草混生的田块，应与防除阔叶杂草的措施协调使用。

13. 本品对禾本科作物如玉米、水稻和小麦敏感，施药时应避免药雾漂移到上述作物之上，以防产生药害。

14. 用过的容器妥善处理，不可做他用，不可随意丢弃。

15. 本品放置于阴凉、干燥、通风、防雨处，远离火源，勿与食品、饲料、种子、日用品等同贮同运。

16. 本品宜置于儿童够不着的地方并上锁，不得重压、破损包装容器。

禾草丹

【作用特点】

禾草丹是氨基甲酸酯类内吸传导型选择性土壤处理除草剂，属类酯合成抑制剂。作用机制是阻碍淀粉酶和蛋白质的合成，使发芽种子中的淀粉水解减弱或停止，强烈抑制植物生长点，导致敏感杂草死亡。植物幼芽的叶、叶鞘基部、根均可吸收药剂，但叶片的吸收能力低于根。它被叶和叶鞘吸收的药剂主要向上输导，根吸收的药剂则输送至植株各部分。稗草幼芽中毒后生长停止、叶片呈浓绿色，芽鞘顶端紧包，第 1 真叶从侧面伸出，第 2 真叶从第 1 真叶侧面长出，全株逐渐褪色，最后枯死。水稻吸收药剂的速度比稗草慢，而在体内降解药剂的速度比稗草快，药剂在稗草体内的浓度远比稻苗高，这就是禾草丹能杀死稗草而对稻苗安全的主要原因。

【毒性与环境生物安全性评价】

对高等动物毒性低毒。

原药雄大鼠急性经口 LD_{50} 为 1033 毫克/千克；

原药雌大鼠急性经口 LD_{50} 为 1130 毫克/千克；

原药雄小鼠急性经口 LD_{50} 为 1102 毫克/千克；

原药雌小鼠急性经口 LD_{50} 为 1402 毫克/千克

原药大鼠急性经皮 LD_{50} 大于 2000 毫克/千克；

原药兔急性经皮 LD_{50} 大于 2000 毫克/千克；

原药大鼠急性吸入 1 小时 LC_{50} 大于 43 毫克/升。

对兔眼睛有刺激性；

对兔皮肤有刺激性。

豚鼠皮肤致敏试验结果为弱致敏性。

雄大鼠 2 年慢性喂饲试验无作用剂量为 0.9 毫克/千克·天；

雌大鼠 2 年慢性喂饲试验无作用剂量为 1.0 毫克/千克·天；

狗 1 年慢性喂饲试验无作用剂量为 1.0 毫克/千克·天。

各种试验结果表明，未见致癌、致畸、致突变作用。

对鱼类毒性低毒。

鲤鱼 48 小时急性毒性 LC_{50} 为 3.6 毫克/升；

大翻车鱼 48 小时急性毒性 LC_{50} 为 2.4 毫克/升。

对鸟类毒性低毒。

母鸡急性经口 LD_{50} 为 2629 毫克/千克；

山齿鹑急性经口 LD_{50} 大于 7800 毫克/千克；

野鸭急性经口 LD_{50} 大于 10000 毫克/千克；

野鸭喂饲 8 天 LC_{50} 大于 5000 毫克/千克；

山齿鹑喂饲 8 天 LC_{50} 大于 5000 毫克/千克。

对蜜蜂毒性低毒。

蜜蜂急性经口 LD_{50} 大于 100 微克/只。

【防治对象】

主要用来防除禾本科杂草，对某些阔叶杂草也有一定的防效。在水田杀草丹主要用来防除稗草、千金子，对异型莎草、碎米莎草、水虱草、牛毛毡、蛇眼、鸭舌草、水苋、节节草、陌上菜等也有较好的防效。在旱地主要用来防除马唐、牛筋草、狗尾草、看麦娘、棒头草、早熟禾，对马齿苋、碎米莎草等也有较好的防效。

【使用方法】

1. 防除水稻秧田、水稻直播田 1 年生杂草：施药应在水稻播种以前 4 天或秧苗 1.5 叶以后。在水稻落谷前 4 天施药特别适用于早稻薄膜覆盖秧田。方法为先整好秧田，落谷前 4 天，每 666.7 平方米用 50% 禾草丹乳油 250～400 毫升，加水少量搅均后，用喷雾器喷洒在 15 千克的细沙或细土上，边拌边喷，搅拌均匀制成毒土。将毒土撒施于畦面再耙入土中，上浅水。落谷前排干水，落谷后再盖膜，秧苗 1.5 叶以后上浅水。采用这个方法施药对成秧率没有影响，对秧苗安全，防效好，能避免薄膜覆盖育秧田苗后施药需揭膜会降低气温的缺点。禾草丹在秧田及水直播稻田苗后施药，应在秧苗 1 叶 1 心或者 1.5 叶以后，稗草 2 叶期以前。

每 666.7 平方米用 50% 禾草丹乳油 150~250 毫升。采用毒土法时，施药时应保持 2~3 厘米浅水层，施药后保水 5~7 天。苗后施药也可以采用喷雾法，每 666.7 平方米用 50% 禾草丹乳油 250~400 毫升，兑水 30~45 千克均匀喷雾。喷药前先排干田水，喷药 24 小时后上浅水，保水 5~7 天。施药时不要把药剂洒到或流入周围的其他作物田里。

2. 防除水稻肥床旱育秧田 1 年生杂草：肥床旱育秧田没有水层灌溉，苗床做好后先浇足底水，然后落谷，再盖土 1 厘米，每 666.7 平方米用 50% 禾草丹乳油 250~300 毫升，兑水 30~45 千克均匀喷雾。然后覆盖薄膜。防除肥床旱育秧田杂草使用本品对马唐、旱稗、狗尾草、牛筋草等禾本科杂草防效较好。施药时不要把药剂洒到或流入周围的其他作物田里。

3. 防除水稻抛秧田、水稻移栽田 1 年生杂草：用于移栽稻田，用于秧根暴露的抛秧田对稻苗安全。使用适期为移栽田移栽后 3~5 天，抛秧田抛栽后 5~7 天施药。施药最迟为稗草 2 叶期。用药量视稗草基数及气温高低而定。单季稻田每 666.7 平方米用 50% 禾草丹乳油 300 毫升，双季早稻田每 666.7 平方米用 50% 禾草丹乳油 350 毫升，双季晚稻田每 666.7 平方米用 50% 禾草丹乳油 250 毫升。施药可用喷雾法或毒土法，药后保浅水 5~7 天。施药时不要把药剂洒到或流入周围的其他作物田里。

4. 防除麦田 1 年生杂草：用于麦田防除棒头草、早熟禾、看麦娘等禾本科杂草。使用方法为在麦子播种以后出苗以前，每 666.7 平方米用 50% 禾草丹乳油 250~400 毫升，兑水 30~45 千克均匀喷雾。使用禾草丹的麦田应为条播麦田，撒播田露籽多易产生药害，影响出苗。施药后土壤湿度高则防效好，土壤湿度低则应灌溉。施药时不要把药剂洒到或流入周围的其他作物田里。

5. 防除油菜田 1 年生杂草：用于油菜田防除看麦娘、早熟禾、棒头草等禾本科杂草，对油菜安全。无论是直播油菜田或移栽油菜田都可以使用。禾草丹在直播油菜田从播种以后到油菜子叶出土时用药，在移栽油菜田则在油菜移栽前或移栽后施药。每 666.7 平方米用 50% 禾草丹乳油 250~300 毫升，兑水 30~45 千克均匀喷雾。在土壤湿度高时防效比较好。天气干旱，土面发白防效降低，应尽快灌溉才能保证药效的发挥。施药时不要把药剂洒到或流入周围的其他作物田里。

6. 防除蔬菜田 1 年生杂草：用于多种蔬菜田防除旱稗、马唐、狗尾草、牛筋草、千金子等禾本科杂草及部分阔叶杂草。适用的蔬菜及用药方法为：对直播的小白菜、青菜、大白菜、芥菜、萝卜等十字花科以及芹菜、胡萝卜、芫荽等伞形花科蔬菜在播前灌透水，然后播种、盖籽，每 666.7 平方米用 50% 禾草丹乳油 250~300 毫升，兑水 30~45 千克均匀喷雾。药效期可持续 20~25 天，对以上蔬菜种子发芽和以后幼苗的生长无不良影响。但蔬菜种子播后一定要盖土，否则易产生药害。药后如土壤干旱要灌沟水，保持畦面湿润，有利于药效的发挥。对地膜移栽的番茄、辣椒、茄子、黄瓜、冬瓜、瓠子等，每 666.7 平方米用 50% 禾草丹乳油 150~200 毫升，兑水 30~45 千克均匀喷洒畦面，然后覆膜，隔 2 天后再破膜移栽。用禾草丹处理过的畦面，膜下杂草大量减少。对移栽的韭菜、大葱以及用鳞茎播种的大蒜，可以在移栽活棵以后或大蒜鳞茎播种后出苗前，每 666.7 平方米用 50% 禾草丹乳油 150~200 毫升，兑水 30~45 千克均匀喷洒，对韭、葱、蒜没有影响。施药时不要把药剂洒到或流入周围的其他作物田里。

【中毒急救】

吸入：应迅速将患者转移到空气清新流通处，解开衣领、腰带，保持呼吸畅通。如呼吸停止应做人工呼吸。如呼吸困难应输氧。如有症状及时就医。皮肤接触后：立即用水和肥皂清洗，并彻底冲洗干净。眼睛接触后：把眼睛打开用流水冲洗几分钟，如有持续的症状，及时就医。误食：立即用大量牛奶、蛋清、明胶溶液或清水漱口。使用医用活性炭洗胃，注意防止胃内容物进入呼吸道。及时送医院对症治疗。避免饮酒，饮酒能促使肠胃对禾草丹的吸收。

【注意事项】

1. 本品使用时按常规方法打开包装。操作者应遵守《农药安全使用准则》，按要求做好劳动保护，如穿戴工作服、手套、面罩等，避免让人体直接接触药剂。工作后漱口、清洗裸露在外的身体部分并更换干净的衣服。

2. 一季作物最多施用次数1次。

3. 请尽量较早用药，除草效果更佳，施药时请避免雾滴漂移至邻近作物。

4. 本品耐雨水冲刷，药后3小时遇雨药效不受影响。

5. 本品最后选择在气温较高、晴天、无风的时候使用。药后12小时内下雨会影响药效。

6. 本品对3叶期稗草效果差，应掌握在稗草2叶1心前使用。

7. 本品用于晚稻秧田，宜在播前使用。

8. 稻草还田的移栽稻田，不宜使用本品。

9. 本品不能与2，4－滴混用，否则会降低除草效果。

10. 使用本品前，尽可能使田面平整，要均匀撒布，不可重复撒布。撒布时及撒布后3~4天水深保持3~5厘米的田面水，以防止有效成分流失而降低除草效果。

11. 插秧田、水直播田及秧田，施药后应注意保持水层，水稻出苗。

12. 严禁使用过量，避免漂移污染其他作物。

13. 本品在作物播后苗前使用对很多作物安全，适用作物种类多，但高粱、元麦对本品敏感，应慎用。

14. 在水稻秧田、水直播稻田使用时应在秧苗2叶期后使用，2叶以前秧苗抗药能力弱，很容易产生药害。在移栽稻田使用时，秧苗素质差，药后遇低温、施药不匀、药后水层过深也易产生药害。

15. 本品在水田使用一定注意保持水质，沙质田或漏水田不宜使用本品，有机质含量高的土壤应适当增加用量。

16. 远离水产养殖区施药，禁止在河塘等水体中清洗施药器具。

17. 不得以任何形式污染农田及水源。不可在临近雨季的时间用药，以免经连续降雨而将药剂冲刷到附近农田里而造成药害。

18. 孕妇和哺乳期妇女应避免接触。

19. 用过的容器妥善处理，不可做他用，不可随意丢弃。

20. 本品放置于阴凉、干燥、通风、防雨处，远离火源，勿与食品、饲料、种子、日用品等同贮同运。

21. 本品宜置于儿童够不着的地方并上锁，不得重压、破损包装容器。

禾草特

【作用特点】

禾草特是一种内吸传导型除草剂。作用机理为杂草通过药层时，能够迅速被初生根尤其是被芽稍吸收，并积累在生长点的分生组织，阻止蛋白质合成。同时还能抑制淀粉酶活性，阻止或减弱淀粉的水解，使蛋白质合成及细胞分裂失去能量供给。受害的杂草细胞膨大，生长点扭曲而死亡。稗草的初生根及芽鞘能从水中或土中吸收药剂，芽鞘的吸收能力远远超过根部。所以新叶不能生长、生长点扭曲而致稗草死亡。施用于水稻田中，由于相对密度大于水，沉降在水与泥的界面，形成高浓度的药层，杂草通过药层时，迅速被初生根吸收而受害。

可防治萌发的阔叶及禾本科杂草，对稗属特别有效，特别适用于以稗草为主的水稻田。

【毒性与环境生物安全性评价】

对高等动物毒性低毒。

原药大鼠急性经口 LD_{50} 为 468～705 毫克/千克；

原药大鼠急性经皮 LD_{50} 大于 1200 毫克/千克；

原药兔急性经皮 LD_{50} 大于 4600 毫克/千克；

原药大鼠急性吸入 4 小时 LC_{50} 大于 2.4 毫克/升。

对兔眼睛有刺激性；

对兔皮肤有刺激性。

豚鼠皮肤致敏试验结果为弱致敏性。

大鼠 90 天亚慢性喂饲试验无作用剂量为 8 毫克/千克·天；

狗 90 天亚慢性喂饲试验无作用剂量为 30 毫克/千克·天。

大鼠 2 年慢性喂饲试验无作用剂量为 0.63 毫克/千克·天；

小鼠 2 年慢性喂饲试验无作用剂量为 7.2 毫克/千克·天。

各种试验结果表明，未见致癌、致畸、致突变作用。

对鱼类毒性中等毒。

虹鳟鱼 48 小时急性毒性 LC_{50} 为 1，8 毫克/升；

鲤鱼 48 小时急性毒性 LC_{50} 为 12 毫克/升；

金鱼 48 小时急性毒性 LC_{50} 为 32 毫克/升。

对鸟类无害。

对蜜蜂无害。

【防治对象】

用于防除水稻田 1 年生的禾本科杂草，而在水田中最重要的是稗草，如稗、长芒野稗、旱稗、无芒稗、光头稗、西来稗等。在牛毛毡和碎米莎草种子萌芽时，施用本品也有一定的防除效果。

【使用方法】

防除水稻田稗草：用药适期为稗草 3 叶期前，在我国稻区的用量随地区而不同，在华北及东北稻区，每 666.7 平方米用 96% 禾草特乳油 150～220 毫升；在华南、华东、华中及西南稻区，每 666.7 平方米用 96% 禾草特乳油 100～150 毫升，兑水 30～50 千克喷雾，或拌药土、药沙 4～6 千克均匀撒施，也可用药液滴入灌溉水的方法施药。施药时不要把药剂洒到或流入周围的其他作物田里。

【特别说明】

1. 防除秧田、直播田稗草，施药可以用播前混土、随混土随落谷及稗草 2.5 叶期保水施药 3 种方法，可根据各地具体情况选用。

播前混土施药的方法为：先将秧田或直播田土壤耕翻整平耙细，畦面要平整，无大的垡块，最大垡块直径不超过 3 厘米。将禾草特加水喷洒于畦面干燥的土壤上，立即用圆盘耙将禾草特混入土中，深 5～7 厘米，随即灌水建立浅水层，播下已催芽露白的稻种，保水 5～7 天。这种方法适用于较大面积的水秧田及直播稻田，稗草在出土前即被杀死在土层中，除草比较彻底。

随混土随落谷施药的方法为：先灌水泡田，将已耕翻的田土耙平整细，在最后 1 次耙土前以毒土法施入禾草特，毒土量可稍大以保证均匀，立即耙地将药剂混入泥土中，作畦并播种已催芽露白的稻种。播后不可覆土，必要时可浅塌谷，保持浅水层 5～7 天。北方稻区落谷后需灌水保温可采用此法。

秧苗 2.5 叶期保水施药的方法为：在秧苗 2 叶 1 心期，此时稗草约为 1~3 叶期，田间保持浅水层 3 厘米左右撒毒土或毒沙，保水 5~7 天。保水期内如田水下渗应预补足，但施药后不能排水。

拌制禾草特的毒土和毒沙与拌制其他除草剂有以下不同：拌毒土用的土壤应以干燥的细土为好，干燥的细土能更好的吸附药剂，挥发少。因禾草特施入田水后扩散性能好，用细土或细沙量每 666.7 平方米可减至 4~6 千克。拌毒土时可以将 96% 禾草特乳油直接滴入土中搅拌，不必先加水稀释后再喷入土中。和拌其他除草剂一样，土粒大小要一致，选用的毒土要先经过过筛。为拌制均匀可用 2 次拌和法，即先用干细土 1~1.5 千克放在塑料袋内，滴入96% 禾草特乳油药液，揉搓塑料袋拌匀制成母土。再加入细土，两次拌和，即制成毒土。制作毒沙的方法可比照做毒土法，所用细沙可在拌药前先晒干。沙粒大小要均匀，撒时不结团，也没有细尘土飘失，效果也好。

2. 防除移栽田稗草，施药方法可采用栽前混土、栽后保水撒毒土、进水口滴入药液 3 种方法。

栽前混土施药方法为：先灌水泡田，将田土耙平整细。在最后一次耙土前用毒土法施入禾草特，立即耙地混入泥土中，然后移栽水稻，栽后保水 5~7 天。

水稻移栽后保水撒毒土施药方法为：最应注意的是施药适期，由于各地气候不同，施药适期应以移栽田中稗草达到 2 叶 1 心作为标准。在华南稻区，双季早稻约为栽后 4~7 天。双季晚稻约为栽后 3~4 天。而在华北、华东等单季稻区约在栽后 7 天。一定在稗草 2 叶 1 心期施药，可以延长禾草特的药效期。既可把已出土的稗草除掉，也可以防除后出土的稗草，还可以封闭或抑制部分正在萌动的莎草和阔叶草。移栽田施药以毒土、毒沙、毒肥法为好，不宜喷施。因移栽田秧苗已大，采用喷洒的方法部分药液会喷在稻苗茎叶上挥发散失，无形之中使每 666.7 平方米用药量减少。配制毒肥时可以将 96% 禾草特乳油先滴于少量细土或细沙中，拌和均匀后再拌入尿素或硫铵，搅拌均匀。毒肥的施用时间应以除草需要时间为准。

进水口滴入药液的方法为：在灌溉水入口处安置滴定管，简便的方法也可利用虹吸管滴灌，而滴入量可以用带有螺旋的金属夹来调节。通过滴定管或虹吸装置将未经稀释的 96% 禾草特乳油直接滴入水中，由灌溉水带入田内。由于禾草特有很好的扩散性能，同时乳化性能优良，涌入灌溉水中的药液能在田中均匀分布，达到灭草的效果。使用进水口滴入法来施药应先在较小田块试用，取得经验后再用于大田。移栽大田施药后均应保水 5~7 天。对抛秧田可以参照移栽田的方法施药。

3. 对于水稻直播稻田、秧田以及移栽田的 3~4 叶稗草，也可以用禾草特来防除，但用量应加大 20% 左右，在华北及东北稻区，每 666.7 平方米用 96% 禾草特乳油 180~250 毫升；在华南、华东、华中及西南稻区，每 666.7 平方米用 96% 禾草特乳油 120~180 毫升，施药后加深灌水使稗草株高的 2/3 淹入水中。禾草特使用低量时，每 666.7 平方米用 96% 禾草特乳油低于 125 毫升，对高龄稗不能彻底杀死，但可抑制稗草的生长。使它不能抽穗结实，可以减少土壤中稗草种子的数量。

【中毒急救】

吸入：应迅速将患者转移到空气清新流通处，解开衣领、腰带，保持呼吸畅通。如呼吸停止应做人工呼吸。如呼吸困难应输氧。如有症状及时就医。皮肤接触后：立即用水和肥皂清洗，并彻底冲洗干净。眼睛接触后：把眼睛打开用流水冲洗几分钟，如有持续的症状，及时就医。误食：立即用大量清水漱口，洗胃。使用医用活性炭洗胃，注意防止胃内容物进入呼吸道。及时送医院对症治疗。一旦药液溅入眼睛和黏附皮肤：应立即用水冲洗至少 15 ~ 20 分钟。误食：应服用大量牛奶、蛋清或明胶溶液，或饮用大量清水，使患者呕吐。

【注意事项】

1. 本品使用时按常规方法打开包装。操作者应遵守《农药安全使用准则》，按要求做好劳动保护，如穿戴工作服、手套、面罩等，避免让人体直接接触药剂。工作后漱口、清洗裸露在外的身体部分并更换干净的衣服。

2. 一季作物最多施用次数 1 次。

3. 请尽量较早用药，除草效果更佳，施药时请避免雾滴漂移至邻近作物。

4. 本品耐雨水冲刷，药后 3 小时遇雨药效不受影响。

5. 本品最后选择在气温较高、晴天、无风的时候使用。药后 12 小时内下雨会影响药效。

6. 本品对 3 叶期后稗草效果差，应掌握在稗草 2 叶 1 心前使用。

7. 使用本品前，尽可能使田面平整，要均匀撒布，不可重复撒布。撒布时及撒布后 3 ~ 4 天水深保持 3 ~ 5 厘米的田面水，以防止有效成分流失而降低除草效果。

8. 插秧田、水直播田及秧田，施药后应注意保持水层，水稻出苗。

9. 严禁使用过量，避免漂移污染其他作物。

10. 在水稻秧田、水直播稻田使用时应在秧苗 2 叶期后使用，2 叶以前秧苗抗药能力弱，很容易产生药害。在移栽稻田使用时，秧苗素质差，药后遇低温、施药不匀、药后水层过深也易产生药害。

11. 本品在水田使用一定注意保持水质，沙质田或漏水田不宜使用本品，有机质含量高的土壤应适当增加用量。

12. 本品可以与防除阔叶杂草的除草剂混用，但应在农业技术部门的指导下进行科学合理混用。

13. 远离水产养殖区施药，禁止在河塘等水体中清洗施药器具。

14. 不得以任何形式污染农田及水源。不可在临近雨季的时间用药，以免经连续降雨而将药剂冲刷到附近农田里而造成药害。

15. 孕妇和哺乳期妇女应避免接触。

16. 用过的容器妥善处理，不可做他用，不可随意丢弃。

17. 本品放置于阴凉、干燥、通风、防雨处，远离火源，勿与食品、饲料、种子、日用品等同贮同运。

18. 本品宜置于儿童够不着的地方并上锁，不得重压、破损包装容器。

磺草灵

【作用特点】

磺草灵是氨基甲酸酯类广谱、内吸、传导性除草剂，是细胞生长抑制剂。可被植物茎叶和根部吸收，茎叶吸收后能传导至地下根茎的生长点，并使地下根茎呼吸受抑制，丧失繁殖能力。药剂易被植物茎、叶、根吸收，然后能迅速传导至地下根茎生长点，并使地下根茎呼吸受抑制，丧失繁殖能力，阻碍细胞分裂而使植株枯死。因阻碍叶酸合成，而使核酸合成减少，这是本药剂的作用机制。低温和空气干燥时，不利于药剂的渗透和传导。温度 25℃ ~ 30℃ 和相对湿度较高时，有利于药剂向植物体内渗透和传导。

【毒性与环境生物安全性评价】

对高等动物毒性低毒。

原药小鼠急性经口 LD_{50} 大于 10000 毫克/千克；

原药小鼠急性经皮 LD$_{50}$大于 10000 毫克/千克。

豚鼠皮肤致敏性试验结果为弱致敏性。

各种试验表明，无致癌、致畸、致突变作用。

大鼠 90 天亚慢性喂养试验无作用剂量为 55.6 毫克/千克。

制剂大鼠急性经口 LD$_{50}$大于 5000 毫克/千克；

制剂大鼠急性经皮 LD$_{50}$大于 5000 毫克/千克。

对兔眼睛无刺激性；

对兔皮肤无刺激性。

对鱼类及水生生物毒性低毒。

斑马鱼 48 小时急性毒性 LC$_{50}$大于 2000 毫克/升。

对鸟类毒性低毒。

鹌鹑 7 天急性经口 LD$_{50}$大于 1665 毫克/千克。

对蜜蜂毒性低毒。

蜜蜂 48 小时经口 LC$_{50}$大于 11390.6 毫克/升。

对家蚕毒性低毒。

2 龄家蚕 LC$_{50}$大于 7492.5 毫克/千克·桑叶。

【防治对象】

一般用于甘蔗、牧草、亚麻、马铃薯、棉花及茶园、落叶果园，防除 1 年生和多年生杂草，如看麦娘、野燕麦、早熟禾、酸模、马唐、石茅、牛筋草、千金子、双穗雀稗、萹蓄、苦苣菜、鸭跖草、鸡眼草等，对剪股颖、狗芽眼、田蓟、蒲公英、问荆等也有一定防除效果。

【使用方法】

1. 防除甘蔗田 1 年生禾本科杂草：于甘蔗苗后，每 666.7 平方米用 36.2%磺草灵水剂 400~500 毫升；兑水 30~40 千克茎叶喷雾。

2. 防除棉花田 1 年生禾本科杂草：直播棉田在棉花播种前施药，移栽棉田在移栽前喷药、混土，每 666.7 平方米用 36.2%磺草灵水剂 400~500 毫升；兑水 30~40 千克茎叶喷雾。

3. 防除亚麻田 1 年生的禾本科杂草：应在播前施药，药后立即混土，然后播种。也可以在播后苗前施药，再浅耙混土。每 666.7 平方米用 36.2%磺草灵水剂 400~500 毫升；兑水 30~40 千克茎叶喷雾。

4. 防除马铃薯田 1 年生禾本科杂草：先施药混土，可以随即播种不会产生药害，每 666.7 平方米用 36.2%磺草灵水剂 400~500 毫升；兑水 30~40 千克茎叶喷雾。

5. 防除落叶果园 1 年生禾本科杂草：在杂草出土前，每 666.7 平方米用 36.2%磺草灵水剂 400~500 毫升；兑水 30~40 千克茎叶喷雾。

6. 防除茶园 1 年生禾本科杂草：每 666.7 平方米用 36.2%磺草灵水剂 400~500 毫升；兑水 30~40 千克茎叶喷雾。

【特别说明】

1. 本品作为芽后茎叶处理除草剂，其施药适期较宽，对较大龄的杂草也有防除效果，但仍以在在杂草草龄较小时施药效果为最佳。

2. 本品药效表现较为缓慢，一般喷药 5 天后双子叶杂草心叶才开始变黄，停止生长，而后逐渐褪绿黄化。单子叶杂草的这些变化过程比双子叶杂草还要慢 3~5 天。

3. 本品对甘蔗有一定的药害表现，药后 10~15 天蔗叶会出现黄化现象，尤其是喷药时心叶和不完全叶接触药液后黄化现象比较明显，新长出的叶片正常，蔗株不会出现严重矮缩和死亡现象，可以很快恢复正常生长，最终不会影响产量。因此，施药时，一是严格控制用药量,二是施药液量要充足,喷雾要细致、周到、均匀;三是喷头要加防护罩,尽量避免甘蔗叶接触药液。

【中毒急救】

吸入:应迅速将患者转移到空气清新流通处。如呼吸停止应做人工呼吸。如呼吸困难应输氧。如有症状及时就医。皮肤接触后:立即用水和肥皂清洗,并彻底冲洗干净。眼睛接触后:把眼睛打开用流水冲洗几分钟,如有持续的症状,及时就医。误食:立即用大量清水漱口,洗胃。洗胃时注意保护气管和食管。及时送医院对症治疗。一旦药液溅入眼睛和黏附皮肤:应立即用水冲洗至少15分钟。误服后:立即给服2大杯水,不可催吐。不要给神志不清的病人经口食用任何东西。本品无特效解毒剂。

【注意事项】

1. 本品使用时按常规方法打开包装。操作者应遵守《农药安全使用准则》,按要求做好劳动保护,如穿戴工作服、手套、面罩等,避免让人体直接接触药剂。工作后漱口、清洗裸露在外的身体部分并更换干净的衣服。

2. 为减轻对作物的药害,在土壤处理时应先施药,后浇水,以增强土壤吸附。

3. 孕妇和哺乳期妇女避免接触。

4. 本品对水生生物有风险,勿将药液或空包装弃于水中或在河塘中洗涤喷雾器械,避免影响鱼类和污染水源。

5. 施药后遇大雨,容易发生溶淋药害,作物在1~2周内可以恢复正常生长。

6. 冬、春季阴雨天时,注意田间排水情况,避免低洼处田间积水。

7. 每季作物只能使用1次。

8. 气温低时不利于本品的渗透和传导,因此要选择在晴朗、气温较高的天气施药为宜。

9. 本品稀释时不能用硬水或污水,必须用清水配药。

10. 如果在露水天气施药,必须在露水干后进行。

11. 喷雾作业时雾点药均匀分布于杂草叶面上,使用本品,不能泼浇。

12. 用过的容器妥善处理,不可做他用,不可随意丢弃。

13. 本品放置于阴凉、干燥、通风、防雨处,远离火源,勿与食品、饲料、种子、日用品等同贮同运。

14. 本品宜置于儿童够不着的地方并上锁,不得重压、破损包装容器。

磺草酮

【作用特点】

磺草酮为广谱性酮类除草剂。属于羟基苯基丙酮酸酯双氧化酶抑制剂。20世纪70年代中期,科学家从来自澳大利亚与美国加州的桃金娘科红千层植物中分离出了一种挥发性油类植物毒素纤精酮,这是一种多聚乙酰天然产物,对若干阔叶与禾本科杂草具有中等除草活性,杂草产生白化症状,而玉米对其具有耐性。1980年,以此化合物为基础的若干人工合成衍生物及其除草活性取得了专利。1982年发现NTBC具有类似的白化活性,而且,其活性大于纤精酮,从此以NTBC作为先导化合物进行结构改造与修饰,首先发现了三酮类除草剂的第一个高活性化合物SC20051,其后继续研究,最后于1991年开发成功磺草酮,并于1993年首次注册在欧洲用来选择性防除玉米田阔叶杂草。茎叶喷雾处理可有效防除玉米田中的多种禾本科杂草及阔叶杂草。其主要作用机制是通过抑制羟基苯基丙酮酸酯双氧化酶的生物合成,导致酪氨酸的积累,使质体醌和生育酚的生物合成受到阻碍,进而影响到类胡萝卜素的生物合成,杂草出现白化后死亡。从而排除与三嗪类除草剂的交互抗性。

【毒性与环境生物安全性评价】

对高等动物毒性低毒。

原药大鼠急性经口 LD_{50} 大于 4640 毫克/千克；

原药大鼠急性经皮 LD_{50} 大于 2150 毫克/千克；

原药兔急性经皮 LD_{50} 大于 4000 毫克/千克；

原药大鼠急性吸入 4 小时 LC_{50} 为 1.6 毫克/升。

对兔眼睛有轻微刺激性；

对兔皮肤无刺激性。

豚鼠皮肤致敏性试验结果为无致敏性。

大鼠 90 天亚慢性喂养试验结果最大无作用剂量雄性为 448.42 毫克/千克·天；

大鼠 90 天亚慢性喂养试验结果最大无作用剂量雌性为 509.39 毫克/千克·天；

大鼠 2 年慢性喂养试验结果最大无作用剂量为 0.5 毫克/千克·天。

各种试验表明，无致癌、致畸、致突变作用。

制剂大鼠急性经口 LD_{50} 大于 4640 毫克/千克；

制剂大鼠急性经皮 LD_{50} 大于 2150 毫克/千克。

对兔眼睛无刺激性；

对兔皮肤无刺激性。

豚鼠皮肤致敏性试验结果为无致敏性。

对鱼类毒性低毒。

鲤鱼 96 小时急性毒性 LC_{50} 为 240 毫克/升；

虹鳟鱼 96 小时急性毒性 LC_{50} 为 227 毫克/升。

对鸟类毒性低毒。

鹌鹑急性经口 LD_{50} 大于 1000 毫克/千克；

野鸭喂饲 LC_{50} 大于 5620 毫克/升；

野鸭喂饲 LC_{50} 大于 5620 毫克/升。

对蜜蜂毒性低毒。

蜜蜂急性经口 LD_{50} 大于 200 微克/只。

对柞蚕毒性低毒。

柞蚕食下毒叶法 LC_{50} 大于 1000 毫克/升。

每人每日允许摄入量为 0.1 毫克/千克体重。

【防治对象】

可有效防除玉米田中的多种禾本科杂草及阔叶杂草。如稗草、马唐、牛筋草、反枝苋、苘麻、藜、蓼、鸭跖草等。

【使用方法】

1. 防除春玉米田 1 年生杂杂草：每 666.7 平方米用 10% 磺草酮水剂 400~500 毫升，兑水 20~30 千克搅拌均匀，玉米 3~6 叶期，禾本科杂草 2~4 叶期，阔叶杂草 2~6 叶期，进行茎叶喷雾处理。喷药时药液要均匀周到。施药时，避免漂移到周围作物田地及其他作物。

2. 防除夏玉米田 1 年生杂草：每 666.7 平方米用 10% 磺草酮水剂 300~400 毫升，兑水 20~30 千克搅拌均匀，玉米 3~6 叶期，禾本科杂草 2~4 叶期，阔叶杂草 2~6 叶期，进行茎叶喷雾处理。喷药时药液要均匀周到。施药时，避免漂移到周围作物田地及其他作物。

【中毒急救】

吸入：应迅速将患者转移到空气清新流通处，解开衣领、腰带，保持呼吸畅通。如呼吸停止应做人工呼吸。如呼吸困难应输氧。如有症状及时就医。皮肤接触后：立即用水和肥皂清洗，并彻底冲洗干净。眼睛接触后：把眼睛打开用流水冲洗几分钟，如有持续的症状，及时就医。误食：立即用大量清水漱口，洗胃。洗胃时注意保护气管和食管。及时送医院对症治疗。一旦药液溅入眼睛和黏附皮肤：应立即用水冲洗至少 15～20 分钟。不要给神志不清的病人经口食用任何东西。

【注意事项】

1. 本品使用时按常规方法打开包装。操作者应遵守《农药安全使用准则》，按要求做好劳动保护，如穿戴工作服、手套、面罩等，避免让人体直接接触药剂。工作后漱口、清洗裸露在外的身体部分并更换干净的衣服。

2. 每季最多使用 1 次。

3. 施药后玉米叶片可能会出现轻微触杀性药害斑点，属正常情况，一般一周后可恢复生长，不影响玉米生长。

4. 本品兼有土壤和茎叶处理活性，杂草叶片及根系均可吸收，土壤湿度大有利于药效的充分发挥。

5. 勿在低温、8℃以下及干旱等不良气候条件下施药。

6. 尽量在各种杂草基本出齐时用药。

7. 远离水产养殖区施药，禁止在河塘等水体清洗施药器具。

8. 清洗器具的废水不能排入河流、池塘等水源，废弃物要妥善处理，不能随意丢弃，也不能做他用。

9. 孕妇及哺乳期妇女避免接触。

10. 用过的容器妥善处理，不可做他用，不可随意丢弃。

11. 本品放置于阴凉、干燥、通风、防雨处，远离火源，勿与食品、饲料、种子、日用品等同贮同运。

12. 本品宜置于儿童够不着的地方并上锁，不得重压、破损包装容器。

环丙嘧磺隆

【作用特点】

环丙嘧磺隆为磺酰胺类除草剂，用于水稻田和小麦田防治杂草。主要机制主要通过抑制杂草体内乙酰乳酸合成酶，从而阻碍亮氨酸、异亮氨酸等支链氨基酸的合成，使细胞停止分裂，最后导致死亡。易于被杂草吸收，药效稳定。持效期较长。土壤吸附性强，受稻田水层影响小，在缺水、漏水田均可发挥很好的药效。施药期灵活，在麦田使用时既可以用做秋施也可以用做春施。在正常条件下使用，对作物安全。它能被杂草根系和叶面吸收，在植株体内传导，使细胞停止分裂，最后导致杂草死亡。作茎叶处理后，敏感杂草停止生长，叶色褪绿，根据不同的环境条件，经过几个星期后才能使杂草完全枯死。该药可用于插秧本田，也可用于直播稻田防除阔叶杂草和莎草科杂草，如鸭舌草、雨久花、泽泻、牛毛毡、矮慈菇、异型莎草等，在高剂量下对稗草有较好的抑制作用，对多年生难防杂草扁秆藨草也有较强的抑制效果。主要用于水稻直播田及本田，还可用于小麦、大麦、草皮中。用于防阔叶和莎草科杂草如鸭舌草、雨久花、泽泻、狼巴草、母草、瓜皮草、牛毛毡、矮慈姑、异型莎草等。对多年生鹿杆草也有较强抑制效果。对水稻有增产作用。

【毒性与环境生物安全性评价】

对高等动物毒性低毒。

原药大鼠急性经口 LD_{50} 大于 5000 毫克/千克；

原药小鼠急性经口 LD_{50} 大于 5000 毫克/千克；

原药兔急性经口 LD_{50} 大于 4000 毫克/千克；

原药大鼠急性吸入 4 小时 LC_{50} 大于 5.2 毫克/升。

对兔眼睛有轻微刺激性；

对兔皮肤无刺激性。

大鼠 2 年慢性喂养试验结果最大无作用剂量为 50 毫克/千克·天。

各种试验表明，无致癌、致畸、致突变作用。

制剂雄大鼠急性经口 LD_{50} 大于 5000 毫克/千克；

制剂雌大鼠急性经口 LD_{50} 大于 5000 毫克/千克；

制剂兔急性经皮 LD_{50} 大于 2000 毫克/千克。

对兔眼睛无刺激性；

对兔皮肤无刺激性。

对鱼类毒性低毒。

鲤鱼 48 小时急性毒性 LC_{50} 大于 10 毫克/升；

鲤鱼 72 小时急性毒性 LC_{50} 大于 50 毫克/升；

虹鳟鱼 96 小时急性毒性 LC_{50} 大于 7.7 毫克/升。

对鸟类毒性低毒。

鹌鹑急性经口 LD_{50} 大于 1880 毫克/千克；

鹌鹑喂饲 5 天 LC_{50} 大于 5620 毫克/升；

野鸭喂饲 LC_{50} 大于 5620 毫克/升。

对蜜蜂毒性低毒。

蜜蜂接触 24 小时 LD_{50} 大于 106 微克/只；

蜜蜂经口 24 小时 LD_{50} 大于 99 微克/只。

【防治对象】

主要用于防除稻田杂草如雨久花、眼子菜、异型莎草、鸭舌草、野慈菇、碎米莎草、节节菜、茨藻、萤蔺、母草、牛毛毡等，还可防除麦田杂草如猪殃殃、泽泻，海绿、荠菜、白芥菜、婆婆纳、荞麦蔓、苦苣菜、虞美人和繁缕等。

【使用方法】

1. 防除水稻直播田阔叶杂草：杂草 2 叶期前，华南、西南、长江流域每 666.7 平方米用 10% 环丙嘧磺隆可湿性粉剂 10～20 克，东北、西北地区每 666.7 平方米用 10% 环丙嘧磺隆可湿性粉剂 20～26.7 克，兑水 30～45 千克茎叶均匀喷雾。或者采用毒土法：华南、西南、长江流域每 666.7 平方米用 10% 环丙嘧磺隆可湿性粉剂 10～20 克，东北、西北地区每 666.7 平方米用 10% 环丙嘧磺隆可湿性粉剂 20～26.7 克，将所需的剂量与 10～15 公斤细土或细沙混合，然后用手均匀撒施于稻田中。

2. 防除水稻直播田莎草：华南、西南、长江流域地区在水稻播种后 2～7 天，每 666.7 平方米用 10% 环丙嘧磺隆可湿性粉剂 10～20 克，东北、西北地区在水稻播种后 10～15 天，每 666.7 平方米用 10% 环丙嘧磺隆可湿性粉剂 20～26.7 克，兑水 30～45 千克茎叶均匀喷雾。或者采用毒土法：华南、西南、长江流域每 666.7 平方米用 10% 环丙嘧磺隆可湿性粉剂 10～20 克，东北、西北地区每 666.7 平方米用 10% 环丙嘧磺隆可湿性粉剂 20～26.7 克，将所需的剂量与 10～15 公斤细土或细沙混合，然后用手均匀撒施于稻田中。杂草 1.5～2.5 叶期最敏感，对超出 3 叶期杂草无效。

3. 防除水稻直播田种草：华南、西南、长江流域地区在水稻播种后 2～7 天，每 666.7 平方米用 10% 环丙嘧磺隆可湿性粉剂 10 ~ 20 克，东北、西北地区在水稻播种后 10 ~ 15 天，每 666.7 平方米用 10% 环丙嘧磺隆可湿性粉剂 20 ~ 26.7 克，兑水 30 ~ 45 千克茎叶均匀喷雾。或者采用毒土法：华南、西南、长江流域每 666.7 平方米用 10% 环丙嘧磺隆可湿性粉剂 10 ~ 20 克，东北、西北地区每 666.7 平方米用 10% 环丙嘧磺隆可湿性粉剂 20 ~ 26.7 克，将所需的剂量与 10 ~ 15 公斤细土或细沙混合，然后用手均匀撒施于稻田中。杂草 1.5 ~ 2.5 叶期最敏感，对超出 3 叶期杂草无效。

4. 防除水稻移栽田稗草：华南、西南、长江流域在水稻移栽后 3 ~ 6 天，每 666.7 平方米用 10% 环丙嘧磺隆可湿性粉剂 10 ~ 20 克，东北、西北地区在水稻移栽后 7 ~ 10 天，每 666.7 平方米用 10% 环丙嘧磺隆可湿性粉剂 20 ~ 26.7 克，兑水 30 ~ 45 千克茎叶均匀喷雾。或者采用毒土法：华南、西南、长江流域每 666.7 平方米用 10% 环丙嘧磺隆可湿性粉剂 10 ~ 20 克，东北、西北地区每 666.7 平方米用 10% 环丙嘧磺隆可湿性粉剂 20 ~ 26.7 克，将所需的剂量与 10 ~ 15 公斤细土或细沙混合，然后用手均匀撒施于稻田中。杂草 1.5 ~ 2.5 叶期最敏感，对超出 3 叶期杂草无效。

5. 防除水稻移栽田莎草：华南、西南、长江流域在水稻移栽后 3 ~ 6 天，每 666.7 平方米用 10% 环丙嘧磺隆可湿性粉剂 10 ~ 20 克，东北、西北地区在水稻移栽后 7 ~ 10 天，每 666.7 平方米用 10% 环丙嘧磺隆可湿性粉剂 20 ~ 26.7 克，兑水 30 ~ 45 千克茎叶均匀喷雾。或者采用毒土法：华南、西南、长江流域每 666.7 平方米用 10% 环丙嘧磺隆可湿性粉剂 10 ~ 20 克，东北、西北地区每 666.7 平方米用 10% 环丙嘧磺隆可湿性粉剂 20 ~ 26.7 克，将所需的剂量与 10 ~ 15 公斤细土或细沙混合，然后用手均匀撒施于稻田中。杂草 1.5 ~ 2.5 叶期最敏感，对超出 3 叶期杂草无效。

6. 防除水稻移栽田阔叶杂草：华南、西南、长江流域在水稻移栽后 3 ~ 6 天，每 666.7 平方米用 10% 环丙嘧磺隆可湿性粉剂 10 ~ 20 克，东北、西北地区在水稻移栽后 7 ~ 10 天，每 666.7 平方米用 10% 环丙嘧磺隆可湿性粉剂 20 ~ 26.7 克，兑水 30 ~ 45 千克茎叶均匀喷雾。或者采用毒土法：华南、西南、长江流域每 666.7 平方米用 10% 环丙嘧磺隆可湿性粉剂 10 ~ 20 克，东北、西北地区每 666.7 平方米用 10% 环丙嘧磺隆可湿性粉剂 20 ~ 26.7 克，将所需的剂量与 10 ~ 15 公斤细土或细沙混合，然后用手均匀撒施于稻田中。杂草 1.5 ~ 2.5 叶期最敏感，对超出 3 叶期杂草无效。

8. 防除冬小麦阔叶杂田草：所有水稻、小麦轮作区小麦秋施：阔叶杂草 1 ~ 2 叶期，禾本科杂草 1 ~ 2 叶期；小麦冬施：阔叶杂草 3 ~ 5 叶期，禾本科杂草 3 ~ 5 叶期。每 666.7 平方米用 10% 环丙嘧磺隆可湿性粉剂 10 ~ 20 克，兑水 30 ~ 45 千克茎叶均匀喷雾。

【特别说明】

1. 直播田使用本品，田面必须保持潮湿或混浆状态。无论是移栽田还是直播田、保持水层有利于药效发挥，一般施药后保持水层 3 ~ 5 厘米，保水 5 ~ 7 天。本品施后能迅速吸附于土壤表层，形成非常稳定的药层，稻田漏水、漫灌、串灌、降大雨仍能获得良好的药效。

2. 当稻田中多年生的阔叶杂草及莎草委主要杂草时使用高剂量。施药应掌握在秧苗扎根活棵后，不然可能会引起根系生长萎缩，若出现这一情况，追施氮肥即可使秧苗恢复生长，产量不受影响。直播稻田防除杂草，在使用本品时，稻田必须保持潮湿或泥浆状态，施药后引水入田保持水层对发挥药效十分重要，一般要保持 2 ~ 4 厘米水层 5 ~ 7 天。

【中毒急救】

吸入：应迅速将患者转移到空气清新流通处。如呼吸停止应做人工呼吸。如呼吸困难应输氧。如有症状及时就医。皮肤接触后：立即用水和肥皂清洗，并彻底冲洗干净。眼睛接触后：把眼睛打开用流水冲洗几分钟，如有持续的症状，及时就医。误食：应立即催吐、洗胃，并用手指触压喉咙引吐。勿用温水洗胃，以免促进吸收。洗胃时注意保护气管和食管。及时送医院对症治疗。一旦药液溅入眼睛和黏附皮肤：应立即用水冲洗至少15分钟。不要给神志不清的病人经口食用任何东西。本品无特效解毒剂。

【注意事项】

1. 本品使用时按常规方法打开包装。操作者应遵守《农药安全使用准则》，按要求做好劳动保护，如穿戴工作服、手套、面罩等，避免让人体直接接触药剂。工作后漱口、清洗裸露在外的身体部分并更换干净的衣服。

2. 本品不可与呈碱性的农药等物质混合使用。

3. 本品对水生生物有一定风险，药液应尽量喷完，剩余药液不可倒在地上或池塘、水渠、小溪、河流等水源中清洗，以免污染水源或引起水生生物中毒，清洗喷雾器械后的水应倒在远离居民点、水源和作物的地方。

4. 在高剂量下，水稻会发生矮化或白化现象，但能很快恢复，对后期生长和产量无任何影响。

5. 杂草严重的田块使用高剂量，当水稻田中稗草及多年生杂草或莎草为主要杂草是使用高剂量。

6. 作茎叶处理后，敏感杂草停止生长，叶色褪绿，根据不同的环境条件，经过几周后才能使杂草完全枯死。

7. 孕妇和哺乳期妇女避免接触。

8. 每季最多使用1次。

9. 用过的容器妥善处理，不可做他用，不可随意丢弃。

10. 本品放置于阴凉、干燥、通风、防雨处，远离火源，勿与食品、饲料、种子、日用品等同贮同运。

11. 本品宜置于儿童够不着的地方并上锁，不得重压、破损包装容器。

环酯草醚

【作用特点】

环酯草醚属嘧啶氧硫苯甲酸酯类除草剂，其结构与嘧啶羟苯甲酸相近。它是一种内吸传导选择性除草剂，为水稻苗后早期广谱型除草剂，专为移栽及直播水稻开发。其作用机制是抑制乙酰乳酸合成酶的合成。用于防治水稻田禾本科杂草和部分阔叶杂草，在水稻田，环酯草醚被水稻根尖所吸收，很少一部分会传导到叶片上，少部分药剂会被出芽的杂草叶片所吸收。经室内活性生物试验和田间药效试验，结果表明对移栽水稻田的1年生禾本科杂草、莎草科级部分阔叶杂草有较好的防治效果。该药以根部吸收为主，药剂被吸收后迅速传导到植株其他部位。药后几天即可看到效果，杂草会在10~21天内死亡。对移栽水稻田的稗草、千金子防治效果较好，对丁香蓼、碎米莎草、牛毛毡、节节菜、鸭舌草等阔叶杂草和莎草有一定的防效。推荐用药量对水稻安全。使用后要注意抗性发展，建议与其他作用机理不同的药剂混用或轮换作用。

【毒性与环境生物安全性评价】

对高等动物毒性低毒。

原药大鼠急性经口 LD_{50} 大于5000毫克/千克；

原药大鼠急性经皮 LD_{50} 大于2000毫克/千克；

原药大鼠急性吸入 LC_{50} 大于5540毫克/立方米。

对兔眼睛无刺激性；

对兔皮肤无刺激性。

豚鼠皮肤致敏性试验结果为无致敏性。

大鼠 90 天亚慢性喂养试验结果最大无作用剂量雄性为 23.8 毫克/千克·天；

大鼠 90 天亚慢性喂养试验结果最大无作用剂量雌性为 25.5 毫克/千克·天。

各种试验表明，无致癌、致畸、致突变作用。

制剂大鼠急性经口 LD_{50} 大于 3000 毫克/千克；

制剂大鼠急性经皮 LD_{50} 大于 4000 毫克/千克；

制剂大鼠急性吸入 LC_{50} 大于 1657 毫克/立方米。

对兔眼睛有刺激性；

对兔皮肤有刺激性。

豚鼠皮肤致敏性试验结果为中度致敏性。

对鱼类毒性低毒。

鲤鱼 96 小时急性毒性 LC_{50} 大于 100 毫克/升；

虹鳟鱼 96 小时急性毒性 LC_{50} 为 76 毫克/升。

对鸟类毒性低毒。

鹌鹑 LD_{50} 大于 2000 毫克/千克。

对蜜蜂低毒低毒。

蜜蜂 48 小时经口 LD_{50} 大于 100 微克/只；

蜜蜂 48 小时接触 LD_{50} 大于 100 微克/只。

对家蚕毒性低毒。

家蚕 96 小时食下毒叶法 LC_{50} 大于 5000 毫克/千克·桑叶。

【防治对象】

用于防治水稻田 1 年生禾本科杂草、莎草及部分阔叶杂草。对移栽水稻田的稗草、千金子防治效果较好，对丁香蓼、碎米莎草、牛毛毡、节节菜、鸭舌草等阔叶杂草和莎草有一定的防效。

【使用方法】

防除水稻移栽田 1 年生禾本科、莎草科及部分阔叶杂草：每 666.7 平方米用 24.3% 环酯草醚悬浮剂 50 ~ 80 毫升，兑水 15 ~ 30 千克茎叶均匀喷雾。水稻移栽后 5 ~ 7 天，于杂草 2 ~ 3 叶期（稗草 2 叶期前，以稗草叶龄为主）茎叶喷雾处理，施药前 1 天排干田水，施药 1 ~ 2 天后复水 3 ~ 5 厘米，保持 5 ~ 7 天。

【中毒急救】

吸入：应迅速将患者转移到空气清新流通处。如呼吸停止应做人工呼吸。如呼吸困难应输氧。如有症状及时就医。皮肤接触后：立即用水和肥皂清洗，并彻底冲洗干净。眼睛接触后：把眼睛打开用流水冲洗几分钟，如有持续的症状，及时就医。误食：应立即催吐、洗胃，并用手指触压喉咙引吐。勿用温水洗胃，以免促进吸收。洗胃时注意保护气管和食管。及时送医院对症治疗。一旦药液溅入眼睛和黏附皮肤：应立即用水冲洗至少 15 分钟。不要给神志不清的病人经口食用任何东西。紧急医疗措施：使用医用活性炭洗胃，注意防止胃内容物进入呼吸道。注意：对昏迷病人，切勿经口喂入任何东西或引吐。本品无特效解毒剂。

【注意事项】

1. 本品使用时按常规方法打开包装。操作者应遵守《农药安全使用准则》，按要求做好劳动保护，如穿戴工作服、手套、面罩等，避免让人体直接接触药剂。工作后漱口、清洗裸露在外的身体部分并更换干净的衣服。

2. 本品不可与呈碱性的农药等物质混合使用。

3. 药液应尽量喷完，剩余药液不可倒在地上或池塘、水渠、小溪、河流等水源中清洗，以免污染水源或引起水生生物中毒，清洗喷雾器械后的水应倒在远离居民点、水源和作物的地方。

4. 本品仅限用于南方移栽水稻田的杂草防除。

5. 杂草严重的田块使用高剂量，当水稻田中稗草及多年生杂草或莎草为主要杂草是使用高剂量。

6. 尽量较早用药，除草效果更佳，施药时请避免雾滴漂移至邻近作物。

7. 孕妇和哺乳期妇女避免接触。

9. 每季最多使用 1 次。

10. 使用后要注意抗性发展，建议与其他作用机理不同的药剂混用或轮换作用。

11. 用过的容器妥善处理，不可做他用，不可随意丢弃。

12. 本品放置于阴凉、干燥、通风、防雨处，远离火源，勿与食品、饲料、种子、日用品等同贮同运。

13. 本品宜置于儿童够不着的地方并上锁，不得重压、破损包装容器。

甲草胺

【作用特点】

甲草胺是一种酰胺类土壤封闭处理剂，属选择性芽前除草剂。主要作用机理是进入植物体内抑制蛋白酶活性，使蛋白质无法合成，造成植物的芽和更停止生长，使不定根无法形成，导致杂草幼芽期不出土即被杀死。症状为芽稍紧包生长点，稍变粗，胚根细而弯曲，无须根，生长点逐渐变褐色至黑色烂掉。甲草胺喷洒于土壤表面后为植物幼芽吸收，单子叶植物主要通过芽鞘吸收，双子叶植物主要通过幼根吸收。如土壤水分少，杂草能出土，以后随着降雨和土壤湿度的增加，杂草吸收药剂，禾本科杂草心叶扭曲、萎缩，其他叶片皱缩，以后整株死亡。阔叶杂草叶片皱缩变黄，整株逐渐枯死。

【毒性与环境生物安全性评价】

对高等动物毒性低毒。

原药大鼠急性经口 LD_{50} 为 930 毫克/千克；

原药兔急性经皮 LD_{50} 为 13300 毫克/千克；

原药大鼠急性吸入 4 小时 LC_{50} 大于 1.04 毫克/升。

对兔眼睛有中等刺激性；

对兔皮肤有中等刺激性。

豚鼠皮肤致敏试验结果为潜在致敏性。

大鼠 90 天亚慢性喂养试验结果无作用剂量为 200 毫克/千克·天；

狗 90 天亚慢性喂养试验结果无作用剂量为 200 毫克/千克·天；

兔 21 天亚慢性喂养试验结果无作用剂量为 1 毫克/千克·天；

大鼠 2 年慢性喂养试验结果无作用剂量为 2.5 毫克/千克·天；

狗 1 年慢性喂养试验结果无作用剂量为 1 毫克/千克·天。

小鼠慢性经口无作用剂量为 260 毫克/千克；

大鼠慢性经口无作用剂量为 2.5 毫克/千克。

大鼠致癌试验中，在 15 毫克/千克剂量下出现支气管肺泡肿瘤和肝、肺肿瘤；

小鼠致癌试验中，在 240~260 毫克/千克剂量下出现支气管肺泡肿瘤和肝、肺肿瘤。

制剂大鼠急性经口 LD_{50} 为 2000 毫克/千克；

制剂大鼠急性经皮 LD_{50} 为 7800 毫克/千克；

制剂大鼠急性吸入 LC_{50} 大于 6.51 毫克/升。

对兔眼睛有中等刺激性；

对兔皮肤有中等刺激性。

对鱼类毒性中等毒。

蓝鳃太阳鱼 96 小时急性毒性 LC_{50} 为 2.8 毫克/升；

虹鳟鱼 96 小时急性毒性 LC_{50} 为 1.8 毫克/升。

对鸟类毒性低毒。

鹌鹑喂饲经口 5 天 LC_{50} 大于 5620 毫克/千克；

野鸭喂饲经口 5 天 LC_{50} 大于 5620 毫克/千克。

对蜜蜂低毒低毒。

蜜蜂 96 小时喂饲经口 LC_{50} 大于 32 毫克/头。

对土壤微生物毒性低毒。

蚯蚓 14 天 LC_{50} 为 387 毫克/千克土壤。

【防治对象】

防治对象甲草胺对 1 年生禾本科杂草有较好的防效，对阔叶杂草及多年生杂草防效较差。甲草胺常用做土壤处理防治禾本科杂草，如稗草、狗尾草、金狗尾草、牛筋草、马唐、看麦娘、日本看麦娘、早熟禾、画眉草、野黍等。甲草胺也可以兼治部分小粒种子的阔叶草，如反枝苋、藜、酸模叶蓼、柳叶刺蓼、龙葵、马齿苋、鸭跖草、菟丝子等。

【使用方法】

1. 防除春大豆田 1 年生杂草：在播种前或播种后杂草出土前施药，每 666.7 平方米用药量因土壤质地及有机质含量而有不同。特别是在东北春大豆区，沙壤上、壤土、黏土地，每 666.7 平方米在播种前或播种后杂草出土前施药，43% 甲草胺乳油用量分别为 275～350、350～400、400～475 毫升，兑水 30～40 千克播后芽前或播前土壤处理，均匀喷洒在土表。在杂草数量多，有机质含量高时在播种前或播种后杂草出土前施药，高量；杂草数量中等、有机质含量低时用低量。播种前应将田面平整，土块整细，除去作物残体，播后及早施药。

2. 防除夏大豆田 1 年生杂草：在播种前或播种后杂草出土前施药，在土壤湿度好的情况下，对菟丝子的防效可以达到 90% 左右，每 666.7 平方米用 43% 甲草胺油 180～250 毫升，兑水 30～40 千克播后芽前或播前土壤处理，均匀喷洒在土表。土壤黏性重有机质高用高量，反之用低量，播后苗前对水喷雾。在免耕灭茬播种大豆的情况下，豆田常覆盖大量的麦秸，为保证药剂施入土表，可采用毒沙法，详见本节玉米田使用方法部分。

3. 防除花生田 1 年生杂草：在播种前或播种后杂草出土前施药，但对铁苋菜、香附子防效较差。甲草胺对花生安全，无论是在春花生田，还是夏花生田或地膜花生田都有好的防效，且增产显著。每 666.7 平方米用 43% 甲草胺乳油 180～250 毫升，兑水 30～40 千克播后芽前或播前土壤处理，均匀喷洒在土表。地膜花生可降至 150～200 毫升。地膜花生则在整地后先施药后覆膜再播种。

4. 防除玉米田 1 年生杂草：在播种前或播种后杂草出土前施药，在东北春玉米区，每 666.7 平方米用 43% 甲草胺油 200～300 毫升，兑水 30～40 千克播后芽前或播前土壤处理，均匀喷洒在土表。单用甲草胺的玉米田，由于甲草胺对大豆、绿豆安全，因而甲草胺也适合于玉米与大豆、绿豆间作、套作的田块使用。

5. 防除棉花田 1 年生杂草：在播种前或播种后杂草出土前施药，在棉花播后苗前施用。

甲草胺对棉花安全，可用于直播露地移栽棉田、地膜棉田和苗床，一般每666.7平方米用43%甲草胺油200～300毫升，兑水30～40千克播后芽前或播前土壤处理，均匀喷洒在土表。杂草多、土质黏重、有机质含量高的田块用高量，反之用低量。地膜棉和苗床由于覆膜后土壤温度、湿度提高，杂草出土早而集中，用量可降至150～200毫升。甲草胺的药效期约40天左右，因此在露地直播或移栽棉田棉花播种或移栽时施药，40天以后杂草又陆续出土，此时棉花尚未封行，故仍需进行第1次防除或进行中耕除草。

6. 麦田在稻麦连作区：防除麦田的更草等恶性杂草，对小麦产量影响较大。甲草胺在小麦立针至1叶1心期施药对更草的防效在95%以上。方法为每666.7平方米用43%甲草胺乳油200毫升，兑水30～40千克播后芽前或播前土壤处理，均匀喷洒在土表。甲草胺在1心1叶期施药如遇到中等以上降雨，对成苗率基本没有影响。而甲草胺在播后苗前施药如遇到中等以上降雨则容易产生药害，小麦出苗减少，严重者缺苗达70%以上。这是因为甲草胺施药遇降雨后，药剂随雨水下渗进入土壤种子层，易接触到小麦种子的芽鞘，药剂被芽鞘吸收因而产生药害。而小麦立针到1叶1心期施药，小麦的芽鞘已趋萎缩，吸收药剂的功能锐减，因而对麦苗安全。为了减少甲草胺用量，提高对麦子的安全性，同时扩大杀草谱提高对阔叶杂草的防效，甲草胺可与绿麦隆混用。

【中毒急救】

中毒症状为头痛、头晕、恶心、呕吐、胸闷、嘴唇及指尖发紫。对皮肤、眼睛和呼吸道有刺激作用。吸入：应迅速将患者转移到空气清新流通处。如呼吸停止应做人工呼吸。如呼吸困难应输氧。如有症状及时就医。皮肤接触后：立即用水和肥皂清洗，并彻底冲洗干净。眼睛接触后：把眼睛打开用流水冲洗几分钟，如有持续的症状，及时就医。误食：应立即催吐、洗胃，并用手指触压喉咙引吐。勿用温水洗胃，以免促进吸收。洗胃时注意保护气管和食管。及时送医院对症治疗。一旦药液溅入眼睛和黏附皮肤：应立即用水冲洗至少15分钟。不要给神志不清的病人经口食用任何东西。紧急医疗措施：使用医用活性炭洗胃，注意防止胃内容物进入呼吸道。注意：对昏迷病人，切勿经口喂入任何东西。若大量摄入，应使患者呕吐并用等渗浓度的盐溶液或5%碳酸氢钠溶液洗胃。本品无特效解毒剂。

【注意事项】

1. 本品使用时按常规方法打开包装。操作者应遵守《农药安全使用准则》，按要求做好劳动保护，如穿戴工作服、手套、面罩等，避免让人体直接接触药剂。工作后漱口、清洗裸露在外的身体部分并更换干净的衣服。

2. 本品不可与呈碱性的农药等物质混合使用。

3. 药液应尽量喷完，剩余药液不可倒在地上或池塘、水渠、小溪、河流等水源中清洗，以免污染水源或引起水生生物中毒，清洗喷雾器械后的水应倒在远离居民点、水源和作物的地方。

4. 使用该药半月后若无降雨，应进行浇水或浅混土，以保证药效，但土壤积水会发生药害。

5. 高粱、谷子、水稻、小麦、黄瓜、瓜类、胡萝卜、韭菜、菠菜不宜使用本品。

6. 尽量较早用药，除草效果更佳，施药时请避免雾滴漂移至邻近作物。

7. 低于0℃贮存会出现结晶，已出现结晶在15℃～20℃条件下可复原对药效不影响。

8. 小麦、水稻对本品比较敏感，只能在特定的条件下才能使用。如小麦播后苗前才能使用。如小麦播后苗前施用本品后遇中等以上降雨，田间积水则易产生药害。稻、麦种子播种后，如露籽多播后苗前施药也易产生药害。

9. 施药前精细平整土地，喷施前后保持土壤湿润，以确保药效。

10. 土壤有机质含量高、黏壤土或干旱情况需用推荐剂量高限。土壤有机质含量低、沙质土请减少剂量。

11. 施药后如下雨，注意排水，以免积水发生药害。

12. 孕妇和哺乳期妇女避免接触。

13. 用过的容器妥善处理，不可做他用，不可随意丢弃。

14. 本品放置于阴凉、干燥、通风、防雨处，远离火源，勿与食品、饲料、种子、日用品等同贮同运。

15. 本品宜置于儿童够不着的地方并上锁，不得重压、破损包装容器。

精吡氟禾草灵

【作用特点】

精吡氟禾草灵是内吸传导性茎叶处理除草剂剂。属乙酰辅酶 A 羧化酶抑制剂。作用机理是进入植物体内的药剂水解成酸的形态，经筛管和导管传导到生长点及节间分生组织，干扰植物的三磷酸腺苷的产生和传导，破坏光合作用和抑制杂草的茎节和根、茎、芽的细胞分裂，并阻止其生长。通过叶面迅速吸收，水解成吡氟禾草灵并通过韧皮部和木质部传输，富集在多年生杂草的根茎和匍匐枝，和 1 年生和多年生杂草的分裂组织。作用特点是可以通过植物的叶、茎、根被吸收，但吸收药剂的主要部位是茎和叶。在气温正常（15℃~30℃）的情况下，杂草受药后 48 小时即可出现中毒症状，首先表现为停止生长，随即芽和节发黑坏死，心叶先发黄，以后其他叶片也随之发黄，或变紫色，心叶极易被拔出，全株枯死。一般需 15 天才能杀死 1 年生的马唐、旱稗等杂草。

【毒性与环境生物安全性评价】

对高等动物毒性低毒。

原药雄大鼠急性经口 LD_{50} 为 4096 毫克/千克；

原药雌大鼠急性经口 LD_{50} 为 2712 毫克/千克；

原药兔急性经皮 LD_{50} 大于 2000 毫克/千克；

原药雄大鼠急性吸入 LC_{50} 为 5.24 毫克/升。

对兔眼睛有轻微刺激性；

对兔皮肤有轻微刺激性。

各种试验表明，无致癌、致畸、致突变作用。

大鼠 2 年慢性喂养试验结果无作用剂量为 1 毫克/千克·天；

小鼠 2 年慢性喂养试验结果无作用剂量为 1 毫克/千克·天；

狗 1 年慢性喂养试验结果无作用剂量为 26 毫克/千克·天；

大鼠 90 天亚慢性喂养试验结果无作用剂量为 9.0 毫克/千克·天。

大鼠喂养试验无作用剂量为 1 毫克/千克；

小鼠喂养试验无作用剂量为 1 毫克/千克。

对鱼类毒性中等毒。

虹鳟鱼 48 小时急性毒性 LC_{50} 为 1.5 毫克/升。

对鸟类毒性低毒。

野鸭急性经口 LD_{50} 为 3500 毫克/千克；

鹌鹑急性经口 LD_{50} 为 17280 毫克/千克。

对蜜蜂毒性低毒。

蜜蜂经口 LC_{50} 大于 200 微克/只；

蜜蜂接触 LC_{50} 大于 200 微克/只。

对土壤微生物毒性低毒。

蚯蚓 LD_{50} 大于 1000 毫克/千克土壤。

每人每日允许摄入量为 0.01 毫克/千克体重。

【防治对象】

适用的作物有油菜、大豆、花生、蚕豆、豌豆、赤豆、甜菜、烟草、棉花、向日葵。麻类、西瓜、甜瓜、马铃薯、薄荷、苜蓿、阔叶类蔬菜以及橡胶园、果园、茶园、桑园、油棕、咖啡、可可、菠萝、香蕉、林业苗圃、阔叶花卉、阔叶草坪等。防治看麦娘、日本看麦娘、棒头草、野燕麦、硬草、芰草、早熟禾、稗草、千金子、马唐、牛筋草、狗尾草、臂形草等一年生禾本科杂草时用量可稍低。防除狗牙根、双穗雀稗、茅草、芦苇等多年生禾本科杂草时，由于需杀死地下茎，所以用量需加大。

【使用方法】

1. 防除直播和移栽油菜田 1 年生禾本科杂草：一般在禾本科杂草 3 ~ 5 叶期使用，每666.7 平方米用 150 克/升精吡氟禾草灵乳油 40 ~ 50 毫升，兑水 30 ~ 40 千克茎叶喷雾。长江中下游地区油菜常于水稻收割以后播种或移栽，施药适期在 10 月上旬至 11 月中下旬。11 月下旬后日平均气温已低于 10℃，杂草新陈代谢速度减慢，药效不能充分发挥，杂草生长虽受抑制，但不死亡，直至第 2 年春季气温回升以后杂草才大量死亡，但冬前施药最终不影响春季的防效。

2. 防除大豆田 1 年生禾本科杂草及多年生禾本科杂草：一般在禾本科杂草 3 ~ 5 叶期使用，夏大豆产区每 666.7 平方米用 150 克/升精吡氟禾草灵乳油 50 ~ 67 毫升，东北春大豆产区每 666.7 平方米用 150 克/升精吡氟禾草灵乳油 50 ~ 80 毫升，兑水 30 ~ 45 千克茎叶喷雾。杂草叶龄偏大用高量，叶龄偏小用低量。

3. 防除甜菜田 1 年生禾本科杂草：一般在禾本科杂草 3 ~ 5 叶期使用，每 666.7 平方米用 150 克/升精吡氟禾草灵乳油 50 ~ 67 毫升，兑水 30 ~ 45 千克茎叶喷雾。

4. 防除亚麻田 1 年生禾本科杂草：一般在禾本科杂草 3 ~ 5 叶期使用，每 666.7 平方米用 150 克/升精吡氟禾草灵乳油 50 ~ 67 毫升，兑水 30 ~ 45 千克茎叶喷雾。

5. 防除花生田 1 年生禾本科杂草及多年生禾本科杂草：一般在禾本科杂草 3 ~ 5 叶期使用，每 666.7 平方米用 150 克/升精吡氟禾草灵乳油 50 ~ 67 毫升，兑水 30 ~ 45 千克茎叶喷雾。

6. 防除棉花田 1 年生禾本科杂草及多年生禾本科杂草：一般在禾本科杂草 3 ~ 5 叶期使用，每 666.7 平方米用 150 克/升精吡氟禾草灵乳油 33.5 ~ 67 毫升，兑水 30 ~ 45 千克茎叶喷雾。

7. 防除生长于阔叶作物田内的芦苇杂草：由于精吡氟禾草灵在杂草体内有很好的输导作用，施于芦苇茎叶上以后能很快被吸收并输导到地下茎，起到斩草除根的作用，因而精吡氟禾草灵可用于阔叶作物田防除芦苇。使用方法为当芦苇 6 ~ 8 叶，株高 50 ~ 80 厘米，有一定的叶面积，能沾着一定的药液量时，每 666.7 平方米用 150 克/升精吡氟禾草灵乳油 80 ~ 120 毫升，兑水 45 ~ 50 千克茎叶喷雾。

【中毒急救】

吸入：应迅速将患者转移到空气清新流通处。如呼吸停止应做人工呼吸。如呼吸困难应输氧。如有症状及时就医。皮肤接触后：立即用水和肥皂清洗，并彻底冲洗干净。眼睛接触后：把眼睛打开用流水冲洗几分钟，如有持续的症状，及时就医。误食：立即用大量清水漱口，洗胃。洗胃时注意保护气管和食管。及时送医院对症治疗。一旦药液溅入眼睛和黏附皮

肤：应立即用水冲洗至少15分钟。不要给神志不清的病人经口食用任何东西。本品无特效解毒剂。

【注意事项】

1. 本品使用时按常规方法打开包装。操作者应遵守《农药安全使用准则》，按要求做好劳动保护，如穿戴工作服、手套、面罩等，避免让人体直接接触药剂。工作后漱口、清洗裸露在外的身体部分并更换干净的衣服。

2. 为减轻对作物的药害，在土壤处理时应先施药，后浇水，以增强土壤吸附。

3. 孕妇和哺乳期妇女避免接触。

4. 本品对水生生物有风险，勿将药液或空包装弃于水中或在河塘中洗涤喷雾器械，避免影响鱼类和污染水源。

5. 施药后遇大雨，容易发生溶淋药害，作物在1~2周内可以恢复正常生长。

6. 冬、春季阴雨天时，注意田间排水情况，避免低洼处田间积水。

7. 每季作物只能使用1次。

8. 气温低时不利于本品的渗透和传导，因此要选择在晴朗、气温较高的天气施药为宜。

9. 本品稀释时不能用硬水或污水，表现用清水配药。

10. 如果在露水天气施药，必须在露水干后进行。

11. 喷雾作业时雾点药均匀分布于杂草叶面上，使用本品，不能泼浇。

12. 药效受气温和土壤墒情影响较大，在气温高、土壤墒情好、杂草生长旺盛时施药，除草效果好。这类除草剂和干扰激素平衡的除草剂（如2，4-滴）有拮抗作用，即它们混用，除草效果会下降。

13. 施药时避免将本品药液漂移到禾本科作物田如水稻、麦、玉米、高粱、甘蔗、茭白等。

14. 防治阔叶作物田杂草时，避免在高温、干旱、大风的条件下施药。

15. 在冬油菜田使用时应避免施药过迟。在夏大豆、棉田使用应避免高温、干旱时使用。土壤干旱时应先灌溉再施药。本品施药1小时后降雨，不影响药效，不需要补施。

16. 施药应抓紧在禾本科杂草3~5叶期进行，此时田间杂草已基本出齐，杂草还幼小，抗药能力弱，防效最好。施药延迟到禾本科杂草技节幼穗分化后进行，杂草抗药能力增加，防效降低。

17. 阔叶作物田单独本品后，由于禾本科杂草被杀死，阔叶杂草没有禾本科杂草的竞争会长得更茂盛，从而影响产量，故需与防除阔叶杂草的措施协调使用。

18. 施用本剂后禾本科杂草完全枯死大约需要3周时间，不要重复施药。

19. 干旱、杂草大时及防除多年生禾本科杂草，应增加药量和水量。

20. 用过的容器妥善处理，不可做他用，不可随意丢弃。

21. 本品放置于阴凉、干燥、通风、防雨处，远离火源，勿与食品、饲料、种子、日用品等同贮同运。

22. 本品宜置于儿童够不着的地方并上锁，不得重压、破损包装容器。

精喹禾灵

【作用特点】

精喹禾灵是一种内吸传导型选择性除草剂，属乙酰辅酶A羧化酶抑制剂。是在合成喹禾灵的过程中去除了非活性的光学异构体后的改良制品。能被杂草的茎叶迅速吸收，并向植株的上、下方移动，导致新叶黄化，叶片基部、茎节部坏死，最后全株枯死。其作用机制和杀草谱与喹禾灵相似，通过杂草茎叶吸收，在植物体内向上和向下双向传导，积累在顶端及中间分生组织，抑制细胞脂肪酸合成，使杂草坏死。精喹禾灵是一种高度选择性的新型旱田茎叶处理剂，在禾本科杂草和双子叶作物间有高度的选择性，对阔叶作物田的禾本科杂草有很好的防效。作用速度更快，药效更加稳定，不易受雨水气温及湿度等环境条件的影响。杂草接触药液后植株发黄，2天内停止生长，施药后5～7天，嫩叶和节上初生组织变枯，14天内植株枯死。本品通过茎叶吸收，抑制杂草细胞合成，从而达到除草效果。本品与喹禾灵相比，提高了被植物吸收性和在植株内移动性，所以作用速度更快，药效更加稳定，不易受雨水、气温及湿度等环境条件的影响，同时用药量减少，药效增加，对环境安全。

【毒性与环境生物安全性评价】

对高等动物毒性低毒。

原药雄大鼠急性经口 LD_{50} 为 1210 毫克/千克；

原药雌大鼠急性经口 LD_{50} 为 1182 毫克/千克；

原药雄小鼠急性经口 LD_{50} 为 1753 毫克/千克；

原药雌大鼠急性经口 LD_{50} 为 1805 毫克/千克。

对兔眼睛无刺激性；

对兔皮肤无刺激性。

大鼠 90 天亚慢性喂养试验结果无作用剂量为 8 毫克/千克饲料。

大鼠 2 年慢性喂养试验急性经口无作用剂量为 25 毫克/千克·天。

各种试验表明，无致癌、致畸、致突变作用。

制剂雄大鼠急性经口 LD_{50} 为 2521 毫克/千克；

制剂雌大鼠急性经口 LD_{50} 为 2728 毫克/千克；

制剂雄小鼠急性经口 LD_{50} 为 3668 毫克/千克；

原药雌大鼠急性经口 LD_{50} 为 4940 毫克/千克；

制剂大鼠急性经皮 LD_{50} 大于 2000 毫克/千克；

制剂大鼠急性吸入 LC_{50} 为 2.91 毫克/升。

对兔眼睛无刺激性；

对兔皮肤有轻微刺激性。

对鱼类毒性低毒。

蓝鳃翻车鱼 96 小时急性毒性 LC_{50} 为 2.822 ± 0.129 毫克/升；

虹鳟鱼 96 小时急性毒性 LC_{50} 为 10.772 ± 1.601 毫克/升。

对鸟类毒性低毒。

鹌鹑急性经口 LD_{50} 大于 2000 毫克/千克；

野鸭急性经口 LD_{50} 大于 2000 毫克/千克。

对蜜蜂毒性低毒。

蜜蜂急性经口 LD_{50} 大于 50 微克/只。

对家蚕无影响。

【防治对象】

适用于大豆、甜菜、油菜、马铃薯、亚麻、豌豆、蚕豆、烟草、西瓜、棉花、花生、阔叶蔬菜等多种作物及果树、林业苗圃、幼林抚育、苜蓿等。有效防除野燕麦、稗草、狗尾草、金狗尾草、马唐、野黍、牛筋草、看麦娘、画眉草、千金子、雀麦、大麦属、多花黑麦草、毒麦、樱属、早熟禾、双穗雀稗、狗牙根、白茅、匍匐冰草、芦苇等 1 年生和多年生禾本科杂草。

【使用方法】

1. 防除大白菜田1年生禾本科杂草：每666.7平方米用50克/升精喹禾灵乳油40~60毫升，兑水15~30千克搅拌均匀，禾本科杂草3~5叶期，阔叶杂草2~6叶期，进行茎叶喷雾处理。喷药时药液要均匀周到。施药时，避免漂移到周围作物田地及其他作物。

2. 防除花生田1年生禾本科杂草：每666.7平方米用50克/升精喹禾灵乳油50~80毫升，兑水15~30千克搅拌均匀，禾本科杂草3~5叶期，阔叶杂草2~6叶期，进行茎叶喷雾处理。喷药时药液要均匀周到。施药时，避免漂移到周围作物田地及其他作物。

3. 防除西瓜田1年生禾本科杂草：每666.7平方米用50克/升精喹禾灵乳油40~60毫升，兑水15~30千克搅拌均匀，禾本科杂草3~5叶期，阔叶杂草2~6叶期，进行茎叶喷雾处理。喷药时药液要均匀周到。施药时，避免漂移到周围作物田地及其他作物。

4. 防除芝麻田1年生禾本科杂草：每666.7平方米用50克/升精喹禾灵乳油50~60毫升，兑水15~30千克搅拌均匀，禾本科杂草3~5叶期，阔叶杂草2~6叶期，进行茎叶喷雾处理。喷药时药液要均匀周到。施药时，避免漂移到周围作物田地及其他作物。

5. 防除油菜田1年生禾本科杂草：在禾本科杂草3~5叶期，每666.7平方米用5%精喹禾灵乳油30~40毫升，兑水30~40千克喷雾。施药不能过晚，药后遇到寒流，气温下降过低，会降低防效。

6. 防除大豆田1年生禾本科杂草：在禾本科杂草3~5叶期，每666.7平方米用5%精喹禾灵乳油50~60毫升，兑水30~40千克茎叶喷雾。防除狗尾草、野黍时用药量需增加至60~70毫升。防除多年生杂草芦苇南方需80~100毫升，东北、内蒙古、新疆等为100~130毫升。喷药时药液要均匀周到。施药时，避免漂移到周围作物田地及其他作物。

7. 防除棉花田1年生禾本科杂草：在禾本科杂草3~5叶期，由于棉花苗床都用塑料薄膜覆盖，温度较高，湿度也好，所以每666.7平方米用5%精喹禾灵乳油40毫升，兑水30~40千克茎叶喷雾。直播棉田或移栽棉田，在6月上旬梅雨季节来临前，此时4月下旬播后苗前或5月初移栽前后施用除草剂土壤处理的药效期已过，第2批禾本科杂草又相继出土，并已处于3~5叶期，此时每666.7平方米用50克/升精喹禾灵乳油50~60毫升，兑水15~30千克均匀茎叶喷洒。在阔叶杂草多的棉田，由于精喹禾灵对阔叶杂草无效，所以在喷过精喹禾灵的棉田仍需进行中耕除草将阔叶杂草除去。喷药时药液要均匀周到。施药时，避免漂移到周围作物田地及其他作物。

8. 防除甜菜田1年生禾本科杂草：黑龙江省直播甜菜3月下旬到5月上旬播种，5月下旬出苗。甜菜田的禾本科杂草主要有野燕麦、稗、狗尾草等。5月上、中旬和5月中下旬分别为野燕麦和稗、狗尾草的出草高峰。在长江下游留种甜菜田，甜菜8月上旬播种，8月中下旬稗、马唐、狗尾草、牛筋草等大量出土，这批杂草与甜菜幼苗共生期长达90天左右，到霜后才死亡，对甜菜幼苗生长影响很大。精喹禾灵是防除甜菜田禾本科杂草特效药剂之一，对甜菜非常安全。精喹禾灵防除甜菜田禾本科杂草一般在禾本科杂草3~5叶期施药，每666.7平方米用50克/升精喹禾灵乳油50~60毫升，兑水15~30千克搅拌均匀，进行茎叶喷雾处理。喷药时药液要均匀周到。施药时，避免漂移到周围作物田地及其他作物。

【特别说明】

1. 杂草叶龄小、杂草生长茂盛、水分条件好时用低药量，杂草大及在干旱条件下用高药量，在禾本科杂草3~5叶期，其他杂草2~4叶期时用药为宜。

2. 施药前1天把水排干，保持润湿。

3. 药后1~2天放水回田，保持3~5厘米水层5~7天，然后恢复田间正常管理。

4. 在天气干燥条件下，作物的叶片有时会出现药害，但对新叶不会产生药害，对产量不会有影响。

【中毒急救】

吸入：应迅速将患者转移到空气清新流通处，解开衣领、腰带，保持呼吸畅通。如呼吸停止应做人工呼吸。如呼吸困难应输氧。如有症状及时就医。皮肤接触后：立即用水和肥皂清洗，并彻底冲洗干净。眼睛接触后：把眼睛打开用流水冲洗几分钟，如有持续的症状，及时就医。误食：立即用大量清水漱口，洗胃。洗胃时注意保护气管和食管。及时送医院对症治疗。一旦药液溅入眼睛和黏附皮肤：应立即用水冲洗至少 15~20 分钟。不要给神志不清的病人经口食用任何东西。

【注意事项】

1. 本品使用时按常规方法打开包装。操作者应遵守《农药安全使用准则》，按要求做好劳动保护，如穿戴工作服、手套、面罩等，避免让人体直接接触药剂。工作后漱口、清洗裸露在外的身体部分并更换干净的衣服。

2. 每季最多使用 1 次。

3. 施药时应避免药物漂移到小麦、玉米、水稻等禾本科作物上，以免产生药害。

4. 杂草小，抗药能力弱，在田间施药时应视杂草叶龄多少来调节用药量。在杂草基本出齐的前提下，一般应在 3~5 叶期施药。

5. 勿在低温、8℃以下及干旱等不良气候条件下施药。

6. 远离水产养殖区施药，禁止在河塘等水体清洗施药器具。

7. 孕妇及哺乳期妇女避免接触。

8. 尽量在各种杂草基本出齐时用药。

9. 只能防除禾本科杂草，不能防除阔叶杂草，在禾本科杂草和阔叶杂草混生的田块，使用精禾草克应与其他防除阔叶杂草的措施协调使用，才能取得较好的增产效果。

10. 本品在高温、干燥等异常气候条件下，有时在作物叶面，尤其是大豆会在局部出现接触性药斑，但以后长出地新叶发育正常，所以不影响后期生长，对产量无影响。

11. 在杂草生长停止时，效果有时会降低。

12. 在干燥或杂草丛生时，使用高剂量。

13. 大风天或预计 1 小时内有雨天，请勿施药。

14. 用过的容器妥善处理，不可做他用，不可随意丢弃。

15. 本品放置于阴凉、干燥、通风、防雨处，远离火源，勿与食品、饲料、种子、日用品等同贮同运。

16. 本品宜置于儿童够不着的地方并上锁，不得重压、破损包装容器。

甲基碘磺隆钠盐

【作用特点】

甲基碘磺隆钠盐为冬小麦田苗后防除阔叶杂草的内吸选择性茎、叶除草剂。它具有如下几大特点：

1. 施药期宽，杂草 2~6 叶期均可施用；

2. 杀草谱广，可防治猪殃殃等麦田多种阔叶杂草；

3. 安全性高，在推荐使用方法和条件下，对当茬和下茬作物安全；

4. 耐雨冲刷，茎叶吸收迅速，施药 2 小时后下雨不影响药效。

甲基碘磺隆钠盐在国内尚无单制剂取得登记，我们主要介绍 6.25% 酰嘧·甲碘隆水分散粒剂、3.6% 二磺·甲碘隆水分散粒剂、1.2% 二磺·甲碘隆可分散油悬浮剂等 3 种复配制剂。

【毒性与环境生物安全性评价】

对高等动物毒性低毒。

原药大鼠急性经口 LD_{50} 为 2678 毫克/千克；

原药大鼠急性经皮 LD_{50} 大于 2000 毫克/千克；

原药大鼠急性吸入 4 小时 LC_{50} 大于 2.81 毫克/升。

对兔眼睛有中度刺激性；

对兔皮肤无刺激性。

豚鼠皮肤致敏性试验结果为无致敏性。

大鼠 13 周亚慢性喂养试验结果最大无作用剂量为 71 毫克/千克·天。

各种试验表明，无致癌、致畸、致突变作用。

制剂大鼠急性经口 LD_{50} 大于 5000 毫克/千克；

制剂大鼠急性经皮 LD_{50} 大于 5000 毫克/千克；

原药大鼠急性吸入 4 小时 LC_{50} 为 0.633 毫克/升。

对兔眼睛无刺激性；

对兔皮肤无刺激性。

豚鼠皮肤致敏性试验结果为无致敏性。

对鱼类毒性低毒。

翻车鱼 96 小时急性毒性 LC_{50} 大于 100 毫克/升；

虹鳟鱼 96 小时急性毒性 LC_{50} 大于 100 毫克/升。

对鸟类毒性低毒。

日本鹌鹑 LD_{50} 大于 2000 毫克/千克。

对蜜蜂毒性低毒。

蜜蜂 72 小时 LD_{50} 大于 80 微克/只。

【防治对象】

主要用于小麦田除草剂，可有效防除早熟禾、碱茅、棒头草、看麦娘、菵草、野燕麦、雀麦、节节麦、多花黑麦草、毒麦、蜡烛草、猪殃殃、稻槎菜、宝盖草、小飞蓬、牛繁缕、繁缕、婆婆纳、大巢菜、碎米荠、刺儿菜、苣荬菜、田旋花、藜、蓼、播娘蒿、荠菜、麦瓶草、小花糖芥、独行菜、离子草、遏篮菜、律草、酸模等麦田常见 1 年生阔叶杂草，对泥胡菜、泽漆、冰草、麦家公、野老鹳、泽泻、鸭趾草等麦田恶性阔叶杂草也有较好控制效果。

【使用方法】

1. 防除冬小麦田 1 年生阔叶杂草：在冬小麦 2～6 叶期，阔叶杂草基本出齐苗，即 3～5 叶、2～5 厘米高时，每 666.7 平方米用 6.25% 酰嘧·甲碘隆水分散粒剂 10～20 克，背负式喷雾器每 666.7 平方米兑水 25～30 千克，或拖拉机喷雾器每 666.7 平方米兑水 7～15 千克，对全田茎叶均匀喷雾处理。防除婆婆纳、苣荬菜、刺儿菜、田旋花、泥胡菜、泽漆等恶性阔叶草、大龄草及大密度杂草时，每 666.7 平方米应采用 15～20 克制剂用量。施药时，避免漂移到周围作物田地及其他作物。

2. 防除冬小麦田 1 年生禾本科杂草及阔叶杂草：在冬小麦 2～6 叶期，阔叶杂草基本出齐苗，即 3～5 叶、2～5 厘米高时，每 666.7 平方米用 3.6% 二磺·甲碘隆水分散粒剂 15～25 克，背负式喷雾器每 666.7 平方米兑水 25～30 千克，或拖拉机喷雾器每 666.7 平方米兑水 7～15 千克，对全田茎叶均匀喷雾处理。防除旱茬麦田中的雀麦、节节麦、蜡烛草、毒麦、黑麦草等恶性禾本科杂草时，建议每 666.7 平方米用 3.6% 二磺·甲碘隆水分散粒剂的制剂用量，防除稻茬等麦田中的早熟禾、硬草、碱茅、菵草、看麦娘等其他靶标禾本科杂草时，建议每 666.7 平方米用 3.6% 二磺·甲碘隆水分散粒剂 20 ～ 25 克的制剂用量。

3. 防除冬小麦田 1 年生禾本科杂草及阔叶杂草：在冬小麦 2 ～ 6 叶期，阔叶杂草基本出齐苗，即 3 ～ 5 叶、2 ～ 5 厘米高时，每 666.7 平方米用 1.2% 二磺·甲碘隆可分散油悬浮剂 45 ～ 75 毫升，背负式喷雾器每 666.7 平方米兑水 25 ～ 30 千克，或拖拉机喷雾器每 666.7 平方米兑水 7 ～ 15 千克，对全田茎叶均匀喷雾处理。防除早熟禾、棒头草、看麦娘、繁缕、牛繁缕、大巢菜等普通禾本科杂草及阔叶杂草时，建议每 666.7 平方米用 1.2% 二磺·甲碘隆可分散油悬浮剂 60 毫升的制剂用量，而防除硬草、碱茅、菵草、野燕麦、雀麦、节节麦、蜡烛草、猪殃殃、婆婆纳、稻槎菜等恶性杂草或大龄草及大密度杂草时，建议每 666.7 平方米用 1.2% 二磺·甲碘隆可分散油悬浮剂 65 ～ 75 毫升的制剂用量。

【中毒急救】

吸入：应迅速将患者转移到空气清新流通处。如呼吸停止应做人工呼吸。如呼吸困难应输氧。如有症状及时就医。皮肤接触后：立即用水和肥皂清洗，并彻底冲洗干净。眼睛接触后：把眼睛打开用流水冲洗几分钟，如有持续的症状，及时就医。误食：应立即洗胃，并用手指触压喉咙引吐。不应催吐，应先洗胃，再用活性炭和硫酸钠处理，监测肝、肾、血红球数及呼吸和心脏功能，透析消除、强制碱利尿。勿用温水洗胃，以免促进吸收。洗胃时注意保护气管和食管。及时送医院对症治疗。一旦药液溅入眼睛和黏附皮肤：应立即用水冲洗至少 15 分钟。不要给神志不清的病人经口食用任何东西。本品无特效解毒剂。

【注意事项】

一、6.25% 酰嘧·甲碘隆水分散粒剂：

1. 冬小麦整个生育期最多使用 1 次。

2. 严格按推荐的使用技术均匀施用，不得超范围使用。冬季低温霜冻期、小麦起身拔节（株高达 13 厘米）后、大雨前、低洼积水或遭受涝害、冻害、盐碱害、病害等胁迫的小麦田不宜施用，施用前后 2 天内不可大水漫灌麦田，以确保药效，避免药害。麦田套种下茬作物应于小麦起身拔节 55 天以后进行。

3. 建议采用扇形雾或空心圆锥雾细雾滴喷头喷施，田间喷药量要均匀一致，严禁"草多处多喷"、重喷和漏喷。一般冬前使用为宜，靶标杂草基本出齐苗后用药，越早越好。

4. 本剂不宜与长残效除草剂混用，以免药害。本剂施用后 2 ～ 4 周内靶标杂草枯死。干旱、低温时杂草枯死速度减慢，但不影响最终药效。

5. 本品对鱼等水生生物有毒，应避免其污染鱼塘和水源等环境。

6. 本品刺激眼睛，应避免眼睛直接接触。使用时应戴防护镜、口罩和手套，穿防护服，并禁止饮食、吸烟、饮水等。

7. 农药空包装应三次清洗后妥善处理；禁止在河塘清洗施药器械。

8. 使用后应用肥皂和清水彻底清洗暴露在外的皮肤。

9. 避免孕妇及哺乳期的妇女接触。

二、3.6% 二磺·甲碘隆水分散粒剂：

1. 冬小麦整个生育期最多使用 1 次。

2. 严格按推荐的使用技术均匀施用，不得超范围使用。某些春小麦和角质（强筋或硬质）型小麦品种（如扬麦 158、豫麦 18、济麦 20 等）对本剂敏感，使用前须先进行小范围安全性试验验证。本剂施用后有蹲苗作用，某些小麦品种可能出现黄化或矮化现象，小麦返青起身后黄化自然消失，可抑制小麦徒长倒伏。麦田套种下茬作物时，应于小麦起身拔节 55 天以后进行。

3. 建议采用扇形雾喷头喷施，田间喷药量要均匀一致，严禁"草多处多喷"、重喷和漏喷。一般冬前使用为宜，原则上靶标杂草基本出齐苗后用药越早越好。冬季低温霜冻期、小麦起身拔节期、大雨前、低洼积水或遭受涝害、冻害、盐碱害、病害等胁迫的小麦田不宜施用。施用前后 2 天内不可大水漫灌麦田，以确保药效，避免药害。

4. 不宜与 2,4 - 滴混用，以免药害。本剂型制剂储藏后，常出现分层现象，使用前用力摇匀后配制药液，不影响药效。施药后 2~4 周杂草死亡。施用 8 小时后降雨一般不影响药效。

5. 本剂对鱼等水生生物中等毒性，其包装等污染物宜作焚烧处理，禁止它用，避免其污染地表水、鱼塘和沟渠等。麦田处理 4 周内不可放牧或收割麦苗饲用。

6. 本品刺激眼睛，应避免眼睛直接接触。使用时应戴防护镜、口罩和手套，穿防护服，并禁止饮食、吸烟、饮水等。

7. 农药空包装应三次清洗后妥善处理；禁止在河塘清洗施药器械。

8. 使用后应用肥皂和清水彻底清洗暴露在外的皮肤。

9. 避免孕妇及哺乳期的妇女接触。

三、1.2% 二磺·甲碘隆可分散油悬浮剂：

1. 冬小麦整个生育期最多使用 1 次。

2. 一般宜冬前使用，靶标禾本科杂草 1~4 叶用药药效最好。

3. 采用扇形雾或空心圆锥雾细雾滴喷头，严格按上述推荐的对水量喷施，田间喷药量要均匀一致，严禁"草多处多喷"、重喷和漏喷。

4. 冬季霜冻期、日最高气温低于 12℃、小麦起身拔节时后、大雨前、泥泞积水田或遭受涝害、冻害、旱害、盐碱害、病害等胁迫的弱苗田及非水稻 - 小麦 - 水稻轮作的冬小麦田不宜施用。施用前后 2 天内不可大水漫灌麦田，以确保药效，避免药害。

5. 某些角质（强筋或硬质）型小麦品种（如扬麦 158、豫麦 18、济麦 20 等）对本剂较敏感，建议使用前做安全性试验。本剂施用后有蹲苗作用，某些小麦品种可能出现黄化或矮化现象，小麦返青起身后黄化自然消失。

6. 本剂不可与长残效除草剂、多菌灵、液氮肥及硫磺、硼等微肥混用，以免药害。防除高抗苯磺隆、氯磺隆等磺酰脲类的播娘蒿、猪殃殃、繁缕、看麦娘等抗性杂草时，建议与二甲四氯钠盐、氯氟吡氧乙酸等非磺酰脲类阔叶除草剂或精噁唑禾草灵、异丙隆等非磺酰脲类禾本科除草剂搭配使用。

7. 本剂对鱼等水生生物有毒，应避免污染鱼塘和水源等。

8. 本品对眼睛和皮肤有中度刺激，应避免药液溅入眼睛和与皮肤直接接触。使用时应戴防护镜、口罩和手套，穿防护服，并禁止饮食、吸烟、饮水等。

9. 农药空包装应三次清洗后妥善处理；禁止在河塘等水体中清洗施药器具。

10. 使用后应用肥皂和清水彻底清洗暴露在外的皮肤。

11. 禁止孕妇及哺乳期的妇女接触。

12. 用过的容器妥善处理，不可做他用，不可随意丢弃。

13. 本品放置于阴凉、干燥、通风、防雨处，远离火源，勿与食品、饲料、种子、日用品等同贮同运。

14. 本品宜置于儿童够不着的地方并上锁，不得重压、破损包装容器。

甲基二磺隆

【作用特点】

甲基二磺隆是磺酰脲类除草剂。小麦田苗后防除禾本科杂草和部分阔叶杂草的内吸选择性茎叶除草剂，施药期宽。主要通过植物的茎、叶吸收，经韧皮部和木质部传导，少量通过土壤吸收，抑制敏感植物体内的乙酰乳酸合成酶的活性，导致支链氨繁酸的合成受阻，从而抑制细胞分裂，导致敏感植物死亡。药剂通过杂草根和叶吸收后，在植株体内传导，使杂草停止生长，而后枯死。一般情况下，施药 2~4 小时后，敏感杂草的吸收量达到高峰，2 天后停止生长，4~7 天后叶片开始黄化，随后出现枯斑，2~4 周后死亡。本品中含有的安全剂，能促进其在作物体内迅速分解，而不影响其在靶标杂草体内的降解，从而达到杀死杂草、保护作物的目的。

【毒性与环境生物安全性评价】

对高等动物毒性低毒。

原药大鼠急性经口 LD_{50} 大于 5000 毫克/千克；

原药大鼠急性经皮 LD_{50} 大于 5000 毫克/千克；

原药大鼠急性吸入 LC_{50} 为 1.33 毫克/升。

对兔眼睛无刺激性；

对兔皮肤无刺激性。

豚鼠皮肤致敏性试验结果为无致敏性。

大鼠 90 天亚慢性喂养试验结果最大无作用剂量雄性为 907 毫克/千克·天；

大鼠 90 天亚慢性喂养试验结果最大无作用剂量雌性为 976 毫克/千克·天。

各种试验表明，无致癌、致畸、致突变作用。

制剂大鼠急性经口 LD_{50} 大于 2000 毫克/千克；

制剂大鼠急性经皮 LD_{50} 大于 5000 毫克/千克。

对兔眼睛有刺激性；

对兔皮肤有刺激性。

豚鼠皮肤致敏性试验结果为无致敏性。

对鱼类毒性低毒。

虹鳟鱼 96 小时急性毒性 LC_{50} 大于 1000 毫克/千克；

翻车鱼 96 小时急性毒性 LC_{50} 大于 100 毫克/升。

对鸟类毒性低毒。

北美鹌鹑 LD_{50} 大于 2000 毫克/千克。

对蜜蜂低毒低毒。

蜜蜂 24 小时 LD_{50} 为 115.8 微克/只；

蜜蜂 48 小时 LD_{50} 为 115.8 微克/只。

在土壤中易降解。

【防治对象】

适用于在软质型和半硬质型冬小麦品种中使用。可防除看麦娘、野燕麦、棒头草、早熟禾、硬草、碱茅、多花黑麦草、毒麦、雀麦、蜡烛草、节节麦、菵草、冰草、荠菜、播娘蒿、牛繁缕、自生油菜等。对雀麦、节节麦、偃麦草等极恶性禾本科杂草也有较好控制效果。

【使用方法】

1. 防除春小麦田牛繁缕、1 年生禾本科杂草及部分阔叶杂草：在小麦 3~6 叶期，禾本科杂草出齐苗，即杂草 2.5~5 叶期，每 666.7 平方米用 30 克/升甲基二磺隆可分散油悬浮剂 20~35 毫升，背负式喷雾器每 666.7 平方米兑水 25~30 千克，或拖拉机喷雾器每 666.7 平方米兑水 7~15 千克，对全田茎叶均匀喷雾处理。防除旱茬麦田中的雀麦、节节麦、蜡烛草、毒麦、黑麦草等恶性禾本科杂草时，建议每 666.7 平方米 30 克/升甲基二磺隆可分散油悬浮剂

25~30毫升的制剂用量,防除稻茬等麦田中的早熟禾、硬草、碱茅、茵草、看麦娘等其他靶标禾本科杂草时,建议每666.7平方米30克/升甲基二磺隆可分散油悬浮剂20~25毫升的制剂用量。

2. 防除冬小麦田牛繁缕、1年生禾本科杂草及部分阔叶杂草:在小麦3~6叶期,禾本科杂草出齐苗,即杂草2.5~5叶期,每666.7平方米用30克/升甲基二磺隆可分散油悬浮剂20~35毫升,背负式喷雾器每666.7平方米兑水25~30千克,或拖拉机喷雾器每666.7平方米兑水7~15千克,对全田茎叶均匀喷雾处理。防除旱茬麦田中的雀麦、节节麦、蜡烛草、毒麦、黑麦草等恶性禾本科杂草时,建议每666.7平方米30克/升甲基二磺隆可分散油悬浮剂25~30毫升的制剂用量,防除稻茬等麦田中的早熟禾、硬草、碱茅、茵草、看麦娘等其他靶标禾本科杂草时,建议每666.7平方米30克/升甲基二磺隆可分散油悬浮剂20~25毫升的制剂用量。

【中毒急救】

吸入:应迅速将患者转移到空气清新流通处。如呼吸停止应做人工呼吸。如呼吸困难应输氧。如有症状及时就医。皮肤接触后:立即用水和肥皂清洗,并彻底冲洗干净。眼睛接触后:把眼睛打开用流水冲洗几分钟,如有持续的症状,及时就医。误食:应立即催吐、洗胃,并用手指触压喉咙引吐。勿用温水洗胃,以免促进吸收。洗胃时注意保护气管和食管。及时送医院对症治疗。一旦药液溅入眼睛和黏附皮肤:应立即用水冲洗至少15分钟。紧急医疗措施:使用医用活性炭洗胃,注意防止胃内物进入呼吸道。注意:对昏迷病人,切勿经口喂入任何东西或引吐。本品无特效解毒剂。

【注意事项】

1. 小麦整个生育期最多使用1次。

2. 严格按推荐的使用技术均匀施用,不得超范围使用。某些春小麦和角质(强筋或硬质)型小麦品种(如扬麦158、豫麦18、济麦20等)对本剂敏感,使用前须先进行小范围安全性试验验证。本剂施用后有蹲苗作用,某些小麦品种可能出现黄化或矮化现象,小麦返青起身后黄化自然消失,可抑制小麦徒长倒伏。麦田套种下茬作物时,应于小麦起身拔节55天以后进行。

3. 建议采用扇形雾喷头喷施,田间喷药量要均匀一致,严禁"草多处多喷"、重喷和漏喷。一般冬前使用为宜,原则上靶标杂草基本出齐苗后用药越早越好。冬季低温霜冻期、小麦起身拔节期、大雨前、低洼积水或遭受涝害、冻害、盐碱害、病害等胁迫的小麦田不宜施用。施用前后2天内不可大水漫灌麦田,以确保药效,避免药害。

4. 不宜与2,4-滴混用,以免药害。本剂型制剂储藏后,常出现分层现象,使用前用力摇匀后配制药液,不影响药效。施药后2~4周杂草死亡。施用8小时后降雨一般不影响药效。

5. 本剂对鱼等水生生物有一定风险,应避免污染鱼塘和水源等,特别是禁止在河塘清洗施药器械。

6. 本剂对眼睛和皮肤有较强刺激伤害风险,应避免眼睛和皮肤接触。使用时应戴防护镜、口罩和手套,穿防护服,并禁止饮食、吸烟、饮水等。

7. 农药空包装应三次清洗后妥善处理。

8. 使用后应用肥皂和清水彻底清洗暴露在外的皮肤。

9. 避免孕妇及哺乳期的妇女接触。

10. 麦田处理4周内不可放牧或收割麦苗饲用。

11. 用过的容器妥善处理,不可做他用,不可随意丢弃。

12. 本品放置于阴凉、干燥、通风、防雨处,远离火源,勿与食品、饲料、种子、日用品等同贮同运。

13. 本品宜置于儿童够不着的地方并上锁,不得重压、破损包装容器。

甲硫嘧磺隆

【作用特点】

甲硫嘧磺隆是磺酰脲类除草剂,是由国家农药南方创制中心湖南基地、湖南化工研究院对磺酰脲类化合物进行结构修饰而得到的、具有自主知识产权的新型内吸性传导选择性除草剂。其作用机理与其他磺酰脲类除草剂相同,为乙酰乳酸合成酶的抑制剂。通过植物根、茎、叶吸收药剂,抑制敏感杂草的细胞分裂,使其停止生长、褪绿,最后死亡。它具有杀草谱广、用药量低等特点,在小麦田除草具有一定的市场前景。其杂环部分与传统磺酰脲化合物的差异在于将嘧啶环上甲氧基变换为甲硫基,甲硫基的引入有利于该化合物在环境中的氧化、失活。该化合物于 2000 年 5 月申请了中国发明专利,并于 2003 年 11 月获得中国发明专利。

甲硫嘧磺隆原药和制剂加工工艺简单,无高温高压操作,反应收率高,产品纯度好,所选用的原料国内均有大量供应,易于工业化生产。原药和制剂对人、畜、环境生物毒性低,除草活性高,对后茬作物安全,有大面积推广应用价值。

【毒性与环境生物安全性评价】

对高等动物毒性低毒。

原药大鼠急性经口 LD_{50} 大于 4640 毫克/千克;

原药兔急性经皮 LD_{50} 大于 10000 毫克/千克。

对兔眼睛无刺激性;

对兔皮肤无刺激性。

豚鼠皮肤致敏性试验结果为弱致敏性。

大鼠 90 天亚慢性喂养试验结果无作用剂量为 151 毫克/千克·天。

各种试验表明,无致癌、致畸、致突变作用。

制剂雄大鼠急性经口 LD_{50} 为 3830 毫克/千克;

制剂雌大鼠急性经口 LD_{50} 为 2150 毫克/千克;

制剂大鼠急性经皮 LD_{50} 大于 2500 毫克/千克。

对兔眼睛有轻微刺激性;

对兔皮肤无刺激性。

豚鼠皮肤致敏性试验结果为弱致敏性。

对鱼类毒性低毒。

斑马鱼 96 小时急性毒性 LC_{50} 大于 100 毫克/升。

对鸟类毒性中等毒。

鹌鹑经口灌胃法 7 天 LD_{50} 为 79.9 毫克/千克。

对蜜蜂毒性中等毒。

蜜蜂药蜜胃毒法 48 小时 LC_{50} 为 143 毫克/升。

对家蚕毒性低毒。

2 龄家蚕食下毒叶法 LC_{50} 为 200 毫克/千克·桑叶。

【防治对象】

有效防除冬小麦和春小麦大多数阔叶杂草和禾本科杂草,除草效果良好,对大多数小麦品系安全;对冬小麦后茬作物大豆、玉米、棉花、花生安全;对春小麦后茬春玉米安全。

【使用方法】

1. 防除春小麦田 1 年生禾本科杂草及部分阔叶杂草：在小麦 3～6 叶期，禾本科杂草出齐苗，即杂草 2.5～5 叶期，每 666.7 平方米用 10% 甲硫嘧磺隆可湿性粉剂 22.5～30 克，背负式喷雾器每 666.7 平方米兑水 30～50 千克，或拖拉机喷雾器每 666.7 平方米兑水 15～25 千克，对全田茎叶均匀喷雾处理。

2. 防除冬小麦田 1 年生禾本科杂草及部分阔叶杂草：在小麦 3～6 叶期，禾本科杂草出齐苗，即杂草 2.5～5 叶期，每 666.7 平方米用 10% 甲硫嘧磺隆可湿性粉剂 22.5～30 克，背负式喷雾器每 666.7 平方米兑水 30～50 千克，或拖拉机喷雾器每 666.7 平方米兑水 15～25 千克，对全田茎叶均匀喷雾处理。

【中毒急救】

吸入：应迅速将患者转移到空气清新流通处。如呼吸停止应做人工呼吸。如呼吸困难应输氧。如有症状及时就医。皮肤接触后：立即用水和肥皂清洗，并彻底冲洗干净。眼睛接触后：把眼睛打开用流水冲洗几分钟，如有持续的症状，及时就医。误食：应立即催吐、洗胃，并用手指触压喉咙引吐。勿用温水洗胃，以免促进吸收。洗胃时注意保护气管和食管。及时送医院对症治疗。一旦药液溅入眼睛和黏附皮肤：应立即用水冲洗至少 15 分钟。紧急医疗措施：使用医用活性炭洗胃，注意防止胃内容物进入呼吸道。注意：对昏迷病人，切勿经口喂入任何东西。若大量摄入，应使患者呕吐并用等渗浓度的盐溶液或 5% 碳酸氢钠溶液洗胃。本品无特效解毒剂。

【注意事项】

1. 本品使用时按常规方法打开包装。操作者应遵守《农药安全使用准则》，按要求做好劳动保护，如穿戴工作服、手套、面罩等，避免让人体直接接触药剂。工作后漱口、清洗裸露在外的身体部分并更换干净的衣服。

2. 本品不可与呈碱性的农药等物质混合使用。

3. 小麦整个生育期最多使用 1 次。

3. 药液应尽量喷完，剩余药液不可倒在地上或池塘、水渠、小溪、河流等水源中清洗，以免污染水源或引起水生生物中毒，清洗喷雾器械后的水应倒在远离居民点、水源和作物的地方。

4. 使用该药半月后若无降雨，应进行浇水或浅混土，以保证药效，但土壤积水会发生药害。

5. 本品对蜜蜂有较大风险，养蜂场所附近禁止使用，避免药液漂移到蜜源作物上。

6. 尽量较早用药，除草效果更佳，施药时请避免雾滴漂移至邻近作物。

7. 施药前精细平整土地，喷施前后保持土壤湿润，以确保药效。

8. 土壤有机质含量高、黏壤土或干旱情况需用推荐剂量高限。土壤有机质含量低、沙质土请减少剂量。

9. 施药后如下雨，注意排水，以免积水发生药害。

10. 十字花科作物对本品敏感，后茬应避免种植十字花科作物，更不能与十字花科作物套种。

12. 孕妇和哺乳期妇女避免接触。

13. 用过的容器妥善处理，不可做他用，不可随意丢弃。

14. 本品放置于阴凉、干燥、通风、防雨处，远离火源，勿与食品、饲料、种子、日用品等同贮同运。

15. 本品宜置于儿童够不着的地方并上锁，不得重压、破损包装容器。

甲嘧磺隆

【作用特点】

甲嘧磺隆属磺酰脲类除草剂。作用机制是通过抑制乙酰乳酸酶活性，而使植物体内支链氨基酸合成受到阻碍，从而抑制植物和植株根部生长端的细胞分裂，阻止杂草生长，植株呈现显著的颜色变化至失绿坏死。该品为芽前、芽后灭生性除草剂，适用于林木防除 1 年生和多年生禾本科杂草及阔叶杂草，或开辟森林隔离带，伐木后林地清理，荒地垦前、休闲非耕地、道路边荒地除草灭灌，如羊茅、一枝黄花、黍、油莎草、阿拉伯高粱、豚草等。可常规喷洒，也可用飞机喷洒。不宜用于农田除草。该品于芽前，芽均可使用，即从杂草萌发前到萌发后的整个生育期内均可施药，最佳施药期为杂草快要萌发，到萌发后草高 5 厘米的下或是人工除草后草又刚长出来时为好。南方在 2 ~ 4 月，北方在 4 ~ 6 月。

【毒性与环境生物安全性评价】

对高等动物毒性低毒。

原药雄大鼠急性经口 LD_{50} 大于 5000 毫克/千克；

原药雌大鼠急性经口 LD_{50} 大于 5000 毫克/千克；

原药兔大鼠急性经皮 LD_{50} 大于 2000 毫克/千克；

原药大鼠急性吸入 4 小时 LC_{50} 大于 11 毫克/升。

对兔眼睛无刺激性；

对兔皮肤无刺激性。

大鼠 2 年喂饲试验无作用剂量为 50 毫克/千克；

大鼠繁殖 2 代无作用剂量为 500 毫克/千克。

对鱼类毒性低毒。

虹鳟鱼 96 小时急性毒性 LC_{50} 大于 12.5 毫克/升；

翻车鱼 96 小时急性毒性 LC_{50} 大于 12.5 毫克/升。

对鸟类毒性低毒。

鹌鹑 8 天急性经口 LD_{50} 大于 5000 毫克/千克；

山齿鹑 8 天急性经口 LD_{50} 大于 5600 毫克/千克；

野鸭 8 天急性经口 LD_{50} 大于 5000 毫克/千克。

对蜜蜂毒性低毒。

蜜蜂接触 LD_{50} 大于 100 微克/只。

对家蚕毒性低毒。

2 龄家蚕 LC_{50} 大于 5000 毫克/千克。

对环境生物安全。

【防治对象】

仅用于果园、林地、草场防除 1 年生和多年生禾本科杂草和双子叶杂草及阔叶杂草灌木。可以有效防除羊茅、一枝黄花、黍、油莎草、阿拉伯高粱、豚草等。

【使用方法】

1. 防除防火隔离带杂草：每 666.7 平方米用 10% 甲嘧磺隆悬浮剂 250 ~ 500 毫升，或用 10% 甲嘧磺隆可湿性粉剂 250 ~ 500 克，兑水 45 ~ 60 千克喷雾。应选择无风天气，使用带保护罩的喷雾器，低压对杂草进行均匀喷雾，使药液不能接触到苗木上。

2. 防除防火隔离带灌木：每 666.7 平方米用 10% 甲嘧磺隆悬浮剂 700 ~ 2000 毫升，或用 10% 甲嘧磺隆可湿性粉剂 700 ~ 2000 克，兑水 60 ~ 90 千克喷雾。应选择无风天气，使用带保护罩的喷雾器，低压对杂草进行均匀喷雾，使药液不能接触到苗木上。

3. 防除非耕地杂草：每 666.7 平方米用 10% 甲嘧磺隆悬浮剂 250 ~ 500 毫升，或用 10% 甲嘧磺隆可湿性粉剂 250 ~ 500 克，兑水 45 ~ 60 千克喷雾。应选择无风天气，使用带保护罩的喷雾器，低压对杂草进行均匀喷雾，使药液不能接触到苗木上。

4. 防除非耕地灌木：每 666.7 平方米用 10% 甲嘧磺隆悬浮剂 700 ~ 2000 毫升，或用 10% 甲嘧磺隆可湿性粉剂 700 ~ 2000 克，兑水 60 ~ 90 千克喷雾。应选择无风天气，使用带保护罩的喷雾器，低压对杂草进行均匀喷雾，使药液不能接触到苗木上。

5. 防除林地杂草：每 666.7 平方米用 10% 甲嘧磺隆悬浮剂 250 ~ 500 毫升，或用 10% 甲嘧磺隆可湿性粉剂 250 ~ 500 克，兑水 45 ~ 60 千克喷雾。应选择无风天气，使用带保护罩的喷雾器，低压对杂草进行均匀喷雾，使药液不能接触到苗木上。

6. 防除林地灌木：每 666.7 平方米用 10% 甲嘧磺隆悬浮剂 700 ~ 2000 毫升，或用 10% 甲嘧磺隆可湿性粉剂 700 ~ 2000 克，兑水 60 ~ 90 千克喷雾。应选择无风天气，使用带保护罩的喷雾器，低压对杂草进行均匀喷雾，使药液不能接触到苗木上。

7. 防除针叶苗圃杂草：每 666.7 平方米用 10% 甲嘧磺隆悬浮剂 70 ~ 140 毫升，或用 10% 甲嘧磺隆可湿性粉剂 70 ~ 140 克，兑水 45 ~ 60 千克喷雾。应选择无风天气，使用带保护罩的喷雾器，低压对杂草进行均匀喷雾，使药液不能接触到苗木上。

【中毒急救】

吸入：应迅速将患者转移到空气清新流通处。如呼吸停止应做人工呼吸。如呼吸困难应输氧。如有症状及时就医。皮肤接触后：立即用水和肥皂清洗，并彻底冲洗干净。眼睛接触后：把眼睛打开用流水冲洗几分钟，如有持续的症状，及时就医。误食：立即用大量清水漱口，洗胃。洗胃时注意保护气管和食管。及时送医院对症治疗。一旦药液溅入眼睛和黏附皮肤：应立即用水冲洗至少 15 分钟。不要给神志不清的病人经口食用任何东西。本品无特效解毒剂。

【注意事项】

1. 本品使用时按常规方法打开包装。操作者应遵守《农药安全使用准则》，按要求做好劳动保护，如穿戴工作服、手套、面罩等，避免让人体直接接触药剂。工作后漱口、清洗裸露在外的身体部分并更换干净的衣服。

2. 本品是非耕地除草剂，农田禁用。对农作物敏感，绝对禁止使用。施药时避免药液标称到邻近的作物田，以免产生药害。不得以任何形式污染农田和水源。不可在临近雨季的时间用药，以免经连续降雨而将药剂冲刷到附近农田里而造成药害。杉木和落叶松对本品比较敏感，请谨慎使用。

3. 本品呈弱碱性，禁止同酸性药剂混用。

4. 本品不宜在门氏黄松、美国黄松等上使用，以免产生药害。

5. 采用专用喷雾器具及配药容器。施药后药械器具应充分清洗。洗涤废水不能注入果园或农田，以免农业用水变成农作物药害。用完包装袋应及时集中处理，不可他用。

6. 施药后大片杂草杂灌枯死时，注意防火。

7. 风力在 2 级以下的晴朗的天气中喷洒，以免产生漂移而使附近的农作物产生药害。

8. 本品显效较慢，施药后 6 ~ 8 小时，杂草停止生长，先是茎叶由绿变紫红，端芽坏死，直至全株植死，故施药后不要因显效慢，而重喷或人工除草。

9. 大风天或预计 1 小时同有降雨，请勿施药。

10. 喷药时压低喷雾头向下喷，严防雾滴漂移到果树叶上。沙性土壤药剂易被淋溶至土壤下层伤害树根，不能使用。

11. 孕妇和哺乳期妇女应避免接触。

12. 本品放置于阴凉、干燥、通风、防雨处，远离火源，勿与食品、饲料、种子、日用品等同贮同运。

13. 本品宜置于儿童够不着的地方并上锁，不得重压、破损包装容器。

精噁唑禾草灵

【作用特点】

精噁唑禾草灵属杂环氧基苯氧基丙酸类除草剂，是选择性的内吸芽后除草剂。主要是通过抑制脂肪酸合成的关键酶——乙酰辅酶 A 羧化酶，从而抑制了脂肪酸的合成。对禾本科杂草有很强的杀伤作用，对阔叶作物安全。杂草吸收药剂的部位主要是茎和叶，但施入土壤中的药剂通过根也能被吸收。进入植物体内的药剂水解为酸的形态，药剂通过茎、叶吸收传导，经筛管和导管传导至生长点及节间分生组织，干扰三磷酸腺苷的产生和传导，破坏光合作用和抑制禾本科植物的茎节、根、茎、芽等部位的细胞分裂，阻止其生长。作用迅速，施药后 2～3 天停止生长，5～6 天心叶失绿变紫色，随后基部叶片变黄，心叶枯死，分蘖基部坏死，叶片枯萎，最后全株死亡。是选择性极强的茎叶处理剂。

【毒性与环境生物安全性评价】

对高等动物毒性低毒。

原药雄大鼠急性经口 LD_{50} 为 3040 毫克/千克；

原药雌大鼠急性经口 LD_{50} 为 2090 毫克/千克；

原药小鼠急性经口 LD_{50} 大于 5000 毫克/千克；

原药大鼠急性经皮 LD_{50} 大于 2000 毫克/千克；

原药兔急性经皮 LD_{50} 大于 2000 毫克/千克，

原药大鼠急性吸入 4 小时 LC_{50} 为 5.24 毫克/升。

对兔眼睛无刺激性；

对兔皮肤无刺激性。

大鼠 90 天亚慢性喂养试验结果无作用剂量为 10 毫克/千克；

小鼠 90 天亚慢性喂养试验结果无作用剂量为 10 毫克/千克；

狗 90 天亚慢性喂养试验结果无作用剂量为 400 毫克/千克。

大鼠 2 年慢性喂养试验急性经口无作用剂量为 30 毫克/千克；

小鼠 2 年慢性喂养试验急性经口无作用剂量为 40 毫克/千克；

狗 1 年慢性喂养试验急性经口无作用剂量为 25 毫克/千克；

狗 2 年慢性喂养试验急性经口无作用剂量为 15 毫克/千克。

各种试验表明，无致癌、致畸、致突变作用。

制剂大鼠急性经口 LD_{50} 大于 5000 毫克/千克；

制剂大鼠急性经皮 LD_{50} 大于 4000 毫克/千克；

制剂大鼠急性吸入 4 小时 LC_{50} 大于 4.3 毫克/升。

对兔眼睛有刺激性；

对兔皮肤有刺激性。

对豚鼠皮肤有致敏性。

对鱼类有毒害。

翻车鱼 96 小时急性毒性 LC_{50} 为 4.2 毫克/升；

虹鳟鱼 96 小时急性毒性 LC_{50} 为 1.3 毫克/升。

对鸟类毒性低毒。

野鸭急性经口 LD_{50} 为 3500 毫克/千克。

对蜜蜂毒性低毒。

蜜蜂经口 LD_{50} 为 200 微克/只；

蜜蜂接触 LD_{50} 为 200 微克/只。

对土壤微生物毒性低毒。

蚯蚓 LD_{50} 大于 1000 毫克/千克土壤。

每人每日允许摄入量为 0.01 毫克/千克体重。

【防治对象】

可以用于小麦及黑麦田防除禾本科杂草，如看麦娘、日本看麦娘、野燕麦、律头草、稗、狗尾草、自生玉米、自生高粱、自生燕麦等，还能防除风剪股颖、鹬草、野黍、毛线稷、假高粱等。在较高用量下可用来防除芨草、硬草等。花生、大豆、蔬菜等阔叶作物田苗后防除禾本科杂草的内吸选择性茎叶除草剂，可防治稗草、马唐、牛筋草、千金子、看麦娘、日本看麦娘、野燕麦、狗尾草、野黍、画眉草、雀稗等多种常见一年生禾本科杂草，且施药期宽，对阔叶作物和常规轮作的下茬作物安全。

【使用方法】

1. 防除春小麦田 1 年生禾本科杂草：每 666.7 平方米用 69 克/升精噁唑禾草灵水乳剂 50～60 毫升，小麦起身拔节期前，禾本科靶标杂草 2 叶至分蘖末期，背负式喷雾器每 666.7 平方米兑水 25～30 千克，或拖拉机喷雾器每 666.7 平方米兑水 7～20 千克，对全田茎叶均匀喷雾处理。干旱条件下及西北干旱地区春小麦田应酌情增加用量，以及防治菵草、硬草和 6 叶以上大龄靶标禾本科杂草时，用药量则应酌情增加。喷药时药液要均匀周到。施药时，避免漂移到周围作物田地及其他作物。

2. 防除春小麦田野燕麦：每 666.7 平方米用 69 克/升精噁唑禾草灵水乳剂 50～60 毫升，小麦起身拔节期前，禾本科靶标杂草 2 叶至分蘖末期，背负式喷雾器每 666.7 平方米兑水 25～30 千克，或拖拉机喷雾器每 666.7 平方米兑水 7～20 千克，对全田茎叶均匀喷雾处理。干旱条件下及西北干旱地区春小麦田应酌情增加用量，以及防治菵草、硬草和 6 叶以上大龄靶标禾本科杂草时，用药量则应酌情增加。喷药时药液要均匀周到。施药时，避免漂移到周围作物田地及其他作物。

3. 防除冬小麦田 1 年生禾本科杂草：每 666.7 平方米用 69 克/升精噁唑禾草灵水乳剂 40～50 毫升，小麦起身拔节期前，禾本科靶标杂草 2 叶至分蘖末期，背负式喷雾器每 666.7 平方米兑水 25～30 千克，或拖拉机喷雾器每 666.7 平方米兑水 7～20 千克，对全田茎叶均匀喷雾处理。喷药时药液要均匀周到。施药时，避免漂移到周围作物田地及其他作物。

4. 防除冬小麦田看麦娘：每 666.7 平方米用 69 克/升精噁唑禾草灵水乳剂 40～50 毫升，小麦起身拔节期前，禾本科靶标杂草 2 叶至分蘖末期，背负式喷雾器每 666.7 平方米兑水 25～30 千克，或拖拉机喷雾器每 666.7 平方米兑水 7～20 千克，对全田茎叶均匀喷雾处理。喷药时药液要均匀周到。施药时，避免漂移到周围作物田地及其他作物。

5. 防除春油菜田 1 年生禾本科杂草：每 666.7 平方米用 69 克/升精噁唑禾草灵水乳剂 50～60 毫升，靶标杂草 3～6 叶期间、刚出齐苗时，背负式喷雾器每 666.7 平方米兑水 25～30 千克，或拖拉机喷雾器每 666.7 平方米兑水 7～20 千克，对全田茎叶均匀喷雾处理。喷药时药液要均匀周到。施药时，避免漂移到周围作物田地及其他作物。干旱或喷头流量及杂草密度较大时应采用较高的推荐制剂用量和兑水量，高温天气时应傍晚施用。西北干旱地区应酌情增加制剂用量至每 666.7 平方米 70～80 毫升；防治硬草、碱茅和 6 叶以上大龄靶标杂草时则应酌情增大制剂用量每 666.7 平方米 80 ~ 120 毫升。

6. 防除冬油菜田 1 年生禾本科杂草：每 666.7 平方米用 69 克/升精噁唑禾草灵水乳剂 40 ~ 50 毫升，靶标杂草 3 ~ 6 叶期间、刚出齐苗时，背负式喷雾器每 666.7 平方米兑水 25 ~ 30 千克，或拖拉机喷雾器每 666.7 平方米兑水 7 ~ 20 千克，对全田茎叶均匀喷雾处理。喷药时药液要均匀周到。施药时，避免漂移到周围作物田地及其他作物。干旱或喷头流量及杂草密度较大时应采用较高的推荐制剂用量和兑水量，高温天气时应傍晚施用。西北干旱地区应酌情增加制剂用量至每 666.7 平方米 70 ~ 80 毫升；防治硬草、碱茅和 6 叶以上大龄靶标杂草时则应酌情增大制剂用量每 666.7 平方米 80 ~ 120 毫升。

7. 防除花生田 1 年生禾本科杂草：每 666.7 平方米用 69 克/升精噁唑禾草灵水乳剂 43.5 ~ 60 毫升，靶标杂草 3 ~ 6 叶期间、刚出齐苗时，背负式喷雾器每 666.7 平方米兑水 25 ~ 30 千克，或拖拉机喷雾器每 666.7 平方米兑水 7 ~ 20 千克，对全田茎叶均匀喷雾处理。喷药时药液要均匀周到。施药时，避免漂移到周围作物田地及其他作物。干旱或喷头流量及杂草密度较大时应采用较高的推荐制剂用量和兑水量，高温天气时应傍晚施用。西北干旱地区应酌情增加制剂用量至每 666.7 平方米 70 ~ 80 毫升；防治硬草、碱茅和 6 叶以上大龄靶标杂草时则应酌情增大制剂用量每 666.7 平方米 80 ~ 120 毫升。

8. 防除大豆田 1 年生禾本科杂草：南方地区每 666.7 平方米用 69 克/升精噁唑禾草灵水乳剂 50 ~ 60 毫升，北方地区每 666.7 平方米用 69 克/升精噁唑禾草灵水乳剂 60 ~ 70 毫升，靶标杂草 3 ~ 6 叶期间、刚出齐苗时，背负式喷雾器每 666.7 平方米兑水 25 ~ 30 千克，或拖拉机喷雾器每 666.7 平方米兑水 7 ~ 20 千克，对全田茎叶均匀喷雾处理。喷药时药液要均匀周到。施药时，避免漂移到周围作物田地及其他作物。干旱或喷头流量及杂草密度较大时应采用较高的推荐制剂用量和兑水量，高温天气时应傍晚施用。西北干旱地区应酌情增加制剂用量至每 666.7 平方米 70 ~ 80 毫升；防治硬草、碱茅和 6 叶以上大龄靶标杂草时则应酌情增大制剂用量每 666.7 平方米 80 ~ 120 毫升。

9. 防除花椰菜田 1 年生禾本科杂草：每 666.7 平方米用 69 克/升精噁唑禾草灵水乳剂 50 ~ 60 毫升，靶标杂草 3 ~ 6 叶期间、刚出齐苗时，背负式喷雾器每 666.7 平方米兑水 25 ~ 30 千克，或拖拉机喷雾器每 666.7 平方米兑水 7 ~ 20 千克，对全田茎叶均匀喷雾处理。喷药时药液要均匀周到。施药时，避免漂移到周围作物田地及其他作物。干旱或喷头流量及杂草密度较大时应采用较高的推荐制剂用量和兑水量，高温天气时应傍晚施用。西北干旱地区应酌情增加制剂用量至每 666.7 平方米 70 ~ 80 毫升；防治硬草、碱茅和 6 叶以上大龄靶标杂草时则应酌情增大制剂用量每 666.7 平方米 80 ~ 120 毫升。

10. 防除棉花田 1 年生禾本科杂草：每 666.7 平方米用 69 克/升精噁唑禾草灵水乳剂 50 ~ 60 毫升，靶标杂草 3 ~ 6 叶期间、刚出齐苗时，背负式喷雾器每 666.7 平方米兑水 25 ~ 30 千克，或拖拉机喷雾器每 666.7 平方米兑水 7 ~ 20 千克，对全田茎叶均匀喷雾处理。喷药时药液要均匀周到。施药时，避免漂移到周围作物田地及其他作物。干旱或喷头流量及杂草密度较大时应采用较高的推荐制剂用量和兑水量，高温天气时应傍晚施用。西北干旱地区应酌情增加制剂用量至每 666.7 平方米 70 ~ 80 毫升；防治硬草、碱茅和 6 叶以上大龄靶标杂草时则应酌情增大制剂用量每 666.7 平方米 80 ~ 120 毫升。

【特别说明】

1. 防除看麦娘、棒头草的施药适期比较宽，每 666.7 平方米用 69 克/升精噁唑禾草灵水乳剂 45 ~ 50 毫升，在看麦娘、棒头草 3 叶期至拔节初期施药，都能取得较好的防效。但从保产效果出发宜在看麦娘、棒头草 3 ~ 5 叶期施药，每 666.7 平方米用水 30 ~ 40 千克。在长江下游 12 月中旬气温显著下降，稻茬晚播麦田骠马的施用一般到 12 月上旬结束，晚播麦田可在第 1 年春季麦苗返青到拔节前施药。

2. 防除茺草、硬草，每 666.7 平方米用 69 克/升精噁唑禾草灵水乳剂 60 ~ 70 毫升，在茺草 3 ~ 5 叶期兑水 30 ~ 50 千克喷洒。麦田硬草对精噁唑禾草灵的抗药性较，大的幼苗抗药性高于小的幼苗。在麦子播种以后 15 ~ 20 天，即硬草 2 ~ 3 叶期，每 666.7 平方米用 69 克/升精噁唑禾草灵水乳剂 60 ~ 80 毫升，加水 30 ~ 40 千克喷洒，如硬草 1 ~ 1.5 叶期喷洒，则喷药过早，硬草未出齐，防效降低。春季 3 月上、中旬施药，硬草已 6 ~ 7 叶，每 666.7 平方米用量则应加大，使用 69 克/升精噁唑禾草灵水乳剂不少于 100 毫升，兑水 40 ~ 50 千克喷洒。精噁唑禾草灵与敌稗混用可以提高对硬草的防除效果，尤其是对鲜重防效的提高幅度较明显。冬前施药，每 666.7 平方米用 69 克/升精噁唑禾草灵水乳剂 75 毫升加 20% 敌稗 100 毫升兑水喷洒，翌年春对硬草的株防效和鲜重防效分别比每 666.7 平方米用 69 克/升精噁唑禾草灵水乳剂 75 毫升单用增加 6.2 个和 16.8 个百分点。

3. 防除野燕麦，每 666.7 平方米用 69 克/升精噁唑禾草灵水乳剂 40 ~ 60 毫升，于野燕麦 3 叶期至拔节前，兑水 30 ~ 40 千克喷洒。稻茬小麦田杂草群落的组成有禾本科杂草和阔叶草，禾本科杂草除了看麦娘、日本看麦娘、茺草、硬草、棒头草以外，在江苏里下河地区还有野燕麦。这种生态型的野燕麦种子能在稻田有水层浸泡的土壤中越夏，到秋季麦子播种以后再萌发出土。稻茬麦田杂草群落的组成除禾本科杂草以外还有阔叶杂草，主要有猪殃殃、繁缕、牛繁缕、稻槎菜、雀舌草等，为了兼治这些阔叶草，可以将精噁唑禾草灵与氟草定或苯磺隆混配使用，使用的配方为：每 666.7 平方米用 69 克/升精噁唑禾草灵水乳剂 50 毫升加 20% 氟草定乳油 40 ~ 50 毫升或 75% 苯磺隆悬浮剂 1 ~ 1.3 克。

【中毒急救】

吸入：应迅速将患者转移到空气清新流通处，解开衣领、腰带，保持呼吸畅通。如呼吸停止应做人工呼吸。如呼吸困难应输氧。如有症状及时就医。皮肤接触后：立即用水和肥皂清洗，并彻底冲洗干净。眼睛接触后：把眼睛打开用流水冲洗几分钟，如有持续的症状，及时就医。一旦药液溅入眼睛和黏附皮肤：应立即用水冲洗至少 15 ~ 20 分钟。误服：首先应该给病人服用 200 毫升液体石蜡，然后用 4 千克左右的水洗胃。最后用炭粉和硫酸钠进行处理。禁用肾上腺素衍生物处理。及时送医院就诊。

【注意事项】

1. 本品使用时按常规方法打开包装。操作者应遵守《农药安全使用准则》，按要求做好劳动保护，如穿戴工作服、手套、面罩等，避免让人体直接接触药剂。工作后漱口、清洗裸露在外的身体部分并更换干净的衣服。

2. 每季最多使用 1 次。

3. 严格按推荐的使用技术均匀施用，不得超范围使用。不宜在 3 天内有大雨和冬季霜冻季节施用，以保药效。

4. 本品无土壤除草活性，宜采用配有雾化好的（扇形雾）细雾滴喷头的喷雾器恒速均匀喷雾，严禁"草多处多喷"，避免重喷或漏喷。

5. 2,4 - 滴、二甲四氯对本剂有一定拮抗作用。

6. 低温、干旱时施用，杀草速度慢，但一般不影响最终防效。

7. 大麦、燕麦、玉米、高粱对骠马敏感，这些作物田不能使用骠马，否则会产生药害，导致减产。

8. 春季小麦抗药性减弱，在推荐用量情况下，部分田块麦苗轻度发黄，7 ~ 10 天后恢复，不影响产量。早播麦田应在冬前施药。

9. 土壤湿度高时防效好，土壤干旱防效降低。故应灌溉后施药，没有灌溉条件时应提高用药量和加大喷水量。

10. 本品储藏后，常有分层现象，使用前用力摇匀后配制药液，不影响药效。使用时将本品及其包装内冲洗液完全倒入装有少量清水的喷雾器内，混匀后，补足剩余水量后喷施。

11. 本品对早熟禾、雀麦、节节麦、毒麦、冰草、黑麦草、蜡烛草等极恶性禾草无效。

12. 本品对鱼等水生生物有毒，应避免其污染鱼塘和水源等。

13. 农药空包装应 3 次清洗后妥善处理；禁止在河塘清洗施药器械。

14. 避免孕妇及哺乳期的妇女接触。

15. 用过的容器妥善处理，不可做他用，不可随意丢弃。

16. 本品放置于阴凉、干燥、通风、防雨处，远离火源，勿与食品、饲料、种子、日用品等同贮同运。

17. 本品宜置于儿童够不着的地方并上锁，不得重压、破损包装容器。

克草胺

【作用特点】

克草胺属酰胺类选择性芽前土壤处理除草剂。作用机制为本品有较高的土壤活性，通过杂草的幼芽、芽稍吸收而抑制蛋白质的合成，从而杀死杂草。效果与杂草出土前后的土壤湿度有关，持效期 40 天左右。用于水稻插秧田防除稗草、牛毛草等稻田杂草，也可用于覆膜或有灌溉条件的花生、棉花、芝麻、玉米、大豆、油菜、马铃薯及十字花科、茄科、豆科、菊科、伞形花科多种蔬菜用，防除 1 年生单子叶和部分阔叶杂草。本品活性高于丁草胺，安全性低于丁草胺，故应严格掌握施药时间和用药量；不宜在水稻秧田、直播田及小苗、弱苗及漏水得本田使用；水稻芽期和黄瓜、菠菜、高粱、谷子等对克草胺敏感，不宜使用。

【毒性与环境生物安全性评价】

对高等动物毒性低毒。

原药雄大鼠急性经口 LD_{50} 为 926 毫克/千克；

原药雌大鼠急性经口 LD_{50} 为 584 毫克/千克；

原药大鼠急性经皮 LD_{50} 大于 2150 毫克/千克。

对兔眼睛有刺激性；

对兔皮肤无刺激性。

豚鼠皮肤致敏性试验结果为弱致敏性。

制剂雄大鼠急性经口 LD_{50} 为 2330 毫克/千克；

制剂雌大鼠急性经口 LD_{50} 为 2330 毫克/千克；

制剂大鼠急性经皮 LD_{50} 大于 2150 毫克/千克。

对兔眼睛有刺激性；

对兔皮肤无刺激性。

豚鼠皮肤致敏性试验结果为弱致敏性。

对鱼类毒性高毒。

斑马鱼 96 小时急性毒性 LC_{50} 为 0.55 毫克/升。

对鸟类毒性中等毒。

鹌鹑 7 天 LD_{50} 雄性为 368.79 毫克/千克；

鹌鹑 7 天 LD_{50} 雌性为 425.41 毫克/千克。

对蜜蜂毒性低毒。

蜜蜂接触 LD_{50} 大于 200 微克/只。

对家蚕毒性低毒。

家蚕食下毒叶法 48 小时 LC_{50} 大于 5000 毫克/升。

在红土中易降解。

在水稻土中易降解。

在黑土中较易降解。

难水解。

难光解。

在褐土中较易移动。

在黑土中较难移动。

在土壤中难吸附，难挥发，具有中等富集性。

在水稻田降解速度较快，半衰期为 1 天左右。

在土壤中半衰期为 10 天左右。

【防治对象】

用于移栽水稻、玉米田防除 1 年生禾本科杂草及小粒种子阔叶杂草，持效期 40 天左右。用于水田除草时对牛毛毡、莎草科草有独到防效，其具有活性高、毒性低的特点。

【使用方法】

1. 防除移栽水稻田 1 年生禾本科杂草：北方地区移栽后 5~7 天，南方地区移栽后 3~6 天，拌细土撒施，北方地区每 666.7 平方米用 47% 克草胺乳油 75~100 毫升，其他地区每 666.7 平方米用 47% 克草胺乳油 50~75 毫升，拌 15~20 千克细沙或细土撒施，施药时，避免把药剂撒施到周围作物田地及其他作物。

2. 防除移栽水稻田部分阔叶杂草：北方地区移栽后 5~7 天，南方地区移栽后 3~6 天，拌细土撒施，北方地区每 666.7 平方米用 47% 克草胺乳油 75~100 毫升，其他地区每 666.7 平方米用 47% 克草胺乳油 50~75 毫升，拌 15~20 千克细沙或细土撒施，施药时，避免把药剂撒施到周围作物田地及其他作物。

【中毒急救】

吸入：应迅速将患者转移到空气清新流通处。如呼吸停止应做人工呼吸。如呼吸困难应输氧。如有症状及时就医。皮肤接触后：立即用水和肥皂清洗，并彻底冲洗干净。眼睛接触后：把眼睛打开用流水冲洗几分钟，如有持续的症状，及时就医。误食：应立即洗胃，并用手指触压喉咙引吐。不应催吐，应先洗胃，再用活性炭和硫酸钠处理，监测肝、肾、血红球数及呼吸和心脏功能，透析消除、强制碱利尿。勿用温水洗胃，以免促进吸收。洗胃时注意保护气管和食管。及时送医院对症治疗。一旦药液溅入眼睛和黏附皮肤：应立即用水冲洗至少 15 分钟。不要给神志不清的病人经口食用任何东西。本品无特效解毒剂。

【注意事项】

1. 本品使用时按常规方法打开包装。操作者应遵守《农药安全使用准则》，按要求做好劳动保护，如穿戴工作服、手套、面罩等，避免让人体直接接触药剂。工作后漱口、清洗裸露在外的身体部分并更换干净的衣服。

2. 大风天或预计 1 小时内降雨，请勿施药。

3. 水稻田应严格掌握适期和药量，施药时要撒施均匀，药后如遇大雨水层增高，淹没心叶易产生药害，要注意排水。

4. 不宜在水稻秧田、直播田及小苗弱苗和漏水移栽田使用。

5. 如田间阔叶杂草较多，请与防除阔叶杂草除草剂混合使用。

6. 水稻芽期和黄瓜、菠菜、高粱、谷子等对克草胺敏感，不宜使用。

7. 每季作物最多使用 1 次。

8. 本品在水稻田降解速度较快，半衰期为 1 天左右，在土壤中半衰期为 10 天左右，属易降解型农药，无后茬残留影响。

9. 本品对鱼类及水生生物高毒，养鱼稻田禁止使用。

10. 远离水产养殖区施药，禁止在河塘等水体中清洗施药器具。

11. 本品不可与呈碱性的农药等物质混合使用。

12. 禁止孕妇及哺乳期的妇女接触。

13. 用过的容器妥善处理，不可做他用，不可随意丢弃。

14. 本品放置于阴凉、干燥、通风、防雨处，远离火源，勿与食品、饲料、种子、日用品等同贮同运。

15. 本品宜置于儿童够不着的地方并上锁，不得重压、破损包装容器。

喹禾糠酯

【作用特点】

喹禾糠酯是具有内吸传导性的防除禾本科杂草的苗后除草剂。属乙酰辅酶 A 羧化酶抑制剂。作用机理是茎叶处理后能够很快被禾本科的杂草茎叶吸收，传导到整个植株的分生组织，抑制脂肪酸的合成，阻止杂草发芽和根、茎生长而杀死杂草。在禾本科杂草和双子叶植物之间有高度的选择性。本品从面吸收传输到植物体内，在木质部和韧皮部中运动，在分裂组织中积累。药剂在杂草体内持效期较长。喷药后杂草很快停止生长，3~5 天心叶基部变褐，5~10 天杂草出现明显黄化坏死，14~21 天内整株死亡。它主要用于防除土豆、亚麻、油菜、大豆、甜菜、棉花和碗豆地中的 1 年生和多年生杂草。对 1 生年狭叶杂草和自生小麦、大麦可得到有效的防除，其防除率与其他产品相比表现优越。

【毒性与环境生物安全性评价】

对高等动物毒性低毒。

原药雄大鼠急性经口 LD_{50} 为 1012 毫克/千克；

原药雌大鼠急性经口 LD_{50} 为 1012 毫克/千克；

原药雄大鼠急性经皮 LD_{50} 大于 2000 毫克/千克；

原药雌大鼠急性经皮 LD_{50} 大于 2000 毫克/千克；

原药兔急性经皮 LD_{50} 大于 2000 毫克/千克。

对兔眼睛有轻微刺激性；

对兔皮肤无刺激性。

大鼠 2 年慢性喂养试验急性经口无作用剂量为 1.25 毫克/千克·天；

狗 2 年慢性喂养试验急性经口无作用剂量为 19 毫克/千克·天。

制剂雄大鼠急性经口 LD_{50} 大于 2000 毫克/千克；

制剂雌大鼠急性经口 LD_{50} 大于 2000 毫克/千克；

制剂雄大鼠急性经皮 LD_{50} 大于 4000 毫克/千克；

制剂雌大鼠急性经皮 LD_{50} 大于 4000 毫克/千克。

对兔眼睛有轻微刺激性；

对兔皮肤无刺激性。

对鱼类毒性高毒。

虹鳟鱼 96 小时急性毒性 LC_{50} 大于 0.51 毫克/升；

太阳鱼 96 小时急性毒性 LC_{50} 为 0.23 毫克/升。

对水生生物毒性中等毒。

水蚤 48 小时急性毒性 LC_{50} 大于 1.5 毫克/升；

藻类 120 小时急性毒性 EC_{50} 大于 1.9 毫克/升。

对鸟类毒性低毒。

禽鸟 8 天 LC_{50} 大于 5000 毫克/升；

禽鸟 21 天 LC_{50} 大于 2150 毫克/升；

野鸭饲喂 8 天 LC_{50} 大于 5000 毫克/升；

山齿鹑饲喂 8 天 LC_{50} 大于 5000 毫克/升。

对蜜蜂毒性低毒。

蜜蜂经口 48 小时 LC_{50} 为 5000 毫克/升；

蜜蜂接触 48 小时 LD_{50} 大于 100 微克/只。

对家蚕毒性低毒。

2 龄家蚕食下毒叶法 LC_{50} 大于 3000 毫克/千克。

对蚯蚓毒性低毒。

蚯蚓 14 天 LC_{50} 大于 1000 毫克/千克土壤。

对蛙类毒性低毒。

对赤眼蜂高风险。

在土壤中吸附性弱。

在土壤中移动性中等。

易降解。

在酸性条件下难水解。

在中性与碱性条件下易水解。

具有中等富集性。

每人每日允许摄入量为 0.013 毫克/千克。

【防治对象】

主要用于防除土豆、亚麻、油菜、大豆、甜菜、马铃薯、棉花和碗豆地中的 1 年生和多年生杂草，如鼠尾看麦娘、野燕麦、扁叶臂形草、毛雀麦、旱雀麦、蔾藜草属、毛地黄属、稗、蟋蟀草、秋稷、得克萨斯稷、黍、罗氏草、二色高粱、龙瓜茅、芒稷、千金子属等，高剂量下还能抑制匍匐野麦、狗牙根、阿拉伯高粱等。

【使用方法】

1. 防除大豆田 1 年生禾本科杂草：在杂草 2 ~ 5 叶期，每 666.7 平方米用 40 克/升喹禾糠酯乳油 60 ~ 80 毫升，兑水 30 ~ 45 千克，茎叶均匀喷雾。应选择无风天气，使用带保护罩的喷雾器，低压对杂草进行均匀喷雾，使药液不能漂移到其他作物上。

2. 防除油菜田 1 年生禾本科杂草：在杂草 2 ~ 5 叶期，每 666.7 平方米用 40 克/升喹禾糠酯乳油 60 ~ 80 毫升，兑水 30 ~ 45 千克，茎叶均匀喷雾。应选择无风天气，使用带保护罩的喷雾器，低压对杂草进行均匀喷雾，使药液不能漂移到其他作物上。

3. 防除土豆田 1 年生禾本科杂草：在杂草 2 ~ 5 叶期，每 666.7 平方米用 40 克/升喹禾糠酯乳油 50 ~ 80 毫升，兑水 30 ~ 45 千克，茎叶均匀喷雾。应选择无风天气，使用带保护罩的喷雾器，低压对杂草进行均匀喷雾，使药液不能漂移到其他作物上。

4. 防除甜菜田 1 年生禾本科杂草：在杂草 2 ~ 5 叶期，每 666.7 平方米用 40 克/升喹禾糠酯乳油 60 ~ 80 毫升，兑水 30 ~ 45 千克，茎叶均匀喷雾。应选择无风天气，使用带保护罩的喷雾器，低压对杂草进行均匀喷雾，使药液不能漂移到其他作物上。

5. 防除棉花田 1 年生禾本科杂草：在杂草 2～5 叶期，每 666.7 平方米用 40 克/升喹禾糠酯乳油 60～80 毫升，兑水 30～45 千克，茎叶均匀喷雾。应选择无风天气，使用带保护罩的喷雾器，低压对杂草进行均匀喷雾，使药液不能漂移到其他作物上。

6. 防除豌豆田 1 年生禾本科杂草：在杂草 2～5 叶期，每 666.7 平方米用 40 克/升喹禾糠酯乳油 50～80 毫升，兑水 30～45 千克，茎叶均匀喷雾。应选择无风天气，使用带保护罩的喷雾器，低压对杂草进行均匀喷雾，使药液不能漂移到其他作物上。

7. 防除亚麻田 1 年生禾本科杂草：在杂草 2～5 叶期，每 666.7 平方米用 40 克/升喹禾糠酯乳油 60～80 毫升，兑水 30～45 千克，茎叶均匀喷雾。应选择无风天气，使用带保护罩的喷雾器，低压对杂草进行均匀喷雾，使药液不能漂移到其他作物上。

8. 防除马铃薯田 1 年生禾本科杂草：在杂草 2～5 叶期，每 666.7 平方米用 40 克/升喹禾糠酯乳油 60～80 毫升，兑水 30～45 千克，茎叶均匀喷雾。应选择无风天气，使用带保护罩的喷雾器，低压对杂草进行均匀喷雾，使药液不能漂移到其他作物上。

【中毒急救】

吸入：应迅速将患者转移到空气清新流通处。如呼吸停止应做人工呼吸。如呼吸困难应输氧。如有症状及时就医。皮肤接触后：立即用水和肥皂清洗，并彻底冲洗干净。眼睛接触后：把眼睛打开用流水冲洗几分钟，如有持续的症状，及时就医。误食：立即用大量清水、牛奶漱口，洗胃。洗胃时注意保护气管和食管。及时送医院对症治疗。一旦药液溅入眼睛和黏附皮肤：应立即用水冲洗至少 15 分钟。不要给神志不清的病人经口食用任何东西。本品无特效解毒剂。

【注意事项】

1. 本品使用时按常规方法打开包装。操作者应遵守《农药安全使用准则》，按要求做好劳动保护，如穿戴工作服、手套、面罩等，避免让人体直接接触药剂。工作后漱口、清洗裸露在外的身体部分并更换干净的衣服。

2. 每年最多使用 1 次。

3. 本品对鱼及其他水生生物有毒，在清洗喷雾器时，不要污染水塘、水沟和河流等水体。

4. 本品对赤眼蜂毒性较高，使用时应该注意对天敌的保护。

5. 使用过的包装及废弃物应作集中焚烧处理，不能做他用。避免其污染地下水，沟渠等水源。

6. 间、套用阔叶作物的田块，不能使用本品。

7. 避免要也漂移到水稻、小麦、谷子等禾本科作物田。

8. 喷药时压低喷雾头向下喷，严防雾滴漂移到果树叶上。沙性土壤药剂易被淋溶至土壤下层伤害树根，不能使用。

9. 本品耐雨水冲刷，施药后 1 小时降雨不会影响药效，不用重新喷施。

10. 不得以任何形式污染农田及水源。不可在临近雨季的时间用药，以免经连续降雨而将药剂冲刷到附近农田里而造成药害。

11. 孕妇和哺乳期妇女应避免接触。

12. 本品放置于阴凉、干燥、通风、防雨处，远离火源，勿与食品、饲料、种子、日用品等同贮同运。

13. 本品宜置于儿童够不着的地方并上锁，不得重压、破损包装容器。

氯嘧磺隆

【作用特点】

氯嘧磺隆属磺酰脲类选择性芽前、芽后除草剂，属乙酰乳酸合成酶抑制剂。主要是抑制侧链氨基酸合成。可被植物根、茎、叶吸收，在植物体内进行上下传导，由输导组织传递到分生组织，阻止植物体内乙酰乳酸合成酶的活性而中断缬氨酸和异亮氨酸合成，从而抑制细胞分裂及细胞的生长。是一种选择性芽前、芽后除草剂，主要用于大豆田防除阔叶杂草。作用机制为抑制植物体内乙酰乳酸合成酶的活性而干扰支链氨基酸的合成。它主要用于大豆除草，防除莎草、阔叶杂草及某些禾本科杂草。在植物体内主要从处理部位根和幼芽向上传导，至生长点发挥作用。杂草吸收药剂中毒后不会立即死亡，但停止生长，敏感植物的叶在3～5天失绿，生长点坏死，5～10天植株开始黄化、枯萎，最后死亡。在7～21天内，敏感植物生长受到明显抑制，有些植物虽保持绿色，但被矮化而无竞争性。

【毒性与环境生物安全性评价】

对高等动物毒性低毒。

原药雄大鼠急性经口 LD_{50} 为 4100 毫克/千克；

原药雌大鼠急性经口 LD_{50} 为 4100 毫克/千克；

原药雄大鼠急性经皮 LD_{50} 大于 2000 毫克/千克；

原药雌大鼠急性经皮 LD_{50} 大于 2000 毫克/千克；

原药雄兔急性经皮 LD_{50} 大于 2000 毫克/千克；

原药雌兔急性经皮 LD_{50} 大于 2000 毫克/千克；

原药大鼠急性吸入 4 小时 LC_{50} 大于 5 毫克/升。

对兔眼睛无刺激性；

对兔皮肤有轻微刺激性。

豚鼠皮肤致敏试验结果无致敏性。

大鼠 2 年慢性喂养试验急性经口无作用剂量为 400 毫克/千克；

小鼠 2 年慢性喂养试验急性经口无作用剂量为 60 毫克/千克；

狗 1 年慢性喂养试验急性经口无作用剂量为 2500 毫克/千克。

大鼠致畸试验无作用剂量为 30 毫克/千克；

兔致畸试验无作用剂量为 15 毫克/千克。

对鱼类毒性低毒。

蓝鳃太阳鱼 96 小时急性毒性 LC_{50} 大于 100 毫克/升；

鲤鱼 96 小时急性毒性 LC_{50} 大于 100 毫克/升；

虹鳟鱼 96 小时急性毒性 LC_{50} 大于 100 毫克/升。

对鸟类毒性低毒。

日本鹌鹑急性经口 48 小时 LD_{50} 大于 2500 毫克/千克；

野鸭急性经口 48 小时 LD_{50} 大于 2500 毫克/千克。

对蜜蜂毒性低毒。

蜜蜂急性经口 48 小时 LD_{50} 大于 100 微克/只。

对土壤微生物毒性低毒。

蚯蚓 14 天为 1000 毫克/千克土壤。

【防治对象】

大豆芽前、芽后选择性的防除莎草、阔叶杂草及某些禾本科杂草，如苍耳、反枝苋、蓼、藜、苋、苘麻、独行菜、香薷、铁苋菜、牵牛、狼把草、苦菜、羊蹄叶、鼠曲草、决明等，对稗草、早熟禾等也有较好的防效作用。

【使用方法】

1. 防除春大豆田 1 年生阔叶杂草及部分禾本科杂草：春大豆播种后出苗前，每 666.7 平方米用 75% 氯嘧磺隆水分散粒剂 1~2 克，兑水 30~50 千克对土表喷雾。喷药时药液要均匀周到。施药时，避免漂移到周围作物田地及其他作物。

2. 防除夏大豆田 1 年生阔叶杂草及部分禾本科杂草：春大豆播种后出苗前，每 666.7 平方米用 75% 氯嘧磺隆水分散粒剂 1~2 克，兑水 30~50 千克对土表喷雾。喷药时药液要均匀周到。施药时，避免漂移到周围作物田地及其他作物。

【特别说明】

在下述 3 种情况下，不宜使用本品：

1. 低洼易涝、盐碱地和土壤 pH 大于 7 时；

2. 施药时期持续低温（10℃以下）、持续高温（30℃以上）、多雨天气；

3. 弱苗或大豆病虫害较多时。

另外，要特别注意以下 3 点：

1. 土壤有机质超过 6% 时，不宜进行土壤处理；

2. 本品药效期长，后茬以种植大豆、小麦、大麦为宜；

3. 使用本品，特别是茎叶处理后，会对大豆产生轻微抑制作用，应加强田间管理。

【中毒急救】

中毒症状为对眼睛、皮肤和黏膜有刺激作用。吸入：应迅速将患者转移到空气清新流通处，解开衣领、腰带，保持呼吸畅通。如呼吸停止应做人工呼吸。如呼吸困难应输氧。如有症状及时就医。皮肤接触后：立即用水和肥皂清洗，并彻底冲洗干净。眼睛接触后：把眼睛打开用流水冲洗几分钟，如有持续的症状，及时就医。一旦药液溅入眼睛和黏附皮肤：应立即用水冲洗至少 15~20 分钟。误服：首先应该给病人服用 200 毫升液体石蜡，然后用 4 千克左右的水洗胃。可以采用吐根糖浆催吐，呕吐后用活性炭和硫酸钠进行处理，还可以在活性炭中加山梨醇导泻。禁用肾上腺素衍生物处理。

【注意事项】

1. 本品使用时按常规方法打开包装。操作者应遵守《农药安全使用准则》，按要求做好劳动保护，如穿戴工作服、手套、面罩等，避免让人体直接接触药剂。工作后漱口、清洗裸露在外的身体部分并更换干净的衣服。

2. 本品施药与后茬作物的安全间隔期为 90 天，每个作物周期使用 1 次。

3. 本药剂土壤处理安全，茎叶处理必须在植物保护部门小面积试验后，方可在指导下使用。

4. 土壤湿度高时防效好，土壤干旱防效降低。故应灌溉后施药，没有灌溉条件时应提高用药量和加大喷水量。

5. 单、双子叶杂草混合发生的田块，应混用或者搭配使用。

6. 与其他除草剂混合使用前，应先作试验，以避免出现药害。

7. 本品喷药设备采用常规喷雾设备，不宜采用超低量喷雾、弥雾喷雾或进行航喷。用药要均匀周到，严禁超量使用。

8. 本品仅适用于旱地大豆田，不同大豆品种使用前要进行试验后使用。

9. 施药后不要翻土压泥以免破坏药层。

10. 用药后后茬作物不宜种植麦高粱、玉米、棉花、水稻、苜蓿。

11. 农药空包装应 3 次清洗后妥善处理；禁止在河塘清洗施药器械。

12. 避免孕妇及哺乳期的妇女接触。

13. 施药时防止漂移药害，危害周围敏感作物。

14. 用过的容器妥善处理，不可做他用，不可随意丢弃。

15. 本品放置于阴凉、干燥、通风、防雨处，远离火源，勿与食品、饲料、种子、日用品等同贮同运。

16. 本品宜置于儿童够不着的地方并上锁，不得重压、破损包装容器。

氯酰草膦

【作用特点】

氯酰草膦是我国研发成功的一种具有自主知识产权的新型除草剂，属取代苯氧基乙酰基羟基膦酸酯化合物。它是一种新型的激素类除草剂，具有内吸传导性，作用机理为丙酮酸脱氢酶系抑制剂。具有结构新颖、毒性低的特点，可以有效防除玉米、小麦、茶园、果园、草坪的阔叶杂草禾部分单子叶杂草。

1990 ~ 2008 年期间，氯酰草膦相关的研究在 3 项国家自然科学基金、1 项 973 课题、4 项国家科技攻关项目或支撑计划、5 项省部级项目的资助下完成。与本发明相关的研究共获得 7 项中国发明专利授权。因此，氯酰草膦是我国独创、具有自主知识产权的新农药品种，并已被生化研究证明为丙酮酸脱氢酶系的强抑制剂，本发明在"十五"国家科技攻关计划、"十一五"国家科技支撑计划的持续支持下，历时 8 年完成了小试、中试和产业化推广示范研究，其工艺技术达到成熟水平，并在全国 10 多个省、市、自治区进行了大面积多点示范推广及应用技术研究。本项目研究达到了国际同类研究的先进水平。具有自主知识产权的除草剂氯酰草膦产业化开发的完成，为我国创制了一个用于防除阔叶杂草的除草剂，而且在了解植物代谢过程的基础上，运用生物合理设计方法卓有成效地探索和研究了具有新靶标酶作用的除草机理，为我国创制新农药摸索出一条新思路。

【毒性与环境生物安全性评价】

对高等动物毒性低毒。

原药雄大鼠急性经口 LD_{50} 为 1711 毫克/千克；

原药雌大鼠急性经口 LD_{50} 为 1467 毫克/千克；

原药雄大鼠急性经皮 LD_{50} 大于 2000 毫克/千克；

原药雌大鼠急性经皮 LD_{50} 大于 2000 毫克/千克。

对兔眼睛有轻微刺激性；

对兔皮肤有轻微刺激性；

豚鼠皮肤致敏试验结果为弱致敏性。

大鼠 90 天亚慢性喂养试验最大无作用剂量为 1.5 毫克/千克·天。

制剂雄大鼠急性经口 LD_{50} 大于 2000 毫克/千克；

制剂雌大鼠急性经口 LD_{50} 大于 2000 毫克/千克；

制剂雄大鼠急性经皮 LD_{50} 大于 2150 毫克/千克；

制剂雌大鼠急性经皮 LD_{50} 大于 2150 毫克/千克。

对兔眼睛有轻微刺激性；

对兔皮肤无刺激性；

豚鼠皮肤致敏试验结果为弱致敏性。

对鱼类毒性低毒。

斑马鱼 96 小时急性毒性 LC_{50} 为 21.79 毫克/升。

对鸟类毒性低毒。

雄鹌鹑急性经口 LD_{50} 为 1999.9 毫克/千克；

雌鹌鹑急性经口 LD_{50} 为 1790.0 毫克/千克。

对蜜蜂毒性低毒。

蜜蜂急性经口 LD_{50} 大于 100 微克/只。

对家蚕毒性低毒。

2 龄家蚕食下毒叶法 48 小时 LC_{50} 大于 10000 毫克/千克。

【防治对象】

主要用于防除草坪阔叶杂草，能够有效防除反枝苋、铁苋菜等 1 年生阔叶杂草。

【使用方法】

防除高羊茅草坪阔叶杂草：在杂草 2 ~ 4 叶期，每 666.7 平方米用 30% 氯酰草膦乳油 90 ~ 120 毫升，兑水 30 ~ 45 千克，茎叶均匀喷雾。应选择无风天气，低压对杂草进行均匀喷雾，使药液不能漂移到其他作物上。

【中毒急救】

吸入：应迅速将患者转移到空气清新流通处。如呼吸停止应做人工呼吸。如呼吸困难应输氧。如有症状及时就医。皮肤接触后：立即用水和肥皂清洗，并彻底冲洗干净。眼睛接触后：把眼睛打开用流水冲洗几分钟，如有持续的症状，及时就医。一旦药液溅入眼睛和黏附皮肤：应立即用水冲洗至少 15 分钟。误服后：立即给服 2 大杯水或饮牛奶，催吐，洗胃。洗胃时禁用温水，口服 10% 硫酸亚铁溶液。不要给神志不清的病人经口食用任何东西。本品无特效解毒剂。

【注意事项】

1. 本品使用时按常规方法打开包装。操作者应遵守《农药安全使用准则》，按要求做好劳动保护，如穿戴工作服、手套、面罩等，避免让人体直接接触药剂。工作后漱口、清洗裸露在外的身体部分并更换干净的衣服。

2. 每年最多使用 1 次。

3. 在清洗喷雾器时，不要污染水塘、水沟和河流等水体。

4. 使用过的包装及废弃物应作集中焚烧处理，不能做他用。避免其污染地下水，沟渠等水源。

5. 应选择无风天气施用本品，避免药液漂移到阔叶作物、树木上，防止产生药害。

6. 阔叶作物、树木禁止使用本品。

7. 杂草草龄大及干旱气候条件下，用推荐剂量上限。

8. 使用本品的喷雾器及其他器具必须专用，禁止再用在棉花等敏感作物上施药。

9. 本品耐雨水冲刷，施药后 1 小时降雨不会影响药效，不用重新喷施。

10. 不得以任何形式污染农田及水源。不可在临近雨季的时间用药，以免经连续降雨而将药剂冲刷到附近农田里而造成药害。

11. 孕妇和哺乳期妇女应避免接触。

12. 用过的容器妥善处理，不可做他用，不可随意丢弃。

13. 本品放置于阴凉、干燥、通风、防雨处，远离火源，勿与食品、饲料、种子、日用品等同贮同运。

14. 本品宜置于儿童够不着的地方并上锁，不得重压、破损包装容器。

氯酯磺草胺

【作用特点】

氯酯磺草胺属磺酰胺类除草剂，属乙酰乳酸合成酶的抑制剂。作用机理是药剂通过杂草的叶部、梢部、颈部或根部吸收，在生长点累积，通过木质部和韧皮部传导到分生组织，抑制杂草体内带支链氨基酸的生物合成，继而影响蛋白质的合成，最终影响杂草的细胞分裂，造成杂草停止生长，黄化，最后死亡。对作物的安全性很好，早期药害表现为发育不良，但对产量没有影响，后期没有明显的药害。

【毒性与环境生物安全性评价】

对高等动物毒性低毒。

原药雄大鼠急性经口 LD_{50} 大于 5000 毫克/千克；

原药雌大鼠急性经口 LD_{50} 大于 5000 毫克/千克；

原药雄小鼠急性经口 LD_{50} 大于 5000 毫克/千克；

原药雌小鼠急性经口 LD_{50} 大于 5000 毫克/千克；

原药雄大鼠急性经皮 LD_{50} 大于 2000 毫克/千克；

原药雌大鼠急性经皮 LD_{50} 大于 2000 毫克/千克；

原药雄大鼠急性吸入 LC_{50} 大于 3.77 毫克/毫升；

原药雌大鼠急性吸入 LC_{50} 大于 3.77 毫克/毫升。

对兔眼睛无刺激性；

对兔皮肤无刺激性；

豚鼠皮肤致敏试验结果为无致敏性。

雄小鼠 90 天亚慢性喂养试验最大无作用剂量为 50 毫克/千克·天；

狗 1 年慢性喂养试验最大无作用剂量为 10 毫克/千克·天。

制剂雄大鼠急性经口 LD_{50} 大于 5000 毫克/千克；

制剂雌大鼠急性经口 LD_{50} 大于 5000 毫克/千克；

制剂雄大鼠急性经皮 LD_{50} 大于 2000 毫克/千克；

制剂雌大鼠急性经皮 LD_{50} 大于 2000 毫克/千克。

对兔眼睛无刺激性；

对兔皮肤无刺激性；

豚鼠皮肤致敏试验结果为无致敏性。

对鱼类毒性低毒。

虹鳟鱼 96 小时急性毒性 LC_{50} 大于 86 毫克/升；

大翻车鱼 96 小时急性毒性 LC_{50} 大于 295 毫克/升。

对藻类毒性高毒。

对羊角月牙藻 72 小时 EC_{50} 为 2.16 微克/升。

对鸟类毒性低毒。

鹌鹑急性经口 48 小时 LD_{50} 大于 2250 毫克/千克；

野鸭饲喂 5 天 LC_{50} 大于 5620 毫克/升；

山齿鹑饲喂 5 天 LC_{50} 大于 5620 毫克/升。

对蜜蜂毒性低毒。

蜜蜂急性经口 48 小时 LD_{50} 大于 221.0 微克/只；

蜜蜂接触 LD_{50} 大于 25 微克/只。

对家蚕毒性低毒。

2 龄家蚕食下毒叶法 48 小时 LC_{50} 大于 5000 毫克/千克·桑叶。

对土壤微生物毒性低毒。

蚯蚓 14 天 LD_{50} 大于 859 毫克/千克土壤。

每人每日允许摄入量为 0.1 毫克/千克体重。

在土壤中易降解。

在中性、酸性条件下难水解。

在碱性条件下易水解。

在水中易光解。

难吸附。

难挥发。

低富集性。

【防治对象】

用于春大豆田茎叶喷雾，可有效防除鸭跖草、红蓼、本氏蓼、苍耳、苘麻、豚草，并有效抑制苣荬菜、刺儿菜等阔叶杂草的生长。

【使用方法】

防除春大豆田阔叶杂草：在杂草 3~5 叶期，每 666.7 平方米用 84% 氯酯磺草胺水分散粒剂 2~2.5 克，兑水 15~30 千克，茎叶均匀喷雾。应选择无风天气，低压对杂草进行均匀喷雾，使药液不能漂移到其他作物上。

【中毒急救】

中毒症状为对眼睛有轻微刺激。吸入：应迅速将患者转移到空气清新流通处。如呼吸停止应做人工呼吸。如呼吸困难应输氧。如有症状及时就医。皮肤接触后：立即用水和肥皂清洗，并彻底冲洗干净。眼睛接触后：把眼睛打开用流水冲洗几分钟，如有持续的症状，及时就医。一旦药液溅入眼睛和黏附皮肤：应立即用水冲洗至少 15 分钟。误服后：立即给服 2 大杯水或饮牛奶，催吐，洗胃。洗胃时禁用温水。及时送医院处理。不要给神志不清的病人经口食用任何东西。本品无特效解毒剂。

【注意事项】

1. 本品使用时按常规方法打开包装。操作者应遵守《农药安全使用准则》，按要求做好劳动保护，如穿戴工作服、手套、面罩等，避免让人体直接接触药剂。工作后漱口、清洗裸露在外的身体部分并更换干净的衣服。

2. 每年最多使用 1 次。

3. 在清洗喷雾器时，不要污染水塘、水沟和河流等水体。

4. 使用过的包装及废弃物应作集中焚烧处理，不能做他用。避免其污染地下水，沟渠等水源。

5. 应选择无风天气施用本品，避免药液漂移到阔叶作物、树木上，防止产生药害。

6. 阔叶作物、树木禁止使用本品。

7. 杂草草龄大及干旱气候条件下，用推荐剂量上限。

8. 使用本品的喷雾器及其他器具必须专用，禁止再用在棉花等敏感作物上施药。

9. 本品耐雨水冲刷，施药后 1 小时降雨不会影响药效，不用重新喷施。

10. 用药后所有药械必需彻底洗净，以免对其他敏感作物产生药害。

11. 本品仅限于黑龙江、内蒙古地区 1 年 1 茬的春大豆田使用，正常推荐剂量下第 2 年可以安全种植小麦、水稻、玉米（甜玉米除外）、杂豆、马铃薯；不得种植本标签未标明的作物。

12. 鸭跖草叶龄较大，需在登记规定范围内使用高剂量。

13. 施药时添加适量有机硅助剂、甲基化植物油助剂，可提高干旱条件下的除草效果。

14. 严格按照推荐剂量施用，避免重喷、漏喷、误喷；避免药物漂移到邻近敏感作物田。

15. 施药后大豆叶片可能出现暂时轻微褪色，很快恢复正常，不影响产量。对甜菜、向日葵、马铃薯敏感，后茬种植此类敏感作物需慎重。种植油菜、亚麻、甜菜、向日葵、烟草等十字花科蔬菜等，安全间隔期需 24 个月以上。

16. 不得以任何形式污染农田及水源。不可在临近雨季的时间用药，以免经连续降雨而将药剂冲刷到附近农田里而造成药害。

17. 孕妇和哺乳期妇女应避免接触。

18. 本品放置于阴凉、干燥、通风、防雨处，远离火源，勿与食品、饲料、种子、日用品等同贮同运。

19. 本品宜置于儿童够不着的地方并上锁，不得重压、破损包装容器。

灭草松

【作用特点】

灭草松是一种具选择性的触杀型苗后除草剂，属光合作用抑制剂，主要用于杂草苗期茎叶处理。主要作用机理是通过植物叶面渗透传导到叶绿体内，抑制光合作用。可以由植物的根或叶片吸收。在正常情况下，叶片吸收药剂的功能比根强。药剂被杂草的叶片和根吸收后，中毒症状为叶片失绿，形成枯斑，嫩头萎蔫，继而整株萎缩干枯而死。旱田使用，先通过叶面渗透传导到叶绿体内抑制光合作用。大豆在药后 2 小时二氧化碳同化过程开始受抑制，4 小时达最低点，叶下垂，但大豆可以代谢灭草松，使之降解为无活性物质，8 小时后可恢复正常。如遇阴雨低温，恢复时间会延长，对敏感植物施药后 2 小时二氧化碳同化过程开始受抑制，11 小时全部停止，叶枯萎、黄化，最后导致死亡。水田使用，既能通过叶面渗透，又能通过根部吸收，传导到茎叶，又可强烈抑制杂草光合作用和水分代谢，造成植物营养饥饿，最后使生理机能失调而致死。主要用于水稻、大豆、花生、小麦等作物，防除阔叶杂草和莎草科杂草，对禾本科杂草无效。

【毒性与环境生物安全性评价】

对高等动物毒性低毒。

原药大鼠急性经口 LD_{50} 为 1100 毫克/千克；

原药狗急性经口 LD_{50} 大于 2500 毫克/千克；

原药兔急性经口 LD_{50} 为 750 毫克/千克；

原药猫急性经口 LD_{50} 为 500 毫克/千克；

原药大鼠急性经皮 LD_{50} 大于 2500 毫克/千克；

原药大鼠急性吸入 4 小时 LC_{50} 大于 5.1 毫克/升。

对兔眼睛有轻微刺激性；

对兔皮肤无刺激性。

大鼠 2 年慢性喂饲试验无作用剂量为 10 毫克/千克·天；

狗 1 年慢性喂饲试验无作用剂量为 13.1 毫克/千克·天；

大鼠 90 天亚慢性喂饲试验无作用剂量为 25 毫克/千克·天；

狗 90 天亚慢性喂饲试验无作用剂量为 10 毫克/千克·天。

各种试验结果表明，无致癌、致畸、致突变作用。

制剂大鼠急性经口 LD_{50} 为 1705 毫克/千克；

制剂大鼠急性经皮 LD_{50} 大于 5000 毫克/千克；

制剂大鼠急性吸入 LC_{50} 大于 8 克/立方米。

对鱼类毒性低毒。

鲤鱼 48 小时 LC_{50} 为 15 毫克/升；

鲤鱼 72 小时 LC_{50} 为 100 毫克/升；

虹鳟鱼 96 小时 LC_{50} 大于 100 毫克/升；

大翻车鱼 96 小时 LC_{50} 大于 100 毫克/升。

对鸟类毒性低毒。

鹌鹑急性经口 LD_{50} 为 720 毫克/千克；

山齿鹑急性经口 LD_{50} 为 1140 毫克/千克；

野鸭喂饲 5 天 LC_{50} 大于 5000 毫克/升；

山齿鹑喂饲 5 天 LC_{50} 大于 5000 毫克/升。

对蜜蜂毒性低毒。

蜜蜂经口 LD_{50} 大于 100 微克/只。

对土壤微生物毒性低毒。

蚯蚓 14 天 LD_{50} 大于 859 毫克/千克土壤。

每人每日允许摄入量为 0.1 毫克/千克体重。

【防治对象】

可用于大豆、花生、豌豆、豇豆、菜豆、玉米、高粱、小米、甘蔗、水稻、亚麻、薄荷、禾本科草种草坪等作物。常用于苗后的茎叶处理。在麦田对滨藜、荠菜、藜、猪秧秧、稻槎菜、卷茎蓼、酸模叶蓼、野芥菜、繁缕、菥冥等有较好的防效；在稻田对泽泻、水竹叶、矮慈姑、长瓣慈姑、萤蔺、水苋、鸭跖草、异型莎草。碎米莎草、水龙、母草、丁香蓼、鸭舌草、节节菜、荆三棱、田菁、尖瓣花、香蒲、水虱草、日照飘拂草、野荸荠、扁秆麃草等具有较好的防效。还可以有效防除花生、马铃薯、大豆田中的马齿苋、鳢肠、打碗花、米莎草、藜、蓼、龙葵、苋属、苍耳属、鸭跖草属、苘麻、荠菜、曼陀罗、野西瓜苗、硬毛刺苞菊、野芝麻属、繁缕、牛膝菊属(在第 3 叶期或以前)、宾洲蓼、细万寿菊、全叶家艾、田蓟、猪殃殃、芸苔属、乾花属、母菊属、野生萝卜、刺黄花穗、大麻、铁苋荠、向日葵、酸浆属、野芥等旱田杂草。

【使用方法】

1. 防除大豆田阔叶杂草：由于灭草松对大豆有良好的选择性，因此施药时间的确定无需考虑大豆的生育阶段，而由杂草的大小来确定。阔叶杂草 3~4 叶期为施药适期，此时阔叶草已基本出齐，但仍处于幼小阶段，抗药能力弱，易于防除。每 666.7 平方米用 480 克/升灭草松水剂 100~200 毫升。土壤干旱、杂草数量多或叶龄较大时用高量；土壤水分适宜、杂草生长旺盛、杂草叶龄较小时用低量。人工手动喷雾器喷洒，每 666.7 平方米用水量 30~40 千克。因灭草松在旱地使用基本上属触杀型除草剂，喷药必须周到、均匀。为了提高灭草松对多年生杂草如香附子、小蓟、田旋花等的防效可以分 2 次施药，第 1 次施用 480 克/升灭草松水剂 50~100 毫升后，隔 7~10 天多年生杂草抽生新芽时再施用 480 克/升灭草松水剂 50~100 毫升。喷药时不要将药液喷洒到其他作物上，以免造成药害。

2. 防除花生田 1 年生阔叶杂草：可用于花生田防除苍耳、蓼、马齿苋等阔叶杂草。阔叶杂草 3~4 叶期为施药适期，此时约为花生下针期。每 666.7 平方米用 480 克/升灭草松水剂 150~200 毫升，兑水 30~40 千克茎叶喷雾。喷药时不要将药液喷洒到其他作物上，以免造成药害。

3. 防除马铃薯田1年生阔叶杂草：在马铃薯5～10厘米高，杂草2～5叶期，其中藜2叶期前，进行茎叶喷雾处理，每666.7平方米用480克/升灭草松水剂150～200毫升，兑水30～40千克茎叶喷雾。喷药时不要将药液喷洒到其他作物上，以免造成药害。

4. 防除水稻田阔叶杂草：灭草松对水稻各个生长阶段都有好的选择性，用药适期主要决定于杂草的大小。灭草松可用于秧田、肥床旱育秧田、抛秧田、移栽稻田和水直播稻田防除1年生的阔叶杂草。秧田、肥床旱育秧田大约在起秧前7天，抛秧、移栽和直播在抛秧、移栽或播后20～30天。施药时先排干田水，使杂草全部露出水面，每666.7平方米用480克/升灭草松水剂133～200毫升，兑水30～40千克喷雾。药后1～2天再灌水，恢复正常水层管理。肥床旱育秧田没有水层；施药前应先浇水，使土壤有较高的湿度，然后施药，这样才有较好的防效。在水稻和旱稻田，施药前将水排干，使杂草暴露，施药时间是杂草长出2～4片小叶时为宜，施药后24小时，再将水位恢复正常。在旱稻田，施药时间是杂草长出2～4片小叶时，施药量与水稻地相同。喷药时不要将药液喷洒到其他作物上，以免造成药害。

5. 防除水稻田莎草：灭草松对水稻各个生长阶段都有好的选择性，用药适期主要决定于杂草的大小。灭草松可用于秧田、肥床旱育秧田、抛秧田、移栽稻田和水直播稻田防除莎草。秧田、肥床旱育秧田大约在起秧前7天，抛秧、移栽田和直播田在抛秧、移栽或播后20～30天。施药时先排干田水，使杂草全部露出水面，每666.7平方米用480克/升灭草松水剂133～200毫升，兑水30～40千克喷雾。药后1～2天再灌水，恢复正常水层管理。肥床旱育秧田没有水层；施药前应先浇水，使土壤有较高的湿度，然后施药，这样才有较好的防效。在水稻和旱稻田，施药前将水排干，使杂草暴露，施药时间是杂草长出2～4片小叶时为宜，施药后24小时，再将水位恢复正常。在旱稻田，施药时间是杂草长出2～4片小叶时，施药量与水稻地相同。喷药时不要将药液喷洒到其他作物上，以免造成药害。

6. 防除麦田杂草：早播的麦田应在冬前麦苗3叶以后施药，迟播的麦田则应在3月中下旬气温上升期施药，麦拔节前结束，每666.7平方米用480克/升灭草松水剂100～150毫升，兑水30～40千克喷雾。喷药时不要将药液喷洒到其他作物上，以免造成药害。

7. 防除禾本科草种草坪的1年生阔叶杂草及莎草：禾本科草坪的草种有狗牙根、结缕草、早熟禾、紫羊毛等。每666.7平方米用480克/升灭草松水剂300毫升，兑水40千克喷雾。药后10天对2～5叶期的黄花蒿、小白酒草、蒲公英、刺儿菜、龙葵、铁苋菜、问荆、苣荬菜、马齿苋、苍耳等阔叶草防效达99%以上。对距草坪喷药处1米的一串红、杨树梅、蝴蝶梅、小立菊、万寿菊等花卉无不良影响，说明缀花草坪使用灭草松比较安全。喷药时不要将药液喷洒到其他作物上，以免造成药害。

8. 防除薄荷田、留兰香田1年生阔叶杂草：每666.7平方米用480克/升灭草松水剂100毫升，兑水30～40千克喷雾。喷药时间在头茬薄荷、留兰香收割以后，第2茬薄荷、留兰香长出，阔叶杂草3～5叶期。灭草松对薄荷、留兰香安全。每666.7平方米用量增加到150毫升时也不会出现药害。喷药时不要将药液喷洒到其他作物上，以免造成药害。

9. 防除洋葱田杂草：洋葱苗期生长缓慢，从播种至3叶期需50天以上，故杂草发生量大、生长快。且洋葱是密植作物，人工拔草很困难，因而化除很迫切。防除洋葱地阔叶杂草应在洋葱幼苗1.5叶以后，约在洋葱株高8～10厘米左右时进行，过早施药易产生药害，造成死苗。每666.7平方米用480克/升灭草松水剂160～180毫升，兑水30～40千克喷雾。喷药时不要将药液喷洒到其他作物上，以免造成药害。

【中毒急救】

吸入：应迅速将患者转移到空气清新流通处，解开衣领、腰带，保持呼吸畅通。如呼吸停止应做人工呼吸。如呼吸困难应输氧。如有症状及时就医。皮肤接触后：立即用水和肥皂清洗，并彻底冲洗干净。眼睛接触后：把眼睛打开用流水冲洗几分钟，如有持续的症状，及时就医。一旦药液溅入眼睛和黏附皮肤：应立即用水冲洗至少 15～20 分钟。误服：首先应该给病人服用 200 毫升液体石蜡，然后用 4 千克左右的水洗胃。误服该药要催吐，服用医用活性炭。不能喂食牛奶、蓖麻油、酒，这些东西能加速肠胃吸收药剂。可以采用吐根糖浆催吐，呕吐后用活性炭和硫酸钠进行处理，还可以在活性炭中加山梨醇导泻。

【注意事项】

1. 本品使用时按常规方法打开包装。操作者应遵守《农药安全使用准则》，按要求做好劳动保护，如穿戴工作服、手套、面罩等，避免让人体直接接触药剂。工作后漱口、清洗裸露在外的身体部分并更换干净的衣服。

2. 每种作物整个生育期最多使用 1 次。

3. 严格按推荐的使用技术均匀施用，不得超范围使用。

4. 本品对棉花、黄麻、胡萝卜、油菜、芝麻、向日葵、烟草、甜菜、甘蓝、黄秋葵、萝卜、莴苣、芹菜、芥菜、唐昌蒲、蔷薇、红花、郁金香等敏感，不能在这些作物上使用。

5. 大豆对本品有较强的抗药性，但在高温干旱、低温高湿、低洼积水、病虫危害等不良环境条件下也能产生药害，因此必须避免在不良环境条件下施药。

6. 预计 6 小时内降雨，请勿施药。喷药后 8 小时内不应降雨，否则影响药效。

7. 大麦或燕麦田禁止使用本品。

7. 防治小麦禾本科杂草如野燕麦、看麦娘、硬草、茵草、棒头草、稗草等，按推荐剂量苗后全田喷雾，在大多数杂草出苗后施药效果最佳。硬草、茵草所占比例较大时或春季草龄较大时应使用核准剂量的高剂量。

8. 本品不能与碱性农药混用。

9. 因本品以触杀作用为主，喷药时必须充分湿润杂草茎叶。对于经由根部繁殖的杂草，一般只能防治地面以上的杂草部分。

10. 高温、晴朗的天气有利与药效的发挥，故应尽量选择高温晴天施药。在阴天或气温低时施药，则效果欠佳。

11. 在干旱、水涝或气温的大幅度的波动的不利情况下使用苯达松，容易对作物造成伤害或无除草效果。施药后部分作物叶片会出现干枯、黄化等轻微受害症状，一般 7～10 天后即可恢复正常生长，不影响最终产量。

12. 不得以任何形式污染农田及水源。不可在临近雨季的时间用药，以免经连续降雨而将药剂冲刷到附近农田里而造成药害。

13. 孕妇和哺乳期妇女应避免接触。

14. 用过的容器妥善处理，不可做他用，不可随意丢弃。

15. 本品放置于阴凉、干燥、通风、防雨处，远离火源，勿与食品、饲料、种子、日用品等同贮同运。

16. 本品宜置于儿童够不着的地方并上锁，不得重压、破损包装容器。

咪唑喹啉酸

【作用特点】

咪唑喹啉酸是乙酰乳酸合成酶的抑制剂。作用机理是药剂通过杂草的叶部、梢部、颈部或根部吸收，在生长点累积，通过木质部和韧皮部传导到分生组织，抑制杂草体内带支链氨基酸如亮氨酸、异亮氨酸的生物合成，继而影响蛋白质的合成，干扰并影响杂草 DNA 合成机细胞分裂与生长，造成杂草停止生长，黄化，最后死亡。接触药剂后，敏感杂草立即停止生长，经 2~4 天后死亡。土壤处理后，杂草顶端分生组织坏死，生长停止，而后死亡。

【毒性与环境生物安全性评价】

对高等动物毒性低毒。

原药雄大鼠急性经口 LD_{50} 大于 4640 毫克/千克；

原药雌大鼠急性经口 LD_{50} 大于 4640 毫克/千克；

原药雄大鼠急性经皮 LD_{50} 大于 2150 毫克/千克；

原药雌大鼠急性经皮 LD_{50} 大于 2150 毫克/千克。

对兔眼睛有轻微刺激性；

对兔皮肤无刺激性；

豚鼠皮肤致敏试验结果为弱致敏性。

制剂雄大鼠急性经口 LD_{50} 大于 4640 毫克/千克；

制剂雌大鼠急性经口 LD_{50} 大于 4640 毫克/千克；

制剂雄大鼠急性经皮 LD_{50} 大于 2150 毫克/千克；

制剂雌大鼠急性经皮 LD_{50} 大于 2150 毫克/千克。

对兔眼睛有轻微刺激性；

对兔皮肤无刺激性；

豚鼠皮肤致敏试验结果为弱致敏性。

对鱼类毒性中等毒。

斑马鱼 96 小时急性毒性 LC_{50} 为 3.53 毫克/升。

对鸟类毒性中等毒。

鹌鹑急性经口 LD_{50} 为 319~370.5 毫克/千克。

对蜜蜂毒性低毒。

蜜蜂接触 48 小时 LD_{50} 大于 100 微克/只。

对家蚕毒性低毒。

2 龄家蚕食下毒叶法 96 小时 LC_{50} 大于 10000 毫克/千克·桑叶。

难水解。

在土壤中有较强的稳定性。

土壤吸附性弱。

移动性较强。

对地下水具有污染风险。

每人每日允许摄入量为 2.45 毫克/千克体重。

【防治对象】

用于春大豆田土壤喷雾，可有效防除苋菜、蓼、藜、龙葵、苘麻、苍耳、黍等 1 年生阔叶杂草；对刺儿菜、苣荬菜、鸭跖草有抑制作用。

【使用方法】

防除春大豆田 1 年生阔叶杂草：在杂草 3~5 叶期，每 666.7 平方米用 5% 咪唑喹啉酸水剂 150~200 克，兑水 20~30 千克，进行土壤均匀喷雾。应选择无风天气，喷雾器应带防护罩，低压对杂草进行均匀喷雾，使药液不能漂移到其他作物上。

【中毒急救】

中毒症状为对眼睛有轻微刺激。吸入：应迅速将患者转移到空气清新流通处。如呼吸停止应做人工呼吸。如呼吸困难应输氧。如有症状及时就医。皮肤接触后：立即用水和肥皂清洗，并彻底冲洗干净。眼睛接触后：把眼睛打开用流水冲洗几分钟，如有持续的症状，及时就医。一旦药液溅入眼睛和黏附皮肤：应立即用水冲洗至少 15 分钟。误服后：立即给服 2 大杯水或饮牛奶，催吐，洗胃。洗胃时禁用温水。及时送医院就诊。不要给神志不清的病人经口食用任何东西。本品无特效解毒剂。

【注意事项】

1. 本品使用时按常规方法打开包装。操作者应遵守《农药安全使用准则》，按要求做好劳动保护，如穿戴工作服、手套、面罩等，避免让人体直接接触药剂。工作后漱口、清洗裸露在外的身体部分并更换干净的衣服。

2. 每年最多使用 1 次。

3. 本品在干旱时使用应加大用水量。

4. 甜菜、油菜、西瓜、水稻、高粱、蔬菜等作物对本品敏感，施药时应避免药液漂移到上述作物上，以防产生药害。

5. 本品不宜在雨天前后使用。

6. 本品仅限于连续种植春大豆地区使用。严格按照登记剂量使用，后茬慎种敏感作物。该药在土壤中的残效期较长，对本品敏感的作物，如白菜、油菜、黄瓜、马铃薯、茄子、辣椒、蕃茄、甜菜、西瓜、高粱、水稻等均不能在施用本品 3 年内种植。

7. 低洼田块、酸性土壤慎用。

8. 阔叶作物、树木禁止使用本品。

9. 杂草草龄大及干旱气候条件下，用推荐剂量上限。

10. 使用本品的喷雾器及其他器具必须专用，禁止再用在棉花等敏感作物上施药。

11. 本品对鱼类有毒，在清洗喷雾器时，不要污染水塘、水沟和河流等水体。

12. 使用过的包装及废弃物应作集中焚烧处理，不能做他用。

13. 本品对地下水有污染风险，不得以任何形式污染农田及水源。不可在临近雨季的时间用药，以免经连续降雨而将药剂冲刷到附近农田里而造成药害。

14. 孕妇和哺乳期妇女应避免接触。

15. 本品放置于阴凉、干燥、通风、防雨处，远离火源，勿与食品、饲料、种子、日用品等同贮同运。

16. 本品宜置于儿童够不着的地方并上锁，不得重压、破损包装容器。

醚磺隆

【作用特点】

醚磺隆属磺酰脲类选择性内吸除草剂，属乙酰乳酸合成酶抑制剂，主要是抑制侧链氨基酸的生物合成。通过杂草的根、叶吸收，迅速传导到分生组织，阻碍氨基酸如缬氨酸、赖氨酸、亮氨酸、异亮氨酸的生物合成，阻碍杂草细胞分裂和生长，敏感杂草生长机能受到阻碍，幼嫩组织过早发黄，并抑制叶部生长，阻碍根部生长而死亡，发挥杀草作用。中毒杂草一般 5～10 天开始黄化、枯萎，直至死亡。水稻极易将其降解，能够通过脲桥断裂、甲氧基水解、脱氧基及苯环水解后，与蔗糖轭合等途径，最后代谢成无毒产物，因而对水稻安全。

【毒性与环境生物安全性评价】

对高等动物毒性低毒。

原药雄大鼠急性经口 LD_{50} 大于 5000 毫克/千克；

原药雌大鼠急性经口 LD_{50} 大于 5000 毫克/千克；

原药小鼠急性经口 LD_{50} 大于 10985 毫克/千克；

原药雄大鼠急性经皮 LD_{50} 大于 2000 毫克/千克；

原药雌大鼠急性经皮 LD_{50} 大于 2000 毫克/千克；

原药兔急性经皮 LD_{50} 大于 2000 毫克/千克；

原药大鼠急性吸入 4 小时 LC_{50} 大于 7.5 毫克/升。

对兔眼睛无刺激性；

对兔皮肤无刺激性；

豚鼠皮肤致敏试验结果为弱致敏性。

大鼠 2 年慢性饲喂试验的无作用剂量为 22 毫克/千克·天；

小鼠 2 年慢性饲喂试验的无作用剂量为 9 毫克/千克·天；

狗 1 年 2 年慢性饲喂试验的无作用剂量为 109 毫克/千克·天；

大鼠 2 代繁殖试验无作用剂量为 7500 毫克/千克·天；

大鼠致突变饲喂试验的无作用剂量为 500 毫克/千克·天；

兔致突变饲喂试验的无作用剂量为 300 毫克/千克·天。

各种试验结果表明，无致癌、致畸、致突变作用。

制剂雄大鼠急性经口 LD_{50} 大于 2000 毫克/千克；

制剂雌大鼠急性经口 LD_{50} 大于 2000 毫克/千克；

制剂雄大鼠急性经皮 LD_{50} 大于 2000 毫克/千克；

制剂雌大鼠急性经皮 LD_{50} 大于 2000 毫克/千克；

制剂大鼠急性吸入 4 小时 LC_{50} 为 5.18 毫克/升。

对兔眼睛无刺激性；

对兔皮肤无刺激性；

豚鼠皮肤致敏试验结果为弱致敏性。

对鱼类毒性低毒。

蓝鳃太阳鱼 96 小时急性毒性 LC_{50} 大于 150 毫克/升；

虹鳟鱼 96 小时急性毒性 LC_{50} 大于 150 毫克/升；

鲶鱼 96 小时急性毒性 LC_{50} 大于 100 毫克/升；

鲤鱼 96 小时急性毒性 LC_{50} 大于 100 毫克/升；

鲤鱼 48 小时急性毒性 LC_{50} 大于 1000 毫克/升。

对哺乳动物毒性微毒。

对鸟类毒性低毒。

鹌鹑急性经口 LD_{50} 大于 2000 毫克/千克；

野鸭急性经口 LD_{50} 大于 2000 毫克/千克；

山齿鹑饲喂 8 天 LC_{50} 大于 5620 毫克/千克；

绿头鸭饲喂 8 天 LC_{50} 大于 5620 毫克/千克。

对蜜蜂毒性低毒。

蜜蜂经口 48 小时 LD_{50} 大于 1000 毫克/千克；

蜜蜂接触 48 小时 LD_{50} 大于 100 微克/只。

对家蚕毒性低毒。

每人每日允许摄入量为 0.009 毫克/千克。

【防治对象】

主要用于防除水稻田 1 年生阔叶和莎草科杂草。如水苋菜、异型莎草、鸭舌草、矮慈姑、野慈姑、萤蔺、繁缕、眼子菜、鸭趾草、反枝苋、碎米莎草、泽泻、节节菜、牛毛毡、水虱草、雨久花、浮叶眼子菜、泽泻等。

【使用方法】

1. 防除水稻移栽田 1 年生阔叶杂草及莎草科杂草：在水稻移栽后 4～10 天，杂草萌发至 2 叶期，田间有浅水层时用药，每 666.7 平方米用 10% 醚磺隆可湿性粉剂 12～20 克，拌细沙或细土 10～15 千克，均匀撒施。施药时不能把药剂撒施到其他作物上。施药前后田间应保持 2～4 厘米的浅水层，药后保水 5～7 天。

2. 防除水稻直播田 1 年生阔叶杂草及莎草科杂草：在水稻播后 7～15 天，秧苗 2～4 叶期，杂草萌发至 2 叶期，田间有浅水层时用药，每 666.7 平方米用 10% 醚磺隆可湿性粉剂 12～20 克，拌细沙或细土 10～15 千克，均匀撒施。施药时不能把药剂撒施到其他作物上。施药前后田间应保持 2～4 厘米的浅水层，药后保水 5～7 天。东北地区需要在水稻 3～4 叶期施药，3 叶期以前不宜施药。

【中毒急救】

中毒症状表现为对眼、皮肤、黏膜有刺激作用。吸入：应迅速将患者转移到空气清新流通处。如呼吸停止应做人工呼吸。如呼吸困难应输氧。如有症状及时就医。皮肤接触后：立即用水和肥皂清洗，并彻底冲洗干净。眼睛接触后：把眼睛打开用流水冲洗几分钟，如有持续的症状，及时就医。一旦药液溅入眼睛和黏附皮肤：应立即用水冲洗至少 15 分钟。误服后：立即给服 2 大杯水或饮牛奶，不可催吐。若摄入量大，病人十分清醒，可用吐根糖浆诱吐，还可在服用的活性炭泥中加入山梨醇。不要给神志不清的病人经口食用任何东西。本品无特效解毒剂。

【注意事项】

1. 本品使用时按常规方法打开包装。操作者应遵守《农药安全使用准则》，按要求做好劳动保护，如穿戴工作服、手套、面罩等，避免让人体直接接触药剂。工作后漱口、清洗裸露在外的身体部分并更换干净的衣服。

2. 施药后至收获期是安全的，每个作物周期的最多施用 1 次。

3. 本品不宜用于渗漏性大的田块，否则易造成药害。

4. 对禾本科杂草效果不好，可酌情考虑与其他除草剂混配或混用。

5. 使用过的包装及废弃物应作集中焚烧处理，不能做他用。避免其污染地下水，沟渠等水源。

6. 施药后，为保水 5～7 天，可以灌水，不能排水。

7. 施药后，田间不能串灌，以防药剂流失影响药效。

8. 本品耐雨水冲刷，施药后 1 小时降雨不会影响药效，不用重新喷施。

9. 不得以任何形式污染农田及水源。不可在临近雨季的时间用药，以免经连续降雨而将药剂冲刷到附近农田里而造成药害。

10. 孕妇和哺乳期妇女应避免接触。

11. 本品放置于阴凉、干燥、通风、防雨处，远离火源，勿与食品、饲料、种子、日用品等同贮同运。

12. 本品宜置于儿童够不着的地方并上锁，不得重压、破损包装容器。

嘧草醚

【作用特点】

嘧草醚是嘧啶类内吸传导选择性除草剂，属乙酰乳酸合成酶抑制剂。通过抑制乙酰乳酸合成酶的合成阻碍氨基酸的生物合成，施药后，通过植物茎叶吸收，在植株体内传导，杂草因细胞分裂和生长受到阻碍，停止生长，最后死亡。药剂能够使水稻稗草细胞停止分裂直至死亡，因而用于水稻田除稗草。

【毒性与环境生物安全性评价】

对高等动物毒性低毒。

原药雄大鼠急性经口 LD_{50} 大于 5000 毫克/千克；

原药雌大鼠急性经口 LD_{50} 大于 2000 毫克/千克；

原药雄大鼠急性经皮 LD_{50} 大于 5000 毫克/千克；

原药雌大鼠急性经皮 LD_{50} 大于 2000 毫克/千克；

原药兔急性经皮 LD_{50} 大于 5000 毫克/千克；

原药雄大鼠急性吸入 4 小时 LC_{50} 大于 5.5 毫克/升；

原药雌大鼠急性吸入 4 小时 LC_{50} 大于 5.5 毫克/升。

对兔眼睛有轻微刺激性；

对兔皮肤有轻微刺激性。

豚鼠皮肤致敏试验结果无致敏性。

大鼠 2 年慢性饲喂试验的无作用剂量雄性为 0.9 毫克/千克·天；

大鼠 2 年慢性饲喂试验的无作用剂量雌性为 1.2 毫克/千克·天；

小鼠 2 年慢性饲喂试验的无作用剂量雄性为 8.1 毫克/千克·天；

大鼠 2 年慢性饲喂试验的无作用剂量雌性为 9.3 毫克/千克·天。

制剂雄大鼠急性经口 LD_{50} 大于 5000 毫克/千克；

制剂药雌大鼠急性经口 LD_{50} 大于 2000 毫克/千克；

制剂雄大鼠急性经皮 LD_{50} 大于 5000 毫克/千克；

制剂雌大鼠急性经皮 LD_{50} 大于 2000 毫克/千克；

制剂雄大鼠急性吸入 4 小时 LC_{50} 大于 5.5 毫克/升；

制剂雌大鼠急性吸入 4 小时 LC_{50} 大于 5.5 毫克/升。

对兔眼睛有轻微刺激性；

对兔皮肤有轻微刺激性。

豚鼠皮肤致敏试验结果为弱致敏性。

对鱼类毒性低毒。

鲤鱼 48 小时急性毒性 LC_{50} 为 1000 毫克/升；

鲤鱼 96 小时急性毒性 LC_{50} 为 30.9 毫克/升；

虹鳟鱼 96 小时急性毒性 LC_{50} 为 21.2 毫克/升。

对鸟类毒性低毒。

鹌鹑急性经口 LD_{50} 大于 5200 毫克/千克；

山齿鹑急性经口 LD_{50} 大于 2000 毫克/千克。

对蜜蜂毒性低毒。

蜜蜂接触 24 小时 LD_{50} 大于 200 微克/只；

蜜蜂经口 24 小时 LD_{50} 大于 200 微克/只。

对家蚕毒性低毒。

家蚕接触 LD_{50} 大于 200 微克/只。

对土壤微生物毒性低毒。

蚯蚓 14 天 LD_{50} 大于 1000 毫克/千克土壤。

每人每日允许摄入量为 0.009 毫克/千克体重。

在土壤中易吸附。

具有中等富集性。

【防治对象】

主要用于防除水稻移栽田、直播田稗草。

【使用方法】

1. 防除水稻移栽田稗草：在水稻移栽后 4～10 天，稗草 3 叶期前，田间有浅水层时用药，每 666.7 平方米用 10% 嘧草醚可湿性粉剂 2～3 克，拌细沙或细土 10～15 千克，均匀撒施。施药时不能把药剂撒施到其他作物上。施药前后田间应保持 2～4 厘米的浅水层，药后保水 5～7 天。

2. 防除水稻直播田稗草：在水稻播后 7～15 天，秧苗 2～4 叶期，稗草 3 叶期前，田间有浅水层时用药，每 666.7 平方米用 10% 嘧草醚可湿性粉剂 12～20 克，拌细沙或细土 10～15 千克，均匀撒施。施药时不能把药剂撒施到其他作物上。施药前后田间应保持 2～4 厘米的浅水层，药后保水 5～7 天。东北地区需要在水稻 3～4 叶期施药，3 叶期以前不宜施药。

【中毒急救】

吸入：应迅速将患者转移到空气清新流通处，解开衣领、腰带，保持呼吸畅通。如呼吸停止应做人工呼吸。如呼吸困难应输氧。如有症状及时就医。皮肤接触后：立即用水和肥皂清洗，并彻底冲洗干净。眼睛接触后：把眼睛打开用流水冲洗几分钟，如有持续的症状，及时就医。一旦药液溅入眼睛和黏附皮肤：应立即用水冲洗至少 15～20 分钟。误服：首先应该给病人服用 200 毫升液体石蜡，然后用 4 千克左右的水洗胃。可以采用吐根糖浆催吐，呕吐后用活性炭和硫酸钠进行处理，还可以在活性炭中加山梨醇导泻。禁用肾上腺素衍生物处理。

【注意事项】

1. 本品使用时按常规方法打开包装。操作者应遵守《农药安全使用准则》，按要求做好劳动保护，如穿戴工作服、手套、面罩等，避免让人体直接接触药剂。工作后漱口、清洗裸露在外的身体部分并更换干净的衣服。

2. 施药后至收获期是安全的，每个作物周期的最多施用 1 次。

3. 本品不宜用于渗漏性大的田块，否则易造成药害。

4. 对禾本科杂草效果不好，可酌情考虑与其他除草剂混配或混用。

5. 使用过的包装及废弃物应作集中焚烧处理，不能做他用。避免其污染地下水，沟渠等水源。

6. 施药后，为保水 5～7 天，可以灌水，不能排水。

7. 施药后，田间不能串灌，以防药剂流失影响药效。

8. 本品耐雨水冲刷，施药后 1 小时降雨不会影响药效，不用重新喷施。

9. 本品未规定禁止和其他农药混用。

10. 本品只适用于水稻，禁止使用在其他作物上。

11. 不得以任何形式污染农田及水源。不可在临近雨季的时间用药，以免经连续降雨而将药剂冲刷到附近农田里而造成药害。

12. 孕妇和哺乳期妇女应避免接触。

13. 本品放置于阴凉、干燥、通风、防雨处，远离火源，勿与食品、饲料、种子、日用品等同贮同运。

14. 本品宜置于儿童够不着的地方并上锁，不得重压、破损包装容器。

嘧啶肟草醚

【作用特点】

嘧啶肟草醚属于水杨酸类选择性芽后除草剂，是一种新颖的肟酯类化合物，属乙酰乳酸合成酶抑制剂。作用机制与磺酰脲类及咪唑呆酮类除草剂相似。通过植物茎、叶吸收，在植株体内代谢后，产生有活性的代谢物，并经内吸传导，抑制敏感植物的氨基酸的合成。敏感杂草吸收药剂后，幼芽和根停止生长，幼嫩组织心叶黄化，杂草停止生长，而后枯死。对水稻、普通小麦、结缕草具有选择性超高效芽后除草活性，无芽前除草活性，用于防除稗草、大穗看麦娘、辣蓼等各种禾本科杂草和阔叶杂划效果显著，对水稻、普通小麦安全。药剂除草速度较慢，施药后能抑制杂草生长，但须在2周后枯死。

【毒性与环境生物安全性评价】

对高等动物毒性低毒。

原药雄大鼠急性经口 LD_{50} 大于 5000 毫克/千克；

原药雌大鼠急性经口 LD_{50} 大于 5000 毫克/千克；

原药雄小鼠急性经皮 LD_{50} 大于 2000 毫克/千克；

原药雌小鼠急性经皮 LD_{50} 大于 2000 毫克/千克。

对兔眼睛有轻微刺激性；

对兔皮肤无刺激性；

豚鼠皮肤致敏试验结果为弱致敏性。

各种试验结果表明，无致癌、致畸、致突变作用。

制剂雄大鼠急性经口 LD_{50} 大于 2000 毫克/千克；

制剂雌大鼠急性经口 LD_{50} 大于 2000 毫克/千克；

制剂雄大鼠急性经皮 LD_{50} 大于 2000 毫克/千克；

制剂雌大鼠急性经皮 LD_{50} 大于 2000 毫克/千克。

对兔眼睛有重度刺激性；

对兔皮肤无刺激性；

豚鼠皮肤致敏试验结果为弱致敏性。

对鱼类毒性中等毒。

斑马鱼96小时急性毒性 LC_{50} 为 9.45 毫克/升。

对鸟类毒性低毒。

鹌鹑14天 LD_{50} 大于 2000 毫克/千克。

对蜜蜂毒性低毒。

蜜蜂接触48小时 LD_{50} 大于 100 微克/只。

对家蚕毒性低毒。

每人每日允许摄入量为 7.5 毫克/千克体重。

对某些鱼类有风险。

对哺乳动物和水蚤、藻类安全。

在土壤中较难降解。

在水中稳定。

易光解。

易吸附。

难挥发。

具有中等富集性。

【防治对象】

主要用于防除水稻田 1 年生杂草、阔叶杂草和稗草。如水苋菜、异型莎草、鸭舌草、矮慈姑、野慈姑、萤蔺、繁缕、眼子菜、鸭趾草、反枝苋、碎米莎草、泽泻、节节菜、牛毛毡、水虱草、雨久花、浮叶眼子菜、泽泻等。

【使用方法】

1. 防除水稻移栽田 1 年生杂草：在水稻移栽后 4~10 天，杂草萌发至 2 叶期，田间有浅水层时用药，南方地区每 666.7 平方米用 5% 嘧啶肟草醚乳油 2~2.5 毫升，北方地区每 666.7 平方米用 5% 嘧啶肟草醚乳油 2.5~3 毫升，兑水 15~30 千克茎叶均匀喷雾。施药时不能把药剂喷施到其他作物上。施药前后田间应保持 2~4 厘米的浅水层，药后保水 5~7 天。

2. 防除水稻移栽田阔叶杂草：在水稻移栽后 4~10 天，杂草萌发至 2 叶期，田间有浅水层时用药，南方地区每 666.7 平方米用 5% 嘧啶肟草醚乳油 2~2.5 毫升，北方地区每 666.7 平方米用 5% 嘧啶肟草醚乳油 2.5~3 毫升，兑水 15~30 千克茎叶均匀喷雾。施药时不能把药剂喷施到其他作物上。施药前后田间应保持 2~4 厘米的浅水层，药后保水 5~7 天。

3. 防除水稻移栽田稗草：在水稻移栽后 4~10 天，稗草 3 叶期前，田间有浅水层时用药，南方地区每 666.7 平方米用 5% 嘧啶肟草醚乳油 2~2.5 毫升，北方地区每 666.7 平方米用 5% 嘧啶肟草醚乳油 2.5~3 毫升，兑水 15~30 千克茎叶均匀喷雾。施药时不能把药剂喷施到其他作物上。施药前后田间应保持 2~4 厘米的浅水层，药后保水 5~7 天。

4. 防除水稻直播田 1 年生杂草：在水稻播后 7~15 天，秧苗 2~4 叶期，稗草 3 叶期前，田间有浅水层时用药，南方地区每 666.7 平方米用 5% 嘧啶肟草醚乳油 2~2.5 毫升，北方地区每 666.7 平方米用 5% 嘧啶肟草醚乳油 2.5~3 毫升，兑水 15~30 千克茎叶均匀喷雾。施药时不能把药剂喷施到其他作物上。施药前后田间应保持 2~4 厘米的浅水层，药后保水 5~7 天。

5. 防除水稻直播田阔叶杂草：在水稻播后 7~15 天，秧苗 2~4 叶期，稗草 3 叶期前，田间有浅水层时用药，南方地区每 666.7 平方米用 5% 嘧啶肟草醚乳油 2~2.5 毫升，北方地区每 666.7 平方米用 5% 嘧啶肟草醚乳油 2.5~3 毫升，兑水 15~30 千克茎叶均匀喷雾。施药时不能把药剂喷施到其他作物上。施药前后田间应保持 2~4 厘米的浅水层，药后保水 5~7 天。

6. 防除水稻直播田稗草：在水稻播后 7~15 天，秧苗 2~4 叶期，稗草 3 叶期前，田间有浅水层时用药，南方地区每 666.7 平方米用 5% 嘧啶肟草醚乳油 2~2.5 毫升，北方地区每 666.7 平方米用 5% 嘧啶肟草醚乳油 2.5~3 毫升，兑水 15~30 千克茎叶均匀喷雾。施药时不能把药剂喷施到其他作物上。施药前后田间应保持 2~4 厘米的浅水层，药后保水 5~7 天。东北地区需要在水稻 3~4 叶期施药，3 叶期以前不宜施药。

【中毒急救】

吸入：应迅速将患者转移到空气清新流通处。如呼吸停止应做人工呼吸。如呼吸困难应输氧。如有症状及时就医。皮肤接触后：立即用水和肥皂清洗，并彻底冲洗干净。眼睛接触后：把眼睛打开用流水冲洗几分钟，如有持续的症状，及时就医。一旦药液溅入眼睛和黏附皮肤：应立即用水冲洗至少 15 分钟。误服后：立即给服 2 大杯水或饮牛奶，不可催吐。若摄入量大，病人十分清醒，可用吐根糖浆诱吐，还可在服用的活性炭泥中加入山梨醇。不要给神志不清的病人经口食用任何东西。本品无特效解毒剂。

【注意事项】

1. 本品使用时按常规方法打开包装。操作者应遵守《农药安全使用准则》，按要求做好劳动保护，如穿戴工作服、手套、面罩等，避免让人体直接接触药剂。工作后漱口、清洗裸露在外的身体部分并更换干净的衣服。

3. 施药后至收获期是安全的，每个作物周期的最多施用 1 次。

3. 本品不宜用于渗漏性大的田块，否则易造成药害。

4. 对禾本科杂草效果不好，可酌情考虑与其他除草剂混配或混用。

5. 使用过的包装及废弃物应作集中焚烧处理，不能做他用。避免其污染地下水，沟渠等水源。

6. 施药后，为保水 5~7 天，可以灌水，不能排水。

7. 施药后，田间不能串灌，以防药剂流失影响药效。

8. 本品耐雨水冲刷，施药后 1 小时降雨不会影响药效，不用重新喷施。

9. 本品对鱼类有毒，养鱼稻田禁止使用。

10. 不得以任何形式污染农田及水源。不可在临近雨季的时间用药，以免经连续降雨而将药剂冲刷到附近农田里而造成药害。

11. 孕妇和哺乳期妇女应避免接触。

12. 本品放置于阴凉、干燥、通风、防雨处，远离火源，勿与食品、饲料、种子、日用品等同贮同运。

13. 本品宜置于儿童够不着的地方并上锁，不得重压、破损包装容器。

嗪草酸甲酯

【作用特点】

嗪草酸甲酯为选择性苗后除草剂，主要用于大豆、玉米田防除一年生阔叶杂草，尤其对苘麻特效。其除草作用机理是通过抑制敏感植物叶绿体合成中的原卟啉原氧化酶，造成原卟啉的积累、导致细胞膜坏死而植株枯死。此类药物作用需要光和氧的存在。以邻氟胺为起始原料，经乙酸氯酰化等反应制中间体异硫氰酸酯，由水合肼出发以乙酯酰化、闭环、水解制得的六氢哒嗪，经缩合、光化闭环等 14 步化学反应合成嗪草酸甲酯。

【毒性与环境生物安全性评价】

对高等动物毒性低毒。

原药大鼠急性经口 LD_{50} 大于 4640 毫克/千克；

原药大鼠急性经皮 LD_{50} 大于 2150 毫克/千克。

对兔眼睛无刺激性；

对兔皮肤无刺激性。

豚鼠皮肤致敏试验结果无致敏性。

大鼠 13 周亚慢性喂饲试验最大无作用剂量雄性为 105 毫克/千克·天；

大鼠 13 周亚慢性喂饲试验最大无作用剂量雌性为 487 毫克/千克·天。

制剂大鼠急性经口 LD_{50} 大于 2000 毫克/千克。

对兔眼睛有重度刺激性；

对兔皮肤有轻微刺激性。

豚鼠皮肤致敏试验结果为中度致敏性。

对鱼类毒性中等毒。

斑马鱼 96 小时急性毒性 LC_{50} 为 2.66 毫克/升。

对鸟类毒性低毒。

雄鹌鹑 7 天急性经口 LD_{50} 为 1711.38 毫克/千克；

雌鹌鹑 7 天急性经口 LD_{50} 为 1624.84 毫克/千克。

对蜜蜂毒性低毒。

蜜蜂接触 LD$_{50}$ 大于 200 微克/只。

对家蚕毒性低毒。

家蚕食下毒叶法 LD$_{50}$ 大于 5000 毫克/升。

每人每日允许摄入量为 0.001 毫克/千克体重。

【防治对象】

用于防除玉米、大豆田 1 年生阔叶杂草。

【使用方法】

1. 防除春大豆田 1 年生阔叶杂草：大豆 1～2 片复叶，大部分 1 年生阔叶杂草出齐 2～4 叶期，对部分难防杂草如鸭趾草宜在 2 叶前用药。每 666.7 平方米用 5% 嗪草酸甲酯乳油 10～15 毫升，兑水 15～30 千克茎叶均匀喷雾。施药时不能把药剂撒施到其他作物上。

2. 防除夏大豆田 1 年生阔叶杂草：大豆 1～2 片复叶，大部分 1 年生阔叶杂草出齐 2～4 叶期，对部分难防杂草如鸭趾草宜在 2 叶前用药。每 666.7 平方米用 5% 嗪草酸甲酯乳油 10～15 毫升，兑水 15～30 千克茎叶均匀喷雾。施药时不能把药剂撒施到其他作物上。

3. 防除春玉米田 1 年生阔叶杂草：玉米 2～4 叶期，大部分 1 年生阔叶杂草出齐 2～4 叶期，对部分难防杂草如鸭趾草宜在 2 叶前用药。每 666.7 平方米用 5% 嗪草酸甲酯乳油 10～15 毫升，兑水 15～30 千克茎叶均匀喷雾。施药时不能把药剂撒施到其他作物上。

4. 防除夏玉米田 1 年生阔叶杂草：玉米 2～4 叶期，大部分 1 年生阔叶杂草出齐 2～4 叶期，对部分难防杂草如鸭趾草宜在 2 叶前用药。每 666.7 平方米用 5% 嗪草酸甲酯乳油 10～15 毫升，兑水 15～30 千克茎叶均匀喷雾。施药时不能把药剂撒施到其他作物上。

【中毒急救】

中毒症状为对皮肤、眼睛有刺激作用。吸入：应迅速将患者转移到空气清新流通处，解开衣领、腰带，保持呼吸畅通。如呼吸停止应做人工呼吸。如呼吸困难应输氧。如有症状及时就医。皮肤接触后：立即用水和肥皂清洗，并彻底冲洗干净。眼睛接触后：把眼睛打开用流水冲洗几分钟，如有持续的症状，及时就医。一旦药液溅入眼睛和黏附皮肤：应立即用水冲洗至少 15～20 分钟。误服：首先应该给病人服用 200 毫升液体石蜡，然后用 4 千克左右的水洗胃。可以采用吐根糖浆催吐，呕吐后用活性炭和硫酸钠进行处理，还可以在活性炭中加山梨醇导泻。禁用肾上腺素衍生物处理。

【注意事项】

1. 本品使用时按常规方法打开包装。操作者应遵守《农药安全使用准则》，按要求做好劳动保护，如穿戴工作服、手套、面罩等，避免让人体直接接触药剂。工作后漱口、清洗裸露在外的身体部分并更换干净的衣服。

2. 施药后至收获期是安全的，每个作物周期的最多施用 1 次。

3. 施药后大豆会产生轻微灼伤斑，一周可恢复正常生长，对大豆产量无不良影响。

4. 尽量在早晨或者傍晚施药，高温下（大于 28℃）用药量酌减。

5. 使用过的包装及废弃物应作集中焚烧处理，不能做他用。避免其污染地下水，沟渠等水源。

6. 本品为茎叶处理除草剂，不可用做土壤处理。

7. 大风天或预计 1 小时内降雨，请勿施药。

8. 降解速度较快，无后茬残留影响。

9. 间套或混种有敏感阔叶作物的田块，不能使用本品。

10. 本品不得和其他碱性农药和碱性物质混用。

11. 本品仅对阔叶杂草有效，可以与其他防除禾本科杂草的除草剂搭配使用。

12. 远离水产养殖区施药，禁止在河塘等水体中清洗施药器具。

13. 不得以任何形式污染农田及水源。不可在临近雨季的时间用药，以免经连续降雨而将药剂冲刷到附近农田里而造成药害。

14. 孕妇和哺乳期妇女应避免接触。

15. 本品放置于阴凉、干燥、通风、防雨处，远离火源，勿与食品、饲料、种子、日用品等同贮同运。

16. 本品宜置于儿童够不着的地方并上锁，不得重压、破损包装容器。

嗪草酮

【作用特点】

嗪草酮为选择性苗后除草剂，是内吸选择性除草剂。药剂被杂草根系吸收随蒸腾流向上部传导，主要通过根吸收，茎、叶也可吸收在体内作有限的传导，通过抑制敏感植物的光合作用发挥杀草活性。施药后敏感杂草萌发出苗不受影响，出苗后叶片褪绿，最后营养枯竭而死亡。对 1 年生阔叶杂草和部分禾本科杂草有良好防除效果，对多年生杂草无效。药效受土壤类型、有机质含量多少、湿度、温度影响较大，使用条件要求较严，使用不当，或无效，或产生药害。嗪草酮为大豆田苗前选择性阔叶杂草除草剂，分别通过杂草根部和叶部吸收，通过抑制敏感杂草的光合作用发挥除草作用，施药后敏感杂草萌发出苗不受影响，出苗后叶褪绿，最后因营养枯竭而死亡。可以在杂草萌发前或萌发后使用，可防除藜、蓼、苋、苍耳、苘麻、苣荬菜、刺儿菜等旱田多种阔叶杂草，具有配伍性好等特点。

【毒性与环境生物安全性评价】

对高等动物毒性低毒。

原药大鼠急性经口 LD_{50} 为 1100 ~ 2300 毫克/千克；

原药小鼠急性经口 LD_{50} 为 500 ~ 700 毫克/千克；

原药大鼠急性经皮 LD_{50} 大于 2000 毫克/千克；

原药兔急性经皮 LD_{50} 大于 2000 毫克/千克；

原药大鼠急性吸入 4 小时 LC_{50} 大于 0.65 毫克/升。

对兔眼睛有中等刺激性；

对兔皮肤有中等刺激性。

豚鼠皮肤致敏试验结果无致敏性。

大鼠 2 年慢性喂饲试验最大无作用剂量为 100 毫克/千克·天；

小鼠 2 年慢性喂饲试验最大无作用剂量为 800 毫克/千克·天；

狗 2 年慢性喂饲试验最大无作用剂量为 100 毫克/千克·天。

各种试验结果表明，无致癌、致畸、致突变作用。

制剂大鼠急性经口 LD_{50} 为 2500 毫克/千克；

制剂小鼠急性经口 LD_{50} 为 749 毫克/千克；

制剂大鼠急性吸入 LC_{50} 大于 450 毫克/立方米；

原药小鼠急性吸入 LC_{50} 大于 240 毫克/立方米；

对兔眼睛有中等刺激性；

对兔皮肤有中等刺激性。

豚鼠皮肤致敏试验结果无致敏性。

对鱼类毒性低毒。

大翻车鱼 96 小时急性毒性 LC_{50} 为 80 毫克/升；

虹鳟鱼 96 小时急性毒性 LC_{50} 为 76 毫克/升。

对鸟类毒性低毒。

野鸭喂饲 5 天 LD_{50} 大于 4000 毫克/千克；

山齿鹑喂饲 5 天 LD_{50} 大于 4000 毫克/千克；

野鸭急性经口 LD_{50} 为 168 毫克/千克；

山齿鹑急性经口 LD_{50} 为 460 ~ 680 毫克/千克。

对蜜蜂毒性低毒。

蜜蜂经口 LD_{50} 大于 35 微克/只；

蜜蜂接触 LD_{50} 大于 100 微克/只。

对土壤微生物毒性低毒。

蚯蚓 14 天 LD_{50} 大于 331.8 毫克/千克土壤。

每人每日允许摄入量为 0.013 毫克/千克体重。

【防治对象】

适用于大豆、马铃薯、番茄、苜蓿、芦笋、甘蔗等作物田防除蓼、苋、藜、芥菜、苦荬菜、繁缕、荞麦蔓、香薷、黄花蒿、鬼针草、狗尾草、鸭跖草、苍耳、龙葵、马唐、野燕麦等 1 年生阔叶草和部分 1 年生禾本科杂草。

【使用方法】

防除春大豆田 1 年生阔叶杂草：大豆播后苗前、杂草出苗以前，大豆 1 ~ 2 片复叶，大部分 1 年生阔叶杂草出齐 2 ~ 4 叶期，对部分难防杂草如鸭跖草宜在 2 叶前用药。每 666.7 平方米用 70% 嗪草酮可湿性粉剂 33 ~ 76 克，背负式喷雾器每 666.7 平方米兑水 25 ~ 30 千克，或拖拉机喷雾器每 666.7 平方米兑水 7 ~ 20 千克，进行土壤封闭喷雾处理。具体制剂用药量因土壤有机质含量而异：土壤有机质含量小于 2% 时：每 666.7 平方米用 70% 嗪草酮可湿性粉剂 33 ~ 50 克；土壤有机质含量 2 ~ 4% 时：每 666.7 平方米用 70% 嗪草酮可湿性粉剂 40 ~ 60 克；土壤有机质含量大于 4% 时：每 666.7 平方米用 70% 嗪草酮可湿性粉剂 50 ~ 76 克。施药时不能把药剂撒施到其他作物上。

【特别说明】

1. 方大豆田土壤质轻，气候温湿，应减小药量。

2. 大豆播种深度至少为 3.5 ~ 4 厘米，出苗前 3 ~ 5 天不要施药。

3. 施过本品的大豆不要趟蒙头土，否则有低洼地遇大雨会淋溶造成大豆药害。

4. 南方大豆田土壤质轻，气候温湿，应减小药量。

5. 本品在大豆作物上的安全间隔期为 75 ~ 120 天，仅播后苗前使用 1 次。

6. 大豆个别品种可能对本品敏感，在使用前应作敏感性试验。

7. 高用药量对下茬甜菜、洋葱生长有影响，需间隔 18 个月再种植。

8. 施药量过大或药不均匀，药后有较大降水或大水蔓灌，会使大豆根部吸收药剂而发生药害。

9. 在低洼地、低温、多雨年份不宜使用本品，碱性土壤慎用。雨水大量应注意排水以免造成药害。

10. 本品在用于东北春大豆田防除反枝苋、藜、蓼等一年生阔叶杂草时，采用播后苗前土壤均匀喷雾处理。

【中毒急救】

中毒症状为对皮肤、眼睛有中等刺激作用。吸入：应迅速将患者转移到空气清新流通处，解开衣领、腰带，保持呼吸畅通。如呼吸停止应做人工呼吸。如呼吸困难应输氧。如有症状及时就医。皮肤接触后：立即用水和肥皂清洗，并彻底冲洗干净。眼睛接触后：把眼睛打开用流水冲洗几分钟，如有持续的症状，及时就医。一旦药液溅入眼睛和黏附皮肤：应立即用水冲洗至少 15～20 分钟。误服：首先应该给病人服用 200 毫升液体石蜡，然后用 4 千克左右的水洗胃。可以采用吐根糖浆催吐，呕吐后用活性炭和硫酸钠进行处理，还可以在活性炭中加山梨醇导泻。禁用肾上腺素衍生物处理。

【注意事项】

1. 本品使用时按常规方法打开包装。操作者应遵守《农药安全使用准则》，按要求做好劳动保护，如穿戴工作服、手套、面罩等，避免让人体直接接触药剂。工作后漱口、清洗裸露在外的身体部分并更换干净的衣服。

2. 大豆整个生育期最多使用 1 次。

3. 严格按推荐的使用技术均匀施用，不得超范围使用。部分大豆品种对本剂敏感，正式使用前应作安全性试验。

4. 在土壤有机质含量小于 2% 的沙土、壤质沙土、沙质壤土及大豆苗后禁止使用，以免药害。

5. 避免局部药量过多，每 666.7 平方米用量误用到 2000 克/公顷时，施用后 1 年内不能播种甜菜和葱类。

6. 大豆田只能苗前使用，苗期使用有药害。

7. 气温高有机质含量低的地区，施药量用低限，相反用高限。

8. 对下茬或隔后茬白菜、豌豆之类有药害影响，注意使用时期的把握。

9. 具体使用剂量还因土壤质地和酸碱度而异，沙质轻壤土田块用低剂量，重质黏土用高剂量。

10. 大风时不可施用，以免因雾滴漂移而伤害临近作物。配药时应先将本剂加入半满清水的喷雾器内，然后注入余量水混均后喷施。

11. 本品对藻类等水生植物有风险，空瓶(罐)倒空洗净后应妥善处理，其包装等污染物应作集中焚烧处理，避免其污染水源、沟渠和鱼塘等环境。

12. 本品对蜜蜂、鸟类及水生生物有风险。施药时应避免对周围蜂群的影响，蜜源作物花期禁用。远离水产养殖区施药，禁止在河塘等水体中清洗施药器具。

13. 本剂对皮肤有轻微刺激作用，对眼睛有损害，误用可能损害健康，应避免眼睛和身体直接接触。

14. 不得以任何形式污染农田及水源。不可在临近雨季的时间用药，以免经连续降雨而将药剂冲刷到附近农田里而造成药害。

15. 孕妇和哺乳期妇女应避免接触。

16. 本品放置于阴凉、干燥、通风、防雨处，远离火源，勿与食品、饲料、种子、日用品等同贮同运。

17. 本品宜置于儿童够不着的地方并上锁，不得重压、破损包装容器。

炔草酯

【作用特点】

炔草酯属芳氧苯氧丙酸类除草剂，属乙酰辅酶 A 羧化酶抑制剂。作用机制是抑制植物体内乙酰辅酶 A 羧化酶的活性，从而影响脂肪酸的合成。而脂肪酸是细胞膜形成不可缺少的必要物质。它在土壤中很快降解为游离酸苯基和吡啶部分进入土壤，通过杂草叶部组织吸收，叶部吸收后，再通过木质部由上向下传导，并在分生组织中累积。禾本科杂草在施药后 2 天内停止生长,先是新叶枯萎变黄,整株会在 3 ~ 5 周死亡。能防治小麦田鼠尾看麦娘、燕麦草、黑麦草、普通早熟禾狗尾草等禾本科杂草。它具有耐低温,耐雨水冲刷,使用适期宽,且对小麦和后茬作物安全等特点。

【毒性与环境生物安全性评价】

对高等动物毒性低毒。

原药雄大鼠急性经口 LD_{50} 为 1392 毫克/千克;

原药雌大鼠急性经口 LD_{50} 为 2271 毫克/千克;

原药雄小鼠急性经口 LD_{50} 大于 2000 毫克/千克;

原药雌小鼠急性经口 LD_{50} 大于 2000 毫克/千克;

原药大鼠急性经皮 LD_{50} 大于 2000 毫克/千克;

原药大鼠急性吸入 4 小时 LC_{50} 为 3.325 毫克/升。

对兔眼睛无刺激性;

对兔皮肤无刺激性。

豚鼠皮肤致敏试验结果为强致敏性。

狗 1 年慢性喂饲试验最大无作用剂量为 3.3 毫克/千克·天;

小鼠 1.5 年慢性喂饲试验最大无作用剂量为 1.2 毫克/千克·天;

大鼠 2 年慢性喂饲试验最大无作用剂量雄性为 0.32 毫克/千克·天;

大鼠 2 年慢性喂饲试验最大无作用剂量雌性为 0.37 毫克/千克·天。

各种试验结果表明,无致癌、致畸、致突变作用。

制剂大鼠急性经口 LD_{50} 大于 2000 毫克/千克;

制剂大鼠急性经皮 LD_{50} 大于 2000 毫克/千克。

对兔眼睛有中等刺激性;

对兔皮肤有中等刺激性。

豚鼠皮肤致敏试验结果无致敏性。

对鱼类毒性高毒。

鲤鱼急性毒性 LC_{50} 为 0.2 ~ 0.5 毫克/升;

鲑鱼急性毒性 LC_{50} 为 0.2 ~ 0.5 毫克/升;

蓝鳃太阳鱼急性毒性 LC_{50} 为 0.2 ~ 0.5 毫克/升;

鲶鱼急性毒性 LC_{50} 为 0.2 ~ 0.5 毫克/升;

虹鳟鱼急性毒性 LC_{50} 为 0.39 毫克/升。

对鸟类毒性低毒。

鹌鹑经口 1 次给药 LD_{50} 大于 2000 毫克/千克;

野鸭经口 1 次给药 LD_{50} 大于 2000 毫克/千克;

野鸭喂饲 8 天 LD_{50} 大于 2000 毫克/千克;

山齿鹑喂饲 8 天 LD_{50} 大于 1455 毫克/千克。

对蜜蜂毒性低毒。

蜜蜂经口 48 小时 LD_{50} 大于 100 微克/只;

蜜蜂接触 LD_{50} 大于 200 微克/只。

对土壤微生物毒性低毒。

蚯蚓 LD_{50} 大于 210 毫克/千克土壤。

对家蚕毒性低毒。

家蚕食下毒叶法 96 小时 LD_{50} 为 1965.7 毫克/千克·桑叶。

【防治对象】

主要用于防除小麦田鼠尾看麦娘、燕麦草、黑麦草、普通早熟禾狗尾草等禾本科杂草。

【使用方法】

1. 防除春小麦田部分禾本科杂草：在小麦苗后，春小麦苗后 3～5 叶期，杂草 2～5 叶期施药，每 666.7 平方米用 15% 炔草酯可湿性粉剂 13～20 克，背负式喷雾器每 666.7 平方米兑水 15～30 千克，或拖拉机喷雾器每 666.7 平方米兑水 7～15 千克，进行茎叶均匀喷雾施药时不能把药剂撒施到其他作物上。

2. 防除冬小麦田部分禾本科杂草：在小麦苗后，冬小麦返青至拔节期或冬前，每 666.7 平方米用 15% 炔草酯可湿性粉剂 13～20 克，背负式喷雾器每 666.7 平方米兑水 15～30 千克，或拖拉机喷雾器每 666.7 平方米兑水 7～15 千克，进行茎叶均匀喷雾施药时不能把药剂撒施到其他作物上。

【特别说明】

1. 大麦或燕麦田不能使用本品。

2. 本品在土壤中迅速降解，在土壤中基本无活性，对后茬作物无影响。

3. 本品可以直接在喷雾器内加药稀释，但要稀释均匀。

4. 推荐使用扇形喷嘴，每 666.7 平方米用水 15～30 千克效果更佳。

5. 硬草、茵草等所占比例高的田块和春季草龄较大时，适当提高用量。

6. 防治小麦禾本科杂草 如野燕麦，看麦娘、硬草、茵草、棒头草、野燕麦、稗草等，按推荐剂量，苗后全田均匀喷雾。

7. 本品在大多数杂草出苗后施药效果最佳。

【中毒急救】

中毒症状为对皮肤和眼睛有一定的刺激作用。吸入：应迅速将患者转移到空气清新流通处，解开衣领、腰带，保持呼吸畅通。如呼吸停止应做人工呼吸。如呼吸困难应输氧。如有症状及时就医。皮肤接触后：立即用水和肥皂清洗，并彻底冲洗干净。眼睛接触后：把眼睛打开用流水冲洗几分钟，如有持续的症状，及时就医。一旦药液溅入眼睛和黏附皮肤：应立即用水冲洗至少 15～20 分钟。误服：首先应该给病人服用 200 毫升液体石蜡，然后用 4 千克左右的水洗胃。可以采用吐根糖浆催吐，呕吐后用活性炭和硫酸钠进行处理，还可以在活性炭中加山梨醇导泻。禁用肾上腺素衍生物处理。

【注意事项】

1. 本品使用时按常规方法打开包装。操作者应遵守《农药安全使用准则》，按要求做好劳动保护，如穿戴工作服、手套、面罩等，避免让人体直接接触药剂。工作后漱口、清洗裸露在外的身体部分并更换干净的衣服。

2. 小麦整个生育期最多使用 1 次。

3. 严格按推荐的使用技术均匀施用，不得超范围使用。

4. 本品对鱼类和藻类有毒，对水蚤基本无毒。对鸟类、蜂和蚯蚓无毒。

5. 预计 6 小时内降雨，请勿施药。

6. 大麦或燕麦田禁止使用本品。

7. 防治小麦禾本科杂草如野燕麦、看麦娘、硬草、茵草、棒头草、稗草等，按推荐剂量苗后全田喷雾，在大多数杂草出苗后施药效果最佳。硬草、茵草所占比例较大时或春季草龄较大时应使用核准剂量的高剂量。

8. 本品偏弱酸性，不能与碱性农药混用。

9. 本品对藻类等水生植物有风险，空瓶（罐）倒空洗净后应妥善处理，其包装等污染物应作集中焚烧处理，避免其污染水源、沟渠和鱼塘等环境。

10. 本品对鱼类有高风险，对蜜蜂、鸟类及水生生物有风险，施药时应避免对周围蜂群的影响，蜜源作物花期禁用。远离水产养殖区施药，禁止在河塘等水体中清洗施药器具。

11. 本品对家蚕有风险，桑园及蚕室附近禁止使用。

12. 不得以任何形式污染农田及水源。不可在临近雨季的时间用药，以免经连续降雨而将药剂冲刷到附近农田里而造成药害。

13. 孕妇和哺乳期妇女应避免接触。

14. 本品放置于阴凉、干燥、通风、防雨处，远离火源，勿与食品、饲料、种子、日用品等同贮同运。

15. 本品宜置于儿童够不着的地方并上锁，不得重压、破损包装容器。

氰氟草酯

【作用特点】

氰氟草酯是苯氧羧酸类内吸传导型选择性除草剂，属乙酰辅酶A羧化酶抑制。是芳氧苯氧丙酸类唯一对水稻具有安全性的品种。药剂通过植物的叶片和叶稍吸收，韧皮部传导，积累于植物体的分生组织区，抑制乙酰辅酶A羧化酶，使脂肪酸合成停止，细胞的分裂和生长不能正常进行，膜系统等含脂结构破坏，最后导致杂草死亡。从药剂被吸收到杂草死亡比较缓慢，一般需要1~3周。杂草在施药后的症状如下：4叶期的嫩芽萎缩，导致死亡。2叶期的老叶变化极小，保持绿色。对水稻等具有优良的选择性，选择性基于不同的代谢速度，在水稻体内，氰氟草酯可被迅速降解为对乙酰辅酶A羧化酶无活性的二酸态，因而对水稻具有高度的安全性。因其在土壤中和典型的稻田水中降解迅速，故对后茬作物安全。本品为水稻田选择性除草剂，只能作茎叶处理，芽前处理无效，主要防除稗草，千金子等禾本科杂草。

【毒性与环境生物安全性评价】

对高等动物毒性低毒。

原药大鼠急性经口 LD_{50} 大于 5000 毫克/千克；

原药小鼠急性经口 LD_{50} 大于 5000 毫克/千克；

原药大鼠急性经皮 LD_{50} 大于 2000 毫克/千克；

原药大鼠急性吸入 4 小时 LC_{50} 大于 5.63 毫克/升。

对兔眼睛有轻微刺激性；

对兔皮肤无刺激性。

豚鼠皮肤致敏试验结果为无致敏性。

大鼠 13 周亚慢性喂饲试验无作用剂量雄性为 0.8 毫克/千克·天；

大鼠 13 周亚慢性喂饲试验无作用剂量雌性为 2.5 毫克/千克·天。

各种试验结果表明，未见致癌、致畸、致突变作用。

制剂大鼠急性经口 LD_{50} 大于 5000 毫克/千克；

制剂小鼠急性经口 LD_{50} 大于 5000 毫克/千克；

制剂大鼠急性经皮 LD_{50} 大于 2000 毫克/千克；

对鱼类毒性中等至高毒。

大翻车鱼 96 小时急性毒性 LC_{50} 为 0.76 毫克/升；

虹鳟鱼 96 小时急性毒性 LC_{50} 大于 0.49 毫克/升；

鲫鱼 LC_{50} 为 1.65 毫克/升。

对鸟类毒性低毒。

山齿鹑喂饲 5 天 LC_{50} 大于 2250 毫克/升；

野鸭喂饲 5 天 LC_{50} 大于 2250 毫克/升。

对蜜蜂毒性低毒。

蜜蜂经口 LC_{50} 大于 100 微克/只。

对土壤微生物毒性低毒。

蚯蚓 14 天 LD_{50} 大于 1000 毫克/千克土壤。

【防治对象】

主要用于防除水稻直播田、移栽田及秧田的禾本科杂草。对千金子高效，对低龄稗草有一定的防效，还可防除、马唐、双穗雀稗、狗尾草、牛筋草、看麦娘等。对莎草科杂草和阔叶杂草无效。

【使用方法】

1. 防除水稻直播田千金子：水稻播种后，千金子 2～3 叶期，每 666.7 平方米用 100 克/升氰氟草酯乳油 50～70 毫升，兑水 20～30 千克茎叶喷雾处理，要细雾滴均匀喷雾。施药前排水，使杂草茎叶 2/3 以上露出水面，施药后 24 小时至 48 小时内灌水，保持 3～5 厘米水层 5～7 天，以不淹没水稻心叶为准。施药时不要把药剂洒到或流入周围的其他作物田里。

2. 防除水稻直播田稗草：水稻播种后，稗草 1.5～2.5 叶期，每 666.7 平方米用 100 克/升氰氟草酯乳油 50～70 毫升，兑水 20～30 千克茎叶喷雾处理，要细雾滴均匀喷雾。施药前排水，使杂草茎叶 2/3 以上露出水面，施药后 24 小时至 48 小时内灌水，保持 3～5 厘米水层 5～7 天，以不淹没水稻心叶为准。施药时不要把药剂洒到或流入周围的其他作物田里。

3. 防除水稻直播田部分禾本科杂草：水稻播种后，杂草 2～3 叶期，每 666.7 平方米用 100 克/升氰氟草酯乳油 50～70 毫升，兑水 20～30 千克茎叶喷雾处理，要细雾滴均匀喷雾。施药前排水，使杂草茎叶 2/3 以上露出水面，施药后 24 小时至 48 小时内灌水，保持 3～5 厘米水层 5～7 天，以不淹没水稻心叶为准。施药时不要把药剂洒到或流入周围的其他作物田里。

4. 防除水稻秧田千金子：水稻播种后，千金子 2～3 叶期，每 666.7 平方米用 100 克/升氰氟草酯乳油 50～70 毫升，兑水 20～30 千克茎叶喷雾处理，要细雾滴均匀喷雾。施药前排水，使杂草茎叶 2/3 以上露出水面，施药后 24 小时至 48 小时内灌水，保持 3～5 厘米水层 5～7 天，以不淹没水稻心叶为准。施药时不要把药剂洒到或流入周围的其他作物田里。

5. 防除水稻秧田稗草：水稻播种后，稗草 1.5～2.5 叶期，每 666.7 平方米用 100 克/升氰氟草酯乳油 50～70 毫升，兑水 20～30 千克茎叶喷雾处理，要细雾滴均匀喷雾。施药前排水，使杂草茎叶 2/3 以上露出水面，施药后 24 小时至 48 小时内灌水，保持 3～5 厘米水层 5～7 天，以不淹没水稻心叶为准。施药时不要把药剂洒到或流入周围的其他作物田里。

6. 防除水稻秧田部分禾本科杂草：水稻播种后，杂草 2～3 叶期，每 666.7 平方米用 100 克/升氰氟草酯乳油 50～70 毫升，兑水 20～30 千克茎叶喷雾处理，要细雾滴均匀喷雾。施药前排水，使杂草茎叶 2/3 以上露出水面，施药后 24 小时至 48 小时内灌水，保持 3～5 厘米水层 5～7 天，以不淹没水稻心叶为准。施药时不要把药剂洒到或流入周围的其他作物田里。

7. 防除水稻移栽田千金子：水稻移栽后，千金子 2～3 叶期，每 666.7 平方米用 100 克/升氰氟草酯乳油 50～70 毫升，兑水 20～30 千克茎叶喷雾处理，要细雾滴均匀喷雾。施药前排水，使杂草茎叶 2/3 以上露出水面，施药后 24 小时至 48 小时内灌水，保持 3～5 厘米水层 5～7 天，以不淹没水稻心叶为准。施药时不要把药剂洒到或流入周围的其他作物田里。

8. 防除水稻移栽田稗草：水稻移栽后，稗草 1.5～2.5 叶期，每 666.7 平方米用 100 克/升氰氟草酯乳油 50～70 毫升，兑水 20～30 千克茎叶喷雾处理。施药前排水，使杂草茎叶 2/3 以上露出水面，施药后 24 小时至 48 小时内灌水，保持 3～5 厘米水层 5～7 天，以不淹没水稻心叶为准。施药时不要把药剂洒到或流入周围的其他作物田里。

9. 防除水稻移栽田部分禾本科杂草：水稻移栽后，杂草 2～3 叶期，每 666.7 平方米用 100 克/升氰氟草酯乳油 50～70 毫升，兑水 20～30 千克茎叶喷雾处理，要细雾滴均匀喷雾。施药前排水，使杂草茎叶 2/3 以上露出水面，施药后 24 小时至 48 小时内灌水，保持 3～5 厘米水层 5～7 天，以不淹没水稻心叶为准。施药时不要把药剂洒到或流入周围的其他作物田里。

10. 防除水稻抛秧田千金子：水稻抛秧后，千金子 2～3 叶期，每 666.7 平方米用 100 克/升氰氟草酯乳油 50～70 毫升，兑水 20～30 千克茎叶喷雾处理，要细雾滴均匀喷雾。施药前排水，使杂草茎叶 2/3 以上露出水面，施药后 24 小时至 48 小时内灌水，保持 3～5 厘米水层 5～7 天，以不淹没水稻心叶为准。施药时不要把药剂洒到或流入周围的其他作物田里。

11. 防除水稻抛秧田稗草：水稻抛秧后，稗草 1.5～2.5 叶期，每 666.7 平方米用 100 克/升氰氟草酯乳油 50～70 毫升，兑水 20～30 千克茎叶喷雾处理，要细雾滴均匀喷雾。施药前排水，使杂草茎叶 2/3 以上露出水面，施药后 24 小时至 48 小时内灌水，保持 3～5 厘米水层 5～7 天，以不淹没水稻心叶为准。施药时不要把药剂洒到或流入周围的其他作物田里。

12. 防除水稻抛秧田部分禾本科杂草：水稻抛秧后，杂草 2～3 叶期，每 666.7 平方米用 100 克/升氰氟草酯乳油 50～70 毫升，兑水 20～30 千克茎叶喷雾处理，要细雾滴均匀喷雾。施药前排水，使杂草茎叶 2/3 以上露出水面，施药后 24 小时至 48 小时内灌水，保持 3～5 厘米水层 5～7 天，以不淹没水稻心叶为准。施药时不要把药剂洒到或流入周围的其他作物田里。

【中毒急救】

吸入：应迅速将患者转移到空气清新流通处。如呼吸停止应做人工呼吸。如呼吸困难应输氧。如有症状及时就医。皮肤接触后：立即用水和肥皂清洗，并彻底冲洗干净。眼睛接触后：把眼睛打开用流水冲洗几分钟，如有持续的症状，及时就医。误食：立即用大量牛奶、蛋清、清水漱口，洗胃。洗胃时注意保护气管和食管。及时送医院对症治疗。一旦药液溅入眼睛和黏附皮肤：应立即用水冲洗至少 15 分钟。不要给神志不清的病人经口食用任何东西。本品无特效解毒剂。

【注意事项】

1. 本品使用时按常规方法打开包装。操作者应遵守《农药安全使用准则》，按要求做好劳动保护，如穿戴工作服、手套、面罩等，避免让人体直接接触药剂。工作后漱口、清洗裸露在外的身体部分并更换干净的衣服。

4. 每个作物周期的最多施用 1 次。

5. 配制药液前，先将药瓶充分摇匀后，按比例将药液稀释，充分搅拌后使用。为避免药害产生，不要重复施药。

6. 施药后，各种工具要认真清洗。

7. 应选择雨前、雨中（小雨）、雨后土壤墒情较好时施药，提高除草效果。干旱时施药应适当加大对水量。

8. 本品对鱼类等水生生物有毒，对水生节肢动物毒性大，避免流入水产养殖场所。

9. 本品其与部分阔叶除草剂混用时有可能会表现出拮抗作用，表现为本品药效降低。不建议与阔叶草除草剂混用。

10. 如需防除阔叶杂草及莎草科杂草，最好在使用本品 7 天前或 7 天后再施药，防止影响防除效果。

11. 防除大龄杂草或是杂草密度大时，应适当加大用药量。

12. 使用本品，宜用较高压力、低容量喷雾。

13. 远离水产养殖区施药。药后及时彻底清洗药械，废弃物切勿污染水源或水体。废弃物应妥善处理，不可做他用，也不可随意丢弃。

14. 不可在临近雨季的时间用药，以免经连续降雨而将药剂冲刷到附近农田里而造成药害。

15. 孕妇和哺乳期妇女应避免接触。

16. 如果要将本品用于出口农产品，请参照我国的相关标准使用。

17. 本品放置于阴凉、干燥、通风、防雨处，远离火源，勿与食品、饲料、种子、日用品等同贮同运。

18. 本品宜置于儿童够不着的地方并上锁，不得重压、破损包装容器。

乳氟禾草灵

【作用特点】

乳氟禾草灵是二苯醚类选择性苗后茎叶处理除草剂，属原卟啉原氧化酶抑制剂。施药后通过植物茎叶吸收，在体内进行有限的传导，通过破坏细胞膜的完整性而导致细胞内含物的流失，最后使杂草干枯死亡。在充足光照条件下，施药后 2~3 天，敏感的阔叶杂草叶片出现灼伤斑，并逐渐扩大，整个叶片变枯，最后全株死亡。本品施入土壤易被微生物降解。大豆对克阔乐有耐药性，但在不利于大豆生长发育的环境条件下，如高温、低洼地排水不良、低温、高湿、病虫危害等，易造成药害，症状为叶片皱缩，有灼伤斑点，一般 1 周后大豆恢复正常生长，对产量影响不大。

【毒性与环境生物安全性评价】

对高等动物毒性低毒。

原药大鼠急性经口 LD_{50} 大于 5000 毫克/千克；

原药兔急性经皮 LD_{50} 大于 2000 毫克/千克；

原药大鼠急性吸入 4 小时 LC_{50} 大于 5.3 毫克/升。

对兔眼睛有中度刺激性；

对兔皮肤有轻微刺激性。

大鼠 2 年慢性喂饲试验无作用剂量为 2~5 毫克/千克·天；

狗 2 年慢性喂饲试验无作用剂量为 5 毫克/千克·天。

各种试验结果表明，无致癌、致畸、致突变作用。

制剂大鼠急性经口 LD_{50} 为 2533 毫克/千克；

制剂兔急性经皮 LD_{50} 大于 2000 毫克/千克；

制剂大鼠急性吸入 LC_{50} 大于 6.3 毫克/升。

对兔眼睛有严重刺激性；

对兔皮肤无刺激性。

对鱼类毒性高毒。

大翻车鱼 96 小时急性毒性 LC_{50} 大于 0.1 毫克/升；

虹鳟鱼 96 小时急性毒性 LC_{50} 大于 0.1 毫克/升。

对鸟类毒性低毒。

鹌鹑急性经口 LD_{50} 大于 2510 毫克/千克；

野鸭喂饲 5 天 LD_{50} 大于 5620 毫克/千克；

山齿鹑喂饲 5 天 LD_{50} 大于 5620 毫克/千克。

对蜜蜂毒性低毒。

蜜蜂经口 LD_{50} 大于 160 微克/只；

蜜蜂接触 LD_{50} 大于 160 微克/只。

每人每日允许摄入量为 0.0025 毫克/千克体重。

【防治对象】

主要用于大豆、花生等作物，防除苍耳、苘麻、龙葵、铁苋菜、狼把草、鬼针草、野西瓜苗、水棘针、香薷、反枝苋、刺苋、地肤、荠菜、曼陀罗、辣子草、藜、小藜、马齿苋、鸭跖草等 1 年生阔叶杂草。

【使用方法】

1. 防除春大豆田 1 年生阔叶杂草：大豆 1.5 ~ 2.5 片复叶期，1 年生阔叶杂草 2 ~ 4 叶期，大部分阔叶杂草出齐后施药，东北地区每 666.7 平方米用 240 克/升乳氟禾草灵乳油 30 ~ 40 毫升，兑水 15 ~ 30 千克，对杂草进行茎叶喷雾处理。喷雾勿落在其他作物上，除大豆外，其他作物会受到损伤。

2. 防除夏大豆田 1 年生阔叶杂草：大豆 1.5 ~ 2.5 片复叶期，1 年生阔叶杂草 2 ~ 4 叶期，大部分阔叶杂草出齐后施药，东北地区以往其他地区每 666.7 平方米用 240 克/升乳氟禾草灵乳油 25 ~ 30 毫升，兑水 30 ~ 45 千克，对杂草进行茎叶喷雾处理。喷雾勿落在其他作物上，除大豆外，其他作物会受到损伤。

3. 防除花生田 1 年生阔叶杂草：花生 1.5 ~ 2.5 片复叶期，1 年生阔叶杂草 2 ~ 4 叶期，大部分阔叶杂草出齐后施药，每 666.7 平方米用 240 克/升乳氟禾草灵乳油 15 ~ 30 毫升，兑水 30 ~ 45 千克，对杂草进行茎叶喷雾处理。喷雾勿落在其他作物上，除花生外，其他作物会受到损伤。

【中毒急救】

中毒症状为对皮肤有轻度刺激作用，对眼有中度刺激作用。吸入：应迅速将患者转移到空气清新流通处。如呼吸停止应做人工呼吸。如呼吸困难应输氧。如有症状及时就医。皮肤接触后：立即用水和肥皂清洗，并彻底冲洗干净。眼睛接触后：把眼睛打开用流水冲洗几分钟，如有持续的症状，及时就医。一旦药液溅入眼睛和黏附皮肤：应立即用水冲洗至少 15 分钟。误服后：应立即饮用大量牛奶、蛋清、动物胶等。若摄入量大，病人十分清醒，可用吐根糖浆诱吐，还可在服用的活性炭泥中加入山梨醇。不要给神志不清的病人经口食用任何东西。本品无特效解毒剂。

【注意事项】

1. 本品使用时按常规方法打开包装。操作者应遵守《农药安全使用准则》，按要求做好劳动保护，如穿戴工作服、手套、面罩等，避免让人体直接接触药剂。工作后漱口、清洗裸露在外的身体部分并更换干净的衣服。

2. 施药后至收获期是安全的，每个作物周期的最多施用 1 次。

3. 使用前，先将瓶内药液充分摇匀，然后按比例将药液稀释，充分搅拌后使用。避免药液漂移到邻近的阔叶作物田。

4. 本品安全性较差，故施药时应尽可能保证药液均匀，做到不重喷，不漏喷，且严格限制用药量。

5. 施用本品后，大豆茎、叶片可能出现枯斑或黄化现象，但这是暂时接触性药斑不影响新叶的生长。1 ~ 2 周便恢复正常，不影响产量。

6. 杂草生长状况和气候都可影响本品的活性。本品对 4 叶期前生长旺盛的杂草杀草活性高；当气温、土壤、水分有利于杂草生长时施药，药效得以充分发挥，反之低温、持续干旱影响药效。施药后连续阴天，没有足够的光照，也影响药效的迅速发挥。

7. 施用本品后，前期对接触到药剂的作物叶片一般会有一定程度的接触性烧伤，但可保证新叶的生长，2 周内可恢复，在推荐的施用时期和施用剂量下对作物无害，不影响作物产量。

8. 本品对蜜蜂、鱼类等生物均为低毒，施药期间应避免对周围蜂群的影响，远离水产养殖区施药。

9. 禁止河塘等水域内清洗施药器具或将清洗施药器具的废水倒入河流、池塘等水源。

10. 用过的容器或包装应妥善处理，不可做他用，也不可随意丢弃。

11. 不可在临近雨季的时间用药，以免经连续降雨而将药剂冲刷到附近农田里而造成药害。

12. 孕妇和哺乳期妇女应避免接触。

13. 本品放置于阴凉、干燥、通风、防雨处，远离火源，勿与食品、饲料、种子、日用品等同贮同运。

14. 本品宜置于儿童够不着的地方并上锁，不得重压、破损包装容器。

双草醚

【作用特点】

双草醚是嘧啶水杨酸类除草剂，是高活性的乙酰乳酸合成酶抑制剂。主要作用机制是通过阻止支链氨基酸如亮氨酸、异亮氨酸等的生物合成而起作用。本品施药后能很快被杂草的茎叶吸收，并传导至整个植株，抑制植物分生组织生长，有效阻碍敏感杂草的细胞分裂并使其停止生长，从而白化、坏死直至死亡。是一种超高效、广谱、低毒的除草剂，主要用于防治水稻田稗草等禾本科杂草和阔叶杂草，可秧田、直播田、小苗移栽田和抛秧田使用。主要用于直播水稻的苗后除草，对大龄稗草和双穗雀稗有特效，对 1~7 叶期稗草均有效，3~6 叶期防效尤佳。

【毒性与环境生物安全性评价】

对高等动物毒性低毒。

原药雄大鼠急性经口 LD_{50} 大于 5000 毫克/千克；

原药雌大鼠急性经口 LD_{50} 大于 5000 毫克/千克；

原药小鼠急性经口 LD_{50} 为 3524 毫克/千克；

原药雄大鼠急性经皮 LD_{50} 大于 2000 毫克/千克；

原药雌大鼠急性经皮 LD_{50} 大于 2000 毫克/千克。

对兔眼睛有轻微刺激性；

对兔皮肤无刺激性。

豚鼠皮肤致敏试验结果为弱致敏性。

各种试验结果表明，未见致癌、致畸、致突变作用。

制剂雄大鼠急性经口 LD_{50} 为 4300 毫克/千克；

制剂雌大鼠急性经口 LD_{50} 大于 5840 毫克/千克；

制剂雄大鼠急性经皮 LD_{50} 大于 2000 毫克/千克；

制剂雌大鼠急性经皮 LD_{50} 大于 2000 毫克/千克。

对兔眼睛有轻微刺激性；

对兔皮肤无刺激性。

豚鼠皮肤致敏试验结果为弱致敏性。

对鱼类毒性低毒。

虹鳟鱼96小时急性毒性LC_{50}大于100毫克/升；

蓝鳃翻车鱼96小时急性毒性LC_{50}大于100毫克/升。

对鸟类毒性低毒。

鹌鹑急性经口进食LC_{50}大于5620毫克/千克；

野鸭急性经口进食LC_{50}大于5620毫克/千克。

对蜜蜂毒性低毒。

蜜蜂经口LD_{50}大于200微克/只；

蜜蜂接触LC_{50}大于70000毫克/升。

【防治对象】

有效防除稻田稗草及其他禾本科杂草，兼治大多数阔叶杂草、一些莎草科杂草及对其他除草剂产生抗性的稗草。如：稗草、双穗雀稗、稻李氏禾、马唐、匍茎剪股颖、看麦娘、东北甜茅、狼巴草、异形莎草、日照瓢拂草、碎米莎草、萤蔺、日本草、扁秆草、鸭舌草、雨久花、野慈菇、泽泻、眼子菜、谷精草、牛毛毡、节节菜、陌上菜、水竹叶、空心莲子草、花蔺等水稻田常见的绝大部分杂草。

【使用方法】

1. 防除水稻直播田莎草：水稻播种后，杂草2~3叶期，南方地区每666.7平方米用100克/升双草醚悬浮剂15~20毫升，北方地区每666.7平方米用100克/升双草醚悬浮剂20~25毫升，兑水20~30千克茎叶喷雾处理，要细雾滴均匀喷雾。施药前排水，使杂草茎叶2/3以上露出水面，施药后24小时至48小时内灌水，保持3~5厘米水层5~7天，以不淹没水稻心叶为准。施药时不要把药剂洒到或流入周围的其他作物田里。

2. 防除水稻直播田稗草：水稻播种后，稗草1.5~2.5叶期，南方地区每666.7平方米用100克/升双草醚悬浮剂15~20毫升，北方地区每666.7平方米用100克/升双草醚悬浮剂20~25毫升，兑水20~30千克茎叶喷雾处理，要细雾滴均匀喷雾。施药前排水，使杂草茎叶2/3以上露出水面，施药后24小时至48小时内灌水，保持3~5厘米水层5~7天，以不淹没水稻心叶为准。施药时不要把药剂洒到或流入周围的其他作物田里。

3. 防除水稻直播田阔叶杂草杂草：水稻播种后，杂草2~3叶期，南方地区每666.7平方米用100克/升双草醚悬浮剂15~20毫升，北方地区每666.7平方米用100克/升双草醚悬浮剂20~25毫升，兑水20~30千克茎叶喷雾处理，要细雾滴均匀喷雾。施药前排水，使杂草茎叶2/3以上露出水面，施药后24小时至48小时内灌水，保持3~5厘米水层5~7天，以不淹没水稻心叶为准。施药时不要把药剂洒到或流入周围的其他作物田里。

【中毒急救】

吸入：应迅速将患者转移到空气清新流通处，解开衣领、腰带，保持呼吸畅通。如呼吸停止应做人工呼吸。如呼吸困难应输氧。如有症状及时就医。皮肤接触后：立即用水和肥皂清洗，并彻底冲洗干净。眼睛接触后：把眼睛打开用流水冲洗几分钟，如有持续的症状，及时就医。及时送医院对症治疗。一旦药液溅入眼睛和黏附皮肤：应立即用水冲洗至少15~20分钟。误服：可先服用10~50毫升吐根糖浆，再喝一杯水，使中毒者呕吐，并立即请医生治疗。

【注意事项】

1. 本品使用时按常规方法打开包装。操作者应遵守《农药安全使用准则》，按要求做好劳动保护，如穿戴工作服、手套、面罩等，避免让人体直接接触药剂。工作后漱口、清洗裸露在外的身体部分并更换干净的衣服。

2．一季作物最多施用次数1次。

3．请尽量较早用药，除草效果更佳，施药时请避免雾滴漂移至邻近作物。

4．本品耐雨水冲刷，药后3小时遇雨药效不受影响。

5．本品最后选择在气温较高、晴天、无风的时候使用。药后12小时内下雨会影响药效。

6．施药后土壤需保持较高的湿度才能取得较好的防效。本品在直播水稻出苗后到抽穗前均可使用，在稗草3～6叶期施药，效果最好。水稻移栽田或抛秧田，应在移栽或抛秧15天以后，秧苗后返青后施药，以避免用药过早，秧苗耐药性差，从而出现药害。

7．本品只能用于稻田除草，请勿用于其他作物。

8．本药只能适用于南方水稻田。

9．严禁使用过量，避免漂移污染其他作物。

10．粳稻品种喷施本品后有叶片发黄现象，4～5天即可恢复，不影响产量。

11．稗草1～7叶期均可用药，稗草小，用低剂量，稗草大，用高剂量。

12．用药后不要翻土，以免破坏药层，影响药效。

13．施药时注意药量准确，做到均匀喷雾，尽量在无风无雨时施药，避免雾滴漂移，危害周围作物。

13．本品使用时加入有机硅助剂可提高药效。

14．远离水产养殖区施药，禁止在河塘等水体中清洗施药器具。

15．不得以任何形式污染农田及水源。不可在临近雨季的时间用药，以免经连续降雨而将药剂冲刷到附近农田里而造成药害。

16．孕妇和哺乳期妇女应避免接触。

17．本品放置于阴凉、干燥、通风、防雨处，远离火源，勿与食品、饲料、种子、日用品等同贮同运。

18．本品宜置于儿童够不着的地方并上锁，不得重压、破损包装容器。

三氟啶磺隆钠盐

【作用特点】

三氟啶磺隆钠盐是属于磺酰脲类除草剂，施药后可被杂草的根、茎、叶吸收，可在植物体内向下和向上传导，通过抑制乙酰乳酸合成酶的活性，从而影响支链氨基酸如亮氨酸、异亮氨酸、缬氨酸等的生物合成。植物受害后表现为生长点坏死、叶脉失绿，植物生长受到严重抑制、矮化，最终全株枯死。杂草表现为停止生长、萎黄、顶点分裂组织死亡，随后在1～3周死亡。可防除大多数阔叶杂草和部分乔木科杂草，对莎草科杂草和香附子有特效。三氟啶磺隆对杂草和作物的选择性主要是由于降解代谢的差异。其在甘蔗体内可以被迅速代谢为无活性物质，从而使作物植株免受伤害。

【毒性与环境生物安全性评价】

对高等动物毒性低毒。

原药大鼠急性经口 LD_{50} 大于4640毫克/千克；

原药大鼠急性经皮 LD_{50} 大于2150毫克/千克。

对兔眼睛无刺激性；

对兔皮肤无刺激性。

豚鼠皮肤致敏试验结果无致敏性。

大鼠13周亚慢性喂饲试验最大无作用剂量雄性为105毫克/千克·天；

大鼠 13 周亚慢性喂饲试验最大无作用剂量雌性为 487 毫克/千克·天。

制剂大鼠急性经口 LD_{50} 大于 2000 毫克/千克。

对兔眼睛有重度刺激性；

对兔皮肤有轻微刺激性；

豚鼠皮肤致敏试验结果为中度致敏性。

对鱼类毒性中等毒。

斑马鱼 96 小时急性毒性 LC_{50} 为 2.66 毫克/升。

对鸟类毒性低毒。

雄鹌鹑 7 天急性经口 LD_{50} 为 1711.38 毫克/千克；

雌鹌鹑 7 天急性经口 LD_{50} 为 1624.84 毫克/千克。

对蜜蜂毒性低毒。

蜜蜂接触 LD_{50} 大于 200 微克/只。

对家蚕毒性低毒。

家蚕食下毒叶法 LD_{50} 大于 5000 毫克/升。

每人每日允许摄入量为 0.001 毫克/千克体重。

【防治对象】

主要用于防除暖季型草坪、甘蔗田部分禾本科杂草、莎草及阔叶杂草，如香附子、马唐、阔叶草等多种杂草。

【使用方法】

1. 防除暖季型草坪部分禾本科杂草：每 666.7 平方米用 11% 三氟啶磺隆钠盐可分散油悬浮剂 20～30 毫升，或每 666.7 平方米用 75% 三氟啶磺隆钠盐水分散粒剂 2～3 克，兑水 30～45 千克茎叶均匀喷雾。施药时不能把药剂撒施到其他作物上。

2. 防除暖季型草坪莎草及阔叶杂草：每 666.7 平方米用 11% 三氟啶磺隆钠盐可分散油悬浮剂 20～30 毫升，或每 666.7 平方米用 75% 三氟啶磺隆钠盐水分散粒剂 2～3 克，兑水 30～45 千克茎叶均匀喷雾。施药时不能把药剂撒施到其他作物上。

3. 防除甘蔗田部分禾本科杂草、莎草及阔叶杂草：甘蔗 2～4 叶期，每 666.7 平方米用 11% 三氟啶磺隆钠盐可分散油悬浮剂 10～20 毫升，或每 666.7 平方米用 75% 三氟啶磺隆钠盐水分散粒剂 1～2 克，兑水 30～45 千克茎叶均匀喷雾。施药时不能把药剂撒施到其他作物上。

【特别说明】

1. 冷季型草坪对本品敏感，因此不能用于早熟禾、黑麦草、匍匐剪股颖、高羊茅等冷季型草坪草。

2. 本品仅限于我国长江流域及以南地区的狗牙根类和结缕草类的暖季型草坪草使用，勿使用于海滨雀稗等其他草坪草。

3. 请勿将本品用于果岭。

4. 施药时应注意避免雾滴漂移到周边敏感草坪草或植物上。

5. 施用本品后请勿播种除草坪草以外的任何作物，在秋冬季暖季型草坪上交播冷季型草坪草(黑麦草)时应保证至少在交播前 60 天停止使用本品。

6. 请勿将本品用于新播种、新铺植或新近用匍匐茎栽植的草坪，建议成坪后使用，尤其根系长到 5 厘米。

7. 草坪生长不旺盛或处于如干旱等胁迫条件下时勿施用本品。

8. 本品耐雨水冲涮，施药 3 小时后遇雨对药效无明显影响。

9. 本品仅限于地面喷雾，请勿将本品用于航空或灌溉施药。

10. 请勿将本品与酸性化合物、有机磷类杀虫剂或杀线虫剂混用。如果配药时水的 pH 小于 5.5，请使用缓冲液将 pH 调到 7 左右。

11. 为保证药效，请在杂草旺盛生长期叶龄较小时均匀喷雾处理，施药前、后 1~2 天内请勿修剪。配药时加入非离子表面活性剂可提高药效，加入甲基化种子油或作物油脂类浓缩物也有同样的功效，但可能会引起短暂的草坪叶片变色。

12. 每季最多使用 2~3 次，每 666.7 平方米每季用药量不宜超过 6 克。

【中毒急救】
吸入：应迅速将患者转移到空气清新流通处，解开衣领、腰带，保持呼吸畅通。如呼吸停止应做人工呼吸。如呼吸困难应输氧。如有症状及时就医。皮肤接触后：立即用水和肥皂清洗，并彻底冲洗干净。眼睛接触后：把眼睛打开用流水冲洗几分钟，如有持续的症状，及时就医。一旦药液溅入眼睛和黏附皮肤：应立即用水冲洗至少 15~20 分钟。误服：首先应该给病人服用 200 毫升液体石蜡，然后用 4 千克左右的水洗胃。并及时送医院治疗。

【注意事项】
1. 本品使用时按常规方法打开包装。操作者应遵守《农药安全使用准则》，按要求做好劳动保护，如穿戴工作服、手套、面罩等，避免让人体直接接触药剂。工作后漱口、清洗裸露在外的身体部分并更换干净的衣服。

2. 施药后至收获期是安全的，甘蔗田使用每个作物周期的最多施用 1 次。

3. 本品对部分后茬作物有一定影响，在推荐剂量下施药，一般间隔 4 个月可以安全种植小麦和油菜。

4. 不宜在甘蔗田混种、套种其他作物或蔬菜。

5. 不宜在甘蔗田混种、套种对本品敏感作物。

6. 本品对土壤有一定的淋溶性，千万不可超剂量使用，避免发生药害。

7. 本品耐雨水冲涮，施药 3 小时后遇雨对药效无明显影响，不要重喷、补喷。

8. 远离水产养殖区施药，禁止在河塘等水体中清洗施药器具。

9. 不得以任何形式污染农田及水源。不可在临近雨季的时间用药，以免经连续降雨而将药剂冲刷到附近农田里而造成药害。

10. 孕妇和哺乳期妇女应避免接触。

11. 用过的容器妥善处理，不可做他用，不可随意丢弃。

12. 本品放置于阴凉、干燥、通风、防雨处，远离火源，勿与食品、饲料、种子、日用品等同贮同运。

13. 本品宜置于儿童够不着的地方并上锁，不得重压、破损包装容器。

噁草酮

【作用特点】
噁草酮是环状亚胺类苗前、苗后早期选择性触杀型除草剂，属原卟啉原氧化酶抑制剂。主要在杂草出苗前后，通过敏感杂草的幼芽或幼苗接触吸收而起作用。药剂土壤处理时，即被表层土壤胶粒吸附形成一个稳定的药膜封闭层，当其后萌发的杂草幼芽经过此药膜封闭层，通过接触吸收和传导，在有光的条件下，接触药剂的部位的细胞组织及叶绿素遭到破坏，幼苗停止生长，迅速腐烂并死亡。药剂苗后早期使用时，茎、叶吸收药剂，在光照条件下迅速死亡。根吸收药剂后能向地上部传导。地上部的茎、叶吸收药剂后不传导，表现为触杀作用。因而根吸收时的除草效果比较好。杂草中毒后的典型症状是组织变褐腐烂，随之枯死。

杂草自萌芽至 1~2 叶期对噁草酮敏感，以杂草萌芽期施药效果最好，杂草长大后效果下降。

【毒性与环境生物安全性评价】

对高等动物毒性低毒。

原药大鼠急性经口 LD_{50} 大于 5000 毫克/千克；

原药大鼠急性经皮 LD_{50} 大于 2000 毫克/千克；

原药兔急性经皮 LD_{50} 大于 2000 毫克/千克；

原药大鼠急性吸入 4 小时 LC_{50} 大于 2.77 毫克/升。

大鼠 2 年慢性喂饲试验无作用剂量为 10 毫克/千克·天；

小鼠 2 年慢性喂饲试验无作用剂量为 10 毫克/千克·天；

狗 2 年慢性喂饲试验无作用剂量为 15 毫克/千克·天；

大鼠 3 代口服试验无作用剂量为 7 毫克/千克·天。

各种试验结果表明，无致癌、致畸、致突变作用。

制剂大鼠急性经口 LD_{50} 大于 5000 毫克/千克；

制剂大鼠急性经皮 LD_{50} 大于 2000 毫克/千克；

制剂兔急性经皮 LD_{50} 大于 2000 毫克/千克；。

对鱼类毒性中等毒。

虹鳟鱼接触 96 小时 LC_{50} 大于 1.2 毫克/升；

大翻车鱼接触 96 小时 LC_{50} 大于 1.2 毫克/升；

鲤鱼接触 48 小时 LC_{50} 大于 3.2 毫克/升。

对鸟类毒性低毒。

鹌鹑急性经口 24 天 LD_{50} 大于 2150 毫克/千克；

野鸭急性经口 24 天 LD_{50} 大于 1000 毫克/千克。

对蜜蜂毒性低毒。

蜜蜂经口 LD_{50} 大于 400 微克/只。

对蚯蚓无毒。

【防治对象】

可用于水稻、棉花、花生、大豆、甘蔗、蔬菜、茶园、果园等防除 1 年生的禾本科、莎草科及阔叶杂草，其中在稻田应用比较普遍。主要用来防除多种 1 年生的禾本科、莎草科和阔叶杂草以及种子萌发的多年生杂草。如水田的稗草、异型莎草、鸭舌草、萤蔺、日照飘拂草、牛毛毡、水苋菜、水马齿、千金子、节节菜、陌上菜、草龙、泽泻、沟繁缕、四叶萍、鳢肠、水芹、苦草、慈藻等。可以防除的旱田杂草有旱稗、狗尾草、马唐、牛筋草、小画眉草、看麦娘、藜、灰绿茶、小藜、刺苋、反枝苋、皱果苋、蓼、鸭跖草、铁苋菜、马齿苋、龙葵、婆婆纳、通泉草、酢浆草、田旋花、荠菜等。酢浆草在所有生长期对噁草酮都敏感。

【使用方法】

1. 防除秧田杂草：在湿润秧田畦面做好以后，落谷前 2 天，用噁草酮乳油兑水 30~40 千克喷洒。落谷前施药也可以用毒土、毒肥、毒沙法，也可用瓶洒法。施药与落谷的间隔必须在 2 天以上，落谷时和落谷后畦面要保持湿润，不能有积水，否则易产生药害。至稻苗 1 叶 1 心期才能建立薄水层。秧田施药还可以在稻苗立针用毒土法施药，但不可用喷雾法，否则易引起药害。在南方稻区的湿润秧田每 666.7 平方米用 12% 噁草酮乳油 50~90 毫升或用 25% 噁草酮乳油 25~45 毫升，华北稻区等地的湿润秧田每 666.7 平方米用 12% 噁草酮乳油 80~120 毫升或用 25% 噁草酮乳油 40~60 毫升。在北方的旱育秧田，应先播种，盖土，盖土层厚1.0 厘米左右，再以喷雾法施药，然后盖膜。畦面保持湿润，切不可积水，每 666.7 平方米用

12%噁草酮乳油80～120毫升或用25%噁草酮乳油40～60毫升。为了提高对杂草的防效和增加对稻苗的安全性，在北方旱育秧田，可在落谷盖上后喷洒丁草胺与噁草灵的混剂。喷药时应注意不要将药液喷洒到其他作物上，以免造成药害。

2.防除直播田杂草：在水稻旱秧田及陆稻田使用噁草灵，一般在播种后出苗前使用，每666.7平方米北方稻区用12%噁草酮乳油100～160毫升或用25%噁草酮乳油50～80毫升，南方稻区用12%噁草酮乳油66～120毫升或用25%噁草酮乳油33～60毫升，兑水30～40千克喷雾。由于12%的噁草酮乳油中常加有水面扩展剂，如用于旱田，则水面扩展剂的加入是一种浪费，所以旱田一般用25%噁草酮乳油。露籽田易产生药害，在水直播稻田用药量同秧田，施药时间在落谷前2～3天，做好畦面后用喷雾法、毒土法、毒肥法、瓶甩法施药，播种时及播种后畦面湿润，不能有积水，到秧苗1叶1心期建薄水层。直播田要求田面平整，抢冷尾暖头播种。播种时种了落在药层上面，不可塌谷。水直播稻田播前用药后如效果不好，可以在秧苗1叶1心期再用毒土法补施1次，施药量为第一次用量的一半，施药时和药后应保持浅水。喷药时应注意不要将药液喷洒到其他作物上，以免造成药害。

3.防除移栽稻田杂草：在移栽稻田使用可以在栽插前用瓶甩法施药，也可以在栽秧后用喷雾法、毒沙法、毒肥法、毒土法、瓶甩法施药。瓶甩法施药的具体方法为：在栽插前最后一遍耙田结束，田间保持3～5厘米水层，田水浑浊尚未沉淀时甩施，施药后1～2天栽秧。施药前先将瓶盖上的封蜡刮掉，使3个孔露出。从田埂一边离埂3～5米处下田，沿另一田埂的方向向前进，从离田边1米处起甩，每前进5～6步，将瓶向左右各甩1次，瓶中药液甩幅宽约10米，直至离另一端田埂2米处停止，向该田未施药的部分转向90度角前进10米，沿第一趟甩药路线的相反方向边甩边走。依此循环直至全田施完。每666.7平方米用12%噁草酮乳油100～150毫升或用25%噁草酮乳油50～75毫升。

4.如在栽插前未来得及施药也可以在栽秧后用毒土法施药。毒土的配制方法为：按每666.7平方米10～15千克用量准备干细土，然后将每666.7平方米用12%噁草酮乳油100～150毫升或用25%噁草酮乳油50～75毫升放入2升水的水中，配成稀释液，喷洒在干细土上，边喷边拌。毒土应达到手握成团、松之能散的程度，在雨季取不到干细土时，也可以用毒沙或毒肥法施药。但水稻移栽后不能使用喷雾和泼浇法施药，否则药液进入稻苗心叶，易产生药害。施药时间南方稻区在栽秧后2～5天施药，北方稻区可在栽秧后5～7天施药。施药时田间应保持浅水，中苗、大苗移栽田水深3～4厘米，维持3～5天。小苗移栽田水层要更浅些，不可淹没稻苗心叶，否则易抑制稻苗生长和分蘖。水稻栽插后用毒土法施药要避开下雨前后施药。下雨前施药、雨后田间水位可能上升淹没心叶，导致药害。下雨后施药，水稻叶片上有水珠会将药上黏着在叶片上，容易产生药害。喷药时应注意不要将药液喷洒到其他作物上，以免造成药害。

5.防除棉花田杂草：在直播棉田播种后出苗前，每666.7平方米用12%噁草酮乳油200～300毫升或用25%噁草酮乳油100～150毫升，兑水30～40千克喷洒。棉花播种较早或播后遇低温，棉籽发芽缓慢时，有可能出现药害。地膜覆盖直播棉田在播种后施药，施药后覆膜。地膜移栽棉田在施药后覆膜，覆膜后移栽。地膜棉用药量可减少1/5。喷药时应注意不要将药液喷洒到其他作物上，以免造成药害。

6.防除花生田杂草：播后苗前施药对花生高度安全，但不能对出苗的花生茎叶喷雾，否则易产生药害。北方地区每666.7平方米用12%噁草酮乳油266～333毫升或用25%噁草酮乳油133～167毫升，南方地区每666.7平方米用12%噁草酮乳油200～300毫升或用25%噁草酮乳油100～150毫升，兑水40～60千克土壤封闭喷雾。喷药时应注意不要将药液喷洒到其他作物上，以免造成药害。

7. 防除大豆田杂草：在播后苗前施药的情况下，出苗后会产生暂时性的药害，幼苗叶片失绿，以后逐渐恢复正常。每 666.7 平方米用 12% 噁草酮乳油 400～500 毫升或用 25% 噁草酮乳油 200～250 毫升，兑水 40～60 千克土壤封闭喷雾。喷药时应注意不要将药液喷洒到其他作物上，以免造成药害。

8. 防除甘蔗田杂草：在甘蔗栽插后出苗前、杂草萌发出土前，每 666.7 平方米用 12% 噁草酮乳油 300～400 毫升或用 25% 噁草酮乳油 150～200 毫升，兑水 30～40 千克土壤封闭喷雾。在土壤湿度大的蔗田能取得较好的除草效果，土壤湿度低时，应灌溉或喷药时加大用水量。噁草灵如果在甘蔗出苗后喷药，即使是用量较低的情况下也会对甘蔗的幼芽、嫩叶产生药害。在地膜甘蔗田可在覆膜前喷药。喷药时应注意不要将药液喷洒到其他作物上，以免造成药害。

9. 防除茶园杂草：在早春杂草大量萌发前，施药前应将越冬大草除去。每 666.7 平方米用 12% 噁草酮乳油 500 毫升或用 25% 噁草酮乳油 250 毫升，兑水 50～60 千克喷雾。对杂草的控制期可达 3 个月以上。喷药时应注意不要将药液喷洒到茶树的叶片上，也不要将药液喷洒到其他作物上，以免造成药害。

10. 防除果园杂草：在早春杂草大量萌发前，施药前应将越冬大草除去。每 666.7 平方米用 12% 噁草酮乳油 500 毫升或用 25% 噁草酮乳油 250 毫升，兑水 50～60 千克喷雾。对杂草的控制期可达 3 个月以上。喷药时应注意不要将药液喷洒到果树的叶片上，也不要将药液喷洒到其他作物上，以免造成药害。

11. 防除蔬菜杂草：可用于以鳞茎、块茎播种的蔬菜直播田，如大蒜、洋葱、马铃薯等。在块茎、鳞茎播种以后出苗前、杂草出土前施药，每 666.7 平方米用 12% 噁草酮乳油 200～400 毫升或用 25% 噁草酮乳油 100～200 毫升，兑水 60 千克喷雾。喷药前应先将大草锄去，喷药后不能再锄草中耕，避免破坏药剂的封闭层，降低防效。噁草灵也可以用于移栽后茎叶直立的蔬菜田，如韭菜、葱、芹菜等。施药方法为：先整地，后施药，再移栽。噁草灵沾染到叶片上后，对叶片有触杀作用，移栽后直立的蔬菜叶片不会下垂接触到施于土表的噁草灵，不会灼伤叶片。

【中毒急救】

吸入：应迅速将患者转移到空气清新流通处，解开衣领、腰带，保持呼吸畅通。如呼吸停止应做人工呼吸。如呼吸困难应输氧。如有症状及时就医。皮肤接触后：立即用水和肥皂清洗，并彻底冲洗干净，如果条件允许，用聚乙二醇 400 清洗，然后用清水冲洗。眼睛接触后：把眼睛打开用流水冲洗几分钟，如有持续的症状，及时就医。误食：立即用大量清水漱口，洗胃。洗胃时注意保护气管和食管。及时送医院对症治疗。一旦药液溅入眼睛和黏附皮肤：应立即用水冲洗至少 15～20 分钟。误服：当误服量较大即超过一口时，可用活性炭和硫酸钠进行支持治疗。

【注意事项】

1. 本品使用时按常规方法打开包装。操作者应遵守《农药安全使用准则》，按要求做好劳动保护，如穿戴工作服、手套、面罩等，避免让人体直接接触药剂。工作后漱口、清洗裸露在外的身体部分并更换干净的衣服。

2. 每种作物整个生育期最多使用 1 次。

3. 严格按推荐的使用技术均匀施用，不得超范围使用。

4. 水直播稻田使用时，应在播前 3 天整平田面后，进行土壤封闭喷雾处理，用前须进行安全性试验。

5. 催芽播种秧田，必须在播种前 2～3 天施药，如播种后马上施药，易出现药害。

6. 旱田使用，土壤要保持湿润，否则药效无法发挥。

7. 大风时不可施用，以免因雾滴漂移而伤害临近作物。配药时应先将本剂加入半满清水的喷雾器内，然后注入余量水混均后喷施。

8. 本品对藻类等水生植物有风险，空瓶（罐）倒空洗净后应妥善处理，其包装等污染物应作集中焚烧处理，避免其污染水源、沟渠和鱼塘等环境。

9. 本品对蜜蜂、鸟类及水生生物有风险。施药时应避免对周围蜂群的影响，蜜源作物花期禁用。远离水产养殖区施药，禁止在河塘等水体中清洗施药器具。

10. 植物开花季节严禁在开花植物上使用。

11. 施药应均匀，勿重喷或漏喷，避免药液漂移到邻近敏感作物上，以防产生药害。

12. 大风天或下雨前后，请勿施药。

13. 不得以任何形式污染农田及水源。不可在临近雨季的时间用药，以免经连续降雨而将药剂冲刷到附近农田里而造成药害。

14. 孕妇和哺乳期妇女应避免接触。

15. 用过的容器妥善处理，不可做他用，不可随意丢弃。

16. 本品放置于阴凉、干燥、通风、防雨处，远离火源，勿与食品、饲料、种子、日用品等同贮同运。

17. 本品宜置于儿童够不着的地方并上锁，不得重压、破损包装容器。

五氟磺草胺

【作用特点】

五氟磺草胺为磺酰胺类传导型除草剂，经茎叶、幼芽及根系吸收，通过木质部和韧皮部传导至分生组织，抑制植株生长，使生长点失绿，处理后 7～14 天顶芽变红，坏死，2～4 周植株死亡。五氟磺草胺乙酰乳酸合成酶抑制剂，药剂呈现较慢，需一定时间杂草才逐渐死亡。五氟磺草胺对水稻十分安全，2005 年与 2006 年在美国对 10 个水稻品种于 2～3 叶期进行大量试验，结果无论是稻株高度、抽穗期及产量均无明显差异，此表明所有品种均有较强抗耐性。当超高剂量时，早期对水稻根部的生长有一定的抑制作用，但迅速恢复，不影响产量。五氟磺草胺为稻田用广谱除草剂，可有效防除稗草，包括对敌稗、二氯喹啉酸及抗乙酰辅酶 A 羧化酶具抗性的稗草、1 年生莎草科杂草，并对众多阔叶杂草有效，如沼生异蕊花、鳢肠、田菁、竹节花、鸭舌草等。持效期长达 30～60 天，1 次用药能基本控制全季杂草危害。同时，其亦可防除稻田中抗苄嘧磺隆杂草，且对许多阔叶及莎草科杂草与稗草等具有残留活性，但对千金子杂草无效，如需防治，可与氰氟草酯混用。为目前稻田用除草剂中杀草谱最广的品种。

五氟磺草胺能被土壤迅速吸附。在大多数稻田的土壤中淋溶性较弱。其在黏质土及含高有机质的土壤中的吸附量高于轻质土及低有机质含量的土壤。在 pH 大于 8.0 的土壤中其具有加重药害的危险性。该药剂在土壤中易移行，且非长期滞留。由于该药剂的饱和蒸气压较低，故不易从水中蒸散；在灌水的稻田中，药剂的半衰期为 2～13 天；光解与微生物降解为五氟磺草胺的主要消失途径。它能在水中抗水解，但在浅水层经光解可迅速消失，该水溶液的光解为 3 种途径：磺酰胺桥裂解，三唑嘧啶及其取代基逐步降解，磺酰基光氧化。此光解产物可长期残留。在稻田土壤中，厌气微生物降解是药剂消失的重要过程，其消失速度和光解一样迅速。五氟磺草胺由于其低毒、高效、安全而受人关注，其将在水稻应用中得到进一步发展，成为重要产品之一。

【毒性与环境生物安全性评价】

对高等动物毒性低毒。

原药大鼠急性经口 LD_{50} 大于 5000 毫克/千克；

原药兔急性经皮 LD_{50} 大于 5000 毫克/千克；

原药大鼠急性吸入 4 小时 LC_{50} 大于 3.5 毫克/升。

对兔眼睛有刺激性；

对兔皮肤有轻微刺激性。

豚鼠皮肤致敏试验结果无致敏性。

大鼠 13 周亚慢性喂饲试验最大无作用剂量雄性为 17.8 毫克/千克·天；

大鼠 13 周亚慢性喂饲试验最大无作用剂量雌性为 19.9 毫克/千克·天。

各种试验结果表明，无致癌、致畸、致突变作用。

制剂大鼠急性经口 LD_{50} 大于 5000 毫克/千克；

制剂兔急性经皮 LD_{50} 大于 5000 毫克/千克。

对兔眼睛有刺激性；

对兔皮肤有刺激性。

对鱼类毒性低毒。

虹鳟鱼 96 小时急性毒性 LC_{50} 大于 100 毫克/升。

对鸟类毒性低毒。

鹌鹑急性经口 LD_{50} 大于 2000 毫克/千克。

对蜜蜂毒性低毒。

蜜蜂急性经口 LD_{50} 大于 110 微克/只；

蜜蜂急性接触 LD_{50} 大于 100 微克/只。

对家蚕毒性中等毒。

家蚕食下毒叶法 LD_{50} 大于 50 毫克/升。

【防治对象】

适用于水稻的旱直播田、水直播田、秧田以及抛秧、插秧栽培田。如水田的稗草、异型莎草、鸭舌草、萤蔺、日照飘拂草、牛毛毡、水苋菜、水马齿、节节菜、陌上菜、草龙、泽泻、沟繁缕、四叶萍、水芹、苦草、慈藻、异蕊花、鳢肠、田菁、竹节花等。

【使用方法】

1. 防除水稻田稗草、1 年生阔叶草和 1 年生莎草：在稗草 2~3 叶期，每 666.7 平方米用 25 克/升五氟磺草胺可分散油悬浮剂 40~80 毫升，兑水 20~30 千克，对杂草进行茎叶喷雾处理。喷雾时药剂勿落在其他作物上，避免其他作物会受到损伤。施药前排水，使杂草茎叶 2/3 以上露出水面，施药后 24 小时至 72 小时内灌水，保持 3~5 厘米水层 5~7 天。

2. 防除水稻田稗草、1 年生阔叶草和 1 年生莎草：在稗草 2~3 叶期，每 666.7 平方米用 25 克/升五氟磺草胺可分散油悬浮剂 60~100 毫升，拌细沙或细土 10~15 千克，对杂草进行毒土法撒施处理。撒施时药剂勿落在其他作物上，避免其他作物会受到损伤。施药前排水，使杂草茎叶 2/3 以上露出水面，施药后 24 小时至 72 小时内灌水，保持 3~5 厘米水层 5~7 天。

3. 防除水稻秧田稗草、1 年生阔叶草和 1 年生莎草：在稗草 1.5~2.5 叶期，每 666.7 平方米用 25 克/升五氟磺草胺可分散油悬浮剂 40~80 毫升，兑水 20~30 千克，对杂草进行茎叶喷雾处理。喷雾时药剂勿落在其他作物上，避免其他作物会受到损伤。施药前排水，使杂草茎叶 2/3 以上露出水面，施药后 24 小时至 72 小时内灌水，保持 3~5 厘米水层 5~7 天。

【中毒急救】

中毒症状为对皮肤有轻度刺激作用，对眼有轻微刺激作用。吸入：应迅速将患者转移到空气清新流通处。如呼吸停止应做人工呼吸。如呼吸困难应输氧。如有症状及时就医。皮肤接触后：立即用水和肥皂清洗，并彻底冲洗干净。眼睛接触后：把眼睛打开用流水冲洗几分钟，如有持续的症状，及时就医。一旦药液溅入眼睛和黏附皮肤：应立即用水冲洗至少 15 分钟。误服后：应立即饮用大量牛奶、蛋清、动物胶等。若摄入量大，病人十分清醒，可用吐根糖浆诱吐，还可在服用的活性炭泥中加入山梨醇。不要给神志不清的病人经口食用任何东西。本品无特效解毒剂。可用乙醇和血透析方法治疗。

【注意事项】

1. 本品使用时按常规方法打开包装。操作者应遵守《农药安全使用准则》，按要求做好劳动保护，如穿戴工作服、手套、面罩等，避免让人体直接接触药剂。工作后漱口、清洗裸露在外的身体部分并更换干净的衣服。

2. 施药后至收获期是安全的，每个作物周期的最多施用 1 次.

3. 使用前，先将瓶内药液充分摇匀，然后按比例将药液稀释，充分搅拌后使用。避免药液漂移到邻近的阔叶作物田。

4. 施药量按稗草密度和叶龄确定，稗草密度大、草龄大，使用上限用药量。

5. 在东北、西北秧田，须根据当地示范试验结果使用。

6. 使用毒土法应根据当地示范试验结果。

7. 制种田因品种较多，须根据当地示范结果使用。

8. 本品对水生生物有毒，应远离水产养殖区施药，禁止在河塘等水体中清洗施药器具。

9. 本品对家蚕有毒，桑园及蚕室附近禁止使用。

10. 清洗喷药器械或废弃药液时，切忌污染水源。用过的容器应妥善处理，不可做他用，也不可随意丢弃。

11. 不可在临近雨季的时间用药，以免经连续降雨而将药剂冲刷到附近农田里而造成药害。

12. 孕妇和哺乳期妇女应避免接触。

13. 本品放置于阴凉、干燥、通风、防雨处，远离火源，勿与食品、饲料、种子、日用品等同贮同运。

14. 本品宜置于儿童够不着的地方并上锁，不得重压、破损包装容器。

恶嗪草酮

【作用特点】

恶嗪草酮属于有机杂环类内吸传导型水稻田除草剂。主要由杂草的根部和茎叶基部吸收。杂草接触药剂后茎叶部失绿、停止生长，直至枯死。它有以下 3 大特点：

1. 本品有效成分使用量低、适宜施药期长、持效期长、对水稻的选择安全性较高；

2. 本品可防除稗草、沟繁缕、千金子、异型莎草等多种杂草；

3. 本品扩散性较好，除草作业省力，可以从瓶中直接甩瓶。

【毒性与环境生物安全性评价】

对高等动物毒性低毒。

原药大鼠急性经口 LD_{50} 大于 5000 毫克/千克；

原药大鼠急性经皮 LD_{50} 大于 2000 毫克/千克；

原药大鼠急性吸入 LC_{50} 大于 5.54 毫克/升。

对兔眼睛无刺激性；

对兔皮肤无刺激性。

豚鼠皮肤致敏试验结果无致敏性。

大鼠 2 年慢性喂饲试验最大无作用剂量雄性为 0.9 毫克/千克·天；

大鼠 2 年慢性喂饲试验最大无作用剂量雄性为 1.13 毫克/千克·天。

各种试验结果表明，无致癌、致畸、致突变作用。

制剂大鼠急性经口 LD_{50} 大于 4640 毫克/千克；

制剂大鼠急性经皮 LD_{50} 大于 2150 毫克/千克。

对鱼类毒性中等毒。

鲤鱼 96 小时急性毒性 LC_{50} 大于 8.6 毫克/千克。

对鸟类毒性低毒。

北美鹌鹑急性经口 LD_{50} 大于 2000 毫克/千克。

对蜜蜂毒性低毒。

蜜蜂接触 LD_{50} 大于 100 微克/只。

对蚯蚓毒性低毒。

蚯蚓 LD_{50} 大于 1000 毫克/千克。

每人每日允许摄入量为 0.009 毫克/千克体重。

挥发性弱。

极易在自然光下分解。

在无光条件下稳定。

【防治对象】

本品主要用于水稻直播田、水稻移栽田、水稻秧田，可防除稗草、沟繁缕、千金子、异型莎草等多种杂草。

【使用方法】

1. 防除水稻直播田稗草：水稻播种前 1 天或水稻 1 叶 1 心期，每 666.7 平方米用 1% 恶嗪草酮悬浮剂 267～333 克，直接用瓶甩施药或每 666.7 平方米兑水 30～45 公斤均匀喷雾。施药时不能把药剂撒施到其他作物上。施药后 15 天内保持田面湿润，不能有积水。水稻出苗后需灌水时，水深不能淹没水稻心叶。

2. 防除水稻直播田异型莎草：水稻播种前 1 天或水稻 1 叶 1 心期，每 666.7 平方米用 1% 恶嗪草酮悬浮剂 267～333 克，直接用瓶甩施药或每 666.7 平方米兑水 30～45 公斤均匀喷雾。施药时不能把药剂撒施到其他作物上。施药后 15 天内保持田面湿润，不能有积水。水稻出苗后需灌水时，水深不能淹没水稻心叶。

3. 防除水稻直播田千金子：水稻播种前 1 天或水稻 1 叶 1 心期，每 666.7 平方米用 1% 恶嗪草酮悬浮剂 267～333 克，直接用瓶甩施药或每 666.7 平方米兑水 30～45 公斤均匀喷雾。施药时不能把药剂撒施到其他作物上。施药后 15 天内保持田面湿润，不能有积水。水稻出苗后需灌水时，水深不能淹没水稻心叶。

4. 防除水稻直播田沟繁缕：水稻播种前 1 天或水稻 1 叶 1 心期，每 666.7 平方米用 1% 恶嗪草酮悬浮剂 267～333 克，直接用瓶甩施药或每 666.7 平方米兑水 30～45 公斤均匀喷雾。施药时不能把药剂撒施到其他作物上。施药后 15 天内保持田面湿润，不能有积水。水稻出苗后需灌水时，水深不能淹没水稻心叶。

5. 防除水稻秧田异型莎草：水稻播种前 1 天或水稻 1 叶 1 心期，每 666.7 平方米用 1% 恶嗪草酮悬浮剂 200～250 克，兑水 30～45 公斤均匀喷雾。施药时不能把药剂撒施到其他作物上。

施药后 15 天内保持田面湿润，不能有积水。水稻出苗后需灌水时，水深不能淹没水稻心叶。

6. 防除水稻秧田千金子：水稻播种前 1 天或水稻 1 叶 1 心期，每 666.7 平方米用 1% 恶嗪草酮悬浮剂 200 ~ 250 克，兑水 30 ~ 45 公斤均匀喷雾。施药时不能把药剂撒施到其他作物上。施药后 15 天内保持田面湿润，不能有积水。水稻出苗后需灌水时，水深不能淹没水稻心叶。

7. 防除水稻秧田稗草：水稻播种前 1 天或水稻 1 叶 1 心期，每 666.7 平方米用 1% 恶嗪草酮悬浮剂 200 ~ 250 克，兑水 30 ~ 45 公斤均匀喷雾。施药时不能把药剂撒施到其他作物上。施药后 15 天内保持田面湿润，不能有积水。水稻出苗后需灌水时，水深不能淹没水稻心叶。

8. 防除水稻移栽田稗草：水稻移植后 5 ~ 7 日，每 666.7 平方米用 1% 恶嗪草酮悬浮剂 267 ~ 333 克，直接用瓶甩施药或每 666.7 平方米兑水 30 ~ 45 公斤均匀喷雾。施药时不能把药剂撒施到其他作物上。田间有水层 3 ~ 5 厘米，保水 5 ~ 7 天。此期间只能补水，不能排水，水深不能淹没水稻心叶。

9. 防除水稻移栽田异型莎草：水稻移植后 5 ~ 7 日，每 666.7 平方米用 1% 恶嗪草酮悬浮剂 267 ~ 333 克，直接用瓶甩施药或每 666.7 平方米兑水 30 ~ 45 公斤均匀喷雾。施药时不能把药剂撒施到其他作物上。田间有水层 3 ~ 5 厘米，保水 5 ~ 7 天。此期间只能补水，不能排水，水深不能淹没水稻心叶。

10. 防除水稻移栽田千金子：水稻移植后 5 ~ 7 日，每 666.7 平方米用 1% 恶嗪草酮悬浮剂 267 ~ 333 克，直接用瓶甩施药或每 666.7 平方米兑水 30 ~ 45 公斤均匀喷雾。施药时不能把药剂撒施到其他作物上。田间有水层 3 ~ 5 厘米，保水 5 ~ 7 天。此期间只能补水，不能排水，水深不能淹没水稻心叶。

11. 防除水稻移栽田沟繁缕：水稻移植后 5 ~ 7 日，每 666.7 平方米用 1% 恶嗪草酮悬浮剂 267 ~ 333 克，直接用瓶甩施药或每 666.7 平方米兑水 30 ~ 45 公斤均匀喷雾。施药时不能把药剂撒施到其他作物上。田间有水层 3 ~ 5 厘米，保水 5 ~ 7 天。此期间只能补水，不能排水，水深不能淹没水稻心叶。

【中毒急救】

吸入：应迅速将患者转移到空气清新流通处，解开衣领、腰带，保持呼吸畅通。如呼吸停止应做人工呼吸。如呼吸困难应输氧。如有症状及时就医。皮肤接触后：立即用水和肥皂清洗，并彻底冲洗干净。眼睛接触后：把眼睛打开用流水冲洗几分钟，如有持续的症状，及时就医。一旦药液溅入眼睛和黏附皮肤：应立即用水冲洗至少 15 ~ 20 分钟。误服：首先应该给病人服用 200 毫升液体石蜡，然后用 4 千克左右的水洗胃。

【注意事项】

1. 本品使用时按常规方法打开包装。操作者应遵守《农药安全使用准则》，按要求做好劳动保护，如穿戴工作服、手套、面罩等，避免让人体直接接触药剂。工作后漱口、清洗裸露在外的身体部分并更换干净的衣服。

2. 施药后至收获期是安全的，水稻使用每个作物周期的最多施用 1 次。

3. 本品对土壤有一定的淋溶性，千万不可超剂量使用，避免发生药害。

4. 本品耐雨水冲涮，施药 3 小时后遇雨对药效无明显影响，不要重喷、补喷。

5. 施药前要用力摇瓶，使药液混合均匀。

6. 尽量避免在高温、强光条件下施药，防止高温、见光分解失效。

7. 远离水产养殖区施药，禁止在河塘等水体中清洗施药器具。

8. 不得以任何形式污染农田及水源。不可在临近雨季的时间用药，以免经连续降雨而将药剂冲刷到附近农田里而造成药害。

9. 孕妇和哺乳期妇女应避免接触。

10. 用过的容器妥善处理，不可做他用，不可随意丢弃。

11. 本品放置于阴凉、干燥、通风、防雨处，远离火源，勿与食品、饲料、种子、日用品等同贮同运。

12. 本品宜置于儿童够不着的地方并上锁，不得重压、破损包装容器。

噁唑酰草胺

【作用特点】

噁唑酰草胺是芳氧苯氧丙酸酯类除草剂。作用机理是乙酰辅酶 A 羧化酶抑制剂，能抑制植物脂肪酸的合成。用于水稻田茎叶处理防除稗草、千金子等多种禾本科杂草。本品经茎叶吸收，通过维管束传导至生长点，达到除草效果，推荐剂量下使用，对水稻安全。用药后几天内敏感品种出现叶面退绿，抑制生长，有些品种在施药后 2 周出现干枯，甚至死亡。可极好的防除大多数 1 年生禾本科杂草，与大多数此类除草剂不同的是，噁唑酰草胺对水稻安全，可有效防除水稻田主要杂草，如稗草、千金子、马唐和牛筋草，主要用于移栽和直播稻田除草。低毒，对环境安全，有广泛的可混性，是一种很有发展前景的除草剂。

【毒性与环境生物安全性评价】

对高等动物毒性低毒。

原药雄大鼠急性经口 LD_{50} 大于 2000 毫克/千克；

原药雌大鼠急性经口 LD_{50} 大于 2000 毫克/千克；

原药雄大鼠急性经皮 LD_{50} 大于 2000 毫克/千克；

原药雌大鼠急性经皮 LD_{50} 大于 2000 毫克/千克。

对兔眼睛无刺激性；

对兔皮肤无刺激性。

豚鼠皮肤致敏试验结果为强致敏性。

制剂雄大鼠急性经口 LD_{50} 为 4300 毫克/千克；

制剂雌大鼠急性经口 LD_{50} 为 3688 毫克/千克；

制剂雄大鼠急性经皮 LD_{50} 大于 2000 毫克/千克；

制剂雌大鼠急性经皮 LD_{50} 大于 2000 毫克/千克。

对兔眼睛有中度刺激性；

对兔皮肤无刺激性。

豚鼠皮肤致敏试验结果为弱致敏性。

对鱼类毒性高毒。

虹鳟鱼 96 小时急性毒性 LC_{50} 为 0.185 毫克/升；

鲤鱼 96 小时急性毒性 LC_{50} 为 0.33 毫克/升。

对水蚤毒性高毒。

水蚤 48 小时 EC_{50} 为 0.288 毫克/升。

对藻类毒性中等毒。

藻类 EC_{50} 大于 2.03 毫克/升。

对鸟类毒性低毒。

美洲鹌鹑急性经口 LD_{50} 大于 2000 毫克/千克。

对蜜蜂毒性低毒。

蜜蜂 48 小时急性经口 LD_{50} 大于 110 微克/只；

蜜蜂 48 小时急性接触 LD_{50} 大于 100 微克/只。

对家蚕毒性低毒。

家蚕 24 小时 LC_{50} 为 2200 毫克/升；

家蚕 48 小时 LC_{50} 为 2200 毫克/升；

家蚕 72 小时 LC_{50} 为 2200 毫克/升；

家蚕 96 小时 LC_{50} 为 2200 毫克/升。

对土壤微生物毒性低毒。

蚯蚓 LC_{50} 大于 1000 毫克/千克。

每人每日允许摄入量为 0.017 毫克/千克体重。

【防治对象】

适用于水稻直播田。有效防除稗草、千金子、异型莎草、鸭舌草、萤蔺、日照飘拂草、牛毛毡、水苋菜、水马齿、节节菜、陌上菜、草龙、泽泻、沟繁缕、四叶萍、水芹、苦草、慈藻、异蕊花、鳢肠、田菁、竹节花等。对 1 年生禾本科杂草效果很好。

【使用方法】

防除水稻直播田 1 年生禾本科杂草：在禾本科杂草齐苗后施药，在稗草、千金子 2 ~ 6 叶期均可使用，以 2 ~ 3 叶期为最佳，尽量避免过早或过晚施药。每 666.7 平方米用 10% 噁唑酰草胺 60 ~ 80 毫升，兑水 30 ~ 45 千克，对杂草进行茎叶喷雾处理。喷雾时药剂勿落在其他作物上，避免其他作物会受到损伤。确保打匀打透。随着草龄、密度增大，适当增加用水量。施药时前排干田水，均匀喷雾，药后 1 天复水，保持水层 3 ~ 5 天。

【中毒急救】

吸入：应迅速将患者转移到空气清新流通处。如呼吸停止应做人工呼吸。如呼吸困难应输氧。如有症状及时就医。皮肤接触后：立即用水和肥皂清洗，并彻底冲洗干净。眼睛接触后：把眼睛打开用流水冲洗几分钟，如有持续的症状，及时就医。误食：立即用大量牛奶、蛋清、清水漱口，洗胃。洗胃时注意保护气管和食管。及时送医院对症治疗。一旦药液溅入眼睛和黏附皮肤：应立即用水冲洗至少 15 分钟。本品无特效解毒剂。可用乙醇和血透析方法治疗。

【注意事项】

1. 本品使用时按常规方法打开包装。操作者应遵守《农药安全使用准则》，按要求做好劳动保护，如穿戴工作服、手套、面罩等，避免让人体直接接触药剂。工作后漱口、清洗裸露在外的身体部分并更换干净的衣服。

2. 施药后至收获期是安全的，每个作物周期的最多施用 1 次，安全间隔期 90 天。

3. 正常使用技术条件下对后茬作物安全。

4. 避免药液漂移到邻近的禾本科作物田。

5. 本品可与阔叶草除草剂搭配使用，但在大面积混用前，请先进行小面积试验以确认安全性和有效性。

6. 本品严禁加洗衣粉等助剂。

7. 禁止使用弥雾机。每 666.7 平方米用水量不少于 30 千克。

8. 宜单独使用，不要和其他农药或助剂混用。

9. 水稻 3 叶期后用药较为安全。

10. 喷雾要均匀，不要重喷、漏喷。

11. 制种田因品种较多，须根据当地示范结果使用。

12. 本品对鱼类等水生生物高毒，养鱼稻田禁止使用。

13. 远离水产养殖区施药。药后及时彻底清洗药械，废弃物切勿污染水源或水体。废弃物应妥善处理，不可做他用，也不可随意丢弃。

14. 本产品对赤眼蜂高风险，施药时需注意保护天敌生物。

20. 不可在临近雨季的时间用药，以免经连续降雨而将药剂冲刷到附近农田里而造成药害。

21. 孕妇和哺乳期妇女应避免接触。

21. 本品放置于阴凉、干燥、通风、防雨处，远离火源，勿与食品、饲料、种子、日用品等同贮同运。

22. 本品宜置于儿童够不着的地方并上锁，不得重压、破损包装容器。

硝磺草酮

【作用特点】

硝磺草酮为三酮类除草剂，是一种能够抑制羟基苯基丙酮酸酯双氧化酶的芽前和苗后广谱选择性除草剂。作用机制是抑制羟基苯基丙酮酸酯双氧化酶的活性，羟基苯基丙酮酸酯双氧化酶可将氨基酸洛氨酸转化为质体醌。质体醌是番茄红素去饱和酶的辅助因子。是类胡萝卜素生物合成的关键酶。使用甲基磺草酮3～5天内植物分生组织出现黄化症状随之引起枯斑，两星期后遍及整株植物。具有弱酸性，在大多数酸性土壤中，能紧紧吸附在有机物质上；在中性或碱性土壤中，以不易被吸收的阴离子形式存在。可有效防治主要的阔叶草和一些禾本科杂草，硝磺草酮容易在植物木质部和韧皮部传导，具有触杀作用和持效性。本品具有作用速度快、杀草谱广且对玉米安全的特点，适用于杂草综合治理和防治已产生抗性的杂草。

【毒性与环境生物安全性评价】

对高等动物毒性低毒。

原药大鼠急性经口 LD_{50} 大于 5000 毫克/千克；

原药大鼠急性经皮 LD_{50} 大于 2000 毫克/千克。

对兔眼睛有轻微刺激性；

对兔皮肤无刺激性。

豚鼠皮肤致敏试验结果无致敏性。

大鼠90天亚慢性喂饲试验最大无作用剂量雄性为5.0毫克/千克·天；

大鼠90天亚慢性喂饲试验最大无作用剂量雄性为7.5毫克/千克·天。

各种试验结果表明，无致癌、致畸、致突变作用。

制剂大鼠急性经口 LD_{50} 大于 2000 毫克/千克；

制剂大鼠急性经皮 LD_{50} 大于 2000 毫克/千克。

对兔眼睛有中度刺激性；

对兔皮肤有轻微刺激性。

豚鼠皮肤致敏试验结果无致敏性。

对鱼类毒性低毒。

虹鳟鱼96小时急性毒性 LC_{50} 为75毫克/千克。

对鸟类毒性低毒。

鹌鹑急性经口 LD_{50} 大于 2000 毫克/千克。

对蜜蜂毒性低毒。

蜜蜂48小时接触 LD_{50} 为36.3微克/只。

对家蚕毒性低毒。

家蚕食下毒叶法 LC_{50} 大于 10000 毫克/千克·桑叶。

【防治对象】

对玉米田1年生阔叶杂草和部分禾本科杂草如苘麻、苋菜、藜、蓼、稗草、马唐等有较好的防治效果。

【使用方法】

1. 防除玉米田1年生阔叶杂草：在玉米3~7叶期，杂草1~3叶期，尽量避免过早或过晚施药。每666.7平方米用9%硝磺草酮70~100毫升，兑水15~30千克，对杂草进行茎叶喷雾处理。喷雾时药剂勿落在其他作物上，避免其他作物会受到损伤。确保打匀打透。随着草龄、密度增大，适当增加用水量。

2. 防除玉米田部分禾本科杂草：在玉米3~7叶期，杂草1~3叶期，尽量避免过早或过晚施药。每666.7平方米用9%硝磺草酮70~100毫升，兑水15~30千克，对杂草进行茎叶喷雾处理。喷雾时药剂勿落在其他作物上，避免其他作物会受到损伤。确保打匀打透。随着草龄、密度增大，适当增加用水量。

【中毒急救】

吸入：应迅速将患者转移到空气清新流通处，解开衣领、腰带，保持呼吸畅通。如呼吸停止应做人工呼吸。如呼吸困难应输氧。如有症状及时就医。皮肤接触后：立即用水和肥皂清洗，并彻底冲洗干净。眼睛接触后：把眼睛打开用流水冲洗几分钟，如有持续的症状，及时就医。一旦药液溅入眼睛和黏附皮肤：应立即用水冲洗至少15~20分钟。误服：首先应该给病人服用200毫升液体石蜡，然后用4千克左右的水洗胃。

【注意事项】

1. 本品使用时按常规方法打开包装。操作者应遵守《农药安全使用准则》，按要求做好劳动保护，如穿戴工作服、手套、面罩等，避免让人体直接接触药剂。工作后漱口、清洗裸露在外的身体部分并更换干净的衣服。

2. 一季作物最多施用次数1次。

3. 请尽量较早用药，除草效果更佳，施药时请避免雾滴漂移至邻近作物。

4. 本品耐雨水冲刷，药后3小时遇雨药效不受影响。

5. 请勿将本品用于白爆裂玉米和观赏玉米。

6. 请勿将本品与任何有机磷类、氨基甲酸酯类杀虫剂混用或在间隔7天内使用，请勿通过任何灌溉系统使用本品，请勿将本品与悬浮肥料、乳油剂型的苗后茎叶处理剂混用。

7. 本品中已含有助剂，使用时无需再加入其他助剂。

8. 本品为三酮类除草剂除草剂，建议与其他类除草剂轮换使用。

9. 如遇毁需翻、补种，只可补种玉米，补种后请勿再施用本品。

10. 正常气候条件下，本品对后茬作物安全，但后茬种植甜菜、苜蓿、烟草、蔬菜、油菜、豆类需先做试验，后种植。

11. 1年2熟制地区，后茬作物不得种植油菜。

12. 本品不得用于玉米与其他作物间作、混种田。

13. 本品对豆类、十字花科作物敏感，施药时须防止漂移，以免其他作物发生药害。

14. 远离水产养殖区施药，禁止在河塘等水体中清洗施药器具。

15. 不得以任何形式污染农田及水源。不可在临近雨季的时间用药，以免经连续降雨而将药剂冲刷到附近农田里而造成药害。

16. 孕妇和哺乳期妇女应避免接触。

17. 用过的容器妥善处理，不可做他用，不可随意丢弃。

18. 本品放置于阴凉、干燥、通风、防雨处，远离火源，勿与食品、饲料、种子、日用品等

同贮同运。

19. 本品宜置于儿童够不着的地方并上锁，不得重压、破损包装容器。

异丙甲草胺

【作用特点】

异丙甲草胺为酰胺类内吸传导型选择性除草剂。作用机制主要抑制发芽种子的蛋白质合成，其次抑制胆碱渗入磷脂，干扰卵磷脂形成。主要通过植物的幼芽即单子叶和胚芽鞘、双子叶植物的下胚轴吸收向上传导。出苗后主要靠根吸收向上传导，抑制幼芽与根的生长。如果土壤墒情好，杂草被杀死在幼芽期；如果土壤水分少，杂草出土后随着降雨土壤湿度增加，杂草吸收药剂叶皱缩后整株枯死。因此施药应在杂草发芽前进行。由于禾本科杂草幼芽吸收异丙甲草胺的能力比阔叶杂草强，因而该药防除禾本科杂草的效果远远好于阔叶杂草。

【毒性与环境生物安全性评价】

对高等动物毒性低毒。

原药大鼠急性经口 LD_{50} 为 2780 毫克/千克；

原药小鼠急性经口 LD_{50} 为 894 毫克/千克；

原药兔急性经口 LD_{50} 大于 4000 毫克/千克；

原药大鼠急性经皮 LD_{50} 大于 3170 毫克/千克；

原药大鼠急性吸入 4 小时 LC_{50} 大于 1750 毫克/立方米。

对兔眼睛无刺激性；

对兔皮肤有轻微刺激性。

大鼠 90 天亚慢性经口试验无作用剂量为 1000 毫克/升；

狗 90 天亚慢性经口试验无作用剂量为 500 毫克/升。

大鼠 2 年慢性经口试验无作用剂量为 1000 毫克/升；

小鼠 2 年慢性经口试验无作用剂量为 3000 毫克/升。

各种试验结果表明，无致癌、致畸、致突变作用。

制剂大鼠急性经口 LD_{50} 为 2734 毫克/千克。

对兔眼睛有轻微刺激性；

对兔皮肤有轻微刺激性。

对鱼类毒性中等毒。

鳝鱼急性毒性 LC_{50} 为 3.9 毫克/升；

翻车鱼急性毒性 LC_{50} 为 10~15 毫克/升。

对鸟类毒性低毒。

野鸭 LD_{50} 大于 2150 毫克/千克；

鹌鹑 LD_{50} 大于 10000 毫克/千克。

对蜜蜂有胃毒，无接触毒性。

【防治对象】

主要用于大豆、玉米、棉花、花生、马铃薯、白菜、菠菜、蒜、向日葵、芝麻、油菜、萝卜、甘蔗等农作物，也可以在果园及其他豆科、十字花科、茄科、菊科和伞形科作物上使用，能防除 1 年生禾本科杂草及部分双子叶杂草。可防除的禾本科杂草有稗、马唐、狗尾草、画眉草、野黍、臂形草、牛筋草、千金子等，对黄香附子、荠菜、反枝苋、马齿苋、辣子草等阔叶草也有较好的防效。

【使用方法】

1. 防除大豆田 1 年生禾本科杂草及部分阔叶杂草：对大豆出苗安全，在东北地区，即使在早春低温高湿的低洼地使用仍对大豆出苗安全，田间药效期可达 2 个月左右。异丙甲草胺的用药量随土壤质地和有机质含量而异。土壤有机质含量 3% 以下，沙质上每 666.7 平方米用 72% 异丙甲草胺乳油 90～100 毫升，壤土每 666.7 平方米用 72% 异丙甲草胺乳 130～150 毫升，黏土每 666.7 平方米用 72% 异丙甲草胺乳油 150～180 毫升。在大豆播前或播后苗前兑水喷洒，每每 666.7 平方米喷水量 30～35 千克，加大喷水量可提高防效。东北春大豆田也可以采用秋施的方法，即在 10 月中下旬气温降到 5℃ 以下时进行，平播大豆田施药后应浅混土，深 6～8 厘米；采用"三垄"栽培法种大豆的田施药后应深混土，耙深 10～15 厘米、第 2 年春季播种大豆。喷雾时药剂勿落在其他作物上，避免其他作物会受到损伤。

2. 防除花生田 1 年生禾本科杂草及部分阔叶杂草：可以用来防除花生田的马唐、牛筋草、稗草等 1 年生禾本科杂草及苋等少部分阔叶杂草。在花生播后苗前施药，北方地区每 666.7 平方米用 72% 异丙甲草胺乳油 100～150 毫升，南方地区每 666.7 平方米用 72% 异丙甲草胺乳油 80～100 毫升，兑水 30～40 千克喷雾。喷雾时药剂勿落在其他作物上，避免其他作物会受到损伤。

3. 防除棉花田 1 年生禾本科杂草及部分阔叶杂草：可以用来防除稗、马唐、狗尾草、牛筋草等禾本科杂草及部分阔叶草，每 666.7 平方米用 72% 异丙甲草胺乳油 100～150 毫升，播后苗前施药，用水量 30～40 千克。对扁蓄、田旋花、小蓟防效较差。地膜棉田每 666.7 平方米用量可降至 80～120 毫升，移栽棉先喷药，后盖膜，再移栽。直播棉先播种，再施药，再盖膜。喷雾时药剂勿落在其他作物上，避免其他作物会受到损伤。

4. 防除黄麻田 1 年生禾本科杂草及部分阔叶杂草：可以用来防除稗、马唐、狗尾草、牛筋草等禾本科杂草及部分阔叶草，每 666.7 平方米用 72% 异丙甲草胺乳油 100～150 毫升，播后苗前施药，用水量 30～40 千克。对扁蓄、田旋花、小蓟防效较差。喷雾时药剂勿落在其他作物上，避免其他作物会受到损伤。

5. 防除红麻田 1 年生禾本科杂草及部分阔叶杂草：可以用来防除稗、马唐、狗尾草、牛筋草等禾本科杂草及部分阔叶草，每 666.7 平方米用 72% 异丙甲草胺乳油 100～150 毫升，播后苗前施药，用水量 30～40 千克。对扁蓄、田旋花、小蓟防效较差。喷雾时药剂勿落在其他作物上，避免其他作物会受到损伤。

6. 防除甘蔗田 1 年生禾本科杂草及部分阔叶杂草：于甘蔗排种后施药，地膜覆盖的可在覆膜前使用，每 666.7 平方米用 72% 异丙甲草胺乳油 100～150 毫升，兑水 40～50 千克喷洒。土质黏重的用高量，药效期可达 50 天左右。对甘蔗比较安全，在推荐剂量范围内对甘蔗萌芽、分蘖、生长发育均无不良影响。都尔用于甘蔗田化除对在蔗田间、套作的油菜、大豆、辣椒等作物无不良影响。喷雾时药剂勿落在其他作物上，避免其他作物会受到损伤。

7. 防除玉米田 1 年生禾本科杂草及部分阔叶杂草：用于春玉米田可在播前或播后苗前施药，地膜玉米田在播后覆膜前施药，移栽田在移栽前施药。异丙甲草胺的用药量随土壤质地和有机质含量而异。在土壤有机质含量 3% 以下时，沙质土每 666.7 平方米用 72% 异丙甲草胺乳油 90～100 毫升，壤土每 666.7 平方米用 72% 异丙甲草胺乳油 130～150 毫升，黏土每 666.7 平方米用 72% 异丙甲草胺乳油 180 毫升，兑水 40～50 千克喷洒。喷雾时药剂勿落在其他作物上，避免其他作物会受到损伤。

8. 防除蔬菜田 1 年生禾本科杂草及部分阔叶杂草：每 666.7 平方米用 72% 异丙甲草胺乳油 75～100 毫升剂量范围内可用于十字花科的甘蓝、花椰菜、芥菜、大白菜；百合科的大蒜、小葱；伞形花科的胡萝卜；豆科的蚕豆、白芸豆、豌豆的直播田，种子播种后出苗前使用。如采用育苗移栽，在定植后施药都尔除可用于上述蔬菜田外，还可用于番茄、茄子、辣椒等茄科蔬菜。此外都尔还可以用于马铃薯、生姜等用块茎播种的直播田。播后苗前施药、还可用于老韭菜田，在韭菜收割 2 ~ 3 天后施药；育苗移栽蔬菜田、马铃薯、生姜、老韭菜田，每 666.7 平方米用 72% 异丙甲草胺乳油 100 毫升，杂草密度大的可提高至 120 ~ 150 毫升，兑水 40 ~ 50 千克喷洒。育苗移栽田可在定植后施药，以免翻动土层，影响药效。覆膜田应先施药后覆膜，因膜内温度、湿度条件好，杂草出土早而整齐，都尔用量可用低限。为避免施药后翻动土层降低防效，覆膜田应先把畦边压膜的沟挖好再喷药覆膜。喷雾时药剂勿落在其他作物上，避免其他作物会受到损伤。

9. 防除水稻田 1 年生禾本科杂草及部分阔叶杂草：多用于水稻移栽稻田可以有效的防除稗、牛毛毡、异型莎草、萤蔺等禾本科杂草和莎草科杂草，但对矮慈姑、空心莲子草、扁秆蔗草、泽泻、鸭舌草等阔叶杂草以及小慈藻等沉水杂草防效较差。在双季稻区的早稻上每 666.7 平方米用 72% 异丙甲草胺乳油 8 ~ 10 毫升；在一季中稻区及双季稻晚稻区每 666.7 平方米用 72% 异丙甲草胺乳油 10 ~ 15 毫升；为了提高对稻田阔叶杂草的防效，异丙甲草胺可以和苄嘧磺隆混用，混配量为不同稻区异丙甲草胺的单用量加 10% 苄嘧磺隆可湿性粉剂 5 ~ 10 克。异丙甲草胺单用或与苄嘧磺隆混用的施药期应在水稻栽插后 5 ~ 7 天稗草 1.5 叶期前进行，施药不能过迟。稗草超过 2 叶，效果显著下降。施药后应保持 3 ~ 5 厘米浅水层 5 ~ 7 天。施药可采用毒土或毒肥法。配制毒肥不可将都尔乳油直接倒在尿素上搅拌，这样不易搅拌均匀，施药后易产生药害。都尔只能用于水稻大苗移栽田，移栽秧苗必需在 5.5 叶以上。秧田、直播田、抛秧田、小苗移栽田不能使用。小苗、弱苗、插后施药过早未返青活棵的田块易产生药害，施药不均匀重复施药处也易产生药害，造成成秧苗矮化，一般在 2 ~ 3 周内得到恢复。喷雾时药剂勿落在其他作物上，避免其他作物会受到损伤。

【中毒急救】

中毒症状为对皮肤、眼、呼吸道有刺激作用。吸入：应迅速将患者转移到空气清新流通处，解开衣领、腰带，保持呼吸畅通。如呼吸停止应做人工呼吸。如呼吸困难应输氧。如有症状及时就医。皮肤接触后：立即用水和肥皂清洗，并彻底冲洗干净。眼睛接触后：把眼睛打开用流水冲洗几分钟，如有持续的症状，及时就医。一旦药液溅入眼睛和黏附皮肤：应立即用水冲洗至少 15 ~ 20 分钟。误服：首先应该给病人服用 200 毫升液体石蜡，然后用 4 千克左右的水洗胃。

【注意事项】

1. 本品使用时按常规方法打开包装。操作者应遵守《农药安全使用准则》，按要求做好劳动保护，如穿戴工作服、手套、面罩等，避免让人体直接接触药剂。工作后漱口、清洗裸露在外的身体部分并更换干净的衣服。

2. 每种作物一季最多施用次数 1 次。

3. 本品耐雨水冲刷，药后 3 小时遇雨药效不受影响。

4. 瓜类、茄果类蔬菜使用浓度偏高时易产生药害，施药时要慎重。

5. 药效易受气温和土壤肥力条件的影响。温度偏高时和沙质土壤用药量宜低；反之，气温较低时和黏质土壤用药量可适当偏高。

6. 作为播后苗前的土壤处理剂对大多数作物安全，使用范围很广。

7. 本品不能用于麦田和高粱田，否则药后遇较大降雨易产生药害。

8. 施药前精细整地，施药前后土壤保持湿润，有利确保药效。

9. 土壤有机质含量高、黏壤土或干旱情况用推荐剂量高限。土壤有机质含量低、沙质土请减少用量。

10. 东北地区应适当增加用药量，以保证药效。

11. 雨水多、排水不良的地块，田间积水易发生药害，应注意排水。

12. 用药田块需平整，土细畦平。土壤湿润除草效果好，如干旱、无雨，施药后需浅层混土。

13. 喷雾时严格避免碰到发芽作物种子。

14. 本品对鱼类高毒，养鱼稻田禁止使用。

15. 远离水产养殖区施药，禁止在河塘等水体中清洗施药器具。

16. 不得以任何形式污染农田及水源。不可在临近雨季的时间用药，以免经连续降雨而将药剂冲刷到附近农田里而造成药害。

17. 孕妇和哺乳期妇女应避免接触。

18. 用过的容器妥善处理，不可做他用，不可随意丢弃。

19. 本品放置于阴凉、干燥、通风、防雨处，远离火源，勿与食品、饲料、种子、日用品等同贮同运。

20. 本品宜置于儿童够不着的地方并上锁，不得重压、破损包装容器。

异丙隆

【作用特点】

异丙隆为取代脲类内吸传导型选择性除草剂。作用机理是药剂被植物根部吸收后，辅导并积累在叶片中，抑制光合作用，导致杂草死亡。主要由杂草的根吸收，茎叶吸收较少。杂草中毒症状一般在施药后 2~3 周出现，表现为杂草叶片逐渐落黄，叶片变软，边缘卷曲，然后叶片发白，生长停止，逐渐死亡。

【毒性与环境生物安全性评价】

对高等动物毒性低毒。

原药雄大鼠急性经口 LD_{50} 为 1800 毫克/千克；

原药雌大鼠急性经口 LD_{50} 为 2400 毫克/千克；

原药雄小鼠急性经口 LD_{50} 大于 3300 毫克/千克；

原药雌小鼠急性经口 LD_{50} 大于 3300 毫克/千克；

原药雄大鼠急性经皮 LD_{50} 大于 2000 毫克/千克；

原药雌大鼠急性经皮 LD_{50} 大于 2000 毫克/千克；

原药大鼠急性吸入 4 小时 LC_{50} 大于 1.95 毫克/升。

对兔眼睛无刺激性；

对兔皮肤无刺激性。

大鼠 90 天亚慢性饲喂试验无作用剂量为 400 毫克/千克；

小鼠 2 年慢性饲喂试验无作用剂量为 80 毫克/千克。

各种试验结果表明，无致癌、致畸、致突变作用。

对鱼类毒性低毒。

鲤鱼 96 小时急性毒性 LC_{50} 为 193 毫克/升；

虹鳟鱼 96 小时急性毒性 LC_{50} 为 37 毫克/升；

大翻车鱼 96 小时急性毒性 LC_{50} 大于 100 毫克/升。

对鸟类毒性低毒。

日本鹌鹑急性经口 LD_{50} 为 3042~7926 毫克/千克。

对蜜蜂毒性低毒。

蜜蜂急性经口 LD$_{50}$大于 50 微克/只；

蜜蜂接触 LD$_{50}$大于 100 微克/只。

对土壤微生物毒性低毒。

蚯蚓 14 天 LD$_{50}$大于 1000 毫克/千克土壤。

每人每日允许摄入量为 0.0062 毫克/千克体重。

【防治对象】

用于小麦、花生、玉米、甘蔗等作物田中防除 1 年生杂草，还适用于西红柿、马铃薯、育苗韭菜、甜椒、辣椒、茄子、蚕豆、豌豆、葱头等部分菜田除草。可用于防除看麦娘、日本看麦娘、早熟禾、毒麦、黑麦草、多花黑麦草、芰草、野燕麦、硬草等、对牛繁缕、稻槎菜、碎米荠、野芥菜、荠菜、大巢菜、小巢菜、扁蓄、春蓼、西凤古、滨藜、藜、臭甘菊、矢车菊等阔叶杂草也有一定的效果。

【使用方法】

1. 防除冬小麦田 1 年生单、双子叶杂草：每 666.7 平方米用 50% 异丙隆悬浮剂或 50% 异丙隆可湿性粉剂 12100 ~ 150 克，于冬季杂草齐苗到小麦 3 叶期前施药，均匀喷雾，每 666.7 平方米兑水 60 千克配成药液后喷雾。对冬季没用药而造成春季严重草荒的麦田可采取补救措施：即在早春 2 月中旬，每 666.7 平方米兑水 75 千克配成药液后喷雾。如遇干旱天气，每 666.7 平方米用水应增加到 100 千克以上，将有利于药效的发挥。喷雾时药剂勿落在其他作物上，避免其他作物会受到损伤。

2. 防除玉米田 1 年生杂草：在播种苗前，杂草萌发出土前，每 666.7 平方米用 50% 异丙隆悬浮剂或 50% 异丙隆可湿性粉剂 120 ~ 200 克，兑水 50 ~ 60 千克，均匀喷洒土表。喷雾时药剂勿落在其他作物上，避免其他作物会受到损伤。

3. 防除花生田 1 年生杂草：在播种苗前，杂草萌发出土前，每 666.7 平方米用 50% 异丙隆悬浮剂或 50% 异丙隆可湿性粉剂 12120 ~ 200 克，兑水 50 ~ 60 千克，均匀喷洒土表。喷雾时药剂勿落在其他作物上，避免其他作物会受到损伤。

4. 防除甘蔗田 1 年生杂草：在甘蔗种后苗前，杂草萌发出土前，每 666.7 平方米用 50% 异丙隆悬浮剂或 50% 异丙隆可湿性粉剂 250 ~ 330 克，兑水 50 ~ 60 千克，均匀喷洒土表。喷雾时药剂勿落在其他作物上，避免其他作物会受到损伤。

【特别说明】

1. 防除麦田的看麦娘适期较宽，冬前在麦播种以后至出苗前，或出苗后至麦苗 5 叶期，每 666.7 平方米用 50% 异丙隆悬浮剂或 50% 异丙隆可湿性粉剂 100 ~ 150 克。春季在麦苗返青到看麦娘拔节之前施药，每 666.7 平方米用 50% 异丙隆悬浮剂或 50% 异丙隆可湿性粉剂 200 ~ 300 克，除草效果也可达 90% 以上。其最佳用药适期在播种以后至看麦娘 2 叶之前。异丙隆是以杂草的根吸收为主的除草剂，只要土壤湿度高，用喷雾、毒土、毒肥等方法施药都能达到很好的除草效果。异丙隆在土壤中的移动性较差，采用毒土、毒肥法施药，为确保施药均匀，土、肥的用量每 666.7 平方米应不少于 20 千克。用尿素等混药撒施时，如尿素每 666.7 平方米用量不到 20 千克，则应增加细土，拌和药、肥后一起撒施。但是在实际操作中，采用毒土、毒肥方法施药由于土壤湿度不够和撒施不均匀，其防效不如喷雾法，撒得不均匀也易出现药害，所以施药还是以喷雾法为好。虽然异丙隆防除看麦娘冬前和春季都可以进行，但以冬前施药为好，一方面早消灭草害，保产效果好，另一方面早施药，杂草幼小，抗药能力小，每公顷用量少。冬前用药量仅为春季用药量的一半，经济上也比较合算。春季施药只能作为冬前漏治田的一种补救措施应用。施药应争取在气温和湿度较高时进行，尽量避免在强寒流来之前或夜间有严重霜冻时施药，药后遇到低温会加重麦苗的冻害。异丙隆防除看麦娘和牛繁缕适期较宽，从麦播种后起至拔节前都可施药，但对其他杂草只有在低叶龄时施药方有效。异丙隆可湿性粉剂其分散性和悬浮性较差，加水稀释后，很易沉淀造成上下浓度不均匀，配药时必须先把药与少量水搅拌，将颗粒全部粉碎成浆糊状，再加入需要的水量，反复搅拌均匀。在喷药过程中要不断摇动药液，防止药液沉淀。

2. 防除麦田的芽草、硬草芽草、硬草对骠马、绿磺隆等有较高的抗药性，连续多年使用绿甲磺隆复配剂及骠马防除看麦娘、日本看麦娘以后，看麦娘、日本看麦娘在稻麦轮作的麦田中比例下降，而芽草、硬草比例上升。异丙隆防除麦田中的芽草和硬草，在麦播种以后至出苗前或芽草、硬草出苗后至 2 叶期以前进行，每 666.7 平方米用 50% 异丙隆悬浮剂或 50% 异丙隆可湿性粉剂 125 ~ 150 克，加水 30 ~ 40 千克喷洒。

3. 防除麦田的野燕麦，于野燕麦幼苗 1 ~ 2 叶期，每 666.7 平方米用 50% 异丙隆悬浮剂或 50% 异丙隆可湿性粉剂 275 ~ 300 克，兑水 60 千克喷雾。对野燕麦及部分阔叶杂草，如黎、扁蓄、野芥菜等有比较好的效果。

【中毒急救】

中毒症状表现为对眼睛、咽喉、鼻、皮肤和黏膜有刺激作用。吸入：应迅速将患者转移到空气清新流通处，解开衣领、腰带，保持呼吸畅通。如呼吸停止应做人工呼吸。如呼吸困难应输氧。如有症状及时就医。皮肤接触后：立即用水和肥皂清洗，并彻底冲洗干净。眼睛接触后：把眼睛打开用流水冲洗几分钟，如有持续的症状，及时就医。一旦药液溅入眼睛和黏附皮肤：应立即用水冲洗至少 15 ~ 20 分钟。对误服异丙隆中毒，医生可先将中毒者洗胃，可用吐根糖浆诱吐，还可在服用的活性炭泥中加入山梨醇，禁止使用蓖麻油、牛奶和酒精。目前对异丙隆中毒尚无特效的解毒药，医生可对症处理。

【注意事项】

1. 本品使用时按常规方法打开包装。操作者应遵守《农药安全使用准则》，按要求做好劳动保护，如穿戴工作服、手套、面罩等，避免让人体直接接触药剂。工作后漱口、清洗裸露在外的身体部分并更换干净的衣服。

2. 每种作物一季最多施用次数 1 次，安全间隔期 109 天。

3. 用药量要正确，喷雾要均匀，以防用药过多产生药害。冬季遇寒流时不能施药。

4. 播种时盖土要精细，以防止药液过多接触种子影响成苗。

5. 大风天或预计 1 小时内降雨，请勿施药。

6. 为防止产生不良影响，最好在使用前先作小面积试验，确定无不良反应和最佳使用量后再大面积应用。

7. 施药前精细整地，施药前后土壤保持湿润，有利确保药效。

8. 本品可与利谷隆、2，4 - 滴、2 甲 4 氯、敌稗、溴苯腈、苯达松等混用。亦还可以与肥料尿素、碳酸氢铵、硫镀等混用，混用时，毒肥不能与露籽及露根接触，因而田面要平整，防止雨水过多，药剂流向低洼处，造成局部药害。

9. 施用过磷酸钙的土壤不要使用该药。

10. 作物生长势弱或受冻害的、漏耕地段及沙性重或排水不良的土壤不宜使用。

11. 有机含量高的土壤，只能在春季使用，因持效期短。

12. 本品对一些作物敏感，不宜用于套种或间作棉花、蚕豆、油菜、瓜类、甜菜等作物的小麦田，也不得用于以上述作物为后茬的小麦田。

13. 土壤过干，可在抗旱渗水后立即使用；嫩苗或套播麦田，必须练苗 7 天后再用。

14. 用药前盖籽要精细，防止过多药液接触露籽和露根影响成苗。

15. 使用期第 1 次"寒流"来临时，应暂停使用，否则易受"冻药害"，一般应在播后高温期或第 1 次"寒潮"过后打药。

16．在高温年份或高湿田块使用时，应先开沟排除积水再用药，防止"湿药害"。

17．本品对蜜蜂、斑马鱼低毒，施药期间应避免对周围蜂群的影响、蜜源作物花期禁用。远离水产养殖区施药，禁止在河塘等水体中清洗施药器具。

18．不得以任何形式污染农田及水源。不可在临近雨季的时间用药，以免经连续降雨而将药剂冲刷到附近农田里而造成药害。

19．孕妇和哺乳期妇女应避免接触。

20．用过的容器妥善处理，不可做他用，不可随意丢弃。

21．本品放置于阴凉、干燥、通风、防雨处，远离火源，勿与食品、饲料、种子、日用品等同贮同运。

22．本品宜置于儿童够不着的地方并上锁，不得重压、破损包装容器。

乙草胺

【作用特点】

乙草胺是选择性芽前处理除草剂，主要通过单子叶植物的胚芽鞘或双子叶植物的下胚轴吸收，吸收后向上传导，主要通过阻碍蛋白质合成而抑制细胞生长，使杂草幼芽、幼根生长停止，进而死亡。禾本科杂草吸收乙草胺的能力比阔叶杂草强，所以防除禾本科杂草的效果优于阔叶杂草。乙草胺在土壤中的持效期 45 天左右，主要通过微生物降解，在土壤中的移动性小，主要保持在 0 ~ 3 厘米土层中。

乙草胺是一种土壤处理剂，施入土壤后主要是通过植物的幼芽吸收，单子叶植物主要是通过芽鞘吸收，双手叶植物主要是根吸收，其次是幼芽。种子也可以吸收，但吸收量很少。

乙草胺是目前世界上最重要的除草剂品种之一，也是目前我国使用量最大的除草剂之一。考虑到暴露在乙草胺每日摄取容许量以上对人体的潜在危害，以及地表水中乙草胺代谢物对人体的危害，现在还不能排除基因毒性的存在，欧盟委员会决定不予除草剂乙草胺再登记，已下令欧盟成员国在 2012 年 7 月 23 日取消其登记。现存库存的使用宽限期不能超过 12 个月。

【毒性与环境生物安全性评价】

对高等动物毒性低毒。

原药大鼠急性经口 LD_{50} 为 2148 毫克/千克；

原药兔急性经皮 LD_{50} 为 4166 毫克/千克；

原药大鼠急性吸入 LC_{50} 大于 3 毫克/升。

对兔眼睛有可逆的刺激性；

对兔皮肤无刺激性。

豚鼠皮肤致敏试验结果有潜在致敏性。

大鼠 91 天亚慢性口服试验无作用剂量为 800 毫克/千克；

小鼠 90 天亚慢性口服试验无作用剂量为 2000 毫克/千克；

狗 119 天亚慢性口服试验无作用剂量为 480 毫克/千克；

兔 21 天天亚慢性经皮试验无作用剂量为 400 毫克/千克；

大鼠 4 周亚慢性吸入试验无作用剂量为 10 毫克/立方米。

大鼠 2 年慢性口服试验无作用剂量为 800 毫克/千克；

狗 1 年慢性口服试验无作用剂量为 480 毫克/千克。

各种试验结果表明，未见致突变作用。

致畸作用的无作用剂量为 400 毫克/千克。

大鼠 2 代繁殖的无作用剂量为 500 毫克/千克。

对大鼠、小鼠均有致肿瘤作用。

制剂大鼠急性经口 LD_{50} 大于 1488 毫克/千克；

制剂兔急性经皮 LD_{50} 大于 2000 毫克/千克；

制剂大鼠急性吸入 LC_{50} 为 6.7 毫克/立方米。

对鱼类毒性高毒。

虹鳟鱼 96 小时急性毒性 LC_{50} 为 0.5 毫克/升；

太阳鱼 96 小时急性毒性 LC_{50} 为 1.3 毫克/升。

对鸟类毒性低毒。

鹌鹑急性经口 LD_{50} 为 1260 毫克/千克。

对蜜蜂毒性低毒。

蜜蜂 LD_{50} 为 1715 毫克/头。

每人每日允许摄入量为 0.01 毫克/千克体重。

【防治对象】

适用于玉米、棉花、豆类、花生、马铃薯、油菜、大蒜、烟草、向日葵、蓖麻、大葱作物。用来防除稗、马唐、狗尾草、金色狗尾草、野燕麦、看麦娘、日本看麦娘、画眉草、牛筋草、硬草、棒头草、稷、毛线稷、千金子、宽叶臂形草、钝叶臂形草等禾本科杂草；对鸭跖草、龙葵、繁缕、菟丝子、马齿苋、反技苋、粟米草、藜、小藜、刺黄花稔、酸模叶蓼、柳叶刺蓼、节蓼、滨洲蓼、卷茎蓼、铁苋菜、野西瓜苗、繁缕、香薷、水棘针、狼把草、鬼针草、鼬瓣花等阔叶杂草有一定的防效。

【使用方法】

1. 防除玉米田 1 年生禾本科杂草及部分阔叶杂草：在长江中下游及华南地区，每 666.7 平方米用 50% 乙草胺乳油 70～100 毫升，在东北土壤有机质含量 6% 以下的玉米田，每 666.7 平方米用 50% 乙草胺乳油 150～200 毫升，土壤有机质含量 6% 以上，每 666.7 平方米用 50% 乙草胺乳 200～270 毫升。播后苗前用药，最迟应在禾本科杂草 1 叶 1 心期使用，人工手动喷雾器喷液量每 666.7 平方米兑水 30～40 千克。在东北也可在气温降至 5℃ 以下到封冻前秋施，施药后混土，第 2 年春季播种玉米。春季可以播前施药，也可以播后苗前施药。播前施药后应浅混土，耙深 4～6 厘米；播后苗前施药如遇干旱应用旋转锄浅混土，混土深 2～3 厘米。喷雾时药剂勿落在其他作物上，避免其他作物会受到损伤。

2. 防除大豆田 1 年生禾本科杂草及部分阔叶杂草：用于大豆田可防除稗草、马唐、狗尾草、牛筋草等 1 年生禾本科杂草及部分阔叶杂草，对大豆菟丝子也有较好的防除效果。在夏大豆区，每 666.7 平方米用 50% 乙草胺乳油 70～100 毫升，兑水 30～40 千克喷雾。黏土地用高量，沙壤土地用低量。在高温干旱或低温多雨情况下施药，大豆第 1 片复叶会出现药害，表现为叶片皱缩，第 2 复叶长出时即恢复正常，对以后大豆生长基本没有影响。在麦秸还田的麦茬大豆田或麦茬玉米田，秸秆覆盖在土表，用茎叶喷雾的方法施药，药液常喷在麦秸上，进入土壤表面的很少。为使药剂尽可能多的施入土表，可采用毒沙法。在东北春大豆田使用，当土壤有机质含量在 6% 以下时，每 666.7 平方米用 50% 乙草胺乳油 150～200 毫升，土壤有机质含量在 6% 以上时，每 666.7 平方米用 50% 乙草胺乳 200～270 毫升。秋施在气温降到 5℃ 以下到封冻前进行，药后应混土。春施可播后苗前施药，在干旱时要用施转锄浅混土。在施药后遇低温多湿、田间渍水、用药量过大、大豆拱土期施药，受病虫危害等情况下，乙草胺对大豆幼苗生长有抑制作用，表现为叶片皱缩，一般第 3 片复叶期以后恢复正常生长。在低洼的渍水田用高含量的乙草胺制剂比用低含量的乙草胺制剂对大豆的安全性好。喷雾时药剂勿落在其他作物上，避免其他作物会受到损伤。

3. 防除棉花田1年生禾本科杂草及部分阔叶杂草：在露地棉田，每666.7平方米用50%乙草胺乳油75～100毫升，沙壤上及有机质含量低的棉田用低量，黏土及有机质含量高的棉田用高量。在棉花移栽后施药，施药时兑水30～40千克喷雾，对棉苗安全。直播棉田在播后苗前施药，施药后出苗前遇大雨会影响棉籽发芽出土。地膜棉田由于覆膜后膜内温度高、湿度好，膜内杂草出土整齐、集中，同时温度、湿度高也有利于药效的发挥，所以用药量可比露地棉田减少1/4～1/3。地膜直播棉田在播种后施药，施药后覆膜，破膜出苗。地膜移栽棉田施药后覆膜，然后再移栽。喷雾时药剂勿落在其他作物上，避免其他作物会受到损伤。

4. 防除油菜田1年生禾本科杂草及部分阔叶杂草：在移栽油菜田，乙草胺可在移栽前或移栽活棵后施药，冬油菜区，每666.7平方米用50%乙草胺乳油50～100毫升，具体用量视土壤有机质含量、质地、湿度而不同。施药方法为兑水30～40千克喷雾。药后对油菜叶色、长势、株高、叶龄和鲜重均无不良影响。乙草胺在冬油菜直播田和油菜苗床使用时易产生药害，应先经过试验，取得成功的经验后才能使用。喷雾时药剂勿落在其他作物上，避免其他作物会受到损伤。

5. 防除麦田1年生禾本科杂草及部分阔叶杂草：在稻茬麦田，乙草胺常用来防除硬草。硬草为1年生的禾本科杂草，在稻麦连作田发生较重，随着稻麦连作面积的扩大和年限的增加以及绿磺隆、甲磺隆、骠马的多年使用，硬草危害有逐年加重的趋势。乙草胺防除硬草可在播后苗前至麦苗1叶1心期喷药，喷药时间再往后延迟则防效降低，使用方法为：每666.7平方米用50%乙草胺乳油75～125毫升，兑水30～40千克喷雾。乙草胺只能用于条播麦田，不能用于撒播麦田，撒播麦田露籽多，易产生药害。乙草胺施药后小麦出苗前遇大雨，会产生严重药害，影响出苗。为减轻药害，麦田应开排水沟，坚持先开沟再施药。麦田有良好的排水沟，雨后不积水，可减轻药害。同时小麦播种后至出苗前这段期间施药越早，遇大雨药害就越重。麦苗1叶1心期施药比苗前施药药害轻。所以在施药时间的考虑上要参考天气预报，尽可能避开药后遇大雨，同时在施药适期内适当延迟施药也可以减轻药害。喷雾时药剂勿落在其他作物上，避免其他作物会受到损伤。

6. 防除稻田1年生禾本科杂草及部分阔叶杂草，乙草胺可用于大苗（即5叶1心以上大苗）移栽稻田防除稗草、千金子、异型莎草、牛毛毡、萤蔺、节节菜、陌上菜等1年生禾本科杂草和部分阔叶杂草：每666.7平方米用50%乙草胺乳油10～15毫升。土壤有机质含量低，杂草基数少，气温高可用低量；有机质含量高、杂草多、气温偏低可用高量。施药可以用毒土法或毒肥法，一般在栽后3～5天内施药，施药时稗草应在1叶1心期以内，达到或超过2叶期则防效下降，施药后保水5～7天。使用乙草胺的稻田一定要平整，土地不平整，低洼处施药后水层淹没心叶易产生药害，高处露出水面则防效较差。乙草胺不能用于小苗（即5叶1心以下）移栽田、弱苗移栽田、秧田、直播田，施药必须均匀。乙草胺在双季早稻上使用常产生药害，因此乙草胺在早稻田使用应慎重，应先做试验取得成功的经验后再加以推广。喷雾时药剂勿落在其他作物上，避免其他作物会受到损伤。

7. 防除蔬菜田1年生禾本科杂草及部分阔叶杂草：乙草胺可用于豇豆、冬瓜、甘蓝、辣椒、番茄、茄子等蔬菜的移栽田，防除1年生禾本科杂草和部分阔叶。每666.7平方米用50%乙草胺乳油75～100毫升，在移栽前或移栽活棵后兑水30～40千克喷雾。地膜覆盖的移栽蔬菜田可以在整畦后喷药，喷药后覆膜，覆膜后移栽，地膜蔬菜田每666.7平方米用量可降至50～75毫升。喷雾时药剂勿落在其他作物上，避免其他作物会受到损伤。

8. 防除花生田1年生禾本科杂草及部分阔叶杂草：华北地区每666.7平方米用50%乙草胺乳油110～150毫升，长江流域、华南地区每666.7平方米用50%乙草胺乳油75～110毫升播后苗前用药，最迟应在禾本科杂草 1 叶 1 心期使用，人工手动喷雾器喷液量每 666.7 平方米兑水 30～40 千克喷雾。喷雾时药剂勿落在其他作物上，避免其他作物会受到损伤。

9. 防除甘蔗田 1 年生禾本科杂草及部分阔叶杂草：甘蔗种植后土壤处理，每 666.7 平方米用 50% 乙草胺乳油 150～180 毫升，兑水 30～40 千克喷雾。喷雾时药剂勿落在其他作物上，避免其他作物会受到损伤。

【中毒急救】

中毒症状为头痛、头晕、恶心、呕吐、胸闷、嘴唇及指尖发紫。吸入：应迅速将患者转移到空气清新流通处，解开衣领、腰带，保持呼吸畅通。如呼吸停止应做人工呼吸。如呼吸困难应输氧。如有症状及时就医。皮肤接触后：立即用水和肥皂清洗，并彻底冲洗干净。眼睛接触后：把眼睛打开用流水冲洗几分钟，如有持续的症状，及时就医。误食：立即用大量清水漱口，洗胃。使用医用活性炭洗胃，注意防止胃内容物进入呼吸道。及时送医院对症治疗。一旦药液溅入眼睛和黏附皮肤：应立即用水冲洗至少 15～20 分钟。误服：首先应该给病人服用 200 毫升液体石蜡，然后用 4 千克左右的水洗胃。

【注意事项】

1. 本品使用时按常规方法打开包装。操作者应遵守《农药安全使用准则》，按要求做好劳动保护，如穿戴工作服、手套、面罩等，避免让人体直接接触药剂。工作后漱口、清洗裸露在外的身体部分并更换干净的衣服。

2. 每种作物一季最多施用次数 1 次。

3. 本品耐雨水冲刷，药后 3 小时遇雨药效不受影响。

4. 高粱、黍、黄瓜、菠菜、水稻对本品敏感，应慎用。

5. 可用于移栽油菜田，但不能用于直播油菜田和苗床。

6. 小麦和棉花播后苗前施用本品后，出苗前遇到大雨田间积水易产生药害，出苗率降低。

7. 在东北低洼的豆田在低温高湿的条件下施用 50% 乙草胺乳油也易对大豆产生抑制作用。

8. 施药前精细整地，施药前后土壤保持湿润，有利确保药效。

9. 土壤有机质含量高、黏壤土或干旱情况用推荐剂量高限。土壤有机质含量低、沙质土请减少用量。

10. 地膜栽培用药量比露地栽培减少 1/3。

11. 雨水多、排水不良的地块，田间积水易发生药害，应注意排水。

12. 本品对鱼类高毒，养鱼稻田禁止使用。

13. 远离水产养殖区施药，禁止在河塘等水体中清洗施药器具。

14. 不得以任何形式污染农田及水源。不可在临近雨季的时间用药，以免经连续降雨而将药剂冲刷到附近农田里而造成药害。

15. 孕妇和哺乳期妇女应避免接触。

16. 用过的容器妥善处理，不可做他用，不可随意丢弃。

17. 本品放置于阴凉、干燥、通风、防雨处，远离火源，勿与食品、饲料、种子、日用品等同贮同运。

18. 本品宜置于儿童够不着的地方并上锁，不得重压、破损包装容器。

烟嘧磺隆

【作用特点】

烟嘧磺隆是内吸性选择性的玉米田专用茎叶除草剂。作用机制是药剂被叶和根迅速吸收，并通过木质部和韧皮部迅速传导。通过乙酰乳酸合成酶来阻止支链氨基酸的合成，造成敏感植物生长停滞、茎叶褪绿,施用后杂草立即停止生长,4~5 天新叶褪色、坏死,并逐步扩展到整个植株,一般条件下处理后 20~25 天植株死亡。玉米对该药有较好的耐药性,处理后出现暂时褪绿或轻微的发育迟缓,但一般能迅速恢复而且不减产。但在气温较低的情况下对某些多年生杂草需较长的时间。在芽后 4 叶期以前施药药效好,苗大时施药药效下降。施药后观察,玉米叶片有轻度褪绿黄斑,但能很快恢复。玉米在 2 叶期以下、五叶期以上较为敏感,易发生药害。玉米对此药敏感品种有甜玉米和爆裂玉米。用有机磷杀虫剂处理后的玉米对此药剂敏感。施药时气温在 20℃左右,空气湿度在 60% 以上,施药后 12 小时内无降雨,有利于药效的发挥。该药具有芽前除草活性,但活性较芽后低。它有以下 5 个特点:

1. 本品为特殊工艺加工而成的植物油悬浮剂,通常使用玉米油或工业级大豆油作为溶剂,不仅增强了对杂草防效,同时见草即可施药,不必等雨;

2. 速效性好,施药后 5~7 天杂草开始变色枯萎;

3. 持效性好,本品不仅具有非常好的茎叶杀草效果,还兼有一定的土壤封闭作用,用药后 30 天对杂草仍有防效;

4. 耐雨性好,施药后 8 小时内降雨不影响药效;

5. 安全性好,正常条件下不会对玉米及后茬作物造成任何不良影响。但不可超量使用,超量使用容易造成对后茬小粒种子出苗率降低。

【毒性与环境生物安全性评价】

对高等动物毒性低毒。

原药雄大鼠急性经口 LD_{50} 大于 5000 毫克/千克;

原药雌大鼠急性经口 LD_{50} 大于 5000 毫克/千克;

原药雄小鼠急性经口 LD_{50} 大于 5000 毫克/千克;

原药雌小鼠急性经口 LD_{50} 大于 5000 毫克/千克;

原药雄大鼠急性经皮 LD_{50} 大于 2000 毫克/千克;

原药雌大鼠急性经皮 LD_{50} 大于 2000 毫克/千克;

原药大鼠急性吸入 4 小时 LC_{50} 大于 5.47 毫克/升。

对兔眼睛有中度刺激性;

对兔皮肤无刺激性。

大鼠 28 天亚慢性饲喂试验无作用剂量为 30 克/千克;

小鼠 28 天亚慢性饲喂试验无作用剂量为 30 克/千克。

各种试验结果表明,无致癌、致畸、致突变作用。

对鱼类毒性低毒。

鲤鱼 96 小时急性毒性 LC_{50} 大于 105 毫克/升;

虹鳟鱼 96 小时急性毒性 LC_{50} 大于 105 毫克/升。

对鸟类毒性低毒。

山齿鹑急性经口 LD_{50} 大于 2250 毫克/千克;

野鸭急性经口 LD_{50} 大于 2000 毫克/千克。

对蜜蜂毒性低毒。

蜜蜂急性经口 LD_{50} 为 76 微克/只;

蜜蜂接触 LD_{50} 大于 20 微克/只。

对土壤微生物毒性低毒。

蚯蚓 14 天 LD_{50} 大于 1000 毫克/千克土壤。

【防治对象】

适用于玉米，可以防除 1 年生和多年生禾本科杂草、部分阔叶杂草，如稗草、狗尾草、野燕麦、反枝苋、本氏蓼、律草、马齿苋、鸭舌草、苍耳、苘麻、莎草等。

【使用方法】

1. 防除玉米田 1 年生单子叶杂草：每 666.7 平方米用 40 克/升烟嘧磺隆可分散油悬浮剂 67～100 毫升，兑水 30～45 千克，对杂草进行茎叶喷雾处理。作物对象玉米为马齿型和硬玉米品种。甜玉米、爆裂玉米、制种玉米田、自交系玉米田及玉米 2 叶前及 6 叶后，不宜使用。初次使用的玉米种子田，需经安全性试验确认安全后，方可使用。本品用在玉米以外的作物上会产生药害，施药时不要把药剂洒到或流入周围的其他作物田里。

2. 防除玉米田 1 年生双子叶杂草：每 666.7 平方米用 40 克/升烟嘧磺隆可分散油悬浮剂 67～100 毫升，兑水 30～45 千克，对杂草进行茎叶喷雾处理。作物对象玉米为马齿型和硬玉米品种。甜玉米、爆裂玉米、制种玉米田、自交系玉米田及玉米 2 叶前及 6 叶后，不宜使用。初次使用的玉米种子田，需经安全性试验确认安全后，方可使用。本品用在玉米以外的作物上会产生药害，施药时不要把药剂洒到或流入周围的其他作物田里。

3. 防除春玉米田 1 年生单、双子叶杂草：每 666.7 平方米用 80% 烟嘧磺隆可湿性粉剂 3.3～5 克，兑水 30～45 千克，对杂草进行茎叶喷雾处理。作物对象玉米为马齿型和硬玉米品种。甜玉米、爆裂玉米、制种玉米田、自交系玉米田及玉米 2 叶前及 6 叶后，不宜使用。初次使用的玉米种子田，需经安全性试验确认安全后，方可使用。本品用在玉米以外的作物上会产生药害，施药时不要把药剂洒到或流入周围的其他作物田里。

4. 防除夏玉米田 1 年生单、双子叶杂草：每 666.7 平方米用 80% 烟嘧磺隆可湿性粉剂 3.3～5 克，兑水 30～45 千克，对杂草进行茎叶喷雾处理。作物对象玉米为马齿型和硬玉米品种。甜玉米、爆裂玉米、制种玉米田、自交系玉米田及玉米 2 叶前及 6 叶后，不宜使用。初次使用的玉米种子田，需经安全性试验确认安全后，方可使用。本品用在玉米以外的作物上会产生药害，施药时不要把药剂洒到或流入周围的其他作物田里。

【中毒急救】

吸入：应迅速将患者转移到空气清新流通处。如呼吸停止应做人工呼吸。如呼吸困难应输氧。如有症状及时就医。皮肤接触后：立即用水和肥皂清洗，并彻底冲洗干净。眼睛接触后：把眼睛打开用流水冲洗几分钟，如有持续的症状，及时就医。误食：立即用大量清水漱口，洗胃。洗胃时注意保护气管和食管。及时送医院对症治疗。一旦药液溅入眼睛和黏附皮肤：应立即用水冲洗至少 15 分钟。误服后：应立即饮用大量牛奶、蛋清、动物胶等。不要给神志不清的病人经口食用任何东西。本品无特效解毒剂。

【注意事项】

1. 本品使用时按常规方法打开包装。操作者应遵守《农药安全使用准则》，按要求做好劳动保护，如穿戴工作服、手套、面罩等，避免让人体直接接触药剂。工作后漱口、清洗裸露在外的身体部分并更换干净的衣服。

2. 每个作物周期的最多施用 1 次。

3. 配制药液前，先将药瓶充分摇匀后，按比例将药液稀释，充分搅拌后使用。为避免药害产生，不要重复施药。

4. 不要和有机磷杀虫剂混用或使用本剂前后 7 天内不要使用有机磷类杀虫剂，以免发生药害。

5. 施药数日后，有时会出现作物褪色或抑制生长的情况，但不会影响作物的生长和产量。

6. 施药后 1 周内培土会影响除草效果。

7. 施药后遇雨会影响除草效果，但如施药 6 小时后遇降雨，不影响效果，无需重新喷药。

8. 遇特殊条件，如高温干旱、低温、玉米生长弱小时，请慎用。初次使用本剂，需在当地植保部门指导下使用。

9. 严禁用弥雾机施药，施药应选择在早上或傍晚时进行。

10. 如在上茬小麦田中使用过长残效除草剂，如甲磺隆，绿磺隆等的玉米田，及与阔叶作物间作或套种的玉米田，不宜使用本剂。

11. 避免药液漂移到邻近的禾本科作物田。

12. 不同玉米品种对烟嘧磺隆的敏感性有差异，其安全性顺序为马齿型＞硬质玉米＞爆裂玉米＞甜玉米。一般玉米 2 叶期前及 10 叶期以后，对该药敏感。甜玉米或爆裂玉米对该剂敏感，勿用。

13. 对后茬小麦、大蒜、向日葵、苜蓿、马铃薯、大豆等无残留药害；但对小白菜、甜菜、菠菜、黄瓜、向日葵及油葵等有药害。在粮菜间作或轮作地区，应做好对后茬蔬菜的药害试验。

14. 远离水产养殖区施药。药后及时彻底清洗药械，废弃物切勿污染水源或水体。废弃物应妥善处理，不可做他用，也不可随意丢弃。

15. 不可在临近雨季的时间用药，以免经连续降雨而将药剂冲刷到附近农田里而造成药害。

16. 孕妇和哺乳期妇女应避免接触。

17. 本品放置于阴凉、干燥、通风、防雨处，远离火源，勿与食品、饲料、种子、日用品等同贮同运。

18. 本品宜置于儿童够不着的地方并上锁，不得重压、破损包装容器。

燕麦枯

【作用特点】

燕麦枯是内吸传导型选择性苗后茎叶处理剂。施于野燕麦叶片上以后，能被叶片很快吸收，叶舌和叶基部的吸收能力更强，在施药时如能加大用水量或利用潮湿条件施药，使叶舌、叶基部能有药液，以不流失到地面为限，则效果更好。在温度高、光照强的情况下，野燕麦中毒的症状为：叶尖失绿，出现黄白色斑点，叶基部深绿，全株黄化，叶呈喇叭口状。施药时温度低、光照弱时，症状为叶色灰蓝，叶片变厚而脆，叶面发生失绿斑点，由叶尖向下扩大，最后全株死亡

【毒性与环境生物安全性评价】

对高等动物毒性中等毒。

原药雄大鼠急性经口 LD_{50} 为 617 毫克/千克；

原药雌大鼠急性经口 LD_{50} 为 373 毫克/千克；

原药雄小鼠急性经口 LD_{50} 为 31 毫克/千克；

原药雌小鼠急性经口 LD_{50} 为 44 毫克/千克；

原药雄兔急性经皮 LD_{50} 为 3540 毫克/千克；

原药大鼠急性吸入 4 小时 LC_{50} 为 0.5 毫克/升。

对兔眼睛有重度刺激性；

对兔皮肤有中度刺激性。

大鼠 2 年慢性饲喂试验无作用剂量为 500 毫克/千克。

对鱼类毒性低毒。

蓝鳃太阳鱼 96 小时急性毒性 LC_{50} 为 696 毫克/升；

虹鳟鱼 96 小时急性毒性 LC_{50} 为 694 毫克/升。

对鸟类毒性低毒。

山齿鹑 8 天饲喂 LC_{50} 大于 4640 毫克/升；

野鸭 8 天饲喂 LC_{50} 大于 10388 毫克/升。

对蜜蜂毒性低毒。

蜜蜂接触 LD_{50} 为 36 微克/只。

每人每日允许摄入量为 0.2 毫克/千克体重。

【防治对象】

可用于小麦、大麦、青稞、黑麦、黑麦草、豌豆等作物，此外还能用于油菜、亚麻、玉米、苜蓿、马铃薯等作物，但主要用于小麦、大麦、青稞作物田。燕麦枯只宜作生长期叶面喷雾，施药适期为野燕麦 3 ~ 5 叶期，2 叶期以前施药，野燕麦有一定的抗性，生长受抑制，但经 20 天后可恢复，大部分能抽穗。6 叶斯施用，也有一定的防效，能减少抽穗，但此时已对小麦造成危害，增产幅度小。燕麦枯作播前土壤处理时无效。

【使用方法】

1. 防除小麦田杂草：在野燕麦 2 叶 1 心期到分蘖末，最佳为 3 ~ 5 叶期，每 666.7 平方米用 64% 燕麦枯可溶性粉剂 80 ~ 125 克，兑水 30 ~ 50 千克，对杂草进行茎叶喷雾处理。在野燕麦密度大、幼苗较大时用高量，野燕麦密度低、幼苗较小时用低量。喷药时确保打匀打透。随着草龄、密度增大，适当增加用水量。喷雾时药剂勿落在其他作物上，避免其他作物会受到损伤。

2. 防除大麦田杂草：在野燕麦 2 叶 1 心期到分蘖末，最佳为 3 ~ 5 叶期，每 666.7 平方米用 64% 燕麦枯可溶性粉剂 80 ~ 125 克，兑水 30 ~ 50 千克，对杂草进行茎叶喷雾处理。在野燕麦密度大、幼苗较大时用高量，野燕麦密度低、幼苗较小时用低量。喷药时确保打匀打透。随着草龄、密度增大，适当增加用水量。喷雾时药剂勿落在其他作物上，避免其他作物会受到损伤。

3. 防除黑麦田杂草：在野燕麦 2 叶 1 心期到分蘖末，最佳为 3 ~ 5 叶期，每 666.7 平方米用 64% 燕麦枯可溶性粉剂 80 ~ 125 克，兑水 30 ~ 50 千克，对杂草进行茎叶喷雾处理。在野燕麦密度大、幼苗较大时用高量，野燕麦密度低、幼苗较小时用低量。喷药时确保打匀打透。随着草龄、密度增大，适当增加用水量。喷雾时药剂勿落在其他作物上，避免其他作物会受到损伤。

4. 防除青稞田杂草：在野燕麦 2 叶 1 心期到分蘖末，最佳为 3 ~ 5 叶期，每 666.7 平方米用 64% 燕麦枯可溶性粉剂 80 ~ 125 克，兑水 30 ~ 50 千克，对杂草进行茎叶喷雾处理。在野燕麦密度大、幼苗较大时用高量，野燕麦密度低、幼苗较小时用低量。喷药时确保打匀打透。随着草龄、密度增大，适当增加用水量。喷雾时药剂勿落在其他作物上，避免其他作物会受到损伤。

【中毒急救】

中毒症状为对皮肤有轻度刺激作用，对眼睛黏膜有一定的腐蚀作用。吸入：应迅速将患者转移到空气清新流通处，解开衣领、腰带，保持呼吸畅通。如呼吸停止应做人工呼吸。如呼吸困难应输氧。如有症状及时就医。皮肤接触后：立即用水和肥皂清洗，并彻底冲洗干净。眼睛接触后：把眼睛打开用流水冲洗几分钟，如有持续的症状，及时就医。误食：立即用大量清水漱口，洗胃。使用医用活性炭洗胃，注意防止胃内容物进入呼吸道。及时送医院对症治疗。一旦药液溅入眼睛和黏附皮肤：应立即用水冲洗至少 15～20 分钟。误服：可先服用 10～50 毫升吐根糖浆，再喝一杯水，使中毒者呕吐，并立即请医生治疗。

【注意事项】

1. 本品使用时按常规方法打开包装。操作者应遵守《农药安全使用准则》，按要求做好劳动保护，如穿戴工作服、手套、面罩等，避免让人体直接接触药剂。工作后漱口、清洗裸露在外的身体部分并更换干净的衣服。

2. 一季作物最多施用次数 1 次。

3. 请尽量较早用药，除草效果更佳，施药时请避免雾滴漂移至邻近作物。

4. 本品耐雨水冲刷，药后 3 小时遇雨药效不受影响。

5. 本品最后选择在气温较高、晴天、无风的时候使用。药后 12 小时内下雨会影响药效。

6. 本品对豆类、十字花科作物敏感，施药时须防止漂移，以免其他作物发生药害。

7. 远离水产养殖区施药，禁止在河塘等水体中清洗施药器具。

8. 不得以任何形式污染农田及水源。不可在临近雨季的时间用药，以免经连续降雨而将药剂冲刷到附近农田里而造成药害。

9. 孕妇和哺乳期妇女应避免接触。

10. 用过的容器妥善处理，不可做他用，不可随意丢弃。

11. 本品放置于阴凉、干燥、通风、防雨处，远离火源，勿与食品、饲料、种子、日用品等同贮同运。

12. 本品宜置于儿童够不着的地方并上锁，不得重压、破损包装容器。

乙氧呋草黄

【作用特点】

乙氧呋草黄属低毒、广谱选择性除草剂。主要通过植物的幼芽即单子叶和胚芽鞘、双子叶植物的下胚轴吸收向上传导。出苗后主要靠根吸收向上传导，抑制幼芽与根的生长。如果土壤墒情好，杂草被杀死在幼芽期；如果土壤水分少，杂草出土后随着降雨土壤湿度增加，杂草吸收药剂叶皱缩后整株枯死。喷施或拌土可防除许多禾本科杂草和重要的阔叶杂草，在土壤中有较长的残效。甜菜有很高的耐药性，向日葵和烟草也有高耐药力。在窄叶杂草间也有选择性，如在新西兰牧场中防除大麦草，在黑麦草中防治 1 年生窄叶杂草，如早熟禾。

【毒性与环境生物安全性评价】

对高等动物毒性低毒。

原药大鼠急性经口 LD_{50} 大于 4640 毫克/千克；

原药大鼠急性经皮 LD_{50} 大于 2150 毫克/千克。

对兔眼睛无刺激性；

对兔皮肤无刺激性。

豚鼠皮肤致敏试验结果为弱致敏性。

大鼠 90 天亚慢性饲喂试验无作用剂量为 30 毫克/千克·天。

各种试验结果表明，无致癌、致畸、致突变作用。

制剂大鼠急性经口 LD_{50} 大于 4640 毫克/千克；

制剂大鼠急性经皮 LD_{50} 大于 2000 毫克/千克。

对兔眼睛无刺激性；

对兔皮肤有轻微刺激性。

豚鼠皮肤致敏试验结果为弱致敏性。

对鱼类毒性中等毒。

斑马鱼 96 小时急性毒性 LC_{50} 为 4.25 毫克/升。

对鸟类毒性低毒。

鹌鹑 7 天 LD_{50} 为 632 毫克/千克。

对蜜蜂毒性低毒。

蜜蜂胃毒法 48 小时 LC_{50} 为 4460 毫克/升。

对家蚕毒性低毒。

2 龄家蚕食下毒叶法 LC_{50} 为 3050 毫克/千克·桑叶。

【防治对象】

甜菜、玉米、胡萝卜等,甜菜对本品有很高的耐药性。可有效防除看麦娘、野燕麦、早熟禾、狗尾草等 1 年生禾本科杂草和多种阔叶杂草。

【使用方法】

1. 防除甜菜田部分阔叶杂草:在甜菜出苗后,杂草 2 ~ 4 叶期,每 666.7 平方米用 20% 乙氧呋草黄乳油 400 ~ 533 毫升,兑水 30 ~ 40 千克进行喷洒。喷雾时药剂勿落在其他作物上,避免其他作物会受到损伤。

2. 防除胡萝卜田部分阔叶杂草:在胡萝卜出苗后,杂草 2 ~ 4 叶期,每 666.7 平方米用 20% 乙氧呋草黄乳油 400 ~ 500 毫升,兑水 30 ~ 40 千克进行喷洒。喷雾时药剂勿落在其他作物上,避免其他作物会受到损伤。

3. 防除玉米田部分阔叶杂草:在玉米出苗后,杂草 2 ~ 4 叶期,每 666.7 平方米用 20% 乙氧呋草黄乳油 400 ~ 550 毫升,兑水 30 ~ 40 千克进行喷洒。喷雾时药剂勿落在其他作物上,避免其他作物会受到损伤。

【中毒急救】

吸入:应迅速将患者转移到空气清新流通处,解开衣领、腰带,保持呼吸畅通。如呼吸停止应做人工呼吸。如呼吸困难应输氧。如有症状及时就医。皮肤接触后:立即用水和肥皂清洗,并彻底冲洗干净。眼睛接触后:把眼睛打开用流水冲洗几分钟,如有持续的症状,及时就医。误食:立即用大量清水漱口,洗胃。使用医用活性炭洗胃,注意防止胃内容物进入呼吸道。及时送医院对症治疗。一旦药液溅入眼睛和黏附皮肤:应立即用水冲洗至少 15 ~ 20 分钟。误服:首先应该给病人服用 200 毫升液体石蜡,然后用 4 千克左右的水洗胃。无特效解毒剂。

【注意事项】

1. 本品使用时按常规方法打开包装。操作者应遵守《农药安全使用准则》,按要求做好劳动保护,如穿戴工作服、手套、面罩等,避免让人体直接接触药剂。工作后漱口、清洗裸露在外的身体部分并更换干净的衣服。

2. 每种作物一季最多施用次数 1 次。

3. 本品耐雨水冲刷,药后 3 小时遇雨药效不受影响。

4. 瓜类、茄果类蔬菜使用浓度偏高时易产生药害,施药时要慎重。

5. 药效易受气温和土壤肥力条件的影响。温度偏高时和沙质土壤用药量宜低;反之,气温较低时和黏质土壤用药量可适当偏高。

6. 本品不得与酸性、碱性物质混用。

7. 作为播后苗前的土壤处理剂对大多数作物安全,使用范围很广。

8. 本品应在杂草 5 叶期前施药,喷液量的确定要考虑气候条件,在干旱时,要适当增加，喷液量。

9. 施药前精细整地，施药前后土壤保持湿润，有利确保药效。

10. 雨水多、排水不良的地块，田间积水易发生药害，应注意排水。

11. 用药田块需平整，土细畦平。土壤湿润除草效果好，如干旱、无雨，施药后需浅层混土。

12. 远离水产养殖区施药，禁止在河塘等水体中清洗施药器具。

13. 不得以任何形式污染农田及水源。不可在临近雨季的时间用药，以免经连续降雨而将药剂冲刷到附近农田里而造成药害。

14. 孕妇和哺乳期妇女应避免接触。

15. 用过的容器妥善处理，不可做他用，不可随意丢弃。

16. 本品放置于阴凉、干燥、通风、防雨处，远离火源，勿与食品、饲料、种子、日用品等同贮同运。

17. 本品宜置于儿童够不着的地方并上锁，不得重压、破损包装容器。

乙氧氟草醚

【作用特点】

乙氧氟草醚是含氟二苯醚类触杀型选择性芽前或芽后除草剂。其除草活性比相应的除草醚提高 5～10 倍，为杀草丹的 16.32 倍。可与多种除草剂复配使用，扩大杀草谱，提高药效，使用方便，既可芽前处理，又可芽后处理，毒性低。在有光的情况下发挥其除草活性。主要通过胚芽鞘、中胚轴进入植物体内，经根部吸收较少，并有极微量通过根部向上运输进入叶部。它具有以下特点：

1. 使用范围广，杀草谱广，持效期长，亩用量少，活性高，可与多种除草剂复配使用，扩大杀草谱，提高药效。使用方便，既可芽前处理，又可芽后处理，毒性低。

2. 乙氧氟草醚为杀草谱很广的除草剂。作苗前土壤处理，对一年生阔叶草、莎草、禾草都具有较高防效，其中对阔叶草的防效高于禾草，恰与酰胺类除草剂有互补性，故在长期单一使用酰胺类除草剂的地区，推广乙氧氟草醚或其混剂是一种理想选择。

3. 乙氧氟草醚苗前处理为选择性除草剂，苗后早期施药则为灭生性除草剂，在适当剂量下可有效防除各种一年生杂草。因此在玉米苗后适期作定向喷雾，既能杀灭已出土的多种阔叶杂草、莎草、禾草，又兼具良好的土壤封闭作用，故其持效期长于一般土壤处理剂及苗后定向喷雾药剂，除草效果好。因其无内吸传导作用，对玉米的漂移药害也易于控制，且很快恢复。因此，乙氧氟草醚在玉米田的推广前景不可小觑。

4. 乙氧氟草醚在杂草苗后早期作定向喷雾，同样，运用于各种果园除草。

5. 乙氧氟草醚是对千金子有特效的除草剂，其用药量少，使用成本低。同时因其杀草谱广，1 次用药还可解决稻田其他杂草的为害。针对乙氧氟草醚水溶性极低的特点，各地实践已证明，采取"整地后用药，1 天后插秧"的做法，可在很大程度上消除"烧苗"现象。

【毒性与环境生物安全性评价】

对高等动物毒性低毒。

原药大鼠急性经口 LD_{50} 大于 5000 毫克/千克；

原药兔急性经皮 LD_{50} 大于 5000 毫克/千克；

原药大鼠急性吸入高浓度 2 小时，未见中毒症状。

对兔眼睛有中度刺激性；

对兔皮肤有轻微刺激性。

大鼠 2 年慢性口服试验无作用剂量为 2 毫克/千克·天;

小鼠 2 年慢性口服试验无作用剂量为 0.4 毫克/千克·天。

各种试验结果表明,未见致癌、致畸、致突变作用。

制剂大鼠急性经口 LD_{50} 为 3510 毫克/千克;

制剂兔急性经皮 LD_{50} 大于 5000 毫克/千克;

制剂大鼠急性吸入 LC_{50} 大于 22.64 毫克/升。

对鱼类毒性高毒。

虹鳟鱼急性毒性 LC_{50} 为 0.3 毫克/升;

鲇鱼急性毒性 LC_{50} 为 0.4 毫克/升。

对河草虾毒性高毒。

草虾 LC_{50} 为 0.018 毫克/升。

对螃蟹毒性低毒。

螃蟹 LC_{50} 为 320 毫克/升。

对鸟类毒性低毒。

鹌鹑急性经口 LD_{50} 大于 5000 毫克/千克;

野鸭用 100 毫克/千克的浓度喂养,未见有毒害作用。

对蜜蜂毒性低毒。

蜜蜂急性经口 LD_{50} 为 25.381 微克/只。

每人每日允许摄入量为 0.003 毫克/千克体重。

【防治对象】

用于棉花、圆葱、花生、大豆、甜菜、果树和蔬菜田,芽前、芽后施用,防除稗草、田菁、旱雀麦、狗尾草、曼陀罗、匍匐冰草、豚草、刺黄花捻、苘麻、田芥菜单子叶和阔叶杂草。还可防除移栽稻、大豆、玉米、棉花、花生、甘蔗、葡萄园、果园、蔬菜田和森林苗圃的单子叶和阔叶杂草。

【使用方法】

1. 防除大蒜田 1 年生杂草:大蒜播种后至立针期或大蒜苗后 2 叶 1 心期以后、杂草 4 叶期以前,避开大蒜 1 叶 1 心至 2 叶期,每 666.7 平方米用 240 克/升乙氧氟草醚乳油 40~50 毫升,兑水 40~50 千克茎叶喷雾。喷雾时药剂勿落在其他作物上,避免其他作物会受到损伤。

2. 防除甘蔗田 1 年生杂草,于甘蔗及杂草未萌芽前,每 666.7 平方米用 240 克/升乙氧氟草醚乳油 30~50 毫升,兑水 30~50 千克,用低压喷雾定向喷雾,进行芽前土壤处理。施药时田间土壤应保持湿润状态,以利药膜完整形成。喷雾时药剂勿落在其他作物上,避免其他作物会受到损伤。

3. 防除森林苗圃 1 年生杂草:每 666.7 平方米用 240 克/升乙氧氟草醚乳油 50~85 毫升,兑水 50~60 千克,用低压喷雾定向喷雾,于播后苗前均匀喷施于湿润土壤表面。土壤湿度大有利发挥药效,干旱时需洇水。喷雾时药剂勿落在其他作物上,避免其他作物会受到损伤。

4. 防除洋葱田 1 年生杂草:在直播洋葱 2~3 叶期,每 666.7 平方米用 240 克/升乙氧氟草醚乳油 40~60 毫升,兑水 30~45 千克均匀喷雾。移栽洋葱在移栽后 6~10 天或洋葱 3 叶期后,每 666.7 平方米用 240 克/升乙氧氟草醚乳油 70~100 毫升,兑水 40~50 千克均匀喷雾。喷雾时药剂勿落在其他作物上,避免其他作物会受到损伤。

5. 防除花生田 1 年生杂草:在花生播后苗前,每 666.7 平方米用 240 克/升乙氧氟草醚乳油 40 ~ 50 毫升，兑水 30 ~ 45 千克均匀喷雾。喷雾时药剂勿落在其他作物上，避免其他作物会受到损伤。

6. 防除茶园 1 年生杂草：在杂草 4 ~ 5 叶期，每 666.7 平方米用 240 克/升乙氧氟草醚乳油 30 ~ 50 毫升，兑水 30 ~ 45 千克用低压喷雾定向喷雾。喷雾时药剂勿落在其他作物上，避免其他作物会受到损伤。

7. 防除柑橘园 1 年生杂草：在杂草 4 ~ 5 叶期，每 666.7 平方米用 240 克/升乙氧氟草醚乳油 30 ~ 50 毫升，兑水 30 ~ 45 千克，用低压喷雾定向喷雾。喷雾时药剂勿落在其他作物上，避免其他作物会受到损伤。

8. 防除果园 1 年生杂草：在杂草 4 ~ 5 叶期，每 666.7 平方米用 240 克/升乙氧氟草醚乳油 30 ~ 50 毫升，兑水 30 ~ 45 千克，用低压喷雾定向喷雾。喷雾时药剂勿落在其他作物上，避免其他作物会受到损伤。

9. 防除水稻田 1 年生杂草：南方稻区、水稻半旱式移栽田，秧苗移栽在起垄田上，经常处于垄台无水、垄沟有水的状态，田间湿生性杂草发生量较大，稗草、牛毛毡为主，在移栽前 2 ~ 3 天，每 666.7 平方米用 240 克/升乙氧氟草醚乳油 10 毫升，兑水 20 ~ 30 千克均匀喷雾。大苗移栽田，秧龄 30 天以上，苗高 20 厘米以上，移栽 5 ~ 7 天，每 666.7 平方米用 240 克/升乙氧氟草醚乳油 10 ~ 20 毫升，兑水 300 ~ 500 毫升配成母液，与 15 ~ 20 千克细沙或细土均匀混拌撒施。施药后稳定水层 3 ~ 5 厘米，保持 5 ~ 7 天。撒施时药剂勿落在其他作物上，避免其他作物会受到损伤。

为防止施药后水稻产生药害，要求精细整地，田块要尽量平整。如果同一田块高低差距较大，可以拦田埂分隔，同时要求在用药后严格管理水层，要开"开水缺"，防止暴雨将水漫溢淹没稻苗，万一施药后遇大暴雨，应及时放水。

10. 防除棉花田 1 年生杂草：棉花苗床，棉花播种后覆土 1 厘米左右，每 666.7 平方米用 240 克/升乙氧氟草醚乳油 12 ~ 18 毫升，兑水 20 ~ 30 千克均匀喷雾。土表要保持湿润，但不可积水。薄膜离苗床不可太低。遇高温要及时揭膜，防止高温导致药害。地膜覆盖棉花田，棉花播种后覆土盖膜前，每 666.7 平方米用 240 克/升乙氧氟草醚乳油 18 ~ 24 毫升，兑水 30 ~ 40 千克均匀喷雾。沙质土用低剂量，要求土壤表面湿润，但不可积水。施药应避开寒流到来之前。施药后如遇高温应及时揭膜，将棉苗露出膜外。直播棉花田，棉花播种后苗前施药，土地要整平耙细，无大土块，每 666.7 平方米用 240 克/升乙氧氟草醚乳油 36 ~ 48 毫升，兑水 40 ~ 50 千克均匀喷雾。沙质土用低剂量。田间积水时，棉苗可能有轻微药害，但可以恢复。如有 5% 的棉苗出土，应停止用药。移栽棉花田，棉花移栽前施药，每 666.7 平方米用 240 克/升乙氧氟草醚乳油 40 ~ 90 毫升，兑水 40 ~ 50 千克均匀喷雾。沙质土用低剂量，壤质土、黏质土用高剂量。

【中毒急救】

吸入：应迅速将患者转移到空气清新流通处，解开衣领、腰带，保持呼吸畅通。如呼吸停止应做人工呼吸。如呼吸困难应输氧。如有症状及时就医。皮肤接触后：立即用水和肥皂清洗，并彻底冲洗干净。眼睛接触后：把眼睛打开用流水冲洗几分钟，如有持续的症状，及时就医。误食：立即用大量清水漱口，洗胃。使用医用活性炭洗胃，注意防止胃内容物进入呼吸道。及时送医院对症治疗。一旦药液溅入眼睛和黏附皮肤：应立即用水冲洗至少 15 ~ 20 分钟。误服中毒：医生可先将中毒者洗胃，可用吐根糖浆诱吐，还可在服用的活性炭泥中加入山梨醇，禁止使用蓖麻油、牛奶和酒精。尚无特效的解毒药，医生可对症处理。

【注意事项】

1. 本品使用时按常规方法打开包装。操作者应遵守《农药安全使用准则》，按要求做好劳动保护，如穿戴工作服、手套、面罩等，避免让人体直接接触药剂。工作后漱口、清洗裸露在外的身体部分并更换干净的衣服。

2. 每种作物一季最多施用次数1次。

3. 用药量要正确，喷雾要均匀，以防用药过多产生药害。冬季遇寒流时不能施药。

4. 播种时盖土要精细，以防止药液过多接触种子影响成苗。

5. 大风天或预计1小时内降雨，请勿施药。

6. 为防止产生不良影响，最好在使用前先作小面积试验，确定无不良反应和最佳使用量后再大面积应用。

7. 施药前精细整地，施药前后土壤保持湿润，有利确保药效。

8. 稻田施药后遇大雨，严禁大水淹没水稻心叶，水位切勿高过心叶部位。会因受药害而导致死苗，此时应先将田埂出口做成平口，以控制水层。

9. 在大蒜田封闭处理施药后，如遇大雨或长期下雨，新发出的大蒜会出现扭曲和白化现象，但1周后会恢复生长。

10. 配药时应搅拌均匀，喷药时药液要均匀周到。

11. 小苗移栽的机插和抛秧禁用。

12. 养鱼、养虾稻田禁止使用本品。

13. 本品对鱼类及水生生物高毒，对蜜蜂有一定风险，施药期间应避免对周围蜂群的影响、蜜源作物花期禁用。远离水产养殖区施药，禁止在河塘等水体中清洗施药器具。

14. 不得以任何形式污染农田及水源。不可在临近雨季的时间用药，以免经连续降雨而将药剂冲刷到附近农田里而造成药害。

15. 孕妇和哺乳期妇女应避免接触。

16. 用过的容器妥善处理，不可做他用，不可随意丢弃。

17. 本品放置于阴凉、干燥、通风、防雨处，远离火源，勿与食品、饲料、种子、日用品等同贮同运。

18. 本品宜置于儿童够不着的地方并上锁，不得重压、破损包装容器。

莠去津

【作用特点】

莠去津是内吸选择性苗前、苗后封闭除草剂。主要通过植物根部吸收并向上传导，抑制杂草如苍耳属植物、狐尾草、豚草属植物和野生黄瓜等的光合作用，使其枯死。叶绿体膜中存在两套光合作用系统，分别称为光合体系Ⅱ和光合体系Ⅱ。在光合体系Ⅱ中，存在中心色素P680、去镁叶绿素及质体醌。当光能传递到P680时，电子从P680移动，经光合体系Ⅱ色素分子，到达质体醌。这个过程重复进行，直至质体醌在还原反应中接受两个电子，被还原为质体氢醌即二酚。质体醌充当光合体系Ⅱ和光合体系Ⅱ之间的"电子传输器"。当两个电子搭上这个传输器，新形成的质体氢醌就与光合体系Ⅱ分离，去往光合体系Ⅱ。当质体醌远离光合体系Ⅱ后，一个新的质体醌结合在相同的位置，又重复这一过程。然而，如果有一个具有相似形状的分子存在，如莠去津，它就有可能结合在质体醌的位置，当莠去津结合后，质体醌分子被阻止再结合和传递更多的电子。这些电子就会与细胞膜中的油脂反应，破坏细胞膜，最终导致细胞死亡。容易被杂草的根吸收为主，茎叶吸收很少。易被雨水淋洗至土壤较深层，对某些深根草亦有效，但易产生药害。持效期也较长。

作用特点莠去津是一种选择性内吸传导型除草剂。以根吸收为主，茎、叶也能吸收。杂草中毒以后最先出现的症状是叶片尖端失绿，然后边缘褪色，逐步扩展至整个叶片失绿。并从叶片尖端开始干枯,最后整株干枯。阔叶杂草有时会在叶片上出现不规则的坏死斑点,逐步扩大而死亡。

然而,值得注意并要求警惕的是,由于长期暴露的风险,包括分子引起癌症的性能以及影响未出生胎儿发育的性能,对一个产品的寿命会起决定性的作用。尽管暴露于莠去津能引起人类和其他动物种类的健康风险,美国环境保护局认为增加食物产量的利益超过可能存在的健康风险,不乐意禁止它的应用。但在欧洲莠去津已逐渐被淘汰。用木炭过滤器可以除去饮用水中的莠去津,但湖和池塘中的莠去津处理较困难。

【毒性与环境生物安全性评价】

对高等动物毒性低毒。

原药大鼠急性经口 LD_{50} 为 1869 ~ 3090 毫克/千克;

原药小鼠急性经口 LD_{50} 为 1332 ~ 3992 毫克/千克

原药大鼠急性经皮 LD_{50} 大于 3100 毫克/千克;

原药大鼠急性吸入 4 小时 LC_{50} 大于 5.8 毫克/升。

大鼠 2 年慢性饲喂毒性试验无作用剂量为 0.5 毫克/千克·天;

小鼠 2 年慢性饲喂毒性试验无作用剂量为 1.4 毫克/千克·天;

狗 2 年慢性饲喂毒性试验无作用剂量为 3.75 毫克/千克·天。

对兔眼睛无刺激性;

对兔皮肤有轻微刺激性。

豚鼠皮肤致敏试验结果为弱致敏性。

大鼠 13 周亚慢性喂饲试验无作用剂量雄性为 14.78 毫克/千克·天;

大鼠 13 周亚慢性喂饲试验无作用剂量雌性为 16.45 毫克/千克·天。

各种试验结果表明,未见致癌、致畸、致突变作用。

对鱼类毒性低毒到中等毒。

虹鳟鱼 96 小时急性毒性 LC_{50} 为 4.5 ~ 11.0 毫克/升;

蓝鳃太阳鱼 96 小时急性毒性 LC_{50} 为 16 毫克/升;

鲤鱼 96 小时急性毒性 LC_{50} 为 76 毫克/升。

对鸟类毒性低毒。

日本鹌鹑急性经口 LD_{50} 为 940 ~ 4237 毫克/千克;

山齿鹑急性经口 LD_{50} 为 940 ~ 2000 毫克/千克。

对蜜蜂毒性低毒。

蜜蜂经口 LD_{50} 大于 97 微克/只;

蜜蜂接触 LD_{50} 大于 100 微克/只。

每人每日允许摄入量为 0.005 毫克/千克体重。

【防治对象】

适用于玉米、高粱、甘蔗、果树、苗圃、林地等旱田作物防除马唐、稗草、狗尾草、莎草、看麦娘、蓼、藜、十字花科、豆科杂草,尤其对玉米有较好的选择性,对某些多年生杂草也有一定抑制作用。还可以防除牛筋草、画眉草、鳢肠、苍耳、苋、马齿苋、龙葵、苦蘵、铁苋菜、野西瓜苗、地锦、苘麻以及部分莎草科杂草。对刺儿菜、苣荬菜、问荆、小旋花、芦苇等多年生杂草有抑制作用。

【使用方法】

1. 防除玉米田 1 年生单杂草:既能防禾本科杂草,又能防除阔叶草,药效期长,施药 1 次基本上能控制玉米全生育期杂草的危害,而且对玉米安全。在东北春玉米产区,由于土壤有机质含量高,同时春玉米的生长期长,要求药剂对杂草的控草期也长,用量则比较高。播前或播后苗前土壤处理每 666.7 平方米用 38% 莠去津悬浮剂 300~400 毫升。有机质含量高、土壤黏性重,用高量;有机质含量低、土壤偏沙性,则用低量。播后苗前土壤处理时,将药剂每 666.7 平方米兑水 30~40 千克,人工手动喷雾器土壤喷雾。苗后茎叶处理,每 666.7 平方米用药量可以降至 38% 莠去津悬浮剂 200~270 毫升,在玉米 3~5 叶期,阔叶杂草 3~4 叶期、禾本科杂草 2~3 叶期,兑水喷洒。苗前土壤处理,防除 1 年生禾本科杂草效果好于苗后茎叶处理;苗后茎叶处理,防除 1 年生阔叶杂草效果好于苗前土壤处理。苗前施药,遇土壤干旱,施药后应浅耙,深 2~3 厘米,将药剂混入土中。苗后施药应选择早晚气温低、风力小时进行。在土壤有机质含量超过 5% 的田块,由于用药量大不经济,应改为苗后茎叶处理。选用苗后茎叶处理可以降低莠去津的用量,从而减少对后茬作物的影响。施药时不要把药剂洒到或流入周围的其他作物田里。

在华北、长江中下游等夏玉米区,由于土壤有机质含量比东北春玉米区低,气温和土壤湿度比春玉米区高,药效发挥好,夏玉米的生长期比春玉米短,要求药剂的控草期也相应短一些。因此用药量可相应减少。在华北地区,播后苗前土壤处理,每 666.7 平方米可用 38% 莠去津悬浮剂 200~300 毫升。在长江中下游可降至 150~200 毫升。苗后茎叶处理时,每 666.7 平方米可用 38% 莠去津悬浮剂 125~200 毫升。夏玉米常在小麦收割以后播种,推广麦秸还田以后、麦秸覆盖在土表,播后苗前施药,药液常喷在麦秸上。为了增加莠去津施入土表的药量,可采用毒沙法。华北及山东等地玉米与小麦套种,在冬小麦收割前 10~15 天播种玉米,莠去津的使用宜在麦收以后、夏玉米 3~5 叶期进行。在长江中下游玉米田施用莠去津以后不能套作大豆、绿豆,否则大豆、绿豆会产生药害和死苗。

莠去津在土壤中的残效期比较长,在东北降雨量少、有效积温比较低的情况下,38% 莠去津悬浮剂每 666.7 平方米用量超过 350 毫升,就会对第 2 年下茬种植的敏感作物造成严重药害。在夏玉米产区,由于玉米收割后秋季一般都种植小麦、大麦、油菜、蔬菜等作物,从夏玉米 6 月上中旬播种施药到秋季播种小麦、大麦、油菜间隔时间仅 4~5 个月,莠去津用药量过高或施药不匀,也很易对下茬作物产生药害。

2. 防除高粱田 1 年生杂草:高粱幼苗比玉米幼苗细小,生长缓慢,因此苗期草害较重。同时高粱种子较小,芽鞘较薄,拱土能力差,抗药能力也较弱,因而对除草剂安全性的要求较高。在东北高粱产区,每 666.7 平方米用 38% 莠去津悬浮剂 300~375 毫升,播后苗前兑水 40~60 千克土壤喷雾。其他地区的高粱田使用莠去津,用量应降低,使用前需经过试验,取得经验后才能推广。施药的高粱田后茬不能种小麦、大豆、甜菜、油菜、亚麻等敏感作物。高粱个别品种幼苗出土后 7~10 天叶片发黄,过一段时间能恢复。施药时不要把药剂洒到或流入周围的其他作物田里.

3. 防除糜子田 1 年生杂草:糜子为我国北方零星种植的谷类作物,糜子种子收获后,可制黏食品和酿造酒、醋等。糜子生育期短,抗逆性强,播种期长,因而常作为备用作物种植。每 666.7 平方米用 38% 莠去津悬浮剂 300~375 毫升,播后苗前兑水 40~60 千克土壤喷雾。因东北地区土壤有机质含量较高,莠去律的用量也较高。其他地区的糜子田使用莠去津,用量应降低,使用前需经过试验,取得经验后才能推广。施药时不要把药剂洒到或流入周围的其他作物田里。

4. 防除甘蔗田 1 年生杂草:甘蔗主要分布在我国南方,由于各地气候条件不同,甘蔗的种植方式也不同,有新植蔗和宿根蔗之分。蔗田杂草种类比较多,禾本科杂草、阔叶杂草、莎草兼有。杂草危害主要有 2 个高峰,一个在排种后蔗苗 4~6 叶期危害幼苗;另一个在蔗苗长到 1 米高以后,随着雨季的来临又形成危害高峰。莠去津的使用常在甘蔗排种以后 5~7

天，每666.7平方米用38%莠去津悬浮剂180~330毫升，兑水30~40千克土表喷雾。宿根甘蔗田可在春季杂草出土前、第一次培土后进行。莠去津的用量随土壤质地、有机质含量的高低和杂草多少而异。土壤黏性重、有机质含量高、杂草多，用高量；土壤沙性重，有机质含量低、杂草基数少，用低量。地膜甘蔗田可在覆膜前喷洒药液，然后盖膜，用药量可比露地甘蔗田的用量减少20%~30%。甘蔗田使用莠去津以后不能再在甘蔗行间套作大豆等敏感作物。施药时不要把药剂洒到或流入周围的其他作物田里。

5. 防除茶园1年生杂草：在茶树苗圃使用时间可在茶籽播种以后出苗以前、茶树短穗插播后萌芽前或杂草2~3叶期进行，每666.7平方米用38%莠去津悬浮剂200~330毫升，兑水30~40千克土壤喷雾。成年茶园在杂草出土高峰前，最迟不过杂草2~3叶期喷洒莠去津，方法同茶园苗圃。莠去津在喷药前应将茶行间的大草先锄掉，行间地面要平整，最好抓住雨后晴天施药。土壤干旱时应加大喷水量或进行灌溉。施药时不要把药剂洒到或流入周围的其他作物田里。

6. 防除苹果园1年生杂草：施药适期在春季4~5月杂草出土高峰前，每666.7平方米用38%莠去津悬浮剂312.5~437.5毫升，兑水40~60千克喷于土表。喷药前应将越冬大草先锄去。喷药时药液不能喷到树叶上，否则叶片会变黄或灼伤。施药后果树行间不能再种植大豆、花生、瓜类、蔬菜等敏感作物及套种桃树。施药时不要把药剂洒到或流入周围的其他作物田里。

7. 防除梨树园1年生杂草：施药适期在春季4~5月杂草出土高峰前，每666.7平方米用38%莠去津悬浮剂312.5~437.5毫升，兑水40~60千克喷于土表。喷药前应将越冬大草先锄去。喷药时药液不能喷到树叶上，否则叶片会变黄或灼伤。施药后果树行间不能再种植大豆、花生、瓜类、蔬菜等敏感作物及套种桃树。施药时不要把药剂洒到或流入周围的其他作物田里。

8. 防除葡萄园1年生杂草：施药适期在春季4~5月杂草出土高峰前，每666.7平方米用38%莠去津悬浮剂312.5~437.5毫升，兑水40~60千克喷于土表。喷药前应将越冬大草先锄去。喷药时药液不能喷到树叶上，否则叶片会变黄或灼伤。施药后果树行间不能再种植大豆、花生、瓜类、蔬菜等敏感作物及套种桃树。施药时不要把药剂洒到或流入周围的其他作物田里。

9. 防除柑橘园1年生杂草：施药适期在春季4~5月杂草出土高峰前，每666.7平方米用38%莠去津悬浮剂312.5~437.5毫升，兑水40~60千克喷于土表。喷药前应将越冬大草先锄去。喷药时药液不能喷到树叶上，否则叶片会变黄或灼伤。施药后果树行间不能再种植大豆、花生、瓜类、蔬菜等敏感作物及套种桃树。施药时不要把药剂洒到或流入周围的其他作物田里。

10. 防除芦笋1年生杂草：芦笋是多年生蔬菜，芦笋田杂草1年中有2个出草高峰，1是采笋期，即4月10日至7月20日左右、4月30日至5月10日为阔叶草出草高峰，5月5日~10日为禾本科杂草出草高峰，5月15日~20日为香附子出草高峰。2是生长期，开沟放笋后3~4天阔叶杂草和禾本科杂草均出现出草高峰，出草量大而集中。莠去津在采笋期的施药时间在扒笋初期即4月下旬，每666.7平方米用38%莠去津悬浮剂100~200毫升，兑水30~40千克土表喷雾，对禾本科草、阔叶草、莎草均有好的防效。生长期的施药期在开沟放笋的当天或第2天进行，即7月中旬末，每666.7平方米用38%莠去津悬浮剂100~200毫升，兑水30~40千克土表喷雾。芦笋田使用莠去津对芦笋安全，施药与不施药的笋芽长度、茎粗均无显著差异，也无弯曲和畸形现象产生。施药时不要把药剂洒到或流入周围的其他作物田里。

11. 防除森林防火隔离带 1 年生杂草：使用 38% 莠去津悬浮剂的用量为每平方米 2～5 毫升，施药应在杂草种子萌发或根茎萌芽阶段。森林防火道应先用拖拉机浅耕、耙碎、耙平，然后再施药。施药可采用常规喷雾法，喷液量每 666.7 平方米 10～30 千克，用机器或飞机喷洒。在交通方便、水源困难、防火道坡度较大、机车无法作业的地方可用工农 36 型背负手压式喷雾器人工低容量喷雾，将喷头片的喷孔直径改为 1 毫升以下即可。施药时不要把药剂洒到或流入周围的其他作物田里。

12. 防除铁路两侧 1 年生杂草：使用 38% 莠去津悬浮剂的用量为每平方米 2～5 毫升，施药应在杂草种子萌发或根茎萌芽阶段。施药可采用常规喷雾法，喷液量每 666.7 平方米 10～30 千克，用机器或飞机喷洒。在交通方便、水源困难、防火道坡度较大、机车无法作业的地方可用工农 36 型背负手压式喷雾器人工低容量喷雾，将喷头片的喷孔直径改为 1 毫升以下即可。施药时不要把药剂洒到或流入周围的其他作物田里。

13. 防除公路两侧 1 年生杂草：使用 38% 莠去津悬浮剂的用量为每平方米 2～5 毫升，施药应在杂草种子萌发或根茎萌芽阶段。施药可采用常规喷雾法，喷液量每 666.7 平方米 10～30 千克，用机器或飞机喷洒。在交通方便、水源困难、防火道坡度较大、机车无法作业的地方可用工农 36 型背负手压式喷雾器人工低容量喷雾，将喷头片的喷孔直径改为 1 毫升以下即可。施药时不要把药剂洒到或流入周围的其他作物田里。

14. 防除橡胶园 1 年生杂草：在杂草种子萌发或根茎萌芽阶段，每 666.7 平方米用 38% 莠去津悬浮剂 375～625 毫升，兑水 40～60 千克土表喷雾。施药时不要把药剂洒到或流入周围的其他作物田里。

【中毒急救】
吸入：应迅速将患者转移到空气清新流通处。如呼吸停止应做人工呼吸。如呼吸困难应输氧。如有症状及时就医。皮肤接触后：立即用水和肥皂清洗，并彻底冲洗干净。眼睛接触后：把眼睛打开用流水冲洗几分钟，如有持续的症状，及时就医。误食：立即用大量清水漱口，洗胃。洗胃时注意保护气管和食管。及时送医院对症治疗。一旦药液溅入眼睛和黏附皮肤：应立即用水冲洗至少 15 分钟。误服后：应立即饮用大量牛奶、蛋清、动物胶等。不要给神志不清的病人经口食用任何东西。本品无特效解毒剂。

【注意事项】
1. 本品使用时按常规方法打开包装。操作者应遵守《农药安全使用准则》，按要求做好劳动保护，如穿戴工作服、手套、面罩等，避免让人体直接接触药剂。工作后漱口、清洗裸露在外的身体部分并更换干净的衣服。

2. 每个作物周期的最多施用 1 次。

3. 配制药液前，先将药瓶充分摇匀后，按比例将药液稀释，充分搅拌后使用。为避免药害产生，不要重复施药。

4. 本品持效期长，对后茬敏感作物小麦、大豆、水稻等有害，持效期达 2～3 个月，可通过减少用药量，与其他除草剂如烟嘧磺隆或甲基磺草酮等混用解决。

5. 桃树对莠去津敏感，不宜在桃园使用。玉米套种豆类不能使用。

6. 土表处理时，要求施药前，地要整平整细。

7. 施药后，各种工具要认真清洗。

8. 应选择雨前、雨中（小雨）、雨后土壤墒情较好时施药，提高除草效果。干旱时施药应适当加大对水量。施药后及时镇压效果更好。

9. 与其他作物套种或间作的玉米田，不宜使用该制剂。

10. 本产品对蔬菜、大豆、桃树、小麦、水稻、桃树以及杨树等浅根系树木敏感，不宜用本品。

11. 避免药液漂移到邻近的禾本科作物田。

12. 施药量应根据土质、有机质含量、杂草种类密度而定。酸性、有机质含量高杂草密度大的地块适当增加用药量,盐碱地及有机质含量低的地块药量酌减。

13. 产品有沉淀时,搅匀后使用。

14. 播后苗前土壤处理时,施药前整地要平。施药时面积要量准,药量要称准,施药均匀,不重不漏。

15. 玉米田后茬为小麦、水稻时,应降低剂量。有机质含量超过 6% 的土壤,不宜作土壤处理。

16. 远离水产养殖区施药。药后及时彻底清洗药械,废弃物切勿污染水源或水体。废弃物应妥善处理,不可做他用,也不可随意丢弃。

17. 不可在临近雨季的时间用药,以免经连续降雨而将药剂冲刷到附近农田里而造成药害。

18. 孕妇和哺乳期妇女应避免接触。

19. 本品放置于阴凉、干燥、通风、防雨处,远离火源,勿与食品、饲料、种子、日用品等同贮同运。

20. 本品宜置于儿童够不着的地方并上锁,不得重压、破损包装容器。

异丙酯草醚

【作用特点】

异丙酯草醚是我国研发的具有自主知识产权和高效除草活性的农药先导化合物,是一种嘧啶类新型高效油菜田除草剂。已经申请并获得了多项中国发明专利以及美国、欧盟、日本、韩国、墨西哥等国的专利授权。作用机理是乙酰乳酸合成酶抑制剂,通过阻碍氨基酸的生物合成而起作用。作为油菜田茎叶处理除草剂,由根、茎、叶吸收并在植物体内传导,以根、茎吸收和向上传导为主,能有效防除 1 年生禾本科杂草和部分阔叶杂草。具有高效、低毒、对后茬作物安全、环境相容性好、杀草谱较广和成本较低等特点,填补了目前我国油菜田一次性处理兼治单、双子叶杂草除草剂的空白,有望成为我国油菜田除草剂的重要品种之一。

【毒性与环境生物安全性评价】

对高等动物毒性低毒。

原药雄大鼠急性经口 LD_{50} 大于 5000 毫克/千克;

原药雌大鼠急性经口 LD_{50} 大于 5000 毫克/千克;

原药雄大鼠急性经皮 LD_{50} 大于 5000 毫克/千克;

原药雌大鼠急性经皮 LD_{50} 大于 5000 毫克/千克。

对兔眼睛有轻微刺激性;

对兔皮肤无刺激性。

豚鼠皮肤致敏试验结果为弱致敏性。

大鼠 13 周亚慢性喂饲试验无作用剂量雄性为 14.78 毫克/千克·天;

大鼠 13 周亚慢性喂饲试验无作用剂量雌性为 16.45 毫克/千克·天。

各种试验结果表明,未见致癌、致畸、致突变作用。

制剂雄大鼠急性经口 LD_{50} 为 4300 毫克/千克;

制剂雌大鼠急性经口 LD_{50} 大于 4640 毫克/千克;

制剂雄大鼠急性经皮 LD_{50} 大于 2000 毫克/千克；

制剂雌大鼠急性经皮 LD_{50} 大于 2000 毫克/千克。

对兔眼睛有中度刺激性；

对兔皮肤无刺激性。

豚鼠皮肤致敏试验结果为弱致敏性。

对鱼类毒性中等毒。

斑马鱼 96 小时急性毒性 LC_{50} 为 8.91 毫克/升。

对鸟类毒性低毒。

雄鹌鹑急性经口 LD_{50} 为 5663.75 毫克/千克；

雌鹌鹑急性经口 LD_{50} 为 5584.33 毫克/千克。

对蜜蜂毒性低毒。

蜜蜂接触 LD_{50}、大于 200 微克/只。

对家蚕毒性低毒。

家蚕食下毒叶法 LC_{50} 大于 10000 毫克/升。

【防治对象】

可用于油菜田除草，能有效防除 1 年生禾本科杂草和部分阔叶杂草，如看麦娘、日本看麦娘、繁缕、牛繁缕、雀舌草等。

【使用方法】

1. 防除油菜田 1 年生禾本科杂草及部分阔叶杂草：在油菜播种出苗后，杂草 2～3 叶期，每 666.7 平方米用 10% 异丙酯草醚乳油 35～45 毫升，兑水 30～45 千克，对杂草进行茎叶喷雾处理。喷雾时药剂勿落在其他作物上，避免其他作物会受到损伤。

2. 防除冬油菜田 1 年生禾本科杂草及部分阔叶杂草：在油菜移栽缓苗后，杂草 2～3 叶期，每 666.7 平方米用 10% 异丙酯草醚乳油 35～45 毫升，兑水 30～45 千克，对杂草进行茎叶喷雾处理。喷雾时药剂勿落在其他作物上，避免其他作物会受到损伤。

【中毒急救】

吸入：应迅速将患者转移到空气清新流通处，解开衣领、腰带，保持呼吸畅通。如呼吸停止应做人工呼吸。如呼吸困难应输氧。如有症状及时就医。皮肤接触后：立即用水和肥皂清洗，并彻底冲洗干净。眼睛接触后：把眼睛打开用流水冲洗几分钟，如有持续的症状，及时就医。误食：立即用大量清水漱口，洗胃。使用医用活性炭洗胃，注意防止胃内容物进入呼吸道。及时送医院对症治疗。一旦药液溅入眼睛和黏附皮肤：应立即用水冲洗至少 15～20 分钟。误服：可先服用 10～50 毫升吐根糖浆，再喝一杯水，使中毒者呕吐，并立即请医生治疗。

【注意事项】

1. 本品使用时按常规方法打开包装。操作者应遵守《农药安全使用准则》，按要求做好劳动保护，如穿戴工作服、手套、面罩等，避免让人体直接接触药剂。工作后漱口、清洗裸露在外的身体部分并更换干净的衣服。

2. 一季作物最多施用次数 1 次。

3. 请尽量较早用药，除草效果更佳，施药时请避免雾滴漂移至邻近作物。

4. 本品耐雨水冲刷，药后 3 小时遇雨药效不受影响。

5. 本品最后选择在气温较高、晴天、无风的时候使用。药后 12 小时内下雨会影响药效。

6. 施药后土壤需保持较高的湿度才能取得较好的防效。

7. 本品活性发挥相对较慢，药后 10 天杂草开始表现受害症状，药后 20 天杂草出现明显药害症状。

8. 本品对甘蓝型油菜较安全，高剂量使用对油菜生长前期有一定的抑制作用，但很快能恢复正常，对产量无明显不良影响。对作物幼苗的安全性为：棉花 > 油菜 > 小麦 > 大豆 > 玉米 > 水稻。

9. 在阔叶杂草较多的田块，本品需与防阔叶杂草的除草剂混用或搭配使用，才能取得好的防效。

10. 远离水产养殖区施药，禁止在河塘等水体中清洗施药器具。

11. 不得以任何形式污染农田及水源。不可在临近雨季的时间用药，以免经连续降雨而将药剂冲刷到附近农田里而造成药害。

12. 孕妇和哺乳期妇女应避免接触。

13. 用过的容器妥善处理，不可做他用，不可随意丢弃。

14. 本品放置于阴凉、干燥、通风、防雨处，远离火源，勿与食品、饲料、种子、日用品等同贮同运。

15. 本品宜置于儿童够不着的地方并上锁，不得重压、破损包装容器。

异噁草酮

【作用特点】

异噁草酮属色素抑制芽前类的除草剂，在植物体内抑制叶绿素及叶绿素保护色素的产生，使植物在短期内死亡。但当它被大豆吸收后，经过代谢作用，异噁草酮的有效杀草性质会转变为无杀草能力的降解产物，使大豆植株免受其害。是选择性芽前除草剂，可通过根、幼芽吸收，随蒸腾作用向上传导到植物的各个部位，敏感植物叶绿素的生物合成受抑制，虽然能萌芽出土，但无色素，白化，在短期内死亡。在大豆及耐药性植物上具特异代谢作用，使异噁草酮变为无杀草作用的代谢物而具选择性。在水中的溶解度较大，但与土壤有中等积蓄的黏合性，影响其在土壤中的流动性，土壤黏性及有机质含量是影响广灭灵药效的最主要土壤因素，在土壤中的生物活性可持续 6 个月以上，如因作业不标准重喷地段，第 2 年种小麦叶黄变白，随剂量加大药害加重。

【毒性与环境生物安全性评价】

对高等动物毒性低毒。

原药雄大鼠急性经口 LD_{50} 为 2077 毫克/千克；

原药雌大鼠急性经口 LD_{50} 为 1369 毫克/千克；

原药兔急性经皮 LD_{50} 大于 2000 毫克/千克；

原药大鼠急性吸入 LC_{50} 为 4.85 毫克/千克。

对兔眼睛有刺激性；

对兔皮肤有轻微刺激性。

豚鼠皮肤致敏试验结果为弱致敏性。

大鼠 2 年慢性经口试验无作用剂量为 1000 毫克/千克·天。

各种试验结果表明，未见致癌、致畸、致突变作用。

制剂雄大鼠急性经口 LD_{50} 为 2343 毫克/千克；

原药雌大鼠急性经口 LD_{50} 为 1406 毫克/千克；

原药兔急性经皮 LD_{50} 大于 2000 毫克/千克；

原药大鼠急性吸入 LC_{50} 为 4.59 毫克/千克。

对兔眼睛有中度刺激性；

对兔皮肤有轻微刺激性。

豚鼠皮肤致敏试验结果为弱致敏性。

对鱼类毒性低毒。

蓝鳃翻车鱼 96 小时急性毒性 LC_{50} 为 34 毫克/升；

虹鳟鱼 96 小时急性毒性 LC_{50} 为 19 毫克/升。

对鸟类毒性低毒。

北美鹌鹑急性经口 LD_{50} 大于 2510 毫克/千克；

野鸭急性经口 LD_{50} 大于 2510 毫克/千克；

北美鹌鹑 8 天喂养经口 LD_{50} 大于 5620 毫克/千克；

野鸭 8 天喂养经口 LD_{50} 大于 5620 毫克/千克。

每人每日允许摄入量为 0.043 毫克/千克体重。

【防治对象】

适用于大豆田外，还可以用于棉花、木薯、玉米、油菜、甘蔗和烟草田等的除草。如稗草、狗尾草、马唐、牛筋草、龙葵、香薷、水棘针、马齿苋、藜、蓼、苍耳、遏蓝菜、苘麻等。

【使用方法】

1. 防除大豆田 1 年生杂草：大豆播种前或播后芽前，每 666.7 平方米用 48% 异噁草酮乳油 50 ~ 70 毫升，兑水 30 ~ 40 千克，土表均匀喷洒。有机质含量大于 3% 的黏壤土用高量，有机质低于 3% 的沙质土用低量。土壤湿度大有利于对药剂的吸收，干旱条件下需浅混土。喷雾时药剂勿落在其他作物上，避免其他作物会受到损伤。

2. 防除甘蔗田 1 年生杂草：甘蔗种植后出芽前，每 666.7 平方米用 20% 异噁草酮乳油 70 ~ 100 毫升，兑水 30 ~ 40 千克，土表均匀喷洒。对稗草、狗尾草、牛筋草、霍香蓟、辣子草、马齿苋、反枝苋等有较好防效，对甘蔗安全，亦适用于甘蔗套种花生、大豆，适用于蔗 - 稻轮作地使用。喷雾时药剂勿落在其他作物上，避免其他作物会受到损伤。

3. 防除水稻直播田稗草、千金子：北方地区于播种前 3 ~ 5 天，南方地区在播种后杂草高峰期，每 666.7 平方米用 48% 异噁草酮乳油 20 ~ 30 毫升，兑水 30 ~ 40 千克，茎叶喷雾。也可以用毒土法，每 666.7 平方米用 48% 异噁草酮乳油 20 ~ 30 毫升，拌细沙或细土 15 ~ 20 千克，均匀撒施。药土法撒施，保水 3 ~ 5 厘米，3 ~ 5 天以后正常管理。杀草谱广，对水稻安全。喷雾时或撒施时药剂勿落在其他作物上，避免其他作物会受到损伤。

4. 防除水稻移栽田稗草、千金子：于水稻移栽 3 ~ 5 天，稗草 1.5 叶期，每 666.7 平方米用 48% 异噁草酮乳油 20 ~ 30 毫升，兑水 30 ~ 40 千克，茎叶喷雾。也可以用毒土法，每 666.7 平方米用 48% 异噁草酮乳油 20 ~ 30 毫升，拌细沙或细土 15 ~ 20 千克，均匀撒施。药土法撒施，保水 3 ~ 5 厘米，3 ~ 5 天以后正常管理。杀草谱广，对水稻安全。喷雾时或撒施时药剂勿落在其他作物上，避免其他作物会受到损伤。

5. 防除油菜田 1 年生杂草：于油菜移栽 5 ~ 7 天，杂草 2 ~ 4 叶期，每 666.7 平方米用 48% 异噁草酮乳油 50 ~ 70 毫升，兑水 30 ~ 40 千克，土表均匀喷洒。有机质含量大于 3% 的黏壤土用高量，有机质低于 3% 的沙质土用低量。土壤湿度大有利于对药剂的吸收，干旱条件下需浅混土。喷雾时药剂勿落在其他作物上，避免其他作物会受到损伤。

【中毒急救】

吸入：应迅速将患者转移到空气清新流通处，解开衣领、腰带，保持呼吸畅通。如呼吸停止应做人工呼吸。如呼吸困难应输氧。如有症状及时就医。皮肤接触后：立即用水和肥皂清洗，并彻底冲洗干净。眼睛接触后：把眼睛打开用流水冲洗几分钟，如有持续的症状，及时就医。误食：立即用大量清水漱口，洗胃。使用医用活性炭洗胃，注意防止胃内容物进入呼吸道。及时送医院对症治疗。一旦药液溅入眼睛和黏附皮肤：应立即用水冲洗至少 15～20 分钟。误服：首先应该给病人服用 200 毫升液体石蜡，然后用 4 千克左右的水洗胃。无特效解毒剂。

【注意事项】

1. 本品使用时按常规方法打开包装。操作者应遵守《农药安全使用准则》，按要求做好劳动保护，如穿戴工作服、手套、面罩等，避免让人体直接接触药剂。工作后漱口、清洗裸露在外的身体部分并更换干净的衣服。

2. 每种作物一季最多施用次数 1 次。

3. 本品耐雨水冲刷，药后 3 小时遇雨药效不受影响。

4. 瓜类、茄果类蔬菜使用浓度偏高时易产生药害，施药时要慎重。

5. 药效易受气温和土壤肥力条件的影响。温度偏高时和沙质土壤用药量宜低；反之，气温较低时和黏质土壤用药量可适当偏高。

6. 本品不得与酸性、碱性物质混用。

7. 作为播后苗前的土壤处理剂对大多数作物安全，使用范围很广。

8. 本品在土壤中残效长，高剂量在大豆田使用，对后茬玉米、高粱、谷子出苗无不良影响，但对小麦有严重药害，出苗率降低 20% 左右，出苗的白化率 30%～40%。减量混用后由于重喷也会有小麦药害，因此避免后茬小麦田用药。

9. 本品喷雾漂移可能导致邻近某些敏感作物如蔬菜、小麦、柳树等药害，选无风晴天处理，与敏感作物有 300 米以上隔离带。

10. 根据土壤有机质含量严格掌握用药剂量，勿施药过量或重喷以免对下茬作物造成影响。

11. 在水中的溶解度较大，但与土壤有中等程度的黏合性，影响其在土壤中的流动性，不会流到土壤表层 30 厘米以下。在土壤中主要由微生物降解。

12. 本品雾滴或蒸气如漂移可能导致某些植物叶片变白或变黄，林带中杨树、松树安全，柳树敏感，但 20～30 天后可恢复正常生长。漂移可使小麦叶受害，茎叶处理仅有触杀作用，不向下传导，拔节前小麦心叶不受害，10 天后恢复正常生长，对产量影响甚微。

13. 如因作业不标准造成重喷地段，第 2 年种小麦叶片发黄或变白色，一般 10～15 天恢复正常生长，如及时追施叶面肥，补充速效营养，5～7 天可使黄叶转绿，恢复正常生长，追叶面肥可与除草剂混用。

14. 施药前精细整地，施药前后土壤保持湿润，有利确保药效。

15. 雨水多、排水不良的地块，田间积水易发生药害，应注意排水。

16. 用药田块需平整，土细畦平。土壤湿润除草效果好，如干旱、无雨，施药后需浅层混土。

17. 远离水产养殖区施药，禁止在河塘等水体中清洗施药器具。

18. 不得以任何形式污染农田及水源。不可在临近雨季的时间用药，以免经连续降雨而将药剂冲刷到附近农田里而造成药害。

19. 孕妇和哺乳期妇女应避免接触。

20. 用过的容器妥善处理，不可做他用，不可随意丢弃。

21. 本品放置于阴凉、干燥、通风、防雨处，远离火源，勿与食品、饲料、种子、日用品等同贮同运。

22. 本品宜置于儿童够不着的地方并上锁，不得重压、破损包装容器。

唑啉草酯

【作用特点】

唑啉草酯属新苯基吡唑啉类除草剂，作用机理为乙酰辅酶 A 羧化酶抑制剂。造成脂肪酸合成受阻，使细胞生长分裂停止，细胞膜含脂结构被破坏，导致杂草死亡。具有内吸传导性。主要用于大麦田防除 1 年生禾本科杂草，经室内活性试验和田间药效试验，结果表明对大麦田 1 年生禾本科杂草如野燕麦、狗尾草、稗草等有很好的防效。药物可被杂草叶片吸收，然后传导至分生组织，抑制分裂细胞的脂类合成，导致杂草死亡。一般施药后 48 小时敏感杂草停止生长，1 ~ 2 周内杂草叶片开始发黄，3 ~ 4 周内杂草彻底死亡。施药后杂草受害的反应速度与气候条件、杂草种类、生长条件等有关。该药对大麦安全性高。在不良气候条件下如低温或高湿时施药，大麦叶片可能会出现暂时的失绿症状，但不影响其正常生长发育和最终产量。药物在土壤中降解快，很少被根部吸收，只有很低的土壤活性，对后茬作物无影响。耐雨水冲刷，施药后 1 小时遇雨基本不影响除草效果。

【毒性与环境生物安全性评价】

对高等动物毒性低毒。

原药大鼠急性经口 LD_{50} 大于 5000 毫克/千克；

原药兔急性经皮 LD_{50} 大于 5000 毫克/千克；

原药大鼠急性吸入高浓度 2 小时，未见中毒症状。

对兔眼睛有中度刺激性；

对兔皮肤有轻微刺激性。

大鼠 2 年慢性口服试验无作用剂量为 2 毫克/千克·天；

小鼠 2 年慢性口服试验无作用剂量为 0.4 毫克/千克·天。

各种试验结果表明，未见致癌、致畸、致突变作用。

制剂大鼠急性经口 LD_{50} 为 3510 毫克/千克；

制剂兔急性经皮 LD_{50} 大于 5000 毫克/千克；

制剂大鼠急性吸入 LC_{50} 大于 22.64 毫克/升。

对鱼类毒性高毒。

虹鳟鱼急性毒性 LC_{50} 为 0.3 毫克/升；

鲇鱼急性毒性 LC_{50} 为 0.4 毫克/升。

对河草虾毒性高毒。

草虾 LC_{50} 为 0.018 毫克/升。

对螃蟹毒性低毒。

螃蟹 LC_{50} 为 320 毫克/升。

对鸟类毒性低毒。

鹌鹑急性经口 LD_{50} 大于 5000 毫克/千克；

野鸭用 100 毫克/千克的浓度喂养，未见有毒害作用。

对蜜蜂毒性低毒。

蜜蜂急性经口 LD_{50} 为 25.381 微克/只。

每人每日允许摄入量为 0.003 毫克/千克体重。

【防治对象】

用于棉花、圆葱、花生、大豆、甜菜、果树和蔬菜田，芽前、芽后施用，防除稗草、田菁、旱雀麦、狗尾草、曼陀罗、匍匐冰草、豚草、刺黄花捻、苘麻、田芥菜单子叶和阔叶杂草。还可防除移栽稻、大豆、玉米、棉花、花生、甘蔗、葡萄园、果园、蔬菜田和森林苗圃的单子叶和阔叶杂草。

【使用方法】

1. 防除春小麦田禾本科杂草：小麦3叶期之后，麦田1年生禾本科杂草3~5叶期时，每666.7平方米用50克/升唑啉草酯乳油40~80毫升，兑水15~30升，均匀细致茎叶喷雾。施药适期宽，在小麦2叶1心期至开花期均可施药，可以防除2叶期至分蘖末期的野燕麦，防除2叶期至发生第1个分蘖的黑麦草。从施药成本和除草效果等方面考虑，在禾本科杂草3~5叶期施药最适宜。冬前施药，每666.7平方米用50克/升唑啉草酯乳油40~80毫升；春后施药，每666.7平方米用50克/升唑啉草酯乳油60~100毫升。杂草草龄较大或发生密度较大时，宜使用高剂量或适当增加用药量。一般每666.7平方米加兑水15~30千克，均匀细喷雾。杂草草龄较大或发生密度较大时，采用高剂量。喷雾时药剂勿落在其他作物上，避免其他作物会受到损伤。

2. 防除冬小麦田禾本科杂草：小麦3叶期之后，麦田1年生禾本科杂草3~5叶期时，每666.7平方米用50克/升唑啉草酯乳油60~100毫升，兑水15~30升，均匀细致茎叶喷雾。施药适期宽，在小麦2叶1心期至开花期均可施药，可以防除2叶期至分蘖末期的野燕麦，防除2叶期至发生第1个分蘖的黑麦草。从施药成本和除草效果等方面考虑，在禾本科杂草3~5叶期施药最适宜。冬前施药，每666.7平方米用50克/升唑啉草酯乳油80~100毫升；春后施药，每666.7平方米用50克/升唑啉草酯乳油80~120毫升。杂草草龄较大或发生密度较大时，宜使用高剂量或适当增加用药量。一般每666.7平方米加兑水15~30千克，均匀细喷雾。杂草草龄较大或发生密度较大时，采用高剂量。喷雾时药剂勿落在其他作物上，避免其他作物会受到损伤。

【中毒急救】

吸入：应迅速将患者转移到空气清新流通处，解开衣领、腰带，保持呼吸畅通。如呼吸停止应做人工呼吸。如呼吸困难应输氧。如有症状及时就医。皮肤接触后：立即用水和肥皂清洗，并彻底冲洗干净。眼睛接触后：把眼睛打开用流水冲洗几分钟，如有持续的症状，及时就医。误食：立即用大量清水漱口，洗胃。使用医用活性炭洗胃，注意防止胃内容物进入呼吸道。及时送医院对症治疗。一旦药液溅入眼睛和黏附皮肤：应立即用水冲洗至少15~20分钟。误服中毒：医生可先将中毒者洗胃，可用吐根糖浆诱吐，还可在服用的活性炭泥中加入山梨醇，禁止使用蓖麻油、牛奶和酒精。尚无特效的解毒药，医生可对症处理。

【注意事项】

1. 本品使用时按常规方法打开包装。操作者应遵守《农药安全使用准则》，按要求做好劳动保护，如穿戴工作服、手套、面罩等，避免让人体直接接触药剂。工作后漱口、清洗裸露在外的身体部分并更换干净的衣服。

2. 每种作物一季最多施用次数1次。

3. 用药量要正确，喷雾要均匀，以防用药过多产生药害。冬季遇寒流时不能施药。

4. 播种时盖土要精细，以防止药液过多接触种子影响成苗。

5. 大风天或预计1小时内降雨，请勿施药。

6. 为防止产生不良影响，最好在使用前先作小面积试验，确定无不良反应和最佳使用量后再大面积应用。

7. 施药前精细整地，施药前后土壤保持湿润，有利确保药效。

8. 请勿在大麦和燕麦田使用；避免药液漂移到邻近作物田。

9. 施药后仔细清洗喷雾器避免药物残留造成玉米、高粱及其他敏感作物药害。

10. 避免在极端气候如气温大幅波动，异常干旱，极端低温高温，田间积水，小麦生长不良等条件下使用，否则可能影响药效或导致作物药害。

11. 本品不能与激素类除草剂混用，如2，4-D、2甲4氯、麦草畏、氯氟吡氧乙酸等。

12. 本品与其他除草剂、农药、肥料混用，建议先进行小面积测试。

13. 不得以任何形式污染农田及水源。不可在临近雨季的时间用药，以免经连续降雨而将药剂冲刷到附近农田里而造成药害。

14. 孕妇和哺乳期妇女应避免接触。

15. 用过的容器妥善处理，不可做他用，不可随意丢弃。

16. 本品放置于阴凉、干燥、通风、防雨处，远离火源，勿与食品、饲料、种子、日用品等同贮同运。

17. 本品宜置于儿童够不着的地方并上锁，不得重压、破损包装容器。

第四节　杀老鼠剂

α-氯代醇

【作用特点】

α-氯代醇为雄性不育剂。一般剂量下，药剂对雄鼠的精子活性产生降低作用，抑制雄性老鼠的繁殖能力。大剂量时，老鼠会产生急性肾炎，尿闭而死。对家畜、家禽、鸟类等不具敏感性，对人类也较安全，不会引起2次中毒，安全、环保，对鼠类适口性好。试验结果表明，α-氯代醇对鼠的体重、睾丸和附睾重量无显著影响，但能非常明显降低鼠精子的数量、活力和活率，显著增加精子畸形率，随着α-氯代醇剂量增加，精子无尾率会大幅增加。试验证实，α-氯代醇对鼠血清的睾酮、乳酸脱氢酶-C4和总蛋白浓度都有非常显著的影响。睾酮大幅增加，乳酸脱氢酶-C4显著下降，总蛋白明显下降。表明α-氯代醇对精子生长发育有显著影响。从病理组织学和电镜观察表明，α-氯代醇能明显减少附睾管中精子数量，生精细胞的发育停滞在精母细胞阶段，次级精母细胞数量明显增多。曲精小管壁明显增厚，精母细胞中溶酶体数量增多。通过α-氯代醇对鼠兔抗生育效果的试验结果表明，α-氯代醇能显著降低雌性鼠兔的活胎率，早期死亡胚胎数和晚期死亡胚胎数随着α-氯代醇剂量的增加而显著增加。

【毒性评价】

对高等动物毒性中等毒。

原药雄大鼠急性经口 LD_{50} 为 90.9 毫克/千克；

原药雌大鼠急性经口 LD_{50} 为 92.6 毫克/千克；

原药雄大鼠急性经皮 LD_{50} 大于 2000 毫克/千克；

原药雌大鼠急性经皮 LD_{50} 大于 2000 毫克/千克。

制剂雄大鼠急性经口 LD_{50} 为 3160 毫克/千克；

制剂雌大鼠急性经口 LD_{50} 为 3160 毫克/千克；

制剂雄大鼠急性经皮 LD_{50} 大于 2000 毫克/千克；

制剂雌大鼠急性经皮 LD_{50} 大于 2000 毫克/千克。

【防治对象】

可适用于家庭、宾馆、医院、食品厂、库房、车船等室内场所，杀灭室内家鼠。

【使用方法】

杀灭室内家鼠：用 1% α-氯代醇饵料饱和投饵，在害鼠活动场所，沿墙根、鼠洞、鼠道附近投饵。制剂用药量：每 15 平方米投放 3~5 堆，每堆 10~20 克，连续 5 天以上，同时检查饵料摄食情况并及时补充。

【中毒急救】

吸入：应迅速将患者转移到空气清新流通处。如呼吸停止应做人工呼吸。如呼吸困难应输氧。如有症状及时就医。皮肤接触后：立即用水和肥皂清洗，并彻底冲洗干净。眼睛接触后：把眼睛打开用流水冲洗几分钟，如有持续的症状，及时就医。误食：立即用大量清水漱口，洗胃。洗胃时注意保护气管和食管。及时送医院对症治疗。一旦药液溅入眼睛和黏附皮肤：应立即用水冲洗至少 15 分钟。误服后：应立即用大量清水漱口，不可催吐。不要给神志不清的病人经口食用任何东西。本品无特效解毒剂。

【注意事项】

1. 该药剂有毒，需严格管理。投饵时戴防护手套和口罩，不饮食、不饮水、不吸烟。

2. 在开启农药包装的过程中操作人员应戴用必要的防护器具。

3. 处理药剂后必须立即洗手及清洗暴露的皮肤。

4. 投放药剂后，要防止家禽、牲畜进入，避免有益动物误食。

5. 投药处要避免小孩触摸和捡拾到药剂。

6. 死鼠及剩余的药剂要焚烧或土埋。

7. 孕妇和哺乳期妇女应避免接触本品。

8. 用过的容器妥善处理，不可做他用，不可随意丢弃。

9. 本品放置于阴凉、干燥、通风、防雨处，远离火源，勿与食品、饲料、种子、日用品等同贮同运。

10. 本品宜置于儿童够不着的地方并上锁，不得重压、破损包装容器。

敌鼠钠盐

【作用特点】

敌鼠钠盐是一种抗凝血的高效杀鼠剂。敌鼠钠盐系第 2 代抗凝血茚满二酮系列杀鼠剂，经口摄入后，可直接进入老鼠机体，干扰肝脏对维生素 K1 的利用，从而影响凝血酶及凝血酶原的活性，使凝血时间延长。

在鼠体内不易分解和排泄。有抑制维生素 K 的作用，阻碍血液中凝血酶原的合成，导致失去活力，又使毛细血管变脆，抗张能力减退，血液渗透性增强。使摄食该药的老鼠内脏出血不止而死亡。中毒个体无剧烈的不适症状，不易被同类警觉。在我国应用时间久、应用范围广。具有配置简便、效果好、价格便宜等优点。敌鼠是目前应用最广泛的第 1 代抗凝血杀鼠品种之一。具有适口性好、效果好等特点，一般抗药后 4~6 天出现死鼠。

【毒性评价】

对高等动物毒性：原药高毒，制剂低毒。

原药大鼠急性经口 LD_{50} 为 1.4~2.5 毫克/千克。

制剂大鼠急性经口 LD_{50} 大于 2000 毫克/千克；

制剂大鼠急性经皮 LD_{50} 大于 2000 毫克/千克。

对人毒性较低。

对鸡、鸭、牛、羊比较安全。

对猫、狗敏感，有 2 次中毒的危险。

【防治对象】

可适用于家庭、宾馆、医院、食品厂、库房、车船等室内场所，杀灭室内家鼠。

【使用方法】

杀灭室内家鼠：用 0.05% 敌鼠钠盐毒饵饱和投饵，在害鼠活动场所，沿墙根、鼠洞、鼠道附近投饵。制剂用药量：每 10 平方米投放 2 堆，每堆 20 ~ 30 克，连续 5 天以上，多食多补，鼠多增加堆数。

【中毒急救】

急性中毒症状有血尿、鼻出血、腹泻、恶心与呕吐、腹痛、关节疼痛、腰背痛。2 小时后不省人事，口腔内有大量的血性分泌物，全身有出血性皮疹。亚急性中毒者，呈贫血面容、唇发绀或苍白、低热、轻重不等的呕血、咯血、鼻出血、口、鼻可见大量血性分泌物，皮下有出血点、紫斑或大片出血斑，女性则伴有子宫及阴道出血。不论何种类型中毒，均有舒张压偏低，血小板、血红蛋白、红细胞减少。吸入：应迅速将患者转移到空气清新流通处。如呼吸停止应做人工呼吸。如呼吸困难应输氧。如有症状及时就医。皮肤接触后：立即用水和肥皂清洗，并彻底冲洗干净。眼睛接触后：把眼睛打开用流水冲洗几分钟，如有持续的症状，及时就医。误食：立即用大量清水漱口，洗胃。洗胃时注意保护气管和食管。及时送医院对症治疗。一旦药液溅入眼睛和黏附皮肤：应立即用水冲洗至少 15 分钟。误服后：应立即用大量清水漱口，不可催吐。对人毒性大，如误食应在医生指导下服用解毒药维生素 K1。不要给神志不清的病人经口食用任何东西。

中毒急救措施：

1. 误食中毒时立即催吐、洗胃、导泻。

2. 维生素 K1 为解救中毒的特效药。静脉注射维生素 K1，每次 10 ~ 20 毫克，每日 3 次，维持 3 ~ 5 日。其他的维生素 K 与止血药均无效。

3. 较严重中毒者于首次静脉注射维生素 K1 后，继以维生素 K1 50 毫克静脉滴入，同时予以输血。

4. 给予足量的维生素 C 一般 500 毫克以上及氢化可的松一般 50 毫克以上或等效量的其他肾上腺皮质激素静脉滴注，轻型中毒采用口服即可。

【注意事项】

1. 该药剂有毒，需严格管理。投饵时戴防护手套和口罩，不饮食、不饮水、不吸烟。

2. 在开启农药包装的过程中操作人员应戴用必要的防护器具。

3. 处理药剂后必须立即洗手及清洗暴露的皮肤。

4. 投放药剂后，要防止家禽、牲畜进入，避免有益动物误食。

5. 投药处要避免小孩触摸和捡拾到药剂。

6. 死鼠及剩余的药剂要焚烧或土埋。

7. 孕妇和哺乳期妇女应避免接触本品。

8. 用过的容器妥善处理，不可做他用，不可随意丢弃。

9. 本品对鱼有毒，禁止在河塘等水体中清洗施药器皿。

10. 本品放置于阴凉、干燥、通风、防雨处，远离火源，勿与食品、饲料、种子、日用品等同贮同运。

11. 本品宜置于儿童够不着的地方并上锁，不得重压、破损包装容器。

氟鼠灵

【作用特点】

氟鼠灵是一种新型抗凝血的高效杀鼠剂，属第2代4-羟基香豆素类抗凝血杀鼠剂。与其他抗凝血类似，作用机制是抑制动物体内凝血酶的生成及凝血酶原的活性，使血液凝血时间延长或不能凝结而死亡。氟鼠灵属第2代抗凝血剂。老鼠取食后在2~10天因体内出血死亡。具有毒力强、适口性好、灭鼠效果显著等优点。可防治家栖鼠及野栖鼠和其他类杀鼠剂产生抗性的鼠种。具有以下特点：

1. 老鼠1次取食即可达到致死剂量；

2. 良好的适口性，诱引鼠类取食；

3. 对家鼠、野鼠均效果较明显，无拒饵现象；

4. 适于间歇投饵，节省人力物力；

5. 对非靶标动物无引诱作用，正常使用条件下，对人畜、野生动物及鸟类安全。

【毒性评价】

对高等动物毒性：原药高毒，制剂低毒。

原药大鼠急性经口 LD_{50} 为 0.25~0.4 毫克/千克；

原药大鼠急性经皮 LD_{50} 为 0.54 毫克/千克。

制剂大鼠急性经口 LD_{50} 大于 2000 毫克/千克；

制剂大鼠急性经皮 LD_{50} 大于 2000 毫克/千克。

对鱼类毒性高毒。

虹鳟鱼 LC_{50} 为 0.0091 毫克/升。

对鸟类毒性高毒。

野鸭急性经口 LD_{50} 为 1.7 毫克/千克。

【防治对象】

可适用于家庭、宾馆、医院、食品厂、库房、车船等室内场所，杀灭室内家鼠。同时又可以用于杀灭农田田鼠。

【使用方法】

1. 杀灭室内家鼠：用0.005%氟鼠灵毒饵饱和投饵，在害鼠活动场所，沿墙根、鼠洞、鼠道附近投饵。制剂用药量：每10平方米2堆，每堆4~5克，多食多补，鼠多增加堆数。

2. 杀灭农田老鼠：用0.005%氟鼠灵毒饵饱和投饵，每666.7平方米投饵65~100克，多食多补，鼠多增加用量。

【特别说明】

1. 调查：在投饵前，检查及确定鼠害情况，调查投饵区域内鼠洞、鼠迹和老鼠取食场所的位置等情况。

2. 投饵：大鼠：投饵点应设在鼠洞和老鼠取食场所附近。在鼠害严重的地区，每隔5米设1投饵点，每点8~12克(约2~3粒)。毒饵。投放毒饵最好使用毒饵盒或对毒饵加以遮盖，也可将毒饵直接投放入鼠洞内。在老鼠经常活动区域可设置永久性投饵点，并每月定期检查取食情况和予以补充。

3. 投饵：小鼠：毒饵应投放于小鼠明显活动的区域内，每隔2米设1投饵点，每点4克(约1粒)毒饵。

4. 推荐用量：氟鼠灵具有一次取食即可达到致死剂量的优点。鼠类取食氟鼠灵后2~10天死亡。为了达到最佳防治效果，建议采用"间歇投饵"方法，投饵间隔期7~10天。首次投饵，若对大鼠则每个投饵点用量 8~12 克（约 2~3 粒）毒饵，而对小鼠则使用 4 克（约 1 粒）毒饵即可。虽然在第 1 次投饵周期内，许多投饵点的毒饵可能很快被部分取食或吃光，但不必理会，待 7~10 天的间歇期后再进行第 2 次投饵，以补充前期被取食的毒饵。这种延长投饵间隔的方法可保证在第一"间隔期"取食毒饵的老鼠在第 2 次投饵前均已死亡。经过 2~3 次投饵，鼠害将在 21 天内得到彻底控制。在中等和局部发生鼠害的农田，标准投饵量为每 666.7 平方米 66.7~100 克。在工厂和仓库等地投饵量会因鼠害危害程度和建筑环境不同而有差异，而对于鼠害较轻的室内环境，建议每 100 平米投饵 100 克左右。

5. 对于氟鼠灵穿孔蜡块：可根据具体应用环境加以固定使用。

【中毒急救】

吸入：应迅速将患者转移到空气清新流通处。如呼吸停止应做人工呼吸。如呼吸困难应输氧。如有症状及时就医。皮肤接触后：立即用水和肥皂清洗，并彻底冲洗干净。眼睛接触后：把眼睛打开用流水冲洗几分钟，如有持续的症状，及时就医。误食：立即用大量清水漱口，洗胃。洗胃时注意保护气管和食管。及时送医院对症治疗。一旦药液溅入眼睛和黏附皮肤：应立即用水冲洗至少 15 分钟。

中毒急救措施：

1. 如果误服中毒，不要引吐，应立即送医院抢救。

2. 该药为抗凝血剂，其作用方式是通过干扰维生素 K 的作用而抑制正常凝血过程。若人畜误食了过量毒饵，可表现出血症状，出血的症状可能要推迟几天后才发作，较轻的症状为尿中带血、鼻出血或眼分泌物带血、皮下出血、大便带血，严重的中毒症状为腹部和背部疼痛、神志昏迷、脑溢血，最后由于内出血造成死亡。

3. 抢救前应确定凝血酶的倍数或作凝血酶的试验，根据此结果明确给药量。一般静脉缓慢滴入维生素 K1，进药量每分钟不超过 1 毫克，按此方法最初的给药量不超过 10 毫克。肌肉注射 75 毫克的苯巴比妥可以增强维生素 K1 的效果。可以考虑静脉注射相当于 500u 的凝血酶（凝血因子Ⅱ）的凝血酶复合剂（4 个凝血因子）。

【注意事项】

1. 该药剂有毒，需严格管理。投饵时戴防护手套和口罩，不饮食、不饮水、不吸烟。

2. 在开启农药包装的过程中操作人员应戴用必要的防护器具。

3. 处理药剂后必须立即洗手及清洗暴露的皮肤。

4. 投放药剂后，要防止家禽、牲畜进入，避免有益动物误食。

5. 投药处要避免小孩触摸和捡拾到药剂。

6. 死鼠及剩余的药剂要焚烧或土埋。

7. 孕妇和哺乳期妇女应避免接触本品。

8. 用过的容器妥善处理，不可做他用，不可随意丢弃。

9. 在使用时避免药剂接触皮肤、眼睛、鼻子或嘴。

10. 本品对鱼类高毒，禁止在河塘等水体中清洗施药器皿。

11. 本品对鸟类高毒，禁止在鸟类聚集地使用。

12. 本品放置于阴凉、干燥、通风、防雨处，远离火源，勿与食品、饲料、种子、日用品等同贮同运。

13. 本品宜置于儿童够不着的地方并上锁，不得重压、破损包装容器。

雷公藤甲素

【作用特点】

雷公藤甲素又称雷公藤内酯、雷公藤内酯醇，是从卫矛科植物雷公藤的根、叶、花及果实中提取的一种环氧二萜内酯化合物，与雷公藤碱、雷公藤次碱、雷公藤晋碱、雷公藤春碱、雷公藤增碱和雷公藤明碱等生物碱构成了雷公藤提取物的主要活性成分。

雷公藤甲素是一种以天然植物的有效成分雷公藤甲素母药及添加剂复配加工而成的不育剂杀鼠剂。适合鼠类的口味，鼠类进食后会产生抗生育效果，这样不会引起鼠类的警觉而超补偿性繁殖，使鼠类具有抗生育功效而降低鼠密度。本品对农田田鼠有防治作用。

【毒性评价】

对高等动物毒性：母药中等毒，制剂微毒。

母药雄大鼠急性经口 LD_{50} 为 190 毫克/千克；

母药雌大鼠急性经口 LD_{50} 为 185 毫克/千克；

母药大鼠急性经皮 LD_{50} 大于 5000 毫克/千克。

对兔眼睛无刺激性；

对兔皮肤无刺激性。

豚鼠皮肤致敏试验结果为弱致敏性。

大鼠 90 天亚慢性喂饲试验最大无作用剂量为 10 毫克/千克·天。

各种试验表明，无致癌、致畸、致突变作用。

制剂雄大鼠急性经口 LD_{50} 大于 5000 毫克/千克；

制剂雌大鼠急性经口 LD_{50} 大于 5000 毫克/千克；

制剂大鼠急性经皮 LD_{50} 大于 5000 毫克/千克。

对兔眼睛无刺激性；

对兔皮肤无刺激性。

豚鼠皮肤致敏试验结果为弱致敏性。

【防治对象】

可以用于杀灭农田田鼠。

【使用方法】

杀灭农田老鼠：用 0.25% 毫克/千克雷公藤甲素颗粒剂饱和投饵，条距 10 米，在条上每 5 米投放 1 堆，每堆约 10 克。每 666.7 平方米约投 20 堆，每堆 10 克，每 666.7 平方米地约投 200 克。间隔 5~10 天，补充投饵，多食多补，鼠多增加用量，鼠密度较高的地区可加倍投饵。

【中毒急救】

吸入：应迅速将患者转移到空气清新流通处。如呼吸停止应做人工呼吸。如呼吸困难应输氧。如有症状及时就医。皮肤接触后：立即用水和肥皂清洗，并彻底冲洗干净。眼睛接触后：把眼睛打开用流水冲洗几分钟，如有持续的症状，及时就医。误食：立即用大量清水漱口，洗胃。洗胃时注意保护气管和食管。及时送医院对症治疗。一旦药液溅入眼睛和黏附皮肤：应立即用水冲洗至少 15 分钟。误服后应立即用大量清水漱口，立即催吐、洗胃、导泻。不要给神志不清的病人经口食用任何东西。本品无特效解毒剂。

【注意事项】

1. 该药剂有毒，需严格管理。投饵时戴防护手套和口罩，不饮食、不饮水、不吸烟。

2. 在开启农药包装得过程中操作人员应戴用必要的防护器具。

3. 处理药剂后必须立即洗手及清洗暴露的皮肤。

4. 投放药剂后，要防止家禽、牲畜进入，避免有益动物误食。

5. 投药处要避免小孩触摸和捡拾到药剂。

6. 死鼠及剩余的药剂要焚烧或土埋。

7. 孕妇和哺乳期妇女应避免接触本品。

8. 用过的容器妥善处理，不可做他用，不可随意丢弃。

9. 在使用时避免药剂接触皮肤、眼睛、鼻子或嘴。

10. 本品放置于阴凉、干燥、通风、防雨处，远离火源，勿与食品、饲料、种子、日用品等同贮同运。

11. 本品宜置于儿童够不着的地方并上锁，不得重压、破损包装容器。

氯敌鼠钠盐

【作用特点】

氯敌鼠钠盐属第 1 代抗凝血剂，系茚满二酮类杀鼠剂。但其急性毒力很强，与第 2 代抗凝血剂相似，适宜 1 次性投毒防制害鼠。作用机制是药剂经口摄入后，可直接进入老鼠机体，破坏血液中凝血酶及凝血酶原的活性，使凝血时间延长，导致老鼠皮下及内脏出血死亡。本品对鼠毒力大，适口性好，不易产生拒食性。

【毒性评价】

对高等动物毒性：原药中等毒，制剂低毒。

原药大鼠急性经口 LD_{50} 为 108 毫克/千克；

原药大鼠急性经皮 LD_{50} 为 1260 毫克/千克。

制剂大鼠急性经口 LD_{50} 大于 2000 毫克/千克；

制剂大鼠急性经皮 LD_{50} 大于 2000 毫克/千克。

各种试验表明，无致癌、致畸、致突变作用。

【防治对象】

可适用于家庭、宾馆、医院、食品厂、库房、车船等室内场所，杀灭室内家鼠。同时又可以用于杀灭农田田鼠。

【使用方法】

1. 杀灭室内家鼠：用 0.02% 氯敌鼠钠盐毒饵饱和投饵，在害鼠活动场所，沿墙根、鼠洞、鼠道附近投饵。制剂用药量：每 15 平方米投放 1~2 堆，每堆 5~10 克，连续 5 天以上，多食多补，鼠多增加堆数。

2. 杀灭农田田鼠：用 0.02% 氯敌鼠钠盐毒饵饱和投饵，条距 10 米，在条上每 5 米投放 1 堆，每堆约 10 克。每 666.7 平方米约投 20 堆，每堆 10 克，每 666.7 平方米地约投 200 克。间隔 5~10 天，补充投饵，多食多补，鼠多增加用量，鼠密度较高的地区，可增加投放堆数和增加投饵。

【中毒急救】

中毒症状表现为心慌、恶心、呕吐、乏力等。随后出现广泛性出血，鼻、口、齿龈出血、呕血、咯血及便血、尿血，女性则伴有子宫及阴道出血，皮肤有紫癜，并伴有体温降低、血压偏低等症状，严重时昏迷、休克。吸入：应迅速将患者转移到空气清新流通处。如呼吸停止应做人工呼吸。如呼吸困难应输氧。如有症状及时就医。皮肤接触后：立即用水和肥皂清洗，并彻底冲洗干净。眼睛接触后：把眼睛打开用流水冲洗几分钟，如有持续的症状，及时就医。误食：立即用大量清水漱口，洗胃。洗胃时注意保护气管和食管。及时送医院对症治疗。一旦药液溅入眼睛和黏附皮肤：应立即用水冲洗至少 15 分钟。误服后：应立即用大量清水漱口，不可催吐。对人毒性大，如误食应在医生指导下口服或者静脉注射解毒药维生素 K1。不要给神志不清的病人经口食用任何东西。

中毒急救措施：

1. 口服中毒患者就诊后立即给予引吐或 0.02 % 高锰酸钾溶液洗胃。洗胃后注入活性炭吸附毒物，并用硫酸钠 20 ~ 30 克导泻。

2. 维生素 K1 是特效拮抗剂。根据病情调整其用量及用法，病情严重者可静脉滴注，日总量可达 120 毫克以上，出血现象好转后逐渐减量，一般维持用药 12 ~ 15 天，待凝血酶原时间等恢复正常，出血倾向消失后方可停药。

3. 出血严重，血红蛋白过低者，要及时输新鲜全血。

4. 根据病情给予地塞米松或氢化可的松，以降低毛细血管通透性，促进止血，保护血小板和凝血因子，抗过敏及提高机体的应激能力。同时给予补液、对症支持治疗及预防并发症发生。

【注意事项】

1. 该药剂有毒，需严格管理。投饵时戴防护手套和口罩，不饮食、不饮水、不吸烟。

2. 在开启农药包装的过程中操作人员应戴用必要的防护器具。

3. 处理药剂后必须立即洗手及清洗暴露的皮肤。

4. 投放药剂后，要防止家禽、牲畜进入，避免有益动物误食。

5. 投药处要避免小孩触摸和捡拾到药剂。

6. 死鼠及剩余的药剂要焚烧或土埋。

7. 孕妇和哺乳期妇女应避免接触本品。

8. 用过的容器妥善处理，不可做他用，不可随意丢弃。

9. 本品放置于阴凉、干燥、通风、防雨处，远离火源，勿与食品、饲料、种子、日用品等同贮同运。

10. 本品宜置于儿童够不着的地方并上锁，不得重压、破损包装容器。

杀鼠醚

【作用特点】

杀鼠醚属第 1 代抗凝血杀鼠剂，为香豆素类的抗凝血剂。是一种慢性、适口性好的杀鼠剂。但其急性毒力很强，与第 2 代抗凝血剂相似，适宜 1 次性投毒防制害鼠。作用机制是药剂经口摄入后，通过胃肠道吸收，破坏血液中凝血酶及凝血酶原的活性，损害微血管，引起内出血，导致老鼠死亡。本品含苦味剂，安全性好，一般不会产生 2 次中毒现象。

【毒性评价】

对高等动物毒性：原药高毒，制剂低毒。

原药大鼠急性经口 LD_{50} 为 16.5 毫克/千克；

豚药大鼠急性经口 LD_{50} 为 250 毫克/千克。

制剂大鼠急性经口 LD_{50} 大于 2000 毫克/千克；

制剂大鼠急性经皮 LD_{50} 大于 2000 毫克/千克。

对鱼类毒性低毒。

对鸟类毒性低毒。

【防治对象】

用于住宅、宾馆、饭店、机关、学校、工厂、仓库、畜牧场、港口、船舶及地下管道和垃圾堆等室内外场所的通用灭鼠剂，抗水浸和防霉变。

【使用方法】

1. 杀灭室内家鼠：用0.75%杀鼠醚追踪粉剂堆施或者制成饵剂堆施。堆施法：一般情况下，每个投药点（20厘米×20厘米范围）投放30克，至少持续投药4天。可直接将本品堆施于老鼠的必经之路，如鼠洞及鼠道上。使老鼠经过时沾上药粉。按老鼠的一般清洁行为，老鼠会用舌头舔掉身体上黏附的药粉，因而导致老鼠中毒死亡。可根据鼠情补充或更换位置。制成饵剂堆施法：1份药剂与19份鼠类喜食的食物混合均匀制成毒饵。一般场所杀鼠，每个毒饵箱放250克毒饵为宜，每日检查并根据消耗量适当补充，直至老鼠不再取食为止。室内灭鼠每30~60平方米投饵箱1个，放置毒饵100克。补充投饵，多食多补，鼠多增加用量，鼠密度较高的地区，可增加投放堆数和增加投饵。

2. 杀灭室外田鼠：用0.75%杀鼠醚追踪粉剂堆施或者制成饵剂堆施。堆施法：一般情况下，每个投药点（20厘米×20厘米范围）投放30克，至少持续投药4天。可直接将本品堆施于老鼠的必经之路，如鼠洞及鼠道上。使老鼠经过时沾上药粉。按老鼠的一般清洁行为，老鼠会用舌头舔掉身体上黏附的药粉，因而导致老鼠中毒死亡。可根据鼠情补充或更换位置。制成饵剂堆施法：1份药剂与19份鼠类喜食的食物混合均匀制成毒饵。一般场所杀鼠，每个毒饵箱放250克毒饵为宜，每日检查并根据消耗量适当补充，直至老鼠不再取食为止。室内灭鼠每30~60平方米投饵箱1个，放置毒饵100克。补充投饵，多食多补，鼠多增加用量，鼠密度较高的地区，可增加投放堆数和增加投饵。

【中毒急救】

中毒症状为背痛、腹痛、吐血、流鼻血、休克。吸入：应迅速将患者转移到空气清新流通处。如呼吸停止应做人工呼吸。如呼吸困难应输氧。如有症状及时就医。皮肤接触后：立即用水和肥皂清洗，并彻底冲洗干净。眼睛接触后：把眼睛打开用流水冲洗几分钟，如有持续的症状，及时就医。误食：立即用大量清水漱口，洗胃。洗胃时注意保护气管和食管。及时送医院对症治疗。一旦药液溅入眼睛和黏附皮肤：应立即用水冲洗至少15分钟。误服后：应立即用大量清水漱口。对人毒性大，如误食应在医生指导下口服或者静脉注射解毒药维生素K1。不要给神志不清的病人经口食用任何东西。

中毒急救措施：

1. 救治：初步救治、排除污染并对症治疗。

2. 解毒剂：维生素K1。口服或静脉注射10毫克，如有必要再重复给药。如果出血，可用凝血素。如果情况严重，使用血液凝固物或血浆或必要时输血。误食：可额外使用活性炭刺激胃。维生素K1为抗凝血类杀鼠剂的特效解毒剂，需早期、足量应用。轻、中度中毒病人每次10~20毫克，肌内注射或静脉注射，每日2~4次；重度中毒病人每次20~40毫克，静脉注射，每日3~4次。在给予特效解毒剂期间，应密切监测中毒病人的凝血酶原时间。在凝血酶原时间恢复正常后，维生素K1逐渐减量，停药后定期复查凝血酶原时间。

3. 其他止血措施：重度中毒病人可予以新鲜血浆、凝血酶原复合物或凝血因子以迅速止血，并可早期、足量、短程给予肾上腺糖皮质激素。

4. 其他对症支持治疗措施：加强营养、合理膳食，注意水、电解质及酸碱平衡，密切监护心、脑、肝、肾等重要脏器功能，及时给予相应的对症治疗。

【注意事项】

1. 该药剂有毒，需严格管理。毒饵要现配现用，配制毒饵和投饵时戴防护手套和口罩，不饮食、不饮水、不吸烟。

2. 在开启农药包装的过程中操作人员应戴用必要的防护器具。

3. 处理药剂后必须立即洗手及清洗暴露的皮肤。

4. 投放药剂后，要防止家禽、牲畜进入，避免有益动物误食。

5. 投药处要避免小孩触摸和捡拾到药剂。

6. 死鼠及剩余的药剂要焚烧或土埋。

7. 孕妇和哺乳期妇女应避免接触本品。

8. 用过的容器妥善处理，不可做他用，不可随意丢弃。

9. 本品放置于阴凉、干燥、通风、防雨处，远离火源，勿与食品、饲料、种子、日用品等同贮同运。

10. 本品宜置于儿童够不着的地方并上锁，不得重压、破损包装容器。

莪术醇

【作用特点】

莪术醇是一种环保型的生物源制剂，属于雌性不育灭鼠剂。通过抗生育作用机理，能够控制害鼠种群数量，使当年害鼠数量下降。该产品适口性较强，起效较快，投放方便。

莪术醇属萜类化合物，是抗生育杀鼠剂。从植物中提取，来源于莪术，莪术为姜科植物。野生主要产于江西、浙江等省，现已人工栽培成功，来源充足。作用机制是破坏雌性老鼠的胎盘绒毛膜组织，导致流产、死胎、子宫水肿等，破坏妊娠过程，显示出不育的效果。从而减少老鼠繁殖，有效降低老鼠种群密度，达到防治老鼠危害的目的，而不是直接杀死老鼠。此种灭鼠方法科学环保，对其他非靶标生物安全。

【毒性评价】

对高等动物毒性低毒。

原药雄大鼠急性经口 LD_{50} 大于 4640 毫克/千克；

原药雌大鼠急性经口 LD_{50} 大于 4640 毫克/千克；

原药雄大鼠急性经皮 LD_{50} 大于 2150 毫克/千克；

原药雌大鼠急性经皮 LD_{50} 大于 2150 毫克/千克。

对兔眼睛无刺激性；

对兔皮肤无刺激性。

豚鼠皮肤致敏试验结果为弱致敏性。

各种试验表明，无致癌、致畸、致突变作用。

制剂雄大鼠急性经口 LD_{50} 大于 4640 毫克/千克；

制剂雌大鼠急性经口 LD_{50} 大于 4640 毫克/千克；

制剂雄大鼠急性经皮 LD_{50} 大于 2150 毫克/千克；

制剂雌大鼠急性经皮 LD_{50} 大于 2150 毫克/千克。

对兔眼睛无刺激性；

对兔皮肤无刺激性。

豚鼠皮肤致敏试验结果为弱致敏性。

各种试验表明，无致癌、致畸、致突变作用。

【防治对象】

可适用防治农田田鼠和森林害鼠。

【使用方法】

1. 防治森林害鼠：用 0.02% 莪术醇饵剂饱和投饵，条距 10 米，在条上每 5 米投放 1 堆，每堆约 15～17 克。每 666.7 平方米约投 20 堆，每堆 15～17 克，每 666.7 平方米地约投 300

~340克。间隔5~10天，补充投饵，多食多补，鼠多增加用量，鼠密度较高的地区，可增加投放堆数和增加投饵。

2. 防治农田田鼠：用0.02%莪术醇饵剂饱和投饵，条距10米，在条上每5米投放1堆，每堆约15~17克。每666.7平方米约投20堆，每堆15~17克，每666.7平方米地约投300~340克。间隔5~10天，补充投饵，多食多补，鼠多增加用量，鼠密度较高的地区，可增加投放堆数和增加投饵。

【中毒急救】

中毒症状表现为心慌、恶心、呕吐、乏力等。随后出现广泛性出血，鼻、口、齿龈出血、呕血、咯血及便血、尿血，女性则伴有子宫及阴道出血，皮肤有紫癜，并伴有体温降低、血压偏低等症状，严重时昏迷、休克。吸入：应迅速将患者转移到空气清新流通处。如呼吸停止应做人工呼吸。如呼吸困难应输氧。如有症状及时就医。皮肤接触后：立即用水和肥皂清洗，并彻底冲洗干净。眼睛接触后：把眼睛打开用流水冲洗几分钟，如有持续的症状，及时就医。误食：立即用大量清水漱口，洗胃。洗胃时注意保护气管和食管。及时送医院对症治疗。一旦药液溅入眼睛和黏附皮肤：应立即用水冲洗至少15分钟。误服后：应立即用大量清水漱口，不可催吐。对人毒性大，如误食应在医生指导下口服或者静脉注射解毒药维生素K1。不要给神志不清的病人经口食用任何东西。

【注意事项】

1. 该药剂有毒，需严格管理。投饵时戴防护手套和口罩，不饮食、不饮水、不吸烟。
2. 在开启农药包装的过程中操作人员应戴用必要的防护器具。
3. 处理药剂后必须立即洗手及清洗暴露的皮肤。
4. 本品为不孕剂，对哺乳动物具有抗生育作用。
5. 投放药剂后，要防止家禽、牲畜进入，避免有益动物误食。
6. 投药处要避免小孩触摸和捡拾到药剂。
7. 死鼠及剩余的药剂要焚烧或土埋。
8. 孕妇和哺乳期妇女应避免接触本品。
9. 用过的容器妥善处理，不可做他用，不可随意丢弃。
10. 本品放置于阴凉、干燥、通风、防雨处，远离火源，勿与食品、饲料、种子、日用品等同贮同运。
11. 本品宜置于儿童够不着的地方并上锁，不得重压、破损包装容器。

溴敌隆

【作用特点】

溴敌隆是第1代抗凝血杀鼠剂。作用机理是抑制血液凝固所必须的凝血酶原的形成，然后导致中毒出血而死亡。属1次性中毒，无1次中毒现象。适口性好、毒性大、靶谱广的高效杀鼠剂。它不但具备敌鼠钠盐、杀鼠醚等第1代抗凝血剂作用缓慢、不易引起鼠类惊觉、容易全歼害鼠的特点，而且还具有急性毒性强的突出优点，单剂量使用对各种鼠都能有效地防除。同时，它还可以有效地杀灭对第1代抗凝血剂产生抗性的害鼠。对鱼类、水生昆虫等水生生物有中等毒性。

【毒性评价】

对高等动物毒性：原药高毒，制剂低毒。

原药大鼠急性经口LD_{50}为1.75毫克/千克；

原药兔急性经皮LD_{50}为9.4毫克/千克；

原药大鼠急性吸入 LC_{50} 为 200 毫克/立方米。

对鱼类毒性中等毒。

对水生昆虫毒性中等毒。

对水生生物毒性中等毒。

对家禽、牲畜毒性较大

【防治对象】

可适用于家庭、宾馆、医院、食品厂、库房、车船等室内场所，杀灭室内家鼠。同时又可以用于杀灭室外田鼠。

【使用方法】

1. 杀灭室内家鼠：用 0.005% 溴敌隆饵剂堆施，在害鼠活动场所，沿墙根、鼠洞、鼠道附近投饵。制剂用药量：每 10 ~ 15 平方米投放 1 ~ 2 堆，每堆 15 ~ 20 克，连续 5 天以上，多食多补，鼠多增加堆数。

2. 杀灭室外田鼠：用 0.005% 溴敌隆饵剂堆施，条距 10 米，在条上每 5 米投放 1 堆，每堆约 10 克。每 666.7 平方米约投 10 ~ 15 堆，每堆 10 克，每 666.7 平方米地约投 100 ~ 150克。间隔 5 ~ 10 天，补充投饵，多食多补，鼠多增加用量，鼠密度较高的地区，可增加投放堆数和增加投饵。

【中毒急救】

轻微中毒症状眼或鼻分泌物带血、皮下出血、口腔出血、便血等。严重中毒症状为多处出血、腹背剧痛或神志不清、昏迷等。吸入：应迅速将患者转移到空气清新流通处。如呼吸停止应做人工呼吸。如呼吸困难应输氧。如有症状及时就医。皮肤接触后：立即用水和肥皂清洗，并彻底冲洗干净。眼睛接触后：把眼睛打开用流水冲洗几分钟，如有持续的症状，及时就医。误食：立即用大量清水漱口，洗胃。洗胃时注意保护气管和食管。及时送医院对症治疗。一旦药液溅入眼睛和黏附皮肤：应立即用水冲洗至少 15 分钟。误服后：应立即用大量清水漱口，不可催吐。对人毒性大，如误食应在医生指导下口服或者静脉注射解毒药维生素 K1。密切观察中毒人员有无皮下出血、口腔出血、便血等症状，定期检测凝血酶原有无异常现象。本品有效的解毒剂为维生素 K1。

中毒急救措施：

1. 口服中毒 3 ~ 6 小时者，给催吐，彻底洗胃及导泻，后再给活性炭 50 ~ 100 克灌胃。

2. 口服量较大或已有出血症状者，给维生素 K1 5 ~ 10 毫克肌注，每 6 小时 1 次。维生素 K1 的用量要参考凝血时间测定结果，一日用量可达 300 毫克。对服用量较大的患者，可在出血症状出现前预防性的应用维生素 K1。出血严重者也可给输鲜血或冷冻新鲜血浆；必要时给用凝血因子。同时需吸氧及应用维生素 C 等。对于维生素 K1 时用时间上，尚无统一报道。建议随着就诊时间延长，维生素 K1 应逐渐减量，至每日 10 毫克是维持应用。应用期间可每周复查凝血常规，如有异常，在排除其他原因后，根据凝血常规结果，加量应用维生素 K1。总疗程用至溴敌隆在体内半衰期的 2 倍以上，即 48 天以上。对于服用量较大患者，应用时间应进一步延长。停用后第 3 天、第 7 天复查凝血常规，观察有无复发。

3. 对中毒患者要严密观察，以防重要脏器大出血。

【注意事项】

1. 该药剂有毒，需严格管理。投饵时戴防护手套和口罩，不饮食、不饮水、不吸烟。

2. 在开启农药包装的过程中操作人员应戴用必要的防护器具。

3. 处理药剂后必须立即洗手及清洗暴露的皮肤。

4. 本品为不孕剂，对哺乳动物具有抗生育作用。

5. 本品对家禽、牲畜毒性较大，投放药剂后，要防止家禽、牲畜进入，避免有益动物误食。

6. 投药处要避免小孩触摸和捡拾到药剂。

7. 死鼠及剩余的药剂要焚烧或土埋。

8. 孕妇和哺乳期妇女应避免接触本品。

9. 用过的容器妥善处理，不可做他用，不可随意丢弃。

10. 本品放置于阴凉、干燥、通风、防雨处，远离火源，勿与食品、饲料、种子、日用品等同贮同运。

11. 本品宜置于儿童够不着的地方并上锁，不得重压、破损包装容器。

溴鼠灵

【作用特点】

溴鼠灵属于第 2 代抗凝血杀鼠剂。作用机制是抑制凝血酶原形成，提高毛细血管通透性和脆性，损害微血管，使鼠出血致死。少量毒饵及单次投饵便能杀死鼠类，而且不需做灭前投饵。大隆每堆投饵量少于其他抗凝血杀鼠剂。鼠类取食毒饵数天后，便会死亡，而对大隆不产生避食作用。一般不需要多次投饵，因而可减少处理次数。所以无 2 次中毒现象，一般老鼠死亡高峰期为 3~5 天，适合各种环境的灭鼠使用。

【毒性评价】

对高等动物毒性高毒。

原药大鼠急性经口 LD_{50} 为 0.26 毫克/千克；

原药小鼠急性经口 LD_{50} 为 0.4 毫克/千克；

原药兔急性经口 LD_{50} 为 0.29 毫克/千克；

原药大鼠急性经皮 LD_{50} 为 10~50 毫克/千克；

原药兔急性经皮 LD_{50} 为 50 毫克/千克；

原药大鼠急性吸入 LC_{50} 为 0.5~5 毫克/立方米。

对兔眼睛有中度刺激性；

对兔皮肤有刺激作用。

豚鼠皮肤致敏试验结果为无致敏性。

对鱼类毒性高毒。

对鸟类毒性高毒。

【防治对象】

可适用于家庭、宾馆、医院、食品厂、库房、车船等室内场所，杀灭室内家鼠。同时又可以用于杀灭室外田鼠。

【使用方法】

1. 杀灭室内家鼠：用 0.005% 溴鼠灵饵剂穴施或点施，在室内墙洞、下水道、鼠洞内及老鼠经常进食、饮水、筑巢或出没处，约每隔 5 米，投放 20~30 克毒饵。必要时，每隔 7 天左右，补充 1 次毒饵，直到完全收效为止。或将 50~100 克毒饵置于有盖的盒子内，盒子有小洞可容老鼠进入，沿作物仓库内围，约每隔 10 米放置一个盒子。注意防止家禽接近。多食多补，鼠多增加用药量。

2. 杀灭室外田鼠：用 0.005% 溴鼠灵饵剂穴施或点施，当有鼠类踪迹时，沿田垄每隔约十步或在鼠洞及其取食活跃处，每点投放 5~10 克毒饵，1 周后补放毒饵。投饵量视鼠类为害情况而定，一般 1 次投饵总量为每 666.7 平方米 54~200 克为宜。投放点应避免非目标动物及鸟类取食，避免放置在潮湿处。多食多补，鼠多增加用药量。

【中毒急救】

中毒症状为腹痛、背痛、恶心、呕吐、鼻衄、齿龈出血、皮下出血、关节周围出血、尿血、便血等及食欲不振，头晕，心悸，大剂量中毒腹背剧痛。吸入：应迅速将患者转移到空气清新流通处。如呼吸停止应做人工呼吸。如呼吸困难应输氧。如有症状及时就医。皮肤接触后：立即用水和肥皂清洗，并彻底冲洗干净。眼睛接触后：把眼睛打开用流水冲洗几分钟，如有持续的症状，及时就医。误食：立即用大量清水漱口，洗胃。洗胃时注意保护气管和食管。及时送医院对症治疗。一旦药液溅入眼睛和黏附皮肤：应立即用水冲洗至少 15 分钟。误服后：应立即用大量清水漱口，不可催吐。对人毒性大，如误食应在医生指导下口服或者静脉注射解毒药维生素 K1。密切观察中毒人员有无皮下出血、口腔出血、便血等症状，定期检测凝血酶原有无异常现象。本品有效的解毒剂为维生素 K1。

中毒急救措施：

1. 口服中毒 3~6 小时者，给催吐，彻底洗胃及导泻，后再给活性炭 50~100 克灌胃。

2. 口服量较大或已有出血症状者，给维生素 K1 5~10 毫克肌注，每 6 小时 1 次。维生素 K1 的用量要参考凝血时间测定结果，一日最高用量为 300 毫克。对服用量较大的患者，可在出血症状出现前预防性的应用维生素 K1。出血严重者也可给输鲜血或冷冻新鲜血浆；必要时给用凝血因子。同时需吸氧及应用维生素 C 等。对于维生素 K1 时用时间上，尚无统一报道。建议随着就诊时间延长，维生素 K1 应逐渐减量，至每日 10 毫克是维持应用。应用期间可每周复查凝血常规，如有异常，在排除其他原因后，根据凝血常规结果，加量应用维生素 K1。总疗程用至溴敌隆在体内半衰期的 2 倍以上，即 48 天以上。对于服用量较大患者，应用时间应进一步延长。停用后第 3 天、第 7 天复查凝血常规，观察有无复发。

3. 解毒剂维生素 K1 使用剂量：通常情况下，成人为每日 40 毫克，儿童为每日 20 毫克，分次给药。解毒剂必须由医务人员给中毒者口服或注射。

4. 对中毒患者要严密观察，以防重要脏器大出血。

【注意事项】

1. 该药剂有毒，需严格管理。投饵时戴防护手套和口罩，不饮食、不饮水、不吸烟。

2. 在开启农药包装的过程中操作人员应戴用必要的防护器具。

3. 处理药剂后必须立即洗手及清洗暴露的皮肤。

4. 本品为不孕剂，对哺乳动物具有抗生育作用。

5. 本品对家禽、牲畜毒性较大，投放药剂后，要防止家禽、牲畜进入，避免有益动物误食。

6. 投药处要避免小孩触摸和捡拾到药剂。

7. 死鼠及剩余的药剂要焚烧或土埋。

8. 孕妇和哺乳期妇女应避免接触本品。

9. 用过的容器妥善处理，不可做他用，不可随意丢弃。

10. 本品经重复水洗或煮沸均不能解除毒效。

11. 本品对鱼类高毒，禁止在河塘等水体中清洗施药器皿。

12. 本品对鸟类高毒，禁止在鸟类聚集地使用。

13. 本品放置于阴凉、干燥、通风、防雨处，远离火源，勿与食品、饲料、种子、日用品等同贮同运。

14. 本品宜置于儿童够不着的地方并上锁，不得重压、破损包装容器。

第五节　杀软体动物剂

螺威

【作用特点】

螺威是从油茶科植物的种子中提取的五环三萜类物质，属植物源农药。作用机理是螺威易于与红细胞壁上的胆甾醇结合，生成不溶于水的复合物沉淀，破坏了血红细胞的正常渗透性，使细胞内渗透压增加而发生崩解，导致溶血现象，从而杀死软体动物钉螺。经田间药效试验，结果表明螺威 4% 粉剂对在滩涂上杀灭钉螺有极好的防治效果。

【毒性及环境生物安全性评价】

对高等动物毒性低毒。

母药大鼠急性经口 LD_{50} 大于 4640 毫克/千克；

母药大鼠急性经皮 LD_{50} 大于 2150 毫克/千克。

对兔眼睛有轻微至中度刺激性；

对兔皮肤无刺激性。

豚鼠皮肤致敏试验结果为弱致敏性。

大鼠 90 天亚慢性喂养毒性试验最大无作用剂量为 30 毫克/千克·天。

3 项致突变试验：Ames 试验、小鼠骨髓细胞微核试验、小鼠睾丸细胞染色体畸变试验均为阴性，未见致突变作用。

各种试验结果表明，无致癌、致畸、致突变作用。

制剂大鼠急性经口 LD_{50} 为 4300 毫克/千克；

制剂大鼠急性经皮 LD_{50} 大于 2000 毫克/千克。

对兔眼睛有中度刺激性；

对兔皮肤无刺激性。

豚鼠皮肤致敏试验结果为弱致敏性。

对鱼类毒性高毒。

斑马鱼 96 小时 LC_{50} 为 0.15 毫克/升。

对虾毒性中等毒。

青虾 96 小时 LC_{50} 为 6.28 毫克/升。

对鸟类毒性中等毒。

鹌鹑经口染毒 7 天 LD_{50} 大于 60 毫克/千克。

【防治对象】

主要适用于滩涂，杀灭钉螺。

【使用方法】

杀灭钉螺：每 1 平方米用 4% 螺威粉剂 5～7.5 克，加 0.5～1 千克细土混合后，均匀撒施在钉螺活动的滩涂。当环境温度低于 15℃ 时，宜采用高剂量。

【中毒急救】

吸入：应迅速将患者转移到空气清新流通处。如呼吸停止应做人工呼吸。如呼吸困难应输氧。如有症状及时就医。皮肤接触后：立即用水和肥皂清洗，并彻底冲洗干净。眼睛接触后：把眼睛打开用流水冲洗几分钟，如有持续的症状，及时就医。误食：立即用大量清水漱口，洗胃。洗胃时注意保护气管和食管。及时送医院对症治疗。一旦药液溅入眼睛和黏附皮

肤：应立即用水冲洗至少 15 分钟。误服后：应立即用大量清水漱口，可以用抗碱性药物反复灌冲洗胃，附加抗痉挛性药物并导泻灌肠。不要给神志不清的病人经口食用任何东西。本品无其他特效解毒剂。

【注意事项】

1. 使用本品遵守安全使用农药规程。作业时戴防护手套和口罩，不饮食、不饮水、不吸烟。在开启农药包装的过程中操作人员应戴用必要的防护器具。处理药剂后必须立即洗手及清洗暴露的皮肤。

2. 本品对鱼类、虾有高风险，严禁在养鱼、虾的稻田以及临近池塘的稻田使用。严禁将施用过本品的稻田水直接排入养鱼、虾的池塘。

3. 使用本品时，应特别注意避免药剂漂移到养殖鱼、虾的池塘。

4. 严禁在池塘、水渠、河流和湖泊中洗涤施用过本品的药械，以避免对水生生物造成伤害的风险。

5. 本品只能在滩涂使用，不得用于沟渠。

6. 本品属天然提取物，在自然环境中易于降解为糖和皂元，必须妥善保管，并即配即用。

7. 当环境温度低于 15℃ 时，应适当增加剂量。

8. 孕妇和哺乳期妇女应避免接触本品。

9. 用过的容器妥善处理，不可做他用，不可随意丢弃。

10. 本品放置于阴凉、干燥、通风、防雨处，远离火源，勿与食品、饲料、种子、日用品等同贮同运。

11. 本品宜置于儿童够不着的地方并上锁，不得重压、破损包装容器。

12. 本品不宜与酸性物质混用。

四聚乙醛

【作用特点】

四聚乙醛是一种选择性强的杀螺剂。本品外观浅蓝色，遇水软化，有特殊香味，有很强的引诱力。作用机理是当螺受引诱剂的吸引而取食或接触到药剂后，使螺体内乙酰胆碱酯酶大量释放，破坏螺体内特殊的黏液，使螺体迅速脱水，神经麻痹，并分泌黏液，由于大量体液的流失和细胞被破坏、导致螺体、蛞蝓等在短时间内中毒死亡。四聚乙醛在正常使用条件下，是一种对作物安全、对螺有效、选择性较强的杀螺剂。通过螺类、蜗牛、蛞蝓的吸食或接触，使其大量失水而在短时间内死亡。对人、畜低毒，对鱼类、陆上及水生非靶生物毒性低，对蚕低毒。

【毒性及环境生物安全性评价】

对高等动物毒性中等毒。

大鼠急性经口 LD_{50} 为 283 毫克/千克；

小鼠急性经口 LD_{50} 为 425 毫克/千克；

大鼠急性经皮 LD_{50} 大于 5000 毫克/千克；

大鼠急性吸入 LC_{50} 大于 15 毫克/升。

对兔眼睛有轻微刺激性；

对兔皮肤无刺激性。

豚鼠皮肤致敏试验结果为无致敏性。

各种试验结果表明，无致癌、致畸、致突变作用。

对鱼类毒性低毒。

虹鳟鱼 96 小时 LC_{50} 为 75 毫克/升。

对水生生物毒性低毒。

水蚤 48 小时 LC_{50} 大于 90 毫克/升；

绿藻 96 小时 EC_{50} 为 73.5 毫克/升。

对鸟类毒性低毒。

鸭经口 LD_{50} 为 1030 毫克/千克；

鹌鹑经口 LD_{50} 为 181 毫克/千克。

对蜜蜂毒性微毒。

每 1 平方米用 20 克蜜蜂无死亡。

【防治对象】

主要用于棉花、蔬菜、水稻、烟草等作物，杀灭蛞蝓、蜗牛、福寿螺。

【使用方法】

1. 杀灭棉花蛞蝓：每 666.7 平方米用 6% 四聚乙醛颗粒剂 400～544 克，在播种后，种子发芽时即均匀撒药，可条施或点施，距离 40～50 厘米为宜。

2. 杀灭棉花蜗牛：每 666.7 平方米用 6% 四聚乙醛颗粒剂 400～544 克，在播种后，种子发芽时即均匀撒药，可条施或点施，距离 40～50 厘米为宜。

3. 杀灭蔬菜蛞蝓：每 666.7 平方米用 6% 四聚乙醛颗粒剂 400～544 克，在播种后，种子发芽时即均匀撒药，可条施或点施，距离 40～50 厘米为宜。

4. 杀灭蔬菜蜗牛：每 666.7 平方米用 6% 四聚乙醛颗粒剂 400～544 克，在播种后，种子发芽时即均匀撒药，可条施或点施，距离 40～50 厘米为宜。

5. 杀灭烟草蛞蝓：每 666.7 平方米用 6% 四聚乙醛颗粒剂 400～544 克，在播种后，种子发芽时即均匀撒药，可条施或点施，距离 40～50 厘米为宜。

6. 杀灭烟草蜗牛：每 666.7 平方米用 6% 四聚乙醛颗粒剂 400～544 克，在播种后，种子发芽时即均匀撒药，可条施或点施，距离 40～50 厘米为宜。

7. 杀灭水稻福寿螺：每 666.7 平方米用 6% 四聚乙醛颗粒剂 400～544 克，插秧、抛秧 1 天后，均匀撒施于稻田中，保持 2～5 厘米水位 3～7 天。可条施或点施，距离 40～50 厘米为宜。

【中毒急救】

中毒症状为会引起肠胃不适症状，如恶心、流涎、呕吐，并随后会有腹痛及腹泻。吸入：应迅速将患者转移到空气清新流通处。如呼吸停止应做人工呼吸。如呼吸困难应输氧。如有症状及时就医。皮肤接触后：立即用水和肥皂清洗，并彻底冲洗干净。眼睛接触后：把眼睛打开用流水冲洗几分钟，如有持续的症状，及时就医。误食：立即用大量清水漱口，洗胃。洗胃时注意保护气管和食管。及时送医院对症治疗。一旦药液溅入眼睛和黏附皮肤：应立即用水冲洗至少 15 分钟。误服后：应立即用大量清水漱口，不要诱导呕吐。如出现呕吐，应给予补液，并请医生诊断是否需要进行洗胃。不要给神志不清的病人经口食用任何东西。

【注意事项】

1. 使用本品遵守安全使用农药规程。作业时戴防护手套和口罩，不饮食、不饮水、不吸烟。在开启农药包装的过程中操作人员应戴用必要的防护器具。处理药剂后必须立即洗手及清洗暴露的皮肤。

2. 投放药剂后，要防止家禽、牲畜进入，避免有益动物误食。

3. 投药处要避免小孩触摸和捡拾到药剂。

4. 如遇低温 1.5℃ 以下或高温 35℃ 以上时，因蜗牛活动力弱，影响防治效果。

5. 施药后不要在田中或地内践踏,若遇大雨,药粒被雨水冲入水中,也会影响药效,需补施。

6. 可根据螺的密度适量用药。

7. 黄昏或雨后施药效果最佳。

8. 孕妇和哺乳期妇女应避免接触本品。

9. 用过的容器妥善处理,不可做他用,不可随意丢弃。

10. 本品放置于阴凉、干燥、通风、防雨处,远离火源,勿与食品、饲料、种子、日用品等同贮同运。

11. 本品宜置于儿童够不着的地方并上锁,不得重压、破损包装容器。

杀螺胺

【作用特点】

杀螺胺一种杀鳗剂,也是一种灭螺剂,属酚类有机杀软体动物剂。它可影响虫体的呼吸和糖类代谢活动,能杀死很多种蜗牛、绦虫、牛肉绦虫、猪肉绦虫和尾蚴。它很可能通过抑制虫体对氧气的摄取从而打乱其呼吸程序。在农业上主要用于杀灭稻田中的福寿螺,同时在公共卫生防治方面,用于杀灭钉螺。害螺通过接触或吸食,导致其大量失水而在短期内死亡,本品以田间浓度对植物较安全。在水中迅速产生代谢变化,作用时间不长。它也用于商业养鱼塘,可以在鱼塘换新水之前杀死和清除不想要的鱼. 氯硝柳胺对于鱼类毒性很大,但在水中只有很短的半衰期,使用这种杀鱼剂之后只需要过几天就可以放入新鱼。

【毒性及环境生物安全性评价】

对高等动物毒性低毒。

大鼠急性经口 LD_{50} 大于 5000 毫克/千克;

大鼠急性经皮 LD_{50} 大于 2000 毫克/千克;

大鼠急性吸入 LC_{50} 大于 15 毫克/升。

对兔眼睛有轻微刺激性;

对兔皮肤无刺激性。

豚鼠皮肤致敏试验结果为无致敏性。

各种试验结果表明,无致癌、致畸、致突变作用。

对鱼类毒性高毒。

鱼 96 小时 LC_{50} 为 0.1 毫克/升。

对水生生物有毒。

对鸟类毒性低毒。

鸟经口 LD_{50} 大于 500 毫克/千克。

对蜜蜂毒性低毒。

【防治对象】

主要用于防治水稻福寿螺。

【使用方法】

防治水稻福寿螺:在水稻移栽后 7~15 天,田间福寿螺盛发期施药,每 666.7 平方米用 70% 杀螺胺可湿性粉剂 28~35 克,兑水 30~45 千克均匀喷雾,每 10 天左右施药 1 次,可连续用药 2 次。大风天或预计 4 小时降雨,请勿施药。

【中毒急救】

中毒症状为头痛、胸闷、乏力、胃肠不适、发热、瘙痒等。吸入:应迅速将患者转移到空气清新流通处。如呼吸停止应做人工呼吸。如呼吸困难应输氧。如有症状及时就医。皮肤接触后：立即用水和肥皂清洗，并彻底冲洗干净。眼睛接触后：把眼睛打开用流水冲洗几分钟，如有持续的症状，及时就医。误食：立即用大量清水漱口，洗胃。洗胃时注意保护气管和食管。及时送医院对症治疗。一旦药液溅入眼睛和黏附皮肤：应立即用水冲洗至少 15 分钟。误服后：应立即用大量清水漱口，不要诱导呕吐。如出现呕吐，应给予补液，并请医生诊断是否需要进行洗胃。不要给神志不清的病人经口食用任何东西。

【注意事项】

1. 使用本品遵守安全使用农药规程。作业时戴防护手套和口罩，不饮食、不饮水、不吸烟。在开启农药包装的过程中操作人员应戴用必要的防护器具。处理药剂后必须立即洗手及清洗暴露的皮肤。

2. 投放药剂后，要防止家禽、牲畜进入，避免有益动物误食。

3. 本品在水稻上安全间隔期为 52 天，每季作物最多使用 2 次。

4. 本品对鱼类、蛙、贝类有毒，使用时要多加注意，施药时避开水域，施药后禁止在河塘等水体中清洗施药用具，避免污染水源。

5. 施药后不要在田中或地内践踏，若遇大雨，药粒被雨水冲入水中，也会影响药效，需补施。

6. 可根据螺的密度适量用药。

7. 黄昏或雨后施药效果最佳。

8. 孕妇和哺乳期妇女应避免接触本品。

9. 用过的容器妥善处理，不可做他用，不可随意丢弃。

10. 本品放置于阴凉、干燥、通风、防雨处，远离火源，勿与食品、饲料、种子、日用品等同贮同运。

11. 本品宜置于儿童够不着的地方并上锁，不得重压、破损包装容器。

第六节　杀线虫剂

淡紫拟青霉菌

【作用特点】

淡紫拟青霉菌是高科技生物技术研制开发而成的微生物农药。淡紫拟青霉属于内寄生性真菌，是一些植物寄生线虫的重要天敌，能够寄生于卵，也能侵染幼虫和雌虫，可明显减轻多种作物根结线虫、胞囊线虫、茎线虫等植物线虫病的危害。作用机理为其孢子产生的菌丝能够穿透幼虫和雌虫体壁，吸吮其体内的成分并繁殖，破坏线虫正常的生理代谢，达到杀灭线虫的目的。具有繁殖快速、生命力强、安全无毒等特点；淡紫拟青霉分泌合成多种有机酸、酶、生理活性物质等。试验证明，在植物根系周围施用淡紫拟青霉菌剂不仅能明显抑制线虫侵染，而且能促进植物根系及植株营养器官的生长，如播前拌种，定植时穴施，对种子的萌发与幼苗生长具有促进作用，可实现苗全、苗绿、苗壮，还可促进作物增产。具有高效、广谱、长效、安全、无污染、无残留等特点。它有如下主要作用：

1. 有效促进植物生长。在拟青霉的培养过程中，特别是在特殊培养基与深层发酵培养过程中，该菌能产生丰富的衍生物，其一是类似吲哚乙酸产物，它最显著的生理功效是低浓度时促进植物根系与植株的生长，因此在植物根系施菌不仅能明显抑制线虫侵染，而且能促进植株营养器官的生长，同时对种子的萌发与生长也有促进作用。

2. 产生多种功能酶。此菌能产生丰富的几丁质酶，几丁质酶对几丁质有降解作用，它能促进线虫卵的孵化，提高拟青霉菌对线虫的寄生率，此外还能产生细胞裂解酶、葡聚糖酶与丝蛋白酶。研究表明：在高效菌株中蛋白酶和葡聚糖酶、淀粉酶活性高出 1.2～4.2 倍和 20～120 倍，这些酶促进细胞分裂。

3. 特殊的降解效应。淡紫拟青霉能促进难溶磷酸盐的溶解，实验室研究证实：拟青霉菌的增溶效果达到 30%，其他线虫拮抗菌达到 20%～40%。同类研究还表明，拟青霉还能促进许多化学聚合物如农药，制革废水等的分解，这证明淡紫拟青霉具有一定的环保效应。

4. 可以抗病防害。对植物病原线虫而言，是一种有潜力的生防真菌，在寄生线虫卵的过程中起重要作用，同时与杀线虫物质几丁质和几丁质酶相联系；对对昆虫而言，可寄生半翅目的荔枝蝽蟓、稻黑蝽；同翅目的叶蝉、褐飞虱；等翅目的白蚁；鞘翅目的甘薯象鼻虫以及鳞翅目的茶蚕、灯蛾等；对植物病原菌而言，对玉米小斑病、小麦赤霉病、黄瓜炭疽病菌、棉花枯萎病和水稻恶苗病等具有拮抗效能。

【毒性及环境生物安全性评价】

对高等动物毒性微毒。

原药雄大鼠急性经口 LD_{50} 大于 5000 毫克/千克；

原药雌大鼠急性经口 LD_{50} 大于 5000 毫克/千克

原药雄大鼠急性经皮 LD_{50} 大于 2150 毫克/千克；

原药雌大鼠急性经皮 LD_{50} 大于 2150 毫克/千克；

原药雄大鼠急性吸入 LC_{50} 大于 2200 毫克/立方米；

原药雌大鼠急性吸入 LC_{50} 大于 2200 毫克/立方米。

对兔眼睛无刺激性；

对兔皮肤无刺激性。

豚鼠皮肤致敏试验结果为弱致敏性。

制剂雄大鼠急性经口 LD_{50} 大于 5000 毫克/千克；

制剂雌大鼠急性经口 LD_{50} 大于 5000 毫克/千克

制剂雄大鼠急性经皮 LD_{50} 大于 2000 毫克/千克；

制剂雌大鼠急性经皮 LD_{50} 大于 2000 毫克/千克；

制剂雄大鼠急性吸入 LC_{50} 大于 4000 毫克/立方米；

制剂雌大鼠急性吸入 LC_{50} 大于 4000 毫克/立方米。

对兔眼睛无刺激性；

对兔皮肤无刺激性。

豚鼠皮肤致敏试验结果为弱致敏性。

对鱼类毒性低毒。

斑马鱼 48 小时 LC_{50} 大于 200 毫克/升。

对鸟类毒性低毒。

鹌鹑经口灌胃法 7 天 LD_{50} 大于 500 毫克/千克。

对蜜蜂毒性微毒。

蜜蜂胃毒法 48 小时 LC_{50} 大于 12000 毫克/升。

对家蚕毒性微毒。

2 龄家蚕食下毒叶法 LC_{50} 大于 10000 毫克/千克·桑叶。

【防治对象】

主要适用于大豆、番茄、烟草、黄瓜、西瓜、茄子、生姜等作物根结线虫、胞囊线虫。

【使用方法】

1. 防治番茄线虫：每666.7平方米用2亿孢子/克淡紫拟青霉菌粉剂1.5~2千克，均匀穴施，施在种子或种苗根系附近。

2. 防治大豆线虫：每666.7平方米用2亿孢子/克淡紫拟青霉菌粉剂1.5~2千克，均匀穴施，施在种子或种苗根系附近。

3. 防治黄瓜线虫：每666.7平方米用2亿孢子/克淡紫拟青霉菌粉剂1.5~2千克，均匀穴施，施在种子或种苗根系附近。

4. 防治茄子线虫：每666.7平方米用2亿孢子/克淡紫拟青霉菌粉剂1.5~2千克，均匀穴施，施在种子或种苗根系附近。

5. 防治生姜线虫：每666.7平方米用2亿孢子/克淡紫拟青霉菌粉剂1.5~2千克，均匀穴施，施在种子或种苗根系附近。

6. 防治西瓜线虫：每666.7平方米用2亿孢子/克淡紫拟青霉菌粉剂1.5~2千克，均匀穴施，施在种子或种苗根系附近。

7. 防治烟草线虫：每666.7平方米用2亿孢子/克淡紫拟青霉菌粉剂1.5~2千克，均匀穴施，施在种子或种苗根系附近。

【特别说明】

除穴施外，还可以采用以下施药方法：

1. 拌种，2亿孢子/克淡紫拟青霉菌粉剂按种子量的1%进行拌种后，堆捂2~3小时，阴干即可播种。

2. 处理苗床，将2亿孢子/克淡紫拟青霉菌粉剂与适量基质混匀后撒入苗床，播种覆土。1千克菌剂处理15~20平方米苗床。

3. 处理育苗基质，将1千克2亿孢子/克淡紫拟青霉菌粉剂均匀拌入1~1.5立方米基质中，装入育苗容器中。

4. 有机肥添加剂，1吨有机肥添加2亿孢子/克淡紫拟青霉菌粉剂2~3千克，进行第2次发酵3~5天，按各种作物常规施肥量均匀施入作物田。

【中毒急救】

吸入：应迅速将患者转移到空气清新流通处。如呼吸停止应做人工呼吸。如呼吸困难应输氧。如有症状及时就医。皮肤接触后：立即用水和肥皂清洗，并彻底冲洗干净。眼睛接触后：把眼睛打开用流水冲洗几分钟，如有持续的症状，及时就医。误食：立即用大量清水漱口，洗胃。洗胃时注意保护气管和食管。及时送医院对症治疗。一旦药液溅入眼睛和黏附皮肤：应立即用水冲洗至少15分钟。误服后：应立即用大量清水漱口。本品无其他特效解毒剂。

【注意事项】

1. 使用本品遵守安全使用农药规程。作业时戴防护手套和口罩，不饮食、不饮水、不吸烟。在开启农药包装的过程中操作人员应戴用必要的防护器具。处理药剂后必须立即洗手及清洗暴露的皮肤。

2. 本品不得与杀菌剂混用。

3. 本品不宜与酸性物质混用。

4. 本品不可与含有铜离子、镁离子的农药或肥料混用。

5. 孕妇和哺乳期妇女应避免接触本品。

6. 用过的容器妥善处理，不可做他用，不可随意丢弃。

7. 本品放置于阴凉、干燥、通风、防雨处，远离火源，勿与食品、饲料、种子、日用品等同贮同运。

8. 本品宜置于儿童够不着的地方并上锁，不得重压、破损包装容器。

氯唑磷

【作用特点】

氯唑磷是一种高效、广谱的有机磷杀虫剂和杀线虫剂，有触杀、胃毒和一定的内吸作用。在土壤中的残效期较长，对多数地下害虫有快速击倒作用。

【毒性及环境生物安全性评价】

对高等动物毒性中等毒。

原药大鼠急性经口 LD_{50} 为 40～60 毫克/千克；

原药大鼠急性经皮 LD_{50} 为 250～700 毫克/千克；

原药大鼠急性吸入 4 小时 LC_{50} 为 0.24 毫克/升。

对兔眼睛有轻微刺激性；

对兔皮肤有中等刺激性。

大鼠 90 天亚慢性饲喂试验无作用剂量为 0.2 毫克/千克·天；

狗 90 天亚慢性饲喂试验无作用剂量为 0.05 毫克/千克·天。

各种试验结果表明，无致癌、致畸、致突变作用。

制剂大鼠急性经口 LD_{50} 为 1000 毫克/千克；

制剂大鼠急性经皮 LD_{50} 大于 3000 毫克/千克。

对兔眼睛有轻微刺激性；

对兔皮肤有中等刺激性。

对鱼类毒性高毒。

鲤鱼 96 小时 LC_{50} 为 0.22 毫克/升；

虹鳟鱼 96 小时 LC_{50} 为 0.008 毫克/升；

蓝鳃太阳鱼 96 小时 LC_{50} 为 0.01 毫克/升。

对鸟类毒性高毒。

鹌鹑急性经口 LD_{50} 为 1.5 毫克/千克。

对蜜蜂毒性高毒。

蜜蜂经口 LD_{50} 为 0.01 微克/只。

每人每日允许摄入量为 0.00039 毫克/千克。

【防治对象】

可用于玉米、花生、甘蔗、香蕉、柑橘、棉花、水稻、甜菜、草皮和蔬菜上，防治长蝽象、南瓜十二星叶甲、日本丽金龟、线虫、根结线虫、大地老虎、小地老虎、黄地老虎、拟步甲、种蝇等害虫。

【使用方法】

1. 防治柑橘线虫：每 666.7 平方米用 3% 氯唑磷颗粒剂 4～6 千克，进行土壤处理，环状带施，然后再覆土。

2. 防治香蕉线虫：每 666.7 平方米用 3% 氯唑磷颗粒剂 3～10 千克，进行土壤处理，根际撒施，然后再覆土。

3. 防治甘蔗线虫：每 666.7 平方米用 3% 氯唑磷颗粒剂 4～6 千克，进行土壤处理，用 50 千克细土混匀，均匀撒在定植穴内，浅覆土后定植。

4. 防治甘蔗根蛆、蛴螬、地老虎等地下害虫：每 666.7 平方米用 3% 氯唑磷颗粒剂 1～1.5 千克，进行土壤处理，用 50 千克细土混匀，均匀撒在定植穴内，浅覆土后定植。

【中毒急救】

轻度中毒症状为头痛、头昏、恶心、呕吐、多汗、无力、胸闷、视力模糊、食欲减退等，全血胆碱一般降至正常值的 70% ~50%；中等中毒症状除上述症状外，还出现轻度呼吸困难、肌肉震颤、瞳孔缩小、精神恍惚、行走不稳、大汗、流涎、腹痛、腹泻等；重度中毒症状还好出现昏迷、抽搐、呼吸困难、口吐白沫、大小便失禁、惊厥、呼吸麻痹。吸入：应迅速将患者转移到空气清新流通处。如呼吸停止应做人工呼吸。如呼吸困难应输氧。如有症状及时就医。皮肤接触后：立即用水和肥皂清洗，并彻底冲洗干净。眼睛接触后：把眼睛打开用流水冲洗几分钟，如有持续的症状，及时就医。误食：立即用大量清水漱口，洗胃。洗胃时注意保护气管和食管。及时送医院对症治疗。一旦药液溅入眼睛和黏附皮肤：应立即用水冲洗至少 15 分钟。误服后：应立即用大量清水漱口，立即引吐、洗胃、导泻，但要注意病人清醒时才能引吐。如出现呕吐，应给予补液，并请医生诊断是否需要进行洗胃。不要给神志不清的病人经口食用任何东西。急救措施可以用阿托品 1 ~5 毫克皮下或静脉注射，或用解磷定 0.4 ~1.2 克静脉注射。禁用吗啡、茶碱、吩噻嗪、利血平等。

【注意事项】

1. 使用本品遵守安全使用农药规程。作业时戴防护手套和口罩，不饮食、不饮水、不吸烟。在开启农药包装的过程中操作人员应戴用必要的防护器具。处理药剂后必须立即洗手及清洗暴露的皮肤。

2. 施用土壤后受土壤温度、湿度以及土壤结构影响较大，使用时土壤温度应大于 12℃，12℃ ~30℃最宜，土壤湿度大于 40%，以手捏土能成团，1 米高度掉地后能散开为标准。

3. 本品不能在烟草和马铃薯地施用，以防出现药害。

4. 本品既可作叶面喷洒，又可作土壤或种子处理。

5. 本品严禁用于养鱼稻田和鱼塘。

6. 谨防含有本品的水流入鱼池、鱼塘，禁止在河塘等水域内清洗施药器具。

7. 本品对蜜蜂、鸟类高毒，蜜物作物花期、养蜂场、鸟类聚集地及其附近禁止使用本品。

8. 本品只能单独使用，不能与其他农药混用。

9. 孕妇和哺乳期妇女应避免接触本品。

10. 用过的容器妥善处理，不可做他用，不可随意丢弃。

11. 本品放置于阴凉、干燥、通风、防雨处，远离火源，勿与食品、饲料、种子、日用品等同贮同运。

12. 本品宜置于儿童够不着的地方并上锁，不得重压、破损包装容器。

棉隆

【作用特点】

棉隆是熏蒸性硫代异硫氰酸甲酯类杀线虫剂。作用机理是药剂在土壤中分解生成甲胺基甲基二硫代氨基甲酸酯，并进一步分解成有毒的异硫氰酸甲酯、甲醛和硫化氢等，迅速扩散至土壤颗粒间，有效地杀灭土壤中各种线虫、病原菌、地下害虫及萌发的杂草种子，从而达到清洁土壤的效果。它能有效地防治线虫和土壤真菌，如猝倒病菌、丝核病菌、镰刀菌等，还能抑制许多杂草生长。棉隆对棉花黄枯萎病有较好的防治效果。作为低毒无残留的土壤消毒剂，棉隆一直是目前市场的主导产品。它有如下优点：

1. 重茬种植 3 ~5 年后，由于线虫和土传病害的危害，产量大幅度下降，土壤消毒可恢复产量；

2. 减少地上部分的病虫害；

3. 可以提高作物的品质；

4. 无农药残留问题，减少地上部分喷施农药的次数。

【毒性及环境生物安全性评价】

对高等动物毒性低毒。

雄大鼠急性经口 LD_{50} 为 550 毫克/千克；

雌大鼠急性经口 LD_{50} 为 710 毫克/千克；

小鼠急性经口 LD_{50} 为 400 毫克/千克；

兔急性经皮 LD_{50} 为 2360~2600 毫克/千克。

对兔眼睛有轻微刺激性；

对兔皮肤有轻微刺激性。

大鼠 2 年慢性饲喂试验无作用剂量为 10 毫克/千克·天。

各种试验结果表明，无致癌、致畸、致突变作用。

对鱼类毒性中等毒。

鲤鱼 48 小时 LC_{50} 为 10 毫克/升。

对鸟类毒性低毒。

野鸭经口 LD_{50} 为 473 毫克/千克。

对蜜蜂毒性微毒。

【防治对象】

可用于苗床、温室、育种室、盆栽植物基质和大田等土壤处理，防治为害花生、蔬菜、烟草、茶、果树、林木等作物的多种线虫和土传病害。可防治短体虱、矮化虱、纽带属、剑属、根结属、胞囊属、茎属等红虫。对土壤昆虫、真菌和杂草也有防治效果。

【使用方法】

1. 防治草莓线虫：每 1 平方米用 98% 棉隆颗粒剂 30~40 克，进行土壤处理。

2. 防治番茄(保护地)线虫：每 1 平方米用 98% 棉隆颗粒剂 30~40 克，进行土壤处理。

3. 防治花卉线虫：每 1 平方米用 98% 棉隆颗粒剂 30~40 克，进行土壤处理。

【特别说明】

1. 整地：整地要细，施药前先松土，然后浇水湿润土壤，并且保温 3~4 天，湿度以手捏成团，掉地后能散开为标准。

2. 施药：施药方法根据不同需要，有效的撒施、沟施、条施等。

3. 混土：施药后马上混匀土壤，深度为 20 厘米，用药到位，包括沟、边、角等。

4. 密闭消毒：混土后再次浇水，湿润土壤，浇水后立即覆以不透气塑料膜用新土封严实，以保持土壤避免棉隆产生气体泄漏。密闭消毒时间、松土通气时间和土壤温度关系。

5. 发芽试验方法：在施药处理的土壤内，随机取土样，装半玻璃瓶，在瓶内撒需移栽种子的湿润棉花团，然后立即密封瓶口，放在温暖的室内 48 小时，同时取未施药的土壤作对照，如果施药处理的土壤有抑制发芽的情况，松土通气，当通过发芽安全测试，才可栽种作物。

【中毒急救】

中毒症状为头痛、无力、呼吸喘气等轻度中毒症状，中等中毒症状会进一步加重。吸入：应迅速将患者转移到空气清新流通处。如呼吸停止应做人工呼吸。如呼吸困难应输氧。如有症状及时就医。皮肤接触后：立即用水和肥皂清洗，并彻底冲洗干净。眼睛接触后：把眼睛打开用流水冲洗几分钟，如有持续的症状，及时就医。误食：立即用大量清水漱口，洗胃。洗胃时注意保护气管和食管。及时送医院对症治疗。一旦药液溅入眼睛和黏附皮肤：应立即用水冲洗至少 15 分钟。误服后：应立即用大量清水漱口，不要诱导呕吐。如出现呕吐，应给予补液，并请医生诊断是否需要进行洗胃。不要给神志不清的病人经口食用任何东西。

【注意事项】

1. 使用本品遵守安全使用农药规程。作业时戴防护手套和口罩，不饮食、不饮水、不吸烟。在开启农药包装的过程中操作人员应戴用必要的防护器具。处理药剂后必须立即洗手及清洗暴露的皮肤。

2. 施用土壤后受土壤温度、湿度以及土壤结构影响较大，使用时土壤温度应大于 12℃，12℃~30℃ 最宜，土壤湿度大于 40%，以手捏土能成团，1 米高度掉地后能散开为标准。

3. 本品具有灭生性的原理，所以生物药肥不能同时使用。

4. 为避免处理后土壤第 2 次感染线虫病菌，基肥一定要在施药前加入，并避免通过鞋、衣服或劳动工具将棚外未消毒的土块或杂物带入而引起再次感染。

5. 本品对鱼有毒，禁止将剩余药剂或洗涤工具流入鱼塘。

6. 孕妇和哺乳期妇女应避免接触本品。

7. 用过的容器妥善处理，不可做他用，不可随意丢弃。

8. 本品放置于阴凉、干燥、通风、防雨处，远离火源，勿与食品、饲料、种子、日用品等同贮同运。

9. 本品宜置于儿童够不着的地方并上锁，不得重压、破损包装容器。

氰氨化钙

【作用特点】

氰氨化钙是一种杀线虫及、杀菌剂、杀螺剂、除草剂。遇水时形成氨基氰，能使植物叶子脱落，可制成脱叶剂和除草剂。能有效杀灭根结线虫，供给作物所需氮素及钙素营养，抑制硝化反应，综合提高氮素利用率，调节土壤酸碱度，改良土壤性状，加速作物秸秆、家畜粪便的腐熟，增强堆沤效果；能有效杀灭福寿螺，在有效灭螺滋生的各类环境。稻田灭螺可有效促进作物生长、分蘖、提高品质、增加产量。

【毒性及环境生物安全性评价】

对高等动物毒性低毒。

雄大鼠急性经口 LD_{50} 大于 1000 毫克/千克；

雌大鼠急性经口 LD_{50} 大于 1000 毫克/千克；

雄大鼠急性经皮 LD_{50} 大于 2000 毫克/千克；

雌大鼠急性经皮 LD_{50} 大于 2000 毫克/千克。

对兔眼睛无刺激性；

对兔皮肤无刺激性。

豚鼠皮肤致敏试验结果为无致敏性。

大鼠 90 天亚慢性饲喂试验无作用剂量为 12.5 毫克/千克·天。

各种试验结果表明，无致癌、致畸、致突变作用。

对鱼类毒性低毒。

斑马鱼 48 小时 LC_{50} 为 140.7 毫克/升。

对鸟类毒性低毒。

鹌鹑经口灌胃法 7 天 LD_{50} 大于 750 毫克/千克。

对蜜蜂毒性微毒。

蜜蜂胃毒法 48 小时 LC_{50} 大于 10000 毫克/升。

对家蚕毒性微毒。

2 龄家蚕食下毒叶法 LC_{50} 为 5369 毫克/千克·桑叶。

【防治对象】

主要用于防治番茄、黄瓜根结线虫和水稻福寿螺。

【使用方法】

1. 防治水稻福寿螺：在水稻田使用时，在水稻耕作前 10 ~ 15 天或水稻移栽后 7 ~ 15 天，田间福寿螺盛发期施药，每 666.7 平方米用 50% 氰氨化钙颗粒剂 33 ~ 55 千克，均匀撒施。

2. 防治水稻福寿螺：用于小河、塘、汊、沟渠等有螺环境，每 1 立方米用 50% 氰氨化钙颗粒剂 50 ~ 80 克，均匀撒施。筑坝堵住水流并计算水体量，按每 1 立方米用药量将药均匀撒入水面，并将坡或岸边植被铲入水下。

3. 防治番茄根结线虫：在番茄定植前 15 天，每 666.7 平方米用 50% 氰氨化钙颗粒剂 48 ~ 64 千克，均匀沟施。

4. 防治黄瓜根结线虫：在番茄定植前 10 天，每 666.7 平方米用 50% 氰氨化钙颗粒剂 48 ~ 64 千克，均匀沟施。

【中毒急救】

中毒症状表现为面、颈及胸背上方皮肤发红，眼、软腭及咽喉黏膜发红、畏寒等。个别可发生多发性神经炎，暂时性局灶性脊髓炎及瘫痪等。进入眼内可引起眼损害；皮肤接触可引起皮炎、荨麻诊及溃疡。长期接触可引起神经衰弱综合征及消化道症状；眼及呼吸道刺激。长期大量吸入其粉尘可引起尘肺。吸入：应迅速将患者转移到空气清新流通处。如呼吸停止应做人工呼吸。如呼吸困难应输氧。如有症状及时就医。皮肤接触后：立即用水和肥皂清洗，并彻底冲洗干净。眼睛接触后：把眼睛打开用流水冲洗几分钟，如有持续的症状，及时就医。误食：立即用大量清水漱口，洗胃。洗胃时注意保护气管和食管。及时送医院对症治疗。一旦药液溅入眼睛和黏附皮肤：应立即用水冲洗至少 15 分钟。误服后：应立即用大量清水漱口，不要诱导呕吐。如出现呕吐，应给予补液，并请医生诊断是否需要进行洗胃。不要给神志不清的病人经口食用任何东西。

【注意事项】

1. 使用本品遵守安全使用农药规程。作业时戴防护手套和口罩，不饮食、不饮水、不吸烟。在开启农药包装的过程中操作人员应戴用必要的防护器具。处理药剂后必须立即洗手及清洗暴露的皮肤。

2. 本品严禁用于养鱼稻田和鱼塘。

3. 谨防含有氰氨化钙的水流入鱼池、鱼塘，禁止在河塘等水域内清洗施药器具。

4. 本产品对鱼类低毒，但施药后水体环境 pH 较高，水体不能做人工鱼卵，蟹苗和蚌苗孵化水的循环水。

5. 池塘、沟渠灭螺水体至少 15 日后方可用于作物灌溉。

6. 可根据螺的密度适量用药。黄昏或雨后施药效果最佳。

7. 药后至移栽间隔时间至少 15 天。

8. 孕妇和哺乳期妇女应避免接触本品。

9. 用过的容器妥善处理，不可做他用，不可随意丢弃。

10. 本品放置于阴凉、干燥、通风、防雨处，远离火源，勿与食品、饲料、种子、日用品等同贮同运。

11. 本品宜置于儿童够不着的地方并上锁，不得重压、破损包装容器。

威百亩

【作用特点】

威百亩是一种具有熏蒸作用的二硫代氨基甲酸酯类杀线虫剂，其在土壤中降解成异氰酸甲酯发挥熏蒸作用，通过抑制生物细胞分裂和DNA、RNA和蛋白质的合成以及造成生物呼吸受阻，能有效杀灭根结线虫、杂草等有害生物，从而获得洁净及健康的土壤。可作为溴甲烷的替代产品。

【毒性及环境生物安全性评价】

对高等动物毒性低毒。

雄大鼠急性经口 LD_{50} 大于 1000 毫克/千克；

雌大鼠急性经口 LD_{50} 大于 1000 毫克/千克；

雄大鼠急性经皮 LD_{50} 大于 2000 毫克/千克；

雌大鼠急性经皮 LD_{50} 大于 2000 毫克/千克。

对兔眼睛无刺激性；

对兔皮肤无刺激性。

豚鼠皮肤致敏试验结果为无致敏性。

大鼠 90 天亚慢性饲喂试验无作用剂量为 12.5 毫克/千克·天。

各种试验结果表明，无致癌、致畸、致突变作用。

对鱼类毒性低毒。

斑马鱼 48 小时 LC_{50} 为 140.7 毫克/升。

对鸟类毒性低毒。

鹌鹑经口灌胃法 7 天 LD_{50} 大于 750 毫克/千克。

对蜜蜂毒性微毒。

蜜蜂胃毒法 48 小时 LC_{50} 大于 10000 毫克/升。

对家蚕毒性微毒。

2 龄家蚕食下毒叶法 LC_{50} 为 5369 毫克/千克·桑叶。

【防治对象】

适用于温室、大棚、塑料拱棚、花卉、烟草、中草药、生姜、山药等经济作物苗床土壤、重茬种植的土壤灭菌，及组培种苗等培养基质、盆景土壤、食用菌菇床土等熏蒸灭菌，能预防线虫、真菌、细菌、地下害虫等引起的各类病虫害并且兼防马塘、看麦娘、莎草等杂草。

【使用方法】

1. 防治番茄根结线虫：在番茄定植前 15 天，每 666.7 平方米用 35% 威百亩水剂 4~6 千克，均匀沟施。具体方法是于播种前 20 天以上，在地面开沟，沟深 20 厘米，沟距 20 厘米。将稀释药液均匀的施于沟内，盖土压实后但不要太实，覆盖地膜进行熏蒸处理，土壤干燥时可适当多加水稀释药液，15 天后去掉地膜，翻耕透气，再播种或移栽。

2. 防治黄瓜根结线虫：在番茄定植前 15 天，每 666.7 平方米用 35% 威百亩水剂 4~6 千克，均匀沟施。具体方法是于播种前 20 天以上，在地面开沟，沟深 20 厘米，沟距 20 厘米。将稀释药液均匀的施于沟内，盖土压实后但不要太实，覆盖地膜进行熏蒸处理，土壤干燥时可适当多加水稀释药液，15 天后去掉地膜，翻耕透气，再播种或移栽。

【特别说明】

施药要点：温度、湿度、深度、均匀、密闭。

施药后保持土壤湿度在 65%~75% 之间，土壤温度 10℃以上，施药均匀，药液在土壤中深度达 15~20 厘米，施药后立即覆盖塑料薄膜并封闭严密，防止漏气，密闭 15 天以上。

一、苗床使用方法：

1. 整地：施药前先将土壤耕松，整平，并保持潮湿。

2. 施药：按制剂用药量加水稀释 50~75 倍（视土壤湿度情况而定）稀释，均匀喷到苗床表面并让药液润透土层 4 厘米。

3. 覆盖：施药后立即覆盖聚乙烯地膜阻止药气泄漏。

4. 除膜：施药后 10 天后除去地膜，耙松土壤，使残留气体充分挥发 5~7 天。

5. 播种：待土壤残余药气散尽后，土壤即可播种或种植。

二、营养土使用方法：

1. 准备营养土：如使用有机肥、基肥等需先与土壤混合均匀。

2. 配制药液：将本剂加水稀释 80 倍液备用。

3. 施药：将营养土均匀平铺于薄膜或水泥地面 5 厘米厚，将配制后的药液均匀喷洒到营养土上，润透 3 厘米以上，再覆 5 厘米营养土、喷洒配制后的药液，依此重复成堆，最后用薄膜覆盖严密，防止药气挥发。

4. 除膜：施药后 10 天后除去薄膜，翻松营养土，使剩余药气充分散出，5 天后再翻松 1 次，即可使用。

三、保护地及陆地使用方法：

1. 施药前准备工作：

①清园：清除田间作物植株及残体，包括杂草等根茎叶。

②补水：根据土壤墒情，适当浇水使土壤湿度达到 65%~75%。

③施肥：为避免有机肥带有病菌，有机肥等需要在施药前均匀施到田间。"活体"菌肥应在施药后使用。

④翻耕：施药前耕松土壤。

2. 施药方式：

①沟施：在翻耕后的田地上开沟，沟深 15~20 厘米，沟距 20~25 厘米，制剂按亩用药量适量对水（一般 80 倍左右，现用现兑），均匀施到沟内，施药后立即覆土、覆盖塑料薄膜，防止药气挥发。

②注射施药：使用注射器械在田间均匀施药（根据器械情况和土壤湿度适量对水），间距 20~25 厘米×20~25 厘米，施药后封闭穴孔，覆盖塑料薄膜，防止药气挥发。

③滴灌施药：滴灌施药需适量加大用药量及水量，以期达到施药要求。

3. 散气：

施药后密闭熏蒸时间随气温变化，气温在 20℃~25℃密闭 15 天以上，气温在 25℃~30℃密闭 10 天以上。撤去薄膜后当日或隔日深翻田土，使土壤疏松，散气 5~7 天。检测散气效果可做白菜种子发芽试验，观察白菜出苗及根的健康情况判断毒气散尽与否。确定药气散净后即可播种或移栽。

4. 施药注意要点：

①施药时间：一般选择早 4~9 时或午后 16~20 时，避开中午高温时间，防止药气过多挥发及保证施药人员安全。

②该药在稀释溶液中易分解，使用时要现用现配。该药剂能与金属盐起反应，配制药液时避免使用金属器具。

③施药后如发现覆盖薄膜有漏气或孔洞，应及时封堵，为保证药效可重新施药。

【中毒急救】

中毒症状表现头痛、头昏、恶心、呕吐等。进入眼内可引起眼损害；皮肤接触可引起皮炎、荨麻诊及溃疡。长期接触可引起神经衰弱综合征及消化道症状；眼及呼吸道刺激。长期大量吸入其粉尘可引起尘肺。吸入：应迅速将患者转移到空气清新流通处。如呼吸停止应做人工呼吸。如呼吸困难应输氧。如有症状及时就医。皮肤接触后：立即用水和肥皂清洗，并彻底冲洗干净。眼睛接触后：把眼睛打开用流水冲洗几分钟，如有持续的症状，及时就医。误食：立即用大量清水漱口，洗胃。洗胃时注意保护气管和食管。及时送医院对症治疗。一旦药液溅入眼睛和黏附皮肤：应立即用水冲洗至少 15 分钟。误服后：应立即用大量清水漱口，不要诱导呕吐。如出现呕吐，应给予补液，并请医生诊断是否需要进行洗胃。不要给神志不清的病人经口食用任何东西。在一般情况下中毒，心脏活动减弱时，可用浓茶、浓咖啡暖和身体。偶然进入人体内部，可使中毒者呕吐，用 1~3% 单宁溶液洗胃。

【注意事项】

1. 使用本品遵守安全使用农药规程。作业时戴防护手套和口罩，不饮食、不饮水、不吸烟。在开启农药包装的过程中操作人员应戴用必要的防护器具。处理药剂后必须立即洗手及清洗暴露的皮肤。

2. 每季最多使用 1 次。

3. 本品不可直接施用于作物表面，土壤处理每季最多施药 1 次。

4. 本品应于 0℃ 以上存放，温度低于 0℃ 易析出结晶，使用前如发现结晶，可置于温暖处升温并摇晃至全溶即可，不影响使用效果。

5. 大风和中午高温时，应停止施药。药桶内的药液不能装的过满。

6. 本品为土壤熏蒸剂，不可直接喷洒于作物，使用时要现配。

7. 使用本剂地温 15℃ 以上效果优良，地温低时熏蒸时间需加长。

8. 本品在碱性中稳定，遇酸则分解，不能与酸性铜制剂、碱性金属类及重金属类等物质混用，如含钙的农药波尔多液、石硫合剂。

9. 本品对鱼、蜂、蚕有毒，在桑园蚕室附近、水产养殖区附近、养蜂地区及开花植物花期禁止使用，使用时要注意对鸟类的影响。

10. 施药结束后，清洗药械的污水应选在安全地点妥善处理，不准随地泼洒，防止污染饮用水源和养鱼池塘。禁止在河塘等水体中清洗施药器具。

11. 患皮肤病及其他疾病尚未恢复健康者，以及哺乳期、孕妇、经期的妇女暂停施药。

12. 建议与其他作用机制不同的杀虫剂轮换使用，以延缓抗性产生。

13. 用过的容器应妥善处理，不可做他用，也不可随意丢弃。

14. 本品放置于阴凉、干燥、通风、防雨处，远离火源，勿与食品、饲料、种子、日用品等同贮同运。

15. 本品宜置于儿童够不着的地方并上锁，不得重压、破损包装容器。

第七节　植物生长调节剂

氨基寡糖素

【作用特点】

氨基寡糖素，也称之为农业专用壳寡糖。它是根据植物的生长需要，采用独特的生物技术生产而成，分为固态和液态 2 种类型。氨基寡糖素本身含有丰富的碳、氮，可被微生物分解利用并作为植物生长的养分。可改变土壤微生物区系，促进有益微生物的生长而抑制一些植物病原菌。氨基寡糖素可刺激植物生长，使农作物和水果蔬菜增产丰收。氨基寡糖素可诱导植物的抗病性，对多种真菌、细菌和病毒产生免疫和杀灭作用，对小麦花叶病、棉花黄萎病、水稻稻瘟病、番茄疫病等病害具有良好的防治作用。同时，氨基寡糖素对多种植物病原菌具有一定程度的直接抑制作用。具有微量（PPM 级）、高效、低成本、无公害等特点，对我国农业可持续性发展具有重要意义。目前，氨基寡糖素杀菌农药已经在我国进行了大面积的推广应用，对我国农业的可持续性发展具有重要意义。主要作用机理是对一些病菌的生长产生抑制作用，影响真菌孢子萌发，诱发菌丝形态发生变异、孢内生化发生改变等。能激发植物体内基因，产生具有抗病作用的几丁酶、葡聚糖酶、保素及 PR 蛋白等，并具有细胞活化作用，有助于受害植株的恢复，促根壮苗，增强作物的抗逆性，促进植物生长发育。氨基寡糖素溶液，具有杀毒、杀细菌、杀真菌作用。不仅对真菌、细菌、病毒具有极强的防治和铲除作用，而且还具有营养、调节、解毒、抗菌的功效。它有如下 5 大功能：

1. 作为诱导杀菌剂。氨基寡糖素以其来源广泛、诱抗活性高并能调节植物生长发育等优势，逐渐成为国内外关注热点。作为生物农药，氨基寡糖素在防病和抗病方面有着多种机制，除了作为活性信号分子，迅速激发植物的防卫反应，启动防御系统，使植物产生酚类化合物、木质素、植保素、病程相关蛋白等抗病物质，并提高与抗病代谢相关的防御酶和活性氧清除酶系统的活性，寡糖对植物病原菌直接的抑制作用也是其抗病的必要组成部分。一般认为氨基寡糖素抗菌机理是：在酸性条件下，氨基寡糖素分子中氨离子与细菌细胞壁所含硅酸、磷酸脂等解离出阴离子结合，从而阻碍细菌大量繁殖；然后，氨基寡糖素进一步低分子化，通过细胞壁，进入微生物细胞内，使遗传因子从 DNA 到 RNA 转录过程受阻，造成微生物彻底无法繁殖。将氨基寡糖素用于制造生物农药是未来的发展方向，它在环境中易于降解，完全不会对环境造成污染，兼有药效和肥效双重生物调节功能的特点，可诱导激活植物免疫系统，提高植物抗病毒能力。国内目前氨基寡糖素农药，经广泛的田间实验及室内验证西瓜枯萎病、棉花黄萎病、番茄晚疫病、烟草病毒病、黄瓜白粉病、生菜立枯病、辣椒疫病等均有很好的防效。

2. 作为植物功能调节剂。氨基寡糖素可作为植物功能调节剂，具有活化植物细胞，促进植物生长，调节植物抗性基团的关闭与开放，激活植物防御反应，启动抗病基因表达等作用。日本已将氨基寡糖素制成植物生长调节剂，用于提高某些农作物产量。张文清等研究了氨基寡糖素对黄瓜生长的促进作用，结果表明，氨基寡糖素处理过的黄瓜植物不但对霜霉病的抗性增强，而且对果实采收期可提前 3~5 天，产量明显提高。

3. 作为种子种衣剂。氨基寡糖素作为一种植物生长调节剂及抗菌剂，可诱导植物产生PR 蛋白和植保素，利用氨基寡糖素为基本成分研制的新型种衣剂，具有巨大的生产潜力。对氨基寡糖素油菜种衣剂剂型应用效果进行研究，利用壳聚糖酶降解壳聚糖获得的氨基寡糖素为基本成分，配以化肥、微量元素及防腐剂等成分进行混合，调制成较稳定的胶体溶液后拌种，对油菜种子发芽和出苗均无明显影响，但可促进油菜生长，提高壮苗率，增加产量，增产幅度在 4.33%~9.67%，增产以增加每角果粒数为主。氨基寡糖素拌种可明显抑制油菜菌核病的发生，3 个油菜品种的防治率为 34.19%~44.1%。

4. 作为作物抗逆剂，氨基寡糖素诱导作物的抗性不仅表现在抗病（生物逆境）方面，也表现在抵抗非生物逆境方面。施用氨基寡糖素对作物的抗寒冷、抗高温、抗旱涝、抗盐碱、抗肥害、气害、抗营养失衡等方面均有良好作用。这是由于氨基寡糖素对作物本身以及土壤环境均产生了多方面的良好影响，譬如氨基寡糖素诱导作物产生的多种抗性物质中，有些具有预防、减轻或修复逆境对植物细胞的伤害作用；另氨基寡糖素能促使作物生长健壮，健壮植株自然也有较强的抗逆能力。以草莓悬浮培养的细胞为对象，研究了氨基寡糖素处理对活性氧代谢的效应。结果表明，氨基寡糖素可诱导草莓悬浮培养细胞的活性氧迸发，同时也可诱导活性氧清除酶活性上升，可以认为氨基寡糖素处理能直接诱导活性氧产生速率的早期直接增加。这可能有利于启动活性氧信号系统，并引起抗性信号的转导。而在处理后期活性氧清除酶——CAT 和 SOD 活性显著增加，可以清除过多活性氧，避免活性氧积累对细胞的伤害作用。因而氨基寡糖素处理草莓细胞可以诱导产生抗性反应。农业技术专家实践中发现：当做物幼苗遇低温冷害而萎蔫时，及时施用氨基寡糖素，很快植株就恢复了长势；当作物不论是什么原因导致根系老化时，施用氨基寡糖素能促发有活力的新根；当作物遭受农药药害导致枝叶枯萎时，施用氨基寡糖素可以辅助解毒并使之很快就抽出新的枝叶。

5. 可以提高杀虫活性和趋避活性。常规使用的杀虫剂剂型及施药方法难以使农药充分接触到靶标昆虫，更多的是残留在环境中，造成浪费，且污染环境，给人类健康造成危害。所以如何提高杀虫剂的缓释性能就成为了亟待解决的问题。将壳聚糖及氨基寡糖素用于室内杀虫实验。结果表明，对鳞翅目和同翅目害虫均具有一定的杀虫活性，在相同浓度下，对小菜蛾的杀虫活性高于对棉铃虫，对不同蚜虫的杀虫活性一般在 60% ~ 80% 之间，最高可达 99%。

【毒性及环境生物安全性评价】

对高等动物毒性低毒。

大鼠急性经口 LD_{50} 大于 5100 毫克/千克；

大鼠急性经皮 LD_{50} 大于 2100 毫克/千克。

对兔眼睛无刺激性；

对兔皮肤无刺激性。

豚鼠皮肤致敏试验结果为弱致敏性。

对生物低毒极低。

对环境生态安全。

【防治对象】

可广泛用于防治果树、蔬菜、地下根茎、烟草、中药材及粮棉作物的病毒、细菌、真菌引起的花叶病、小叶病、斑点病、炭疽病、霜霉病、疫病、蔓枯病、黄矮病、稻瘟病、青枯病、软腐病等病害。

【使用方法】

1. 防治白菜软腐病：每 666.7 平方米用 2% 氨基寡糖素水剂 187.5 ~ 250 毫升，兑水 30 ~ 45 千克全株茎叶均匀喷雾。于白菜苗期、发病前或发病初期叶面喷雾施用，连续施药 2 ~ 3 次，间隔 5 ~ 7 天施药 1 次。

2. 防治番茄病毒病：每 666.7 平方米用 2% 氨基寡糖素水剂 160 ~ 267 毫升，兑水 30 ~ 45 千克全株茎叶均匀喷雾。于白菜苗期、发病前或发病初期叶面喷雾施用，连续施药 2 ~ 3 次，间隔 5 ~ 7 天施药 1 次。

3. 防治番茄晚疫病：每 666.7 平方米用 2% 氨基寡糖素水剂 50 ~ 60 毫升，兑水 30 ~ 45 千克全株茎叶均匀喷雾。于白菜苗期、发病前或发病初期叶面喷雾施用，连续施药 2 ~ 3 次，间隔 5 ~ 7 天施药 1 次。

4. 防治烟草病毒病：每 666.7 平方米用 2% 氨基寡糖素水剂 112.5 ~ 167 毫升，兑水 30 ~ 45 千克全株茎叶均匀喷雾。于白菜苗期、发病前或发病初期叶面喷雾施用，连续施药 2 ~ 3 次，间隔 5 ~ 7 天施药 1 次。

【中毒急救】

吸入：应迅速将患者转移到空气清新流通处。如呼吸停止应做人工呼吸。如呼吸困难应输氧。如有症状及时就医。皮肤接触后：立即用水和肥皂清洗，并彻底冲洗干净。眼睛接触后：把眼睛打开用流水冲洗几分钟，如有持续的症状，及时就医。误食：立即用大量清水漱口，洗胃。洗胃时注意保护气管和食管。及时送医院对症治疗。一旦药液溅入眼睛和黏附皮肤：应立即用水冲洗至少 15 分钟。误服后：应立即用大量清水漱口。本品无其他特效解毒剂。

【注意事项】

1. 使用本品遵守安全使用农药规程。作业时戴防护手套和口罩，不饮食、不饮水、不吸烟。在开启农药包装的过程中操作人员应戴用必要的防护器具。处理药剂后必须立即洗手及清洗暴露的皮肤。

2. 本品不得与碱性药剂混用。

3. 本品不宜与酸性物质混用。

4. 本品喷适应避开烈日和阴雨天，傍晚喷施于作物茎叶或果实上。

5. 本品对病害有预防作用，但无治疗作用，应在植物发病初期使用。

6. 在预计两小时内降雨或大风天气，请勿施药。

7. 为防止和延缓抗药性，应与其他有关防病药剂交替使用，每个生长季中最多使用3 次。

8. 本品与有关杀菌保护剂混用，可显著增加药效。

9. 孕妇和哺乳期妇女应避免接触本品。

10. 用过的容器妥善处理，不可做他用，不可随意丢弃。

11. 本品放置于阴凉、干燥、通风、防雨处，远离火源，勿与食品、饲料、种子、日用品等同贮同运。

12. 本品宜置于儿童够不着的地方并上锁，不得重压、破损包装容器。

胺鲜酯

【作用特点】

胺鲜酯是具有广谱和突破性效果的高能植物生长调节剂。能提高植株体内叶绿素，蛋白质，核酸的含量和光合速率，提高过氧化物酶及硝酸还原酶的活性，促进植株的碳，氮代谢，增强植株对水肥的吸收和干物质的积累，调节体内水分平衡，增强作物，果树的抗病，抗旱，抗寒能力；延缓植株衰老，促进作物早熟、增产、提高作物的品质；从而达到增产、增质。

胺鲜酯几乎适用于所有植物及整个生育期，施用 2~3 天后叶片明显长大变厚，长势旺盛植株粗壮，抗病虫害等抗逆能力大幅度提高。其使用浓度范围大，从 1~100ppm 均对植物有很好的调节作用，至今未发现有药害现象。胺鲜酯具有缓释作用，能被植物快速吸收和储存，一部分快速起作用，另外部分缓慢持续地起作用，其持效期达 30~40 天。在低温下，只要植物具有生长现象，就具有调节作用，可以广泛应用于塑料大棚和冬季作物。植物吸收胺鲜酯后，可以调节体内内源激素平衡。在前期使用，植物会加快营养生长，中后期使用，会增加开花座果，加快植物果实饱满、成熟。这是传统调节剂所不具备的特点。具体表现为：

1. 增进光合作用。胺鲜酯可以增加叶绿素含量，施用 3 天后，使叶片浓绿、变大、变展、见效快、效果好。同时提高光合作用速率，增加植物对二氧化氮的吸收，调节植物的碳、氮比。增加叶片和植株的抗病能力，使植株长势旺盛，这方面要显著优越于其他植物生长调节剂。

2. 适应低温。其他植物生长调节剂在低于 20 度时，对植物生长失去调节作用，所以限制了它们在塑料大棚中和冬季里的应用。胺鲜酯在低温下，只要植物具有生长现象，就具有调节作用。所以，可以广泛应用于塑料大棚和冬季作物。

3. 无毒副作用。芳香类化合物一般在自然界中不易降解，但胺鲜酯是一种脂肪酯类化合物，相当于油酯类，对人、畜没有任何毒性，不会在自然界中残留。经中国疾病控制中心和郑州大学医学院多年试验证明，属于无毒物质。

4. 超强稳定性。芳香类化合物易燃，不小心可能引起爆炸，造成生命财产的损失。腺嘌呤类具有腐蚀性，又需要特殊设备和贮藏设备。胺鲜酯原粉不易燃，不易爆，按照一般的化学物质贮运即可，不存在贮运和使用中的隐患问题。

5. 缓释作用。芳香类化合物、腺嘌呤类、生长素等植物生长调节剂，虽然都具有速效性，但作用效果很快消失，胺鲜酯具有缓释作用，它会被植物快速吸收和贮存，一部分快速起作用，而另一部分缓慢起作用。

6. 调节植物体内 5 大内源激素。胺鲜酯本身不是植物激素，但吸收以后，可以调节植物体内的生长素、赤霉素、脱落酸、细胞分裂素、乙烯等的活性和有效调节其配比平衡。一般前期用胺鲜酯会增加开花、座果，并加快植物果实的成熟。这是芳香类化合物和其他植物生长调节剂所不具备的性质。

7. 使用浓度范围大。芳香类化合物和腺嘌呤类植物生长调节剂的使用浓度范围很窄，浓度低了没有作用，浓度高了抑制植物生长，甚至杀死植物，但胺鲜酯具有较宽的使用浓度，且不同的浓度有不同时间的作用高峰和增产效果，没有发现副作用和药害现象。

8. 固氮作用。胺鲜酯对大豆等喜氮作物具有良好的固氮作用。

【毒性及环境生物安全性评价】

对高等动物毒性低毒。

原药雄大鼠急性经口 LD_{50} 大于 5000 毫克/千克；

原药雌大鼠急性经口 LD_{50} 大于 5000 毫克/千克；

原药雄大鼠急性经皮 LD_{50} 大于 2000 毫克/千克；

原药雌大鼠急性经皮 LD_{50} 大于 2000 毫克/千克。

对兔眼睛有轻微刺激性；

对兔皮肤有中等刺激性。

豚鼠皮肤致敏试验结果为弱致敏性。

制剂雄大鼠急性经口 LD_{50} 大于 5000 毫克/千克；

制剂雌大鼠急性经口 LD_{50} 大于 5000 毫克/千克；

制剂雄大鼠急性经皮 LD_{50} 大于 5000 毫克/千克；

制剂雄大鼠急性经皮 LD_{50} 大于 5000 毫克/千克。

对兔眼睛有轻微刺激性；

对兔皮肤有中等刺激性。

豚鼠皮肤致敏试验结果为弱致敏性。

对鱼类毒性低毒。

斑马鱼 96 小时 LC_{50} 为 153.7 毫克/升。

对鸟类毒性低毒。

鹌鹑急性经口 7 天 LD_{50} 大于 120 毫克/千克。

对蜜蜂毒性高毒。

蜜蜂经口 48 小时 LC_{50} 大于 3000 毫克/升。

对家蚕毒性低毒。

3 龄起家蚕经口 LC_{50} 大于 5000 毫克/升。

土壤中易降解。

水中易水解。

水中易光解。

【防治对象】

可用于小麦、大豆、玉米、高粱、油菜、花生、甘蔗、香蕉、柑橘、棉花、水稻、甜菜、蔬菜等多种作物，苗壮、抗病抗逆性好、增花保果提高结实率、果实均匀光滑、品质提高、早熟、收获期延长、增产、提高发芽率、强壮植株、抗倒伏、粒多饱满、穗数和千粒重增加等。

【使用方法】

1. 用于白菜，调节生长、增产：用 8% 胺鲜酯可溶性粉剂 1000 ~ 1500 倍液，在白菜移栽定植成活后至结球期均匀喷雾。

2. 用于水稻，调节生长、增产，用 8% 胺鲜酯可溶性粉剂 1200 ~ 1500 倍液，浸种 24 小时或在水稻分蘖期、孕穗期、灌浆期各喷施 1 次。

3. 用于小麦，调节生长、增产：用 8% 胺鲜酯可溶性粉剂 1200 ~ 1500 倍液，浸种 8 小时或在小麦三叶期、孕穗期、灌浆期各喷施 1 次。

4. 用于大豆，调节生长、增产：用 8% 胺鲜酯可溶性粉剂 1000 ~ 1500 倍液，浸种 8 小时或在大豆苗期、始花期、结荚期各喷施 1 次。

5. 用于棉花，调节生长、增产：用 8% 胺鲜酯可溶性粉剂 1000 ~ 1200 倍液，浸种 24 小时或在棉花苗期、花蕾期、花龄期各喷施 1 次。

6. 用于高粱，调节生长、增产：用 8% 胺鲜酯可溶性粉剂 1000 ~ 1200 倍液，浸种 6 ~ 16 小时或在高粱幼苗期、拔节期、抽穗期各喷施 1 次。

7. 用于柑橘，调节生长、增产：用 8% 胺鲜酯可溶性粉剂 800 ~ 1000 倍液，在柑橘始花期、生理落果中期、果实 3 ~ 5 厘米时各喷施 1 次。

8. 用于香蕉，调节生长、增产：用 8% 胺鲜酯可溶性粉剂 800 ~ 1000 倍液，在香蕉花蕾期、断蕾后各喷施 1 次。

9. 用于萝卜、胡萝卜、榨菜、牛蒡等根菜类蔬菜，调节生长、增产：用 8% 胺鲜酯可溶性粉剂 800 ~ 1000 倍液，浸种 6 小时或在根菜类蔬菜幼苗期、肉质根形成期和膨大期各喷施 1 次。

10. 用于甜菜，调节生长、增产：用 8% 胺鲜酯可溶性粉剂 1000 ~ 1500 倍液，浸种 8 小时或在甜菜幼苗期、直根形成期、和膨大期各喷施 1 次。

11. 用于番茄、茄子、辣椒、甜椒等茄果类蔬菜，调节生长、增产：用 8% 胺鲜酯可溶性粉剂 800 ~ 1000 倍液，在茄果类蔬菜幼苗期、初花期、座果后各喷施 1 次。

12. 用于西瓜、冬瓜、香瓜、哈密瓜等瓜类，调节生长、增产：用 8% 胺鲜酯可溶性粉剂 800 ~ 1000 倍液，在瓜类始花期、座果后，果实膨大期各各喷施 1 次。

13. 用于四季豆、遍豆、豌豆、蚕豆、菜豆等豆类，调节生长、增产：用 8% 胺鲜酯可溶性粉剂 800 ~ 1000 倍液，在豆类幼苗期、盛花期、结荚期各喷施 1 次。

14. 用于韭菜、大葱、洋葱、大蒜等葱蒜类，调节生长、增产：用 8% 胺鲜酯可溶性粉剂 800 ~ 1000 倍液，在葱蒜类营养生长期间隔 10 天以上喷施 1 次，共 2 ~ 3 次。

15. 用于蘑菇、香菇、木耳、草菇、金针菇等食用菌类，调节生长、增产：用 8% 胺鲜酯可溶性粉剂 800 ~ 1000 倍液，在食用菌类子实体形成初期喷 1 次，在幼菇期、成长期各喷 1 次。

16. 用于茶叶，调节生长、增产：用 8% 胺鲜酯可溶性粉剂 800 ~ 1000 倍液，在茶芽萌动时、采摘后各喷施 1 次。

17. 用于甘蔗，调节生长、增产：用 8% 胺鲜酯可溶性粉剂 800～1000 倍液，在甘蔗幼苗期、拔节初期、快速生长期各喷施 1 次。

18. 用于玉米，调节生长、增产：用 8% 胺鲜酯可溶性粉剂 1000～1500 倍液，浸种 6～16 小时或在玉米幼苗期、幼穗分化期、抽穗期各喷施 1 次。

19. 用于马铃薯、红薯、芋等块茎类蔬菜，调节生长、增产：用 8% 胺鲜酯可溶性粉剂 800～1000 倍液，在块茎类蔬菜苗期，块根形成期和膨大期各喷施 1 次。

20. 用于油菜，调节生长、增产：用 8% 胺鲜酯可溶性粉剂 800～1000 倍液，浸种 8 小时或在油菜苗期、始花期、结荚期各喷施 1 次。

21. 用于龙眼，调节生长、增产：用 8% 胺鲜酯可溶性粉剂 1000～1500 倍液，在龙眼始花期，座果后、果实膨大期各喷施 1 次。

22. 用于荔枝，调节生长、增产：用 8% 胺鲜酯可溶性粉剂 1000～1500 倍液，在荔枝始花期，座果后、果实膨大期各喷施 1 次。

23. 用于黄瓜、冬瓜、南瓜、丝瓜、苦瓜、节瓜、西葫芦等瓜类蔬菜，调节生长、增产：用 8% 胺鲜酯可溶性粉剂 800～1000 倍液，在瓜类蔬菜幼苗期、初花期、座果后各喷施 1 次。

24. 用于菠菜、芹菜、生菜、芥菜、空心菜、甘蓝、花椰菜、生花菜、香菜等叶菜类蔬菜，调节生长、增产：用 8% 胺鲜酯可溶性粉剂 800～1000 倍液，在叶菜类蔬菜定植后生长期间隔 7～10 天，以上喷施 1 次，共 2～3 次。

25. 用于桃、李、梅、茶、枣、樱桃、枇杷、葡萄、杏、山楂、橄榄、苹果等水果，调节生长、增产：用 8% 胺鲜酯可溶性粉剂 800～1000 倍液，在水果始花期、座果后、果实膨大期各喷施 1 次。

26. 用于花生，调节生长、增产：用 8% 胺鲜酯可溶性粉剂 1000～1200 倍液，浸种 4 小时或在花生始花期、下针期、结荚期各喷施 1 次。

27. 用于烟草，调节生长、增产：用 8% 胺鲜酯可溶性粉剂 800～1000 倍液，在烟草定植后、团棵期、旺长期各喷施 1 次。

28. 用于花卉，调节生长：用 8% 胺鲜酯可溶性粉剂 1000～1200 倍液，在花卉生长期每隔 7～10 天喷施 1 次，共 3～4 次。

29. 用于观赏植物，调节生长：用 8% 胺鲜酯可溶性粉剂 600～800 倍液，在观赏植物苗期每隔 7～10 天喷施 1 次，生长期间隔 15～20 天喷施 1 次。

【中毒急救】

吸入：应迅速将患者转移到空气清新流通处。如呼吸停止应做人工呼吸。如呼吸困难应输氧。如有症状及时就医。皮肤接触后：立即用水和肥皂清洗，并彻底冲洗干净。眼睛接触后：把眼睛打开用流水冲洗几分钟，如有持续的症状，及时就医。误食：立即用大量清水漱口，洗胃。洗胃时注意保护气管和食管。及时送医院对症治疗。一旦药液溅入眼睛和黏附皮肤：应立即用水冲洗至少 15 分钟。误服后：应立即用大量清水漱口，洗胃、导泻，不可催吐。如出现呕吐，应给予补液，并请医生诊断是否需要进行洗胃。不要给神志不清的病人经口食用任何东西。无特效解毒剂。

【注意事项】

1. 使用本品遵守安全使用农药规程。作业时戴防护手套和口罩，不饮食、不饮水、不吸烟。在开启农药包装的过程中操作人员应戴用必要的防护器具。处理药剂后必须立即洗手及清洗暴露的皮肤。

2. 本品不能与强酸、强碱性农药及碱性化肥混用。

3. 本品喷药不能在强日光下进行。

4. 本品用量大时表现为抑制植物生长，故配制应准确，不可随意加大浓度。

5. 本品用于食用作物安全间隔期为 3 天，每季最多使用 3 次。

6. 禁止在河塘等水体中清洗施药器具或将施药器具的废水倒入河流、池塘等水源。

7. 孕妇和哺乳期妇女应避免接触本品。

8. 用过的容器妥善处理，不可做他用，不可随意丢弃。

9. 本品放置于阴凉、干燥、通风、防雨处，远离火源，勿与食品、饲料、种子、日用品等同贮同运。

10. 本品宜置于儿童够不着的地方并上锁，不得重压、破损包装容器。

丙酰芸苔素内酯

【作用特点】

丙酰芸苔素内酯为芸苔素内酯化合物。通过促进植物的三羧酸循环，提高蛋白质的合成能力，调节植物体各生长点的生长激素水平，促进光电子的传递，使叶绿素增加，促进植物维生素、糖分的合成，促使果实膨大，使果实个大、光亮、果形正、口感好，改善品质。使用芸苔素内酯后，可使芸苔素内酯增强植物抵抗能力，抗逆能力的效果得到加强，可以提高低温、施用除草剂药害、病原菌入侵、机械损伤及盐分累积等的抵抗能力，减少病菌侵蚀的几率，使生长趋于良好的生长状态。

【毒性及环境生物安全性评价】

对高等动物毒性低毒。

原药雄大鼠急性经口 LD_{50} 大于 5000 毫克/千克；

原药雌大鼠急性经口 LD_{50} 大于 5000 毫克/千克；

原药雄大鼠急性经皮 LD_{50} 大于 2000 毫克/千克；

原药雌大鼠急性经皮 LD_{50} 大于 2000 毫克/千克；

原药雄大鼠急性吸入 LC_{50} 大于 5 毫克/升；

原药雌大鼠急性吸入 LC_{50} 大于 5 毫克/升。

对兔眼睛有轻微刺激性；

对兔皮肤无刺激性。

豚鼠皮肤致敏试验结果为弱致敏性。

各种试验结果表明，无致癌、致畸、致突变作用。

制剂雄大鼠急性经口 LD_{50} 大于 4640 毫克/千克；

原药雌大鼠急性经口 LD_{50} 大于 4640 毫克/千克；

原药雄大鼠急性经皮 LD_{50} 大于 2150 毫克/千克；

原药雌大鼠急性经皮 LD_{50} 大于 2150 毫克/千克；

原药雄大鼠急性吸入 LC_{50} 大于 5.2 毫克/升；

原药雌大鼠急性吸入 LC_{50} 大于 5.2 毫克/升。

对兔眼睛有中度刺激性；

对兔皮肤有轻微刺激性。

豚鼠皮肤致敏试验结果为无致敏性。

对鱼类毒性低毒。

鲤鱼 96 小时 LC_{50} 为 1409.7 毫克/升。

对水蚤毒性低毒。

大型蚤 48 小时 EC_{50} 大于 3000 毫克/升。

对藻类毒性低毒。

斜生栅藻 72 小时 EC_{50} 大于 5.63 毫克/升。

对蜜蜂毒性低毒。

蜜蜂经口 48 小时 LD_{50} 大于 96.75 微克/只；

蜜蜂接触 48 小时 LD_{50} 大于 96.75 微克/只。

对家蚕毒性低毒。

【防治对象】

可用于大豆、芝麻、烟叶、花生、小麦、玉米、水稻、大麦、柑橘、苹果、梨、枣、蔬菜等作物，调节作物生长。

【使用方法】

1. 用于黄瓜，促进生长：用 0.003% 丙酰芸苔素内酯 2000～4000 倍液喷雾。保花保果：在开花前 7 天喷 1 次保花。促进花芽分化，防寒耐旱：提前 5～7 天喷药。配合硼肥、钾肥使用，加强肥水管理，效果更佳。

2. 用于葡萄，促进生长：用 0.003% 丙酰芸苔素内酯 3000～5000 倍液喷雾。保花保果：在开花前 7 天喷 1 次保花。促进花芽分化，防寒耐旱：提前 5～7 天喷药。配合硼肥、钾肥使用，加强肥水管理，效果更佳。

3. 用于烟草，促进生长：用 0.003% 丙酰芸苔素内酯 3000～5000 倍液喷雾，配合硼肥、钾肥使用，加强肥水管理，效果更佳。

【中毒急救】

吸入：应迅速将患者转移到空气清新流通处。如呼吸停止应做人工呼吸。如呼吸困难应输氧。如有症状及时就医。皮肤接触后：立即用水和肥皂清洗，并彻底冲洗干净。眼睛接触后：把眼睛打开用流水冲洗几分钟，如有持续的症状，及时就医。误食：立即用大量清水漱口，洗胃。洗胃时注意保护气管和食管。及时送医院对症治疗。一旦药液溅入眼睛和黏附皮肤：应立即用水冲洗至少 15 分钟，误服：不可催吐，切勿饮酒或含酒精饮料。不要给神志不清的病人经口食用任何东西。

【注意事项】

1. 使用本品遵守安全使用农药规程。作业时戴防护手套和口罩，不饮食、不饮水、不吸烟。在开启农药包装的过程中操作人员应戴用必要的防护器具。处理药剂后必须立即洗手及清洗暴露的皮肤。

2. 本品每季作物最多用 1 次；安全间隔期为 30 天。

3. 本品不可与碱性物质混用，以免降低效果。

4. 本品要现配现用，喷药六小时内遇雨需重喷。

5. 初次使用或新品种应先试验成功后再扩大使用。

6. 按照规定用量施药，严禁随意加大用量。

7. 使用后剩下的药剂不可倒入水田、湖泊、河川里。

8. 孕妇和哺乳期妇女应避免接触本品。

9. 用过的容器妥善处理，不可做他用，不可随意丢弃。

10. 本品放置于阴凉、干燥、通风、防雨处，远离火源，勿与食品、饲料、种子、日用品等同贮同运。

11. 本品宜置于儿童够不着的地方并上锁，不得重压、破损包装容器。

赤霉酸

【作用特点】

赤霉酸是一种四环萜羟酸化合物，是指具有赤霉烷骨架，能刺激细胞分裂和伸长的一类化合物的总称。主要作用机理是对去胚大麦种子中淀粉水解的诱发。用赤霉酸处理灭菌的去胚大麦种子，显著促进其糊粉层中 α -淀粉酶的新合成，从而引起淀粉的水解。在完整大麦种子发芽时，胚含有赤霉酸，分泌到糊粉层去。此外，赤霉酸还刺激糊粉层细胞合成蛋白酶，促进核糖核酸酶及葡聚糖酶的分泌。是一种广谱性植物生长调节剂，可促进作物生长发育，使之提早成熟、提高产量、改进品质；能迅速打破种子、块茎和鳞茎等器官的休眠，促进发芽；减少蕾、花、铃、果实的脱落，提高果实结果率或形成无籽果实。也能使某些 2 年生的植物在当年开花。它有如下优点：

1. 促进茎的伸长生长。赤霉酸最显著的生理效应就是促进植物的生长，这主要是它能促进细胞的伸长，尤其是对矮生突变品种的效果特别明显，但赤霉酸对离体茎切段的伸长没有明显的促进作用，对整株植物的生长影响较小，却对离体茎切段的伸长有明显的促进作用。赤霉酸促进矮生植株伸长的原因是由于矮生种内源赤霉酸的生物合成受阻，使得体内赤霉酸含量比正常品种低的缘故。

2. 诱导开花。某些高等植物花芽的分化是受日照长度（即光周期）和温度影响的。例如，对于 2 年生植物，需要一定日数的低温处理（即春化）才能开花，否则表现出莲座状生长而不能抽薹开花。若对这些未经春化的植物施用赤霉酸，则不经低温过程也能诱导开花，且效果很明显。此外，也能代替长日照诱导某些长日植物开花，但赤霉酸对短日植物的花芽分化无促进作用对于花芽已经分化的植物，赤霉酸对其花的开放具有显著的促进效应。如赤霉酸能促进甜叶菊、铁树及柏科、杉科植物的开花。

3. 打破休眠。用极低剂量的赤霉酸处理休眠状态的马铃薯能使其很快发芽，从而可满足 1 年多次种植马铃薯的需要。对于需光和需低温才能萌发的种子，如莴苣、烟草、紫苏、李和苹果等的种子，赤霉酸可代替光照和低温打破休眠，这是因为赤霉酸可诱导 α -淀粉酶、蛋白酶和其他水解酶的合成，催化种子内贮藏物质的降解，以供胚的生长发育所需。在啤酒制造业中，用赤霉酸处理萌动而未发芽的大麦种子，可诱导 α -淀粉酶的产生，加速酿造时的糖化过程，并降低萌芽的呼吸消耗，从而降低成本。

4. 促进雄花分化。对于雌雄异花同株的植物，用赤霉酸处理后，雄花的比例增加；对于雌雄异株植物的雌株，如用赤霉酸处理，也会开出雄花。赤霉酸在这方面的效应与生长素和乙烯相反。

5. 其他生理效应。可加强养分的动员效应，促进某些植物坐果和单性结实、延缓叶片衰老等。此外，赤霉酸也可促进细胞的分裂和分化赤霉酸促进细胞分裂是由于缩短了 G1 期和 S 期。但赤霉酸对不定根的形成却起抑制作用，这与生长素又有所不同。

【毒性及环境生物安全性评价】

对高等动物毒性低毒。

原药大鼠急性经口 LD_{50} 为 6300 毫克/千克；

原药小鼠急性经口 LD_{50} 大于 25000 毫克/千克；

原药大鼠急性经皮 LD_{50} 大于 2000 毫克/千克；

原药兔急性吸入 LC_{50} 大于 2.98 毫克/升。

对兔眼睛有轻微刺激性；

对兔皮肤无刺激性。

豚鼠皮肤致敏试验结果为无致敏性。

各种试验结果表明，无致癌、致畸、致突变作用。

制剂大鼠急性经口 LD_{50} 为 6300 毫克/千克；

制剂小鼠急性经口 LD_{50} 大于 25000 毫克/千克；

制剂大鼠急性经皮 LD_{50} 大于 2000 毫克/千克；

制剂兔急性吸入 LC_{50} 大于 2.98 毫克/升。

对兔眼睛无刺激性；

对兔皮肤无刺激性。

豚鼠皮肤致敏试验结果为无致敏性。

对鱼类毒性低毒。

虹鳟鱼 LC_{50} 大于 150 毫克/升。

对鸟类毒性低毒。

鹌鹑急性经口 LD_{50} 大于 2250 毫克/千克；

鹌鹑急性饲喂 LC_{50} 大于 4640 毫克/千克。

对蜜蜂毒性低毒。

【防治对象】

可用于小麦、大豆、玉米、高粱、油菜、花生、甘蔗、香蕉、葡萄、柑橘、棉花、水稻、甜菜、蔬菜等多种作物，调节作物生长。

【使用方法】

1. 用于葡萄，增产、无核：用 4% 赤霉酸乳油 200～800 倍液浸果穗，葡萄谢花后 1 周左右施药，将幼果果穗浸入药液中湿透后取出，用药次数为 1 次。

2. 用于柑橘树，果实增大、增重：用 4% 赤霉酸乳油 1000～2000 倍液喷花，分别在柑橘树谢花后 5～7 天第 1 次喷雾处理，施药后间隔 10～15 天进行第 2 次施药，主要喷施幼果。

3. 用于菠菜，增加鲜重：用 4% 赤霉酸乳油 1600～4000 倍液喷雾，叶面处理 1～3 次。

4. 用于菠萝，果实增大、增重：用 4% 赤霉酸乳油 500～1000 倍液喷花。

5. 用于马铃薯，齐苗、增产：用 4% 赤霉酸乳油 40000～80000 倍液浸薯块 10～30 分钟。

6. 用于棉花，增产、提高结铃率：用 4% 赤霉酸乳油 2000～4000 倍液点喷、点涂或喷雾。

7. 用于水稻制种：用 4% 赤霉酸乳油 1333～2000 倍液喷雾。

8. 用于水稻，增加千粒重：用 4% 赤霉酸乳油 1333～2000 倍液喷雾。

9. 用于人参，增加发芽率：用 4% 赤霉酸乳油 2000 倍液播前浸种 15 分钟。

10. 用于芹菜，增加产量：用 4% 赤霉酸乳油 400～2000 倍液喷雾，叶面处理 1 次。

【特别说明】

1. 在水稻杂交制种中，抽穗初期约 5% 时开始喷母本（比常规早 2～3 天），连续喷 3 次，先用高浓度，后用较低的浓度；水稻幼苗期低温时灌浆期用药可壮苗，促进光合作用，提高米质，抗病力等。

2. 各种葡萄品种使用目的不同时，使用的时期、浓度、施药部位也不同，用药量差异很大，尤其是巨峰和无核白，请务必掌握使用时期，浓度，及施药部位：

拉长花穗：须在第 1 批花开花前 10～14 天全株喷湿，第 2 批花开花前 10～14 天单独喷湿该花穗即可。

增大果粒：红提，巨峰等有核品种建议于果粒 10～12 毫米及 14～15 毫米时各沾果穗 1 次，共 2 次。其他品种之使用请咨询本公司技术人员。

蔬花蔬果：只在无核白品种上使用，于花开 40%、80% 及谢花时全株喷洒。

3. 在葡萄上使用，因品种差异较大，致不同品种间的使用技术差异较大，使用前请先小规模试验，确定安全后再大面积使用。

【中毒急救】

中毒症状为对眼睛和皮肤有刺激作用。吸入：应迅速将患者转移到空气清新流通处。如呼吸停止应做人工呼吸。如呼吸困难应输氧。如有症状及时就医。皮肤接触后：立即用水和肥皂清洗，并彻底冲洗干净。眼睛接触后：把眼睛打开用流水冲洗几分钟，如有持续的症状，及时就医。误食：立即用大量清水漱口，洗胃。洗胃时注意保护气管和食管。及时送医院对症治疗。一旦药液溅入眼睛和黏附皮肤：应立即用水冲洗至少 15 分钟。误服立即喝大量牛奶、含胶质饮料或开水，切勿饮酒或含酒精饮料。不要给神志不清的病人经口食用任何东西。

【注意事项】

1. 使用本品遵守安全使用农药规程。作业时戴防护手套和口罩，不饮食、不饮水、不吸烟。在开启农药包装的过程中操作人员应戴用必要的防护器具。处理药剂后必须立即洗手及清洗暴露的皮肤。

2. 结晶粉配制水溶液时，首先用少量酒精或高度白酒将其溶解，再加足水量。宜用冷水，不可用热水，配成水溶液后不可久存，现配现用。

3. 本品不可与碱性物质混用，以免降低效果。

4. 本品可直接溶解于水，用量杯量取所需乳油倒入容器内，再加入定量的水充分搅拌后即可使用。

5. 初次使用或新品种应先试验成功后再扩大使用。

6. 孕妇和哺乳期妇女应避免接触本品。

7. 用过的容器妥善处理，不可做他用，不可随意丢弃。

8. 本品放置于阴凉、干燥、通风、防雨处，远离火源，勿与食品、饲料、种子、日用品等同贮同运。

9. 本品宜置于儿童够不着的地方并上锁，不得重压、破损包装容器。

单氰胺

【作用特点】

单氰胺属于植物休眠中止剂，通过刺激植物体内过氧化氢霉的活性，加速植物体内氧化磷酸戊糖循环，从而加速了对促进代谢最为基本的脱氧核糖核酸的生成，导致植物休眠中止，刺激植物发芽，调节植物生长。可以促进植物提前发芽、开花和结果，尤其对热带及亚热带等缺少冬季寒冷地区及暖棚种植的水果等作物具有特殊作用。它可使南方无霜区及北方温室设施内栽培的果树发芽期不受时间限制，有霜区的露地栽培的一般可使作物提前 2～4 周发芽，提前 2～3 周成熟。并可使作物萌动初期芽齐、芽壮，还可增加作物单产，改善品质，提前上市，增加经济收入。

【毒性及环境生物安全性评价】

对高等动物毒性低毒。

雄大鼠急性经口 LD_{50} 为 430 毫克/千克；

雌大鼠急性经口 LD_{50} 为 510 毫克/千克；

雄大鼠急性经皮 LD_{50} 大于 2000 毫克/千克；

雌大鼠急性经皮 LD_{50} 大于 2000 毫克/千克；

雄大鼠急性吸入 LC_{50} 大于 2000 毫克/升；

雌大鼠急性吸入 LC_{50} 大于 2000 毫克/升。

对兔眼睛有刺激性;

对兔皮肤有刺激性。

豚鼠皮肤致敏试验结果为弱致敏性。

各种试验结果表明,无致癌、致畸、致突变作用。

对鱼类毒性低毒。

鲤鱼 96 小时 LC_{50} 为 103.4 毫克/升。

对水蚤毒性中等毒。

大型蚤 48 小时 EC_{50} 为 2.05 毫克/升。

对藻类毒性中等毒。

藻类 72 小时 EC_{50} 为 1.05 毫克/升。

对鸟类毒性低毒。

鸟 LD_{50} 为 981.8 毫克/千克。

对蜜蜂毒性低毒。

蜜蜂经口 48 小时 LD_{50} 为 824.2 微克/只。

对家蚕毒性低毒。

家蚕食下毒叶法 LC_{50} 为 1190 毫克/千克·桑叶。

对家蚕低风险。

对蜜蜂有高风险。

在环境中不稳定,易降解。

【防治对象】

主要用于葡萄、油桃、樱桃、毛桃、猕猴桃、苹果、梨、李、杏、石榴、冬枣、桑树、无花果、蓝莓等多种作物。

【使用方法】

用于葡萄,增产、无核:用 50% 单氰胺水剂 20～50 倍液浸果穗,葡萄谢花后 1 周左右施药,将幼果果穗浸入药液中湿透后取出,用药次数为 1 次。还可抹芽或喷雾。

【特别说明】

1. 施药后一般 13～20 天左右发芽,施用时期主要取决于当地的农业气候、作物以及施用目的,最佳施用时间可能每年都不同,建议施用时请教专业技术人员或根据当地施用经验确定。

2. 露天栽培:一般施用时间在正常发芽前 30～45 天。用本品 20～25 倍液抹芽或喷雾,用药后及时浇水。临近正常发芽期不足 20 天的,请勿再施用。

3. 简易大棚(拱棚、冷棚):在室外最低温度稳定在 3℃～5℃ 以上时,扣棚后即可施用,用本品 20～25 倍液抹芽或喷雾,用药后及时浇水。扣棚后应及时用药,间隔时间天数不宜过长。用药后棚内温度保持在 5℃～25℃ 即可。

4. 温室、暖棚:

①不须休眠,扣棚后 5 天内可直接施用。一般在正常落叶后 15～30 天即可扣棚用药。用本品 20 倍液抹芽或喷雾,用药后当天及时浇水,注意温室内温度不得低于 5℃。

②已扣棚休眠 15～20 天的,用本品 20～25 倍液抹芽或喷雾,用药后升温;已扣棚休眠 20～30 天的,用本品 30 倍液抹芽或喷雾,用药后升温,升温 7 天以上的慎用,或在专业技术人员指导下使用本品。用药后注意当天及时浇水。

5. 施用方法:将所需要量的产品倒入所需要量的水中,充分搅拌均匀后,直接用喷雾器喷雾或用刷子蘸取配制好的溶液均匀涂抹在芽干上，完全覆盖所有休眠芽及枝条，芽芽见药。芽和枝条都要涂抹。涂抹或喷施后的葡萄当天要浇水灌溉。如刚浇完水3~5天，土壤较湿润，可在用药10天后补浇水1次水。

【中毒急救】

中毒症状表现为刺激腐蚀皮肤、呼吸道、黏膜；吸入或食入使面部瞬时强烈变红、头痛、头晕、呼吸加快、心动过速、血压过低，暴露后，症状潜伏1~2天。吸入：应迅速将患者转移到空气清新流通处。如呼吸停止应做人工呼吸。如呼吸困难应输氧。如有症状及时就医。皮肤接触后：立即用水和肥皂清洗，并彻底冲洗干净。眼睛接触后：把眼睛打开用流水冲洗几分钟，如有持续的症状，及时就医。误食：立即用大量清水漱口，洗胃。洗胃时注意保护气管和食管。及时送医院对症治疗。一旦药液溅入眼睛和黏附皮肤：应立即用水冲洗至少15分钟。误服后：应立即用大量清水漱口，不要诱导呕吐。如出现呕吐，应给予补液，并请医生诊断是否需要进行洗胃。不要给神志不清的病人经口食用任何东西。

【注意事项】

1. 使用本品遵守安全使用农药规程。作业时戴防护手套和口罩，不饮食、不饮水、不吸烟。在开启农药包装的过程中操作人员应戴用必要的防护器具。处理药剂后必须立即洗手及清洗暴露的皮肤。

2. 在本品作业前、后3天内请勿饮酒，以免引起过敏反应。

3. 涂抹或喷施后的果树，应在用药后当天及时浇水灌溉，保持土壤湿润，以保证用药效果。

4. 本品能使绿叶枯萎，使用时避免喷洒到相邻的作物上。

5. 本品在每个生长周期只能施用1次，不重复使用。

6. 严禁擅自提高用药浓度，喷药时喷到既可，不能重复喷。涂抹以湿透芽眼为好。

7. 用药浓度原则：温度高时，可适当减少用药量；树龄低的，可适当减少用药量；休眠时间长，或休眠期内温度高的，可适当减少用药量。

8. 临近正常发芽期（或正常年份发芽期、大棚升温后预计的发芽期）不足20天的，请慎用。

9. 设施栽培的，在用药后保证设施内最低温度不得低于5℃；露天栽培的，使用时注意晚霜，防止倒春寒，避免过早发芽而受到冻害。

10. 孕妇和哺乳期妇女应避免接触本品。

11. 用过的容器妥善处理，不可做他用，不可随意丢弃。

12. 本品放置于阴凉、干燥、通风、防雨处，远离火源，勿与食品、饲料、种子、日用品等同贮同运。

13. 本品宜置于儿童够不着的地方并上锁，不得重压、破损包装容器。

调环酸钙

【作用特点】

调环酸钙是一种新型的植物生长调节剂。它可以通过植物种子、根系和叶面吸收抑制赤霉酸的合成。它能缩短许多植物的茎秆伸长。它通过浸种，浇灌，喷洒叶面处理而起作用，与目前广泛应用的三唑类延缓剂相比，调环酸钙对轮作植物无残留毒性，对环境无污染，因而有可能取代三唑类生长延缓剂，具有广泛的应用前景。

促进生育，能缩短许多植物的茎秆伸长、控制作物节端生长，使茎秆粗壮，植株矮化，减轻和防止倒伏；促进生育，促进侧芽生长和发根，使茎叶保持浓绿，叶片挺立；控制开花时间，提高座果率，促进果实成熟。它还能提高植物的抗逆性，增强植株的抗病害、抗寒冷和抗旱的能力，减轻除草剂的药害，从而改善收获效率。

调环酸钙能显著缩短所有水稻栽培品种的茎杆高度，同时具有促进穗粒发育，提高稻谷产量的效果。调环酸钙能够缩短节间，提高抗倒伏能力，控制横纵向生长，能使作物有一定的增产作用。主要用做大麦、水稻、小麦和草皮的生长调节，具有显著的抗倒伏及矮化性能。对水稻（包括再生稻）的抗倒伏效果明显，对草坪的生长抑制作用显著，低剂量时即效果明显，在较高剂量下，甚至能达到完全抑制。

农业科学家利用田间试验研究了叶面喷施调环酸钙对花生某些生理特性和产量的影响。结果表明，调环酸钙可显著增加花生叶片厚度和叶绿素含量，促进叶片光合作用；提高叶片SOD、POD 和 CAT 等保护酶活性和可溶性蛋白质含量，但对根系活力和 MDA 含量影响不大。调环酸钙对控制花生地上部营养体生长、增加单株果数和果重、提高经济系数以及荚果产量作用显著。本试验结果可以得出，调环酸钙的效果在许多情况下优于多效唑。用做大麦、水稻、小麦和草皮等禾谷类的生长调节，具有显著的抗倒伏及矮化性能。调环酸钙在农业领域的应用前景广阔。

调环酸钙对调控水稻生长、预防水稻倒伏效果及对水稻生长的安全性结果表明，在水稻移栽成活至水稻分蘖末期（拔节前 7～10 天）施用矮立发，一方面对水稻植株具有降低节间长度、矮化植株基部高度，增加机械强度，提高抗倒伏能力；另一方面具有降低瘪粒率，增加实粒数；从而增加单位面积产量的作用，是实现水稻高产的重要途径。

调环酸钙在袁隆平院士第 3 期超级稻每 666.7 平方米产 900 千克攻关期间成功应用并获得高度肯定。完美化解了水稻抗倒伏和高产的矛盾，并且可以有效解决在现有国情下我国水稻插秧基本苗不足的普遍问题。矮立发在保证水稻一定的株高和栽插密度的前提下，从生物特性上提高水稻抗倒能力和增产能力，达到完美的栽培调控的目的，使每亩水稻增产 5%～15%，即在每 666.7 平方米产 800 千克的基础上，增产到 900 千克左右。而一个新品种的增产率也仅仅只 3%，调环酸钙的应用已远远超过一个新品种对产量的贡献。也为调环酸钙的应用提供了范本。

【毒性及环境生物安全性评价】

对高等动物毒性低毒。

原药大鼠急性经口 LD_{50} 大于 5000 毫克/千克；

原药大鼠急性经皮 LD_{50} 大于 2000 毫克/千克；

原药大鼠急性吸入 LD_{50} 大于 2000 毫克/千克。

对兔眼睛有中度刺激性；

对兔皮肤无刺激性。

豚鼠皮肤致敏试验结果为弱致敏性。

大鼠 90 天亚慢性饲喂试验无作用剂量雄性为 62.5 毫克/千克·天；

大鼠 90 天亚慢性饲喂试验无作用剂量雌性为 12.5 毫克/千克·天。

各种试验结果表明，无致癌、致畸、致突变作用。

制剂大鼠急性经口 LD_{50} 大于 5000 毫克/千克；

制剂大鼠急性经皮 LD_{50} 大于 2000 毫克/千克；

制剂大鼠急性吸入 LD_{50} 大于 2000 毫克/千克。

对兔眼睛有中度刺激性；

对兔皮肤无刺激性。

豚鼠皮肤致敏试验结果为弱致敏性。

对鱼类毒性中等毒。

鱼类 96 小时 LC_{50} 为 5.56 毫克/升。

对水蚤毒性中等毒。

大型蚤 48 小时 EC_{50} 为 3.43 毫克/升。

对藻类毒性低毒。

藻类 72 小时 EC_{50} 为 16.2 毫克/升。

对鸟类毒性中等毒。

鸟急性经口 7 天 LD_{50} 大于 125 毫克/千克。

对蜜蜂毒性低毒。

蜜蜂急性经口 48 小时 LC_{50} 大于 2168 毫克/升；

蜜蜂急性接触 48 小时 LD_{50} 大于 22.5 微克/只。

对家蚕毒性低毒。

家蚕 96 小时 LC_{50} 大于 2000 毫克/升。

【防治对象】

适用于水稻、大麦、小麦、日本地毯草、黑麦草等禾谷类的生长调节，具有显著的抗倒伏及矮化性能。另外用在棉花、糖用甜菜、黄瓜、菊花、甘蓝、香石竹、大豆、柑橘、苹果等有明显的抑制生长活性。

【使用方法】

用于水稻，调节生长：在水稻移栽成活至水稻分蘗末期（拔节前 7～10 天）施用，每 666.7 平方米用调环酸钙原药 0.67～5 克或 25% 调环酸钙可湿性粉剂 21～30 克，兑水 30～45 千克喷雾。调环酸钙用于水稻植株，具有降低节间长度、矮化植株基部高度，增加机械强度，提高抗到伏能力的作用，是实现水稻高产的重要途径。调环酸钙化解了水稻抗倒伏和高产的矛盾，在保证水稻一定的株高和栽插密度的前提下，从生物特性上提高水稻抗到能力和增产能力，使每亩水稻增产 5%～15%，从而达到完美的栽培调控的目的。

【中毒急救】

吸入：应迅速将患者转移到空气清新流通处。如呼吸停止应做人工呼吸。如呼吸困难应输氧。如有症状及时就医。皮肤接触后：立即用水和肥皂清洗，并彻底冲洗干净。眼睛接触后：把眼睛打开用流水冲洗几分钟，如有持续的症状，及时就医。误食：立即用大量清水漱口，洗胃。洗胃时注意保护气管和食管。及时送医院对症治疗。一旦药液溅入眼睛和黏附皮肤：应立即用水冲洗至少 15 分钟。误服后：应立即用大量清水漱口，不要诱导呕吐。如出现呕吐，应给予补液，并请医生诊断是否需要进行洗胃。不要给神志不清的病人经口食用任何东西。

【注意事项】

1. 使用本品遵守安全使用农药规程。作业时戴防护手套和口罩，不饮食、不饮水、不吸烟。在开启农药包装的过程中操作人员应戴用必要的防护器具。处理药剂后必须立即洗手及清洗暴露的皮肤。

2. 本品在每个生长周期只能施用 1 次，不重复使用。

3. 严禁擅自提高用药浓度，喷药时喷到既可，不能重复喷。

4. 本品是高活性植物生长调节剂，对于肥力差、长势不旺的作物需慎用。

5. 严格按照说明用药，以免造成药害。

6. 本品宜在上午 10 点之前或者下午 4 点以后使用。

7. 本品以叶面润湿而不流下为宜，这样即可增加叶片的吸收时间，又不会浪费。

8. 不能与酸性物质混用。

9. 初次使用或新品种应先试验成功后再扩大使用。

10. 孕妇和哺乳期妇女应避免接触本品。

11. 用过的容器妥善处理，不可做他用，不可随意丢弃。

12. 本品放置于阴凉、干燥、通风、防雨处，远离火源，勿与食品、饲料、种子、日用品等同贮同运。

13. 本品宜置于儿童够不着的地方并上锁，不得重压、破损包装容器。

多效唑

【作用特点】

多效唑是三唑类植物生长调节剂，属内源赤霉素合成的抑制剂。它可提高水稻吲哚乙酸氧化酶的活性，降低稻苗内源吲哚乙酸的水平。明显减弱稻 苗顶端生长优势，促进侧芽（分蘖）滋生。秧苗外观表现矮壮多蘖，叶色浓绿。根系发达。解剖学研究表明，多效唑可使稻苗根、叶鞘、叶的细胞变小，各器官的细胞层数增加。示踪分析表明，水稻种子、叶、根部都能吸收多效唑。叶片吸收的多效唑大部分滞留在吸收部分，很少向外运输。多效唑低浓度增进稻苗叶片的光合效率；高浓度抑制光合效率，提高根系呼吸强度，降低地上部分呼吸强度，提高叶片气孔抗阻，降低叶面蒸腾作用。

多效唑的农业应用价值在于它对作物生长的控制效应。具有延缓植物生长，抑制茎杆伸长，缩短节间、促进植物分蘖、促进花芽分化，增加植物抗逆性能，提高产量等效果。

【毒性及环境生物安全性评价】

对高等动物毒性低毒。

大鼠急性经口 LD_{50} 大于 2000 毫克/千克；

大鼠急性经皮 LD_{50} 大于 1000 毫克/千克。

对兔眼睛有轻微刺激性；

对兔皮肤有轻微刺激性。

豚鼠皮肤致敏试验结果为弱致敏性。

各种试验结果表明，无致癌、致畸、致突变作用。

对鱼类毒性低毒。

虹鳟鱼 96 小时 LC_{50} 为 27.8 毫克/升；

蓝鳃太阳鱼 96 小时 LC_{50} 为 23.6 毫克/升。

对水蚤毒性低毒。

大型蚤 96 小时 EC_{50} 为 33.2 毫克/升。

对藻类毒性低毒。

绿藻 72 小时 EC_{50} 为 41.5 毫克/升。

对鸟类毒性低毒。

野鸭急性经口 LD_{50} 为 7913 毫克/千克；

野鸭饲喂 LD_{50} 大于 5000 毫克/千克；

北美鹑急性经口 LD_{50} 大于 20000 毫克/千克。

对蜜蜂毒性低毒。

蜜蜂急性接触 48 小时 LD_{50} 大于 100 微克/只。

对家蚕毒性低毒。

每人每日允许摄入量为 0.1 毫克/千克体重。

【防治对象】

适用于水稻、麦类、花生、果树、烟草、油菜、大豆作物和花卉、草坪等植物。

【使用方法】

1. 用于水稻育秧田，控制生长：用15%多效唑可湿性粉剂500~750倍液喷雾，在秧苗1叶1心期喷施1次。促分蘖(发蔸)，使秧苗健壮，控制徒长，防止后期倒伏。单季中、晚稻秧田移栽前25天、连作晚稻秧田在1心1叶期，每666.7平方米用15%多效唑可湿性粉剂100~150克，兑水45~75千克喷雾，根据秧苗长势调整用药，秧田用药1次。

2. 用于花生，调节生长、增产：每666.7平方米用15%多效唑可湿性粉剂40~50克兑水30~45千克喷雾，在盛花期末喷雾1次。

3. 用于油菜苗床，控制生长：用15%多效唑可湿性粉剂750~1500倍液喷雾，油菜苗期3~4叶期用15%多效唑可湿性粉剂50~100克，兑水45~75千克喷雾，用药1次。

【特别说明】

1. 药害症状：植株矮小，块根块茎小，畸形，叶片卷曲，哑花，基部老叶提前脱落，幼叶扭曲，皱缩等现象。对于棉花则出现植株严重矮化，果枝不能伸展、叶片畸形、赘芽丛生、落蕾落铃。花生则出现叶片小，植株不生长，花生果小，早衰。由于多效唑药效时间较长，对下茬作物也会产生药害，导致不出苗、晚出苗，出苗率低，幼苗畸形等药害症状。

2. 使用用少量水浸湿搅匀后兑水稀释。不重复喷，不过量使用，如用量过多，可用0.1%尿素或10毫克/千克赤霉素解救。

3. 水稻、油菜秧苗使用多效唑后发育有所推迟，因此，播种时较未用多效唑的提早1~2天播种。

【中毒急救】

吸入：应迅速将患者转移到空气清新流通处。如呼吸停止应做人工呼吸。如呼吸困难应输氧。如有症状及时就医。皮肤接触后：立即用水和肥皂清洗，并彻底冲洗干净。眼睛接触后：把眼睛打开用流水冲洗几分钟，如有持续的症状，及时就医。误食：立即用大量清水漱口，洗胃。洗胃时注意保护气管和食管。及时送医院对症治疗。一旦药液溅入眼睛和黏附皮肤：应立即用水冲洗至少15分钟。误服后：应立即用大量清水漱口，应催吐。如出现呕吐，应给予补液，并请医生诊断是否需要进行洗胃。不要给神志不清的病人经口食用任何东西。

【注意事项】

1. 使用本品遵守安全使用农药规程。作业时戴防护手套和口罩，不饮食、不饮水、不吸烟。在开启农药包装的过程中操作人员应戴用必要的防护器具。处理药剂后必须立即洗手及清洗暴露的皮肤。

2. 本品在土壤中残留时间较长，施药田块收获后，必须经过耕翻，以防对后作有抑制作用。

3. 一般情况下，使用本品不易产生药害，若用量过高，秧苗抑制过度时，可增施氮或赤霉素解救。

4. 不同品种的水稻因其内源赤霉素，吲哚乙酸水平不同，生长势也不相同，生长势较强的品种需多用药，生势较弱的品种则少用。另外，温度高时多施药，反之少施。

5. 花生、水稻育秧田上每季最多使用1次，油菜上每季最多使用2次。距收获前安全间隔期花生为60天。

6. 本品在土壤中降解慢，用过药的田块收获后进行翻耕，暴晒后再播种其他作物，以防对后茬作物有抑制作用。

7. 严禁擅自提高用药浓度，喷药时喷到既可，不能重复喷。

8. 本品是高活性植物生长调节剂，对于肥力差、长势不旺的作物需慎用。

9. 严格按照说明用药，以免造成药害。

10. 本品宜在上午 10 点之前或者下午 4 点以后使用。

11. 本品以叶面润湿而不流下为宜，这样即可增加叶片的吸收时间，又不会浪费。

12. 不能与酸性物质混用。

13. 初次使用或新品种应先试验成功后再扩大使用。

14. 孕妇和哺乳期妇女应避免接触本品。

15. 用过的容器妥善处理，不可做他用，不可随意丢弃。

16. 本品放置于阴凉、干燥、通风、防雨处，远离火源，勿与食品、饲料、种子、日用品等同贮同运。

17. 本品宜置于儿童够不着的地方并上锁，不得重压、破损包装容器。

复硝酚钠

【作用特点】

复硝酚钠是一种强力细胞复活剂，由 5 - 硝基愈创木酚钠、邻硝基愈创木酚钠、对硝基愈创木酚钠按 3∶6∶9 构成。作用机制是与植物接触后能迅速渗透到植物体内，促进细胞的原生质流动，提高细胞活力。它能加快生长速度，打破休眠，促进生长发育，防止落花落果、裂果、缩果，改善产品品质，提高产量，提高作物的抗病、抗虫、抗旱、抗涝、抗寒、抗盐碱、抗倒伏等抗逆能力。它广泛适用于粮食作物、经济作物、瓜果、蔬菜、果树、油料作物及花卉等。可在植物播种到收获期间的任何时期使用，可用于种子浸渍、苗床灌注、叶面喷洒和花蕾撒布等。由于它具有高效、低毒、无残留、适用范围广、无副作用、使用浓度范围宽等优点，已在世界上多个国家和地区推广应用。复硝酚钠还应用畜牧、渔业上，在提高肉、蛋、毛、皮产量和质量的同时，还能增强动物的免疫能力，预防多种疾病。

由于复硝酚钠具有高效、低毒、无残留、适用范围广、无副作用、使用浓度范围宽等优点，复硝酚钠在植物生长调节剂领域，占据着举足轻重的地位。相信在未来的农业生产上，复硝酚钠也会取得值得我们肯定的成绩，为人类的农业事业贡献应有的力量。具有如下特点：

1. 广谱、高效。改善作物品质：复硝酚钠是一种集营养、调节、预防为一体的新型植物生长调节剂，适用于一切具有生命力的植物，在植物的整个生命期均可使用，效果均极其显著。与肥料、农药复配以后提高肥、药效 20% 以上，减少肥、药用量 15% ~ 30%，使肥、药效更显神奇，能显著改善作物品质，使粮食作物籽粒饱满，蔬菜作物叶片肥厚、茄果作物果肉充实，口感好，增强作物抗病，抗劣变、抗寒、抗旱、抗盐碱、抗倒伏等抗逆能力。

2. 成本低、无毒、无残留。复硝酚钠每 666.7 平方米只需几分钱到几角钱，复硝酚钠可以增强动物体内的生理活性，刺激细胞的新陈代谢，提高动物免疫能力，加速细胞分裂与增生。具有使用剂量少、效果好、成本低，对动物和人无毒副作用等优点。目前被广泛推广应用在养殖业上，用做禽、畜饲料添加剂。在提高肉、蛋、毛、皮产量和质量的同时，还能增强动物的免疫能力。

3. 具有调节植物体内内源激素的功效。复硝酚钠经植物吸收后，可以调节和平衡植物体内赤霉素、细胞分裂素、乙烯、脱落酸、生长素等的体内分配，使植物生长旺盛、健壮、高产、不易衰老。

4. 抗病解毒。复硝酚钠经植物吸收后，可以调节植物 C/N 比，使植物产生抗病能力，使植株健壮，增强植株抗逆能力，对于遭受药害、肥害或其他自然灾害的植物，具有解毒的功效。

5. 广泛应用于农业生产。促使植物同时吸收多种营养成分，解除肥料间的拮抗作用；增强植株的活力，促进植物需肥欲求，抵御植株衰败；化解 pH 壁垒效应，改变酸碱度，使植物在适宜的酸碱条件下变无机肥料为有机肥料，克服厌无机肥症，使植物喜爱吸收；增加肥料的渗透、黏着、展着力、打破植物自身限制，增强肥料进入植物体内的能力；增加植物对肥料的利用速度，刺激植物不再搁肥。

【毒性及环境生物安全性评价】

对高等动物毒性低毒。

大鼠急性经口 LD_{50} 大于 6000 毫克/千克；

兔急性经皮 LD_{50} 大于 2000 毫克/千克。

对兔眼睛有轻微刺激性；

对兔皮肤有轻微刺激性。

豚鼠皮肤致敏试验结果为弱致敏性。

各种试验结果表明，无致癌、致畸、致突变作用。

对鱼类毒性低毒。

对鸟类毒性低毒。

对蜜蜂毒性低毒。

对家蚕毒性低毒。

【防治对象】

适用于水稻、麦类、花生、果树、烟草、油菜、大豆、蔬菜、果树、棉花、甘蔗等作物。

【使用方法】

1. 用于番茄，调节生长、增产：于苗期、开花前 7～15 天、茄果膨大期、着色期用各喷 1次，用 1.8% 复硝酚钠水剂 5000～6000 倍液均匀喷雾。

2. 用于花生，调节生长、增产，在生长期：用 1.8% 复硝酚钠水剂 5000～6000 倍液喷洒茎叶 3 次，间隔期 7 天；在开花期，用 1.8% 复硝酚钠水剂 5000～6000 倍液喷洒叶面和花蕾 1次。

3. 用于水稻、小麦，调节生长、增产：在播种前，用 1.8% 复硝酚钠水剂 6000 倍液浸种12 小时。在幼穗形成和齐穗期，用 1.8% 复硝酚钠水剂 3000 倍液进行叶面喷雾。

4. 用于玉米，调节生长、增产：在生长期及开花前数日，用 1.8% 复硝酚钠水剂 5000～6000 倍液喷洒叶面和花蕾。

5. 用于棉花，保花、保蕾、增产：在 2 叶期、8～10 叶期、初花期和棉桃开裂期，用1.8% 复硝酚钠水剂 2000～3000 倍液喷洒叶面、花蕾、花朵、棉桃。

6. 用于大豆、白豆、绿豆、红豆、豌豆等豆类作物：在幼苗期和开花前 4～5 天，用1.8% 复硝酚钠水剂 5000～6000 倍液喷洒叶面、花蕾。

7. 用于甘蔗，调节生长、增产：在插苗前，用 1.8% 复硝酚钠水剂 8000 倍液浸苗 8 小时。在分蘖始期，用 1.8% 复硝酚钠水剂 2500 倍液喷洒茎叶。

8. 用于茶树，调节生长、增产：在插苗前，用 1.8% 复硝酚钠水剂 6000 倍液浸苗木 12 小时。在生长期，用 1.8% 复硝酚钠水剂 6000 倍液喷洒茎叶 3 次。间隔期 15～20 天。

9. 用于烟草，调节生长、增产：在幼苗期或移栽前 4～5 天，用 1.8% 复硝酚钠水剂20000 倍液灌注苗床 1 次。移栽活苗后，用 1.8% 复硝酚钠水剂 1200 倍液喷洒叶面 2 次，间隔期 7 天。

10. 用于黄麻、亚麻等麻类植物，调节生长：在幼苗期，用 1.8% 复硝酚钠水剂 20000 倍液灌注苗床 2 次，间隔期 5 天。

11. 用于葡萄、柿、李、梅、木瓜、番石榴、柠檬等果树，保花、保果、增产：在果树发芽后、开花前 20 天至开花前夕、挂果后，用 1.8% 复硝酚钠水剂 5000~6000 倍液分别喷洒 1~2 次。

12. 用于梨、桃、橙、柑橘、荔枝等果树，保花、保果、增产：在果树发芽后、开花前 20 天至开花前夕、挂果后，用 1.8% 复硝酚钠水剂 5000~6000 倍液分别喷洒 1~2 次。成龄果树，施肥时在周围挖潜沟，用 1.8% 复硝酚钠水剂 6000 倍液每株浇灌 10~20 千克。

13. 用于大田蔬菜，调节生长、增产：在播种前，多数蔬菜用 1.8% 复硝酚钠水剂 6000 倍液浸种 8~24 小时，晾干后播种；马铃薯用用 1.8% 复硝酚钠水剂 6000 倍液浸种块茎 5~12 小时，然后切开消毒后立即播种。

14. 用于温室蔬菜，调节生长、增产：在移栽后，用 1.8% 复硝酚钠水剂 6000 倍液进行浇灌，可以防止根系老化，促进新根形成。

【中毒急救】

吸入：应迅速将患者转移到空气清新流通处。如呼吸停止应做人工呼吸。如呼吸困难应输氧。如有症状及时就医。皮肤接触后：立即用水和肥皂清洗，并彻底冲洗干净。眼睛接触后：把眼睛打开用流水冲洗几分钟，如有持续的症状，及时就医。误食：立即用大量清水漱口，洗胃。洗胃时注意保护气管和食管。及时送医院对症治疗。一旦药液溅入眼睛和黏附皮肤：应立即用水冲洗至少 15 分钟。误服后：应立即用大量清水漱口，应催吐。如出现呕吐，应给予补液，并请医生诊断是否需要进行洗胃。不要给神志不清的病人经口食用任何东西。本品无特效解毒剂

【注意事项】

1. 使用本品遵守安全使用农药规程。作业时戴防护手套和口罩，不饮食、不饮水、不吸烟。在开启农药包装的过程中操作人员应戴用必要的防护器具。处理药剂后必须立即洗手及清洗暴露的皮肤。

2. 复硝酚钠只有在温度 15℃以上时，才能迅速发挥作用。所以，尽量不要在温度低于15℃时，喷施复硝酚钠，否则很难发挥出应有的效果。在较高温度下，复硝酚钠能很好的保持其活性。温度在 25℃以上，48 小时见效，在 30℃以上，24 小时可以见效。所以，在气温较高时，喷施复硝酚钠，有利于药效的发挥。

3. 严禁擅自提高用药浓度，喷药时喷到既可，不能重复喷。

4. 本品是高活性植物生长调节剂，对于肥力差、长势不旺的作物需慎用。

5. 严格按照说明用药，以免造成药害。

6. 本品宜下午 4 时以后喷施，若喷后 6 小时内遇雨应补施。

7. 本品使用浓度过高，将会对作物幼芽及生长有抑制作用。

8. 结球性叶菜在结球前应停用本品，否则会推迟结球；烟草在烟叶采收前 30 天停用本品，否则烟草生长过于旺盛。

9. 本品以叶面润湿而不流下为宜，这样即可增加叶片的吸收时间，又不会浪费。

10. 不能与酸性物质混用。

11. 初次使用或新品种应先试验成功后再扩大使用。

12. 孕妇和哺乳期妇女应避免接触本品。

13. 用过的容器妥善处理，不可做他用，不可随意丢弃。

14. 本品放置于阴凉、干燥、通风、防雨处，远离火源，勿与食品、饲料、种子、日用品等同贮同运。

15. 本品宜置于儿童够不着的地方并上锁，不得重压、破损包装容器。

硅丰环

【作用特点】

硅丰环是一种具有特殊分子结构及显著的生物活性的有机硅化合物。硅丰环分子中配位健具有电子诱导功能，其能量可以诱导作物种子细胞分裂，使生根细胞的有丝分裂及蛋白质的生物合成能力增强，在种子萌发过程中，生根点增加，因而植物发育幼期就可以充分吸收土壤中的水分和营养成分，为作物的后期生长奠定物质基础。当作物吸收硅丰环后，其分子进入植物的叶片，电子诱导功能逐步释放，其能量用以光合作用的催化作用，即光合作用增强，使叶绿素合成能力加强，通过叶片不断形成碳水化合物，作为作物生存的储备养分，并最终供给植物的果实。表现为植株根系发达，根容量增加，提高了根系向地上部运转养分和水分的能力，对籽粒的形成、增加千粒重提供了物质保证，从而提高了作物的最终产量，同时也能增强作物的抗寒，抗病机能。

经过田间药效试验，结果表明硅丰环对冬小麦具有调节生长和增产作用。

硅丰环植物生长调节剂是中油吉林石化公司研究院研制开发的新型植物生长调节剂。为国内首创的高科技新产品，填补国内空白，该产品的生技术已取得中国专利。

【毒性及环境生物安全性评价】

对高等动物毒性低毒。

原药雄大鼠急性经口 LD_{50} 为 926 毫克/千克；

原药雌大鼠急性经口 LD_{50} 为 1260 毫克/千克；

原药大鼠急性经皮 LD_{50} 大于 2150 毫克/千克。

对兔眼睛无刺激性；

对兔皮肤无刺激性。

豚鼠皮肤致敏试验结果为无致敏性。

大鼠 12 周亚慢性喂养试验最大无作用剂量雄性为 28.4 毫克/千克·天；

大鼠 12 周亚慢性喂养试验最大无作用剂量雌性为 6.1 毫克/千克·天。

各种试验结果表明，无致癌、致畸、致突变作用。

制剂大鼠急性经口 LD_{50} 大于 5000 毫克/千克；

制剂大鼠急性经皮 LD_{50} 大于 2150 毫克/千克。

对兔眼睛无刺激性；

对兔皮肤无刺激性。

豚鼠皮肤致敏试验结果为无致敏性。

对鱼类毒性低毒。

斑马鱼 96 小时 LC_{50} 为 115 毫克/升。

对鸟类毒性低毒。

鹌鹑急性经口染毒雄性 LD_{50} 为 2350.7 毫克/千克；

鹌鹑急性经口染毒雌性 LD_{50} 为 2770.7 毫克/千克。

对蜜蜂毒性低毒。

蜜蜂急性接触染毒 24 小时 LD_{50} 大于 200 微克/只；

蜜蜂急性接触染毒 24 小时 LC_{50} 大于 100 微克/只。

对蚕毒性低毒。

柞蚕食下毒叶法 LC_{50} 大于 10000 毫克/升。

【防治对象】

适用于小麦。主要用于小麦种子处理，具有用量小、增产幅度高的特点，同时能够增强作物的抗旱、抗寒及抗病能力。

【使用方法】

用于冬小麦，调节生长、增产量：用 50% 硅丰环湿拌种剂 250～500 倍液拌种或浸种，每 2～4 克 50% 硅丰环湿拌种剂加清水 1 千克，轻轻搅拌溶解后，在洁净的容器中拌种 10 千克，堆闷 3 小时后播种；或每 250% 硅丰环湿拌种剂加清水 10 千克，轻轻搅拌溶解后，在洁净的容器中浸种 10 千克，堆闷 3 小时后播种。

【中毒急救】

吸入：应迅速将患者转移到空气清新流通处。如呼吸停止应做人工呼吸。如呼吸困难应输氧。如有症状及时就医。皮肤接触后：立即用水和肥皂清洗，并彻底冲洗干净。眼睛接触后：把眼睛打开用流水冲洗几分钟，如有持续的症状，及时就医。误食：立即用大量清水漱口，洗胃。洗胃时注意保护气管和食管。及时送医院对症治疗。一旦药液溅入眼睛和黏附皮肤：应立即用水冲洗至少 15 分钟。误服后：应立即用大量清水漱口，应催吐。如出现呕吐，应给予补液，并请医生诊断是否需要进行洗胃。不要给神志不清的病人经口食用任何东西。

【注意事项】

1. 使用本品遵守安全使用农药规程。作业时戴防护手套和口罩，不饮食、不饮水、不吸烟。在开启农药包装的过程中操作人员应戴用必要的防护器具。处理药剂后必须立即洗手及清洗暴露的皮肤。

2. 药剂应使用洁净的容器现用现配，并充分混匀，配制时有少量漂浮物和沉淀，但不影响使用效果。

3. 其他田间管理如施肥、除草、杀虫等正常进行。

4. 影响出苗的因素除了拌种外，还有干旱、阴雨、水涝、土壤板结、播种太深或太浅、种子发芽势低等因素。

5. 所有接触过的器具使用后均应仔细冲洗。禁止在河塘等水体中清洗施药器具。

6. 处理后的种子禁止供人畜食用，也不要与未处理种子混合或一起存放。

7. 孕妇和哺乳期妇女应避免接触本品。

8. 用过的容器妥善处理，不可做他用，不可随意丢弃。

9. 本品放置于阴凉、干燥、通风、防雨处，远离火源，勿与食品、饲料、种子、日用品等同贮同运。

10. 本品宜置于儿童够不着的地方并上锁，不得重压、破损包装容器。

甲氧虫酰肼

【作用特点】

甲氧虫酰肼是一种新型特异性苯酰肼类低毒杀虫剂，属昆虫生长调节剂类杀虫剂，促进鳞翅目幼虫非正常蜕皮。主要作用机制是干扰昆虫的正常生长发育，即使昆虫蜕皮而死，并能抑制摄食。它对鳞翅目害虫具有高度选择杀虫活性，以触杀作用为主，并具有一定的内吸作用。该药属仿生型蜕皮激素类药剂，害虫取食药剂后，即产生蜕皮反应开始蜕皮，由于不能完全蜕皮而导致幼虫脱水、饥饿而死亡。该药与抑制害虫蜕皮的药剂的作用机制相反，可在害虫整个幼虫期用药进行防治。本品对防治对象选择性强，只对鳞翅目幼虫有效。幼虫摄食本药剂 6～8 小时后，即停止取食，不再危害作物，并产生异常脱皮反应，导致幼虫脱水、饥饿而死亡。对高龄和低龄幼虫均有效，持效期较长。在推荐用量下对作物安全，不易产生药害。

【毒性及环境生物安全性评价】

对高等动物毒性低毒。

原药大鼠急性经口 LD_{50} 大于 5000 毫克/千克；

原药大鼠急性经皮 LD_{50} 大于 5000 毫克/千克；

原药大鼠急性吸入 LC_{50} 大于 4.3 毫克/升。

对兔眼睛无刺激性；

对兔皮肤无刺激性。

豚鼠皮肤致敏试验结果为无致敏性。

大鼠 90 天亚慢性喂养试验最大无作用剂量为 1000 毫克/千克。

各种试验结果表明，无致癌、致畸、致突变作用。

制剂大鼠急性经口 LD_{50} 大于 5000 毫克/千克；

制剂大鼠急性经皮 LD_{50} 大于 2000 毫克/千克；

制剂大鼠急性吸入 LC_{50} 大于 0.9 毫克/升。

对兔眼睛无刺激性；

对兔皮肤无刺激性。

豚鼠皮肤致敏试验结果为无致敏性对鱼类毒性低毒。

对鱼类毒性中等毒。

蓝鳃鱼 96 小时 LC_{50} 大于 4.3 毫克/升；

虹鳟鱼 96 小时 LC_{50} 大于 4.2 毫克/升。

对鸟类毒性低毒。

北美鹌鹑急性经口染毒 LD_{50} 大于 2250 毫克/千克。

对蜜蜂毒性低毒。

蜜蜂急性接触染毒 LD_{50} 大于 100 微克/只。

【防治对象】

主要用于防治鳞翅目害虫的幼虫，如甜菜夜蛾、甘蓝夜蛾、斜纹夜蛾、菜青虫、棉铃虫、金纹细蛾、美国白蛾、松毛虫、尺蠖及水稻螟虫等，适用作物如十字花科蔬菜、茄果类蔬菜、瓜类、棉花、苹果、桃、水稻、林木等。

【使用方法】

1. 防治水稻二化螟：在以双季稻为主的地区，一代二化螟多发生在早稻秧田及移栽早、开始分蘖的本田禾苗上防止造成枯梢和枯心苗，一般在蚁螟孵化高峰前 2 ~ 3 天施药。防治虫伤株、枯孕穗和白穗，一般在蚁螟孵化始盛期至高峰期施药。每 666.7 平方米用 240 克/升悬浮剂 19 ~ 28 毫升，兑水 45 ~ 60 千克喷雾。

2. 防治苹果树蠹蛾、苹小食心虫等：在成虫开始产卵前或害虫蛀果前施药，每 666.7 平方米用 240 克/升悬浮剂 10 ~ 20 毫升，兑水 45 ~ 75 千克喷雾。重发区建议用最高推荐剂量，10 ~ 18 天后再喷 1 次。

3. 防治苹果树小卷叶蛾：在新梢抽发时低龄幼虫期施药 1 ~ 2 次，间隔 7 天，用 240 克/升悬浮剂 3000 ~ 5000 倍液喷雾。

4. 防治甘蓝甜菜夜蛾、斜纹夜蛾：在卵孵化盛期和低龄幼虫期施药，每 666.7 平方米用 240 克/升悬浮剂 10 ~ 20 毫升，兑水 45 ~ 60 千克喷雾。

【中毒急救】

中毒症状为对皮肤和眼有刺激性。吸入：应迅速将患者转移到空气清新流通处。如呼吸停止应做人工呼吸。如呼吸困难应输氧。如有症状及时就医。皮肤接触后：立即用水和肥皂清洗，并彻底冲洗干净。眼睛接触后：把眼睛打开用流水冲洗几分钟，如有持续的症状，及时就医。误食：立即用大量清水漱口，洗胃。洗胃时注意保护气管和食管。及时送医院对症治疗。一旦药液溅入眼睛和黏附皮肤：应立即用水冲洗至少 15 分钟。误服后：应立即用大量清水漱口，应催吐。如出现呕吐，应给予补液，并请医生诊断是否需要进行洗胃。不要给神志不清的病人经口食用任何东西。给医护人员的提示：吸氧治疗头疼和虚弱症状。头 24 小时中每 3 ~ 6 小时检测血液中的正铁血红蛋白浓度，此值应该在 24 小时内恢复正常。可静脉注射亚甲蓝对毒性正铁血红蛋白血症的治疗。如正铁血红蛋白浓度大于 10% ~ 20%，可注射 1 ~ 2 毫克/千克体重的 1% 亚甲蓝溶液后再以 15 ~ 30 毫升冲洗，同时给予 100% 氧气治疗。正铁血红蛋白血症可能会加重因缺氧而产生的症状，如慢性肺病，冠状动脉疾病或贫血。医生应该对症治疗。

【注意事项】

1. 使用本品遵守安全使用农药规程。作业时戴防护手套和口罩，不饮食、不饮水、不吸烟。在开启农药包装的过程中操作人员应戴用必要的防护器具。处理药剂后必须立即洗手及清洗暴露的皮肤。

2. 本品在甘蓝作物上使用的推荐安全间隔期为 7 天，每个作物周期的最多使用次数为 4 次；本品在苹果树作物上使用的推荐安全间隔期为 70 天，每个作物周期的最多使用次数为 2 次；本品在水稻作物上使用的推荐安全间隔期为 60 天，每个作物周期的最多使用次数为 2 次。

3. 施药时期掌握在卵孵化盛期或害虫发生初期。

4. 使用前先将药剂充分摇匀，将黏附在包装袋或瓶壁上的药剂充分洗出，再进行二次稀释。喷雾应均匀透彻。

5. 为防止抗药性产生，害虫多代重复发生时建议与其他作用机理不同的药剂交替使用。

6. 本品对鱼类毒性中等，养鱼稻田禁止使用。

7. 对家蚕有毒，蚕室和桑园附近禁用。

8. 避免污染水塘等水体，不要在水体中清洗施药器具。

9. 孕妇和哺乳期妇女应避免接触本品。

10. 用过的容器妥善处理，不可做他用，不可随意丢弃。

11. 本品放置于阴凉、干燥、通风、防雨处，远离火源，勿与食品、饲料、种子、日用品等同贮同运。

12. 本品宜置于儿童够不着的地方并上锁，不得重压、破损包装容器。

抗倒酯

【作用特点】

抗倒酯属环己烷羧酸类植物生长延缓剂，是赤霉素生物合成的抑制剂。本品通过对高羊茅草坪草茎、叶生长的调控作用，延缓草坪草的直立生长，降低草坪的修剪频率，能显著提高草坪的抗逆性，改善草坪质量。它可被植物茎、叶迅速吸收并传导，通过降低株高、增加茎秆强度、促进根系发达来防止小麦倒伏。同时本品还可以提高水分利用率，预防干旱，提高产量等。

【毒性及环境生物安全性评价】

对高等动物毒性低毒。

原药大鼠急性经口 LD_{50} 大于 4640 毫克/千克；

原药大鼠急性经皮 LD_{50} 大于 2000 毫克/千克；

原药大鼠急性吸入 LC_{50} 大于 5.69 毫克/升。

对兔眼睛有轻微刺激性；

对兔皮肤有轻微刺激性。

豚鼠皮肤致敏试验结果为无致敏性。

大鼠 90 天亚慢性饲喂试验最大无作用剂量为 500 毫克/千克。

各种试验结果表明，无致癌、致畸、致突变作用。

制剂大鼠急性经口 LD_{50} 大于 5000 毫克/千克；

制剂大鼠急性经皮 LD_{50} 大于 4000 毫克/千克。

对兔眼睛无刺激性；

对兔皮肤无刺激性。

豚鼠皮肤致敏试验结果为中度致敏性。

对鱼类毒性低毒。

虹鳟鱼 96 小时 LC_{50} 为 68 毫克/升。

对鸟类毒性低毒。

鹌鹑急性经口 7 天 LD_{50} 大于 2250 毫克/千克。

对蜜蜂毒性低毒。

蜜蜂急性经口 48 小时 LD_{50} 大于 107 微克/只；

蜜蜂急性接触 48 小时 LD_{50} 为 69.9 微克/只。

对家蚕毒性低毒。

家蚕 96 小时 LC_{50} 大于 5000 毫克/千克·桑叶。

【防治对象】

可对禾谷类作物、蓖麻、水稻、向日葵显示生长抑制作用，芽后施用可防止倒伏。

【使用方法】

11. 用于高羊茅草坪，调节生长：每 666.7 平方米用 11.3% 抗倒酯可溶液剂 133～200 毫升或 250 克/升抗倒酯乳油 66.6～100 毫升，兑水 40～50 千克茎叶均匀喷雾。

12. 用于小麦，防止倒伏：在小麦分蘖期或苗期，每 666.7 平方米用 11.3% 抗倒酯可溶液剂 40～66.6 毫升或 250 克/升抗倒酯乳油 20～33.3 毫升，兑水 40～50 千克叶面均匀喷雾。

【特别说明】

1. 本品必须在健壮、有活力的高羊茅草坪上使用。

2. 不同草坪安全性有差异，初次使用本品，建议先在目标草坪上用较低剂量作预试验，确定无药害后再大面积推广应用。

3. 本品对低修剪高度的草坪有较大的抑制作用，可根据草坪的修剪高度，选择恰当的施用剂量。因本品可长期延缓草坪草直立生长，在修剪后 1～3 天内施用本品，亩用药兑水 40～50 千克稀释，施用后 4 小时内请勿进行修剪作业。

4. 草坪因逆境胁迫（高温、低温或干旱等）而进入休眠状态时，请降低本品的使用剂量；草坪草生长旺盛季节，旨在减少修剪频率者可多次施用本品。

5. 请勿在灌溉系统中使用。调节高羊茅草坪的生长，按推荐剂量，用足够量的清水稀释，均匀茎叶喷雾。一季作物最多施用次数：在保证适宜的间隔期的情况下可连续施用。

【中毒急救】

吸入：应迅速将患者转移到空气清新流通处。如呼吸停止应做人工呼吸。如呼吸困难应输氧。如有症状及时就医。皮肤接触后：立即用水和肥皂清洗，并彻底冲洗干净。眼睛接触后：把眼睛打开用流水冲洗几分钟，如有持续的症状，及时就医。误食：立即用大量清水漱口，洗胃。洗胃时注意保护气管和食管。及时送医院对症治疗。一旦药液溅入眼睛和黏附皮

肤：应立即用水冲洗至少 15 分钟。误服后：不要引吐，可以使用医用活性炭洗胃，注意防止胃内容物进入呼吸道。对昏迷病人，切勿经口喂入任何东西或引吐。本品无其他特效解毒剂。

【注意事项】

1. 使用本品遵守安全使用农药规程。作业时戴防护手套和口罩，不饮食、不饮水、不吸烟。在开启农药包装的过程中操作人员应戴用必要的防护器具。处理药剂后必须立即洗手及清洗暴露的皮肤。

2. 每季作物最多使用 1 次。

3. 请不要将本品用于受不良气候如干旱、冰雹影响及病虫害为害严重的作物。

4. 施药后 12 小时内，请勿进入施药区域。切勿在施用地区放牧；也不要将喷施本品后的割草喂给家畜。

5. 使用过的空包装，用清水冲洗 3 次后妥善处理，切勿重复使用或改做其他用途。所有施药器具，用后应立即用清水或适当的洗涤剂清洗。

6. 切勿将本品及其废液弃于池塘、河溪和湖泊等，以免污染水源。

7. 未用完的制剂应放在原包装内密封保存，切勿将本品置于饮、食容器内。

8. 孕妇和哺乳期妇女应避免接触本品。

9. 本品放置于阴凉、干燥、通风、防雨处，远离火源，勿与食品、饲料、种子、日用品等同贮同运。

10. 本品宜置于儿童够不着的地方并上锁，不得重压、破损包装容器。

氯化胆碱

【作用特点】

氯化胆碱是一种植物光合作用促进剂，对增加产量有明显的效果。它可显著提高作物叶片叶绿素、可溶性蛋白和植物碳水化合物的含量，提高超氧歧化酶的活性，增加叶片的光合效率，制造更多的营养物质向块根块茎输送。其增产作用是启动根原及早萌发，促使块根、块茎提早膨大，增加大、中块根块茎的比率，可提高产量。

【毒性及环境生物安全性评价】

对高等动物毒性低毒。

原药雄大鼠急性经口 LD_{50} 大于 5000 毫克/千克；

原药雌大鼠急性经口 LD_{50} 大于 5000 毫克/千克；

原药雄大鼠急性经皮 LD_{50} 大于 2000 毫克/千克；

原药雌大鼠急性经皮 LD_{50} 大于 2000 毫克/千克。

对兔眼睛无刺激性；

对兔皮肤无刺激性。

对鱼类毒性低毒。

对鸟类毒性低毒。

在水中不稳定，快速分解，中等光解。

难吸附。

难挥发。

低生物富集性。

【防治对象】

适用于甘薯，调节生长、增产。小麦、水稻在孕穗期喷施可促进小穗分化，多结穗粒，灌浆期喷施可加快灌浆速度，穗粒饱满，千粒重增加 2 ~ 5 克。亦可用于玉米、甘蔗、甘薯、马铃薯、萝卜、洋葱、棉花、烟草、蔬菜、葡萄、芒果等增加产量。

【使用方法】

用于甘薯，调节生长、增产：每666.7平方米用60%氯化胆碱水剂15～20毫升，兑水30～45千克茎叶均匀喷雾。于块根、块茎开始形成或膨大初期进行茎叶喷施。间隔10～15天喷施1次，连续施用2～3次。

【中毒急救】

吸入：应迅速将患者转移到空气清新流通处。如呼吸停止应做人工呼吸。如呼吸困难应输氧。如有症状及时就医。皮肤接触后：立即用水和肥皂清洗，并彻底冲洗干净。眼睛接触后：把眼睛打开用流水冲洗几分钟，如有持续的症状，及时就医。误食：立即用大量清水漱口，洗胃。洗胃时注意保护气管和食管。及时送医院对症治疗。一旦药液溅入眼睛和黏附皮肤，应立即用水冲洗至少15分钟。误服后：不要引吐，可以使用医用活性炭洗胃，注意防止胃内容物进入呼吸道。对昏迷病人，切勿经口喂入任何东西或引吐。本品无其他特效解毒剂。

【注意事项】

1. 使用本品遵守安全使用农药规程。作业时戴防护手套和口罩，不饮食、不饮水、不吸烟。在开启农药包装的过程中操作人员应戴用必要的防护器具。处理药剂后必须立即洗手及清洗暴露的皮肤。

2. 本品不宜与碱性物质混合，可与弱酸性及中性农药混用。

3. 施用本品后，田间施肥和其他管理仍需照常进行。

4. 晴天应避开露水和烈日高温施用，阴天露水干后全天施用，若喷后6小时内下雨应补施。

5. 不宜施在弱势植株上。

6. 使用过的空包装，用清水冲洗3次后妥善处理，切勿重复使用或改做其他用途。所有施药器具，用后应立即用清水或适当的洗涤剂清洗。

7. 切勿将本品及其废液弃于池塘、河溪和湖泊等，以免污染水源。

8. 未用完的制剂应放在原包装内密封保存，切勿将本品置于饮、食容器内。

9. 孕妇和哺乳期妇女应避免接触本品。

10. 本品放置于阴凉、干燥、通风、防雨处，远离火源，勿与食品、饲料、种子、日用品等同贮同运。

11. 本品宜置于儿童够不着的地方并上锁，不得重压、破损包装容器。

羟烯腺嘌呤

【作用特点】

羟烯腺嘌呤属于细胞分裂素类植物生长调节剂。植物内源激素存在于植物种子、根、茎、叶、幼嫩分生组织及发育的果实中，主要由根尖分泌传导至其他部位，刺激细胞分裂，促进叶绿素形成，防止早衰及果实脱落。它能促进光合作用和蛋白质合成，促进花芽分化和形成，并能提高植物抗病性。

【毒性及环境生物安全性评价】

对高等动物毒性微毒。

原药雄大鼠急性经口 LD_{50} 大于5000毫克/千克；

原药雌大鼠急性经口 LD_{50} 大于5000毫克/千克

原药雄大鼠急性经皮 LD_{50} 大于5000毫克/千克；

原药雌大鼠急性经皮 LD_{50} 大于5000毫克/千克。

对兔眼睛无刺激性；

对兔皮肤无刺激性。

豚鼠皮肤致敏试验结果为弱致敏性。

各种试验结果表明，无致癌、致畸、致突变作用。

制剂雄大鼠急性经口 LD_{50} 大于 4640 毫克/千克；

制剂雌大鼠急性经口 LD_{50} 大于 4640 毫克/千克

制剂雄大鼠急性经皮 LD_{50} 大于 5000 毫克/千克；

制剂雌大鼠急性经皮 LD_{50} 大于 5000 毫克/千克。

对兔眼睛无刺激性；

对兔皮肤无刺激性。

豚鼠皮肤致敏试验结果为弱致敏性。

对鱼类毒性低毒。

对鸟类毒性低毒。

对蜜蜂毒性低毒。

对家蚕毒性低毒。

【防治对象】

适用于粮、棉、油、蔬菜、瓜果、药材、烟草等，并对蕃茄、黄瓜、烟草病毒病有很好的防效功能。

【使用方法】

1. 用于大豆，调节生长：用 0.0001% 羟烯腺嘌呤可湿性粉剂 588 倍液茎叶均匀喷雾，在生育期进行 3 次喷雾处理。

2. 用于水稻，调节生长、防治纹枯病：用 0.0001% 羟烯腺嘌呤可湿性粉剂 588 倍液喷雾，在秧苗期、返青期、孕穗期、灌浆期各喷雾 1 次，或用 0.0001% 羟烯腺嘌呤可湿性粉剂 100～150 倍液浸种 8～24 小时。

3. 用于玉米，调节生长：用 0.0001% 羟烯腺嘌呤可湿性粉剂 588 倍液喷雾，在拔节期、喇叭口期各喷雾 1 次，或用 0.0001% 羟烯腺嘌呤可湿性粉剂 100～150 倍液浸种 24 小时。

4. 用于小麦，调节生长：用 0.0001% 羟烯腺嘌呤可湿性粉剂 600 倍液喷雾，在分蘖期开始用药，间隔 7 天，连喷 3 次，或用 0.0001% 羟烯腺嘌呤可湿性粉剂 100 倍液浸种 24 小时。

5. 用于棉花增产：移栽时用 0.0001% 羟烯腺嘌呤可湿性粉剂 12500 倍液蘸根，或用 0.0001% 羟烯腺嘌呤可湿性粉剂 300～500 倍液喷雾，在盛蕾、初花、结铃期各喷雾 1 次，可使结铃数增加并增产。

6. 蔬菜上应用，调节生长、防病毒病：马铃薯用 0.0001% 羟烯腺嘌呤可湿性粉剂 100 倍液浸薯块 12 小时后播种。生长期用 0.0001% 羟烯腺嘌呤可湿性粉剂 600 倍液喷雾，间隔 7～10 天，连喷 2～3 次。番茄从 4 叶期开始，用 0.0001% 羟烯腺嘌呤可湿性粉剂 400～500 倍液喷雾，至少喷 3 次。茄子在定植后 1 个月，用 0.0001% 羟烯腺嘌呤可湿性粉剂 600 倍液喷 2～3 次。白菜用 0.0001% 羟烯腺嘌呤可湿性粉剂 50 倍液浸种 8～12 小时后播种。定苗后用 0.0001% 羟烯腺嘌呤可湿性粉剂 400～600 倍液喷 2～3 次。

7. 用于西瓜，调节生长：用 0.0001% 羟烯腺嘌呤可湿性粉剂 50 倍液浸种 1～2 天，蔓长达 7～8 节时，用 0.0001% 羟烯腺嘌呤可湿性粉剂 600～800 倍液喷雾 2～3 次。

8. 用于柑橘，调节生长：在落花、幼果期和果实膨大期，用 0.0001% 羟烯腺嘌呤可湿性粉剂 600～800 倍液各喷雾 1 次。

9. 用于苹果、梨、葡萄等，促进早熟：在现蕾、谢花、幼果及果实生长后期，用 0.0001%

羟烯腺嘌呤可湿性粉剂 300～500 倍液喷雾，喷雾 2～3 次，可提高座果率促进着色、早熟。

10. 用于人参，调节生长：当年参，用 0.0001% 羟烯腺嘌呤可湿性粉剂 600～800 倍液喷雾，隔 7～10 天，连喷 3 次，能抗斑点病、增产。

11. 用于烟草，调节生长、防治病毒病：烟草移栽后 10 天开始，用 0.0001% 羟烯腺嘌呤可湿性粉剂 400～600 倍液，间隔 7 天左右，连喷 3 次。还能减轻花叶病、增产。

【中毒急救】

吸入：应迅速将患者转移到空气清新流通处。如呼吸停止应做人工呼吸。如呼吸困难应输氧。如有症状及时就医。皮肤接触后：立即用水和肥皂清洗，并彻底冲洗干净。眼睛接触后：把眼睛打开用流水冲洗几分钟，如有持续的症状，及时就医。误食：立即用大量清水漱口，洗胃。洗胃时注意保护气管和食管。及时送医院对症治疗。一旦药液溅入眼睛和黏附皮肤：应立即用水冲洗至少 15 分钟。误服后：不要引吐，可以使用医用活性炭洗胃，注意防止胃内容物进入呼吸道。对昏迷病人，切勿经口喂入任何东西或引吐。本品无其他特效解毒剂。

【注意事项】

1. 使用本品遵守安全使用农药规程。作业时戴防护手套和口罩，不饮食、不饮水、不吸烟。在开启农药包装的过程中操作人员应戴用必要的防护器具。处理药剂后必须立即洗手及清洗暴露的皮肤。

2. 本品不可与呈碱性的农药等物质混合使用。

3. 请不要将本品用于受不良气候如干旱、冰雹影响及病虫害为害严重的作物。

4. 施药应在晴天的早晨傍晚进行，避免在烈日和雨天喷施，如喷后 1 天内遇雨，应补喷。用药后一般经过 8 小时之后遇到降雨基本不用重喷。

5. 使用本品前要充分摇匀，不能过量，否则反而会减产。

6. 本品可与杀菌剂、杀虫剂、有机肥、冲施肥、叶面肥、微生物菌剂等产品混配，其效果非常明显。

7. 使用过的空包装，用清水冲洗 3 次后妥善处理，切勿重复使用或改做其他用途。所有施药器具，用后应立即用清水或适当的洗涤剂清洗。

8. 切勿将本品及其废液弃于池塘、河溪和湖泊等，以免污染水源。

9. 未用完的制剂应放在原包装内密封保存，切勿将本品置于饮、食容器内。

10. 孕妇和哺乳期妇女应避免接触本品。

11. 本品放置于阴凉、干燥、通风、防雨处，远离火源，勿与食品、饲料、种子、日用品等同贮同运。

12. 本品宜置于儿童够不着的地方并上锁，不得重压、破损包装容器。

烯效唑

【作用特点】

烯效唑属三唑类广谱性、高效植物生长调节剂，兼有杀菌和除草作用，是赤霉素合成抑制剂。主要生物学效应有抑制顶端生长优势，矮化植株，促进根系生长，增强光合效率，提高作物抗逆能力。

它具有控制营养生长，抑制细胞伸长、缩短节间、矮化植株，促进侧芽生长和花芽形成，增进抗逆性的作用。其活性较多效唑高 6～10 倍，但其在土壤中的残留量仅为多效唑的 1/10，因此对后茬作物影响小。它可通过种子、根、芽、叶吸收，并在器官间相互运转，但叶吸收向外运转较少。向顶性明显。适用于水稻、小麦，增加分蘖，控制株高，提高抗倒伏能力。用于果树控制营养生长的树形。用于观赏植物控制株形，促进花芽分化和多开花等。本品用量小、活性强，低浓度就有良好抑制作用，且不会使植株畸形，持效期长，对人畜安全。

【毒性及环境生物安全性评价】

对高等动物毒性低毒。

雄大鼠急性经口 LD_{50} 为 2020 毫克/千克；

雌大鼠急性经口 LD_{50} 为 1790 毫克/千克；

雄小鼠急性经口 LD_{50} 为 4000 毫克/千克；

雌小鼠急性经口 LD_{50} 为 2850 毫克/千克；

大鼠急性经皮 LD_{50} 大于 2000 毫克/千克。

对兔眼睛有轻微刺激性；

对兔皮肤无刺激性。

豚鼠皮肤致敏试验结果为弱致敏性。

各种试验结果表明，无致癌、致畸、致突变作用。

对鱼类毒性低毒至中等毒。

鲤鱼 48 小时 LC_{50} 为 7.64 毫克/升；

蓝鳃鱼 48 小时 LC_{50} 为 6.4 毫克/升；

金鱼 48 小时 LC_{50} 大于 1.0 毫克/升。

【防治对象】

可用于水稻、小麦、玉米、花生、大豆、棉花、果树、花卉等作物，可茎叶喷洒或土壤处理，增加着花数。烯效唑还具有高效、广谱、内吸的杀菌作用，对稻瘟病、小麦根腐病、玉米小斑病、水稻恶苗病、小麦赤霉病、菜豆炭疽病显示良好的抑菌作用。

【使用方法】

1. 用于水稻秧田，控制生长：每 10 千克种子用 5% 烯效唑可湿性粉剂 20 克兑水 12～15 千克浸种 2～3 天，浸种期间，每天早、中、晚各搅拌 1 次，以使药剂浓度上下一致。

2. 用于草坪，调节生长：用 5% 烯效唑可湿性粉剂 111～167 倍液茎叶喷雾，在草坪生长期、修剪后 2～3 天内喷施。一般冷季型草坪可在春季或秋季施用，暖季型夏季施用，1 年内用药 1～2 次。

【中毒急救】

吸入：应迅速将患者转移到空气清新流通处。如呼吸停止应做人工呼吸。如呼吸困难应输氧。如有症状及时就医。皮肤接触后：立即用水和肥皂清洗，并彻底冲洗干净。眼睛接触后：把眼睛打开用流水冲洗几分钟，如有持续的症状，及时就医。误食：立即用大量清水漱口，洗胃。洗胃时注意保护气管和食管。及时送医院对症治疗。一旦药液溅入眼睛和黏附皮肤：应立即用水冲洗至少 15 分钟。误服后：饮足量温水，催吐，洗胃，导泻。洗胃注意防止胃内容物进入呼吸道。对昏迷病人，切勿经口喂入任何东西或引吐。本品无其他特效解毒剂。

【注意事项】

1. 使用本品遵守安全使用农药规程。作业时戴防护手套和口罩，不饮食、不饮水、不吸烟。在开启农药包装的过程中操作人员应戴用必要的防护器具。处理药剂后必须立即洗手及清洗暴露的皮肤。

2. 每季作物最多使用 1 次。生长季节不能再使用同类型药剂。

3. 本品为植物生长调节剂，应严格控制用量，避免形成药害。

4. 因草坪苗期抗逆性差，勿在草坪尚未成坪前施用。

5. 正常应用烯效唑不会产生药害，若用量过高，抑制过度时，可增施氮肥解救，促进秧苗恢复生长。

6. 本品对鱼类有毒，应避免在湖泊、河流或鱼塘等水源中清洗喷药器械及身体。

7. 本品对蜜蜂有风险，应避开开花植物花期使用。

8. 本品用于其他作物时最好先试验后推广。

9. 严格掌握使用量和使用时期。作种子处理时，要平整好土地，浅播浅覆土，墒情好。

10. 浸种后剩余的药液和空容器要妥善处理，可烧毁或深埋，不得留做他用；注意不要污染食物和饲料。

11. 不要因处理废药液而污染水源和水系，禁止在河塘等水体中清洗施药器具。

12. 切勿将本品及其废液弃于池塘、河溪和湖泊等，以免污染水源。

13. 未用完的制剂应放在原包装内密封保存，切勿将本品置于饮、食容器内。

14. 孕妇和哺乳期妇女应避免接触本品。

15. 本品放置于阴凉、干燥、通风、防雨处，远离火源，勿与食品、饲料、种子、日用品等同贮同运。

16. 本品宜置于儿童够不着的地方并上锁，不得重压、破损包装容器。

吲哚丁酸

【作用特点】

吲哚丁酸是内源生长素，它能促进细胞分裂与细胞生长，诱导形成不定根，增加座果，防止落果，改变雌、雄花比率等。它可经由叶片、树枝的嫩表皮、种子进入到植物体内，随营养流输导到起作用的部位。主要用途是促进多种植物插枝生根及某些移栽作物的早生根、多生根。由于单剂使用成本较高，目前多用于复配。本书介绍2种复配制剂。

1. 1.05%吲丁·萘乙酸水剂是一种植物生长调节剂，它能促进细胞分裂与扩大，诱导形成不定根，增加座果率，防止落果等。药剂可经由叶片、树枝的嫩表皮、种子进入到植株体内，随营养流输导到起作用的部位，达到增产效果。

2. 1%吲丁·诱抗素可湿性粉剂是S-诱抗素和吲哚丁酸的混配制剂，植物生长调节剂，用于水稻移栽能促进水稻新根生长，增强水分和养分的吸收能力，缩短缓苗期，增强秧苗抗逆性；同时还能促进分蘖和壮苗。对水稻增产和改善品质有良好效果。

【毒性及环境生物安全性评价】

对高等动物毒性低毒。

原药雄大鼠急性经口 LD_{50} 为3160毫克/千克；

原药雌大鼠急性经口 LD_{50} 为3160毫克/千克；

原药雄大鼠急性经皮 LD_{50} 大于5000毫克/千克；

原药雄大鼠急性经皮 LD_{50} 大于5000毫克/千克。

对兔眼睛有中度刺激性；

对兔皮肤有轻微刺激性。

豚鼠皮肤致敏试验结果为弱致敏性。

制剂雄大鼠急性经口 LD_{50} 大于5000毫克/千克；

原药雌大鼠急性经口 LD_{50} 大于5000毫克/千克；

原药雄大鼠急性经皮 LD_{50} 大于2000毫克/千克；

原药雄大鼠急性经皮 LD_{50} 大于2000毫克/千克。

对兔眼睛有中度刺激性；

对兔皮肤无刺激性。

豚鼠皮肤致敏试验结果为弱致敏性。

对鱼类毒性低毒。

鱼 96 小时 LC_{50} 为 85.5 毫克/升。

对鸟类毒性中等毒。

鹌鹑 LC_{50} 为 85.3 毫克/千克。

对蜜蜂毒性低毒。

蜜蜂 48 小时 LC_{50} 大于 48.4 毫克/升。

对家蚕毒性低毒。

家蚕 96 小时 LC_{50} 为 414 毫克/千克·桑叶。

【防治对象】

用本品可以促进番茄、辣椒、黄瓜、无花果、草莓、黑树霉、茄子等座果或单性结实，浸或喷花、果。用于水稻对促进新根生长增产和改善品质有良好效果。

【使用方法】

1. 用于黄瓜，调节生长：用 1.05% 吲丁·萘乙酸水剂 4000～6000 倍液均匀喷雾，在黄瓜移栽成活后 3～4 叶期和初花期，按照推荐剂量用常规喷雾法各施药 1 次。

2. 用于水稻，促进新根生长：秧苗移栽前 1 周左右，用 1% 吲丁·诱抗素可湿性粉剂 500～1000 倍液叶面喷雾秧苗，秧田水饱和无明水，药液量每亩 100 千克，叶面喷施 1 次。

【中毒急救】

吸入：应迅速将患者转移到空气清新流通处。如呼吸停止应做人工呼吸。如呼吸困难应输氧。如有症状及时就医。皮肤接触后：立即用水和肥皂清洗，并彻底冲洗干净。眼睛接触后：把眼睛打开用流水冲洗几分钟，如有持续的症状，及时就医。误食：立即用大量清水漱口，洗胃。洗胃时注意保护气管和食管。及时送医院对症治疗。一旦药液溅入眼睛和黏附皮肤：应立即用水冲洗至少 15 分钟。误服后：不要引吐，可以使用医用活性炭洗胃，注意防止胃内容物进入呼吸道。对昏迷病人，切勿经口喂入任何东西或引吐。本品无其他特效解毒剂。

【注意事项】

1. 使用本品遵守安全使用农药规程。作业时戴防护手套和口罩，不饮食、不饮水、不吸烟。在开启农药包装的过程中操作人员应戴用必要的防护器具。处理药剂后必须立即洗手及清洗暴露的皮肤。

2. 用于黄瓜的生长调节，安全使用间隔期为 3～5 天，黄瓜的整个生长周期最多使用次数为 2 次。

3. 忌与碱性农药混用，忌用碱性水稀释本产品，稀释液中加入少量的食醋或白酒，效果会更好。

4. 请在阴天或晴天傍晚喷施，喷药后 6 小时内下雨应补喷。

5. 植株弱小时，兑水量应取上限。

6. 避光保存，开启包装后最好一次性用完。

7. 使用本品时应穿戴防护服、口罩和手套等防护用具，避免吸入药液。施药期间不可吃东西、喝水和吸烟。施药后应及时洗手和洗脸。

8. 禁止河塘等水域内清洗施药器具或将清洗施药器具的废水倒入河流、池塘等水源。

9. 孕妇和哺乳期妇女应避免接触本品。

10. 本品放置于阴凉、干燥、通风、防雨处，远离火源，勿与食品、饲料、种子、日用品等

同贮同运。

11. 本品宜置于儿童够不着的地方并上锁，不得重压、破损包装容器。

芸苔素内酯

【作用特点】

芸苔素内酯是一种新型绿色环保植物生长调节剂，其通过适宜浓度芸苔素内酯浸种和茎叶喷施处理。它可以促进蔬菜、瓜类、水果等作物生长，可改善品质，提高产量，色泽艳丽，叶片更厚实。它能使茶叶的采叶时间提前，也可令瓜果含糖分更高，个体更大，产量更高，更耐储藏，在目前，农药市场上植物生长调节剂以人工合成的复硝酚钠和芸苔素两大类为主。在实际应用中，以天然提取的芸苔素质量最好，综合经济效益更优，更能得到农民欢迎和应用。不管属于哪一类植物激素，对人畜都是无害的，正常使用剂量非常安全有效。天然芸苔素可广泛用于粮食作物如水稻，麦类，薯类，一般可增产10%左右；应用于各种经济作物如果树、蔬菜、草莓、瓜果、棉麻、花卉等，一般可增产10%～20%，高的可达30%，并能明显改善品质，增加糖分和果实重量，增加花卉艳丽。同时还能提高作物的抗旱，抗寒能力，缓解作物遭受病虫害，药害，肥害，冻害的症状。

芸苔素内酯是甾体化合物中生物活性较高的一种，广泛存在于植物体内。在植物生长发育各阶段中，既可促进营养生长，又能利于受精作用。人工合成的芸苔素内酯活性较高，可经由植物的叶、茎、根吸收，然后传导到起作用的部位，有的认为可增加RNA聚合酶的活性，增加RNA、DNA含量，有的认为可增加细胞膜的电势差、ATP酶的活性，也有的认为能强化生长素的作用，作用机理目前尚无统一的看法。它起作用的浓度极微量，是高效植物生长调节剂，在很低浓度下，即能显著地增加植物的营养体生长和促进受精作用。它的一些生理作用表现有生长素、赤霉素、细胞分裂素的某些特点：

1. 促进细胞分裂，促进果实膨大。对细胞的分裂有明显的促进作用，对器官的横向生长和纵向生长都有促进作用，从而起到膨大果实的作用。

2. 延缓叶片衰老，保绿时间长，加强叶绿素合成，提高光合作用，促使叶色加深变绿。

3. 打破顶端优势，促进侧芽萌发，能够诱导芽的分化，促进侧枝生成，增加枝数，增多花数，提高花粉受孕性，从而增加果实数量提高产量。

4. 改善作物品质，提高商品性。诱导单性结实，刺激子房膨大，防止落花落果，促进蛋白质合成，提高含糖量等。

5. 本品是一种广谱、高活性植物生长调节剂，能促进植物生长、增加千粒重、提高产量。

【毒性及环境生物安全性评价】

对高等动物毒性低毒。

雄大鼠急性经口 LD_{50} 大于 2000 毫克/千克；

雌大鼠急性经口 LD_{50} 大于 2000 毫克/千克；

小鼠急性经口 LD_{50} 大于 1000 毫克/千克；

雄大鼠急性经皮 LD_{50} 大于 2000 毫克/千克；

雌大鼠急性经皮 LD_{50} 大于 2000 毫克/千克。

各种试验结果表明，无致癌、致畸、致突变作用。

对鱼类及水生生物毒性低毒。

鲤鱼 96 小时 LC_{50} 大于 10 毫克/升；

水蚤 3 小时 LC_{50} 大于 100 毫克/升。

【防治对象】

可以用于黄瓜、番茄、辣椒、马铃薯、水果、蔬菜、花卉等。具有强力生根、促进生长、提苗、壮苗、保苗、黄叶病叶变绿、促进座果果实膨大早熟、减轻病害缓解药害、协调营养平衡、抗旱抗寒、增强作物抗逆性等多重功能。对因重茬、病害、药害、冻害等原因造成的死苗、烂根、立枯、猝倒现象急救效果显著，施用 12～24 小时即明显见效，起死回生，迅速恢复生机。适用于粮食作物，经济作物，蔬菜和水果等，促进生长，做果实膨大剂，增加产量。

【使用方法】

1. 用于水稻，调节生长、增产：用 0.01% 芸苔素内酯可溶粉剂或 0.01% 芸苔素内酯可溶液剂 1667～5000 倍液喷药，在水稻孕穗期、齐穗期各喷施 1 次。

2. 用于草莓，调节生长、增产：用 0.01% 芸苔素内酯可溶粉剂或 0.01% 芸苔素内酯可溶液剂 2500～5000 倍液喷药，在草莓盛花期、花后 1 周各喷施 1 次。

3. 用于茶树，调节生长、增产：用 0.01% 芸苔素内酯可溶粉剂或 0.01% 芸苔素内酯可溶液剂 2500～5000 倍液喷药，在茶树抽梢期、抽梢后、每次采茶后各喷施 1 次。

4. 用于大豆，调节生长：用 0.01% 芸苔素内酯可溶粉剂或 0.01% 芸苔素内酯可溶液剂 2500～5000 倍液喷药，在大豆苗期施、初花期各施 1 次，以后每隔 7～10 天施药 1 次，全期共施药 3～4 次。

5. 用于番茄，调节生长：用 0.01% 芸苔素内酯可溶粉剂或 0.01% 芸苔素内酯可溶液剂 2500～5000 倍液喷药，在番茄苗期、初花期、幼果期各喷施 1 次。

6. 用于花生，调节生长：用 0.01% 芸苔素内酯可溶粉剂或 0.01% 芸苔素内酯可溶液剂 2500～5000 倍液喷药，在花生苗期、花期和扎针期各喷施 1 次。

7. 用于黄瓜，调节生长：用 0.01% 芸苔素内酯可溶粉剂或 0.01% 芸苔素内酯可溶液剂 2500～5000 倍液喷药，在黄瓜苗期、初花期、幼果期各喷施一次。

8. 用于柑橘树，调节生长：用 0.01% 芸苔素内酯可溶粉剂或 0.01% 芸苔素内酯可溶液剂 2500～5000 倍液喷药，在柑橘花蕾期、幼果期、果实膨大期各喷施 1 次。

9. 用于葡萄，调节生长：用 0.01% 芸苔素内酯可溶粉剂或 0.01% 芸苔素内酯可溶液剂 2500～5000 倍液喷药，在葡萄花蕾期、幼果期、果实膨大期各喷施 1 次。

10. 用于荔枝树，调节生长：用 0.01% 芸苔素内酯可溶粉剂或 0.01% 芸苔素内酯可溶液剂 2500～5000 倍液喷药，在荔枝花蕾期、幼果期、果实膨大期各喷施 1 次。

11. 用于梨树，调节生长、增产：用 0.01% 芸苔素内酯可溶粉剂或 0.01% 芸苔素内酯可溶液剂 2500～5000 倍液喷药，在梨树幼果期、果实膨大期各喷雾 1 次。

12. 用于香蕉，调节生长：用 0.01% 芸苔素内酯可溶粉剂或 0.01% 芸苔素内酯可溶液剂 2500～5000 倍液喷药，在香蕉抽蕾期、断蕾期和幼果期各喷施 1 次。

13. 用于棉花，调节生长、增产：用 0.01% 芸苔素内酯可溶粉剂或 0.01% 芸苔素内酯可溶液剂 2500～5000 倍液喷药，在棉花苗期、蕾期、花期各喷施 1 次。

14. 用于小白菜，调节生长、增产：用 0.01% 芸苔素内酯可溶粉剂或 0.01% 芸苔素内酯可溶液剂 2500～5000 倍液喷药，在小白菜苗期、营养生长期各喷施 1 次。

15. 用于小麦，调节生长、增产：用 0.01% 芸苔素内酯可溶粉剂或 0.01% 芸苔素内酯可溶液剂 1000～10000 倍液喷药，在小麦抽穗扬花期、灌浆期各喷施 1 次。

16. 用于玉米，调节生长、增产：用 0.01% 芸苔素内酯可溶粉剂或 0.01% 芸苔素内酯可溶液剂 500～2000 倍液喷药，在玉米苗高 30 厘米左右和喇叭筒期各喷施 1 次。

17. 用于烟草，调节生长：用 0.01% 芸苔素内酯可溶粉剂或 0.01% 芸苔素内酯可溶液剂 500～2000 倍液喷药，在烟草团棵期、旺长期各喷施 1 次。

【中毒急救】

吸入：应迅速将患者转移到空气清新流通处。如呼吸停止应做人工呼吸。如呼吸困难应输氧。如有症状及时就医。皮肤接触后：立即用水和肥皂清洗，并彻底冲洗干净。眼睛接触后：把眼睛打开用流水冲洗几分钟，如有持续的症状，及时就医。误食：立即用大量清水漱口，洗胃。洗胃时注意保护气管和食管。及时送医院对症治疗。一旦药液溅入眼睛和黏附皮肤：应立即用水冲洗至少15分钟。误服后：不要引吐，可以使用医用活性炭洗胃，注意防止胃内容物进入呼吸道。对昏迷病人，切勿经口喂入任何东西或引吐。本品无其他特效解毒剂。

【注意事项】

1. 使用本品遵守安全使用农药规程。作业时戴防护手套和口罩，不饮食、不饮水、不吸烟。在开启农药包装的过程中操作人员应戴用必要的防护器具。处理药剂后必须立即洗手及清洗暴露的皮肤。

2. 本品严禁与碱性农药混用，可与中性、弱酸性农药混用。

3. 请不要将本品用于受不良气候如干旱、冰雹影响及病虫害为害严重的作物。

4. 使用本品时，用50℃ ~60℃温水溶解后施用，效果更好。

5. 施用本品4小时内遇雨须补喷。

6. 施药时间选择在早、晚较凉爽时为宜，大风天气或雨天不要喷。

7. 使用本品要正确配制浓度，防治浓度过高引起药害。

8. 使用过的空包装，用清水冲洗3次后妥善处理，切勿重复使用或改做其他用途。所有施药器具，用后应立即用清水或适当的洗涤剂清洗。

9. 切勿将本品及其废液弃于池塘、河溪和湖泊等，以免污染水源。

10. 未用完的制剂应放在原包装内密封保存，切勿将本品置于饮、食容器内。

11. 孕妇和哺乳期妇女应避免接触本品。

12. 本品放置于阴凉、干燥、通风、防雨处，远离火源，勿与食品、饲料、种子、日用品等同贮同运。

13. 本品宜置于儿童够不着的地方并上锁，不得重压、破损包装容器。

吲哚乙酸

【作用特点】

吲哚乙酸是一种植物体内普遍存在的内源生长素，属吲哚类化合物。它在扩展的幼嫩叶片和顶端分生组织中合成，通过韧皮部的长距离运输，自上而下地向基部积累。根部也能生产生长素，自下而上运输。植物体内的生长素是由色氨酸通过一系列中间产物而形成的。其主要途径是通过吲哚乙醛氧化而成。吲哚乙醛可以由色氨酸先氧化脱氨成为吲哚丙酮酸后脱羧而成，也可以由色氨酸先脱羧成为色胺后氧化脱氨而形成。然后吲哚乙醛再氧化成吲哚乙酸。另一条可能的合成途径是色氨酸通过吲哚乙腈转变为吲哚乙酸。

在植物体内吲哚乙酸可与其他物质结合而失去活性，如与天冬氨酸结合为吲哚乙酰天冬氨酸，与肌醇结合成吲哚乙酸肌醇，与葡萄糖结合成葡萄糖苷，与蛋白质结合成吲哚乙酸 - 蛋白质络合物等。结合态吲哚乙酸常可占植物体内吲哚乙酸的50% ~90%，可能是生长素在植物组织中的一种储藏形式，它们经水解可以产生游离吲哚乙酸。植物组织中普遍存在的吲哚乙酸氧化酶可将吲哚乙酸氧化分解。吲哚乙酸有多方面的生理效应，这与其浓度有关。低浓度时可以促进生长，高浓度时则会抑制生长，甚至使植物死亡，这种抑制作用与其能否诱导乙烯的形成有关。生长素的生理效应表现在两个层次上。在细胞水平上，生长素可刺激形成层细胞分裂；刺激枝的细胞伸长、抑制根细胞生长；促进木质部、韧皮部细胞分化，促进插条发根、调节愈伤组织的形态建成。在器官和整株水平上，生长素从幼苗到果实成熟都起作用。生长素控制幼苗中胚轴伸长的可逆性红光抑制；当吲哚乙酸转移至枝条下侧即产生枝条的向地性；当吲哚乙酸转移至枝条的背光侧即产生枝条的向光性；吲哚乙酸造成顶端优势；延缓叶片衰老；施于叶片的生长素抑制脱落，而施于离层近轴端的生长素促进脱落；生长素促进开花，诱导单性果实的发育，延迟果实成熟。有人提出激素受体的概念。激素受体是一个大分子细胞组分，能与相应的激素特异地结合，而后发动一系列反应。吲哚乙酸与受体的复合物有两方面的效应：一是作用于膜蛋白，影响介质酸化、离子泵运输和紧张度变化，属于快反应；二是作用于核酸，引起细胞壁变化和蛋白质合成，属于慢反应。介质酸化是细胞生长的重要条件。吲哚乙酸能活化质膜上腺苷三磷酸酶，刺激氢离子流出细胞，降低介质pH，于是有关的酶被活化，水解细胞壁的多糖，使细胞壁软化而细胞得以扩伸。施用吲哚乙酸后导致特定信使核糖核酸序列的出现，从而改变了蛋白质的合成。吲哚乙酸处理还改变了细胞壁的弹性，使细胞的生长得以进行。生长素对生长的促进作用主要是促进细胞的生长，特别是细胞的伸长，对细胞分裂没有影响。植物感受光刺激的部位是在茎的尖端，但弯曲的部位是在尖端的下面一段，这是因为尖端的下面一段细胞正在生长伸长，是对生长素最敏感的时期，所以生长素对其生长的影响最大。趋于衰老的组织生长素是不起作用的。生长素能够促进果实的发育和扦插的枝条生根的原因是：生长素能够改变植物体内的营养物质分配，在生长素分布较丰富的部分，得到的营养物质就多，形成分配中心。生长素能够诱导无籽番茄的形成就是因为用生长素处理没有受粉的番茄花蕾后，番茄花蕾的子房就成了营养物质的分配中心，叶片进行光合作用制造的养料就源源不断地运到子房中，子房就发育了。

吲哚乙酸主要的合成部位是具分生能力的组织，主要是的幼嫩芽、叶和发育中的种子。生长素在植物体内的各器官都有分布，但相对集中分布在生长旺盛的部位，如胚芽鞘、芽、根顶端的分生组织、形成层、发育中的种子和果实等处。生长素在植物体中运输有三种方式：横向运输、极性运输、非极性运输。横向运输：单侧光照引起的胚芽鞘尖端中的生长素背光运输、横放时植物根与茎中生长素的近地侧运输。极性运输：从形态学上端运输到形态学下端。非极性运输：在成熟组织中，生长素可以通过韧皮部进行非极性运输。

较低浓度促进生长，较高浓度抑制生长。植物不同的器官对生长素最适浓度的要求是不同的。植物茎生长的顶端优势是由植物对生长素的运输特点和生长素生理作用的两重性两个因素决定的，植物茎的顶芽是产生生长素最活跃的部位，但顶芽处产生的生长素浓度通过主动运输而不断地运到茎中，所以顶芽本身的生长素浓度是不高的，而在幼茎中的浓度则较高，最适宜于茎的生长，对芽却有抑制作用。越靠近顶芽的位置生长素浓度越高，对侧芽的抑制作用就越强，这就是许多高大植物的树形成宝塔形的原因。但也不是所有的植物都具有强烈的顶端优势，有些灌木类植物顶芽发育了一段时间后就开始退化，甚至萎缩，失去原有的顶端优势，所以灌木的树形是不成宝塔形的。由于高浓度的生长素具有抑制植物生长的作用，所以生产上也可用高浓度的生长素的类似物作除草剂，特别是对双子叶杂草很有效。因为生长素在植物体内存在量很少，且不易保存。为了调控植物生长，通过化学合成，人们发现了生长素类似物，它们具有和生长素类似的效果而且可以进行量产，现已广泛运用到农业生产中。地球引力对生长素分布的影响：茎的背地生长和根的向地生长是由地球的引力引起的，原因是地球引力导致生长素分布的不均匀，在茎的近地侧分布多，背地侧分布少。由于茎的生长素最适浓度很高，茎的近地侧生长素多了一些对其有促进作用，所以近地侧生长快于背地侧，保持茎的向上生长；对根而言，由于根的生长素最适浓度很低，近地侧多了一些反而对根细胞的生长具有抑制作用，所以近地侧生长就比背地侧生长慢，保持根的向地性生长。若没有引力，根就不一定往下长了。在失重状态对植物生长的影响：根的向地生长和茎的背地生长是要有地球引力诱导的，是由于在地球引力的诱导下导致生长素分布不均匀造成的。在太空失重状态下，由于失去了重力作用，所以茎的生长也就失去了背地性，根也失去了向地生长的特性。但茎生长的顶端优势仍然是存在的，生长素的极性运输不受重力影响。

吲哚乙酸为纯天然产品。从玉米种子胚乳中分离得到吲哚乙酸，通过诱导代谢模式的改变，导致种子休眠和萌发、生长和发育。在控制植物生长和发育方面起着决定性作用。能有效促进和调控作物的营养与生殖生长，达到高产、优质、抗逆、抗旱、抗寒、减轻病虫害、耐脊薄等。

【毒性及环境生物安全性评价】

对高等动物毒性低毒。

原药雄大鼠急性经口 LD_{50} 大于 4640 毫克/千克；

原药雌大鼠急性经口 LD_{50} 大于 4640 毫克/千克；

原药雄大鼠急性经皮 LD_{50} 大于 4640 毫克/千克；

原药雌大鼠急性经皮 LD_{50} 大于 4640 毫克/千克。

对兔眼睛无刺激性；

对兔皮肤无刺激性。

制剂雄大鼠急性经口 LD_{50} 大于 4640 毫克/千克；

制剂雌大鼠急性经口 LD_{50} 大于 4640 毫克/千克；

制剂雄大鼠急性经皮 LD_{50} 大于 4640 毫克/千克；

制剂雌大鼠急性经皮 LD_{50} 大于 4640 毫克/千克。

对兔眼睛无刺激性；

对兔皮肤无刺激性。

对鱼类毒性低毒。

鱼 96 小时 LC_{50} 为 2060 毫克/升。

对鸟类毒性低毒。

鹌鹑急性经口 7 天 LD_{50} 大于 750 毫克/千克。

对蜜蜂毒性低毒。

蜜蜂 48 小时 LC_{50} 大于 5000 毫克/升。

对家蚕毒性低毒。

2 龄家蚕 96 小时 LC_{50} 大于 5000 毫克/千克·桑叶。

每人每日允许摄入量为 0.27 毫克/千克。

【防治对象】

可用于小麦、玉米、水稻、大豆、黄瓜、番茄等作物播前拌种或者生长期喷雾，促进生长和调节生长。

【使用方法】

1. 用于大豆，促进生长：每 1000 千克种子用 0.11% 吲哚乙酸水剂 10~15 毫升拌种，或在苗期和花期每 666.7 平方米用 0.11% 吲哚乙酸水剂 0.67~1 毫升，兑水 15~30 千克均匀喷雾。

2. 用于番茄，促进生长：每 1 千克种子用 0.11% 吲哚乙酸水剂 0.75~1 毫升浸种，或在番茄苗期和花期每 666.7 平方米用 0.11% 吲哚乙酸水剂 0.4~0.8 毫升，兑水 15~30 千克均匀喷雾。

3. 用于黄瓜，促进生长：每 1 千克种子用 0.11% 吲哚乙酸水剂 0.75~1 毫升浸种，或在黄瓜苗期和花期每 666.7 平方米用 0.11% 吲哚乙酸水剂 0.4~0.8 毫升, 兑水 15~30 千克均匀喷雾。

4. 用于水稻, 促进生长: 每 1000 千克种子用 0.11% 吲哚乙酸水剂 10~15 毫升拌种, 或在水稻苗期和花期每 666.7 平方米用 0.11% 吲哚乙酸水剂 0.67~1 毫升, 兑水 15~30 千克均匀喷雾。水稻移栽前 3 天喷雾, 喷前秧田水要放干。

5. 用于小麦, 调节生长: 每 1 千克种子用 0.11% 吲哚乙酸水剂 10~15 毫升拌种, 在小麦拔节期每 666.7 平方米用 0.11% 吲哚乙酸水剂 0.67~1 毫升, 兑水 15~30 千克均匀喷雾。

6. 用于玉米, 促进生长: 每 1000 千克种子用 0.11% 吲哚乙酸水剂 10~15 毫升拌种, 或在水稻苗期和花期每 666.7 平方米用 0.11% 吲哚乙酸水剂 0.67~1 毫升, 兑水 15~30 千克均匀喷雾。

【中毒急救】

吸入: 应迅速将患者转移到空气清新流通处。如呼吸停止应做人工呼吸。如呼吸困难应输氧。如有症状及时就医。皮肤接触后: 立即用水和肥皂清洗, 并彻底冲洗干净。眼睛接触后: 把眼睛打开用流水冲洗几分钟, 如有持续的症状, 及时就医。误食: 立即用大量清水漱口, 洗胃。洗胃时注意保护气管和食管。及时送医院对症治疗。一旦药液溅入眼睛和黏附皮肤: 应立即用水冲洗至少 15 分钟。误服后: 不要引吐, 可以使用医用活性炭洗胃, 注意防止胃内容物进入呼吸道。对昏迷病人, 切勿经口喂入任何东西或引吐。本品无其他特效解毒剂。

本品在大剂量进入人体组织时, 会显现出酒精中毒症状, 急救也与酒精中毒措施相同。

【注意事项】

1. 使用本品遵守安全使用农药规程。作业时戴防护手套和口罩, 不饮食、不饮水、不吸烟。在开启农药包装的过程中操作人员应戴用必要的防护器具。处理药剂后必须立即洗手及清洗暴露的皮肤。

2. 使用本品 2 次间隔时间 1 周以上。

3. 请不要将本品用于受不良气候如干旱、冰雹影响及病虫害为害严重的作物。

4. 拌种和喷雾要均匀, 忌用金属工具和容器。

5. 喷雾时间在上午 10~11 点为佳, 大风天气或雨天不要喷。

6. 使用过的空包装, 用清水冲洗 3 次后妥善处理, 切勿重复使用或改做其他用途。所有施药器具, 用后应立即用清水或适当的洗涤剂清洗。

7. 切勿将本品及其废液弃于池塘、河溪和湖泊等, 以免污染水源。

8. 未用完的制剂应放在原包装内密封保存, 切勿将本品置于饮、食容器内。

9. 孕妇和哺乳期妇女应避免接触本品。

10. 本品放置于阴凉、干燥、通风、防雨处, 远离火源, 勿与食品、饲料、种子、日用品等同贮同运。

11. 本品宜置于儿童够不着的地方并上锁, 不得重压、破损包装容器。

乙烯利

【作用特点】

乙烯利是一种高效植物生长调节剂, 部分乙烯利可以释放出一定量的乙烯, 具有促进果实成熟, 刺激伤流, 调节性别转化等效应。乙烯利水溶液在 pH 4 以上时逐渐分解, 并放出乙烯, 随着 pH 上升, 分解乙烯的速度会加快。乙烯对植物的生理作用非常广泛, 它几乎参与植物的每一个生理过程, 突出的作用有促进果实成熟、雌花发育、植物器官的脱落、打破某些种子休眠和改变向性等，经常被用于水果催熟。

一般情况下，香蕉采收后必须经过催熟环节，各种营养物质才能充分转化，这是香蕉本身的生物学特性决定的。乙烯利催熟是香蕉上市前必不可少的生产环节，是多年来全世界香蕉生产广泛使用的技术，乙烯利催熟技术是科学和安全的，使用乙烯利催熟香蕉不会对人体健康产生危害，不存在任何食品安全问题。使用乙烯利只是利用其溶水后散发的乙烯气体催熟，并诱导香蕉本身的内源乙烯，使香蕉自身快速产生乙烯气体，加速自熟。乙烯的催熟过程是一种复杂的植物生理生化反应过程，不是化学作用过程，不产生任何对人体有毒害的物质。

【毒性及环境生物安全性评价】

对高等动物毒性低毒。

小鼠急性经口 LD_{50} 为 4229 毫克/千克；

兔急性经皮 LD_{50} 为 5730 毫克/千克；

大鼠急性吸入 4 小时 LC_{50} 为 90 毫克/立方米。

对兔眼睛有刺激性；

对兔皮肤有刺激性；

各种试验结果表明，无致癌、致畸、致突变作用。

对鱼类毒性低毒。

鲤鱼 72 小时 LC_{50} 为 290 毫克/升。

对鸟类毒性低毒。

对蜜蜂毒性低毒。

【防治对象】

适用于水稻、大麦、棉花、番茄、烟草等作物，葡萄、山楂、香蕉、柿子等水果，茶树、橡胶树等。

【使用方法】

1. 用于大麦，调节生长、防止倒伏：在大麦拔节初期，每 666.7 平方米用 40% 乙烯利水剂 50~60 毫升，兑水 30~45 千克，全株均匀喷雾；在大麦抽穗初期至末期，用 40% 乙烯利水剂 200~400 倍液喷洒全株。

2. 用于小麦，调节生长、防止倒伏：在小麦拔节初期，每 666.7 平方米用 40% 乙烯利水剂 40~60 毫升，兑水 30~45 千克，全株均匀喷雾；在小麦抽穗初期至末期，用 40% 乙烯利水剂 200~400 倍液喷洒全株。

3. 用于番茄，催熟：在果实绿色消退至成熟前 15~20 天，用 40% 乙烯利水剂 800~1000 倍液喷果。

4. 用于棉花，催熟、增产：在棉铃已近 7~8 成熟时，即铃期 45 左右，用 40% 乙烯利水剂 330~500 倍液，全株均匀喷雾。河北、山东等省 9 月底至 10 月初，江苏、浙江、湖南、湖北等省 10 月上旬至中旬用药。

5. 用于水稻，催熟、增产：在秧苗 5~6 叶期或插秧前 15~20 天，用 40% 乙烯利水剂 800 倍液喷雾。

6. 用于柿子树，催熟：果实长饱满尚未着色时，用 40% 乙烯利水剂 400 倍液喷雾或浸渍。

7. 用于香蕉，催熟：用 40% 乙烯利水剂 400 倍液，香蕉采后喷果或浸果。

8. 用于橡胶树，增产：割胶时，在割线下 2 厘米处用 40% 乙烯利水剂 5~10 倍液涂布青树皮下。

9. 用于烟草，催熟：在烟叶正常采收期，对未成熟的绿烟叶，用 40% 乙烯利水剂 1000~2000 倍液喷雾。

10. 用于山楂，催熟：在果实正常采收前1周，用40%乙烯利水剂800～1000倍液，全株均匀喷雾。

11. 用于葡萄，催熟：在果实膨大期，用40%乙烯利水剂800～1400倍液，全株均匀喷雾，每隔10天喷施1次，连续喷施2次。

12. 用于茶树，增产：在10月下旬至11月上旬，每666.7平方米用40%乙烯利水剂100～125毫升，兑水120～150千克，喷洒花蕾。

【特别说明】

一、用于烟草的使用办法

1. 生长后期的茎叶处理办法：一般采用全株喷洒的方法。早、中烟，在晴天喷洒，每666.7平方米用40%乙烯利水剂62.5～87.5毫升，兑水50～100千克，3～4天后烟株自下向上即能由绿转黄，和自然成熟一样；对晚烟，用40%乙烯利水剂1000～2000倍液，5～6天后浅绿色的叶片即可转黄。也可以先配制成15%的乙烯利溶液，涂于叶基部茎的周围，或者把茎表皮纵向剥开约1.5厘米宽、4厘米长，然后抹上乙烯利原药，3～5天，抹药部位以上的烟叶即可褪色促黄。

乙烯利在烟草上药效持续期为8～12天，也可以在烟草生长季节，针对下部叶片和上部叶片使用两次。

2. 采后烟叶处理办法：将刚采下的烟叶用40%乙烯利水剂500～1000倍液浸渍烟片，然后进行烘烤，烤烟颜色较黄。或在烟叶烘烤过程中，在烤房中放入盛有40%乙烯利水剂450～700倍液的容器，让其自行释放出乙烯气体，可以促进烟叶落黄，提高烟叶等级。

二、烟草使用乙烯利应注意事项

1. 乙烯利催熟效果与喷洒浓度、季节和叶色等有关。未熟嫩叶比成熟烟促黄慢、效果差，但对在烘烤过程中不易变黄的浓绿烟叶，采收前最好喷洒乙烯利来提高烤后质量。

2. 乙烯利处理对烟叶产量的影响，主要决定于施药时间和药液浓度，施用过早、浓度过高都会造成减产。

3. 经乙烯利处理的烟片，烘烤时间短，有些已经转黄的叶片，可直接进入小而火或中火期烘烤。

4. 土壤施入氮肥多，达到成熟期时仍不落黄，可再加喷1～2次，烟叶即可落黄。

5. 喷洒部位以叶背面效果最好。

6. 勿与碱性药液混用，以免导致乙烯利过快分解。

总之，乙烯利只是促进烟叶成熟，其关键还是在于田间肥水管理，只有采取科学的管理措施，才能求得最大的经济效益。

三、乙烯利催熟番茄的方法

1. 采后浸果法：选择果顶泛白的果实，在离层处摘下，在40%乙烯利水剂2000～4000倍液溶液中浸1分钟，稍晾后，堆20厘米厚的层，置于20℃～25℃条件下进行催熟，可提前1周转红。

2. 全株喷洒法：在植株生长后期，采收至上层果穗时，可全株喷洒800～1000倍液的40%乙烯利水剂，既促进果实转红，又兼顾叶片生长。当只有最上一层花序时，可全株喷洒4000倍液的40%乙烯利水剂，转红收获后拉秧。

3. 株上涂果法：当植株上果顶泛白时，可用2000～4000倍液的40%乙烯利水剂，手戴塑膜手套，塑膜手套外再戴白线手套，沾乙烯利涂果，注意把乙烯利涂在萼片和果实的接触处，效果较好。

四、番茄使用乙烯利应注意事项

1. 不论哪种处理方法，都必须在果顶泛白期进行，过早转色速度慢，即使转色，色泽也不好。

2. 不能使用过大浓度。浓度过大，着色不均匀，影响商品品质。

3. 乙烯利处理后转红速度与果实成熟期和催熟温度有关。为了加快着色，除了应在果顶泛白时进行处理外，还应注意催熟温度，温度以 25℃～28℃为宜，过低转色慢，过高（超过32℃）果实带黄色。

4. 乙烯利为一种酸，应避免和手直接接触。否则会烧伤皮肤，用手涂果时，应戴塑膜手套隔离。

【中毒急救】

中毒症状为对皮肤、眼睛有刺激作用，对黏膜有酸蚀作用。误服出现烧灼感，以后出现恶心，呕吐，呕吐物呈棕黑色，胆碱酯酶活性降低，3.5 小时左右患者呈昏迷状态。吸入：应迅速将患者转移到空气清新流通处。如呼吸停止应做人工呼吸。如呼吸困难应输氧。如有症状及时就医。皮肤接触后：立即用水和肥皂清洗，并彻底冲洗干净。眼睛接触后：把眼睛打开用流水冲洗几分钟，如有持续的症状，及时就医。误食：立即用大量清水漱口，洗胃。洗胃时注意保护气管和食管。及时送医院对症治疗。一旦药液溅入眼睛和黏附皮肤：应立即用水冲洗至少 15 分钟。误服后：饮足量温水，催吐，洗胃，导泻。洗胃注意防止胃内容物进入呼吸道。对昏迷病人，切勿经口喂入任何东西或引吐。本品无其他特效解毒剂。

【注意事项】

1. 使用本品遵守安全使用农药规程。作业时戴防护手套和口罩，不饮食、不饮水、不吸烟。在开启农药包装的过程中操作人员应戴用必要的防护器具。处理药剂后必须立即洗手及清洗暴露的皮肤。

2. 本品在番茄、香蕉、柿子树、水稻、烟草、大麦作物上的安全间隔期为 20 天，每个作物周期的最多使用 1 次；在棉花、橡胶树上的使用为自施药后至收获期是安全的。

3. 本品不能与碱性农药混放及混用，以免分解失效。但经稀释后的溶液稳定性变差。生产上使用时应随配随用，放置过久后会降低使用效果。

4. 本品呈酸性，遇碱会分解。禁忌与碱性农药混用，也不能用碱性较强的水稀释。

5. 本品应在 20℃以上时使用，温度过低，乙烯利分解缓慢，使用效果降低。

6. 晴天应避开露水和烈日高温施用或阴天露水干后全天施用，若喷后 6 小时内下雨应补施。

7. 不宜施在弱势植株上。

8. 若本品含有少量沉淀，不影响使用效果。

9. 使用过的空包装，用清水冲洗 3 次后妥善处理，切勿重复使用或改做其他用途。所有施药器具，用后应立即用清水或适当的洗涤剂清洗。

10. 切勿将本品及其废液弃于池塘、河溪和湖泊等，以免污染水源。

11. 未用完的制剂应放在原包装内密封保存，切勿将本品置于饮、食容器内。

12. 孕妇和哺乳期妇女应避免接触本品。

13. 本品放置于阴凉、干燥、通风、防雨处，远离火源，勿与食品、饲料、种子、日用品等同贮同运。

14. 本品宜置于儿童够不着的地方并上锁，不得重压、破损包装容器。

抑芽丹

【作用特点】

抑芽丹是内吸性抑芽剂。作用机制是从植物的叶面或根部吸入，由木质部和韧皮部传导至植株体内，通过阻止细胞分裂，从而抑制植物生长。抑制程度依剂量和作物生长阶段而不同。与其他抑芽剂不同，由于它是内吸性药剂，故采用叶面喷雾施药。使用时期过早将稍微抑制顶叶生长，在有条件的地方可打顶后先人工抹芽 1 次，封顶 2 星期左右视顶叶生长情况再使用内吸型抑芽剂。

【毒性及环境生物安全性评价】

对高等动物毒性微毒。

雄大鼠急性经口 LD_{50} 大于 5000 毫克/千克；

雌大鼠急性经口 LD_{50} 大于 5000 毫克/千克

雄大鼠急性经皮 LD_{50} 大于 2000 毫克/千克；

雌大鼠急性经皮 LD_{50} 大于 2000 毫克/千克。

对兔眼睛无刺激性；

对兔皮肤无刺激性。

豚鼠皮肤致敏试验结果为弱致敏性。

各种试验结果表明，无致癌、致畸、致突变作用。

对鱼类毒性低毒。

虹鳟鱼 96 小时 LC_{50} 为 1435 毫克/升；

蓝鳃太阳鱼 96 小时 LC_{50} 为 1608 毫克/升。

对鸟类毒性低毒。

野鸭 LD_{50} 大于 4640 毫克/千克；

北美鹌鹑 8 天 LD_{50} 大于 10000 毫克/千克。

在土壤中易降解。

在土壤中不易光解。

【防治对象】

主要适用于烟草。

【使用方法】

用于烟草，抑制腋芽生长：移栽后 10 天开始，用 30.2% 抑芽丹水剂 50 ~ 60 倍液，茎叶均匀喷雾。在烟田多数烟株第一朵中心花开放，顶叶大于 20 厘米时打顶，并将大于 2 厘米的腋芽打掉，将药液均匀喷在烟株中部以上叶面上。

【特别说明】

1. 控制土豆、圆葱、大蒜发芽：在收获前 2 ~ 3 星期，用 30.2% 抑芽丹水剂 2000 ~ 3000 倍液喷洒 1 次，可有效控制发芽，延长贮藏期。

2. 控制甜菜、甘薯发芽和空心：在收前 2 ~ 3 星期，用 30.2% 抑芽丹水剂 2000 倍液喷洒 1 次，可有效防止发芽或空心。

3. 控制烟草腋芽生长：在摘心后，用 30.2% 抑芽丹水剂 2500 倍液喷洒上部 5 ~ 6 叶，每株喷洒药液 10 ~ 20 毫升，能控制腋芽生长。

4. 控制胡萝卜、萝卜抽薹：在采收前 1 ~ 4 星期，用 30.2% 抑芽丹水剂 1000 ~ 2000 倍液喷洒 1 次，可抑制抽薹。

5. 控制甘蓝、结球白菜抽薹：用 30.2% 抑芽丹水剂 2500 倍液喷洒 1 次，也可抑制抽薹。

6. 控制棉花抽薹：棉花第 1 次在现蕾后，第 2 次在接近开花初期，用 30.2% 抑芽丹水剂 1000 ~ 1500 倍液喷洒，可抑制抽薹。

7. 控制棉花，杀死雄蕊：棉花第 1 次在现蕾后，第 2 次在接近开花初期，用 30.2% 抑芽丹水剂 800 ~ 1000 倍液喷洒，可以杀死棉花雄蕊。

8. 控制玉米，杀死雄蕊：玉米在 6 ~ 7 叶，用 30.2% 抑芽丹水剂 500 倍液每星期喷 1 次，共 3 次，可以杀死玉米的雄蕊。

9. 控制西瓜，增加雌花：西瓜在 2 叶 1 心，用 30.2% 抑芽丹水剂 500 倍液喷洒 2 次，间隔 1 星期，可增加雌花。

10. 控制苹果，诱发发芽、早结果：苹果苗期，用 30.2% 抑芽丹水剂 5000 倍液全株喷洒 1 次，可诱发花芽形成，矮化，早结果。

11. 控制草莓，增产：草莓在移载后，用 30.2% 抑芽丹水剂 5000 倍液喷洒 2~3 次，可使草莓果明显增加。

【中毒急救】

吸入：应迅速将患者转移到空气清新流通处。如呼吸停止应做人工呼吸。如呼吸困难应输氧。如有症状及时就医。皮肤接触后：立即用水和肥皂清洗，并彻底冲洗干净。眼睛接触后：把眼睛打开用流水冲洗几分钟，如有持续的症状，及时就医。误食：立即用大量清水漱口，洗胃。洗胃时注意保护气管和食管。及时送医院对症治疗。一旦药液溅入眼睛和黏附皮肤：应立即用水冲洗至少 15 分钟。误服后：不要引吐，可以使用医用活性炭洗胃，注意防止胃内容物进入呼吸道。对昏迷病人，切勿经口喂入任何东西或引吐。本品无其他特效解毒剂。

【注意事项】

1. 使用本品遵守安全使用农药规程。作业时戴防护手套和口罩，不饮食、不饮水、不吸烟。在开启农药包装的过程中操作人员应戴用必要的防护器具。处理药剂后必须立即洗手及清洗暴露的皮肤。

2. 本品在烟草整个生长期只使用 1 次。

3. 本品不可与呈碱性的农药等物质混合使用。

4. 请不要将本品用于受不良气候如干旱、冰雹影响及病虫害为害严重的作物。

4. 如果施药后 2 小时降雨，要重新进行喷施。气温超过 37℃ 或低于 −10℃ 不宜施药。上午施用要等烟叶上露水干后方可施药。最好在阴天但不下雨的中午施用。晴天施用应在阳光辐射不强的下午进行，暴晒施药效果不理想。

5. 本品对鱼类等水生物有毒，远离水产养殖区施药，禁止在河塘等水体中清洗施药器具。洗涤水不可随意乱倒，以免污染环境。

6. 本品属内吸剂，不可涂抹。

7. 使用本品前要充分摇匀，不能过量，否则反而会减产。

8. 使用过的空包装，用清水冲洗 3 次后妥善处理，切勿重复使用或改做其他用途。所有施药器具，用后应立即用清水或适当的洗涤剂清洗。

9. 切勿将本品及其废液弃于池塘、河溪和湖泊等，以免污染水源。

10. 未用完的制剂应放在原包装内密封保存，切勿将本品置于饮、食容器内。

11. 孕妇和哺乳期妇女应避免接触本品。

12. 本品放置于阴凉、干燥、通风、防雨处，远离火源，勿与食品、饲料、种子、日用品等同贮同运。

13. 本品宜置于儿童够不着的地方并上锁，不得重压、破损包装容器。

附　录

附录一　农药标签和说明书管理办法

第一章　总则

第一条　为规范农药标签和说明书管理，完善农药登记制度，根据《农药管理条例》、《农药管理条例实施办法》制定本办法。

第二条　在中华人民共和国境内销售的农药产品，其标签和说明书应当符合本办法的规定。

第三条　本办法所称标签和说明书，是指农药包装物上或附于农药包装物的，以文字、图形、符号说明农药内容的一切说明物。

农药产品应当在包装物表面印制或贴有标签。产品包装尺寸过小、标签无法标注本办法规定内容的，应当附具相应的说明书。

第四条　农药标签和说明书由农业部在农药登记时审查核准。申请农药登记应当提交农药产品的标签样张。说明书与标签内容不一致的，应当同时提交说明书样张。申请者应当对标签和说明书内容的真实性、科学性、准确性负责。

农业部在作出准予农药登记决定的同时，公布该农药的标签和说明书内容。标签和说明书样张上标注核准日期，加盖"中华人民共和国农业部农药登记审批专用章"。

第五条　标签和说明书的内容应当真实、规范、准确，其文字、符号、图案应当易于辨认和阅读，不得擅自以粘贴、剪切、涂改等方式进行修改或者补充。

第六条　标签和说明书应当使用国家公布的规范化汉字，可以同时使用汉语拼音或其他文字。其他文字表述的含义应当与汉字一致。

第二章　标注内容

第七条　标签应当注明农药名称、有效成分及含量、剂型、农药登记证号或农药临时登记证号、农药生产许可证号或者农药生产批准文件号、产品标准号、企业名称及联系方式、生产日期、产品批号、有效期、重量、产品性能、用途、使用技术和使用方法、毒性及标识、注意事项、中毒急救措施、贮存和运输方法、农药类别、像形图及其他经农业部核准要求标注的内容。

产品附具说明书的，说明书应当标注前款规定的全部内容；标签至少应当标注农药名称、剂型、农药登记证号或农药临时登记证号、农药生产许可证号或者农药生产批准文件号、产品标准号、重量、生产日期、产品批号、有效期、企业名称及联系方式、毒性及标识，并注明"详见说明书"字样。

杀鼠剂产品标签还应当印有或贴有规定的杀鼠剂图案和防伪标识。

分装的农药产品，其标签应当与生产企业所使用的标签一致，并同时标注分装企业名称及联系方式、分装登记证号、分装农药的生产许可证号或者农药生产批准文件号、分装日期，有效期自生产日期起计算。

第八条　农药名称应当使用通用名称或简化通用名称，直接使用的卫生农药以功能描述词语和剂型作为产品名称。农药名称命名规范和名录另行规定。

对尚未列入名录的农药制剂，申请者应当按照农药名称命名规范向农业部提出农药名称的建议，经农业部核准后方可使用。

第九条　进口农药产品直接销售的，可以不标注农药生产许可证号或者农药生产批准文件号、产品标准号。

第十条　企业名称是指生产企业的名称，联系方式包括地址、邮政编码、联系电话等。

进口农药产品应当用中文注明原产国（或地区）名称、生产者名称以及在我国办事机构或代理机构的名称、地址、邮政编码、联系电话等。

除本办法规定的机构名称外，标签不得标注其他任何机构的名称。

第十一条　生产日期应当按照年、月、日的顺序标注，年份用四位数字表示，月、日分别用两位数表示。

第十二条　有效期以产品质量保证期限、有效日期或失效日期表示。

第十三条　重量应当使用国家法定计量单位表示。液体农药产品也可以体积表示；特殊农药产品，可根据其特性以适当方式表示。

第十四条　产品性能主要包括产品的基本性质、主要功能、作用特点等，对农药产品性能的描述不得与农药登记核准的使用范围和防治对象不符。

第十五条　用途、使用技术和使用方法主要包括适用作物或使用范围、防治对象以及施用时期、剂量、次数和方法等。用于大田作物时，使用剂量采用每公顷使用该产品的制剂量表示，并以括号注明亩用制剂量或稀释倍数。用于树木等作物时，使用剂量采用总有效成分量的浓度值表示，并以括号注明制剂稀释倍数；种子处理剂的使用剂量采用农药与种子质量比表示。特殊用途的农药，使用剂量的表述应与农药登记批准的内容一致。

第十六条　毒性分为剧毒、高毒、中等毒、低毒、微毒五个级别，分别用"◈"标识和"剧毒"字样、"◈"标识和"高毒"字样、"◈"标识和"中等毒"字样、"◇"标识、"微毒"字样标注。标识应当为黑色，描述文字应当为红色。

由剧毒、高毒农药原药加工的制剂产品，其毒性级别与原药的最高毒性级别不一致时，应当同时以括号标明其所使用的原药的最高毒性级别。

第十七条　注意事项应当标注以下内容：

（一）大田用农药

1. 产品使用需要明确安全间隔期的，应当标注使用安全间隔期及农作物每个生产周期的最多施用次数；

2. 对后茬作物生产有影响的，应当标注其影响以及后茬仅能种植的作物或后茬不能种植的作物、间隔时间；

3. 对农作物容易产生药害，或者对病虫容易产生抗性的，应当标明主要原因和预防方法；

4. 对有益生物(如蜜蜂、鸟、蚕、蚯蚓、天敌及鱼、水蚤等水生生物)和环境容易产生不利影响的,应当明确说明,并标注使用时的预防措施、施用器械的清洗要求、残剩药剂和废旧包装物的处理方法;

5. 已知与其他农药等物质不能混合使用的,应当标明;

6. 开启包装物时容易出现药剂撒漏或人身伤害的,应当标明正确的开启方法;

7. 施用时应当采取的安全防护措施;

8. 该农药国家规定的禁止使用的作物或范围等。

(二)卫生用农药

对人畜、环境容易产生危害的,应当说明并标注预防措施。

第十八条 中毒急救措施应当包括中毒症状及误食、吸入、眼睛溅入、皮肤黏附农药后的急救和治疗措施等内容。

有专用解毒剂的,应当标明,并标注医疗建议。

具备条件的,可以标明中毒急救咨询电话。

第十九条 贮存和运输方法应当包括贮存时的光照、温度、湿度、通风等环境条件要求及装卸、运输时的注意事项,并醒目标明"远离儿童"、"不能与食品、饮料、粮食、饲料等混合贮存"等警示内容。

第二十条 农药类别应当采用相应的文字和特征颜色标志带表示。

不同类别的农药采用在标签底部加一条与底边平行的、不褪色的特征颜色标志带表示。

除草剂用"除草剂"字样和绿色带表示;杀虫(螨、软体动物)剂用"杀虫剂"或"杀螨剂"、"杀软体动物剂"字样和红色带表示;杀菌(线虫)剂用"杀菌剂"或"杀线虫剂"字样和黑色带表示;植物生长调节剂用"植物生长调节剂"字样和深黄色带表示;杀鼠剂用"杀鼠剂"字样和蓝色带表示;杀虫/杀菌剂用"杀虫/杀菌剂"字样、红色和黑色带表示。农药种类的描述文字应当镶嵌在标志带上,颜色与其形成明显反差。

第二十一条 像形图应当根据产品安全使用措施的需要选择,但不得代替标签中必要的文字说明。

像形图应当根据产品实际使用的操作要求和顺序排列,包括贮存像形图、操作像形图、忠告像形图、警告像形图。像形图应当用黑白两种颜色印刷,一般位于标签底部,其尺寸应当与标签的尺寸相协调。

第二十二条 原药产品标签可以不标注使用技术和使用方法。

第二十三条 直接使用的卫生用农药可以不标注特征颜色标志带和像形图。

第二十四条 标签不得标注任何带有宣传、广告色彩的文字、符号、图案,不得标注企业获奖和荣誉称号。法律、法规或规章另有规定的,从其规定。

第三章　制作、使用和管理

第二十五条 剧毒、高毒农药产品,不得使用与医药产品(如口服液)相似的包装,其他农药产品使用与医药产品相似包装的,标签应当标注明显的警示内容或像形图。

第二十六条 标签上汉字的字体高度不得小于1.8毫米,毒性标识应当醒目。

第二十七条 农药名称应当显著、突出,字体、字号、颜色应当一致,并符合以下要求:

(一)对于横版标签,应当在标签上部三分之一范围内中间位置显著标出;对于竖版标签,应当在标签右部三分之一范围内中间位置显著标出;

(二)不得使用草书、篆书等不易识别的字体,不得使用斜体、中空、阴影等形式对字体进行修饰;

（三）字体颜色应当与背景颜色形成强烈反差；

（四）除因包装尺寸的限制无法同行书写外，不得分行书写。

第二十八条　有效成分含量和剂型应当醒目标注在农药名称的正下方（横版标签）或正左方（竖版标签）相邻位置（直接使用的卫生用农药可以不再标注剂型名称），字体高度不得小于农药名称的二分之一。

混配制剂应当标注总有效成分含量以及各种有效成分的通用名称和含量。各有效成分的通用名称及含量应当醒目标注在农药名称的正下方（横版标签）或正左方（竖版标签），字体、字号、颜色应当一致，字体高度不得小于农药名称的二分之一。

第二十九条　标签使用商标或本规定允许使用的企业获奖和荣誉称号的，应当标注在标签的边或角；含文字的，其单字面积不得大于农药名称的单字面积。

第三十条　标签和说明书上不得出现未经登记的使用范围和防治对象的图案、符号、文字。

第三十一条　经核准的标签和说明书，农药生产、经营者不得擅自改变标注内容。需要对标签和说明书进行修改的，应当报农业部重新核准。

农业部根据农药产品使用中出现的安全性和有效性问题，可以要求农药生产企业修改标签和说明书，并重新核准。

第三十二条　申请变更标签或说明书内容的，应当书面说明变更理由，并提交修改后的标签和说明书样张。农业部在 20 个工作日内完成审查，审查通过的予以核准公布。

申请者在领取重新核准的标签和说明书样张时，应当交回原标签和说明书样张。

第三十三条　标签和说明书重新核准三个月后，农药生产企业不得继续使用原标签和说明书。

第三十四条　违反本办法的，按照《农药管理条例》有关规定处罚。

第四章　附则

第三十五条　本办法自 2008 年 1 月 8 日起施行。已登记的标签或说明书与本办法不符的，应当向农业部申请重新核准。自 2008 年 7 月 1 日起，农药生产企业生产的农药产品一律不得使用不符合本办法规定的标签和说明书。

附录二　农药限制使用管理规定

第一章　总则

第一条　为了做好农药限制使用管理工作，根据《农药管理条例》制定本规定。

第二条　农药限制使用是在一定时期和区域内，为避免农药对人畜安全、农产品卫生质量、防治效果和环境安全造成一定程度的不良影响而采取的管理措施。

第三条　农药限制使用要综合考虑农药资源、农药产品结构调整、农产品卫生质量等因素，坚持从本地实际需要出发的原则。

第四条　农业部负责全国农药限制使用管理工作。

省、自治区、直辖市人民政府农业行政主管部门负责本行政区域内的农药限制使用管理工作。

第二章　农药限制使用的申请

第五条　申请限制使用的农药，应是已在需要限制使用的作物或防治对象上取得登记，其农药登记证或农药临时登记证在有效期限内，并具备下列情形之一：

（一）影响农产品卫生质量；

（二）因产生抗药性引起对某种防治对象防治效果严重下降的；

（三）因农药长残效，造成农作物药害和环境污染的；

（四）对其他产业有严重影响的。

第六条　各省、自治区、直辖市在本辖区内全部作物或某一（类）作物或某一防治对象上全面限制使用某种农药，或者在本辖区内部分地区限制使用某种农药的，应由省、自治区、直辖市人民政府农业行政主管部门向农业部提出申请。

第七条　申请农药限制使用应提供以下资料：

（一）填写《农药限制使用申请表》（附件）；

（二）农药限制使用的申请报告应当包括本地区作物布局、替代农药品种、配套技术以及农民接受程度和成本效益分析；

（三）由于使用某种农药影响农产品卫生质量的，需提供相关数据和有关部门的证明材料；

（四）由于长残效农药在土壤积累造成农作物药害的，需提供有关技术部门出具的研究报告；

（五）由于农药抗药性造成对某种防治对象防治效果严重下降的，需提供抗药性监测报告和必要的田间药效试验报告；

（六）农药限制使用的其他技术材料。

第三章　农药限制使用的审查、批准和发布

第八条　农业部收到农药限制使用申请后，应组织召开农药登记评审委员会主任委员扩大会议审议，审查、核实申报材料，提出综合评价意见。

农药登记评审委员会可视情况，组织专家对申请农药限制使用进行实地考察。

第九条　农药登记评审委员会提出综合评价意见前，应邀请相关农药生产企业召开听证会。

第十条　农业部根据综合评价意见审批农药限制使用申请，并及时公告限制使用的农药种类、区域和年限。

第十一条　对农药限制使用申请，农业部应在收到申请之日起三个月内给予答复。

第四章　附则

第十二条　经一段时间的限制使用后，有害生物对限制使用农药的抗药性已有下降，能恢复到理想的防治效果的，可以申请停止限制使用。申报和审查批准程序适用第二章、第三章的规定。

第十三条　地方各级人民政府农业行政主管部门不得制定和发布有关农药禁止、限制使用或市场准入的管理办法和制度，不得违反本规定发布农药限制使用的规定。

第十四条　本规定自二○○二年八月一日起生效。

附件：农药限制使用申请表

限用农药名称：	
限用作物、区域：	
限用理由：	
附件：	
申请人：	主管领导签字： 　　　年　　月　　日(公章)

附录三　打击违法制售禁限用高毒农药规范农药使用行为的通知

各市农业局(委)、人民法院、人民检察院、经信(经贸)委、公安局、监察局、交通运输局、工商行政管理局、质量技术监督局、供销合作社，省邮政公司、各快递企业：

现将农业部等十部委《关于打击违法制售禁限用高毒农药规范农药使用行为的通知》(农农发〔2010〕2号)转发给你们，并提出以下意见，请一并贯彻执行。

一、认真清查清缴国家禁用农药

各地农业部门牵头，相关部门配合，依据各自职责立即组织开展禁用农药的全面清查清缴行动，采取有效措施，进一步开展拉网式排查，一经发现甲胺磷等5种禁用农药要全部没收、彻底清缴。特别要重点加强对边远地区、农村集贸市场、流动商贩和生姜集中产区的检查。对发现生产、经营和使用禁用农药的违法行为，要追查来源，严肃查处，构成犯罪的要移交司法机关，依法追究刑事责任，对没收的禁用农药由省农业厅统一定点销毁。

二、在蔬菜、果品集中产区推行限用高毒农药定点经营或厂家委托经营

各地农业、工商等相关部门要依法加强对农药经营单位的监管。掌握限用高毒农药的进货、销售去向，实行可追溯管理。要严格控制限用农药的销售，特别是在瓜果、蔬菜、食用菌、茶叶集中区和蔬菜、果品无公害绿色食品基地，要积极探索推行高毒农药定点实名销售、厂家委托经营的新路子，建立健全农药经营监管长效机制。

三、全面排查高毒农药生产企业

各地质监、经信部门要对本辖区内高毒农药生产企业进行一次全面排查，准确掌握企业的生产资格、生产产品的种类、数量和流向，并登记造册；特别是对原来生产甲胺磷等5种国家禁用高毒有机磷农药企业的生产设备和仓库进行认真细致地排查，明确企业是否已按照

国家有关规定停止了生产。

四、建立打击违法制售禁限用高毒农药应急协调小组

为加大对非法制售禁限用高毒农药的打击力度，省里成立打击制售禁限用高毒农药应急协调小组。各市也要成立相应协调机构，加强部门间协调配合，促进大案要案的查处，妥善处理农药和农药残留引发的重大突发事件，形成各负其责、齐抓共管的联动机制。

附录四　禁止生产、销售和使用的农药名单(23 种)

六六六，滴滴涕，毒杀芬，二溴氯丙烷，杀虫脒，二溴乙烷，除草醚，艾氏剂，狄氏剂，汞制剂，砷类，铅类，敌枯双，氟乙酰胺，甘氟，毒鼠强，氟乙酸钠，毒鼠硅，甲胺磷，甲基对硫磷，对硫磷，久效磷，磷胺。

附录五　在蔬菜、果树、茶叶、中草药材等作物上限制使用的农药名单(19 种)

禁止甲拌磷，甲基异柳磷，特丁硫磷，甲基硫环磷，治螟磷，内吸磷，克百威，涕灭威，灭线磷，硫环磷，蝇毒磷，地虫硫磷，氯唑磷，苯线磷在蔬菜、果树、茶叶、中草药材上使用。禁止氧乐果在甘蓝上使用。禁止三氯杀螨醇和氰戊菊酯在茶树上使用。禁止丁酰肼(比久)在花生上使用。禁止特丁硫磷在甘蔗上使用。除卫生用、玉米等部分旱田种子包衣剂外，禁止氟虫腈在其他方面的使用。

任何农药产品都应按照农药登记批准的使用范围使用，禁止超范围使用。

附录六　中华人民共和国农业部公告第 199 号

为从源头上解决农产品尤其是蔬菜、水果、茶叶的农药残留超标问题，我部在对甲胺磷等5种高毒有机磷农药加强登记管理的基础上，又停止受理一批高毒、剧毒农药的登记申请，撤销一批高毒农药在一些作物上的登记。现公布国家明令禁止使用的农药和不得在蔬菜、果树、茶叶、中草药材上使用的高毒农药品种清单。

一、国家明令禁止使用的农药

六六六(HCH)，滴滴涕(滴滴涕)，毒杀芬(camphechlor)，二溴氯丙烷(dibromochloropane)，杀虫脒(chlordimeform)，二溴乙烷(EDB)，除草醚(nitrofen)，艾氏剂(aldrin)，狄氏剂(dieldrin)，汞制剂(Mercury compounds)，砷(arsena)、铅(acetate)类，敌枯双，氟乙酰胺(fluoroacetamide)，甘氟(gliftor)，毒鼠强(tetramine)，氟乙酸钠(sodium fluoroacetate)，毒鼠硅(silatrane)。

二、在蔬菜、果树、茶叶、中草药材上不得使用和限制使用的农药

甲胺磷(methamidophos)，甲基对硫磷(parathion-methyl)，对硫磷(parathion)，久效磷(monocrotophos)，磷胺(phosphamidon)，甲拌磷(phorate)，甲基异柳磷(isofenphos-methyl)，特丁硫磷(terbufos)，甲基硫环磷(phosfolan-methyl)，治螟磷(sulfotep)，内吸磷(demeton)，克百威(carbofuran)，涕灭威(aldicarb)，灭线磷(ethoprophos)，硫环磷(phosfolan)，蝇毒磷(coumaphos)，

地虫硫磷(fonofos)，氯唑磷(isazofos)，苯线磷(fenamiphos)19 种高毒农药不得用于蔬菜、

果树、茶叶、中草药材上。三氯杀螨醇(dicofol)，氰戊菊酯(fenvalerate)不得用于茶树上。任何农药产品都不得超出农药登记批准的使用范围使用。

各级农业部门要加大对高毒农药的监管力度，按照《农药管理条例》的有关规定，对违法生产、经营国家明令禁止使用的农药的行为，以及违法在果树、蔬菜、茶叶、中草药材上使用不得使用或限用农药的行为，予以严厉打击。各地要做好宣传教育工作，引导农药生产者、经营者和使用者生产、推广和使用安全、高效、经济的农药，促进农药品种结构调整步伐，促进无公害农产品生产发展。

附录七　农业部公告第 2032 号

为保障农业生产安全、农产品质量安全和生态环境安全，维护人民生命安全和健康，根据《农药管理条例》的有关规定，经全国农药登记评审委员会审议，决定对氯磺隆、胺苯磺隆、甲磺隆、福美胂、福美甲胂、毒死蜱和三唑磷等 7 种农药采取进一步禁限用管理措施。现将有关事项公告如下。

1. 自 2013 年 12 月 31 日起，撤销氯磺隆(包括原药、单剂和复配制剂，下同)的农药登记证，自 2015 年 12 月 31 日起，禁止氯磺隆在国内销售和使用。

2. 自 2013 年 12 月 31 日起，撤销胺苯磺隆单剂产品登记证，自 2015 年 12 月 31 日起，禁止胺苯磺隆单剂产品在国内销售和使用；自 2015 年 7 月 1 日起撤销胺苯磺隆原药和复配制剂产品登记证，自 2017 年 7 月 1 日起，禁止胺苯磺隆复配制剂产品在国内销售和使用。

3. 自 2013 年 12 月 31 日起，撤销甲磺隆单剂产品登记证，自 2015 年 12 月 31 日起，禁止甲磺隆单剂产品在国内销售和使用；自 2015 年 7 月 1 日起撤销甲磺隆原药和复配制剂产品登记证，自 2017 年 7 月 1 日起，禁止甲磺隆复配制剂产品在国内销售和使用；保留甲磺隆的出口境外使用登记，企业可在 2015 年 7 月 1 日前，申请将现有登记变更为出口境外使用登记。

4. 自本公告发布之日起，停止受理福美胂和福美甲胂的农药登记申请，停止批准福美胂和福美甲胂的新增农药登记证；自 2013 年 12 月 31 日起，撤销福美胂和福美甲胂的农药登记证，自 2015 年 12 月 31 日起，禁止福美胂和福美甲胂在国内销售和使用。

5. 自本公告发布之日起，停止受理毒死蜱和三唑磷在蔬菜上的登记申请，停止批准毒死蜱和三唑磷在蔬菜上的新增登记；自 2014 年 12 月 31 日起，撤销毒死蜱和三唑磷在蔬菜上的登记，自 2016 年 12 月 31 日起，禁止毒死蜱和三唑磷在蔬菜上使用。

附录八　农药剂型名称及代码国家标准

前　言

本标准参考了联合国粮农组织(FAO)1999 年《植物保护产品标准的制定和使用手册》的《农药规格》(第五版)、世界卫生组织(WHO)1998 年的《家用杀虫剂产品标准规范》(CTD/WHOPES/IC/98.3)和 1997 年的《卫生用农药标准》(WHO/CTD/WHO PES/97.1)、全球农作物保护联合会(GCPF)〔原名为国际农药工业协会(GIFAP)〕的《农药剂型代码及国际代码系统》-技术文件 No.2(1989)以及其他国家农药剂型的名称及代码，并以联合国粮农组织的农药分类法为蓝本，以固态和液态形式分类，再按其性能进行科学、细致的排列，结合我国国情而制定。农药剂型名称的命名原则是：以产品的状态为主题词，再冠以性能或用途等；其名称要简捷和不重复，一般为 2 个 ~5 个字；要通俗易懂，易读易记；又要兼顾习惯用法；还要注意与化工、医药、化妆等其他专业用语的区别；为了使农药剂型名称科学、准确、系统和完整，便于使用，以及更好地与国际接轨，我国的农药剂型名称和代码应尽可能地采用国际上公认的农药剂型和代码及联合国粮农组织的农药剂型分类法。

本标准规定了 190 个农药剂型的名称及代码，涵盖了国内现有的农药剂型、国际上绝大多数农用剂型和卫生杀虫剂的剂型。对没有国际组织和其他国家制定的英文农药剂型名称及代码的，本标准遵循国际英文名称及代码的规律和不重叠、不混淆的原则，制定为我国的农药剂型的英文名称及代码，并加以说明。

本标准由中华人民共和国农业部提出。

本标准起草单位：农业部农药检定所。

本标准主要起草人：王以燕、刘绍仁、宗伏霖、叶纪明、李鑫。

本标准委托农业部农药检定所负责解释。

农药剂型名称及代码

1. 范围　本标准规定了农药产品的剂型名称、代码。本标准适用于农药的原药和制剂。
2. 农药剂型名称及代码　农药剂型名称及代码见下表 1。

表 1　农药剂型名称及代码

章条号	剂型名称	剂型英文名称	代码	说　　　明
2.1 原药和母药				
2.1.1	原药	technical material	TC	在制造过程中得到有效成分及杂质组成的最终产品，不能含有可见的外来物质和任何添加物，必要时可加入少量的稳定剂。
2.1.2	母药	technical concentrate	TK	在制造过程中得到有效成分及杂质组成的最终产品，也可能含有少量必需的添加物和稀释剂，仅用于配制各种制剂。
2.2 固体制剂				
2.2.1 可直接使用的固体制剂				
2.2.1.1 粉状制剂				
2.2.1.1.1	粉剂	dustable powder	DP	适用于喷粉或撒布的自由流动的均匀粉状制剂。
2.2.1.1.2	触杀粉	contact powder	CP	具有触杀性杀虫、杀鼠作用的可直接使用的均匀粉状制剂。
2.2.1.1.3	漂浮粉剂	flo-dust	GP	气流喷施的粒径小于 10 微米以下，在温室用的均匀粉状制剂。
2.2.1.2 颗粒状制剂				
1.1.1.2.1	颗粒剂	granule	GR	有效成分均匀吸附或分散在颗粒中，及附着在颗粒表面，具有一定粒径范围可直接使用的自由流动的粒状制剂。

续上表

章条号	剂型名称	剂型英文名称	代码	说　明
2.2.1.2.2	大粒剂	macro granule	GG	粒径范围在 2000～6000 微米之间的颗粒剂。
2.2.1.2.3	细粒剂	fine granule	FG	粒径范围在 300～2500 微米之间的颗粒剂。
2.2.1.2.4	微粒剂	micro granule	MG	粒径范围在 100～600 微米之间的颗粒剂。
2.2.1.2.5	微囊粒剂	encapsulated granule	CG	含有有效成分的微囊所组成的具有缓慢释放作用的颗粒剂
2.2.1.3 特殊形状制剂				
2.2.1.3.1	块剂	block formulation	BF*	可直接使用的块状制剂。
2.2.1.3.2	球剂	pellet	PT	可直接使用的球状制剂。
2.2.1.3.3	棒剂	plantrodlet	PR	可直接使用的棒状制剂。
2.2.1.3.4	片剂	tablet for direct application 或 tablet	DT 或 TB	可直接使用的片状制剂。
2.2.1.3.5	笔剂	chalk	CA*	有效成分与石膏粉及助剂混合或浸渍吸附药液,制成可直接涂抹使用的笔状制剂(其外观形状必须与粉笔有显著差别)。
2.2.1.4 烟制剂				
2.2.1.4.1	烟剂	smoke generator	FU	可点燃发烟而释放有效成分的固体制剂。
2.2.1.4.2	烟片	smoki tablet	FT	片状烟剂。
2.2.1.4.3	烟罐	smoke tin	FD	罐状烟剂。
2.2.1.4.4	烟弹	smoke cartridge	FP	圆筒状(或像弹筒状)烟剂。
2.2.1.4.5	烟烛	smoke candle	FK	烛状烟剂。
2.2.1.4.6	烟球	smoke pellet	FW	球状烟剂。
2.2.1.4.7	烟棒	smokerodlet	FR	棒状烟剂。
2.2.1.4.8	蚊香	smoke coil	MC	用于驱杀蚊虫,可点燃发烟的螺旋形盘状制剂。
2.2.1.4.9	蟑香	cockroach coil	CC*	用于驱杀蜚蠊,可点燃发烟的螺旋形盘状制剂。
2.2.1.5 诱饵制剂				
2.2.1.5.1	饵剂	bait	RB	为引诱靶标害物(害虫和鼠等)取食或行为控制的制剂。
2.2.1.5.2	饵粉	powder bait	BP*	粉状饵剂。
2.2.1.5.3	饵粒	granuoar bait	GB	粒状饵剂。
2.2.1.5.4	饵块	block bait	BB	块状饵剂。
2.2.1.5.5	饵片	plate bait	PB	片状饵剂。

章条号	剂型名称	剂型英文名称	代码	说　　明
2.2.1.5.6	饵棒	stick bait	SB *	棒状饵剂。
2.2.1.5.7	饵膏	paste bait	PS *	糊膏状饵剂。
2.2.1.5.8	胶饵	bait gel	BG *	可放在饵盒里直接使用或用配套器械挤出或点射使用的胶状饵剂。
2.2.1.5.9	诱芯	attract wick	AW *	与诱捕器配套使用的引诱害虫的行为控制制剂。
2.2.1.5.10	浓饵剂	bait concentrate	CB	稀释后使用的固体或液体饵剂。
2.2.2 可分散用的固体制剂				
2.2.2.1 可分散粉状制剂				
2.2.2.1.1	可湿性粉剂	wettable powder	WP	可分散于水中形成稳定悬浮液的粉状制剂。
2.2.2.1.2	油分散粉剂	oil dispersible powder	OP	用于有机溶剂或油分散使用的粉状制剂。
2.2.2.2 可分散粒状制剂				
2.2.2.2.1	水分散粒剂	water dispersible granule	WG	加水后能迅速崩解并分散成悬浮液的粒状制剂。
2.2.2.2.2	乳粒剂	emulsifiable granule	EG	加水后成为水包油乳液的粒状制剂。
2.2.2.2.3	泡腾粒剂	effervescent granule	EA *	投入水中能迅速产生气泡并崩解分散的粒状制剂,可直接使用或用常规喷雾器械喷施。
2.2.2.3 可分散片状制剂				
2.2.2.3.1	可分散片剂	water dispersible tablet	WT	加水后能迅速崩解并分散形成悬浮液的片状制剂。
2.2.2.3.2	泡腾片剂	effervescent tablet	EB	投入水中能迅速产生气泡并崩解分散的片状制剂,可直接使用或用常规喷雾器械喷施。
2.2.2.4 缓释制剂				
2.2.2.4.1	缓释剂	bripuette	BR	控制有效成分从介质中缓慢释放的制剂。
2.2.2.4.2	缓释块	bripuette block	BRB *	块状缓释剂。
2.2.2.4.3	缓释管	briquette tube	BRT *	管状缓释剂。
2.2.2.4.4	缓释粒	briquette granule	BRG *	粒状缓释剂。
2.2.3 可溶性固体制剂				
2.2.3.1	可溶粉剂	water solublepow-der	SP	有效成分能溶于水中形成真溶液,可含有一定量的非水溶性惰性物质的粉状制剂。

续上表

章条号	剂型名称	剂型英文名称	代码	说 明
2.2.3.2	可溶粒剂	water solublegran-ule	SG	有效成分能溶于水中形成真溶液,可含有一定量的非水溶性惰性物质的粒状制剂
2.2.3.3	可溶片剂	water soluble tablet	ST	有效成分能溶于水中形成真溶液,可含有一定量的非水溶性惰性物质的片状制剂。
2.3 液体制剂				
2.3.1 均相液体制剂				
2.3.1.1 可溶液体制剂				
2.3.1.1.1	可溶液剂	soluble concentrate	SL	用水稀释后有效成分形成真溶液的均相液体制剂。
2.3.1.1.2	水剂	aqueous solution	AS *	有效成分及助剂的水溶液制剂。
2.3.1.1.3	可溶胶剂	water soluble gel	GW	用水稀释后有效成分形成真溶液的胶状制剂。
2.3.1.2 油制剂				
2.3.1.2.1	油剂	oil miscible liquid	OL	用有机溶剂或油稀释后使用的均一液体制剂。
2.3.1.2.2	展膜油剂	spreading oil	SO	施用于水面形成油膜的制剂。
2.3.1.3 超低容量制剂				
2.3.1.3.1	超低容量液剂	ultra low volume concentrate	UL	直接在超低容量器械上使用的均相液体制剂。
2.3.1.3.2	超低容量微囊悬浮剂	ultra low volume a-queous capsule sus-pension	SU	直接在超低容量器械上使用的微囊悬浮液制剂。
2.3.1.4 雾制剂				
2.3.1.4.1	热雾剂	hot foggingconcen-trate	HN	用热能使制剂分散成细雾的油性制剂,可直接或用高沸点的溶剂或油稀释后,在热雾器械上使用的液体制剂。
2.3.1.4.2	冷雾剂	cold foggingconcen-trate	KN	利用压缩气体使制剂分散成为细雾的水性制剂,可直接或经稀释后,在冷雾器械上使用的液体制剂。
2.3.2 可分散液体制剂				
2.3.2.1	乳油	emulsifiable concen-trate	EC	用水稀释后形成乳状液的均一液体制剂。
2.3.2.2	乳胶	emulsifiable gel	GL	在水中可乳化的胶状制剂。
2.3.2.3	可分散液剂	dispersibleconcen-trate	DC	有效成分溶于水溶性的溶剂中,形成胶体液的制剂。
2.3.2.4	糊剂	paste	PA	固体粉粒分散在水中,有一定黏稠密度,用水稀释后涂膜使用的糊状制剂。

续上表

章条号	剂型名称	剂型英文名称	代码	说　明
2.3.2.5	浓胶（膏）剂	gel or pasteconcen-trate	PC	用水稀释后使用的凝胶或膏状制剂。
2.3.3 乳液制剂				
2.3.3.1	水乳剂	emulsion, oil in wa-ter	EW	有效成分溶于有机溶剂中，并以微小的液珠分散在连续相水中，成非均相乳状液制剂。
2.3.3.2	油乳剂	emulsion, water in oil	EO	有效成分溶于水中，并以微小水珠分散在油相中，成非均相乳状液制剂。
2.3.3.3	微乳剂	micro-emulsion	ME	透明或半透明的均一液体，用水稀释后成微乳状液体的制剂。
2.3.3.4	脂膏	grease	GS	黏稠的油脂状制剂。
2.3.4 悬浮制剂				
2.3.4.1	悬浮剂	aqueous suspension concentrate	SC	非水溶性的固体有效成分与相关助剂，在水中形成高分散度的黏稠悬浮液制剂，用水稀释后使用。
2.3.4.2	微囊悬浮剂	aqueous capsulesus-pension	CS	微胶囊稳定的悬浮剂，用水稀释后成悬浮液使用。
2.3.4.3	油悬浮剂	oil miscibleflowable concentrate	OF	有效成分分散在非水介质中，形成稳定分散的油混悬浮液制剂，用有机溶剂或油稀释后使用。
2.3.5 双重特性制剂				
2.3.5.1	悬乳剂	aqueoussuspo-emul-sion	SE	至少含有两种不溶于水的有效成分，以固体微粒和微细液珠形式稳定地分散在以水为连续流动相的非均相液体制剂。
2.4 种子处理制剂				
2.4.1 种子处理固体制剂				
2.4.1.1	种子处理干粉剂	powder for dry seed treatment	DS	可直接用于种子处理的细的均匀粉状制剂
2.4.1.2	种子处理可分散粉剂	water dispersible powder for slurry seed treatment	WS	用水分散成高浓度浆状物的种子处理粉状制剂。
2.4.1.3	种子处理可溶粉剂	water solublepow-der for seed treat-ment	SS	用水溶解后，用于种子处理的粉状制剂。
2.4.2 种子处理液体制剂				
2.4.2.1	种子处理液剂	solution for seed treatment	LS	直接或稀释后，用于种子处理的液体制剂。
2.4.2.2	种子处理乳剂	emulsion for seed treatment	ES	直接或稀释后，用于种子处理的乳状液制剂。
2.4.2.3	种子处理悬浮剂	flowable concentrate for seed treatment	FS	直接或稀释后，用于种子处理的稳定悬浮液制剂。

章条号	剂型名称	剂型英文名称	代码	说　明
2.4.2.4	悬浮种衣剂	flowable concentrate for seed coating	FSC *	含有成膜剂,以水为介质,直接或稀释后用于种子包衣(95% 粒径≤2微米,98% 粒径≤4 微米)的稳定悬浮液种子处理制剂。
2.4.2.5	种子处理微囊悬浮剂	capsule suspension for seed treatment	CF	稳定的微胶囊悬浮液,直接或用水稀释后成悬浮液种子处理制剂。
2.5 其他制剂				
2.5.1 气雾制剂				
2.5.1.1	气雾剂	aerosol	AE	将药液密封盛装在有阀门的容器内,在抛射剂作用下一次或多次喷出微小液珠或雾滴,可直接使用的罐装制剂。
2.5.1.1.1	油基气雾剂	oil-based aerosol	OB A	溶剂为油基的气雾剂。
2.5.1.1.2	水基气雾剂	water-based aerosol	WBA	溶剂为水基的气雾剂。
2.5.1.1.3	醇基气雾剂	alcohol-based aerosol	ABA *	溶剂为醇基的气雾剂。
2.5.2 其他液体制剂				
2.5.2.1	滴加液	drop concentrate	TKD *	由一种或两种以上的有效成分组成的原药浓溶液,仅用于配制各种电热蚊香片等制剂。
2.5.2.2	喷射剂	spray fluid	SF *	用手动压力通过容器喷嘴,喷出液滴或液柱的液体制剂。
2.5.2.3	静电喷雾液剂	electrochargeable liquid	ED	用于静电喷雾的液体制剂。
2.5.3 熏蒸制剂				
2.5.3.1	熏蒸剂	vapour releasing product	VP	含有一种或两种以上易挥发的有效成分,以气态(蒸气)释放到空气中,挥发速度可通过选择适宜的助剂或施药器械加以控制。
2.5.3.2	气体制剂	gas	GA	装在耐压瓶或罐内的压缩气体制剂,主要用于熏蒸封闭空间的害虫。
2.5.3.3	电热蚊香片	vaporizing mat	MV	与驱蚊器配套使用,驱杀蚊虫的片状制剂。
2.5.3.4	电热蚊香液	liquid vaporizer	LV	与驱蚊器配套使用,驱杀蚊虫用的均相液体制剂。
2.5.3.5	电热蚊香浆	vaporizing paste	VA *	与驱蚊器配套使用,驱杀蚊虫用的浆状制剂。
2.5.3.6	固液蚊香	solid-liquid vaporizer	SV *	与驱蚊器配套使用,常温下为固体,加热使用时,迅速挥发并融化为液体,用于驱杀害虫的固体制剂。
2.5.3.7	驱虫带	repellent tape	RT *	与驱虫器配套使用,用于驱杀害虫的带状制剂。

章条号	剂型名称	剂型英文名称	代码	说　明
2.5.3.8	防蛀剂	mogh-proofer	MP*	直接使用防蛀虫的制剂。
2.5.3.8.1	防蛀片剂	moth-proofer tablet	MPT*	片状防蛀剂。
2.5.3.8.2	防蛀球剂	moth-proofer pellet	MPP*	球状防蛀剂。
2.5.3.8.3	防蛀液剂	moth-proofer liquid	MPL*	液体防蛀剂。
2.5.3.9	熏蒸挂条	vaporizing strip	VS*	用于熏蒸驱杀害虫的挂条状。
2.5.3.10	烟雾剂	smoke fog	FO*	有效成分遇热迅速产生成烟和雾（固态和液态粒子的烟雾混合体）的制剂。
2.5.4 驱避制剂				
2.5.4.1	驱避剂	repellent	RE*	阻止害虫、害鸟、害兽侵袭人、畜、或植物的制剂。
2.5.4.1.1	驱虫纸	repellent paper	RP*	对害虫有驱避作用，可直接使用的纸巾。
2.5.4.1.2	驱虫环	repellent belt	RL*	对害虫有驱避作用，可直接使用的环状或带状制剂。
2.5.4.1.3	驱虫片	repellent mat	RM*	与小风扇配套使用，对害虫有驱避作用的片状制剂。
2.5.4.1.4	驱虫膏	repellent paste	RA*	对害虫有驱避作用，可直接使用的膏状制剂。
2.5.5 涂抹制剂				
2.5.5.1	驱蚊霜	repellent cream	RC*	直接用于涂抹皮肤，难流动的乳状制剂。
2.5.5.2	驱蚊露	repellent lotion	RO*	直接用于涂抹皮肤，可流动的乳状制剂，黏度一般为2000~4000cps。
2.5.5.3	驱蚊乳	repellent milk	RK*	直接用于涂抹皮肤，自由流动的乳状制剂。
2.5.5.4	驱蚊液	repellent liquid	RQ*	直接用于涂抹皮肤，自由流动的清澈液体制剂。
2.5.5.5	驱蚊花露水	repellent floral water	RW*	直接用于涂抹皮肤，自由流动的清澈、有香味的液体制剂。
2.5.5.6	涂膜剂	lacquer	LA	用溶剂配制，直接涂抹使用并能成膜的制剂。
2.5.5.7	涂抹剂	paint	PN*	直接用于涂抹物体的制剂。
2.5.5.8	窗纱涂剂	paint for window screen	PW*	为驱杀害虫 涂抹窗纱的制剂。一般为SL等剂型。
2.5.6 蚊帐处理制剂				
2.5.6.1	蚊帐处理剂	treatment of mosque-to net	TN*	含有驱杀害虫的有效成分的浸渍蚊帐的制剂。
2.5.6.2	驱蚊帐	oong-lasting insecti-cide treated mosque-to net	LTN	含有驱杀害虫有效成分的化纤制成的长效蚊帐。

续上表

章条号	剂型名称	剂型英文名称	代码	说　　明
2.5.7 桶混制剂				
2.5.7.1	桶混剂	tank mixture	TM *	装在同一个外包装材料里的不同制剂,使用时现混现用。
2.5.7.1.1	液固桶混剂	combi-pact solid/liq-uid	KK	由液体和固体制剂组成的桶混剂。
2.5.7.1.2	液液桶混剂	combi-pact liquid/liquid	KL	由液体的液体制剂组成的桶混剂。
2.5.7.1.3	固固桶混剂	combi-pact solid/solid	KP	由固体和固体制剂组成的桶混剂。
2.5.8 特殊用途制剂				
2.5.8.1	药袋	bag	BA *	含有有效成分的套袋制剂。
2.5.8.2	药膜	mulching film	MF *	用于覆盖保护地含有除草有效成分的地膜。
2.5.8.3	发气剂	gas generating prod-uct	GE	以化学反应产生气体的制剂。

＊为我国制定的农药剂型英文名称及代码。

附录九　农药安全使用规定

　　施用化学农药,防治病、虫、草、鼠害,是夺取农业丰收的重要措施。如果使用不当,亦会污染环境和农畜产品,造成人、畜中毒或死亡。为了保证安全生产,特作如下规定:

　　一、农药分类

　　根据目前农业生产上常用农药(草药)的毒性综合评价(急性口服、经皮毒性、慢性毒性等),分为高毒、中等毒、低毒三类。

　　1.高毒农药:有3911、苏化203、1605、甲基1605、1059、杀螟威、久效磷、磷胺、甲胺磷、异丙磷、三硫磷、氧化乐果、磷化锌、磷化铝、氰化物、呋哺丹、氟乙酰胺、砒霜、杀虫脒、西力生、赛力散、溃疡净、氯化苦、五氯酚、二溴氯丙烷、401等。

　　2.中等毒农药:有杀螟松、乐果、稻丰散、乙硫磷、亚胺硫磷、皮绳磷、六六六、高丙体六六六、毒杀芬、氯丹、滴滴涕、西维因、害扑威、叶蝉散、速灭威、混灭威、抗蚜威、倍硫磷、敌敌畏、拟除虫菊酯类、克瘟散、稻瘟净、敌克松、402、福美砷、稻脚青、退菌特、代森铵、代森环、燕麦敌、毒草胺等。

　　3.低毒农药:敌百虫、马拉松、乙酰甲胺磷、辛硫磷、三氯杀螨醇、多菌灵、托布津、克菌丹、代森锌、福美双、萎锈灵、异稻瘟净、乙磷铝、百菌清、除草醚、敌稗、阿拉拉津、去草胺、拉索、杀草丹、2甲4氯、绿麦隆、敌草隆、氟乐灵、苯达松、茅草枯、草甘膦等。

　　高毒农药只要接触极少量就会引起中毒或死亡。中、低毒农药虽较高毒农药的毒性为低,但接触多,抢救不及时也会造成死亡。因此,使用农药必须注意经济和安全。

　　二、农药使用范围

　　凡已订出"农药安全使用标准"的品种,均按照"标准"的要求执行。尚未制订"标准"的品种,执行下列规定:

　　1.高毒农药:不准用于蔬菜、茶叶、果树、中药材等作物,不准用于防治卫生害虫与人、畜皮肤病。除杀鼠剂外、也不准用于毒鼠。氯乙酰禁止在农作物上使用,不准做杀鼠剂。

"3911"乳油只准用于拌种，严禁喷雾使用。呋喃丹颗粒剂只准用于拌种，用工具沟施或戴手套撒毒土，不准浸水后喷雾。

2. 高残留农药：六六六、滴滴涕、氯丹，不准在果树、蔬菜、茶树、中药材、烟草、咖啡、胡椒、香茅等作物上使用。氯丹只准用于拌种，防治地下害虫。

3. 杀虫脒：可用于防治棉花红蜘蛛、水稻螟虫等。根据杀虫脒毒性的研究结果，应控制使用。在水稻整个生长期内，只准使用一次。每亩用25%水剂二两，距收割期不得少于40天，每亩用25%的水剂四两，距收割期不得少于70天。禁止在其他粮食、油料、蔬菜、果树、药材、茶叶、烟草、甘蔗、甜菜等作物上使用。在防治棉花害虫时，亦应尽量控制使用次数和用量。喷雾时，要避免人身直接接触药液。

4. 禁止用农药毒鱼、虾、青蛙和有益的鸟兽。

三、农药的购买、运输和保管

1. 农药由使用单位指定专人凭证购买。买农药时必须注意农药的包装，防止破漏。注意农药的品名、有效成分含量、出厂时期、使用说明等，鉴别不清和质量失效的农药不准使用。

2. 运输农药时，应先检查包装是否完整，发现有渗漏、破裂的，应用规定的材料重新包装后运输，并及时妥善处理污染的地面、运输工具和包装材料。搬运农装时要轻拿轻放。

3. 农药不得与粮食、蔬菜、瓜果、食品、日用品等混载、混放。

4. 农药应集中在生产队、作用组或专业队设专用库、专用柜和专人保管，不能分户保存。门窗要牢固，通风条件要好，门、柜要加锁。

5. 农药进出仓库应建立登记手续，不准随意存取。

四、农药使用中的注意事项

1. 配药时，配药人员要戴胶手套，必须用量具按规定的剂量称取药液或药粉，不得任意增加用量。严禁用手拌药。

2. 拌种要用工具搅拌，用多少、拌多少，拌过药的种子应尽量用机具播种。如手撒或点种时，必须戴防护手套，以防皮肤吸收中毒。剩余的毒种应销毁，不准用做口粮或饲料。

3. 配药和拌种应选择远离饮用水源、居民点的安全地方，要有专人看管，严防农药、毒种丢失或被人、畜、家禽误食。

4. 使用动手喷雾器喷药时应隔行喷。手动和机动药械均不能左右两边同时喷。大风和中午高温时应停止喷药。药桶内药液不能装得过满，以免晃出桶外，污染施药人员的身体。

5. 喷药前应仔细检查药械的开关、接头、喷头等处螺丝是否拧紧，药桶有无渗漏，以免漏药污染。喷药过程中如发生堵塞时，应先用清水冲洗后再排除故障。绝对禁止用嘴吹吸喷头和滤网。

6. 施用过高毒农药的地方要竖立标志，在一定时间内禁止放牧，割草，挖野菜，以防人、畜中毒。

7. 用药工作结束后，要及时将喷雾器清洗干净，连同剩余药剂一起交回仓库保管，不得带回家去。清洗药械的污水应选择安全地点妥善处理，不准随地泼洒，防止污染饮用水源和养鱼池塘。盛过农药的包装物品，不准用于盛粮食、油、酒、水等食品和饲料。装过农药的空箱、瓶、袋等要集中处理。浸种用过的水缸要洗净集中保管。

五、施药人员的选择和个人防护

1. 施药人员由生产队选拔工作认真负责，身体健康的青壮年担任，并应经过一定的技术培训。

2．凡体弱多病者，患皮肤病和农药中毒及其他疾病尚未恢复健康者，哺乳期、孕期、经期的妇女，皮肤损伤未愈者不得喷药或暂停喷药。喷药时不准带小孩到作业地点。

3．施药人员在打药期间不得饮酒。

4．施药人员打药时必须戴防毒口罩，穿长袖长衣，长裤和鞋、袜。在操作时禁止吸烟、喝水、吃东西，不能用手擦嘴、脸、眼睛，绝对不准互相喷射嬉闹。每日工作后喝、抽烟、吃东西之前要用肥皂彻底清洗手、脸和漱口，有条件的应洗澡。被农药污染的工作服要及时换洗。

5．施药人员每天喷药时间一般不得超过六小时。使用背负式机动药械，要两人轮换操作。连续施药三至五天后应停休一天。

6．操作人员如有头痛、头昏、恶心、呕吐等症状时，应立即离开施药现场，脱去污染的衣服，漱口、擦洗手、脸和皮肤等暴露部位，及时送医院治疗。

附录十　农药贮运、销售和使用的防毒规程（GB12475—2006）

本标准是对 GB12475—1990《农药贮运、销售和使用的防毒规程》的修订，本标准代替 GB12475—1990。

本标准与 GB12475—1990 相比，内容的变化主要有：

——按照 GB/T11 的要求重新起草了标准文本，增加了术语和定义。

——本标准对标准的使用范围进行了调整，将属于生产环节的"包装"、属于环保废弃环节的"废弃物处理"部分予以删除。

——本标准对相关技术要求进行了必要的改动，新增加了"个人安全卡"、"事故应急处理"等重要内容。

本标准的附录 A 为规范性附录。

本标准由国家安全技术监督管理总局提出。

本标准由北京市劳动保护科学研究所和中华人民共和国农业部农药检定所共同起草。

本标准委托北京市劳动保护科学研究所负责解释。

本标准主要起草人：汪彤、吕良海、孙晶晶、刘绍人、何艺兵、吴芳谷、陈虹桥、刘亚萍、吴志凤。

1 范围

本标准规定了农药的装卸、运输、贮存、销售、使用中的防毒要求。

本标准适用于农药贮运、销售和使用等作业场所及其操作人员。

2 规范性引用文件

下列文件中的条款通过本标准的引用而成为本标准的条款。凡是注日期的引用文件，其随后所有的修改单（不包括勘误的内容）或修订版均不适用于本标准，然而，鼓励根据本标准达成协议的各方研究是否可使用这些文件的最新版本。凡是不注日期的引用文件，其最新版本适用于本标准。

GB 190 危险货物包装标志

GB/T1604 商品农药验收规则

GB 2890 过滤式防毒面具通用技术条件

GB 6220 长管面具

GB/T6223 自吸过滤式防微粒口罩

GB12268 危险货物品名表

GB16483 化学品安全技术说明书编写规定

3 术语和定义

下列术语和定义适用于本标准。

3.1 再进入间隔期(re-entry interval)

施药后与能够进入施药区的时间间隔。

3.2 燃烧性(combustibility)

定性描述物质在空气中遇明火、高温、和氧化剂等的燃烧行为、分为易燃、可燃、助燃和不燃四个层次。一般来说,易燃是指爆炸极限较低的气体,闪点≤61℃的液体,《危险货物分类和品名编号》(GB6944—1986)和《危险货物品名表》(GB 12268)规定的第四类易燃固体、自燃物品和遇湿易燃物品;可燃是指不属于易燃类的所有可燃的物质。

4 农药毒性分级

农药毒性分级见表1(略)。

5 装卸和运输

5.1 人员要求

5.1.1 装卸、运输人员应选用身体健康、能识别农药毒性级别标志的成年人担任;从事高毒、剧毒农药装卸、运输的人员应取得相应资质。

5.1.2 驾驶员、押运员应熟悉运输农药的安全要求;了解所运输农药的毒性和潜在危险性。

5.1.3 参与农药装卸和运输的监督人员应熟知处置农药渗漏、泄露等事故的应急救援电话、救助单位和自救方法;并应经过适当的急救和抢救方法培训。

5.2 装卸要求

5.2.1 农药装卸应在有充分照明条件下经专人指导进行。装卸时轻拿轻放,不应倒置,严防碰撞、翻滚,以防外溢和破损。装卸高毒农药时,应有警告标志,禁止非工作人员进入,作业人员要求佩戴防毒面具或防微粒口罩、穿着防护服装和防护手套,皮肤破损者不得操作。

5.2.2 装卸的农药应有完好的包装和标志。农药包装箱装入运输工具(仅指汽车、船只等,不包括火车、飞机等)应在货仓内固定,确保不发生移动、不发生碰撞损伤。

5.2.3 在装卸过程中应配备足够的清水,以便在皮肤、眼睛等受到污染时使用。

5.2.4 装卸人员在作业中不应吸烟喝酒、饮水进食,不要用手擦嘴、脸、眼睛。

5.2.5 每次装卸完毕,作业人员应及时用肥皂或专用洗涤剂洗净面部、手部,用清水漱口;防护用具应及时清理,集中存放,保证防护用具中无农药残液残渣。

5.2.6 装卸人员的服装、皮肤如被污染,应及时单独洗净。

5.3 运输要求

5.3.1 运输农药要使用备有易清洗、耐腐蚀、坚固储存器的运输工具,运输农药的运输工具不得再运输食品和旅客。运输工具上应备有必要的消防器材和急救药箱。

5.3.2 运输车辆船只的底、帮应采用隔垫和加固措施,防止农药包装挂损和农药溢漏。

5.3.3 在运输过程中应配备足够清水,以便在皮肤、眼睛受污染时使用。

5.3.4 装运农药前应将运输工具清理干净;包装有破损和浸湿、标志不全的农药不准装运；闭杯闪点低于61℃的易燃农药应采用有金属贮器的运输工具密封装运。

5.3.5 同时装运不同品种农药时要分类码放，不得混杂，高毒、剧毒、易燃农药应有明显标记。

5.3.6 运输农药的车辆应封闭车门或加盖防雨布等，有条件的建议采用集装箱。

5.3.7 交、运方要认真清点农药品种、数量，并在运单上签名。

5.3.8 运输时速不宜过快，宜平稳行驶。运输途中不应再居民区停留休息。遇有故障时，应及时采取措施远离居民区，距离不应小于200米。

5.3.9 车辆运行过程中不应吸烟、饮水、进食。吸烟、饮水、进食前应脱去工作服，洗净手、脸并进行漱口。

5.3.10 运送农药的驾驶员、押运员的服装如被污染，应及时单独清洗。

5.3.11 农药卸车、船后应在专门场地进行清洗。装运有农药的车厢、船舱一般可用漂白粉（或熟石灰）液清洗，而后用水冲净；金属材料容器可用少许溶剂擦洗。废液应妥善处理，不得随意泼洒。

6 贮存和保管

6.1 人员要求

6.1.1 保管人员应选用具有一定文化程度、身体健康、有经验的成年人担任。

6.1.2 保管人员应经过专业培训，掌握农药基本知识和安全知识，持证上岗。

6.2 库房要求

6.2.1 专用库房要求与居民区、水源分开，并应设在不易积水或不易水淹的高地上，四周应有围墙并留有消防通道。库房应具备地面平整、不渗漏、结构完整、干燥、明亮、通风良好等条件；地面、天花板要采用耐化学腐蚀材料，易清洗；不允许用窑洞、地下室、燃料库作为农药库房使用。

6.2.2 专用库房应附设隔离生活用房。

6.2.3 农药库房内应设置隔离工作间、配备消防器材（包括灭火器、水桶、锹、叉、沙袋等）和急救药箱（内装解毒药、高锰酸钾、脱脂棉、红汞水、碘酒、双氧水、绷带等物）。

6.2.4 库房内不设暖气，当需升温满足贮存条件时，应采用间接加热空气送入的方法。

6.2.5 库房应有良好的通风设备。

6.2.6 库房内应设置警告牌。

6.2.7 临时库房原则上应符合5.2.1-5.2.4各条要求，贮存高毒、剧毒农药时应有安全的隔离措施。

6.3 存放要求

6.3.1 存放的农药应有完整无损的内外包装和标志，包装破损或无标志的农药应及时处理。

6.3.2 库房内农药堆放要合理，应离开电源，避免阳光直接照射，垛码稳固，并留出运送工具所必需的过道。

6.3.3 不同种类的农药应分开存放。高毒、剧毒农药应存放在彼此隔离的有出入口、能锁封的单间（或专箱）内，应保持通风；闭杯闪点低于61℃的易燃农药应与其他农药分开，并有难燃材料分隔。

6.3.4 不同包装农药应分类存放，垛码不宜过高，应有防渗防潮垫。

6.3.5 库房中不应存放对农药品质、农药包装有影响或对防火有障碍的物质，如硫酸、盐酸、硝酸等。

6.3.6 存放农药应有专柜或专仓,且不应与食品、种子、饲料、日用品及其他易燃易爆物品混装、混放。

6.4 库房管理要求

6.4.1 严格执行农药出入库登记制度。入库时应检查包装和标志,记录农药的品种、数量、生产日期或批号、保质期等;出库农药包装标志应完整。

6.4.2 定期检查存放的农药是否符合6.3条规定;定期维护库房内通风、照明、消防等设施和防护用具,使其处于良好状态。

6.4.3 在库房中进行农药的装卸、布置、检查等活动,应至少有二人参加。

6.4.4 定期清扫农药库房,保持整洁。

6.4.5 存放新的农药品种前应将库房清扫干净。存放过农药的库房一般可用石灰液或少量碱液处理后用水冲洗。

6.4.6 高毒、剧毒农药应按剧毒品基本要求保管。

6.4.7 进入高毒、剧毒农药存放间的人员,应穿戴相应的防护面具和防护服装,同时保证通风照明良好。

7 销售

7.1 人员要求

销售人员应具备相关专业知识、身体健康。

7.2 销售要求

7.2.1 销售的农药要有完整的包装。

7.2.2 原装农药在销售环节中不允许改装。

7.2.3 农药经营单位应配置内装石灰、沙土或黏土的桶、空容器、铲子,并应有适当的水源以便发生紧急事故时清洗、处置专用。

7.2.4 在销售过程中,与农药直接接触人员宜穿戴防护器具;发生农药渗漏、散落要及时妥善处理。

7.2.5 销售高毒、剧毒农药时,应向购买者说明农药毒性及危害,明确告知注意事项。

7.2.6 农药不允许售给未成年人。

8 使用

8.1 一般要求

8.1.1 在开启农药包装、称量配制和施用中,操作人员应穿戴必要的防护器具,防止污染。

8.1.2 严格按照农药产品标签使用农药;禁止将高毒、剧毒农药用于蔬菜、果树、茶叶、中草药材等。

8.1.3 施药前后均要保持农药包装标签完好。

8.2 人员要求

8.2.1 使用农药人员应为身体健康、具有一定用药知识的成年人担任。

8.2.2 农药配制人员应掌握必要技术和熟悉所用农药性能。

8.2.3 皮肤破损者、孕妇、哺乳期妇女和经期妇女不宜参与配药、施药作业。

8.3 农药配制

8.3.1 配药应按照标签或说明书选用配制方法;按规定或推荐的药量和稀释倍数定量配

药；配药过程中不要用手直接接触农药和搅拌稀释农药，应采用专用器具配制并使用工具搅拌。

8.3.2 农药的称量、配制应根据药品性质和用量进行，防止药剂溅洒、散落。

8.3.3 配制农药应在远离住宅区、牲畜栏和水源的场地进行；药剂宜现配现用，已配好的尽可能采取密封措施；开装后余下农药应封闭保存，放入专库或专柜并上锁，不应与其他物品混合存放。

8.3.4 配药器械宜专用，每次用后要洗净，但不应在水源边及水产养殖区冲洗。

8.4 施药的一般规定

8.4.1 施药前的要求

8.4.1.1 根据农药毒性及施用方法、特点配备防护用具。

8.4.1.2 施药器械应完好；施药场所应备有足够的水、清洗剂、毛巾、急救药品及必要修理工具；救护工具及修理工具应方便易得。

8.4.1.3 在高毒、剧毒农药施药地区应有醒目的"禁止入内"等标识并注明农药名称、施药时间、再进入间隔期等。

8.4.2 施药时的要求

8.4.2.1 施药人员应配戴相应的防毒面具或防微粒口罩、穿用防护服、防护胶靴、手套等防护用品。

8.4.2.2 施药中作业人员不允许吸烟、饮水进食，不要用手直接擦拭面部；避免过累、过热。

8.4.2.3 田间喷洒农药，作业人员要始终处于上风向位置。大风天气、高温季节中午不宜施喷农药。

8.4.2.4 飞机喷洒农药要做好组织工作，施药区域边缘要设明显警告标志，有信号指挥，非施药人员不能进入已喷洒农药区域；飞机盛药容器应尽可能密封，盛装药应尽量采用机械方法，由专人指导；驾驶员应穿戴防护服及防护手套。

8.4.2.5 库房熏蒸应设置"禁止入内"、"有毒"等标志；熏蒸库房内温度应低于35℃；熏蒸作业必须由2人以上组成轮流进行，并设专人监护。

8.4.2.6. 农药拌种应在远离住宅区、水源，食品库、畜舍并且通风良好的场所进行，不得用手接触操作。

8.4.2.7 施用高毒、剧毒农药，必须有两名以上操作人员；施药人员每日工作时间不超过6小时，连续施药一般不超过5天。

8.4.2.8 施药期间，非施药人员应远离施药区；温室施药时，非施药人员禁止入内。

8.4.2.9 临时在田间放置的农药、浸药种子及施药器械，应专人看管。

8.4.2.10 施药人员如有头痛、头昏、恶心、呕吐等中毒症状时，应立即采取救治措施，并向医院提供相关信息(包括农药名称、有效成分、个人防护情况、解毒方法和施药环境)。

8.4.2.11 在施用包装标签印有高毒、剧毒标志的农药时或在温室中从事熏蒸作业时，与施药者至少每2小时保持一次联系。

8.4.2.12 农药喷溅到身体上要立即清洗，并更换干净衣物。

8.4.3 施药后的要求

8.4.3.1 剩余或不用的农药应在确保标签完好的情况下分类存放；已配制的药剂，尽量一次性用完。

8.4.3.2 盛药器械使用完毕应消除余药,洗净后存放,一时不能处理的应保存在农药库房中待统一处理。

8.4.3.3 应做好施药记录,内容包括:农药名称、防治对象、用量、范围、时间及再进入间隔期。属高毒、剧毒或限制使用的农药在施用后的再进入间隔期内,非专业人员不得进入施药区。

8.4.3.4 施药人员用的防护器具,在施药结束后应及时脱下清洗,施药人员应及时洗除污染。

8.4.3.5 在温室施药后,不应立即进入温室;只有进行通风排毒,使温室内空气中农药浓度降到安全标准后,才可以进入温室。

9 个人防护

9.1 呼吸器官护具选用原则

9.1.1 接触或使用高毒、剧毒农药以及在闭式场所(如温室、仓库、畜厩等)中把中毒、低毒农药作为气雾剂或烟熏剂使用时,均应根据农药特性选用符合 GB 2890 或 GB 6220 的防毒面具(如药剂对眼面部有刺激损伤,须戴用全面罩防毒面具)。

9.1.2 接触或使用中、低毒不挥发农药粉剂粉尘时,应选用符合 GB/T6223 的防微粒口罩。

9.1.3 接触或使用中、低毒挥发性农药时,应选用适宜的防毒口罩;如施药量大、蒸气浓度高时,应选用符合 GB 2890 的防毒面具。

9.1.4 在接触或使用农药中,当有毒蒸气和烟雾同时存在时,应采用带滤烟层的滤毒罐与之配用。

9.2 皮肤防护用具选用原则

皮肤防护用具应根据作业类别和性质参照附录选用。

9.3 防护用口的使用与保存

9.3.1 必须使用符合标准或国家委托质检部门检验认可的防护用品,严格遵照说明书穿用。

9.3.2 每次使用前,要检查防护用具是否有渗漏、撕破或磨损,如有破损应立即修补或更新。

9.3.3 使用防毒口罩在感到呼吸不畅或有破损时,应立即更换;滤毒罐应按使用说明及时更换。

9.3.4 防护用品用毕,应及时清洗、维护,存放在清洁、干燥的室内备用。

9.3.5 防护用品的储存和清洗要与其他衣物分开,远离施药区。

9.3.6 防护用品应根据说明书进行清洗,如无特殊情况说明,建议用清洗剂和热水清洗。

9.4 个人安全卡

为防止在高度分散的个人施药作业中发生意外事故,建议施药人员使用个人安全卡。个人安全卡内容包括施药人员姓名、身份证号码、血型、亲属姓名、住址、电话、就近医院。

10 事故应急处理

10.1 事故应急预案

10.1.1 大型农药贮运、销售单位应制定事故应急预案。

10.2 装卸和运输

10.2.1 农药装运过程中一旦出现泄露、散落,应及时采取防范措施,发出预警信号,控制污染源，避免环境污染。如出现重大渗漏、泼散事故应及时向有关部门报告，并迅速采取防范措施，做好详细记录。

10.2.2 运输包装有破损的农药货物要及时修补或重新包装。

10.2.3 散落在车厢、船甲板上或地面上的农药应及时清除，废弃物应按环保部门要求处置，并做详细记录。

10.3 贮运

10.3.1 发生农药溢出、泄漏或渗漏时，应将农药容器迅速移至安全区域；库房内应备有腾空的农药容器，以作抢救泄漏农药之用。

10.3.2 修补、清扫易燃农药时，应使用不产生火花的铜制、合金制或其他工具。

10.3.3 按农药特性，用化学的或物理的方法处理废弃农药，不得任意抛弃、污染环境。

10.3.4 发生火灾时，应使用配备的消防器材（包括灭火器、水桶、锹、叉、沙袋等）进行灭火，同时告知消防等有关部门；灭火时应避免使用高压水龙带灭火，以防冲散农药（尤指农药粉末）。

10.3.5 有机磷、氨基甲酸类农药发生火灾时，应避免迎面救火，同时佩戴防毒面具等呼吸器具。

10.4 销售

发生泄漏、火灾事故时，参照 10.3 进行处理。

10.5 使用

10.5.1 农药操作场所应配备必要的急救药品、冲洗设备和足够的水，以便发生污染事故时使用。

10.5.2 发现人员中毒后，应尽快求医和提供原农药包装上的标签，同时让中毒者平静舒适，防止受热或受凉。

10.5.3 如果农药溅入眼睛内，应用干净、清凉的水冲洗眼睛 10 分钟；如果眼睛受到严重刺激，应将患者送入医院治疗。

附录十一　农药安全使用规范（总则）

1 范围

本标准规定了使用农药人员的安全防护和安全操作的要求。

本标准适用于农业使用农药人员。

2 规范性引用文件

下列文件中的条款通过本标准的引用而成为本标准的条款。凡是注日期的引用文件，其随后所有的修改单（不包括勘误的内容）或修订版均不适用于本标准。然而，鼓励根据本标准达成协议的各方研究是否可使用这些文件的最新版本。凡是不注日期的引用文件，其最新版本适用于本标准。

GB 12475 农药贮运、销售和使用的防毒规程

NY 608 农药产品标签通则

3 术语和定义

下列术语和定义适用于本标准。

3.1 持效期(pesticide duration)

农药施用后,能够有效控制农作物病、虫、草和其他有害生物为害所持续的时间。

3.2 安全使用间隔期(preharvest interval)

最后一次施药至作物收获时安全允许间隔的天数。

3.3 农药残留(pesticide residue)

农药使用后在农产品和环境中的农药活性成分及其在性质上和数量上有毒理学意义的代谢(或降解、转化)产物。

3.4 用药量(formulation rate)

单位面积上施用农药制剂的体积或质量。

3.5 施药液量(spray volume)

单位面积上喷施药液的体积。

3.6 低容量喷雾(low volume spray)

每公顷施药液量在 50 升～200 升(大田作物)或 200 升～500 升(树木或灌木林)的喷雾方法。

3.7 高容量喷雾(high volume spray)

每公顷施药液量在 600 升以上(大田作物)或 1000 升以上(树木或灌木林)的喷雾方法。也称常规喷雾法。

4 农药选择

4.1 按照国家政策和有关法规规定选择

4.1.1 应按照农药产品登记的防治对象和安全使用间隔期选择农药。

4.1.2 严禁选用国家禁止生产、使用的农药;选择限用的农药应按照有关规定;不得选择剧毒、高毒农药用于蔬菜、茶叶、果树、中药材等作物和防治卫生害虫。

4.2 根据防治对象选择

4.2.1 施药前应调查病、虫、草和其他有害生物发生情况,对不能识别和不能确定的,应查阅相关资料或咨询有关专家,明确防治对象并获得指导性防治意见后,根据防治对象选择合适的农药品种。

4.2.2 病、虫、草和其他有害生物单一发生时,应选择对防治对象专一性强的农药品种;混合发生时,应选择对防治对象有效的农药。

4.2.3 在一个防治季节应选择不同作用机理的农药品种交替使用。

4.3 根据农作物和生态环境安全要求选择

4.3.1 应选择对处理作物、周边作物和后茬作物安全的农药品种。

4.3.2 应选择对天敌和其他有益生物安全的农药品种。

4.3.3 应选择对生态环境安全的农药品种。

5 农药购买

购买农药应到具有农药经营资格的经营点,购药后应索取购药凭证或发票。所购买的农药应具有符合 NY 608 要求的标签以及符合要求的农药包装。

6 农药配制

6.1 量取

6.1.1 量取方法

6.1.1.1 准确核定施药面积，根据农药标签推荐的农药使用剂量或植保技术人员的推荐，计算用药量和施药液量。

6.1.1.2 准确量取农药，量具专用。

6.1.2 安全操作

6.1.2.1 量取和称量农药应在避风处操作。

6.1.2.2 所有称量器具在使用后都要清洗，冲洗后的废液应在远离居所、水源和作物的地点妥善处理。用于量取农药的器皿不得作其他用途。

6.1.2.3 在量取农药后，封闭原农药包装并将其安全贮存。农药在使用前应始终保存在其原包装中。

6.2 配制

6.2.1 场所

应选择在远离水源、居所、畜牧栏等场所。

6.2.2 时间

应现用现配，不宜久置；短时存放时，应密封并安排专人保管。

6.2.3 操作

6.2.3.1 应根据不同的施药方法和防治对象、作物种类和生长时期确定施药液量。

6.2.3.2 应选择没有杂质的清水配制农药，不应用配制农药的器具直接取水，药液不应超过额定容量。

6.2.3.3 应根据农药剂型，按照农药标签推荐的方法配制农药。

6.2.3.4 应采用"二次法"进行操作：

1）用水稀释的农药：先用少量水将农药制剂稀释成"母液"，然后再将"母液"进一步稀释至所需要的浓度。

2）用固体载体稀释的农药：应先用少量稀释载体（细土、细沙、固体肥料等）将农药制剂均匀稀释成"母粉"，然后再进一步稀释至所需要的用量。

6.2.3.5 配制现混现用的农药，应按照农药标签上的规定或在技术人员的指导下进行操作。

7 农药施用

7.1 施药时间

7.1.1 根据病、虫、草和其他有害生物发生程度和药剂本身性能，结合植保部门的病虫情报信息，确定是否施药和施药适期。

7.1.2 不应在高温、雨天及风力大于3级时施药。

7.2 施药器械

7.2.1 施药器械的选择

7.2.1.1 应综合考虑防治对象、防治场所、作物种类和生长情况、农药剂型、防治方法、防治规模等情况：

1）小面积喷洒农药宜选择手动喷雾器。

2）较大面积喷洒农药宜选用背负机动气力喷雾机，果园宜采用风送弥雾机。

3）大面积喷洒农药宜选用喷杆喷雾机或飞机。

7.2.1.2 应选择正规厂家生产、经国家质检部门检测合格的药械。

7.2.1.3 应根据病、虫、草和其他有害生物防治需要和施药器械类型选择合适的喷头，定期更换磨损的喷头：

1）喷洒除草剂和生长调节剂应采用扇形雾喷头或激射式喷头。

2）喷洒杀虫剂和杀菌剂宜采用空心圆锥雾喷头或扇形雾喷头。

3）禁止在喷杆上混用不同类型的喷头。

7.2.2 施药器械的检查与校准

7.2.2.1 施药作业前，应检查施药器械的压力部件、控制部件。喷雾器（机）截止阀应能够自如扳动，药液箱盖上的进气孔应畅通，各接口部分没有滴漏情况。

7.2.2.2 在喷雾作业开始前、喷雾机具检修后、拖拉机更换车轮后或者安装新的喷头时，应对喷雾机具进行校准，校准因子包括行走速度、喷幅以及药液流量和压力。

7.2.3 施药机械的维护

7.2.3.1 施药作业结束后，应仔细清洗机具，并进行保养。存放前应对可能锈蚀的部件涂防锈黄油。

7.2.3.2 喷雾器（机）喷洒除草剂后，必须用加有清洗剂的清水彻底清洗干净（至少清洗三遍）。

7.2.3.3 保养后的施药器械应放在干燥通风的库房内，切勿靠近火源，避免露天存放或与农药、酸、碱等腐蚀性物质存放在一起。

7.3 施药方法

应按照农药产品标签或说明书规定，根据农药作用方式、农药剂型、作物种类和防治对象及其生物行为情况选择合适的施药方法。施药方法包括喷雾、撒颗粒、喷粉、拌种、熏蒸、涂抹、注射、灌根、毒饵等。

7.4 安全操作

7.4.1 田间施药作业

7.4.1.1 应根据风速（力）和施药器械喷洒部件确定有效喷幅，并测定喷头流量，按以下公式计算出作业时的行走速度：

$$V = Q/(q \times B) \times 10$$

式中：V——行走速度，米/秒（m/s）；

Q——喷头流量，毫升/秒（mL/s）；

q——农艺上要求的施药液量，升/公顷（L/hm²）；

B——喷雾时的有效喷幅，米（m）。

7.4.1.2 应根据施药机械喷幅和风向确定田间作业行走路线。使用喷雾机具施药时，作业人员应站在上风向，顺风隔行前进或逆风退行两边喷洒，严禁逆风前行喷洒农药和在施药区穿行。

7.4.1.3 背负机动气力喷雾机宜采用降低容量喷雾方法，不应将喷头直接对着作物喷雾和沿前进方向摇摆喷洒。

7.4.1.4 使用手动喷雾器喷洒除草剂时，喷头一定要加装防护罩，对准有害杂草喷施。喷洒除草剂的药械宜专用，喷雾压力应在 0.3 MPa 以下。

7.4.1.5 喷杆喷雾机应具有三级过滤装置，末级过滤器的滤网孔对角线尺寸应小于喷孔直径的2/3。

7.4.1.6 施药过程中遇喷头堵塞等情况时，应立即关闭截止阀，先用清水冲洗喷头，然后戴着乳胶手套进行故障排除，用毛刷疏通喷孔，严禁用嘴吹吸喷头和滤网。

7.4.2 设施内施药作业

7.4.2.1 采用喷雾法施药时，宜采用低容量喷雾法，不宜采用高容量喷雾法。

7.4.2.2 采用烟雾法、粉尘法、电热熏蒸法等施药时，应在傍晚封闭棚室后进行，次日应通风 1 小时后人员方可进入。

7.4.2.3 采用土壤熏蒸法进行消毒处理期间，人员不得进入棚室。

7.4.2.4 热烟雾机在使用时和使用后半个小时内，应避免触摸机身。

8 安全防护

8.1 人员

配制和施用农药人员应身体健康，经过专业技术培训，具备一定的植保知识。严禁儿童、老人、体弱多病者、经期、孕期、哺乳期妇女参与上述活动。

8.2 防护

配制和施用农药时应穿戴必要的防护用品，严禁用手直接接触农药，谨防农药进入眼睛、接触皮肤或吸入体内。应按照 GB 12475 的规定执行。

9 农药施用后

9.1 警示标志

施过农药的地块要树立警示标志，在农药的持效期内禁止放牧和采摘，施药后 24 小时内禁止进入。

9.2 剩余农药的处理

9.2.1 未用完农药制剂

应保存在其原包装中，并密封贮存于上锁的地方，不得用其他容器盛装，严禁用空饮料瓶分装剩余农药。

9.2.2 未喷完药液（粉）

在该农药标签许可的情况下，可再将剩余药液用完。对于少量的剩余药液，应妥善处理。

9.3 废容器和废包装的处理

9.3.1 处理方法

玻璃瓶应冲洗 3 次，砸碎后掩埋；金属罐和金属桶应冲洗 3 次，砸扁后掩埋；塑料容器应冲洗 3 次，砸碎后掩埋或烧毁；纸包装应烧毁或掩埋。

9.3.2 安全注意事项

9.3.2.1 焚烧农药废容器和废包装应远离居所和作物，操作人员不得站在烟雾中，应阻止儿童接近。

9.3.2.2 掩埋废容器和废包装应远离水源和居所。

9.3.2.3 不能及时处理的废农药容器和废包装应妥善保管，应阻止儿童和牲畜接触。

9.3.2.4 不应用废农药容器盛装其他农药，严禁用做人、畜饮食用具。

9.4 清洁与卫生

9.4.1 施药器械的清洗

不应在小溪、河流或池塘等水源中冲洗或洗涮施药器械，洗涮过施药器械的水应倒在远离居民点、水源和作物的地方。

9.4.2 防护服的清洗

9.4.2.1 施药作业结束后，应立即脱下防护服及其他防护用具，装入事先准备好的塑料袋中带回处理。

9.4.2.2 带回的各种防护服、用具、手套等物品,应立即清洗2~3遍,晾干存放。

9.4.3 施药人员的清洁

施药作业结束后,应及时用肥皂和清水清洗身体,并更换干净衣服。

9.5 用药档案记录

每次施药应记录天气状况、作物种类、用药时间、药剂品种、防治对象、用药量、对水量、喷洒药液量、施用面积、防治效果、安全性。

10 农药中毒现场急救

10.1 中毒者自救

10.1.1 施药人员如果将农药溅入眼睛内或皮肤上,应及时用大量干净、清凉的水冲洗数次或携带农药标签前往医院就诊。

10.1.2 施药人员如果出现头痛、头昏、恶心、呕吐等农药中毒症状,应立即停止作业,离开施药现场,脱掉污染衣服或携带农药标签前往医院就诊。

10.2 中毒者救治

10.2.1 发现施药人员中毒后,应将中毒者放在阴凉、通风的地方,防止受热或受凉。

10.2.2 应带上引起中毒的农药标签立即将中毒者送至最近的医院采取医疗措施救治。

10.2.3 如果中毒者出现停止呼吸现象,应立即对中毒者施以人工呼吸。

附录十二　农药合理使用准则(综合)

为指导科学、合理、安全使用农药,我们将《农药合理使用准则》(一)~(八)国家标准按统一编排格式综合,以供各级植保和农技人员等有关部门方便使用。

每项标准均经过了两年两点残留试验,根据取得的大量残留数据而制定的。在每项标准中,对每一种农药(剂型)防治每一种作物的病虫草害规定施药量(浓度)、施药次数、施药方法、安全间隔期、最高残留限量参照值以及施药注意事项等。按标准中规定的技术指标施药,能有效地防治农作物病虫草害,提高农产品质量,避免发生药害和人畜中毒事故,降低施药成本,防止或延缓抗性产生,保护生态环境,保证收获的农产品中农药残留量不超过规定的限量标准,保障人们身体健康。国标颁布实施后,发挥了显著的经济效益、社会效益和生态效益。曾获1989年国家技术监督局标准化科技进步一等奖,1990年度国家科技进步二等奖。

我国幅员辽阔,农作物病虫草害发生情况和用药水平差异很大,各地要因地制宜地积极采用有效的非化学防治方法。使用化学农药时,要根据病虫发生情况,选择合适的农药,掌握最好的施药时机,切不可盲目施药。要按照标准中规定的施药量(或浓度)和施药次数施药,不要任意提高施药量(或浓度)和施药次数。当按规定的次数施药后还需防治时,应更换其他适用的农药品种,一种农药不应反复多次使用。安全间隔期是与农产品中农药残留量关系最密切的因素,在最后一次施药时,一定要计算好据采收的间隔天数,绝对不得少于标准中规定的安全间隔期。在一种作物整个生长期内,应尽量交替使用不同类型的农药防治病虫草害,这样不但防效好,而且可防止农产品中农药残留量超标,还可避免和延缓抗性的产生。

希望各地农药管理和农技推广部门采取多种形式做好农药的普及、宣传和培训工作,认真贯彻实施国家标准,为加快发展高产、优质、高效低耗农业作出新贡献。

一、杀虫剂/杀螨剂

农药通用名	商品名	剂型及含量	适用作物	防治对象	每667 m² 每次制剂施用量或稀释倍数（有效成分浓度）	施药方法	每季作物使用最多次数	最后一次施药距收获的天数（间隔期）	实施要点说明	最高残留限量（MRL）参考值 mg/kg
阿维菌素 abamectin	害极灭 Agrimec 爱比菌素 婆福丁	1.8% 乳油	叶菜	小菜蛾	33~50 mL	喷雾	1	7		0.05
			柑桔	潜叶蛾、红蜘蛛	4000~6000 倍液 (3~4.5 mg/L)	喷雾	2	14	—	0.01
			黄瓜	美洲斑潜蝇	900~1200 mL		3	2	—	0.01
			豇豆					5		0.01
氟丙菊酯 acrinathrin		2% 乳油	茶叶	短须螨	2000 倍液~4000 倍液 (5 mg/L~10 mg/L)	喷雾	1	7	—	1
				小绿叶蝉	1333 倍液~2000 倍液 (10 mg/L~15 mg/L)				—	
啶虫脒 Acetamiprid	莫比朗 Mosilan	20% 乳油	黄瓜	蚜虫	2000~2500 倍液 (12~15 mg/L)	喷雾	3	2		0.05
			柑桔				1	14		
涕灭威 Aldicarb	铁灭克 Temik	5% 颗粒剂	烟草	烟蚜	667 g	撒施	1	60	烟苗移栽后撒施	5
		15% 颗粒剂	花生	根结线虫	300~400 g 1000~1333 g	沟施	1		播种时施 避免在多雨沙性土壤和地下水高的地区使用	花生仁 0.05
双甲脒 amitraz	螨克 Mitac	20% 乳油	柑桔	螨类、介壳虫	1000~1500 倍液 (133~200 mg/L)	喷雾	春梢3次 夏梢2次	21		0.5

续上表

农药 通用名	商品名	剂型及含量	适用作物	防治对象	每667 m² 每次制剂施用量或稀释浓度（有效成分浓度）	施药方法	每季作物最多使用次数	最后一次施药距收获的天数（安全间隔期）	实施要点说明	最高残留限量（MRL）参考值 mg/kg
三唑锡 azocyclotin	倍乐霸	25%可湿性粉剂	柑桔	红蜘蛛	1500~2000 倍液（125~166.7 mg/L）	喷雾				2
三唑锡 azocyclotin	三唑锡	20%悬浮剂	柑桔	红蜘蛛	1000~2000 倍液（100~200 mg/L）	喷雾	2	30		
丙硫克百威 benfuracarb	安克力 Oncol	5%颗粒剂	水稻	螟虫	2000~2500 g	撒施	1	60	建议在秋田中使用，注意安全	0.2
		20%乳油	烟草	蚜虫	300~450 mL	喷雾	3	14	—	3
苯螨特 benzoximate	西斗星 Citrastar	10%乳油	柑桔	红蜘蛛	1000~2000 倍液（50~66.7 mg/L）	喷雾	2	21		全果 5
			番茄（大棚）	白粉虱 螨类	5~10 mL	喷雾	3	4		0.5
联苯菊酯 biphenthrin	天王星 Talstar	10%乳油	茶叶	尺蠖，茶毛虫，茶小绿叶蝉，黑刺粉虱，象甲	4000~6000 倍液（16.7~25 mg/L）	喷雾	1	7		5
仲丁威 BPMC	巴沙 Bassa	50%乳油	水稻	稻飞虱，叶蝉，三化螟	80~160 mL	喷雾	4	21		糙米 0.3
溴螨酯 bromopropylate	螨代治 Neoron	50%乳油	柑桔	螨类	1000~3000 倍液（167~500 mg/L）	喷雾	3	14		果肉 0.25 全果 5
噻嗪酮 buprofezin	优乐得 Applaud	25%可湿性粉剂	水稻	稻飞虱，叶蝉，褐飞虱	20~30 g	喷雾	2	14		糙米 0.3
			柑桔	矢尖蚧	1000~2000 倍液（125~250 mg/L）	喷雾	2	35		全果 0.3
			茶叶	小绿叶蝉 黑刺粉虱	1000~1500 倍液（166.7~250 mg/L）	喷雾	1	10		10

续上表

通用名	商品名	剂型及含量	适用作物	防治对象	每667 m² 每次制剂施用量或稀释倍数（有效成分浓度）	施药方法	每季作物最多使用次数	最后一次施药距收获的天数（安全间隔期）	实施要点说明	最高残留限量（MRL）参考值 mg/kg
克百威 carbofuran	呋喃丹 Furadan	3%颗粒剂	水稻	稻螟、稻飞虱等	2000～3000 g	撒施	2	60	建议在秧田中使用，注意安全	糙米 0.2
			花生	根结线虫、花生蚜	4000～5000 g	沟施或条施	1		播种时沟施或条施	花生仁 0.1
			甘蔗	蔗螟、金针虫、绵蚜、蓟马、线虫等	3000～5000 g	沟施	1		甘蔗苗期沟施	甘蔗 0.1
	大扶农 Diafuran	35%种子处理剂	玉米	地下害虫	20～29 g/kg种子	种子处理	1		播种前拌种	籽粒 0.1
丁硫克百威 carbosulfan		20%乳油	水稻	稻飞虱、三化螟	200～250 mL		1	30		糙米 0.05
			甘蓝	蚜虫	18.75～37.5 mL	喷雾	2	7		0.05
	好年冬 Marshal		柑橘	锈壁虱、潜叶蛾、蚜虫	1000～2000 倍液（100～200 mg/L）	喷雾	2	15		全果 2
			节瓜	蓟马	62.5～125 mL		2	7		0.8
		35%种衣剂	水稻	蓟马	6～12 g/kg种子	拌种	1		播种前拌种	糙米 0.2
			水稻	稻瘿蚊	17～23 kg/种子					
杀螟丹 cartap	巴丹 Padan	50%可溶性粉剂	水稻	螟虫	40～100 mL	喷雾	3	21		糙米 0.1
		98%原粉	茶叶	茶小绿叶蝉	750～1000 倍液（500～667 mg/L）1500～2000 倍液（490～653 mg/L）	喷雾	2	7	每次施药间隔7～10天	20
		98%可溶性粉剂	柑橘	潜叶蛾	1800～2000 倍液（500～550 mg/L）	喷雾	3	21	每次施药间隔7～10天	全果 1

续上表

农药 通用名	商品名	剂型及含量	适用作物	防治对象	每667 m² 每次制剂施用量或稀释倍数（有效成分浓度）	施药方法	每季作物使用最多次数	最后一次施药距收获的天数（安全间隔期）	实施要点说明	最高残留限量（MRL）参考值 mg/kg
定虫隆 chlorfluazuron	抑太保 Atabron	5%乳油	甘蓝	菜青虫小菜蛾	40~80 mL	喷雾	3	7		0.5
毒死蜱 chlorpyrifos	乐斯本 Lorsban	48%乳油	叶菜	菜青虫小菜蛾	50~75 mL	喷雾	3	7		甘蓝 1
			柑桔	红蜘蛛锈壁虱矢尖介	1000~2000 倍液(240~480 mg/L)	喷雾	1	28		0.3
杀螺胺 clonitralide (niclosamide)	百螺杀 Bayluscide	70%可湿性粉剂	水稻	福寿螺	28~33 mL	喷雾	2	52		糙米 3
高效氟氯氰菊酯 betacyfluthrin	保得 Bulldock	2.5%乳油	甘蓝	菜青虫蚜虫	26.7~33.3 mL	喷雾	2	7		0.5
氟氯氰菊酯 cuf;itjrom	百树得 Baythroid	5.7%乳油	甘蓝	菜青虫	23.3~29.3 mL	喷雾	2	7		0.5
高效氯氰菊酯 betacypermethrin		10%乳油	甘蓝	菜青虫	75~150 mL	喷雾	3	3	—	1
			大豆	食心虫	12~20 mL		2	30		青豆 0.1 大豆 0.2
			叶菜	小菜蛾、蚜虫、菜青虫	25~50 mL	喷雾	3	7		3
氯氟氰菊酯 cyhalothrin	功夫 Kung Fu	2.5%乳油	柑桔	潜叶蛾、介壳虫、螨类	4000~6000 倍液(4.2~6.3 mg/L)	喷雾	3	21		全果 0.2
			茶叶	茶尺蠖、茶毛虫、小绿叶蝉	2000~4000 倍液(6.25~12.5 mg/L)		1	5		3
			烟草	烟蚜	15~20 mL		2	7		3
			荔枝	蝽象	2000 倍液~4000 倍液(6.25~12.5 mg/L)		2	14	—	果肉 0.2

续上表

农药通用名	商品名	剂型及含量	适用作物	防治对象	每667 m² 每次制剂施用量或稀释倍数（有效成分浓度）	施药方法	每季作物使用最多次数	最后一次施药距收获的天数（安全间隔期）	实施要点说明	最高残留限量（MRL）参考值 mg/kg
氯氰菊酯 cypermethrin	安绿宝 Arrivo 兴棉宝 Cymbush 赛波凯 Cyperkill 灭百可 Ripcord	10% 乳油	柑桔	潜叶蛾	2000~4000 倍液 (25~50 mg/L)	喷雾	3	7		2
			桃	桃	2000~4000 倍液 (25~50 mg/L)					1
			叶菜	菜青虫、小菜蛾	25~35 mL		3	小青菜 2 大白菜 5	适用于南方青菜和北方大白菜	
		25% 乳油	番茄	蚜虫、棉铃虫			2	1		0.5
			茶叶	茶尺蠖、茶毛虫、小绿叶蝉	2000~3700 倍液 (27~50 mg/L)		1	7		20
			叶菜	菜青虫、小菜蛾	10~14 mL		3	3		1
	百事达 Bestox	5% 乳油	茶叶	茶尺蠖、叶蝉	4000~6000 倍液 (8.3~12.5 mg/L)		1	7		20
顺式氯氰菊酯 alphacypermethrin	快杀敌 Fastac	10% 乳油	叶菜	菜青虫、小菜蛾、蚜虫	5~10 mL	喷雾	3	3		1
			黄瓜	蚜虫	5~10 mL		2	3		0.2
			柑桔	潜叶蛾、红蜡蚧	10000~20000 倍液 (5~10 mg/L)		3	7		2

续上表

农药通用名	商品名	剂型及含量	适用作物	防治对象	每667 m² 每次制剂施用量或稀释倍数（有效成分浓度）	施药方法	每季作物使用最多次数	最后一次施药距收获的天数（安全间隔期）	实施要点说明	最高残留限量（MRL）参考值 mg/kg
溴氰菊酯 deltamethrin	敌杀死 Decis	2.5%乳油	叶菜	菜青虫、小菜蛾	20~40 mL		3	2	适用于南方青菜和北方大白菜	0.2
			柑桔	潜叶蛾	2500~5000倍液（20~40 mg/L）	喷雾		28		全果0.05
			大豆	食心虫	15~25 mL		2	7		籽粒0.1
			茶叶	茶尺蠖、茶毛虫、小绿叶蝉、介壳虫	800~1500倍液（20~31 mg/L）		1	5		10
			烟草	烟青虫	20~40 mL		3	15		2
虫螨腈 chlorfenapyr		10%悬浮剂	甘蓝	小菜蛾	500~750 mL	喷雾	2	14	—	0.5
		25%悬浮剂	茶叶	茶毛虫	2500~3200倍液（63~80 mg/L）	喷雾	1	7		20
			茶叶	茶尺蠖	1600~2500倍液（80~125 mg/L）					
除虫脲 diflubenzuron		25%可湿性粉剂	柑橘	潜叶蛾、锈壁虱	2000~4000倍液（62.5~120 mg/L）	喷雾	3	28	—	1
			甘蓝	菜青虫	756 g~944 g			7		0.5

通用名	商品名	剂型及含量	适用作物	防治对象	每667 m²每次制剂用量或稀释倍数（有效成分浓度）	施药方法	每季作物最多使用次数	最后一次施药距收获天数（安全间隔期）	实施要点说明	最高残留限量（MRL）参考值 mg/kg
硫丹 endosulfan	赛丹 Thiodan 硕丹 Thionex	35%乳油	茶叶	小绿叶蝉	1000~1400倍液（250~350 mg/L）	喷雾	1	7		建议成茶 10
				茶尺蠖	750~1000倍液（350~467 mg/L）		1	7		20
			烟草	烟蚜 烟青虫	66.7~100 mL		3	15		
			玉米	粘虫	10~20 mL		3	50		粮谷 2
			大豆	大豆蚜,大豆食心虫	10~20 mL		2	10		籽粒 0.1
顺式氰戊菊酯 esfenvalerate	来福灵 Sumialpha	5%乳油	叶菜	菜青虫,小菜蛾	10~20 mL	喷雾	3	3		2
			柑桔	潜叶蛾	8000~10000倍液（5~6 mg/L）		3	21		全果 2
			茶叶	茶尺蠖,叶蝉等	7000~8000倍液（6~7 mg/L）		2	7		2
			烟草	烟青虫	10~15 mL		2	10		10
醚菊酯 esfenvalerate	多来宝 Trebon	4%油剂	水稻	稻象甲	200~250 mL	喷雾或滴施	3	14	滴施时滴在稻田灌溉水中	糙米 0.5
					40~60 mL					
		10%悬浮剂	甘蓝	菜青虫	30~40 mL			7		2
		20%乳油	水稻	稻飞虱	30~45 mL		2	14		糙米 0.5

续上表

通用名	商品名	剂型及含量	适用作物	防治对象	每667 m²每次制剂施用量或稀释倍数(有效成分浓度)	施药方法	每季作物最多使用次数	最后一次施药距收获的天数(安全间隔期)	实施要点说明	最高残留限量(MRL)参考值 mg/kg
灭线磷 ethoprophos	益收宝 Mocap	5%颗粒剂	水稻	稻瘿纹	2000~2400 g	撒施	1		插秧后7~10天毒土撒施	粮谷 0.02
苯丁锡 fenbutatinoxide	托尔克 Torque	50%可湿性粉剂	番茄	红蜘蛛	20~40 g			7		1
			柑桔	红蜘蛛、锈螨	2000~3000 倍液(167~250 mg/L)	喷雾	2	21		全果 5
杀螟硫磷 fenitrothion	杀螟松 速灭松 Sumithion	50%乳油	水稻	稻螟虫、稻纵卷叶螟	50~100 mL	喷雾	3	21		糙米 0.4
苯硫威 fenothiocarb	排螨净 Panocon	35%乳油	柑桔	全爪螨	800~1000 倍液(350~438 mg/L)	喷雾	2	7		桔肉 0.5
			叶菜	小菜蛾、菜青虫	25~30 mL	喷雾	3	3		0.5
甲氰菊酯 fenpropathrin	灭扫利 Meothrin	20%乳油	柑桔	红蜘蛛	2000~3000 倍液(67~100 mg/L)	喷雾	3	30	不能与碱性物质混用	全果 5
			柑桔	潜叶蛾	8000~10000 倍液(20~25 mg/L)					
			茶叶	茶尺蠖、茶毛虫 茶小绿叶蝉	8000~10000 倍液(20~25 mg/L)		1	7		成茶 5
唑螨酯 fenproximate	霸螨灵 Danitron	5%悬浮剂	柑桔	红蜘蛛	1000~2000 倍液(25~50 mg/L)	喷雾	2	15		全果 2

续上表

农药 通用名	农药 商品名	剂型及含量	适用作物	防治对象	每667 m² 每次制剂用量或有效成分稀释倍数(浓度)	施药方法	每季作物最多使用次数	最后一次施药距收获的天数(安全间隔期)	实施要点说明	最高残留限量(MRL)参考值 mg/kg
氰戊菊酯 fenvalerate	速灭杀丁 Sumicidin	20% 乳油	大豆	蚜虫	10~20 mL	喷雾	1	10		籽粒 0.1
				食心虫	20~30 mL					
				豆荚螟	20~40 mL					
			叶菜	菜青虫、小菜蛾	15~40 mL		3	12		1
			柑桔	潜叶蛾、介壳虫	8000~12500 倍液 (16.7~25 mg/L)		3	7		全果 2
			茶叶	茶尺蠖、丽绿刺蛾、刺粉虱	8000~10000 倍液 (22~25 mg/L)		1	10		2
氟虫脲 flufenoxuron	卡死克 Cascade	5% 乳油	柑桔	全爪螨、锈螨	667~1000 倍液 (50~75 mg/L)	喷雾	2	30		全果 0.3
				潜叶蛾	1000~2000 倍液 (25~50 mg/L)					
氟胺氰菊酯 fluvalinate	马扑立克 Mavrik	10% 乳油	叶菜	菜青虫	25~50 mL	喷雾	3	7		1
地虫硫磷 fonofos	大风雷 Dyfonate	5% 颗粒剂	甘蔗	蔗龟	4000~6000 g	沟施	1		甘蔗苗期沟施	0.1
			花生	蛴螬	2000~3000 g				播种时掺沙土沟施	花生仁 0.1
		3% 颗粒剂			3333~5000 g					
噻螨酮 hexythiazox	尼索朗 Nissorun	5% 可湿性粉剂	柑桔	红蜘蛛	2000 倍液 (25 mg/L)	喷雾	2	30		全果 0.5
苯螨醚 haifenprox		5% 乳油	柑橘	红蜘蛛	1000~2000 倍液 (25~50 mg/L)	喷雾	2	21	—	0.5

续上表

通用名	商品名	剂型及含量	适用作物	防治对象	每667 m² 每次制剂施用量或稀释倍数（有效成分浓度）	施药方法	每季作物最多使用次数	最后一次施药距收获天数（安全间隔期）	实施要点说明	最高残留限量（MRL）参考值 mg/kg
吡虫啉 imidacloprid	康福多 Confidor	20%浓可溶剂	水稻	稻飞虱	6.7~10 mL	喷雾		7		糙米 0.2
			甘蓝	菜蚜	75~150 mL		2	7		0.5
			烟草	蚜虫	150~300 mL			10	—	10
			番茄	白粉虱	225~450 mL			3		0.1
氯唑磷 isazophos	米乐尔 Miral	3%颗粒剂	水稻	稻瘿蚊、稻飞虱、三化螟	1000 g	撒施	3	28	拌毒土撒施	糙米 0.05
			甘蔗	蔗龟、蔗螟	2000~3000 g	沟施	1	60		0.05
异丙威 isoprocarb	叶蝉散 Mipcin	2%粉剂	水稻	稻飞虱、叶蝉	1500~3000 g	喷粉	3	14		糙米 0.2
四聚乙醛 metaldehyde	嗪达 Meta	6%颗粒剂	水稻	福寿螺	400~544 g	撒施	2	70		糙米 0.2
			叶菜	蜗牛、蛞蝓				7		1
杀扑磷 methidathion	速扑杀 Supracid	40%乳油	柑桔	褐圆介、红蜡介	670~1000 倍液（400~600 mg/L）	喷雾	1	30	不能与碱性农药混用，预防中毒	全果 2
甲基异柳磷 isofenphosmethyl		40%乳油	花生	蛴螬等地下害虫	250 mL	沟施	1			花生仁 0.05

续上表

农药 通用名	农药 商品名	剂型及含量	适用作物	防治对象	每667 m² 每次制剂施用量或稀释倍数(有效成分浓度)	施药方法	每季作物最多使用次数	最后一次施药距收获的天数(安全间隔期)	实施要点说明	最高残留限量(MRL)参考值 mg/kg
灭多威 methomyl	万灵 Lannate	24%水溶性粉剂	甘蓝	菜青虫	83～100 mL		2	7		5
			柑桔	柑桔蚜虫	1000～2000 倍液(120～240 mg/L)		3	15		全果1
			柑桔	潜叶蛾	800～1200 倍液(200～300 mg/L)					3
			茶叶	茶小绿叶蝉	800～1200 倍液(240～300 mg/L)	喷雾	1	7	吸入毒性高,预防中毒	3
			烟草	烟青虫	50～75 mL		2	5		5
		90%可湿性粉剂	甘蓝	菜青虫	15～20 g		1	7		1
			柑桔	潜叶蛾	3000～5000 倍液(180～300 mg/L)		3	15		3
			烟草	烟青虫	10～14 mL		3	10		
稻丰散 phenthoate		50%乳油	水稻	蝽虫、稻飞虱、叶蝉、负泥虫	100～150 mL	喷雾	4	7		糙米 0.05
	爱乐散 Elsan		柑桔	介壳虫、蚜虫、蓟马、潜叶蛾、黑刺粉虱、角肩椿象	1000～1500 倍液(333～500 mg/L)	喷雾	3	30		全果1
甲拌磷 phorate	三九 一一	3%颗粒剂	甘蔗	蔗龟	5000 g	沟施	1	210	高毒,注意安全	0.1
				蔗螟	5000～6667 g					
伏杀硫磷 phosalone	佐罗纳 Zolone	35%乳油	叶菜	蚜虫、菜青虫、小菜蛾	130～190 mL	喷雾	2	7		甘蓝1

续上表

农药			适用作物	防治对象	每667 m² 每次制剂用量或施用量或成分浓度（有效成分浓度）	施药方法	每季作物最多使用次数	最后一次施药距收获的天数（安全间隔期）	实施要点说明	最高残留限量（MRL）参考值 mg/kg
通用名	商品名	剂型及含量								
抗蚜威 pirimicarb	辟蚜雾 Primor	5% 可湿性粉剂	大豆	蚜虫	10~16 g			10		籽粒 1
			叶菜		10~18 g	喷雾	3	11	适用于甘蓝	1
			烟草		16~22 g			7		1
克螨特 propargite	克螨特 Comite 螨除净	73% 乳油	柑桔	螨类	2000~3000 倍液（244~365 mg/L）	喷雾	3	30		全果 3
喹硫磷 quinalphos	爱卡士 Ekalux	25% 乳油	水稻	螟虫、稻瘿蚊、稻飞虱、叶蝉	150~200 mL		3	14		糙米 0.2
			叶菜	菜青虫、斜纹夜蛾	60~100 mL	喷雾	2	24	适用于甘蓝和大白菜	0.2
			柑桔	桔蚜、潜叶蛾、介壳虫	600~1000 倍液（250~417 mg/L）		3	28		全果 0.5
			茶叶	茶尺蠖、叶蝉、介壳虫	800~1000 倍液（250~313 mg/L）		1	14		0.2
哒螨灵 ridaben	哒螨酮	15% 乳油	茶叶	螨类	2000~4000 倍液（37.5~75 mg/L）	喷雾	1	5		建议成茶 1
吡螨胺 tebufenpyrad	必螨立克 Pyranica MK-239	10% 可湿性粉剂	柑桔	红蜘蛛	2000~3000 倍液（33~50 mg/L）	喷雾	2	14		全果 1
伏虫隆 teflubenzuron	农梦特 Nomolt	5% 乳油	柑桔	潜叶蛾	1000~2000 倍液（25~50 mg/L）	喷雾	3	30	避免污染水栖生物生栖地	全果 0.5
			叶菜	菜青虫、小菜蛾	45~60 mL		2	10		0.5

续上表

农药 通用名	农药 商品名	剂型及含量	适用作物	防治对象	每667 m² 每次剂施用量或稀释倍数（有效成分浓度）	施药方法	每季作物最多使用次数	最后一次施药距收获的天数（安全间隔期）	实施要点说明	最高残留限量（MRL）参考值 mg/kg
沙虫环 thiocyclam hydrogennoxalate	异卫杀 Evisect	50%可湿性粉剂	水稻	稻螟、稻苞虫、蓟马、叶蝉	50~100 g	喷雾	3	15		糙米 0.1
多噻烷 polythialan	多噻烷	30%乳油	水稻	稻螟、稻苞虫、稻纵卷叶螟	120~170 mL	喷雾	3	14		糙米 0.1
水胺硫磷 isocarbophos	水胺硫磷	40%乳油	柑桔	螨、锈壁虱、潜叶蛾	1000~1300 倍液 (308~400 mg/L)	喷雾	3	14	不可与碱性农药混用	全果 0.3
①噻嗪酮 + ②异丙威 buprofezin + isoprocarb	优佳安 Applaud Mipcin	25%可湿性粉剂	水稻	稻飞虱	100~150 g	喷雾	2	21		糙米中噻嗪酮 0.3 异丙威 0.2
鱼藤酮 + 氰戊菊酯 ①rotenone + ②fenvalerate	鱼藤氰	1.3%乳油	叶菜	蚜虫、菜青虫	100~123 mL	喷雾	3	5		氰戊菊酯 1
磷化镁 magnesium phosphide		56%片剂	烟草	烟草甲虫	2 片/30 m³	熏蒸	1	7	—	0.1
毒死蜱 + 氯氰菊酯 chlorpyrifos + cypermethrin		52.25%乳油（毒死蜱47.5% + 氯氰菊酯4.75%）	荔枝	蒂蛀虫	1000~2000 倍液 (260~522 mg/L)	喷雾	2	14	—	果肉：毒死蜱 0.2 氯氰菊酯 2

二、杀菌剂/杀线虫剂

通用名	商品名	剂型及含量	适用作物	防治对象	每 667 m² 每次制剂施用量或稀释倍数（有效成分浓度）	施药方法	每季作物使用最多次数	最后一次施药距收获的天数（安全间隔期）	实施要点说明	最高残留限量（MRL）参考值 mg/kg
灭瘟素 blasticidins	勃拉益斯 Bla-s	2%乳油	水稻	稻瘟病	75~100 mL	喷雾	3	7		糙米 0.05
		45%烟剂	黄瓜	霜霉病	110~180 g	烟熏	4	3	适用于大棚和温室	1
百菌清 chlorothalonil	百菌清 Daconil Dacotch	75%可湿性粉剂	花生	叶斑病、锈病	111~133 g	喷雾	3	14		花生仁 0.1
			番茄	早疫病	145~270 g	喷雾	3	7		5
		40%胶悬剂	花生	花生叶斑病	1125~2250 mL	喷雾	3	30	—	花生仁 0.1
氢氧化铜 coper hydroxide	可杀得 Kocide	77%可湿性粉剂	番茄	早疫病	134~200 g	喷雾	3	3		0.1
			柑桔	溃疡病	400~600 倍液 (1283~1925 mg/L)	喷雾	5	30		
烯唑醇 diniconazole	速保利 Sumieight	12.5%可湿性粉剂	玉米	丝黑穗病	5~7 g/kg 种子	拌种	1		播种前拌种	籽粒 0.05
			梨	梨黑星病	3000~4000 倍液 (31~42 mg/L)	喷雾	3	21		0.1
敌瘟磷 edifenphos	克瘟散 Hinosan	40%乳油	水稻	稻瘟病	75~100 g	喷雾	3	21		糙米 0.1
灭线磷 ethoprophos	益收宝 Mocap	20%颗粒剂	花生	根结线虫	1500~1750 g	沟施	1		播种时沟施，避免与种子接触	花生仁 0.2
克线磷 fenamiphos	力满库 Numacur	10%颗粒剂	花生	土壤线虫	2000~4000 g	条施	1		播种时条施	花生仁 0.05

续上表

农药 通用名	商品名	剂型及含量	适用作物	防治对象	每667 m² 每次制剂施用量或稀释倍数（有效成分浓度）	施药方法	每季作物最多使用次数	最后一次施药距收获的天数（安全间隔期）	实施要点说明	最高残留限量（MRL）参考值 mg/kg
氯苯嘧啶醇 fenarimol	乐必耕 Rubigan	6%可湿性粉剂	梨	黑星病	1000~1500倍液(40~60 mg/L)	喷雾	3	14		20
氰苯唑 fenbuconazole	应得 Indar	24%悬浮剂	香蕉	叶斑病	960~1200倍液(200~250 mg/L)	喷雾	3	42		全蕉3 香蕉肉0.05
			桃树	桃树褐斑病	2500~3200倍液(75~96 mg/L)	喷雾	3	14	—	2.0
氟硅唑 flusilazol	福星 Nustar	40%乳油	黄瓜	黄瓜黑星病	112.5~187.5 mL	喷雾	2	3	—	0.2
氟酰胺 flutolanil	望佳多 Moncut	20%可湿性粉剂	水稻	纹枯病	100~125 g	喷雾	2	21		糙米1
四氯苯酞 fthalide	热必斯 Rabcide	50%可湿性粉剂	水稻	稻瘟病	65~100 g	喷雾	3	21		糙米1
恶霉灵 hymexazol	土菌消 Tachigaren	30%水剂	水稻	立枯病	3~6 mL/m²苗床	浇施	3		水稻秧田播种前至苗期浇施	糙米0.5
抑霉唑 imazalil	戴唑霉 Decozil	22.2%乳油	柑桔	青绿菌	444~888倍液(250~500 mg/L)	浸果	1	60(处理后距上市时间)	浸1min取出	全果5 果肉0.1
	万利得 Magnate	50%乳油			1000~2000倍液(250~500 mg/L)					
亚胺唑 imibenconazole	霉能灵 Manage	15%可湿性粉剂	梨	黑星病	3000~3500倍液(43~50 mg/L)	喷雾	3	28		1
双胍辛胺乙酸盐 iminoctadinetriacetate	百可得 Bellkute	40%可湿性粉剂	柑桔	储存期病害	1000~2000倍液(200~400 mg/L)	浸果	1	60(处理后距上市时间)	浸1min取出储存	全果4 果肉1

续上表

农药 通用名	商品名	剂型及含量	适用作物	防治对象	每667 m² 每次制剂施用量或稀释倍数（有效成分浓度）	施药方法	每季作物最多使用次数	最后一次施药距收获的天数（安全间隔期）	实施要点说明	最高残留限量(MRL)参考值 mg/kg
异菌脲 iprodione	扑海因 Rovral	25%悬浮剂	香蕉	储藏病害	167倍液 (1500 mg/L)	浸果	1	4	浸果2min后取出晾干储存	全果10
稻瘟灵 isoprothiolane	富士一号 Fuji-One	40%乳油（或可湿性粉剂）	油菜	菌核病	140~200 mL	喷雾	2	50		油菜籽0.2
			水稻	稻瘟病	67~100 mL（或67~100 g）	喷雾	2	28		糙米2
春雷霉素 kasugamycin	加收米 Kasumin	2%水剂	水稻	稻瘟病	80~100 mL	喷雾	3	21		糙米0.04
双胍辛烷基苯基磺酸盐 iminoctadinetri		40%可湿性粉剂	芦笋	芦笋茎枯病	800~1000倍液 (400~500 mg/L)	喷雾	1	5	—	0.3
代森锰锌 mancozeb	大生 Dithane M-45	80%可湿性粉剂	番茄	早疫病	167 g	喷雾	3	15		
		42%干悬浮剂	西瓜	炭疽病	2490~3750 g			21		代森锰锌1 乙撑硫脲0.05
	喷克 penncozeb	75%干悬浮剂	香蕉	叶斑病	300~400倍液 (1400~1050 mg/L)			7		代森锰锌1 乙撑硫脲0.1
		75%干悬浮剂	西瓜	西瓜炭疽病	3000~3600 g			21	—	代森锰锌1 乙撑硫脲0.05
		43%悬浮剂	香蕉	香蕉叶斑病	300~400倍液 (1050~1400 mg/L)			35	—	代森锰锌1 乙撑硫脲0.1
灭锈胺 mepronil	纹达克 Basitac	75%可湿性粉剂	水稻	纹枯病	65~75 g	喷雾	2	30		糙米1

续上表

农药 通用名	商品名	剂型及含量	适用作物	防治对象	每667 m² 每次制剂用量或稀释倍数（有效成分浓度）	施药方法	每季作物最多使用次数	最后一次施药距收获的天数（安全间隔期）	实施要点说明	最高残留限量（MRL）参考值 mg/kg
溴甲烷 methylbromide	溴灭泰 Metabrom	98%压缩气体	黄瓜	线虫	75 g/m²	土壤处理	1	60	播种前土壤处理	溴离子50
稻瘟酯 pefurazoate	净种灵 Healthied	20%可湿性粉剂	水稻	恶苗病	200~400倍液(500~1000 mg/L)	浸种			播种前浸种24h	糙米0.02
		45%乳油	芒果	储存病害	450~900倍液(500~1000 mg/L)	浸果	1	7(处理后距上市时间)	浸1min取出	柑桔类水果5
咪鲜胺 prochloraz	扑霉灵 Mirage	25%乳油	水稻	水稻恶苗病	2000~4000倍液(63~125 mg/L)	浸种	1	—	浸种48h	糙米0.5
		45%水乳剂	香蕉	香蕉冠腐病、炭疽病	900~1800倍液(250~500 mg/L)	浸果	1	7	浸果1min	5
腐霉利 procymidone	速克灵 Sumilex	50%可湿性粉剂	黄瓜	灰霉病、菌核病	45~50 g	喷雾	3	1		2
			葡萄	灰霉病	75~150 g	喷雾	2	14		5
			油菜	菌核病	30~60 g	浸种	2	25		籽粒2
丙环唑 propiiconazole	敌力脱 Tilt 必扑尔 Bumper	25%乳油	香蕉	叶斑病	500~1000倍液(250~500 mg/L)	喷雾	2	42		0.1
硫线磷 sebufos (cadusafos)	克线丹 Rugby	10%颗粒剂	柑桔	根结线虫	4000~6000 g	沟施	2	120	于树根周围施（冬前冬后各一次）	0.005
			甘蔗	线虫	2000~4000 g		1		苗期施土	0.1

续上表

通用名	商品名	剂型及含量	适用作物	防治对象	每667 m² 每次制剂施用量或稀释倍数（有效成分浓度）	施药方法	每季作物使用最多次数	最后一次施药距收获表的天数（安全间隔期）	实施要点说明	最高残留限量（MRL）参考值 mg/kg
噻菌灵 thiabendazole	特克多 Tecto	45% 悬浮剂	柑桔	储藏病害	300~450 倍液（1000~1500 mg/L）	浸果			浸1min后取出晾干储存	全果10
			香蕉		600~900 倍液（500~750 mg/L）	浸果	1	10		全果0.4
		60% 可湿性粉剂	蘑菇	真菌病害	200~400 mg/kg 木屑（木屑包栽培法）	拌施	1	65	制包前将药均匀拌干木屑中	2
			蘑菇	真菌病害	400~667 倍液（900~1500 mg/L）（段木剖面栽培法）	喷雾	3	55	菌丝生长期喷干粮木剂面上（施药间隔期30天）	2
甲基硫菌灵 thiophanatemethyl	甲基托布津 Topsin-M	70% 可湿性粉剂	水稻	稻瘟病，纹枯病	100~143 g	喷雾	3	30	不能与铜制剂农药混用	糙米 0.1
		50% 悬浮剂			100~150 mL					
三环唑 tricyclazole	比艳 Beam	75% 可湿性粉剂	水稻	稻瘟病	20~27 g	喷雾	2	21		糙米 2
氟菌唑 triflumizole	特富灵 Trifmine	30% 可湿性粉剂	黄瓜	白粉病	15~20 g	喷雾	2	2		2
乙烯菌核利 vinclozolin	农利灵 Ronilan	50% 可湿性粉剂	黄瓜	灰霉病	75~100 g	喷雾	2	4		5

续上表

农药 通用名	农药 商品名	剂型及含量	适用作物	防治对象	每667 m² 每次制剂用量或稀释倍数（有效成分浓度）	施药方法	每季作物最多使用次数	最后一次施药距收获的天数（安全间隔期）	实施要点说明	最高残留限量（MRL）参考值 mg/kg
丁戊,已二酸酮 + 1copper guccinate + 2copper glutarte + 3copper adioate	琥胶肥酸酮（二元酸酮）DT	30% 悬浮剂	水稻	稻曲病	100~150 mL	喷雾	2		稻穗破口前喷施	糙米中铜:20
			黄瓜	角斑病	200~233 mL		4	3		铜:5
春雷霉素 + 氧氯化铜 Kasugamycin + copperoxychloride	加瑞农 Kasumin-Bordeaux	50% 可湿性粉剂	柑桔	溃疡病	500~800 倍液（625~1000 mL/L）	喷雾	5	21		全果 0.5
甲霜灵 + 代森锰锌 metalaxyl + mancozeb	雷多米尔·锰锌 Ridomil MZ	58% 可湿性粉剂	黄瓜	霜霉病	75~120 g	喷雾	3	1		甲霜灵 0.5
			葡萄	霜霉病	500~800 倍液（725~1160 mL/L）		3	21		甲霜灵 1
恶霜灵 + 代森锰锌 oxadixyl + mancozeb	杀毒矾 Sandofan M8	64% 可湿性粉剂	黄瓜	霜霉病	170~200 g	喷雾	3	3		恶霜灵 5
			烟草	黑胫病	200~500 g		3	20		恶霜灵 30
辛硫磷 + 甲拌磷 Phoxim + phorate	辛硫磷	10% 粉粒剂	柑桔	根结线虫	4000~5000 g	沟施	1	120	于柑桔树周围根施	全果:辛硫磷 0.05, 甲拌磷 不得检出
络胺铜·锌 柠檬酸铜 + 硫酸络合铜 + 四氨络酸合铜 + 四氨络合锌	抗枯灵	25.9% 水剂	西瓜	枯萎病	500~600 倍液（200 mL/株）	灌根	3	40		铜 20
					100 mL	喷雾				锌 50

续上表

农药 通用名	农药 商品名	农药 剂型及含量	适用作物	防治对象	每667 m² 每次制剂施用量或稀释倍数（有效成分浓度）	施药方法	每季作物最多使用次数	最后一次施药距收获的天数（间隔期）	实施要点说明	最高残留限量（MRL）参考值 mg/kg
1 咪鲜胺 + 2 氯化锰 prochloraz + manganese chloride	施保功 Sporgon	50% 可湿性粉剂	蘑菇	褐腐病、湿泡病	0.8~1.2 g/m²/次	喷雾	2	8	均匀喷雾在培养料上	咪鲜胺 2
戊唑醇 tebuconazole		25% 水乳剂	香蕉	叶斑病	1000~1500 倍液（167~250 mg/L）	喷雾	3	42	—	蕉肉 0.2
萎锈灵 + 福美双 carboxin + thiram		40% 胶悬剂（萎锈灵20% + 福美双20%）	水稻	水稻苗期病害	400~500 mL（每100 kg种子）	拌种	—	—	—	糙米：萎秀灵 0.2,福美双 1
1 霜脲氰 + 2 代森锰锌 cymoxanil + mancozeb	克露 Cuzate M8	72% 可湿性粉剂（霜脲氰8%）	黄瓜	霜霉病	185.2~231.5 g	喷雾	3	2	—	番茄（霜脲氰）2
		72% 可湿性粉剂（霜脲氰8% + 代森锰锌64%）	荔枝	荔枝霜疫霉病	500~700 倍液（1030~1440 mg/L）	喷雾	3	14	—	霜脲氰 1,代森锰锌 0.05
烯酰吗啉 + 代森锰锌 dimethomorph + mancozeb		69% 水分散粒剂（烯酰吗啉9% + 代森锰锌60%）	荔枝	霜（疫）霉病	500~600 倍液（1150~1380 mg/L）	喷雾	3	14	—	烯酰吗啉 3,代森锰锌 0.05

三、除草剂/植物生长调节剂

农药 通用名	商品名	剂型及含量	适用作物	防治对象	每667 m² 每次制剂施用量或稀释倍数（有效成分浓度）	施药方法	每季作物最多使用次数	最后一次施药距收获的天数（安全间隔期）	实施要点说明	最高残留限量（MRL）参考值 mg/kg
乙草胺 acetochlor	禾耐斯 Harness	90%乳油	花生	一年生禾本科及部分阔叶杂草	58~94 g	喷雾	1		播后苗前喷施	籽粒 0.01
			玉米		1500~1800 mL（东北地区） 900~1500 mL（其他地区）	土壤喷雾	1	—	于玉米播种后苗前出苗前,土壤施1次	籽粒 0.02
			油菜		600~900 mL				移栽后土壤喷施	籽粒 0.2
甲草胺 alachlor	拉索 Lasso	48%乳油	玉米	一年生禾本科及部分阔叶杂草	200~400 mL	土壤喷雾	1		播后芽前土壤喷雾,避免在多雨、沙性土和地下水位高的地区使用	籽粒 0.2
			花生		150~250 mL					籽粒 0.05
莠灭净 ametryn	阿灭净 Ametrex	80%可湿性粉剂	甘蔗	一年生禾本科及部分阔叶杂草	130~200 g	喷施	1		苗期喷施	0.3
莎稗磷 anilofos	阿罗津 Arozin	30%乳油	水稻	一年生禾本科杂草及稗草等	60~80 mL	毒土或喷雾	1		移栽后7~10天施用	糙米 0.1
草除灵 benazolinethyl	高特克 Galtak	50%乳油	油菜	繁缕、牛繁缕、雀舌草、阔叶杂草	27~30 mL	喷雾	1		油菜移栽后7天喷施	油菜籽 0.1

续上表

农药 通用名	商品名	剂型及含量	适用作物	防治对象	每667 m² 每次制剂用量或稀释倍数（有效成分浓度）	施药方法	每季作物最多使用次数	最后一次施药距收获天数（安全间隔期）	实施要点说明	最高残留限量（MRL）参考值 mg/kg
苄嘧磺隆 bensulfuronmethyl	农得时 Londax	10%可湿性粉剂	水稻	阔叶杂草及莎草	13~25 mL	毒土或喷雾	1		插秧后5~7天施，保水一周	糙米 0.02
灭草松 bentazon	排草丹 Basagran	48%液剂	水稻	一年生阔叶杂草	133~200 mL	喷雾	1		插秧的20~30天，杂草3~5叶，田间排水后喷施	糙米 0.05
禾草丹 benthiocarb	杀草丹 Saturn	10%颗粒剂		稗草、三棱草、鸭舌草、牛毛毡等	1330~2000 g	撒施			插秧后5~7天撒施	
	杀草丹 Saturn	50%乳油	水稻		266~400 mL	喷雾或毒土	1		播前或插秧后5~7天喷雾或撒施后保水一周	糙米 0.2
	高杀草丹 Saturn104	90%乳油		稗草等一年生杂草	150~220 mL					
溴苯腈 bromoxynil	伴地农 Pardner	22.5%乳油	玉米	阔叶杂草	80~135 mL	喷雾	1		杂草4叶前喷施	籽粒 0.1
丁草胺 butachlor	马歇特 Machete	60%乳油	水稻	一年生禾本科杂草、莎草、阔叶杂草等	85~140 mL	喷雾或毒土	1		插秧前2~3天或插秧后3~7天喷施或毒土	糙米 0.5
		5%颗粒剂			1000~1700 g	毒土				

续上表

通用名	商品名	剂型及含量	适用作物	防治对象	每667 m²每次制剂施用量或稀释倍数(有效成分浓度)	施药方法	每季作物最多使用次数	最后一次施药距收获的天数(安全间隔期)	实施要点说明	最高残留限量(MRL)参考值 mg/kg
地乐胺 butralin	止芽素 Tamex	36%乳油	烟草	抑制烟草腋芽	100倍液(3600 mg/L) 15~20 mL 稀释液/株	杯淋	1	15	烟株打顶后24 h内每株用15~20 mL稀释液杯淋	大豆青饲料0.1
环庚草醚 cinmethylin	艾割 Argold	10%乳油	水稻	稗草、鸭舌草、异型莎草	13~20 g	毒土或喷雾	1		水稻移栽后5~7天毒土或喷雾	糙米0.05
醚磺隆 cinosulfuron	莎多伏 Setoff	20%水分散粒剂	水稻	一年生阔叶草	6~10 g	毒土	1		移栽后7~10天	糙米0.1(日本)
稀草酮 clethodim	赛乐特 Select 收乐通	24%乳油	大豆	一年生禾本科杂草	25~50 mL	喷雾	1		大豆2~4片叶复叶时喷施	籽粒10
异恶草酮 clomazone (dimethazon)	广灭灵 Command	48%乳油	大豆	一年禾本科杂草	140~170 mL	喷雾	1		大豆播后芽前喷施	籽粒0.05
氰草津 cyanazine	百得斯 Bladex	80%可湿性粉剂 48%液剂	玉米	一年生杂草	175~250 g 200~300 g	喷雾	1		播种后到玉米4叶期前喷施	籽粒0.05, 青饲料0.2
环丙嘧磺隆 cyclosulfamuron	金秋 Jin-Qiu	10%可湿性粉剂	水稻	阔叶杂草	15~26.7 g	毒土或喷雾	1		移栽后7~15天施用	糙米0.05
麦草畏 dicamba	百草敌 Banvel	48%水剂	玉米	阔叶杂草	25~40 mL	喷雾	1		玉米4~6叶中期喷施	籽粒0.5

续上表

农药			适用作物	防治对象	每 667 m² 每次制剂施用量或稀释倍数（有效成分浓度）	施药方法	每季作物使用最多使用次数	最后一次施药距收获的天数（安全间隔期）	实施要点说明	最高残留限量（MRL）参考值 mg/kg
通用名	商品名	剂型及含量								
哌草丹 dimepiperate	优克稗 MY–93	50% 乳油	水稻	稗草、马唐等杂草	150～267 mL	撒施	1		播种后 1～4 天或插秧后 3～7 天拌细沙 10 kg 撒施	糙米 0.03
双苯酰草胺 diphenamide	益乃得草乃得双苯胺 Enide	90% 可湿性粉剂	烟草	一年生禾本科、莎草科及阔叶杂草	333～481 g	喷雾	1		烟田起垄后，杂草出土前喷施	2
乙氧磺隆 ethosysufuron	太阳星 Sunstar	15% 水分散粒剂	水稻	阔叶杂草及莎草	3～5 g（华南）5～7 g（长江流域）7～14 g（东北华北地区）	毒土	1		移栽后 7～10 撒施	糙米 0.01
吡氟禾草灵 fluazifopbutyl	稳杀得 Onecide	35% 乳油	花生	一年生禾本科杂草	50～100 mL	喷雾	1		杂草 3～5 叶期喷施，兑水 50L 喷施	花生仁 0.1
精吡氟禾草灵 fluazifoppbutyl	精稳杀得 Onecide-p	15% 乳油	花生	一年生禾本科杂草	50～100 mL	喷雾	1		杂草 3～5 叶期喷施，兑水 50L 喷施	花生仁 0.1

附 录

续上表

农药 通用名	商品名	剂型及含量	适用作物	防治对象	每667 m² 每次制剂用量或稀释倍数（有效成分浓度）	施药方法	每季作物最多使用次数	最后一次施药距收获的天数（安全间隔期）	实施要点说明	最高残留限量（MRL）参考值 mg/kg
氟节胺 flumetralin	抑芽敏 Prime	25% 乳油	烟草	抑制烟芽	60~70 mL（或 0.04 mL/株）	喷雾或杯淋	1		烟草打顶后随即施药，不可与其他农药混用	干烟 20
				抑制腋芽生长	350 倍液（714 mg/L）	杯淋或涂抹	1	10	烟草打顶后杯淋或涂抹	20
氟磺草胺 flumetsulam	阔草清 Broadstrike	80% 水分散粒剂	玉米	阔叶杂草	3.75~5 g	喷雾	1		苗后喷施	籽粒 0.1
氟吡甲禾灵 haloxyfop	盖草能 Gallant	12.5% 乳油	花生	一年禾本科杂草	60~80 mL	喷雾	1		苗期，杂草 3~5 叶期，兑水 50L 喷施	花生仁 0.5
乳氟禾草灵 lactofen	克阔乐 Cobra	24% 乳油	花生	阔叶杂草	225~450 mL	喷雾	1	—	在花生 1.5 片复叶期喷雾 1 次	花生仁 0.05
异丙甲草胺 metolachlor	稻乐思 Dualrice		水稻	稗草等一年生禾本科	10~20 mL	喷雾或毒土	1		移栽后 7~10 天喷雾或毒土	糙米 0.1
	都尔 Dual	72% 乳油	玉米	一年生禾本科、莎草科及阔叶杂草	90~180 mL	喷雾	1		苗期喷雾	鲜玉米 0.1 籽粒 0.1
			花生		100~150 mL	喷雾			苗前土壤喷雾	花生仁 0.5
			甘蔗	一年生杂草	100~150 mL	土壤处理			甘蔗苗前喷施	0.1

续上表

农药			适用作物	防治对象	每667 m² 每次制剂施用量或稀释倍数（有效成分浓度）	施药方法	每季作物最多使用次数	最后一次施药距收获的天数（安全间隔期）	实施要点说明	最高残留限量（MRL）参考值 mg/kg
通用名	商品名	剂型及含量								
萘氧丙草胺 napropamide	大惠利 Devrinol	50%可湿性粉剂	烟草	一年生禾本科及部分阔叶杂草	100~260 mL	土壤处理	1		烟草移栽后,杂草出土前喷施	干烟0.1
炔丙恶唑草 oxadiargyl	稻思达 Topstar	80%水分散粒剂	水稻	稗草莎草及阔叶杂草	5~8.33 g	毒土	1		移栽后7~10天毒土撒施	糙米0.01
	禾大壮 Ordram	90.9%乳油	水稻	稗草、牛毛草等	146~220 mL	毒土	2		秧田和本田插秧后7~14天各施1次,施后保水一周	
禾草特 molinate	杀克尔 Sakkimol	70%乳油			130~260 mL	喷雾或毒土	1		秧田播前或本田插秧后3~5天喷雾或撒毒土,保水一周	糙米0.1

续上表

农药		剂型及含量	适用作物	防治对象	每667 m² 每次制剂施用量或稀释倍数（有效成分浓度）	施药方法	每季作物最多使用次数	最后一次施药距收获（安全间隔期）天数	实施要点说明	最高残留限量（MRL）参考值 mg/kg
通用名	商品名									
恶草酮 oxadiazon	农思它 Ronstar	12%乳油	水稻	一年生杂草	200～270 mL	喷雾或毒土	1		插秧前或插秧后2～3天施，25%乳油北方直播每667 m² 165～230 mL，南方插秧田65～100 mL	糙米 0.05 稻草 0.2
		25%乳油			100～132 mL	喷雾			插秧前或插秧后2～3天施	
			花生		100～150 mL				苗前喷施	花生仁 0.3
乙氧氟草醚 oxyfluorfen	果尔 Goal	23.5%乳油	水稻	阔叶草、莎草、稗草等	10～20 mL	毒土	1		插秧后5～7天、拌细土10～15 kg撒施	糙米 0.05
百草枯 paraquat	克无踪 Gramoxone	20%水剂	柑桔	杂草	200～300 mL	低压喷雾	1～3		杂草生长旺盛期低压喷雾，避免喷到桔树上	全果 1

续上表

农药 通用名	商品名	剂型及含量	适用作物	防治对象	每667 m² 每次制剂施用量或稀释倍数（有效成分浓度）	施药方法	每季作物使用最多次数	最后一次施药距收获的天数（安全间隔期）	实施要点说明	最高残留限量（MRL）参考值 mg/kg
二甲戊乐灵 pendimethalin	施田补 除草通 Stomp	33% 乳油	玉米	一年生阔叶杂草及禾本科杂草	150~200 mL	土壤处理	1		播后或苗前5天土壤喷雾	籽粒 0.1
	除芽通 Accotab		叶菜 烟草	杂草及禾本科杂草 抑制腋芽	100~150 mL; 100倍液(3300 mg/L) 20~25 mL(倍液)/株	杯淋		10	移栽前土壤喷雾喷匀	0.2 / 5
丙草胺 pretilachlor	扫弗特 Sofit	30% 乳油	水稻	一年生杂草	100~115 mL	喷雾或毒土	1	—	水直播或秧田播后1~4天喷雾或毒土	糙米: 丙草胺 0.1, 安全剂 0.05
		50% 乳油	水稻	一年生禾本科杂草、莎草及部分阔叶杂草	900~1050 mL	毒土撒施		—	水稻移栽后5~10d, 毒土撒施1次	糙米 0.1
异丙草胺 propisochlor		72% 乳油	玉米	一年生禾本科杂草及部分阔叶杂草	1500~2000 mL	土壤喷雾	1	—	播后苗前土壤喷雾1次	籽粒 0.1
砜嘧磺隆 rimsulfuron		25% 干悬浮剂	玉米	一年生阔叶杂草	75~90 g	喷雾	1	—	玉米1~4叶期喷雾1次	籽粒 0.1

续上表

农药 通用名	农药 商品名	剂型及含量	适用作物	防治对象	每667 m² 每次制剂施用量或稀释倍数（有效成分浓度）	施药方法	每季作物最多使用次数	最后一次施药距收获天数（安全间隔期）	实施要点说明	最高残留限量（MRL）参考值 mg/kg
吡嘧磺隆 pyrazosulfuronethyl	草克星 NC-311	10%可湿性粉剂	水稻	阔叶杂草、莎草、稗草	10~20 g(移栽田) / 10~17 g(直播田)	喷雾	1		移栽后1周喷施 / 直播水稻1~3叶期喷施	糙米 0.1
啶草特 pyridate	连达克兰 Lentagram	45%乳油	花生	阔叶杂草及一年生杂草	130~200 mL	喷雾	1		小麦、花生4叶期，杂草2~4叶期，兑水50L喷施	花生仁 0.5
二氯喹啉酸 quinclorac	快杀稗 Facet	50%可湿性粉剂	水稻	稗草等	26~55 g	喷雾	1		水稻移栽后5~20天喷施	糙米 0.5
喹禾灵 quizalofopethyl	禾草克 NC-302	10%乳油	大豆	一年生禾本科单子叶杂草	6~100 mL	喷雾	1		大豆1~4复叶期兑水50L喷施	籽粒 0.2
精喹禾灵 quizalofoppethyl	精禾草克 NC-302D	5%乳油	花生	一年生禾本科杂草	50~80 mL	喷雾	1		杂草3~6叶期喷施	花生仁 0.2
烯禾啶 sethoxydim	拿捕净 Nabu	20%乳油	花生	一年生禾本科杂草	70~100 mL	喷雾	1		杂草3~5叶期，作物苗期喷施	籽粒 2
			亚麻		66~85 mL					籽粒 1
		12.5%机油乳剂	花生		66~100 mL					籽粒 2

续上表

农药 通用名	农药 商品名	剂型及含量	适用作物	防治对象	每667 m² 每次制剂施用量或稀释倍数（有效成分浓度）	施药方法	每季作物最多使用次数	最后一次施药距收获的天数（安全间隔期）	实施要点说明	最高残留限量（MRL）参考值 mg/kg
噻吩磺隆 thifensulfuronmethyl	宝收 Harmony	75% 干悬浮剂或可湿性粉剂	玉米	阔叶杂草	2~3 g	喷雾	1		玉米苗期喷施	籽粒 0.1
氟乐灵 trifluralin	特福力 Treflan 福特力 Flutrix	48% 乳油	玉米	一年生禾本科和阔叶杂草	75~100 mL	土壤喷雾	1		播种前喷施后耙匀	籽粒 0.05
①莎稗磷 + ②乙氧磺隆 anilofos + ethoxysulfuron	必宁特 Benefier	30% 可湿性粉剂 莎稗磷 27% + 乙氧磺隆 3%	水稻	杂草	50~60 g（长江以北的其他地区）60~70 g（东北）	毒土	1		移栽后7~10天毒土撒施长江以北不能用	糙米:莎稗磷 0.1, 乙氧磺隆 0.01
①苄嘧磺隆 + ②禾草丹 bensulfuronmethyl + benthiocarb	龙杀 Lonsat	35.75% 可湿性粉剂 苄嘧磺隆 0.75% + 禾草丹 35%	水稻	稗草莎草及阔叶杂草	200~300 g（南方）300~400 g（北方）150~200 g（秧田）	毒土或喷雾	1		移栽后7~10天毒土撒施或喷施	糙米:禾草丹 0.2, 苄嘧磺隆 0.02
①禾草丹 + ②西草净 benthiocarb + simetryn	杀草丹-S Saturn-s	57.5% 乳油	水稻	稗草、眼子菜等杂草	200~270 mL	喷雾	1		施后保水一周，防眼子菜时用高剂量	糙米:禾草丹 0.2, 西草净 0.02

续上表

农药 通用名	商品名	剂型及含量	适用作物	防治对象	每667 m² 每次制剂施用量或量稀释倍数（有效成分浓度）	施药方法	每季作物最多使用次数	最后一次施药距收获的天数（安全间隔期）	实施要点说明	最高残留限量（MRL）参考值 mg/kg
净哌磷混剂 ①二甲丙乙净 + ②哌草磷 dimethametryn + piperophos	威罗生 Avirosan	50%乳油	水稻	一年生禾本科和莎草科杂草	160～200 mL	喷雾或毒土	1		插秧后半个月内拌土撒施	糙米:二甲丙乙净0.05, 哌草磷0.05
①禾草特 + ②西草净 + ③二甲四氯 molinate + simertyn + MCPA	禾田净 Ordram SM	78.4%乳油	水稻	一年生单子叶及双子叶杂草	200～255 mL	毒土	1		插秧后15～18天内拌细沙10 kg撒施	糙米:禾草特0.1, 西草净0.02
苄甲磺隆 ①苄嘧磺隆 + ②甲磺隆 bensulfuronmethyl + metsulfuronmethyl	新得力 Sindax	10%可湿性粉剂	水稻	阔叶杂草及一年生莎草等	4～7 g	喷雾	1		移栽后7～10天喷施	糙米:苄嘧磺隆0.02, 甲磺隆0.005

续上表

农药			适用作物	防治对象	每 667 m² 每次制剂施用量或稀释倍数（有效成分浓度）	施药方法	每季作物最多使用次数	最后一次施药距收获的天数（安全间隔期）	实施要点说明	最高残留限量（MRL）参考值 mg/kg
通用名	商品名	剂型及含量								
复硝酚钠 ①sodium thonitro - phenolate + ②sodium paranitro - phenolate + ③Sodium 5 - nitrogu - aiacolate	爱多收 Atonic	1.8% 乳油	番茄	调节作物生长	6000 ~ 8000 倍液（2.3 ~ 3.0 mg/L）	喷雾	2	7		10.1 20.05 30.02
①邻 - 硝基苯酚铵 + ②对 - 硝基苯酚铵 + ③2,4 - 二硝基苯酚铵 ONPNH4 + PNPNH4 + 5NGNH4	多效丰产灵	1.2% 水剂	白菜	促进生长	2000 倍液（6 mg/L）	喷雾	2	7		1ONPa 0.1 2PNPNa 0.05 35NGNa 0.02

附录十三　绿色食品(A级)生产中农药使用"六不准"原则

一、不准使用剧毒、高毒、高残留和"三致"农药

农药根据毒性可分为"剧毒、高毒、中等毒和低毒"四大类，剧毒和高毒农药因毒性较高，极易造成中毒事故，因此在绿色食品生产中不准使用。但中等毒和低毒农药也并非全部可以使用，如防治小麦吸浆虫、蝗虫的林丹药农药、虽毒性为中等，但由于其在作物和土壤中很难分解，残毒较高，因此在绿色食品生产中不准使用；又如防治小麦蚜虫的"治是螟硫磷"，毒性也为中等，但由于其有较弱的致突为作用，在绿色食品生产中也不准使用。高残留农药和"三致"(致癌、致畸、致突变)农药，不论毒性高低，在绿色食品生产中都不准使用。

二、不准使用除草剂和植物生长调节剂

农药根据用途可分为五大类：杀虫剂、杀菌剂、杀鼠剂和植物生长调节剂。除草剂多为内吸传导型药剂，不仅在杂草中传导积累，同样在作物体内也传导积累，从而形成残毒，危害人体健康。植物生长调节剂的作用是刺激作物生长，但同时又除低作物免疫能力，对人体健康有害无益。因此这两类药剂在绿色食品生产中也不得使用。至于"杀鼠剂"，根据有关规定，目前农田灭鼠采取统一购药、统一配制、统一使用，统一管理的方式，农户不得单独使用。

三、有机化学农药不得"二次"使用原则

农药根据原料来源又可分为四大类：无机农药、植物性农药、微生物农药和有机化学农药。无机农药是指矿物原农药，比如防治小麦储粮害出的"硅藻土"(库虫净)；植物性农药是指来自天然植物的农药，如治疗小麦全蚀病的"萤光假单孢杆菌"；有机化化学农药是指人工合成的化学农药，如小麦拌种用的辛硫磷，防治小麦白粉病、锈病的三唑酮，防治蚜虫的吡虫啉，防治小麦红蜘蛛的哒螨灵等都属于有机化学农药。由于前3种农药都来自于大自然，连续使用后不会对病虫产生抗性，而有机化学农药是人工合成的农药，连续使用后病虫都会的生不同程度的抗性。因此，在绿化食品生产中同一种有机化学农药在一种作物的生长期内只准使用一次，这就是有机化学农药不准二次使用原则。

四、不达指标不准用药原则

任何一种作物都有抵抗病虫侵害的能力，在不影响物产量的情况下，不需进行防治。在病虫害达到一定数量——防治指标时，才可以进行防治。但这也不是唯一的标准，还必须注意周围天敌的影响，如小麦蚜虫，虽然达到防治指标，但这时瓢虫等天敌如果与蚜虫的比达到 1:20 时，也不须用药防治。

五、不准超量用药原则

农药的使用有一个最低量和一个最高量，低于最低量对病虫防治效果不佳，超过最高量不仅可能对作物造成危害同时使农药残留增高。一般讲，病虫害轻发生时用最低量，重发生时用最高量，但绝不能突破这个范围。

六、不准在作物收获前用药

大部分农药可以通过光照而分解，但需要一农业政策的光照时间。国家规定了用药"安全间隔期"——最后一次施药到作物收获的时间。比如小麦上用三唑酮不少于 20 天，抗蚜威不少于 14 天。

附录十四　生产 A 级绿色食品禁止使用的农药

种类	农药名称	禁用作物	禁用原因
有机氯杀虫剂	滴滴涕、六六六、林丹、甲氧滴滴涕、硫丹	所有作物	高残毒
有机氯杀螨剂	三氯杀螨醇	蔬菜、果树、茶叶	工业品中含有一定数量的滴滴涕
有机磷杀虫剂	甲拌磷、乙拌磷、久效磷、对硫磷、甲基对硫磷、甲铵磷、甲基异柳磷、治螟磷、氧化乐果、磷铵、地虫硫磷、灭克磷(益收宝)、水铵硫磷、氯唑磷、硫线磷、杀扑磷、特丁硫磷、克线丹、苯线磷、甲基硫环磷	所有作物	剧毒、高毒
氨基甲酸酯杀虫剂	涕灭威、克百威、灭多威、丁硫克百威、丙硫克百威	所有作物	高毒、剧毒或代谢物高毒
二甲基甲脒类杀虫杀螨剂	杀虫脒	所有作物	慢性毒性、致癌
拟除虫菊酯类杀虫剂	所有拟除虫菊酯类杀虫剂	水稻及其他水生作物	对水生物毒性大
卤代烷类熏蒸杀虫剂	二溴乙烷、环氧乙烷、二溴氯丙烷、溴甲烷	所有作物	致癌、致畸、高毒
阿维菌素		蔬菜、果树	高毒
克螨特		蔬菜、果树	慢性毒性
有机砷杀菌剂	甲基胂酸锌(稻脚青)、甲基胂酸钙胂(稻宁)、甲基胂酸铁铵(田安)、福美甲胂、福美胂	所有作物	高残毒
有机锡杀菌剂	三苯基醋酸锡(薯瘟锡)、三苯基氯化锡、三苯基氢基锡(毒菌锡)	所有作物	高残留、慢性毒性
有机汞杀菌剂	氯化乙基汞(西力生)、醋酸苯汞(赛力散)	所有作物	剧毒、高残毒
有机磷杀菌剂	稻瘟净、异稻瘟净	水稻	异味
取代苯类杀菌剂	五氯硝基苯、稻瘟醇(五氯苯甲醇)	所有作物	致癌、高残留
2,4-D 类化杀菌剂	除草剂或植物生长调节剂	所有作物	杂质致癌
二苯醚类除草剂	除草醚、草枯醚	所有作物	慢性毒性
植物生长调节剂	有机合成的植物生长调节剂	所有作物	
除草剂	各类除草剂	蔬菜生长期(可用于土壤处理与芽前处理)	

附录十五　农药混配制剂的简化通用名称目录

序号	有效成分组成	简化通用名
1	2, 4 – 滴·嗪草酮·乙草胺	滴·嗪·乙草胺
2	2, 4 – 滴丁酯·丁草胺	滴酯·丁草胺
3	2, 4 – 滴丁酯·丁草胺·莠去津	滴·莠·丁草胺
4	2, 4 – 滴丁酯·磺草酮	滴丁·磺草酮
5	2, 4 – 滴丁酯·咪唑乙烟酸·异丙草胺	咪·异·滴丁酯
6	2, 4 – 滴丁酯·扑草净·乙草胺	扑·乙·滴丁酯
7	2, 4 – 滴丁酯·扑草净·异丙草胺	扑·丙·滴丁酯
8	2, 4 – 滴丁酯·嗪草酮·乙草胺	乙·嗪·滴丁酯
9	2, 4 – 滴丁酯·噻吩磺隆·乙草胺	乙·噻·滴丁酯
10	2, 4 – 滴丁酯·辛酰溴苯腈	辛溴·滴丁酯
11	2, 4 – 滴丁酯·乙草胺	滴丁·乙草胺
12	2, 4 – 滴丁酯·乙草胺·异噁草松	乙·噁·滴丁酯
13	2, 4 – 滴丁酯·乙草胺·莠去津	乙·莠·滴丁酯
14	2, 4 – 滴丁酯·异丙草胺	异丙·滴丁酯
15	2, 4 – 滴丁酯·异丙草胺·异噁草松	丙·噁·滴丁酯
16	2, 4 – 滴丁酯·异丙草胺·莠去津	丙·莠·滴丁酯
17	2, 4 – 滴丁酯·莠去津	滴丁·莠去津
18	2, 4 – 滴二甲胺盐·扑草净	滴胺·扑草净
19	2, 4 – 滴异辛酯·双氟磺草胺	双氟·滴辛酯
20	2, 4 – 滴异辛酯·乙草胺	乙草·滴辛酯
21	2甲4氯·绿麦隆	2甲·绿麦隆
22	2甲4氯·氯氟吡氧乙酸	2甲·氯氟吡
23	2甲4氯·麦草畏	2甲·麦草畏
24	2甲4氯·灭草松	2甲·灭草松
25	2甲4氯·扑草净	2甲·扑草净
26	2甲4氯·溴苯腈	2甲·溴苯腈
27	2甲4氯·莠去津	2甲·莠去津
28	2甲4氯丁酸乙酯·禾草敌·西草净	2甲·禾·草净
29	2甲4氯钠·砜嘧磺隆	2甲·砜嘧
30	2甲4氯钠·氯嘧磺隆	2甲·氯嘧
31	2甲4氯钠·麦草畏	2甲·麦草畏
32	2甲4氯钠·灭草松	2甲·灭草松
33	2甲4氯钠·异丙隆	2甲·异丙隆
34	2甲4氯钠·莠灭净	2甲·莠灭净

续上表

序号	有效成分组成	简化通用名
35	2 甲 4 氯钠·唑草酮	2 甲·唑草酮
36	5－硝基邻甲氧基苯酚钠·对硝基苯酚钠·邻硝基苯酚钠	复硝酚钠
37	S－氰戊菊酯·辛硫磷	氰戊·辛硫磷
38	阿维菌素·S－氰戊菊酯	阿维·氰戊
39	阿维菌素·苯丁锡	阿维·苯丁锡
40	阿维菌素·吡虫啉	阿维·吡虫啉
41	阿维菌素·柴油	阿维·柴油
42	阿维菌素·虫酰肼	阿维·虫酰肼
43	阿维菌素·除虫脲	阿维·除虫脲
44	阿维菌素·哒螨灵	阿维·哒螨灵
45	阿维菌素·哒嗪硫磷	阿维·哒嗪
46	阿维菌素·敌敌畏	阿维·敌敌畏
47	阿维菌素·丁硫克百威	阿维·丁硫
48	阿维菌素·丁醚脲	阿维·丁醚脲
49	阿维菌素·啶虫脒	阿维·啶虫脒
50	阿维菌素·毒死蜱	阿维·毒死蜱
51	阿维菌素·多菌灵·福美双	阿维·多·福
52	阿维菌素·二嗪磷	阿维·二嗪磷
53	阿维菌素·氟铃脲	阿维·氟铃脲
54	阿维菌素·高效氯氟氰菊酯	阿维·高氯氟
55	阿维菌素·高效氯氰菊酯	阿维·高氯
56	阿维菌素·机油	阿维·机油
57	阿维菌素·甲氰菊酯	阿维·甲氰
58	阿维菌素·喹硫磷	阿维·喹硫磷
59	阿维菌素·联苯菊酯	阿维·联苯菊
60	阿维菌素·氯氟氰菊酯	阿维·氯氟
61	阿维菌素·氯氰菊酯	阿维·氯氰
62	阿维菌素·马拉硫磷	阿维·马拉松
63	阿维菌素·灭多威	阿维·灭多威
64	阿维菌素·灭蝇胺	阿维·灭蝇胺
65	阿维菌素·灭幼脲	阿维·灭幼脲
66	阿维菌素·氰戊菊酯	阿维·氰戊
67	阿维菌素·炔螨特	阿维·炔螨特
68	阿维菌素·噻螨酮	阿维·噻螨酮
69	阿维菌素·三氯杀螨醇	阿维·螨醇

序号	有效成分组成	简化通用名
70	阿维菌素·三唑磷	阿维·三唑磷
71	阿维菌素·三唑锡	阿维·三唑锡
72	阿维菌素·杀虫单	阿维·杀虫单
73	阿维菌素·杀虫双	阿维·杀虫双
74	阿维菌素·杀螟硫磷	阿维·杀螟松
75	阿维菌素·双甲脒	阿维·双甲脒
76	阿维菌素·四螨嗪	阿维·四螨嗪
77	阿维菌素·苏云金杆菌	阿维·苏云菌
78	阿维菌素·辛硫磷	阿维·辛硫磷
79	阿维菌素·溴氰菊酯	阿维·溴氰
80	阿维菌素·乙酰甲胺磷	阿维·乙酰甲
81	阿维菌素·抑食肼	阿维·抑食肼
82	阿维菌素·印楝素	阿维·印楝素
83	阿维菌素·茚虫威	阿维·茚虫威
84	阿维菌素·鱼藤酮	阿维·鱼藤酮
85	阿维菌素·仲丁威	阿维·仲丁威
86	矮壮素·甲哌鎓	矮壮·甲哌鎓
87	氨氯吡啶酸·2，4-滴	滴·氨氯
88	胺苯磺隆·草除灵·高效氟吡甲禾灵	胺·吡·草除灵
89	胺苯磺隆·草除灵·精喹禾灵	胺·喹·草除灵
90	胺苯磺隆·草除灵·喹禾灵	喹·胺·草除灵
91	胺苯磺隆·精噁唑禾草灵	精噁·胺苯
92	胺苯磺隆·精喹禾灵·乙草胺	胺·喹·乙草胺
93	胺鲜酯·甲哌鎓	胺鲜·甲哌鎓
94	胺鲜酯·乙烯利	胺鲜·乙烯利
95	百草枯·2，4-滴二甲胺盐	滴胺·百草枯
96	百草枯·2甲4氯	2甲·百草枯
97	百草枯·敌草快	敌快·百草枯
98	百草枯·乙烯利	乙利·百草枯
99	百菌清·代森锰锌	锰锌·百菌清
100	百菌清·代森锌	代锌·百菌清
101	百菌清·多菌灵	百清·多菌灵
102	百菌清·多菌灵·福美双	百·多·福
103	百菌清·福美双	百·福
104	百菌清·福美双·福美锌	百·锌·福美双

序号	有效成分组成	简化通用名
105	百菌清·腐霉利	腐霉·百菌清
106	百菌清·琥胶肥酸铜	琥铜·百菌清
107	百菌清·甲基硫菌灵	甲硫·百菌清
108	百菌清·甲霜灵	甲霜·百菌清
109	百菌清·精甲霜灵	精甲·百菌清
110	百菌清·菌核净	菌核·百菌清
111	百菌清·硫磺	硫磺·百菌清
112	百菌清·咪鲜胺·三唑酮	咪·酮·百菌清
113	百菌清·嘧菌酯	嘧菌·百菌清
114	百菌清·嘧霉胺	嘧霉·百菌清
115	百菌清·噻菌灵	噻菌·百菌清
116	百菌清·三乙膦酸铝	乙铝·百菌清
117	百菌清·霜脲氰	霜脲·百菌清
118	百菌清·烯酰吗啉	烯酰·百菌清
119	百菌清·烯唑醇	烯唑·百菌清
120	百菌清·乙霉威	霉威·百菌清
121	百菌清·异菌脲	异菌·百菌清
122	拌种灵·代森锰锌	锰锌·拌种灵
123	拌种灵·福美双	福美·拌种灵
124	拌种灵·福美双·五氯硝基苯	五氯·拌·福
125	苯丁锡·哒螨灵	苯丁·哒螨灵
126	苯丁锡·硫磺	硫磺·苯丁锡
127	苯丁锡·炔螨特	苯丁·炔螨特
128	苯丁锡·三氯杀螨醇	螨醇·苯丁锡
129	苯丁锡·四螨嗪	四螨·苯丁锡
130	苯磺隆·2,4-滴丁酯	滴丁·苯磺隆
131	苯磺隆·2甲4氯钠	2甲·苯磺隆
132	苯磺隆·苄嘧磺隆	苄嘧·苯磺隆
133	苯磺隆·苄嘧磺隆·乙草胺	苯·苄·乙草胺
134	苯磺隆·甲磺隆	苯磺·甲磺隆
135	苯磺隆·精噁唑禾草灵	精噁·苯磺隆
136	苯磺隆·精噁唑禾草灵·噻吩磺隆	噻·噁·苯磺隆
137	苯磺隆·氯氟吡氧乙酸	氯吡·苯磺隆
138	苯磺隆·麦草畏	麦畏·苯磺隆
139	苯磺隆·扑草净·异丙隆	苯·扑·异丙隆

序号	有 效 成 分 组 成	简 化 通 用 名
140	苯磺隆·噻吩磺隆	噻吩·苯磺隆
141	苯磺隆·乙草胺	苯磺·乙草胺
142	苯磺隆·乙羧氟草醚	乙羧·苯磺隆
143	苯磺隆·异丙隆	苯磺·异丙隆
144	苯磺隆·唑草酮	唑草·苯磺隆
145	苯甲酸·水杨酸·三唑酮	苯·杨·三唑酮
146	苯菌灵·福美双	苯菌·福美双
147	苯菌灵·福美双·代森锰锌	苯菌·福·锰锌
148	苯菌灵·环己基甲酸锌	环锌·苯菌灵
149	苯醚甲环唑·丙环唑	苯甲·丙环唑
150	苯醚甲环唑·福美双	苯甲·福美双
151	苯醚甲环唑·嘧菌酯	苯甲·嘧菌酯
152	苯噻酰草胺·吡嘧磺隆	吡嘧·苯噻酰
153	苯噻酰草胺·吡嘧磺隆·甲草胺	苯·吡·甲草胺
154	苯噻酰草胺·苄嘧磺隆	苄嘧·苯噻酰
155	苯噻酰草胺·苄嘧磺隆·禾草丹	苯·苄·禾草丹
156	苯噻酰草胺·苄嘧磺隆·甲草胺	苯·苄·甲草胺
157	苯噻酰草胺·苄嘧磺隆·乙草胺	苯·苄·乙草胺
158	苯霜灵·代森锰锌	锰锌·苯霜灵
159	苯氧威·高效氯氰菊酯	高氯·苯氧威
160	吡丙醚·甲氨基阿维菌素苯甲酸盐	甲维·吡丙醚
161	吡虫啉·S-氰戊菊酯	氰戊·吡虫啉
162	吡虫啉·柴油	柴油·吡虫啉
163	吡虫啉·哒螨灵	哒螨·吡虫啉
164	吡虫啉·敌敌畏	敌畏·吡虫啉
165	吡虫啉·丁硫克百威	丁硫·吡虫啉
166	吡虫啉·毒死蜱	吡虫·毒死蜱
167	吡虫啉·多菌灵	吡虫·多菌灵
168	吡虫啉·多菌灵·福美双	吡·多·福美双
169	吡虫啉·多菌灵·三唑酮	吡·多·三唑酮
170	吡虫啉·多菌灵·萎锈灵	吡·萎·多菌灵
171	吡虫啉·福美双·萎锈灵	吡·萎·福美双
172	吡虫啉·福美双·戊唑醇	吡·戊·福美双
173	吡虫啉·高效氯氟氰菊酯	氯氟·吡虫啉
174	吡虫啉·高效氯氰菊酯	高氯·吡虫啉

序号	有效成分组成	简化通用名
175	吡虫啉·甲氰菊酯	甲氰·吡虫啉
176	吡虫啉·井冈霉素	井冈·吡虫啉
177	吡虫啉·井冈霉素·杀虫单	吡·井·杀虫单
178	吡虫啉·抗蚜威	抗蚜·吡虫啉
179	吡虫啉·乐果	乐果·吡虫啉
180	吡虫啉·氯氰菊酯	氯氰·吡虫啉
181	吡虫啉·咪鲜胺	咪鲜·吡虫啉
182	吡虫啉·灭多威	吡虫·灭多威
183	吡虫啉·氰戊菊酯	氰戊·吡虫啉
184	吡虫啉·噻嗪酮	吡虫·噻嗪酮
185	吡虫啉·三唑磷	吡虫·三唑磷
186	吡虫啉·三唑酮	吡虫·三唑酮
187	吡虫啉·三唑锡	吡虫·三唑锡
188	吡虫啉·杀虫安	吡虫·杀虫安
189	吡虫啉·杀虫单	吡虫·杀虫单
190	吡虫啉·杀虫双	吡虫·杀虫双
191	吡虫啉·水胺硫磷	水胺·吡虫啉
192	吡虫啉·苏云金杆菌	苏云·吡虫啉
193	吡虫啉·戊唑醇	戊唑·吡虫啉
194	吡虫啉·辛硫磷	吡虫·辛硫磷
195	吡虫啉·氧乐果	吡虫·氧乐果
196	吡虫啉·乙酰甲胺磷	吡虫·乙酰甲
197	吡虫啉·异丙威	吡虫·异丙威
198	吡虫啉·茚虫威	茚威·吡虫啉
199	吡虫啉·仲丁威	吡虫·仲丁威
200	吡氟酰草胺·异丙隆	吡酰·异丙隆
201	吡嘧磺隆·丙草胺	吡嘧·丙草胺
202	吡嘧磺隆·丁草胺	吡嘧·丁草胺
203	吡嘧磺隆·二氯喹啉酸	吡嘧·二氯喹
204	吡嘧磺隆·扑草净·西草净	吡·西·扑草净
205	吡唑醚菌酯·代森联	唑醚·代森联
206	蓖麻油酸·烟碱	蓖·烟碱
207	苄氨基嘌呤·赤霉酸 $A_4 + A_7$	苄氨·赤霉酸
208	苄嘧磺隆·2 甲 4 氯钠	2 甲·苄
209	苄嘧磺隆·右旋敌草胺	苄嘧·敌草胺

序号	有 效 成 分 组 成	简 化 通 用 名
210	苄嘧磺隆·丙草胺	苄嘧·丙草胺
211	苄嘧磺隆·丙草胺·异噁草松	苄·噁·丙草胺
212	苄嘧磺隆·草甘膦	苄嘧·草甘膦
213	苄嘧磺隆·草甘膦·丁草胺	苄·丁·草甘膦
214	苄嘧磺隆·丁草胺	苄·丁
215	苄嘧磺隆·丁草胺·扑草净	苄·丁·扑草净
216	苄嘧磺隆·丁草胺·乙草胺	苄·丁·乙草胺
217	苄嘧磺隆·丁草胺·异丙隆	苄·丁·异丙隆
218	苄嘧磺隆·二甲戊灵	苄嘧·二甲戊
219	苄嘧磺隆·二氯喹啉酸	苄·二氯
220	苄嘧磺隆·禾草丹	苄嘧·禾草丹
221	苄嘧磺隆·禾草敌	苄嘧·禾草敌
222	苄嘧磺隆·环庚草醚	苄嘧·环庚醚
223	苄嘧磺隆·甲磺隆	苄嘧·甲磺隆
224	苄嘧磺隆·甲磺隆·乙草胺	苄·乙·甲
225	苄嘧磺隆·精噁唑禾草灵	精噁·苄
226	苄嘧磺隆·麦草畏	苄嘧·麦草畏
227	苄嘧磺隆·哌草丹	苄嘧·哌草丹
228	苄嘧磺隆·扑草净	苄嘧·扑草净
229	苄嘧磺隆·扑草净·乙草胺	苄·乙·扑草净
230	苄嘧磺隆·西草净	苄嘧·西草净
231	苄嘧磺隆·乙草胺	苄·乙
232	苄嘧磺隆·异丙草胺	异丙·苄
233	苄嘧磺隆·异丙甲草胺	异丙甲·苄
234	苄嘧磺隆·异丙隆	苄嘧·异丙隆
235	苄嘧磺隆·唑草酮	苄嘧·唑草酮
236	丙草胺·异丙隆	丙草·异丙隆
237	丙环唑·多菌灵	丙唑·多菌灵
238	丙环唑·三环唑	三环·丙唑
239	丙硫多菌灵·代森锰锌	丙多·锰锌
240	丙硫多菌灵·多菌灵	丙灵·多菌灵
241	丙硫多菌灵·甲基硫菌灵	丙多·甲硫灵
242	丙硫多菌灵·硫磺	丙多·硫磺
243	丙硫多菌灵·硫磺·三环唑	丙·硫·三环唑
244	丙硫多菌灵·三环唑	丙多·三环唑

序号	有 效 成 分 组 成	简 化 通 用 名
245	丙硫多菌灵·烯唑醇	丙多·烯唑醇
246	丙硫多菌灵·盐酸吗啉胍	丙多·吗啉胍
247	丙森锌·多菌灵	丙森·多菌灵
248	丙森锌·霜脲氰	丙森·霜脲氰
249	丙森锌·烯酰吗啉	烯酰·丙森锌
250	丙森锌·缬霉威	丙森·缬霉威
251	丙烯酸·噁霉灵·甲霜灵	丙·噁·甲霜灵
252	丙烯酸·香芹酚	香芹·丙烯酸
253	丙溴磷·柴油	柴油·丙溴磷
254	丙溴磷·敌百虫	丙溴·敌百虫
255	丙溴磷·氟铃脲	丙溴·氟铃脲
256	丙溴磷·氟氯氰菊酯	氟氯·丙溴磷
257	丙溴磷·高效氯氟氰菊酯	氯氟·丙溴磷
258	丙溴磷·高效氯氰菊酯	高氯·丙溴磷
259	丙溴磷·甲氨基阿维菌素苯甲酸盐	甲维·丙溴磷
260	丙溴磷·氯氰菊酯	氯氰·丙溴磷
261	丙溴磷·灭多威	丙溴·灭多威
262	丙溴磷·氰戊菊酯	氰戊·丙溴磷
263	丙溴磷·辛硫磷	丙溴·辛硫磷
264	丙溴磷·仲丁威	丙溴·仲丁威
265	波尔多液·代森锰锌	波尔·锰锌
266	波尔多液·甲霜灵	波尔·甲霜灵
267	补骨内酯·氧化苦参碱	氧苦·内酯
268	草除灵·高效氟吡甲禾灵	氟吡·草除灵
269	草除灵·精噁唑禾草灵	噁唑·草除灵
270	草除灵·精喹禾灵	精喹·草除灵
271	草除灵·烯草酮	烯酮·草除灵
272	草甘膦·2,4-滴	滴酸·草甘膦
273	草甘膦·2甲4氯	2甲·草甘膦
274	草甘膦·2甲4氯钠	2甲·草甘膦
275	草甘膦·麦草畏	麦畏·草甘膦
276	草甘膦·乙草胺	乙胺·草甘膦
277	草甘膦·乙草胺·莠去津	乙·莠·草甘膦
278	草甘膦·乙氧氟草醚	氧氟·草甘膦
279	草甘膦·异丙甲草胺	异丙·草甘膦

序号	有 效 成 分 组 成	简 化 通 用 名
280	草甘膦异丙胺盐·2 甲 4 氯	2 甲·草甘膦
281	草甘膦异丙胺盐·甲嘧磺隆	甲嘧·草甘膦
282	草原毛虫核多角体病毒·苏云金杆菌	毛核·苏云菌
283	茶尺蠖核型多角体病毒·苏云金杆菌	茶核·苏云菌
284	柴油·哒螨灵	柴油·哒螨灵
285	柴油·敌敌畏	柴油·敌敌畏
286	柴油·丁硫克百威	丁硫·柴油
287	柴油·毒死蜱	柴油·毒死蜱
288	柴油·氟氯氰菊酯	氟氯氰·柴油
289	柴油·高效氯氰菊酯	高氯·柴油
290	柴油·甲氰菊酯	甲氰·柴油
291	柴油·乐果	乐果·柴油
292	柴油·氯氰菊酯	氯氰·柴油
293	柴油·氰戊菊酯	氰戊·柴油
294	柴油·炔螨特	柴油·炔螨特
295	柴油·三唑磷	柴油·三唑磷
296	柴油·四螨嗪	柴油·四螨嗪
297	柴油·辛硫磷	柴油·辛硫磷
298	柴油·乙酰甲胺磷	柴油·乙酰甲
299	柴油·异丙威	柴油·异丙威
300	赤霉酸·2, 4 - 滴丁酯	滴丁·赤霉酸
301	赤霉酸·萘乙酸	赤霉·萘乙酸
302	赤霉酸 $A_4 + A_7$·芸苔素内酯	芸苔·赤霉酸
303	虫酰肼·毒死蜱	虫酰·毒死蜱
304	虫酰肼·高效氯氰菊酯	高氯·虫酰肼
305	虫酰肼·甲氨基阿维菌素苯甲酸盐	甲维·虫酰肼
306	虫酰肼·氯氰菊酯	氯氰·虫酰肼
307	虫酰肼·苏云金杆菌	苏云·虫酰肼
308	虫酰肼·辛硫磷	虫酰·辛硫磷
309	除虫菊素·苦参碱	虫菊·苦参碱
310	除虫脲·毒死蜱	除脲·毒死蜱
311	除虫脲·高效氯氰菊酯	高氯·除虫脲
312	除虫脲·辛硫磷	除脲·辛硫磷
313	春雷霉素·硫磺	春雷·硫磺
314	春雷霉素·三环唑	春雷·三环唑

序号	有效成分组成	简化通用名
315	春雷霉素·四氯苯酞	春雷·氯苯酞
316	春雷霉素·王铜	春雷·王铜
317	哒螨灵·丁硫克百威	丁硫·哒螨灵
318	哒螨灵·丁醚脲	丁醚·哒螨灵
319	哒螨灵·机油	机油·哒螨灵
320	哒螨灵·甲氰菊酯	甲氰·哒螨灵
321	哒螨灵·乐果	乐果·哒螨灵
322	哒螨灵·灭多威	哒螨·灭多威
323	哒螨灵·炔螨特	哒灵·炔螨特
324	哒螨灵·噻螨酮	噻螨·哒螨灵
325	哒螨灵·噻嗪酮	噻嗪·哒螨灵
326	哒螨灵·三氯杀螨醇	螨醇·哒螨灵
327	哒螨灵·三氯杀螨砜	螨砜·哒螨灵
328	哒螨灵·三唑磷	哒螨·三唑磷
329	哒螨灵·三唑锡	哒螨·三唑锡
330	哒螨灵·水胺硫磷	水胺·哒螨灵
331	哒螨灵·四螨嗪	四螨·哒螨灵
332	哒螨灵·辛硫磷	哒螨·辛硫磷
333	哒螨灵·氧乐果	哒螨·氧乐果
334	哒螨灵·异丙威	哒螨·异丙威
335	哒嗪硫磷·敌百虫	哒嗪·敌百虫
336	哒嗪硫磷·丁硫克百威	哒嗪·丁硫
337	哒嗪硫磷·灭多威·氰戊菊酯	哒·氰·灭多威
338	哒嗪硫磷·氰戊菊酯	哒嗪·氰戊
339	哒嗪硫磷·辛硫磷	哒嗪·辛硫磷
340	代森铵·多菌灵	代铵·多菌灵
341	代森锰锌·氢氧化铜	氢铜·锰锌
342	代森锰锌·三乙膦酸铝	乙铝·锰锌
343	代森锰锌·三唑酮	锰锌·三唑酮
344	代森锰锌·霜霉威盐酸盐	锰锌·霜霉威
345	代森锰锌·霜脲氰	霜脲·锰锌
346	代森锰锌·戊唑醇	锰锌·戊唑醇
347	代森锰锌·烯酰吗啉	烯酰·锰锌
348	代森锰锌·烯唑醇	锰锌·烯唑醇
349	代森锰锌·异菌脲	锰锌·异菌脲

序号	有 效 成 分 组 成	简 化 通 用 名
350	代森锌·甲霜灵	代锌·甲霜灵
351	代森锌·甲霜灵·三乙膦酸铝	霜·代·乙膦铝
352	代森锌·王铜	王铜·代森锌
353	稻丰散·仲丁威	稻丰·仲丁威
354	稻瘟灵·噁霉灵	噁霉·稻瘟灵
355	稻瘟灵·福美双·甲霜灵	霜·福·稻瘟灵
356	稻瘟灵·己唑醇	己唑·稻瘟灵
357	稻瘟灵·硫磺	硫磺·稻瘟灵
358	稻瘟灵·异稻瘟净	异稻·稻瘟灵
359	稻瘟酰胺·稻瘟灵	酰胺·稻瘟灵
360	敌百虫·丁硫克百威	丁硫·敌百虫
361	敌百虫·毒死蜱	敌百·毒死蜱
362	敌百虫·氟虫腈	氟腈·敌百虫
363	敌百虫·高效氯氰菊酯	高氯·敌百虫
364	敌百虫·克百威	克百·敌百虫
365	敌百虫·喹硫磷	喹硫·敌百虫
366	敌百虫·乐果	乐果·敌百虫
367	敌百虫·氯氰菊酯	氯氰·敌百虫
368	敌百虫·马拉硫磷	敌·马
369	敌百虫·灭多威	敌百·灭多威
370	敌百虫·氰戊菊酯	氰戊·敌百虫
371	敌百虫·三唑磷	唑磷·敌百虫
372	敌百虫·杀虫单	杀单·敌百虫
373	敌百虫·杀螟硫磷	杀螟·敌百虫
374	敌百虫·水胺硫磷	水胺·敌百虫
375	敌百虫·辛硫磷	敌百·辛硫磷
376	敌百虫·氧乐果	敌百·氧乐果
377	敌百虫·乙酰甲胺磷	敌百·乙酰甲
378	敌百虫·鱼藤酮	敌百·鱼藤酮
379	敌百虫·仲丁威	敌百·仲丁威
380	敌草胺·乙草胺	敌胺·乙草胺
381	敌草隆·2甲4氯·莠灭净	甲·灭·敌草隆
382	敌草隆·2甲4氯·莠去津	甲·莠·敌草隆
383	敌草隆·环嗪酮	环嗪·敌草隆
384	敌草隆·噻苯隆	噻苯·敌草隆

序号	有效成分组成	简化通用名
385	敌敌畏·毒死蜱	敌畏·毒死蜱
386	敌敌畏·高效氯氟氰菊酯	氯氟·敌敌畏
387	敌敌畏·高效氯氰菊酯	高氯·敌敌畏
388	敌敌畏·甲氰菊酯	甲氰·敌敌畏
389	敌敌畏·抗蚜威	抗蚜·敌敌畏
390	敌敌畏·乐果	乐果·敌敌畏
391	敌敌畏·氯氰菊酯	氯氰·敌敌畏
392	敌敌畏·马拉硫磷	敌畏·马
393	敌敌畏·马拉硫磷·辛硫磷	马·辛·敌敌畏
394	敌敌畏·灭多威	敌畏·灭多威
395	敌敌畏·氰戊菊酯	氰戊·敌敌畏
396	敌敌畏·氰戊菊酯·辛硫磷	氰·辛·敌敌畏
397	敌敌畏·氰戊菊酯·氧乐果	氰·氧·敌敌畏
398	敌敌畏·噻嗪酮	噻嗪·敌敌畏
399	敌敌畏·三唑磷	唑磷·敌敌畏
400	敌敌畏·辛硫磷	敌畏·辛硫磷
401	敌敌畏·溴氰菊酯	溴氰·敌敌畏
402	敌敌畏·氧乐果	敌畏·氧乐果
403	敌敌畏·仲丁威	敌畏·仲丁威
404	敌磺钠·代森锰锌	锰锌·敌磺钠
405	敌磺钠·福美双	敌磺·福美双
406	敌磺钠·福美双·甲霜灵	福·霜·敌磺钠
407	敌磺钠·琥胶肥酸铜	琥铜·敌磺钠
408	敌磺钠·甲霜灵	甲霜·敌磺钠
409	敌磺钠·硫磺	硫磺·敌磺钠
410	地芬诺酯·硫酸钡	地芬·硫酸钡
411	丁草胺·多效唑	多唑·丁草胺
412	丁草胺·噁草酮	噁草·丁草胺
413	丁草胺·二甲戊灵	甲戊·丁草胺
414	丁草胺·扑草净	丁·扑
415	丁草胺·西草净	丁·西
416	丁草胺·乙草胺	丁·乙
417	丁草胺·异丙草胺·莠去津	丁·异·莠去津
418	丁草胺·异噁草松	异噁·丁草胺
419	丁草胺·莠去津	丁·莠

续上表

序号	有 效 成 分 组 成	简 化 通 用 名
420	丁硫克百威·毒死蜱	丁硫·毒死蜱
421	丁硫克百威·福美双	丁硫·福美双
422	丁硫克百威·福美双·戊唑醇	丁·戊·福美双
423	丁硫克百威·机油	丁硫·机油
424	丁硫克百威·喹硫磷	丁硫·喹硫磷
425	丁硫克百威·氯氰菊酯	丁硫·氯氰
426	丁硫克百威·马拉硫磷	丁硫·马
427	丁硫克百威·三氯杀螨醇	丁硫·螨醇
428	丁硫克百威·三唑磷	丁硫·三唑磷
429	丁硫克百威·三唑酮	丁硫·三唑酮
430	丁硫克百威·杀虫单	丁硫·杀虫单
431	丁硫克百威·水胺硫磷	丁硫·水胺
432	丁硫克百威·辛硫磷	丁硫·辛硫磷
433	丁硫克百威·异丙威	丁硫·异丙威
434	丁醚脲·高效氯氟氰菊酯	氯氟·丁醚脲
435	丁醚脲·甲氰菊酯	甲氰·丁醚脲
436	丁醚脲·联苯菊酯	联菊·丁醚脲
437	丁酰肼·乙烯利	丁肼·乙烯利
438	丁子香酚·香芹酚	丁子·香芹酚
439	啶虫脒·丁硫克百威	丁硫·啶虫脒
440	啶虫脒·毒死蜱	啶虫·毒死蜱
441	啶虫脒·二嗪磷	啶虫·二嗪磷
442	啶虫脒·高效氯氟氰菊酯	氯氟·啶虫脒
443	啶虫脒·高效氯氰菊酯	高氯·啶虫脒
444	啶虫脒·甲氨基阿维菌素苯甲酸盐	甲维·啶虫脒
445	啶虫脒·联苯菊酯	联菊·啶虫脒
446	啶虫脒·氯氰菊酯	氯氰·啶虫脒
447	啶虫脒·三唑磷	啶虫·三唑磷
448	啶虫脒·杀虫单	啶虫·杀虫单
449	啶虫脒·辛硫磷	啶虫·辛硫磷
450	啶菌噁唑·福美双	啶菌·福美双
451	啶菌噁唑·乙霉威	啶菌·乙霉威
452	毒死蜱·多菌灵·福美双	多·福·毒死蜱
453	毒死蜱·多杀霉素	多素·毒死蜱
454	毒死蜱·氟虫腈	氟腈·毒死蜱

续上表

序号	有效成分组成	简化通用名
455	毒死蜱·氟铃脲	氟铃·毒死蜱
456	毒死蜱·福美双	福双·毒死蜱
457	毒死蜱·福美双·戊唑醇	福·唑·毒死蜱
458	毒死蜱·高效氯氟氰菊酯	氯氟·毒死蜱
459	毒死蜱·高效氯氰菊酯	高氯·毒死蜱
460	毒死蜱·机油	机油·毒死蜱
461	毒死蜱·甲氨基阿维菌素苯甲酸盐	甲维·毒死蜱
462	毒死蜱·氯菊酯	氯菊·毒死蜱
463	毒死蜱·氯氰菊酯	氯氰·毒死蜱
464	毒死蜱·马拉硫磷	马拉·毒死蜱
465	毒死蜱·灭多威	灭威·毒死蜱
466	毒死蜱·灭蝇胺	灭胺·毒死蜱
467	毒死蜱·噻嗪酮	噻嗪·毒死蜱
468	毒死蜱·三唑磷	唑磷·毒死蜱
469	毒死蜱·杀虫单	杀单·毒死蜱
470	毒死蜱·杀虫双	杀双·毒死蜱
471	毒死蜱·杀扑磷	杀扑·毒死蜱
472	毒死蜱·苏云金杆菌	苏云·毒死蜱
473	毒死蜱·辛硫磷	毒·辛
474	毒死蜱·溴氰菊酯	溴氰·毒死蜱
475	毒死蜱·乙酰甲胺磷	乙甲·毒死蜱
476	毒死蜱·异丙威	丙威·毒死蜱
477	毒死蜱·仲丁威	仲威·毒死蜱
478	多菌灵·代森锰锌	多·锰锌
479	多菌灵·代森锰锌·异菌脲	异菌·多·锰锌
480	多菌灵·氟硅唑	硅唑·多菌灵
481	多菌灵·福美双	多·福
482	多菌灵·福美双·代森锰锌	多·福·锰锌
483	多菌灵·福美双·福美锌	多·福·锌
484	多菌灵·福美双·甲拌磷	多·福·甲拌磷
485	多菌灵·福美双·甲基立枯磷	多·福·立枯磷
486	多菌灵·福美双·克百威	多·福·克
487	多菌灵·福美双·硫磺	多·福·硫磺
488	多菌灵·福美双·咪鲜胺	多·咪·福美双
489	多菌灵·福美双·三唑酮	多·酮·福美双

序号	有效成分组成	简化通用名
490	多菌灵·福美双·溴菌腈	多·福·溴菌腈
491	多菌灵·福美锌	福锌·多菌灵
492	多菌灵·腐霉利	腐霉·多菌灵
493	多菌灵·混合氨基酸铜	混铜·多菌灵
494	多菌灵·甲拌磷	甲拌·多菌灵
495	多菌灵·甲基立枯磷	甲枯·多菌灵
496	多菌灵·甲基异柳磷	甲柳·多菌灵
497	多菌灵·甲霜灵	甲霜·多菌灵
498	多菌灵·井冈霉素	井冈·多菌灵
499	多菌灵·井冈霉素·三环唑	井·唑·多菌灵
500	多菌灵·井冈霉素 A	井冈·多菌灵
501	多菌灵·菌核净	菌核·多菌灵
502	多菌灵·克百威	克百·多菌灵
503	多菌灵·克百威·三唑酮	克·酮·多菌灵
504	多菌灵·克百威·五氯硝基苯	多·五·克百威
505	多菌灵·乐果·三唑酮	乐·酮·多菌灵
506	多菌灵·硫磺	硫磺·多菌灵
507	多菌灵·硫磺·代森锰锌	多·硫·锰锌
508	多菌灵·硫磺·三唑酮	硫·酮·多菌灵
509	多菌灵·硫酸铜钙	铜钙·多菌灵
510	多菌灵·咪鲜胺	咪鲜·多菌灵
511	多菌灵·咪鲜胺锰盐	咪锰·多菌灵
512	多菌灵·嘧霉胺	嘧霉·多菌灵
513	多菌灵·三环唑	三环·多菌灵
514	多菌灵·三乙膦酸铝	乙铝·多菌灵
515	多菌灵·三唑酮	多·酮
516	多菌灵·五氯硝基苯	五硝·多菌灵
517	多菌灵·戊唑醇	戊唑·多菌灵
518	多菌灵·烯肟菌酯	烯肟·多菌灵
519	多菌灵·烯唑醇	烯唑·多菌灵
520	多菌灵·辛硫磷	辛硫·多菌灵
521	多菌灵·溴菌腈	溴菌·多菌灵
522	多菌灵·乙霉威	乙霉·多菌灵
523	多菌灵·异菌脲	异菌·多菌灵
524	多抗霉素·代森锰锌	多抗·锰锌

序号	有效成分组成	简化通用名
525	多抗霉素·福美双	多抗·福美双
526	多杀霉素·高效氯氟氰菊酯	多素·高氯氟
527	多杀霉素·苏云金杆菌	多素·苏云菌
528	噁草酮·乙草胺	噁酮·乙草胺
529	噁霉灵·福美双	噁霉·福美双
530	噁霉灵·甲基硫菌灵	甲硫·噁霉灵
531	噁霉灵·甲霜灵	甲霜·噁霉灵
532	噁霉灵·络氨铜	噁霉·络氨铜
533	噁霜灵·代森锰锌	噁霜·锰锌
534	噁唑菌酮·代森锰锌	噁酮·锰锌
535	噁唑菌酮·氟硅唑	噁酮·氟硅唑
536	噁唑菌酮·霜脲氰	噁酮·霜脲氰
537	二甲戊灵·咪唑乙烟酸	咪乙·甲戊灵
538	二甲戊灵·扑草净	甲戊·扑草净
539	二甲戊灵·乙草胺	甲戊·乙草胺
540	二甲戊灵·乙草胺·乙氧氟草醚	戊·氧·乙草胺
541	二甲戊灵·乙氧氟草醚	氧氟·甲戊灵
542	二甲戊灵·异噁草松	异噁·甲戊灵
543	二甲戊灵·莠去津	甲戊·莠去津
544	二氯喹啉酸·醚磺隆	二氯·醚磺隆
545	二氯喹啉酸·乙氧磺隆	二氯·乙氧隆
546	氟吡甲禾灵·乳氟禾草灵	乳氟·氟吡甲
547	氟吡菌胺·霜霉威	氟菌·霜霉威
548	氟草净·乙草胺	氟净·乙草胺
549	氟虫腈·灭线磷	氟腈·灭线磷
550	氟虫腈·三唑磷	氟腈·三唑磷
551	氟虫腈·溴氰菊酯	溴氰·氟虫腈
552	氟虫腈·乙酰甲胺磷	氟腈·乙酰甲
553	氟啶脲·高效氯氰菊酯	高氯·氟啶脲
554	氟啶脲·三唑磷	唑磷·氟啶脲
555	氟啶脲·杀虫单	杀单·氟啶脲
556	氟硅唑·咪鲜胺	硅唑·咪鲜胺
557	氟环唑·烯肟菌酯	烯肟·氟环唑
558	氟磺胺草醚·高效氟吡甲禾灵	氟吡·氟磺胺
559	氟磺胺草醚·精噁唑禾草灵·异噁草松	松·唑·氟磺胺

序号	有效成分组成	简化通用名
560	氟磺胺草醚·精喹禾灵	精喹·氟磺胺
561	氟磺胺草醚·精喹禾灵·咪唑乙烟酸	喹·唑·氟磺胺
562	氟磺胺草醚·精喹禾灵·灭草松	灭·喹·氟磺胺
563	氟磺胺草醚·精喹禾灵·嗪草酸甲酯	喹·嗪·氟磺胺
564	氟磺胺草醚·精喹禾灵·异噁草松	松·喹·氟磺胺
565	氟磺胺草醚·咪唑乙烟酸	咪乙·氟磺胺
566	氟磺胺草醚·咪唑乙烟酸·异噁草松	松·烟·氟磺胺
567	氟磺胺草醚·灭草松	氟胺·灭草松
568	氟磺胺草醚·灭草松·咪唑乙烟酸	氟·咪·灭草松
569	氟磺胺草醚·嗪草酸甲酯·烯草酮	氟·嗪·烯草酮
570	氟磺胺草醚·乳氟禾草灵	乳禾·氟磺胺
571	氟磺胺草醚·烯禾啶	氟胺·烯禾啶
572	氟磺胺草醚·乙羧氟草醚	乙羧·氟磺胺
573	氟磺胺草醚·异噁草松	异噁·氟磺胺
574	氟乐灵·扑草净	氟乐·扑草净
575	氟铃脲·高效氯氰菊酯	高氯·氟铃脲
576	氟铃脲·甲氨基阿维菌素苯甲酸盐	甲维·氟铃脲
577	氟铃脲·杀虫单	氟铃·杀虫单
578	氟铃脲·顺式氯氰菊酯	顺氯·氟铃脲
579	氟铃脲·辛硫磷	氟铃·辛硫磷
580	氟氯氰菊酯·乐果	氟氯氰·乐果
581	氟氯氰菊酯·马拉硫磷	马拉·氟氯氰
582	氟氯氰菊酯·三唑磷	唑磷·氟氯氰
583	氟氯氰菊酯·辛硫磷	辛硫·氟氯氰
584	氟氯氰菊酯·乙酰甲胺磷	乙甲·氟氯氰
585	氟吗啉·代森锰锌	锰锌·氟吗啉
586	氟吗啉·三乙膦酸铝	氟吗·乙铝
587	福美甲胂·福美双·福美锌	胂·锌·福美双
588	福美胂·腐殖酸	腐殖·福美胂
589	福美胂·甲基硫菌灵	甲硫·福美胂
590	福美胂·硫磺	硫磺·福美胂
591	福美双·代森锰锌	锰锌·福美双
592	福美双·福美锌	福·福锌
593	福美双·甲基立枯磷	甲枯·福美双
594	福美双·甲基硫菌灵	甲硫·福美双

序号	有 效 成 分 组 成	简 化 通 用 名
595	福美双·甲基硫菌灵·硫磺	福·甲·硫磺
596	福美双·甲基异柳磷	甲柳·福美双
597	福美双·甲基异柳磷·戊唑醇	甲·戊·福美双
598	福美双·甲霜灵	甲霜·福美双
599	福美双·甲霜灵·代森锰锌	福·甲·锰锌
600	福美双·甲霜灵·杀虫单	福·甲·杀虫单
601	福美双·腈菌唑	腈菌·福美双
602	福美双·菌核净	菌核·福美双
603	福美双·克百威	福·克
604	福美双·克百威·三唑醇	克·醇·福美双
605	福美双·克百威·三唑酮	克·酮·福美双
606	福美双·克百威·萎锈灵	萎·克·福美双
607	福美双·克百威·五氯硝基苯	克·硝·福美双
608	福美双·克百威·戊唑醇	克·戊·福美双
609	福美双·嘧霉胺	嘧霉·福美双
610	福美双·三环唑	三环·福美双
611	福美双·三乙膦酸铝	乙铝·福美双
612	福美双·三唑醇	唑醇·福美双
613	福美双·三唑酮	唑酮·福美双
614	福美双·萎锈灵	萎锈·福美双
615	福美双·五氯硝基苯	五氯·福美双
616	福美双·戊唑醇	戊唑·福美双
617	福美双·烯酰吗啉	烯酰·福美双
618	福美双·烯唑醇	烯唑·福美双
619	福美双·辛硫磷	辛硫·福美双
620	福美双·乙霉威	乙霉·福美双
621	福美双·异菌脲	异菌·福美双
622	福美锌·甲霜灵	甲霜·福美锌
623	福美锌·氢氧化铜	氢铜·福美锌
624	腐霉利·福美双	腐霉·福美双
625	腐霉利·己唑醇	己唑·腐霉利
626	腐殖酸·甲基硫菌灵	甲硫·腐殖酸
627	腐殖酸·硫酸铜	腐殖·硫酸铜
628	腐殖酸·盐酸吗啉胍	腐殖·吗啉胍
629	腐殖酸钠·硫酸铜	腐钠·硫酸铜

序号	有 效 成 分 组 成	简 化 通 用 名
630	高效氯氟氰菊酯·甲氨基阿维菌素苯甲酸盐	甲维·高氯氟
631	高效氯氟氰菊酯·乐果	乐果·高氯氟
632	高效氯氟氰菊酯·硫丹·辛硫磷	辛·丹·高氯氟
633	高效氯氟氰菊酯·马拉硫磷	马拉·高氯氟
634	高效氯氟氰菊酯·灭多威	灭威·高氯氟
635	高效氯氟氰菊酯·灭多威·辛硫磷	灭·辛·高氯氟
636	高效氯氟氰菊酯·噻嗪酮	噻嗪·高氯氟
637	高效氯氟氰菊酯·三唑磷	唑磷·高氯氟
638	高效氯氟氰菊酯·杀虫单	杀单·高氯氟
639	高效氯氟氰菊酯·水胺硫磷	水胺·高氯氟
640	高效氯氟氰菊酯·辛硫磷	辛硫·高氯氟
641	高效氯氰菊酯·甲氨基阿维菌素苯甲酸盐	高氯·甲维盐
642	高效氯氰菊酯·甲基毒死蜱	甲毒·高氯
643	高效氯氰菊酯·硫丹	高氯·硫丹
644	高效氯氰菊酯·马拉硫磷	高氯·马
645	高效氯氰菊酯·马拉硫磷·辛硫磷	氯·马·辛硫磷
646	高效氯氰菊酯·棉铃虫核型多角体病毒	棉核·高氯
647	高效氯氰菊酯·灭多威	高氯·灭多威
648	高效氯氰菊酯·灭多威·辛硫磷	氯·灭·辛硫磷
649	高效氯氰菊酯·噻嗪酮	高氯·噻嗪酮
650	高效氯氰菊酯·三唑磷	高氯·三唑磷
651	高效氯氰菊酯·杀虫单	高氯·杀虫单
652	高效氯氰菊酯·水胺硫磷	水胺·高氯
653	高效氯氰菊酯·水胺硫磷·辛硫磷	氯·胺·辛硫磷
654	高效氯氰菊酯·苏云金杆菌	高氯·苏云菌
655	高效氯氰菊酯·斜纹夜蛾核型多角体病毒	高氯·斜夜核
656	高效氯氰菊酯·辛硫磷	高氯·辛硫磷
657	高效氯氰菊酯·亚胺硫磷	亚胺·高氯
658	高效氯氰菊酯·氧乐果	高氯·氧乐果
659	高效氯氰菊酯·乙酰甲胺磷	高氯·乙酰甲
660	高效氯氰菊酯·仲丁威	高氯·仲丁威
661	禾草丹·乙草胺	禾丹·乙草胺
662	琥胶肥酸铜·代森锰锌·三乙膦酸铝	乙膦·琥·锰锌
663	琥胶肥酸铜·甲霜灵	琥铜·甲霜灵
664	琥胶肥酸铜·甲霜灵·三乙膦酸铝	琥·铝·甲霜灵

序号	有 效 成 分 组 成	简 化 通 用 名
665	琥胶肥酸铜·菌核净	琥铜·菌核净
666	琥胶肥酸铜·三乙膦酸铝	琥铜·乙膦铝
667	琥胶肥酸铜·盐酸吗啉胍	琥铜·吗啉胍
668	环庚草醚·三环唑	环庚·三环唑
669	环己基甲酸锌·甲基硫菌灵	环锌·甲硫灵
670	环己基甲酸锌·异菌脲	环锌·异菌脲
671	黄芩甙·黄酮	黄酮·黄芩甙
672	磺草酮·乙草胺	磺草·乙草胺
673	磺草酮·莠去津	磺草·莠去津
674	八角茴香油·溴氰菊酯	溴氰·八角油
675	混合氨基酸铜·锌·锰·镁	混合氨基酸盐
676	混合脂肪酸·硫酸铜	混脂·硫酸铜
677	混灭威·噻嗪酮	混灭·噻嗪酮
678	机油·喹硫磷	机油·喹硫磷
679	机油·马拉硫磷	机油·马拉松
680	机油·炔螨特	机油·炔螨特
681	机油·噻嗪酮	机油·噻嗪酮
682	机油·三氯杀螨醇	机油·螨醇
683	机油·杀扑磷	机油·杀扑磷
684	机油·石硫合剂	机油·石硫
685	机油·溴氰菊酯	溴氰·机油
686	机油·氧乐果	机油·氧乐果
687	甲氨基阿维菌素·氯氰菊酯	甲维·氯氰
688	甲氨基阿维菌素苯甲酸盐·氯氰菊酯	甲维盐·氯氰
689	甲氨基阿维菌素苯甲酸盐·苜蓿银纹夜蛾核型多角体病毒	苜核·甲维盐
690	甲氨基阿维菌素苯甲酸盐·苏云金杆菌	甲维·苏云菌
691	甲氨基阿维菌素苯甲酸盐·辛硫磷	甲维·辛硫磷
692	甲拌磷·克百威	甲·克
693	甲拌磷·三唑醇	唑醇·甲拌磷
694	甲拌磷·三唑酮	唑酮·甲拌磷
695	甲拌磷·辛硫磷	辛硫·甲拌磷
696	甲草胺·乙草胺·莠去津	甲·乙·莠
697	甲草胺·莠去津	甲草·莠去津
698	甲基毒死蜱·三唑磷	甲毒·三唑磷
699	甲基二磺隆·甲基碘磺隆钠盐	二磺·甲碘隆
700	甲基硫菌灵·代森锰锌	甲硫·锰锌

续上表

序号	有 效 成 分 组 成	简 化 通 用 名
701	甲基硫菌灵·菌核净	甲硫·菌核净
702	甲基硫菌灵·克百威	克百·甲硫灵
703	甲基硫菌灵·硫磺	硫磺·甲硫灵
704	甲基硫菌灵·萘乙酸	甲硫·萘乙酸
705	甲基硫菌灵·三乙膦酸铝	甲硫·乙膦铝
706	甲基硫菌灵·三唑酮	甲硫·三唑酮
707	甲基硫菌灵·烯唑醇	烯唑·甲硫灵
708	甲基硫菌灵·乙霉威	甲硫·乙霉威
709	甲基硫菌灵·异菌脲	甲硫·异菌脲
710	甲基嘧啶磷·马拉硫磷	马拉·甲嘧磷
711	甲基异柳磷·克百威	甲柳·克百威
712	甲基异柳磷·三唑醇	甲柳·三唑醇
713	甲基异柳磷·三唑酮	甲柳·三唑酮
714	甲基异柳磷·三唑酮·戊唑醇	柳·戊·三唑酮
715	甲基异柳磷·辛硫磷	甲柳·辛硫磷
716	甲基异柳磷·仲丁威	甲柳·仲丁威
717	甲萘威·氰戊菊酯	氰戊·甲萘威
718	甲萘威·四聚乙醛	聚醛·甲萘威
719	甲氰菊酯·乐果	甲氰·乐果
720	甲氰菊酯·硫丹	甲氰·硫丹
721	甲氰菊酯·马拉硫磷	甲氰·马拉松
722	甲氰菊酯·灭多威·辛硫磷	灭·甲·辛硫磷
723	甲氰菊酯·炔螨特	甲氰·炔螨特
724	甲氰菊酯·噻螨酮	甲氰·噻螨酮
725	甲氰菊酯·三氯杀螨醇	甲氰·螨醇
726	甲氰菊酯·三唑磷	甲氰·三唑磷
727	甲氰菊酯·水胺硫磷	甲氰·水胺
728	甲氰菊酯·辛硫磷	甲氰·辛硫磷
729	甲氰菊酯·氧乐果	甲氰·氧乐果
730	甲氰菊酯·乙酰甲胺磷	甲氰·乙酰甲
731	甲霜灵·代森锰锌	甲霜·锰锌
732	甲霜灵·咪鲜胺锰盐	咪锰·甲霜灵
733	甲霜灵·三乙膦酸铝	甲霜·乙膦铝
734	甲霜灵·霜霉威	甲霜·霜霉威
735	甲霜灵·霜脲氰	甲霜·霜脲氰
736	甲霜灵·王铜	王铜·甲霜灵

序号	有效成分组成	简化通用名
737	碱式硫酸铜·井冈霉素	井冈·碱硫铜
738	腈菌唑·代森锰锌	锰锌·腈菌唑
739	腈菌唑·咪鲜胺	腈菌·咪鲜胺
740	精噁唑禾草灵·异丙隆	噁禾·异丙隆
741	精甲霜灵·代森锰锌	精甲霜·锰锌
742	精喹禾灵·咪唑乙烟酸	精喹·咪乙烟
743	精喹禾灵·乳氟禾草灵	精喹·乳氟禾
744	精喹禾灵·乙草胺	精喹·乙草胺
745	精喹禾灵·乙羧氟草醚	精喹·乙羧氟
746	精喹禾灵·异噁草松·乙羧氟草醚	喹·草·乙羧氟
747	井冈霉素·己唑醇	井冈·己唑醇
748	井冈霉素·枯草芽孢杆菌	井冈·枯芽菌
749	井冈霉素·蜡质芽孢杆菌	井冈·蜡芽菌
750	井冈霉素·硫酸铜	井冈·硫酸铜
751	井冈霉素·嘧啶核苷类抗菌素	井冈·嘧苷素
752	井冈霉素·羟烯腺嘌呤	井冈·羟烯腺
753	井冈霉素·噻嗪酮	井冈·噻嗪酮
754	井冈霉素·噻嗪酮·杀虫单	井·噻·杀虫单
755	井冈霉素·三环唑	井·三环唑
756	井冈霉素·三环唑·三唑酮	井·酮·三环唑
757	井冈霉素·三环唑·烯唑醇	井·烯·三环唑
758	井冈霉素·三唑酮	井冈·三唑酮
759	井冈霉素·杀虫单	井冈·杀虫单
760	井冈霉素·杀虫双	井冈·杀虫双
761	井冈霉素·水杨酸	井冈·水杨酸
762	井冈霉素·烯唑醇	井冈·烯唑醇
763	井冈霉素·氧化亚铜	井冈·氧亚铜
764	井冈霉素A·己唑醇	井冈·己唑醇
765	井冈霉素A·蜡质芽孢杆菌	井冈·蜡芽菌
766	井冈霉素A·三环唑	井冈·三环唑
767	井冈霉素A·三唑酮	井冈·三唑酮
768	菌毒清·霜霉威盐酸盐	霜霉·菌毒清
769	菌毒清·盐酸吗啉胍	菌毒·吗啉胍
770	菌核净·代森锰锌	锰锌·菌核净
771	菌核净·王铜	王铜·菌核净
772	樟脑·杀虫双	樟脑·杀虫双

序号	有 效 成 分 组 成	简 化 通 用 名
773	抗蚜威·乙酰甲胺磷	抗蚜·乙酰甲
774	抗蚜威·异丙威	抗蚜·异丙威
775	克百威·马拉硫磷	马拉·克百威
776	克百威·三唑酮	克百·三唑酮
777	克百威·三唑酮·戊唑醇	克·戊·三唑酮
778	克百威·杀虫单	杀单·克百威
779	克百威·戊唑醇	戊唑·克百威
780	克百威·烯唑醇	烯唑·克百威
781	克百威·辛硫磷	辛硫·克百威
782	克百威·仲丁威	仲丁·克百威
783	克草胺·莠去津	克胺·莠去津
784	枯草芽孢杆菌·荧光假单胞杆菌	假单·枯芽菌
785	苦参碱·硫磺·氧化钙	苦·钙·硫磺
786	苦参碱·氯氰菊酯	氯氰·苦参碱
787	苦参碱·灭多威	苦参·灭多威
788	苦参碱·氰戊菊酯	氰戊·苦参碱
789	苦参碱·烟碱	烟碱·苦参碱
790	苦参碱·印楝素	苦参·印楝素
791	喹禾灵·乳氟禾草灵	乳氟·喹禾灵
792	喹硫磷·氯氰菊酯	氯氰·喹硫磷
793	喹硫磷·氰戊菊酯	氰戊·喹硫磷
794	喹硫磷·噻螨酮	噻螨·喹硫磷
795	喹硫磷·辛硫磷	喹硫·辛硫磷
796	喹硫磷·溴氰菊酯	溴氰·喹硫磷
797	乐果·氯氰菊酯	氯氰·乐果
798	乐果·氰戊菊酯	氰戊·乐果
799	乐果·杀虫单	乐果·杀虫单
800	乐果·杀扑磷	乐果·杀扑磷
801	乐果·溴氰菊酯	溴氰·乐果
802	乐果·乙酰甲胺磷	乐果·乙酰甲
803	乐果·异稻瘟净	异稻瘟·乐果
804	类产碱假单胞菌·苏云金杆菌	产碱·苏云菌
805	联苯菊酯·马拉硫磷	马拉·联苯菊
806	联苯菊酯·炔螨特	联菊·炔螨特
807	硫丹·S-氰戊菊酯	氰戊·硫丹
808	硫丹·氯氰菊酯	氯氰·硫丹

序号	有 效 成 分 组 成	简 化 通 用 名
809	硫丹·灭多威	硫丹·灭多威
810	硫丹·氰戊菊酯	氰戊·硫丹
811	硫丹·水胺硫磷	水胺·硫丹
812	硫丹·辛硫磷	硫丹·辛硫磷
813	硫丹·溴氰菊酯	溴氰·硫丹
814	硫磺·代森锰锌	硫磺·锰锌
815	硫磺·三环唑	硫磺·三环唑
816	硫磺·三环唑·异稻瘟净	瘟·唑·硫磺
817	硫磺·三唑酮	硫磺·三唑酮
818	硫磺·三唑锡	硫磺·三唑锡
819	硫酸链霉素·王铜	王铜·链霉素
820	硫酸铜·三十烷醇	烷醇·硫酸铜
821	绿麦隆·乙草胺·莠去津	绿·莠·乙草胺
822	绿麦隆·异丙隆	绿麦·异丙隆
823	氯氟吡氧乙酸·2甲4氯异辛酯	2甲·氯氟吡
824	氯氟氰菊酯·马拉硫磷	马拉·氯氟氰
825	氯氟氰菊酯·辛硫磷	辛硫·氯氟氰
826	氯化胆碱·萘乙酸	氯胆·萘乙酸
827	氯菊酯·辛硫磷	氯菊·辛硫磷
828	氯霉素·乙蒜素	氯霉·乙蒜素
829	氯嘧磺隆·咪唑乙烟酸	氯嘧·咪乙烟
830	氯嘧磺隆·噻吩磺隆	氯嘧·噻吩
831	氯嘧磺隆·乙草胺	氯嘧·乙草胺
832	氯氰菊酯·马拉硫磷	氯氰·马拉松
833	氯氰菊酯·灭多威	氯氰·灭多威
834	氯氰菊酯·灭多威·水胺硫磷	氯·胺·灭多威
835	氯氰菊酯·三氯杀螨醇	氯氰·螨醇
836	氯氰菊酯·三唑磷	氯氰·三唑磷
837	氯氰菊酯·水胺硫磷	氯氰·水胺
838	氯氰菊酯·辛硫磷	氯氰·辛硫磷
839	氯氰菊酯·烟碱	氯氰·烟碱
840	氯氰菊酯·氧乐果	氯氰·氧乐果
841	氯氰菊酯·乙酰甲胺磷	氯氰·乙酰甲
842	氯氰菊酯·异丙威	氯氰·异丙威
843	氯氰菊酯·仲丁威	氯氰·仲丁威
844	络氨铜·硫酸四氨络合锌	络锌·络氨铜

序号	有 效 成 分 组 成	简 化 通 用 名
845	络氨铜·硫酸四氨络合锌·柠檬酸铜	锌·柠·络氨铜
846	络氨铜·霜霉威	霜霉·络氨铜
847	马拉硫磷·S－氰戊菊酯	氰戊·马拉松
848	马拉硫磷·灭多威	马拉·灭多威
849	马拉硫磷·灭多威·氰戊菊酯	马·氰·灭多威
850	马拉硫磷·氰戊菊酯	氰戊·马拉松
851	马拉硫磷·氰戊菊酯·辛硫磷	马·氰·辛硫磷
852	马拉硫磷·噻嗪酮	马拉·噻嗪酮
853	马拉硫磷·三唑磷	马拉·三唑磷
854	马拉硫磷·三唑酮	马拉·三唑酮
855	马拉硫磷·杀螟硫磷	马拉·杀螟松
856	马拉硫磷·杀扑磷	马拉·杀扑磷
857	马拉硫磷·水胺硫磷	水胺·马拉松
858	马拉硫磷·辛硫磷	马拉·辛硫磷
859	马拉硫磷·溴氰菊酯	溴氰·马拉松
860	马拉硫磷·异丙威	马拉·异丙威
861	马钱子碱·烟碱	烟碱·马钱碱
862	麦草畏·乙草胺	麦畏·乙草胺
863	麦草畏·莠去津	麦畏·莠去津
864	咪鲜胺·三环唑	咪鲜·三环唑
865	咪鲜胺·三唑酮	咪鲜·三唑酮
866	咪鲜胺·杀螟丹	咪鲜·杀螟丹
867	咪鲜胺·松脂酸铜	松铜·咪鲜胺
868	咪鲜胺·乙霉威	霉威·咪鲜胺
869	咪鲜胺·异菌脲	咪鲜·异菌脲
870	咪唑喹啉酸·咪唑乙烟酸	唑喹·咪乙烟
871	咪唑喹啉酸·异噁草松·乙羧氟草醚	咪·羧·异噁松
872	咪唑乙烟酸·异丙草胺·异噁草松	咪·丙·异噁松
873	咪唑乙烟酸·异噁草松	咪乙·异噁松
874	醚磺隆·乙草胺	醚磺·乙草胺
875	醚磺隆·异丙甲草胺	醚磺·异丙甲
876	棉铃虫核型多角体病毒·苏云金杆菌	棉核·苏云菌
877	棉铃虫核型多角体病毒·辛硫磷	棉核·辛硫磷
878	灭草松·莠去津	灭松·莠去津
879	灭多威·氰戊菊酯	氰戊·灭多威
880	灭多威·氰戊菊酯·辛硫磷	氰·辛·灭多威

序号	有效成分组成	简化通用名
881	灭多威·杀虫安	杀安·灭多威
882	灭多威·杀虫单	杀单·灭多威
883	灭多威·杀虫双	杀双·灭多威
884	灭多威·水胺硫磷	水胺·灭多威
885	灭多威·水胺硫磷·辛硫磷	辛·胺·灭多威
886	灭多威·苏云金杆菌	苏云·灭多威
887	灭多威·辛硫磷	辛硫·灭多威
888	灭多威·氧乐果	氧乐·灭多威
889	灭蝇胺·杀虫单	灭胺·杀虫单
890	苜蓿银纹夜蛾核型多角体病毒·苏云金杆菌	苜核·苏云菌
891	萘乙酸·复硝酚钠	硝钠·萘乙酸
892	萘乙酸·吲哚丁酸	吲丁·萘乙酸
893	萘乙酸·吲哚乙酸	吲乙·萘乙酸
894	萘乙酸钠·复硝酚钠	硝钠·萘乙酸
895	扑草净·乙草胺	扑·乙
896	扑草净·乙草胺·莠去津	扑·莠·乙草胺
897	扑草净·乙氧氟草醚	氧氟·扑草净
898	扑草净·仲丁灵	扑草·仲丁灵
899	扑灭津·西草净	扑津·西草净
900	羟烯腺嘌呤·乙烯利	羟烯·乙烯利
901	嗪草酮·乙草胺	嗪酮·乙草胺
902	嗪草酮·异丙草胺·异噁草松	丙·噁·嗪草酮
903	氢氧化铜·霜脲氰	氢铜·霜脲氰
904	氢氧化铜·叶枯唑	氢铜·叶枯唑
905	氰草津·乙草胺	氰津·乙草胺
906	氰草津·乙草胺·莠去津	乙·莠·氰草津
907	氰草津·莠去津	氰草·莠去津
908	氰戊菊酯·三唑磷	氰戊·三唑磷
909	氰戊菊酯·三唑酮	氰戊·三唑酮
910	氰戊菊酯·杀螟硫磷	氰戊·杀螟松
911	氰戊菊酯·水胺硫磷	氰戊·水胺
912	氰戊菊酯·辛硫磷	氰戊·辛硫磷
913	氰戊菊酯·氧乐果	氰戊·氧乐果
914	氰戊菊酯·异丙威	氰戊·异丙威
915	氰戊菊酯·鱼藤酮	氰戊·鱼藤酮
916	炔螨特·噻螨酮	噻酮·炔螨特

序号	有效成分组成	简化通用名
917	炔螨特·水胺硫磷	水胺·炔螨特
918	炔螨特·四螨嗪	四嗪·炔螨特
919	炔螨特·唑螨酯	唑酯·炔螨特
920	噻吩磺隆·乙草胺	噻磺·乙草胺
921	噻吩磺隆·异丙隆	噻磺·异丙隆
922	噻吩磺隆·莠去津	噻磺·莠去津
923	噻嗪酮·三唑磷	噻嗪·三唑磷
924	噻嗪酮·杀虫安	噻嗪·杀虫安
925	噻嗪酮·杀虫单	噻嗪·杀虫单
926	噻嗪酮·杀虫单·三唑酮	噻·酮·杀虫单
927	噻嗪酮·杀扑磷	噻嗪·杀扑磷
928	噻嗪酮·速灭威	噻嗪·速灭威
929	噻嗪酮·氧乐果	噻嗪·氧乐果
930	噻嗪酮·乙酰甲胺磷	噻嗪·乙酰甲
931	噻嗪酮·异丙威	噻嗪·异丙威
932	噻嗪酮·仲丁威	噻嗪·仲丁威
933	三苯基乙酸锡·硫酸铜	苯锡·硫酸铜
934	三氮唑核苷·硫酸铜	氮苷·硫酸铜
935	三氮唑核苷·硫酸铜·三十烷醇	苷·醇·硫酸铜
936	三氟羧草醚·精噁唑禾草灵·异噁草松	氟·唑·异噁松
937	三氟羧草醚·精喹禾灵	精喹·氟羧草
938	三氟羧草醚·精喹禾灵·异噁草松	氟·喹·异噁松
939	三氟羧草醚·喹禾灵	氟草·喹禾灵
940	三氟羧草醚·咪唑乙烟酸	氟草·咪乙烟
941	三氟羧草醚·灭草松	氟醚·灭草松
942	三环唑·三唑酮	唑酮·三环唑
943	三环唑·杀虫单	三环·杀虫单
944	三环唑·烯唑醇	三环·烯唑醇
945	三环唑·异稻瘟净	异稻·三环唑
946	三氯杀螨醇·噻螨酮	螨醇·噻螨酮
947	三氯杀螨醇·水胺硫磷	螨醇·水胺
948	三氯杀螨醇·四螨嗪	螨醇·四螨嗪
949	三氯杀螨醇·氧乐果	螨醇·氧乐果
950	三乙膦酸铝·乙酸铜	乙铝·乙酸铜
951	三唑酮·烯唑醇	烯唑·三唑酮
952	三唑酮·辛硫磷	辛硫·三唑酮

序号	有 效 成 分 组 成	简化通用名
953	三唑酮·氧化亚铜	氧铜·三唑酮
954	三唑酮·氧乐果	唑酮·氧乐果
955	三唑酮·乙蒜素	唑酮·乙蒜素
956	杀虫单·三唑磷	杀单·三唑磷
957	杀虫单·苏云金杆菌	杀单·苏云菌
958	杀虫单·辛硫磷	杀单·辛硫磷
959	杀虫单·乙酰甲胺磷	杀单·乙酰甲
960	杀虫双·苏云金杆菌	苏云·杀虫双
961	杀铃脲·辛硫磷	杀铃·辛硫磷
962	杀螟丹·乙蒜素	杀螟·乙蒜素
963	杀螟硫磷·辛硫磷	杀螟·辛硫磷
964	杀螟硫磷·溴氰菊酯	溴氰·杀螟松
965	杀扑磷·氧乐果	杀扑·氧乐果
966	蛇床子素·苏云金杆菌	蛇素·苏云菌
967	十二烷基硫酸钠·硫酸铜·三十烷醇	烷醇·硫酸铜
968	双氟磺草胺·唑嘧磺草胺	双氟·唑嘧胺
969	霜脲氰·王铜	王铜·霜脲氰
970	霜脲氰·烯肟菌酯	烯肟·霜脲氰
971	水胺硫磷·三唑磷	水胺·三唑磷
972	水胺硫磷·辛硫磷	水胺·辛硫磷
973	水胺硫磷·溴氰菊酯	水胺·溴氰
974	水胺硫磷·鱼藤酮	水胺·鱼藤酮
975	四螨嗪·三唑锡	四螨·三唑锡
976	松碱·柴油	松碱·柴油
977	松碱·柴油·辛硫磷	松·辛·柴油
978	苏云金杆菌·乙酰甲胺磷	苏云·乙酰甲
979	苏云金杆菌·油桐尺蠖核型多角体病毒	油核·苏云菌
980	苏云金杆菌·黏虫颗粒体病毒	黏颗·苏云菌
981	速灭威·硫酸铜	速灭·硫酸铜
982	甜菜安·甜菜宁	甜菜安·宁
983	戊唑醇·烯肟菌胺	烯肟·戊唑醇
984	西草净·乙草胺	西净·乙草胺
985	烯酰吗啉·三乙膦酸铝	烯酰·乙膦铝
986	烯效唑·乙烯利	烯效·乙烯利
987	酰嘧磺隆·甲基碘磺隆钠盐	酰嘧·甲碘隆
988	辛硫磷·三唑磷	辛硫·三唑磷

序号	有 效 成 分 组 成	简 化 通 用 名
989	辛硫磷·溴氰菊酯	溴氰·辛硫磷
990	辛硫磷·氧乐果	辛硫·氧乐果
991	辛硫磷·乙酰甲胺磷	乙甲·辛硫磷
992	辛硫磷·异丙威	辛硫·异丙威
993	辛硫磷·鱼藤酮	藤酮·辛硫磷
994	辛硫磷·仲丁威	辛硫·仲丁威
995	辛酰溴苯腈·2甲4氯异辛酯	2甲·辛酰溴
996	溴苯腈·莠灭净	溴腈·莠灭净
997	溴氰菊酯·氧乐果	溴氰·氧乐果
998	溴氰菊酯·仲丁威	溴氰·仲丁威
999	烟碱·油酸	烟碱·油酸
1000	烟嘧磺隆·莠去津	烟嘧·莠去津
1001	盐酸吗啉胍·硫酸铜	吗胍·硫酸铜
1002	盐酸吗啉胍·羟烯腺嘌呤	羟烯·吗啉胍
1003	盐酸吗啉胍·三氮唑核苷	氮苷·吗啉胍
1004	盐酸吗啉胍·三唑酮·乙酸铜	唑·铜·吗啉胍
1005	盐酸吗啉胍·乙酸铜	吗胍·乙酸铜
1006	氧乐果·乙酰甲胺磷	氧乐·乙酰甲
1007	氧乐果·仲丁威	氧乐·仲丁威
1008	乙草胺·特丁津	特津·乙草胺
1009	乙草胺·乙氧氟草醚	氧氟·乙草胺
1010	乙草胺·异丙甲草胺·莠去津	乙·莠·异丙甲
1011	乙草胺·异噁草松	异松·乙草胺
1012	乙草胺·莠去津	乙·莠
1013	乙草胺·仲丁灵	仲灵·乙草胺
1014	乙霉威·嘧霉胺	嘧胺·乙霉威
1015	乙烯利·己酸二乙氨基乙醇酯	己醇·乙烯利
1016	乙烯利·芸苔素内酯	芸苔·乙烯利
1017	乙酰甲胺磷·三唑磷	唑磷·乙酰甲
1018	异丙草胺·莠去津	异丙草·莠
1019	异丙甲草胺·莠去津	异甲·莠去津
1020	异噁草松·乙羧氟草醚	乙羧·异噁松
1021	异噁草松·仲丁灵	仲灵·异噁松
1022	莠灭净·2甲4氯异辛酯	2甲·莠灭净
1023	莠去津·仲丁灵	仲灵·莠去津
1024	仲丁威·三唑磷	唑磷·仲丁威

附件十六　农药有效成分通用名称词头或关键词目录

序号	有 效 成 分	词头或关键词	序号	有 效 成 分	词头或关键词
1	硫酸链霉素	链	34	苯菌灵	苯菌
2	1－甲基环丙烯	甲环烯	35	苯硫威	苯威
3	2，4－滴	滴	36	苯醚甲环唑	苯醚甲
4	2，4－滴丁酸	滴丁酸	37	苯噻酰草胺	苯噻酰
5	2，4－滴丁酯	滴丁酯	38	苯霜灵	苯霜
6	2，4－滴二胺盐	滴二胺	39	苯肽胺酸	苯肽
7	2，4－滴钠盐	滴钠	40	苯线磷	苯线
8	2，4－二硝基苯酚铵	硝酚	41	苯氧威	苯氧
9	2甲4氯	2甲	42	苯扎溴胺	苯扎溴
10	2甲4氯丙酸	2甲丙	43	吡丙醚	吡丙
11	2甲4氯丁酸	2甲丁	44	吡草醚	吡醚
12	2甲4氯丁酸乙酯	甲氯酸酯	45	吡虫啉	吡
13	2甲4氯钠	2甲钠	46	吡啶醇	吡醇
14	2甲4氯乙硫酯	2甲乙硫	47	吡氟禾草灵	吡氟
15	2甲4氯异辛酯	2甲辛	48	吡氟酰草胺	吡氟酰
16	C型肉毒梭菌毒素	C肉毒素	49	吡嘧磺隆	吡嘧
17	S－氰戊菊酯	氰	50	吡蚜酮	吡蚜
18	zeta－氯氰菊酯	氯	51	吡唑醚菌酯	唑醚
19	阿维菌素	阿维	52	蓖麻油酸	篦
20	矮壮素	矮	53	苄氨基嘌呤	苄氨嘌
21	桉油精	桉油	54	苄嘧磺隆	苄
22	氨氟乐灵	安氟乐	55	丙草胺	丙草
23	氨氯吡啶酸	氨氯	56	丙环唑	丙唑
24	胺苯磺隆	胺苯	57	丙硫多菌灵	丙多
25	胺鲜酯	胺鲜	58	丙硫克百威	丙硫
26	百部碱	百部	59	丙炔氟草胺	丙炔氟
27	百草枯	百草	60	丙森锌	丙森
28	百菌清	百	61	丙烷脒	丙烷脒
29	拌种灵	拌	62	丙烯酸	丙烯酸
30	倍硫磷	倍	63	丙溴磷	丙
31	苯丁锡	苯丁	64	丙酯草醚	丙酯草
32	苯磺隆	苯磺	65	波尔多液	波尔
33	苯甲酸	苯酸	66	补骨内酯	内酯

序号	有　效　成　分	词头或关键词	序号	有　效　成　分	词头或关键词
67	菜青虫颗粒体病毒	菜颗	102	碘	碘
68	草铵膦	草铵	103	丁草胺	丁
69	草除灵	草除	104	丁硫克百威	丁硫
70	草甘膦(异丙胺盐)	草甘	105	丁醚脲	丁脲
71	草原毛虫核多角体病	毛核	106	丁酰肼	丁酰
72	柴油	柴油	107	丁子香酚	丁子酚
73	赤霉酸	赤	108	啶虫脒	啶虫
74	虫螨腈	虫腈	109	啶菌噁唑	啶菌
75	虫酰肼	虫酰	110	啶嘧磺隆	啶嘧
76	除虫菊素	除菊	111	毒草胺	毒草胺
77	除虫脲	除脲	112	毒死蜱	毒
78	除幼脲	除幼	113	多菌灵	多
79	春雷霉素	春雷	114	多抗霉素	多抗
80	哒螨灵	哒	115	多硫化钡	硫钡
81	哒嗪硫磷	哒嗪	116	多杀霉素	多素
82	代森铵	代铵	117	多效唑	多唑
83	代森锰	代锰	118	噁草酮	噁草
84	代森锰锌	锰锌	119	噁霉灵	噁霉
85	代森锌	代锌	120	噁霜灵	噁霜
86	单甲脒	单甲	121	噁唑禾草灵	噁禾灵
87	单嘧磺隆	单嘧	122	噁唑菌酮	噁酮
88	单氰胺	单氰胺	123	二甲基二硫醚	二甲二硫
89	稻丰散	稻丰	124	二甲戊灵	甲戊
90	稻瘟净	稻瘟	125	二硫氰基甲烷	二硫氰
91	稻瘟灵	稻灵	126	二氯吡啶酸	二氯吡
92	敌百虫	敌	127	二氯喹啉酸	二氯
93	敌稗	敌稗	128	二氯异氰尿酸钠	二氯异氰
94	敌草胺	敌胺	129	二嗪磷	二嗪
95	敌草快	敌快	130	二氰蒽醌	二氰
96	敌草隆	敌隆	131	二溴磷	二溴
97	敌敌畏	敌畏	132	砜嘧磺隆	砜嘧
98	敌磺钠	敌磺	133	伏杀硫磷	伏
99	敌鼠钠	敌鼠钠	134	氟胺氰菊酯	氟胺氰
100	敌瘟磷	敌瘟	135	氟吡甲禾灵	氟吡甲
101	地衣芽孢杆菌	地芽	136	氟吡菌胺	氟吡菌

序号	有效成分	词头或关键词	序号	有效成分	词头或关键词
137	氟草净	氟净	172	过氧乙酸	过氧乙酸
138	氟虫腈	氟腈	173	禾草丹	禾丹
139	氟虫脲	氟脲	174	禾草敌	禾敌
140	氟啶胺	氟胺	175	禾草灵	禾灵
141	氟啶脲	氟啶	176	核苷酸	核苷酸
142	氟硅唑	硅唑	177	琥胶肥酸铜（丁、戊己二酸铜）	琥铜
143	氟环唑	氟唑
144	氟磺胺草醚	氟磺胺	178	环丙嘧磺隆	环丙磺
145	氟节胺	氟节	179	环庚草醚	环庚醚
146	氟菌唑	氟菌	180	环嗪酮	环嗪
147	氟乐灵	氟乐	181	环氧乙烷	环氧乙
148	氟铃脲	氟铃	182	黄芩甙	黄芩甙
149	氟硫草定	氟硫	183	黄酮	黄酮
150	氟氯氰菊酯	氟氯	184	磺草灵	磺灵
151	氟吗啉	氟吗	185	磺草酮	磺草
152	氟鼠灵	氟鼠	186	八角茴香油	八角油
153	氟烯草酸	氟烯	187	茴蒿素	茴
154	氟酰胺	氟酰	188	混合氨基酸镁	混氨镁
155	氟唑磺隆	氟唑隆	189	混合氨基酸锰	混氨锰
156	福美甲胂	福甲胂	190	混合氨基酸铜	混氨铜
157	福美胂	福胂	191	混合氨基酸锌	混氨锌
158	福美双	福	192	混合脂肪酸	混脂酸
159	福美铁	福铁	193	混灭威	混灭
160	福美锌	福锌	194	机油	机油
161	腐霉利	腐利	195	几丁聚糖	几丁糖
162	腐植酸	腐酸	196	己酸二乙氨基乙醇酯	己酸醇
163	腐殖酸铜	腐铜	197	己唑醇	己唑
164	复硝酚钠	硝钠	198	甲氨基阿维菌素	甲维
165	高效氟吡甲禾灵	高氟吡	199	甲胺基阿维菌素苯甲酸盐	甲维盐
166	高效氟氯氰菊酯	高氟氯	200	甲拌磷	甲拌
167	高效氯氟氰菊酯	高氯氟	201	甲草胺	甲草
168	高效氯氰菊酯	高氯	202	甲磺隆	甲磺
169	菇类蛋白多糖	菇蛋糖	203	甲基碘磺隆钠盐	甲碘隆
170	寡聚糖	寡聚糖	204	甲基毒死蜱	甲毒
171	硅藻土	硅土	205	甲基二磺隆	甲二磺

序号	有　效　成　分	词头或关键词	序号	有　效　成　分	词头或关键词
206	甲基立枯磷	甲枯	241	喹硫磷	喹
207	甲基硫环磷	甲硫环	242	喹螨醚	喹螨
208	甲基硫菌灵	甲硫	243	腊质芽孢杆菌	腊芽
209	甲基嘧啶磷	甲嘧	244	莨菪烷碱（莨菪碱、莨菪胺），东莨菪	莨菪
210	甲基胂酸锌	甲胂锌			
211	甲基异柳磷	甲柳	245	乐果	乐
212	甲咪唑烟酸	甲咪烟	246	藜芦碱	藜
213	甲萘威	甲萘	247	利谷隆	利
214	甲哌鎓	哌鎓	248	联苯菊酯	联苯菊
215	甲氰菊酯	甲氰	249	联苯三唑醇	联苯三
216	甲霜灵	甲霜	250	邻硝基苯酚铵	邻硝酚
217	甲羧除草醚	甲羧除	251	林丹	林丹
218	碱式硫酸铜	碱硫铜	252	磷化钙	磷化钙
219	碱式碳酸铜	碱碳铜	253	磷化铝	磷化铝
220	金龟子绿僵菌	金绿僵	254	磷化镁	磷化镁
221	腈苯唑	腈苯	255	磷化锌	磷化锌
222	腈菌唑	腈菌	256	浏阳霉素	浏
223	精吡氟禾草灵	精吡氟	257	硫丹	硫丹
224	精噁唑禾草灵	精噁	258	硫环磷	硫环
225	精喹禾灵	精喹	259	硫磺	硫
226	井冈霉素	井	260	硫双威	硫双
227	菊胺酯	菊胺	261	硫酸四氨络合锌	络锌
228	聚半乳糖醛酸酶	聚酸酶	262	硫酸铜	铜
229	菌毒清	菌毒	263	硫酸铜钙	铜钙
230	菌核净	菌核	264	硫线磷	硫线
231	菌核利	菌利	265	咯菌腈	咯菌
232	抗蚜威	抗	266	绿谷隆	绿谷
233	克百威	克	267	绿麦隆	绿
234	克草胺	克胺	268	氯苯胺灵	氯苯灵
235	克菌丹	克丹	269	氯苯嘧啶醇	氯苯嘧
236	枯草芽孢杆菌	枯芽	270	氯吡脲	氯吡
237	苦参碱	苦	271	氯氟吡氧乙酸	氯氟吡
238	苦皮藤素	苦皮藤	272	氯氟氰菊酯	氯氟
239	喹禾灵	喹禾	273	氯化胆碱	氯胆
240	喹啉铜	喹啉	274	氯化苦	氯苦

序号	有 效 成 分	词头或关键词	序号	有 效 成 分	词头或关键词
275	氯磺隆	氯磺	310	萘乙酸	萘乙
276	氯菊酯	氯菊	311	萘乙酸钠	萘酸钠
277	氯霉素	氯霉	312	闹羊花素 III	闹羊花
278	氯嘧磺隆	氯嘧	313	宁南霉素	宁
279	氯氰菊酯	氯	314	柠檬酸铜	柠铜
280	氯唑磷	氯唑	315	哌草丹	哌丹
281	络氨铜	络铜	316	扑草净	扑
282	马拉硫磷	马	317	扑灭津	扑津
283	马钱子碱	马钱	318	羟烯腺嘌呤	羟烯腺
284	麦草畏	麦畏	319	嗪草酸	嗪酸
285	猛杀威	猛杀	320	嗪草酸甲酯	嗪酯
286	咪鲜胺	咪鲜	321	嗪草酮	嗪
287	咪鲜胺锰盐	咪锰	322	氢氧化铜	氢铜
288	咪唑喹啉酸	咪喹	323	氰草津	氰津
289	咪唑烟酸	咪烟	324	氰氟草酯	氰氟
290	咪唑乙烟酸	咪乙烟	325	氰霜唑	氰唑
291	醚苯磺隆	醚苯	326	氰戊菊酯	氰戊
292	醚磺隆	醚磺	327	炔草酸	炔酸
293	醚菊酯	醚菊	328	炔螨特	炔螨
294	醚菌酯	醚菌	329	乳氟禾草灵	乳氟禾
295	嘧草醚	嘧草	330	噻虫嗪	噻虫
296	嘧啶核苷类抗菌素	嘧苷	331	噻苯隆	噻苯
297	嘧啶磷	嘧磷	332	噻吩磺隆	噻磺
298	嘧菌环胺	嘧环	333	噻呋酰胺	噻呋
299	嘧菌酯	嘧酯	334	噻节因	噻节
300	嘧霉胺	嘧霉	335	噻菌灵	噻灵
301	棉铃虫核型多角体病毒	棉核	336	噻螨酮	噻螨
302	灭草松	灭松	337	噻嗪酮	噻嗪
303	灭多威	灭	338	噻森铜	噻森铜
304	灭菌唑	灭菌	339	噻唑膦	噻膦
305	灭线磷	灭线	340	三苯基氢氧化锡	苯氢锡
306	灭蝇胺	灭胺	341	三苯基乙酸锡	苯乙锡
307	灭幼脲	灭脲	342	三苯锡	苯锡
308	木霉菌	木霉	343	三氟羧草醚	氟羧草
309	苜蓿银纹夜蛾核型多角体病毒	苜核	344	三环锡	三锡
			345	三环唑	三环

序号	有 效 成 分	词头或关键词	序号	有 效 成 分	词头或关键词
346	三磷锡	磷锡	382	霜脲氰	霜脲
347	三氯吡氧乙酸	氯吡氧	383	水胺硫磷	水胺
348	三氯杀螨醇	螨醇	384	水杨菌胺	水杨菌
349	三氯杀螨砜	螨砜	385	水杨酸	水杨
350	三氯异氰尿酸	三氯酸	386	顺式氯氰菊酯	顺氯
351	三十烷醇	烷醇	387	四氟醚唑	四氟唑
352	三乙膦酸铝	乙铝	388	四聚乙醛	四聚
353	三唑醇	唑醇	389	四氯苯酞	四氯酞
354	三唑磷	唑磷	390	四螨嗪	四螨
355	三唑酮	酮	391	四霉素	四霉
356	三唑锡	唑锡	392	四溴菊酯	四溴
357	杀草胺	杀胺	393	苏云金杆菌	苏
358	杀虫安	杀安	394	速灭威	速
359	杀虫单	杀单	395	特丁津	特津
360	杀虫环	杀环	396	特丁净	特净
361	杀虫双	杀双	397	特丁硫磷	特磷
362	杀铃脲	杀铃	398	涕灭威	涕
363	杀螺胺	杀螺	399	田安	田安
364	杀螺胺乙醇胺盐	杀螺胺盐	400	甜菜安	甜安
365	杀螨酯	杀酯	401	甜菜宁	甜宁
366	杀螟丹	杀螟	402	甜菜夜蛾核型多角体病毒	甜核
367	杀螟硫磷	杀	403	烃基二甲基氯化铵	烃二氯胺
368	杀扑磷	杀扑	404	王铜	王铜
369	杀鼠灵	鼠灵	405	威百亩	威百
370	杀鼠醚	鼠醚	406	萎锈灵	萎
371	莎稗磷	莎	407	五氯硝基苯	五
372	蛇床子素	蛇床素	408	武夷菌素	武夷菌
373	虱螨脲	虱螨	409	戊菌唑	戊菌
374	十三吗啉	十三吗	410	戊唑醇	戊唑
375	石硫合剂	石硫	411	西草净	西
376	双丙氨膦	双丙	412	西玛津	西玛
377	双草醚	双草	413	烯丙苯噻唑	烯丙苯
378	双氟磺草胺	双氟	414	烯草酮	烯草
379	双甲脒	双甲	415	烯啶虫胺	烯啶
380	霜霉威	霜霉	416	烯禾啶	烯禾
381	霜霉威盐酸盐	霜霉盐	417	烯肟菌酯	烯肟

序号	有 效 成 分	词头或关键词	序号	有 效 成 分	词头或关键词
418	烯酰吗啉	烯酰	454	乙蒜素	乙蒜
419	烯腺嘌呤	烯腺	455	乙羧氟草醚	乙羧氟
420	烯效唑	烯效	456	乙烯菌核利	乙菌核
421	烯唑醇	烯唑	457	乙烯利	乙利
422	酰嘧磺隆	酰嘧	458	乙酰甲胺磷	乙酰甲
423	香芹酚	香芹酚	459	乙氧氟草醚	乙氧氟
424	小檗碱	小檗碱	460	乙氧磺隆	乙磺
425	小菜蛾颗粒体病毒	小颗	461	异丙草胺	异丙
426	斜纹夜蛾核型多角体病毒	斜夜核	462	异丙甲草胺	异丙甲
427	辛硫磷	辛	463	异丙隆	异隆
428	辛酰溴苯腈	辛酰溴	464	异丙威	异
429	溴苯腈	溴腈	465	异丙酯草醚	异酯草
430	溴敌隆	溴敌	466	异稻瘟净	异稻
431	溴甲烷	溴甲	467	异噁草松	异噁松
432	溴菌腈	溴菌	468	异菌脲	异菌
433	溴螨酯	溴螨	469	抑霉唑	抑霉
434	溴氰菊酯	溴氰	470	抑芽丹	抑芽
435	溴鼠灵	溴鼠	471	抑芽唑	抑唑
436	溴硝醇	溴硝	472	吲哚丁酸	吲丁
437	亚胺硫磷	亚胺	473	吲哚乙酸	吲乙
438	亚胺唑	亚唑	474	茚虫威	茚威
439	烟碱	烟	475	荧光假单胞杆菌	假单
440	烟嘧磺隆	烟嘧	476	蝇毒磷	蝇毒
441	盐酸吗啉胍	吗啉胍	477	油桐尺蠖核型多角体病毒	油核
442	氧化钙	氯钙	478	莠灭净	莠灭
443	氧化苦参碱	氧苦	479	莠去津	莠
444	氧化亚铜	氧亚铜	480	鱼藤酮	鱼藤
445	氧乐果	氧乐	481	芸苔素内酯	芸
446	野麦畏	野麦	482	樟脑	樟
447	野燕枯	野燕	483	黏虫颗粒体病毒	黏颗
448	叶枯唑	叶唑	484	中生菌素	中
449	依维菌素	依维	485	仲丁灵	仲灵
450	乙草胺	乙	486	仲丁威	仲
451	乙霉威	乙霉	487	唑螨酯	唑螨
452	乙嘧酚	乙嘧酚	488	唑嘧磺草胺	唑嘧胺
453	乙酸铜	乙铜			